气体动力学基础

(2011 年修订本)

潘锦珊 单 鹏 主编
刘火星 邹正平 额日其太 胡 骏 方祥军 编著

国防工业出版社

·北京·

内容简介

本书共十二章,讨论了气体动力学中的一些基本问题。本书首先介绍学习气体动力学所必需的基本知识,然后较详细地研究可压缩流体一维定常流动的理论,以及超声速流中膨胀波和激波的理论,继而较深入地研究各种类别的一维定常管流的理论,对多维流动和黏性流体动力学的基本理论也做了较系统的讨论。此外,本书还简略地介绍了一维非定常均熵流和翼型及机翼的基本理论。

本书可作为航空、航天动力专业,燃气轮机,热能工程和工程热物理等专业的教科书,也可供从事发动机设计工作的技术人员参考。

图书在版编目(CIP)数据

气体动力学基础:2011年修订本/潘锦珊,单鹏主编. —北京:国防工业出版社,2025.3重印
ISBN 978-7-118-08086-5

Ⅰ.①气… Ⅱ.①潘… ②单… Ⅲ.①气体动力学 Ⅳ.①O354

中国版本图书馆CIP数据核字(2012)第119013号

※

国防工业出版社出版发行
(北京市海淀区紫竹院南路23号 邮政编码100048)
北京虎彩文化传播有限公司印刷
新华书店经售

*

开本787×1092 1/16 印张39½ 字数992千字
2025年3月第1版第3次印刷 印数6001—7000册 定价98.00元

(本书如有印装错误,我社负责调换)

国防书店:(010)88540777 发行邮购:(010)88540776
发行传真:(010)88540755 发行业务:(010)88540717

第三次修订版前言

本书为《气体动力学基础》一书的第三次修订版。本书的第一版为潘锦珊主编,"航空三院校"西北工业大学、南京航空学院、北京航空学院合编,1980年出版的《气体动力学基础》;第二版为潘锦珊主编,"航空三院校"合编,1989年出版的《气体动力学基础(修订版)》;第三版为潘锦珊主编,西北工业大学、南京航空航天大学、北京航空航天大学、沈阳航空工业学院合编,1995年出版的《气体动力学基础(1995年修订版)》。

30年以来,伴随着改革开放,《气体动力学基础》一书的各版在国内航空院校的航空航天发动机类、能源类各学科的本科生专业基础课教学中,以及在研究生的学习与研究过程中,起到了极其重要的基础教科书的作用。它已为数万名学生作为主教材或者教学参考书而研习过,至今仍作为若干航空院校的专业基础课教材。同时,该书中的教学素材也非常广泛地被国内同类教材所引用。该书的一个主要实用点即成功点在于,不仅用作课堂教学有好的效果,而且可以帮助没有本专业基础的学生通过自学成为具有内流气动热力学特色基础的工程师和研究人员。

为发挥该书标准的基础教学作用,并使其于新世纪继承传统、推陈出新、保持优秀,西北工业大学、北京航空航天大学、南京航空航天大学有关院系的教师于2008年制定了第三次修订该书的计划。我们在教学实践中看到,该书的1989年修订版在总体上来说效果最好。其基础概念建立、内流重点分析、黏性流介绍、外流涵盖等方面的取舍适中,各章节要素全面,叙述细致,内容充实。仅其中的多维流动部分主要倚重标量写法讲解,在当今会给人冗长之感。但应注意到,该种写法仍不失为各类大学生初始进入数学流体力学领域并逐渐加深理解的捷径。因此,本次修订以1989年版为生长点,主要对其第一、二、三、四章和第十章,即一维定常流动部分和一维非定常流动部分进行修订,修订的依据是近年来国内的教学实践、科研发展和国内外的优秀教科书。其次,对于后续各章,即多维流、黏性流与外流部分,采取暂保留不动的策略。再则,对于所有章,加入了1995年版以及近年来收集和新编写的习题。最后,限于篇幅,删去了1989年版的"速度平面上的特征线网图"、"激波的速度图极曲线"诸节。

本第三次修订版由潘锦珊和单鹏主编。西北工业大学潘锦珊教授复核本版全部章节和附属内容。北京航空航天大学单鹏教授编写绪论、第一章、第二章和第三章膨胀波部分,刘火星副教授编写第三章激波部分,额日其太副教授编写第四章变截面管流部分,邹正平教授编写第四章摩擦管流、换热管流、变流量管流和一般管流部分。南京航空航天大学胡骏教授编写第十章。博士研究生尹钊、姚翔、闫晨新解与校核了习题答案。本版由北京航空航天大学孙晓峰教授主审。限于编者的水平,书中仍可能有缺点和不妥之处,敬请读者批评指正。

潘锦珊　单　鹏

2010年10月于西北工业大学

第二次修订版前言

本书为1980年出版的《气体动力学基础》的第二次修订本。这次修订对《气体动力学基础(修订版)》(即1989年第一次修订本)一书进行了重大的修改。新的航空动力专业教学计划要求动力专业学生需先修完流体力学基础课程,再学习气体动力学基础课程。相应地,学时缩减为70学时。这样,原教材的内容就显得过多。需要删掉与流体力学重复的部分和精简一些章节的内容。为此,根据《气体动力学基础课程的基本要求》制订了《气体动力学基础(第二次修订版)》教材的编写大纲。本书就是根据这份编写大纲对《气体动力学基础(修订版)》一书进行修改编写的。

本书讲述了可压缩流体流动的基本方程及基本概念。对于超声速流中的膨胀波和激波理论做了深入的讨论。讲述了可压缩流体的一维定常流动理论。对于一维定常管流中的亚声速和超声速的流动规律做了详细的分析。介绍了多维理想流动的基本微分方程组及初始条件和边界条件;并介绍了求解二维无旋流动的小扰动法和特征线法等内容。此外,本书还简要地介绍了一维非定常均熵流和翼型的基本知识。

本书由西北工业大学潘锦珊主编。书中第一、八章由沈阳航空工业学院申振华编写;第二、三章由潘锦珊编写;第四、五章由南京航空航天大学方人淞编写;第六、七章由北京航空航天大学刘景梅编写。

本书由西安交通大学流体力学教研室景思睿副教授审阅。他对本书初稿提出了不少宝贵的修改意见,特此表示衷心的感谢。

对于书中可能存在的缺点和不妥之处,欢迎读者批评指正。

潘锦珊
于西北工业大学 1994年5月

修订版前言

本书为1980年出版的《气体动力学基础》的修订本。《气体动力学基础》一书自1980年出版至今,已有8年。根据8年来在教学过程中使用该书的经验,迫切需要对原书进行修改和更新内容。为此,西北工业大学、南京航空学院、北京航空学院三院校的教师于1986年3月制订了热能动力专业用气体动力学课程的教学大纲。本书就是根据这份教学大纲对原书进行修订编写的。

本书主要讲述可压缩流体的一维定常流动理论,其中包括一维定常流动的基本方程和一维定常管流等内容,对于一维定常流动中的亚声速流和超声速流的流动规律都做了详细地分析。对于超声速流中的膨胀波和激波理论亦做了深入地讨论。在研究一维定常流动理论的基础上,阐述了多维流理论,其中包括多维流动流体运动分析,气体动力学基本方程,二维定常无旋流动,小扰动法和特征线法等内容。较系统地讨论了黏性流体动力学的基本理论。此外,本书还简要地介绍了一维非定常均熵流和翼型及机翼的基本理论。

本书与第一版相比,在多维流理论、黏性流体动力学等方面,均有较多的修改和补充。为了使读者加深对基本理论的理解,书中增加了一定数量的例题。

在本书书末的附录中,附有矢量分析和场论基本运算公式及正交曲线坐标系,并附有国际标准大气表和气体动力学函数表以及其它一些数值表,供计算时查用。

本书由潘锦珊主编,由刘世兴主审。书中第一、二、七、十一章由潘锦珊编写;第五、六、八章由方人淞编写;第四、十二章由邢宗文编写;第九、十章由魏星禄编写;第三章由曹祥益编写。

限于编者的水平,书中可能仍有缺点和不妥之处,敬请读者批评指正。

潘锦珊
于西北工业大学

前 言

本书系根据航空发动机专业的气体动力学教学大纲编写的，为学习航空发动机原理和深入研究航空发动机中的气体动力学问题提供必要的基础知识。

本书的重点是研究可压缩流体的一维定常流动的理论，其中包括一维定常流动的基本方程和一维定常管流等内容，对于一维定常流动中的亚声速流和超声速流的流动规律都做了详细的分析。对于超声速流中的膨胀波和激波问题亦做了较详细的讨论。

本书在研究一维定常流动理论的基础上，阐述了多维流动的理论基础，其中包括流体运动学、气体动力学基本方程、小扰动法和特征线理论等内容；介绍了一维非定常流的物理概念及其解法（特征线法）；概略地介绍了黏性流和附面层的基本概念。

本书所讨论的内容，对于发动机设计专业的学生来说，都是必要的基础知识。

本书在叙述上采取了物理概念与解析法相结合的方法。

在本书书末的附录中，附有国际标准大气表和气体动力学函数表以及其它一些数值表，供计算时查用。

本书系采用国际标准单位制（SI 制）。在第一章还介绍了目前在我国工程界尚广泛使用的重力工程单位制及其与 SI 制的换算关系。

本书由潘锦珊同志主编，由刘世兴、张封北等同志审校。其中，第一、二、三、十章由潘锦珊同志编写；第四章由刘松岭同志编写；第五、十一章由邢宗文同志编写；第六、七、八章由刘世兴同志编写；第九章由魏佑海同志编写。

由于编者水平有限，书中可能有错误或不妥之处，请读者批评指正。

编 者
1979 年 10 月

符 号 表

$\boldsymbol{A}, A$ 截面积矢量,截面积标量
b 翼型的弦长
c 声速
C_p 压强系数
C_f 摩擦阻力系数
C_y, C_x 升力系数,阻力系数
c_p 气体的定压比热容
c_v 气体的定容比热容
D, d 直径
$\dfrac{D}{Dt}$ 矢量场、标量场的随流导数
$\dfrac{d}{dt}, \dfrac{\partial}{\partial t}$ 矢量场、标量场的时间导数
$\dfrac{\delta}{dt}$ 单个数量的时间导数
∇ 哈密顿算子
$\Delta = \nabla \cdot \nabla$ 拉普拉斯算子
Δ 两点变量值之差,微元
E 绝对坐标系下流体体系的储存能
$E = \rho\left(u + \dfrac{V^2}{2}\right)$ 绝对坐标系下单位体积流体的储存能
$e = \left(u + \dfrac{V^2}{2}\right)$ 绝对坐标系下单位质量流体的储存能
$\boldsymbol{f}$ 傅里叶热流矢量
$f(\ )$ 气动函数,翼型的弯度
$\boldsymbol{F}$ 力
g 重力加速度
H 高度
h 深度或高度,气体的焓
h_1, h_2, h_3 拉梅系数

Im 复数的虚部
$\boldsymbol{i}_r, \boldsymbol{i}_\theta, \boldsymbol{i}_z$ 圆柱坐标系单位矢量
$\boldsymbol{i}, \boldsymbol{j}, \boldsymbol{k}$ 笛卡儿坐标系单位矢量
K 流量公式的系数
$k = \dfrac{c_p}{c_v}$ 气体比热容比,也称气体绝热指数
$\boldsymbol{l}, \boldsymbol{l}^\circ$ 有向曲线,其单位方向矢量
L, l 长度
M 扭矩,固体质量
Ma 马赫数
m 质量
$\dot{m}$ 质量流量
$\boldsymbol{n}, \boldsymbol{n}^\circ$ 法向矢量,法向单位矢量
n 曲线、曲面的法方向,多变指数
p 压强
p_a 大气压强
p_b, p_e 喷管出口外压强,喷管出口内压强
Q 加入热量,体积流量,点源强度
$\dot{Q}$ 加入热流率
q 单位质量流体的加入热量
$q(\ )$ 流量气动函数
$\dot{q}$ 单位质量流体的加入热流率
$\boldsymbol{R}$ 彻体力矢量
R 气体常数,半径
Re 复数的实部
Re 雷诺数
$\boldsymbol{r}$ 矢径
$r(\ )$ 气动函数
r, θ, z 圆柱坐标系坐标
r, θ, φ 球坐标系坐标
S 气体体系的熵

s 矢面积

s 单位质量气体的熵

T 温度

t 时间

U 小扰动流速度矢量

U 彻体力的势函数

U_x, U_y, U_z 笛卡儿坐标系中的小扰动流速度分量

u_1, u_2, u_3 正交曲线坐标系单位矢量

$u = c_v T$ 单位质量流体的内能

V 速度矢量,主流速度矢量

V 体积,速度的模

V_x, V_y, V_z 笛卡儿坐标系中的速度分量,主流与小扰动流合成速度分量

V_r, V_θ, V_z 圆柱坐标系中的速度分量

v 比容

W 流体体系输出功

w_s, w_f 单位质量流体机械功,摩擦损失功

x, y, z 笛卡儿坐标系坐标

X, Y, Z 彻体力矢量的分力标量

$y(\ )$ 气动函数

$z(\ )$ 气动函数

α, β, γ 正交曲线坐标系中的矢量与三个坐标方向的方向角

β 激波角

β_{cr} 喷管临界压强比

δ 楔半顶角,折转角,数量差,附面层厚度

δ^* 附面层位移厚度

δ^{**} 附面层动量损失厚度

δ_c 圆锥半顶角

ε 流体线应变速率

$\varepsilon(\ )$ 静密度比等熵滞止密度气动函数

ϕ, φ 势函数

$\boldsymbol{\Gamma}$ 速度环量矢量

Γ 速度环量

γ 流体重度,流体微团角变形速率

Ψ, ψ 流函数

σ 总压恢复系数

σ_x 流体正应力

$\boldsymbol{\Omega}$ 微团涡量

$\boldsymbol{\omega}$ 微团旋转角速度矢量

ω 微团旋转角速度标量

ω 非定常小扰动物理量的角频率

θ 角度

$\theta(\ )$ 气动函数

ρ 密度

η 单位体积流体所含的物理量

$\boldsymbol{\lambda}$ 无量纲速度系数矢量

λ 热传导系数,无量纲速度系数,沿程阻力系数

μ 流体的动力黏性系数,马赫角

ν 流体的运动黏性系数

$\nu(\ )$ 普朗特–迈耶函数

$\pi(\ )$ 静压强比等熵滞止压强气动函数

$\tau(\ )$ 静温度比绝能滞止温度气动函数

$\tau_{xy}, \tau_{yz}, \tau_{zx}$ 流体切应力

角标

ad 绝热的

b 边界

cr 临界状态点

e 喷管出口内侧

r, θ, z 圆柱坐标系中的三个分量

rela 相对坐标系下的

s 激波

w 壁面

x, y, z 笛卡儿坐标系中的三个分量

1, 2, 3 正交曲线坐标系中的三个分量

∞ 远前方来流的

* 气流滞止参数或称总参数

$_*$ 摩擦

~ 用未扰动流声速无量纲化

' 小扰动线化中的不可压流参数

¯ 无量纲的几何量、物理量

¯, ' 紊流时均值,紊流脉动值

目 录

绪论 ··· 1

第一章 基本知识 ··· 6
§1-1 连续介质的概念 ·· 6
§1-2 气体的基本性质 ·· 9
§1-3 作用在流体上的力 ·· 14
§1-4 流体静力学知识 ·· 16
§1-5 研究流体运动的方法和一些基本概念 ··· 26
习题 ·· 34

第二章 一维定常流的基本方程 ··· 39
§2-1 引言 ·· 39
§2-2 体系和控制体 ··· 40
§2-3 连续方程 ··· 40
§2-4 动量方程 ··· 42
§2-5 动量矩方程 ·· 48
§2-6 微分形式的动量方程 ··· 50
§2-7 柏努利方程 ·· 52
§2-8 能量方程 ··· 56
§2-9 适用于控制体的热力学第二定律 ··· 63
§2-10 声速和马赫数 ··· 64
§2-11 气体流动的基本模型和滞止参数 ··· 70
§2-12 气流的重要速度参数 ··· 81
§2-13 气体动力学函数及其一维气动方程组 ······································ 87
习题一 ·· 99
习题二 ·· 103

第三章 膨胀波与激波 ·· 110
§3-1 弱扰动在气流中的传播 ··· 110
§3-2 膨胀波的形成及特点 ··· 113
§3-3 微弱压缩波 ·· 115
§3-4 弱波的普朗特-迈耶流动解 ·· 116
§3-5 弱波的反射和相交 ·· 123
§3-6 激波的形成和激波的传播速度 ·· 129

§3-7 正激波 ··· 133
§3-8 斜激波 ··· 139
§3-9 激波的反射和相交 ··· 149
§3-10 锥面激波 ··· 154
§3-11 空气喷气发动机超声速进气道的激波系 ··························· 156
§3-12 运动激波的概念 ··· 158
习题 ··· 161

第四章 一维定常管流 ·· 164
§4-1 变截面管流 ·· 164
§4-2 收缩喷管 ··· 168
§4-3 拉伐尔喷管 ·· 176
§4-4 内压式超声速进气道 ·· 185
§4-5 超声速风洞——多喉道管流 ··· 190
§4-6 摩擦管流 ··· 193
§4-7 换热管流 ··· 207
§4-8 变流量管流 ·· 216
§4-9 一般的一维定常管流 ·· 223
习题 ··· 233

第五章 多维流动流体运动分析 ··· 236
§5-1 流动过程中物理量的变化 ·· 236
§5-2 流体微团的运动分析 ·· 243
§5-3 无旋流动及其性质 ·· 251
§5-4 旋涡运动的基本理论 ·· 256
习题 ··· 265

第六章 无黏性可压缩流体多维流动基本方程 ································ 267
§6-1 雷诺输运定理 ·· 267
§6-2 无黏性可压缩流体动力学的基本方程 ······························ 269
§6-3 可压缩理想流体动力学的基本方程组 ······························ 298
§6-4 理想流体运动的初始条件和边界条件 ······························ 302
§6-5 无旋流动的速度势方程 ··· 303
§6-6 二维定常流动中的流函数和流函数方程 ··························· 306
§6-7 气体动力学问题的各种解法 ··· 315
习题 ··· 315

第七章 不可压理想流体的定常二维无旋流动 ································ 320
§7-1 不可压平面势流的速度势方程和流函数方程 ······················ 320
§7-2 基本解的叠加原理 ·· 322
§7-3 几种简单的平面势流 ·· 322
§7-4 几种简单平面势流的叠加 ·· 327
§7-5 均匀流绕圆柱体的有环流流动 ······································· 331
§7-6 镜像法简述 ·· 334

§7-7 不可压理想流体的定常轴对称无旋流动 ·· 336
 习题 ·· 344

第八章 小扰动线化理论 ··· 346

§8-1 速度势方程的线性化 ·· 346
§8-2 边界条件的线性化 ··· 349
§8-3 压强系数的线性化 ··· 351
§8-4 亚声速气流沿波形壁的二维流动 ·· 352
§8-5 亚声速气流绕薄翼型流动的相似律 ·· 357
§8-6 超声速气流沿波形壁的二维流动 ·· 363
§8-7 超声速气流绕薄翼型流动 ·· 366
 习题 ·· 370

第九章 定常二维超声速流的特征线法 ······································· 373

§9-1 引言 ··· 373
§9-2 特征线法的一般理论 ·· 373
§9-3 特征线法在定常二维无旋超声速流动中的应用 ······································ 380
§9-4 特征线法的数值运算 ·· 384
§9-5 特征线法在定常二维(平面或轴对称)有旋超声速流动中的应用 ············ 391
§9-6 计算有旋流的特点 ··· 396
§9-7 小结 ··· 396
 习题 ·· 397

第十章 非定常一维均熵流动 ·· 399

§10-1 引言 ··· 399
§10-2 微弱扰动在管内的传播 ·· 400
§10-3 扰动前后气流参数的变化 ··· 402
§10-4 微弱波的反射和相交 ··· 404
§10-5 非定常一维均熵流的特征线法 ··· 410
§10-6 非定常一维均熵流动的一般特征 ·· 413
 习题 ·· 417

第十一章 黏性流体动力学基础 ··· 420

§11-1 黏性流体运动的两种流态 ··· 420
§11-2 黏性流体动力学的基本方程 ··· 422
§11-3 流体动力学的相似律 ··· 438
§11-4 不可压缩黏性流体动力学的几个解析解 ··· 443
§11-5 紊流流动的雷诺方程 ··· 450
§11-6 普朗特混合长度理论 ··· 454
§11-7 圆管内的紊流流动 ·· 460
§11-8 附面层概念和附面层几种厚度的定义 ··· 472
§11-9 二维不可压缩流体附面层的微分方程 ··· 476
§11-10 平壁面层流附面层的布拉休斯解 ·· 479
§11-11 动量积分关系式解法 ··· 484

§11-12　曲壁附面层的分离 …………………………………………………… 493
　　§11-13　附面层与激波的相互干扰 ……………………………………………… 496
　　§11-14　紊流自由射流概述 ……………………………………………………… 498
　　习题 ……………………………………………………………………………………… 505

第十二章　翼型和机翼的基本理论 ……………………………………………………… 510
　　§12-1　翼型的几何特性 …………………………………………………………… 510
　　§12-2　低速气流绕翼型流动 ……………………………………………………… 513
　　§12-3　平面薄翼型的气动力特性 ………………………………………………… 518
　　§12-4　亚声速流中的翼型 ………………………………………………………… 524
　　§12-5　翼型的跨声速性能 ………………………………………………………… 526
　　§12-6　超声速翼型简介 …………………………………………………………… 532
　　§12-7　有限翼展机翼简介 ………………………………………………………… 534
　　习题 ……………………………………………………………………………………… 536

附录A　矢量分析和场论基本运算公式及正交曲线坐标系 ………………………… 538
　　Ⅰ　矢量分析和场论基本运算公式 ……………………………………………… 538
　　Ⅱ　正交曲线坐标系 ……………………………………………………………… 539

附录B　可压缩流函数表 ………………………………………………………………… 548
　　表1　标准大气表 ………………………………………………………………… 548
　　表2(a)　一维等熵流气动函数表($k=1.4$)(以Ma为自变量) ………………… 550
　　表2(b)　一维等熵流气动函数表($k=1.4$)(以λ数为自变量) ………………… 556
　　表2(c)　一维等熵流气动函数表($k=1.33$)(以λ数为自变量) ……………… 560
　　表2(d)　一维等熵流气动函数表($k=1.25$)(以λ数为自变量) ……………… 565
　　表3　二维超声速气流等熵变化数值表或二维超声速气流绕外钝角的加速流
　　　　　函数表($k=1.4$) ………………………………………………………… 570
　　表4　正激波前后气流参数表(完全气体$k=1.4$) ……………………………… 572
　　表5　斜激波前后气流参数表(完全气体$k=1.4$)(β取为整数) ……………… 576
　　表6　斜激波前后气流参数表(完全气体$k=1.4$)(δ取为整数) ……………… 596
　　表7　有摩擦的直等截面管道中绝热流动的数值表(完全气体$k=1.4$) …… 606
　　表8(a)　附加流量垂直于主流($k=1.4$) ……………………………………… 608
　　表8(b)　附加流量垂直于主流($k=1.2$) ……………………………………… 611

部分习题参考答案 ………………………………………………………………………… 613

参考文献 …………………………………………………………………………………… 620

绪　论

一、气体动力学的学科名称与涵义

气体动力学是经典力学中牛顿力学的一个重要学科。简单地说，由伽利略、牛顿等创立的牛顿力学，从研究刚体动力学（理论力学），到研究弹性体力学（材料力学、弹性力学），自然地发展到近代、现代大规模地研究流体特别是气体的动力学，已经历了400多年的历史进程。这是人类探索客观世界这一过程的自然发展，并正在继续深入下去。

研究流体的动力学的学科名称较多。大略地说，流体力学（Fluid Dynamics）主要是指研究不可压缩的黏性的流体动力学（Incompressible Fluid Flow），例如水和低速流动空气（流速远小于声音传播速度）的动力学；空气动力学（Aerodynamics）主要是指研究不可压缩和可压缩的流体动力学，例如空气以超声速的速度绕流过一个飞行器时的动力学；气体动力学（Gas Dynamics）则同样是研究不可压缩和可压缩的流体动力学，但更强调分析、理解和计算在各种流动着的气体中加入或抽出热能或机械能时的流体动力学，甚至于要研究气体流动中伴有化学反应的流体动力学，例如气体从内部流过航空涡轮式发动机、冲压式发动机、火箭发动机时的流体动力学。因此，空气动力学和气体动力学也称为气动热力学（Aerothermodynamics）。通常，研讨气体运动中最重要的基本物理概念和基本方法的学科，仅需要以一维空间为物理背景，因此称其为一维气体动力学（One-Dimensional Gas Dynamics），也称为可压缩流体力学（Compressible Fluid Dynamics）。深入研究气体的运动及其在工程上的应用，则需要以时间和三维空间为物理背景，这就是一般所称的气体动力学。

二、气体动力学的研究对象与研究特点

气体动力学是在连续介质的假设下，研究可压缩、有加热、加功效应、可含化学反应的气体介质的运动规律，和气体与固体之间有相对运动时的相互作用力的学科。现代它以研究气体高速运动的规律和作用力为主要特征。

牛顿力学在研究有限个质点的动力学，例如星际运动时，所研究的对象是质点和质点系，诸质点之间的相互位置关系虽然可以随时间变化，但仍然是确定的。而客观上，对于流体的大量质点，它们之间的相互位置的瞬时可确定性，质点和质点系随时间发展永无止境的可变形性，变形之后相互位置的永不可恢复性，是流体运动区别于固体运动的最大本质不同。因此，牛顿力学在研究流体运动时，主要不采用区别每一个质点个体的思想，而是采用适用于质点系整体的宏观运动的基于牛顿运动定律的流体动力学理论。

物理学告知我们，气体是一种可压缩流体。但是，当气体做低速运动时，由于气体的压强、温度变化较小，引起的密度变化也很小，故通常可以忽略气体的压缩性，而把低速气体流动当做不可压缩流动来处理。然而，当气体做高速运动时，气体的密度、压强和温度有显著的变化，则必须按可压缩流动来处理。在这种流动的过程中，总是伴随有热力过程的变化，例如，气体在收缩喷管内的流动，气体压强下降，速度增大（动能增大），温度降低（热焓减小），密度减小。在忽略黏性及与外界无热交换的条件下，它们又可作为等熵流动过程来处理。因此，考虑气流

的可压缩性效应,是气体动力学的重要特征。在流体动力机械中,会遇到许多可压缩流动问题,例如,气体在扩压器和喷管内的流动,气体绕过压气机叶栅或涡轮叶栅的流动,等等。

因此,研究可压缩流动是以流体动力学及热力学两方面的若干基本物理定律为其理论基础的。这些定律是:质量守恒定律、牛顿第二运动定律(以及第一、第三运动定律)、热力学第一定律和热力学第二定律。由上述4个基本定律所导出的气体动力学控制方程组,即连续方程、动量方程、能量方程和熵方程,是研究气体流动规律的基础。为使流动物理现象可求解即使方程组封闭,还必须联系关于工质物质的属性的若干定律和方程,称其为物质的本构方程,例如气体状态方程、傅里叶热传导方程、牛顿黏性定律等。此外,在稀薄气体动力学(Rarefied Gas Dynamics)的研究中,还要用到统计物理学的理论结果。

对于气体动力学及其工程应用的范畴,还可作如下的分类:按亚声速流动、跨声速流动、超声速流动、高超声速流动分类;按一维流动、二维流动、三维流动分类;按定常流动、非定常流动分类;按内流问题(燃气轮机、喷气发动机、发动机风洞)、外流问题(飞行器、飞行器风洞)分类;按气流中无化学反应、有化学反应(含有燃烧)分类;按气流参数连续变化、突越变化(含有激波、含有超声速爆轰燃烧波)分类。

三、气体动力学的发展简史

先看流体力学的早期研究阶段。该阶段中出于满足工程需求的大量实验流体力学研究,和数学物理学家的理论流体力学研究,是分头发展的。牛顿(Newton,1687)研究了流体运动时的黏性剪切力,得出著名的牛顿黏性定律。据记载,1635年就有人用枪声测量声速。牛顿(1687)在牛顿力学的奠基性名著《自然哲学的数学原理》中,以及后来的欧拉(Euler,1759),拉普拉斯(Laplace,1816)则都分别尝试了空气中声速的计算,最后拉普拉斯得到了正确的声速公式,前后共历时130年。欧拉提出了流体力学的连续性假设,首先建立了不可压缩流体运动的连续性方程(1752),然后,在先忽略流体黏性的条件下,也就是对于理想流体,欧拉又给出了流体的动量方程(1755)。纳维(Navier)、泊松(Poisson)、圣维南(Saint-Venant)、斯托克斯(Stokes)(从1822年至1845年)建成了流体力学的黏性不可压缩流动的Navier-Stokes方程组。圣维南研究了蒸汽机汽缸小孔的气体流量,圣维南等(1839,1855)还给出了气体通过小孔时速度的计算公式,这是气体动力学解决的第一批实际问题之一。可见,流体力学的早期研究阶段就已经涉及到了气体动力学的基础性问题。

气体动力学的专门研究可以说开始于19世纪60年代。从1850年左右至1930年左右,由于工程上的蒸汽机改进、炮弹爆炸技术等的发展,均涉及到了大量的可压缩性气流的问题。1903年飞机问世(其中莱特兄弟(Wright brothers,1901)利用自建的小风洞大量实验了不同形状的机翼模型),随着飞行速度的提高,螺旋桨叶尖也遇到了气流的可压缩性问题。在这个时期,创立了一系列的经典理论。下面仅述及有代表性的。

在前人工作和自己推导的基础上,斯托克斯(1848)认为,在数学上发现并确立的气流中的有限间断面,将被气体的黏性抹平而在现实中不会发生。黎曼(Riemann,1860)发表了关于有限振幅波在气体中传播的重要论文,他独立地又一次发现并详细讨论了间断波,但他事实上采取了气体穿越波面是绝热且可逆过程的错误假设。朗金(Rankine,1869)作出了《有限纵向扰动波的热力学理论》的研究报告,即提出气体中的绝热的强扰动波——激波的理论。另一方面,十余年后贝特洛(Berthelot,1881)等、马兰德(Mallard,1881)等分别在管中的普通燃烧实验中不期而发现了管中火焰传播速度可高达2km/s或更高(声速的3倍~10倍)的超声速燃烧现象,即由激波后紧跟着燃烧波所形成的爆轰波现象。它由燃烧以亚声速传播的普通的爆燃波现象在管中自然加速而形成。雨贡纽(Hugoniot,1887)对于此类现象则得到了Hugoniot曲线,统一地表达了爆轰和爆燃两种燃烧现象,其中仅仅使用了对于流动总质量的宏观控制体中的气动关系,并提出了表达形式更好的跨越激波并且伴有一个加热现象,即非绝热时的能量守恒方程。同时明确分析出当绝热地跨越激波,所经历的也是一个熵增过程。因此现今称绝热激波前后气体物理参数变化的基本理论公式为朗金-雨贡纽关系式。可见,确立并正确认识激波这一物理现象又至少花费了40年。

之后,查普曼(Chapman,1899)和儒盖(Jouguet,1905)仍用总质量的宏观控制体方法各自独立地创立了平稳自持爆轰理论(C-J理论),后者后来还写出第一本爆炸力学著作《炸药的力学》。这方面后来的发展还有,Zeldovich、von Neumann和Doring(1940—1943)等提出了爆轰波的ZND一维波结构模型,Gross和Nicholls等(1959)分别获得了在管中驻定的爆轰波。爆轰现象和有可能的其它种类的超声速燃烧现象,极大地鼓舞着人类研究它们在近地空间即25km~100km高度上的马赫数6~20的高超声速飞行中的应用,但至今这一理想仍未实现,是当今各航空大国竞相投入研究的热点。

在发现激波现象的同一时期,瑞利(Rayleigh,1878)写成了两卷名著《声学理论》。拉伐尔(Laval,1882)在研制蒸汽轮机的蒸汽喷嘴时发明了收缩扩张形喷管,使人类第一次得到了超过声速的气流,其后,由斯多道拉(Stodola,1903)以及普朗特和迈耶(1908)观测了这种喷管的流动特性。雷诺(Reynolds,1883)提出了流动的动力相似律中的雷诺数,又给出了气体一维管流的分析解(1885),还提出了流体湍流流动中的雷诺应力(1895)。马赫(Mach,1887)经弹丸实验发表了关于抛射物体以超声速运动时所产生的波的观察,发现超声速流动的特征是流速与声速之比V/a,得出了马赫角关系。其后,阿克来(Ackeret,1929)把流速和声速之比命名为马赫数。

20世纪初恰普雷金(С.А.Чаплыгин,1902)发表了著名的博士论文《论气体射流》,其中用速度图法研究气体亚声速射流,对此后一段时间内近声速飞机受气流作用力影响的研究有重要意义。茹科夫斯基(Жуковский,1904年至1920年代)领导的研究组得出库塔(Kutta)-茹科夫斯基定理,和恰普雷金-茹科夫斯基假说或库塔条件,是机翼或任意流线形固体的贴体绕流运动的速度环量Γ与固体所获得升力之间的解析解这些奠定了飞机气动设计的基础。该研究组还给出了螺旋桨理论。

气体动力学最早的系统研究是由普朗特(Prandtl,1904年至1920年代)所领导的研究组进行的。普朗特提出了斜激波理论,其激波面与来流不垂直,是最常见和应用的现象。普朗特(1907)和迈耶(Meyer,1908)又提出了膨胀波理论,膨胀波理论也称为普朗特-迈耶流动理论,是关于超声速气流逐渐改变流速时所必然经过的弱膨胀波和弱压缩波的理论。普朗特的风洞实验技术、流体边界层理论(1904)、湍流理论、机翼举力线理论、举力面理论等,开创了理论流体力学与实验流体力学的结合,奠定了现代流体力学与气体动力学研究的基础。关于圆锥激波解则先由布兹曼(Busemann,1928)提出图解法,后又由泰勒和马克尔(Taylar and Maccoll,1933)提出数值解。此外,在气体动力学方程组的降维简化与求解方法方面,速度图法、小扰动线性化方法(阿克来,1928;布兹曼,1930)都在20世纪初期相继问世,而19世纪末就出现的特征线方法在1930年代以后得到很大的发展和应用(例如,普朗特和布兹曼,1929)。

现代,从20世纪30年代至40年代末,中间经历第二次世界大战。亚声速螺旋桨飞机飞行速度达到0.5倍~0.6倍声速的发展需求,火箭喷气技术(1944),喷气式发动机技术(1939,1941)等的出现,促进了气体动力学的理论、实验和工程应用的日趋成熟。普朗特的学生卡门

(Karman,1930年至1940年代)所领导的研究组是这阶段又一有影响力的研究组。卡门的机翼举力面理论、机翼非定常流理论、非线性小扰动方法,卡门和钱学森(1938)的跨声速机翼理论、高超声速气动阻力和气动加热理论、薄板浅壳的屈曲理论,钱学森和郭永怀(1946)的高超声速相似率,为当时开始的跨声速飞机、超声速飞机的设计奠定了基础。

这一阶段同时出现了一些优秀的空气动力学、气体动力学、燃烧学和喷气推进原理的教科书。例如李普曼和鲍凯特(Liepmann and Puckett,1947)著《可压缩流体空气动力学引论》,柯朗和费里德里希(Courant and Friedrichs,1948)著《超声速流与激波》,唐纳德森、萨默菲尔德、查雷(Donaldson,summerfield,Charyk,1947年至1964年)等合著《高速空气动力学及喷气推进丛书》等。

从冷战的20世纪50年代至90年代直至21世纪初,涡轮喷气式超声速飞机、超声速冲压飞行器、高超声速近地空间冲压飞行器(飞行马赫数5～30)、航天运载器、空天飞行器重返大气层技术、航宇探索飞行器、燃气轮机地面动力装置技术等发展的需求,更带动了气体动力学进入新的发展领域。例如,在飞机领域,惠特科姆(Whitcomb,1952)提出跨声速面积律,琼斯(Jones,1953)提出超声速面积律等。

这一阶段也相继出现了一些优秀的气体动力学教科书。例如,阿勃拉莫维奇(Абрамович,1953)著《实用气体动力学(增订第二版)》,夏皮罗(Shapiro,1953)著《可压缩流动的动力学与热力学》,М. Е. Дейч(1961)著《工程气体动力学》,А. И. Борисенко(1962)著《发动机气体动力学》,J. A. Owczarek(1964)著《气体动力学基础》,奥斯瓦梯许著、徐华舫(1965)译《气体动力学》,M. J. Zucrow和J. D. Hoffman(1976)著《气体动力学》等。这些著作对于中国的气体动力学理论研究与教学起到了重要的作用。

在叶轮机械理论领域,吴仲华(1952)变换出了在扭曲的流面(或称二维流形)上的无黏性气体动力学方程组,得到叶轮机械气动设计与分析的三元流动通用理论。吴仲华(1976)后来还提出在叶轮机械基于流面的气体动力学设计与分析中使用非正交的曲线坐标系,并得到了这种情况下使用流函数方法的控制方程。

在稀薄气体动力学领域,包特纳加(Bhatnagar,1954)等提出了用以简化统计物理学中玻耳兹曼(Boltzmann)输运方程右端碰撞项的BGK模型方程方法。布罗德伟(Broadwell,1964)提出了求解速度空间间断近似的玻耳兹曼方程的方法。气体动力学还出现了其他新的分支,例如,气动声学(Aeroacoustics)、多相流动力学(Multiphase Fluid Dynamics)、高温气体动力学(High Temperature Gas Dynamics)、等离子体动力学(Plasma Dynamics)、电磁流体动力学(Magnetohydrodynamics)、宇宙气体动力学(Cosmic Gasdynamics)等。

20世纪60年代以来,随着计算机和数值计算方法的发展,用数值方法来求解气体动力学的经过各种方法化简的控制方程组,解决了以往用解析方法无法解决的复杂流动问题。如跨声速流动的势函数方程的数值求解。特别是90年代中期以来,计算机技术和计算流体力学(Computational Fluid Dynamics,CFD)方法发展到了可以实际应用于科学研究和工程设计的阶段。可以直接求解用气体流动的速度、压力等原始物理参数(原参数)写出的三维非定常黏性气体动力学基本方程组,极大地提高了科学研究与工程设计的劳动效率。非定常气体动力学(Unsteady Gas Dynamics)和气动声学大计算量的数值研究也得以实现,并引起人们的高度重视。在稀薄气体动力学中,用计算机直接模拟统计物理学中的分子运动,直至其所对应的宏观流动的方法,也在基础研究中大量应用,甚至于在复杂外形航天飞机的升阻比计算中取得了与飞行测量数据有出色相符的结果(伯德Bird,1990)。同时,对无法用实验手段模拟的气体流动问题,也已经可以用数值方法来模拟。因此,CFD数值计算方法在气体动力学研究中的作用和地位不断提高,成为继理论研究、实验研究之后的第三大研究方法,所取得的成就是空前的。

四、本书的范畴与特点

现代气体动力学的内容十分丰富。限于学时,本书只能讨论一些气体动力学的基本内容,而且主要研究一维空间和多维空间的无黏性气体动力学(Inviscid Gas Dynamics),并侧重于内流气体动力学(Internal Flow Gasdynamics)。但本书也附带了黏性流体动力学(Viscous Fluid Dynamics)及其工程应用的基础知识,与外流空气动力学(Aircraft Aerodynamics)翼型和机翼的基本理论。一维气体动力学研究的特点是,注重理解物理概念,使用基本物理定律,加以使用一维控制体数学模型。多维气体动力学(Multi-Dimensional Gasdynamics,二维、三维、非定常)则注重使用高等数学来推导,用于计算机求解空间—时间自变量域内的精细流场问题,和用于推导各种降维数学模型。为使数学工具简化,本书的多维气体动力学仍主要采用标量写法来表达。

第一章 基 本 知 识

气体动力学是研究气体与物体之间有相对运动时,气体的运动规律以及气体和物体间的相互作用(如力和热的作用等)的一门科学。气体动力学是流体动力学的一个分支,它是随着航空科学技术的发展而发展起来的,而它的发展又进一步推动了航空科学技术的发展。

本章将简要地介绍气体动力学中最常用到的一些基本知识,其中包括:连续介质的概念、气体的基本性质、作用在流体上的力、流体静力学知识、研究流体运动的方法和一些基本概念等。所有这些基本知识,都将为以后问题的讨论奠定必要的基础。

§1-1 连续介质的概念

一、连续性假设

大家知道,任何实际气体都是由大量微小的分子所构成,而且每个分子都在不断地作无规则的热运动。分析物质运动的最基本方法是对每一个分子运用运动定律,分析每一个分子的运动规律,然后用统计方法求得大量分子微观量的平均值。这种研究方法,通常称为统计力学的方法,它对于实际计算显得太繁琐。

因为气体动力学的任务是研究气体的宏观运动规律,所以,在气体动力学的领域里,一般可以不考虑实际气体的微观结构[①],而另用一种简化的模型来代替气体的真实微观结构。1753 年欧拉采取了一个基本假设,按照这一假设,流体(液体和气体的统称)充满着一个体积时是不留任何自由空隙的,其中没有真空的地方,也没有分子间的间隙和分子的运动,即把流体看作是连续的介质。这种假设称为连续性假设或稠密性假设。在大多数情况下,利用这个基本假设所得到的计算结果和实验结果符合得很好。

由连续介质概念所带来的最大简化是:我们不必研究大量分子的瞬时状态,而只要研究描述流体宏观状态的物理量,如密度、速度、压强等就行了。在连续介质中,可以把这些物理量看作是空间坐标和时间的连续函数[②]。因而在处理气体动力学问题时,就可以广泛地应用数学上有关连续函数的解析方法。

连续性假设在一定条件下是完全合理的。我们以气体作用于物体表面上的力为例来说明这个问题。由物理学知道,在标准情况下,$1cm^3$ 的空气包含有 2.69×10^{19} 个分子,空气分子间的平均自由行程 $\bar{l} = 7 \times 10^{-6} cm$,它和我们所要研究的在气流中的物体的特征尺寸($L$)比较起来是极其微小的。例如,航空发动机的压气机叶片弦长都以厘米计,要比空气分子的平均自由行程大得多,即 $\bar{l}/L$ 为一个很小的数值。在这种条件下,按照气体分子运动论的观点,由于作

[①] 在研究气体的输运性质时,才需要考虑气体的微观结构。
[②] 在奇点处例外。

热运动的大量气体分子不断地撞击物体表面的结果,产生了作用于物体表面上的力。它应该是大量气体分子共同作用的统计平均结果,而不是由个别分子的具体运动所决定的。因而我们不需要详细地研究个别分子的运动,而将气体看成是连绵一片的连续介质,以宏观的物理量来表征大量分子的共性——统计平均特性。

航空工程上除了在飞行高度很大和某些特殊的情况(如研究激波内部结构时)之外,$\bar{l}/L$ 总是很小的数值,因而可以应用连续性假设。

通常认为,只有当 $\bar{l}/L \geq 0.01$ 时,连续性假设才不适用。此时,气体的分子平均自由行程和物体的特征尺寸可以相比拟。通常在大气中,空气分子的平均自由行程随高度增加而增加,例如在 120km 高度,空气分子的平均自由行程达 300mm,这时就不能再应用连续介质的概念而必须考虑气体的分子结构了。这个范围的气体动力学叫做稀薄气体动力学,本书将不讨论这类问题。

二、连续介质中一点处的密度和速度

根据连续介质的概念,我们可以确定一点处密度的定义。在充满连续介质的空间任取一点 P,Δv 是包括点 P 的一个小体积,如图 1-1(a)所示。小体积 Δv 内流体的质量为 Δm,其比值 $\Delta m/\Delta v$ 称为小体积 Δv 内流体的平均密度。首先假定 Δv 比较大,然后围绕点 P 使其逐渐缩小。于是 $\Delta m/\Delta v$ 对 Δv 的曲线便由图 1-1(b)表示。起初,$\Delta m/\Delta v$ 随 Δv 的缩小趋近于一渐近值,这是因为 Δv 越小,包含在小体积内的气体分子分布越来越均匀的缘故。但是,当 Δv 进一步缩小到非常小,使小体积 Δv 内的分子数已减少到这样的程度,即随机进入和跑出此体积的分子数不能随时平衡时,体积 Δv 中的分子数也将随机波动,致使平均密度随时间发生忽大忽小的变化,因而 $\Delta m/\Delta v$ 就不可能有确定的数值。于是我们可以设想有这样一个最小体积 Δv_0,它与我们所研究物体的特征尺寸相比是微不足道的,可以看成是一个流体性质均匀的空间点;但它与分子的平均自由行程相比却要大得多,同时它还包含足够多的分子数目,使得密度的统计平均值有确切的意义。在气体动力学中,把这个最小体积 Δv_0 内的平均密度定义为一点(如 P 点)处的密度,即

$$\rho = \lim_{\Delta v \to \Delta v_0} \frac{\Delta m}{\Delta v} \tag{1-1}$$

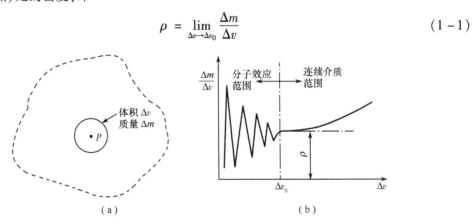

图 1-1

由此可见,连续介质中的一"点",实际是指一块微小的流体团,简称流体质点,它的大小是和 Δv_0 相比拟的。因此,连续介质本身可以看成是由无限多个连续分布的流体质点所组成。

关于连续介质中一点处的速度,就是指在某瞬时正与该点重合的流体质点的质心的速度。显然,它与质点内分子的运动速度不是同一的定义。

一点处的密度是一个标量,而一点处的流体速度则是一个矢量。连续介质中一点处密度、速度的定义,是十分有用的概念,它进一步阐明了关于连续性假设的实质。按同样推理,可以建立连续介质中一点处的压强、温度以及其它参数的概念。

三、气态连续介质中一点处的温度和压强的本质

一点处的温度和压强是气态连续介质的另两个重要的宏观物理属性。这是因为,首先,在各种热力学和力学参数中,温度、压强参数是最易于通过各类传感器来直接测量的宏观物理量。其次,热力学、气体动力学的主要应用对象——流体热力机械,实质上就是通过改变气态工质的温度、压强参数,来完成热能量和机械能量之间的能量转换过程的。

由克劳修斯等人创立于1857年的统计物理学指出,对于完全气体和稀薄气体,即密度、温度、压力不是极高的气体,其温度T是气体分子的平均平动动能$\overline{E}_K$的标志($\overline{E}_K$不包含分子自转运动的动能),T与$\overline{E}_K$成正比例关系,即

$$T = \frac{2}{3k}\overline{E}_K$$

式中　$\overline{E}_K = \frac{1}{2}mV^2$——$m$是每个气体分子的质量,$V$是分子的平均平动速度;

$k = 1.380662 \times 10^{-23}$(J/K)——玻耳兹曼常数。

因此,温度T在本质上的确代表一种能量,即分子热运动的全部能量。

但T所反映的运动是极大量分子的杂乱无章的热运动,如图1-2所示,这种运动的能量不能被全部转换成为宏观的机械能量。宏观的机械能量,简称为机械能,就是一种可作宏观机械功的能量,或说是一种有序的能量、高品质的能量。

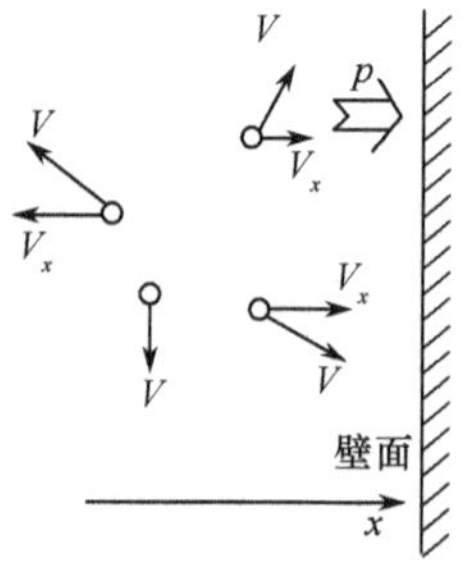

统计物理学又指出,气体的压强p在本质上也来源于极大量气体分子的热运动。p与动能$\overline{E}_K$也成正比例关系,即

$$p = \frac{2n}{3}\overline{E}_K$$

式中　n——单位体积内的分子数目。

图1-2

但与温度不同,容器壁面上所感受到的压强p,是靠近壁面区域的大量分子的无序热运动在壁面的法向单方向撞击壁面(或界面)时的动量变化所对应的合力$\sum F$的反映。如图1-2所示,一个可达到壁面的热运动分子以其x方向分速度V_x在x方向撞击壁面前后的动量变化为

$$m(-V_x) - mV_x = -2mV_x = F$$

式中　F——相应的弹性撞击力,而$\sum F \propto p$。

因此,压强p是一种在统计意义下有序的势能量(功PAL才是能量),是可以作宏观机械功的势能量,是一种宏观机械能量,而不仅是一般的泛泛的能量。例如,p可以爆炸作功。

故温度和压强参数所反映的都是气体中所含的能量,但分别是总能量和高品质的机械能部分。在提高工质中的总能量的基础上,进而提高总能量一定的流体热力机械工质中的机械能的含量,即减少工质的机械能损失,提高机器中工质循环的机械能效率,是热力学和气体动力学及其工程所一直努力追求的方向。

§1-2 气体的基本性质

为了研究气体的运动,必须首先知道关于气体的一些基本性质,下面我们将分别予以介绍。

一、气体的热力学性质

这里仅将气体动力学中常用到的有关气体的热力学性质,作一简要的复习。

由热力学知道,气体的状态可以用压强、温度、密度等参数来描述。实验表明,在这些基本参数之间存在着一定的关系,这个关系可表示为

$$f(p,\rho,T) = 0 \tag{1-2}$$

称为状态方程。如果忽略分子本身的体积和分子之间的相互作用力,即对完全气体而言,状态方程可以写成

$$p = \rho R T \tag{1-3}$$

式中 R——特定气体的气体常数,对于空气,$R = 287.06 \text{J/(kg·K)}$。

对于实际气体,当温度大大超过临界温度时,只要压强低于临界压强,(1-3)式均可给出满意的准确度。因此,在工程上,一般都可以把气体作为完全气体来处理。

气体的另一个重要性质是它的比热容。通常应用两种比热容,即定压比热容 c_p 和定容比热容 c_v,对于完全气体,它们之间存在下列关系

$$c_p - c_v = R \tag{1-4}$$

在热力学中,c_p 和 c_v 的比值是一个很重要的参数,称为比热容比或绝热指数,以符号 k 表示,即

$$k = \frac{c_p}{c_v} \tag{1-5}$$

对于完全气体来说,若其气体成分改变并且静温改变,则其气体常数 R 的值改变。例如作为完全气体看待的涡轮发动机燃气的 R 值常取为 287.4J/(kg·K)。又当完全气体的 R 值被确定后,则其比热容 c_p、c_v 和比热容比 k 的值只是温度 T 的函数。在进行理论分析及近似计算时,常常假设气体的比热容和比热容比是常数,称为定比热假设。

二、气体的压缩性

"压缩性"一词说明当流体的压强变化时,流体的密度 ρ 或比容 v 改变的程度。可压缩性是气体区别于其它流体的重要属性。

对于气体动力学研究来说,所关心的问题是气体在流动过程中密度是否会发生显著的改变。例如,对于气体在变截面管道内的绝热流动,当流动中气体的压强改变大时,密度的变化就大,相应地速度变化也就大。如果在整个管道内气体的速度都不大,则表明气体的压强改变很小,因而密度变化也很小,在此情况下,可以近似地假定气体的密度是不变的,认为是不可压流体。以后我们将证明,对于气体速度和气体声速之比小于0.3的气体绝热流动,就可当作不可压流动来处理。对于所有密度变化较大的气体流动,称为可压缩流动,气体在空气喷气发动机中的流动,一般都属于这一类流动,本书的重点就是讨论这一类流动。

顺便提一下,对于液体来说,压缩性是很小的,例如,压强由一个大气压增为1000个大气压时,水的体积的改变还不到5%。因此,在研究液体运动时,总是认为它们是不可压缩的(除

研究水中爆炸等个别情况外）。

三、气体的黏性

(一) 气体黏性的概念

由物理学知道，流动中的气体，如果各气体层的流速不相等，那么在相邻的两个气体层之间的接触面上，就会形成一对等值而反向的内摩擦力来阻碍两气体层作相对运动。气体的这种性质叫黏滞性或简称黏性。下面我们举一个例子来说明气体的黏性。

参看图1-3，将一块平板安装在风洞的试验段中，使板面平行于风洞的气流方向。在吹风时，用测量仪器可以测出沿板面法线方向的气流速度分布，在板面上速度为零，愈靠外速度愈大，直到离开板面一段距离 δ 的地方，速度才与未扰动气流速度 V_∞ 没有显著的差别。

平板附近气流速度出现上述分布情况，正是由于气体黏性作用的结果。想象将流过平板的气体分为许多平行于板面的薄层，紧靠板面的气体层由于气体分子和板面之间的附着力，完全贴在静止的板面上，速度为零。稍外的一层气体，由于与紧贴板面的那层气体有了相对运动，受到内摩擦力的阻滞作用，其速度也大大减小。稍外层气体的速度减小后，又与再外层的气体有了相对运动，又要阻滞再外层气体的运动，使其流速减小。这样一层层地影响下去，就有相当多层的气体，在黏性的作用下受到阻滞而减小了流速。结果就形成如图1-3所示的速度分布。

从分子运动论的观点来看，气体的黏性可作如下的解释：参看图1-3，在气流中取一平面 AA，与来流方向平行。由于分子无规则的热运动，位于 AA 上侧气体层的分子会跳入 AA 下侧气体层，在同一时间内，也会有相同数量的分子从 AA 下侧气体层迁移至 AA 上侧气体层。由于速度梯度的存在，上侧气体层的分子把较大的动量输运到下侧气体层；而下侧气体层的分子则把较小的动量输运到上侧气体层。下侧气体层在单位时间内动量的增量就等于上侧气体层作用在该气体层上的力（F），方向向右，使其加速。上侧气体层在单位时间内动量的减小就等于下侧气体层施加在该气体层上的反作用力（$-F$），方向向左，使其减速。由此可见，运动气体相邻各层间分子动量的交换乃是气体黏性产生的物理原因。

(二) 牛顿内摩擦定律

流体运动时的内摩擦力与哪些因素有关呢？应该怎样来确定呢？牛顿经过大量的实验研究，于1686年提出了确定流体内摩擦力的所谓"牛顿内摩擦定律"。

如图1-4所示，设有两块相距为 b 的平板 A 与 B，两平板间充满均匀的真实流体。平板面积足够大，以至可以忽略平板四周边界的影响。B 板固定不动，A 板在切向力 F 的作用下以速度 U 作匀速直线运动。

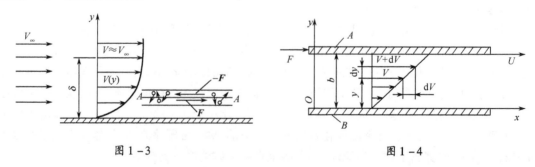

图1-3　　　　　　　　　　图1-4

由实验发现，流动具有下列特点：

(1) 与 A 板接触的流体黏附在 A 板上，并以速度 U 随 A 板运动；与 B 板接触的流体黏附

在 B 板上,速度为零;两板间的流体速度呈线性分布,即

$$V = \frac{U}{b}y \qquad (1-6)$$

(2) 切向力 F 与平板 A 的速度和接触面积(S)成正比,而与两板间的距离成反比,即

$$F = \mu \frac{U}{b} S \qquad (1-7)$$

式中 μ——与流体物理性质有关的比例系数,称为动力黏性系数,$N \cdot s/m^2$。

根据上述实验结果,我们可以作如下分析。流体对平板 A 单位面积上的作用力 τ 与单位面积平板对流体的作用力方向相反,大小相等,即

$$\tau = \frac{F}{S}$$

利用关系式(1-7),上式可写成

$$\tau = \mu \frac{U}{b} \qquad (1-8)$$

我们把 τ 称为切应力,N/m^2。

对于两平板间的任意两相邻流体层之间的切应力公式可写为

$$\tau = \mu \frac{dV}{dy} \qquad (1-9)$$

式中 $\frac{dV}{dy}$——速度梯度,即在垂直于流动方向单位长度上的速度变化。

实验进一步证明,这个结果可以推广到流体作任意层流(层流的概念见第十一章)直线运动中去。在图 1-5 所示的管内层流流动中,任意两相邻流体层之间的切应力公式仍为(1-9)式。

(1-9)式就是牛顿内摩擦定律的数学表达式。通常称为牛顿切应力公式。现说明如下:

(1) 牛顿切应力公式还可以推广到非直线层状流动的流场中去,但是它的形式将比(1-9)式复杂得多。必

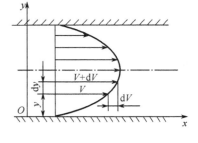

图 1-5

须指出,牛顿切应力公式只能应用于流体作层流运动的情况。对于非层流的流场中的切应力规律将在第十一章紊流理论中讨论。

(2) 牛顿内摩擦定律揭示了流体中切应力与速度梯度之间的关系。大家知道,流体在运动过程中如果各流层之间的速度不相等,即存在速度梯度,必然会产生一定的剪切变形。参看图 1-6(a),假设流体沿 x 轴方向作平行于 xz 平面运动,其速度仅仅沿 y 轴变化,我们来观察某一流体微团 abcd 的运动情况,在瞬时 t 该微团处在 A 的位置,经过 dt 时间后移动至 B 的位置。由于在每一层流体的上边界和下边界的速度是不相同的,因此,经过 dt 时间到达 B 的位置时,该流体微团的形状已经发生了变化,并以 $a'b'c'd'$ 表示。为了清楚起见,我们把这块流体微团放大并单划出来,参见图 1-6(b),流体微团的直角所发生的剪切变形 $d\theta$ 的正切可以表示为

$$\tan d\theta = \frac{\left(V + \frac{dV}{dy}dy\right)dt - Vdt}{dy} = \frac{dV}{dy}dt$$

由于 dθ 是无限小的,可以认为 $\quad$ dθ = tandθ

则可以求出剪切变形 $\quad$ d$\theta = \dfrac{dV}{dy}dt$

从而可以得出

$$\dfrac{d\theta}{dt} = \dfrac{dV}{dy} \qquad (1-10)$$

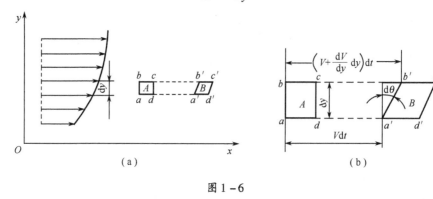

图 1 - 6

这就说明,在直线运动中,沿法线方向的速度梯度正好等于流体微团的剪切变形率。因此,(1-9)式所表示的牛顿内摩擦定律又可以表述为,流体中的切应力与剪切变形率成比例。这一表述法可以把牛顿内摩擦定律推广到一般空间流动的情况中去。

(3) 大量实验证明,一般气体和分子结构简单的液体都能很好地符合牛顿切应力公式,人们将这种流体称为牛顿流体,而把不符合该式的流体称为非牛顿流体。本书仅讨论牛顿流体。

(三) 黏性系数

黏性系数 μ 是流体黏性大小的一种度量,其大小与流体的物理性质和温度有关。根据实验,气体的黏性系数随温度的增高而增大。这是因为造成气体黏性的主要原因是由于气体内部分子无规则的热运动,使得速度不相同的相邻气体层之间发生质量和动量的交换。当温度升高时,气体分子无规则热运动的速度增大,速度不相同的相邻气体层之间的质量和动量交换随之加剧。所以,气体的黏性将增大。

每种气体的黏性系数随温度的变化可由实验数据表查得。

根据气体分子运动论,得出气体的黏性系数与温度的关系式为

$$\mu = \mu_0 \left(\dfrac{T}{273}\right)^{1.5} \dfrac{273+C}{T+C} \qquad (1-11)$$

式中 μ_0——$T = 273$K 时气体的黏性系数;

$\quad\quad C$——一个与气体的性质有关的常数。

对于空气来说,$\mu_0 = 1.711 \times 10^{-5}$ N·s/m^2,$C = 122$K。(1-11)式称为萨瑟兰(Sutherland)公式,它和实验结果相当符合。

除了动力黏性系数 μ 外,在气体动力学中还常用到 μ 和密度 ρ 的比值,称为运动黏性系数,以 ν 表示,即

$$\nu = \dfrac{\mu}{\rho},\ m^2/s \qquad (1-12)$$

因为它的量纲中仅有长度和时间,即具有运动量的量纲,故取名为运动黏性系数。

顺便提一下，液体的黏性系数要比气体的大得多，例如，当温度为20℃时，水的黏性系数为1.006×10^{-3}N·s/m²。此外，液体的黏性系数一般随温度的升高而迅速减小。这是因为液体的黏性主要是由分子间的内聚力造成的。温度升高时，分子间的内聚力减小，μ值就要降低。

（四）无黏性流体（理想流体）

黏性系数等于零的流体称为无黏性流体。

真实流体都是有黏性的，黏性的存在给流体运动的数学描述和处理带来很大的困难。因此，在某些情况下，往往首先用黏性系数为零的所谓无黏性流体模型来代替真实流体，以便较为清晰地揭示流体运动的主要特性，较为方便地求出流体运动的规律。然后根据需要考虑黏性的影响，对无黏性流体分析的结果加以修正。实际上，对于黏性系数较小的流体（如气体和水）的流动，只有在物面附近很薄的区域里，速度梯度比较大，流体才具有较大的黏性力，物面附近的这一区域称为附面层（附面层的概念详见第十一章）。在附面层外，流体的速度梯度很小，因而流体的黏性力很小，与惯性力相比可以略去不计。在这样的区域里，可以假设流体的黏性系数等于零，作为无黏性流体来处理。无黏性流体亦称为理想流体。

理想流体是人们为了解决实际问题对于真实流体所作的一种抽象模型。这种模型在流体力学的研究中起着很重要的作用。

四、气体的导热性

当气体中沿某个方向n存在着温度梯度时，热量就会由温度高的地方传向温度低的地方，这种性质称为气体的导热性。单位时间内通过垂直于n方向的单位面积所传递的热量q按傅里叶（Fourier）导热定律确定

$$q = -\lambda\frac{\partial T}{\partial n}, \text{W/m}^2 \tag{1-13}$$

式中 $\dfrac{\partial T}{\partial n}$——温度梯度，K/m；

λ——导热系数，W/(m·K)；

负号表示热量的传递方向永远与温度梯度的方向相反。

气体中热传导的物理本质与黏性类似。高温层内的气体分子的平均动能较大，低温层内的气体分子的平均动能较小，由于分子无规则的热运动，高温层内的分子与低温层内的分子相互碰撞、相互掺和，结果，从"热层"到"冷层"有热能的净迁移，这就是热量的传递。和气体的黏性系数一样，气体的导热系数也是随温度的增高而增大，其数值也是非常小的，例如常温时，空气的λ为2.47×10^{-2}W/(m·K)。当温度梯度不大时，可以忽略气体导热性的影响。

任何气体都具有上述的各种性质，但是，在任何情况下，这几种性质对气体流动的影响程度并不是相同的。在进行理论分析时，如果不分主次地把这些性质的影响都考虑进去，势必引起许多的困难。因此，应该根据具体情况，忽略某些次要因素的影响；或者首先抓住主要因素的影响进行深入的分析，然后再分析次要因素的影响，作必要的修正。

在气体动力学中，为了简化所研究的问题，在大多数情况下，假设气体是无黏性的、无导热性的、比热容为常数的完全气体。经验证明，这种假设在大多数的工程问题中是很接近实际情况的。在第十一章中我们将专门讨论黏性对气体流动的影响。

§1-3 作用在流体上的力

任何流体的运动都是在力的作用下进行的,因此,在研究流体的运动规律时,应该首先研究一下作用在流体上的力。

设想我们从研究的流体中划出一小块被封闭表面 S 所包围的体积为 v 的流体,以考察作用在其上的力(见图 1-7)。

作用在流体上的力可以分成两大类:(1)质量力;(2)表面力。

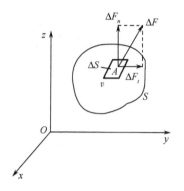

图 1-7

一、质量力

所谓质量力(或称体积力)是指作用在体积 v 内每一个流体质点上的力,其大小与流体体积或质量成正比,而与体积 v 以外的流体的存在无关。

质量力是作用在流体质量上的非接触力。例如,地球引力(重力)、电磁力就是两种质量力。此外,对于非惯性坐标系,质量力还应该包括惯性力。例如,气体在压气机或涡轮内运动时,取与转子以相同角速度旋转的动坐标系来研究气体的运动时,就要考虑惯性离心力和哥氏力。

我们规定用 $\boldsymbol{R}$ 表示作用在单位质量流体上的质量力,X、Y、Z 分别表示其在坐标轴 x、y、z 方向的分量,即

$$\boldsymbol{R} = X\boldsymbol{i} + Y\boldsymbol{j} + Z\boldsymbol{k} \tag{1-14}$$

式中 $\boldsymbol{i}$、$\boldsymbol{j}$、$\boldsymbol{k}$——沿坐标轴 x、y、z 的单位矢量。

二、表面力

所谓表面力是指作用在我们所研究的流体体积表面上的力,是由与这块流体相接触的流体或物体的作用而产生的。根据连续介质的概念,这个力是连续分布在所划流体表面上的。

参看图 1-7,在所研究的流体表面 S 上 A 点附近划取一基元面积 ΔS,将作用在其上的表面力 $\Delta \boldsymbol{F}$ 分解为与表面垂直的法向力 $\Delta \boldsymbol{F}_n$ 和与表面平行的切向力 $\Delta \boldsymbol{F}_t$,对于流体表面单位面积上所受的力来说,便是法向应力和切向应力(简称切应力)。在静止流体中,由于流体间没有相对运动 $\left(\dfrac{\mathrm{d}V}{\mathrm{d}y}=0\right)$,或是在运动的无黏性流体($\mu=0$)中,切向力 $\Delta \boldsymbol{F}_t$ 等于零,作用在 ΔS 上的力 $\Delta \boldsymbol{F}$ 就等于法向力 $\Delta \boldsymbol{F}_n$。这时,作用在 A 点附近单位面积上的法向力就定义为 A 点流体的压强,以符号 p 表示,即

$$p = \lim_{\Delta S \to \Delta S_0} \frac{\Delta F_n}{\Delta S} \tag{1-15}$$

应该注意,面积 ΔS_0 和体积 Δv_0 具有可以相比拟的尺度。

在静止流体或运动的无黏性流体中,按(1-15)式所定义的压强也就是热力学中的压强,其单位是 $\mathrm{N/m}^2$。

流体压强具有下列两个重要的特性:(1)因为流体分子之间的距离比固体的大得多,一般流体抵抗拉伸的能力很小,故压强的方向永远沿着作用面的内法线方向,即压强的方向永远指向作用面;(2)在静止流体或运动的无黏性流体中,某一点压强的数值与所取作用面在空间的

方位无关。下面就来证明这个问题。

首先考虑静止流体的情况。参看图 1-8,设在静止流体中,围绕点 A 取出一无限小的四面体,使该四面体的顶点 A 与选择的坐标系 $Oxyz$ 的原点重合,四面体的三个棱的边长分别是 dx、dy、dz。

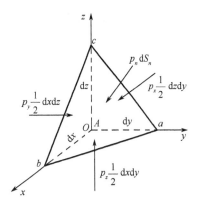

图 1-8

对于静止流体,其内摩擦力是不存在的,作用在四面体上的力只有质量力和表面力中的法向力。作用在表面 Abc 上的流体法向力应等于表面 Abc 上的流体压强和表面 Abc 的面积的乘积。由于所取的四面体是无限小的,可以认为作用在表面 Abc 上各点的流体压强都等于沿着 y 轴方向作用在 A 点的流体压强 p_y。因此,可以得出作用在表面 Abc 上的法向力为 $p_y \cdot \frac{1}{2}dxdz$;类似地可以得出作用在四面体 Aca、Aab 和 abc 上的法向力为 $p_x \cdot \frac{1}{2}dzdy$、$p_z \cdot \frac{1}{2}dxdy$、$p_n dS_n$($dS_n$ 为表面 abc 的面积)[①]。根据流体压强的第一个特性,这些力都是沿各个作用面的内法线方向。

作用在四面体上的质量力在坐标轴 x、y、z 方向的分量分别为

$$X\rho \cdot \frac{1}{6}dxdydz; \quad Y\rho \cdot \frac{1}{6}dxdydz; \quad Z\rho \cdot \frac{1}{6}dxdydz$$

因为该四面体是平衡的,所以作用在这四面体上的所有外力在各个坐标方向的投影之和必皆为零,从而可以写出在各个坐标方向的力学平衡方程式。在 x 轴方向

$$p_x \cdot \frac{1}{2}dydz - p_n dS_n \cos(n,x) + X\rho \cdot \frac{1}{6} \cdot dxdydz = 0$$

因为 $dS_n\cos(n,x)$ 是斜面 abc 在 yOz 坐标平面上的投影(以外法线表示表面的方向),即 $dS_n\cos(n,x) = \frac{1}{2}dydz$,所以将这个关系式代入上式,则得

$$p_x \cdot \frac{1}{2}dydz - p_n \cdot \frac{1}{2}dydz + X\rho \cdot \frac{1}{6}dxdydz = 0$$

比较一下式中各项无限小量的阶次。等号左边的前两项都是二阶无限小量,等号左边的第三项是三阶无限小量。这时,显然可以将后者忽略不计,则此式可简化成

$$p_x = p_n$$

同理,在 y、z 方向也可以作同样推导,最后得

$$p_x = p_y = p_z = p_n \tag{1-16}$$

对于运动的无黏性流体,同样可以得到(1-16)式。如果在运动的无黏性流体中取出如图 1-8 那样一个无限小四面体来建立动平衡的关系式的话,那么可以发现,和上面讨论所不同的地方,只在于多了一项为建立动平衡的关系式而加上去的惯性力,而惯性力是质量力,也是三阶无限小量,在建立动平衡的关系式时,将和重力同时略去,因而可以得出和(1-16)式相同的结果。

综上所述,可得如下结论:因为表面 abc 上法线 n 的方向是可以通过使用各种 dx、dy、dz

---

① 当四面体无限缩小时,表面 abc 上的压强就趋近于过给定点 A 外法线为 n 方向的面上的压强。

的比例来任意选定的,所以在静止流体或运动的无黏性流体中,任一点处的压强值沿各个方向都是相同的。也就是说,流体内部一点的压强大小与该点所在的作用面在空间的方位无关。因此,可以把流体压强看作是标量。对于运动的无黏性流体,压强是空间坐标和时间的函数;而对于静止流体,压强仅仅是空间坐标的函数。

对于运动的黏性流体,一点处的法向应力是随过该点的作用面在空间的方位改变而改变的。这时一点处的压强根据过该点的任意三个互相垂直的微面积上的法向应力的算术平均值来规定,并叫做该点的平均压强。一点处的平均压强,在一定的瞬时是一个确定的数值,即只是点的坐标与时间的函数。

§1-4 流体静力学知识

现在我们来研究一下静止流体中压强的变化规律,关于运动流体中压强的变化规律将在以后讨论。

一、流体静平衡微分方程式

在静止流体中,压强的变化和质量力是密切相关的,下面我们就利用力的平衡条件来导出它们之间的关系。参看图 1-9,设 $A(x,y,z)$ 为流体中的某一点,围绕 A 点取一微平行六面体,其边长分别为 dx、dy 及 dz,A 点位于此微六面体的中心,其压强为 p。因为流体是处于平衡状态,故作用在所取微六面体内流体上的合力应等于零。

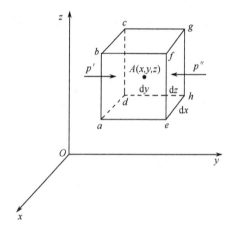

图 1-9

作用于此微六面体上的力有表面力和质量力。对于静止流体,因表面力的切向分力等于零,故作用于此微六面体的六个面上的表面力分别和六个面垂直。沿 y 轴方向的表面力,显然只有垂直于 y 轴的 $abcd$ 面和 $efgh$ 面上的法向力,令 p' 和 p'' 分别表示作用在 $abcd$ 面及 $efgh$ 面上的压强,则作用在其上的法向力分别为

$$p'dxdz \text{ 和 } -p''dxdz$$

p' 和 p'' 可以根据 A 点的压强 p 按泰勒级数展开且保留其一次项而求得,即

$$p' = p - \frac{\partial p}{\partial y}\frac{dy}{2} \text{ 和 } p'' = p + \frac{\partial p}{\partial y}\frac{dy}{2}$$

作用于该微六面体沿 y 轴方向的表面力则是

$$p'dxdz - p''dxdz = -\frac{\partial p}{\partial y}dxdydz$$

同理,可得作用于该微六面体沿 x 轴方向及 z 轴方向的表面力分别是

$$-\frac{\partial p}{\partial x}dxdydz \text{ 及 } -\frac{\partial p}{\partial z}dxdydz$$

作用于此微六面体上的质量力在 x、y 及 z 轴上的投影为

$$X\rho dxdydz, \quad Y\rho dxdydz \text{ 及 } Z\rho dxdydz$$

根据平衡条件,沿 x、y 及 z 轴的各力的总和应该等于零,即

$$-\frac{\partial p}{\partial x}dxdydz + X\rho dxdydz = 0$$

$$-\frac{\partial p}{\partial y}dxdydz + Y\rho dxdydz = 0$$

$$-\frac{\partial p}{\partial z}dxdydz + Z\rho dxdydz = 0$$

化简后,得

$$\frac{\partial p}{\partial x} = \rho X, \quad \frac{\partial p}{\partial y} = \rho Y, \quad \frac{\partial p}{\partial z} = \rho Z \qquad (1-17\text{a})$$

或写成矢量形式

$$\nabla p = \rho \boldsymbol{R} \qquad (1-17\text{b})$$

式中 $\nabla = \boldsymbol{i}\frac{\partial}{\partial x} + \boldsymbol{j}\frac{\partial}{\partial x} + \boldsymbol{k}\frac{\partial}{\partial x}$ —— 一个矢量化了的算子,称为哈密顿算子;

$\boldsymbol{R}$ —— 见(1-14)式。

(1-17)式称为流体静平衡微分方程式,是由欧拉在1755年首先推导出来的,因此,又称为欧拉静平衡微分方程式。它建立了流体在静平衡时压强、密度和单位质量力之间的关系。根据这个方程式,可以解决流体静力学中的许多基本问题。

由(1-17)式可见,在静止流体中压强的变化是由质量力决定的,只有在质量力不等于零的方向,才有压强的变化。故在垂直于质量力的方向,压强保持不变。由此可以推论:静止流体中的等压面和质量力垂直。

图1-10(a)表示容器中的液体的质量力只有重力的情形,等压面和重力垂直,是一个水平面。在自由面(液体和气体交界的液体表面)上压强都等于气体压强 p_0。图1-10(b)表示容器以加速度 a 往左运动时的情形,这时容器中单位质量液体的质量力,除重力 g 外,还有一个往右的惯性力 a,因为等压面与质量力(重力与惯性力的合力)垂直,所以液面不再水平而变成倾斜的了。当飞机作加速运动时,油箱中的液面就是这种情形。在设计油箱时应该考虑这一点,使在各种可能的条件下,油都能和管路接通。

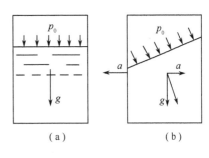

图 1-10

二、在重力作用下流体内部的压强

在一般情况下,静止流体只受到重力的作用。现在我们来讨论在这种情况下压强变化的规律。此时,图1-9所示的微六面体所受的质量力只有重力 $\rho g dxdydz$,显然,单位质量流体的质量力为 g,其方向是垂直向下的,与图1-9所选择的 z 轴方向相反。因此,可以得出在(1-17)式中单位质量流体的质量力在各个坐标轴方向的投影为

$$X = 0; \quad Y = 0; \quad Z = -g \qquad (1-18)$$

将(1-18)式代入(1-17)式后,得

$$\frac{\partial p}{\partial x} = 0; \quad \frac{\partial p}{\partial y} = 0; \quad \frac{\partial p}{\partial z} = -\rho g$$

上式说明,压强 p 只是 ρ 和 z 的函数,而与 x、y 无关,即

$$\frac{\mathrm{d}p}{\mathrm{d}z} = -\rho g \quad \text{或} \quad \mathrm{d}p = -\rho g \mathrm{d}z \tag{1-19}$$

(1-19)式是流体静力学的基本关系式。

对于重力作用下平衡的液体,可以认为是不可压缩的,即 $\rho =$ 常数。将(1-19)式积分,可以得出

$$p = -\rho g z + C = -\gamma z + C$$

或改写为

$$p + \gamma z = C \tag{1-20}$$

式中　　γ—— 液体的重度;

　　　　C—— 积分常数,由给定的边界条件决定。

通常说明液体内部某一点的位置时,总是以这一点在液体自由表面以下的深度来说明的。因此,引用深度 h 作为坐标轴,对于实际应用来讲是比较方便的。坐标轴 h 的零点在液体的自由表面上,方向向下,如图 1-11 所示。这时,可以将(1-20)式中的变量 z 代入变量 $-h$,则(1-20)式可以变换成

$$p = \gamma h + C \tag{1-21}$$

设在液体自由表面上($h = 0$)的压强为 p_0,则得积分常数 $C = p_0$,代入(1-21)式,便得

$$p = p_0 + \gamma h \tag{1-22}$$

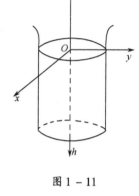

图 1-11

由上式可以看出,液体中任一点处的压强均由两部分组成,一部分是液体自由表面上的压强 p_0,另一部分是该点附近单位面积上液体柱的重量 γh。它清楚地表明了压强和重力之间的平衡关系。所有(对于自由表面的)深度相同的各点存在相同的压强 p,因此共同构成等压面。

各种重度不同的液体,可以互不混合地共同装在一个开口形状为任意的容器中保持着静止。经验表明,这些流体将各自形成水平的层次;最重的在最下层,最轻的在最上层。这种情况是不难理解的,因为整个流体只有当总的重心取最低位置时才能平衡。

重度不同的两种流体间的水平分界面,跟其它的水平切面一样,也是等压面。令 γ_1、γ_2、$\cdots$ 依大小次序($\gamma_1 < \gamma_2$,$\cdots$) 代表重度,第一个分界面上的压强(见图 1-12) 将是

$$p_1 = p_0 + \gamma_1 h_1$$

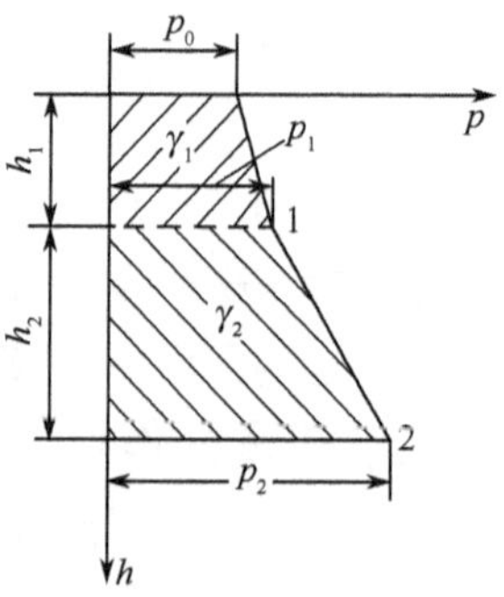

第二个分界面的压强则是

$$p_2 = p_1 + \gamma_2 h_2 = p_0 + \gamma_1 h_1 + \gamma_2 h_2$$

依此类推。

图 1-12

[例 1-1]　简单 U 形管测压计如图 1-13 所示。U 形管内放有水或水银,管的左侧与待测压强的气体接通,管的右侧通大气。

如果忽略重力对待测气体的压强分布的影响,则液体中 A 点的压强就等于容器中气体的

压强 p_m。因为 U 形管内是同一种液体，故在同一水平面（等压面）上的 A 点和 B 点的压强是相等的，即 $p_A = p_B$。在液体的自由表面上 C 点的压强等于大气压强 p_a。由(1-22)式，得

$$p_m = p_A = p_B = p_a + \gamma h$$

式中 γ—— 液体的重度，是已知的数值。

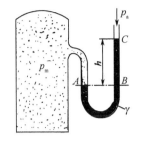

图 1-13

因此，我们只要用 U 形管测出液柱的高度差 h，再由气压计测出当时的大气压强 p_a，便可求出容器中气体的压强。

对于重力作用下平衡的气体，也就是一般所谓的静止气体，在所处的空间不是十分大的情况下，可以认为密度 ρ 是个常量，此时(1-22)式仍然是适用的。此外，对于存在于大多数工程设备中的气体，由于高度差 h 并不很大，而气体本身的重度 γ 又很小，故可以不考虑重力对气体压强分布的影响，认为空间各点的压强具有同一的数值。

对于大气来说，其密度、压强等状态参数随高度变化是很大的，密度 ρ 就不能再作为常数看待了。这时要积分(1-19)式，必须知道密度 ρ 和压强 p 之间的关系。只有在将具体的关系代入以后，将这两个变量化成一个变量时，才可能将(1-19)式积分。这个问题留在后面讨论。

三、绕定轴等速旋转的液体

设半径为 R 的圆柱形容器中装有液体（见图 1-14），容器静止时液体的深度为 H，现在使容器以等角速度 ω 绕其中心旋转轴旋转，容器内的液体也随之作等角速度转动。此时液体除受重力作用外，还受到惯性离心力的作用。为方便起见，将坐标原点放在旋转轴与容器底面的交点上，则单位质量液体所受的质量力为

$$X = \omega^2 x; \quad Y = \omega^2 y; \quad Z = -g \quad (1-23)$$

由(1-17a)式，可得

$$dp = \rho(Xdx + Ydy + Zdz) \quad (1-24)$$

将(1-23)式代入(1-24)式，有

$$dp = \rho(\omega^2 x dx + \omega^2 y dy - g dz) \quad (1-25)$$

在等压面上 $dp = 0$，积分上式，得

$$\frac{\omega^2 x^2}{2} + \frac{\omega^2 y^2}{2} - gz = C$$

式中 C——积分常数。

令 $r^2 = x^2 + y^2$

于是上式变为

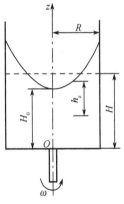

图 1-14

$$\frac{\omega^2}{2}r^2 - gz = C \quad (1-26)$$

它表明等压面是一簇旋转抛物面，不同的等压面有不同的 C 值。

自由液面也是一个等压面，在自由液面的最低点有

$$r = 0; \quad z = H_0$$

代入上式，可得

$$C = -gH_0$$

因此，自由液面的方程为

$$\frac{\omega^2}{2}r^2 - g(z - H_0) = 0$$

或

$$z = H_0 + \frac{\omega^2 r^2}{2g} \tag{1-27}$$

液体中的压强分布公式可由(1-25)式积分得到

$$p = \rho\left(\frac{\omega^2 x^2}{2} + \frac{\omega^2 y^2}{2} - gz\right) + C_1 = \rho\left(\frac{\omega^2 r^2}{2} - gz\right) + C_1 \tag{1-28}$$

设在自由表面上的压强为 p_0,则由边界条件

$$r = 0; \quad z = H_0; \quad p = p_0$$

可定出积分常数

$$C_1 = p_0 + \rho g H_0$$

把它代入(1-28)式,有

$$p = p_0 + \rho g\left[\left(H_0 + \frac{\omega^2 r^2}{2g}\right) - z\right] \tag{1-29}$$

式中 $\left(H_0 + \frac{\omega^2 r^2}{2g}\right) - z$——在自由液面以下的垂直深度。

令 $h_z = \left(H_0 + \frac{\omega^2 r^2}{2g}\right) - z$,则

$$p = p_0 + \rho g h_z$$

由上式可见,液体中某点的压强只是该点到自由液面的距离 h_z 的函数,在形式上它和惯性坐标系中的结果完全一样。

H_0 是容器旋转时自由液面的最低点的高度,根据质量守恒原理,旋转前后的流体体积相同,亦即

$$\pi R^2 H = \int_0^R z 2\pi r dr$$

将(1-27)式,代入上式,积分可得

$$H_0 = H - \frac{\omega^2 R^2}{4g} \tag{1-30}$$

因此,自由液面的方程最后可写成

$$z = H - \frac{(\omega R)^2}{2g}\left[\frac{1}{2} - \left(\frac{r}{R}\right)^2\right] \tag{1-31}$$

(1-30)式可用来测定高速转轴的转速。转轴通过一种传动装置和装置液体的圆筒容器连接起来,使轴的旋转传导到容器。这样根据容器中心处液面高度的变化($H - H_0$)就可以测定转轴的旋转角速度 ω。由(1-30)式,可得

$$\omega = \frac{2}{R}\sqrt{(H - H_0)g} \tag{1-32}$$

四、作用在平面上的流体的合力

在工程实际中,不仅需要知道流体内部的压力分布规律,而且需要知道与流体接触的不同形状、不同位置的物面上所受到的流体对它作用的合力。

如图 1-15 所示,假设 AB 为一块面积为 A 的任意形状的平板,倾斜放置在静止的重度为 γ 的液体中。它与液体自由表面的夹角为 θ,液体自由表面上的压强为 p_0。

首先分析作用在平板 AB 上的合力。为了便于分析,假设把平板绕 Oy 轴旋转 $90°$。在平板上取一微元面积 dA,作用在其中心点的压强为 p,且 $p = p_0 + \gamma h$。由于 dA 取得足够的小,可以认为作用在它上面的液体的压强都等于 p。因此作用在 dA 面上的合力应为

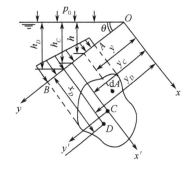

图 1-15

$$dF = p \cdot dA = (p_0 + \gamma h)dA = p_0 dA + \gamma y \sin\theta dA \quad (a)$$

因为流体是静止的,不存在切向力,所以作用在整个 AB 平板上的压强都是垂直于平板的。因此,作用在平板上的合力应为

$$F = \int_A p_0 dA + \int_A \gamma y \sin\theta dA = p_0 A + \gamma \sin\theta \int_A y dA \quad (1-33)$$

式中 $\int_A y dA$——平板面积 A 对于 x 轴的静力矩。

因此可以将它写成面积 A 与该面积的几何中心点(设 C 点为平面 A 的几何中心)到 x 轴的垂直距离的乘积,即

$$\int_A y dA = A \cdot y_C$$

式中 y_C——面积 A 的几何中心至 x 轴的距离。

因此,可得

$$F = p_0 A + \gamma \sin\theta \cdot A \cdot y_C = (p_0 + \gamma h_C)A \quad (1-34)$$

式中 $(p_0 + \gamma h_C)$——面积 A 的几何中心点处的静压强。

由此式可见,在静止液体中,作用在平面上的合力,等于作用在该平面几何中心点处的静压强与该平面面积的乘积。

下面进一步研究如何确定合力 F 的作用点,即压力中心(设 D 点为平面 A 的压力中心)。因为作用在平面 AB 上每一个微元面积上的压力都是互相平行的,所以作用在平面 AB 上每一个微元面积上所受的力对 x 轴的静力矩之和应该等于作用在面积 A 上的合力对 x 轴的静力矩,即

$$F \cdot y_D = \int_A dF \cdot y \quad (b)$$

式中 dF——作用在微元面积 dA 上的合力;
y——微元面积中心到 x 轴的距离;
y_D——合力作用点到 x 轴的距离。

将(1-34)式和(a)式代入(b)式,得

$$(p_0 + \gamma h_C)A y_D = \int_A (p_0 + \gamma y \sin\theta) y dA$$

或

$$(p_0 + \gamma y_C \sin\theta)A y_D = \int_A p_0 y dA + \gamma \sin\theta \int_A y^2 dA \quad (c)$$

式中

$$\int_A p_0 y dA = p_0 y_C A \quad (d)$$

根据力学中惯性矩的定义,可知

$$\int_A y^2 dA = J_x$$

根据平行轴定理,得

$$J_x = J_C + y_C^2 A \tag{e}$$

式中 J_x——平面 A 对 x 轴的惯性矩;

J_C——平面 A 相对于通过几何中心 C 并与 x 轴平行的 x' 轴的惯性矩。

将(d)、(e)式代入(c)式,得

$$y_D = \frac{p_0 y_C A + \gamma \sin\theta(J_C + y_C^2 A)}{(p_0 + \gamma y_C \sin\theta)A} = y_C + \frac{J_C \gamma \sin\theta}{(p_0 + \gamma y_C \sin\theta)A} \tag{1-35}$$

如果仅仅需要求出相对压力 γh 作用在面积 A 上的合力作用点(即相对压力中心)时,可令(1-35)式中的 $p_0 = 0$,则得

$$y_D = y_C + \frac{J_C}{y_C A} \tag{1-36}$$

同理,可求得相对压力中心到 y 轴的距离为

$$x_D = \frac{\int_A \gamma y \sin\theta x dA}{\gamma y_C \sin\theta A} = \frac{\int_A xy dA}{y_C A} = \frac{z_{xy}}{y_C A}$$

式中 z_{xy}——平面 A 对于 x 轴和 y 轴的惯矩积。

根据平行轴定理,得

$$z_{xy} = z_{x'y'} + A x_C y_C$$

式中 $z_{x'y'}$——平面 A 对于通过几何中心的 x' 轴和 y' 轴的惯矩积。

因此

$$x_D = \frac{z_{x'y'}}{y_C A} + x_C \tag{1-37}$$

若平面 A 对于 y' 轴是对称的,则 $z_{x'y'} = 0$,$x_D = x_C$。

若将相对压力中心表示为自由液面下的深度,则由(1-36)式,可得

$$h_D = h_C + \frac{J_C \sin\theta}{y_C A} \tag{1-38}$$

由此可见,压力中心总是在平面的几何中心之下。这是因为相对压力总是随着液体的深度增加而增加的,所以其合力作用点总是在几何中心点的下面。

[**例1-2**] 图1-16所示为一水下圆形闸门,若闸门圆心(即几何中心)离水面1.25m,固定闸门的铰链 O 离水面1m,试求作用在闸门上的水静压力和相对压力中心的位置。若使闸门不被打开,问在距铰链0.5m处的 A 点至少需加多大的力?(水的密度为 10^3kg/m^3)

解 水闸门所受总合力为

$$F = \gamma h_C A = \rho g h_C \cdot \frac{\pi}{4} d^2$$

$$= 10^3 \times 9.81 \times 1.25 \times \frac{3.14}{4} \times 0.09 = 866 \text{N}$$

设相对压力中心点 D 距水面为 h_D，由
$$h_D = h_C + \frac{J_C \sin\theta}{y_C A}$$

将 $\theta = \frac{\pi}{2}, y_C = h_C, J_C = \frac{\pi d^4}{64}, A = \frac{\pi}{4}d^2$ 代入上式，则得

$$\begin{aligned} h_D &= h_C + \frac{d^2}{8(2h+d)} \\ &= 1.25 + \frac{0.09}{8 \times (2 \times 1.1 + 0.3)} = 1.2545 \text{m} \end{aligned}$$

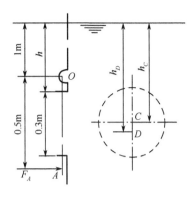

图 1-16

若在 A 点加力 F_A，对 O 取力矩则为
$$F_A \times 0.5 = F \cdot (h_D - 1)$$

故
$$F_A = 866 \times \frac{1.2545 - 1}{0.5} = 441 \text{N}$$

五、作用在曲面上的流体的合力

设流体作用在柱形曲面 AB 部分上，如图 1-17(a) 所示。该柱面母线（平行于 y 轴）的长度为 b，A 端与 B 端在自由液面下的深度分别为 h_2 和 h_1。在 AB 上取一微元长度 $\mathrm{d}l$，$\mathrm{d}l$ 深度为 h。$b \cdot \mathrm{d}l$ 为曲面上所取的微元面积 $\mathrm{d}A$。

若作用在 $\mathrm{d}A$ 上的合力为 $\mathrm{d}F$，则 $\mathrm{d}F = pb\mathrm{d}l$。$\mathrm{d}F$ 在 x 轴方向的分量应为
$$\mathrm{d}F_x = \mathrm{d}F\cos\alpha = pb\mathrm{d}l\cos\alpha$$

因为 $\mathrm{d}l \cdot \cos\alpha = \mathrm{d}h$

所以 $\mathrm{d}F_x = (p_0 + \gamma h)b\mathrm{d}h$

AB 曲面所受合力在 x 方向的分量为
$$\begin{aligned} F_x &= \int_{h_1}^{h_2}(p_0 + \gamma h)b\mathrm{d}h = p_0 b(h_2 - h_1) + \gamma b \frac{h_2^2 - h_1^2}{2} \\ &= b(h_2 - h_1)\left(p_0 + \gamma \frac{h_2 + h_1}{2}\right) \end{aligned}$$

式中 $b(h_2 - h_1) = A_z$ 为 AB 曲面在 zOy 面上的投影，而 $\frac{h_2 + h_1}{2}$ 则为 A_z 面的几何中心在自由液面下的深度 h_C，则

$$F_x = (p_0 + \gamma h_C)A_z \qquad (1-39)$$

由此得出结论：流体作用在柱形曲面上的合力的水平分量等于柱面的垂直投影面积与垂直投影面的几何中心处的总压强的乘积。

$\mathrm{d}F$ 在 z 轴方向的分量应为
$$\mathrm{d}F_z = \mathrm{d}F\sin\alpha = pb\mathrm{d}l\sin\alpha$$

因为 $\mathrm{d}l\sin\alpha = \mathrm{d}x$

所以 $\mathrm{d}F_z = (p_0 + \gamma h)b\mathrm{d}x$

AB 曲面所受合力在 z 方向的分量为
$$F_z = \int_{x_2}^{x_1}(p_0 + \gamma h)b \cdot \mathrm{d}x = p_0 b(x_1 - x_2) + b\gamma \int_{x_2}^{x_1} h\mathrm{d}x \qquad (1-40)$$

式中　$p_0 b(x_1 - x_2)$——自由液面上的压强与曲面的水平投影面积的乘积。

另外，由图1-17(a)可看出$\int_{x_2}^{x_1} h\mathrm{d}x$是图形$ABHGA$的面积，亦称为压力体的面积。而$b\int_{x_2}^{x_1} h\mathrm{d}x$称为压力体的体积。$\gamma b\int_{x_2}^{x_1} h\mathrm{d}x$即为压力体体积内流体的重量。可见，柱面所受的相对作用力在垂直面上的投影为$F_z' = \int_{x_2}^{x_1} b\gamma h\mathrm{d}x$，等于压力体的重量。

必须指出，柱面所受相对作用力F'的垂直投影F_z'可能是正值，也可能是负值，即方向可能向上也可能向下。为了进一步确定F_z'的方向，对以下两种情况进行分析。

在图1-17(b)中，相对压强对曲面产生的作用力F'是倾斜向下的，F_z'是垂直向下的，且等于充满abc压力体的流体的重量。

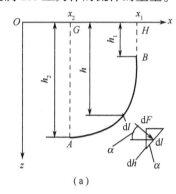
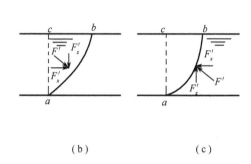

(a)　　　　　　　　　　(b)　　　　　　(c)

图1-17

在图1-17(c)中，F'是倾斜向上的，F_z'是垂直向上的，其数值等于假想在abc压力体中充满流体的重量。这时压力体是虚构的，称为虚构压力体。可见，虚构压力体作用力F_z'是向上的。

曲面上所受的合力F的大小应为

$$F = \sqrt{F_x^2 + F_z^2}$$

合力的方向可由$\tan\beta = \dfrac{F_z}{F_x}$来确定，其中$\beta$为合力$F$与自由液面的夹角。合力$F$的方向总是指向曲面壁的。

六、国际标准大气

围绕在地球表面的一层空气，叫做大气层。所有的飞机都要在大气层中飞行，一切以空气中的氧气作为氧化剂进行燃料燃烧的发动机都只能在大气层中工作，因而大气的情况对于飞机和发动机的研究是十分重要的。当然大气的情况十分复杂，这里只简略地介绍和研究飞机、发动机有关的问题，参见图1-18。

由于地心引力，靠近地面的空气较稠密，离开地面越远就越稀薄，最后逐渐过渡到宇宙空间。根

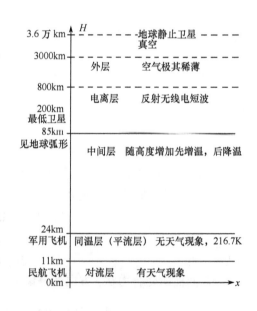

图1-18

据近年来人造地球卫星探测到的资料,大气层厚度约为 2000km～3000km。大气层内部情况随高度不同而异,通常把它分成几层来研究。

最靠近地面的一层是对流层,这一层占据了大气的大部分质量(约有 3/4),这一层空气受地面的加热和起伏不平等影响,处于不断运动的状况,有水平和垂直的风,同时还发生像云、雨、雪、雷、电等现象,空气的密度、压强、温度等参数均不断改变,且均随高度的增大而减小。对流层的平均高度可取为 11km。

高度约从 11km～24km 为同温层,这一层的特点是空气的温度几乎不变,平均等于 -56.5℃ (216.7K)。这一层中的空气没有垂直方向的流动,而只有水平方向的流动,所以同温层又叫平流层。

在 24km～85km 之间为中间层,这一层的气温变化比较剧烈,先随高度增大而增大,然后随高度增大而减小。

电离层由 85km 一直延伸到 800km 的高空,此层空气已电离,导电性较大,可以反射无线电波。而且空气较稀薄,太阳光线辐射作用较强,气温随高度迅速增大。

超过 800km 以上是大气外层,是过渡到宇宙空间的区域,此层空气极其稀薄。

现代军用飞机只能在对流层和平流层中飞行,至于更高的高度,由于空气过于稀薄的缘故,目前空气喷气发动机还不能在那样稀薄的大气中工作。

大家知道,在某一高度上,大气的温度、压强、密度等参数会随纬度、地区、季节和昼夜等因素而剧烈改变,这会影响到飞机的飞行性能或发动机的工作性能,从而使我们在试飞或试车时所得的结果不好分析比较。为了便于整理飞行试验或试车数据,便于对同类型飞机或发动机的性能进行比较,以及便于作设计计算,国际航空界共同规定了一种国际标准大气。国际标准大气主要是按照中纬度地方各季节中大气的平均值而定出,其具体规定是:

(1) 空气被看作是完全气体。

(2) 大气的相对湿度为零。

(3) 以海平面作为高度计算的起点($H=0$),在海平面外,$T_0 = 288.2K, p_0 = 1.0133 \times 10^5 N/m^2, \rho_0 = 1.225 kg/m^3$。

(4) 在高度 11000m 以下,气温随高度呈直线变化,每升高 1m,气温下降 0.0065K,即

$$T = 288.2 - 0.0065H$$

式中　T——对流层中任一高度上的大气温度,K;
　　　H——高度,m。

(5) 在 $H = 11000m \sim 24000m$ 左右,气温保持不变,此时,$T = 216.7K$。

根据上述规定,我们就能够将(1-17)式积分,得出大气压强随高度的变化规律。

首先讨论对流层中大气压强随高度的变化规律,利用完全气体的状态方程式代换(1-19)式中的密度项,可以得出

$$\frac{dp}{p} = -\frac{g}{RT}dz$$

将坐标系安放在海平面零点上,并且以 H 表示距海平面零点以上的高度,而将 z 坐标轴改变为 H 坐标轴,方向仍然向上,则上式可改写为

$$\frac{dp}{p} = -\frac{g}{RT}dH \tag{a}$$

以 $T = 288.2 - 0.0065H$ 代入上式,则得

$$\frac{dp}{p} = -\frac{gdH}{R(288.2 - 0.0065H)}$$

积分上式,得

$$\ln p = \frac{g}{0.0065R}\ln(288.2 - 0.0065H) + C \tag{b}$$

式中　C——积分常数。

已知在 $H=0$ 处的压强为 p_0,代入(b)式可得积分常数

$$C = \ln p_0 - \frac{g}{0.0065R}\ln 288.2$$

代回(b)式,得

$$\frac{p}{p_0} = \left(1 - \frac{0.0065H}{288.2}\right)^{\frac{g}{0.0065R}} \tag{1-41}$$

这便是对流层中大气压强的分布规律。

下面讨论平流层中大气压强随高度的变化规律。以 $T=216.7K$ 代入(a)式,得

$$\frac{dp}{p} = -\frac{g}{216.7R}dH$$

将此式积分,得

$$\ln p = -\frac{g}{216.7R}H + C \tag{c}$$

设已知在 $H = H_1 = 11000m$ 处的压强为 p_1,代入(c)式可得积分常数

$$C = \ln p_1 + \frac{gH_1}{216.7R}$$

代回(c)式,并经化简、变形以后,得

$$p = p_1 e^{\frac{g(H_1-H)}{216.7R}} \tag{1-42}$$

这便是平流层中大气压强的分布规律。

由(1-41)式和(1-42)式可见,随着高度 H 的增大,大气压强 p 是下降的。这是因为大气压强是作用在每单位面积上的空气柱的重量,海平面($H=0$)上的大气压强,就是作用在海平面单位面积上从海平面到大气层上限为止的空气柱的重量。根据这个道理,所以随着高度 H 的增加,大气压强也随着下降。

根据上面规定的大气温度分布和由(1-41)式、(1-42)式计算得的大气压强分布,借助于状态方程即可计算大气密度分布。将计算结果列成表,就是国际标准大气表,如本书书末的附录B中表1。只要根据高度,就可查出标准大气状态 p、ρ、T 的值。

如前所说,国际标准大气表上的数据,是为了设计计算和分析比较而统一取定的标准。实际上各参数数据,将随着纬度、地区、季节、昼夜等情况而改变,因此,在测定发动机的试验或工作数据时,必须将当地、当时的大气压强和温度记录下来,以便换算和分析比较。

§1-5　研究流体运动的方法和一些基本概念

一、研究流体运动的两种方法

在研究流体运动时,有两种不同的方法。第一种方法是从分析流体各个质点的运动着手,

来研究整个流体的运动。第二种方法是从分析流体所占据的空间中各固定点处的运动着手,来研究整个流体的运动。这两种方法都是首先由欧拉提出的,以后拉格朗日运用上述的第一种方法来研究非定常运动,所以一般称第一种方法为拉格朗日法,第二种方法为欧拉法。下面分述这两种方法。

拉格朗日法 这种方法是研究运动流体中各个别流体质点的运动,具体地说,就是研究流体中某一指定质点的速度、加速度、压强、密度等描述流体运动的参数随时间的变化,以及研究相邻流体质点间这些参数的变化。

因为流体质点是无限多的,所以应该有一个办法来标注每一个流体质点。这可以这样做,取起始瞬间 $t=t_0$ 时各个质点在空间的坐标 (a,b,c) 来标注它们。不同的 (a,b,c) 将代表不同的质点。显然,在瞬时 t 任一流体质点的位置,即在空间的坐标 (x,y,z) 可以用 (a,b,c) 及 t 的函数来表示,即

$$\left.\begin{array}{l} x = F_1(a,b,c,t) \\ y = F_2(a,b,c,t) \\ z = F_3(a,b,c,t) \end{array}\right\} \quad (1-43)$$

式中,四个变数 (a,b,c,t) 称为拉格朗日变数。

当 a、b、c 固定时,上式代表确定的某个质点的运动轨迹,当 t 固定时,上式代表 t 时刻各质点所处的位置。所以上式可以描述所有质点的运动。

根据(1-43)式,任何流体质点的速度和加速度在 x、y、z 三个轴上的投影为

$$\left.\begin{array}{l} V_x = \dfrac{\partial x}{\partial t} = \dfrac{\partial F_1(a,b,c,t)}{\partial t} \\[6pt] V_y = \dfrac{\partial y}{\partial t} = \dfrac{\partial F_2(a,b,c,t)}{\partial t} \\[6pt] V_z = \dfrac{\partial z}{\partial t} = \dfrac{\partial F_3(a,b,c,t)}{\partial t} \\[6pt] a_x = \dfrac{\partial V_x}{\partial t} = \dfrac{\partial^2 x}{\partial t^2} = \dfrac{\partial^2 F_1(a,b,c,t)}{\partial t^2} \\[6pt] a_y = \dfrac{\partial V_y}{\partial t} = \dfrac{\partial^2 y}{\partial t^2} = \dfrac{\partial^2 F_2(a,b,c,t)}{\partial t^2} \\[6pt] a_z = \dfrac{\partial V_z}{\partial t} = \dfrac{\partial^2 z}{\partial t^2} = \dfrac{\partial^2 F_3(a,b,c,t)}{\partial t^2} \end{array}\right\} \quad (1-44)$$

单纯运用拉格朗日法来研究流体运动,往往会碰到数学上的困难,所以这种方法一般很少采用。这种方法主要适用于一定的气体质量被封闭在一块可变空间内运动的一类问题,例如,用于气体在发动机汽缸内或枪炮膛内的运动的研究。20世纪90年代以来,随着高速计算机和并行计算技术的长足发展,人们已可用拉格朗日法的数值计算来研究稀薄气体动力学中的基础科学问题。这时,将基于拉格朗日法的直接模拟方法和基于概率论的统计试验法(蒙特卡罗方法)相结合,在计算机上追踪几千个或更多的(有限个)模拟分子的运动、碰撞及其与壁面的相互作用,以模拟真实气体的流动。但当今在完全气体范畴内的工程应用上,拉格朗日法的应用仍存在着计算量的困难。

欧拉法 用欧拉法研究流体运动,是分析被运动流体所充满的空间中每一固定点上的流体的速度、加速度、压强、密度等参数随时间的变化,以及研究在相邻的空间点上这些参数的变

化。用欧拉法分析流体运动,相当于在运动流体所充满的空间的每一个空间点上都布置一个观察者,他们每一个人都注视他所在点的流体质点的速度、加速度等物理参数怎样随时间而变化,在汇集全体观察者在各个瞬时所得到的数据后,就可以了解整个流体运动的情况。

按照这种方法,不需要注意各个别流体质点的运动,而只要研究一切描述流体运动的物理参数在空间的分布,即研究各物理参数的场,例如速度场、加速度场、压强场以及密度场等矢量场和标量场。因此,在欧拉法中,一切描述流体运动的物理参数应该都是空间点坐标(x,y,z)以及时间(t)的函数。以空间点上流体质点的速度为例(参看图1-19),即

$$\boldsymbol{V} = \frac{\mathrm{d}\boldsymbol{r}}{\mathrm{d}t} = f(\boldsymbol{r},t) \quad (1-45\mathrm{a})$$

或

$$\left.\begin{array}{l} V_x = \dfrac{\mathrm{d}x}{\mathrm{d}t} = f_1(x,y,z,t) \\ V_y = \dfrac{\mathrm{d}y}{\mathrm{d}t} = f_2(x,y,z,t) \\ V_z = \dfrac{\mathrm{d}z}{\mathrm{d}t} = f_3(x,y,z,t) \end{array}\right\} \quad (1-45\mathrm{b})$$

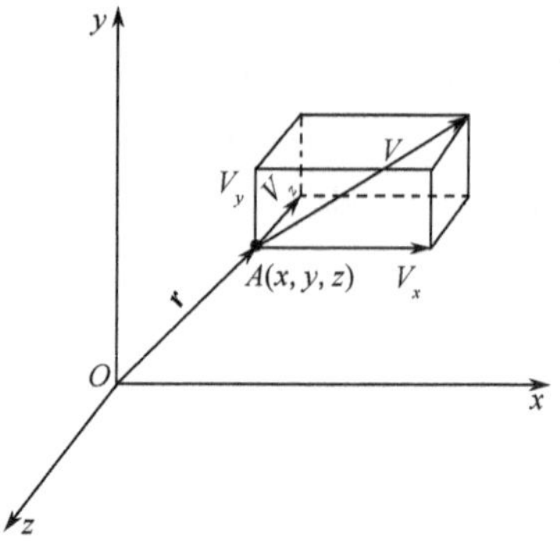

图 1-19

式中　V——流体质点在A点的速度;
　　　r——A点的矢径;
　　　V_x、V_y、V_z——速度V在x、y、z三个坐标轴上的投影;
　　　x、y、z、t——欧拉变数。

应该注意,在拉格朗日法中,量x、y、z是同一个流体质点在空间的位置的坐标;而在欧拉法中,量x、y、z则是空间点的坐标,在不同瞬时,有许多不同的流体质点通过这些点。

运用欧拉法研究流体运动时,数学上的困难比较少,而且能使我们广泛地运用数学中的场论知识。因此,欧拉法得到普遍的采用,以后我们在研究流体运动时就是采用这种方法。

二、流体运动的分类

根据欧拉法,可以按照流体流动所依赖的变数的数目对流动加以分类。

如前所述,在最一般的情况下,分速度V_x、V_y、V_z和压强p、密度ρ等描述流体运动的参数都是坐标(x,y,z)与时间(t)的函数;但是在某些情形下,在任意空间点上,流体质点的全部流动参数都不随时间而改变,这种流动称为定常流动。它满足下列条件

$$\frac{\partial V_x}{\partial t} = \frac{\partial V_y}{\partial t} = \frac{\partial V_z}{\partial t} = \frac{\partial p}{\partial t} = \frac{\partial \rho}{\partial t} = \frac{\partial T}{\partial t} = 0 \quad (1-46)$$

这时流体的全部流动参数将仅仅是坐标的函数

$$\begin{array}{c} V_x = f_1(x,y,z), V_y = f_2(x,y,z), V_z = f_3(x,y,z), \\ p = f_4(x,y,z), \rho = f_5(x,y,z), T = f_6(x,y,z) \end{array} \quad (1-47)$$

又,在任意空间点上,若流体质点的全部流动参数或其中的一部分流动参数随时间发生变化,则这种流动称为非定常流动。在这样的情形下,下式成立或下式中的一部分成立

$$\frac{\partial V_x}{\partial t} \neq 0, \frac{\partial V_y}{\partial t} \neq 0, \frac{\partial V_z}{\partial t} \neq 0, \frac{\partial p}{\partial t} \neq 0, \frac{\partial \rho}{\partial t} \neq 0, \frac{\partial T}{\partial t} \neq 0 \quad (1-48)$$

如果流体在流动中流动参数是三个空间坐标的函数,这样的流动叫做三维流;如果是两个空间坐标的函数,就叫二维流或平面流;如果仅是一个空间坐标的函数,就叫一维流。如果把

时间与空间结合起来,则有一维定常流、一维非定常流、二维定常流、二维非定常流,等等。下面我们举一些例子来说明。

图1-20(a)表示气体在发动机尾喷管内流动的情况。在不需要精确设计喷管时,往往可以近似地认为气体的流动参数只沿喷管轴线方向(图中的 x 轴方向)变化,而在其它方向没有变化,这样的流动就是一维流。若发动机处于稳定工作状态时,气体在喷管中的流动就是一维定常流;而在起动及停车过程中,则为一维非定常流。

图1-20(b)表示均匀气流绕流机翼的问题。如果机翼的翼展比翼弦大得多,且剖面相同,则可以认为机翼(除翼端部分外)沿翼展方向(图中的 z 轴方向)流动参数没有变化,即只有在 x 轴及 y 轴方向上才有变化。也就是说,在与 z 轴相垂直的各截面上气体的流动情况完全一样,这样的流动就是二维流或平面流。飞机以等速平飞的时候,机翼的绕流流动即为二维定常流;而在起飞及降落过程中,则为二维非定常流。

气体在压气机叶片通道内的流动,如图1-20(c)所示,流动参数在轴向、径向、周向(在处理叶片机内气体流动问题时,经常采用圆柱坐标系)都有变化,这样的流动就是三维流。

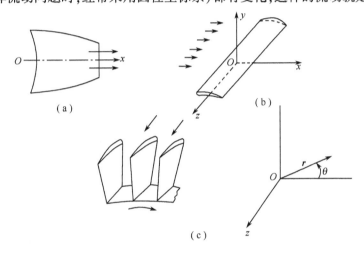

图1-20

在有些空间流动中,虽然需要三个坐标来描述流动,但是流动参数对于某一个轴(例如 z 轴)来讲是对称的(即在圆柱坐标系中不是 θ 的函数),这样的流动称为轴对称流动。对于轴对称流动,只用到两个坐标 r 和 z,如果流动又是定常的,那么流动参数只是两个自变数 (r,z) 的函数,从数学的观点来说,这是一个二维问题。

应该指出,真正的二维流和一维流是很少见的,上面所举的一维流和二维流的例子实际上都是一种近似。经验证明,在许多情况下,把复杂的三维流动简化成二维流或一维流来处理,仍可以得到较为满意的结果。因为一维流的计算方法特别简单,并且物理概念直观清晰,所以它在发动机设计和生产实践中有着基础而广泛的用途。20世纪70年代以来,由于计算机技术的发展,三维流动理论的数值计算理论蓬勃发展,到1995年前后,计算流体力学已经在发动机设计中得到了广泛肯定的应用。

三、迹线、流线及流管

流体运动都是在一定的空间内进行的,在该空间区域内,各流动参数的分布由空间点的坐标和时间所确定。这样的空间区域叫做流场。为了形象地描述流场,常引用迹线、流线、流面、流管等概念。

任何一个流体质点在流场中的运动轨迹,称为迹线。如果流体的运动以拉格朗日变数给定时,则流场的描述由迹线给出。

在用欧拉法研究流体运动时,流线的概念相当重要。

在烟风洞中,一股平行的烟气流流过模型时就可以看到在流场中存在着一条条的曲线(见图 1-21),这些曲线就是一条条的流线。所谓流线是流场中这样的一条曲线,在给定的瞬时 t,位于此线上各点的流体质点的速度矢量均与曲线在该点的切线相重合。

如果已知任一瞬时 t 流场中的速度分布,则过流场中任一点 1 的流线,可以按下述方法作出:参看图 1-22,过 1 点作瞬时 t 该点流体质点的速度矢量 V_1,在速度矢量 V_1 的线上取一个很靠近点 1 的另一个点 2,再作出在点 2 处的流体质点在同一给定瞬时 t 的速度矢量 V_2。然后,再在速度矢量 V_2 的线上取一个很靠近点 2 的另一个点 3,经过点 3 再作出位于该点的流体质点在同一给定瞬时 t 的速度矢量 V_3,依此类推,继续作下去,这样我们就可得到一条折线 1—2—3—4—5…,若将折线线段数目取得无限多,每一个线段的长度趋于零,就可得到一条光滑的曲线,这条曲线就是在给定瞬时 t 通过点 1 的流线。

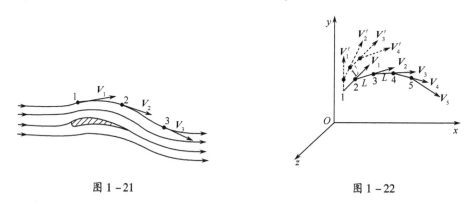

图 1-21　　　　　　　　　　图 1-22

每一瞬时,流场上所有流线的总体,称为流线簇或流线图谱。

应当注意,在非定常流动中,流线是随时间改变的。图 1-22 中画的流线 L 是在瞬时 t 通过点 1 的流线,对于另一瞬时 t' 来说,通过点 1 的流线就不是 L 了。因为在瞬时 t',在点 1 处流体质点的速度是 V'_1 而不是 V_1,按照上面所述的流线作法,可以知道,对于瞬时 t' 来说,L' 才是通过点 1 的流线,如图 1-22 中的虚线所示。在定常流动中,因为空间各点流体质点的速度不随时间改变,所以所有的流线都不随时间改变,而具有稳定的形状。

为了用理论的方法确定流线,必须先导出确定流线的微分方程。为此,在流线上取一任意点 $M(x,y,z)$(参看图 1-23),在点 M 处流体质点的速度矢量 V 在 x、y、z 三个坐标轴方向上的投影是 V_x、V_y 和 V_z,于是,速度矢量与坐标轴的夹角的余弦就是

$$\left.\begin{array}{l}\cos(V,x) = \dfrac{V_x}{V} \\[4pt] \cos(V,y) = \dfrac{V_y}{V} \\[4pt] \cos(V,z) = \dfrac{V_z}{V}\end{array}\right\} \quad (1-49)$$

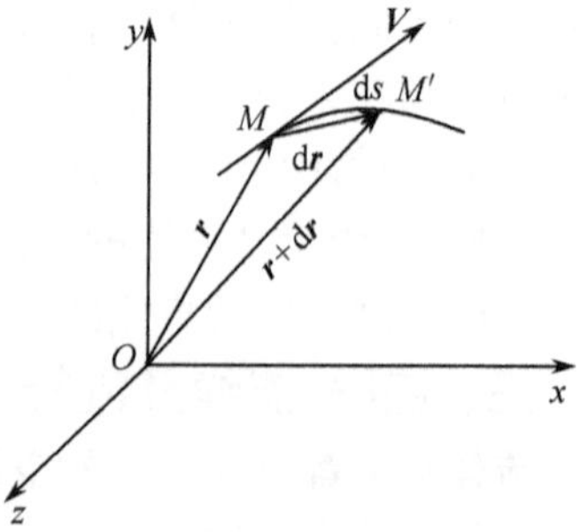

在点 $M(x,y,z)$ 附近沿流线取线段 ds,如果 ds 为无限

图 1-23

小,则将和点 $M(x,y,z)$ 的切线重合。因而 $M(x,y,z)$ 点流线的切线与坐标轴之间的夹角的余弦是

$$\left.\begin{aligned}\cos(T,x) &= \frac{\mathrm{d}x}{\mathrm{d}s} \\ \cos(T,y) &= \frac{\mathrm{d}y}{\mathrm{d}s} \\ \cos(T,z) &= \frac{\mathrm{d}z}{\mathrm{d}s}\end{aligned}\right\} \quad (1-50)$$

式中 T——切线的方向;

$\mathrm{d}x$、$\mathrm{d}y$、$\mathrm{d}z$——$\mathrm{d}s$ 在 x、y、z 轴上的投影。

根据流线定义,流线上任一点处流体质点的速度矢量与该点的切线相重合,所以

$$\left.\begin{aligned}\frac{V_x}{V} &= \frac{\mathrm{d}x}{\mathrm{d}s} \\ \frac{V_y}{V} &= \frac{\mathrm{d}y}{\mathrm{d}s} \\ \frac{V_z}{V} &= \frac{\mathrm{d}z}{\mathrm{d}s}\end{aligned}\right\} \quad (1-51)$$

由此得到

$$\frac{\mathrm{d}x}{V_x} = \frac{\mathrm{d}y}{V_y} = \frac{\mathrm{d}z}{V_z} \quad (1-52)$$

或写成矢量形式

$$\mathrm{d}\boldsymbol{r} \times \boldsymbol{V} = 0 \quad (1-53)$$

这就是流线的微分方程式。

[例 1-3] 设已知流体运动的各速度分量为 $V_x = -Cy$,$V_y = Cx$,$V_z = 0$,其中 C 是正的常数,试求流线簇。

解 由于 V_x 和 V_y 都只是坐标 x、y 的函数,而与时间 t 无关,所以这是一个定常流动,故流线的微分方程是

$$\frac{\mathrm{d}x}{V_x} = \frac{\mathrm{d}y}{V_y}$$

将所给 V_x、V_y 的关系式代入上式,得到

$$\frac{\mathrm{d}x}{-Cy} = \frac{\mathrm{d}y}{Cx}$$

去掉常数 C,得到

$$x\mathrm{d}x + y\mathrm{d}y = 0$$

对其进行积分,得到

$$x^2 + y^2 = 常数$$

即流线簇是以坐标原点为圆心的同心圆簇(见图 1-24)。

为了确定流体运动的方向,找一下速度 V 与 x、y 轴夹角的余弦

$$\cos(\boldsymbol{V},x) = \frac{V_x}{V} = -\frac{y}{\sqrt{x^2+y^2}}$$

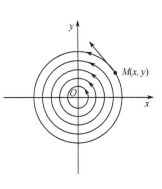

图 1-24

$$\cos(\boldsymbol{V},y) = \frac{V_y}{V} = +\frac{x}{\sqrt{x^2+y^2}}$$

因为对具有正坐标值的 M 点来说，$\cos(\boldsymbol{V},x) < 0$，故速度与 x 轴成钝角，因而流体运动方向是逆时针方向。

[1-4] 设已知流体运动的各速度分量为 $V_x = x+t$，$V_y = -y+t$，$V_z = 0$。试求流线簇以及在 $t = 0$ 瞬时通过点 $A(-1,-1)$ 的流线。

解 显然，这是一个平面非定常流动，因为 $V_z = 0$，在 V_x 和 V_y 的式中，都包含有时间 t。流线的微分方程式(1-52)就成为

$$\frac{\mathrm{d}x}{x+t} = \frac{\mathrm{d}y}{-y+t}$$

当我们在求某一瞬时 t 的流线时，应把时间 t 当作常数，积分后得到

$$\ln(x+t) = -\ln(-y+t) + \ln C$$

或

$$(x+t)(t-y) = C$$

即任一瞬时的流线簇，是一双曲线簇。为了找瞬时 $t = 0$ 时经过 $A(-1,-1)$ 的流线，我们把 t、x、y 的这些数值代入上式，就得到 $C = -1$，则要求的流线方程是

$$xy = 1$$

在图 1-25 中表示了这一条流线，其方向按例 1-3 同样的方法可以确定，如图所示。

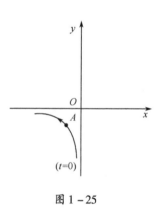

图 1-25

流线的概念对于我们研究流体的运动有很大的方便，这是因为流场中的流线簇可以把流场中各点处的流体质点的速度方向很清楚地表示出来。为了以后我们能正确地运用流线的概念去研究流体的运动，应该知道关于流线的一些重要性质：

(1) 在定常流中，流体质点的迹线与流线重合。参看图 1-22，L 是在 t 瞬时通过点 1 的流线，在点 1 处的流体质点就沿着速度 $\boldsymbol{V}_1$ 的方向，在 $\mathrm{d}t$ 时间内从点 1 移到点 2，由于流动是定常的，点 2 处的 $\boldsymbol{V}_2$ 在 $\mathrm{d}t$ 时间前后是一样的，因此质点到点 2 之后，就会沿着 $\boldsymbol{V}_2$ 的方向移到点 3 的位置，依此类推，显然可见，流体质点所移动的路线（迹线）完全与流线重合。

在非定常流中，由于流线的形状一般是随时间改变的，故迹线一般不与流线重合。

(2) 在一般情况下，流线不会彼此相交。如果有两条流线彼此相交，那么位于交点上的流体质点势必要有两个不同方向的速度，如图 1-26 所示。然而事实上，在某一瞬时，一个点上的流体质点只能有一个速度，因而否定了流线相交的可能性。在特殊情况下，流线是可以相交的，如图 1-27 所示，理想的直匀流绕流一个静止的柱形物体，流线 L_1 和流线 L_2、L_3 在 A 点相交，此时在 A 点处的流速必为零。通常把 A 点叫做驻点。

现在介绍流管及流面的概念，二者都是直接从流线的概念引申出来的。

在流场中划一任意封闭曲线 C（不是流线），通过曲线 C 的每一点作一流线，这些流线便形成一条流管，如图 1-28(a) 所示。若流管的横截面尺寸为无限小时，则这种流管就称为基元流管。在基元流管的任一横截面上的流动参数都可以认为是均一的。

32

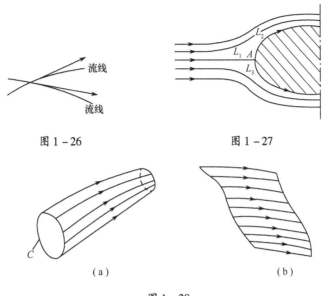

图 1-26   图 1-27

(a)   (b)

图 1-28

流面则是通过一条不封闭或封闭曲线的每一点所作的那些流线所组成的曲面,如图 1-28(b)所示。

因为流管的侧表面是由流线组成的,根据流线的定义,流线上各点没有法向分速,所以流管表面上的速度方向永远和表面相切;在定常流中,流管的形状是不随时间改变的。因此,在流管以内或以外的流体质点只能始终在流管以内或以外流动,而不能穿越管壁。从这个意义上看,对于无黏性流体的定常流动,就可以用流管来代替一个带有固体壁面的管道。所以流管虽然只是一个假想的管子,但它却像真的固体壁一样,把管内外的流体完全隔开。

四、坐标系的选择

大家知道,在运动学中研究物体的运动时,首先要确定物体在空间的位置,而要确定某一个物体的位置,必须选定另一个物体作参考,这个作为参考的物体称为参照体。为了确定物体在参照体上的位置,可以选择一组固定在参照体上的坐标系。在研究流体运动时,由于选择的坐标系不同,观察者观察到的流动的几何图形将会是不同的。尤其是对于物体在流体中作等速直线运动这一类问题,用相对坐标系要比用绝对坐标系简单得多。

例如,飞行器以速度 V_∞ 在大气中作等速直线飞行,若选取固定于地面的坐标系(绝对坐标系),此时在地面上的观察者看到,飞行器向前运动,将推挤前面的空气,使其向四周运动,在某一瞬时空间某一区域空气运动的流线图谱如图 1-29(a)所示。显然,在另一瞬时,该区域的流线图谱将发生变化。因此,在地面上的观察者看来,空气的运动是非定常的。

对于同一问题,如果选取与飞行器同样速度运动的坐标系(相对坐标系),此时位于相对坐标系中的观察者看到,飞行器是不动的,气流以与飞行速度 V_∞ 大小相等但方向相反的速度向着飞行器流来,流线图谱如图 1-29(b)所示,且不随时间改变。因此,在位于相对坐标系中的观察者看来,空气的运动是定常的。

比较图 1-29(a)与图 1-29(b)即可知道,由于选择的坐标系不同,观察到的流线图谱是截然不同的;但二者又不是毫无关联的。事实上,只要把图 1-29(b)上的每点的速度矢量 V_r 都加上一个向左指的速度矢量 V_∞,就可得到图 1-29(a)了;反之,如果把图 1-29(a)上的每点的速度矢量 V 减去一个向左指的速度矢量 V_∞(即等于加上一向右指的速度矢量 V_∞),就可

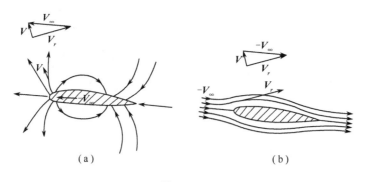

图 1-29

得到图 1-29(b)了。

用相对坐标系把非定常流变成了定常流,物体受的力是否变了呢?由理论力学知道,地面以及相对于地面作等速直线运动的物体,都可近似地看作惯性系统,根据力学的相对性原理,即在一切惯性系统中,力学规律是等同的,可以推知,不管坐标系是固定于地面上还是和等速直线运动的物体以同样速度运动,物体受的力总是相同的。因此,要解决飞行器在等速直线飞行中所受的空气动力,只要把飞行器看作不动,气流从反方向流过来就行了。这样研究问题的好处是,把非定常流变成了定常流,作解析处理时,少了一个变数 t,这就简单多了。此外,借助于风洞实验的办法来测量飞行器模型的气动力时,是把模型固定不动,气流对着模型吹来,以模拟飞行器在静止空气中飞行时的受力情况。其所以能够这样做,也就是根据力学的相对性原理。

综上所述,在气流、观察者、飞行器(或流体机械)三者之间,气体动力学研究含有气流速度 V_∞ 的力学问题,其中 V_∞ 是指气流对于参考系而言的速度。通常会遇到两类待求问题,可按下述两个步骤立题。

(1) 建立坐标系。
① 对于飞行器空中飞行问题:
建立静止大气中的坐标系,就是建立绝对坐标系(absolute frame);
建立飞行器上的坐标系,就是建立相对坐标系(relative frame)。
② 对于地面风洞实验问题:
建立静止飞行器上的坐标系,就是建立绝对坐标系;
建立随气流运动或随气流中的物理量传播面运动的坐标系,就是建立相对坐标系。

(2) 确立参考系。为观察者应用物理定律描写问题时直观简洁,可将观察者固系在上述的绝对坐标系中或相对坐标系中,就形成了参考系(reference frame)。

习 题

1-1 能把流体看作连续介质的条件是什么?

1-2 设稀薄气体的分子自由程是几米的数量级,问下列两种情况连续介质是否成立?
(1) 人造卫星在飞离大气层进入稀薄气体层时;
(2) 假想地球在这样的稀薄气体中运动。

1-3 大气层的空气密度随着离地面的高度的增加而减小,能否从密度变化这件事推断大气是可压缩的?

1-4 定义什么样的气体为完全气体?

1-5 用压缩机压缩空气,绝对压强从1个大气压升高到6个大气压,温度由20℃升高到78℃,问空气的体积将减少多少?

1-6 黏性流体在静止时有没有切应力?理想流体在运动时有没有切应力?若流体静止时没有切应力,那么它们是不是都没有黏性?

1-7 设流体的流速,在 δ 范围内按抛物线规律分布:

$$V = V_\infty \left(2\frac{y}{\delta} - \frac{y^2}{\delta^2}\right)$$

当 $V_\infty = 20\text{m/s}, \delta = 10\text{mm}$ 时,分别求空气和水对壁面所作用的摩擦切应力。设空气的黏性系数为 $\mu = 1.789 \times 10^{-5} \text{N} \cdot \text{s/m}^2$,水的黏性系数为 $\mu = 1.006 \times 10^{-3} \text{N} \cdot \text{s/m}^2$。

1-8 设在两平行板之间充满黏性流体,下板固定不动,而上板以等速度 V_0 沿 x 方向移动,若流层之间的摩擦切应力 τ 沿 y 方向为常数。试证:两平行板之间流体的速度沿 y 方向的分布为

$$V = \frac{V_0}{h} \cdot y \quad (\text{设} \mu \text{为常数})$$

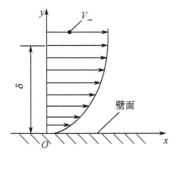

题1-7 附图

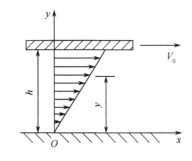

题1-8 附图

1-9 在两个平行壁之间,有黏性流体在流动,沿壁面法线方向速度为抛物线分布:

$$V = V_0 \left(1 - \frac{y^2}{H^2}\right)$$

已知在中心处,速度为2.0m/s,流体为空气,$\mu = 1.8 \times 10^{-5} \text{N} \cdot \text{s/m}^2$,$H = 12\text{cm}$。试求:(1)距下壁面7.0cm平面上的速度梯度;(2)该平面上的切应力。

1-10 已知一底面积为 $A \times B$、高为 C、质量为的 M 的木块,沿着涂有薄层润滑油的斜面等速向下运动时,下滑速度为 V。已知斜面的倾斜角 α 和油层的厚度 δ,求润滑油的黏性系数。

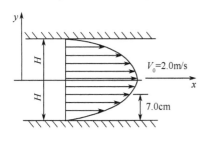

题1-9 附图

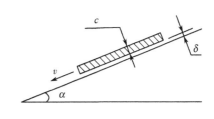

题1-10 附图

1-11 无黏流绕流物面时,其速度的边界条件是什么?

1-12 黏流绕物面流动时,其速度及温度的边界条件是什么?

1-13 什么样的流体称为无黏性流体?

1-14 什么是流体的力学模型? 常用的流体力学模型有哪些?

1-15 什么是流体的黏滞性? 它对流体流动有什么作用? 动力黏性系数 μ 和运动黏性系数 ν 有何区别及联系?

1-16 在进行水洞实验时需测定由下式定义的无量纲数(Reynold 数)$Re = \dfrac{ul}{\nu}$,式中 u 为试验的速度,l 为模型长度,ν 为水的运动黏性系数。若 $u=20\text{m/s}, l=4\text{m}$,则当温度从 10℃ 变成 40℃ 时,$Re$ 将有何变化?

1-17 静止流体中应力的两大特点是什么?

1-18 静止流体的平衡微分方程的物理意义是什么?

1-19 静止流体的外力限制条件是什么? 势函数与单位质量力有何关系?

1-20 什么是等压面? 等压面的特征方程是什么? 等压面与质量力有何关系?

1-21 一根横截面积为 1cm^2 的管子连在一个容器的上面。容器的高度为 1cm,横截面积为 100cm^2。今把水注入,使水到容器底部的深度为 100cm,求:(1)水对容器底面的作用力是多少? (2)系统内水的重量是多少? (3)解释(1)与(2)求得的数值为何不同。

1-22 在题 1-22 附图所示的容器中,油与气达到平衡状态,求容器内气体的压强(大气压强 $p_a = 1.0133 \times 10^5 \text{N/m}^2$,油的重度 $\gamma = 7840 \text{N/m}^3$)。

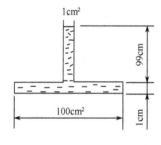

题 1-21 附图

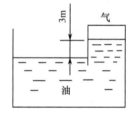

题 1-22 附图

1-23 用一压差计来测量管道中流体的压强变化,试确定点 A 与点 B 之间的压强差。哪一个截面具有较高的压强?

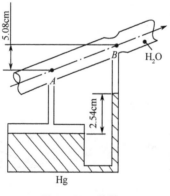

题 1-23 附图

1-24 设大气压在某一高度范围内状态参数随高度按等熵规律变化。试证明：

$$g(z-z_1) = RT_1 \frac{k}{k-1}\left[1-\left(\frac{p}{p_1}\right)^{\frac{k-1}{k}}\right]$$

式中的下标"1"表示参考状态。

1-25 有一火箭起飞时以等加速度 $a=3g$ 垂直向上运动。火箭内的燃料箱中为液体燃料，其密度为 850kg/m^3，燃料箱中气体的压强为 $5\times10^6\text{N/m}^2$。当燃料深度为 3.6m 时，计算燃料箱底部所承受的压强。

1-26 储水小车在水平面轨道作减速运动。其加速度 $a=-0.02\text{m/s}^2$，试求此车内水的自由面倾斜角。

1-27 储水小车沿倾斜角 α 的轨道向下作等加速运动，设加速度为 a，试证：水车内水面的倾斜角为

$$\theta = \arctan\frac{a\cos\alpha}{g-a\sin\alpha}$$

式中 g——重力加速度。

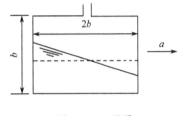

题 1-25 附图

1-28 飞机汽油箱的尺寸 $b\times 2b\times c$，油箱中装有其容积 1/3 的汽油，飞机以匀加速度 a 水平运动，试求能使汽油自由液面达箱底时的加速度数值。

1-29 一充满水的密闭容器，以等角速度 ω 绕水平轴旋转，试证明它的等压面为圆柱面，且该圆柱面的轴线比转动轴高 g/ω^2。

1-30 试证明在直线等加速运动的坐标系中，两种液体的分界面为等压面。

1-31 盛液容器绕铅直轴作等角速度旋转，设液体为非均质，试证：等压面也是等密面和等温面。

1-32 一离心分离器其容器半径 $R=15\text{cm}$，高 $H=60\text{cm}$，水深 $h=30\text{cm}$，若容器绕中心轴 Oz 等角速度旋转，试确定容器中水不溢出的极限转速。

1-33 设地球是由密度为 ρ 的不可压流体构成的半径为 R 的球体。在地球表面上单位质量的重力为 g，且向地心而渐减，与至地心的距离成正比例。假定地面上压力为 p_0。求地心的压力。

1-34 定常流动的定义是什么？

1-35 对下列各种不同的速度分布，试求流线与迹线。

(1) $\mathbf{V} = \mathbf{C}_1\cos\omega t + \mathbf{C}_2\sin\omega t$，其中 $\mathbf{C}_1$、$\mathbf{C}_2$ 是常矢量，ω 是常数，试比较流线与迹线。

(2) $u=\dfrac{cx}{x^2+y^2}, v=\dfrac{cy}{x^2+y^2}, w=0$，$c$ 是常数，试画出流线族。

(3) $u=-\dfrac{cy}{x^2+y^2}, v=\dfrac{cx}{x^2+y^2}, w=0$，$c$ 是常数，试画出流线族。

(4) $u=Ry, v=0, w=0$，R 为正常数，试画出过(1,1)点的流线。

(5) $v_r=\dfrac{\cos\theta}{r^2}, v_\theta=\dfrac{\sin\theta}{r^2}, v_z=0$（柱坐标），试画出流线族。

(6) $V = \dfrac{r}{r^3}$,其中 $r^2 = x^2 + y^2 + z^2$,试画出流线族。

(7) $v_r = \dfrac{2k\cos\theta}{r^3}, v_\theta = \dfrac{k\sin\theta}{r^3}, v_\varphi = 0$(球坐标),其中 k 为常数。

(8) $u = y, v = -ax^2, w = 0, a$ 为常数,试画出流线族。

(9) $u = x^2 - y^2, v = -2xy$,求通过 $x=1$、$y=1$ 的一条流线。

(10) 设 $u = x+t, v = -y+t, w = 0$,求通过 $x=-1, y=-1$ 的流线及 $t=0$ 时通过 $x=-1$、$y=-1$ 的迹线。

(11) $u = ax + t^2, v = -ya - t^2, w = 0$,求流线、迹线族。

1-36 以拉格朗日变数 (a,b,c) 给出流场:

(1) $x = ae^{-2t/k}, y = be^{t/k}, z = ce^{t/k}$;

(2) $x = ae^{-2t/k}, y = b(1+t/k)^2, z = ce^{2t/k}(1+t/k)^{-2}$

式中 k 为非零常数,请判断速度场是否定常?

1-37 设一圆球在静止的流体中作匀速直线运动,分别:

(1) 从固定在空间的坐标系来看,

(2) 从固定在圆球上的坐标系来看,

运动是定常的还是非定常的?由此得出什么结论?并试设想出它们的流线形状。

1-38 给定某流场上的速度分布是:

$$V_x = -\dfrac{K(y-b)}{(x-a)^2 + (y-b)^2}, \quad V_y = \dfrac{K(x-a)}{(x-a)^2 + (y-b)^2}$$

式中 a、b、K 都是实常数。试求流线。

第二章 一维定常流的基本方程

§2-1 引 言

因为可压缩流体的运动要比不可压缩流体的运动复杂得多,所以应该先分析最简单的流动,即一维定常流动,然后分析一般的流动。本章主要讨论一维定常流的基本方程,在第四章里将运用这些基本方程讨论关于一维定常管流的问题。

所谓一维定常流动,是指垂直于流动方向的同一截面上,流动参数(如速度、压强、温度、密度等)都均匀一致且不随时间而变化的流动。在一维定常流动中,流动参数仅仅是沿着流动方向量取的曲线弧长的函数,也就是说,只是一个曲线坐标的函数。通常取流道各截面的中心点连接而成的曲线作为这个坐标线,例如图 2-1 中的 s 坐标。

一维定常流动是一种最简单的理想化的流动模型。在气体动力学中,在基元流管中的流动可以算是严格的一维流动。气体在实际管道中的流动,都不是真正的一维流动,但在工程上,只要在同一截面上参数的变化比沿流动方向参数的变化小得多,就可以近似地看作一维流动。在实际流动中,如果能合乎下列一些条件,就可以当作一维流动来处理。

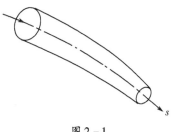

图 2-1

(1) 沿流动方向曲线管道的截面积的变化率比较小,即管道的扩张角或收缩角较小,这样在每个截面上,气流的径向分速度将远小于轴向分速度,因而可以认为气体基本上是沿管轴流动的;

(2) 管道轴线的曲率半径比管道直径大得多,这样在同一截面上的压强可认为具有同一的数值;

(3) 沿管道各截面的速度分布型和温度分布型的形状近乎不变。

由于气体与固体壁面间的摩擦和传热作用,在每个截面上气体的速度、温度、密度等物理参数都是不均匀的。但是,在一维近似法中,假定用各截面上物理参数的平均值来代表各截面的参数。

一维近似法的最大优点是它非常简单,为许多工程问题提供了快速的计算方法。因而在工程实际问题中,一维近似法有极广泛的用途。但是,应该记住,一维流假设只是一个较好的近似,如果需要更精确的结果,可以用二维或三维流的理论去作补充的处理,或采用修正系数之类的方法加以修正。此外,应该看到,一维近似法对于一般的管道流动是比较适用的,但在其它一些情况下,一维方法是不适用的。例如,气体在压气机或涡轮叶片通道内的流动,绕飞机机翼的流动,以及通过横截面面积急剧改变或管轴曲率急剧改变的管道的流动,等等。在这些例子中,为了得到有用的结果,都必须把流场看作是二维或三维的。关于多维流的理论,我们将在第五章以后讨论。

在一维流动中,流体的运动当然要遵守自然界中的一些基本的物理定律,即质量守恒定律、牛顿第二运动定律、热力学第一定律和热力学第二定律。本章将在一维定常流动的条件下,推导出这些基本物理定律的数学表达式,即一维定常流的基本方程,并说明这些基本方程的物理概念及其应用。这些基本方程建立了气流诸参数间量的变化关系,根据这些关系,就有可能从理论上来研究和计算气体的流动问题。

本章最后将介绍气体动力学中经常使用的气体动力学函数。

§2-2 体系和控制体

在推导一维定常流的基本方程之前,我们必须首先明确关于体系和控制体的概念。

所谓体系,是指某些确定的物质集合。体系以外的物质称为环境。体系的边界定义为把体系和环境分开的假想表面,在边界上可以有力的作用和能量的交换,但没有质量的通过。体系的边界随着流体一起运动。

引用了体系的概念,在分析问题时,我们就可以把注意力放在所拟定的体系上,并考虑到体系与环境之间的相互作用。

在论述四个基本的物理定律并把它们写成应用的方程式形式时,必须首先明确体系,否则,在讲质量、动量、能量等这些术语时是不明确的。因此,四条基本的物理定律最初总是借助于"体系"来陈述的。

在气体动力学中,因为气体的运动是比较复杂的,所以对于任何有限长的时间,很难确定气体体系的边界,因此,采用体系的分析方法是不够方便的。

在气体动力学中,经常采用控制体的分析方法。所谓控制体[①],是指为流体流过的、固定在空间的一个任意体积。占据控制体的流体是随时间而改变的。控制体的边界叫做控制面,它总是封闭表面。通过控制面,可以有流体流入或流出控制体。在控制面上可以有力的作用和能量的交换。引用了控制体的概念,在分析问题时,我们就可以把注意力放在所确定的控制体上,研究流体流过控制体时诸参数的变化情况,以及控制体内流体与控制体外物质的相互作用。根据所研究的问题不同,控制体可有种种不同的划定方法,有时可以划定有限尺寸的控制体,有时又必须划定无限小的控制体。

应该知道,体系的分析方法是与研究流体运动的拉格朗日法相适应的,而控制体的分析方法则是与研究流体运动的欧拉法相适应的。

为了实际应用控制体的概念,必须将四条基本物理定律改写成适用于控制体的而不是适用于体系的形式。因此,在下面我们推导基本方程时,总是把这些定律改写成适用于控制体的形式。

§2-3 连续方程

连续方程是把质量守恒定律应用于运动流体所得到的数学关系式。为了导出一维定常流的连续方程,我们来考察通过流管(或管道)的定常流,且假设沿此可弯曲可变横截面积管道的流动是一维的(见图2-2)。在第一章已经指出,我们是把流体作为连续介质来考虑的,即

---

① 在有些教科书中,把这里所指的"控制体"称为"开口体系",而把这里所指的"体系"称为"闭口体系"。

流体连续充满它所在的空间,而且在一般情况下,流体在运动时不可能有空隙产生。

在流管中任取两个垂直于管轴(即垂直于流动方向)的截面 1—1 和 2—2,并与这两个截面间的流管侧表面组成一个控制体。取瞬时 t 占据此控制体内的流体为体系。经过时间 dt 以后,按定义,控制体在空间是保持固定的,但体系却循流线方向运动到了一个新的位置,即位于 $1'—1'$ 和 $2'—2'$ 之间。

为了分析方便起见,我们用Ⅰ、Ⅱ、Ⅲ来表示三个空间区域,原来该体系占据空间Ⅰ和Ⅲ区域,经过 dt 时间,该体系占据空间Ⅲ和Ⅱ区域,如图 2—2 所示。

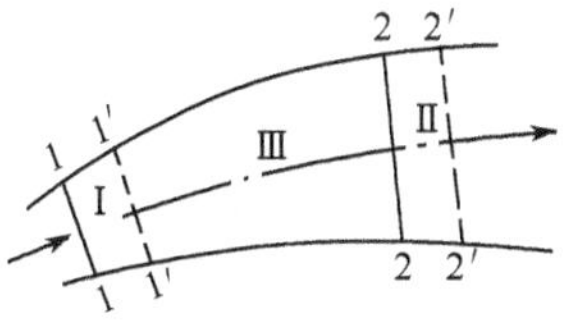

根据质量守恒定律,体系的质量应保持不变。又因为是连续介质的定常流,空间中任何一点的参数都不随时间改变,故在空间区域Ⅲ内的流体质量是不随时间变化的。因此,空间区域Ⅰ和Ⅱ内的两块流体质量应该相等,即

$$dm_Ⅰ = dm_Ⅱ \tag{a}$$

图 2—2

式中 $dm_Ⅰ$ 是空间区域Ⅰ内的流体质量,也就是 dt 时间内通过控制面 1—1 流入控制体的流体质量 dm_1。令 A_1、ρ_1 和 V_1 分别表示控制面 1—1 上的横截面面积、气流的密度及速度,则

$$dm_Ⅰ = dm_1 = \rho_1 A_1 V_1 dt \tag{b}$$

同理,$dm_Ⅱ$ 也就是 dt 时间内通过控制面 2—2 从控制体流出的流体质量 dm_2。令 A_2、ρ_2 和 V_2 分别表示控制面 2—2 上的横截面面积、气流的密度及速度,则

$$dm_Ⅱ = dm_2 = \rho_2 A_2 V_2 dt \tag{c}$$

将(b)和(c)式代入(a)式,得

$$dm_1 = dm_2 = \rho_1 A_1 V_1 dt = \rho_2 A_2 V_2 dt$$

或

$$\dot{m}_1 = \dot{m}_2 = \rho_1 A_1 V_1 = \rho_2 A_2 V_2 \tag{2-1}$$

式中 $\dot{m}_1 = \dfrac{dm_1}{dt}$ 和 $\dot{m}_2 = \dfrac{dm_2}{dt}$ 分别表示在单位时间内流入和流出控制体的流体质量,叫做质量流量,简称流量,kg/s。

因为控制体是我们任意选取的,所以对于一维定常流来说,上式可改写为

$$\dot{m} = \rho A V = 常数 \tag{2-2}$$

因为质量 $m = \dfrac{W}{g}$,此处 W 为重量,g 为重力加速度,故

$$\dot{m} = \frac{dm}{dt} = \frac{d}{dt}\left(\frac{W}{g}\right) = \frac{1}{g} \cdot \frac{dW}{dt} = \frac{1}{g} G$$

式中 $G = \dfrac{dW}{dt}$ 表示单位时间流过某个与管轴相垂直的截面上的流体重量,叫做重量流量,N/s。

将上式代入(2-2)式,得

$$\frac{G}{g} = \rho A V = 常数$$

或

$$G = \rho g A V = \gamma A V = 常数 \tag{2-3}$$

(2-2)式或(2-3)式的物理意义是,在一维定常流中,通过同一流管任意截面上的流体质量(或重量)流量保持不变。(2-2)式或(2-3)式是从质量守恒定律出发,对一维定常流所导出的基本方程式,叫做一维定常流的连续方程式,因为它表示了流体流动的连续性。连续

方程式是一个运动学的方程式,其中并不牵涉到力的问题,因此,无论对于无黏性流体或者对于实际的黏性流体来讲都是正确的。

对于不可压流,因 ρ = 常数,故有

$$AV = 常数 \quad 或 \quad A_1 V_1 = A_2 V_2 \tag{2-4}$$

由上式可见,对于不可压的一维定常流,流速随截面积缩小而增大。例如,河流的流速在河道窄的地方要比宽的地方快,其道理就在于此。

应该注意,上述结论对于可压流来说,并不是永远正确的。因为由(2-2)式我们看出,面积增大时,量 ρV 减小;面积减小时,量 ρV 增大。速度 V 具体如何变化还要看 ρ 如何变化才能决定。这个问题将在第四章进行具体的讨论。在研究可压流时,一般把乘积 ρV 称为密流,它表示通过单位面积的质量流量 $\dot{m}/A$。

在研究气流参数沿管长的变化时,基本方程常采用关于气流参数的微分的形式。一维定常流连续方程的微分形式可以这样求得:把方程(2-2)两边取对数,得

$$\ln(\rho \cdot A \cdot V) = 常数$$

两边微分,得

$$d\ln\rho + d\ln A + d\ln V = 0$$

故

$$\frac{d\rho}{\rho} + \frac{dA}{A} + \frac{dV}{V} = 0 \tag{2-5}$$

连续方程式(无论是一般形式还是微分形式)是气体动力学中最基本又最常用的方程式之一。我们在下面推导其它基本方程或解决许多实际问题时,常常要用到它。

[例 2-1] 某涡轮喷气发动机在设计状态下工作时,已知在尾喷管进口截面 1 处的气流参数为:$p_1 = 2.05 \times 10^5 \text{N/m}^2$,$T_1 = 865\text{K}$,$V_1 = 288\text{m/s}$,$A_1 = 0.19\text{m}^2$;出口截面 2 处的气流参数为:$p_2 = 1.143 \times 10^5 \text{N/m}^2$,$T_2 = 766\text{K}$,$A_2 = 0.1538\text{m}^2$。试求通过尾喷管的燃气质量流量和尾喷管的出口流速。给定燃气的气体常数 $R = 287.4\text{J/(kg·K)}$。

解 根据连续方程(2-2)式,得

$$\dot{m} = \rho A V = \frac{p}{RT} \cdot A \cdot V = \frac{p_1 A_1 V_1}{RT_1} = \frac{2.05 \times 10^5 \times 0.19 \times 288}{287.4 \times 865} = 45.1 \text{kg/s}$$

因

$$\dot{m} = \frac{p_1 A_1 V_1}{RT_1} = \frac{p_2 A_2 V_2}{RT_2}$$

故

$$V_2 = V_1 \cdot \frac{A_1}{A_2} \cdot \frac{p_1}{p_2} \cdot \frac{T_2}{T_1} = 288 \times \frac{0.19}{0.1538} \times \frac{2.05 \times 10^5}{1.143 \times 10^5} \times \frac{766}{865} = 565.1 \text{m/s}$$

§2-4 动量方程

动量方程是把牛顿第二运动定律应用于运动流体所得到的数学关系式。对于一个确定的体系,此定律可表述为:"在某一瞬时,体系的动量对时间的变化率等于该瞬时作用在该体系上的全部外力的合力,而且动量的时间变化率的方向与合力的方向相同。"按照上一节所用的研究方法,现在我们来导出此定律适用于控制体时的形式。

图 2-3 为通过流管(或管道)的定常流,设流动是一维的。在图中取虚线 11221 所围成

的空间为控制体①。取瞬时 t 占据此控制体内的流体为体系,经过时间 dt 后,此体系流动到新的位置,位于 $1'-1'$ 和 $2'-2'$ 之间。

在瞬时 t,体系所具有的动量以 $M(1122)$ 表示,在瞬时 $t+dt$,体系所具有的动量以 $M(1'1'2'2')$ 表示。于是体系在经过 dt 时间后,动量的变化为
$$M(1'1'2'2') - M(1122)$$
由于是定常流场,故在空间区域Ⅲ内的流体动量是不随时间变化的,因此有
$$M(1'1'2'2') - M(1122) = M(222'2') - M(111'1')$$
而
$$M(222'2') - M(111'1') = dm_2 \cdot V_2 - dm_1 V_1$$
故体系的动量对时间的变化率为
$$\frac{M(1'1'2'2) - M(1122)}{dt} = \frac{dm_2}{dt} \cdot V_2 - \frac{dm_1}{dt} \cdot V_1 = \dot{m}(V_2 - V_1)$$
设环境对瞬时占据控制体内的流体的全部作用力为 ΣF,则根据牛顿第二运动定律,得
$$\Sigma F = \dot{m}(V_2 - V_1) \tag{2-6}$$

(2-6)式就是牛顿第二运动定律适用于控制体时的形式。它说明:在定常流中,作用在控制体上全部外力的合力 ΣF,应等于从控制面 2-2 流体动量的流出率与从控制面 1-1 流体动量的流入率的差值。将(2-6)式投影到直角坐标轴 x、y、z 上,得

$$\left. \begin{aligned} \Sigma F_x &= \dot{m}(V_{2x} - V_{1x}) \\ \Sigma F_y &= \dot{m}(V_{2y} - V_{1y}) \\ \Sigma F_z &= \dot{m}(V_{2z} - V_{1z}) \end{aligned} \right\} \tag{2-7}$$

作用在控制体内流体上的外力,如图 2-4 所示,计有以下几种:

(1) 控制体外流体或固体壁面作用在控制面上的表面力:在控制面的进出口截面上,表面力有法向力 $p_1 A_1$ 和 $p_2 A_2$(均指向作用面),由于 A_1、A_2 分别与流体速度方向垂直,故无剪切力;在控制面的侧表面上有法向力 $\int p dS_i$ 及剪切力 $\int \tau_w dS_i$。在大多数情况下,后两种力是未知的,因此,我们用 F_i 来表示其合力。

(2) 作用于控制体内流体的质量力 F_B,一般为重力。

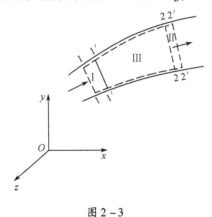

图 2-3

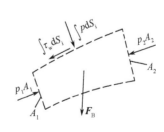

图 2-4

这样,在(2-6)式中的合力为

---
① 若控制体内有物体,则把物体除外。

$$\Sigma \boldsymbol{F} = \boldsymbol{p}_1 \boldsymbol{A}_1 + \boldsymbol{p}_2 \boldsymbol{A}_2 + \boldsymbol{F}_i + \boldsymbol{F}_B \qquad (2-8)$$

把上式代入(2-6)式,得

$$\boldsymbol{p}_1 \boldsymbol{A}_1 + \boldsymbol{p}_2 \boldsymbol{A}_2 + \boldsymbol{F}_i + \boldsymbol{F}_B = \dot{m}(\boldsymbol{V}_2 - \boldsymbol{V}_1)$$

或

$$\boldsymbol{F}_i = \dot{m}(\boldsymbol{V}_2 - \boldsymbol{V}_1) - \boldsymbol{p}_1 \boldsymbol{A}_1 - \boldsymbol{p}_2 \boldsymbol{A}_2 - \boldsymbol{F}_B \qquad (2-9a)$$

由于已取 A_1、A_2 分别与当地流体速度方向垂直,因此可以进一步进进口、出口处的两个面积矢量为 A_1、A_2,使其方向分别就是两处的流体速度方向;或者也可以取 A_1、A_2 的方向与流体速度方向夹一个锐角,但流体在面积 A_1、A_2 上的黏性流动剪切力弱到可以不计。在这两种情况下,控制体内流体受力 $\boldsymbol{p}_1 \boldsymbol{A}_1$、$\boldsymbol{p}_2 \boldsymbol{A}_2$ 可以写为 $p_1 A_1$、$-p_2 A_2$,其所反映的物理意义是,压强 p 是没有方向的物理量或说是各向同性的物理量,而压力 $p\boldsymbol{A}$ 的方向就是承受压强的表面积 $\boldsymbol{A}$ 的法方向。于是(2-9a)式又可写为

$$\boldsymbol{F}_i + \boldsymbol{F}_B = (\dot{m}\boldsymbol{V}_2 + p_2\boldsymbol{A}_2) - (\dot{m}\boldsymbol{V}_1 + p_1\boldsymbol{A}_1) \qquad (2-9b)$$

其中有流体流动的动量 $\dot{m}\boldsymbol{V}$ 与流体流动的压力 $p\boldsymbol{A}$ 的组合量,称为流体流动的冲量,即

$$(\dot{m}\boldsymbol{V} + p\boldsymbol{A}) = 某截面上流体流动的冲量 \qquad (2-9c)$$

因此(2-9b)式可以清晰地表述为,流体所受到的控制面侧表面上的合力与所受到的控制体内质量力合力之和等于控制体出、进口截面上流动冲量的差。对于轻流体(例如气体),则简化为侧表面力等于冲量差。

对于流体在管道中的流动,$\boldsymbol{F}_i$ 即为管壁施加于管内流体上的作用力。根据牛顿第三运动定律,管内流体作用于管壁的力 $\boldsymbol{F}_d$ 和 $\boldsymbol{F}_i$ 大小相等,方向相反,即 $\boldsymbol{F}_d = -\boldsymbol{F}_i$。

由物理学我们已经知道,牛顿第二运动定律只适用于惯性系统(通常取地球表面)或相对于惯性系统作匀速直线运动的参照系,而在所有相对于惯性系统作变速运动的坐标系中,例如,在与叶轮机转子一起绕定轴转动的转动坐标系中,则通常所用的牛顿第二运动定律的形式就不适用了,这时必须考虑由于惯性离心力和哥氏力而引进的一些附加项。因为动量方程是由牛顿第二运动定律直接导出的,故对于动量方程也有同样的结论。这就是说,在(2-6)式中,速度必须相对于地球或者参考一个相对于地球作匀速直线运动的坐标系来量度。对于绕定轴等速转动的转动坐标系,在运用动量方程(2-6)时,必须在考虑作用力时把惯性离心力和哥氏力考虑进去,并把速度项改为相对速度。

可以证明,在定常流动的条件下,对于任意形状的控制体(参看图2-5),只要在控制体的流体进出口截面上流动参数是均匀的,而不论流体在控制体内的流动情况如何,所导出的动量方程的形式和(2-6)式就是相同的。

动量方程是气体动力学中最常运用的基本方程之一,它的特点在于:只要知道所划定的控制体表面上流体的流动情形,就能够直接确定出作用在该控制体表面上的力,而不涉及流体在控制体内流动过程的详细情况。

动量方程运用得成功与否,与所选取的控制面是否恰当很有关系。现在来看几个运用动量方程的例子。

[**例2-2**] 假设有水在弯曲成90°的收缩性管道中流动(见图2-6)。在弯管进口截面1-1处水流的压强为 $4.91 \times 10^5 \text{N/m}^2$,在出口截面处水流的压强为 $4.19 \times 10^5 \text{N/m}^2$。水流的流量为 78.5kg/s。截面1-1的直径为10cm,截面2-2的直径为8cm。如果忽略水流本身的重量,试求水流对弯管内壁的作用力(假设在进出口截面上流动参数是均匀的)。

解 取控制体如图2-6中虚线所示,控制体的侧表面为水在弯管内流动的边界,它的两个端截面与水流速度方向垂直。

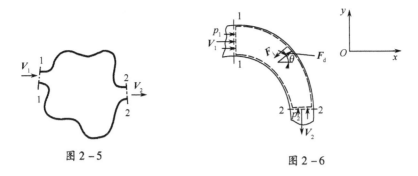

图 2-5 　　　　　图 2-6

设 F_{ix} 和 F_{iy} 表示弯管内壁对控制体内水流的作用力在 x 和 y 方向的投影（假定 F_{ix}、F_{iy} 的方向分别沿 x 轴、y 轴的正方向）。对所取控制体在 x 轴方向和 y 轴方向分别写出动量方程

$$F_{ix} + p_1 A_1 = \dot{m}(0 - V_1)$$

$$F_{iy} + p_2 A_2 = \dot{m}(-V_2 - 0)$$

故

$$F_{ix} = -p_1 A_1 - \dot{m} V_1 \tag{a}$$

$$F_{iy} = -p_2 A_2 - \dot{m} V_2 \tag{b}$$

(a)式、(b)式中的 V_1 及 V_2 可根据连续方程求得，即

$$V_1 = \frac{\dot{m}}{\rho_1 A_1} = \frac{\dot{m}}{\rho_1 \cdot \frac{\pi}{4} \cdot d_1^2} = \frac{78.5}{1000 \times \frac{\pi}{4} \times 0.1^2} = 10 \text{m/s}$$

$$V_2 = \frac{\dot{m}}{\rho_2 A_2} = \frac{\dot{m}}{\rho_2 \cdot \frac{\pi}{4} \cdot d_2^2} = \frac{78.5}{1000 \times \frac{\pi}{4} \times 0.08^2} = 15.6 \text{m/s}$$

将 V_1、V_2 以及其它已知数据代入(a)式及(b)式，得

$$F_{ix} = -\left(4.91 \times 10^5 \times \frac{\pi}{4} \times 0.1^2 + 78.5 \times 10\right) = -4640 \text{N}$$

$$F_{iy} = -\left(4.19 \times 10^5 \times \frac{\pi}{4} \times 0.08^2 + 78.5 \times 15.6\right) = -3331 \text{N}$$

负号说明 F_{ix}、F_{iy} 的方向与原假定的方向相反，从而可以确定弯管内壁对水流的作用力 $\mathbf{F}_i$ 的方向，如图 2-6 所示。根据牛顿第三运动定律，水流对弯管内壁的作用力 $\mathbf{F}_d = -\mathbf{F}_i$，故

$$F_d = \sqrt{F_{dx}^2 + F_{dy}^2} = \sqrt{4640^2 + 3331^2} = 5712 \text{N}$$

$\mathbf{F}_d$ 与 x 轴正方向的夹角为

$$\theta = \arctan \frac{F_{dy}}{F_{dx}} = \arctan \frac{3331}{4640} = 35°40'$$

[**例 2-3a**] 推导空气喷气发动机推力的公式。

发动机所产生的推动发动机前进的力，称为推力。推力的物理实质是作用在发动机所有部件上轴向力的合力。将各轴向力用直接合成的方法来确定推力是很困难的。但是，如果我们将发动机看作一个整体，根据动量定理，直接从气流经过发动机时的动量变化率来计算推力，可以不涉及气流在发动机内部的具体流动情况，因而要简单得多。

设发动机装在飞机上以飞行速度 V 相对于空气运动，而空气对于地面是静止的。为了研究方便,在运动的发动机上建立一个相对坐标系 xcy,并取为本问题观察者的参考系。这样,当观察者随相对坐标系一起运动时,观察者看到发动机是不动的,而远前方的气流以与飞行速度 V 大小相等、方向相反的流速,定常地流向发动机。进入发动机的气流又在经历了增压、增温、作功、降压流动之后,以速度 V_{exit} 从发动机尾喷口射出(参看图 2 – 7)。为了应用动量方程,我们取控制体如图 2 – 7 中虚线所示。控制面 $o'e'$ 为圆柱面,它的母线平行于发动机的轴线 x,且离发动机很远,因而可以认为它是平行于流线的,$o'e'$ 圆柱面上的压强为大气压强 p_a,控制面 $o'o$ 为圆截面,垂直于发动机的轴线 x,它不是取在发动机进口处,而是取在未受到发动机扰动的远前方,这是因为发动机进口截面处的气流参数一般不易确定。$o'o$ 面上的气体压强为大气压强 p_a,气流速度为 V。$o'o'$ 面上的 oo 截面通常也为

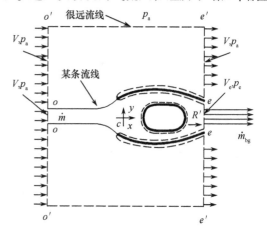

图 2 – 7

圆截面,只有该截面上通过的气流才可以进入发动机内部,其余的将绕过发动机。可进入发动机的流量的大小由发动机不同工作情况(工况)下的截流作用所决定,因此,过 o 点的流线通常是一条相应形成的曲线,曲线周围的流动经历一个减速(或加速)的过程。控制面 ee 为发动机尾喷管的出口平面,通常也是圆截面。假定在该截面上,燃气流的喷射速度与轴线平行,速度的平均值为 V_e,压强的平均值为 p_e。控制面 $e'e$ 和 ee 位于同一平面内,它是环形截面,我们假定气流从发动机外部流过时与发动机壁面之间是无摩擦等的流动,并且与从发动机内部流过的燃气流之间无热量的交换,即外部贴壁流动是绝能的流动,又注意到 $o'e'$ 面离发动机很远,在这些情况下,可以很接近实际地近似认为,从发动机外部流过的空气在截面 $e'e$ 上的速度和压强与未被发动机扰动的气流的速度 V 和压强 p_a 差别很小。控制面的其余部分为包围发动机外壁的曲面,和包围发动机内壁与内部全部部件表面的曲面。

现在我们对所取的控制体沿发动机轴线施用动量方程。

先进行 x 方向的气体受力分析。正是包围发动机外壁、内壁与内部部件表面的曲面上的压力,作用在流过整个控制体的气流上,产生了发动机全部侧表面对该气流的作用合力。这个合力在 x 轴正方向的分力,就是对控制体内气流的轴向推力 R'(又当忽略在外壁流线 oe 上气流所受到的阻力,则就是对流经发动机内部的气流的轴向推力 R')。因此有:发动机内部、外壁对控制体内气流的作用合力在发动机轴向的分力为 R';控制体外界气体作用在截面 $o'o$ 上的轴向力为 $p_a A_o$(A_o 是 $o'o$ 面的面积);外界气体作用在截面 ee 上的轴向力为 $-p_e A_e$(A_e 是 ee 面的面积);外界气体作用在环形截面 $e'e$ 上的轴向力为 $-p_a(A_{e'} - A_e)$($A_{e'}$ 是 $e'e$ 面的面积)。

又进行 x 方向的气流动量分析。发动机内部气流在控制体出口、进口处的动量分别为 $\dot{m}_{bg} V_e$($\dot{m}_{bg}$ 是燃气由 ee 截面流出发动机的质量流量)和 $\dot{m} V$($\dot{m}$ 是空气由 oo 截面流入发动机的质量流量),其中,$\dot{m}_{bg}$ 等于空气质量流量 $\dot{m}$ 和燃油质量流量 $\dot{m}_f$ 之和,即

$$\dot{m}_{bg} = \dot{m} + \dot{m}_f = \dot{m}\left(1 + \frac{\dot{m}_f}{\dot{m}}\right)$$

发动机外部气流在控制体出口 $e'e$ 处、进口 $o'o$ 处的动量相等,这个结论由前面的分析得到。

再使用动量方程:作用在控制体上的诸力的和等于气流流经控制体的动量变化,即

$$\sum \boldsymbol{F} = \dot{m}_2 \boldsymbol{V}_2 - \dot{m}_1 \boldsymbol{V}_1 \qquad (\text{在此仅沿 } x \text{ 轴正向使用})$$

则有
$$R' + p_a A_{o'} - p_e A_e - p_a (A_{e'} - A_e) = \dot{m}_{bg} V_e - \dot{m} V$$

注意到有面积关系 $A_{o'} = A_{e'}$,可消除掉两项受力。于是有
$$R' - (p_e - p_a) A_e = \dot{m}_{bg} V_e - \dot{m} V \qquad \text{或} \qquad R' = \dot{m}_{bg} V_e - \dot{m} V + (p_e - p_a) A_e$$

根据牛顿第三运动定律,发动机对气流的作用力 R' 就等于气流对发动机的反作用力 R,但二者方向相反。由此得发动机推力的大小为

$$R = \dot{m}_{bg} V_e - \dot{m} V + (p_e - p_a) A_e \qquad (2-10)$$

其方向沿 x 轴的负方向。

在近似计算时,可假设 $\dot{m}_{bg} \approx \dot{m}$,则(2-10)式可写成

$$R = \dot{m}(V_e - V) + (p_e - p_a) A_e \qquad (2-11)$$

应该指出,推力公式(2-10)是在假设气流从发动机外部流过时无摩擦等理想条件下导出的,因而它未计入气流对发动机外部的外阻力。通常把(2-10)式叫做发动机的内推力或额定推力公式。通常是用额定推力 R 作为发动机的性能指标。关于外阻力如何考虑的问题,将在喷气发动机原理课程中讨论。

本例题给出了动量方程在一维气体动力学中非常典型的应用,并且得到的是实用于工程的结果(2-10)式。现对本例的结果和方法再给出以下三点讨论:

(1) 一维气体动力学方法可将发动机的推力与六个重要的飞行条件参数和发动机工作参数流量、排气速度、飞行速度、排气压力、所在飞行高度上的大气压力、尾喷口面积联系起来,该结果十分重要。实际上这些参数均表现为飞行中不断变化着的量,因此推力相应变化。

(2) 通常在发动机整机的设计工作点(设计点),使得第二部分推力 $(p_e - p_a) A_e$ 为 0。但在航空发动机所特有的高度与飞行速度变动很大的非设计点,第二部分的值有时达到总推力 R 的 20%~30%,因此不可随便将该项忽略为 0。

(3) 为对动量定理的应用提高认识,读者可尝试使用(2-9b)式形式的动量方程再次求解本例题。其特点是,调用某截面上气流的冲量 $(\dot{m} V + p A)$,将动量方程应用在本例关于发动机内流、外流的两入口、两出口的控制体上,列写出

$$\boldsymbol{F}_i + 0 = \text{出口气流冲量之和} - \text{进口气流冲量之和}$$
$$= (\dot{m} V + p A)|_{ee} + (\dot{m} V + p A)|_{e'e'} - (\dot{m} V + p A)|_{oo} - (\dot{m} V + p A)|_{o'o'}$$

在理解并给出了各个冲量中 $\dot{m}$、V、p、A 的值后,将发现它们中多项相互抵消,最后得
$$R = \dot{m}_{bg} V_e - \dot{m} V + (p_e - p_a) A_e$$

与(2-10)式完全相同。但这里的分析思路是标准化了的,适于用计算机程序求解一般性问题。

[例 2-3b] 某涡轮喷气发动机在地面试车时,当地的大气压强为 $1.0133 \times 10^5 \text{N/m}^2$,发动机的尾喷管出口面积为 0.1543m^2,出口气流参数 $p_e = 1.141 \times 10^5 \text{N/m}^2$,$V_e = 542 \text{m/s}$,流量 $\dot{m} = 43.4 \text{kg/s}$,试求发动机的推力。

解 因为在地面试车,$V=0$,故
$$R = \dot{m} V_e + (p_e - p_a) A_e$$
$$= 43.4 \times 542 + (1.141 - 1.0133) \times 10^5 \times 0.1543 = 25493 \text{N}$$

[例 2-4] 推导火箭(发动机)垂升加速度的公式。

当火箭垂直向上作加速飞行时(参看图2-8),火箭的加速度应能用固体质点的动量定理来推导。但这里采用对于燃气流的动量定理方程来推导。设火箭喷射的燃气流的流动相对于火箭箭体是定常的,根据一维气体动力学,最方便的观察燃气流运动及其推力的方法,是在飞行的火箭上建立一个相对坐标系 xOy,并取为参考系。这时气体动力学问题是定常的。

在参考系下建立本问题的控制体。取火箭本身的外壳表面和喷管的出口平面为控制面。对此控制体选择沿火箭的飞行方向 z 轴正方向列写动量方程。

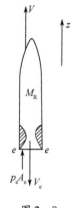

图 2-8

因为火箭作加速运动,故上述坐标系是非惯性坐标系。如前所述,对于非惯性坐标系,在运用动量方程(2-6)式时,必须在考虑作用力时把惯性力考虑进去,并把速度项改为相对速度。由此,z 向动量方程可写为

$$-M_R g + (p_e - p_a)A_e - F_d - M_R \frac{dV}{dt} = -\dot{m}_{bg} V_e$$

式中 $-M_R g$——作用在控制体内的重力(M_R 是火箭整体的瞬时质量);

$(p_e - p_a)A_e$——作用在控制面上的压强的合力在 z 轴正向的投影(p_e、p_a 和 A_e 分别是喷管出口处的压强、所在高度的大气压强和喷管出口横截面积);

$-F_d$——作用在控制体面上的全部外部空气阻力的合力在 z 轴正向的投影;

$-M_R \frac{dV}{dt}$——火箭的惯性力在 z 轴正向的投影(惯性力与加速度方向相反,V 是火箭的瞬时飞行速度);

$-\dot{m}_{bg} V_e$——控制面 ee 上燃气流的动量在 z 轴正向的投影($\dot{m}_{bg}$ 和 V_e 分别是燃气相对于所取参考系的流量和流速)。

将上式整理后,得

$$M_R \frac{dV}{dt} = [\dot{m}_{bg} V_e + (p_e - p_a)A_e] - (M_R g + F_d) = R - (M_R g + F_d)$$

上式就是火箭垂升加速度的公式。

对比于例2-3a的结果(2-10)式可知,上式所概括的 R 就是火箭发动机燃气对于火箭的推力。只不过火箭发动机与空气喷气发动机最大的不同在于火箭并不吸入空气作为燃料的氧化剂,因此火箭发动机的气流流入质量流量 $\dot{m}$ 及其动量 $\dot{m}V$ 为 0。这是在同样的飞行速度和同样的燃气流量下,火箭发动机的瞬时推力明显大于空气喷气发动机的原因之一。火箭发动机的优点还有机内燃气压力高导致 V_e、p_e 高即推力大,缺点还有自带氧化剂重量大。

§2-5 动量矩方程

大家知道,在动力学中,除动量定理外,还有一个动量矩定理,动量矩定理在研究像叶轮机一类的转动机械时特别有用。

从理论力学知道,对于一个确定的体系,此定理可表述为:"在某一瞬时,体系对任一固定轴的动量矩的时间变化率等于该瞬时作用在该体系上的全部外力对于同一轴的力矩的总和"。

为了导出适用于控制体形式的动量矩方程,在定常流场中,任意取一个基元流管(参看图

2-9(a)),取截面1-1和2-2并与这两个截面间的流管侧表面组成一个控制体。对于此控制体,按照前两节中所用的方法,运用动量矩定理并参看图2-9(b),可以导出以下关系。

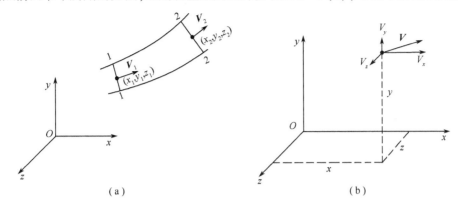

图 2-9

对于 x 轴、y 轴和 z 轴的动量矩方程分别为

$$\left.\begin{array}{l} \Sigma M_x = \dot{m}[(V_{2z}y_2 - V_{2y}z_2) - (V_{1z}y_1 - V_{1y}z_1)] \\ \Sigma M_y = \dot{m}[(V_{2x}z_2 - V_{2z}x_2) - (V_{1x}z_1 - V_{1z}x_1)] \\ \Sigma M_z = \dot{m}[(V_{2y}x_2 - V_{2x}y_2) - (V_{1y}x_1 - V_{1x}y_1)] \end{array}\right\} \quad (2-12)$$

式中 ΣM_x、ΣM_y 和 ΣM_z——作用在控制体上诸外力对 x 轴、y 轴和 z 轴的力矩的总和。

力矩和动量矩的正负号规定为,从矩轴的正方向向负方向看去,逆时针方向为正,顺时针方向为负。

(2-12)式表明:作用在控制体上诸外力对于某轴的力矩的总和,等于单位时间内从控制面流出与流入的气体对该轴的动量矩之差。

可以证明,在定常流动的条件下,对于任意形状的控制体(参看图2-6),只要在控制面的气体进出口截面上气流参数是均匀的,而不论气体在控制体内的流动情况如何,所导出的动量矩方程的形式和(2-12)式就是相同的。

在研究叶轮机中的气体流动问题时,经常采用圆柱坐标系,而且主要应用对于旋转轴(z 轴)的动量矩方程。参看图2-10,对于圆柱坐标系的 z 轴的动量矩方程可写为

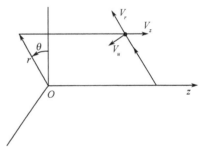

图 2-10

$$\Sigma M_z = \dot{m}(V_{2u}r_2 - V_{1u}r_1) \quad (2-13)$$

现在我们举一个例子来看看(2-13)式如何应用。

[**例 2-5**] 空气在如图2-11所示的一个简单的径流式叶轮机中流动,写出对于旋转轴(z 轴)的动量矩方程。

解 取控制体如图2-11中的虚线所示,它包围了整个转子,并切割转轴。设在控制面的气体进出口截面1-1及2-2上,气流参数沿周向是均匀的,则单位时间内从截面2-2及截面1-1流出与流入的气体对 z 轴的动量矩之差为

$$\dot{m}(V_{2u}r_2 - V_{1u}r_1)$$

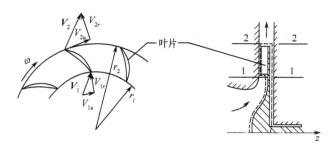

图 2–11

式中　$\dot{m}$ ——流经叶轮机的空气流量。

作用于控制体上诸外力对 z 轴的力矩：作用在 1–1 截面及 2–2 截面上的压强对于 z 轴的力矩为零。如果忽略由于转子与充满在叶轮机壳体内的空气之间的摩擦所产生的力矩，则作用在控制体中气体上的外力矩就等于外界通过转轴加于叶轮的转矩 M_z。根据(2–13)式，可得

$$M_z = \dot{m}(V_{2u}r_2 - V_{1u}r_1) \qquad (2-14)$$

方程(2–14)式是动量矩定理应用于气体在叶轮机中的定常流动的解析式，它叫做动量矩的欧拉方程式，在叶轮机中有着广泛的用途。

如果将(2–14)式两端同乘以叶轮的旋转角速度 ω，则可得外界给予叶轮的功率为

$$N = M_z\omega = \dot{m}(V_{2u}r_2 - V_{1u}r_1)\omega$$

或

$$N = \dot{m}(V_{2u}U_2 - V_{1u}U_1) \qquad (2-15)$$

式中　U_1、U_2 ——叶轮在半径 r_1 及 r_2 处的圆周速度。

由于功率是外力对每秒钟流过叶轮机的气体的作功量，所以外力对流过叶轮机的单位质量气体的作功量为

$$w = \frac{N}{\dot{m}} = V_{2u}U_2 - V_{1u}U_1 \qquad (2-16)$$

这就是在分析和计算压气机或涡轮的功时经常用到的公式。

如果作用在流体上的外力矩为零，根据动量矩方程(2–13)式，得

$$\dot{m}(V_{2u}r_2 - V_{1u}r_1) = 0$$

即

$$V_{2u}r_2 = V_{1u}r_1 = V_u r = 常数 \qquad (2-17)$$

这就是著名的面积定律。它说明，在没有外力矩作用而流体只依靠本身的惯性运动的情况下，气流的切向速度与半径成反比。半径越大，气流的切向速度越小；反之则相反。例如，气体在离心式压气机的扩压器内的流动，燃料在离心式喷嘴内的旋转运动等，就属于这种情形。

§2–6　微分形式的动量方程

如前所述，在动用动量方程计算某器械（例如空气喷气发动机或管道等）上的作用力时，只需知道进出口截面上的流动情况即可，而不必详细了解其内部的流动情况。但是，当我们需要研究气体在流动过程中的详细变化情况时，一般形式的动量方程就显得无能为力了，这时就需要知道微分形式的动量方程。另外，当我们知道了气流详细的变化以后，也就有可能用计算的方法确定进出口截面上的流动情况，这样，结合上述一般形式的动量方程就可以求得作用力了。下面我们来导出微分形式的动量方程。

在定常流场中,沿一个基元流管曲线的轴线 s 方向,取截面 aa 和 bb,它们之间的距离为无限小量 $\mathrm{d}s$,这就截取出了基元流管上的一个微段,如图 2 – 12 所示。在截面 aa 上,面积为 A,各流动参数为 p、ρ、V、$\cdots$,在截面 bb 上,面积为 $A+\mathrm{d}A$,各流动参数为 $p+\mathrm{d}p$、$\rho+\mathrm{d}\rho$、$V+\mathrm{d}V$、$\cdots$。取空间 $aabba$ 为控制体。设控制体与外界无热量的交换,无机械功的交换。

沿着 s 方向,对所取的控制体施用动量方程。沿着 s 方向,控制体外的物质作用在控制体上的外力有:

(1) 作用在截面 aa 处气体压强的合力 pA;

(2) 作用在截面 bb 处气体压强的合力 $(p+\mathrm{d}p)(A+\mathrm{d}A)$;

(3) 作用在流管侧表面上的平均压强为 $p+\dfrac{1}{2}\mathrm{d}p$,流管侧表面的面积为 $\mathrm{d}A/\sin\alpha$,故作用在流管侧表面上的压强的合力在 s 方向上的分量为

$$\left(p+\frac{\mathrm{d}p}{2}\right)\cdot\frac{\mathrm{d}A}{\sin\alpha}\cdot\sin\alpha=\left(p+\frac{\mathrm{d}p}{2}\right)\mathrm{d}A$$

(4) 作用在流管侧表面上摩擦力在 s 方向的分量为 δF_f,其方向沿 s 轴的负方向;

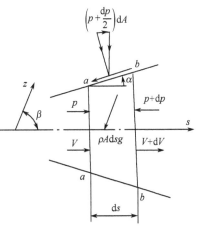

图 2 – 12

(5) 作用在控制体内流体的质量为(仅考虑重力),其方向沿 z 轴的负方向,大小为 $\rho A \mathrm{d}s g$,设 z 轴与 s 轴的交角为 β,则质量力在 s 方向的分量为 $\rho A \mathrm{d}s g \cos\beta = \rho A g \mathrm{d}z$。

流体在单位时间内从截面 aa 流入控制体的动量为 $\dot{m}V$;流体在单位时间内从截面 bb 流出控制体的动量为 $\dot{m}(V+\mathrm{d}V)$。

根据动量方程(2 – 6)式,可得

$$-\rho A g \mathrm{d}z + pA - (p+\mathrm{d}p)(A+\mathrm{d}A) + \left(p+\frac{\mathrm{d}p}{2}\right)\mathrm{d}A - \delta F_f = \dot{m}(V+\mathrm{d}V) - \dot{m}V$$

经合并整理,并略去高阶无限小量,上式可简化为

$$-A\mathrm{d}p - \rho A g \mathrm{d}z - \delta F_f = \dot{m}\mathrm{d}V \tag{2-18}$$

此式叫做微分形式的动量方程式,它说明作用于微元控制体上的压强、摩擦力和重力之总和,等于在单位时间内流出和流入该控制体的流体的动量之差。

因为 $-\dot{m}\mathrm{d}V$ 是流体的惯性力,所以(2 – 18)式写可成力平衡的形式,为

$$A\mathrm{d}p + \rho A g \mathrm{d}z + \delta F_f + \dot{m}\mathrm{d}V = 0 \tag{2-19}$$

对于无黏性流体的流动,$\delta F_f = 0$,则上式可写成

$$A\mathrm{d}p + \rho A g \mathrm{d}z + \dot{m}\mathrm{d}V = 0$$

将 $\dot{m} = \rho A V$ 代入上式,则得

$$\mathrm{d}p + \rho V \mathrm{d}V + \rho g \mathrm{d}z = 0 \tag{2-20}$$

此式是无黏性流体的一维定常流动的运动微分方程式,通常称为一维流动的欧拉运动微分方程式。

对于气体来讲,由于气体的重度很小,通常将它的重力忽略不计,因此(2 – 20)式可写成

$$\mathrm{d}p + \rho V \mathrm{d}V = 0 \tag{2-21}$$

在(2-21)式中,压强增量 dp 和速度增量 dV 都在等号的一端,因而,dp 为正值时,dV 必为负值;dp 为负值时,dV 必为正值。这就是说,气流压强增大的地方,流速减小;压强减小的地方,流速增大。

(2-21)式在分析气体流动的规律时,有着重要的应用。

§2-7 伯努利方程

将(2-20)式沿流管积分,则得

$$\int \frac{\mathrm{d}p}{\rho} + \frac{V^2}{2} + gz = 常数 \tag{2-22}$$

(2-22)式适用于无黏性流体的一维定常流动,式中的积分常数通常叫做伯努利常数。

顺便指出,对于无黏性流体的多维定常流动,(2-22)式仅仅沿一个给定的流线才是正确的。此时,积分常数称为该流线的伯努利常数。在一般情况下,从某一流线到另一流线,伯努利常数是可以改变的。当然,如果所有流线都从一个直匀流区域出发,则整个流场中的伯努利常数均相同。这一点将在第六章做深入的讨论。

为了求出(2-22)式中的积分 $\int \frac{\mathrm{d}p}{\rho}$,必须知道流体在流动过程中 p 与 ρ 之间的函数关系。

一、不可压流的伯努利方程式

对于不可压流,ρ = 常数,则(2-22)式成为

$$\frac{p}{\rho} + \frac{V^2}{2} + gz = 常数 \tag{2-23a}$$

用 g 通除上式,并以 $\gamma = \rho g \,[\text{N/m}^3]$ 表示单位体积流体的重度,则得

$$\frac{p}{\gamma} + \frac{V^2}{2g} + z = 常数 \tag{2-23b}$$

(2-23b)式称为不可压流的伯努利方程式。

从力学的观点看来,伯努利方程式表示无黏性流体定常流动中的能量守恒定律,对于这里所考察的不可压流,这个能量守恒定律实际上就是流动的机械能守恒定律,这可以根据该方程中各项的物理意义加以说明。由物理学知道,$V^2/2g$ 代表单位重量流体所具有的动能;z 代表单位重量流体所具有的位能。从量纲来考虑,p/γ 项也必须是一种单位重量流体所具有的能量,我们把它叫做压强位能。我们还可以通过一个例子来看一下 p/γ 项的意义。设有一根管子倒置于充满液体的容器中(见图2-13),并使管内为真空。此时液体便会上升 h 高度,这个高度 $h = p/\gamma$ 的位能是由于压强 p 而产生的,所以 p/γ 这一项就表示单位重量流体所具有的压强位能。

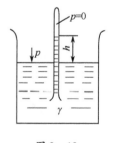

图2-13

因此,(2-23b)式说明,对于无黏性流体的定常流动,单位重量流体的动能、位能和压强位能的总和沿流管是一常数。

如果我们研究的是气体,由气体性质的讨论知道,当气流速度不大时,可近似地认为是不可压流;而且,对于气体,重力可忽略不计,故位能项不予考虑。这时就得到

$$\frac{p}{\rho} + \frac{V^2}{2} = 常数 \tag{2-24a}$$

或
$$p + \frac{1}{2}\rho V^2 = 常数 \tag{2-24b}$$

由推导过程可见,不可压流的伯努利方程式是对动量定理方程进行积分而得到的能量守恒和转化定律的一种方程式,它是流体力学中的基本方程式之一,它具有极其重要的实用价值,应用很广,这里仅举两个简单的例子。

[例 2-6] 用文氏管测流速和流量。

设文氏管如图 2-14 所示。已知在截面 11 和 22 处的圆管面积分别为 A_1 和 A_2,空气流过文氏管时,从 U 形管压差计量出 1、2 截面上的压强差 $\Delta p = p_1 - p_2$。求空气在截面 2 处的流速 V_2 和流量 $\dot{m}$。设空气流为不可压流,并忽略流动中的摩擦损失。

解 根据(2-4)式,有

$$V_1 A_1 = V_2 A_2$$

根据(2-24b)式,有

$$p_1 + \frac{1}{2}\rho V_1^2 = p_2 + \frac{1}{2}\rho V_2^2$$

或

$$p_1 - p_2 = \frac{1}{2}\rho(V_2^2 - V_1^2)$$

而

$$V_1 = \frac{A_2}{A_1} V_2$$

故

$$p_1 - p_2 = \frac{1}{2}\rho V_2^2 \left(1 - \frac{A_2^2}{A_1^2}\right)$$

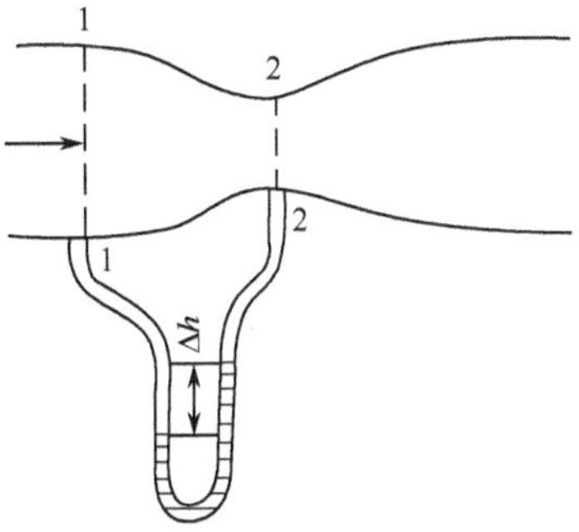

图 2-14

解出 V_2,得

$$V_2 = A_1 \sqrt{\frac{2(p_1 - p_2)}{\rho(A_1^2 - A_2^2)}}$$

则

$$\dot{m} = \rho_2 A_2 V_2 = A_1 A_2 \sqrt{\frac{2\rho(p_1 - p_2)}{A_1^2 - A_2^2}}$$

[例 2-7] 重力作用下容器的小孔出流,如图 2-15 所示。容器内盛有液体,在容器侧面距液面 h 的器壁上开一小孔,小孔的面积比液面面积小得多。液体从小孔流入大气,求液体出流的速度。

假设容器中的液面通过适当地添加液体保持高度不变,液体的流动是定常的。对如图所示的流线应用伯努利方程(2-23a)式,并考虑到自由面 1 处和射流出口 2 处的压强都是大气压强 p_a,以及自由面的面积比小孔的面积大得多,$V_1 \approx 0$,则有

$$\frac{V_2^2}{2} + \frac{p_a}{\rho} = \frac{p_a}{\rho} + gh$$

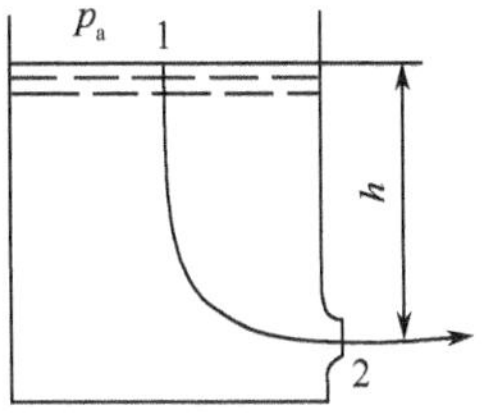

图 2-15

故

$$V_2 = \sqrt{2gh}$$

可见孔口出流速度和下降同一垂直距离的自由落体所获得的速度是一样的。同样都是位能转变为动能。这个结果首先由托里塞利(Torricelli)得出,称为托里塞利原理。注意上式是按照理想流体计算的,在实际流体中由于黏性阻力,射流的速度要小一些。如果孔口是圆形的,则射流速度为理想流体射流速度的 0.98 左右。

下面再举一个动量方程和伯努利方程联合应用的例子。

[**例2-8**] 如图2-16所示的平面叶栅,由无限多的形状相同的叶片所组成。试求出气流作用在叶片上的气动力。

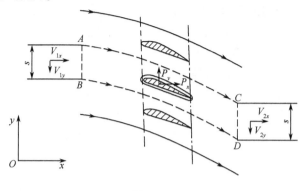

图2-16

解 取控制体如图2-16中的虚线所示。此控制体垂直于纸面的高度为一单位长度。控制面 AB 和 CD 取在离叶栅前后缘相当远的地方,此处气流参数是均匀的,AC 和 BD 是两个状态完全相同的流面。假定气流为无黏性的不可压流。

在考虑作用在控制体上的力时,应注意到,AC 及 BD 上的压强分布完全相同但对控制体的压力的方向相反,因而可以不予考虑。

列出 x 轴方向的动量方程:

$$F_x + p_1 s - p_2 s = \dot{m}(V_{2x} - V_{1x})$$

或

$$F_x = \dot{m}(V_{2x} - V_{1x}) + (p_2 - p_1)s$$

式中 F_x——叶片给予气流的作用力 $\boldsymbol{F}$ 在 x 方向的分量。

列出 y 方向的动量方程:

$$F_y = \dot{m}[-V_{2y} - (-V_{1y})] = \dot{m}(V_{1y} - V_{2y})$$

式中 F_y——叶片给予气流的作用力 $\boldsymbol{F}$ 在 y 方向的分量。

假设 $\boldsymbol{P}$ 代表气流给予叶片的反作用力,则 $\boldsymbol{P} = -\boldsymbol{F}$,故 $P_x = -F_x$,$P_y = -F_y$,则上两式可写成

$$-P_x = \dot{m}(V_{2x} - V_{1x}) + (p_2 - p_1)s \tag{a}$$

$$-P_y = \dot{m}(V_{1y} - V_{2y}) \tag{b}$$

(a)式和(b)式已给出问题的解。下面进一步化简这个解。根据连续方程 $\dot{m} = \rho V_{1x} s = \rho V_{2x} s$,有

$$V_{1x} = V_{2x}$$

又根据不可压流的伯努利方程(2-24b)式,可得

$$p_2 - p_1 = \frac{\rho}{2}[(V_{1x}^2 + V_{1y}^2) - (V_{2x}^2 + V_{2y}^2)] = \frac{\rho}{2}(V_{1y}^2 - V_{2y}^2)$$

将上两式代入(a)式,则得

$$P_x = \rho \frac{v_{2y} + v_{1y}}{2} s(v_{2y} - v_{1y})$$

将 $\dot{m} = \rho V_{1x} s = \rho V_{2x} s = \rho V_x s$ 代入(b)式,则得

$$P_y = \rho V_x s(V_{2y} - V_{1y})$$

二、可压流的伯努利方程式

如前所述,对于可压缩气体的流动,重力影响可以忽略不计。积分(2-21)式,得

$$\int \frac{\mathrm{d}p}{\rho} + \frac{V^2}{2} = 常数 \qquad (2-25)$$

为了求式中的积分,必须知道可压流的 p 与 ρ 之间的函数关系,也就是知道气体流动的热力过程。微分方程(2-21)式的导出条件首先是控制体与外界无热量的交换,无机械功的交换。这就定义了基元流管微段上的热力过程首先是绝热绝功过程即绝能过程。在航空科学和工程上,绝能的气体流动过程是最重要的热力过程模型,它的流动总能量不变,可以对大多数的实际流动问题进行分段化后的典型化,或称模型化。其次,导出条件又设定了流管侧表面上的摩擦力为 0。在此应理解为流管中的流体微团与流管壁面的固体之间无摩擦,更可以理解为流管所代表的流线上的流体微团与相邻流线上的流体微团之间无摩擦,即所研究的是可逆的流动。这样,微分方程就假设了一个绝能的且可逆的过程,也就是绝能等熵过程。等熵过程是又一个非常重要的气体热力过程模型,它的本质是流动中不产生可作宏观机械功的能量向热能的耗散。因此这里应进行流体在绝能流动条件下的等熵过程的积分。由工程热力学可知,等熵过程可有(2-41a)式和(2-41b)式的四种表达形式。取其中的 $p = C\rho^k$ 代入(2-25)式中的积分,有

$$\int \frac{\mathrm{d}p}{\rho} = \int \frac{\mathrm{d}p}{(p/C)^{1/k}} = \frac{1}{-\frac{1}{k}+1} \frac{p^{-\frac{1}{k}+1}}{\frac{1}{C^{\frac{1}{k}}}} + 常数 = \frac{k}{k-1} \frac{p}{\rho} + 常数$$

因此(2-25)式成为

$$\frac{k}{k-1}\frac{p}{\rho} + \frac{V^2}{2} = 常数 \qquad (2-26\mathrm{a})$$

对比于(2-24a)式或(2-24b)式可见,上式已经是用参数 p、ρ、V 表达的对于可压流的伯努利方程式了。但这里 ρ 在气体流动中是变化的,且不易测量其值。下面将气体的伯努利方程写为用易于测量的流管(或流线)的上游点 1 的参数与下游点 2 的参数表达的形式。由于上下游之间存在着伯努利常数,因此有

$$\frac{k}{k-1}\frac{p_2}{\rho_2} - \frac{k}{k-1}\frac{p_1}{\rho_1} = \frac{V_1^2}{2} - \frac{V_2^2}{2}$$

引用等熵过程的另一表达式 $\dfrac{p_2}{p_1} = \left(\dfrac{\rho_2}{\rho_1}\right)^k$,上式就可写为

$$\frac{k}{k-1}\frac{p_1}{\rho_1}\left[\left(\frac{p_2}{p_1}\right)^{1-\frac{1}{k}} - 1\right] = \frac{V_1^2 - V_2^2}{2} \qquad 其中 \qquad \frac{p_1}{\rho_1} = RT_1 \qquad (2-26\mathrm{b})$$

该式是另一形式的可压流的伯努利方程式,它说明了气体在一维定常绝能等熵流动中压强 p 与速度 V 之间的关系。(2-26b)式用于气体在扩压器中的减速流动很方便。在扩压器内,气流速度减小($V_2 < V_1$),压强升高($p_2 > p_1$)。当进口气流的温度保持不便时,速度减小越多,则压强升高比越大。(2-26b)式又可写为

$$\frac{V_2^2 - V_1^2}{2} = \frac{k}{k-1}RT_1\left[1 - \left(\frac{p_2}{p_1}\right)^{\frac{k-1}{k}}\right] \qquad (2-26\mathrm{c})$$

(2-26c)式用于气体在喷管中的加速流动很方便。在喷管内,气体膨胀,压强降低($p_2 < p_1$),

速度增加($V_2 > V_1$)。当进口气流的速度保持不变时,进口气流的温度越高或喷管的压强降越大(p_2/p_1越小)时,则气流出口速度越大。

同样需要对可压流的伯努利方程的本质进行认识。可压流的伯努利方程仍然是无黏性流体定常流动中的一种能量守恒定律,并且是通过可压缩流体的热力学变量来间接表达的流动的机械能守恒定律。这些物理意义将放在本章 §2-8 和 §2-12 中一并进行深入的讨论。

三、推广的伯努利方程式

当实际的黏性气体流过叶轮机时,如果注意到伯努利方程是机械能守恒方程的本质,并且忽略重力位能的变化,则可知伯努利方程将具有如下的形式

$$-w_s = \int_1^2 \frac{\mathrm{d}p}{\rho} + \frac{V_2^2 - V_1^2}{2} + w_f \tag{2-27a}$$

式中　w_f——单位质量气体克服摩擦阻力所消耗的功,也称为流动损失;
　　　w_s——单位质量气体通过叶轮机对外所作的机械功,规定为正,该叶轮机称为涡轮机;
　　　　　　或外界通过叶轮机对单位质量气体所作的机械功,规定为负,该叶轮机称为压气机。

(2-27a)式是伯努利方程在具有摩擦和机械功条件下的推广,称为推广的伯努利方程式或通用的伯努利方程式。

对于压气机而言,(2-27a)式说明,外界对气体所作的机械功用来完成多变压缩功,增加气体的动能以及克服流动损失。对于涡轮机而言,(2-27a)式可以改写为

$$-\int_1^2 \frac{\mathrm{d}p}{\rho} = w_s + \frac{V_2^2 - V_1^2}{2} + w_f \tag{2-27b}$$

(2-27b)式说明,气体在涡轮机中膨胀时所作的多变功用来产生对外所作的机械功,增加气体的动能以及克服流动损失。

显然,如果假设气体是无黏性的,且气体与外界无机械功的交换,则 $w_f = 0$,$w_s = 0$,(2-27a)式和(2-27b)式便简化为(2-25)式。

§2-8　能量方程

能量方程是热力学第一定律应用于流动气体所得到的数学表达式。它表达了气体在流动过程中能量转换的关系。下面我们就根据热力学第一定律来建立静止坐标系中一维定常流动的能量方程式。

一、能量方程的推导

对于一个确定的体系,热力学第一定律的一般解析式为

$$\delta Q = \mathrm{d}E + \delta W \tag{2-28}$$

(2-28)式表明,传入体系的热量 δQ 等于体系全部能量的增量 $\mathrm{d}E$ 及体系所作的功 δW 的总和。

按照 §2-3、§2-4 所用的研究方法,现在我们来导出此定律适用于控制体时的形式。

图 2-17 给出了一个一维定常流动的模型。在此模型中,气体与外界热源有热量的交换,通过叶轮机的转轴气体与外界有功的交换。

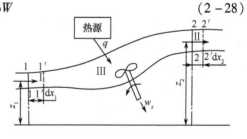

图 2-17

在流管中任取两个垂直于管轴(即垂直于气流方向)的截面 11 和 22,并与这两个截面间的流管侧表面组成一个控制体。取瞬时 t 占据此控制体内的流体为体系,经过时间 dt 后,此体系流动到新的位置,位于 $1'1'$ 和 $2'2'$ 之间。现在我们来具体分析一下在此过程中体系能量的变化、外界传入体系的热量和体系向外界输出的功。

(一) 体系能量的变化

经过 dt 时间,体系能量的变化为

$$dE = (E_{II} + E_{III})_{t+dt} - (E_{III} + E_I)_t$$

由于流动是定常的,故空间区域 III 的流体所具有的能量是不随时间变化的,即 $E_{III_{t+dt}} = E_{III_t}$,则

$$dE = E_{II} - E_I$$

流体本身所具有的总能量包括:流体运动的动能,流体内部分子的无规则运动的内能,流体在重力场中运动所产生的重力位能,其它还有化学能、电磁能,等等。在一般流体运动的过程中,能量的变化主要是前三项,而其它形式的能量在流动过程中保持不变,因而可以不考虑其变化。

对于所研究的体系,经过 dt 时间,动能、位能和内能的变化如下。

动能的变化

$$dE_k = dm_2 \frac{V_2^2}{2} - dm_1 \frac{V_1^2}{2}$$

式中 dm_1、dm_2——$1-1'$ 和 $2-2'$ 中流体的质量,也就是 dt 时间内流过控制面 11 和控制面 22 的流体质量。

对于定常流动,$dm_1 = dm_2 = dm$。故

$$dE_k = dm \left(\frac{V_2^2 - V_1^2}{2} \right)$$

位能的变化

$$dE_h = dm g (z_2 - z_1)$$

式中 z_2、z_1——由基准面算起的 1 截面和 2 截面中心的高度。

内能的变化

$$dE_t = dm (u_2 - u_1)$$

式中 u——单位质量气体所具有的内能。

因此,经过 dt 时间,体系能量的变化为

$$dE = dE_k + dE_h + dE_t = dm \left[\frac{1}{2} (V_2^2 - V_1^2) + g(z_2 - z_1) + (u_2 - u_1) \right] \tag{a}$$

(二) 外界传入体系的热量

在 dt 时间内,外界传入体系的热量用符号 δQ 表示,它是由于所取体系和外界之间存在着温度差而穿过体系边界的传热量,并借助于传导、对流和(或)辐射的方式进行传递。在气体动力学的研究中,我们并不考虑传热过程的细节,仅仅用传热量 δQ 来表示传热对流动的影响。通常规定外界向体系传入热量为正;反之,体系向外界传出热量为负。

(三) 体系对外界所作的功

在 dt 时间内,体系对外界所作的功用符号 δW 表示。它可以分成以下两类。

1. 机械功(或称轴功)δW_s

体系内那部分转轴对体系外那部分转轴所作的功,这是因为在转轴被体系边界面所切割的平面内,有由剪切力产生的扭矩。通常规定,体系对外界作功为正;反之,外界对体系作功为负。

2. 在体系边界上由于表面力(可分解为压强和切应力)所作的功

(1) 流动功。一般把由流体压强所作的功,叫做流动功,用符号 δW_p 表示。

对于所研究的体系,经过 dt 时间,由位置 11221 移动到位置 $1'1'2'2'1'$。在此过程中,位于控制面 11 左边的流体推动体系前进,而对体系作功。同样,体系推动位于控制面 22 右边的流体而对外作功,这两部分功的代数和就是体系在 dt 时间内所作的流动功。现在来看一下流动功应如何确定。

设控制面 11 左边的流体作用于体系的压力为 $p_1 A_1$,经 dt 时间后,体系由 11 移动到 $1'1'$,设距离为 dx_1(参看图 2-17),则在 dt 时间内,位于 11 截面左边的流体对体系所作的功为

$$p_1 A_1 dx_1 = \frac{p_1}{\rho_1} dm_1$$

同理,设控制面内的流体(即体系)作用于 22 截面右边流体的压力为 $p_2 A_2$,经 dt 时间后,体系由 22 推进至 $2'2'$,设距离为 dx_2,则在 dt 时间内,体系对外作所的功为

$$p_2 A_2 dx_2 = \frac{p_2}{\rho_2} dm_2$$

因此,在 dt 时间内,体系对外界所作的流动功为

$$\delta W_p = dm \left(\frac{p_2}{\rho_2} - \frac{p_1}{\rho_1} \right)$$

应该指出,外界作用于体系侧表面上的压强,由于体系在力的方向上没有位移,故所作的功等于零。

(2) 切应力所作的功。在一般情况下,切应力所作的功是很难精确计算的。如果所选择的控制面同管道或机匣的静止壁面相重合,那么,在壁面处,因为流体速度为零,对一个静止的观察者来讲,管壁加于流体的摩擦力并没有使流体移动,因此,并没有对流体作功。这样,尽管在壁面处有切应力存在,但切应力所作的功等于零。

显然,如果控制面是取在黏性附面层内,就必须考虑切应力所作的功了。

在许多实际工程问题中,一般所取的控制面都与机器的静止壁面相重合。在我们的推导中,也认为是属于这种情况,即切应力所作的功为零。

因此,在 dt 时间内,体系对外界所作的功为

$$\delta W = \delta W_s + \delta W_p = \delta W_s + dm \left(\frac{p_2}{\rho_2} - \frac{p_1}{\rho_1} \right) \tag{b}$$

将(a)式、(b)式代入(2-28)式,得

$$\delta Q = dm \left[\frac{1}{2}(V_2^2 - V_1^2) + g(z_2 - z_1) + (u_2 - u_1) + \left(\frac{p_2}{\rho_2} - \frac{p_1}{\rho_1} \right) \right] + \delta W_s$$

将上式各项通除以 dt,则得

$$\dot{Q} = \dot{m} \left[\frac{1}{2}(V_2^2 - V_1^2) + g(z_2 - z_1) + (u_2 - u_1) + \left(\frac{p_2}{\rho_2} - \frac{p_1}{\rho_1} \right) \right] + \dot{W}_s \tag{2-29}$$

式中

$\dot{Q} = \dfrac{\delta Q}{dt}$ ——当 dt 趋于零时(即 $1'1'2'2'1' \to 11221$ 时),由外界通过控制面的传热率;

$\dot{W}_s = \dfrac{\delta W_s}{dt}$ ——当 dt 趋于零时,瞬时占据控制体的那块流体通过转轴对外界所作机械功的作功率。

(2-29)式就是适用于控制体的一维定常流动的能量方程式。

在实用上,常常将气流的 u 和 p/ρ 两项合并起来,叫做气流的热焓或焓,用符号 h 表示,即

$$h = u + \frac{p}{\rho} \tag{2-30}$$

对于气体来说,当高度变化不大时,可以略去重力位能的变化,即略去 $g(z_2 - z_1)$。这样,(2-29)式可写成下列形式

$$\dot{Q} = \dot{m}\left[\frac{1}{2}(V_2^2 - V_1^2) + (h_2 - h_1)\right] + \dot{W}_s$$

将上式各项通除以流量 $\dot{m}$,则得

$$q = \frac{1}{2}(V_2^2 - V_1^2) + (h_2 - h_1) + w_s$$

或

$$q - w_s = \frac{1}{2}(V_2^2 - V_1^2) + (h_2 - h_1) \tag{2-31}$$

式中 q——外界加给流过控制体的每单位质量气体的热量;

w_s——流过控制体的每单位质量气体通过转轴对外界所作的机械功;

$\frac{1}{2}(V_2^2 - V_1^2)$——流过控制体的每单位质量气体动能的增量;

$h_2 - h_1$——流过控制体的每单位质量气体焓的增量。

式中各项的单位为 J/kg。

式(2-31)是大多数工程热力学教科书中常见的一维定常流动的能量方程式,又叫热焓形式的能量方程式。它表明,外界加给气流的热量和外界对气流所作的机械功用来增大气体的焓和动能。

应该注意,我们在推导能量方程式(2-31)时,并未涉及到气体在控制体内流动过程的具体情况。因此,(2-31)式对于气体在控制体内的流动不论是可逆过程或不可逆过程都是适用的。(2-31)式的限制条件是一维定常流动和在控制面边界上黏性摩擦力所作的功等于零。

对于一根基元流管上的一个微段(参见图2-20),即一个无限小的控制体,(2-31)式可写为

$$\delta q - \delta w_s = d\left(\frac{V^2}{2}\right) + dh \tag{2-32}$$

(2-32)式是一维定常流动的微分形式的能量方程式。以后,我们在分析气体运动时,也经常用这种形式的能量方程式。

对于绝能流动过程,因为 $q = 0 (\delta q = 0)$,$w_s = 0 (\delta w_s = 0)$,能量方程(2-31)式和(2-32)式可分别简化为

$$h_1 + \frac{V_1^2}{2} = h_2 + \frac{V_2^2}{2} = 常数 \tag{2-33}$$

和

$$dh + d\left(\frac{V^2}{2}\right) = 0 \tag{2-34}$$

对于定比热容的完全气体,气体的焓 $h = c_p T$,把这个关系式代入方程(2-33)式和(2-34)式,则得

$$c_p T_1 + \frac{V_1^2}{2} = c_p T_2 + \frac{V_2^2}{2} = 常数 \tag{2-35}$$

和
$$c_p dT + d\left(\frac{V^2}{2}\right) = 0 \qquad (2-36)$$

因为(2-33)式或(2-35)式是直接从(2-31)式导出的,所以它对于流动过程是否可逆也都是适用的。

(2-33)式表明,在绝能流动中,管道各个截面上气流的焓和动能之和保持不变,但两者之间却可以互相转换。如果气体的焓减小(表现为温度的降低),则气体的动能增大(表现为速度的增大);反之,如果气体的动能减小(表现为速度的减小),则气体的焓增大(表现为温度的升高)。

在涡轮喷气发动机中,对于气体在进气道、尾喷管、压气机(或涡轮)静子通道内的流动,可近似地认为是绝能流动。

二、应用举例

[**例 2-9**] 空气从图 2-18 所示的收缩喷管射出时,稳定段中空气压强 $p_1 = 1.47 \times 10^5 \text{N/m}^2$,温度 $T_1 = 293\text{K}$,在喷管出口处,气流的压强等于外界大气压强(设为 $1.0133 \times 10^5 \text{N/m}^2$)。忽略空气在喷管内流动时的摩擦影响,并假设在流动中与外界无热量交换,空气比热容为常数。求喷管出口截面上空气的速度及温度。

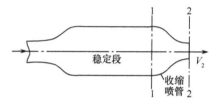

图 2-18

解 由于稳定段直径比喷管出口直径大得多,所以稳定段中的气流速度相当小,可忽略不计,即认为 $V_1 \approx 0$。

根据(2-35)式,喷管出口截面上的空气速度为

$$V_2 = \sqrt{2c_p(T_1 - T_2)} = \sqrt{2\frac{k}{k-1}RT_1\left(1 - \frac{T_2}{T_1}\right)}$$

由于忽略空气在喷管内流动时的摩擦影响,并假设在流动中与外界无热量交换,故可以认为空气在喷管内流动为等熵过程。因此

$$\frac{T_2}{T_1} = \left(\frac{p_2}{p_1}\right)^{\frac{k-1}{k}}$$

将此式代入前式,则得

$$V_2 = \sqrt{2\frac{k}{k-1}RT_1\left[1 - \left(\frac{p_2}{p_1}\right)^{\frac{k-1}{k}}\right]}$$

将已知数据代入上式,得

$$V_2 = \sqrt{2 \times \frac{1.4}{1.4-1} \times 287.06 \times 293 \times \left[1 - \left(\frac{1.0133 \times 10^5}{1.47 \times 10^5}\right)^{\frac{1.4-1}{1.4}}\right]} = 244\text{m/s}$$

$$T_2 = T_1\left(\frac{p_2}{p_1}\right)^{\frac{k-1}{k}} = 293 \times \left(\frac{1.0133 \times 10^5}{1.47 \times 10^5}\right)^{\frac{1.4-1}{1.4}} = 263.7\text{K}$$

[**例 2-10**] 某涡轮喷气发动机,空气进入压气机时的温度 $T_1 = 290\text{K}$,经压气机压缩后,出口温度上升至 $T_2 = 450\text{K}$,如图 2-19 所示。假设压气机进出口的空气流速近似相等,如果通过压气机的空气流量为 13.2kg/s,求带动压气机所需的功率(设空气比热容为常数)。

解 在压气机中,外界并未向气体加入热量,气体向外界散出的热量也可以忽略不计,故

空气通过压气机可近似地认为是绝热过程,即 $q=0$。
又因 $V_1 \approx V_2$,故由(2-31)式,有

$$-w_s = h_2 - h_1 = c_p(T_2 - T_1) = \frac{k}{k-1}R(T_2 - T_1)$$

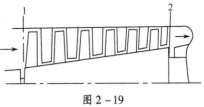

图 2-19

将已知数据代入上式,得

$$w_s = -\frac{1.4}{1.4-1} \times 287.06 \times (450-290) = -160.8 \text{kJ/kg}$$

即压气机压缩 1kg 空气需耗功 160.8kJ,负号表示外界对气体作功。

带动压气机所需功率为

$$N_s = \dot{m}w_s = 13.2 \times 160.8 = 2122 \text{kW}$$

三、热焓形式的能量方程式与伯努利方程式的关系

为方便这里的分析,先对于本节引出的气体的焓 h(enthalpy)的物理意义给出一些讨论。由工程热力学知道,因为 u,p,ρ 都是气体的状态参数,因此 (2-30) 式表明 h 也是气体的一个状态参数。h 的物理意义首先直接就是单位质量气体的内能 u 和它的流动功 p/ρ 的和。而进一步还可以说,相应于 $u+\frac{V^2}{2}$ 是单位质量气流的储存能,$u+\frac{p}{\rho}+\frac{V^2}{2}=h+\frac{V^2}{2}$ 恰是单位质量气流所携带的流动总能量。根据工程热力学的知识,我们即可导出关于气体的诸常数和单位质量气体的三种能量 h、u 和 p/ρ 的如下最常用关系式

$$h = u + \frac{p}{\rho} = (c_v + R)T = c_p T = kc_v T = \frac{kR}{k-1}T = \frac{k}{k-1}\frac{p}{\rho} \tag{2-37}$$

注意,(2-37)式左起的第一个等式是可以用于单位质量任何实际气体的物理定义式,而其余等式则是在进一步作出了完全气体假设后才可以导出的。

在§2-7 中,曾从力学定律导出了伯努利方程式。关于完全气体可压流的伯努利方程 (2-26a)式易于用(2-37)式改写为

$$h + \frac{V^2}{2} = u + \frac{p}{\rho} + \frac{V^2}{2} = c_v T + \frac{p}{\rho} + \frac{V^2}{2} = 常数$$

而绝能流动的能量方程(2-33)式实际上也可写成这一方程形式。就是说,可压流的伯努利方程与热焓形式的能量方程的绝能流动形式完全相同。那么两者是否是同一个能量守恒方程? 我们注意到,微分形式的动量方程与它在可压流情况下积分出伯努利方程时的条件都是绝能且可逆的流动,即流动的机械能不损失。这样,上式即伯努利方程在保持其右端常数不变时,在流线上当随着流动速度的变化流动恢复到温度 T 相同的点上时,流动的机械能 $\frac{p}{\rho}+\frac{V^2}{2}$ 必然也是不变的($\frac{p}{\rho}=pv$ 是单位质量流体流动时对外界所作的机械推动功),或说机械能是完全恢复的,是守恒的。进一步在 T 升高或者降低的点上,机械能 $\frac{p}{\rho}+\frac{V^2}{2}$ 也取所有可能的流动中的最高值,相应于恢复出最高的机械能。这种最高的机械能中的恢复静压与当时的恢复静温之间就遵从 $\frac{p_2}{p_1}=\left(\frac{T_2}{T_1}\right)^{\frac{k}{k-1}}$ 的数量关系即等熵关系。这就是可逆的或等熵的流动的物理含义。

而在能量方程(2-33)式中,尽管动能 $\frac{V^2}{2}$ 的同一量值的减小带来与伯努利方程同样的焓 h 的变化,但不可逆流动情形下将必然使其中的机械能——压强 p 的值减小到低于等熵时的恢复值,而温度 T 或内能 $u=c_vT$ 增加到高于等熵时的恢复值,使流动不能恢复到初始状态。因此,这样两个能量守恒方程中的焓 $h=u+\frac{p}{\rho}$ 当中的热能和机械能成分一般是不同的,可压流的伯努利方程是能量守恒方程中的机械能守恒方程。

进一步又注意到,可压流的伯努利方程中的总能量表达式 $u+\frac{p}{\rho}+\frac{V^2}{2}$ 已不只含机械能变量 V 和 $\frac{p}{\rho}$ 了,还包含了热能变量 $u=c_vT$。在§2-10中通过(2-48)式等将会得知,可压流就是与当地气流中的声速相比较时气流速度不太低甚至很高的高速流动。因此可压流的伯努利方程说明,在高速流动流体的总能量中机械能与热能是可以互相转换的,并且该转换首先遵守热力学第一定律。关于不可压流的伯努利方程(2-23a)式至(2-24a)式,推导时已论证了其是机械能守恒方程。因此我们可以得出下述结论。

伯努利方程式是能量守恒与转换定律的另一种表现形式,它与热焓形式的能量方程式的不同点是,热焓形式的能量方程式表示气流的各种能量(包括热能和机械能)的守恒与转换关系,突出了气流的速度与温度之间的关系;伯努利方程式却表示气流的以机械能变量和热能变量表示的各种机械能在无损失条件下的守恒与转换关系,突出了气流的速度与压强之间的关系,所以伯努利方程又叫做机械能形式的能量方程式。

伯努利方程式除了可以从力学定律推导出来以外,也可以直接从热焓形式的能量方程减去在与体系一起运动的相对坐标系之下的体系的热力学第一定律解析式而获得。为了说明简单起见,我们假设气体在流动过程中与外界无机械功的交换,流动是理想的无摩擦过程。

参看图2-20,在一维定常流动的气体中,我们任取一块微小气体,并取坐标系跟随这块微小气体一起运动,在这个坐标系上的观察者看来,这块微小气体是相对静止的,因此,该观察者可以应用对于静止的流体体系成立的热力学第一定律的解析式,即

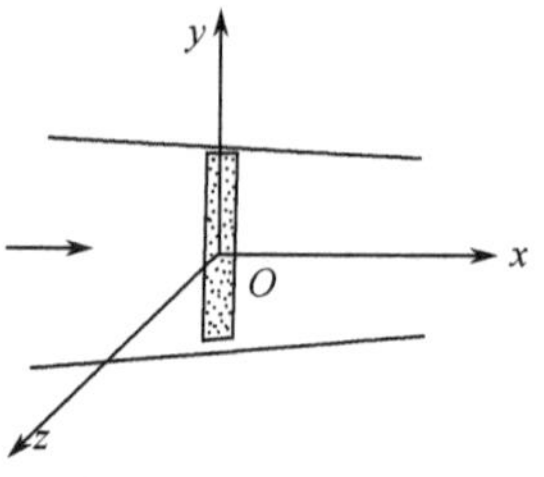

$$\delta q = du + pdv \quad (2-38)$$

图 2-20

式中 $v=\frac{1}{\rho}$ ——单位质量气体的体积。

又由于 $\delta w_s=0$,对于控制体定常流动成立的微分形式的能量方程(2-32)式可以写成

$$\delta q = d\left(\frac{V^2}{2}\right) + dh$$

将上式减去(2-38)式,得

$$d\left(\frac{V^2}{2}\right) + dh - du - pdv = 0$$

注意到

$$dh = d(u+pv) = du + d(pv)$$

而

$$d(pv) = pdv + vdp$$

则

$$d\left(\frac{V^2}{2}\right) + vdp = 0$$

或

$$\frac{dp}{\rho} + d\left(\frac{V^2}{2}\right) = 0$$

上式和(2-21)式完全相同。在流管的两个任意截面 1、2 之间,积分上式,可得

$$\int_1^2 \frac{dp}{\rho} + \frac{V_2^2 - V_1^2}{2} = 0$$

这就是可压流的伯努利方程(2-25)式。

从上面导出伯努利方程式的过程可以看出,热焓形式的能量方程式,在与体系一起运动的相对坐标系之下的热力学第一定律解析式和伯努利方程式三者之中仅有两个是独立的,由其中任何两个都可以导出第三个。因此,在解决一个具体问题时,同时利用这三个公式是没有意义的。

§2-9 适用于控制体的热力学第二定律

一、熵的定义

由工程热力学知道,任意质量的体系的状态参数熵(entropy)的定义为

$$dS = \frac{\delta Q}{T} \tag{2-39a}$$

式中 dS——体系的熵的全微分;
δQ——在无限小过程中体系从热源中获得的热量;
T——热源的绝对温度。

当体系从稳态 1 至稳态 2 从热源吸热,则将 δQ 用体系的热力学第一定律代入,得到体系的熵的变化为

$$s_2 - s_1 = c_p \ln \frac{T_2}{T_1} - R \ln \frac{p_2}{p_1} \tag{2-39b}$$

上式的等号表示这是体系在非孤立的条件下进行可逆的加热。上式的使用条件是单位质量、完全气体、定比热、可逆过程。

二、热力学第二定律及其适用于控制体的形式

工程热力学又给出了热力学第二定律,或即体系的熵增原理:在任何实际过程中,当任意质量的体系的状态作无限小改变时,体系的熵的改变遵循下式

$$dS \geq \frac{\delta Q}{T} \tag{2-40a}$$

式中"="号属于可逆过程,">"号属于不可逆过程。(2-40a)式就是热力学第二定律的解析式。在不可逆过程中,上式中的热量 δQ 仍然仅是体系从体系外界的热源中获得的热量,而不可逆过程将体系内部的一部分机械能转换成热量也加进了体系之中,使 dS 增大。

对于绝热体系，$\delta Q = 0$，此时热力学第二定律就对应于孤立体系的熵增原理
$$dS \geqslant 0 \tag{2-40b}$$
这就是最常用的热力学第二定律解析式。

对于一维定常流动，按照前面推导其它基本方程所用的方法，可以将(2-40b)式改写成适用于控制体的形式，即在绝热流动的条件下，有
$$s_2 \geqslant s_1 \tag{2-40c}$$
式中　s_1——流管1截面处单位质量气体的熵，$J/(kg \cdot K)$。

　　　s_2——流管2截面处单位质量气体的熵。

式中"="号属于可逆的绝热流动过程，">"号属于不可逆的绝热流动过程。

三、等熵过程

体系的可逆的绝热过程或者控制体的可逆的绝热流动过程又叫等熵过程。工程热力学用(2-40b)式的可逆流动情形，又用体系的热力学第一定律解析式的绝热情形，以及完全气体状态方程，导出等熵过程的解析式为
$$p = C\rho^k \tag{2-41a}$$
于是在等熵过程的状态1与状态2之间又可导出等熵过程的三个解析式，即
$$\frac{p_1}{p_2} = \left(\frac{\rho_1}{\rho_2}\right)^k, \frac{p_1}{p_2} = \left(\frac{T_1}{T_2}\right)^{\frac{k}{k-1}}, \frac{\rho_1}{\rho_2} = \left(\frac{T_1}{T_2}\right)^{\frac{1}{k-1}} \tag{2-41b}$$
推导方法为，在1,2两状态各有$p_1 = C\rho_1^k$和$p_2 = C\rho_2^k$。两者相除则得第一式。对第一式又引用完全气体状态方程变换ρ_1和ρ_2，则有第二式。第一、二两式相除则得第三式。这三式证明了完全气体的等熵过程的两状态间p、ρ、T之比为关于比热比的幂函数关系。

这组简单的关系用处广泛而重要。首先，由(2-41b)式的后两式的指数大小的对比易知，当完全气体按照等熵过程从状态1变化到状态2，则p、ρ、T三个热力学物理量中变化率和变化量最大的是压强p，居中的是密度ρ，最小的是温度T。因此在实际测量中应尽可能地去测量变化相对更为敏感的p。其次，特别注意到，这三式中的p、ρ、T既可以是有流动速度的气流的状态参数，也可以是速度为零的气体（又叫滞止气流）的状态参数。另外，实际工程的经验表明，大多数流体机械中非等熵过程的p、ρ、T变化的关系常可以通过对于等熵关系的修正而得到，例如仅改换绝热指数k为多变指数n。大多数流体机械中的非等熵过程并不严重偏离等熵过程而使p、ρ、T变化的关系彻底改观。

§2-10　声速和马赫数

一、声速的物理概念

在流体力学中，声速是微弱扰动波在流体介质中的传播速度。所谓微弱扰动，是指流体介质经过这种扰动的作用之后，其宏观物理参数仅发生了一种属于无限小量级的变化，可以对应于数学描述上的微分变化量，例如压强p的微弱扰动就写为dp。另外，一个物理量的扰动的传播面通常即称为波。在研究可压缩流体的运动时，声速是一个非常基本而重要的物理参数。下面将运用前几节所导出的流体力学基本定律方程，来推导声速的计算公式。

我们用一个比较简单的例子来说明微弱扰动波的概念并推导声速的计算公式。假设有一根半无限长的直圆管，左端由一个活塞封住，如图2-21(a)所示。取"半无限长"是为了可以

不考虑管的端头对管内气体运动的影响,从而使问题的讨论简化。圆管内充满静止的气体,其压强、密度、温度分别为 p、ρ、T。将活塞轻轻地向右推动,使活塞的速度由零增加到 dV,然后活塞保持 dV 向右运动。推活塞的这个动作,给管内的气体一个微弱的扰动,这个扰动则借助于气体之间的压缩作用而在管内向右传播出去。活塞由静止状态加速到速度为 dV 时,紧贴活塞的那层气体最先受到压缩,压强、密度和温度略有增大,直到这层气体在活塞的作用下也以速度 dV 运动为止。这层被压缩后以速度 dV 运动的气体,对于第二层气体来说,就像活塞一样,又压缩第二层气体,使其压强、密度和温度略有增大,并迫使第二层气体也以速度 dV 运动。这样,压缩作用一层一层地传播出去(见图 2-21(b))。

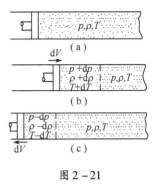

图 2-21

如果圆管中的活塞不是向右而是向左运动,参看图 2-21(c),则紧贴活塞的那层气体首先膨胀,压强、密度和温度将略为减小,直到这层气体随活塞以相同的速度运动为止。已膨胀的这层气体,对第二层气体来说,就好像活塞一样,当它随活塞运动后,第二层气体也将膨胀,它的压强、密度和温度也略为减小,直至第二层气体也随活塞以相同的速度运动为止。依此类推,扰动也将一层一层地向右方传播出去。

从上述两种情况可知,气体受到压缩所引起的扰动在气体中的传播情况和气体膨胀所引起的扰动在气体中的传播情况是相似的。从图 2-21(b) 或图 2-21(c) 可以看出,在微弱扰动的传播过程中,受到扰动和尚未受到扰动的气体之间有一个分界面(如图中虚线所示),在分界面的两边,气体参数的数值略有不同,这个分界面叫做微弱扰动波。气体中的微弱扰动如果是由活塞压缩气体而产生的,叫做微弱扰动压缩波;如果是由活塞移动形成稀薄区使气体发生膨胀而产生的,叫做微弱扰动膨胀波,无论是微弱扰动的压缩波或膨胀波,都是向着远离扰动源的空间传播的。不同的是,压缩波所经过之处,气体的压强、密度和温度都略为增大,而膨胀波所经过之处,气体的压强、密度和温度都略为减小。

如果活塞不是向着一个方向运动,而是左右振动,气体的微弱扰动就将交替地以压缩波和膨胀波的形式进行传播。由交替的压缩波和膨胀波所组成的微弱扰动波,就是通常所说的声波。不论是那一种微弱扰动波,其传播速度都统称为声速。这里再强调一下,在气体动力学中,"声速"这个名词指的是所有微弱扰动波的传播速度,而不是仅仅指声音的传播速度。下面我们以微弱扰动压缩波的传播为例来推导声速的公式。

二、声速的推导

在图 2-22(a)中,假设微弱扰动压缩波在半无限长的直圆管中以速度 c 向右传播,波扫过的流体,压强为 $p+dp$,密度为 $\rho+d\rho$,温度为 $T+dT$,并以微小速度 dV 向右运动。波前方的流体压强为 p,密度为 ρ,温度为 T,并且是静止不动的。显然,对一个静止的观察者来说,这是一个非定常的一维流动问题。

为了使分析简单起见,选用与扰动波一起运动的相对坐标系,对于位于该坐标系的观察者来说,上述流动过程就转化为定常的了。图 2-22(b)表明了观察者以速度 c 向右运动时所看到的这一过程的现象。扰动波静止不动,而压强为 p、密度为 ρ、温度为 T 的气体以声速 c 向扰动波流来,当气体经过扰动波之后,速度降低为 $c-dV$,同时,压强增大到 $p+dp$,密度由 ρ 升高到 $\rho+d\rho$,温度由 T 升高到 $T+dT$。在数学上,这种变换相当于在图 2-22(a)的气流上叠加了一个向左的速度 c。取图 2-22(b)中包围扰动波的虚线为控制体,并忽略作用在这个控制体

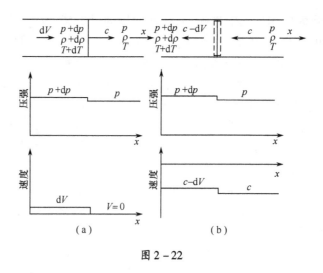

图 2-22

上的黏性力,下面应用控制体中的一维定常流的基本方程来求解声速 c。在控制体进口、出口之间施用连续方程,有

$$\dot{m}_1 = \rho cA = (\rho + d\rho)(c - dV)A = \dot{m}_2$$

展开并忽略高阶无穷小量 $d\rho \cdot dV$,得

$$cd\rho = \rho dV \tag{a}$$

对控制体沿 x 轴方向施用动量方程,有

$$\sum F = \dot{m}(V_2 - V_1) \quad 或 \quad -pA + (p + dp)A = \rho cA[-(c - dV)] - \rho cA(-c)$$

即

$$dp = \rho c dV \tag{b}$$

联立(a)式和(b)式,消去波面扫过之后气体所产生的运动速度 dV,而解出声速为

$$c = \sqrt{\frac{dp}{d\rho}} \tag{2-42}$$

(2-42)式是根据微弱扰动压缩波的传播推导出来的,如果用微弱扰动膨胀波的传播,也可导出相同的结果,这说明在相同介质的条件下,它们的传播速度是一样的。声波是由微弱扰动压缩波和微弱扰动膨胀波交替组成的微弱扰动波,既然上述两种波的传播速度是相同的,故声波的传播速度也和它们相同。所以一般都以声波的传播速度——声速,作为微弱扰动波传播速度的统称。

按(2-42)式来计算气体的声速,还必须知道在微弱扰动的传播过程中压强 p 和密度 ρ 之间的函数关系。首先,由于完全气体遵守状态方程 $p = \rho RT$,即 p 一般受 ρ 与 T 两者影响,因此 (2-42)式的写法 $dp/d\rho$ 仅表示推导中的一种记号,实际上应严格地写为 $\partial p/\partial \rho$。其次,为求出这个偏导数,现在已需要弄清楚在波传播过程中 p 和 ρ 之间经历的是哪一种热力学过程。这样做的实质是引入能量关系,因为热力过程实质上就确定了一种过程中的能量变化关系。这时既可以直接列写出能量方程,也可以列写一个符合微弱扰动的物理现实的热力过程方程,因为在热力学中推导出各种热力过程方程的时候,实际上已应用了热力学第一定律——能量方程。那么到底是什么热力过程呢?在历史上,公式计算与声速测量实验的对比最终表明,微弱扰动的传播是可逆的绝热过程——等熵过程。其解释为,在微弱扰动的传播过程中,气流的压强、密度和温度的变化是一个无限小的量,即 $dp \to 0$,$d\rho \to 0$,$dT \to 0$,若忽略黏性的作用,则整个过程接近于可逆的过程;同时,由于此过程进行得相当迅速,来不及和外界交换热量,就使得传播过程接近于绝热的过程。这样,在扰动波强度无限微弱的极限情况下,微弱扰动的传播过程就是等熵过程。由(2-41a)式,有

$$p = C\rho^k, \quad \left(\frac{\partial p}{\partial \rho}\right)_s = Ck\rho^{k-1} = k\frac{p}{\rho} = kRT \tag{2-43}$$

上式中的符号$(\ )_s$,表示等熵过程。至此,声速公式可以写为

$$c = \sqrt{\left(\frac{\partial p}{\partial \rho}\right)_s} = \sqrt{k\frac{p}{\rho}} = \sqrt{kRT} \tag{2-44}$$

重要地,对于空气,$k = 1.4$,$R = 287.06 \text{J}/(\text{kg} \cdot \text{K})$,则

$$c = 20.05\sqrt{T} \tag{2-45}$$

在国际标准大气的海平面,空气的温度为288.2K,算出声速值为340.3m/s;在$H = 11000\text{m} \sim 24000\text{m}$的同温层高空,空气的温度为216.7K,算出声速值为295.1m/s。国际标准大气表(附录B表1)上的声速数值,即按(2-45)式计算得出。

三、声速的进一步讨论

深入理解一下声速的推导模型图2-22,及推导结果(2-42)式,易于发现声速实际上是在一切可压缩的固体和流体介质中都有的现象。声速是可压缩介质中微弱扰动的传播速度,该速度由具体介质内的压强对于密度的相对变化量决定,其值为有限大小。例如在常温下,前面已述空气中的声速是340m/s,而水中的声速是1450m/s,铁中的声速是5130m/s,花岗石中的声速是6000m/s。又对于完全不可压缩的固体和流体来说,其$d\rho = 0$,声速$c = \sqrt{dp/d\rho} = \infty$,这意味着任何一个微弱扰动在瞬间就传遍整个介质内部。例如在图2-23(a)中,如果两个活塞之间充满的是不可压缩流体,那么稍微碰一下左边的活塞,右边的活塞必在同一瞬时也动起来。因为不可压缩流体在体积不能改变这一点上是和刚体一样的,所以扰动作用从左边传到右边所需的时间间隔为零,因而传播速度为无限大。在实际上,没有一种流体是真正不可压缩的,即使对于密度变化很小的液体来说也是这样。

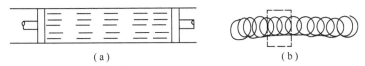

图 2-23

进而对于微弱扰动的传播这一物理现象,我们现在应清楚地认识到,其中实际上存在着两种运动。第一种是扰动波dp等物理量变化本身的传播,它是以较为高速的声速c为传播速度的,这个波传播的实际上是微团之间的相互挤压并且因此压强增加的运动。又当挤压与松弛在两个微团之间交替出现,就形成了纵向疏密波——声波。由于挤压以机械运动方式传递着一种能量,而松弛则反方向传递机械运动能量,因此声波将机械能向波前进的方向传递,而声波过后各微团的时间平均的机械能量不变,各微团所在的时间平均的空间位置也不变。这就是波这种运动方式输送机械运动能量时的特点。从图2-23(b)所示的弹簧实验易于体会这个特点:当我们从左端冲动一个很软的较长的压缩弹簧时,可以看到弹簧的相邻若干圈的相互位置呈现疏密变化,向弹簧右端传去的只是这种疏密变化——波及其所载运动的能量,而冲

动过后各圈并未挪动其原始位置。这个实验与图2-23(a)的冲动不可压缩介质时的情形分别给出了极端不同的两类物理现象。第二种是由于扰动波 dp 的扫过而带动出的流体的宏观运动 d$V>0$(当 d$p>0$)或 d$V<0$(当 d$p<0$),这个运动的速度 dV 比声速 c 小得多,但却是流体微团(流体质点)本身的运动。至此读者已经可以自行导出 dV 的表达式并分析它的影响因素。现在判断一下:当你用手轻拍一下一根几百米长的空气管道的左端口,则右端口的观察者最早感知你的拍击时,是手所拍击的微团以速度 dV 还是扰动波以速度 c 运动到了右端口?

由(2-44)式可见,气体声速的大小与气体的性质和气体的温度有关。声速和气体绝对温度的平方根成正比的变化关系,可以这样来理解:对于一定种类的气体,当温度高时,相应的 dρ/dp 小,即气体的可压缩性小,则气体稍受活塞的推动压缩,压强就提高,很快就推动相邻的气体层,微弱扰动波就传播得快,声速就大。反之,当温度低时,相应的 dρ/dp 大,即气体的可压缩性大,则气体被活塞推挤产生较大的压缩时,才会推动相邻的气体层,这样微弱扰动波就传播得慢,声速就小。因此,气体声速的大小与气体的可压缩性有密切的联系。

应当指出,(2-45)式是按沿等截面管推进的微弱扰动平面波而导得的,对于由直线扰源传播出去的柱面波,以及由点扰源传播出去的球面波来说,也可得到微弱扰动波传播速度的同一结果。这时不同的是,随着波面面积的增大,单位面积上的波能量下降。

最后,还应该指出,(2-43)式、(2-44)式只能用来计算微弱扰动波的传播速度,对于强扰动(由于某种原因,使流场上的物理参数改变了一个有限量的扰动),如激波、爆炸波等,其传播速度比声速大,并随着波的强度的增大而增快。关于激波问题将在第三章讨论。

四、马赫数(Ma)

气流的马赫数用于表征流动的气体即气流的运动速度,它是一种无量纲化了的或说相似化了的气流速度参数。马赫数不仅能够表征流动的气体的可压缩性的程度,在研究气体高速运动的规律以及气体流动问题的计算等方面,更有着极其重要和广泛的用途。

流场中任一点处的流速 V 与该点处(即当地)气体的声速 c 的比值,叫做该点处气流的马赫数,以符号 Ma 表示,即

$$Ma = \frac{V}{c} = \frac{V}{\sqrt{kRT}} = \frac{气体宏观流动速度}{介质同一点处声波的传播速度} \tag{2-46}$$

在航空上,当气流速度小于当地声速时,即 $Ma<1$,这种气流叫亚声速气流;当气流速度大于当地声速时,即 $Ma>1$,这种气流叫超声速气流;当气流速度等于当地声速时,即 $Ma=1$,这种气流叫声速气流。以后将会看到,超声速气流和亚声速气流所遵循的规律有本质的差别。

五、马赫数的物理意义

关于马赫数这一速度参数的特点和它所能深入表达的物理意义,我们给出三点分析。

(一)马赫数是温度的函数

首先,由定义(2-46)式已可见这一特点。又见下例。

[**例2-11**] 某飞机在国际标准大气的海平面飞行,飞行速度为 $V_\infty=400\text{m/s}$,求其飞行马赫数。此时飞机的涡轮喷气发动机尾喷管出口处喷出的燃气流的温度为 $T=873\text{K}$,燃气流的喷出速度为 $V_j=560\text{m/s}$,求出口处燃气流的声速及马赫数。已知燃气的绝热指数 $k=1.33$,燃气的气体常数 $R=287.4\text{J/(kg·K)}$。

解 飞行马赫数是指飞机在空气中的运动速度 V_∞ 的马赫数,也就是气流以 V_∞ 流向飞机时气流的马赫数。在飞机上建立一个相对运动坐标系作为参考系,题目中的 V_∞、V_j 实际上也

是在这个参考系上看到的气流的速度。查国际标准大气表,得到在海平面的空气温度下空气中的声速为 $c_\infty = 340.3 \text{m/s}$,于是飞行马赫数为

$$Ma_\infty = V_\infty/c_\infty = 400/340.3 = 1.1754$$

即为超声速的飞行。又由燃气流的温度计算出燃气流中的声速为

$$c_j = \sqrt{kRT} = \sqrt{1.33 \times 287.4 \times 873} = 577.7 \text{m/s}$$

于是燃气流的马赫数为

$$Ma_j = V_j/c_j = 560/577.7 = 0.9694$$

即为亚声速的喷气流。出现这种亚声速喷气流推动飞机作超声速飞行的现象是完全正确并且常见的,只因为空气与燃气的温度大不相同,使相应的马赫数不同。此时只要飞行速度小于喷气速度即 $V_\infty < V_j$,飞机就可依靠喷气流所产生的反作用力而前进。

(二)马赫数的平方体现了气体宏观运动的动能与气体微观统计热运动的动能的比值

(2-46)式又可写为

$$Ma^2 = \frac{V^2}{c^2} = \frac{V^2}{kRT} \qquad (2-47)$$

上式中的 V^2 代表气体宏观运动的动能的大小,而物理学中的统计力学得出,气体的温度 T 在本质上代表气体分子的平均移动动能的大小,即分子热运动的全部能量(见§1-1)。因此除常数外,马赫数代表气体宏观运动的动能与气体分子无规则微观热运动的动能的比值。

(三)马赫数的平方体现了运动着的气体的可压缩性的程度

忽略重力和摩擦力之后的曲线流管微段上的动量方程,即微段上的欧拉运动微分方程 (2-21)式又可写为

$$-\frac{\mathrm{d}p \mathrm{d}\rho}{\mathrm{d}\rho\ \rho} = V^2 \frac{\mathrm{d}V}{V}$$

上式在左端乘除了气流沿流管微段流动时密度的微变化 $\mathrm{d}\rho$,在右端乘除了流速 V。现引入声速和马赫数的定义式,即

$$\frac{\mathrm{d}p}{\mathrm{d}\rho} = c^2 = \frac{V^2}{Ma^2}$$

动量方程除以定义式,就得

$$\frac{-\dfrac{\mathrm{d}\rho}{\rho}}{\dfrac{\mathrm{d}V}{V}} = Ma^2 \qquad (2-48)$$

式中 $-\mathrm{d}\rho/\rho$ 和 $\mathrm{d}V/V$ 分别表示在当前的密度 ρ 和速度 V 的基础上,气流流经微段所产生的密度和速度的相对变化量。因此,(2-48)式证明了在绝能等熵流动中,马赫数是气流的密度相对变化量与速度相对变化量的比值,并且该比值与马赫数成正比。该比值越大,显然表示气流在当前作变速运动时的可压缩性越强。

在表 2-1 中,具体算出了马赫数从低亚声速的 0.1 经过声速的 1 达到高超声速的 10 时,气流密度相对变化量与速度相对变化量的比值。可见,当 $Ma \leq 0.3$ 时,比值 $\dfrac{\mathrm{d}\rho}{\rho} \Big/ \dfrac{\mathrm{d}V}{V}$ 的绝对值在 9% 以下,一般可以不考虑密度的变化,即认为气流是不可压缩的,从而可以使问题简化。当 $Ma > 0.3$ 时,就必须考虑气流的压缩性了。

表 2-1

Ma	0.1	0.2	0.3	0.4	0.5	0.6	0.7	0.8	0.9	1.0
$\dfrac{d\rho}{\rho}\Big/\dfrac{dV}{V}$	-0.01	-0.04	-0.09	-0.16	-0.25	-0.36	-0.49	-0.64	-0.81	-1.00
Ma		2.0	3.0	4.0	5.0	6.0	7.0	8.0	9.0	10.0
$\dfrac{d\rho}{\rho}\Big/\dfrac{dV}{V}$		-4.0	-9.0	-16.0	-25.0	-36.0	-49.0	-64.0	-81.0	-100

§2-11 气体流动的基本模型和滞止参数

在理论力学中,例如在质点动力学中,人们首先研究最简单的,也就是只包含最主要影响因素的运动形式,它们是理论上清晰而完美的一类运动,其中所有变量都可以明确地被计算出来。然后,人们再引入摩擦等在实际问题中不可完全忽略的现象,以便精确地计算实际质点动力学系统的运动。在流体力学和气体动力学中,这种思想实际上也被完全地采取了,使人们能够较为容易地进入这种关于大量质点的整体宏观行为的力学。当首先寻找最纯粹的理想化的气体流动时,人们得到了概念极其重要的两种基本的气体流动模型:

(1)绝能流动;

(2)绝热流动 + 可逆流动 = 等熵流动。

我们知道,为了描述流场中一点的状态,可以给出该点的气体压强、温度和速度等参数的数值。但在力学研究中,为了能深刻、统一、方便地描述运动和预言现象,人们已知道应该去发现运动的一些守恒量,或称为总量,例如运动的总能量。为了在上述这两种流动中整理出气流的一些总量参数,人们又提出了气流的滞止参数的概念。如果按一定的流动过程,准确说是按热力学中的某种热力过程,将气流的速度滞止到零,此时气流的热力学参数就叫做滞止参数。

在气体动力学研究中,事实上往往是给出一点处气流的滞止参数的数值,例如滞止温度、滞止压强等,再给出气流的速度的数值,例如无量纲速度马赫数。这种方法在工程设计中概念清晰与方便,同时滞止参数也比较容易测量得到。

一、绝能滞止,滞止温度 T^*

气体没有与外界的热交换,没有气体微团之间的热交换,也不对外界作功或吸收外界的功,这样的气体流动称为绝能流动。这时单位质量的气流有一定量的宏观运动机械能,也有一定量的微观热运动动能。这两种能量应该可以合成而计为一个总能量,并且事实已表明这两种能量可以有一定程度的相互转换。下面用能量守恒定律研究这一问题。由单位质量的轻流体一维定常绝能流动的能量方程(2-33)式,在控制体进口1、出口2之间应用,有

$$h_1 + \frac{V_1^2}{2} = h_2 + \frac{V_2^2}{2} = h + \frac{V^2}{2}$$

因为控制体的进口处、出口处可在流动管道中任意指定,这样上式就说明在控制体中任意一处都有一个常数或守恒量,即上式最右端的量 $h + \dfrac{V^2}{2}$。下式定义这个常数为滞止焓 h^*

$$h + \frac{V^2}{2} = h^* = \text{气流的最大焓值} = \text{常数} \qquad (2-49)$$

因为(2-49)式对于流动过程可逆与否都可以成立,所以滞止焓的概念只要求滞止过程为绝能的,而不要求一定是等熵的。

由(2-49)式可见，气流的滞止焓 h^* 由两项组成，第一项 h 是气体的焓，在气体动力学中又叫静焓；第二项 $V^2/2$ 是气流速度滞止到零时，动能转变成的焓(转变成的内能和流动功)。因此，滞止焓又叫总焓，它代表气流所具有的总能量的大小。也可以说，总焓是气流速度滞止到零时，静焓 h 相应增大所达到的最大的焓值。

如果我们研究的是完全气体，则有 $h=c_pT$，显然对于焓的最大值滞止焓，同样可以写出 $h^*=c'_pT^*$，其中 c'_p 是在较高的温度下数值有变化的定压比热，T^* 称为气流的滞止温度，它是使气流绝能滞止到零速度时的温度。显然，对于完全气体来说，气流的滞止温度和滞止焓一样，只要求滞止过程为绝能的，而不要求一定是等熵的。但是，应当注意，对于实际气体来说，$T=f(h,s)$，气流的滞止温度则必须要求滞止过程是绝能等熵的，这样，才能确定一个唯一的滞止温度。下面我们仅限于讨论完全气体的情况。这时(2-49)式可改写为

$$c'_pT^*=c_pT+\frac{V^2}{2}$$

如果我们研究的是最常用的定比热容完全气体模型，则上式又可写为

$$T^*=T+\frac{V^2}{2c_p} \tag{2-50}$$

由(2-50)式可见，气流的滞止温度 T^* 由两项组成，第一项 T 是气体的温度，称为静温；第二项 $\frac{V^2}{2c_p}$ 相当于气流速度滞止到零时动能转变成焓而引起的气体温度的升高，一般称为动温。因此，气流的滞止温度 T^* 又叫总温。

利用热力学公式 $c_p=\frac{kR}{k-1}$ (参见(2-37)式)，(2-50)式还可写为

$$T^*=T\left(1+\frac{k-1}{2}\frac{V^2}{kRT}\right)=T\left(1+\frac{k-1}{2}Ma^2\right)$$

或简写为

$$\frac{T}{T^*}=\frac{1}{1+\frac{k-1}{2}Ma^2}\triangleq\tau(Ma) \tag{2-51}$$

式中 $\tau(Ma)$——函数 $\frac{T}{T^*}$ 的名称。

(2-51)式可以说成是定比热容完全气体绝能流动的能量方程。可见，总温 T^* 是这个绝能流动的气流有可能达到的最高温度，其出现在 $Ma=0$ 时。又可见，总温与静温之比决定于气流的马赫数，当马赫数很小时，T/T^* 接近于1，马赫数较大时，T 与 T^* 有显著差别。以 $Ma=0.3$ 和 $k=1.4$ 代入(2-51)式，得

$$\frac{T}{T^*}=\left(1+\frac{1.4-1}{2}\times0.3^2\right)^{-1}=0.9823$$

因此，当 $Ma\leq0.3$ 时，T 与 T^* 的差别不超过2%。

二、等熵滞止，滞止压强 p^*

气体没有与外界的热交换，没有气体微团之间的热交换，叫做绝热；气流所含的机械能没有通过摩擦等耗散途径转换为热能，叫做可逆流动。具有这两种性质的流动称为等熵流动。这时单位质量的气流有一定量的宏观运动机械能，由其动能 $V^2/2$ 和流动功 p/ρ 两者构成(请复习§1-1中的气态连续介质中一点处的温度和压强的本质)，也有一定量的微观热运动动能，表现为其内能 c_vT。显然，上述的两种机械能应该可以合成而计为一个总量，并且由于绝热

又可逆,等熵流动气流的这个机械能总量是守恒的。下面用能量守恒定律和热力学的等熵过程来研究这一问题。

先观察一下可压流的伯努利方程(2-26b)式,它说明一维绝能等熵流的流管(或流线)上点2的压强 p_2 是随点2的气流速度 V_2 的减小而增大的。设想,令流管的一个一般点上具有速度 $V \neq 0$ 的气流绝能地、等熵地减速到滞止状态 $V=0$。这样滞止后的气体压强称为等熵滞止压强,用符号 p^* 表示,这样滞止后的气体密度称为等熵滞止密度,用符号 ρ^* 表示。相应地,这个一般点上在原有速度下气流的压强 p 和密度 ρ 现在分别称为气流的静压强和静密度。

取这里所研究的气体为定比热容的完全气体,在原有速度下它符合状态方程 $p=\rho RT$,而注意到 T^* 由绝能滞止得到,p^* 和 ρ^* 由绝能等熵滞止得到,显然这个滞止的完全气体也符合

$$p^* = \rho^* R T^*$$

上式称为绝能等熵滞止条件下的气体状态方程。它所对应的气流速度是零。

应用绝能滞止条件,我们已得到(2-51)式。对于等熵流动,又已得到(2-41b)方程组。用绝能流动方程式再联立更严格的等熵流动方程组,应得到绝能等熵流动的方程组。我们已指出(2-41b)式中的状态参数 p、ρ、T 可以是流动气体的或滞止气体的参数,因此我们从流管(或流线)的点1处,理想地建立起一条绝能等熵流线,使气流最终滞止下来。流线上 $V \neq 0$ 的点1处的 p、ρ、T 和 $V=0$ 的滞止点2处的 p^*、ρ^*、T^* 作为两个状态点,写入(2-41b)式中的后两式,再将(2-51)式代入,得

$$\frac{p}{p^*} = \left(\frac{T}{T^*}\right)^{\frac{k}{k-1}} = [\tau(Ma)]^{\frac{k}{k-1}} = \left(1+\frac{k-1}{2}Ma^2\right)^{-\frac{k}{k-1}} \triangleq \pi(Ma) \quad (2-52)$$

$$\frac{\rho}{\rho^*} = \left(\frac{T}{T^*}\right)^{\frac{1}{k-1}} = [\tau(Ma)]^{\frac{1}{k-1}} = \left(1+\frac{k-1}{2}Ma^2\right)^{-\frac{1}{k-1}} \triangleq \varepsilon(Ma) \quad (2-53)$$

式中 $\pi(Ma)$ 和 $\varepsilon(Ma)$ ——函数 $\frac{p}{p^*}$ 和 $\frac{\rho}{\rho^*}$ 的名称。

(2-52)式也可由伯努利方程(2-26b)式导出,这时只需令式中 $V_1 = V$ 且 $p_1 = p$, $V_2 = 0$ 且 $p_2 = p^*$,并引入马赫数来整理。(2-53)式则可由(2-51)式、(2-52)式、气体状态方程和上述的绝能等熵滞止条件下的气体状态方程得到。

由(2-51)式和(2-52)式可见,如果给定了流场中任一点的气流的滞止温度 T^*、滞止压强 p^* 和马赫数,就可以从(2-51)式、(2-52)式和 $Ma^2 = \frac{V^2}{kRT}$ 算出该点气流的温度 T、压强 p 和速度 V;反之,若已知 p、T、V 也可以算出 p^*、T^* 和马赫数。

(2-52)式可以说成是定比热容完全气体绝能等熵流动的机械能方程,其中通过 $Ma^2 = \frac{V^2}{kRT}$,已含有温度(热能)对动压的影响。(2-53)式可以说成是定比热容完全气体绝能等熵流动的质量方程,其中已含有温度(热能)对动质量的影响。

(2-51)式、(2-52)式和(2-53)式是最重要的可压缩流体力学公式。后两式与前一式的不同是,导出的条件要求等熵滞止,因而更加严格了。由于气流没有机械能的损失,简称没有损失,等熵滞止压强 p^* 是气体流动全过程中可能得到的最高压强,等熵滞止密度 ρ^* 是可能得到的最高密度,因此也称它们为总压、总密度,对应着气流机械能中的动能完全转变为了压力能,机械能的总量没有丝毫的向热能的耗散。显然,在有摩擦等的所谓非等熵流动中,气流机械能损失掉一部分,而导致那时的滞止压强小于等熵滞止压强 p^*,滞止密度小于等熵滞止

密度 ρ^*。可见，等熵流动确实是人们找到的一种最理想的流动模型。

完全可以在一般的实际非等熵气流中，在一点处想象使气流通过一根绝能等熵的流管而滞止，得到总温、总压和总密度，而不必真让该点气流停止下来。在流场的每一点都有一个当地的滞止状态，它是假想把这个点处的气流绝能等熵地流入一个容积很大的储气箱，使其速度滞止到零，如图 2-24 所示。因此我们说，第一，在气体动力学中引进滞止状态的概念是把滞止状态作为一个参考状态，它与所研究的气体的实际流动过程无关。第二，总温、总压是一组能量的代表：总温是气流所含总能量的代表，总压是气流所含总机械能的代表，它可以转变为静压和速度所体现的具体机械能。第三，滞止参数是点函数，在任意流动过程中的每一点都具有确定的滞止参数的数值。第四，显然，在实际流动中，从流场的一点到另一点滞止参数可以是变化的，通常滞止参数的变化与实际流动中气体与外界的热量交换、功的交换以及摩擦等因素有关。这些我们将在后面进行讨论。

最后，还应该理解到，由于速度 V 是对具体的参考系而言，因此互有运动速度差别的不同参考系中气流的滞止参数 p^*、ρ^*、T^* 不同。所以，对于相对运动坐标系，气流的静参数与滞止参数的比值应是相对运动的马赫数的函数。而气流的静参数温度、压强、密度，由于是气流在当前运动中的现实热力学状态的参数，因此它们不会随坐标系的不同而不同。事实上，温度、压力的传感器与流体之间无相对运动时，即在随流坐标系中测量到的运动着的

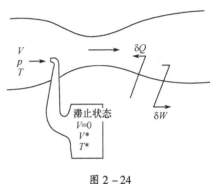

图 2-24

流体的真实温度、压力，即是静温 T、静压 p。通常依靠换算而间接获得静密度 ρ。

三、滞止参数的应用

气流的滞止参数既然是按一定的过程将气流速度滞止到零时的气流参数，应用滞止参数来分析或计算问题时，动能就不会作为单独的一项出现，也就不需要单独地考虑动能的变化，这将使分析或计算问题较为简便。

引用总焓或总温的概念后，能量方程式可以简化。先将(2-31)式改写为

$$q - w_s = \left(h_2 + \frac{V_2^2}{2}\right) - \left(h_1 + \frac{V_1^2}{2}\right)$$

故

$$q - w_s = h_2^* - h_1^* \tag{2-54a}$$

进而对于定比热容的完全气体，有

$$q - w_s = c_p(T_2^* - T_1^*) \tag{2-54b}$$

这就是总焓形式的能量方程式。它表明，由于气流和外界交换热量和功的结果，使气流的总焓发生变化。

当气体作绝能流动时，$q=0$，$w_s=0$，式(2-54)简化为

$$h_1^* = h_2^* \tag{2-55a}$$

$$T_1^* = T_2^* \tag{2-55b}$$

即气体作绝能流动时，不论过程是否可逆，总焓和总温保持不变。这是绝能流动的一个基本性质。在分析绝能流动时，经常用到(2-55)式。

[**例2-12**] （绝能流动的滞止参数和静参数，当参考系取为运动坐标系时）某涡轮喷气发动机在台架试车，当地的大气温度为293K，问空气进入压气机（即在图2-19中的1截面处）的总温为多少？如果在12km高度处以 $V_0 = 1600\text{km/h}$ 的速度平直飞行，问进入压气机的空气总温为多少？

解 因为空气流过进气道为绝能流动，故根据(2-55)式和(2-50)式，有

$$T_1^* = T_0 + \frac{V_0^2}{2c_p}$$

在台架试车时，$V_0 = 0$，故

$$T_1^* = T_0^* = T_0 = 293\text{K}$$

在 $H = 12\text{km}$ 高空，大气温度为 $T_0 = 216.7\text{K}$，飞行速度为

$$V_0 = \frac{1600}{3.6} = 444\text{m/s}$$

故

$$T_1^* = 216.7 + \frac{(444)^2}{2 \times 1004} = 314.8\text{K}$$

对于气体与外界无机械功交换（$w_s = 0$）的流动，式(2-54)简化为

$$q = h_2^* - h_1^* \tag{2-56a}$$

或

$$q = c_p(T_2^* - T_1^*) \tag{2-56b}$$

上式表明，加给气流的热量用以增大气流的总焓（总温）；或由于气流对外界放出热量而使气流的总焓（总温）下降。

[**例2-13**] 已知燃烧室（见图2-25）进口处气流总温 $T_1^* = 530\text{K}$，出口处气流总温 $T_2^* = 1200\text{K}$，求对每千克气体的加热量。如果发动机的空气流量 $\dot{m} = 35\text{kg/s}$，燃油的热值 $H_u = 43400\text{kJ/kg}$，求燃油的消耗量。假定燃油在燃烧室中是完全燃烧的，并忽略燃油燃烧时通过燃烧室壁向周围散出的热量，不考虑在燃烧室内气体加热后气体成分的改变。设气体在加热过程中的平均比热容 $c_p = 1.19\text{kJ/(kg·K)}$。

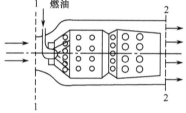

图2-25

解 根据(2-56b)式，有

$$q = c_p(T_2^* - T_1^*) = 1.19 \times (1200 - 530) = 797\text{kJ/kg}$$

1kg燃油完全燃烧的热值 $H_u = 43400\text{kJ/kg}$，故所需的燃油消耗量为

$$\dot{m}_f = \frac{\dot{m}q}{H_u} = \frac{35 \times 797}{43400} = 0.643\text{kg/s}$$

对于气体与外界无热量交换（$q = 0$）的流动，式(2-54)简化为

$$w_s = h_1^* - h_2^* \tag{2-57a}$$

$$w_s = c_p(T_1^* - T_2^*) \tag{2-57b}$$

上式表明，气流的总焓（总温）减少用来对外界作功，或由于外界对气流作功，使气流的总焓（总温）增加。

[**例2-14**] 某涡轮喷气发动机在台架试车，已知涡轮进口的燃气总温为 $T_1^* = 1200\text{K}$，涡轮出口的燃气总温为 $T_2^* = 1060\text{K}$，如图2-26所示。求每千克燃气通过涡轮对外界作的机械功为多少？如果燃气的流量为13.3kg/s，求涡轮的功率。设燃气的平均比热容 $c_p = 1.16\text{kJ/(kg·K)}$。

解 在涡轮中燃气流和外界基本上是没有热量交换的,即 $q=0$。
由(2-57b)式,得
$$w_s = c_p(T_1^* - T_2^*)$$
将已知数据代入上式,则得
$$w_s = 1.16 \times (1200 - 1060) = 162.4 \text{kJ/kg}$$
即1kg的燃气通过涡轮对外界所作的机械功为162.4kJ。涡轮的功率为

$$N_s = \dot{m} w_s = 13.3 \times 162.4 = 2160 \text{kW}$$

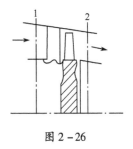

图 2-26

四、滞止参数的测量

应用滞止参数,也为测量气流参数提供了方便的途径。工程上,用实验的方法,确定流场中一点的气流静温 T 和速度 V,可以首先测得流场中任一点的总温 T^*、总压 p^* 和静压 p,然后根据这些参数由(2-52)式、(2-51)式和公式 $Ma = \dfrac{V}{\sqrt{kRT}}$ 就可推算出气流的马赫数、静温 T 和速度 V 来。

测量气流总温,通常是把测温感头迎面对正气流,速度为 V、温度为 T 的气流流到测温感头时,气流速度绝能滞止为零,因而温度计上的读数应该是被滞止的气流温度(见图2-27),实际上由于温度计向周围有传热等原因,读数往往低于气流的滞止温度,即总温 T^*,但根据测得的读数和温度计实验校正系数便可以确定气流的总温。

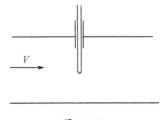

图 2-27

为了测定流道里气流的静压 p(见图2-28),可以在与气流平行的管壁上开出垂直于管壁的静压孔来测定。这时,由于气流对于静压孔孔深方向而言没有流动速度 V,所以孔内感受到的就是气流的静压 p。气流的总压 p^* 可用与气流相平行的、迎气流开口的圆管——总压管来测定,这时气流速度在总压管进口处被滞止下来,所以总压管测定的压强即为气流的总压。

测定气流的速度也可用风速管,其构造简图如图2-29所示。它是在静压管中套装一总压管,并把总压和静压分别引出。风速管必须安装在与气流平行的方向,气流在总压管孔 A 处滞止下来。静压孔 B 在管的侧表面上,离孔 A 的距离大致在(2~3)d(d 为管的外直径)的位置。知道了气流的总压和静压,由(2-52)式就可以求出气流的马赫数,由马赫数和测得的总温根据(2-51)式就可以求出气流的静温,从而求出气流的速度。

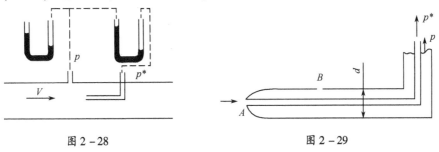

图 2-28　　　　　图 2-29

对于不可压流,计算气流速度的方法可以更简单一些。根据不可压流的伯努利方程(2-24)式

$$p_1 + \frac{1}{2}\rho V_1^2 = p_2 + \frac{1}{2}\rho V_2^2$$

在与外界无机械功交换、无摩擦损失的条件下，不可压气流由速度 $V_1 = V$（相应的压强为 $p_1 = p$）滞止到速度 $V_2 = 0$（相应的压强 $p_2 = p^*$）时，则有

$$p^* = p + \frac{1}{2}\rho V^2 \tag{2-58}$$

式中 p^* 和 p——气流的总压和静压；

$\frac{1}{2}\rho V^2$——气流的动压（或速压），它表示气流速度滞止到零时气流压强的升高。

利用测得的总压 p^* 和静压 p，根据（2-58）式计算气流的速度为

$$V = \sqrt{\frac{2}{\rho}(p^* - p)} \tag{2-59}$$

由此可见，为了测定流速 V，并不需要分别测定 p^* 和 p 值，而只需测定它们的差值 $(p^* - p)$ 就可以了，所以也可以像文氏管那样，将静压和总压分别通到一个 U 形管的两端来读数。

五、总压的进一步讨论

（一）气流的不可压缩简化，依据简化方程换算速度、动压、总压时的误差

在什么条件下才可以不考虑气流的压缩性而应用（2-59）式来确定气流的速度、总压等参数呢？在 §2-10 中已经指出，当 $Ma \leq 0.3$ 时，可以认为气流是不可压缩的。那么，在此条件下，按（2-59）式确定气流速度、总压等所造成的误差有多大。根据数学上的二项式定理

$$(1+x)^n = 1 + nx + \frac{n(n-1)x^2}{2!} + \frac{n(n-1)(n-2)x^3}{3!} + \cdots$$

当马赫数不大时，我们可以利用这个定理将静压与总压之比函数的（2-52）式展开成级数。令 $\frac{k-1}{2}Ma^2 = x, \frac{k}{k-1} = n$，可有

$$p^* = p\frac{1}{\pi(Ma)} = p\left(1 + \frac{k-1}{2}Ma^2\right)^{\frac{k}{k-1}} = p + p\frac{k}{2}Ma^2\left(1 + \frac{1}{4}Ma^2 + \frac{2-k}{24}Ma^4 + \cdots\right)$$

$$= p + \frac{1}{2}\rho V^2\left(1 + \frac{1}{4}Ma^2 + \frac{2-k}{24}Ma^4 + \cdots\right) \tag{2-60}$$

（2-60）式最后一行是用马赫数定义 $Ma^2 = \frac{V^2}{c^2} = \frac{V^2}{kp/\rho}$ 整理括号前系数而得出。（2-60）式左端的 p^* 是可压缩气流的总压，右端第一项 p 是静压，而右端第二项 $\frac{1}{2}\rho V^2(1+\cdots)$ 整体称为可压缩气流的动压（当这个级数收敛）。

对于空气情形，$k = 1.4$，则（2-60）式括号内进一步简化，得

$$p^* = p + \frac{1}{2}\rho V^2\left(1 + \frac{1}{4}Ma^2 + \frac{1}{40}Ma^4 + \cdots\right) \tag{2-61}$$

二项式定理仅在 $|x| < 1$ 条件下收敛，也即（2-61）式在 $Ma < 2.36$ 时收敛。又当马赫数很小时，（2-61）式收敛得很快，因此只需要保留级数的前几项就可以保证一定的准确度了。

当对于（2-60）式或空气的（2-61）式仅保留级数的第一项，得

$$p^{*\prime} = p + \frac{1}{2}\rho V^2 \tag{2-62}$$

这就是不可压流的伯努利方程(2-24b)式或(2-58)式,即不可压流的机械能守恒方程。它是精确的机械能方程(2-52)式的近似。式中 p 是气流中可直接测量的真实静压,与可压缩流的(2-60)式或(2-61)式中的 p 物理意义完全相同。$p^{*\prime}$ 或(2-24)式中的"常数"称为不可压流的总压,或总机械能。$\frac{1}{2}\rho V^2$ 称为不可压流的动压。

当采用直接测量压强的方法,若认为在不可压流中测得的总压 $p^{*\prime}$ 就是可压缩气流的总压 p^*,并且气流在不可压流速度"$V_{\text{不可压}}$"和可压缩流速度"$V_{\text{可压缩}}$"下的密度 ρ 的差别是高阶的小量,则由(2-62)式和(2-61)式分别解出速度,则对于空气情形,换算出可压缩流速度时的相对误差为

$$\varepsilon_V = \frac{V_{\text{不可压}} - V_{\text{可压缩}}}{V_{\text{可压缩}}} = \sqrt{1 + \frac{1}{4}Ma^2 + \frac{1}{40}Ma^4 + \cdots} - 1$$

当 $Ma \leq 0.3$,相对误差为 $\varepsilon_V \leq 1.12\%$ 且换算出的速度偏大。又当采用激光测速等现代直接测量速度的方法,若认为在不可压流中测得的速度 $V_{\text{不可压}}$ 就是可压缩气流的速度 $V_{\text{可压缩}}$,并且密度 ρ 的差别是高阶的小量,则由(2-62)式和(2-61)式,则对于空气情形,换算出可压缩流的动压时的相对误差为

$$\varepsilon_{\text{动压}} = \frac{(p^{*\prime} - p) - (p^* - p)}{(p^* - p)} = \left(1 + \frac{1}{4}Ma^2 + \frac{1}{40}Ma^4 + \cdots\right)^{-1} - 1$$

当 $Ma \leq 0.3$,相对误差为 $|\varepsilon_{\text{动压}}| \leq 2.22\%$ 且换算出的动压偏小。同时,依据测得的速度 $V_{\text{不可压}}$ 换算出可压缩流的总压时的相对误差为

$$\varepsilon_{\text{总压}} = \frac{p^{*\prime} - p^*}{p^*} = \frac{1 - \left(1 + \frac{1}{4}Ma^2 + \frac{1}{40}Ma^4 + \cdots\right)}{\frac{1}{\frac{k}{2}Ma^2} + \left(1 + \frac{1}{4}Ma^2 + \frac{1}{40}Ma^4 + \cdots\right)}$$

当 $Ma \leq 0.3$,相对误差为 $|\varepsilon_{\text{总压}}| \leq 0.134\%$ 且换算出的总压偏小。可见,用低速下测量结果及不可压伯努利方程求精确的可压缩流参数时,动压的误差最大,速度的误差居中,总压的误差最小。$Ma < 0.3$ 时误差很小。由(2-60)式知空气的误差比燃气($k = 1.35 \sim 1.20$)的小。

在飞机空气动力学中,用飞行来流的不可压流的动压 $\frac{1}{2}\rho_\infty V_\infty^2$,也称为动压头,来定义机翼的压强系数、升力系数和阻力系数等,见§12-2。这样,这些系数的物理意义是,在一定的单位质量来流动能下,机翼的转换动能为升力的效率、转换动能为阻力的效果,等等。

(二) 气体在流动中的总压变化规律

前面我们已经讨论了关于气体在流动中的总温变化规律,当绝能流动时,不论过程是否可逆,气流的总温保持不变;当气流从外界吸热时,气流的总温会增加;当气流对外界作功时总温会降低,等等。关于气体在流动中的总压变化规律又是怎样的呢?

首先我们研究绝能流动中总压的变化规律。我们分可逆的绝能流动和不可逆的绝能流动两种情况来讨论。

如果气体在图2-30(a)所示的管道的1、2两截面间作无摩擦的可逆绝能流动,则根据热力学第二定律的解析式(2-40c)式,两个截面上气流的熵必定相等($s_1 = s_2$),即为等熵过程,两个截面上气流的状态可用 $T-s$ 图上等熵线上的两点1、2来表示(见图2-30(b))。把1和2两个截面上的参数分别绝能等熵滞止下来,则得到点 1^* 和 2^*,这两点分别代表截面1和2

上气流的滞止状态。图中 1、2、1*、2* 四个点应当位于同一根等熵线上。气体作绝能流动时总温保持不变，即 $T_1^* = T_2^*$，因此，可以断定，点 1* 和 2* 应当重合。也就是说，气体在管道内作绝能等熵流动时，各截面上气流的滞止状态相同，因而所有的滞止参数不变，总压当然也不变，即 $p_1^* = p_2^*$。

气流有可能达到的最大静参数值不会超过总参数值，而且在绝能等熵流动中气流的总参数保持不变，这是绝能等熵流动的一个重要性质。正因为具有这个性质，所以研究这种流动时，应用总参数会带来很大的方便。

若气体在管道中作不可逆的绝能流动，则管道出口截面 2 上气流的参数可用图 2-30(b) 中的 2_f 来代表（设出口截面上气流的压强 p_{2f} 等于可逆绝能流动时的 p_2），根据热力学第二定律的解析式(2-40c)式，此时 2 截面上气体的熵必定大于 1 截面上气体的熵（$s_{2f} > s_1$）。把点 2_f 的参数绝能等熵滞止下来，便得到点 2_f^*，点 2_f^* 代表不可逆绝能流动时管道出口截面 2 上气流的滞止状态。因为绝能流动中气流总温不变，即 $T_1^* = T_{2f}^*$，故在 T-s 图上点 2_f^* 和点 1* 应位于同一条水平线上。由图 2-30(b)可见，通过点 2_f^* 的等压线必定位于通过点 1* 的等压线的右下方，即 $p_1^* > p_{2f}^*$。因此，气体作不可逆的绝能流动时，总压必下降。

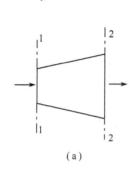 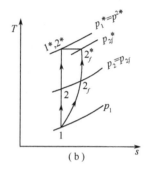

图 2-30

总之，绝能流动中气流总压的变化规律是

$$p_1^* \geq p_2^* \qquad (2-63)$$

式中　" > "号——对应不可逆的绝能流动过程；

" = "号——对应可逆的绝能流动过程，即绝能等熵流动过程。

(2-63)式表示的总压变化规律是针对绝能流动而言的，如果气流与外界有功的交换也会引起气流总压的变化。现以压气机为例来分析。

设 11 和 22 各为压气机的进口和出口截面（参看图 2-19），气体通过压气机时和外界无热量交换（$q=0$），并假设为无摩擦损失的可逆过程。这时气流在压气机中是一个等熵过程。因此，进出口截面上的气流参数存在下列关系

$$\frac{p_2}{p_1} = \left(\frac{T_2}{T_1}\right)^{\frac{k}{k-1}}$$

截面 1 上的气流参数和它绝能等熵滞止后的总参数之间存在下列关系

$$\frac{T_1^*}{T_1} = \left(\frac{p_1^*}{p_1}\right)^{\frac{k-1}{k}}$$

同理，对截面 2，有

$$\frac{T_2^*}{T_2} = \left(\frac{p_2^*}{p_2}\right)^{\frac{k-1}{k}}$$

联立以上三式,可得

$$\frac{T_2^*}{T_1^*} = \left(\frac{p_2^*}{p_1^*}\right)^{\frac{k-1}{k}} \quad (2-64)$$

对于气体通过压气机的流动,能量方程式为

$$-w_s = c_p(T_2^* - T_1^*) = \frac{k}{k-1}RT_1^*\left(\frac{T_2^*}{T_1^*} - 1\right)$$

将(2-64)式代入上式,则得

$$-w_s = \frac{k}{k-1}RT_1^*\left[\left(\frac{p_2^*}{p_1^*}\right)^{\frac{k-1}{k}} - 1\right] \quad (2-65)$$

上式表明,当气体通过压气机时,外界对气流作功($-w_s > 0$),则总压升高($p_2^* > p_1^*$)。

显然,对于气体通过涡轮的等熵流动,(2-65)式可改写为

$$w_s = \frac{k}{k-1}RT_1^*\left[1 - \left(\frac{p_2^*}{p_1^*}\right)^{\frac{k-1}{k}}\right] \quad (2-66)$$

上式表明,当气体通过涡轮时,气流对外界作功($w_s > 0$),则总压下降($p_2^* < p_1^*$)。

当气流与外界有热量交换时,也会引起总压的变化,这个问题留在第四章讨论。

(三) 总压与气流的作功能力的关系

下面我们通过两个具体例子来说明总压与气流的作功能力的关系。

[例2-15] (绝能等熵流动的滞止参数和静参数,当参考系取为静止坐标系时)设图2-31(a)所示的储气箱中空气的总压 $p_1^* = 2.943 \times 10^5 \text{N/m}^2$,总温 $T_1^* = 288\text{K}$,空气通过喷管向外喷入大气中,大气压强 $p_a = 9.81 \times 10^4 \text{N/m}^2$。如果在喷管出口截面上的气流压强 p_2 和外界大气压强相等,试求出口截面上的气流速度。假定空气在喷管中的流动是绝能等熵的。

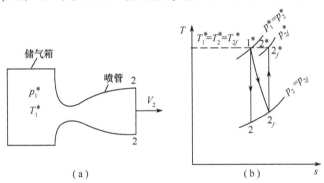

图2-31

解 由(2-52)式可解得出口气流的马赫数,即

$$Ma_2 = \sqrt{\frac{2}{k-1}\left[\left(\frac{p_2^*}{p_2}\right)^{\frac{k-1}{k}} - 1\right]}$$

因为空气在喷管中是绝能等熵流动,故 $p_2^* = p_1^*$,又 $p_2 = p_a$,将已知数据代入上式,则得

$$Ma_2 = \sqrt{\frac{2}{1.4-1}\left[\left(\frac{2.943 \times 10^5}{9.81 \times 10^4}\right)^{\frac{1.4-1}{1.4}} - 1\right]} = 1.36$$

$$V_2 = Ma_2 c_2 = Ma_2(20.05\sqrt{T_2})$$

求速度 V_2 必须先算出 T_2，由(2-51)式，得

$$T_2 = T_2^* / \left(1 + \frac{k-1}{2}Ma_2^2\right)$$

因为 $T_1^* = T_2^*$，故

$$T_2 = 288/(1 + 0.2 \times 1.36^2) = 210\text{K}$$

$$V_2 = 1.36 \times 20.05 \times \sqrt{210} = 396\text{m/s}$$

[例 2-16] 承上题，设气流从储气箱流到喷管出口的过程中，由于气体在流动中有摩擦损失，故为不可逆的绝能流动过程，根据热力学第二定律，在流动过程中熵是增大的，参看图 2-31(b)。此时，出口处的气流总压 p_{2f}^* 必小于储气箱中的总压 p_1^*，设 $p_{2f}^* = 0.95 p_1^*$，其它条件同上题，试求出口处气流的速度。

解 对出口截面来说，在假想的当地储气箱和出口截面之间气流仍然是绝能等熵的，即总压和静压之间的关系仍然有

$$\frac{p_{2f}^*}{p_{2f}} = \left(1 + \frac{k-1}{2}Ma_{2f}^2\right)^{\frac{k}{k-1}}$$

解出 Ma_{2f}，得

$$Ma_{2f} = \sqrt{\frac{2}{k-1}\left[(p_{2f}^*/p_{2f})^{\frac{k-1}{k}} - 1\right]} = \sqrt{\frac{2}{1.4-1}\left[\left(0.95 \times \frac{2.943 \times 10^5}{9.81 \times 10^4}\right)^{\frac{1.4-1}{1.4}} - 1\right]} = 1.32$$

因为气流是绝能的，虽然有摩擦损失，总温仍然是不变的，即 $T_{2f}^* = T_1^*$，故

$$T_{2f} = T_{2f}^* / \left(1 + \frac{k-1}{2}Ma_{2f}^2\right) = 288/(1 + 0.2 \times 1.32^2) = 214\text{K}$$

最后得速度

$$V_{2f} = Ma_{2f} c_{2f} = 20.05 Ma_{2f}\sqrt{T_{2f}} = 20.05 \times 1.32 \times \sqrt{214} = 388\text{m/s}$$

从上述二例比较可见(参看图 2-31(b))，在喷管进口气流参数相同和出口气流静压相同的条件下，考虑摩擦影响的流动与理想流动相比，喷管出口处的气体速度较小(动能较小)，而气体的温度较高(热焓较大)。这是因为，摩擦的不可逆因素，使一部分机械能(动能)不可逆地耗散为热能，因而在气流的总能量(总焓)中直接转化为机械能的部分减少了，即气流作功能力下降了；同时，气流的总压也随之下降。因此，气流总压的降低正反映了气流作功能力的减小。通常把气流总压看作是可利用能量的度量，它表征着气流作功能力的大小。

六、绝能非等熵流动和熵增的计算，总压恢复系数 σ

前面我们已研究了绝能流动和等熵流动。若流动为绝能的但不等熵，能否也作出模型化处理？如前所述，在绝能流动中，当存在摩擦损失等机械能损失，简称有损失时，总压就会下降，流动的热力过程就有不可逆性。损失越大，总压的下降就越大。为衡量这种下降，人们定义了一个重要而简单的参数，叫做总压恢复系数 σ，为

$$\sigma = \frac{p_2^*}{p_1^*} \leqslant 1 \qquad (2-67\text{a})$$

式中的 1、2 分别为选取的控制体或者流线的气流进口处、出口处。因此当知道了 σ 值，即可求

$$p_2^* = \sigma p_1^* \qquad (2-67\text{b})$$

对于绝能可逆的流动即等熵流动，$\sigma = 1$，但在实际的绝能流动中，总是 $\sigma < 1$，摩擦等损失越

大，σ 就越小。σ 的数值由实验确定，20 世纪 90 年代以来也逐渐可以由计算流体力学数值模拟来确定了。

根据热力学第二定律，理想的可逆绝能流动，气流的熵保持不变，对于具有摩擦等损失的不可逆绝能流动，气流的熵增大。摩擦等损失越大，即过程的不可逆性越大，熵增量就越大。因此，熵增量是衡量过程不可逆性的一个尺度。

由上述可见，在绝能流动中总压恢复系数和熵增之间，必有一定的关系，下面我们来推导这个关系。

由工程热力学或(2-39b)式，有

$$\Delta s = s_2 - s_1 = c_p \ln \frac{T_2}{T_1} - R \ln \frac{p_2}{p_1} = c_p \ln \left[\left(\frac{T_2}{T_1}\right) \bigg/ \left(\frac{p_2}{p_1}\right)^{\frac{k-1}{k}} \right] \qquad (2-68a)$$

对于状态 2 和状态 1，由等熵过程(2-41b)式可分别写出

$$T_2 = T_2^* \left(\frac{p_2}{p_2^*}\right)^{\frac{k-1}{k}}, \quad T_1 = T_1^* \left(\frac{p_1}{p_1^*}\right)^{\frac{k-1}{k}}$$

两式相除，得

$$\frac{T_2}{T_1} = \frac{T_2^*}{T_1^*} \left[\left(\frac{p_2}{p_1}\right) \bigg/ \left(\frac{p_2^*}{p_1^*}\right) \right]^{\frac{k-1}{k}}$$

将上式代入(2-68a)式，得到，对于不绝能流动，有

$$\Delta s = s_2 - s_1 = c_p \ln \frac{T_2^*}{T_1^*} - R \ln \frac{p_2^*}{p_1^*} \qquad (2-68b)$$

又对于绝能流动，有 $T_2^* = T_1^*$，故

$$\Delta s = s_2 - s_1 = -R \ln \frac{p_2^*}{p_1^*} = -R \ln \sigma \qquad (2-69)$$

由上式可见，对于具有摩擦等损失的不可逆绝能流动，$s_2 > s_1$，即 $\Delta s > 0$，故 $\sigma < 1$；对于理想的可逆绝能流动，$s_2 = s_1$，即 $\Delta s = 0$，故 $\sigma = 1$。

如前所述，在绝能流动中，熵增量乃是衡量过程的不可逆性的一个尺度，这是热力学第二定律的结果，具有普遍的意义。但是，熵的物理意义比较抽象，而且无法直接测量。根据(2-69)式，在绝能流动中，总压恢复系数是可以表示熵增大小的，而且总压恢复系数可以用实验方法直接测定。因此，在绝能流动过程中，用总压恢复系数来衡量过程的不可逆性程度是很方便的，而且同样具有普遍的意义。因此，(2-69)式是适用于任何气体工质机械的普适公式。在相对运动坐标系中，则以相对运动的总压代入此式计算，即可得到气流在相对运动通道中的熵增量 Δs，它与上下游相接的绝对运动的熵增量 Δs 可以直接相加而得到总的熵增量。

§2-12 气流的重要速度参数

前面我们主要介绍了气流基本模型，及其中的滞止参数。滞止参数是对应于气流速度 V 为零状态的热力学参数。在另一方面，显然也能以某些非零的速度参数来定义气流的一些状态，这时就得到几个重要的气流速度参数。本节主要研究绝能流动、绝能等熵流动和一般流动中，各种速度量的概念以及它们之间的关系。这些在气体动力学的分析和计算中经常应用。

一、气体动力学的三个特征速度，临界状态点 cr

这里仍仅依据绝能流动的能量方程(2-49)式或(2-50)式，即

$$h + \frac{V^2}{2} \triangleq h^* = 气流的最大焓值 = 常数 \quad 或 \quad T^* = T + \frac{V^2}{2c_p} \tag{2-70}$$

(一)极限速度

由上式可见,在绝能流动中,随着气流速度不断加大,气流的静温不断下降。如果气流的绝对温度降低到零,即气流的焓全部转化为动能,则这时气流的速度将达到最大值。这个最大的速度就称为极限速度,记为 $V_{\max}$。令上式中出现 $T=0$ 的状态,得

$$V_{\max} = \sqrt{2c_p T^*} = \sqrt{\frac{2kR}{k-1} T^*} \tag{2-71}$$

上式表明,对于一定的气体,$V_{\max}$ 是总能量为 T^* 的气流所能达到的极限速度,它只取决于气流的总温,它在绝能流动中是一个不变的常数。因此,$V_{\max}$ 常被用来作为一个参考速度。在国际标准大气海平面状态 $T=288.2\text{K}$ 下静止空气的极限速度理论上可达 $V_{\max}=760.9\text{m/s}$。极限速度仅仅是一个理论上的极限值,实际上并不可能达到,因为热力学第二定律认为热能不可能全部转化为机械能而不向冷源排放热量。

(二)滞止声速

在滞止状态 $V=0$ 下气流中的声速叫做滞止声速,记为 c^*。由声速定义,有

$$c^* = \sqrt{kRT^*} \tag{2-72}$$

显然,在绝能流动中 c^* 也是一个不变的常数,因此它也常被用来作为一个参考速度。

(三)加速与临界状态点 cr,临界声速

现在分析一个绝能流动的全部加速过程。由本节已讨论过的加速现象,过程中气流参数的变化趋势显然为

$$T^* = 常数, V\uparrow, T\downarrow, c = \sqrt{kRT}\downarrow, Ma = \frac{V}{c}\uparrow$$

箭头"↑"表示参数值上升,"↓"表示下降。因此,过程中马赫数的变化趋势就为

$$Ma = \frac{V}{c} = 0 \Rightarrow \frac{V}{c} < 1 \Rightarrow \boxed{\begin{array}{c} \frac{V_{\text{cr}}}{c_{\text{cr}}} = 1 \\ 临界点 \text{ cr} \\ T_{\text{cr}}, p_{\text{cr}}, \rho_{\text{cr}} \end{array}} \Rightarrow \frac{V}{c} > 1 \Rightarrow \frac{V_{\max}}{c} \to \infty$$

箭头"⇒"表示马赫数变化为。可见,随着气流速度的上升和气流中声速的下降,气流中必将出现流速恰等于声速的状态点,即 $V=c$ 或即 $Ma=1$ 的状态点,称为临界状态点或 cr 点(critical point)。此点上气流的流速称为临界速度,记为 V_{cr}。此点上气流中的声速称为临界声速,记为 c_{cr}。如果这个加速流动不只是绝能的,还是等熵的,这样气流的机械能 $\frac{V^2}{2} + \frac{p}{\rho}$ 就没有损失,这个临界状态点上所对应的气流的静温、静压、静密度就称为临界温度、临界压强、临界密度,或统称为气流的临界状态参数,记为 $T_{\text{cr}}, p_{\text{cr}}, \rho_{\text{cr}}$。那么,临界声速 c_{cr} 以及 $T_{\text{cr}}, p_{\text{cr}}, \rho_{\text{cr}}$ 如何求得?

由于定比热容完全气体有 $c_p T = \frac{kR}{k-1} T = \frac{c^2}{k-1}$,绝能流动的能量方程(2-70)式可以写为

$$\frac{c^2}{k-1} + \frac{V^2}{2} = \frac{kR}{k-1} T^* = \frac{c^{*2}}{k-1} = \frac{V_{\max}^2}{2} = 常数 \tag{2-73}$$

其中的 $\frac{c^{*2}}{k-1}$、$\frac{V_{\max}^2}{2}$ 两个量可用刚导出的(2-72)式和(2-71)式得到。可见,由于该能量方程的 T^* 为常数,其它系数也为常数,因此加速过程中不断变化着的 c、V 之间的函数关系是平面上的一条椭圆曲线,且 c、V 均大于零说明该曲线仅有第一象限的部分,如图 2-32 所示。因此,从滞止状态开始,气流加速,到临界点 cr 处有 $c_{cr}=V_{cr}$,代入(2-73)式,解出临界声速

$$c_{cr} = V_{cr} = \sqrt{\frac{2kR}{k+1}T^*} \tag{2-74}$$

可见对于一定的气体,c_{cr} 也只取决于总温 T^*,因此绝能流动的临界声速也是一个常数,临界声速也常被用来作为一个参考速度。(2-74)式经常用到,非常重要。

同时,图 2-32 也清晰地表明了三个特征速度 $V_{\max}$、c^*、c_{cr} 之间的内在联系和相对大小。流速中极限速度 $V_{\max}$ 最大,声速中滞止声速 c^* 最大。三个特征速度的值,都仅由气体的种类即气体常数 k、R 和某绝能流动的总能量常数即总温 T^* 决定。

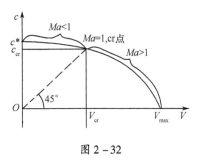

图 2-32

二、特征速度的几个重要比值

由(2-71)式、(2-72)式和(2-74)式,易于得到绝能流动的三个特征速度之间的关系,以及当工质为空气($k=1.4$,$R=287.06\text{J}/(\text{kg}\cdot\text{K})$)时它们的数值,为

$$\frac{c_{cr}}{c^*} = \sqrt{\frac{2}{k+1}} = 0.913 \tag{2-75}$$

$$\frac{V_{\max}}{c^*} = \sqrt{\frac{2}{k-1}} = 2.24 \tag{2-76}$$

$$\frac{V_{\max}}{c_{cr}} = \sqrt{\frac{k+1}{k-1}} = 2.45 \tag{2-77}$$

又由 τ、π、ε 函数(2-51)式、(2-52)式和(2-53)式,令式中 $Ma=1$,可以求出绝能等熵流动时的临界状态参数,以及当空气时它们的数值,为

$$\frac{T_{cr}}{T^*} = \frac{2}{k+1} = 0.8333 \quad (\text{不需要等熵}) \tag{2-78}$$

$$\frac{p_{cr}}{p^*} = \left(\frac{2}{k+1}\right)^{\frac{k}{k-1}} = 0.5283 \tag{2-79}$$

$$\frac{\rho_{cr}}{\rho^*} = \left(\frac{2}{k+1}\right)^{\frac{1}{k-1}} = 0.6339 \tag{2-80}$$

这里体会一下上述的参数比值的规律性,和对于常用工质空气的数值,有助于建立必要的物理理解。首先,特征速度之间和临界参数之间的比值只与气体的常数 k 值有关,而与 R 值无关。其次,临界声速的值仅比滞止声速下降了 10% 左右,极限速度也不过是滞止声速的 2 倍多。再则,达到临界时,气流的静温刚下降了 20% 左右,而静压已严重地下降了 50% 左右,静密度则居中地下降了 40% 左右,该事实不过是以临界点上的数据,验证了(2-41b)式及其后的论述所指出的气体流动特性的结论。

应该指出,在一维流动的每一个截面上,都有相应于该截面的临界参数,就好像在气流的每一个截面上都有相应的滞止参数一样。气流在某一截面上的马赫数恰好等于 1,则该截面

上气流的状态就是临界状态,该截面上气流的静参数就是临界参数,该截面叫做临界截面。气流马赫数不等于 1 的截面仍有临界参数,只是该截面气流的静参数不等于临界参数;但如果假想把该截面的气流绝能等熵地转变到 $Ma=1$,则可得到该截面的临界参数。在图 2-33 所示的 $T-s$ 图上,把气流马赫数小于 1 的某一截面上气流的状态参数、滞止参数和临界参数清楚地区别开来。应该特别注意声速和临界声速的区别,在气流的每一个截面上,都有相应的不相等的声速和临界声速,前者由该截面的静温确定,后者由该截面的临界温度确定,只有在临界截面 $Ma=1$ 处两者相等。

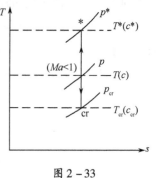

图 2-33

在绝能等熵流动过程中,因为沿流道所有滞止参数保持不变,故所有临界参数也保持不变;在不可逆的绝能流动过程中,因为总温保持不变,故临界温度和临界声速也保持不变。

三、无量纲速度系数 λ, λ 与马赫数的关系

马赫数 Ma 实际上是以气流中当地的声速作为基准来衡量流速,从而得到的无量纲化的速度,也称为相似化的速度。在气体动力学中,另一个性质很好的速度基准就是临界声速 c_{cr}。因此人们又定义了下式的无量纲化的速度,称为无量纲速度系数(Dimensionless number)λ,即

$$\lambda = \frac{V}{c_{cr}} \qquad (2-81)$$

与马赫数相比,应用 λ 数的好处是:

(1) 在绝能流动中,临界声速是一个常数,因此,流速 V 和 λ 之间只差一个常数 c_{cr},由 λ 求流速,只要乘上一个常数 c_{cr} 就可以了,这样在计算一系列的速度时就简便多了;而马赫数中的声速 c 是随气流的静温 T 变化的,知道了气流的马赫数,还必须知道气流的静温 T,才能算出流速 V。如果要计算一系列的速度,这样的步骤就显得繁杂了。

(2) 在绝能流动中,当气流速度由零增加到 V_{max} 时,c 下降为零,Ma 趋向于无限大,这样,在作图表曲线时就很不方便。例如,我们要将总温和静温之比 $\frac{T^*}{T} = 1 + \frac{k-1}{2}Ma^2$ 画成以马赫数为坐标的曲线,就无法把 $V = V_{max}$ 附近的情况作出来,因为这时 $Ma \to \infty$;而当 $V = V_{max}$ 时,λ 数不像马赫数那样趋向 ∞,而是一个有限量,即如(2-77)式所给出的那样。这样就消除了上述的困难。

(3) 在气流的关键状态点上,显然无量纲速度 Ma 与 λ 之间有表 2-2 所列的极简单的对应关系,使得依据马赫数或者 λ 数的数值,所得出的对于流动的亚声速、临界、超声速的状态、现象的判断是完全一致的,仅在关键状态点之外这两个无量纲量的数值有差别。

表 2-2

	滞止状态点	亚声速流	临界状态点	超声速流	极限速度点
$Ma = \frac{V}{c}$	$\frac{0}{c} = 0$	<1	$\frac{V_{cr}}{c_{cr}} = 1$	>1	$\frac{V_{max}}{c} \to \infty$
$\lambda = \frac{V}{c_{cr}}$	$\frac{0}{c_{cr}} = 0$	<1	$\frac{V_{cr}}{c_{cr}} = 1$	>1	$\frac{V_{max}}{c_{cr}} = \sqrt{\frac{k+1}{k-1}}$

至此可以想象在气流的所有状态点处 Ma 与 λ 的值应该都可以相互换算。事实上由定义和(2-74)式可写出

$$Ma^2 = \frac{V^2 c_{cr}^2}{c_{cr}^2 c^2} = \lambda^2 \frac{\frac{2kR}{k+1}T^*}{kRT} = \lambda^2 \frac{2}{k+1}(1+\frac{k-1}{2}Ma^2) \qquad (2-82)$$

因此可解出 $\lambda(Ma)$ 函数为

$$\lambda^2 = \frac{k+1}{2}Ma^2 \Big/ \left(1+\frac{k-1}{2}Ma^2\right) \qquad (2-83)$$

接着可反解出 $Ma(\lambda)$ 函数为

$$Ma^2 = \frac{2}{k+1}\lambda^2 \Big/ \left(1-\frac{k-1}{k+1}\lambda^2\right) \qquad (2-84)$$

(2-83)式或(2-84)式的函数曲线如图 2-34 所示。可见当气流速度不是很高的超声速时(马赫数在3以下)，Ma 与 λ 之间为一种偏离正比例关系不太远的非线性关系。因此，λ 数和马赫数一样，也方便地成为表示亚声速气流和超声速气流的一个简单标志。为了使用方便，λ 数与马赫数的一一对应关系还可以作成数值表，见本书附录 B 表 2。

将(2-84)式代入(2-51)式、(2-52)式和(2-53)式，就得到用 λ 数表达的绝能流动的能量方程，用 λ 数表达的绝能等熵流动的机械能方程和质量方程，写为

$$\frac{T}{T^*} = 1 - \frac{k-1}{k+1}\lambda^2 \triangleq \tau(\lambda) \qquad (2-85)$$

$$\frac{p}{p^*} = \left(\frac{T}{T^*}\right)^{\frac{k}{k-1}} = (1-\frac{k-1}{k+1}\lambda^2)^{\frac{k}{k-1}} \triangleq \pi(\lambda) \qquad (2-86)$$

$$\frac{\rho}{\rho^*} = \left(\frac{T}{T^*}\right)^{\frac{1}{k-1}} = (1-\frac{k-1}{k+1}\lambda^2)^{\frac{1}{k-1}} \triangleq \varepsilon(\lambda) \qquad (2-87)$$

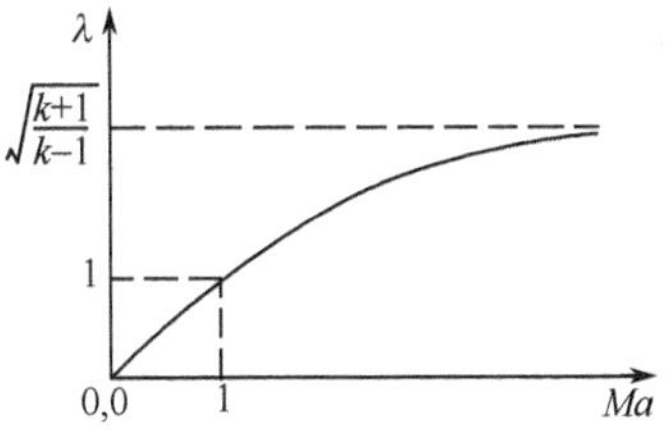

图 2-34

(2-85)式、(2-86)式和(2-87)式把气流的静参数与总参数之比表达为速度系数 λ 的函数的形式，这些函数形式分别记为 $\tau(\lambda)$、$\pi(\lambda)$、$\varepsilon(\lambda)$。易注意到这三个函数形式与(2-51)式、(2-52)式和(2-53)式的函数形式的共同规律及区别。

[例 2-17] 某涡轮喷气发动机的尾喷管进口截面 1 处的燃气参数为 $p_1^* = 2.36\times10^5 \text{N/m}^2$，$T_1^* = 790\text{K}$，出口截面 2 处处于临界状态，尾喷管总压恢复系数为 $\sigma=0.98$。求出口处的流速、静温和静压。设燃气的绝热指数 $k=1.33$，气体常数 $R=287.4\text{J}/(\text{kg}\cdot\text{K})$。

解 尾喷管内气体作绝能流动，总温不变，故 $T_2^* = T_1^* = 790\text{K}$。因为出口截面处于临界状态，即 $\lambda_2 = 1$，故

$$V_{2cr} = c_{cr} = \sqrt{\frac{2k}{k+1}RT_2^*} = \sqrt{\frac{2\times1.33}{1.33+1}\times287.4\times790} = 509\text{m/s}$$

由(2-78)式，得

$$T_{2cr} = T_2^*\left(\frac{2}{k+1}\right) = 790\times\frac{2}{1.33+1} = 678\text{K}$$

$$p_2^* = \sigma p_1^* = 0.98\times2.36\times10^5 = 2.31\times10^5\text{N/m}^2$$

由(2-79)式，得

$$p_{2cr} = p_2^*\left(\frac{2}{k+1}\right)^{\frac{k}{k-1}} = 2.31\times10^5\times\left(\frac{2}{1.33+1}\right)^{\frac{1.33}{1.33-1}} = 1.248\times10^5\text{N/m}^2$$

四、绝能等熵流的伯努利方程的各种表达形式

由定比热容完全气体一维可压缩绝能流动的能量方程(2-70)式，通过本节前面的推导，

我们已知,对流管中或流线上任一点处的气流的总能量,总可以写成下面所列的多种表达形式,即

流线 ψ 上任一点处单位质量可压缩气流的总能量

$$= h + \frac{V^2}{2} = c_p T + \frac{V^2}{2} = \frac{kRT}{k-1} + \frac{V^2}{2} = \frac{c^2}{k-1} + \frac{V^2}{2} = \frac{k}{k-1}\frac{p}{\rho} + \frac{V^2}{2} \quad (\text{静参数形式})$$

$$= h^* = c_p T^* = \frac{c^{*2}}{k-1} = \frac{k}{k-1}\frac{p^*}{\rho^*} \quad (\text{总参数形式})$$

$$= \frac{V_{\max}^2}{2} \quad (\text{极限速度形式})$$

$$= \frac{1}{2}\frac{k+1}{k-1}c_{cr}^2 \quad (\text{临界参数形式}) \tag{2-88}$$

其中,含有 p^*、ρ^* 的总能量写法还需要以等熵流动为前提条件。进一步,若流线 ψ 是绝能等熵流线,则(2-88)式中总能量的各种写法可在流线上任意两点之间成立,或说在整条流线上成立。这时,可选择其中方便的写法,在点1、2之间写出如下灵活形式的可压缩流伯努利方程

$$h_1^* = h_2^* \tag{2-89}$$

(2-89)式是在气流的全部能量热能、动能、流动功之间的绝能等熵的能量守恒和转化定律方程,或即机械能守恒和转化方程。它从流体的能量守恒方程得来,也可以从流体微管段上的动量微分方程积分得出,但都是在无机械能损失的条件下导出。不可压流的伯努利方程(2-23a)式或(2-24b)式是当认为流体的静温 T 不变时,或说忽略 T 变化后流体所存储或放出的能量 $\Delta u = c_v \Delta T$ 时(即低速流体时,包括重流体时),近似的能量守恒和转化定律方程,也即低流速时的机械能守恒和转化方程。其也是在无损失的条件下导出。参见§2-7对于伯努利方程的论述。

五、参考速度,无量纲速度和速度的相似化

在流体力学的分析和计算中,经常用各种各样的无量纲速度来作为计算的参数。这第一为使速度参数有一定的深刻的物理意义,例如马赫数。第二为使速度的量值规范化,甚至于归一化,使得计算结果对于同类物理现象有相似性和通用性。第三为使计算过程在有限的数值范围内进行,例如1.0左右,以提高数值计算的精度。这样,根据我们对于马赫数和无量纲速度系数的原理的认识,推而广之,可以选用理论和实际中可能出现的任一适当的气流速度,来作为参考速度,或说作为速度的基准,来构成我们所需要的有特点的无量纲速度。这个工作叫做速度的相似化。

例如,在图2-35的绝能等熵流线上,从可能的滞止状态点到可能的极限速度点之间的任一速度点,其速度值都可作为参考速度 V_{ref},通过无量纲速度参数 V_{any}/V_{ref} 而将待求解的一般速度 V_{any} 相似化。在气体动力学科学与工程问题中,选择参考速度的原则常为,选择 c、c_{cr} 构成流场中每一

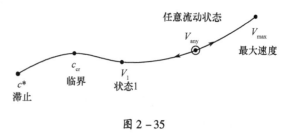

图 2-35

点处的马赫数、λ 数,以代入气体动力学理论公式;选择与估计的全流场速度分布的平均值最接近的三个特征速度之一或者任意速度 V_1,作为 V_{ref},构成 V_{any}/V_{ref},以将气体动力学原始方程组中的速度变量相似化。

§2–13 气体动力学函数及其一维气动方程组

从本章前面的讨论中可以看到,气流的静参数与总参数之比可以用气流的马赫数或 λ 数的一元函数表示。下面将会看到,气流的流量、动量、能量,以至于作为基本定律的流量方程、动量方程、能量方程,也可以用马赫数或 λ 数的一元函数和流动的总参数表示出来。这些马赫数或 λ 数的函数叫做气体动力学函数,气体动力学函数在气动分析和气动设计中有着基础性的和广泛的应用。与数值积分多维的气动方程组的方法相区别,气体动力学函数的使用更能直接方便地分析控制体中或流线上的流动,并揭示出流动的本质性规律。本节的目的就是推导各种常用的气动函数,并例举它们的应用。

为了进行精确的和大量的计算,往往列出以马赫数或 λ 数为自变量的各种气体动力学函数的数值表,供计算时查用。这样的数值表叫做气体动力学函数表,见本书附录 B 表 2。也可以将各种气体动力学一元函数编制为计算机子程序,随时查用和被其它程序调用。

由于马赫数和 λ 数可以互相换算,选哪一个来表达气体动力学函数主要视函数的简洁性而定。通常用 λ 数来表达函数,并在函数的数值表中对照列出自变量 Ma 和 λ。

一、气动函数 $\tau(\lambda)$、$\pi(\lambda)$、$\varepsilon(\lambda)$

这一组气动函数即气流的静参数与总参数之比的 (2–85) 式,(2–86) 式和 (2–87) 式,即

$$\frac{T}{T^*} = 1 - \frac{k-1}{k+1}\lambda^2 \triangleq \tau(\lambda) \tag{2-85}$$

$$\frac{p}{p^*} = \left(\frac{T}{T^*}\right)^{\frac{k}{k-1}} = \left(1 - \frac{k-1}{k+1}\lambda^2\right)^{\frac{k}{k-1}} \triangleq \pi(\lambda) \tag{2-86}$$

$$\frac{\rho}{\rho^*} = \left(\frac{T}{T^*}\right)^{\frac{1}{k-1}} = \left(1 - \frac{k-1}{k+1}\lambda^2\right)^{\frac{1}{k-1}} \triangleq \varepsilon(\lambda) \tag{2-87}$$

对于空气 ($k = 1.4$),$\tau(\lambda)$、$\pi(\lambda)$、$\varepsilon(\lambda)$ 函数随 λ 数的变化如图 2–36(a) 所示。当 $\lambda = 0$,三个函数均为 1,当 λ 增大,它们变化快慢不同但均为单调减小,当 $\lambda = \lambda_{\max} = 2.45$,它们都减为零。

也可以将静参数与总参数之比写为马赫数的函数,这时可以定义又一组气动函数 $\tau(Ma)$、$\pi(Ma)$、$\varepsilon(Ma)$,见 (2–51) 式、(2–52) 式和 (2–53) 式,现重列于下

$$\frac{T}{T^*} = \frac{1}{1 + \frac{k-1}{2}Ma^2} \triangleq \tau(Ma) \tag{2-51}$$

$$\frac{p}{p^*} = \left(\frac{T}{T^*}\right)^{\frac{k}{k-1}} = \left(1 + \frac{k-1}{2}Ma^2\right)^{-\frac{k}{k-1}} \triangleq \pi(Ma) \tag{2-52}$$

$$\frac{\rho}{\rho^*} = \left(\frac{T}{T^*}\right)^{\frac{1}{k-1}} = \left(1 + \frac{k-1}{2}Ma^2\right)^{-\frac{1}{k-1}} \triangleq \varepsilon(Ma) \tag{2-53}$$

$\tau(Ma)$、$\pi(Ma)$、$\varepsilon(Ma)$ 函数随马赫数的变化如图 2–36(b) 所示。注意到 $Ma \to \infty$,对于大多数大气层内的航空问题,计算到 $Ma = 3.5 \sim 5$ 已够使用了。

[例 2–18] 用风速管测得空气流中一点的总压 $p^* = 9.81 \times 10^4 \text{N/m}^2$,静压 $p = 8.44 \times 10^4 \text{N/m}^2$,用热电偶测得该点空气流的总温 $T^* = 400\text{K}$,试求该点气流的速度 V。

解 由 (2–86) 式,可得

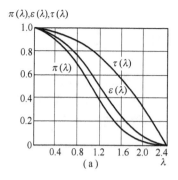
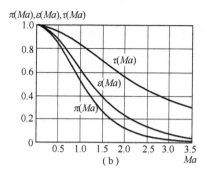

图 2-36

$$\pi(\lambda) = \frac{p}{p^*} = \frac{8.44 \times 10^4}{9.81 \times 10^4} = 0.86$$

由气动函数表查得($k=1.4$)

$$\lambda = 0.5025$$

气流速度为

$$V = \lambda c_{cr} = \lambda \sqrt{\frac{2k}{k+1}RT^*} = 0.5025 \times \sqrt{\frac{2 \times 1.4}{1.4+1} \times 287.06 \times 400} = 184 \text{m/s}$$

[**例 2-19**] 已知在超声速喷管（见图 2-37）的 1 截面上空气流的压强 $p_1 = 5.88 \times 10^5 \text{N/m}^2$，总温 $T_1^* = 310\text{K}$，速度系数 $\lambda_1 = 0.6$，求空气流在截面 2 上的压强和速度系数，假定 2 截面上气流的温度 $T_2 = 243\text{K}$。设忽略气流的摩擦损失，认为气体在喷管中流动是绝能等熵的。

解 因为气体在喷管中流动是绝能等熵的，故 $T_1^* = T_2^*$，$p_1^* = p_2^*$。由(2-85)式，可得

$$\tau(\lambda_2) = \frac{T_2}{T_2^*} = \frac{T_2}{T_1^*} = \frac{243}{310} = 0.7839$$

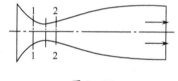

图 2-37

查表得 $\lambda_2 = 1.14$。又有

$$p_2 = p_2^* \pi(\lambda_2) = p_1^* \pi(\lambda_2) = \frac{p_1}{\pi(\lambda_1)} \cdot \pi(\lambda_2)$$

由 $\lambda_1 = 0.6$，$\lambda_2 = 1.14$，查表求出 $\pi(\lambda_1)$ 及 $\pi(\lambda_2)$，代入上式，得

$$p_2 = 5.88 \times 10^5 \times \frac{0.4255}{0.8053} = 3.11 \times 10^5 \text{N/m}^2$$

[**例 2-20**] 涡轮导向器进口燃气参数为 $p_1^* = 1.18 \times 10^6 \text{N/m}^2$，$T_1^* = 1110\text{K}$，出口静压 $p_2 = 6.86 \times 10^5 \text{N/m}^2$，出口流速 $V_2 = 555 \text{m/s}$，试求由于燃气流在导向器中的摩擦作用所引起的总压损失，即求导向器的总压恢复系数 σ（燃气的 $k=1.33$，$R=287.4\text{J}/(\text{kg}\cdot\text{K})$）。

解 因为燃气流在导向器中为绝能流动，故 $T_2^* = T_1^* = 1110\text{K}$。

$$c_{cr2} = \sqrt{\frac{2k}{k+1}RT_2^*} = \sqrt{\frac{2 \times 1.33}{1.33+1} \times 287.4 \times 1110} = 604 \text{m/s}$$

$$\lambda_2 = \frac{V_2}{c_{cr2}} = \frac{555}{604} = 0.92$$

由气动函数表($k=1.33$)查得

故
$$\pi(\lambda_2) = \frac{p_2}{p_2^*} = 0.5977$$

$$p_2^* = \frac{p_2}{\pi(\lambda_2)} = \frac{6.86 \times 10^5}{0.5977} = 1.148 \times 10^6 \text{N/m}^2$$

$$\sigma = \frac{p_2^*}{p_1^*} = \frac{1.148 \times 10^6}{1.18 \times 10^6} = 0.972$$

二、流量函数 $q(\lambda)$，流量公式，流量方程，可压缩流加速规律

(一) 流量函数,流量公式

在气动计算中,如果直接按气体动力学原始参数表达的流量公式 $\dot{m} = \rho V A$ 来计算通过某个截面的流量,则必须先求出该截面处气流的速度 V 和密度 ρ。由于这样做没有抓住气流的一些守恒量,因此计算的步骤是很烦琐的。而如果把流量公式写成以气流总参数和无量纲速度系数 λ 表示的形式,则计算会大大简化,更重要的是流量的主要物理影响因素将显示得很清楚。本小节首先就推导用总参数和 λ 数(或马赫数)的函数来表达的流量公式。某个截面上流量的公式可以改写为

$$\dot{m} = \rho V A = \frac{\rho V}{\rho_{cr} V_{cr}} \rho_{cr} V_{cr} A \tag{2-90}$$

式中　$\rho V = \dfrac{\dot{m}}{A}$——密流,就是单位面积上的流量;

　　　$\dfrac{\rho V}{\rho_{cr} V_{cr}}$——无量纲密流,是面积 A 上的密流 ρV 与临界截面 cr 上的密流 $\rho_{cr} V_{cr}$ 两者间的一个比值联系,其中假想通过一个绝能等熵的流管后气流可以达到临界状态,因此也称为临界密流比。

发现临界密流比仅是无量纲化的速度 λ 数或马赫数的函数,有

$$\frac{\rho V}{\rho_{cr} V_{cr}} = \lambda \frac{\rho/\rho^*}{\rho_{cr}/\rho^*} = \lambda \frac{\left(1 - \frac{k-1}{k+1}\lambda^2\right)^{\frac{1}{k-1}}}{\left(1 - \frac{k-1}{k+1}\right)^{\frac{1}{k-1}}} = \left(\frac{k+1}{2}\right)^{\frac{1}{k-1}} \lambda \left(1 - \frac{k-1}{k+1}\lambda^2\right)^{\frac{1}{k-1}}$$

$$\triangleq q(\lambda) = q(Ma) = \text{流量函数} \tag{2-91}$$

(2-91)式中把临界密流比进一步定义为流量函数 $q(\lambda)$ 或 $q(Ma)$。由(2-91)式容易判断出流量函数在关键速度下的取值为

$$\left.\begin{array}{ll} q(\lambda) = q(Ma) = 0 & \lambda, Ma = 0 \\ q(\lambda) = q(Ma) = 1 & \lambda, Ma = 1 \\ q(\lambda) = q(Ma) = 0 & \lambda = \lambda_{\max}, Ma \to \infty \end{array}\right\} \tag{2-92}$$

可见其关键点取值及其规整。特别地,在临界截面 A_{cr} 上即 $\lambda = Ma = 1$ 处,临界密流比 $q(\lambda) = q(Ma) = 1$ 达到最大值,即 A_{cr} 上单位面积通过的流量最大,其它面积 A 上的密流值均小于临界截面的。图(2-38a)计算出了流量函数 $q(\lambda)$ 当 $k = 1.4$(空气)时的全曲线,可见它是一条光滑的最小值为零、极大值为 1 的单极值曲线。

应用气动函数 $q(\lambda)$,就可以得到流量公式。先将(2-90)式的另外两个参数改写为

$$\rho_{cr} = \rho^* \varepsilon(1) = \rho^* \left(\frac{2}{k+1}\right)^{\frac{1}{k-1}} = \frac{p^*}{RT^*} \left(\frac{2}{k+1}\right)^{\frac{1}{k-1}}$$

$$V_{cr} = c_{cr} = \sqrt{\frac{2kR}{k+1}T^*}$$

将(2-91)式和上两式一并代入(2-90)式,整理得

$$\dot{m} = K\frac{p^*A}{\sqrt{T^*}}q(\lambda) \quad \text{其中} \quad K = \sqrt{\frac{k}{R}\left(\frac{2}{k+1}\right)^{\frac{k+1}{k-1}}} \tag{2-93}$$

这就是由总参数和 λ 数表示的流量公式。对于给定的气体,K 是个常数。当空气 $k=1.4$,$R=287.06\text{J}/(\text{kg}\cdot\text{K})$ 时,则 $K=0.0404s\sqrt{\text{K}}/m$,当燃气 $k=1.33$,$R=287.4\text{J}/(\text{kg}\cdot\text{K})$ 时,则 $K=0.0397s\sqrt{\text{K}}/m$,当燃气 $k=1.2$,$R=320.0\text{J}/(\text{kg}\cdot\text{K})$ 时,则 $K=0.0362s\sqrt{\text{K}}/m$。

(2-93)式在气动分析和计算中是很重要的一个公式。由上式可知,在给定的 λ 数下,密流 $\dot{m}/A$ 与总压成正比,与总温的平方根成反比。因此,在喷管、压气机和涡轮或其它气动力机械的实验数据中,往往取 $\dot{m}\sqrt{T^*}/p^*$ 为流量变数,称为相似流量,来绘制特性曲线,这样使某一给定的实验结果能够应用于总压和总温不同于原始实验条件的情况。

上面我们取 λ 数为自变量导出了流量函数 $q(\lambda)$,读者可以用同样方法导出取马赫数为自变量的流量函数 $q(Ma)$,即

$$\frac{\rho V}{\rho_{cr}V_{cr}} = Ma\left[\frac{2}{k+1}\left(1+\frac{k-1}{2}Ma^2\right)\right]^{-\frac{k+1}{2(k-1)}} \triangleq q(Ma) \tag{2-94}$$

函数 $q(Ma)$ 随马赫数的变化情况如图 2-38(b) 所示。那么流量公式也可以写成

$$\dot{m} = K\frac{p^*A}{\sqrt{T^*}}q(Ma) \tag{2-95}$$

有时候已知条件不是气流的总压而是气流的静压,此时用另一个气动函数 $y(\lambda)$ 或者 $y(Ma)$ 则比较方便。由(2-93)式和(2-86)式,得

$$\dot{m} = K\frac{pA}{\sqrt{T^*}}\frac{q(\lambda)}{\pi(\lambda)} = K\frac{pA}{\sqrt{T^*}}y(\lambda) \tag{2-96}$$

图 2-38(a) 也给出了 $y(\lambda)$ 随 λ 数的变化情况。图 2-38(c) 给出了 $y(Ma)$ 随马赫数的变化情况。注意到,与气动函数 $q(\lambda)$、$q(Ma)$ 不同,气动函数 $y(\lambda)$、$y(Ma)$ 已是单调增函数而没有极值了。

(二) 流量方程

将流量公式(2-93)式代入一维定常流动的连续方程(2-1)式,有

$$\dot{m}_1 = K\frac{p_1^*A_1 q(\lambda_1)}{\sqrt{T_1^*}} = K\frac{p_2^*A_2 q(\lambda_2)}{\sqrt{T_2^*}} = \dot{m}_2 = \text{常数} \tag{2-97}$$

这就是用总参数和 λ 数表示的流量方程。若点 1、2 之间是绝能等熵流 $T_1^* = T_2^*$,$p_1^* = p_2^*$,则方程简化为

$$A_1 q(\lambda_1) = A_2 q(\lambda_2) \quad \text{或} \quad Aq(\lambda) = \text{常数} \tag{2-98}$$

若点 1、2 之间是绝能不等熵流 $T_1^* = T_2^*$,$p_2^*/p_1^* = \sigma$,则简化为

$$A_1 q(\lambda_1) = \sigma A_2 q(\lambda_2) \tag{2-99}$$

又将(2-98)式用于管道中的临界截面和任意另一个截面(见图 2-37),由于在临界截面上 $q(\lambda) = 1$,得

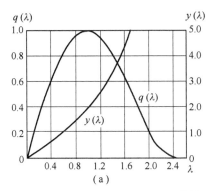
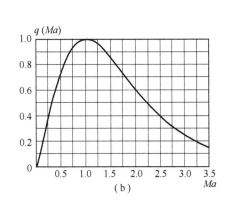
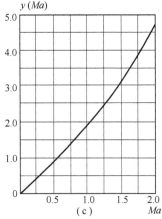

图 2-38

$$Aq(\lambda) = A_{cr} \quad \text{或} \quad q(\lambda) = \frac{A_{cr}}{A} \qquad (2-100)$$

(2-100)式中,A_{cr}是临界截面的面积,A 和 $q(\lambda)$是管道中任意一个截面的面积和该截面上的 $q(\lambda)$值。(2-100)式说明,在绝能等熵流动中,任一截面上的 $q(\lambda)$值等于临界截面面积与该截面面积之比。因此(2-100)式也称为面积比公式。

(三) 可压缩流加速规律

进一步,现在已可以分析流量方程所揭示的可压缩流加速时的本质性规律。从基础性的绝能等熵流模型下的(2-98)式出发,借助由代数方程分析得出的流量函数 $q(\lambda)$ 的特征,我们可以得出下列重要结论:

(1) 当气流为亚声速($\lambda < 1$)时,由图 2-38(a)可见,随着 λ 数的增大,$q(\lambda)$也随之增大,因此,相应的流管截面积必须减小。所以,对于亚声速流动,流管截面积减小时流速增大;流管截面积增大时则流速减小。

(2) 当气流为超声速($\lambda > 1$)时,随着 λ 数的增大,$q(\lambda)$却减小,因此,相应的流管截面积必须增大。所以,对于超声速流动,流管截面积增大时流速增大;流管截面积减小时则流速减小。

(3) 当 $\lambda = 1$ 时,$q(\lambda)$达到最大值,相应的截面积应该是流管的最小截面积,即临界截面($\lambda = 1$ 的截面)必是流管中的最小截面。在第四章我们将会知道,这个结论的逆定理并不正确,也就是说流管的最小截面积并不一定是临界截面。

从上述结论可以知道,要将气流绝能等熵地由亚声速加速为超声速,则管道必须做成先收缩后扩张的形状。这种喷管称为拉伐尔喷管,如图 2-37 所示。关于拉伐尔喷管的详细技术

问题的讨论将在 §4–3 进行。那么为什么如此？注意到，至此我们仅是在绝能等熵流条件下从流量方程、伯努利方程（得出临界声速公式）、气体状态方程出发，通过分析 $q(\lambda)$ 函数的代数特征，而得出了必须使用拉伐尔喷管的结论。如何理解这一结论的物理必然性？

在 §2–10 中已应用欧拉运动微分方程得出了体现气流可压缩性的程度的(2–48)式，即

$$Ma^2 = \frac{-\frac{d\rho}{\rho}}{\frac{dV}{V}} \begin{cases} <1 & \text{当 } Ma<1 \\ =1 & \text{当 } Ma=1 \\ >1 & \text{当 } Ma>1 \end{cases} \quad (2-48)$$

这里再写出基元流管微段上的连续方程(2–5)式，并在(2–5)式下方用箭头标示出当 $Ma<1$ 和 $Ma>1$ 时，三个相对变化量的正负（箭头方向）和相对大小（箭头长短），即

$$\frac{d\rho}{\rho} + \frac{dV}{V} + \frac{dA}{A} = 0 \quad (2-5)$$

$$\downarrow \quad \uparrow \quad \downarrow \quad = 0 \quad \text{亚声速流加速 } Ma<1$$

$$\downarrow \quad \uparrow \quad \uparrow \quad = 0 \quad \text{超声速流加速 } Ma>1$$

联合分析这两式和箭头，已可清晰看出，当流动于某个亚声速状态点 $Ma<1$ 处再加速时，密度 ρ 的相对降低量（或体积 v 的相对增加量）小于速度 V 的相对增加量，是流管截面积 A 必收缩的物理原因，否则连续方程无法成立（右端 $=0$）；当流动于某个超声速状态点 $Ma>1$ 处再加速时，密度 ρ 的相对降低量（或体积 v 的相对增加量）大于速度 V 的相对增加量，是流管截面积 A 必扩张的物理原因，否则连续方程也无法成立（右端 $=0$）。因此，拉伐尔管的扩大现象来自超声速流动的更强烈的可压缩性（或可扩张性）物理现象，是超声流与亚声流的本质区别之一。

18 世纪末 19 世纪初，即 1800 年前后的几十年间，蒸汽机已被广泛使用，并由此引发第一次工业革命。但对于蒸汽机的原理，也就是热力学，是在这之后的约 100 年里，才被逐步正确地认识的，主要由卡诺(1824)、开尔文(1848,1851,1854)、克劳修斯(1850,1854)等人的工作而研究出来。即这里是先有工业，后有理论。而到 1883 年，也就是热力学发展的 50 年后，人们才知道如何使热机的工质——蒸汽气流超过声速地流动。这就是瑞典工程师拉伐尔(Laval)的工作，他首先在蒸汽轮机上使用了收扩喷管，使涡轮喷嘴喷出了超声速气流。当时人们尚不能清楚地推断收扩喷管必定会超声速，因此在历史上，这是实践走在理论论证之前的又一个实例。在现代的科学，特别是技术与工程发展上也常有实验发现原理的情况。

应该体会到，尽管收扩喷管的结论是在绝能流特别是等熵流假设下推导出来的，但不等熵时这个结论实际上仍是基本正确的。因为实际上在小散热、有损失的管道流动中，$\sigma = p_2^*/p_1^* < 1$ 通常都只不过降低到 0.99～0.90 之间，而不会改变流量方程 $Aq(\lambda) = $ 常数的基本结论。

[**例 2–21**] 某发动机在台架试车，当地的大气压强 $p_a = 754.6$ mmHg，大气温度 $T_a = 296$K，发动机的进气口直径为 $D = 0.6$m，如图 2–39 所示。试车测得进口处的静压（真空度）为 327mmH$_2$O，求在该工作状态下通过发动机的空气流量 $\dot{m}$。

解 进气口的横截面积

$$A = \frac{\pi}{4}D^2 = \frac{\pi}{4} \times 0.6^2 = 0.283 \text{m}^2$$

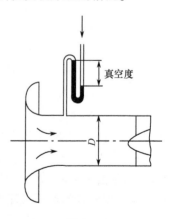

图 2–39

进气口处的静压为

$$p = p_a - 真空度 = \left(754.6 - \frac{327}{13.6}\right) \times 133.3 = 9.74 \times 10^4 \text{N/m}^2$$

$$\pi(\lambda) = \frac{p}{p^*} = \frac{p}{p_a} = \frac{9.74 \times 10^4}{754.6 \times 133.3} = 0.9683$$

由气动函数表($k=1.4$)查得,当$\pi(\lambda) = 0.9683$时相应的$q(\lambda) = 0.36$。根据流量公式(2-93),有

$$\dot{m} = K \frac{p^*}{\sqrt{T^*}} A q(\lambda) = 0.0404 \times \frac{754.6 \times 133.3}{\sqrt{296}} \times 0.283 \times 0.36 = 24.1 \text{kg/s}$$

[**例 2-22**] 有一扩压器(见图2-40),设出口截面积和进口截面积之比$A_2/A_1 = 2.5$,已知进口截面上空气流的$\lambda_1 = 0.80$,求出口截面上空气流的λ_2。

解 因为流动是绝能等熵的,故

$$T_1^* = T_2^*, p_1^* = p_2^*$$

由(2-94)式,得

$$\frac{p_1^* A_1}{\sqrt{T_1^*}} q(\lambda_1) = \frac{p_2^* A_2}{\sqrt{T_2^*}} q(\lambda_2)$$

故

$$q(\lambda_2) = \frac{A_1}{A_2} q(\lambda_1)$$

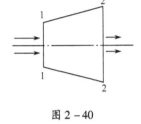

图 2-40

由气动函数表($k=1.4$)查得,当$\lambda_1 = 0.8$时,$q(\lambda_1) = 0.9518$。代入上式,则得

$$q(\lambda_2) = \frac{0.9518}{2.5} = 0.380$$

由图2-38(a)可以看出,由$q(\lambda)$值找λ数时,一个$q(\lambda)$值可以找到两个λ数,一个小于1,一个大于1,究竟取哪一个,要由其它条件决定。根据上面的$q(\lambda_2)$值,从表上可以查出两个λ_2值为0.247或1.825。因为$\lambda_1 = 0.80$,说明扩压器进口为亚声速气流,如前所述,对于亚声速气流,流管截面积增大时流速减小,故扩压器出口$\lambda_2 < \lambda_1$,因此,应取$\lambda_2 = 0.247$。

[**例 2-23**] 求某压气机出口截面上气流的总压,设其出口截面积$A = 0.1 \text{m}^2$,由测量得知出口的静压$p = 4.12 \times 10^5 \text{N/m}^2$,空气流量$\dot{m} = 50 \text{kg/s}$,总温$T^* = 480 \text{K}$。

解 由(2-99)式,可得

$$y(\lambda) = \frac{\dot{m}\sqrt{T^*}}{KAp} = \frac{50 \times \sqrt{480}}{0.0404 \times 0.1 \times 4.12 \times 10^5} = 0.658$$

查表得$\lambda = 0.406, \pi(\lambda) = 0.907$,故总压为

$$p^* = \frac{p}{\pi(\lambda)} = \frac{4.12 \times 10^5}{0.907} = 4.54 \times 10^5 \text{N/m}^2$$

三、气流冲量 $\dot{m}V + pA$,冲量函数 $z(\lambda)$,动量方程,气流的推力

前面已述,适用于控制体(图2-41)的牛顿第二运动定律可以写为如下形式

$$\boldsymbol{F}_i + \boldsymbol{F}_B = (\dot{m}\boldsymbol{V}_2 + p_2\boldsymbol{A}_2) - (\dot{m}\boldsymbol{V}_1 + p_1\boldsymbol{A}_1) \tag{2-9b}$$

(2-9c)式又将上式中的流动原始参数的组合量$\dot{m}V + pA$定义为某截面上流体流动的冲量,当质量力$\boldsymbol{F}_B$为零则称为某截面上气流的冲量。气流的冲量以及动量方程(2-9b)式也都可以表达为λ数的函数的形式。下面不妨用一维情形下的标量形式来推导。

值得注意的是,控制体的动量方程及其(2-9b)式的建立(参见§2-4),并不要求绝能

流、等熵流的条件。即方程的推导中控制体与外界可以有热交换，流体所受合力 $\sum F$ 中也可以有摩擦力。例如本章例 2 – 3a 的推导空气喷气发动机推力的公式的问题。这是因为，在用控制体研究流体与固体之间的作用力时，不绝能、不等熵的效果实际上体现于控制体出口处的速度 V、静温 T、静压 p，以及总参数等的相对应的变化上。这样，在(2 – 9b)式中(参见图 2 – 4)，气流所受到的控制体内侧(internal，简写为下标"i")的表面力的合力 F_i 在一维空间 x 方向的投影 F_i 就可细致地写为

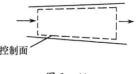

图 2 – 41

$$(F_i)_x = \left(\int \tau_w dS\right)_x + \left(\int p dA\right)_x = F_i$$

我们可将气流的冲量作如下改写

$$\dot{m}V + pA = \dot{m}\left(V + \frac{p}{\rho V}\right)$$

上式括号中

$$V = \lambda c_{cr}$$

$$\frac{p}{\rho} = RT = RT^* \tau(\lambda) = \frac{k+1}{2k} c_{cr}^2 \tau(\lambda)，其中 \quad \tau(\lambda) = 1 - \frac{k-1}{k+1}\lambda^2$$

因此

$$\dot{m}\left(V + \frac{p}{\rho V}\right) = \dot{m}\left[\lambda c_{cr} + \frac{k+1}{2k}\frac{c_{cr}^2}{\lambda c_{cr}}\left(1 - \frac{k-1}{k+1}\lambda^2\right)\right] = \frac{k+1}{2k}\dot{m}c_{cr}\left(\frac{1}{\lambda} + \lambda\right)$$

于是某截面上气流的冲量可以写为

$$\dot{m}V + pA = \frac{k+1}{2k}\dot{m}c_{cr}z(\lambda) \tag{2-101}$$

(2 – 101)式中定义了一个气动函数，称为冲量函数 $z(\lambda)$，为

$$z(\lambda) = \frac{1}{\lambda} + \lambda \tag{2-102}$$

那么动量方程(2 – 9b)式对于一维问题可以改写为

$$F_i = \frac{k+1}{2k}\dot{m}[c_{cr2}z(\lambda_2) - c_{cr1}z(\lambda_1)] \tag{2-103a}$$

若采用矢量形式(2 – 7)式或(2 – 9b)式来推导动量方程的气动函数形式，例如在笛卡儿坐标系以分速度 V_x、V_y、V_z 除以 c_{cr} 来定义无量纲速度系数 $\boldsymbol{\lambda}$ 的分量 $\lambda_x,\lambda_y,\lambda_z$，则容易得到动量方程

$$F_i = \frac{k+1}{2k}\dot{m}[c_{cr2}z(\boldsymbol{\lambda}_2) - c_{cr1}z(\boldsymbol{\lambda}_1)] \tag{2-103b}$$

由于(2 – 103a)式或(2 – 103b)式通过 c_{cr} 只与气流的进出口总参数 T^* 相关，因此可以称为动量方程的总温形式。其中，冲量函数 $z(\lambda)$ 是用来表示气流冲量的气动函数。$z(\lambda)$ 随 λ 数的变化情况如图 2 – 42(a)所示，当 $\lambda < 1$ 时，$z(\lambda)$ 随着 λ 数的增大而迅速下降，当 $\lambda = 1$ 时，$z(\lambda)$ 降低到它的极小值 2，当 $\lambda > 1$ 时，$z(\lambda)$ 随着 λ 数的增大转而上升。又在图 2 – 42(b)上计算出了冲量函数 $z(Ma)$ 随马赫数的变化曲线。

气流的冲量和动量方程除了写为总温形式外，还可以写为总压形式和静压形式。将流量公式(2 – 93)，临界声速公式(2 – 74)代入冲量(2 – 101)式，则有冲量

$$\dot{m}V + pA = \frac{k+1}{2k}\dot{m}c_{cr}z(\lambda) = \left(\frac{2}{k+1}\right)^{\frac{1}{k-1}}p^*Aq(\lambda)z(\lambda) = p^*Af(\lambda) \tag{2-104}$$

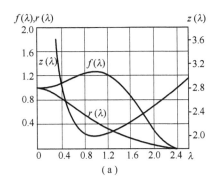
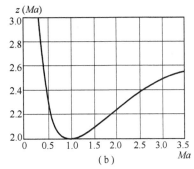

图 2-42

其中已定义了气动函数 $f(\lambda)$，即

$$f(\lambda) = \left(\frac{2}{k+1}\right)^{\frac{1}{k-1}} q(\lambda) z(\lambda) \quad (2-105)$$

又如果把 p^* 换为 p，则有冲量

$$\dot{m}V + pA = \frac{p}{\pi(\lambda)} A f(\lambda) = \frac{pA}{r(\lambda)} \quad (2-106)$$

其中已定义了气动函数 $r(\lambda)$，即

$$r(\lambda) = \frac{\pi(\lambda)}{f(\lambda)} \quad (2-107)$$

于是动量方程(2-103a)式又可写为

$$F_i = p_2^* A_2 f(\lambda_2) - p_1^* A_1 f(\lambda_1) \quad (2-108)$$

$$F_i = p_2 A_2 / r(\lambda_2) - p_1 A_1 / r(\lambda_1) \quad (2-109)$$

气动函数 $f(\lambda)$ 和 $r(\lambda)$ 随 λ 数的变化曲线也表示在图 2-42(a)上。$f(\lambda)$ 在 $\lambda=1$ 处有极大值，$r(\lambda)$ 则单调减。

记住下面这点是有用的，即从(2-104)式和(2-106)式看，给定截面积 A、速度系数 λ 及总压（或静压）之后，冲量是与气流的温度无关的。这是完全和下面的简单推理相符合的，给定 λ 之后，流速与总温 T^* 的平方根成正比，而气体流量则与之成反比，所以温度改变并不影响动量值 $\dot{m}V$，也不影响压强的合力 pA。

四、能量方程

当控制体为单通道时，总参数形式的能量方程即(2-54b)式，即

$$q - w_s = c_p(T_2^* - T_1^*) \quad (2-110)$$

当控制体为多通道时，显然气流和外界交换的热量和功应该加入到控制体的总流量上，即

$$\left(\sum_i \dot{m}_i\right)(q - w_s) = c_p \left(\sum_j \dot{m}_j T_j^* - \sum_i \dot{m}_i T_i^*\right) \quad (2-111)$$

式中　i——控制体每个进口通道的序号；

　　　j——控制体每个出口通道的序号。

能量方程简单而没有无量纲速度参数 λ、Ma，原因是总参数 $c_p T^*$ 在任何速度下都代表总能量，而不分为热能 $c_v T$ 还是机械能 $\frac{V^2}{2} + \frac{p}{\rho}$ 形式。

五、气体动力学函数形式的一维气动方程组

综上所述，我们对一维控制体流动已有流量方程(2-97)式、动量方程(2-103a)式、能量

方程(2-110)式、气体状态方程(1-3)式,以及它们的各种变化形式。它们构成了解决可压缩流工程问题时,进行总体参数的一维估计的最常用方程组,例如在航空发动机部件的最初设计问题中。另外,它们还提供了可压缩流重要的基本物理概念。不管控制体内是否等熵流动,首先,在进口截面1、出口截面2上利用本截面上的等熵滞止参数的概念,都可以应用这个方程组。其次,当控制体内为不等熵流动,则引用总压恢复系数 σ 的定义(2-67b)式,就可以计算部件出口截面2的流动,从而解决总体设计的初步估计问题。σ 的数值来自经验数据或即人们的实验数据。σ 也可以写为随机器的工作条件(或称为工况)而变化的函数的形式,从而估计部件的性能参数的变化,这种变化的性能称为部件的特性。

下面通过研究三个很典型的例题,来看气动函数形式的一维方程组的应用。例2-24是单个动量方程的应用。例2-25是联合应用质量、动量、能量方程,从数值上发现了气流的加热损失,它是一种在热力学理论上就不可避免的损失。例2-26是联合应用质量、动量、能量方程,从数值上发现了气流的混合损失,也称为掺混损失。通常在多股混合的流动中,或者在单股流动但相邻流线的参数不相等的流动中,流体静压、静温、流速的不同,将导致产生掺混损失,它一般由一部分对流损失机理和一部分扩散损失机理共同促成。

[例 2-24] 设发动机进气道的空气流量 $\dot{m}=50\text{kg/s}$,在进气道入口截面上的速度系数 $\lambda_1=0.4$,出口截面上的 $\lambda_2=0.2$,气流的总温 $T^*=322\text{K}$,求气流作用在进气道内壁上的推力。

解 根据(2-103a)式,内壁作用在气流上的轴向力为

$$F_i = \frac{k+1}{2k}\dot{m}[c_{cr_2}z(\lambda_2) - c_{cr_1}z(\lambda_1)]$$

其中

$$c_{cr_1} = c_{cr_2} = \sqrt{\frac{2k}{k+1}RT^*} = \sqrt{\frac{2 \times 1.4}{1.4+1} \times 287.06 \times 322} = 329\text{m/s}$$

$$z(\lambda_2) = 0.2 + \frac{1}{0.2} = 5.2; \quad z(\lambda_1) = 0.4 + \frac{1}{0.4} = 2.9$$

故

$$F_i = \frac{2.4}{2.8} \times 50 \times 329 \times (5.2-2.9) = 3.24 \times 10^4 \text{N}$$

因为气流作用在进气道内壁上的推力 $R=-F_i$,故 $R=-3.24 \times 10^4\text{N}$。负号说明推力的方向是逆气流方向。

[例 2-25] (气流的加热将必然产生总压损失或熵增)燃气($k=1.33$)在直管内流动时(见图 2-43),进口参数为 $T_1^*=750\text{K}$,$p_1^*=2.55 \times 10^5\text{N/m}^2$,$\lambda_1=0.35$。已知在管内加入燃气的热量为 $q=1.17 \times 10^3\text{kJ/kg}$。不考虑燃气与管壁间的摩擦力,设燃气 $c_p=1.16\text{kJ/(kg·K)}$,求出口气流的参数 T_2^*、λ_2、p_2^*。

解 取控制体 11221,如图中虚线所示。对该控制体写出能量方程为

$$q = c_p(T_2^* - T_1^*)$$

故

$$T_2^* = \frac{q}{c_p} + T_1^* = \frac{1.17 \times 10^3}{1.16} + 750 = 1760\text{K}$$

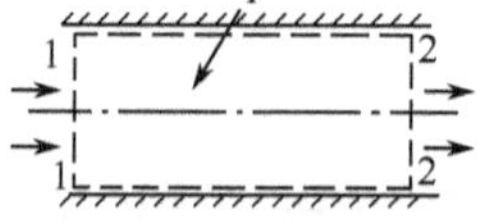

图 2-43

再利用动量方程式,因为管壁是平直的,又不考虑气流与管壁间的摩擦力,故管壁作用于控制面上的力沿轴向的分量为零。由式(2-103a),得

$$c_{cr_2}z(\lambda_2) = c_{cr_1}z(\lambda_1)$$

故 $$z(\lambda_2) = \frac{c_{cr_1}}{c_{cr_2}} z(\lambda_1) = \sqrt{\frac{T_1^*}{T_2^*}} z(\lambda_1) = \sqrt{\frac{750}{1760}} \times \left(0.35 + \frac{1}{0.35}\right) = 2.10$$

由气动函数表查得 $\lambda_2 = 0.73$，$\lambda_2 = 1.37$ 也可以满足 $z(\lambda_2) = 2.10$，但实际上不能实现，因为单纯加热不可能使亚声速气流变为超声速气流，详细原因将在第四章§4.7中讨论。

由连续方程，得

$$\frac{Kp_1^* A_1 q(\lambda_1)}{\sqrt{T_1^*}} = \frac{Kp_2^* A_2 q(\lambda_2)}{\sqrt{T_2^*}}$$

对于所取的控制体，$A_1 = A_2$，故

$$\frac{p_2^*}{p_1^*} = \sqrt{\frac{T_2^*}{T_1^*}} \cdot \frac{q(\lambda_1)}{q(\lambda_2)}$$

由气动函数表查得 $q(\lambda_1) = 0.5273$，$q(\lambda_2) = 0.9143$。故

$$\frac{p_2^*}{p_1^*} = \sqrt{\frac{1760}{750}} \times \frac{0.5273}{0.9143} = 0.882$$

p_2^*/p_1^* 也可以根据(2-104)式求得，即

$$p_1^* f(\lambda_1) = p_2^* f(\lambda_2)$$

故 $$\frac{p_2^*}{p_1^*} = \frac{f(\lambda_1)}{f(\lambda_2)}$$

由气动函数表查得 $f(\lambda_1) = 1.0645$，$f(\lambda_2) = 1.2086$。故

$$\frac{p_2^*}{p_1^*} = \frac{1.0645}{1.2086} = 0.882$$

则 $$p_2^* = 0.882 \times 2.55 \times 10^5 = 2.25 \times 10^5 \text{N/m}^2$$

由上述结果可见，尽管略去了气流与管壁间的摩擦，但由于给气流加热，也使总压下降。

[**例 2-26**] （非均匀气流的混合将必然产生总压损失或熵增）在图2-44中，两股空气流混合前的参数为 $T_1^* = 300\text{K}$，$T_2^* = 900\text{K}$，$p_1^* = p_2^* = 1.962 \times 10^5 \text{N/m}^2$，空气流量 $\dot{m}_1 = 60\text{kg/s}$，$\dot{m}_2 = 40\text{kg/s}$。已知 $A_1 = A_2 = 0.22\text{m}^2$，$A_3 = A_1 + A_2$。略去管壁与气流间的摩擦，并设气流与外界无热量交换，设 c_p 为常数。求混合后气流的参数 T_3^*、p_3^*、Ma_3。

解 取控制体如图2-44中的虚线所示。对该控制体写出能量方程为

$$\dot{m}_1 c_p T_1^* + \dot{m}_2 c_p T_2^* = \dot{m}_3 c_p T_3^* \quad (a)$$

故 $$T_3^* = \frac{\dot{m}_1}{\dot{m}_3} T_1^* + \frac{\dot{m}_2}{\dot{m}_3} T_2^* = \frac{60}{60+40} \times 300 + \frac{40}{60+40} \times 900 = 540\text{K}$$

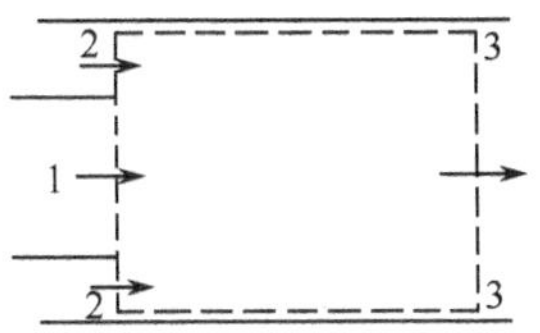

图 2-44

由流量公式，得

$$q(\lambda_1) = \frac{\dot{m}_1 \sqrt{T_1^*}}{Kp_1^* A_1} = \frac{60 \times \sqrt{300}}{0.0404 \times 1.962 \times 10^5 \times 0.22} = 0.596$$

$$q(\lambda_2) = \frac{\dot{m}_2 \sqrt{T_2^*}}{Kp_2^* A_2} = \frac{40 \times \sqrt{900}}{0.0404 \times 1.962 \times 10^5 \times 0.22} = 0.687$$

由气动函数表查得

$$\lambda_1 = 0.4050; \quad Ma_1 = 0.3748$$
$$\lambda_2 = 0.4805; \quad Ma_2 = 0.4473$$

对于所取的控制体,沿轴向的动量方程可以写成

$$p_1 A_1 + p_2 A_2 - p_3 A_3 = \dot{m}_3 V_3 - (\dot{m}_1 V_1 + \dot{m}_2 V_2)$$

即
$$(p_1 A_1 + \dot{m}_1 V_1) + (p_2 A_2 + \dot{m}_2 V_2) = p_3 A_3 + \dot{m}_3 V_3 \tag{b}$$

将(2-101)式代入(b)式,经化简后得

$$\dot{m}_1 c_{cr_1} z(\lambda_1) + \dot{m}_2 c_{cr_2} z(\lambda_2) = \dot{m}_3 c_{cr_3} z(\lambda_3)$$

或
$$z(\lambda_3) = \frac{\dot{m}_1}{\dot{m}_3} \cdot \frac{c_{cr_1}}{c_{cr_3}} z(\lambda_1) + \frac{\dot{m}_2 c_{cr_2}}{\dot{m}_3 c_{cr_3}} z(\lambda_2) = \frac{\dot{m}_1}{\dot{m}_3} \sqrt{\frac{T_1^*}{T_2^*}} z(\lambda_1) + \frac{\dot{m}_2}{\dot{m}_3} \sqrt{\frac{T_2^*}{T_3^*}} z(\lambda_2)$$

由气动函数表查得

$$z(\lambda_1) = 2.875; \quad z(\lambda_2) = 2.562$$

故
$$z(\lambda_3) = 0.6 \times \sqrt{\frac{300}{540}} \times 2.875 + 0.4 \times \sqrt{\frac{900}{540}} \times 2.562 = 2.613$$

由气动函数表查得

$$\lambda_3 = 0.465; \quad Ma_3 = 0.432$$

将(2-104)式代入(b)式,得

$$p_1^* A_1 f(\lambda_1) + p_2^* A_2 f(\lambda_2) = p_3^* A_3 f(\lambda_3)$$

故
$$p_3^* = p_1^* \frac{A_1}{A_3} \cdot \frac{f(\lambda_1)}{f(\lambda_3)} + p_2^* \frac{A_2}{A_3} \cdot \frac{f(\lambda_2)}{f(\lambda_3)}$$

由气动函数表查得

$$f(\lambda_1) = 1.0861; \quad f(\lambda_2) = 1.1158; \quad f(\lambda_3) = 1.1096$$

故
$$p_3^* = 1.962 \times 10^5 \times \frac{1}{2} \times \frac{1.0861}{1.1096} + 1.962 \times 10^5 \times \frac{1}{2} \times \frac{1.1158}{1.1096}$$
$$= 1.945 \times 10^5 \, \text{N/m}^2$$

由上述结果可见,虽然混合前两股气流总压是相等的,也没有考虑气流与管壁间的摩擦,但由于相混合的两股气流的速度不同所产生的混合损失,致使混合后气流的总压比混合前要低一些。

六、气动函数求根的精度

在用气动函数表作计算时,或者用计算机计算时,应该注意,$q(\lambda)$、$z(\lambda)$、$f(\lambda)$ 三个函数在 $\lambda = 1$ 附近变化都是很慢的。因此,如果根据 $q(\lambda)$、$z(\lambda)$ 或 $f(\lambda)$ 的值去确定 λ 数,函数值略差一点,λ 值便会相差很多。这时应该避免用这样的算法,而改用本节所引的其它几种关系计算,如函数 $y(\lambda)$ 或 $r(\lambda)$。

如果一定要从函数 $z(\lambda)$ 去求 λ 数不可,那么,在 $z(\lambda) < 2.10$ 时,为了缩小误差,最好直接用公式

$$\lambda + \frac{1}{\lambda} = z(\lambda)$$

去求两个根

$$\lambda = \frac{z(\lambda) \pm \sqrt{z^2(\lambda) - 4}}{2} \qquad (2-112)$$

习 题 一

2-1 已测出压气机进口处空气的压强 $p_1 = 0.795 \times 10^5 \text{N/m}^2$,温度 $T_1 = 269\text{K}$,速度 $V_1 = 196 \text{m/s}$,若该处的截面积 $A_1 = 0.214 \text{m}^2$,试求空气的流量。

2-2 某发动机尾喷管的进口截面积 $A_1 = 0.86 \text{m}^2$,出口截面积 $A_2 = 0.5 \text{m}^2$,若燃气的流量 $\dot{m} = 160 \text{kg/s}$,试计算进、出口截面处的密流。

2-3 某发动机在海平面的空气流量为 45kg/s,设在不同高度的容积流量相等,试求在 10km 高空处发动机的空气流量。

2-4 流体经直径为 D 的多孔性导管流动,如题 2-4 附图所示。假设壁面摩擦力可以忽略不计,且 V_W 比 V_1V_2 小得多。试就不可压缩流动,计算下游压力 p_2,并表示成 V_W 及流体密度 ρ 的函数。

2-5 已知:在二维平面不可压流动中,速度矢量 $\mathbf{V} = V_x \mathbf{i} + V_y \mathbf{j} = 10 \mathbf{i} + 2x \mathbf{j}$,试求在点 $A(1,0)$ 和点 $B(2,2)$ 之间的平面 AB 上通过的体积流量(设垂直于纸面的高度为单位长度)。

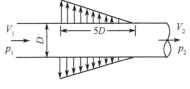

题 2-4 附图

2-6 水从水箱流经直径为 $d_1 = 10 \text{cm}, d_2 = 5 \text{cm}, d_3 = 2.5 \text{cm}$ 的管道流入大气中。当出口流速为 10m/s 时,求:(1)流量和容积流量;(2) d_1 及 d_2 管段的流速。

2-7 空气流速由超声流过渡到亚声流时,要经过冲击波。如果在冲击波前,风道中速度 $v = 660 \text{m/s}$,密度 $\rho = 1 \text{kg/m}^3$。冲击波后,速度降低至 $V = 250 \text{m/s}$。求冲击波后的密度。

2-8 蒸汽管道的干管直径 $d_1 = 50 \text{mm}$,平均流速 $V_1 = 25 \text{m/s}$,密度 $\rho_1 = 2.62 \text{kg/m}^2$,分为两支管流出,出口处的蒸汽密度分别为 $\rho_2 = 2.24 \text{kg/m}^3, \rho_3 = 2.30 \text{kg/m}^3$,出口流速应各为多大才能保证两支管的质量流量相等?

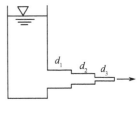

题 2-6 附图

2-9 气体在弯管中,从 1 截面流入,2 截面流出,求弯管的内壁在 x 方向所受的力,已知参数如图所示(质量力忽略不计)。

2-10 某喷气发动机在地面工作时,尾喷管出口截面的流速 $V_e = 510 \text{m/s}$,压强 $p_e = 1.18 \times 10^5 \text{N/m}^2$,出口面积 $A_e = 0.254 \text{m}^2$,若大气压强 $p_a = 1.0133 \times 10^5 \text{N/m}^2$,通过发动机的气体流量为 $\dot{m} = 78 \text{kg/s}$,试求发动机的推力。

2-11 已知尾喷管进口燃气参数为 $p_1 = 1.76 \times 10^5 \text{N/m}^2$,流速 $V_1 = 300 \text{m/s}$,进口为环形截面,其截面积 $A_1 = 0.85 \text{m}^2$;出口燃气参数 $p_2 = 1.18 \times 10^5 \text{N/m}^3, V_2 = 500 \text{m/s}$,出口面积 $A_2 = 0.67 \text{m}^2$。若燃气流量 $\dot{m} = 160 \text{kg/s}$,试求燃气作用于尾喷管和尾锥上的总的轴向力 R。

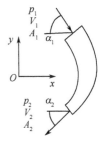

题 2-9 附图

2-12 一股水柱(射流)流过一固定叶片后,流速改变了方向 α 角,如果射流截面不变,且不计摩擦力的影响,则 $V_2 = V_1, P_2 = P_1$,试确定液体射流对叶片的作用力(计算液体射流与叶片间的作用力时,因 p_A 的作用远较动量变化量为小,故一般可略去 p_A 项)。若叶片以等速 u 向右移动时,求液柱射流对叶片的作用力。(提示:可以取与叶片一起运动的相对坐标系)

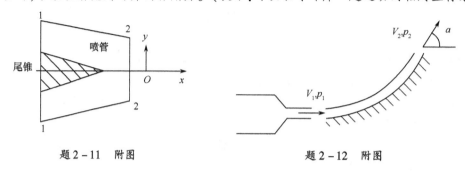

题 2-11 附图　　　　　　　　题 2-12 附图

2-13 设不可压射流撞击在图示的静止叶片上,流量为 22.63kg/s,$V_1 = 9.144$m/s,求作用于叶片上的力在 x 轴及 y 轴方向的分量。

2-14 在题 2-14 附图中示出一台射流泵,截面 1 处的高速流体主流引动截面 2 处的一股低速次流(流体与主流相同),在等直径混合室的末端,即截面 3 处,由于流体之间摩擦的结果,两股液流已经完全掺混,而且速度也均匀了,为了便于分析起见,假设在截面 1 和 2 处两股液流的静压相同,且假设混合壁上的切应力可略去不计。已知 $A_1 = 0.0093$m^2,$A_3 = 0.093$m^2,$V_1 = 30.48$m/s,$V_2 = 3.048$m/s,$\rho = 103$kg/m^3。试求:(1) V_3;(2) $p_3 - p_1$。

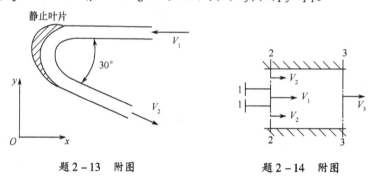

题 2-13 附图　　　　　　　　题 2-14 附图

2-15 参看题 2-15 附图,空气以压强 1.08×10^5N/m^2,速度 30m/s,由 a、b 进入容器 D 中,a、b 的截面积均为 5cm^2,空气由 C 排入大气(大气压强为 1.0133×10^5N/m^2),C 的截面积为 10cm^2。假定流动是定常的,且在流动中空气密度近似为常数,等于 1.225kg/m^2。求空气流作用于容器内壁作用力的大小及方向。

2-16 具有体积流量 Q_1,速度 V_1 的射流冲击一如附图所示的物体,射流被分成两段。设上一股射流的体积流量为 Q_2,假设摩擦影响可忽略不计,试证明射流作用于物体上的合力在 x 轴向及 y 轴向的分力为

$$F_x = \rho V_1 (0.134 Q_1 + 0.159 Q_2)$$
$$F_y = \rho V_1 (0.5 Q_1 - 1.207 Q_2)$$

2-17 收缩喷管以法兰与等截面管道连接如图所示。已知流体不可压密度为 ρ,出口速度为 V_2,进出口截面积为 A_1、A_2,进出口压力为 p_1、p_2。试求喷管的法兰所承受的力 R_b。

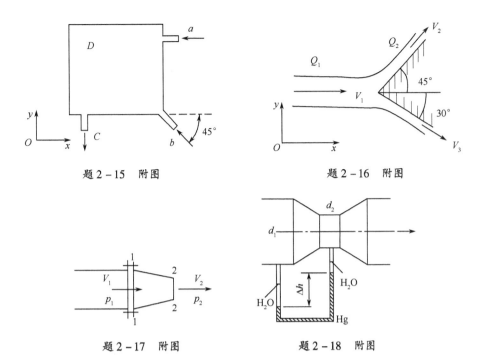

题 2-15 附图 题 2-16 附图

题 2-17 附图 题 2-18 附图

2-18 有一文氏管,已知 $d_1=15\text{cm}$,$d_2=10\text{cm}$,水银差压计液面高差 $\Delta h=20\text{cm}$,若不计阻力损失,求通过文氏管的流量。

2-19 一容器盛有液体,旁边有一流出孔,流体从此孔流出。设容器中水面高度保持不变,不考虑流出孔的孔口损失。试证明:液体出流的速度 $V=\sqrt{2gh}$。h 为水面至流出孔的高度差。

2-20 水在水平管内流动,已知 $p_2=$ 大气压 p_a,管截面积 $A_1<A_2$。试证:(1)截面 1 即颈部的流速为 V_1;(2)颈部处通过支管将容器 C 中的红色水吸起的高度为 h。这里

$$V_1=\sqrt{\frac{2(p_2-p_1)}{\rho\left[1-\left(\frac{A_1}{A_2}\right)^2\right]}},\ h=\frac{Q^2}{2g}\left(\frac{1}{A_1^2}-\frac{1}{A_2^2}\right)(Q\text{ 为水平管中的体积流量})$$

2-21 用风速管在低速风洞里测流速,测得总压与静压之差为酒精柱 25cm,求风速。空气的密度 $\rho=1.225\text{kg/m}^3$,酒精的密度 $\rho=790\text{kg/m}^3$。

2-22 (1)在海平面高度,大气经管道 A 被吸入真空箱,在翼型 B 点处气流的速度为 122m/s,试求在 B 点处的气流静压。

(2)在海平面高度,若翼型在静止大气中以等速度 61m/s 向左运动,在翼型 B 点处,翼型与空气的相对速度为 122m/s,试求在 B 点处的气流静压(大气为标准大气,不考虑气流的黏性作用)。

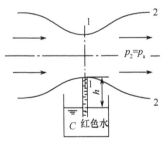

题 2-20 附图

2-23 证明不可压流体在通过图示的突然扩大的管道时,压头损失为

$$\Delta h=\frac{V_1^2}{2g}\left(1-\frac{A_1}{A_2}\right)^2$$

式中压头损失的定义为
$$\Delta h = \left(\frac{p_1}{\rho g} + \frac{V_1^2}{2g}\right) - \left(\frac{p_2}{\rho g} + \frac{V_2^2}{2g}\right)$$

设 1—1 截面上压力均匀。2—2 截面上压力均匀,运动定常,且不计壁面摩擦阻力。

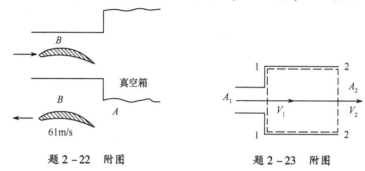

题 2—22 附图　　　　　题 2—23 附图

2—24　变截面管道中气体作定常流动。已知沿管道存在下列关系:$\rho = kp$,试证明管道任意两截面 A_1、A_2 上的速度关系为
$$\frac{V_1}{V_2} = \frac{A_2}{A_1}\exp\left[\frac{k}{2}(V_1^2 - V_2^2)\right]$$

2—25　一压缩空气罐与文丘里式的引射管连接,d_1、d_2、h 均为已知,向气罐压强 p_0 多大才能将 B 池水抽出?

2—26　一水箱底部有一小孔,射流的截面积为 $A(x)$,在小孔处 $x = 0$,截面积为 A_0,通过不断注水使水箱中水高 h 保持常数,水箱的横截面远比小孔的大。设流体是理想的、不可压缩的,求射流截面积随 x 的变化规律 $A(x)$。

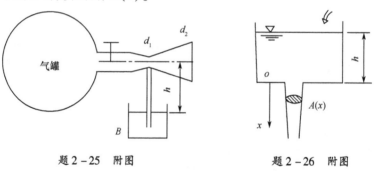

题 2—25 附图　　　　　题 2—26 附图

2—27　题 2—27 附图已经建立了用动量定理推导空气喷气发动机推力公式的控制体。控制体进口、出口的圆形面积标记为 A_1,进入发动机的那部分气流的远前方流管的圆形面积标记为 A_∞,排出发动机的气流的流管的圆形面积标记为 A_e。设各截面积上的压强 p_e、p_a(飞行高度处大气的压强)是均匀分布的,试由"某截面上的气流冲量 $\dot{m}V + pA$"的形式表达的动量定理 $F_{侧壁} = \sum\limits_{出口j}(\dot{m}V + pA)_j - \sum\limits_{进口i}(\dot{m}V + pA)_i$,推导出推力公式 $R = \dot{m}_e(V_e - V) + (p_e - p_a)A_e$。提示:把进口面积分为 A_∞、$A_1 - A_\infty$ 来考虑,等。

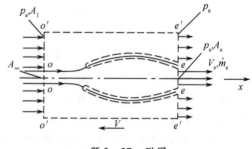

题 2—27 附图

2-28 一火箭初始质量为 M_0，喷管出口排气速度 V_e、质量流量 $\dot{m}$ 保持不变，设火箭垂直上升，导出火箭运动速度 $V(t)$ 的微分方程。不考虑空气阻力，假定喷管出口面积 A_e 已知。

2-29 如题 2-28，火箭由静止竖直向上运动。出口排气速度 $V_e = 1500 \text{m/s}$，质量流量 $\dot{m} = 1.0 \text{kg/s}$，若开始时质量为 100kg，则 10s 后火箭的速度为多少？此时火箭升高多少？

2-30 空气通过压气机，进口 $t_1 = 20℃$，$V_1 = 10 \text{m/s}$；出口 $t_2 = 100℃$，$V_2 = 80 \text{m/s}$，质量流量为 $\dot{m} = 0.561 \text{kg/s}$。设为定常流动，忽略热量交换，计算作用于流体上的机械功率。$c_p = 1005 \text{J/(kg·K)}$。

2-31 一个以等角速度 ω 旋转的离心泵的叶轮，设流体以径向流入叶轮，而流出叶轮的速度为 V_2，给出角度 α（α 为叶轮出口处，相对速度 W_2 方向与叶轮圆周速度 u_2 方向夹角的补角）。设叶轮出口处，叶片垂直于纸面的厚度为 L_2，通过叶轮的流体的体积流量为 Q，流体的密度为 ρ。试证明：旋转离心泵所需要的转矩为（设流体为理想流体）

$$M_{z0} = \rho Q r_2 \left(\omega r_2 - \frac{Q \cot\alpha}{2\pi r_2 L_2} \right)$$

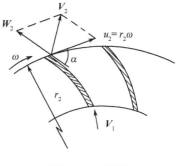

题 2-31 附图

习 题 二

2-32 最早计算声速的科学家是牛顿，他假设声波的传播过程是等温过程，推导出的声速公式为 $c = \sqrt{p/\rho}$，因而在标准状况下，$c \approx 287 \text{m/s}$。试推导牛顿声速公式。

2-33 在国际标准大气海平面处（$H = 0\text{m}$，附录 B 表 1），当用手轻拍一下一根 100m 长的开口管道的左端时，若所造成的大气压强的扰动为 10Pa，试计算扰动波到达管道右端将用时多少秒？而与手相接触的空气微团若能到达管道右端，又将用时多少秒？设微团的运动不受摩擦力等的影响而减速。

2-34 飞机在高空飞行时，机翼上某处的压强为 39534N/m^2，密度为 0.819kg/m^3，求该处的声速。

2-35 飞机在 12000m 高空上飞行速度为 1800km/h，试求该飞机的飞行马赫数。

2-36 空气在等温条件下沿导管定常流动，在截面 1 处，气流马赫数 $Ma_1 = 0.4$，静压强 $p_1 = 2.0684 \times 10^5 \text{N/m}^2$。在导管下游截面 2 处，面积 $A_2 = 0.8 A_1$，静压强 $p_2 = 1.3790 \times 10^5 \text{N/m}^2$，求在截面 2 处的气流马赫数 Ma_2。

2-37 用皮托管测定空气流速。记录的静压为 $p = 8.1064 \times 10^4 \text{Pa}$，总静压差为 $2.0262 \times 10^4 \text{Pa}$，总温为 27℃，求流速。

2-38 皮托静压管测得空气流的静压（表压）为 35865.36N/m^2，总压与静压之差为 49.4cmHg。由气压计读得大气压强为 75.5cmHg，而空气流的滞止温度为 27℃。(1) 计算气流的马赫数；(2) 计算气流的速度。

2-39 飞机在标准海平面条件飞行时，由飞机前部的皮托静压管测得滞止压力和静压之差为 $p^* - p$，求以下两种状态下的飞行速度：(1) $p^* - p = 10^3 \text{Pa}$；(2) $p^* - p = 5 \times 10^4 \text{Pa}$；又，当

$p^* - p > 90500$Pa 时,应如何计算?

2-40 设有一装有冲压发动机的导弹在 12000m 的高空上飞行马赫数 $Ma_H = 1.8$,试求进入发动机时空气的总压和总温。

2-41 (绝能等熵流动的滞止参数和静参数,在静止坐标系下) 放置于地面上的一个大体积压缩空气罐通过一个喷管向大气排放空气。罐内空气的温度为 288.15K,压强为 8.1064×10^5Pa。环境大气压强为 $p_a = 1.0133 \times 10^5$Pa,或说为海平面上一个标准大气压。如果使得喷管出口外的喷气气流具有与环境相同的静压强,那么出口外喷气的速度 V_e 是多少? 马赫数 Ma_e、静温 T_e 是多少? 假设流动是绝能且等熵的,空气比热比假设为常数 $k = 1.4$。

2-42 (绝能等熵流动的滞止参数和静参数,在运动坐标系下) 在国际标准大气的海平面即 0m 高度处,问:空气($k = 1.4, R = 287.06$J/(kg·K))的静温,和在 100km/h 速度的汽车上观察到的空气流的总温,和在 900km/h 的高亚声速飞机上观察到的空气流的总温各为多少? 对比这三个温度可感知速度带来的总温的很大变化。又问:在上述三问中对应的空气静压、总压各为多少? 也可感知速度带来的总压的巨大变化。以上统称为冲压现象。

2-43 空气沿着扩散管道流动。在截面 1-1 处,空气的压强 $p_1 = 1.0133 \times 10^5$N/m²,温度 $T_1 = 15$℃,速度为 272m/s,截面 1-1 的面积 $A_1 = 10$cm²。在截面 2-2 处空气速度降低到 $V_2 = 72.2$m/s。求:(1)气流作用于管道内壁的力;(2)进、出口气流马赫数 Ma_1 及 Ma_2(设空气在扩散形管道中为绝能等熵流动)。

2-44 飞机在 15km 高空以 1000km/h 的速度飞行时,进气道出口空气流速为 150m/s,求进气道出口空气流的马赫数(设气流在进气道中为绝能流动)。

2-45 通过在 $H = 10000$m 高空飞行的涡轮喷气发动机的扩压器的质量流量为 25kg/s。已知扩压器进口气流流速为 200m/s,静压为 0.35×10^5Pa,静温为 230K,扩压器出口截面积为 0.5m²。假设流动是绝热无摩擦的,试计算气流对扩压器的反作用力。

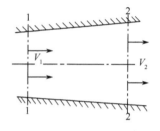

图 2-43 附图

2-46 某涡喷发动机的收缩形尾喷管,进口燃气的参数为 $p_1^* = 2.5 \times 10^5$Pa,$T_1^* = 800$K,燃气在出口截面达临界状态,尾喷管的总压恢复系数 $\sigma = 0.98$,试求出口处燃气的流速、静温和静压。已知燃气的比热比 $k = 1.33$,气体常数 $R = 287.4$J/(kg·K)。

2-47 空气在管道中绝能流动,流量为 0.78kg/s,其总温为 37℃,某截面上 $p = 4.1343 \times 10^4$Pa,求该截面上的 Ma、V 及总压 p^*。已知该截面管直径为 10cm。

2-48 在流管的某截面 1-1 处,空气流速为 150m/s,压强为 70000N/m²,温度为 4℃。

(1)试求在流管下游某截面 2-2 处(其所在截面的面积比上游截面 1-1 小 15%,即 $A_2/A_1 = 0.85$)的滞止压强、滞止温度、压强、温度、速度、马赫数(流动为绝能等熵流动)。

(2)试计算流管截面积为最大可能减小量(保持上游条件不变)和最小截面处的压强、温度、速度和马赫数。

2-49 空气流的速度为 250m/s,静温为 300K,静压为 1.0133×10^5Pa。若设(1)空气流为不可压流;(2)空气流为可压流,试分别计算其动压。

2-50 空气沿扩散管作等熵流动时,马赫数由 $Ma_1 = 1$ 增到 $Ma_2 = 2$,求单位体积空气动能的变化,即求 $\dfrac{\rho_2 V_2^2}{2} \Big/ \dfrac{\rho_1 V_1^2}{2}$。

2-51 有一压气机实验装置。在 1-1 截面($A_1 = 0.29\text{m}^2$)处,开有静压孔,与装水银的 U 形管接通,在 2-2 载面处装有总压管,与压力表接通。在实验时,U 形管上的读数 $h = 76\text{mmHg}$,压力表上的读数为 $6.0 \times 10^5 \text{N/m}^2$(表压)。由气压计测得当时大气压强 $p_a = 760\text{mmHg}$,由温度计测得当时大气温度 $t_a = 16℃$,试求压气机压缩空气所需要的功率为多少?(不考虑摩擦损失,流动为等熵过程)?

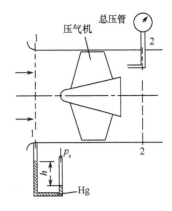

题 2-51 附图

2-52 燃气($k = 1.33, R = 287.4\text{J/(kg·K)}$)在尾喷管内作绝能等熵流动时,进口参数为 $p_1 = 2 \times 10^5 \text{N/m}^2, T_1 = 800\text{K}$;出口截面 $p_2 = 1.18 \times 10^5 \text{N/m}^2$,已知出口截面 $Ma_2 = 1.0$,求出口流速 V_2。

2-53 证明:对于可压缩等温流的伯努利方程可由

$$d\left(\frac{V^2}{2}\right) + \frac{dp}{\rho} = 0$$

积分而得,其形式为

$$\frac{V^2}{2} + RT\ln p = \text{Const}$$

2-54 空气经过管道从一容器 A 流入另一个大容器 B,设流动为不可逆的绝热过程,大容器 B 中气体压强是大容器 A 中气体压强的 1/2。试求单位质量气体由 A 流至 B 时熵的变化。

2-55 海平面标准大气经管道被吸入真空箱。假设在所有温度下,空气均保持完全气体的性质,而且空气经管道为绝能流动。试求:

(1) 空气所能达到的最大速度 $V_{\max}$ 是多少?

(2) 若要求空气的最大速度 $V_{\max} = 1000\text{m/s}$,试确定空气在进入管道前所必须加热到的总温是多少?

2-56 空气自气瓶经超声速喷管流出时的速度等于最大速度的 1/2。求空气流出的马赫数。已知气瓶中空气的温度为 127℃。

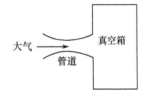

题 2-55 附图

2-57 已知某扩散管的进出口的面积比 $A_1/A_2 = 0.8$,进口速度系数 $\lambda_1 = 0.8$,气流在出口的总压为进口总压的 90%,求出口气流的速度系数 λ_2。

2-58 空气由气瓶通过喷管绝能等熵流入大气,试比较两种情况下,在初瞬时空气由气瓶流出的流量和喷管出口截面气流的速度 V_2,即: $\dot{m}_{(2)}/\dot{m}_{(1)}, V_{2(2)}/V_{2(1)}$。

第一种情况:初瞬时,气瓶中气体的压强 $p_1^* = 1.0133 \times 10^6 \text{N/m}^2, T_1^* = 288\text{K}$,在喷管中完全膨胀,$p_2 = p_a = 1.0133 \times 10^5 \text{N/m}^2$;

第二种情况:气瓶中的气体先由上述的初始参数等容加热至 $T_1^* = 723\text{K}$,然后再经喷管完全膨胀流出,$p_2 = p_a = 1.0133 \times 10^5 \text{N/m}^2$。

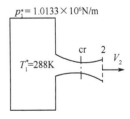

题 2-58 附图

两种情况下,喷管的临界截面面积相同,出口截面积并不同,试求 $A_{2(2)}/A_{2(1)}$。

2-59 一吸入式超声速风洞,安装在较海平面高 1650m 的地方(该处大气密度 $\rho_a = $

105

1.044kg/m³),该风洞工作时大气经喷管被吸入真空箱。已知试验段气流马赫数等于4,试求试验段中气流的密度(设流动为绝能等熵过程)。

2-60 流体火箭发动机在地面试车时,高速喷气所产生的推力为50t(49.05×10⁴N),在喷管进口处,燃气总温 $T^* = 2700\text{K}$,总压 $p^* = 3.099 \times 10^6 \text{N/m}^2$,喷管出口处,燃气压强等于大气压强 p_a($= 1.0133 \times 10^5 \text{N/m}^2$),设燃气的气体常数 $R = 344\text{J/(kg·K)}$,绝热指数 $k = 1.25$。试求喷管出口处燃气速度 V_e,燃气流量 $\dot{m}$,喷管最小截面积 A_{cr},出口截面面积 A_e(设燃气在喷管中流动为绝能等熵过程)。

2-61 已知管道的最小截面为临界截面,截面面积 $A_{\min} = 0.1\text{m}^2$,测得管道空气流中任一点的总温 $T^* = 288\text{K}$,试求通过最小截面的容积流量 Q 为多少(设流动是一维定常绝能的)?试问通过管道不同截面的容积流量相同吗?

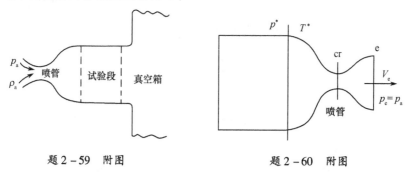

题2-59 附图   题2-60 附图

2-62 空气沿着收敛扩散管道流动,在截面1-1处,空气压强 $p_1 = 6 \times 10^5 \text{N/m}^2$,总温 $T_1^* = 310\text{K}$,速度系数 $\lambda_1 = 0.4$,在截面2-2处空气流压强 $p_2 = 1.457 \times 10^5 \text{N/m}^2$,求在截面2-2处空气流的马赫数 Ma_2 和温度 T_2(设流动为绝能等熵过程)。

2-63 空气流在直等截面圆管进口处的参数是 $T_1^* = 600\text{K}$,$\lambda_1 = 0.4$。进入管子后,因受到管子外面的加热作用,在圆管出口处,气流的总温升高到 $T_2^* = 1200\text{K}$,求速度系数 λ_2。忽略气流与管壁间的摩擦力。

2-64 两股质量流量相等的空气射流在进入一个大的容器前充分地混合。射流Ⅰ的温度 $T_1 = 400\text{K}$,速度 $V_1 = 100\text{m/s}$;射流Ⅱ的温度 $T_2 = 200\text{K}$,速度 $V_2 = 300\text{m/s}$,与外界无热量及功的交换,求容器中空气的温度是多少?

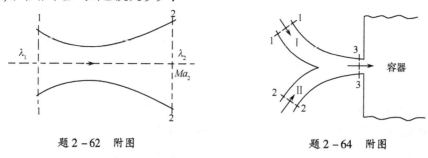

题2-62 附图   题2-64 附图

2-65 已知管流中某截面($A = 13\text{cm}^2$)上的马赫数 $Ma = 0.6$,压强 $p = 1.3 \times 10^5 \text{N/m}^2$,流量 $\dot{m} = 0.5\text{kg/s}$。求该空气流的总温 T^* 及最小截面处的速度、温度和压强(认为管中流动为等熵,且在最小截面处 $Ma = 1$,$k = 1.4$,$R = 287.06\text{J/(kg·K)}$)。

2-66 试证明对完全气体

$$Ma = \frac{u}{c^*}\left[1 - \frac{k-1}{2}\left(\frac{u}{c^*}\right)^2\right]^{-1/2}$$

在低马赫数时,此式给出

$$Ma \approx \frac{u}{c^*}\left[1 + \frac{k-1}{4}\left(\frac{u}{c^*}\right)^2\right]$$

试求出以 $(u/c^*)^2$ 表示的函数 T/T^*、p/p^* 和 ρ/ρ^*。

2-67 在什么样的条件下,才可能把管流视为绝热流动? 或等温流动?

2-68 何为喷管的临界截面? 临界截面是否只有对于等熵管流才存在?

2-69 流场的状态参数 p、ρ 是否与坐标系有关? 驻点参数 p^*、ρ^* 是否与坐标系有关?

2-70 考虑高压缩性流体的稳定可逆绝热流动,流体的压强—密度关系为

$$\rho\left(\frac{\partial p}{\partial \rho}\right)_s = \beta$$

其中 β 为一常数,证明

$$\frac{p}{p^*} = 1 + \frac{\beta}{p^*}\ln\left[1 - \frac{1}{2}Ma^2\right]$$

$$\frac{\dot{m}}{A\sqrt{\rho^*\beta}} = Ma\sqrt{1 - \frac{1}{2}Ma^2}$$

2-71 试证明:当临界截面 A_{cr} 上流速等于声速时,完全气体一维等熵管流的流量为最大,且最大质量流量为

$$\dot{m}_{max} = \left(\frac{2}{k+1}\right)^{\frac{k+1}{2(k-1)}}\sqrt{kp^*\rho^*}A_{cr}$$

式中 p^*、ρ^* 分别为滞止压强和滞止密度。k 为气体比热比即绝热指数。

2-72 试证明,当马赫数很小时,可将

$$\frac{p^*}{p} = \left(1 + \frac{k-1}{2}Ma^2\right)^{\frac{k}{k-1}}$$

简化为不可压缩流体运动的伯努利方程

$$p^* = p + \frac{1}{2}\rho V^2$$

其中 p^*、p 分别为流体的总、静压强,V 为流速,ρ 为密度,k 为绝热指数。

2-73 已知水的弹性系数 $E = \frac{\rho dp}{d\rho}$,要使水以声速从喷管射出,则喷管前水的压强应为多少($E = 2000\text{MPa}$)?

2-74 液体水近似地可用状态方程

$$p + B = \beta\left(\frac{\rho}{\rho_0}\right)^k$$

来描述,其中 $B = 3000$ 大气压 $k = 7.15$,ρ_0 是参考密度。对于从压强为 p_0 的容器开始的定常流动,证明流动马赫数为(提示:一种可能的办法是积分一维动量方程)

$$Ma^2 = \frac{2}{k-1}\left[\left(\frac{p_0+B}{p+B}\right)^{\frac{k-1}{k}} - 1\right]$$

并求为达到马赫数为1,压强为1个大气压的临界流动所需要的容器压强$(p_0)_{cr}$。

2–75 若取$k = \dfrac{7}{5}$,证明在一个机翼上当最大速度首先达到局部声速时,最大负压系数为

$$c_p = \frac{p - p_\infty}{\frac{1}{2}\rho_\infty V_\infty^2} = \frac{10}{7Ma_\infty^2}\left[\left(\frac{5+Ma_\infty^2}{6}\right)^{7/2} - 1\right]$$

2–76 安装在某一飞机的风速管是按不可压流在标准状态下进行校准。当飞机在海平面飞行时,风速管指示的风速是950km/h,问真实的风速是多少?

2–77 一翼型在风洞中作实验,来流马赫数为Ma_∞,发现在翼型表面上某点处的压降$p_\infty - p$的数值等于未扰动流动压的两倍,试计算出该点的马赫数Ma。设流动等熵。

2–78 测得完全气体可压缩一维管流某点处的静温T、流速v。已知气体的比热比k、气体常数R。写出该点处下述气流参数的依次递推的计算公式组:气流的声速c、马赫数Ma、总温T^*、静焓h、单位质量气体动能、总焓h^*、滞止声速c^*、临界声速c_{cr}、最大流速v_{max}、速度系数λ、最大速度系数λ_{max}、临界密流比$(\rho v)/(\rho_{cr} v_{cr})$。能否根据上面所有量写出该点气流的静密度、总密度、静压、总压的计算式?

2–79 若以来流参数V_∞、Ma_∞为参考量,求证绝能流场上的任何受扰动点的T和V的关系是

$$\frac{T}{T_\infty} = 1 - \frac{k-1}{2}Ma_\infty^2\left[\left(\frac{V}{V_\infty}\right)^2 - 1\right]$$

2–80 证明

$$C_p = \frac{p - p_\infty}{\frac{1}{2}\rho_\infty V_\infty^2} = \frac{2}{kMa_\infty^2}\left\{\left[1 + \frac{k-1}{2}Ma_\infty^2\left(1 - \frac{V^2}{V_\infty^2}\right)\right]^{\frac{k}{k-1}} - 1\right\}$$

2–81 证明在流场中任一点处有

$$\frac{T}{T_{cr}} = \frac{\dfrac{k+1}{2}}{1 + \dfrac{k-1}{2}Ma^2}, \quad \frac{p}{p_{cr}} = \left(\frac{\dfrac{k+1}{2}}{1 + \dfrac{k-1}{2}Ma^2}\right)^{\frac{k}{k-1}}, \quad \frac{\rho}{\rho_{cr}} = \left(\frac{\dfrac{k+1}{2}}{1 + \dfrac{k-1}{2}Ma^2}\right)^{\frac{1}{k-1}}$$

2–82 (流量方程应用)有一空气绝能等熵流喷管流动,空气性质取常数$k = 1.4$,$R = 287.06$J/(kg·K)。已知上游来流的$T_1^* = 288.2$K,$p_1^* = 10 \times 1.0133 \times 10^5$Pa,喷管外部环境大气压$p_a = 1.0133 \times 10^5$Pa,喷管流量设计目标为$\dot{m} = 2.0$kg/s。问:

(1) 若使喷管进口截面马赫数$Ma_1 = 0.2$,则进口截面面积A_1取多大?

(2) 喷管喉道面积A_{cr}取多大?

(3) 若使喷管出口截面处静压等于大气压,则出口马赫数Ma_2、喷气速度V_2、喷气静温T_2、出口面积A_2各为多大?

2–83 风车装在一段等截面圆筒内,气流吹动风车,如题2–83附图示。风车前(AA截面)后(BB截面)的风速V及压强p的大小关系是怎样的?

2-84 题 2-84 附图所示为开路式低速风洞。当风扇以某固定转速工作时,风扇后实验段流速为 10m/s。整个风洞均匀等截面,其半径 R 为 0.3m。大气压强 $p_a = 1.01325 \times 10^5 \text{N/m}^2$,大气密度 $\rho_a = 1.24 \text{kg/m}^3$。忽略黏性。问:(1) 风扇前的流速 V_1 多大?(2) 风扇前后的总压 p_1^* 和 p_2^* 是否相等?各等于多大?(3) 风扇前后的静压 p_1 和 p_2 各等于多大?(4) 风扇所受的拉力 F 有多大(假设风扇的扫过面积等于风洞洞身截面积)?

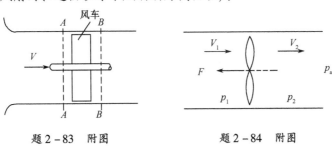

题 2-83 附图　　　　题 2-84 附图

第三章 膨胀波与激波

膨胀波和激波是超声速气流特有的重要现象。超声速气流在加速时必然要产生膨胀波,减速时一般会出现激波。随着飞行器和发动机性能的提高,超声速进气道、超声速压气机和超声速喷管均已被广泛地采用,超声速燃烧以及超声速涡轮等部件也正在研究过程中。在分析和计算这些部件中气流的运动规律时,首先就要遇到膨胀波和激波的问题。

本章主要研究膨胀波和激波的产生、性质和它们的计算方法,给出膨胀波和激波前后气流参数的关系式;阐明膨胀波之间、激波之间以及膨胀波与激波之间的相交和反射等现象的规律。

§3-1 弱扰动在气流中的传播

在研究膨胀波之前,需要知道弱扰动在气流中的传播规律。在§2-10中已论述过,弱扰动是指经过这种扰动作用之后,气流的宏观物理参数仅发生一种属于无限小量级的变化,例如dp、dV,在多维空间中有时还有速度的方向的微小变化等。在第二章中,我们又已经知道弱扰动相对于气体是以声速向周围传播的。本节将研究弱扰动在气流中的传播规律,特别是在超声速气流中的传播规律。

先讨论弱扰动在静止气体中的传播情况。假定有一个静止的弱扰动源位于o点(见图3-1(a)),它在气体中所造成的弱扰动是以球面波的形式向周围传播的,即受扰动的气体与未受扰动的气体的分界面是一个球面。如果不考虑气体黏性的损耗,而且气体参数分布均匀,则随着时间的推移,这个扰动可以传遍整个流场,而且其传播速度在各个方向上均等于声速c。在图3-1(a)中表示了扰动波于第一秒末、第二秒末、第三秒末、……所到达的位置,即扰动波是以扰动源o为中心的球面。如果静止的扰动源在o点连续不断地发出扰动,显然在不同时刻发出的扰动将构成一系列的同心球面。

如果气体不是静止的,而是以小于声速的速度V流动着,则弱扰动波的传播情况有些变化。此时,扰动源发出的弱扰动波仍然是一系列球面,但是,因为气体在流动,从o点已经发出的扰动波就随着气体微团整体的这种背景运动V而运动,或者说气流整体带着扰动波以V向下游移动,因而扰动波球面的形心不是固定在扰动源o点处,而是随着气体以V在移动。为看清楚这个问题,运用理论力学的知识,地面(绝对坐标系)上的观察者可以建立一个与气流一起以V向下游移动的坐标系(相对坐标系),V就是这个坐标系的牵连运动的速度,而扰动波的运动就是相对坐标系中一个简单的相对运动——发自形心的速度为c的球面波传播运动。这样,球面波上任一点任一时刻的速度和所到达的位置,就按照"绝对速度等于相对速度加牵连速度",也即伽利略速度合成定理计算。经过一秒钟,扰动波形心移至点o_1,点o和点o_1间的距离为V。经过两秒钟,扰动波形心移至点o_2,点o和点o_2间的距离为$2V$,依此类推。因为$V<c$,所以弱扰动波球面的传播情况如图3-1(b)所示。在这种情况下,弱扰动波在

各方向上传播的绝对速度不再是声速 c,顺流方向传播速度为 $c+V$,逆流方向传播速度为 $c-V$,其它方向上的传播速度则介于 $c+V$ 和 $c-V$ 之间。因为 $V<c$,所以弱扰动波仍能逆流传播,也就是说,在亚声速气流中,弱扰动波可以传遍整个流场,这是弱扰动在亚声速气流中传播的主要特点。

若气流速度 V 恰好等于声速 c,则弱扰动波球面的传播情况如图 3-1(c)所示。在逆流方向上,弱扰动波相对于气流的传播速度 c 恰与气流速度 V 相抵消,使弱扰动波不能逆流传播,也就是说,o 点上游的流场已不受扰动的影响,只有 o 点下游的流场才受扰动的影响。受扰动与未受扰动气体的分界面,将是一个以 o 为公切点的各球面波的公切平面。

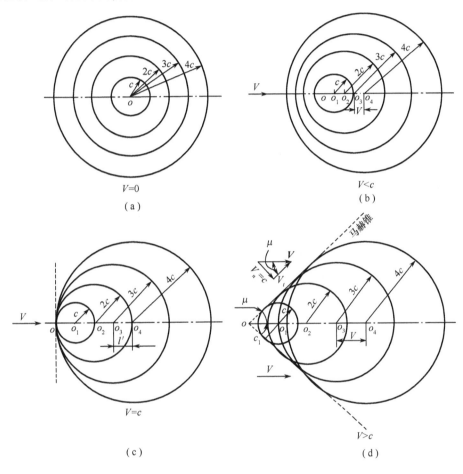

图 3-1

若气流速度 $V>c$,由于这时气体向下游运动的速度 V 比扰动波相对于气体本身传播的速度 c 还要大,扰动不仅不能逆流前传,并且被限制在一定的区域内传播。从 o 点发出的扰动波球面在第一秒末、第二秒末、第三秒末、…所到达的位置如图 3-1(d)所示,o_1、o_2、o_3、…分别为扰动波形心在第一秒末、第二秒末、第三秒末、…所到达的位置,它们与 o 点的距离,分别为 V、$2V$、$3V$、…。因此,弱扰动在超声速气流中的传播区域被限制在以扰动源 o 为顶点的一系列球面的公切圆锥之内,扰动永远不能传到圆锥之外,就是说,受扰动和未受扰动气体的分界面是一个圆锥面。这个圆锥叫弱扰动锥,又叫马赫锥。圆锥面称为弱扰动边界波或称马赫波,圆锥的母线与来流速度方向之间的夹角叫做马赫角,用符号 μ 来表示。马赫角 μ 的大小,反映了受

111

扰动区域的大小。由图 3-1(d)所示的几何关系中可以看出

$$\sin\mu = \frac{o_1 c_1}{o_1 o} = \frac{c}{V} = \frac{1}{Ma} \quad 或 \quad \mu = \arcsin\frac{1}{Ma} \tag{3-1}$$

因此,马赫角 μ 决定于气流的马赫数,马赫数越大,则 μ 角越小;反之,马赫数越小,则 μ 角越大。$Ma=1$ 时,$\mu=90°$,这就是图 3-1(c)所示的情况。因为 $\sin\mu \leq 1$,故当 $Ma<1$ 时(3-1)式没有意义。

由图 3-1(d)看出,将气流速度 V 分解为垂直于马赫锥面和平行于马赫锥面的两个分量 V_n 和 V_t,则

$$V_n = V\sin\mu = V \cdot \frac{c}{V} = c$$

即垂直于马赫锥面的气流分速等于声速。而马赫波(即弱扰动边界波)在气体中沿垂直波面方向以声速向外传播,这个传播速度正好与气流在该方向上的分速 V_n 大小相等,方向相反,所以马赫波能在气流中稳定不动。

弱扰动在超声速气流中不能传遍整个流场,确切说不能逆流传到上游,这是超声速气流与亚声速气流的一个重要差别,这种差别使两种气流的流动图形有本质的不同。图 3-2 表示亚声速直匀流流过机翼时的情形,物体放在气流中就造成了扰

图 3-2

动,在亚声速流中,物体所造成的扰动能逆流传播,影响到物体前方的气流,使流线偏转,气流参数相应地有所变化。图 3-3(a)表示超声速直均流流过一个微锥体时的情形,物体所造成的弱扰动不能逆流传播,仅限于马赫锥范围以内,在马赫锥以外,气流参数不发生任何变化,当穿过马赫波时,气流参数发生无限小的变化。

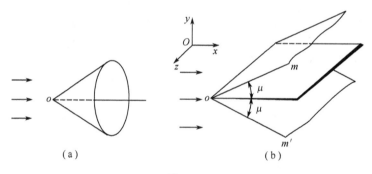

图 3-3

以上讨论的是三维超声速流动的情况。如果弱扰动源(参看图 3-3(b))是一个半无限展长(展长与 z 轴相平行)的微楔形物,则当超声速直匀流流过此物体时,受扰动区域和未受扰动区域的分界面(即马赫波)是个楔面。显然,这是一个二维超声速流动的问题。

气流流经微楔形物之后,气流受到了极微弱的压缩,在 om 和 om' 两道马赫波之后,压强增加了 dp,密度增加了 $d\rho$,速度则减小了 dV。因此,om 和 om' 称为微弱压缩波。

如果气流通过马赫波之后是膨胀的,因而压强下降 dp,密度下降 $d\rho$,速度则增大了 dV,那种马赫波便称为膨胀波。这在下一节将专门讨论。

在二维超声速流场中,马赫波在 xOy 平面上的投影为两条相交的直线,叫做马赫线,如图 3-4 所示。位于 Ox 轴上方的一条马赫线 om 叫做左伸马赫线;位于 Ox 轴下方的一条马赫线

om' 叫做右伸马赫线。所谓左伸马赫线就是相对于一个面向下游的观察者来说,它是以向左的方向奔向下游;而右伸马赫线,则是以向右的方向奔向下游。

应该指出,如果超声速来流速度沿 y 方向为不均匀的分布,由于当地马赫角 μ 随当地马赫数是变化的,故马赫线为曲线形状,如图 3-5 所示。如果由直壁起,沿 y 方向气流速度渐增,那么马赫线必定凸向未经扰动区域(见图 3-5(a));反之,如果由直壁起,沿 y 方向气流速度是渐减的,那么马赫线就凸向扰动区域(见图 3-5(b))。如果流场中流速是更复杂些的非均一的分布,那么马赫线也必是更复杂的形状。

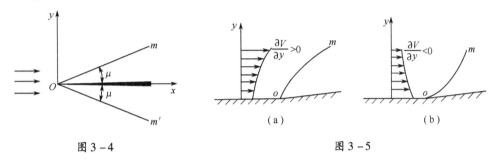

图 3-4　　　　　　　　　　　图 3-5

最后要指出的是,在超声速气流中,除了上述的微弱压缩波外,在某种条件下,还会出更突跃的压缩波——激波。气流经过一道这样的突跃压缩波,速度、压强等参数的变化不再是一个无限小量,而是个有限值。这是强扰动在超声速气流中的传播问题,我们将在§3-6以后讨论。

§3-2 膨胀波的形成及特点

假设超声速直均流沿外凸壁 AOB 流动,壁面在 O 点向外折转一个微小的角度 $d\theta$(见图 3-6(a))。由于壁面的微小折转,使气流遇到了前进道路上新扩展出的与气流相邻的 $d\theta$ 空间。由于静压 p 的不平衡,$d\theta$ 空间以外的气流中的静压将必然迫使气流向 $d\theta$ 空间转向并最后贴合于壁面 OB 而流动,使原来平行于 AO 壁的超声速气流的速度与静压等参数发生了微小的改变,即受到微弱的扰动。因此,在壁的折转处(即扰动源)必产生一道马赫波 OL,与来流方向的夹角为 $\mu = \arcsin \dfrac{1}{Ma}$。由于壁面折转所产生的扰动,只能传播到波 OL 以后的区域,而不能传到波 OL 之前,因此,在波 OL 之前气流参数不变,而在气流流经波 OL 之后,参数值发生

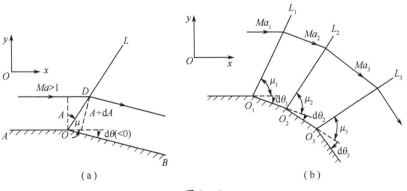

图 3-6

一个微小的变化。由于波后气流向外折转 $d\theta$ 角,平行于壁面 OB,使流管的截面积加宽了,这一点从图 3-6(a)中可以很容易看出来。设来流流管截面积为 A,从图中的几何关系可知(设垂直于 xoy 平面的宽度为单位长度)

$$A = \overline{OD}\sin\mu$$

此流管经过波 OL 后,截面积为

$$A + dA = \overline{OD}\sin(\mu - d\theta)$$

式中　$d\theta$——流线方向角的变化,即气流转折角,并规定逆时针方向折转为正,顺时针方向折转为负。

在图 3-6(a)所示的情况下,$d\theta < 0$。因为 $\sin(\mu - d\theta) > \sin\mu$,故

$$A + dA > A$$

假设气流流经壁面 AOB 为无摩擦的理想流动,气流穿过微弱扰动波本身又是一个绝能等熵过程(见式(2-44)),因此,超声速气流流经马赫波 OL 为绝能等熵流动。根据第二章所述,在绝能等熵流动的条件下,超声速气流当流管截面积增大时,气流速度(或马赫数)增大,压强、密度相应地降低。因此,超声速气流流经由微小外折角所引起的马赫波 OL,气流加速,压强和密度下降,这种马赫波就是我们上一节所提到的膨胀波。

现在设想超声速气流在图 3-6(b)上的 O_1 点外折了一个微小的角度 $d\theta_1$ 之后,在 O_2、O_3 等一系列点,继续外折一系列微小的角度 $d\theta_2$、$d\theta_3$、$\cdots$。在壁面的每一个折转处,都产生一道膨胀波 O_1L_1、O_2L_2、O_3L_3、$\cdots$,各膨胀波与该波前气流方向的夹角为 μ_1、μ_2、μ_3、$\cdots$。由(3-1)式,可得

$$\mu_1 = \arcsin\frac{1}{Ma_1}, \mu_2 = \arcsin\frac{1}{Ma_2}, \mu_3 = \arcsin\frac{1}{Ma_3}, \cdots$$

因为气流每经过一道膨胀波,马赫数都有所增加,即

$$Ma_1 < Ma_2 < Ma_3 < \cdots$$

故

$$\mu_1 > \mu_2 > \mu_3 > \cdots$$

由图 3-6(b)看出,每经过一道膨胀波,气流已向外转折了一个角度,且 μ 角又逐渐减小,因此,后面的膨胀波对于 x 轴的倾角都比前面的倾角小,即这些膨胀波既不互相平行,也不会彼此相交,而是发散形的。

根据极限的概念,曲线可以看成是由无数段微元折线所组成。因此,超声速气流绕外凸曲壁流动的问题与上述问题在本质上是相同的,只是这时曲壁上每一点都相当于一个折点。因此,自每一点都发出一道膨胀波,气流经过每一道这样的膨胀波,参数都发生一个微小的变化,转折一个微小的角度 $d\theta$,气流通过由无限多道膨胀波所组成的膨胀波区后,参数发生一个有限值的变化,并且转折一个有限的角度 δ(见图 3-7)。第一道波的马赫角 μ_1 为马赫线与来流方向的夹角,最终一道波的马赫角 μ_2 为马赫线与气流最终流动方向的夹角。在图 3-7 中,我们用有限道波来表示无限多道膨胀波。

我们再来看一个特殊的但却是重要的情形。设想把图 3-7 中的曲壁段 O_1O_2 逐渐缩短,在极限的情况下,O_1 与 O_2 重合,曲壁就变成一个具有一定的折角的折壁 AO_1B,这时候由曲壁发出的一系列膨胀波就变成从转折处发出的扇形膨胀波束 O_1K、O_1a'、O_1b'、$\cdots$、O_1L,超声速气

流穿过这些膨胀波时,流动方向就逐渐转折,最后沿着 O_2B 壁面流动,如图 3-8 所示。这样的平面流动常称为绕外钝角流动或普朗特-迈耶流动。

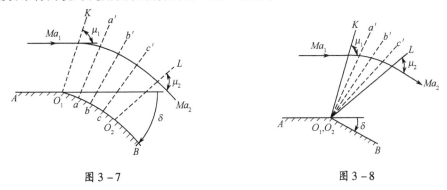

图 3-7　　　　　　　　　　　图 3-8

超声速气流绕外钝角流动具有下列的特点:

(1) 超声速来流为平行于 AO_1 壁面(参看图 3-8)的定常直匀流,在壁面转折处必定产生一扇形膨胀波束,此扇形膨胀波束是由无限多的马赫波所组成。

(2) 气流每经过一道马赫波,参数只有无限小的变化,因而经过膨胀波束时,气流参数是连续的变化(速度增大,压强、温度、密度相应地减小)。显然,在不考虑气体黏性和与外界的热交换时,气流穿过膨胀波束的流动过程为绝能等熵的膨胀过程。

(3) 气流穿过膨胀波束之后,气流将平行于壁面 O_2B 流动,即气流方向朝着离开波面的方向(或叫向外)转折。

(4) 沿膨胀波束中的任一条马赫线,所有的气流参数均相同,而且马赫线都是直线。这一特点在特征线理论中将有进一步的说明。

(5) 对于给定的起始条件,膨胀波束中的任一点的速度大小只与该点的气流方向有关。

应该指出,超声速气流产生膨胀波束不只限于沿外凸壁的流动情况,在其它一些情况下,也会产生膨胀波。例如,从平面超声速喷管射出的超声速直匀流(参看图 3-9),如果到出口截面上气流的压强 p_1 高于外界压强 p_a 的话,气流一出口必继续膨胀,直到射流边界上的气流压强恰好等于 P_a 为止,否则射流边界上的压强就无法平衡。这时,喷管出口的上下边缘 A、B

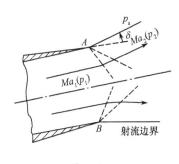

图 3-9

相当于两个扰源,产生两束扇形膨胀波,气流穿过膨胀波后,压强降为 $p_2 = p_a$,相应的马赫数增大到 Ma_2,且气流方向向外转折一个角度 δ。

§3-3　微弱压缩波

假设超声速直匀流沿内凹壁 COB 流动,壁面在 O 点向内折转一个微小的角度 $d\theta$,如图 3-10(a)所示。于折转处将产生一道马赫波 OL,气流穿过波 OL 流动方向向内转折了一个微小的角度 $d\theta(>0)$,与壁面 OB 相平行,气流参数发生了一个微小的变化。从图 3-10(a)所示流管截面积的变化可以看出,通过波 OL 时,流管的截面积是减小的,即

$$A = \overline{OD}\sin\mu, A + dA = \overline{OD}\sin(\mu - d\theta), A + dA < A$$

115

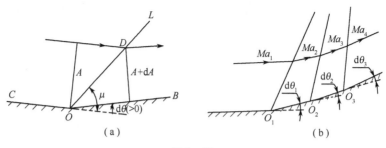

图 3-10

根据超声速流动的规律,流管截面积变小,气流速度或马赫数降低,压强增大,且温度、密度也将随之增大。因此,这种马赫波叫微弱压缩波。

如果壁面在 O_1 点内折了一个微小的角度 $d\theta_1$ 之后,在 O_2、O_3、…等一系列点处,继续内折 $d\theta_2$、$d\theta_3$、…等等(见图 3-10(b)),那么在 O_1、O_2、O_3、…等一系列点处,将分别发出一系列微弱压缩波。与膨胀波不同的是,由于这时气流是逐渐减速的,$Ma_1 > Ma_2 > Ma_3 > \cdots$,而 $\mu = \arcsin \frac{1}{Ma}$,所以各压缩波的波角是逐渐加大的,即 $\mu_1 < \mu_2 < \mu_3 < \cdots$。

由图 3-10(b)看出,每经过一道压缩波,气流已向内转折了一个角度,再加 μ 角又逐渐加大,所以各压缩波将会相交。

在压缩波未相交之前,气流穿过微弱压缩波系的流动为等熵压缩过程;但是,由无限多的微弱压缩波聚集而成一道波时,则再也不是弱压缩波而是强压缩波即激波了。后面将知道,气流穿过激波,熵永远是增大的。

根据极限的概念,一个连续的凹曲壁(见图 3-11)可以看成是由无数段内折的微元折壁所组成。当超声速气流绕凹壁流动时,曲壁上的每一点都相当于一个折点,因此,每一点都将发出一道微弱压缩波,所有的压缩波组成一个连续的等熵压缩波区。气流每经过一道微弱压缩波,参数值有一个微小的变化,转折一个微小的角度,通过整个压缩波区后,参数值及转折角发生一个有限量的变化。

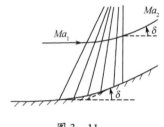

图 3-11

当超声速飞机以较高的马赫数飞行时(例如 $Ma > 2$ 以后),其扩压进气道的内壁,有时便设计为内凹曲壁的形式。因为这样做,气流的减速增压过程,接近于等熵过程,其总压损失最小。压气机中超声速级的叶栅剖面,也往往有一段设计为内折转曲壁的形式,以减小损失,提高压气机的效率。

§3-4 弱波的普朗特-迈耶流动解

在§2-10、§3-2 和§3-3 中都讲过,气流通过弱扰动波,不管是压缩波还是膨胀波,所经历的都是等熵过程。因此,根据第二章的绝能等熵流动模型,在弱波前后,气流总参数 p^*、ρ^*、T^* 等不变,静参数 p、ρ、T 等只是马赫数或 λ 数的函数。而从上两节又已得知,马赫数的增减与气流方向的转折角 $d\theta$ 即速度的方向的改变有关。那么,应该能够导出气流的马赫数与气流的方向角的关系 $Ma(\theta)$。在历史上,普朗特-迈耶流动理论给出了这个问题的精确解,它是气体动力学早期的几个具有代表性的分析解之一。

我们先以图 3-6～图 3-8 所示的左伸膨胀波为例来推导普朗特-迈耶流动解。图 3-12(a) 为超声速气流流过外凸壁的物理图形。现在从整个膨胀波束中任取一条膨胀波 OL_i 来分析,设波前气流速度为 V,波 OL_i 与速度 V 的夹角 $\mu = \arcsin\dfrac{1}{Ma}$,如图 3-12(b) 所示。图中 V_n 和 V_t 分别是速度 V 在垂直于波面和平行于波面方向上的投影。气流穿过膨胀波 OL_i 之后,向外转折 $d\theta$ 角,速度增大到 $V' = V + dV$,而 V_n' 和 V_t' 分别是 V' 在垂直于波面和平行于波面方向上的投影。

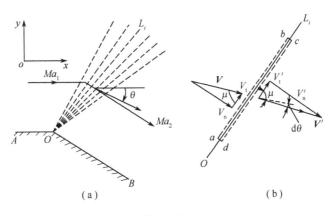

图 3-12

在紧邻着波 OL_i 的两侧画一条封闭周线 $abcd$,其中 ab 和 cd 与波面平行,而 ad 和 bc 与波面垂直(见图 3-12(b))。以此周线 $abcd$ 为控制表面形成控制体。至此,为顺利理解这个解法,可以先行对其解决问题的思想方法作出如下分析:
(1) 仅拿出膨胀波束中的一道波来进行膨胀过程的微分分析;
(2) 建立一个形状贴合波面的控制体;
(3) 不沿坐标轴方向,而是沿波面方向分解波前速度 V 和波后速度 V';
(4) 在等熵流动适用的空间内,沿波面方向没有气流参数变化或者说参数不相同的理由;
(5) 沿着波面切向,进出控制体两端的流量也相等,因此流量方程可以不含切向流量;
(6) 在上述基础上,应用绝能等熵的流量、动量、能量方程的封闭方程组。

考虑到上述分析,可写出沿波面法向进出控制体的流量方程为

$$\rho V_n A = \rho' V_n' A \tag{3-2}$$

注意到作用在 bc 和 ad 面上的压强相等,ab 和 dc 面平行且两面上没有切应力,则法向进出控制体的流量在波面切向的动量方程为

$$\rho V_n A V_t - \rho' V_n' A V_t' = \sum F_t = 0 \tag{3-3}$$

由这两式已可得

$$V_t = V_t' \tag{3-4a}$$

(3-4a) 式说明,超声速气流穿过膨胀波时,平行于波面的速度分量 V_t 保持不变,而气流速度的变化仅由垂直于波面的速度分量 V_n 的变化造成。这是膨胀波的特征之一。通过分析图 3-12(b) 中的波前分速度 V_t 的影响因素,和波后 V_t' 的影响因素,(3-4a) 式又可写为

$$V_t(V,\mu) = V_t'(V+dV,\mu,d\theta) \tag{3-4b}$$

上式中当保留自变量的微分 $\mathrm{d}\theta$,其余流场函数及其微分都换为马赫数的函数,则应得到上述 $Ma(\theta)$ 问题的微分方程。由图 3 – 12(b),上式具体写为

$$V\cos\mu = (V + \mathrm{d}V)\cos(\mu - \mathrm{d}\theta) \tag{3-4c}$$

其中

$$\cos(\mu - \mathrm{d}\theta) = \cos\mu\cos\mathrm{d}\theta + \sin\mu\sin\mathrm{d}\theta = \cos\mu + \sin\mu \cdot \mathrm{d}\theta$$

上式注意到 $\mathrm{d}\theta$ 微小,使得 $\cos\mathrm{d}\theta = 1$,$\sin\mathrm{d}\theta = 0$。将上式代入(3 – 4c)式并展开,略去高阶无穷小的 $\mathrm{d}V\mathrm{d}\theta$ 项,得

$$\frac{\mathrm{d}V}{V} = -\tan\mu\,\mathrm{d}\theta \tag{3-4d}$$

已知几何关系

$$\tan\mu = \frac{\sin\mu}{\cos\mu} = \frac{\sin\mu}{\sqrt{1 - \sin^2\mu}}$$

和马赫角与马赫数的运动学关系

$$\sin\mu = \frac{1}{Ma}$$

将上两式代入(3 – 4d)式,得

$$\frac{\mathrm{d}V}{V} = -\frac{\mathrm{d}\theta}{\sqrt{Ma^2 - 1}} \tag{3-4e}$$

这已是问题的 $V(\theta)$ 形式的微分方程。现将其中的 V 继续变换为马赫数的函数。引用马赫数的定义式 $V = Ma \cdot c$,两端取微分,有

$$\frac{\mathrm{d}V}{V} = \frac{\mathrm{d}Ma}{Ma} + \frac{\mathrm{d}c}{c} \tag{3-5}$$

为封闭新出现的声速 c,应用沿绝能等熵流线的能量方程

$$\left(1 + \frac{k-1}{2}Ma^2\right)T = T^* = 常数 \tag{3-6a}$$

引用声速公式 $kRT = c^2$ 将上式写为 c^2、c^{*2} 形式,再两端取微分并展开,易得微分能量方程

$$\frac{\mathrm{d}c}{c} = -\frac{\dfrac{k-1}{2}Ma \cdot \mathrm{d}Ma}{1 + \dfrac{k-1}{2}Ma^2} \tag{3-6b}$$

将(3 – 6b)式和(3 – 5)式代入(3 – 4e)式,整理得 $Ma(\theta)$ 形式的微分方程

$$\mathrm{d}\theta = -\frac{\sqrt{Ma^2 - 1}\,\mathrm{d}Ma^2}{2Ma^2\left(1 + \dfrac{k-1}{2}Ma^2\right)} \tag{3-4f}$$

积分上式(详见参考文献[1]第 111 页或[2]第 144 页),便得到

$$\theta = -\sqrt{\frac{k+1}{k-1}}\arctan\sqrt{\frac{k-1}{k+1}(Ma^2 - 1)} + \arctan\sqrt{Ma^2 - 1} + C_1 \tag{3-7}$$

式中 C_1——积分常数。

现建立一个气动函数 $\nu(Ma)$，称为普朗特-迈耶函数，即

$$\nu(Ma) = \sqrt{\frac{k+1}{k-1}} \arctan \sqrt{\frac{k-1}{k+1}(Ma^2-1)} - \arctan\sqrt{Ma^2-1} \quad (3-8)$$

于是(3-7)式就简写为

$$\theta + \nu(Ma) = C_1 = 常数 \quad (适用于左伸波) \quad (3-9)$$

上式括号中的说明将在本节稍后详细讨论。上式中，θ 为气体流动的方向角，即气流速度方向对于 x 轴正向的倾角，§3-2 中已规定逆时针方向为正，顺时针方向为负。至于式中的积分常数，可以由问题的边界条件确定，例如由已知的未被扰动气流的方向角 θ_1 和马赫数 Ma_1，有

$$C_1 = \theta_1 + \nu(Ma_1) \quad (3-10)$$

普朗特-迈耶函数 $\nu(Ma)$ 的数值取决于气体的性质 k 和马赫数。显然 $\nu(Ma)$ 的单位是角度单位。为计算时方便，通常将 $\nu(Ma)$ 函数制作为数值表。本书附录 B 表 3 列出了 $k=1.4$ 时以马赫数为自变量的 $\nu(Ma)$ 函数数值表。该表格的图像如图 3-13 所示。

现在考察两个端点上的情况。当来流为声速 $Ma_1 = 1$ 且方向为 $\theta = \theta_1$，则联立(3-9)式和(3-10)式，得

$$\nu(Ma) = \theta_1 + \nu(Ma_1) - \theta = \theta_1 - \theta$$

这是因为(3-8)式给出气动函数值 $\nu(1) = 0$。可见，普朗特-迈耶函数是由声速气流膨胀到超声速气流时的转折角，因此也称普朗特-迈耶函数为普朗特-迈耶角。又当经过膨胀马赫数达到无限大，则普朗特-迈耶角达到其最大值 $\nu_{\max}$。将 $Ma = \infty$ 代入(3-8)式，得

$$\nu_{\max} = \nu(\infty) = \frac{\pi}{2}\left(\sqrt{\frac{k+1}{k-1}} - 1\right) \quad (3-11)$$

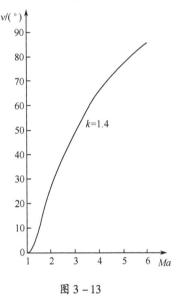

图 3-13

显然，可得到的最大的普朗特-迈耶角 $\nu_{\max}$ 就是气流绕外凸壁从 $Ma=1$ 膨胀到 $Ma=\infty$ 时所转过的转折角 $\delta_{\max}$。对于 $k=1.4$，$\nu_{\max} = 130°27'$，即空气超声速气流的连续转折膨胀最多只能达到约 1/3 圆周的角度，气流就达到绝对零度。$\nu_{\max}$ 或 $\delta_{\max}$ 和 $\lambda_{\max}$ 一样，是只考虑热力学第一定律而不考虑第二定律时的理论极限。

以上左伸膨胀波的普朗特-迈耶流动解实际上也适用于稍有不同的另外三种流动情况。首先，图 3-6~图 3-8 所示的左伸膨胀波与图 3-10 所示的左伸压缩波的特点为：左伸膨胀波 $\mathrm{d}\theta<0, \mathrm{d}V>0$，左伸压缩波 $\mathrm{d}\theta>0, \mathrm{d}V<0$，共同特点为 $\mathrm{d}\theta$ 和 $\mathrm{d}V$ 异号。由推导过程可见，微分方程(3-4d)式的负号正确反映了这一异号特点，其余推导过程对两者无异，因而该推导及其解适用于这两种左伸波。其次，在几何方位上，如果超声速气流是沿着图 3-14 所示的外凸壁面 AOB 流动，则在转折处会产生图中的右伸膨胀波及其波系。如果沿着图 3-15 所示的内凹壁面 COB 流动，则在转折处会产生图中的右伸压缩波及其波系。可看出这两种右伸波的特点为：右伸膨胀波 $\mathrm{d}\theta>0, \mathrm{d}V>0$，右伸压缩波 $\mathrm{d}\theta<0, \mathrm{d}V<0$，共同特点为 $\mathrm{d}\theta$ 和 $\mathrm{d}V$ 同号。因此，微分方程(3-4d)式等公式的负号应换为正号从而反映这一同号特点，其余推导过程对两者也无异，因而换符号后的推导及其解适用于这两种右伸波。求解的结果为

$$\theta = \sqrt{\frac{k+1}{k-1}}\arctan\sqrt{\frac{k-1}{k+1}(Ma^2-1)} - \arctan\sqrt{Ma^2-1} + C_2 \qquad (3-12)$$

上式同样可以简洁地写为

$$\theta - \nu(Ma) = C_2 = 常数 \quad （适用于右伸波） \qquad (3-13)$$

现在可以说,仅应用流量方程和动量方程就得到的(3-4a)式是所有弱波的特征之一,即超声速气流穿过弱波时,平行于波面的速度分量 V_t 保持不变。求解普朗特 - 迈耶流动的过程就是对这个物理事实的不断改变写法的过程。

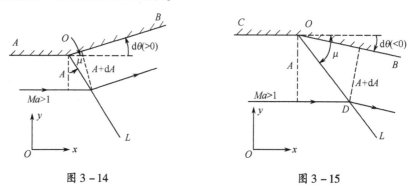

图 3 - 14   图 3 - 15

在普朗特 - 迈耶流动解(3-9)式与(3-13)式的基础上,对于所有弱波,又定义气流通过波系的总折转角,也即壁面的折转角为

$$\delta = \theta_2 - \theta_1 = \nu(Ma_1) - \nu(Ma_2) \quad （适用于左伸波） \qquad (3-14a)$$

$$\delta = \theta_2 - \theta_1 = \nu(Ma_2) - \nu(Ma_1) \quad （适用于右伸波） \qquad (3-14b)$$

式中   1——转折前或气流进口;

         2——转折后或气流出口。

可见总转折角 δ 与微分转折角 $d\theta$ 的符号规定是相同的。

由(3-14a)式或(3-14b)式可见,在给定波前的气流参数的条件下,只要知道壁面的折转角,就可以确定 $\nu(Ma_2)$,从而就可确定波后气流的马赫数 Ma_2,最后即可确定波后其它的气流参数,例如静压、总压等。因此,可以推论:超声速气流绕外凸壁流动时,气流参数值的总变化只决定于波前气流参数和总共的转折角度,而与气流的转折方式无关,即不论是一次转折,还是多次折转;不论是壁面的突然折转,还是经曲壁的逐渐折转,只要总的转折角度相同,其最后的参数值就是相同的。

[例 3 - 1] 一个马赫数为 1.4 的均匀空气流绕外凸壁膨胀,气流逆时针方向转折 20°,计算膨胀波系后的最终马赫数。

解 由 $Ma_1 = 1.4$ 查表得 $\nu(Ma_1) = 9°$。

因为气流穿过膨胀波系为逆时针方向转折,故此膨胀波系为右伸膨胀波系,按(3-13)式或(3-14b)式

$$\theta_2 - \theta_1 = \nu(Ma_2) - \nu(Ma_1)$$

得

$$\nu(Ma_2) = 20° + 9° = 29°$$

查表得

$$Ma_2 = 2.096$$

[例 3-2] 一个马赫数为 2.0 的均匀空气流绕外凸壁膨胀,气流的最终方向相对于其最初方向转折了 $-10°$(即顺时针方向转折),膨胀波系前的压强和温度分别为 $p_1 = 1.0133 \times 10^5 \text{N/m}^2$, $T_1 = 290\text{K}$。试确定:(1)最终的马赫数 Ma_2;(2)最终的静压 p_2 和静温 T_2。

解 (1)对于 $Ma_1 = 2.0$,查表得 $\nu(Ma_1) = 26.38°$。

因为气流穿过膨胀波系为顺时针方向转折,故为左伸膨胀波系,按(3-9)式或(3-14a)式

$$\theta_2 - \theta_1 = \nu(Ma_1) - \nu(Ma_2)$$

即

$$\nu(Ma_2) = \nu(Ma_1) - (\theta_2 - \theta_1) = 26.38° - (-10°) = 36.38°$$

查表得
$$Ma_2 = 2.383$$

(2)因为流动过程是绝能等熵过程,即气流总压、总温为常数。由气动函数表查得

对于 $Ma_1 = 2.0$, $\dfrac{p_1}{p^*} = 0.1278$, $\dfrac{T_1}{T^*} = 0.5556$;

对于 $Ma_2 = 2.383$, $\dfrac{p_2}{p^*} = 0.0699$, $\dfrac{T_2}{T^*} = 0.4676$。

因此

$$p_2 = p_1 \left(\frac{p^*}{p_1}\right)\left(\frac{p_2}{p^*}\right) = \frac{1.0133 \times 10^5 \times 0.0699}{0.1278} = 0.554 \times 10^5 \text{N/m}^2$$

$$T_2 = T_1 \left(\frac{T^*}{T_1}\right)\left(\frac{T_2}{T^*}\right) = \frac{290 \times 0.4676}{0.5556} = 244.1 \text{K}$$

[例 3-3] 超声速空气流绕三次转折的外凸壁流动,各次气流方向转折为 $-5°$、$-10°$ 和 $-20°$,最初气流马赫数 $Ma_1 = 1.40$,试确定各次转折后的气流马赫数。

解 对于 $Ma_1 = 1.40$,查表得 $\nu(Ma_1) = 9°$,在第一次转折之后,有

$$\nu(Ma_2) = \nu(Ma_1) - (\theta_2 - \theta_1) = 9° - (-5°) = 14°$$

查表得
$$Ma_2 = 1.571$$

在第二次转折之后,有

$$\nu(Ma_3) = \nu(Ma_2) - (\theta_3 - \theta_2) = 14° - (-10°) = 24°$$

查表得
$$Ma_3 = 1.915$$

在第三次转折之后,有

$$\nu(Ma_4) = \nu(Ma_3) - (\theta_4 - \theta_3) = 24° - (-20°) = 44°$$

查表得
$$Ma_4 = 2.718$$

作为校核,因为总的气流转折角为

$$\delta = -5° + (-10°) + (-20°) = -35°$$

故
$$\nu(Ma_4) = \nu(Ma_1) - (\theta_4 - \theta_1) = 9° - (-35°) = 44°$$

查表得
$$Ma_4 = 2.718$$

[**例 3-4**] 设平面超声速喷管出口处气流马赫数 $Ma_1 = 1.40$,压强 $p_1 = 1.25 \times 10^5 \text{N/m}^2$,外界大气压强 $p_a = 1 \times 10^5 \text{N/m}^2$。求气流经膨胀波后的马赫数及气流外折的角度,以及膨胀波角 μ_1 和 μ_2(参看图 3-9)。

解 由 $Ma_1 = 1.40$ 查表得 $\nu(Ma_1) = 9°$,$\mu_1 = 45°32'$,$\dfrac{p_1}{p^*} = 0.3140$。

因为
$$\frac{p_2}{p^*} = \frac{p_a}{p^*} = \frac{p_a}{p_1}\frac{p_1}{p^*} = \frac{1 \times 10^5}{1.25 \times 10^5} \times 0.314 = 0.251$$

查气动函数表得 $Ma_2 = 1.55$,再查表得

$$\nu(Ma_2) = 13.5°, \mu_2 = 40°3'$$

故
$$\theta_2 - \theta_1 = \nu(Ma_2) - \nu(Ma_1) = 13.5° - 9° = 4.5°$$

即气流向外转折角 $\delta = 4.5°$。

[**例 3-5**] 设有 $Ma_1 = 2.21$,$p_1 = 0.1 \times 10^5 \text{N/m}^2$ 的超声速气流,经内凹曲壁内折了 $\delta = 28°$(见图 3-11),求压缩波后气流的马赫数及压强,并求第一道和最后一道压缩波的波角 μ_1 和 μ_2。

解 由 $Ma_1 = 2.21$ 查表得 $\nu(Ma_1) = 32°$,$\mu_1 = 26.9°$,$\dfrac{p_1}{p^*} = 0.092$。

按式(3-14a),可得

$$\nu(Ma_2) = \nu(Ma_1) - (\theta_2 - \theta_1) = 32° - 28° = 4°$$

查表得 $Ma_2 = 1.218$,$\mu_2 = 55.2°$。查气动函数表得 $\dfrac{p_2}{p^*} = 0.4029$。故

$$p_2 = \frac{p_2}{p^*} \cdot \frac{p^*}{p_1} \cdot p_1 = \frac{0.4029 \times 0.1 \times 10^5}{0.092} = 0.437 \times 10^5 \text{N/m}^2$$

现在再定义马赫波极角 φ,它是气流从声速状态 1 开始膨胀到某一马赫数 Ma 时,膨胀波束的扇形区所张的角度,如图 3-16 所示。显然这个扇形区前缘的马赫角为 $\mu_1 = 90°$,后缘的马赫角为 $\mu = \arcsin\dfrac{1}{Ma}$。取 $\theta_1 = 0°$,则由左伸波的(3-9)式可得,声速流膨胀到某一马赫数 Ma 时,气流所转折的角度为 $\theta = -\nu(Ma)$(对右伸波则由(3-13)式得 $\theta = \nu(Ma)$)。根据图中的几何关系,可得

$$\varphi + \mu + \theta = 90°$$

或

$$\varphi = 90° - \mu + \nu(Ma) \tag{3-15}$$

不难看出,(3-15)式对左伸波和右伸波均成立。

由上式可见,当气体性质一定时,φ 仅与马赫数有关。在本书的附录 B 表 3 中,列出了气体绝热指数 $k = 1.4$ 时 φ 与马赫数的对应关系。

对于超声速气流绕外钝角的流动(见图 3-8),设膨胀波束前的马赫数为 Ma_1,膨胀波束后的马赫数为 Ma_2。根据 Ma_1 和 Ma_2 由数值表可分别查得 φ_1 和 φ_2。设膨胀波束扇形区所张的角度为 $\Delta\varphi$,则

$$\Delta\varphi = \varphi_2 - \varphi_1 \tag{3-16}$$

上面已经将马赫波的波线的所有参数都求解出来了。现在进一步讨论普朗特－迈耶流动中超声速流线的求解方法。对于 $Ma>1$ 的气流，总可以想象地回朔到 $Ma=1$ 时的初始马赫波状态，其时马赫角为 $\mu=90°$（见图 3-17）。现在在 $Ma=1$ 状态、$Ma_1>1$ 状态和 $Ma_2>1$ 状态这三个状态之间，写出绝能等熵流的两个流量方程，即

$$r_{cr}q(1)=r_1\sin\mu_1\cdot q(Ma_1)$$
$$r_{cr}q(1)=r_2\sin\mu_2\cdot q(Ma_2)$$

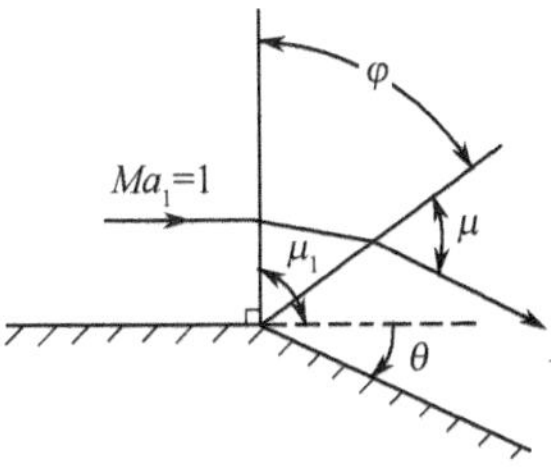

图 3-16

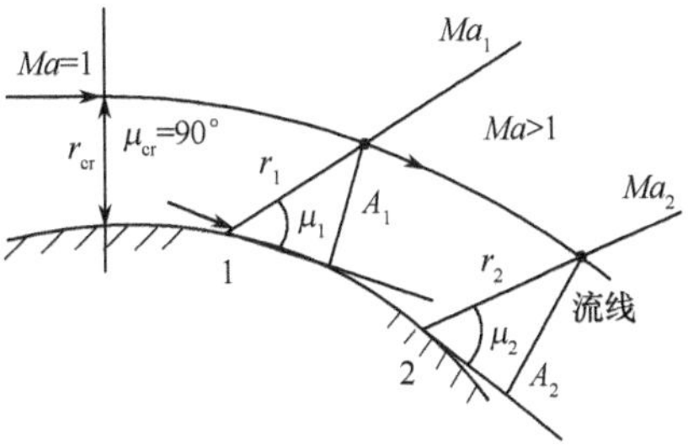

图 3-17

当已经给定被绕流的外凸壁曲线，和定义了初始流线的位置 r_{cr}，则对于每一个超声速马赫数，就可求出这条流线以下的流管的流通横截面积 $r_1\sin\mu_1$ 等，以及流线的坐标 $r_1、\mu_1$ 等。又当联立这两个流量方程，则显然可由已知的流线上某点 $r_1\sin\mu_1$ 直接求解流线上的另一点 $r_2\sin\mu_2$，不管 2 点是位于较高速的下游还是较低速的上游。这相当于已知超声速喷管的一个壁面，而求另一个壁面的坐标。只不过另一个壁面恰好被设计成了不反射弱波的壁面，详见下一节的反射问题。再注意到，超声速流线的加速发展绝不会平行于凸壁曲线，而会逐渐远离凸壁，因为在上述流量方程组中有

若 $Ma_2>Ma_1>1$，则 $q(Ma_2)<q(Ma_1)$，使得 $r_2\sin\mu_2>r_1\sin\mu_1$

§3-5 弱波的反射和相交

以上所列举的一些例子都是在流场中只存在单波系（左伸波系或右伸波系）的流动情况。但是，在多数情况下，往往是同时存在着左伸和右伸波系的问题。例如，常会遇到膨胀波（或微弱压缩波）在固体壁面或自由边界面上的反射、两簇膨胀波（或微弱压缩波）的相交等问题。在这种两簇波并存的复杂流动中，一般是在解单波系流场的方法的基础上，用解析法来计算气流的速度分布。在计算机不发达的 20 世纪 80 年代及以前，也像参考文献[1]和[2]所介绍的，可以建立超声速气流速度矢量的矢端曲线图，从而建立一种半图解的步进解法，则可以使波的多次反射的系列问题的大量计算甚为方便。

在分析和计算中，我们做如下的简化：把超声速气流经过膨胀波系时连续的无数的无限微弱膨胀，用若干有限数目但仍是很微弱的膨胀步骤来代替。这样，超声速气流每经过一步微弱的膨胀，气流的流动方向、马赫数和压强等诸气流参数都将产生微小的变化。当然，把原来的连续膨胀分得愈细，数目愈多，计算出来的结果就愈准确。对于微弱压缩波也需要做同样的简化。

在解两簇波并存的流场时，我们把遇到的情况分为下述的几种基本情况。

一、膨胀波在直固体壁上的反射

设有一如图 3-18 所示的超声速气流通道，下壁面在 A 点外折 δ 角，上壁面为直壁。根据前几节的讨论我们知道，这时自 A 点必产生一束膨胀波，我们用一道波 AB 来代表。初始气流经膨胀波 AB 向下转折 δ 角，和 A 点以后的下壁面平行；因为上壁面是直的，转折后的气流就与上壁面不平行了，这样，②区的气流在 B 点遇到了一个向上外折的壁面，因此，在 B 点又产生一道膨胀波 BC，波后气流又转折成与上壁面平行，新产生的这道波就称为入射波 AB 的反射波。由此可得结论：膨胀波在固壁上反射为膨胀波，一般反射角 r 并不等于入射角 i。

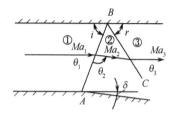

图 3-18

类似的分析可以证明，压缩波在固壁上反射为压缩波。

[**例 3-6**] 入射和反射膨胀波前后三区的加速降压流动的查表计算。参看图 3-18，设 $\lambda_1 = 1.20, \theta_1 = 0°, \delta = -1°$，求 λ_2 和 λ_3。

解 因为第一道波是左伸膨胀波，转角 $\delta = -1°$，所以

$$\theta_1 + \nu(Ma_1) = \theta_2 + \nu(Ma_2)$$
$$\nu(Ma_2) = \nu(Ma_1) - (\theta_2 - \theta_1) = 5° - (-1°) = 6°$$

上式中是由 $\lambda_1 = 1.2$ 查表得 $\nu(Ma_1) = 5°$。由上式又反查表，得

$$\lambda_2[\nu(Ma_2)] = \lambda_2[6°] = 1.227$$

又因为第二道波是右伸膨胀波，转角 $\delta = +1°$，所以

$$\theta_2 - \nu(Ma_2) = \theta_3 - \nu(Ma_3)$$
$$\nu(Ma_3) = \nu(Ma_2) + (\theta_3 - \theta_2) = 6° + (+1°) = 7°$$

反查表，得

$$\lambda_3[\nu(Ma_3)] = \lambda_3[7°] = 1.253$$

以上一维速度场求解完毕。如果知道来流的总压 p_1^*，还可以求②、③区的静压

$$p_2 = p_1^* \pi(Ma_2), p_3 = p_1^* \pi(Ma_3)。$$

在上面的例题中，膨胀波所以在 B 点反射是因为②区的气流与 B 点以后的壁面不平行。现在，如果上壁面在 B 点也内折 δ 角（见图 3-19），使 B 点以后的壁面与②区气流平行，就不会产生新的膨胀波 BC，即这时膨胀波 AB 在 B 点不反射。这种情况称为膨胀波的消失。

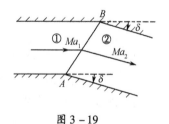

图 3-19

在超声速风洞的喷管设计中，在接近喷管出口处，特别需要避免投射于壁面上的波的反射。

二、膨胀波的相交

假定一平行气流在两壁面上的 A 及 A' 处分别外折 $|\delta_a|$ 及 $|\delta_b|$，如图 3-20 所示，则在折点 A 和 A' 分别产生两束膨胀波，并分别用一道膨胀波 AB 和 $A'B$ 来表示。①区气流经波 AB 和 $A'B$ 进入②、③区，方向分别与 A、A' 后的上下壁面平行。如果继续保持这个方向流下去，在交

点 B 以后就会形成一个楔形真空区,在气流中静压 p 的作用下气流必须再作一次膨胀以填满此空间。因此,在 B 点也产生两道膨胀波 BC 和 BC',在波后④区内上下两股气流又汇合在一起。

汇合后两股气流应处于流体力学流动平衡的状态之下,这时便不会产生新的膨胀波或压缩波。根据力学平衡的条件,两股气流应具有相同的流动方向和静压压强。因为 $p = p^* \pi(Ma)$,在此等熵流动问题中各区的总压 p^* 又相等,故压强相等的条件也就是无量纲速度 Ma 的大小应相等(在此绝能流动问题中也是真实速度 V 的大小应相等)。图 3-20 所示为 $|\delta_a| = |\delta_b|$ 的情况,此时④区的气流方向与膨胀波上游①区的气流方向相同。

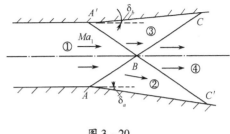

图 3-20

由此可得结论:膨胀波相交后仍为膨胀波。类似的分析可以证明,压缩波相交后仍为压缩波。

[**例 3-7**] 参看图 3-20,设 $\lambda_1 = 1.20, \theta_1 = 0°, |\delta_a| = |\delta_b| = 1°$,求②、③、④区中气流的马赫数及波 $AB、BC、A'B、BC'$ 的波角。

解 气流从①到②区是穿过左伸膨胀波 AB,按与例 3-6 同样的步骤可求得 $\nu(Ma_2) = 6°$,据此反查表,得

$$\lambda_2 = 1.227, Ma_2 = 1.294$$

气流从①到③区是穿过右伸膨胀波 $A'B$,并向上转折 $\delta = +1°$,所以

$$\theta_1 - \nu(Ma_1) = \theta_3 - \nu(Ma_3)$$
$$\nu(Ma_3) = \nu(Ma_1) + (\theta_3 - \theta_1) = 5° + (+1°) = 6°$$

反查表,得

$$\lambda_3[\nu(Ma_3)] = \lambda_3[6°] = 1.227, Ma_3 = 1.294$$

气流从③到④区是穿过又一道左伸膨胀波 BC,并向下转折 $\delta = -1°$,所以

$$\theta_3 + \nu(Ma_3) = \theta_4 + \nu(Ma_4)$$
$$\nu(Ma_4) = \nu(Ma_3) - (\theta_4 - \theta_3) = 6° - (-1°) = 7°$$

反查表,得

$$\lambda_4[\nu(Ma_4)] = \lambda_4[7°] = 1.253, Ma_4 = 1.331$$

又知④区气流方向为

$$\theta_4 = \theta_1 + (\theta_3 - \theta_1) + (\theta_4 - \theta_3) = 0° + (+1°) + (-1°) = 0°$$

即与原始气流方向平行。

各膨胀波的位置也可以经查表而列表计算,见表 3-1 及表 3-2。表中列出了各左伸波的方向 $(\theta + \mu)$ 和各右伸波的方向 $(\theta - \mu)$。应该注意,因为我们是用有限道膨胀波来代替无限多道膨胀波的,所以每一道波的方向应按由一个区域到另一个区域的平均 $(\theta + \mu)$ 或平均 $(\theta - \mu)$ 的值画出,参看图 3-21。

表 3-1 例 3-7 的各区间的气流参数

区间	θ	$\nu(Ma)$	Ma	μ	$\theta+\mu$	$\theta-\mu$
①	0°	5°	1.257	52°42′	52°42′	-52°42′
②	-1°	6°	1.294	50°36′	49°36′	-51°36′
③	1°	6°	1.294	50°36′	51°36′	-49°36′
④	0°	7°	1.331	48°42′	48°42′	-48°42′

表 3-2 例 3-7 的各膨胀波的位置

波	$(\theta+\mu)_{上游}$	$(\theta+\mu)_{下游}$	$(\theta+\mu)_{平均}$	$(\theta-\mu)_{上游}$	$(\theta-\mu)_{下游}$	$(\theta-\mu)_{平均}$
AB	5°42′	49°36′	51°09′			
BC	51°36′	48°42′	50°09′			
A′B				-52°42′	-49°36′	-51°09′
BC′				-51°36′	-48°42′	-50°09′

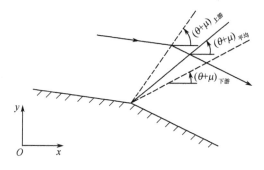

图 3-21

由上面的计算可见,波 AB 和 BC、波 A′B 和 BC′并不是在一条直线上,而是彼此相交后发生了偏折。

三、膨胀波在自由边界上的反射

运动介质和其它介质之间的切向(平行于速度方向)交界面称为自由边界。例如,射流与外界静止气体间的边界——射流边界就是一种自由边界。这种边界的特性是在接触面两边的压强相等。

在图 3-22 中,设超声速射流出口压强 p_1 大于外界环境压强 p_a,则气流出口后经膨胀波 AB 和 A′B 外折 δ 角,在②、③区内气流压强等于环境压强 $p_2=p_3=p_a$。因为②、③区内气流方向不平行了,如前所述,在 B 点必又产生两道膨胀波,使④区内变成均匀的轴向气流。膨胀波 BC 和 BC′与射流边界 AC 和 A′C′交于 C、C′点。以后气流将如何变化呢?为此,我们考察④区内的气流。当气流由②、③区经膨胀波进入④区时,分别往下或往上转折一个 δ 角,使④区内都是平行于轴向的均匀气流;但是,由于气流又进行了一次膨胀,④区内气流的压强将低于②、③区内气流的压强,即 $p_4<p_a$。显然,这时外界气体将压缩射流,在射流中产生两道压缩波 CD 和 C′D,波后⑤、⑥区内的气流内折一个 δ 角,压强重新等于外界压强 $p_5=p_6=p_a$。由此得出结论:膨胀波在自由边界上反射为压缩波。

类似的分析可以证明,压缩波在自由边界上反射为膨胀波。

四、膨胀波与压缩波相交

在图 3-23 中,上、下壁面都往上折转 $\delta_a=\delta_b=\delta$。在折点 A、A′处,必产生一道压缩波 AB

和一道膨胀波 $A'B$。虽然②、③区内气流方向是平行的,都往上偏 δ 角,但气流的压强则不同。②区内气流经过的是膨胀波,压强下降,③区内气流经过的是压缩波,压强升高,即 $p_3 > p_2$。这样两股气流平行地流下去是不可能的,它们在 B 点相遇后,②区的低压气流将受到③区高压气流的压缩,从而相对于②区气流,在 B 点处将产生压缩波 BC';另一方面,③区的高压气流将向②区膨胀,因此,相对于③区气流,在 B 点处将产生膨胀波 BC。原来压强较低的②区气流,经过压缩波 BC' 后,压强提高了;原来压强较高的③区气流,经过膨胀波 BC 后,压强降低了。由此得出结论:膨胀波与压缩波相交后各自继续前行。

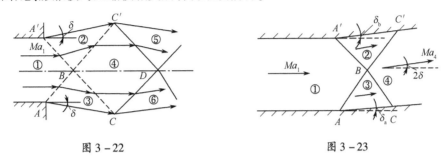

图 3-22　　　　　　　　　　　图 3-23

在波后④区内,上下两股气流又汇合在一起。同样根据力学平衡的条件,两股气流应具有相同的流动方向和静压压强。同样因为 $p = p^* \pi(Ma)$,在此等熵流动问题中各区的总压 p^* 又相等,故压强相等的条件也就是无量纲速度 Ma 的大小应相等(在此绝能流动问题中也是真实速度 V 的大小应相等)。据此可以分析出两股气流进入④区时各自转折角的大小。对于上面的一股气流从①到②区经历右伸波的过程和从②到④区经历左伸波的过程,分别应用(3-14b)式和(3-14a)式,易于写出

$$\nu(Ma_2) - \nu(Ma_1) = \theta_2 - \theta_1 = \delta_b \quad (右伸波) \tag{3-17a}$$

$$\nu(Ma_2) - \nu(Ma_4) = \theta_4 - \theta_2 = \delta_{2-4} \quad (左伸波) \tag{3-17b}$$

式中　δ_{2-4}——气流经历第二道波即左伸压缩波时应采取的转折角。

上两式相加,即两个转折过程叠加,有

$$[\nu(Ma_2) - \nu(Ma_1)] - [\nu(Ma_4) - \nu(Ma_2)] = \theta_4 - \theta_1 = \delta_b + \delta_{2-4} \tag{3-17c}$$

　　　先经膨胀波　　　后经压缩波

同理,对于下面的一股气流从①到③区经历左伸波的过程和从③到④区经历右伸波的过程,也可写出与(3-17)诸式相似的反映两个转折过程及其叠加的(3-18)诸式,即

$$\nu(Ma_1) - \nu(Ma_3) = \theta_3 - \theta_1 = \delta_a \quad (左伸波) \tag{3-18a}$$

$$\nu(Ma_4) - \nu(Ma_3) = \theta_4 - \theta_3 = \delta_{3-4} \quad (右伸波) \tag{3-18b}$$

$$[\nu(Ma_4) - \nu(Ma_3)] - [\nu(Ma_3) - \nu(Ma_1)] = \theta_4 - \theta_1 = \delta_a + \delta_{3-4} \tag{3-18c}$$

　　　后经膨胀波　　　先经压缩波

式中　δ_{3-4}——气流经历第二道波即右伸膨胀波时应采取的转折角。

前面说过两股气流最终平行即各自的总转折角 $(\theta_4 - \theta_1)$ 是相等的,两股气流在④区的马赫数 Ma_4 也是相等的,因此(3-17c)式对比(3-18c)式就可证明如下三个结论及一个推论:

膨胀波与压缩波相交时

(1) 气流的两次转折无论先膨胀后压缩还是先压缩后膨胀其总效果是一样的,均为总转

折角为$(\theta_4-\theta_1)$时的转折变速。这种转折过程的对称性来源于气流的方向角θ与函数$\nu(Ma)$之间的线性关系。

(2) 关于两股气流各自进入④区时的转折角,首先两式对比给出

$$\delta_b+\delta_{2-4}=\delta_a+\delta_{3-4} \tag{3-19a}$$

而δ_b、δ_a又是可任取的,则(3-19a)式只能存在唯一的互补性的解

$$\delta_{2-4}=\delta_a+C, \quad \delta_{3-4}=\delta_b+C \quad (C\text{为某个待求转角}) \tag{3-19b}$$

但我们马上就可证明待求转角$C=0$。因此得

$$\delta_{2-4}=\delta_a, \quad \delta_{3-4}=\delta_b \tag{3-19c}$$

证明的方法又使用对称性。下面气流的右伸波过程(3-18b)式减去上面气流的右伸波过程(3-17a)式并将(3-19b)式代入,有

$$(\theta_4-\theta_3)-(\theta_2-\theta_1)=(\delta_b+C)-\delta_b=C \quad (\text{两右伸波的气流转角差异}) \tag{3-20a}$$

而上面气流的左伸波过程(3-17b)式减去下面气流的左伸波过程(3-18a)式并将(3-19b)式代入,又有

$$(\theta_4-\theta_2)-(\theta_3-\theta_1)=(\delta_a+C)-\delta_a=C \quad (\text{两左伸波的气流转角差异}) \tag{3-20b}$$

对照图3-23,在来流的超声速马赫数Ma_1取任意确定值的情况下,(3-20a)式说明,压缩过的气流比未压缩的气流多膨胀了角C。而(3-20b)式说明,膨胀过的气流比未膨胀的气流多压缩了角C,由于过程可逆,这对应于反方向的等熵膨胀过程即是说,压缩过的气流比未压缩的气流少膨胀了角C。可见这两式的结论完全矛盾。只当$C=0$时才不矛盾。证毕。

(3) 将(3-19c)式代回到(3-17c)式和(3-18c)式,均得到

$$\theta_4-\theta_1=\delta_b+\delta_a \quad (\text{总转角值}) \tag{3-21a}$$

上面一股气流的右伸波过程(3-17a)式减去左伸波过程(3-17b)式并引用(3-19c)式,得

$$\nu(Ma_4)-\nu(Ma_1)=\delta_b-\delta_a \quad (\text{总变速值}) \tag{3-21b}$$

(4) 在上、下壁面转折角相同即$\delta_b=\delta_a=\delta$的特殊情况下的推论为

$$\theta_4-\theta_1=2\delta \quad (\text{总转角为2倍壁面转折角}) \tag{3-22a}$$

$$\nu(Ma_4)-\nu(Ma_1)=0 \quad (\text{总变速为0}) \tag{3-22b}$$

由于这时④区中气流与壁面不平行,故显然壁面不再折转时,上、下壁面上将再次反射出令气流转折角为$\delta-2\delta=-\delta$的压缩波、膨胀波,并相交。这种反射与相交将在管中重复下去。

上面我们分析了波的相交、反射的几种基本形式,不论实际的两簇波的流场如何复杂,都可以分解为这几种基本形式来进行流动现象的分析和计算。分析、理解和预测弱波的反射和相交现象时,所依据的气体动力学原理可以概括如下:

(1) 流线两侧静压的高低差异控制着气流速度的转向。

(2) 可以首先观察波束的走向,就像本节的分析中较多提及的波线;也可以首先观察气流流线的走向,然后再相应得出波线的走向。流线走向与波线走向这两个概念不要含混在一起。本章的"左伸波"、"右伸波"是对于波线走向而言的术语。

(3) 流线两侧静压平衡,同时气流方向平行,是使弱波消失(或称无反射波)的两个物理条件。在绝能等熵流动的前提下,若做不到同时满足这两个条件,则弱波将在流动的下游永不止息地反射。

§3-6 激波的形成和激波的传播速度

前面几节介绍了超声速气流中的膨胀波及相关的计算方法,从本节起将讨论超声速气流中另外一个重要的现象——激波。

超声速气流在流过物体时,物体头部附近的气体受到压缩,这种扰动在气流中的传播方式和前面提到的弱扰动的传播规律是不同的。如果按照弱扰动传播规律,物体头部产生的扰动按声速传播,在超声速流场中是无法传到上游的,也就是说,超声速气流将在物体头部驻点处速度直接变为零,这是违反质量守恒定律的。因此,这种情况下产生的扰动不再是弱扰动,而是强扰动。强扰动在气体中以超过声速的速度传播,表现为流体中出现一个参数的间断面,我们称之为激波。经过激波,气体的压强、密度、温度都会突跃升高,速度则突跃下降。利用经过激波气体密度突变的特性,可以用光学方法把激波拍摄下来,图3-24是超声速气流流过楔形体(a)和钝体(b)时用纹影仪所拍摄的流场照片,从照片可见,在楔形体头部有一条呈人字形的激波,在钝体头部附近有一条弓形激波。

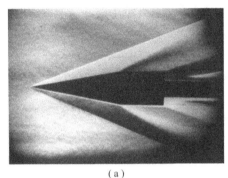
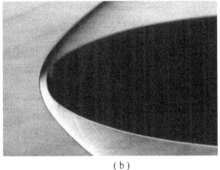

(a) (b)

图 3-24

从宏观上看激波是没有厚度的,但实际气体有黏性和导热性,这些物理性质使得流动不可能从超声速突然变为亚声速,局部速度梯度(温度梯度)越大,黏性耗散作用就越大,因此从微观上看激波是有厚度的,就是黏性力与惯性力平衡的厚度。理论计算和实际测量表明,在地面上激波的厚度大约是 $1/10\mu m$ 的量级,因此激波可以看成是无限薄。事实上,激波的厚度已经和气体分子的平均自由程是同一个数量级了,气流在这样小的距离内完成压缩过程,其物理变化非常复杂,实际上在激波内部还必须考虑稀薄效应,因为在厚度为几个分子平均自由程的激波内部,连续介质力学已不再成立。本课程范围内,在研究激波时都略去其厚度,认为气流通过激波时参数发生突跃的变化,我们只研究激波前后气流参数间的联系,对于激波内部的情况则不作探讨。

按照激波的形状,可以将激波分成以下几种:

(1)正激波:激波的波面为平面且与来流方向垂直,如图3-25(a)所示。超声速气流经正激波后,速度突跃地变为亚声速,经过激波的气流方向不变。下面讲到的曲面激波中的中间一段也可视为正激波,此外在超声速的管道流动中也可以出现正激波。

(2)斜激波:激波的波面为平面但与来流方向不垂直,如图3-25(b)所示。超声速气流经正激波后,速度突跃地降低且气流方向发生改变。当超声速气流流过楔形物体时,在物体前缘往往产生斜激波。

（3）曲面激波：激波的波面为曲面，例如，当超声速气流流过钝头物体时，在物体前面往往产生弓形的曲面激波，如图3-25(c)所示。

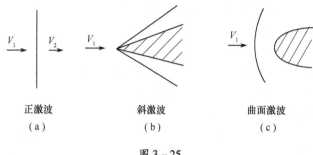

正激波　　　　斜激波　　　　曲面激波
(a)　　　　　(b)　　　　　(c)

图 3-25

下面举一个简单的例子来说明激波的形成过程。

设有一根很长的等截面直管，管中充满着静止气体，在管子左端有一个活塞，活塞向右作加速运动以压缩管内气体，如图3-26(a)所示。为了便于说明问题，设想活塞从静止状态加速到某一速度 V 的过程分解为很多阶段，每一阶段中活塞只有微小的速度增量 ΔV。

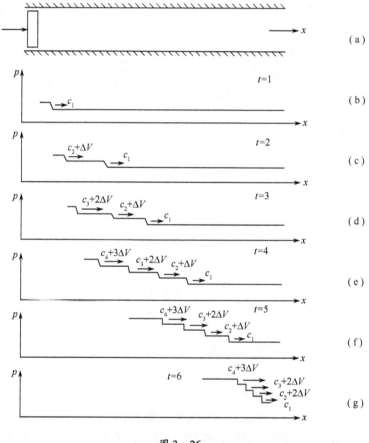

图 3-26

当活塞速度从零增加到 ΔV 时，活塞右面附近的气体先受到压缩，压强、温度略有提高，这时在气体中产生一道压缩波并向右传播，因活塞的速度增量 ΔV 很小，可认为该压缩波是弱压缩波,其传播速度是尚未被压缩的气体中的声速 c_1。弱压缩波左面的气体受到一次微弱的压缩,由于活塞在以速度 ΔV 移动,这部分气体被活塞推着也以同样的速度 ΔV 向右移动。弱压缩波右面的气体则未受活塞加速的影响。经历 1s 后,管内气体压强分布如图 3-26(b)所示,压强有微小变化处就是弱压缩波所在的位置。

这时再把活塞移动速度由 ΔV 增加到 $2\Delta V$,在管内气体中便产生第二道弱压缩波。第二道弱压缩波是在经过第一道波压缩后的气体中以当地声速相对于气体传播的,经过第一次压缩后,气体温度升高,声速增大为 c_2。另外,经过第一次压缩的气体,还以速度 ΔV 向右移动,故第二道弱压缩波相对于静止管壁的绝对传播速度应当是 $c_2 + \Delta V$。显然,第二道波的传播速度大于第一道波的传播速度。到第二秒钟末,管内气体的压强分布如图 3-26(c)所示。

依此类推,活塞每加速一次,在气体中就多一道弱压缩波(参看图 3-26(d)、(e)、(f)、(g)),每道波总是在经过前几次压缩后的气体中以当地声速相对于气体向右传播。气体每压缩一次,声速就增大一次,而且随着活塞速度的增大,活塞附近气体跟随活塞一起向右移动的速度也增加,所以后面产生的弱压缩波的绝对传播速度必定比前面的快。

经过若干次加速,活塞的速度达到 V,在管内形成了若干道弱压缩波,因为后面的波比前面的波传播得快,随着时间的推移,波和波之间的距离逐渐减小,到某一时刻,后面的波终于赶上了前面的波,使所有的弱压缩波集聚在一起成为一道波,这道波不再是弱压缩波了,而是强压缩波,也就是激波。以后只要活塞以不变的速度 V 前移,在管内就能维持一个强度不变的激波。

以上讨论说明,气体被压缩而产生的一系列压缩波总有集聚的趋势,当许多弱压缩波集聚到一起时就形成了激波。这种量的变化引起了质的飞跃,使激波的性质与弱压缩波有本质的差异,这点将在后面讨论。

应用一维定常流的基本方程式可以导出激波的传播速度与激波前后气体参数间的关系。图 3-27(a)表示由于活塞的加速运动在管内气体中形成的激波在某一瞬时的位置。用 V_s 和 V_B 分别代表激波向右传播的速度及激波后气体的运动速度(即活塞向右移动的速度)。为便于分析,取随同激波一起运动的坐标系来观察问题,在这个坐标系中,激波静止不动,激波前的气体以速度 $V_1 = V_s$ 向左流向激波,经过激波后气体速度为 $V_2 = V_s - V_B$,如图 3-27(b)所示。

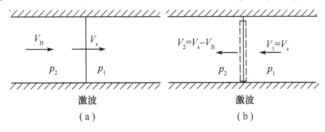

图 3-27

对图 3-27(b)中虚线所示的控制体应用动量方程式,可得

$$A(p_1 - p_2) = \dot{m}[(V_s - V_B) - V_s]$$

式中　下标"1"——激波前的气体参数;
　　　下标"2"——激波后的气体参数;
　　　A——管道截面积;
　　　$\dot{m}$——通过激波的气体流量。

显然
$$\dot{m} = A\rho_1 V_s$$

因此,动量方程式可写成
$$A(p_1 - p_2) = A\rho_1 V_s [(V_s - V_B) - V_s]$$

或
$$V_s V_B = \frac{p_2 - p_1}{\rho_1} \tag{a}$$

对所取控制体应用连续方程,得
$$A\rho_1 V_s = A\rho_2 [(V_s - V_B)]$$

或
$$V_B = \frac{\rho_2 - \rho_1}{\rho_2} V_s \tag{b}$$

联立(a)式和(b)式,可得
$$V_s = \sqrt{\frac{p_2 - p_1}{\rho_1} \bigg/ \frac{\rho_2 - \rho_1}{\rho_2}} = \sqrt{\frac{p_1}{\rho_1}\left(\frac{p_2}{p_1} - 1\right) \bigg/ \left(1 - \frac{\rho_1}{\rho_2}\right)} \tag{3-23}$$

(3-23)式就是激波的传播速度与激波前后气流参数的关系。将(3-23)式代入(b)式,可得活塞的运动速度或即激波后气体的追波运动速度为

$$V_B = \sqrt{\frac{p_2 - p_1}{\rho_1} \cdot \frac{\rho_2 - \rho_1}{\rho_2}} = \sqrt{\frac{p_1}{\rho_1}\left(\frac{p_2}{p_1} - 1\right)\left(1 - \frac{\rho_1}{\rho_2}\right)} \tag{3-24}$$

由(3-23)式可见,随着激波强度的增大(p_2/p_1 或 ρ_2/ρ_1 增大),激波的传播速度也增大。若激波强度很弱,即 $p_2/p_1 \to 1$,$\rho_2/\rho_1 \to 1$,此时激波已成为微弱压缩波,则(3-23)式可写成

$$V_s = \sqrt{\frac{p_2 - p_1}{\rho_2 - \rho_1}} = \sqrt{\frac{\mathrm{d}p}{\mathrm{d}\rho}} = c$$

若是无限强的压缩波,则(3-23)式成为

$$V_s = \lim_{p_2, \rho_2 \to \infty} \sqrt{\frac{p_1}{\rho_1}\left(\frac{p_2}{p_1} - 1\right) \bigg/ \left(1 - \frac{\rho_1}{\rho_2}\right)} = \infty$$

因此,激波的传播速度是在 $c \sim \infty$ 之间。即对于尚未收到扰动的波前气流而言,激波总是以超过其中声速的速度向前传播的,这点写为 $Ma_1 > 1$ 或 $\lambda_1 > 1$。

在图 3-26(a)所示的直管中,只要活塞作加速运动,就能在管内气体中产生激波,以后只要活塞以不变的速度向前运动,激波强度就不随时间变化,即激波是稳定的。比较(3-23)式和(3-24)式看出,由于 $p_2/p_1 > 1$,$\rho_2/\rho_1 > 1$,因此激波的传播速度 V_s 恒大于活塞运动速度 V_B。又由于 V_s 最小为声速,因此活塞的运动速度 V_B 可以是亚声速的,也可以是超声速的。这样可知激波和活塞之间的距离随着时间的推移而逐渐增大。这是在管中的情形。

而当物体在开放的空间中运动时(例如物体在大气中运动),情况则有所不同,只有当物体以超声速运动时才可能形成稳定的激波。物体在大空间中运动时,激波后被压缩的气体

没有受到图3-26(a)中那样的管壁的限制,气体能够自由地向两侧流动(见图3-28),这样的流动使得激波后的气体压强降低,激波随之减弱。若物体运动速度小于激波传播速度,物体与激波间的距离逐渐增大,激波后向两侧流动的气体量也增大,激波后气体压强逐渐降低,激波逐渐减弱,直至最后消失。物体的运动速度与激波传播速度相同时,就能维持物体与激波之间不变的相对位置,使激波保持稳定。需要指出的是,物体在静止空气中作超声速运动产生激波的情况和物体不动,气流以超声速迎面流来产生激波的情况本质上是相同的。

图 3-28

[**例3-8**] 设长管中静止空气的参数为:$p_1 = 9.81 \times 10^4 \text{N/m}^2$,$\rho_1 = 1.225 \text{kg/m}^3$,$T_1 = 288\text{K}$。经活塞压缩后,在气体中产生一道激波,波后空气的参数为:$p_2 = 1.765 \times 10^5 \text{N/m}^2$,$\rho_2 = 1.850 \text{kg/m}^3$。求激波的传播速度和激波后空气的运动速度。

解 由(3-23)式求出激波传播速度为

$$V_s = \sqrt{\frac{p_2 - p_1}{\rho_2 - \rho_1} \frac{\rho_2}{\rho_1}} = \sqrt{\frac{(1.765 - 0.981) \times 10^5}{1.850 - 1.225} \frac{1.850}{1.225}} = 440 \text{m/s}$$

$$V_B = \sqrt{\frac{p_2 - p_1}{\rho_1} \frac{\rho_2 - \rho_1}{\rho_2}} = \sqrt{\frac{(1.765 - 0.981) \times 10^5 \times (1.850 - 1.225)}{1.225 \times 1.850}} = 148 \text{m/s}$$

而激波前气体中的声速为

$$c_1 = \sqrt{kRT_1} = \sqrt{1.4 \times 287.06 \times 288} = 340 \text{m/s}$$

由此例题可以看出,激波的传播速度大于波前气体中的声速。

§3-7 正 激 波

本节讨论正激波两侧的气流参数关系。在上节中我们提到了管内由多道弱压缩波集聚形成正激波的情形,除此之外,激波管也可产生正激波,激波管将不同压力的气体用薄膜分开,当薄膜突然破坏后,会产生一道正激波从高压气体端向低压气体端传播。上述两种情况是激波相对于观察者是运动的情况,在管内,超声速气流遇到压缩大多会产生固定的一道或多道激波。

一、基本模型及控制方程

一般情况下,激波可以在气体中运动,也可以在气体中固定不动。为了便于分析,我们将坐标系固结在激波上,将正激波看成是静止的平面,这种激波称为驻激波。这时气流穿过激波,气流参数在激波面两侧发生突跃。前面已经提到,激波从微观上是有厚度的,但在考虑一般意义上的宏观流动时,激波可以近似看成没有厚度。我们仅关心远离激波的上游流动状态和下游流动状态。图3-29给出了管内正激波的基本模型,该模型反映的基本假设如下:

(1) 流动方向为从左到右,激波上游和下游的参数分别以下标"1"、"2"表示,并设正激波前后的气流参数分别为p_1、ρ_1、T_1、V_1及p_2、ρ_2、T_2、V_2,激波面的面积为A(垂直纸面);

(2) 流动是定常的;

(3) 激波上下游的气流参数都是均匀的,只在激波所在的极小的距离内发生突跃的变化;

(4)管壁绝热,忽略摩擦及传热;

又在上述基本假设下,该模型的流动所具有的基本物理特征为

(5)气流穿越驻激波是一个绝能过程,因为激波面虽然对气流有作用力,但驻激波面并无位移,因此驻激波不对气流作功;

(6)不能事先假设气流经过激波是等熵过程。

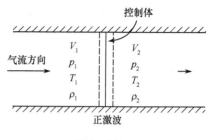

图 3-29

对于上述模型,取控制体如图 3-29 所示,则可以根据以下四个方程,即连续性方程、动量方程、能量方程和状态方程来建立正激波前后各参数之间的关系式。

连续性方程,即流入激波面的流量等于流出激波面的流量,有

$$\dot{m} = \rho_1 V_1 A = \rho_2 V_2 A = 常数$$

或

$$\rho_1 V_1 = \rho_2 V_2 \tag{3-25}$$

动量方程,只有压力差导致动量改变,为

$$p_1 A_1 - p_2 A_2 = \dot{m} V_2 - \dot{m} V_1 \tag{3-26}$$

即

$$p_1 - p_2 = -\rho_1 V_1^2 + \rho_2 V_2^2$$

能量方程,绝能过程时,有

$$h_1 + \frac{V_1^2}{2} = h_2 + \frac{V_2^2}{2} = 常数 \tag{3-27}$$

状态方程为

$$u = u(p, \rho), \quad h = h(p, \rho) \tag{3-28}$$

对于完全气体有

$$p = \rho R T$$

以上四个方程是联系正激波前后压强、密度、温度和速度等流动参数的基本方程组。应用以上方程可以分析正激波前后气流参数间的关系,可以得到关于正激波参数计算的三组公式。它们分别是:朗金-雨贡纽(Rankine-Hugoniot)关系式,普朗特(Prandtl)关系式,波前波后气流参数的运算关系式,包含总压损失或熵增的运算关系式。

二、普朗特关系式

用动量方程(3-26)式除以连续方程(3-25)式,得到

$$\frac{p_1}{\rho_1 V_1} + V_1 = \frac{p_2}{\rho_2 V_2} + V_2$$

即

$$\frac{p_1}{\rho_1} + V_1^2 = \left(\frac{p_2}{\rho_2} + V_2^2\right) \frac{V_1}{V_2} \tag{3-29}$$

我们注意到激波两侧的温度是间断变化的,因此当地声速也是不一致的,但临界声速是不变的,所以,参见(2-88)式的写法,可以把能量方程(3-27)式写成

$$\frac{V_1^2}{2} + \frac{k}{k-1} \frac{p_1}{\rho_1} = \frac{V_2^2}{2} + \frac{k}{k-1} \frac{p_2}{\rho_2} = \frac{1}{2} \frac{k+1}{k-1} c_{\text{cr}}^2$$

由上式可以分别解出

$$\frac{p_1}{\rho_1} = \frac{k+1}{2k} c_{cr}^2 - \frac{k-1}{2k} V_1^2$$

$$\frac{p_2}{\rho_2} = \frac{k+1}{2k} c_{cr}^2 - \frac{k-1}{2k} V_2^2$$

把这两式代入(3-29)式,化简得到

$$V_1 V_2 = c_{cr}^2 \tag{3-30}$$

或者

$$\lambda_1 \lambda_2 = 1 \tag{3-31}$$

这就是正激波的普朗特关系式。因 $\lambda_1 > 1$,故上式表明 $\lambda_2 < 1$,即正激波后气流总是亚声速的。

三、波前波后气流参数的运算关系式

下面我们利用以上关系式分析激波的主要特性,并导出便于计算的激波前后气流参数的关系式。

激波是一个绝热过程,因此激波前后的气流总能量不变,即 $T_1^* = T_2^*$,根据总温和静温的关系可以得出激波两侧的静温关系为

$$\frac{T_2}{T_1} = \frac{T_2/T_2^*}{T_1/T_1^*} = \frac{1+\frac{k-1}{2}Ma_1^2}{1+\frac{k-1}{2}Ma_2^2} \tag{3-32}$$

从(3-32)式出发可以推导出其它物理量之间的关系。

由连续方程(3-25)式和完全气体状态方程(3-28)式可得

$$\frac{p_1}{RT_1} V_1 = \frac{p_2}{RT_2} V_2 \tag{3-33}$$

上式两边平方,同除以 k,再变形,得

$$\frac{p_1^2}{T_1 kRT_1} V_1^2 = \frac{p_2^2}{T_2 kRT_2} V_2^2 \tag{3-34}$$

考虑到声速的定义式 $c = \sqrt{kRT}$ 及马赫数的定义式 $Ma = V/c$,可得

$$\frac{p_1^2}{T_1} Ma_1^2 = \frac{p_2^2}{T_2} Ma_2^2 \tag{3-35}$$

将(3-32)式代入上式,可得

$$\frac{p_2}{p_1} = \frac{Ma_1}{Ma_2} \left(\frac{1+\frac{k-1}{2}Ma_2^2}{1+\frac{k-1}{2}Ma_1^2} \right)^{\frac{1}{2}} \tag{3-36}$$

另一方面,由马赫数定义及状态方程,可得

$$\rho V^2 = \frac{p}{RT} \frac{V^2}{kRT} kRT = kpMa^2$$

代入动量方程(3-26)式,可得

$$p_1 + kp_1 Ma^2 = p_2 + kp_2 Ma^2$$

整理得

$$\frac{p_2}{p_1} = \frac{1 + kMa_1^2}{1 + kMa_2^2} \tag{3-37}$$

联立(3-36)式和(3-37)式,可得

$$\frac{Ma_1 \left(1 + \frac{k-1}{2} Ma_1^2\right)^{\frac{1}{2}}}{1 + kMa_1^2} = \frac{Ma_2 \left(1 + \frac{k-1}{2} Ma_2^2\right)^{\frac{1}{2}}}{1 + kMa_2^2}$$

求解上式可得两个解,分别为

$$Ma_2 = Ma_1 \tag{3-38a}$$

$$Ma_2^2 = \frac{Ma_1^2 + \frac{2}{k-1}}{\frac{2k}{k-1} Ma_1^2 - 1} \tag{3-38b}$$

显然,有物理意义的解是(3-38b)式,到此我们获得了激波两侧马赫数之间的关系(3-38b)式。根据这一关系,可进一步推导出激波前后其它参数之间的关系。结果为

$$\frac{p_2}{p_1} = \frac{2k}{k+1} Ma_1^2 - \frac{k-1}{k+1} \tag{3-39}$$

$$\frac{\rho_2}{\rho_1} = \frac{1}{\frac{2}{k+1} \frac{1}{Ma_1^2} + \frac{k-1}{k+1}} \tag{3-40}$$

$$\frac{T_2}{T_1} = \left(\frac{2k}{k+1} Ma_1^2 - \frac{k-1}{k+1}\right)\left(\frac{2}{k+1} \frac{1}{Ma_1^2} + \frac{k-1}{k+1}\right) \tag{3-41}$$

$$\frac{V_2}{V_1} = \frac{2}{k+1} \frac{1}{Ma_1^2} + \frac{k-1}{k+1} \tag{3-42}$$

$$\frac{c_2}{c_1} = \sqrt{\left(\frac{2k}{k+1} Ma_1^2 - \frac{k-1}{k+1}\right)\left(\frac{2}{k+1} \frac{1}{Ma_1^2} + \frac{k-1}{k+1}\right)} \tag{3-43}$$

(3-28)式~(3-43)式把波前波后参数之比表达为波前马赫数的函数。从上面的关系式可以分析出:

(1) 如果波前马赫数无限大,则压强比也是无限大。这意味着,来流越强,激波也越强。可以通过激波实现任意大的压缩。

(2) 因为波前马赫数无限大时,密度之比有一个极限,所以通过激波不可能实现无限高密度的压缩。

[例3-9] 正激波波前气流速度为722.4m/s,空气压力是国际标准大气海平面大气压,温度为294.4K。计算激波后的马赫数、压力、温度和速度。

解 由 $V_1 = 722.4 \text{m/s}, T_1 = 294.4 \text{K}$,算出 $c_1 = \sqrt{kRT_1} = 343.9 \text{m/s}, Ma_1 = V_1/c_1 = 2.10$。又根据正激波前后气流参数关系,得到

$$Ma_2 = \sqrt{\left(Ma_1^2 + \frac{2}{k-1}\right) / \left(\frac{2k}{k-1}Ma_1^2 - 1\right)} = 0.56128$$

$$\frac{p_2}{p_1} = \frac{2k}{k+1}Ma_1^2 - \frac{k-1}{k+1} = 4.9783$$

$$\frac{T_2}{T_1} = \left(\frac{2k}{k+1}Ma_1^2 - \frac{k-1}{k+1}\right)\left(\frac{2}{k+1}\frac{1}{Ma_1^2} + \frac{k-1}{k+1}\right) = 1.7704$$

$$\frac{V_2}{V_1} = \frac{2}{k+1}\frac{1}{Ma_1^2} + \frac{k-1}{k+1} = 2.819$$

查出 $p_1 = p_a = 1.01325 \times 10^5 \text{Pa}$，再计算得

$$p_2 = \frac{p_2}{p_1}p_1 = 5.04426 \times 10^5 \text{N/m}^2, \quad T_2 = \frac{T_2}{T_1}T_1 = 521.3\text{K}, \quad V_2 = \frac{V_2}{V_1}V_1 = 256.9\text{m/s}$$

四、朗金 – 雨贡纽关系式

由压力比(3-39)式和密度比(3-40)式消去马赫数，可得

$$\frac{p_2}{p_1} = \frac{\dfrac{k+1}{k-1}\dfrac{\rho_2}{\rho_1} - 1}{\dfrac{k+1}{k-1} - \dfrac{\rho_2}{\rho_1}} \tag{3-44}$$

$$\frac{\rho_2}{\rho_1} = \frac{\dfrac{k+1}{k-1}\dfrac{p_2}{p_1} + 1}{\dfrac{k+1}{k-1} + \dfrac{p_2}{p_1}} \tag{3-45}$$

再利用状态方程 $\dfrac{T_2}{T_1} = \dfrac{p_2}{p_1} \Big/ \dfrac{\rho_2}{\rho_1}$，可得

$$\frac{T_2}{T_1} = \frac{p_2}{p_1}\frac{\dfrac{k-1}{k+1}\dfrac{p_2}{p_1} + 1}{\dfrac{k-1}{k+1} + \dfrac{p_2}{p_1}} \tag{3-46}$$

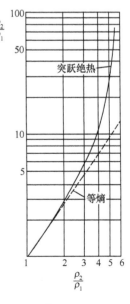

图 3-30

这三个关系式称为朗金 – 雨贡纽(Rankine – Hugoniot)关系式，它反映了激波前后气流静参数变化之间的关系。我们将在分析斜激波之后看到，该三式的重要性在于，它对于任何激波都是正确的。

由(3-44)式、(3-45)式和(3-46)式看出，正激波前后压强比、密度比和温度比的关系不同于等熵过程的关系(2-41b)式。图 3-30 在对数坐标下以虚线和实线分别表示了 $k=1.4$ 时的等熵关系和朗金 – 雨贡纽关系。当 $\rho_2/\rho_1 = 1$ 时，由等熵关系和朗金 – 雨贡纽关系都得到 $p_2/p_1 = 1$。不难证明，两条曲线在 $\rho_2/\rho_1 = 1$ 处有相同的斜率，这说明在 $\rho_2/\rho_1 \to 1$ 时，两者很接近，用等熵关系代替朗金 – 雨贡纽关系所引起的误差不大。随

着 ρ_2/ρ_1 的增大,两者相差越来越大。由(3-44)式看出,当 $\rho_2/\rho_1 \to (k+1)/(k-1)$ 时,朗金-雨贡纽关系的 $p_2/p_1 \to \infty$,而按等熵规律,p_2/p_1 此时仍为有限值。

五、总压损失的运算关系式

对于激波前后可以写出

$$p_1^* = \rho_1^* R T_1^*, \quad p_2^* = \rho_2^* R T_2^*$$

而对于驻激波,气流穿过激波是一个绝能过程,因此

$$T_1^* = T_2^*$$

故

$$\frac{p_2^*}{p_1^*} = \frac{\rho_2^*}{\rho_1^*} \tag{a}$$

由滞止状态定义

$$p_1^* = p_1 \left(\frac{\rho_1^*}{\rho_1}\right)^k$$

$$p_2^* = p_2 \left(\frac{\rho_2^*}{\rho_2}\right)^k$$

得

$$\frac{\rho_2^*}{\rho_1^*} = \left(\frac{p_2^*}{p_1^*}\right)^{\frac{1}{k}} \left(\frac{p_1}{p_2}\right)^{\frac{1}{k}} \frac{\rho_2}{\rho_1} \tag{b}$$

将(b)式代入(a)式,得

$$\frac{p_2^*}{p_1^*} = \left(\frac{\rho_2}{\rho_1}\right)^{\frac{k}{k-1}} \left(\frac{p_1}{p_2}\right)^{\frac{1}{k-1}}$$

将(3-39)式、(3-40)式代入上式,可得

$$\frac{p_2^*}{p_1^*} = \frac{1}{\left(\frac{2k}{k+1}Ma_1^2 - \frac{k-1}{k+1}\right)^{\frac{1}{k-1}} \left(\frac{2}{k+1}\frac{1}{Ma_1^2} + \frac{k-1}{k+1}\right)^{\frac{k}{k-1}}} \tag{3-47}$$

随着激波前马赫数 Ma_1 的增大,激波后总压与激波前总压之比下降,即激波强度越大,通过激波的总压损失越多。又当 $Ma_1 = 1$ 时,激波变为弱扰动波,此时 $p_2^* = p_1^*$。

由(2-69)式,气体通过激波熵的变化为

$$\Delta s = s_2 - s_1 = -R\ln\left(\frac{p_2^*}{p_1^*}\right) = R\ln\left[\left(\frac{2k}{k+1}Ma_1^2 - \frac{k-1}{k+1}\right)^{\frac{1}{k-1}} \left(\frac{2}{k+1}\frac{1}{Ma_1^2} + \frac{k-1}{k+1}\right)^{\frac{k}{k-1}}\right] \tag{3-48}$$

因为 $p_2^* < p_1^*$,故 $\Delta s > 0$,即经过正激波后气体的熵必增大,是一个熵增过程。从物理上看,气体经过激波时受到突跃式的压缩,在激波内部存在剧烈的热传导和黏性作用,气流通过激波经历的是不可逆绝热流动。由热力学知识知道,在不可逆绝热流动中,气体的熵增加,作功能力下降。

六、波阻

现在来讨论关于波阻的概念。设有物体在无黏性流体中作超声速运动,在物体前方产生了激波,如图3-31所示。

为方便起见,取与物体一起运动的坐标系来观察问题。取控制面如图3-31中虚线所示,

对 AC 和 BD 为离物体上下两侧相当远处的两条流线,由于离物体很远,受物体的扰动小,因此可视为两条平行于来流方向的直线,AB 和 CD 是在物体前后方相当远处垂直于来流方向的两个截面。对该控制面应用动量方程,由于所取控制面离物体很远,因此作用于控制面上的气体压强可认为都等于物体远前方的压强 p_1,这部分力的合力为零。气流通过激波必有总压损失,CD 截面上的气流总压必低于 AB 截面上的气流总压,而两个截面上的静压相等,故 CD 截面上的流速 V_2 必小于 AB 截面上的流速 V_1。令 D_{sh} 代表气体作用于物体上的力,根据动量方程式,可以写出

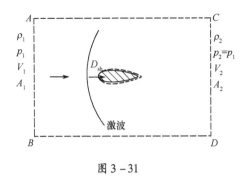

图 3-31

$$-D_{sh} \approx A_2\rho_2 V_2^2 - A_1\rho_1 V_1^2 = \dot{m}(V_2 - V_1)$$

或

$$D_{sh} \approx A_1\rho_1 V_1^2 - A_2\rho_2 V_2^2 = \dot{m}(V_1 - V_2) > 0$$

式中 $\dot{m}$——图 3-31 中流线 AC、BD 之间的气体流量。

上式表明,力 D_{sh} 的方向和来流方向一致,对物体来说是一个阻力,这个阻力是由于存在激波而引起的,故叫波阻。物体作超声速运动时都会遇到波阻,波阻的大小取决于激波的强度,激波愈强,则波阻愈大。事实上,波阻的大小同激波的形状有关,而激波的形状主要取决于来流马赫数和物体头部的形状。

§3-8 斜 激 波

在实际工程问题中,上节中的正激波是激波的一种特殊形式,更一般的情况是斜激波,超声速气流在遇到楔形体或凹折面时受到压缩产生斜激波。本节将讨论斜激波前后的气流参数关系。

一、基本模型及控制方程

图 3-32 表示的是超声气流流过楔形体时产生的斜激波,图中 δ 是楔形体的半顶角,β 是斜激波波面与来流方向的夹角,叫做激波角。气流沿水平方向流动经过斜激波后,气流转折 δ 角,沿和楔形体表面平行的方向流动。我们沿斜激波取控制体 1122。与正激波相同,气流穿越这个驻激波的控制体时,尽管楔形体对气流有作用力,但其相对于气流没有移动,所以气流仍然是经历一个绝能过程。将激波前后气流速度分解为平行于波面的分量 V_{1t}、V_{2t} 和垂直于波面的分量 V_{1n}、V_{2n},对所取控制体可写出下列基本方程式。

连续方程为

$$\rho_1 V_{1n} = \rho_2 V_{2n} \qquad (3-49)$$

切向动量方程,平行于波面方向,即

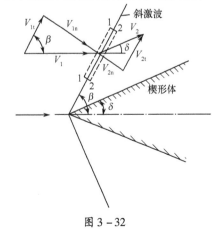

图 3-32

$$\rho_1 V_{1n} V_{1t} = \rho_2 V_{2n} V_{2t}$$

将连续方程代入上式,可得

$$V_{1t} = V_{2t} = V_t \tag{3-50}$$

法向动量方程,垂直于波面方向,即

$$p_1 + \rho_1 V_{1n}^2 = p_2 + \rho_2 V_{2n}^2 \tag{3-51}$$

绝能流动能量方程为

$$h_1 + \frac{V_1^2}{2} = h_2 + \frac{V_2^2}{2} = 常数 \tag{3-52a}$$

或引用(3-50)式后,上式可写为

$$h_1 + \frac{V_{1n}^2}{2} = h_2 + \frac{V_{2n}^2}{2} = 常数 \tag{3-52b}$$

对上述方程分析我们可以知道,气流通过斜激波时,只有法向速度分量减小,而切向速度不变。同时气流向波面折转。气流通过斜激波时,法向总焓的值没有变化。因此,可以将斜激波视为以法向分速度为波前速度的正激波。

二、朗金 - 雨贡纽关系式

从基本方程(3-49)式、(3-50)式、(3-51)式和(3-52)式可以导出朗金 - 雨贡纽关系式。将静焓表达式 $h = c_p T = kRT/(k-1)$ 及完全气体状态方程代入(3-52b)式,可得

$$\frac{k}{k-1}\left(\frac{p_2}{\rho_2} - \frac{p_1}{\rho_1}\right) = \frac{1}{2}(V_{1n}^2 - V_{2n}^2) \tag{3-53a}$$

由(3-49)式和(3-51)式,得

$$p_2 - p_1 = \rho_1 V_{1n}^2 - \rho_2 V_{2n}^2 = \rho_1 V_{1n}^2 \left(1 - \frac{\rho_2 V_{2n}^2}{\rho_1 V_{1n}^2}\right) = \rho_1 V_{1n}^2 \left(1 - \frac{\rho_1}{\rho_2}\right) \tag{3-53b}$$

整理可得

$$V_{1n}^2 = \frac{p_2 - p_1}{\rho_2 - \rho_1} \frac{\rho_2}{\rho_1} \tag{3-53c}$$

类似地改写(3-53b)式,整理可得

$$V_{2n}^2 = \frac{p_2 - p_1}{\rho_2 - \rho_1} \bigg/ \frac{\rho_2}{\rho_1} \tag{3-53d}$$

将(3-53c)式、(3-53d)式代入(3-53a)式,消去其速度变量,使仅含热力学状态变量,整理可得

$$\frac{p_2}{p_1} = \frac{\dfrac{k+1}{k-1}\dfrac{\rho_2}{\rho_1} - 1}{\dfrac{k+1}{k-1} - \dfrac{\rho_2}{\rho_1}} \tag{3-54a}$$

$$\frac{\rho_2}{\rho_1} = \frac{\dfrac{k+1}{k-1}\dfrac{p_2}{p_1} + 1}{\dfrac{k+1}{k-1} + \dfrac{p_2}{p_1}} \tag{3-54b}$$

$$\frac{T_2}{T_1} = \frac{p_2}{p_1} \frac{\frac{k-1}{k+1}\frac{p_2}{p_1} + 1}{\frac{k-1}{k+1} + \frac{p_2}{p_1}} \tag{3-54c}$$

这三个公式即朗金 – 雨贡纽关系式。显然,斜激波情况下的朗金 – 雨贡纽关系式与正激波情况下的完全相同,它们不包含激波角,和坐标系的方向无关,因此适用于任何一道激波。

三、普朗特关系式

由连续方程(3-49)式和法向动量方程(3-51)式得到

$$V_{1n} - V_{2n} = \frac{p_2}{\rho_2}\frac{1}{V_{2n}} - \frac{p_1}{\rho_1}\frac{1}{V_{1n}} \tag{a}$$

而能量方程(3-52a)式又可写为

$$\frac{V_{1n}^2 + V_{1t}^2}{2} + \frac{k}{k-1}\frac{p_1}{\rho_1} = \frac{V_{2n}^2 + V_{2t}^2}{2} + \frac{k}{k-1}\frac{p_2}{\rho_2} = \frac{1}{2}\frac{k+1}{k-1}c_{\text{cr}}^2$$

由上式解出

$$\frac{p_1}{\rho_1} = \frac{k+1}{2k}c_{\text{cr}}^2 - \frac{k-1}{2k}(V_{1n}^2 + V_{1t}^2) \tag{b}$$

$$\frac{p_2}{\rho_2} = \frac{k+1}{2k}c_{\text{cr}}^2 - \frac{k-1}{2k}(V_{2n}^2 + V_{2t}^2) \tag{c}$$

将(b)式、(c)式代入(a)式消去其热力学状态变量,使仅含速度变量,整理得到

$$V_{1n}V_{2n} = c_{\text{cr}}^2 - \frac{k-1}{k+1}V_t^2 \quad \text{或} \quad \lambda_{1n}\lambda_{2n} = 1 - \frac{k-1}{k+1}\lambda_t^2 \tag{3-55}$$

这就是斜激波的普朗特关系式。显然,(3-31)式是上式在 $V_t = 0$ 时的特例。

现在对于正激波及其普朗特关系式(3-31)式和斜激波及其普朗特关系式(3-55)式做进一步的对比和分析。用管内正激波波速 V_s 的(3-23)式对比一般斜激波波前法向分速度的(3-53c)式,直接可见

$$V_{1n}^2 = V_s^2 \tag{3-56a}$$

又用管内正激波后气体运动速度的(3-24)式对比斜激波后气体法向分速度的(3-53d)式,容易验证有

$$V_{2n}^2 = (V_s - V_B)^2 \tag{3-56b}$$

(3-56a)式和(3-56b)式说明,当波前的热力学状态变量 p_1、ρ_1 和波后的改变量 p_2/p_1、ρ_2/ρ_1 相等时,斜激波的法向气流速度 V_{1n}、V_{2n} 与正激波的波速 V_s、波后出流速度 $(V_s - V_B)$ 也相等。进一步,法向无量纲速度 $V_{1n}/\sqrt{kRT_1}$、$V_{2n}/\sqrt{kRT_2}$ 与无量纲速度 $V_s/\sqrt{kRT_1}$、$(V_s - V_B)/\sqrt{kRT_2}$ 也相等。因此,法向流场与正激波流场相等,或可以说斜激波的法向传播行为就是同样马赫数 Ma_{1n}、Ma_{2n} 下的正激波的行为。这是一个很重要而有用的概念,据此可以利用正激波求解工具求解斜激波,见本节相关内容。

(3-31)式 $\lambda_1\lambda_2 = 1$ 已证明,通过正激波超声速气流必降为亚声速气流。而对于斜激波,(3-55)式首先已直接证明了在斜激波法向必然有 $\lambda_{1n}\lambda_{2n} < 1$。其次因法向行为即正激波行为 $V_{1n} = V_s$,故又证明了必然有 $\lambda_{1n} > 1$,即斜激波波前法向也必为超声速流动。于是必然也有

$\lambda_{2n} < 1$,即斜激波波后法向也必为亚声速流动。因此,正、斜激波按法向看均有 $\lambda_1 > 1$、$\lambda_2 < 1$ 的结论。再则可见,斜激波必有波前合成无量纲速度 $\lambda_1 = \sqrt{\lambda_{1n}^2 + \lambda_{1t}^2} > 1$,而波后为 $\lambda_2 = \sqrt{\lambda_{2n}^2 + \lambda_{2t}^2} \geq$ 或 ≤ 1,即斜激波波前合成速度必超声速,而波后合成速度则可能是超声速的,也可能是亚声速的。

四、波前波后密度比、压力比、温度比以及马赫数的运算关系式

下面我们利用基本方程组(3-49)式~(3-52)式和普朗特关系式,推导出计算斜激波两侧气流参数关系的很重要的一组运算关系式。由普朗特关系式(3-55)式可得

$$V_{1n}V_{2n} = c_{cr}^2 - \frac{k-1}{k+1}V_t^2 = \frac{2}{k+1}c_1^2\left(1 + \frac{k-1}{2}Ma_1^2\right) - \frac{k-1}{k+1}V_t^2$$

$$= \frac{2}{k+1}c_1^2 + \frac{k-1}{k+1}V_1^2 - \frac{k-1}{k+1}V_t^2 = \frac{2}{k+1}c_1^2 + \frac{k-1}{k+1}V_{1n}^2$$

从上式中可解出

$$\frac{V_{2n}}{V_{1n}} = \frac{2}{k+1}\frac{1}{Ma_1^2\sin^2\beta} + \frac{k-1}{k+1} \tag{3-57}$$

代入连续方程(3-49)式,可得激波两侧密度关系

$$\frac{\rho_2}{\rho_1} = \frac{V_{1n}}{V_{2n}} = \frac{1}{\dfrac{2}{k+1}\dfrac{1}{Ma_1^2\sin^2\beta} + \dfrac{k-1}{k+1}} \tag{3-58}$$

由动量方程式(3-51)、连续方程式(3-49)和完全气体状态方程式,可得

$$\frac{p_2}{p_1} = 1 + \frac{\rho_1 V_{1n}^2 - \rho_2 V_{2n}^2}{p_1} = 1 + \frac{\rho_1}{p_1}V_1^2\sin^2\beta\left(1 - \frac{V_{2n}}{V_{1n}}\right) = 1 + kMa_1^2\sin^2\beta\left(1 - \frac{V_{2n}}{V_{1n}}\right)$$

将(3-57)式代入上式,得激波两侧压强关系为

$$\frac{p_2}{p_1} = \frac{2k}{k+1}Ma_1^2\sin^2\beta - \frac{k-1}{k+1} \tag{3-59}$$

由完全气体状态方程式,得

$$\frac{T_2}{T_1} = \frac{p_2}{p_1}\frac{\rho_1}{\rho_2}$$

将密度关系(3-58)式和压强关系(3-59)式代入上式,得激波两侧静温关系为

$$\frac{T_2}{T_1} = \left(\frac{2k}{k+1}Ma_1^2\sin^2\beta - \frac{k-1}{k+1}\right)\left(\frac{2}{k+1}\frac{1}{Ma_1^2\sin^2\beta} + \frac{k-1}{k+1}\right) \tag{3-60}$$

由(3-58)式、(3-59)式和(3-60)式看出,当绝热指数 k 一定时,激波前后的密度比、压强比、温度比只取决于来流的法向马赫数 $Ma_{1n} = Ma_1\sin\beta$,随着来流法向马赫数的增大,激波增强。在来流马赫数 Ma_1 一定时,激波角 β 越接近90°,则激波越强。因此,在同样来流马赫数的条件下,正激波总是比斜激波强。当 $\beta = 90°$ 时,斜激波的(3-59)式、(3-58)式和(3-60)式分别成为正激波的(3-39)式、(3-40)式和(3-41)式。

气流通过激波时总温保持不变,因此

$$\frac{T_2}{T_1} = \frac{T_2/T_2^*}{T_1/T_1^*} = \frac{1 + \frac{k-1}{2}Ma_1^2}{1 + \frac{k-1}{2}Ma_2^2}$$

将(3-60)式代入上式,整理可得

$$Ma_2^2 = \frac{Ma_1^2 + \frac{2}{k-1}}{\frac{2k}{k-1}Ma_1^2\sin^2\beta - 1} + \frac{Ma_1^2 - Ma_1^2\sin^2\beta}{\frac{k-1}{2}Ma_1^2\sin^2\beta + 1} \qquad (3-61)$$

当 $\beta = 90°$ 时,(3-61)式成为(3-38)式。

不难看出,当来流马赫数 Ma_1 一定时,随着激波角 β 的增大,激波后马赫数 Ma_2 减小。

五、总压损失的运算关系式

类似于正激波情形,对于斜激波前后也可以写出

$$\frac{p_2^*}{p_1^*} = \left(\frac{\rho_2}{\rho_1}\right)^{\frac{k}{k-1}} \left(\frac{p_1}{p_2}\right)^{\frac{1}{k-1}}$$

将(3-58)式、(3-59)式代入上式,得

$$\frac{p_2^*}{p_1^*} = \frac{1}{\left(\frac{2k}{k+1}Ma_1^2\sin^2\beta - \frac{k-1}{k+1}\right)^{\frac{1}{k-1}} \left(\frac{2}{k+1}\frac{1}{Ma_1^2\sin^2\beta} + \frac{k-1}{k+1}\right)^{\frac{k}{k-1}}} \qquad (3-62)$$

可见,随着波前法向马赫数的增大,总压比下降,即激波强度越大,总压损失越大。由(2-69)式得熵关系

$$\Delta s = s_2 - s_1 = c_p \ln\frac{T_2^*}{T_1^*} - R\ln\frac{p_2^*}{p_1^*} = -R\ln\frac{p_2^*}{p_1^*} \qquad (3-63)$$

可见穿越斜激波气流的熵必然增大。

六、经过斜激波气流转折角的运算关系式

通过斜激波,气流的方向必有转折,下面导出气流转折角 δ 与其它参数间的关系。由图3-32的几何关系,有

$$\frac{\tan(\beta - \delta)}{\tan\beta} = \frac{V_{2n}}{V_{1n}} \qquad (3-64)$$

将(3-57)式代入上式,可得

$$\frac{\tan(\beta - \delta)}{\tan\beta} = \frac{2}{k+1}\frac{1}{Ma_1^2\sin^2\beta} + \frac{k-1}{k+1}$$

根据三角关系

$$\tan(\beta - \delta) = \frac{\tan\beta - \tan\delta}{1 + \tan\beta\tan\delta}$$

联立上两式,可得气流转折角 δ 与激波角 β 的关系为

$$\tan\delta = \frac{Ma_1^2\sin^2\beta - 1}{\tan\beta\left[\frac{k+1}{2}Ma_1^2 - (Ma_1^2\sin^2\beta - 1)\right]} \qquad (3-65)$$

式(3-65)表明,气流转折角 δ 与来流马赫数 Ma_1 和激波角 β 有关,对于图 3-32 所示的附体斜激波,气流转折角 δ 和楔形体的半顶角相同,而对于更一般的曲线激波,气流转折角 δ 和激波角 β 是激波上某点的当地气流转折角和激波角。

值得指出的是,多解的(3-65)式反映了一个基本事实,气流转折角 δ 与来流马赫数 Ma_1 和激波角 β 的关系不是唯一的,对于已知的 δ 与 Ma_1,存在着有两个不同 β 值的可能性。具体内容下面将作介绍。

七、激波的图线和表格

为了更清楚地分析斜激波的各个参数之间的依赖关系,也为工程计算方便,通常把(3-57)式~(3-65)式用图线的形式表示出来。下面给出一些斜激波的图线,这些图线以来流马赫数 Ma_1 和气流转折角 δ 为自变量。若以其它参数作为自变量,也可以得到相应的图线。

图 3-33 给出了当 $k=1.4$ 时激波角 β 与波前气流马赫数 Ma_1 和气流转折角 δ 的关系。

由图可见,当给定 Ma_1 和 δ 时,在相应的曲线上有两个 β 值解,根据气流参数在斜激波前后的变化幅度,我们称 β 值较小的情形为弱解激波,β 值较大的情形为强解激波。实际出现的究竟是哪一种激波视具体问题而定。当物体在大气中以超声速运动时,在物体前后方流场边界的压强相差极小,经验证明,在这种情况下,如产生附体斜激波则总是弱解激波。当超声速气流由低压区流向高压区时,气流会产生激波以提高气流的压强,这时激波有可能是强解激波,也可能是弱解激波,视激波前后压强比的大小决定。

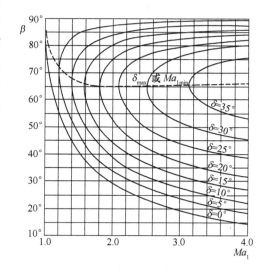

图 3-33

当气体在管道内以超声速流动时,管道的进出口气流压强可以有较大的差别,管道内产生的激波与进出口压强条件相关。图 3-34(a)和图 3-34(b)表示在同样来流马赫数和管道形状的情况下,由于管道出口压强(以下习惯称为反压或背压)不同,在管内产生了不同的激波。图 3-34(a)表示出口反压较低的情况,此时在 P 点产生弱解激波,弱解激波后的气流通常仍是超声速的;图 3-34(b)表示出口反压较高的情况,此时在 P 点产生强解激波,强解激波后的气流是亚声速的。由(3-59)式知,给定 Ma_1 和压强比 p_2/p_1,可由该式求出激波角 β,若 p_2/p_1 值较大,则得到较大的激波角 β,对应于强解激波;若 p_2/p_1 值较小,则得到较小的激波角 β,对应于弱解激波。

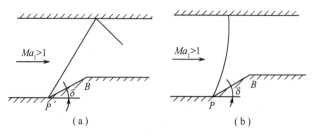

图 3-34

由图 3-33 看出,对于一定的来流马赫数 Ma_1,气流转折角 δ 有一个最大值 δ_{max},称为该 Ma_1 值下的最大转折角。Ma_1 增大,δ_{max} 也增大。计算表明,当 $k=1.4$,在 $Ma_1=\infty$ 时,δ_{max} 的极限值为 45.37°。

超声速气流流过楔形物体并产生附体的斜激波时,气流经过斜激波的转折角就是楔形体的半顶角(见图 3-35(a)),这个角度必小于该来流马赫数下的最大转折角。若楔形体的半顶角超过了 δ_{max} 值,则在图 3-33 中找不到这种情况下的附体斜激波的解,事实上此时已破坏了附体斜激波存在的条件,激波以图 3-35(b)所示的脱体激波的形式存在。脱体激波波面不再是平面或锥面(见锥面激波),大部分情况下表现为曲面,即沿波面激波角是逐渐变化的,正对楔形体前缘的部分接近于正激波,沿波面向两侧激波角逐渐减小,激波强度逐渐减弱,在离楔形体较远处,激波退化为马赫波。脱体激波后的流场不是单纯的超声速流场,在楔形体前缘附近有一个亚声速区域,其它区域是超声速的。脱体激波各点处气流转折角都不相同,气流转折角与当地激波角、来流马赫数的关系仍如图 3-33 所示。

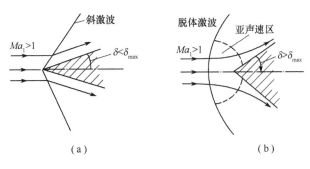

图 3-35

结合图 3-33 和图 3-35 可以看出,在楔形体半顶角不变的情况下,若想使激波脱体以后重新附体,只有加大 Ma_1 才有可能。Ma_1 增大,相应的 δ_{max} 值变大,当 δ_{max} 大于或等于楔形体的半顶角时,激波会重新附着在楔形体前缘上。因此,从另一个角度来说,对于给定的楔形体半顶角 δ,存在着一个最小的 Ma_1 数——Ma_{1min},当 $Ma_1 < Ma_{1min}$ 时,激波将脱体,只有当 $Ma_1 > Ma_{1min}$ 时,才会形成附体斜激波。

连接图 3-33 中各 Ma_1 值下的 δ_{max} 点,或者说,连接各 δ 值下的 Ma_{1min} 点,得到图中的虚线,该虚线将图中每条曲线分为上下两支,显然下半支对应于弱解激波,上半支对应于强解激波。

图 3-36 表示的是激波前后压强比 p_2/p_1 与 Ma_1、δ 的关系,给定 Ma_1 和 δ 值,在图中可找到两个 p_2/p_1 值,较大情形对应强解激波,较小情形对应弱解激波。图中虚线是 $\delta = \delta_{max}$ 点的连线,给定 δ 角,在强解激波范围内,压强比随来流马赫数增大而增大;在弱解激波范围内,在 δ_{max} 点附近,压强比随来流马赫数增大略有减小,以后则逐渐增大。出现这种现象的原因是:压强比取决于 Ma_1

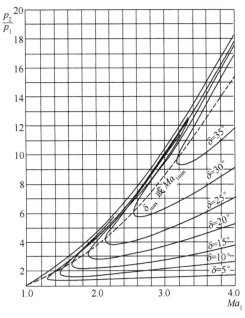

图 3-36

$\sin\beta$(见(3-59)式),在 δ_{max} 点附近,β 角随 Ma_1 的增大减小较快,使 $Ma_1\sin\beta$ 亦随之减小,故压强比有所降低。

图 3-37 表示的是激波后马赫数 Ma_2 与 Ma_1、δ 的关系,给定 Ma_1 和 δ 值,在图中可找到两个 Ma_2 值,图中虚线以上是弱解激波,以下是强解激波。在弱解激波范围内,除 δ_{max} 点附近很小区域外,激波后都是超声速流,Ma_2 随 Ma_1 的增大而增大;在强解激波围内,波激波后都是亚声速流,Ma_2 随 Ma_1 的增大而减小。

图 3-38 表示的是激波前后总压比 p_2^*/p_1^* 与 Ma_1、δ 的关系,图中虚线右上方是弱解激波,左下方是强解激波。在强解激波以及弱解激波的大部分区域内,给定 δ 角,总压比随来流马赫数 Ma_1 的增大而减小,强解激波前后总压之比的降低比弱解激波快。当 δ 角很小时($<10°$),弱解激波的总压比随 Ma_1 的变化很小。在 δ_{max} 点附近的弱解激波,随着 Ma_1 的增大,p_2^*/p_1^* 略有增加,这是由于在该区域内,随着 Ma_1 的增大,p_2/p_1 略有减小(见图 3-36),激波强度略有减弱之故。

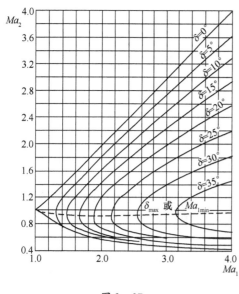

图 3-37   图 3-38

为了科学和工程计算的需要,通常也把激波前后的参数关系(3-57)式~(3-65)式制成数值表,见书末附录 B。其中表 4 是正激波前后参数关系,以 Ma_1 为自变量;表 5 是斜激波前后参数关系,以 Ma_1 和 β 为自变量;表 6 也是斜激波前后参数关系,但以 Ma_1 和 δ 为自变量。可方便地利用这些数值表结合插值方法计算激波前后的参数。

八、利用正激波表计算斜激波

由(3-49)式、(3-51)式和(3-52)式不难看出,将描述正激波的基本方程式中的激波前后速度 V_1、V_2 换成斜激波前后的法向分速 V_{1n}、V_{2n},得到的就是描述斜激波的基本方程式。对于由基本方程式导出的正激波前后参数的关系作反向变换,就得到斜激波前后的参数关系。这样,就可以利用正激波表来计算斜激波。这成为查表计算斜激波的一个重要方法。

由图 3-32 可知,斜激波前后法向马赫数为

$$Ma_{1n} = Ma_1 \sin\beta \quad (3-66)$$

$$Ma_{2n} = Ma_2 \sin(\beta - \delta) \quad (3-67)$$

若将附录 B 表 4 中的第一列换成斜激波前的法向马赫数 Ma_{1n},则该表中第二列应为斜激波后法向马赫数 Ma_{2n},其余各列也就是斜激波前后的参数比值。计算中首先要由图 3-33 或 (3-65)式求出激波角 β,再由(3-66)式求出 Ma_{1n}。

按上述方法计算斜激波实际上是对斜激波的一种理解方法,就是把气体通过斜激波的流动看作是以法向分速通过正激波的流动,这样处理不影响激波前后的静参数,却改变了气流的滞止参数,因为法向分速只是气流速度的一部分。若将气流的法向分速滞止下来,得到的滞止温度和滞止压强分别记为 T_n^* 和 p_n^*,则

$$T_n^* = T + \frac{V_n^2}{2c_p} = T\left(1 + \frac{k-1}{2}Ma_n^2\right) \tag{3-68}$$

$$p_n^* = p\left(1 + \frac{k-1}{2}Ma_n^2\right)^{\frac{k}{k-1}} = p\left(\frac{T_n^*}{T}\right)^{\frac{k}{k-1}} \tag{3-69}$$

在用正激波表计算斜激波时,表中的总压之比应换成 p_{2n}^*/p_{1n}^*。但由(3-52)式、(3-49)式和 (3-50)式不难证明以下关系。由(3-52)式,得

$$T_{2n}^* = T_{1n}^* \tag{3-70}$$

而由(3-69)式、(3-70)式,可得

$$\frac{p_{2n}^*}{p_{1n}^*} = \frac{p_2}{p_1}\left(\frac{T_{2n}^*}{T_2}\right)^{\frac{k}{k-1}}\left(\frac{T_1}{T_{1n}^*}\right)^{\frac{k}{k-1}} = \frac{p_2}{p_1}\left(\frac{T_1}{T_2}\right)^{\frac{k}{k-1}}$$

由总压定义并考虑到 $T_1^* = T_2^*$,得

$$\frac{p_2^*}{p_1^*} = \frac{p_2}{p_1}\left(\frac{T_2^*}{T_2}\right)^{\frac{k}{k-1}}\left(\frac{T_1}{T_1^*}\right)^{\frac{k}{k-1}} = \frac{p_2}{p_1}\left(\frac{T_1}{T_2}\right)^{\frac{k}{k-1}}$$

故

$$\frac{p_{2n}^*}{p_{1n}^*} = \frac{p_2^*}{p_1^*} \tag{3-71}$$

[**例 3-10**] 马赫数为 $Ma_1 = 3.0$ 的空气流过顶角为 $30°$ 的楔形体,气体静压为 $p_1 = 1.0 \times 10^4 \text{N/m}^2$,静温为 $T_1 = 216.5\text{K}$。求激波后的静压 p_2、静温 T_2、密度 ρ_2、速度 V_1、总压 p_2^* 和马赫数 Ma_2。

解 气流转折角为 $\delta = 15°$。由附录 B 表 6 查得 $Ma_1 = 3.0$,$\delta = 15°$ 时激波角为 $\beta = 32.2°$。由(3-59)式,得

$$\frac{p_2}{p_1} = \frac{2.8}{2.4}(3)^2\sin^2(32.2°) - \frac{0.4}{2.4} = 2.787$$

$$p_2 = 2.787 \times 1.0 \times 10^4 = 2.787 \times 10^4 \text{N/m}^2$$

由连续方程,得

$$\frac{\rho_2}{\rho_1} = \frac{V_{1n}}{V_{2n}} = \frac{\tan\beta}{\tan(\beta-\delta)} = \frac{\tan 32.2°}{\tan(32.2°-15°)} = 2.034$$

由状态方程,得

$$\rho_1 = \frac{p_1}{RT_1} = \frac{1.0 \times 10^4}{287.06 \times 216.5} = 0.161 \text{kg/m}^3$$

$$\rho_2 = \frac{\rho_2}{\rho_1} \cdot \rho_1 = 2.034 \times 0.161 = 0.326 \text{kg/m}^3$$

$$T_2 = \frac{p_2}{R\rho_2} = \frac{2.787 \times 10^4}{287.06 \times 0.326} = 298\text{K}$$

由图 3-32 及(3-49)式,得

$$\frac{V_2}{V_1} = \frac{V_{2n}}{V_{1n}} \cdot \frac{\sin\beta}{\sin(\beta-\delta)} = \frac{\rho_1}{\rho_2} \cdot \frac{\sin\beta}{\sin(\beta-\delta)}$$

$$= \frac{\sin(32.2°)}{2.034 \times \sin(32.2°-15°)} = 0.888$$

$$V_1 = Ma_1 c_1 = Ma_1 \sqrt{kRT_1} = 3 \times \sqrt{1.4 \times 287.06 \times 216.5} = 885\text{m/s}$$

$$V_2 = \frac{V_2}{V_1} \cdot V_1 = 0.888 \times 885 = 786\text{m/s}$$

$$Ma_2 = \frac{V_2}{c_2} = \frac{V_2}{\sqrt{kRT_2}} = \frac{786}{\sqrt{1.4 \times 287.06 \times 298}} = 2.26$$

由气动函数表查得

$$\pi(Ma_2) = \frac{p_2}{p_2^*} = 0.0852$$

故

$$p_2^* = \frac{p_2}{\pi(Ma_2)} = \frac{2.787 \times 10^4}{0.0852} = 3.27 \times 10^5 \text{N/m}^2$$

[例 3-11] 用正激波表计算例 3-10。

解 例 3-10 中已得到激波角为 32.2°,故来流法向马赫数为

$$Ma_{1n} = Ma_1 \sin\beta = 3 \times \sin 32.2° = 1.599$$

由正激波表查得,当 $Ma_{1n} = 1.599$ 时

$$Ma_{2n} = 0.6687, \frac{p_2}{p_1} = 2.8163, \frac{T_2}{T_1} = 1.3873$$

$$\frac{\rho_2}{\rho_1} = 2.030, \frac{p_2^*}{p_1^*} = 0.8956$$

由例 3-10,$p_1 = 1.0 \times 10^4 \text{N/m}^2, T_1 = 216.5\text{K}, \rho_1 = 0.161\text{kg/m}^2, V_1 = 885\text{m/s}$。故

$$p_2 = \frac{p_2}{p_1} \cdot p_1 = 2.8163 \times 1.0 \times 10^4 = 2.8163 \times 10^4 \text{N/m}^2$$

$$T_2 = \frac{T_2}{T_1} \cdot T_1 = 1.3873 \times 216.5 = 300\text{K}$$

$$\rho_2 = \frac{\rho_2}{\rho_1} \cdot \rho_1 = 2.030 \times 0.161 = 0.326 \text{kg/m}^2$$

由(3-67)式,得

$$Ma_2 = \frac{Ma_{2n}}{\sin(32.2°-15°)} = 2.26$$

$$V_2 = 2.26 \times \sqrt{1.4 \times 287.06 \times 300} = 787 \text{m/s}$$

$$p_2^* = \frac{p_2}{\pi(Ma_2)} = \frac{2.816 \times 10^4}{0.0852} = 3.30 \times 10^5 \text{N/m}^2$$

§3-9 激波的反射和相交

上几节讨论了超声速流动时激波现象的基本情况,事实上物体作超声速运动或内流超声速流动的环境中,因环境因素所产生的激波往往不是单纯的一道激波,可能是若干道激波,也可能是既有激波也有膨胀波,因此就存在比较复杂的波系关系,如激波在固体壁面上的反射、激波在自由边界上的反射、激波与激波的相交、激波与膨胀波的相交等。本节将研究如何运用前面的知识来分析较复杂的激波系。

一、激波在固体壁面上的反射

马赫数为 Ma_1 的超声速气流在图 3-39 所示的平面管道中流动,由于管壁的转折,在 A 点产生斜激波 AB,与上管壁相交于 B 点,②区中气流与上管壁不平行,必然受到扰动并产生激波 BC,激波 BC 后③区气流方向与上管壁平行。激波 BC 可看作是激波 AB 在固体壁上的反射波。若上管壁在 B 点转折到和②区气流平行,则不会产生反射波。

[例 3-12] 在图 3-39 中,$Ma_1 = 4.0$,$\delta = 20°$,求激波角和②、③两区中气流的马赫数。

解 由附录 B 表 6 查得,当 $Ma_1 = 4.0$,$\delta = 20°$ 时,激波 AB 的角度为 $\beta_{12} = 32.5°$。

激波 AB 前的法向马赫数为

$$Ma_{1n} = Ma_1 \sin\beta_{12} = 4 \times \sin 32.5° = 2.149$$

由正激波表查得激波 AB 后的法向马赫数为

$$Ma_{2n} = 0.5541$$

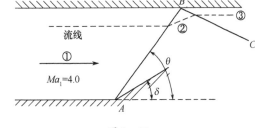

图 3-39

由(3-67)式,激波 AB 后的气流马赫数为

$$Ma_2 = \frac{0.5541}{\sin(32.5° - 20°)} = 2.56$$

由图 3-33 知,当 $Ma_2 = 2.56$ 时,$\delta = 20°$($<\delta_{\max}$),能在激波入射点 B 反射出斜激波。由表查得反射激波 BC 的激波角为

$$\beta_{23} = 42.11° \text{(相对于 2 区气流方向)}$$

激波 BC 前的法向马赫数为

$$Ma'_{2n} = Ma_2 \sin\beta_{23} = 2.56 \times \sin 42.11° = 1.717$$

由正激波表查得激波 BC 后的法向马赫数为

$$Ma_{3n} = 0.6362$$

由(3-67)式,③区气流马赫数为

$$Ma_3 = \frac{0.6362}{\sin(42.11° - 20°)} = 1.69$$

二、激波在自由边界上的反射

设有超声速气流自管道流入大气(图 3-40),BCD 是自由边界,A 点发出的激波与自由边界交于 C 点,激波 AC 前面气体的压强 $p_1 = p_a$,p_a 为大气压强。经过激波,压强升高到 p_2,显然 $p_2 > p_a$。在自由边界两侧气流压强必须相等,故在 C 点必定要产生一束膨胀波,气流经过此膨胀波束后压强降低为 $p_3 = p_a$。该膨胀波束可看作是激波 AC 在自由边界上的反射波。

三、异侧激波的相交

设有超声速气流在图 3-41 所示的平面管道中流动,在 A、B 两点由于壁面转折产生激波 AC、BC,①区的气流经过激波 AC 向下转折 δ_1 角,经过激波 BC 则向上转折 δ_2 角。②区和③区气流方向不同,在 C 点相遇互相压缩又产生了激波 CD 和 CE,故异侧激波 AC、BC 相交后在交点又产生两道激波。

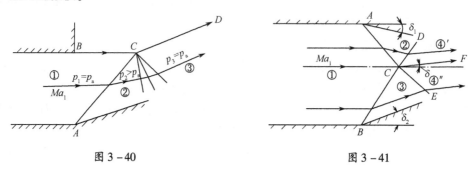

图 3-40 　　　　　　　　图 3-41

②区和③区气流分别经过激波 CD 和 CE 进入④′区和④″区,④′区和④″区气流必须有相同的方向和静压,根据这样两个条件,可以确定激波 CD、CE 的强度,从而确定④′区和④″区的气流全部参数。只要 δ_1 角和 δ_2 角不等,激波 AC 和 BC 的强度就不同,CD 和 CE 强度也不同,虽然④′和④″区气流有相同的方向和静压,其它参数(速度、密度、总压等)往往不同,所以在④′区和④″区之间还存在一个分界线 CF,CF 线两侧气流速度值不同就会有相互滑动(不考虑气体的黏性),故把线 CF 称为滑流线,显然,滑流线也是一条过 C 点的流线。滑流线两侧气流参数的差异必然在该线附近形成旋涡运动。

计算激波 CD 或 CE 时可先估计一个 δ 值,认为气流穿过激波 CD 或 CE 之后,偏向原来倾斜角较小的一侧流动。例如 $\delta_1 < \delta_2$,气流经激波 CD 或 CE 之后,就沿着向上转折 δ 的方向流动。这样,我们就可以按 Ma_2 和转折角 $(\delta + \delta_1)$ 来算出激波 CD,以及气流经过激波 CD 之后的压强 p_4'。按 Ma_3 和转折角 $(\delta_2 - \delta)$ 算出激波 CE,以及气流经过激波 CE 之后的压强 p_4''。如果计算出来的 p_4' 与 p_4'' 不相等,就必须重新估计 δ 值,直到 p_4' 和 p_4'' 的偏差在允许的范围内为止,然后再求 Ma_4' 及 Ma_4'',即可求得其它气流参数。

[例 3-13] 参看图 3-41,设 $\delta_1 = 5°$,$\delta_2 = 15°$,有 $Ma_1 = 3.0$,$p_1 = 1.0 \times 10^5 \text{N/m}^2$ 的空气在管道内流动,求④′、④″区中气流的马赫数、静压和流动方向。

解 按 Ma_1,δ_1 和 δ_2 查激波图线,得

$$Ma_2 = 2.75, \frac{p_2}{p_1} = 1.46, Ma_3 = 2.25, \frac{p_3}{p_1} = 2.80$$

现设 $\delta = 9°$,按 $Ma_2 = 2.75$ 和 $\delta_1 + \delta = 14°$,由激波图线查出 $p_4'/p_2 = 2.48$。故

$$p_4' = 2.48 \times 1.46 \times p_1 = 3.62 \times 10^5 \text{N/m}^2$$

按 $Ma_3 = 2.25$ 和 $\delta_2 - \delta = 6°$,由激波图线查出 $p_4''/p_3 = 1.44$。

故
$$p''_4 = 1.44 \times 2.80 \times p_1 = 4.04 \times 10^5 \text{N/m}^2$$

求出的 $p''_4 > p'_4$，重新假设 $\delta = 9.5°$，重复以上计算。由 $Ma_2 = 2.75$ 和 $\delta_1 + \delta = 14.5°$ 求得

$$p'_4 = 2.60 \times p_2 = 3.80 \times 10^5 \text{N/m}^2$$

由 $Ma_3 = 2.25$ 和 $\delta_2 - \delta = 5.5°$，求得

$$p''_4 = 1.365 \times p_3 = 3.82 \times 10^5 \text{N/m}^2$$

求出的 p'_4 和 p''_4 的偏差在允许范围内，可认为假设 $\delta = 9.5°$ 是正确的，即气流经过激波 CD 或 CE 后，相对于①区气流方向向上转折 $9.5°$。

由 $Ma_2 = 2.75$ 和转折角 $\delta_1 + \delta = 14.5°$，由激波图线查得 $Ma'_4 = 2.08$。由 $Ma_3 = 2.25$ 和转折角 $\delta_2 - \delta = 5.5°$，查得 $Ma''_4 = 1.95$。

四、同侧激波的相交

设壁面 ABC 在 A、B 两点转折(图 3-42)，在 A 点转折 δ_1 角，在 B 点转折 δ_2 角，超声速气流流过此壁面在 A、B 两点产生同侧激波 AD 和 BD，这两道激波在 D 点相遇后合并成一道更强的激波 DE，除激波 DE 外，还将根据具体情况在 D 点产生一道较弱的激波 DF 或膨胀波 DG。

在①区，气流马赫数为 Ma_1，压强为 p_1，总压为 p_1^*。根据 Ma_1 和气流转折角 δ_1，算出第一条激波 AD 的激波角 β_1，以及②区的气流马赫数 Ma_2、压强 p_2 和总压 p_2^*。然后再根据 Ma_2 和 δ_2，算出第二条激波 BD 的激波角 β_2，以及③区的气流马赫数 Ma_3、压强 p_3 和总压 p_3^*。算出 β_1 和 β_2 之后，就可以在物理平面上画出激波 AD 和 BD，并确定这两条激波的交点 D 的位置。

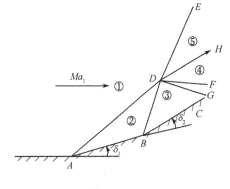

图 3-42

分析 D 点以上气流穿过激波 DE 的流动情形时，可先假设气流穿过激波 DE 时，要向上转折($\delta_1 + \delta_2$)，即假设气流穿过激波 DE 以后，就以平行于壁面 BC 的方向流动，然后根据 Ma_1 和气流转折角($\delta_1 + \delta_2$)算出激波 DE 的激波角 β_{DE}，以及⑤区的气流马赫数 Ma_5 和压强 p_5。一般地，$p_5 \neq p_3$，如果 p_5 小于 p_3，就要在 D 点反射出膨胀波束 DG，使③区气流穿过此膨胀波束 DG 时，把压强降低到与⑤区压强相等，同时气流向上转折一个角度 δ。如果 $p_5 > p_3$，就要在 D 点反射出一条弱激波 DF，使③区气流穿过这条反射激波 DF 时，把压强提高到与⑤区压强相等，并向下转折一个角度 δ。因此，我们要适当估计一个 δ 值，算出③区气流穿过膨胀波束 DG 向上转折 δ 角(或者是穿过激波向下转折 δ 角)以后的压强 p_4，然后再根据 Ma_1 和转折角 $\delta_1 + \delta_2 \pm \delta$(对于 DF 用 $-\delta$)重新计算⑤区的气流马赫数 Ma_5 和压强 p_5。如果计算出来的 p_5 恰好等于 p_4，就说明前面对 δ 的估计是正确的。如果这样算出来的 p_5 值仍然不等于 p_4，就必须重新估计 δ 值，并重复上述的计算，直到 p_5 和 p_4 的偏差在允许的范围内为止。

虽然④区与⑤区的压强相等，流动方向相同，但它们的流动速度却不相等，因此，在④区和⑤区之间有滑流线 DH。

[例 3–14] 参看图 3–42,设 $\delta_1 = 16°$,$\delta_2 = 18°$,试分析当 $Ma_1 = 4.0$ 的超声速空气流沿此壁面的流动情形。

解 根据 $Ma_1 = 4.0$ 和 $\delta_1 = 16°$ 查出,AD 波的激波角 $\beta_1 = 28.1°$。②区的气流参数:$Ma_2 = 2.857$,$p_2 = 3.974p_1$,$p_2^* = \dfrac{p_2}{\pi(\lambda_2)} = \dfrac{3.974p_1}{\pi(\lambda_2)} = 3.974p_1^* \dfrac{\pi(\lambda_1)}{\pi(\lambda_2)}$。根据 Ma_1 和 Ma_2 查得 $\pi(\lambda_1) = 0.00658$,$\pi(\lambda_2) = 0.0338$,故 $p_2^* = 0.774p_1^*$。

根据 $Ma_2 = 2.857$ 和 $\delta_2 = 18°$,查出 BD 波的激波角 $\beta_2 = 37°$。③区的气流参数:$Ma_3 = 2.0$,$p_3 = \dfrac{p_3}{p_2} \cdot p_2 = 3.27 \times 3.974p_1 = 13.0p_1$,$p_3^* = p_3/\pi(\lambda_3) = \dfrac{p_3}{p_2} \cdot \dfrac{p_2\pi(\lambda_2)}{\pi(\lambda_3)}$。根据 Ma_3 查得 $\pi(\lambda_3) = 0.1278$,故

$$p_3^* = 3.27 \times 0.774 \times \dfrac{0.0338}{0.1278}p_1^* = 0.669p_1^*$$

假设气流经激波 DE 时,向上折转 $\delta_1 + \delta_2 = 34°$,根据 $Ma_1 = 4.0$ 和转折角 34° 查出⑤区气流的压强 $p_5 = 11.3p_1$,即 $p_5 < p_3$。由此可知,必定要在 D 点反射出膨胀波束,使③区气流经过此膨胀波束时,把压强降低到与⑤区的压强相等。

先估取 $\delta = 1.0°$,根据 $Ma_3 = 2.0$ 和 $\delta = 1.0°$,查出 $Ma_4 = 2.05$,由于气流经过膨胀波束时总压保持不变,即 $p_4^* = p_3^*$,故 $p_4 = p_4^*\pi(\lambda_4) = \dfrac{p_3}{\pi(\lambda_3)}\pi(\lambda_4)$,即

$$p_4 = \dfrac{13.0p_1}{0.1278} \times 0.118 = 12.0p_1$$

根据 $Ma_1 = 4.0$ 和转折角 $\delta_1 + \delta_2 + \delta = 35°$,查出气流在激波 DE 后的压强 $p_5 = 11.7p_1$,即 p_5 仍然小于 p_4。

取 $\delta = 1.3°$,并重新计算激波 DE 后的压强 p_5 和④区气流的压强 p_4。

根据 $Ma_3 = 2.0$ 和 $\delta = 1.3°$,查出 $Ma_4 = 2.06$。③区气流经过膨胀波束折转 $1.3°$,进入④区后的压强为

$$p_4 = p_3^*\pi(\lambda_4) = \dfrac{p_3}{\pi(\lambda_3)}\pi(\lambda_4) = \dfrac{13.0p_1}{0.1278} \times 0.116 = 11.8p_1$$

根据 $Ma_1 = 4.0$ 和转折角 $\delta_1 + \delta_2 + \delta = 35.3°$,查出气流经过激波 DE 后的压强 $p_5 = 11.8p_1 = p_4$。

因此,取 $\delta = 1.3°$ 是正确的,并由此查出,DE 的激波角 $\beta_{DE} = 53.2°$,波后气流马赫数 $Ma_5 = 1.48$,波后气流的总压 $p_5^* = \dfrac{p_5}{\pi(\lambda_5)} = \dfrac{p_5}{p_1} \cdot \dfrac{p_1}{\pi(\lambda_5)} = \dfrac{p_5}{p_1} \cdot p_1^* \cdot \dfrac{\pi(\lambda_1)}{\pi(\lambda_5)}$,即

$$p_5^* = 11.8 \times \dfrac{0.00658}{0.2804} \times p_1^* = 0.277p_1^*$$

而

$$p_3^* = 0.669p_1^*$$

这说明气流连续经过两条激波 AD 和 BD 时总压的损失,要比经过激波 DE 时总压的损失小得多,前者只损失 33.1%,后者损失 72.3%。

五、激波的不规则反射和相交

图 3–39 中表示的激波反射模式事实上是有条件成立的,若壁面转折角较大,或者①区气

流马赫数低,使②区气流马赫数小于在给定的转折角 δ 下的最小马赫数 $Ma_{1\min}$,以致不能在 B 点形成附体激波,或者说不能反射出斜激波,这时候会出现如图 3-43 所示的激波反射结构,自 A 点发出的激波由直线逐渐弯曲到和上管壁相垂直,激波和上管壁的交点 D 位于图 3-39 中 B 点的上游,在 D 点附近,激波接近于正激波,激波后是亚声速流。在激波 AD 上某点 E 处,还会发出一道激波 EF,使得整个波系呈 λ 形,激波 AE 在 E 点附近的一段以及激波 ED、EF 都是曲线激波。气流经激波 AE、EF 提高压强与激波 ED 后的气体压强相平衡,通过 E 点的流线 EG 是一条滑流线。

这种入射激波和反射激波和一段与固壁垂直的激波相交的反射形式称为马赫反射,交叉点上部的激波称为马赫杆(靠近交叉点为曲线)。而相应地,把图 3-39 所示的激波在固壁上反射仍为激波的反射形式称为正规反射。

在图 3-41 中,当 δ_1 和 δ_2 太大,或 Ma_1 太小时,异侧激波相交也会出现不规则相交,此时有两个 λ 形波,构成图 3-44 所示的拱桥形波系。

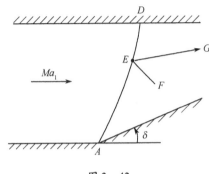

图 3-43

图 3-44

六、激波和膨胀波的相交

激波和膨胀波的相交也分为同侧和异侧两种。异侧的激波和膨胀波相交基本上与微弱压缩波和膨胀波相交的情况相类似。因此,下面仅讨论同侧的激波和膨胀波相交的情况。

设有超声速气流流过图 3-45(a)所示的物体,在 A 点产生斜激波,在 B 点则产生一束膨胀波。为便于分析,先假定壁面在 B 点的转折角 δ_2 很小,可用一道膨胀波代替膨胀波束。激波和膨胀波相交于 N 点,②区气流经膨胀波 BN 压强降低,但③区压强仍高于①区的压强,故交点 N 以上必然会形成激波 NR,该激波的强度必定比激波 AN 弱,激波角减小。激波 NR 后的气流不可能和③区气流汇合成为一个区,因为这两个区的气流不可能同时满足方向一致、静压相等的条件,通常在 N 点还会产生一个反射波 NQ,一般为膨胀波,这个波强度一般很弱。按照方向一致、静压相同的要求,可以确定波 NQ、NR 的位置以及④、⑤两个区的气流参数。在④、⑤两个区之间有滑流线 NT。

若 δ_2 角较大,则不能用一道膨胀波代替 B 点发出的膨胀波束,而应当用若干道波来代替,每一道膨胀波和激波相交的情形都和图 3-45(a)相类似,即在交点以上形成一道更弱的激波,在交点上反射出膨胀波,如图 3-45(b)所示。实际上 B 点发出了无限多道膨胀波,故图 3-45(b)中的交点 N_1、N_2、N_3、$\cdots$ 彼此都很靠近,使 N_1 点以上的激波呈曲线形(激波 AN_1 为直线),该曲线激波后的气流中布满了滑流线,成为一个不均匀的充满旋涡的流场。

由于 N 点的反射波 NQ 很弱,滑流线 NT 两侧的气流参数相差不很大,因此为简化起见,可以略去反射波 NQ 和滑流线 NT,使图 3-45(b)所示的图形简化成图 3-46 所示的那样。计算表明,这样简化不会造成很大的偏差。

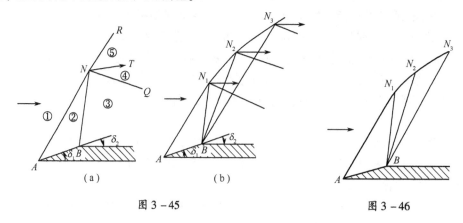

图 3-45　　　　　　　　　　　　　　　图 3-46

综合上述六种情况,可以如下概括激波的反射和相交问题:
(1) 斜激波和直固体壁面相交后反射出另一道斜激波;
(2) 斜激波和自由边界相交后反射出膨胀波;
(3) 异侧斜激波相交后反射出另两道斜激波;
(4) 斜激波和正激波相交后形成马赫反射;
(5) 同侧斜激波相交后反射出另一道激波和一道膨胀波(或微弱压缩波);
(6) 同侧斜激波和膨胀波相交后反射出另一道激波和一道膨胀波(或微弱压缩波)。

§3-10　锥面激波

超声速气流流过锥形物体时,若锥形体顶角不太大或来流马赫数不太小,将产生附着于锥体顶部的锥面激波。若来流方向与锥体轴线相一致,则锥面激波与锥体共轴(见图 3-47)。

锥面激波前后气流参数的变化规律和前面讨论过的斜激波一样。事实上在导出斜激波前后参数的变化规律时,并没有作波面必须是平面的假定。但是,气体在通过锥面激波后的流动情况和平面斜激波后的流动情况有显著的差别。

图 3-48 表示的是超声速气流流过楔形体产生斜激波时的情况,波后气流方向与物面平行,气流通过激波时的转折角 δ 等于楔形体半顶角 δ_w,波后流场是均匀的。很明显,在子午面上看,锥面激波后的气流不可能像图 3-48 那样(参看图 3-49),立刻转折为平行与锥面的均匀气流。因为假定气流经锥面激波后立刻与锥面平行,且以后保持为均匀直线等速流动的话,则随流线离锥体轴线距离的增大,流通截面积也增大,显然,这样的流动图形将不可能满足连

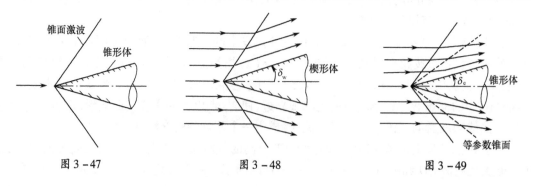

图 3-47　　　　　　　　　　图 3-48　　　　　　　　　　图 3-49

续方程式。实验证明,在研究超声速流流过锥形体的流场时,锥形流理论可以得到满意的结果。锥形流理论的基本假设是:在和锥面体共轴的锥上气流参数是一样的(见图3-49中的虚线)。由锥形流理论可以知道,锥面激波后流线要继续转折,并以锥体母线为渐近线,流线逐渐靠拢,在激波和物面之间,气流沿流向经历一个等熵压缩过程。

由图3-49不难看出,通过锥面激波时气流的转折角并不等于锥体的半顶角δ_c,而是小于δ_c。在已知来流马赫数和锥体半顶角的情况下,不能简单地像平面斜激波那样用δ_c来确定激波角β,而要经过比较复杂的锥形流计算才能确定激波角。为使用方便起见,图3-50给出了按照锥形流理论计算所得的锥面激波角β与来流马赫数Ma_1和锥体半顶角δ_c之间的关系。图3-50中只有曲线的下半支,因为超声速流流过锥体时只出现弱解激波。将图3-50与图3-33对比,可以看出,在同样来流马赫数和半顶角的情况下,平面斜激波的激波角比锥面激波大,这是因为气流通过锥面激波时转折角小于半顶角。基于同样的理由,在相同来流马赫数的情况下,锥面激波开始脱体时的半顶角比平面斜激波大。图3-51给出了平面斜激波和锥面激波开始脱体时半顶角数值的比较。

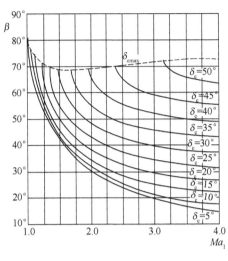

图3-50

图3-52表示锥体表面气流马赫数Ma_s与来流马赫数Ma_1及锥体半顶角δ_c的关系。按照锥形流理论,锥体表面也是一个等参数锥面,故锥体表面气流参数是均匀的。

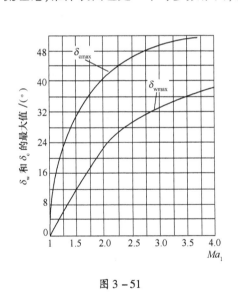

图3-51

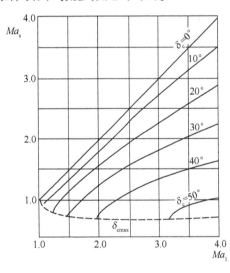

图3-52

[**例3-15**] 参看图3-49,设$Ma_1=2.0$、$p_1=1.0\times10^4\text{N/m}^2$的超声速气流对称地流过一半顶角$\delta_c=30°$的圆锥,求激波角$\beta$、波后气流的转折角$\delta$、压强和马赫数,以及锥面上气流的马赫数$Ma_s$和压强$p_s$。

解 由$Ma_1=2.0$和$\delta_c=30°$,查图3-50得$\beta_c=48.2°$,查图3-52得$Ma_s=1.25$。

因为在圆锥激波前后气流参数间的关系和平面激波是一样的,故为了求出波后气流的转

155

折角 δ，可以利用平面激波的图线或数值表。按 Ma_1 和 β_c 由激波图线或表查得 $\delta = 17°$。再按 Ma_1、δ 查得圆锥激波波后与波前的压强比和波后气流马赫数：$p_2/p_1 = 2.42$，$Ma_2 = 1.35$。故

$$p_2 = \frac{p_2}{p_1} \cdot p_1 = 2.42 \times 10^4 \text{N/m}^2$$

$$p_s = \frac{p_s}{p_2^*} \cdot \frac{p_2^*}{p_2} \cdot p_2 = \frac{\pi(Ma_s)}{\pi(Ma_2)} \cdot p_2$$

查气动函数表，并将 p_2 的数值代入，则得

$$p_s = \frac{0.3861}{0.3370} \times 2.42 \times 10^4 = 2.77 \times 10^4 \text{N/m}^2$$

从本例可见，气流在圆锥激波后是继续减速增压的过程，从波后到物面，马赫数由 1.35 降低到 1.25，压强由 $2.42 \times 10^4 \text{N/m}^2$ 增高到 $2.77 \times 10^4 \text{N/m}^2$。

§3-11 空气喷气发动机超声速进气道的激波系

在空气喷气发动机的前面装有进气道（或称进气扩压器），其作用是把迎面来流的速度降低，压强提高，把气流均匀地、总压损失尽量小地引入发动机，并满足发动机在各种不同的条件下所需要的空气流量。

进气道性能的好坏，除了用总压恢复系数来评定外，还要考虑到进气道是整个飞行器的一个组成部分，因此，还要求进气道的型面有最小的外部阻力、结构简单、质量轻等。

当进气道迎面来流为超声速时，由于超声速气流在减速增压过程中在进气道前面或进气道内要产生激波，将引起气流总压的显著降低，因此，在设计超声速进气道时，如何合理地组织激波系以保证进气道总压损失尽量小是非常重要的。

目前战斗机上普遍采用的超声速进气道分为四种形式，即正激波式、外压式、内压式和混压式。最简单的是正激波式进气道或称皮托式进气道（图 3-53），它是由亚声速飞机的进气道沿用而来，进气口前缘较为钝圆，通过产生一道较强的正激波来起到减速增压的作用。外压式进气道（图 3-54）在进口前装有中心锥或斜板，以形成斜激波减速，降低进气道进口处正激波的强度，从而提高进气道对气流减速增压的效率。外压式进气道的超声速减速全部在进气口外完成，进气口内通道基本上是亚声速扩散段。按进气口前形成激波的数目不同，又有 2 波系、3 波系和多波系之分。内压式进气道为一个收缩扩张形管道（图 4-21），超声速气流的减速增压全在进口以内实现。设计状态下，气流在收缩段内不断减速至喉部恰为声速，在扩张段内继续减速到低亚声速。内压式进气道效率高、阻力小，但非设计状态性能不好，起动困难，在飞机上未见采用。混压式进气道（图 3-56）是外压式进气道在前，内压式进气道在后，两者串联后所形成的进气道形式。

图 3-53 所示的正激波式进气道，当迎面超声速气流来流时，在一定的进气道出口反压的条件下，在进口截面上产生一道正激波，正激波后的亚声速气流在进气道内减速增压。因为这种进气道是通过一道正激波把超声速气流变为亚声速的，当来流马赫数较高时，其总压恢复系数很低，所以这种进气道只适用于迎面来流马赫数 $Ma_0 \leq 1.5 \sim 1.7$ 左右。

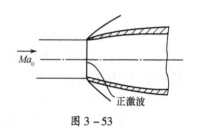

图 3-53

以 F-16 飞机为例,其皮托式进气道在 $Ma_0=2.0$ 时的总压损失为 27%,因此而产生的推力损失达到 30%~40%。

目前超声速飞行器上比较广泛使用的是带中心体的外压式进气道,它由外罩和中心锥体(对于二维平面进气道则为楔形体)所组成,在中心体和外罩之间形成扩张的环形通道,为了减小阻力,外罩和中心体前缘都做成尖削形状(图 3-54)。当超声速气流迎面流来时,首先在中心体前端产生一道斜激波,气流通过斜激波后,速度减慢,压强增大,但仍是超声速流,必须再通过一道正激波,最后才降低为亚声速流,亚声速流在扩张通道内继续降低速度,提高压强。一般设计中心体和外罩时,都使得在设计状态下激波系与外罩的前缘点相交,这样超声速气流通过激波系滞止到亚声速的过程基本上在进气道入口唇部之前完成,所以把这种进气道称为外压式超声速进气道。

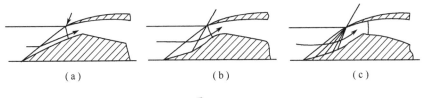

图 3-54

由一道斜激波和一道正激波组成激波系的进气道,叫做双波系进气道(图 3-54(a))。在双波系的外压式超声速进气道中,虽然有一道斜激波,又有一道正激波,但是斜激波比同一马赫数下的正激波弱。后面一道正激波,由于波前马赫数比较低,所以它的强度也比较弱,因此,双波系的总压损失,比一道正激波的损失要小得多。例如,飞行马赫数 $Ma_0=2.5$ 时,一道正激波的总压恢复系数为 0.5;由一道激波角为 43° 的斜激波和一道正激波组的双波系,其总压恢复系数可以达到 0.76。如果在中心体上再多做一个转折,超声速气流将在中心体上产生两道斜激波和一道正激波,这样的波系叫做三波系(图 3-54(b)),显然,三波系将具有更高的总压恢复系数。由此推知,在相同的迎面气流马赫数 Ma_0 下,斜激波的数目愈多,最大的总压恢复系数也愈高。比如 F-15、苏-27 飞机就是采用 4 波系进气道,超声速气流要经过 4 道激波来减速。

图 3-55 列出了这种马赫数与损失关系的曲线。

从图 3-55 可以看出,当 $Ma_0 \leq 1.5$ 时,用一条正激波的进气道就可以了。当 $1.5 < Ma_0 \leq 2.0$ 时,可用双波系进气道。当 $Ma_0 > 2.0$ 以后,才需要采用更复杂波系的进气道。

如果将中心体表面做成某种形状,使超声速气流在中心体表面上连续地产生无数道微弱压缩波(图 3-54(c)),则超声速气流穿过这一系列微弱压缩波系时,基本上是没有损失的等熵压缩过程,因而称这种进气道为等熵外压式超声速进气道。

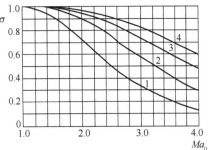

图 3-55

1—表示经过一条正激波的减速;2—表示经过一条斜激波和一条正激波的减速;3—表示经过两条斜激波和一条正激波的减速;4—表示经过三条斜激波和一条正激波的减速。

根据上面的分析,似乎波系中激波数目愈多的进气道性能就愈好,从内流超声速段的总压恢复性能上看大略如此。但因为外罩内壁面必须设计得和最后一个波波后的气流方向平行,而进气道唇口又不能太薄,所以激波数目愈多,内流气流的转折角也愈大,这使得绕进气道外部流动的超声速气流的转折角增大,将产生强的进气道外流激波,造成较大的外部气动阻力。因此激波数目或等熵外压段的长度在工程上要折中。此外,波系中激波数目增多时,中心体的尺寸和质量也随之增大。

为了减小进气道的外罩唇口的波阻,可以采用通道截面积为先收缩后扩张的内压式超声速进气道。迎面超声速气流进入进气道,经过通道内部的激波系减速增压。内压式超声速进气道的突出优点是:因其外壳前缘的倾角很小,可以制成和迎面来流方向大致平行,故外阻力很小。其主要缺点是存在所谓"起动"问题,这将在第四章变截面管流中讨论。

随着飞行速度的进一步提高,对超声速进气道的性能要求愈来愈高。为了克服外压式超声速进气道的总压恢复系数的提高与外罩唇口波阻增大的矛盾,出现了混压式超声速进气道。对于这种进气道,迎面超声速气流先经过进口前的激波系减速到较低的超声速流,进入进气道,再经过通道内的激波系减速到亚声速流。混压式超声速进气道的波系的组织如图 3-56 所示。这种进气道不仅在中心体前端产生斜激波,而且在其壳体与中心体之间的环形通道内还产生一系列反射的斜激波,最后是一道正激波。正激波的位置受进气道出口截面上的压强或称为反压来决定。

事实上,现代先进战斗机采用的进气道已不再是上述基本形式,一方面对激波系的控制达到了非常精细的程度,如 F-22 采用的 CARET 进气道。另一方面,为了使进气道在非设计状态下也能与发动机协调工作,广泛应用可调进气道。常用的方法是调节喉部面积和斜板角度,使进气道的通过能力与发动机的要求一致。这样,几何型面可调实现了不同来流条件下都能建立起理想激波系的目的。

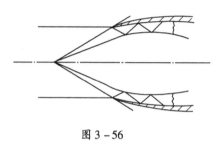

图 3-56

关于进气道的详细讨论,请参阅空气喷气发动机原理教科书。

§3-12　运动激波的概念

现实中出现的很多激波,对于观察者来说是运动着的。例如超声速飞行器在地表掠过时,它拖曳的激波就是扫过地面的一道近似于平面的激波,它可以击毁地面上的脆弱设施,诸如压碎建筑物上的玻璃窗等。又如核爆炸中所占能量比例最高的毁灭性作用——冲击波,实际上就是一面运动着的强烈的激波,波前波后的静压之比 p_2/p_1 可以达到 30 多个大气压与 1 个大气压之比。

如本章前面所述,通常研究激波时,不管它相对于观察者而言是否在移动,我们总是建立一个相对坐标系于激波面上,形成运动的参考系,其中的激波即驻定的激波,这样就得到了本章前面的全部物理概念及其分析结果。那么,如果在静止的绝对坐标系中,观察掠过的激波面及其波前波后气体物理参数的变化,结果又会有何不同呢?首先,这时整体的激波流场是一个非定常的流场了。其次,仍可以在离波面较远处作对于定常流场的观察,稍后得知,这时观察到的激波前后的能量关系将发生一些变化。

在 §2-11 讲到滞止参数时已经述及,在气体的运动过程中,气流的热力学静参数就是指气体中的真实物理参数,例如静温、静压、热密度。由于气流的总参数是气流相对于观察者有相对运动速度时才造成的一种折算参数,因此,气流的静参数应该是与气流一起以相同速度运动的感受器即传感器所测量到的参数。这样,静参数就是唯一的,不随各个观察者所在的不同坐标系的不同运动速度而变的热力学参数。这就是说,本章前面的对驻激波的全部分析结果中的静参数结果,当观察者又站到地面绝对坐标系上去观察激波时,仍然不变。

那么总参数的分析结果呢?显然它们与相对运动速度的大小即坐标系的变动有关了。

设图3-27中的观察者从位于激波面上观察波前波后的流场,变为位于绝对静止的地面上观察。这时波前气体来流的运动速度从 V_s 变为

$$V_s - V_s = 0$$

波后出流的运动速度从 $V_s - V_B$ 变为

$$(V_s - V_B) - V_s = -V_B$$

即他看到波前气流静止,波后气流则逆着图中的箭头向右流动了。这就是说,正激波掠过之后,波后气体随着激波一起向右运动,但其速度 V_B 远小于激波向右运动的速度 V_s。我们先看总温或即气流总能量的变化。绝对观察者看到的波前、波后总能量分别为

$$h_1^* = c_p T_1^* = \frac{kR}{k-1}T_1 + \frac{0^2}{2}$$

$$h_2^* = c_p T_2^* = \frac{kR}{k-1}T_2 + \frac{(-V_B)^2}{2}$$

因此绝对总能量之比为

$$\frac{h_2^*}{h_1^*} = \frac{T_2^*}{T_1^*} = \frac{T_2}{T_1} + \frac{(-V_B)^2}{\frac{2kR}{k-1}T_1} = \frac{T_2}{T_1} + \frac{V_B^2}{V_{1\max}^2} \quad (3-72)$$

上式中,注意到了在静止坐标系中 $T_1 = T_1^*$,并引用(2-71)式,而得到了化简结果。由于有(3-24)式,即

$$V_B = \sqrt{\frac{p_1}{\rho_1}\left(\frac{p_2}{p_1}-1\right)\left(1-\frac{\rho_1}{\rho_2}\right)}$$

因此视激波的强弱,活塞或波后气体流动速度的范围为 $0 < V_B < \infty$。而已知激波前后静参数之比 $\frac{T_2}{T_1}$ 大于1。因此,在绝对系观察者看来,激波掠过之后,波后气流的总能量总大于波前未扰动气流的总能量。换言之,运动的激波对气流加入了能量,体现在气体的静温升高,静压升高,并产生了流动速度 V_B。

又看激波总压恢复系数或熵增的变化。由(2-68a)式,有

$$\Delta s = s_2 - s_1 = c_p \ln \frac{T_2}{T_1} - R\ln \frac{p_2}{p_1} \quad (3-73)$$

如前所述,波前、波后的静参数值在变换坐标系时不变。则由上式直接得知,激波熵增 Δs 不随坐标系变换而变化。

再看波前、波后总压之比的变化。首先,由(2-68b)式,有

$$\Delta s = s_2 - s_1 = c_p \ln \frac{T_2^*}{T_1^*} - R\ln \frac{p_2^*}{p_1^*} \quad (3-74)$$

注意到(3-72)式已得出 $T_2^*/T_1^* > 1$ 即总能量增大,且上式中 Δs 不变,则得知,上式中的波后

总压 p_2^* 与波前总压 $p_1^* = p_1$ 之比必然是增大的。这证明了第一点：运动激波掠过之后，也增加波后气流的总机械能。其次，由于波后气流不但静压 p_2 上升，且已产生了宏观流动速度 V_B，因此波后气流的总压必然大于静压，则显然如下不等式成立

$$p_2^* > p_2 > p_1 = p_1^* \quad 即 \quad p_2^*/p_1^* > 1 \quad (3-75)$$

这就证明了第二点：在绝对静止坐标系中的运动激波的波后总机械能总是能够增加到大于波前总机械能，即任何强度的运动激波都不存在其对气流所加的机械能被激波损失完全抵消为零（即 $p_2^* = p_1^*$）甚至于抵消为负（即 $p_2^* < p_1^*$）的结果。这个概念与驻激波时必然有 $p_2^* < p_1^*$ 的概念正好相反。再则，(3-74)式可改写为

$$\frac{p_2^*}{p_1^*} = \sigma_s \frac{p_{2\text{ad}}^*}{p_1^*} = e^{-\frac{\Delta s}{R}} \left(\frac{T_2^*}{T_1^*}\right)^{\frac{k}{k-1}} \quad (3-76)$$

(3-76)式中的前一等式将激波后总压 p_2^* 表示为新引入的激波总压恢复系数 σ_s 与假设激波无损失时可以得到的最高波后总压即等熵过程总压 $p_{2\text{ad}}^*$ 的乘积。注意到等熵过程 (2-41b)式中的关系 $\frac{p_{2\text{ad}}^*}{p_1^*} = \left(\frac{T_2^*}{T_1^*}\right)^{\frac{k}{k-1}}$，则(3-76)式中的后一等式表明，激波后总能量 T^* 的增加可以被理解为，首先按照等熵过程的规律得到 p^* 的增加，再发生熵增 $\Delta s > 0$，而影响因子 $\sigma_s = e^{-\frac{\Delta s}{R}} < 1$ 恰反映着总机械能 p^* 的损失的比例。事实上注意到，激波给气体增加能量这一过程的实现所依靠的确实仅是一个波面对气体的机械推动伴以机械压缩的运动，它显然可以表示为

$$单位面积波面的功率 = 力 \times 速度 = (p_2 - p_1) V_s \quad (3-77)$$

$$每千克波后气体被加入的能量 = \frac{(p_2 - p_1) V_s}{\rho_1 V_s} = h_2^* - h_1^* = c_p(T_2 - T_1) + \frac{V_B^2}{2} \quad (3-78)$$

这样就证明了第三点：激波加入气流的总温即总能量全部是以机械能 p^* 的形式或即机械功的形式加入的，同时在加功的过程中又伴有一部分机械能的损失，表现为激波熵增 Δs。

在航空发动机的各种叶片式压气机中，现代常用很高的叶片旋转线速度 $400\text{m/s} \sim 500\text{m/s}$ 来给气流增压。这样，气流进入压气机转子叶片排的流动与叶片的旋转运动这两者之间就形成了相对运动的马赫数为 $1 \sim 2$ 的相对超声速流动。于是叶片排内产生相应强度的激波。对于位于地面上的绝对系中的观察者来说，显然他看到的叶片排中的激波是随着叶片一起做一种不停止的运动——旋转运动的。这样，叶片排中的激波就以运动激波的方式为气流加入总能量 T^*，其中含有机械功 p^*，称为激波加功。激波加功比起叶片排推动气流运动的无激波常规加功方式有更强的加功能力，但不可避免地伴有一定的激波损失 Δs。

在叶片式压气机的转子叶片排中，激波损失，叶型表面的摩擦损失，气流在叶背上有分离现象时出现的分离损失，由激波前后的静压比 $\frac{p_2}{p_1}$ 的较强烈作用引起的叶背上气流的大尺度的分离损失，这些损失混合在一起，通常难以分开进行测量。那么，总的损失 $\Delta s = s_2 - s_1$ 的计算方法之一是应用(3-73)式。计算方法之二是在绝对静止坐标系中应用(3-74)式。计算方法之三是，在固系于转子叶片上的观察驻激波的相对坐标系中，以相对(relative)总压参数计算，即

$$\Delta s = -R\ln\frac{p_{2\text{rela}}^*}{p_{1\text{rela}}^*} \qquad (3-79)$$

注意到如本章前面几节所述,这时波前、波后相对总温相等,即

$$T_{2\text{rela}}^* = T_{1\text{rela}}^* \qquad (3-80)$$

图 3-57 示意地给出了两片向右旋转的轴流压气机叶片,及其之间所夹持的在压气机效率最高的压气机进出口静压工作条件下稳定在转子叶片前缘附近的激波曲面。美国航空航天局(NASA)的刘易斯(Lewis)航空推进实验室在 1987 年最先发表了用激光测速法(Laser Amemometer)测出的转子叶片排内的这类激波曲面。

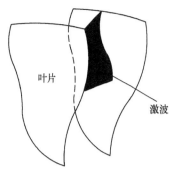

图 3-57

习 题

3-1 设在气体中有一个静止的微扰动源,试确定在下列四种情况下弱扰动波于 $t=1$、2、3s 所到达的位置。这四种情况气体的运动速度 V 分别是:(1) $V=0$;(2) $V=c/2$;(3) $V=c$;(4) $V=2c$(c 为气体的声速)。并确定第四种情况马赫波的马赫角。

3-2 在绝能等熵的空气流中,已知点 1 的马赫角 $\mu_1 = 27.7°$,另一点 2 的马赫角 $\mu_2 = 35.8°$。试求这两点的压强比 p_1/p_2。

3-3 速度 $V_1 = c_{\text{cr}}$ 的空气流绕外钝角壁面向下转折后,速度为 $V_2 = 1.505 c_{\text{cr}}$,求气流的转折角 δ。

3-4 $Ma_1 = 1$ 的空气流绕外钝角壁面顺时针方向转折后,$Ma_2 = 2.245$,求气流转折角 δ 及膨胀区扇形角 φ。

3-5 空气流绕外钝角壁面逆时针方向转折。已知 $Ma_1 = 1.988, Ma_2 = 2.498$,试求气流转折角 δ。

3-6 空气流向真空膨胀时,已知气流转折角为 $90°27'$,求膨胀前的气流马赫数 Ma_1。

3-7 具有速度 $V_1 = 498.34\text{m/s}$、温度 $T_1 = 300\text{K}$ 和压强 $p_1 = 1.0133 \times 10^5\text{Pa}$ 的空气,绕外钝角壁面流动,气流转折角 $\delta = -15°$,试求膨胀波后气流的速度 V_2、温度 T_2 和压强 p_2 以及膨胀波所占区域的扇形角 φ。

3-8 从平面超声速喷管射出的超声速直匀空气流,设在出口截面上 $Ma_1 = 2, p_1 = 2 \times 10^5\text{Pa}$,而喷管外部介质的压强 $p_a = 1 \times 10^5\text{Pa}$。求射流边界相对于喷管轴线的偏斜角 δ 及膨胀波后的马赫数 Ma_2。

3-9 有一平面通道如题 3-9 附图所示,AB 截面为临界截面,该界面上的压强 p_1 大于出口介质压强 p_a。设 $AB = 0.05\text{m}, Ma_2 = 1.504$,为了在 BC 壁面上不发生反射波,试确定 BC 壁面的形状。

3-10 空气沿平面通道流动,如题 3-10 附图所示,在截面 BC 处,压强 $p_1 = 1.276 \times 10^5$ Pa,速度系数 $\lambda_1 = 1.3$,外部介质的压强 $p_a = 1.0 \times 10^5\text{Pa}(p_2 = p_a)$。通道的上端壁面在 C 点转折 $2°$,试计算 ②、③、④ 区域之气流的马赫数、压强和气流方向角 θ。

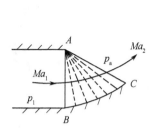
题 3-9 附图

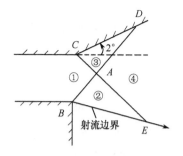
题 3-10 附图

3-11 空气沿 $ABCD$ 壁面流动,参看题 3-11 附图,AB、CD 是直线,BC 是曲线,气流由 B 点到 C 点共向外转折 $15°$,设 $Ma_1=1.294$,流动为绝能等熵,总压 $p^*=2.0\times10^5\mathrm{Pa}$,试绘出膨胀波系,并求沿流动主向的马赫数及压强分布,并绘出任一条流线的大致形状。建议用列表法计算。

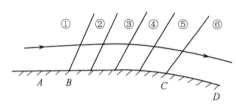
题 3-11 附图

3-12 $\rho_1=1.6\mathrm{kg/m^3}$、$p_1=0.6895\times10^5\mathrm{Pa}$ 的完全气体经正激波后,速度从 $V_1=456\mathrm{m/s}$ 降低到 $V_2=152\mathrm{m/s}$。试求 ρ_2/ρ_1、p_2/p_1、T_2/T_1 以及该气体的绝热指数 k,波前气流马赫数 Ma_1 及波后气流马赫数 Ma_2。

3-13 测得正激波后空气流速度为 $280\mathrm{m/s}$,用热电偶测得的温度 $t=77℃$,求激波前温度。提示:热电偶测得的温度近似为气流总温。

3-14 干涉仪显示,空气流经过正激波密度增加为 3.81 倍,求总压恢复系数 $\sigma=p_2^*/p_1^*$。

3-15 一正激波以速度 $V_1=722.4\mathrm{m/s}$ 在静止空气中运动,静止空气的静压为 $1\times10^5\mathrm{Pa}$,温度为 $294.4\mathrm{K}$,试计算波后(相对于静止观察者)空气流的马赫数、静压、温度和速度。

3-16 速度为 $V_1=530\mathrm{m/s}$、$Ma_1=2.0$ 的空气流,流过内折壁向内转折 $20°$,求激波后的气流速度 V_2。

3-17 超声速气流流过半顶角为 $22°$ 的尖劈时,测得波角 $\beta=64°$,求激波前后密度比。

3-18 设 $Ma_1=2.5$ 的空气流经过半顶角 $\delta=10°$ 的尖劈,求 β、p_2/p_1、Ma_2、p_2^*/p_1^*、T_2/T_1 及 ρ_2/ρ_1。

3-19 接续题 3-18,对应于 $Ma_1=2.5$,为了使激波不脱体,尖劈半顶角 δ 允许的最大值是多少?

3-20 超声速气流由平面喷管射出,见题 3-20 附图,已知 $Ma_1=1.50$,$p_1=0.7825\times10^5$ Pa,管外大气压强 $p_a=1\times10^5\mathrm{Pa}$。这样空气流射出后必然在管口产生一道激波,使气流经过激波压缩后,把压强提高到与外界大气压强相等,求激波角 β 和气流转折角 δ。

3-21 $Ma_1=2.0$、$p_1=1\times10^5\mathrm{Pa}$ 的超声速空气流遇尖劈折转 $20°$,求 β、p_2、Ma_2 和 σ。若分两次转折,每次折转 $10°$,如题 3-21 附图,再求 σ'。

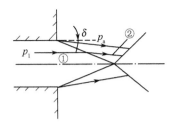
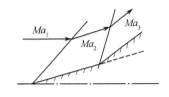

题 3-20 附图　　　　　　　　　题 3-21 附图

3-22 空气沿平面通道流动,该通道的形状如题 3-22 附图所示,已知 $Ma_1=2.40$, $p_1=1\times10^5\text{Pa}$, $c_{cr}=400\text{m/s}$, $\delta=16°$。求②区、③区气流的速度及压强;若 $Ma_1=2.10$,是否还能产生正常反射?

3-23 如题 3-23 附图,一个不对称的斜激波扩压器的进口,$|\delta_2|=16°$, $|\delta_3|=7°$, $Ma_1=2.0$, $p_1=1\times10^5\text{Pa}$,求④′、④″区内气流方向、马赫数和压强。

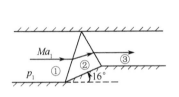
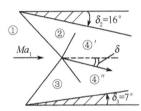

题 3-22 附图　　　　　　　　　题 3-23 附图

3-24 对比平面斜激波和锥面斜激波的波后参数如下。

(1) $Ma_1=2.0$、$p_1=1.0133\times10^5\text{Pa}$、$T_1=288.15\text{K}$ 的空气流对称地流过半顶角为 15° 的尖劈。计算激波角 β、波后气流马赫数 Ma_2 和静压 p_2、静温 T_2。

(2) $Ma_1=2.0$、$p_1=1.0133\times10^5\text{Pa}$、$T_1=288.15\text{K}$ 的空气流对称地流过半顶角为 15° 的圆锥。计算波后气流转折角 δ、激波角 β、波后气流马赫数 Ma_2 和静压 p_2、静温 T_2。又将此结果与(1)的结果比较。再求锥面上气流的马赫数 Ma_s、静压 p_s 和静温 T_s。

3-25 参看题 3-25 附图,计算三波系平面超声速进气道的流动。已知 $Ma_1=2.80$, $\delta_1=10°$, $\delta_2=20°$。试计算 Ma_2、Ma_3、Ma_4 和 σ,并与 $Ma_1=2.80$ 的正激波超声速进气道的总压恢复系数进行比较。

3-26 $Ma_1=3.0$, $p_1=1\times10^4\text{Pa}$ 的空气流过剖面如题 3-26 附图所示的物体,来流方向与 AC 平行。计算物面气流的马赫数和静压;设 $BD=0.1\text{m}$,垂直于纸面的厚度为 1.0m,试求在 AC 方向气流作用于物体上的力。

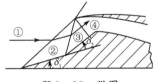
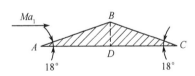

题 3-25 附图　　　　　　　　　题 3-26 附图

第四章 一维定常管流

前几章已经介绍了有关气体流动的基本概念,一维定常流动的基本方程,气体动力学函数,膨胀波及激波的概念和计算方法等。现在我们就可以运用这些知识来分析和计算气体在管道中的流动。

在一般情况下,影响管道中气体流动的因素很多,例如管道截面积的变化、气流与管壁的摩擦、热量的交换、加入或引出气流等,并且在实际流动中往往是几种因素同时存在。但是,在各种具体的管流中,并不是每种因素都起着同样的作用,而是有主有次。例如,燃气在发动机尾喷管流动时,喷管截面积是变化的,气流与管壁之间有摩擦作用,燃气还通过管壁向外界散热等。但是,因为喷管尺寸很大,管壁对气流的摩擦作用主要是在紧贴壁面的附面层内,所以就整个流动而言,摩擦作用是很小的。其次,由于燃气酊速度很大,燃气通过喷管时与管壁接触的时间很短,在没有特殊冷却的情况下,散失的热量与气流的总能量相比也是很小的。因此,燃气在喷管中流动时,除上下游压强外,主要是受喷管面积变化的影响。在讨论管流时往往是先单独考虑主要因素的影响,然后再考虑其它次要因素,并进行修正。这样的处理方法可以使问题简化。

本章将分别讨论一维定常的变截面管流、摩擦管流、换热管流和变流量管流。最后将讨论一般的一维定常管流。

§4–1 变截面管流

本节主要讨论管道截面积变化对气体流动的影响。假设在流动中气体与外界没有热量和功的交换,没有流量的加入或引出,也不计气体与管壁的摩擦作用,所讨论的气体是定比热容的完全气体,流动是一维定常的。喷气发动机的尾喷管、进气道以及试验风洞中的流动等都可以近似地看作是这样的流动。

一、变截面管流的焓熵图

由于在流动中,气体和外界没有热量和功的交换,所以气流的总焓保持不变,因而管道中各截面上气流总温都相同。在不计摩擦的情况下,如果流动中也没有激波,则各截面上气流的总压也将相同,因而流动是等熵的。在焓熵图上,可用等熵线表示其流动过程,如图4–1(a)所示。设管道起始截面上的气流参数为$p_1 、\rho_1 、T_1$,图上用点1表示,根据等熵流动的条件,$s = s_1 =$ 常数,所有其它截面上的气流状态都在通过点1的等熵线上,即流动过程是沿着等熵线进行的。o点表示滞止状态,h^*是气流的总焓,线段$o1$表示气流起始状态的动能。

图4–1(a)所表示的等熵过程,只是一个理想的流动过程。一切实际流动过程总是有摩擦存在的,因此将偏离等熵线,无论是加速的膨胀流动,或是减速的压缩流动,气流的熵都是增加的。在图4–1(b)、图4–1(c)上分别用虚线表示实际的加速和减速过程,点$2'$表示与等熵过程压强相同的实际终态。由图可以看出,与理想的流动过程相比,假如流动的起始状态和终

了压强都相同（$p_2 = p_2'$），那么终了的焓值和速度将是不同的。无论是加速或减速流动，都是 $h_2' > h_2, V_2' < V_2$。由图还可以看出，终态气流的总压比起始值小（$p_2^{*'} < p_1^*$），即总压有损失。变截面管流中除了有摩擦作用外，有时还会出现激波，激波将使流动过程严重地偏离等熵线，气流的总压也将有更大的损失。

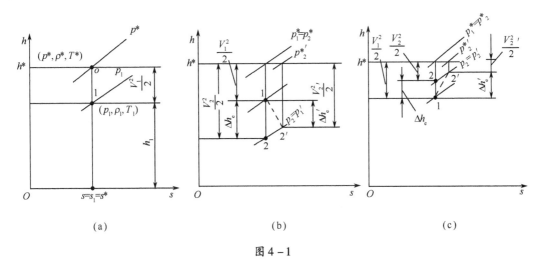

图 4-1

二、截面积变化对气流参数的影响

在第二章已经讲过，对于不可压流沿变截面管道的流动，当截面积减小时，流体的运动速度加大，当截面积增大时，流体的运动速度减小。

对于可压缩气体在变截面管道中的流动，气流速度与截面积之间的关系就不完全是这样了。下面我们详细地讨论可压流的情况。

由 §2.3 可以知道，一维定常流动的连续方程的微分形式为

$$\frac{d\rho}{\rho} + \frac{dA}{A} + \frac{dV}{V} = 0 \tag{4-1}$$

由 §2.6 可以知道，对于理想的一维定常流动，其动量方程的微分形式为

$$dp + \rho V dV = 0$$

根据 Ma 的定义式 $Ma = \dfrac{V}{\sqrt{kRT}}$ 和理想气体状态方程 $p = \rho RT$，可以将上式改写为

$$\frac{dp}{p} + kMa^2 \frac{dV}{V} = 0 \tag{4-2}$$

绝能流动的能量方程的微分形式为 (2-36) 式，即

$$c_p dT + d\left(\frac{V^2}{2}\right) = 0$$

上式可以化成

$$\frac{dT}{T} + \frac{VdV}{c_p T} = 0$$

进一步可以化为

$$\frac{dT}{T} + (k-1)Ma^2 \frac{dV}{V} = 0 \tag{4-3}$$

完全气体状态方程 $p = \rho RT$ 取对数后再微分,可得

$$\frac{dp}{p} - \frac{d\rho}{\rho} - \frac{dT}{T} = 0 \tag{4-4}$$

Ma 的定义式 $Ma = \dfrac{V}{\sqrt{kRT}}$ 取对数后再微分,可得

$$\frac{dMa}{Ma} - \frac{dV}{V} + \frac{dT}{2T} = 0 \tag{4-5}$$

在(4-1)式~(4-5)式的五个方程中,包含六个变量 dp/p、$d\rho/\rho$、dT/T、dV/V、dMa/Ma 和 dA/A,若将 dA/A 看作独立变量,则可以从上述方程组中解出其余五个变量与 dA/A 的关系,即

$$\frac{dp}{p} = \frac{kMa^2}{1-Ma^2} \cdot \frac{dA}{A} \tag{4-6}$$

$$\frac{d\rho}{\rho} = \frac{Ma^2}{1-Ma^2} \cdot \frac{dA}{A} \tag{4-7}$$

$$\frac{dT}{T} = \frac{(k-1)Ma^2}{1-Ma^2} \cdot \frac{dA}{A} \tag{4-8}$$

$$\frac{dV}{V} = -\left(\frac{1}{1-Ma^2}\right)\frac{dA}{A} \tag{4-9}$$

$$\frac{dMa}{Ma} = -\frac{1+\frac{k-1}{2}Ma^2}{1-Ma^2} \cdot \frac{dA}{A} \tag{4-10}$$

根据这些方程,面积变化对气流参数的影响可综合成表 4-1。

表 4-1 清楚地表明了截面积变化对气流参数的影响。

表 4-1

气流参数	dA < 0		dA > 0	
	Ma < 1	Ma > 1	Ma < 1	Ma > 1
dV	>0	<0	<0	>0
dMa	>0	<0	<0	>0
dp	<0	>0	>0	<0
dρ	<0	>0	>0	<0
dT	<0	>0	>0	<0

(1)亚声速流($Ma < 1$)。由(4-9)式可知,$1 - Ma^2 > 0$,所以 dV 与 dA 异号,其物理意义是速度变化与面积变化的方向相反。

在收缩形管道内($dA < 0$),亚声速气流是加速的($dV > 0$)。在扩张形管道内($dA > 0$),亚声速气流是减速的($dV < 0$)。

因此,亚声速气流在变截面管道中流动时,气流速度与管道截面积之间的关系仍保持不可压流的那种规律。

(2)超声速流($Ma > 1$)。$1 - Ma^2 < 0$,dV 与 dA 同号,即 dV 与 dA 的变化方向相同。因此,超声速气流在变截面管道中流动时,气流速度与截面积之间的关系刚好和亚声速流的情况相反。

在收缩形管道内($dA < 0$),气流是减速的($dV < 0$)。在扩张形管道内($dA > 0$),气流是加

速的($dV>0$)。

(3) 声速气流($Ma=1$)。当 $Ma=1$ 时，$dA=0$，该截面为临界截面。在第二章已经证明过临界截面一定是管道的最小截面。这就是说，气流速度只能在管道的最小截面处达到当地声速。需要再次指出，不应将最小截面和临界截面相混淆，气流在变截面管道中流动时，最小截面是对管道的几何形状而言的，在最小截面处气流速度不一定达到当地声速，所以最小截面不一定是临界截面。从本章后面的内容可以知道，在最小截面处气流是否达到当地声速，要由管道进出口的压强比决定。通常情况下，使气流加速的管道称为喷管，使气流减速、增压的管道称为扩压器。

图 4-2 示意地描绘了几种流动类型。

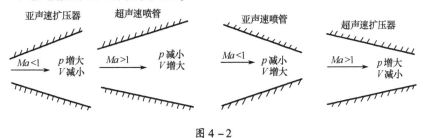

图 4-2

通过上面的讨论，我们可以清楚地看到，管道截面积的变化，对亚声速气流和超声速气流有相反的影响。这种相反影响的物理原因是不同马赫数条件下气流的压缩性不同。表 4-1 告诉我们，无论是亚声速气流，还是超声速气流，密度 ρ 的变化和速度 V 的变化方向总是相反的。气流加速时，密度减小；气流减速时，密度增大。但是，对于不同 Ma 的气流，两者的变化量是不同的。对于完全气体的绝能等熵流动，第二章给出了气流速度的相对变化量和密度相对变化量之间的关系(2-48)式，即

$$-Ma^2\frac{\mathrm{d}V}{V}=\frac{\mathrm{d}\rho}{\rho}$$

从上式可以看到，气流速度相对变化量引起的密度相对变化量与 Ma^2 成正比。在亚声速气流($Ma<1$)中，密度的相对变化量小于速度的相对变化量；在超声速气流($Ma>1$)中，密度的相对变化量大于速度的相对变化量。表 4-2 给出了不同 Ma 条件下，速度增大 1% 时，利用(4-7)式和(4-9)式计算得到密度和面积的相对变化量。

表 4-2

气流马赫数	0.2	0.4	0.8	1.0	1.2	1.4	1.6
$\mathrm{d}V/V$	1%	1%	1%	1%	1%	1%	1%
$\mathrm{d}\rho/\rho$	-0.04%	-0.16%	-0.64%	-1.0%	-1.44%	-1.96%	-2.56%
$\mathrm{d}A/A$	-0.96%	-0.84%	-0.36%	0	0.44%	0.96%	1.56%

从表 4-2 中可以看出，对于 $Ma<0.2$ 的气流，速度变化 1% 时，密度变化只有 0.04%。所以在 Ma 较小时(一般是 $Ma<0.3$)，可以当作不可压流来处理。Ma 较大时，密度的变化也较大，说明气流的压缩性随着 Ma 的增大而增大(参见 §2-10)。由(4-1)式可以知道，在一维定常管流中，由于各个截面的流量守恒，密度、速度和面积的相对变化量之和恒等于零，因此三者是相互制约的。在亚声速流动中，速度变化起主导作用，速度增大时，面积必须减小；在超声速流动中，密度变化起主导作用，速度增大时，面积必须增大。例如，对于 $Ma=0.8$ 的亚声

速气流,若流速增大 1%,相应地密度只减小 0.64%,为了保持流量不变,面积就应减小 0.36%;而对于 $Ma=1.4$ 的超声速气流,若速度增大 1%,这时密度将减小 1.96%,从而面积应增大 0.96%。

通过上面的讨论,我们知道,由于气流压缩性的影响,要使亚声速气流加速。管道截面积应该逐渐收缩;要使超声速气流加速,管道截面积应该逐渐扩张。因此,要使气流从亚声速加速到超声速,管道形状就应该是先收缩后扩张的,如图 4-3 所示。亚声速气流先在收缩段中加速,在最小截面处达到声速,然后在扩张段中继续加速成超声速气流。通常把最小截面叫做喉部。

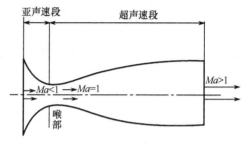

图 4-3

这种收缩-扩张形喷管是 19 世纪末瑞典工程师拉伐尔发明的,故这种喷管又叫拉伐尔喷管。

如果要使超声速气流等熵地减速成亚声速气流,那么按照前面的讨论,也应该采用先收缩后扩张的管道。超声速气流先在收缩段减速,到最小截面变成声速流,然后在扩张段继续减速成为亚声速气流。这是按照一维等熵流得出的结论,但在实际流动中,由于摩擦的存在以及超声速气流在减速过程中还会出现激波,所以组织超声速气流的减速过程必须考虑其它的一些问题。

下面我们对各种类型的变截面管流作进一步的讨论。

§4-2 收 缩 喷 管

通过上面的讨论,我们知道,截面积逐渐缩小的管道,可以使亚声速气流不断加速,这种管道叫收缩喷管或收敛喷管。收缩喷管在试验设备及涡轮喷气发动机中,是常用的部件之一。在试验设备中(例如校准风洞和叶栅风洞)借调节收缩喷管进出口的压强比,可以在喷管出口得到所需要的马赫数的均匀亚声速气流。在涡轮喷气发动机中,喷管进口的燃气具有较高的总温和总压,在喷管进出口压强差的作用下,高温燃气在喷管中膨胀,气体的部分热焓转变成动能,到喷管出口,燃气以很高的速度喷出,高速喷气使发动机产生很大的推力。

一、喷管出口气流参数及临界压强比

收缩喷管中的流动是典型的变截面管道流动,由于喷管内不存在激波,流动可以看作是绝能等熵流动,因此,喷管各个截面的总温、总压都相同,都等于喷管进口截面的总温和总压。我们以下标"e"表示出口截面的气流参数,以下标"o"表示进口截面的气流参数,则有

$$T_o^* = T_e^* = T^*, p_o^* = p_e^* = p^*$$

在绝能等熵流动中,能量方程可写成

$$c_p T_o^* = c_p T_e^* = c_p T_e + \frac{V_e^2}{2}$$

因此

$$V_e = \sqrt{2c_p(T_e^* - T_e)} = \sqrt{2c_p T_e^*\left(1 - \frac{T_e}{T_e^*}\right)}$$

$$= \sqrt{\frac{2k}{k-1}RT_e^*\left[1-\left(\frac{p_e}{p_e^*}\right)^{\frac{k-1}{k}}\right]} \qquad (4-11a)$$

或
$$V_e = Ma_e c_e = \lambda_e c_{cr} \qquad (4-11b)$$

从(4-11a)式可以看出,喷管出口截面上的气流速度主要取决于气流总温 T_e^* 和压强比 p_e/p_e^*,其次还与气体种类(k值)有关。具体地说,总温越高,喷管出口截面上气流速度越大,压强比越小,气流速度也越大。

在喷管的任意截面上,气流的静压和总压都满足(2-89)式,即
$$\frac{p}{p^*} = \pi(Ma) = \left(1 + \frac{k-1}{2}Ma^2\right)^{-\frac{k}{k-1}}$$

从前面的讨论可以知道,亚声速气流在收缩管道中,速度的增大是有限的。在出口截面处,速度最大只能达到当地声速,即出口截面的气流马赫数 Ma_e 最大只能达到1。当出口截面气流马赫数 $Ma_e = 1$ 时,出口截面成为临界截面,这时喷管出口截面的气流压强为临界压强 p_{cr}。临界压强与总压之比 p_{cr}/p_e^* 就是临界压强比,通常用 β_{cr} 表示,可以用下式计算

$$\beta_{cr} = \frac{p_{cr}}{p_e^*} = \pi(1) = \left(\frac{2}{k+1}\right)^{\frac{k}{k-1}} \qquad (4-12)$$

对于空气($k=1.4$),$\beta_{cr} = p_{cr}/p_e^* = 0.5283$;对于燃气($k=1.33$),$\beta_{cr} = p_{cr}/p_e^* = 0.5404$。也可以用 p_e^*/p_{cr} 表示临界状态的压强比,对于空气($k=1.4$),$p_e^*/p_{cr} = 1.8929$;对于燃气($k=1.33$),$p_e^*/p_{cr} = 1.8506$。

通过喷管的流量可以用流量公式(2-93)计算,即
$$\dot{m} = K \frac{p^*}{\sqrt{T^*}} A q(\lambda)$$

式中　A——任意截面的面积;
　　　λ——该截面的无量纲速度系数。

喷管出口截面处的流量为
$$\dot{m} = K \frac{p_e^*}{\sqrt{T_e^*}} A_e q(\lambda_e) \qquad (4-13)$$

当出口截面气流压强不断下降时,p_e/p_e^* 不断减小,λ_e 将随之增大,因而 $q(\lambda_e)$ 也随之增大。从上式可以看到,通过喷管的流量也相应增大。当 $p_e = p_{cr}$ 时,因为 $\lambda_e = 1$,$q(\lambda_e) = 1$,故流量达到最大值,即

$$\dot{m}_{max} = K \frac{p_e^*}{\sqrt{T_e^*}} A_e \qquad (4-14)$$

因此,对于给定出口截面积的收缩喷管,在总压、总温一定的条件下,通过喷管的最大流量为(4-14)式所限定。

二、三种流动状态

为了深入地了解喷管出口外界反压对收缩喷管中气体流动的影响,我们可以进行下列试验。如图4-4所示,喷管进口气流来自大气,喷管出口通过稳压箱与真空箱相连,真空箱内

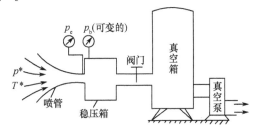

图4-4

的空气由真空泵抽走而造成低压,稳压箱内的气体压强由阀门控制,也就是说喷管出口外界气体的压强在试验中是可以改变的,这个压强叫做反压,以 p_b 表示,而喷管中气流的总压和总温就是大气压强和大气温度,在试验中是保持不变的。

利用上述装置,在试验中,当反压逐渐降低时,可以测出对应的喷管出口气流压强 p_e 以及喷管内沿轴向的压强分布,并计算出喷管流量。实际应用中,经常将喷管进口总压与反压之比 p^*/p_b 称为喷管的落压比(或压比)。

图4-5分别绘出了试验装置原理和试验曲线,图4-6分别绘出了喷管流量和出口截面内的静压 p_e 对于出口截面外的静压 p_b(也称为喷管的反压)的变化关系。从这两图可以看出,流动分为下述的三种状态。

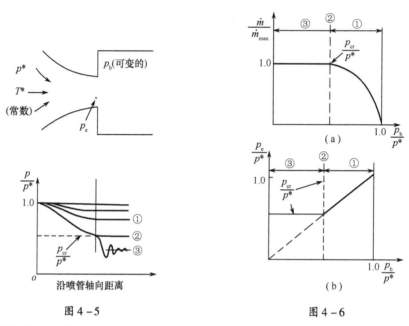

图4-5　　　　　　　　　　图4-6

(一) 亚临界流动状态

当稳压箱与真空箱之间的阀门逐渐开大时,稳压箱内气体反压 p_b 逐渐降低,喷管出口气流速度也不断增大,通过喷管的气体流量也相应地增大。在这种流动状态中,整个喷管内的流动是亚声速的。因为反压变化所引起的扰动是以声速向喷管内部传播的,所以这种扰动可以传遍整个喷管,即反压的变化可以影响到整个喷管内的流动。由 $Ma_e<1$ (或 $\lambda_e<1$) 可以知道,这时的喷管出口截面压强 $p_e>p_{cr}$,喷管压比 $p^*/p_b<p^*/p_{cr}$,这种流动状态叫亚临界流动状态。在亚临界流动状态中,出口截面气流压强与反压相等,即 $p_e=p_b$,气体在喷管内将得到完全膨胀。在亚临界状态下,喷管的流量可以用(4-13)式计算。喷管出口截面的 Ma_e 可以根据 $p_e=p_b$ 的条件,用(2-89)式计算或查气动函数表得到。

(二) 临界流动状态

当反压降低到 $p_b=p_{cr}$ 时,喷管出口截面压强与反压相等 ($p_e=p_b=p_{cr}$),喷管压比增大到 $p^*/p_b=p^*/p_{cr}$。喷管出口的气流速度达到声速,即 $Ma_e=1$。这种流动状态叫临界流动状态。这时,气流在喷管内得到完全膨胀。

在临界流动状态,由于出口截面的 $Ma_e=1$,流量函数也增大到最大,$q(Ma_e)=1$,当进口参数不变时,通过喷管的流量达到最大值

$$\dot{m}_{\max} = K \frac{p_e^*}{\sqrt{T_e^*}} A_e \qquad (4-15)$$

(三) 超临界流动状态

当反压进一步降低到 $p_b < p_{cr}$ 时，喷管压比进一步增大到 $p^*/p_b > p^*/p_{cr}$。由于出口截面已经达到声速流动，反压降低引起的扰动不能穿越声速面，所以不能影响喷管内的流动。喷管出口截面的气流仍然是声速流，$Ma_e = 1$。出口截面的气流压强不能随着反压的降低而改变，而是保持 $p_e = p_{cr}$。这种流动状态叫超临界状态。在超临界状态下，气流在喷管内没有完全膨胀到环境压强，所以流出喷管之后，还要继续膨胀。

在超临界流动状态，由于出口截面的 $Ma_e = 1$，流量函数 $q(Ma_e) = 1$，所以通过喷管的流量与临界状态相同。

从前面的分析可以知道，收缩喷管有三种流动状态，分别是亚临界、临界和超临界流动状态。决定喷管工作状态的主要因素是进口总压与反压之比 p^*/p_b。对于每种流动状态，喷管内的流动参数都有各自的特点。因此，收缩喷管气流参数的计算方法是：先通过喷管压比确定喷管的流动状态，然后根据各流动状态的特点计算气流参数。

上面所述是在进口气流总压、总温保持不变的情况下，改变反压 p_b 所得到的试验结果。如果我们做试验时，喷管中的气流由增压气源供给，让喷管出口通大气，则在试验过程中，喷管出口反压 p_b 等于外界大气压强，是个不变的数值，喷管内气流的总压 p^* 是可以改变的，那么当总压 p^* 逐渐增大时，喷管的压比 p^*/p_b 将逐渐增大，也可以得到类似的试验结果。但是，在反压 p_b 不变、总压 p^* 升高的过程中，喷管流量是逐渐增大的，这点与前一种工作模式有所不同。

三、壅塞状态

对于给定出口截面积 A_e 的收缩喷管，在一定的气流总温、总压下，当其中气体处于亚临界流动状态时，随着外界反压的降低，出口截面上气流速度不断增大。通过喷管的流量也不断增加；但是，当气体处于临界和超临界状态时，出口截面上气流马赫数 $Ma_e = 1$，出口截面是临界截面，通过喷管的流量达到最大值 $\dot{m} = K \dfrac{p^*}{\sqrt{T^*}} A_e = \dot{m}_{\max}$，反压的进一步降低，并不能使气流马赫数继续增大，通过喷管的流量也不再增大。我们称气流 $Ma_e = 1$，流量达到最大值的这种流动状态为壅塞状态。这时喷管出口外界反压便不再能影响喷管内的流动。而且，无论是改变进口气流总压、总温或出口外界的反压，都不能使喷管中任一截面上的无量纲参数发生变化，这些无量纲参数有马赫数 Ma、速度系数 λ、压强比 p/p^* 和温度比 T/T^* 等。

在壅塞状态下，如果只增大进口气流总压，则 Ma_e 仍等于 1，p_e/p^* 仍为 $\left(\dfrac{2}{k+1}\right)^{\frac{k}{k-1}}$，由 $(4-11)$ 式，出口气流速度 V_e 不变，但 p_e 随 p^* 成比例地增大，流量 $\dot{m}$ 也与 p^* 成比例地增加。如果只增加进口气流总温 T^*，则 Ma_e、p_e/p^* 保持不变，而 V_e 将增大。因此，在涡轮喷气发动机中，常采用提高燃气总温的办法来增加喷气速度，以提高发动机的推力。具体的办法是在涡轮后对燃气再一次喷油燃烧，这种方法叫加力燃烧；但在喷口截面不变时，增高燃气总温将使能通过的流量减小，要维持流量不变，就要相应地增大 A_e。在壅塞状态下，如果只增大 A_e，则 Ma_e、p_e/p^*、V_e 和 p_e 都保持不变，仅流量 $\dot{m}$ 随 A_e 成比例地增加。

表 $4-3$ 给出了不同状态下，各种因素对收缩喷管状态参数的影响（工质为空气）。在亚临界状态下,其它参数不变时,随着 p^* 增大,喷管出口处的流量函数 $q(Ma_e)$ 也增大,所以喷管流量非线性地增大;在超临界状态下,$q(Ma_e)=1$,其它参数不变时,随着 p^* 增大,喷管流量线性增大。

表 4-3

状态名称	亚临界	壅塞状态	
		临界	超临界
出口马赫数 Ma_e	<1	=1	=1
出口处压强比 p^*/p_e	<1.8929	=1.8929	=1.8929
喷管流量 $\dot{m}=K\dfrac{p^*}{\sqrt{T^*}}A_e q(Ma_e)$	随 p^* 增大而增大（非线性增大）	流量最大 $q(Ma_e)=1$	随 p^* 增大而增大（线性增大）

[**例 4-1**] 某涡轮喷气发动机在地面试验时,测得发动机喷管(收缩喷管)进口处燃气总压 $p^*=2.3\times 10^5\text{N/m}^2$,总温 $T^*=928.5\text{K}$,燃气的绝热指数 $k=1.33$,喷管出口截面积 $A_e=0.1675\text{m}^2$,试验时的大气压强 $p_a=0.987\times 10^5\text{N/m}^2$,求喷管出口截面上的喷气速度 V_e 和压强 p_e 以及通过喷管的燃气流量 $\dot{m}_e$。

解 (1) 首先判断喷管中气体的流动状态。本题中,大气压强就是喷管出口的反压,所以 $\dfrac{p^*}{p_b}=\dfrac{p^*}{p_a}=\dfrac{2.3\times 10^5}{0.987\times 10^5}=2.33$。由于 $k=1.33$ 时,$\dfrac{p^*}{p_{cr}}=1.8506$,$\dfrac{p^*}{p_b}>1.8506$,所以喷管处于超临界流动状态。

(2) 在超临界状态下,出口截面马赫数 $Ma_e=1$,出口截面气流静压气动函数 $\pi(Ma_e)$ 为

$$\dfrac{p_e}{p^*}=\pi(Ma_e)=\dfrac{1}{\left(1+\dfrac{k-1}{2}Ma_e^2\right)^{\frac{k}{k-1}}}=\dfrac{1}{\left(1+\dfrac{1.33-1}{2}\times 1^2\right)^{\frac{1.33}{1.33-1}}}=0.5404$$

$$p_e=\pi(Ma_e)p^*=0.5404\times 2.3\times 10^5=1.243\times 10^5\text{N/m}^2$$

在出口截面 $Ma_e=1$,所以可以用气动函数 $\tau(Ma_e)$ 计算得到出口截面的静温,即

$$\dfrac{T_e}{T^*}=\tau(Ma_e)=\dfrac{1}{1+\dfrac{k-1}{2}Ma_e^2}=\dfrac{1}{1+\dfrac{1.33-1}{2}\times 1^2}=0.8584$$

$$T_e=T^*\tau(Ma_e)=928.5\times 0.8584=797.0\text{K}$$

由于出口截面气流速度 V_e 等于当地声速 c,所以有

$$V_e=c=\sqrt{kRT_e}=\sqrt{1.33\times 287.4\times 797.0}=551.9\text{m/s}$$

通过喷管的流量为

$$\dot{m}_e=K\dfrac{p_e^*}{\sqrt{T_e^*}}A_e q(\lambda_e)=0.0397\times\dfrac{2.3\times 10^5}{\sqrt{928.5}}\times 0.1675\times 1=50.3\text{kg/s}$$

[**例 4-2**] 已知在喷管试验中(如图 4-4 所示),真空泵的性能参数为:真空度 700mmHg,流量 $\dot{m}=0.18\text{kg/s}$。试验时大气压强 $p_a=760\text{mmHg}$,大气温度 $T_a=293\text{K}$。试问:

(1) 在收缩喷管中能否形成超临界流动状态?

(2) 为保证喷管内能通过真空泵的全部流量,喷管出口面积应当做成多大?

解 (1) 真空泵能将真空箱内的气体压强抽低到 760 - 700 = 60mmHg,在初步估算中,可将这个压强作为喷管出口的反压,喷管中的气流总压就是大气压强 p_a,因此压强比 $\dfrac{p^*}{p_b} = \dfrac{760}{60} = 12.67 > 1.8929$。所以试验时,可以在喷管中形成超临界流动状态。

(2) 试验时喷管通过的流量 $\dot{m} = K\dfrac{p^*}{\sqrt{T^*}}A_e q(\lambda_e)$,其中 T^* 是大气温度,p^* 是大气压强 p_a,$p_a = 760\text{mmHg} = 101325\text{Pa}$。由于喷管工作在超临界状态,出口截面 $\lambda_e = 1$,所以喷管出口面积应满足

$$\dot{m} = K\frac{p^*}{\sqrt{T^*}}A_e q(\lambda_e) = 0.0404 \times \frac{101325}{\sqrt{293}} \times A_e \times 1.0 = 0.18\text{kg/s}。$$

利用上式可以求出喷管出口面积 $A_e = 7.53 \times 10^{-4}\text{m}^2$。

[**例 4-3**] 如图 4-7 所示,一个大容器内的空气通过另一个大容器向外界排出。两个容器的出口都装有简单的收缩喷管,并有相同的出口截面积 A。设第一个容器足够大,则流动可看作是定常的。假设容器外界的压强 p_a 很低,求排气流量 $\dot{m}$ 和第二个容器的压强 p_2 与气流初始压强 p_0、初始温度 T_0 的关系(设气体在收缩喷管内流动不计摩擦损失)。

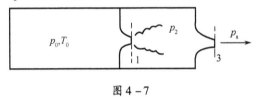

图 4-7

解 由于 $p_a \ll p_0$,因此至少有一个喷管出现壅塞状态。现在来证明壅塞发生在 3 截面处。对 1、3 截面应用能量方程,有

$$h_1 + \frac{V_1^2}{2} = h_3 + \frac{V_3^2}{2} = h_0 \tag{4-16}$$

上述方程可改写成

$$h + \frac{1}{2}\left(\frac{\dot{m}}{\rho A}\right)^2 = h_0 = 常数$$

这正是范诺线方程(参见 §4-6)。根据对范诺线的讨论,我们知道,流动是沿着熵增加的方向进行的。对于亚声速气流来说,流动是沿着 h 减小的方向,即沿着速度增大的方向进行的,所以 $V_3 > V_1$,从而声速在 3 截面上达到。

由于 1 截面上是亚声速流动,所以 1 截面上的气流压强等于第二个容器内的压强,即 $p_1 = p_2$。而 p_2 就是第二个收缩喷管中气流的总压 p_2^*,于是根据连续方程,有

$$p_1 y(\lambda_1) = p_2^* q(\lambda_3) \tag{4-17}$$

已知 $\lambda_3 = 1$,所以 $q(\lambda_3) = 1$,由 $y(\lambda_1) = 1$ 查表得 $\lambda_1 = 0.597$,又根据式(2-86)得

$$\frac{p_2}{p_0} = \pi(\lambda_1) = 0.807$$

故可以写出 1 截面的流量方程,或 3 截面的流量方程,二者相等,为

$$\dot{m}_1 = K\frac{p_0}{\sqrt{T_0}}Aq(\lambda_1) = 0.807K\frac{p_0}{\sqrt{T_0}}A = \dot{m}_3$$

四、喷管出口后的射流

理论和试验证明，从收缩喷管流出的射流形状是各不相同的，它取决于出口截面上气流压强是小于还是大于临界压强。

在亚临界和临界流动状态时，气流在喷管中得到完全膨胀，喷管出口截面上的气流压强等于外界反压，气流在出口后不再膨胀，气流平行于喷管轴线流出。以后，由于气体黏性的作用，气流与周围气体相混合，气流速度受到阻滞，在离喷管相当远的距离上，气流速度与周围气体相同。

在超临界流动状态时，气流在喷管中没有得到完全膨胀，在出口截面上气流压强为临界压强 p_{cr}，大于周围气体压强 p_b。因此，出口截面上的声速气流在出口后继续膨胀，变成超声速气流。假如收缩喷管为平面喷管，由膨胀波知识得知，此时在喷管边缘的 A 和 A_1 处，将会产生两组膨胀波束 A_1AB_1 和 AA_1B（图 4-8）。气流通过这些膨胀波时，压强从 p_{cr} 降到与外界压强 p_b 相等。因为从 A 和 A_1 处发出的膨胀波互相相交，所以所有膨胀波，包括 AB_1 和 A_1B 都是弯曲的。膨胀波在射流的自由边界 AB 和 A_1B_1 上反射为压缩波，由于波的相交，在射流中形成两个三角形区域 ADA_1 和 BDB_1，在 ADA_1 内气流通过一系列膨胀波不断被加速，压强不断下降，在顶点 D 处压强低于周围气体压强，在 BDB_1 内气流通过一系列压缩波，压强又逐渐提高，到 B_1B 截面气流参数又恢复到出口截面 AA_1 上的数值。此后，从 BB_1 截面开始，又重复上述流动过程。这样在射流中周期性地出现膨胀波区和压缩波区，射流截面周期性地先扩大后缩小，射流的两边界起伏呈波纹状。在实际流动中，由于黏性的作用，气流射入周围气体后，逐渐与周围气体掺混，这种周期性的射流逐渐扩大，能量逐渐衰减（图 4-9）。

图 4-8　　　　　　　　　　　图 4-9

五、多维流动的影响

喷管没有专门设计时，在其出口截面上，气流并不是平行于轴线的一维流，尤其是在涡轮喷气发动机上。为了缩短喷管长度，减轻质量以及为了制造方便等目的，喷管常是直锥型的，其壁面与轴线有较大的角度。这样，喷管的流动就不是一维流，在同一截面上不同点处的气流速度的大小和方向是不相同的，气流参数相同的面不垂直于轴线，而且不是平面。我们来分析一下，不计黏性影响时，气体从圆锥喷管流出时的情况，由于径向速度（指向轴线）的存在，在出口处气流被收缩，流线相互靠近而发生弯曲。气体从喷管流出后以自由射流的形式向后流去，由于流线弯曲，所以射流也呈收缩状，而且射流中不同流线的弯曲程度是不同的。在射流边界上，流线的曲率最大，而靠近轴线的流线，其曲率最小。因此，外面流线的速度比中间的核心流大。在喷管出口，气流速度及热力参数是不均匀的，因为我们假设没有摩擦，所以在出口后面气流与周围介质没有掺混。这样，在喷管后面形成两个区域，一个是自由射流，一个是压强为 p_b 的静止的周围介质，在射流边界上压强为常数，处处和介质压强 p_b 相同，因而在边界上速度也是常数。若 $p_b/p^* > \beta_{cr}$ 时，射流具有图 4-10(a) 的形状，射流沿流动方向不断收缩，在喷管后面很远的地方出现最小截面,但整个流场是亚声速的。当 $p_b/p^* = \beta_{cr}$ 时,射流边界上的速度为临界声速,但射流内部气流速度小于声速值。随着离开喷管出口距离的增大,气体在收缩的射流中继续得到加速,并且速度分布逐渐均匀,到某个有限距离上,射流中的速度等于声速。因此,在临界压强比时,声速出现在射流边界及离开出口某个距离的截面上,如图 4-10(b) 所示。当 $p_b/p^* < \beta_{cr}$ 时,口外射流变成超声速的了,声速线变成 AB 的形状。在理想流动的假设下,声速线从出口边缘 A 处出发,然后伸向射流中心,在声速线后面是超声速气流,随着压强比 p_b/p^* 的下降,声速线向出口截面靠近。因此,$p_b/p^* < \beta_{cr}$ 时,压强比仍对喷管的流动有一定的影响。此外,由声速线的形状可以看出,超声速气流先在射流靠外的部分出现,然后再在核心部分出现,如图 4-10(c) 所示。

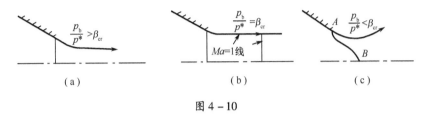

图 4-10

图 4-11(a) 表示了圆锥喷管出口附近等马赫数线的形状,这是索诺克和布朗进行的理论计算结果,喷管的半锥角 $\alpha = 40°$,图中 r_e 是出口截面半径。图 4-11(b) 是由试验得到的在不同压强比下的等声速线的位置,试验喷管半锥角 $\alpha = 25°$,试验时的压强比 $p^*/p_b = 2.0 \sim 5.0$,相当于 $p_b/p^* = 0.5 \sim 0.2$。试验结果证实,对于圆锥喷管,$p_b/p^* = \beta_{cr}$ 值时,喷管并没有真正壅塞,压强比仍能影响射流形状和声速线的位置。这种影响要到更低的压强比 p_b/p^* 时(在该试验中是 0.25),喷管中的气流才完全壅塞。

喷管出口处多维流动的影响也常用流量系数 μ 来估计。图 4-12 表示了压强比及半锥角 α 对流量系数影响的试验结果,由于多维流的不利影响。μ 值可能比 1 小得多。图中虚线表示壅塞状态的位置。

由上述可见,对于半锥角越大的圆锥形收缩喷管,一维流的假设会导致重大的错误。但是,即使对于这样的喷管,一维流的假设仍然定性地给出了正确的变化趋势。如果结合使用一些试验确定的修正系数(例如流量系数),就可以在数量上得到较为精确的结果。

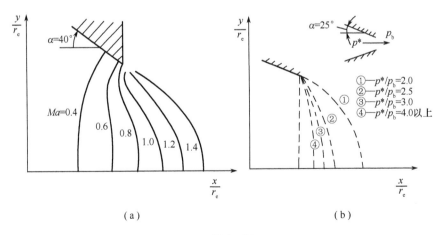

图 4-11

六、收缩喷管壁面的设计

为了在收缩喷管出口得到均匀的一维流动,喷管壁面形状必须进行专门的设计,只有设计得很平滑的型面,才能使气流在喷管中逐渐得到膨胀。保证进口截面产生的横向压强梯度和径向分速逐渐减小,并在出口截面上趋于零,从而获得均匀的出口流场。喷管壁面的设计方法之一是按维托辛斯基公式来计算壁面的型线,其公式为

$$r = \frac{r_e}{\sqrt{1-\left[1-\left(\frac{r_e}{r_0}\right)^2\right]\frac{\left(1-\frac{3x^2}{l'^2}\right)^2}{\left(1+\frac{x^2}{l'^2}\right)^3}}} \quad (4-18)$$

式中 $l' = \sqrt{3}l$,其它符号的意义如图 4-13 所示。r_0、r_e 是给定的尺寸,l 是选定的($l > r_0$),它可以在宽广的范围内变动,这种型面的喷管适合于连接两个不同尺寸的管道。它用在亚声速风洞上,经验表明,一直到 $\lambda = 0.90 \sim 0.95$ 的宽广速度范围内,喷管后的速度场是足够均匀的。

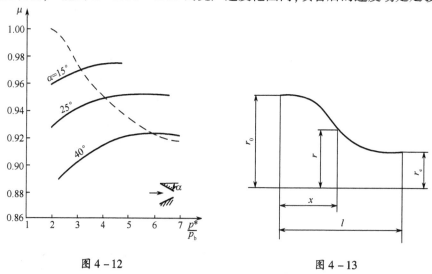

图 4-12   图 4-13

由于附面层的存在,所以还要按位移厚度 δ^* 来修正壁面。

当喷管直接连接在储气罐后面时,其壁面型线也可以是圆弧线、双扭线或抛物线等。

§4-3 拉伐尔喷管

可以使气流加速到超声速的收缩-扩张喷管称为拉伐尔喷管。亚声速气流进入拉伐尔喷管之后,在喷管收缩段逐渐加速,在喉道处气流达到声速,然后在喷管扩张段进一步加速到超声速。

拉伐尔喷管在超声速风洞、涡轮喷气发动机和火箭发动机的尾喷管中得到了广泛的应用。在超声速风洞中,利用拉伐尔喷管产生超声速流动条件。在发动机中,当尾喷管压比较大时,如果采用收缩喷管,则由于喷管出口气流速度最快只能达到声速,气流不能在喷管中得到充分的加速和膨胀,因此不能将气体的能量充分转化成动能。采用拉伐尔喷管,可以将气流加速到超声速,使气流得到充分加速和膨胀,有利于提高发动机的推力。

拉伐尔喷管的扩张段可能出现超声速流动,因此在某些条件下会出现激波。当喷管内出

现激波时,流动为绝能不等熵流动;喷管内不出现激波时,或激波前和激波后的区域,流动是绝能等熵流动。

一、等熵流动中的面积比公式

面积比指的是拉伐尔喷管中,管道任何一个截面积 A 与临界截面积 A_{cr} 之比。对于定常流动,拉伐尔喷管中任意两个截面的流量守恒,即

$$\dot{m}_1 = \dot{m}_2 = K \frac{p^*}{\sqrt{T^*}} A q(\lambda)$$

如果其中一个截面为临界截面,则根据绝能等熵条件,上式可以简化为

$$\frac{A_{cr}}{A} = q(\lambda) \tag{4-19}$$

这就是面积比公式(2-100)。此式也可以写成沿程任意截面积 A 与最小截面积 A_{cr} 的比,并以 A 处的马赫数表示的形式,即

$$\frac{A}{A_{cr}} = \frac{1}{q(Ma)} = \frac{1}{Ma} \left[\left(1 + \frac{k-1}{2} Ma^2 \right) \left(\frac{2}{k+1}\right) \right]^{\frac{k+1}{2(k-1)}} \tag{4-20}$$

(4-19)式和(4-20)式应用的条件是绝能等熵流动。在拉伐尔喷管中,当喉部气流速度达到声速时,$Ma_t = 1$,喉道截面成为临界截面;而任意截面 A 可以位于喷管的超声速段,也可以位于亚声速段。

面积比 A/A_{cr} 随马赫数的变化曲线表示在图 4-14 上,由图可见,面积比的数值是由马赫数唯一地确定的;也就是说,若要在出口截面上得到一定马赫数的超声速气流,那么,产生这个指定马赫数的气流所需要的喷管面积比 A_e/A_{cr} 是唯一的。这一点和收缩喷管不同。收缩喷管出口截面上的气流马赫数是和喷管进出口面积比无关的,它由压强比 p_b/p^* 唯一确定。从图上还可以看出,每一个面积比,例如 $A/A_{cr} = 3$ 时,它对应着两个马赫数,一个是亚声速气流的马赫数($Ma = 0.2$),另一个是超声速气流的马赫数($Ma = 2.64$)。

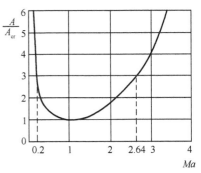

图 4-14

在喷管出口截面,由于出口面积 A_e 与喉道面积 A_{cr} 之比 A_e/A_{cr} 确定,因此喷管出口气流马赫数 Ma_e 也是确定的。由于压强比 p^*/p_e 与 Ma_e 有对应关系,所以压强比 p^*/p_e 也是确定的。

图 4-15 表示了不同 k 值时面积比 A_e/A_{cr} 与压强比 p^*/p_e 的关系曲线。可以看出,当 k 值一定时,喷管中的膨胀程度越大,即 p^*/p_e 越大,那么所需要的面积比 A_e/A_{cr} 也越大。

二、压强比对拉伐尔喷管中流动的影响

面积比公式告诉我们,要建立一定马赫数的超声速气流,就必须有一定的管道面积比,但是,这仅是一个必要条件。具备了面积比的条件后,能否实现超声速流动还要由气流本身的总压和一定的反压条件来决定。下面我们详细地讨论一下压强比 p_b/p^* 对流动的影响,为了讨论方便,假定气流总压一定,出口外界反压可以改变,设拉伐尔喷管为平面喷管,最小截面积为 A_t。

对于确定的喷管,当进口气流总压一定、外界反压改变时,喷管气流会经历不同的状态。

图 4-16 画出了拉伐尔喷管中可能出现的各种流动情况以及喷管内的一维流压强分布,这些流动情况可归纳为四种类型。

第 I 种类型 $p_b \leqslant p_1$

当外界反压很小时,喷管进口总压 p^* 与外界反压 p_b 之比(喷管落压比)很大,由于面积比所限,气流在喷管中不能充分膨胀,因此喷管出口截面的压强高于外界反压,喷管出口气流处于欠膨胀状态。在这种状态下,气流在喷管扩张段达到超声速,超声速气流流出喷管之后,继续膨胀和加速,在喷管出口处会形成膨胀波系。气流经过膨胀波系之后,气流压强降低到与反压相同。这种状态下的喷管气流压强分布如图 4-16(a) 中的曲线①所示 (ABC-①)。

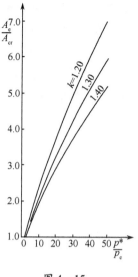

图 4-15

这时,拉伐尔喷管扩张段(包括喷管出口截面)为超声速流动,并且喷管内不存在激波,因此喷管出口截面气流马赫数 Ma_{esuper} 可以用面积比公式(4-20)计算得到。这里,Ma_{esuper} 或 λ_{esuper} 是由面积比公式解出的超声速气流的马赫数或速度系数,也就是流量函数 $q(Ma)$ 或 $q(\lambda)$ 在超声速分支的自变量。获得 Ma_{esuper} 之后,可以查气动函数表或用气动函数 $\pi(\lambda)$ 计算喷管出口截面上超声速气流的压强 p_e,即

$$\frac{p_e}{p^*} = \pi(\lambda_{\text{esuper}})$$

将用这种方法计算得到的压强记为 p_1,则

$$p_1 = p^* \pi(\lambda_{\text{esuper}}) \tag{4-21}$$

在这里 $p_b < p_1$。

当外界反压 p_b 进一步升高时,由于喷管出口截面为超声速气流,而外界反压变化产生的扰动是以声速传播的,所以这种扰动无法传播到喷管内部,因此喷管内部的流动和流动参数不会发生变化。但是,外界反压升高使喷管出口气流的欠膨胀程度减弱,因此膨胀波系的强度逐渐减弱。当外界反压升高到与喷管出口截面气流压强相等时($p_b = p_1$),超声速气流流出喷管之后不再继续膨胀,膨胀波系消失,喷管工作在完全膨胀状态,喷管出口截面 e 以外的气流呈现平直流动状态,称为直匀流。喷管内外的气流压强分布如图 4-16(a) 中的曲线②所示 (ABC-②)。

第 II 种类型 $p_1 < p_b \leqslant p_2$

反压升高到 $p_b > p_1$ 后,在出口截面上超声速气流的压强小于外界反压,因此,气流在出口处将产生激波,见图中曲线③所代表的流动(ABC-③)。气流通过激波,压强提高到和外界反压一样,激波强度由压强比 p_b/p_1 决定。当外界反压比 p_1 大得不多时,在喷口外只产生弱的斜激波。随着反压的增大,激波前后的压强比 p_b/p_1 也加大,因而激波不断增强,激波角 β 逐渐加大。到 p_b 达到某个 p_2 值时,激波变成贴在出口的正激波,见图中曲线④所代表的流动 (ABC-④),D 点对应的压强是 p_2,这个压强 p_2 就是正激波后的气流压强,由于正激波刚好贴在出口,所以波前马赫数为 Ma_e 压强为 p_e(即 p_1),因此根据正激波关系式

$$p_2 = p_1 \left(\frac{2k}{k+1} Ma_e^2 - \frac{k-1}{k+1} \right) \tag{4-22}$$

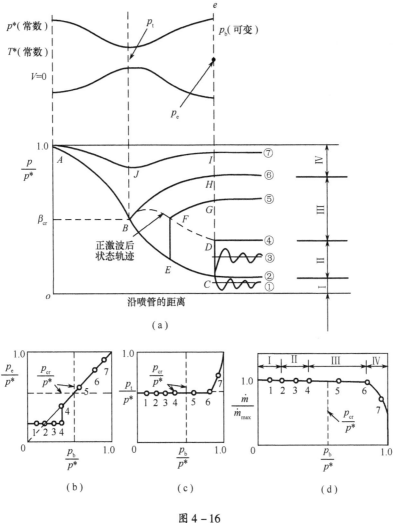

图 4-16

可以看出，p_2 的数值由 p_1 及 Ma_e 所确定，但 p_1 和 Ma_e 是与面积比 A_e/A_t 有关的，所以压强 p_2 也是一个与 A_e/A_t 有关系的数值。

当 $p_1 < p_b \leq p_2$ 时，气流在出口通过不同强度的激波来达到与反压相平衡的状况。正由于超声速气流可以通过激波来提高压强，所以在这个反压范围内，喷管内的流动仍不受反压变化的影响，这一点和收缩喷管不同，收缩喷管出口气流的压强不可能小于外界反压。

第Ⅲ种类型 $p_2 < p_b \leq p_3$

反压 p_b 大于气流在管口处产生正激波所达到的压强 p_2 之后，激波传播速度大于出口截面上气流的速度，所以激波向管内移动。激波传播速度为

$$V_s = c_{s1} \sqrt{\frac{k-1}{2k} + \frac{k+1}{2k} \cdot \frac{p_{s2}}{p_{s1}}} \tag{4-23}$$

式中 c_{s1} 是波前气体的声速。p_{s2}/p_{s1} 是正激波前后的压强比，它由波前马赫数确定，随着激波向管内移动，波前马赫数降低，p_{s2}/p_{s1} 减小，其传播速度越来越小。因此，当激波移动到管内某一截面上，激波传播速度与当地气流速度相等时，激波又会稳定在新的位置上，反压越高，激波越靠近喉部，由于激波传播速度很大，所以当反压变化时，激波迅速变更自己的位置，这种激

波可近似地看作正激波,波后是亚声速气流。亚声速气流在扩张管道中减速增压,到出口截面上气流压强与反压相等。反压越高,管内激波的位置越靠近喉部,波前马赫数越小,则激波越弱。由于波前静压的提高,波后气流的压强起初也是随着激波前移而增大的,在接近临界截面的一段范围内,当激波向临界截面靠近时,虽然波前静压仍在提高;但因马赫数较小,激波强度迅速减弱,结果波后静压反而有所下降(参看图 4-16(a)中的虚线)。反压提高到某个数值 p_3 时,管内激波恰好移到喉部,由于这时波前马赫数为 1,所以激波也就不存在了。因而,整个喷管内的流动是这样的,气流在收缩段中一直加速,到最小截面处成为声速气流之后,气流在扩张段中进行减速,直到出口截面上气流压强等于反压 p_3。

p_3 的数值可以按面积比公式 $q(\lambda_e) = A_t/A_e$ 计算。

由 $q(\lambda_e)$ 就可以得到出口截面上的气流速度系数 λ_e 或马赫数 Ma_e。需要注意的是,这时,出口截面上是亚声速气流,所以应取亚声速的 λ_e 或 Ma_e。为明确起见,我们记作 λ_{esub} 和 Ma_{esub},然后由总压求得 p_3,即

$$p_3 = p^* \pi(\lambda_{esub}) \tag{4-24}$$

综上所述,反压在 p_2 与 p_3 之间时,管内流动只在最小截面之后有一段超声速流,然后经过激波变为亚声速流。所以反压变化产生的扰动可传进管内的亚声速流区域,从而改变激波所在的位置,影响激波之后的管内流动,调整流速和压强,使气流在出口截面上的压强等于外界反压。

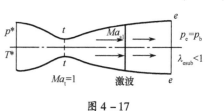

图 4-17

在一维流的情况下,已知面积比 A_e/A_t 及进口气流总压 p^* 和反压 p_b 时,管内激波的位置可用下面的办法来确定。参看图 4-17,假设 A_s 表示激波所在截面的面积,根据出口截面上气流压强等于反压的条件,根据(2-95)式和(2-96)式,对临界截面和出口截面应用连续方程,可以得到

$$K \frac{p_t^*}{\sqrt{T_t^*}} A_t = K \frac{p_e}{\sqrt{T_e^*}} A_e y(\lambda_{esub})$$

由于

$$p_e = p_b, T_t^* = T_e^*, p_t^* = p^*$$

所以

$$y(\lambda_{esub}) = \frac{p^*}{p_b} \cdot \frac{A_t}{A_e}$$

由 $y(\lambda_{esub})$ 查气动函数表得 λ_{esub},求得出口速度系数 λ_{esub} 后,再次应用连续方程

$$K \frac{p_t^*}{\sqrt{T_t^*}} A_t = K \frac{p_e^*}{\sqrt{T_e^*}} A_e q(\lambda_{esub})$$

这样可算出由于激波造成的总压损失为

$$\sigma = \frac{p_e^*}{p_t^*} = \frac{A_t}{A_e} \cdot \frac{1}{q(\lambda_{esub})}$$

正激波损失是由波前马赫数唯一地确定的,所以由 Q 查正激波表可以得到波前马赫数 Ma_{s1},然后再利用面积比公式

$$\frac{A_\mathrm{s}}{A_\mathrm{t}} = \frac{1}{q(\lambda_\mathrm{s1})}$$

就定出了激波所在位置。

在 $p_3 \geqslant p_\mathrm{b} > p_2$ 的范围内,管内压强分布如图 4-16(a)中的曲线⑤所示(ABEFG-⑤)。EF 表示由于管内激波造成的压强升高,FG 表示在扩张段中亚声速气流的增压过程,到 $p_\mathrm{b} = p_3$ 时,压强曲线为 ABH-⑥,H 点对应的压强是 p_3。

第Ⅳ种类型　$p_\mathrm{b} > p_3$

反压若高于 p_3,则整个喷管内都是亚声速气流,最小截面不再是临界截面,该截面上气流不是声速流动,而是亚声速流动,因此,反压的扰动可以影响整个喷管内的流动。和收缩喷管亚临界的情况一样,出口截面上的速度不再与面积比有关,而是由压强比 p_b/p^* 直接确定。

$$\pi(\lambda_\mathrm{esub}) = p_\mathrm{b}/p^*$$

压强分布曲线如曲线⑦所示(AJI-⑦),当 $p_\mathrm{b} = p^*$ 时,气体在喷管内不再流动,管内压强处处为 p^*。

对应于各种状态下的出口气流压强,喉部压强及相对流量与反压的关系示于图 4-16(b)、4-16(c)、4-16(d)上。以上讨论的是对于给定面积比 $A_\mathrm{e}/A_\mathrm{t}$ 的喷管,保持气流总压不变,当反压由 $p_\mathrm{b} < p_1$ 逐渐升高到 $p_\mathrm{b} > p_3$ 时,喷管内流动的变化过程。

对于给定面积比的喷管,若保持反压 p_b 不变,而让进口气流总压从 p_b 值开始逐渐提高,那么喷管中的流动必将从第四种类型开始,然后,随着进口气流总压的提高,依次出现第三、第二和第一种类型的流动。

对于给定面积比的喷管,由面积比确定的 p_1/p^*、p_2/p^* 和 p_3/p^* 也是确定的数值,因此,在更一般的情况下,当进口气流总压 p^* 和反压 p_b 同时改变时,可以由压强比 p_b/p^* 来确定流动状态,例如 $p_\mathrm{b}/p^* < p_1/p^*$,那么就是属于 $p_\mathrm{b} < p_1$ 的流动状态。

因此,拉伐尔喷管的三个特征流动状态点或称为特征工作点 1、2、3 上的压强比 p_1/p^*、p_2/p^*、p_3/p^* 是拉伐尔喷管的四种流动类型的重要分界参数。特征工作点 1、2、3 上的压强比(特征压强比)是由喷管的面积比 $A_\mathrm{e}/A_\mathrm{t}$ 确定的,它们的计算方法总结为

$$\frac{p_1}{p^*} = \pi(\lambda_\mathrm{esuper}) \qquad\qquad 而 \quad q(\lambda_\mathrm{esuper}) = \frac{A_\mathrm{t}}{A_\mathrm{e}}$$

$$\frac{p_2}{p^*} = \frac{p_1}{p^*} \cdot \frac{p_2}{p_1} = \pi(\lambda_\mathrm{esuper}) \cdot \left(\frac{2k}{k+1}Ma_\mathrm{esuper} - \frac{k-1}{k+1}\right) \qquad 而 \quad q(\lambda_\mathrm{esuper}) = \frac{A_\mathrm{t}}{A_\mathrm{e}}$$

$$\frac{p_3}{p^*} = \pi(\lambda_\mathrm{esub}) \qquad\qquad 而 \quad q(\lambda_\mathrm{esub}) = \frac{A_\mathrm{t}}{A_\mathrm{e}}$$

因此,计算拉伐尔喷管中的流动时,先要根据喷管面积比 $A_\mathrm{e}/A_\mathrm{t}$ 计算出相关的一个至三个特征压强比,然后与实际流动的压强比 p_b/p^* 作对比,以判断流动的类型,最后根据流动类型的特点,计算实际流动情况或称为工况下的流动参数。以上各个气动函数和正激波前后静压比常可查表计算。

最后,我们把压强对拉伐尔喷管中流动的影响归纳一下并与收缩喷管作一对比。

(1) 收缩喷管中的流动状态比较少,只有亚临界、临界和超临界三种状态。判断喷管流动状态的依据只有临界压强比一个参数。拉伐尔喷管中的流动状态比较多,具体流动类型要由

三个特征压强比来判断。

(2) 对于收缩喷管,临界压强比 p_{cr}/p^* 与管道面积比无关。对于拉伐尔喷管,三个特征压强比由管道面积比确定。

(3) 对于收缩喷管,喷管压强比没有小到临界压强比 p_{cr}/p^* 时,喷管最小截面上的气流速度便达不到声速。对于拉伐尔喷管,即使喷管压强比没有小到临界压强比 p_{cr}/p^*,但只要 $p_b < p_3$,那么在最小截面上仍可能出现声速流动,相应地在扩张段中仍可能出现局域的超声速流动(参看图 4-16)。

三、出口截面积 A_e 可调节的拉伐尔喷管

与收缩喷管相比,总压较高的气流在拉伐尔喷管中能得到更多的膨胀,喷管出口截面的喷气速度较大,因而用在发动机上,可以使发动机产生更大的推力。但是,面积比 A_e/A_t 固定不变的拉伐尔喷管,气流的膨胀程度也是一定的,即 p_e/p^* 是一定的。而涡轮喷气发动机在飞行过程中,由于发动机转速、飞行高度和飞行速度都在宽广的范围内变化,压强比 p_b/p^* 的变化是很大的。因而,要使发动机尾喷管在任何飞行情况下都在最佳状态($p_e = p_b$)下工作,要求喷管面积比 A_e/A_t 也要随着 p_b/p^* 的变化而变化,也就是说,拉伐尔喷管扩张段的几何尺寸要随 p_b/p^* 的变化而变化。在涡轮喷气发动机上,现代常采用出口面积 A_e 可调的拉伐尔喷管来解决这一问题。但在追求简单的情况下,也可以采用组合喷管来解决该问题。

随着航空事业的发展,拉伐尔喷管的出口面积 A_e 早已可调了,如 F-16、苏-27、我国的歼-10 等飞机的尾喷管都如此。

[例 4-4] 已知空气在拉伐尔喷管中流动时,进口气流总压与反压之比 $p^*/p_b = 1.5$,面积比 $A_t/A_e = 0.2857$。试问:

(1) 喷管中有无激波存在?

(2) 若有激波存在,求出面积比 A_s/A_t。

解 (1) 首先求喷管出口是超声速气流时的速度系数 λ_e (>1) 及压强比 p_1/p^*。由面积比公式 $q(\lambda_e) = A_t/A_e = 0.2857$,查气动函数表得 $\lambda_e = 1.914$,$Ma_e = 2.80$,$p_1/p^* = \pi(\lambda_e) = 0.03685$。

其次求出激波在出口截面时的压强比 p_2/p^*。

$$p_2/p^* = p_2/p_1 \cdot p_1/p^*$$

由于这时波前马赫数为 Ma_e,所以可以按 Ma_e 查正激波表得到 $p_2/p_1 = 8.98$。因此

$$p_2/p^* = \frac{p_2}{p_1} \cdot \frac{p_1}{p^*} = 8.98 \times 0.03685 = 0.3309$$

再次求出 p_3/p^*,它对应出口截面是亚声速气流,但喉部是声速流,所以仍可由面积比公式求出 λ_e (<1)。

$$q(\lambda_e) = A_t/A_e = 0.2857$$

查气动函数表得到 $\lambda_e = 0.1857$,同时查得 $p_3/p^* = \pi(\lambda_e) = 0.98$,按题意给定的 $p_b/p^* = \frac{1}{1.5} = 0.666$,所以 $p_2/p^* < p_b/p^* < p_3/p^*$。因此,流动是第Ⅲ种类型,喷管内有激波。

(2) 求面积比 A_s/A_t。对出口及喉部运用连续方程

$$K\frac{p_t^*}{\sqrt{T_t^*}}A_t = K\frac{p_e}{\sqrt{T_e^*}}y(\lambda_e)A_e$$

因为流动是第Ⅲ种类型,出口是亚声速($\lambda_e < 1$),且 $p_e = p_b$,所以 $y(\lambda_e) = \frac{p^*}{p_b} \cdot \frac{A_t}{A_e} = 1.5 \times 0.2857 = 0.4286$。由此查表得 $\lambda_e = 0.269$,$q(\lambda_e) = 0.411$。

然后,再用一次连续方程

$$K\frac{p_t^*}{\sqrt{T_t^*}}A_t = K\frac{p_e^*}{\sqrt{T_e^*}}q(\lambda_e)A_e$$

求出气流通过正激波的总压恢复系数,即

$$\sigma = \frac{p_e^*}{p_t^*} = \frac{1}{q(\lambda_e)} \cdot \frac{A_t}{A_e} = \frac{0.2857}{0.411} = 0.6955$$

查正激波表,得到波前马赫数 $Ma_{s1} = 2.054$。最后对波前截面 A_s 及喉部再次运用连续方程

$$K\frac{p_t^*}{\sqrt{T_t^*}}A_t = K\frac{p_{s1}^*}{\sqrt{T_{s1}^*}}A_s q(\lambda_s)$$

因为激波之前的流动是绝能等熵的,所以 $p_t^* = p_{s1}^*$,$T_t^* = T_{s1}^*$,面积比为

$$A_s/A_t = \frac{1}{q(\lambda_s)} = \frac{1}{0.5681} = 1.76$$

[**例 4 – 5**] 在飞机起飞时,某发动机的喷管内气流总压 $p^* = 2.3 \times 10^5 \text{N/m}^2$,总温 $T^* = 928.5\text{K}$,若要使气流在喷管内得到完全膨胀,应采用面积比 A_e/A_t 为多大的拉伐尔喷管?这时喷气速度比收缩喷管大多少?(设大气压强 $p_a = 0.981 \times 10^5 \text{N/m}^2$,燃气的绝热指数 $k = 1.33$)。

解 当气流在喷管出口处得到完全膨胀时,$p_e = p_b = p_a = 0.981 \times 10^5 \text{N/m}^2$

$$\pi(\lambda_e) = \frac{p_e}{p^*} = \frac{0.981 \times 10^5}{2.3 \times 10^5} = 0.4265$$

按 $\pi(\lambda_e) = 0.4265$ 查 $k = 1.33$ 的气动函数表,得

$$\lambda_e = 1.16, q(\lambda_e) = 0.9709$$

由面积比公式求得

$$A_e/A_t = \frac{1}{q(\lambda_e)} = \frac{1}{0.9709} = 1.03$$

当采用收缩喷管时,$\lambda_e' = 1$,$V_e' = c_{cr}$。
当采用拉伐尔喷管时,$\lambda_e = 1.16$,$V_e = 1.16 c_{cr}$。

$$\frac{V_e - V_e'}{V_e'} = \frac{1.16 c_{cr} - c_{cr}}{c_{cr}} = 16\%$$

因此,采用拉伐尔喷管,喷气速度要比收缩喷管增大 16%。

[**例 4 – 6**] 图 4 – 18 是一个暂冲式超声速风洞的简图,它主要由拉伐尔喷管、等截面试验段、阀门和真空箱组成。试验时,先把真空箱内的空气抽走,造成低压。当把阀门打开时,大气从周围空间吸入喷管并得到加速,在试验段形成超声速气流。试验段出口的反压近似地认

为就是真空箱内气体的压强,随着试验的进行,气体不断充入真空箱,因而真空箱内气体压强不断升高。假如试验所需的超声速气流马赫数 $Ma_e = 2.23$,问:

(1) 喷管面积比 $A_t/A_e = ?$

(2) 真空箱内气体压强升高到多大时试验段就不能形成超声速气流(设大气压强 $p_a = 1 \times 10^5 \text{N/m}^2$)?

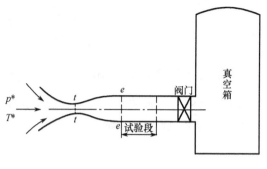

图 4-18

解 (1) 试验段所需的气流马赫数就是拉伐尔喷管出口截面的气流马赫数,由 $Ma = 2.23$ 查空气的气动函数表,得

$$q(\lambda_e) = 0.4852$$

故面积比
$$A_t/A_e = q(\lambda_e) = 0.4852$$

(2) 从拉伐尔喷管中各种类型的流动分析知道,当 $p_b = p_2$ 时,在喷管出口处出现正激波,激波之后是亚声速气流,试验段中就形成不了超声速气流,因此求 p_2,有

$$p_2 = \frac{p_2}{p_1} \cdot \frac{p_1}{p^*} \cdot p^*$$

其中,$\frac{p_2}{p_1}$ 是正激波前后气流压强比,在本题中,波前马赫数 $Ma_e = 2.23$,查正激波表得 $\frac{p_2}{p_1} = 5.635$。

$\frac{p_1}{p^*}$ 是喷管出口超声速气流的压强比,由 $Ma_e = 2.23$ 查气动函数表得 $p_1/p^* = \pi(\lambda_e) = 0.0891$。

在本题中气流总压 p^* 就是大气压强,于是

$$p_2 = 5.635 \times 0.0891 \times 1 \times 10^5 = 0.5021 \times 10^5 \text{N/m}^2$$

所以当真空箱内压强高于 $0.5021 \times 10^5 \text{N/m}^2$ 时,试验段中就形成不了超声速气流。

[**例 4-7**] 上题中若在试验段后面接一扩压段(图 4-19),其面积比 $A_e/A_d = 0.808$,则真空箱内气体压强升高到多大时,试验便不能进行?

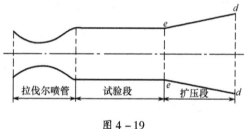

图 4-19

解 同上题,当激波位于喷管出口截面处时,试验段中就形成不了超声速气流,这时扩压段出口处是亚声速气流,其压强就是真空箱内的气体压强。

喷管出口正激波波前的气流马赫数 Ma_e 由上题已知为 2.23,正激波后的气流马赫数 Ma'_e 可由正激波表查得 $Ma'_e = 0.5431$,波后压强由上题算得为 $p'_e = 0.5021 \times 10^5 \text{N/m}^2$。对扩压段进出口应用连续方程,认为扩压段中的流动是等熵流动,则有

$$q(\lambda'_e) A_e = q(\lambda_d) A_d$$

故

$$q(\lambda_d) = q(\lambda'_e) \frac{A_e}{A_d} = 0.791 \times 0.808 = 0.6391$$

由气动函数表查得
$$\pi(\lambda_d) = 0.8915$$

于是

$$p_d = p_e^{*\prime} \pi(\lambda_d) = \frac{p_e'}{\pi(\lambda_e')} \pi(\lambda_d) = \frac{0.5021 \times 10^5}{0.8183} \times 0.8915 = 0.547 \times 10^5 \text{N/m}^2$$

所以加上扩压段后，试验可进行到真空箱内气体压强升高到 $0.547 \times 10^5 \text{N/m}^2$ 时为止。可见，加接扩压段可延长试验时间。

四、组合喷管（引射喷管）的概念

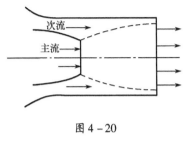

图 4 – 20

组合喷管的简图如图 4 – 20 所示，在发动机尾喷管外面套一个外罩，这样在尾喷管和外罩之间又形成第二个环形喷管，叫次喷管，原来的尾喷管叫主喷管，主喷管可以是收缩喷管，也可以是面积比 A_e/A_t 不很大的收缩 – 扩张形喷管。发动机的燃气从主喷管流出，叫主流，次喷管内另外引入一股压强和温度都较燃气低的空气流，叫次流，由于主流在主喷管中没有得到完全膨胀，在主喷管出口，主流压强高于次流压强。因此，在喷管出口之后的外罩内，主流继续膨胀，气流截面扩大，压强下降，速度加大，周围的次流形成主流的"流体"壁面，起着拉伐尔喷管扩张段的作用。次流的流量、压强是可以调节的，调节次流的压强可以控制主流在外罩内的膨胀程度，这样在外罩内相当于形成一个截面积可以随工作状态变化的拉伐尔喷管。

在设计组合喷管时，使得外罩出口截面上气流压强和周围大气压强相等，这样，主流在组合喷管中得到完全膨胀，这种流动状态叫做设计状态。

在近似计算组合喷管中的流动时，可以假定主流在外罩内膨胀时，与周围次流没有混合，主次流在外罩出口截面处是轴向流动，并且在此截面上主次流静压相等，为了简化计算，气流的摩擦损失可忽略不计。

次流在外罩内的流动，通常可按一维等熵流处理，主流也可用一维流场的方法进行估算，但是，为了提高计算的精确度，一般按特征线方法来确定主流的流场。

§4 – 4 内压式超声速进气道

内压式超声速进气道的简图如图 4 – 21 所示，它包括收缩段、喉部和扩张段。收缩段可以是直壁或曲壁，气流在其中经过一系列波系降速增压，到达喉部时，一般 $Ma = 1.2 \sim 1.3$，然后又在扩张段中加速，再经过正激波后变为亚声速流，最后经亚声速扩压而流出。

在这种进气道内，由于气流的压缩靠内壁面向内的折转来实现，所以其外壳的倾角很小，可以制成和迎面来流方向大致平行，因此，进气道外阻力是比较小的。

内压式超声速进气道的一个主要缺点就是存在所谓"起动"问题。下面就具体讨论一下。在进气道中，因为激波损失比摩擦损失大得多，所以在初步讨论中我们可以忽略摩擦的影响，因此，内压式超声速进气道将作为无摩擦的变截面管流来讨论。内压式超声速进气道的理想流动情况如图 4 – 22 所示，马赫数为 Ma_0 的直匀的迎面超声速气流，在进口之前气流参数不发生变化，进入进气道之后，在收缩段（设为曲线壁）中进行连续地微弱压缩，气流速度逐渐减小，到喉部时气流马赫数刚好减小到 $1(Ma_t = 1)$，随后，在通道扩张段内气流进一步减速，变成亚声速气流，到出口截面得到所需的气流马赫数。在这样的流动中，不存在激波，因此，流动损失是很小的，我们称这种流动状态为最佳流动状态。

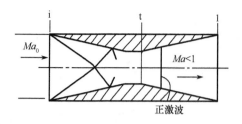
图 4-21

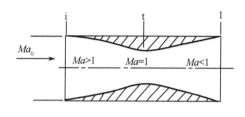
图 4-22

与拉伐尔喷管相类似,对于超声速进气道,在最佳流动状态时,进口截面积和喉部面积之间,也存在一个面积比的公式,对进口截面和喉部运用连续方程,则有

$$K\frac{p_i^*}{\sqrt{T_i^*}}A_i q(Ma_i) = K\frac{p_t^*}{\sqrt{T_t^*}}A_t q(Ma_t)$$

因为流动是绝能的,所以 $T_i^* = T_t^* = T_0^*$,如果不计摩擦,则 $p_i^* = p_t^* = p_0^*$。在最佳流动状态时,$Ma_t = 1$,因而 $q(Ma_t) = 1$。此外,$Ma_i = Ma_0$,这样上式就可简化成

$$A_t/A_i = q(Ma_0) \tag{4-25}$$

这就是最佳流动状态时的面积比关系式。

图 4-23 表示了按(4-25)式所确定的面积比关系。由图可见,对于不同的迎面气流的马赫数 Ma_0,为了实现最佳流动,所需的面积比(A_t/A_i)是不同的,Ma_0 越大,进口段需要收缩的程度也越大。因此,最佳面积比(A_t/A_i)是与 Ma_0 一一对应的,这就是说,一定面积比的进气道,只在确定的 Ma_0 下,进气道内的流动才是最佳的,Ma_0 不合适,流动就不会是最佳的。例如,对于面积比为 $(A_t/A_i)_1$ 的进气道,最佳流动所对应的迎面气流马赫数为 Ma_{01},$(A_t/A_i)_1 = q(Ma_{01})$,对于这样面积比的进气道,若迎面气流马赫数不是 Ma_{01},而是 Ma_{03}($Ma_{03} >$

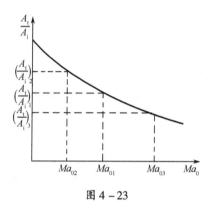
图 4-23

Ma_{01}),那么,超声速气流在进气道的收缩段内减速后,喉部截面上的气流马赫数并不为1,根据通过进气道任一截面的流量为常数的条件,不难导出

$$q(Ma_t) = \frac{A_i q(Ma_{03})}{A_t} = \frac{q(Ma_{03})}{q(Ma_{01})} < 1$$

因此,喉部气流马赫数 $Ma_t > 1$,即在喉部仍是超声速气流,它在喉部后面的扩张段内又重新加速,然后经过由于反压作用而引起的正激波,才变为亚声速气流(参看图 4-24),由于激波的存在,将引起气流总压的损失。

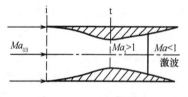

图 4-24

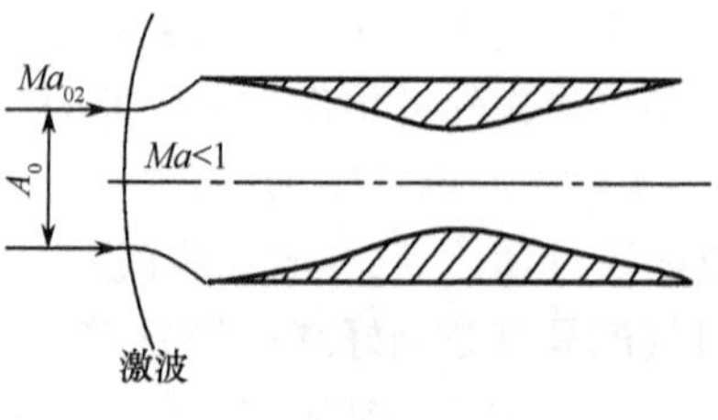

图 4-25

若此进气道前的迎面气流马赫数不是 Ma_{01},而是 $Ma_{02}(Ma_{02}<Ma_{01})$,这时进口截面通过的流量将为

$$\dot{m}_i = K\frac{p_0^*}{\sqrt{T_0^*}}A_i q(Ma_{02}) = K\frac{p_0^*}{\sqrt{T_0^*}} \cdot \frac{A_i}{A_t} \cdot A_t \cdot q(Ma_{02})$$

$$= K\frac{p_0^*}{\sqrt{T_0^*}}A_t \cdot \frac{q(Ma_{02})}{q(Ma_{01})} > K\frac{p_0^*}{\sqrt{T_0^*}}A_t$$

而喉部能通过的最大流量为 $\dot{m}_t = K\frac{p_0^*}{\sqrt{T_0^*}}A_t$,结果,$\dot{m}_i > \dot{m}_t$。这说明,面积比为 $(A_t/A_i)_1$ 的进气道对于马赫数为 Ma_{02} 的超声速气流来说,喉部面积就显得小了,进口截面放进来的流量不能从喉部全部排出。因此,气体将在收缩段积聚,气体压强升高。于是,在进口之前产生脱体弓形波,气流经过脱体弓形波,变成亚声速气流,流线在进口前发生偏转,使喉部不能通过的那部分流量溢出进气道,其流动图形参看图 4-25。进入进气道的亚声速气流在进气道中的流动情况和拉伐尔喷管一样,将由进气道出口的反压来决定。

当在进气道进口前的超声速气流中出现激波后,即使将迎面气流马赫数增大到 Ma_{01},也不可能建立最佳流动状态,这是因为有激波存在时喉部所能通过的最大流量为

$$\dot{m}_t' = K\frac{\sigma p_0^*}{\sqrt{T_0^*}}A_t$$

激波使气流总压有损失,从而减小了喉部的流通能力。所以在进气道前仍需要溢流,即激波仍然存在。

这样,在迎面气流马赫数为 Ma_{01} 时、可能有两种流动状态。一种是进口前有脱体激波,气流总压有很大损失;另一种是最佳流动状态,但这种最佳流动状态是不稳定的,因为只要有一点微小扰动(它或者是由于进口气流马赫数的微小减小引起的,或者是由于进气道后面的流量微小减小引起的),就会在进口前产生脱体弓形波,一旦出现弓形波后,即使扰动消失后,流动也不可能恢复到最佳状态。空气喷气发动机的飞行马赫数总是由小到大的,在飞行中,飞行马赫数也总会受到扰动,因此,按面积比确定的进气道,实际上是不可能建立起最佳流动状态的,进口前总会出现脱体弓形激波。流动损失也将是很大的。那么,应如何消除进气道进口前的弓形激波,在进气道中建立最佳流动状态或接近最佳的流动状态呢?这个问题就是内压式超声速进气道的起动问题。

下面我们讨论一下进气道的起动方法。从前面的分析可以知道,进气道不起动时,喉道已经达到了其最大的流通能力($Ma_t = 1, q(Ma_t) = 1$),但是仍无法使进气道进口能够进入的气流全部通过,即

$$\dot{m}_i > \dot{m}_t \quad \text{或} \quad K\frac{p^*}{\sqrt{T^*}}A_i q(Ma_0) > K\frac{\sigma p^*}{\sqrt{T^*}}A_t$$

从上式可以看到,解决进气道起动问题有两种基本方法:第一种方法是增大飞行马赫数 Ma_0,使 $q(Ma_0)$ 减小,以达到 $\dot{m}_i = \dot{m}_t$;第二种方法是放大喉道面积 A_t,使 $\dot{m}_t$ 增大,以达到 $\dot{m}_i = \dot{m}_t$。下面我们分别对这两种方法的进气道起动过程及其设计计算进行讨论。

(1) 增大飞行马赫数 Ma_0 的进气道起动过程及其设计。

设进气道的几何形状和尺寸是固定的,则进气道的设计状态下飞行马赫数,也即最佳流动状态所对应的飞行马赫数也是固定的,我们把它记作 Ma_d,其具体数值可以用面积比关系式(4-25)计算,该式中的 Ma_0 现在即为 Ma_d。

当飞行马赫数逐渐增大到 $1 < Ma_0 < Ma_d$ 时,根据前面的讨论可以知道,在进气道进口前会出现脱体的弓形激波,喉道处的气流达到 $Ma_t = 1$,发生堵塞,这时的流动状态如图 4-26(a)所示,不能进入进气道的部分气流在激波后面绕过进气道,发生溢流。随着飞行马赫数的增大,激波强度增强,波后压强升高,进气道流通能力增强,溢流需要的面积减小,因此弓形激波的位置逐渐后移,逐渐靠近进气道进口。来流马赫数升高到 $Ma_0 > Ma_d$ 之后,继续增大来流马赫数,进气道流通能力有可能增大到可以通过全部进口流量,溢流消失,激波正好移动到进气道的进口截面,如图 4-26(b)所示,这种状态称为正激波封口。当正激波位于进气道进口截面时,激波不可能稳定在收缩通道内,即这种流动状态是不稳定的。现在我们用参数摄动法来分析这种激波位置不稳定现象的原理。在收缩通道内,设激波受到微小扰动,位置向管内移动一点,波前马赫数则减小一点,激波强度减弱,波后气流总压升高,通过喉道的流量增大。但是这时进口流量并没有变化,所以波后静压降低,于是激波传播速度减小,被超声速气流吹向下游,这样波前马赫数进一步减小,波后气流总压进一步升高,喉道通过的流量进一步增大。这样下去,激波位置一直向后移动,直至通过喉道。在喉道之后的扩张通道内,用上述摄动法对激波的位置稳定性再进行类似的分析,可以得知,在扩张通道内激波对于气流中的扰动因素将给出负的响应,或称为负的反馈,即能够通过激波位置的微小位移而自动消除原扰动因素,使得激波最终稳定在扩张段的某个位置上,如图 4-26(c)所示。因此扩张段中激波的位置是稳定的,这与拉伐尔喷管扩张段中的激波是一致的(参见§4-3)。所以,当达到正激波封口的状态时,激波就会被吸入进气道内,通过收缩段而自动稳定在扩张段内。这时,如果降低飞行马赫数,则激波位置会逐渐向喉道移动,激波强度逐渐减弱,进气道的流动损失逐渐减小。当飞行马赫数 $Ma_0 = Ma_d$ 时,激波回退到喉道处而消失,流动达到最佳状态,进气道的流动损失最小。但是,最佳状态是不稳定的,气流受到微小扰动之后,就有可能重新出现不起动现象。因此,通常会取在 Ma_0 大于 Ma_d 的情况下飞行。这时,进气道的喉道后扩张段中仍然存在着正激波,如图 4-26(d)所示,使得这样的进气道流动具有对于流动扰动的稳定性。同时,由于激波的位置靠近喉道,波前马赫数较小,激波强度较弱,使得流动的总压损失很小。

从以上分析可以知道,飞行马赫数增大的过程中,只要能够使正激波贴在进气道进口截面,进气道就可以起动。因此,可以根据这个状态计算进气道起动需要的飞行马赫数。由于喉道能够通过的流量等于进气道进口流量,因此,于进气道起动前的瞬间,在进气道进口截面处正激波的波前与进气道喉道这两点之间,列出流量守恒方程,即

$$\dot{m}_i = K \frac{p^*}{\sqrt{T^*}} A_i q(Ma_0) = K \frac{\sigma p^*}{\sqrt{T^*}} A_t = \dot{m}_t$$

设除了激波层以外,进气道流动为绝能等熵流动,则上式简化为

$$A_i q(Ma_0) = \sigma A_t \qquad (4-26)$$

用(4-26)式即可求出进气道起动马赫数 Ma_0。其中正激波后气流的总压恢复系数 σ 可以查正激波函数表,或直接用(3-47)式计算,即

$$\sigma = \frac{p_2^*}{p_1^*} = \frac{\left[\frac{(k+1)Ma_0^2}{2+(k-1)Ma_0^2}\right]^{\frac{k}{k-1}}}{\left[\frac{2k}{k+1}Ma_0^2 - \frac{k-1}{k+1}\right]^{\frac{1}{k-1}}} = \sigma(Ma_0) \tag{4-27}$$

需要注意的是,用这种方式起动进气道,需要的飞行马赫数比设计马赫数大得多,因此其使用范围是有限的。表4-4为起动马赫数和设计马赫数的对应关系。

表 4-4

Ma_d	1.2	1.4	1.59	1.75	1.908	1.98
Ma_0	1.24	1.59	2.12	2.98	5.6	∞

从表4-4可以看出,当设计马赫数 $Ma_d = 1.98$ 时,要求的起动飞行马赫数 $Ma_0 = \infty$。因此,当 $Ma_d \geq 1.98$ 时,不可能利用加速的方法使进气道起动。

(2) 放大喉道面积 A_t 的进气道起动过程及其设计。

实际过程中,常用放大喉道面积 A_t 的方法使进气道起动。当进气道处于图4-26(a)所示的不起动状态时,放大喉道面积可以使喉道流通能力增大,溢流减小,因此激波位置向后移动。当喉道面积 A_t 增大到某个值时,溢流消失,激波正好位于进气道进口截面,出现类似于图4-26(b)所示的流动状态。根据前面的分析可以知道,这时激波是不稳定的,受到一个微小扰动之后,激波就会被吸入进气道并停留在扩张段,并出现类似于图4-26(c)所示的流动状态,进气道得以起动。进气道起动之后,为了减小激波损失,可以减小进气道喉道面积,使激波的位置前移,强度减弱,流动状态类似于图4-26(d)所示。当然,由亚声速变截面管流的原理可知,这时进气道出口气流的静压也提高了,因此应使这时得到的出口静压与后方发动机部件所需要的进口静压值相匹配一致。因此,采用喉道面积可调的进气道可以实现先放大喉道以起动,再缩小喉道以减小流动损失的最有利调节。

从以上分析可以知道,喉道面积放大的过程中,只要能够使正激波位于进气道进口截面,进气道就可以起动。因此,可以根据这个状态计算使进气道起动所需要的喉道面积。由于喉道能够通过的流量等于进气道进口流量,因此,于进气道起动前的瞬间,在进气道进口截面处正激波的波前与进气道喉道这两点之间,列出流量守恒方程,即

$$\dot{m}_i = K\frac{p_d^*}{\sqrt{T_d^*}}A_i q(Ma_d) = K\frac{\sigma p_d^*}{\sqrt{T_d^*}}A_t = \dot{m}_t$$

则使进气道起动的喉道面积 A_t 可以用下式计算

$$A_i q(Ma_d) = \sigma A_t \tag{4-28}$$

其中正激波后气流的总压恢复系数 $\sigma = \sigma(Ma_d)$ 仍用(3-47)式计算。

图4-27表示了起动面积比 A_{t3}/A_i 与设计马赫数 Ma_d 的关系,同时也给出了最佳流动状态时的面积比 (A_t/A_i) 与 Ma_d 的关系。

现在来观察一下喉部面积按起动要求放大了的进气道在起动时各阶段的流动图形。此进气道是设计在 Ma_d 时工作的(参看图4-26),其面积比为 $(A_{t3}/A_i)_d$。在 $Ma_0 < Ma_d$ 时,以超声速进入进口截面的气体流量,喉部吞不掉,从而在进口前出现脱体激波(图4-26(a))。当 Ma_0 数略低于 Ma_d 时,激波贴于进口(图4-26(b))。当速度达到设计值时,激波被吞入进气道,由于激波不能稳定在收缩段中,所以它一直顺流移动,通过喉部,然后在扩张段内稳定下

来,其具体位置由进气道出口的反压决定。由于放大了喉部,所以在喉部截面上,$Ma_t>1$(图 4-26(c))。若激波不靠近喉部,则波前马赫数也很大,因而损失也很大。为了减少损失,最好是使激波处在喉部截面上(图 4-26(d))。但这种流动稍有扰动,激波就被吐出来。所以,实用上是将激波配置在喉部之后不远的截面上,这样工作的进气道,损失较小,工作稳定。

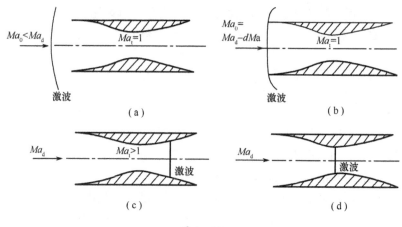

图 4-26

这种进气道工作时有一种滞后现象,气流马赫数从低速开始增大时。直到 Ma_d 以前,激波吞不进去,但是起动后,即激波被吞入后,马赫数再减小下来时,直到 Ma_b 前(图 4-27 上的 b 点),激波吐不出来。所以图 4-27 分成三个区域,在起动面积比(A_{t3}/A_i)线以上,进气道进口前无激波;最佳面积比(A_t/A_i)线以下,进气道进口前有激波;在两条曲线之间的区域则可能有激波,也可能无激波。

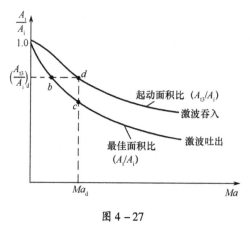

图 4-27

§4-5 超声速风洞——多喉道管流

本节通过超声速风洞的例子,来讨论多喉道管流的特点。所谓多喉道管流是指管道中存在两个或两个以上喉部的流动。超声速风洞中管道的主要部分,由拉伐尔喷管、等截面试验段及超声速扩压器所组成(图 4-28(a))。气体由高压气源供给。流路中存在两个喉部,拉伐尔喷管的喉部和超声速扩压器的喉部,其面积分别以 A_N 和 A_D 表示。假如流动为理想的等熵过程时,从气源中出来的高压气体经过拉伐尔喷管加速成超声速气流,供在试验段中使用,试验后的超声速气流,在扩压器的喉部 A_D 处等熵地减速到声速,然后亚声速气流在扩张段中减速,流路中的压强分布见图 4-28(b)。

实际上,要实现上述无损失的等熵流动是不可能的,这是因为喷管和气源接通时,虽然喷管中的气流总压可以很快地增大,但总是要经过一个由小到大的过程。那么,根据对拉伐尔喷管的讨论,喷管中的流动是经历一个由第四种类型到第一种类型的过程,也就是要经历一个有激波的流动过程。由

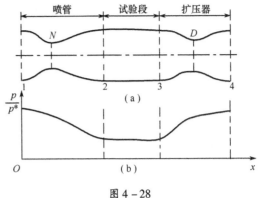

图 4-28

于激波的出现,使气流总压下降,从而使后面管流的流通能力减小。因此,为了使喷管喉部通过的气体能从后面排出去,就要求扩压器的喉部面积大于喷管的喉部面积才行,即必须 $A_D > A_N$。激波在喷管不同截面处,所引起的总压损失不同,在喷管出口截面上,激波最强。所以,扩压器喉部面积应按这种情况来加大,其具体数值可由连续方程确定,对 N 和 D 截面运用连续方程,则有

$$K\frac{p_D^*}{\sqrt{T_D^*}}A_D q(\lambda_D) = K\frac{p_N^*}{\sqrt{T_N^*}}A_N q(\lambda_N)$$

其中 $T_D^* = T_N^*, \lambda_D = 1, \lambda_N = 1$,于是

$$\frac{A_D}{A_N} = \frac{p_N^*}{p_D^*} = \frac{1}{\sigma(Ma_T)} \tag{4-29}$$

式中 Ma_T——风洞试验段进口的超声速气流的马赫数,它等于喷管出口截面上超声速气流的马赫数。

$\sigma(Ma_T)$ 是正激波的总压恢复系数,对应的波前马赫数是 Ma_T。(4-29)式规定了只考虑激波损失时扩压器喉部必需的最小面积。

假如扩压器喉部比(4-29)式所要求的略小,则正激波将位于喷管的扩张段内,而试验段中则为亚声速流。假如扩压器喉部的面积还比喷管喉部的面积小,则扩压器喉部为真正的喉部,此时,除了扩压器喉部下游可能为超声速流外,管路的其余部分必为亚声速流。

气体在风洞中,从静止开始到建立正常的流动状态,即在风洞的试验段中建立起所需的超声速气流,这个过程叫做超声速风洞的起动过程。下面我们来看一下,在起动过程中,风洞中出现哪些流动状态。设扩压器喉部的面积等于或大于按(4-29)式所确定的数值。

图 4-29 以压强分布的形式表示了风洞起动过程中气流经历的各种状态。

(1) 风洞刚开始工作时,气源供给喷管的气流总压比风洞出口的外界反压高得不多,这时气体在整个风洞中作低速流动,喷管和扩压器喉部的气流

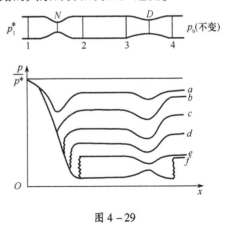

图 4-29

速度都是亚声速的,压强分布如曲线 a 所示。

(2) 喷管进口气流总压增加到曲线 b 所示的水平,这时气流在喷管喉部加速成声速流,但总压还不够高,所以在喷管后的流动又减速成亚声速。由于 $A_D > A_N$,所以在扩压器喉部截面上仍是亚声速。

(3) 喷管进口气流总压再增大一点,在喷管扩张段中就会出现激波,激波后的试验段中仍是亚声速气流,压强分布如曲线 c、d 所示。可以证明,这时在扩压器喉部也是亚声速流动,因为按连续方程

$$K\frac{p_N^*}{\sqrt{T_N^*}}A_N q(\lambda_N) = K\frac{p_D^*}{\sqrt{T_D^*}}A_D q(\lambda_D)$$

式中 $T_N^* = T_D^*$,$\lambda_N = 1$,$\dfrac{p_D^*}{p_N^*} = \sigma(\lambda_i)$,其中 λ_i 是激波前的气流速度系数,另外,注意到 $\dfrac{A_D}{A_N} = \dfrac{1}{\sigma(\lambda_T)}$,就可从上述方程求出

$$q(\lambda_D) = \frac{A_N}{A_D} \cdot \frac{p_N^*}{p_D^*} = \frac{\sigma(\lambda_T)}{\sigma(\lambda_i)}$$

当激波处在拉伐尔喷管扩张段时,$\lambda_i < \lambda_T$(λ_T 是试验段为超声速流动时的速度系数),所以 $\sigma(\lambda_i) > \sigma(\lambda_T)$,于是 $q(\lambda_D) < 1$。此外,激波之后是亚声速气流,激波所在截面与扩压器喉部截面之间又无最小截面,所以 $q(\lambda_D) < 1$,对应的必是 $\lambda_D < 1$。

(4) 随着喷管进口气流总压的提高,p_b/p^* 值降低,激波在喷管扩张段顺气流移动。

当压强比降低到曲线 e 所表示的水平时,激波运动到喷管出口截面2,激波最强,气流总压损失最大。在这个状态,激波是不稳定的,只要进口气流总压稍增加一点,激波就会通过等截面的试验段和扩压器的收缩段,跑到扩压器的 4 截面上,面积 A_4 略大于 A_2。此时压强分布如曲线 f 所示。

激波移动到 4 截面后,试验段中虽建立了超声速流动,但这时激波前的马赫数较大,总压损失很大,维持这种流动所需要的喷管进口气流总压较大,风洞所消耗的气体流量较大,因此,风洞在这种状态下工作是不经济的。为了提高风洞的效率,应减小总压损失。为此,在风洞起动以后,应使激波向扩压器喉部靠近。理论上,激波处于扩压器喉部时,损失最小,但实际上,在工作时是使激波保持在扩压器喉部稍下游处。这是因为激波位于扩压器喉部是不稳定的,譬如,稍有扰动,使激波暂时进入扩压器的收缩段,结果波前马赫数增大,总压损失增加。在风洞出口外界压强不变的条件下,总压下降将使出口气流速度系数下降,结果都使出口流量减小。出口流量的减小,又使波后气体压强升高,将激波进一步推向上游,这样使激波更强。如此发展下去,激波不断向上游移动,直到进入喷管的扩张段为止,从而试验段中的超声速气流被破坏。为了重新在试验段中得到超声速流,必须重新起动风洞。

对于喉部面积固定的扩压器,由于 $A_D > A_N$,起动后,$Ma_D > 1$,所以,即使激波靠近喉部,仍有激波损失。为了进一步提高效率,方法之一是采用喉部面积可以变化的扩压器。

应该指出,实际流动中除了出现激波外,还存在摩擦作用。因此,为了保证几何尺寸固定的超声速扩压器能起动,扩压器喉部面积必须稍大于理论上的最小值,以考虑摩擦影响和偏离一维流等估算不准的影响。

将试验模型放入超声速风洞的试验段时,由于模型要占去一定的空间,对流通面积来说,其效果好像使管道截面积又缩小一次一样,在模型最大截面尺寸处又形成一个喉部,这个喉部面积也应受(4-29)式的限制,所以模型尺寸不能过大,以保证风洞能顺利的起动。我们将模型放入后,试验段形成的喉部面积记作 A_M,则按(4-29)式,有

$$\frac{A_\mathrm{M}}{A_\mathrm{N}} = \frac{1}{\sigma(Ma_\mathrm{T})}$$

以及

$$\frac{A_\mathrm{M}}{A_\mathrm{T}} = \frac{A_\mathrm{M}}{A_\mathrm{N}} \cdot \frac{A_\mathrm{N}}{A_\mathrm{T}} = \frac{1}{\sigma(Ma_\mathrm{T})} \cdot q(\lambda_\mathrm{T}) = \theta(\lambda_\mathrm{T})$$

上式为了简化写法而引入了一个新的气动函数 $\theta(\lambda) = q(\lambda)/\sigma(\lambda)$。上式中 A_T 是没有放模型时试验段的截面积。$\frac{A_\mathrm{M}}{A_\mathrm{N}}$ 及 $\frac{A_\mathrm{M}}{A_\mathrm{T}}$ 与试验段马赫数 Ma_T 的关系列入表 4-5。

表 4-5

Ma_T	1.0	1.5	2.0	2.5	3.0	4.0	5.0	10
$\frac{A_\mathrm{M}}{A_\mathrm{N}}$	1	1.038	1.391	2.0	3.04	7.2	16.1	329
$\frac{A_\mathrm{M}}{A_\mathrm{T}}$	1	0.914	0.822	0.760	0.719	0.672	0.648	0.612

$A_\mathrm{M}/A_\mathrm{T}$ 表示试验段最小允许的面积比,从表上可以看出,为了保证风洞的起动,模型截面积只能占试验段很小的一部分面积。例如,对于 $Ma = 2.0$ 的超声速风洞,试验段的面积比 $A_\mathrm{M}/A_\mathrm{T}$ 最小为 82.2%,即模型截面积最大只能是试验段的 17.8%。

[例 4-8] 有一试验段尺寸为 $300\mathrm{mm} \times 300\mathrm{mm}$ 的超声速风洞,$Ma_\mathrm{T} = 2.31$,要试验一个圆锥体,求锥体直径 d 的最大允许值(图 4-30)。

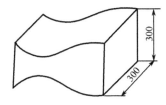
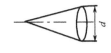

图 4-30

解 由 $Ma_\mathrm{T} = 2.31$,查正激波表得 $\sigma(Ma_\mathrm{T}) = 0.5789$,$\frac{A_\mathrm{M}}{A_\mathrm{T}} = \theta(\lambda_\mathrm{T}) = 0.78$,故模型面积最大可为 $0.22A_\mathrm{T}$,即

$$\frac{\pi}{4} d^2 = 0.22 A_\mathrm{T}$$

$$d = \sqrt{\frac{4}{\pi} \times 0.22 \times 300 \times 300} = 159\mathrm{mm}$$

若考虑摩擦等其它因素,则允许的尺寸还要小一些。

§4-6 摩擦管流

在实际工程中,许多管道的长度有限并且有保温措施,因此流动可以近似看成是绝热的流

动。在航空发动机进气道、尾喷管等部件的内流流动过程中,由于气流速度高,当发动机处于稳定工作状态时,流动也可看成是绝热流动。然而摩擦在任何真实管流流动中都是存在的,并且对流动产生着影响。基于此,本节主要讨论在绝热的条件下摩擦对管流的影响,并得到摩擦对亚声速和超声速气流流动发展变化趋势的原则性影响。

一、基本物理模型

假设本节所研究的物理模型如下:流动为一维定常流,等截面管流,流动中无机械功的输出和输入,流动为绝热的即无热量的交换,气流与管壁之间存在着摩擦。这个研究对象如图 4-31 所示。值得注意的是,一维流动并不意味着一定是直管流动,在曲管内部的流动当管道的长度比起直径大得多时也可近似为一维流动。

二、等截面摩擦管流的范诺曲线族的有限形式

在热力学中,$h-s$ 图(焓-熵图)或 $T-s$ 图(温-熵图)可以用来研究热力学过程的发展方向,而实际上流动问题是有流动速度参数的热力学过程,因此同样可以通过 $h-s$ 图等来研究热力学参数的发展方向。范诺曲线族是 $h-s$ 平面上满足等截面管流的连续方程、无热量和功交换的绝能流能量方程、完全气体状态方程的点的连

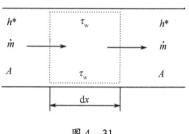

图 4-31

线。注意到,范诺曲线族是在不包含动量方程对流动限制的条件下,流动可能达到的所有 $h-s$ 状态点的描述曲线图。

为了得到范诺曲线族,先给出描述一维定常等截面绝热摩擦管流的基本方程组。由本书第二章可知,连续方程为

$$\frac{\dot{m}}{A} = \rho V = 常数 \tag{4-30a}$$

能量方程为

$$h^* = h + \frac{V^2}{2} = 常数 \tag{4-30b}$$

将连续方程(4-30a)式代入能量方程(4-30b)式,可得

$$h = h^* - \frac{1}{2}\left(\frac{\dot{m}}{A}\frac{1}{\rho}\right)^2 \tag{4-30c}$$

在本节的讨论中,h^*、$\dot{m}$、A 都是常数,故上式代表以 $\frac{\dot{m}}{A}$ 为参数的 $h=h(\rho)$ 函数关系,参数 $\frac{\dot{m}}{A} = \rho V$ 是单位横截面积上的流量,也称为密流,参见 §2-13。

完全气体状态方程为

$$p = \rho RT \tag{4-30d}$$

又由工程热力学知,定比热完全气体的状态参数熵 s、静焓 h 和静密度 ρ 之间的函数关系为

$$s = c_v \ln T - R \ln \rho + 常数 \tag{4-30e}$$

由(4-30c)式和(4-30e)式就可以得到范诺曲线族。具体方法是:首先设定密流 $\frac{\dot{m}}{A}$ 的某一值,再任选该密流下的状态点 1,即给定该状态下的密度 ρ_1,于是可计算出静焓 h_1 及 T_1,从而

计算出该状态下的熵 s_1，于是状态点 1 在 $h-s$ 图上被确定下来。选定与状态点 1 相邻的状态点 2，给定该状态下的密度 ρ_2，同样可以得到静焓 h_2 和熵 s_2，这样状态点 2 也在 $h-s$ 图上被确定下来。依此类推，可以在 $h-s$ 图上得到一系列状态点，连接各点，可得到一条通过点 1 的曲线，这条曲线就是范诺线。改变密流 $\dfrac{\dot{m}}{A}$ 的值，同样通过逐点描图法，可得到另一条范诺线。这样下去即可绘出范诺曲线族，如图 4-32 所示。

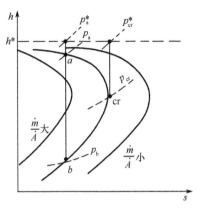

图 4-32

图 4-32 中的三条范诺曲线具有相同的总焓 h^*，每条曲线上的密流 $\dfrac{\dot{m}}{A}$ 为常数，但三条曲线的密流值不相同，左面曲线所具有的密流较大。以上就是从有限形式的气动方程组所能得到的范诺曲线族的物理意义。

三、范诺曲线族的微分形式

在本节中仍然使用等截面管流的连续方程、绝能流能量方程、状态方程，以及熵与静焓、静密度之间的关系式，但主要使用其微分形式。

由(4-30a)式和(4-30b)式，可对其两端取微分，分别得出连续方程和能量方程的微分形式，即

$$\frac{\mathrm{d}\rho}{\rho}+\frac{\mathrm{d}V}{V}=0 \tag{4-31a}$$

$$\mathrm{d}h+V\mathrm{d}V=0 \tag{4-31b}$$

上两式的导出过程也可参见第二章。完全气体熵的定义的微分形式为

$$\mathrm{d}s=\frac{\delta q}{T}=\frac{c_v\mathrm{d}T+p\mathrm{d}\dfrac{1}{\rho}}{T}=\frac{c_v\mathrm{d}T-\dfrac{p}{\rho}\dfrac{\mathrm{d}\rho}{\rho}}{T} \tag{4-31c}$$

式中　$c_v\mathrm{d}T$——内能；

　　　$p\mathrm{d}(1/\rho)$——等压膨胀功。

当为定比热的完全气体，则进一步有

$$\mathrm{d}s=c_v\frac{\mathrm{d}h}{h}-R\frac{\mathrm{d}\rho}{\rho}$$

将(4-31a)式、(4-31b)式代入上式，可得

$$\mathrm{d}s=c_v\frac{\mathrm{d}h}{h}+R\frac{\mathrm{d}V}{V}=c_v\frac{\mathrm{d}h}{h}-R\frac{\mathrm{d}h}{V^2}$$

$$=c_v\frac{\mathrm{d}h}{h}-\frac{R\dfrac{kR}{k-1}T}{Ma^2kRT}\frac{\mathrm{d}h}{h}=\frac{R}{k-1}\left(1-\frac{1}{Ma^2}\right)\frac{\mathrm{d}h}{h}=f(Ma,h,\mathrm{d}h) \tag{4-31d}$$

(4-31d)式即微分形式的范诺曲线方程。可见，首先，$\mathrm{d}h$ 对 $\mathrm{d}s$ 有影响。由热力学第二定律可知：对于绝能流动，熵可以增大，但不能减少。故对于图 4-32 中的任一条范诺曲线，状态

变化的方向必然是图中的向右方向。其次，dh 对 ds 的影响视马赫数大于或小于 1 而有不同的规律。下面进行分析。

当 $Ma<1$ 时，当 $dh<0$ 即 h 下降（或 T 下降、V 上升、p 下降）时，则 $ds>0$ 即 s 上升，对应着范诺曲线的上半支。其物理意义是：假设管道内部某一点处流动是亚声速的（如图 4 – 32 中的 a 点），则摩擦作用 $ds>0$ 必定使管道内流动的速度及马赫数增大，而使气流的静焓和静压减小。

当 $Ma>1$ 时，当 h 上升（或 T 上升、V 下降、p 上升）时，则 s 上升，对应着范诺曲线的下半支。其物理意义是：假设管道内部某一点处流动是超声速的（如图 4 – 32 中的 b 点），则摩擦作用必定使管道内流动的速度及马赫数减小，而使气流的静焓和静压增大。

当 $Ma=1$ 时，h 的增减并不引起 s 的变化，对应着范诺曲线的切点，即最大熵值点。

由以上分析可知：出现声速管流是摩擦管流的终态。这也是定比热完全气体摩擦管流的最重要的基本物理性质，即趋向于声速。依靠单纯的摩擦作用，亚声速流动永远不可能变成超声速流动；依靠单纯的摩擦作用，超声速流动也不可能变为亚声速流动，除非有激波存在。

四、等截面绝热摩擦管流的控制微分方程组

为了进一步分析摩擦对气流参数的定量影响，下面将进一步给出等截面绝热摩擦管流的控制微分方程组，并进行分析。

在等截面摩擦管流中取图 4 – 33 所示的无限小控制体，轴向长度为 dx，壁面对气流的摩擦应力为 τ_w。对此控制体运用一维定常流的基本方程。

等截面管流的连续方程为 $\rho V=$ 常数，两端取微分得其微分形式为

$$\frac{d\rho}{\rho}+\frac{1}{2}\frac{dV^2}{V^2}=0 \quad (4-32)$$

完全气体的状态方程为 $p=\rho RT$，对其两端取对数并微分，则有

$$\frac{dp}{p}=\frac{d\rho}{\rho}+\frac{dT}{T} \quad (4-33)$$

由马赫数的定义，$Ma^2=\dfrac{V^2}{kRT}$，取对数并微分，得

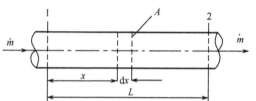

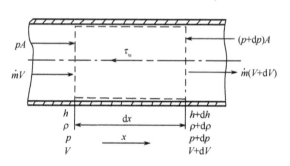

图 4 – 33

$$\frac{dMa^2}{Ma^2}=\frac{dV^2}{V^2}-\frac{dT}{T} \tag{4-34}$$

完全气体的能量方程为

$$c_p dT+d\left(\frac{V^2}{2}\right)=0$$

通除以 $c_p T$，并利用马赫数的定义，上式变为

$$\frac{dT}{T}+\frac{k-1}{2}Ma^2\frac{dV^2}{V^2}=0 \tag{4-35}$$

动量方程的微分形式为

$$-A\mathrm{d}p - \tau_w \mathrm{d}s_w = \dot{m}\mathrm{d}V$$

式中 $\mathrm{d}s_w = \pi D\mathrm{d}x$——控制体上摩擦力作用的面积,也就是控制体内气流与管壁接触的面积。

在摩擦管流的问题中一般都利用摩擦系数 f 来进行分析讨论,摩擦系数 f 定义为壁面剪应力与气流动压头之比,即

$$f = \frac{\tau_w}{\rho \frac{V^2}{2}} \tag{4-36}$$

将摩擦系数代入动量方程,并注意到 $A = \frac{\pi}{4}D^2$,$\mathrm{d}s_w = \pi D\mathrm{d}x$,则有

$$-\mathrm{d}p - 4f\frac{\rho V^2}{2}\frac{\mathrm{d}x}{D} = \frac{\dot{m}}{A}\mathrm{d}V = \rho V^2 \frac{\mathrm{d}V}{V}$$

再通除以 p,并注意到 $\rho V^2 = kpMa^2$,得

$$\frac{\mathrm{d}p}{p} + \frac{kMa^2}{2} \cdot 4f\frac{\mathrm{d}x}{D} + \frac{kMa^2}{2} \cdot \frac{\mathrm{d}V^2}{V^2} = 0 \tag{4-37}$$

在摩擦管流中,气流静压与当地总压之比仍符合总压定义式

$$p^* = p\left(1 + \frac{k-1}{2}Ma^2\right)^{\frac{k}{k-1}}$$

其微分形式为

$$\frac{\mathrm{d}p^*}{p^*} = \frac{\mathrm{d}p}{p} + \frac{k\frac{Ma^2}{2}}{1 + \frac{k-1}{2}Ma^2} \cdot \frac{\mathrm{d}Ma^2}{Ma^2} \tag{4-38}$$

由于假设流动是绝能的,所以总温是常数,根据熵与总参数的关系(2-68b)式,微分,则得到熵的定义的微分形式

$$\frac{\mathrm{d}s}{c_p} = -\frac{k-1}{k}\frac{\mathrm{d}p^*}{p^*} \tag{4-39}$$

由气流在流动截面上的冲量的定义

$$F = \rho A V^2 + pA = pA(1 + kMa^2)$$

取微分形式,并注意到面积 A 是常数,有

$$\frac{\mathrm{d}F}{F} = \frac{\mathrm{d}p}{p} + \frac{kMa^2}{1 + kMa^2} \cdot \frac{\mathrm{d}Ma^2}{Ma^2} \tag{4-40}$$

由连续方程、能量方程、动量方程和状态方程四个方程,以及马赫数、总压、熵和冲量函数四个定义式,我们得到了八个联立的线性代数方程,即(4-32)式、(4-33)式、(4-34)式、(4-35)式、(4-37)式、(4-38)式、(4-39)式和(4-40)式,它们联系着九个微分变量,即 $\mathrm{d}p/p$、$\mathrm{d}\rho/\rho$、$\mathrm{d}T/T$、$\mathrm{d}V^2/V^2$、$\mathrm{d}Ma^2/Ma^2$、$\mathrm{d}p^*/p^*$、$\mathrm{d}s$、$\mathrm{d}F/F$ 和 $4f\frac{\mathrm{d}x}{D}$。引起气流参数变化的物理原因是气流与管壁之间的黏性摩擦,因此,我们选取 $4f\frac{\mathrm{d}x}{D}$ 作为独立变量,余下的八个变量可以利

用上述八个方程由 $4f\dfrac{\mathrm{d}x}{D}$ 来表示,这样,就可以看出摩擦对气流参数的影响。按这样的思路解八个方程,可以得到

$$\frac{\mathrm{d}p}{p} = -\frac{kMa^2[1+(k-1)Ma^2]}{2(1-Ma^2)}4f\frac{\mathrm{d}x}{D} \qquad (4-41)$$

$$\frac{\mathrm{d}\rho}{\rho} = -\frac{kMa^2}{2(1-Ma^2)}4f\frac{\mathrm{d}x}{D} \qquad (4-42)$$

$$\frac{\mathrm{d}T}{T} = -\frac{k(k-1)Ma^4}{2(1-Ma^2)}4f\frac{\mathrm{d}x}{D} \qquad (4-43)$$

$$\frac{\mathrm{d}V}{V} = \frac{kMa^2}{2(1-Ma^2)}4f\frac{\mathrm{d}x}{D} \qquad (4-44)$$

$$\frac{\mathrm{d}Ma^2}{Ma^2} = \frac{kMa^2\left(1+\dfrac{k-1}{2}Ma^2\right)}{1-Ma^2}4f\frac{\mathrm{d}x}{D} \qquad (4-45)$$

$$\frac{\mathrm{d}p^*}{p^*} = -\frac{kMa^2}{2}4f\frac{\mathrm{d}x}{D} \qquad (4-46)$$

$$\frac{\mathrm{d}s}{c_p} = -\frac{(k-1)}{k}\frac{\mathrm{d}p^*}{p^*} = \frac{(k-1)Ma^2}{2}4f\frac{\mathrm{d}x}{D} \qquad (4-47)$$

$$\frac{\mathrm{d}F}{F} = -\frac{kMa^2}{2(1+kMa^2)}4f\frac{\mathrm{d}x}{D} \qquad (4-48)$$

习惯上,取流动方向为 x 的正方向,$\mathrm{d}x>0$,根据热力学第二定律,在一个绝热过程中,熵不可能减小。因此,由(4-47)式可见,摩擦系数 f 必定总是正数,在推导动量方程(4-37)式时,我们假设作用在气流上的剪应力方向与气流流动方向相反,既然 f 必定是正数,那么剪应力也一定是沿着所假设的方向作用的。从(4-46)式~(4-48)式可见,不论是亚声速气流还是超声速气流,当有摩擦时,在流动过程中,气流总压和冲量函数必定是减小的,所以壁面摩擦降低了气流的机械能量。在喷气发动机上,摩擦使发动机各部件效率降低,最后减小了可能获得的推力。

对于气流其它参数(p、ρ、T、V、Ma)的变化方向,在超声速气流和亚声速气流中刚好是相反的。各种参数的变化见表4-6。

表4-6

	$Ma<1$	$Ma>1$
压强 p	减小	增大
密度 ρ	减小	增大
温度 T	减小	增大
速度 V	增大	减小
马赫数 Ma	增大	减小
总压 p^*	减小	
熵 s	增大	
冲量函数 F	减小	

和利用范诺线的分析得出的结论一样,这里的分析再一次指出摩擦对亚声速气流和超声速气流有不同的影响。单纯的摩擦作用不能使亚声速气流转变为超声速气流,也不可能使超声速气流转变为亚声速气流。这里的分析除了指出气流参数变化的方向外,还具体地给出了数量之间的关系。

五、摩擦管流气流参数的积分解

求解思路为,首先求得马赫数 $Ma = Ma(fdx)$ 的解,而后求解其它参数如 $\frac{p_2}{p_1}$、$\frac{\rho_2}{\rho_1}$、$\frac{T_2}{T_1}$、$\frac{V_2}{V_1}$ 等。具体为,在摩擦管中,任意取两个截面 1 和 2,它们之间的距离为 L(见图 4-33),这两个截面上气流参数的关系可用如下方法求得。

将(4-45)式整理并写成积分形式为

$$\int_0^L 4f \frac{\mathrm{d}x}{D} = \int_{Ma_1^2}^{Ma_2^2} \frac{1-Ma^2}{kMa^4\left(1+\frac{k-1}{2}Ma^2\right)} \mathrm{d}Ma^2$$

积分后,得

$$4\bar{f}\frac{L}{D} = \left[-\frac{1}{kMa^2} - \frac{k+1}{2k}\ln\left(\frac{Ma^2}{1+\frac{k-1}{2}Ma^2}\right)\right]\bigg|_{Ma_1}^{Ma_2}$$

$$= \frac{Ma_2^2 - Ma_1^2}{kMa_1^2 Ma_2^2} + \frac{k+1}{2k}\ln\left[\frac{Ma_1^2\left(1+\frac{k-1}{2}Ma_2^2\right)}{Ma_2^2\left(1+\frac{k-1}{2}Ma_1^2\right)}\right] \quad (4-49)$$

式中 $\bar{f}$——按长度平均的摩擦系数,有

$$\bar{f} = \frac{1}{L}\int_0^L f \mathrm{d}x$$

利用第二章讲过的马赫数与 λ 数的关系,可得速度系数与摩擦系数的关系为

$$\left(\frac{1}{\lambda_1^2} - \frac{1}{\lambda_2^2}\right) - \ln\frac{\lambda_2^2}{\lambda_1^2} = \frac{8k}{k+1}\bar{f}\left(\frac{L}{D}\right) \quad (4-50)$$

有了与马赫数或 λ 数的关系后,1、2 截面上其它气流参数的关系,可以运用气动函数很方便地建立起来。

密度比及速度比 由连续方程 $\rho_1 V_1 = \rho_2 V_2$,注意到临界声速不变,则有

$$\frac{\rho_2}{\rho_1} = \frac{V_1}{V_2} = \frac{\lambda_1}{\lambda_2} = \frac{Ma_1}{Ma_2}\left(\frac{1+\frac{k-1}{2}Ma_2^2}{1+\frac{k-1}{2}Ma_1^2}\right)^{1/2} \quad (4-51)$$

温度比 由 $T = T^*\tau(\lambda)$ 及 $T^* = $ 常数的条件,有

$$\frac{T_2}{T_1} = \frac{\tau(\lambda_2)}{\tau(\lambda_1)} = \frac{1+\frac{k-1}{2}Ma_1^2}{1+\frac{k-1}{2}Ma_2^2} \quad (4-52)$$

压强比 由连续方程 $K\frac{p_2 y(\lambda_2)}{\sqrt{T_2^*}}A_2 = K\frac{p_1 y(\lambda_1)}{\sqrt{T_1^*}}A_1$,因 $A_2 = A_1$,$T_2^* = T_1^*$,故

$$\frac{p_2}{p_1} = \frac{y(\lambda_1)}{y(\lambda_2)} = \frac{Ma_1}{Ma_2}\left(\frac{1+\frac{k-1}{2}Ma_1^2}{1+\frac{k-1}{2}Ma_2^2}\right)^{1/2} \quad (4-53)$$

总压比 同样由连续方程 $K\dfrac{p_2^* q(\lambda_2)}{\sqrt{T_2^*}}A_2 = K\dfrac{p_1^* q(\lambda_1)}{\sqrt{T_1^*}}A_1$,有

$$\frac{p_2^*}{p_1^*} = \frac{q(\lambda_1)}{q(\lambda_2)} = \frac{Ma_1}{Ma_2}\left(\frac{1+\dfrac{k-1}{2}Ma_2^2}{1+\dfrac{k-1}{2}Ma_1^2}\right)^{\frac{k+1}{2(k-1)}} \tag{4-54}$$

冲量比 由 $F = \dfrac{k+1}{2k}\dot{m}c_{cr}z(\lambda) = pA(1+kMa^2)$,有

$$\frac{F_2}{F_1} = \frac{z(\lambda_2)}{z(\lambda_1)} = \frac{Ma_1(1+kMa_2^2)}{Ma_2(1+kMa_1^2)}\left(\frac{1+\dfrac{k-1}{2}Ma_1^2}{1+\dfrac{k-1}{2}Ma_2^2}\right)^{1/2} \tag{4-55}$$

熵增

$$\frac{s_2-s_1}{R} = \ln\frac{p_1^*}{p_2^*} = \ln\left[\frac{Ma_2}{Ma_1}\left(\frac{1+\dfrac{k-1}{2}Ma_1^2}{1+\dfrac{k-1}{2}Ma_2^2}\right)^{\frac{k+1}{2(k-1)}}\right] \tag{4-56}$$

六、分析方法

利用上小节导出的公式,即可进行等截面摩擦管流的计算和分析。但是,实际处理起来非常麻烦。为了方便地进行计算分析,可采用无量纲化或归一化处理方法,即设想所研究的管子存在一个临界截面 cr 截面,而后将任意一点处的管流参数与临界截面处的管流参数进行关联,如图 4-34 所示。这样一来,两点 1 和 2 之间的参数变化也可以通过 cr 截面联系起来。下面具体说明。

在截面 2 之后可以假想一段虚拟管道,如图 4-34 虚线所示,该虚拟管道的摩擦作用使得

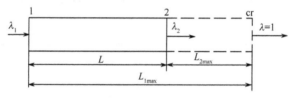

图 4-34

气流在临界截面 cr 处马赫数达到 1。在每个马赫数下,从截面 2 位置到临界截面位置的管长叫做最大管长,记为 L_{max}。利用临界截面的概念,(4-49)式~(4-55)式可写成

$$4\bar{f}\frac{L_{max}}{D} = \frac{1-Ma^2}{kMa^2} + \frac{k+1}{2k}\ln\frac{(k+1)Ma^2}{2\left(1+\dfrac{k-1}{2}Ma^2\right)} = \frac{k+1}{2k}\left(\frac{1}{\lambda^2}-1-\ln\frac{1}{\lambda^2}\right) \tag{4-57}$$

$$\frac{\rho}{\rho_{cr}} = \frac{V_{cr}}{V} = \frac{1}{\lambda} = \frac{1}{Ma}\sqrt{\frac{2\left(1+\dfrac{k-1}{2}Ma^2\right)}{k+1}} \tag{4-58}$$

$$\frac{T}{T_{cr}} = \frac{k+1}{2\left(1+\dfrac{k-1}{2}Ma^2\right)} \tag{4-59}$$

$$\frac{p}{p_{cr}} = \frac{1}{Ma}\left[\frac{k+1}{2\left(1+\frac{k-1}{2}Ma^2\right)}\right]^{1/2} \qquad (4-60)$$

$$\frac{p^*}{p_{cr}^*} = \frac{1}{Ma}\left[\left(\frac{2}{k+1}\right)\left(1+\frac{k-1}{2}Ma^2\right)\right]^{\frac{k+1}{2(k-1)}} \qquad (4-61)$$

$$\frac{F}{F_{cr}} = \frac{1+kMa^2}{Ma\left[2(k+1)\left(1+\frac{k-1}{2}Ma^2\right)\right]^{1/2}} \qquad (4-62)$$

可见,这些参数仅是气流马赫数和绝热指数 k 的函数,所以对不同 k 值的气体,可以将这些函数制成表格(见附录 B 表7),用这些表格,可以很方便地进行摩擦管流的计算。

[**例4-9**] 为了测量超声速空气流的摩擦系数,利用一个在拉伐尔喷管后面接一光滑圆管的实验装置(图4-35),并测得下列数据:喷管进口总压 $p_0^* = 516\text{cmHg}$,总温 $T^* = 316\text{K}$,距圆管进口1.75倍直径 a 处的气流压强 $p_a = 18.25\text{cmHg}$,距圆管进口29.6倍直径 b 处的气流压强 $p_b = 37.1\text{cmHg}$。

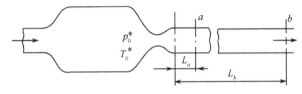

图 4 - 35

喷管出口及圆管直径 $D = 12.7\text{mm}$,喷管喉部直径为 6.10mm。现在要求从这些数据中算出 a、b 之间这段直管的平均摩擦系数 $\bar{f}$,假设喷管喉部之前的流动是等熵流,整个流动是绝能流。

解 由连续方程 $p_a y(\lambda_a) A_a = p_0^* A_t$,故

$$y(\lambda_a) = \frac{p_0^* A_t}{p_a A_a} = \frac{516}{18.25}\left(\frac{6.10}{12.7}\right)^2 = 6.5789$$

查气动函数表得 $Ma_a = 2.524$,由 Ma_a 查表得

$$\left(4\bar{f}\frac{L_{\max}}{D}\right)_a = 0.4371$$

$$\left(\frac{p}{p_{cr}}\right)_a = 0.2878$$

因 $\dfrac{p_b}{p_a} = \left(\dfrac{p}{p_{cr}}\right)_b \Big/ \left(\dfrac{p}{p_{cr}}\right)_a$,故

$$\left(\frac{p}{p_{cr}}\right)_b = \frac{p_b}{p_a}\left(\frac{p}{p_{cr}}\right)_a = \frac{37.1}{18.25} \times 0.2878 = 0.5850$$

由这个 $\left(\dfrac{p}{p_{cr}}\right)_b$ 值查表得 $Ma_b = 1.542$,以及

$$\left(4\bar{f}\frac{L_{\max}}{D}\right)_b = 0.1512$$

于是

$$\left(4\bar{f}\frac{L_{\max}}{D}\right)_a - \left(4\bar{f}\frac{L_{\max}}{D}\right)_b = 4\bar{f}\frac{L}{D} = 4\bar{f}\frac{(L_b - L_a)}{D} = 0.4371 - 0.1512 = 0.2859$$

故得平均摩擦系数

$$\bar{f} = \frac{0.2859}{4(29.60 - 1.75)} = \frac{0.2859}{4 \times 27.85} = 0.00257$$

七、摩擦壅塞现象

由前面的分析得知:摩擦作用使得气流向临界状态靠近。对于不同的进口气流马赫数,出口截面上气流达到临界状态时所对应的管长即最大管长 $L_{\max}$ 是由(4-57)式确定的。表4-7给出了几个不同起始马赫数下的最大长度和直径的比值(假定 $\bar{f}=0.025$)。

表4-7

Ma	0	0.25	0.5	0.75	1	1.5	2	3	∞
$\frac{L_{\max}}{D}$	∞	850	110	12	0	14	31	52	82

式(4-57)表明,对于数值较小的 $L_{\max}$,可以有两个不同的起始马赫数状态与它对应,其中一个为亚声速状态,另一个是超声速状态。在亚声速流动中,如果实际管长小于 $L_{\max}$,则出口仍为亚声速流动;当实际管长等于 $L_{\max}$ 时,管道出口处气流将正好是当地声速;在超声速流动中,如果实际管长小于 $L_{\max}$,则出口仍为超声速流动;当实际管长等于 $L_{\max}$ 时,管道出口处气流速度也是当地声速。

比较复杂的情况是,对于给定的管口起始马赫数 Ma_1,实际管长超过该马赫数所对应的最大管长。这时即使管道出口处的静压(或称反压)很低,在进口以 Ma_1 流入的流量也将无法在出口排出,流动势必出现壅塞现象,称为摩擦壅塞。

因为对于给定的 Ma_1,在 $L_{\max}/D$ 处,气流速度达到声速值,$q(\lambda)$ 达到其最大值1,在 $L_{\max}$ 之后的管道内由于摩擦作用,气流总压还要下降,但这时 $q(\lambda)$ 值不可能再增大。因此,如果临界截面发生在管道中间,则临界截面下游允许通过的流量都要减小,有一部分气体堆积在临界截面之前,产生壅塞现象。由于流量的堆积,必使压强提高,给气流造成扰动。若进口是亚声速气流,则此扰动一直传到进口,使进口气流速度减小。由于进口流速减小,对应的最大管长加长,临界截面往后移,一直移到出口为止,这时流动才稳定下来,此时进口气流 Ma_1 由实际管长确定。若进口气流是超声速的,则此压强增高的扰动,会在超声速气流中产生激波。

当管长超过最大管长不多时,激波位于管内,这时进口 Ma_1 没有变,流量也没有变,激波之后是亚声速气流(见图4-36(a)),而亚声速气流在同样管长上造成的总压损失要比超声速气流小得多,从而提高了出口气流总压,使进口流量能从出口通过,在出口截面上气流达到临界状态,激波位置可按这个流动条件来确定。

当激波上移到管道入口仍然不能满足流动要求时,流动将在管口产生脱体激波,使得来流流量一部分溢出,导致流入管道内的流量下降,管内流动变为全亚声速流动。管内流动将按照亚声速流动的特点进行调整,如果流量仍然不能在出口排出,则管口的脱体激波的位置将进一步向上游移动,以增大溢流而降低进口流量,直到满足出口可排出进入管道的全部流量的要求。显然这时出口的流动速度为当地声速。

当激波在管内的时候,由于气体黏性的影响,实际的激波结构相当复杂,但我们可以将该激波近似为一道正激波 s 来处理。这样,就可以运用(4-50)式求得激波所在的位置 L_s。先对 1-s 截面运用(4-50)式,有

$$\left(\frac{1}{\lambda_1^2}-\frac{1}{\lambda_s^2}\right)-\ln\frac{\lambda_s^2}{\lambda_1^2}=\frac{8k}{k+1}f\left(\frac{L_s}{D}\right) \qquad (4-63)$$

再对 s-2 截面运用(4-50)式,有

$$\left(\frac{1}{\lambda_s^{\prime 2}}-1\right)-\ln\frac{1}{\lambda_s^{\prime 2}}=\frac{8k}{k+1}f\left(\frac{L-L_s}{D}\right)$$

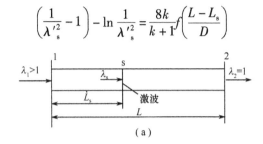

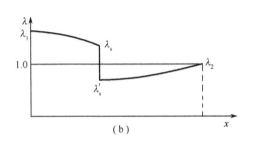

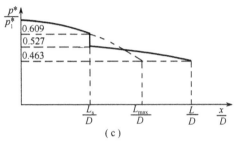

图 4-36

其中 λ_s、λ_s' 分别表示直接位于激波前后的气流速度系数。对于正激波,$\frac{1}{\lambda_s'}=\lambda_s$,所以上式化为

$$(\lambda_s^2-1)-\ln\lambda_s^2=\frac{8k}{k+1}f\left(\frac{L-L_s}{D}\right) \qquad (4-64)$$

在(4-63)式和(4-64)式中的 f 是平均摩擦系数 $\bar{f}$,为简便起见,以后就写为 f;同时,在给定的流动中,由于 $\bar{f}$ 的变化不大,因此可以认为是常数。这样就可根据上面两个式子联立求出 λ_s 和 L_s。

[例 4-10] 直管进口空气速度系数 $\lambda_1=1.75$,摩擦系数 $f=0.0012$,$\frac{L}{D}=107$,试计算此摩擦管流。

解 按 $\lambda_1=1.75$ 查表得 $Ma_1=2.2831$,$4f\frac{L_{\max}}{D}\approx0.382$。因为 $4f\frac{L}{D}=4\times0.0012\times107=0.5136>4f\frac{L_{\max}}{D}$,故此摩擦管流发生壅塞现象,$\lambda_2=1$。下面求激波所在位置。

根据(4-63)式和(4-64)式,有

$$\frac{1}{1.75^2}-\frac{1}{\lambda_s^2}-\ln\frac{\lambda_s^2}{1.75^2}=\frac{8k}{k+1}\times0.0012\frac{L_s}{D}$$

$$(\lambda_s^2-1)-\ln\lambda_s^2=\frac{8k}{k+1}\times0.0012\times\left(107-\frac{L_s}{D}\right)$$

联立求解得到

$$\lambda_s = 1.468, \lambda_s' = \frac{1}{\lambda_s} = 0.682, \frac{L_s}{D} = 37.9$$

由(4-54)式可以求出摩擦管出口处总压恢复系数。壅塞时 $\lambda_2 = 1$，所以

$$\frac{p_2^*}{p_1^*} = \frac{q(\lambda_1)}{q(\lambda_2)} = q(\lambda_1) = 0.463$$

在激波后

$$\frac{p_s'^*}{p_1^*} = \frac{q(\lambda_1)}{q(\lambda_s')} = \frac{0.463}{0.8792} = 0.527$$

在激波前

$$\frac{p_s^*}{p_1^*} = \frac{q(\lambda_1)}{q(\lambda_s)} = \frac{0.463}{0.761} = 0.609$$

沿管长速度系数 λ 和总压恢复系数的分布如图 4-36(b)、4-36(c)所示。在图 4-36(c)上用虚线表示了无激波时的总压分布，无激波的总压分布曲线在 L_s/D 之前是和实际曲线重合的，总压一直下降，在没有激波的情况下，到 $L_{\max}/D \approx 79.6$ 时，总压比已下降到 0.463。实际流动中有激波，总压在激波处虽有较大的损失，p^*/p_1^* 由 0.609 突降为 0.527，但波后是亚声速气流，亚声速气流中的摩擦损失较小，到出口才降低到 0.463。若再将管道长度加大，则激波向上游移动，到一定管长时，激波将移到管道进口之外。进口气流变成亚声速的，管内流动将按亚声速流的特点发生变化。

综上所述，对于每一个起始马赫数，存在一个最大的 $4f\dfrac{L}{D}$ 值，超过这个数值，流动就会壅塞；对于每个给定的 $4f\dfrac{L}{D}$ 值，在亚声速流中，存在一个最大的管道进口马赫数，大于这个马赫数，流动就会壅塞，在超声速流中存在一个最小的管道进口马赫数，小于这个马赫数，流动也会壅塞。

八、反压对摩擦管流的影响
（一）进口为亚声速流的情况

下面讨论特征参数 $4f\dfrac{L}{D}$ 一定的摩擦管道，气体通过收缩喷管供给，即摩擦管进口为亚声速气流。设喷管出口（即摩擦管进口）气流总压和总温保持不变，反压 p_b 是可以变化的。进口气流参数用下标"1"表示，出口气流参数用下标"2"表示。图 4-37 表示了当反压变化时，摩擦管中四种可能的流动情况，分别以 a、b、c、d 表示。相应于这些情况的进口状态用符号 a'、b'、c' 和 d' 代表，出口处的相应状态用 a''、b''、c'' 和 d'' 代表。

当出口气流速度未达到声速时，即流动未达到壅塞状态时，反压的变化将直接影响整个管道内的流动状态，反压升高或降低，管内的速度则减小或增大，流量也相应减小或增大。由于出口截面为亚声速流动，故出口截面的气流静压与外界反压相等，对应着图 4-37 中的状态 a 和 b。

当反压 p_b 进一步下降至出口气流速度达到声速时，流动达到壅塞状态 c，但管内流动仍是亚声速流动，此时管内气流流量达到最大值。

进一步降低反压 p_b，出口截面的速度和流量不会再增加，但气流在管道出口处将产生一系列膨胀波，气流通过膨胀波系使得自身压强进一步下降，直至与出口反压相同，见状态 d。

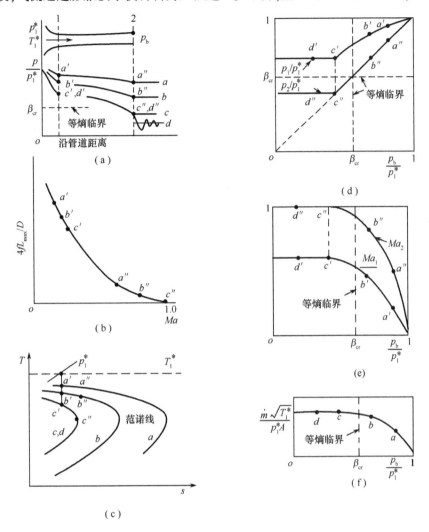

图 4-37

当流动刚发生壅塞时，$\lambda_2 = 1$，$p_2 = p_b$，$p_2/p_1^* = p_b/p_2^* = \beta_{cr} = \left(\dfrac{2}{k+1}\right)^{\frac{k}{k-1}}$。由于在摩擦管中气流总压有损失，$p_2^* < p_1^*$，所以 $p_b/p_1^* < \beta_{cr}$。

考虑反压影响时，摩擦管流的参数计算，比收缩喷管要复杂一些。因为摩擦影响流速的大小，流速反过来又影响摩擦作用的大小，所以出口截面上的参数要由反压和摩擦两个因素来共同决定。具体的计算方法如下。

先由(4-50)式

$$\frac{1}{\lambda_1^2} - \frac{1}{\lambda_2^2} - \ln\frac{\lambda_2^2}{\lambda_1^2} = \frac{8k}{k+1}f\frac{L}{D}$$

和已知的管道特征参数 $4f\dfrac{L}{D}$ 确定 $\lambda_2 = 1$ 时的 λ_1，再由连续方程

$$K\frac{p_1^* q(\lambda_1)}{\sqrt{T_1^*}}A = K\frac{p_2 y(\lambda_2)}{\sqrt{T_2^*}}A \quad \text{即} \quad p_1^* q(\lambda_1) = p_2 y(\lambda_2)$$

确定 $\lambda_2 = 1$ 时的 p_2/p_1^* 值,我们记作 $(p_2/p_1^*)_{\lambda_2=1}$。然后将已知的 p_b/p_1^* 和 $(p_2/p_1^*)_{\lambda_2=1}$ 作比较,以确定流动状态:

(1) 若 $p_b/p_1^* < (p_2/p_1^*)_{\lambda_2=1}$,则为 d 状态,所以 $\lambda_2 = 1, p_2 > p_b$;

(2) 若 $p_b/p_1^* = (p_2/p_1^*)_{\lambda_2=1}$,则为 c 状态,仍是 $\lambda_2 = 1, p_2 = p_b$;

(3) 若 $p_b/p_1^* > (p_2/p_1^*)_{\lambda_2=1}$,则为 $a(b)$ 状态,所以 $\lambda_2 < 1, p_2 = p_b$。

流动状态确定后,再用连续方程和(4-50)式联立求解 λ_1 和 λ_2(对 a、b 状态)或 λ_1 和 p_2/p_1^*(对 d 状态)。当出口截面上的 p_2 和 λ_2 确定后,就可进一步算出进出口截面上的其它参数。

[例 4-11] 已知某截面直管的摩擦系数 $f = 0.0012$,$\frac{L}{D} = 135$,气流在进口处的总压 $p_1^* = 2 \times 10^5 \text{N/m}^2$,直管出口处的反压 $p_b = 1 \times 10^5 \text{N/m}^2$,求该直管进口亚声速空气流的速度系数 λ_1 和出口截面上的速度系数 λ_2 及气流压强 p_2。

解 由(4-50)式,先求 $\lambda_2 = 1$ 时的 λ_1,即由

$$\frac{1}{\lambda_1^2} - 1 - \ln\frac{1}{\lambda_1^2} = \frac{8k}{k+1}f\frac{L}{D}$$

求得 $\lambda_1 = 0.6$,再由连续方程确定 $\lambda_1 = 0.6$、$\lambda_2 = 1$ 时的 $(p_2/p_1^*)_{\lambda_2=1}$,即

$$\left(\frac{p_2}{p_1^*}\right)_{\lambda_2=1} = \frac{q(\lambda_1)}{y(\lambda_2)} = \frac{0.8109}{1.8929} = 0.4284$$

再由已知条件得

$$\frac{p_b}{p_1^*} = \frac{1 \times 10^5}{2 \times 10^5} = 0.5$$

所以

$$p_b/p_1^* > (p_2/p_1^*)_{\lambda_2=1}$$

由此判定出口为亚声速流的状态(a 或 b),$\lambda_2 < 1, \lambda_1 < 0.6, p_2 = p_b$。接着用连续方程和(4-50)式,即

$$\left(\frac{1}{\lambda_1^2} - \frac{1}{\lambda_2^2}\right) - \ln\frac{\lambda_2^2}{\lambda_1^2} = \frac{8k}{k+1}f\frac{L}{D}$$

$$p_1^* q(\lambda_1) = p_2 y(\lambda_2)$$

联立求解,得到 $\lambda_1 = 0.596, \lambda_2 = 0.89$,对应的总压损失为

$$\frac{p_2^*}{p_1^*} = \frac{p_2^*}{p_2}\frac{p_2}{p_1^*} = \frac{1}{\pi(\lambda_2)} \cdot \frac{1}{2} = \frac{1}{0.6092 \times 2} = 0.82$$

(二) 进口为超声速流的情况

下面我们简单地讨论一下摩擦管进口是超声速气流的情况,如图 4-38 所示。气流由拉伐尔喷管供给,假设进口气流总压 p_1^* 和总温 T_1^* 保持不变,而反压是可以变化的。不计拉伐尔喷管内摩擦的作用,在反压变化时,这里的流动情况比进口为亚声速流动的情况要复杂。由于亚声速流动的情况刚讨论过,所以下面的讨论仅限于喷管内无激波的情况,即 $Ma_1 > 1$ 的情

况,这时进口 1 截面上的马赫数 Ma_1 由喷管面积比确定。根据(4-57)式,这个 Ma_1 对应着一个最大管道特征参数 $\left(4f\dfrac{L_{\max}}{D}\right)$。视实际管道的 $4f\dfrac{L}{D}$ 值是大于还是小于这个最大值,流动又可分为两大类来讨论。

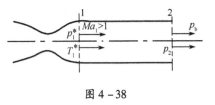

图 4-38

第 I 类 $4f\dfrac{L}{D} < 4f\dfrac{L_{\max}}{D}$

根据 $4f\dfrac{L}{D}$ 及 Ma_1 按(4-49)式可以确定一个 $Ma_2'(Ma_2'>1)$,再由 p_1^*、Ma_1 确定 p_1,然后由 p_1、Ma_1、Ma_2' 按(4-53)式可确定 p_2',这里的 Ma_2'、p_2' 是只考虑摩擦影响没有考虑反压影响时的出口气流马赫数和压强。

当 $p_b \leqslant p_2'$ 时,反压并不影响摩擦管内的流动,实际出口气流压强及马赫数完全由 p_1^*、Ma_1 及 $4f\dfrac{L}{D}$ 的大小来确定,即 $p_2 = p_2'$,$Ma_2 = Ma_2'$,出口是超声速流动,气流离开管道时的压强大于或等于反压,而在管道下游处,通过膨胀波的形式调整到反压值。

当 $p_s \geqslant p_b > p_2'$ 时,若 p_b 比 p_2' 大得不是很多,那么和拉伐尔喷管的情况相类似,只在出口产生斜激波,反压也不影响管内的流动。随着反压的提高,激波越来越强,到某个压强 p_s 时,出口产生正激波,p_s 的值可以由 p_2' 及 Ma_2' 来计算。

当 $p_b > p_s$ 时,正激波将位于管道内部,正激波下游那一部分气流是亚声速的,由于管道出口是亚声速气流,所以实际出口压强 p_2 必须等于反压 p_b。这个条件($p_2 = p_b$)就确定了激波的位置,增大反压会使激波向上游移动。

第 II 类 $4f\dfrac{L}{D} > 4f\dfrac{L_{\max}}{D}$

我们知道,这时由于摩擦作用,气流发生壅塞,管内出现激波,根据进口气流参数 p_1^*、Ma_1 及管道特征参数 $4f\dfrac{L}{D}$,可以确定激波及出口截面气流参数,我们用 p_2''、Ma_2'' 表示只考虑摩擦而没有考虑反压影响时的出口气流压强和马赫数,显然 $Ma_2'' = 1$。再比较 p_b 和 p_2''。

当 $p_b \leqslant p_2''$ 时,反压也不影响摩擦管内的流动,实际出口气流马赫数和压强也完全由 p_1^*、Ma_1 和 $4f\dfrac{L}{D}$ 确定。这时出口是声速流动,在管道下游,气流通过膨胀将压强调整到与反压相等。

当 $p_b > p_2''$ 时,反压将影响摩擦管内的流动,首先使出口截面上流速减慢,成为亚声速气流,出口截面上的压强 $p_2 = p_b$,并且使激波向上游移动,根据 $p_2 = p_b$ 的条件,可以确定激波的位置及出口截面上实际气流的马赫数 Ma_2。

例如,例 4-10 按摩擦壅塞算得的出口压强 $p_2'' = 2.98 p_1$,如果 $p_b = 4.05 p_1$,则管内激波将发生在 $L_s/D = 20.7$ 处,$\lambda_2 = 0.79$,并不是声速。所以像例 4-10 那样的问题,除了验算有无壅塞之外,还应验算反压。

§4-7 换热管流

本节在一维定常管流流动的假设下,讨论热量的交换对气体流动的影响。流动流体的热交换可以有多种形式,例如与外界的换热、发生化学反应、水汽凝结等,它们使得流体的总焓(也即总温)发生变化。在实际工程中,存在诸多该方面应用的例子。例如在发动机的燃烧室中由于燃料的燃烧,使气流获得大量的热能;又如在高速风洞中,若气流中含有水分,那么在流速很高、温度很低时,水汽会凝结成水滴,放出汽化潜热,对气流加热;再如向高温气流中喷水等,都是有热交换的流动过程。当然,实际流动过程都不仅是热量一个因素在起作用。就燃烧室中气流的情况而言,实际流动中必然伴随有摩擦作用。此外,在燃烧室中对气体喷油燃烧时,不仅流量改变,而且气体的化学成分也会发生变化。但是,对于长度不大而且其中流速又低的燃烧室来说,摩擦作用是不大的,可以略去。

一、基本物理模型

假设本节所研究的物理模型如下:流动为一维定常流动,等截面管流,气流无机械功的输出和输入,无摩擦作用,气体化学成分不变,比热比随温度不变。研究对象如图 4-39 所示。在 $\mathrm{d}x$ 长度上,管内单位质量的气体与外界交换的热量为 δq。

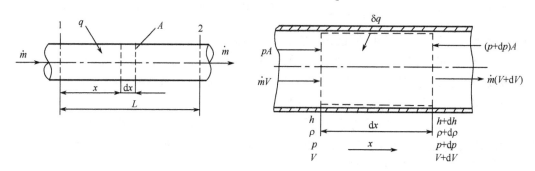

图 4-39

由工程热力学知:当体系为孤立体系即与外界无热量交换时,由体系内部的摩擦等所引起的加热,只能使体系的熵增加,并且这一过程是不可逆的。当体系为开放体系时,假如不存在体系内的摩擦等机械能耗散过程,则通过体系与外部的热交换可以实现体系的熵的增或减,这一过程称为对于非孤立体系的等熵加热或减热过程,参见 §2-9。

二、瑞利曲线族的有限形式

本节同样采用 h-s 图来研究热力学过程的发展方向,即研究 h-s 图上的瑞利曲线族。注意到,与范诺曲线的情形有些类似,瑞利曲线并不引用能量方程来限制管流的流动。我们将描述换热管流的基本方程(连续方程、动量方程、完全气体状态方程)以及焓、熵的定义式结合起来,即可描述瑞利曲线。

由第二章内容可知,对于一维定常等截面管流,连续方程为

$$\frac{\dot{m}}{A} = \rho V = 常数 \tag{4-65a}$$

又因气流与管壁之间无摩擦,则等截面换热管流的动量方程为

$$F_i = (\dot{m}V + pA)_2 - (\dot{m}V + pA)_1 = 0 \quad 或 \quad \rho V^2 + p = 常数 \tag{4-65b}$$

完全气体状态方程为

$$p = \rho R T \tag{4-65c}$$

完全气体的熵的定义式可写为

$$s = c_v \ln T - R\ln\rho + \text{const} \quad (4-65\text{d})$$

定比热完全气体焓的定义式可写为

$$h = c_p T = \frac{c_p}{R}\frac{p}{\rho} \quad (4-65\text{e})$$

由(4-65a)式、(4-65b)式可知,等截面换热管流中气流在任一截面处的冲量可以写为

$$F = \rho V^2 A + pA = A(\rho V^2 + p) = A\left[\left(\frac{\dot{m}}{A}\right)^2 \frac{1}{\rho} + p\right] = \text{const} \quad (4-66)$$

即对于流量和面积均已给定的换热管流,压强 p 仅是密度 ρ 的反比函数,而解除了通常温度 T 所具有的影响。

根据(4-66)式、(4-65e)式和(4-65d)式,就可以通过逐点绘制法得出换热管流的 $h-s$ 图。具体方法是:首先设定密流 $\frac{\dot{m}}{A}$ 和单位面积的冲量 $\frac{F}{A}$ 的各一个值,再任选状态点1,即给定状态点1上的压强 p_1,可以求出密度 ρ_1、静焓 h_1 及静温 T_1,进而得到熵 s_1。又任选状态点2、3、…,求出其上的诸状态参数。连接诸 $h-s$ 坐标点为一条曲线,即得到了瑞利曲线,如图4-40(a)所示。其中每条曲线上的密流 $\frac{\dot{m}}{A}$ 和单位面积冲量 $\frac{F}{A}$ 为常数。

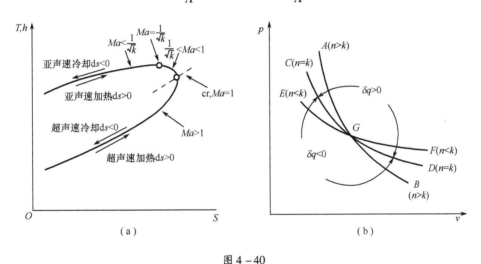

图 4-40

三、瑞利曲线族的微分形式

如同研究摩擦管流时的情形,本小节利用 $h-s$ 图上瑞利曲线的微分形式,并结合热力学第二定律,来判断换热管流的热力学过程的发展方向。由(4-65a)式、(4-65b)式,对其两端取微分,可得一维定常等截面管流的连续方程、动量方程的微分形式为

$$\frac{\text{d}\rho}{\rho} + \frac{\text{d}V}{V} = 0 \quad (4-67\text{a})$$

$$\text{d}p + \rho V\text{d}V = 0$$

上两式的导出也可参见第二章。而 $\rho V^2 = \frac{kp}{c^2}V^2 = kpMa^2$,代入动量方程后得

$$\frac{\text{d}p}{p} + kMa^2\frac{\text{d}V}{V} = 0 \quad (4-67\text{b})$$

又由(4-65c)式、(4-65d)式,两端取微分,可得完全气体状态方程和完全气体熵的定义式的微分形式为

$$\frac{dp}{p} = \frac{d\rho}{\rho} + \frac{dT}{T} \quad (4-67c)$$

$$ds = \frac{\delta q}{T} = c_v \frac{dT}{T} - R \frac{d\rho}{\rho} \quad (4-67d)$$

当为定比热的完全气体时,将(4-67b)式、(4-67a)式依次代入(4-67c)式左端,整理得

$$(1 - kMa^2)\frac{d\rho}{\rho} + \frac{dT}{T} = 0$$

再将上式代入(4-67d)式,可得

$$ds = c_v \frac{dT}{T} - R \frac{1}{kMa^2 - 1} \frac{dT}{T} = \frac{R}{k-1} \frac{Ma^2 - 1}{Ma^2 - \frac{1}{k}} \frac{dh}{h} = f(Ma, h, dh) \quad (4-68)$$

(4-68)式就是微分形式的瑞利曲线方程。它给出了瑞利曲线的丰富物理内涵(参见图4-40(a)),与表4-8(a)相对应。

表 4-8

(a)

次序	Ma	ds	dh	瑞利曲线的斜率	物理意义
1	>1	↗	↗	正	超声速加热
2	$=1$	0	↗↘	垂直线	加热壅塞
3	$1/\sqrt{k} < Ma < 1$	↗	↘	负	亚声速加热
4	$=1/\sqrt{k}$	↗↘	0	水平线	亚声速加热
5	$<1/\sqrt{k}$	↗	↗	正	亚声速加热

(b)

	$Ma<1$		$Ma>1$	
	加热	冷却	加热	冷却
T^*	增大		增大	
p^*	减小		减小	
加热熵变 s	增大	相	增大	相
机械能占比熵增 s	增大	反	增大	反
Ma	增大	变	减小	变
V	增大	化	减小	化
p	减小		增大	
ρ	减小		增大	
T	①		增大	

①$Ma<1/\sqrt{k}$时增大,$Ma>1/\sqrt{k}$时减小

由于本节研究的不是孤立体系问题,而是体系内外的热交换问题,故由图4-40(a)或表4-8(a)可知:对于非孤立体系即有热交换的体系,熵增大对应于亚声速气流加热加速的过程,即瑞利曲线的上半支;或对应于超声速气流加热减速的过程,即瑞利曲线的下半支。

换热管流与摩擦管流的相同之处是,加热管流也总使超/亚声速气流趋于声速气流。两者

的不同之处是,摩擦总使气流的机械能损耗成热能,过程不可逆,而换热管流则存在减热现象,它是一个可逆的加热过程,进而由于换热管流所研究的是一个非孤立体系,对应于减热过程就存在着体系的熵减小的过程。

四、等截面换热管流的控制微分方程组

在换热管流中,现在我们分析相隔无限小距离 $\mathrm{d}x$ 的两个截面之间的流动,控制面如图 4-39 中虚线所示,在 $\mathrm{d}x$ 长度上,单位质量气体与外界交换的热量为 δq。为了分析出换热对全部气流参数的定量影响,除了前面提到的微分形式的连续方程、动量方程、能量方程、完全气体状态方程之外,还需要引用马赫数定义式、总温定义式、总压定义式、熵定义式,即共八个微分方程。下面我们列出基本方程和定义式。

连续方程为(4-67a)式。动量方程为(4-67b)式。状态方程为(4-67c)式。能量方程为

$$\delta q = c_p \mathrm{d}T^* \tag{4-69}$$

由马赫数的定义式 $Ma^2 = \dfrac{V^2}{kRT}$,取微分形式为

$$\frac{\mathrm{d}Ma^2}{Ma^2} = \frac{\mathrm{d}V^2}{V^2} - \frac{\mathrm{d}T}{T} \tag{4-70}$$

根据总温定义式 $T/T^* = \tau(Ma)$,得其微分形式为

$$\frac{\mathrm{d}T^*}{T^*} = \frac{\mathrm{d}T}{T} + \frac{\dfrac{k-1}{2}Ma^2 \dfrac{\mathrm{d}Ma^2}{Ma^2}}{1+\dfrac{k-1}{2}Ma^2} \tag{4-71}$$

由总压定义式 $p/p^* = \pi(Ma)$,得其微分形式为

$$\frac{\mathrm{d}p^*}{p^*} = \frac{\mathrm{d}p}{p} + \frac{\dfrac{kMa^2}{2} \dfrac{\mathrm{d}Ma^2}{Ma^2}}{1+\dfrac{k-1}{2}Ma^2} \tag{4-72}$$

将(2-68b)式写成微分形式,则得到一般的不绝能的流动的熵的定义的微分形式为

$$\frac{\mathrm{d}s}{c_p} = \frac{\mathrm{d}T^*}{T^*} - \frac{k-1}{k} \frac{\mathrm{d}p^*}{p^*} \tag{4-73}$$

从能量方程(4-69)式可以看出,总温的变化 $\mathrm{d}T^*$ 直接反映了热量交换 δq 的大小和方向,所以可以用总温的变化来反映热量交换的影响。这样,在(4-67a)式、(4-67b)式、(4-67c)式、(4-70)式、(4-71)式、(4-72)式和(4-73)式七个方程中,将 $\mathrm{d}T^*/T^*$ 作为独立变量,就可找出其它七个气流参数与总温变化的关系,也就是与热量交换的关系。联立解上述七个方程,可得

$$\frac{\mathrm{d}p}{p} = -\frac{\left(1+\dfrac{k-1}{2}Ma^2\right)kMa^2}{1-Ma^2} \cdot \frac{\mathrm{d}T^*}{T^*} \tag{4-74}$$

$$\frac{\mathrm{d}\rho}{\rho} = -\frac{1+\dfrac{k-1}{2}Ma^2}{1-Ma^2} \cdot \frac{\mathrm{d}T^*}{T^*} \tag{4-75}$$

$$\frac{\mathrm{d}T}{T} = \frac{(1-kMa^2)\left(1+\frac{k-1}{2}Ma^2\right)}{1-Ma^2} \cdot \frac{\mathrm{d}T^*}{T^*} \quad (4-76)$$

$$\frac{\mathrm{d}V}{V} = \frac{\left(1+\frac{k-1}{2}Ma^2\right)}{1-Ma^2} \cdot \frac{\mathrm{d}T^*}{T^*} \quad (4-77)$$

$$\frac{\mathrm{d}p^*}{p^*} = -\frac{kMa^2}{2} \cdot \frac{\mathrm{d}T^*}{T^*} \quad (4-78)$$

$$\frac{\mathrm{d}Ma}{Ma} = \frac{(1+kMa^2)\left(1+\frac{k-1}{2}Ma^2\right)}{2(1-Ma^2)} \cdot \frac{\mathrm{d}T^*}{T^*} \quad (4-79)$$

$$\frac{\mathrm{d}s}{c_p} = \left(1+\frac{k-1}{2}Ma^2\right)\frac{\mathrm{d}T^*}{T^*} \quad (4-80)$$

这些关系式清楚地给出了热量对气流参数的影响,现将这些影响综合列入表4-8(b)。

可以看出,与运用瑞利线的分析一样,热量对气流速度所起的作用在亚声速和超声速气流中恰恰相反,加热使亚声速气流加速,使超声速气流减速,放热时情况刚好相反。因此,单纯加热不可能使亚声速气流变成超声速气流,也不可能使超声速气流无激波地转变为亚声速气流。理论上,可以先对亚声速气流加热,使气流加速到声速,然后立即使气流放热,速度继续加速到超声速;或者先对超声速气流加热,使气流速度降到声速,然后,再放热使气流继续减速到亚声速。但是,实际上暂不存在这种热力管道,因为抽热不容易做到。

加热或放热对于气流的作用,在亚声速和超声速中恰恰相反,这一点还可以运用热力学的知识加以解释。由连续方程(4-67a)和动量方程(4-67b),可得

$$\frac{\mathrm{d}p}{\mathrm{d}\rho} = V^2 \quad (4-81)$$

在换热流动中,状态变化的过程是个多变过程,过程方程为

$$\frac{p}{\rho^n} = 常数$$

其中 n 为多变指数。下面我们来证明,气体在换热流动中,多变指数 n 是变化的,是由马赫数确定的。对过程方程进行微分,有

$$\frac{\mathrm{d}p}{\mathrm{d}\rho} = 常数 \cdot n\rho^{n-1} = n\frac{p}{\rho} = n\frac{kp}{k\rho}$$

在换热管流中,声速与气流温度的关系仍为 $c = \sqrt{kRT}$,即 $c^2 = \frac{kp}{\rho}$。代入上式,得

$$\frac{\mathrm{d}p}{\mathrm{d}\rho} = \frac{n}{k}c^2$$

再将(4-81)式代入上式,得到

$$n = kMa^2 \quad (4-82)$$

这就证明了,在换热管流中,随着气流马赫数的变化,其热力过程的多变指数 n 也是变化的。特别地与等熵过程相比,n 的变化规律为

当 $Ma < 1$ 时 $n < k$

当 $Ma = 1$ 时 $n = k$

当 $Ma > 1$ 时 $n > k$

在热力学里证明过(参见图 4 – 40(b)),气流被压缩时,如果 $-\infty < n < k$,则应当从气体抽热,而在 $k < n < \infty$ 时,则应给气体加热;反之,气体膨胀时,如果 $-\infty < n < k$,则应给气体加热,而在 $k < n < \infty$ 时,则应从气体中抽热。现在对换热管流而言,$Ma < 1$ 对应于 $n < k$,因此,加热过程是膨胀过程(即 G 到 F),气流的压强和密度都减小,在流量不变的情况下,速度就应增大。$Ma > 1$ 对应于 $n > k$,因此,加热过程是压缩过程(从 G 到 A),密度增大,因而速度减小。同理,亚声速气流放热,是压缩过程(从 G 到 E),密度增大,速度减小。超声速气流放热,是膨胀过程(从 G 到 B),密度减小,速度增大。

无论是超声速气流还是亚声速气流,加热时气流总压都是下降的,这一物理现象叫做热阻。热阻的概念,对于燃烧室、换热器显然是有实际意义的。

在理论上,使气流总温减小的冷却过程可以使气流总压增大,但是,由于还有摩擦等影响的存在,实际上,这是难以实现的。

从(4 – 78)式可以进一步看出,加热量越大,则总压损失越大。此外,总压损失还与气流马赫数有关,马赫数越大,总压损失也越大。因此,总希望空气喷气发动机燃烧室的进口气流马赫数小一些,其理由之一就是为了减小加热时的总压损失。

从(4 – 76)式可以看出,当 $1 - kMa^2 < 0$ 而 $1 - Ma^2 > 0$ 时,即 $1 > Ma^2 > \dfrac{1}{k}$ 时,dT 与 dT^* 的变化方向相反。这说明,对 $Ma^2 > \dfrac{1}{k}$ 的亚声速气流加热,气流温度反而降低。这种现象好像和常识不相符合。但实际流动中,温度就是这样变化。这是因为,$Ma^2 > \dfrac{1}{k}$ 的亚声速气流吸热时,由于密度迅速下降,为了保持流量不变,气流速度增加很快,相应的动能增加也很快,以至于加给气流的全部热量都转化成动能,也满足不了动能增加的需要,还得将气体的一部分内能转化成动能,所以气流的温度下降。

五、换热管流的工程计算

如图 4 – 39 所示,设气流从 1 截面流到 2 截面时,单位质量气体与外界交换的热量为 q,则 1、2 截面上气流参数之间的关系可如下求得。

由能量方程

$$q = c_p(T_2^* - T_1^*) \tag{4-83}$$

首先得到 T_2^*。又根据动量方程,即

$$\frac{z(\lambda_1)}{z(\lambda_2)} = \frac{c_{cr2}}{c_{cr1}} = \sqrt{\frac{T_2^*}{T_1^*}}$$

得到 λ_2,有

$$\frac{T_2^*}{T_1^*} = \left[\frac{z(\lambda_1)}{z(\lambda_2)}\right]^2 \tag{4-84}$$

由连续方程 $\rho_1 V_1 = \rho_2 V_2$ 和(4 – 84)式得到

$$\frac{\rho_2}{\rho_1} = \frac{V_1}{V_2} = \frac{\lambda_1 c_{cr1}}{\lambda_2 c_{cr2}} = \frac{\lambda_1}{\lambda_2}\sqrt{\frac{T_1^*}{T_2^*}} = \frac{\lambda_1 z(\lambda_2)}{\lambda_2 z(\lambda_1)} \tag{4-85}$$

又得到温度关系为

$$\frac{T_2}{T_1} = \frac{T_2^* \tau(\lambda_2)}{T_1^* \tau(\lambda_1)} = \left[\frac{z(\lambda_1)}{z(\lambda_2)}\right]^2 \frac{\tau(\lambda_2)}{\tau(\lambda_1)} \tag{4-86}$$

再利用气动函数 $r(\lambda)$ 表示的动量方程

$$\frac{p_1 A}{r(\lambda_1)} = \frac{p_2 A}{r(\lambda_2)}$$

得到压强比

$$\frac{p_2}{p_1} = \frac{r(\lambda_2)}{r(\lambda_1)} \tag{4-87}$$

总压变化则由动量方程 $p^* A f(\lambda) =$ 常数得到,为

$$\frac{p_2^*}{p_1^*} = \frac{f(\lambda_1)}{f(\lambda_2)} \tag{4-88}$$

[**例 4-12**] 某涡轮喷气发动机的燃烧室可近似地当作等截面加热管来计算,设气体在进口截面 1 的速度 $V_1 = 62.1 \mathrm{m/s}$,温度 $T_1 = 323\mathrm{K}$,压强 $p_1 = 0.4 \times 10^5 \mathrm{N/m^2}$,在燃烧室中气体吸热 $q = 1088 \mathrm{kJ/kg}$。求出口截面上的气流参数(燃气 $k = 1.33$, $c_p = 1.088 \mathrm{kJ/(kg \cdot K)}$)。

解 进口处

$$c_1 = \sqrt{kRT_1} = \sqrt{1.33 \times 287.4 \times 323} = 352 \mathrm{m/s}$$

$$Ma_1 = \frac{V_1}{c_1} = \frac{62.1}{352} = 0.1765$$

$$\lambda_1 = 0.19$$

$$T_1^* = \frac{T_1}{\tau(\lambda_1)} = \frac{323}{0.9949} = 325 \mathrm{K}$$

$$p_1^* = \frac{p_1}{\pi(\lambda_1)} = \frac{0.4 \times 10^5}{0.9796} = 0.409 \times 10^5 \mathrm{N/m^2}$$

出口处

$$T_2^* = T_1^* + \frac{q}{c_p} = 325 + \frac{1088}{1.088} = 1325 \mathrm{K}$$

$$z(\lambda_2) = z(\lambda_1)\sqrt{\frac{T_1^*}{T_2^*}} = 5.453\sqrt{\frac{325}{1325}} = 2.7$$

$$\lambda_2 = 0.445$$

$$p_2^* = p_1^* \frac{f(\lambda_1)}{f(\lambda_2)} = 0.409 \times 10^5 \times \frac{1.0202}{1.0991} = 0.38 \times 10^5 \mathrm{N/m^2}$$

$$\sigma = \frac{p_2^*}{p_1^*} = \frac{0.38 \times 10^5}{0.409 \times 10^5} = 0.929$$

$$T_2 = T_2^* \tau(\lambda_2) = 1325 \times 0.9720 = 1288 \text{K}$$

$$p_2 = p_2^* \pi(\lambda_2) = 0.38 \times 10^5 \times 0.892 = 0.339 \times 10^5 \text{N/m}^2$$

六、加热壅塞现象

无论是亚声速来流还是超声速来流,对气流的加热总是使得气流速度趋近于声速,对于一个给定的来流起始马赫数,加热后的气流马赫数由加热量唯一确定,加热量越大,气流的最终速度越接近声速。当加热量达到某个值时,加热管出口的气流马赫数为1,此时对应的加热量是在给定的来流马赫数下可以允许的最大加热量,即临界加热量,记为 q_{cr},对应的加热后气流总温为临界总温,记为 T_{cr}^*。由 $Ma_2 = 1$ 的条件可以得到临界加热量 q_{cr} 与起始马赫数 Ma_1 之间的关系。令 $Ma_2 = 1$,由(4-84)式得

$$\frac{T_{cr}^*}{T_1^*} = \left[\frac{z(\lambda_1)}{2}\right]^2 \qquad (4-89)$$

而

$$q_{cr} = c_p(T_{cr}^* - T_1^*) = c_p T_1^* \left(\frac{T_{cr}^*}{T_1^*} - 1\right) = c_p T_1^* \left\{\left[\frac{z(\lambda_1)}{2}\right]^2 - 1\right\} \qquad (4-90)$$

根据气动函数 $z(\lambda)$ 的变化特点,可以看出,亚声速气流起始马赫数越大,即速度系数 λ_1 越大,或者超声速气流起始马赫数越小,则临界加热量越小,如图 4-41(a) 和图 4-41(c) 所示。

当加热量超过临界加热量时,流动就会发生壅塞,这是因为过多的热量使总压进一步降低,总温进一步提高,而气动函数 $q(\lambda)$ 值在临界加热量时达到1,不能进一步调整以满足流量的要求。因此,气体在管内堆积,使管内气流压强升高。对于亚声速气流,压强升高的扰动一直影响到进口,使进口气流马赫数减小,流量也相应减小,起始马赫数一直减小到足以使所加的热量能够实现为止,这时,气流出口马赫数为1。因此,这个加热量是对应于减小了的气流起始马赫数的临界加热量,如图 4-41(b) 所示。对于超声速气流,压强升高的扰动将在气流中形成激波,激波使总压损失更大。若进口流量不减小,则管内壅塞更严重,所以激波必然被推出进口,使进口气流马赫数改变,以适应流量的要求,如图 4-41(d) 所示。因此,超声速加热管流发生壅塞时,激波不可能停留在管内,必然位于进口之前,这一点和摩擦管流不同。以上分析指出,对于指定的起始马赫数,存在一个临界加热量,也就是存在一个最大加热量。换句话说,对于给定的起始总温和加热量,亚声速气流的起始马赫数存在一个最大值,超声速气流的起始马赫数存在一个最小值。

[例4-13] 某涡轮喷气发动机燃烧室的进口气流总温 $T_1^* = 553\text{K}$,今要使燃烧室出口气流总温提高到1400K,应加入多少热量?并问此时燃烧室的进口气流速度系数不应超过多少(燃烧室看作等截面管道,燃气 $c_p = 1.088 \text{kJ/(kg·K)}$)?

解 为使气流总温提高到1400K,需要加入的热量为

$$q = c_p(T_2^* - T_1^*) = 1.088 \times (1400 - 553) = 920 \text{kJ/kg}$$

当出口气流速度达到声速,即 $T_2^* = T_{cr}^*$ 时,对应的进口气流速度系数为最大值,有

$$z(\lambda_1) = 2\sqrt{\frac{T_2^*}{T_1^*}} = 2\sqrt{\frac{1400}{553}} = 3.18$$

$$\lambda_1 = 0.35$$

因此在本题中,燃烧室进口速度系数不应超过 0.35。

七、凝结突跃

凝结突跃现象在实际工程中常常可以见到,即由于气体流动发生相变而释放气体中的潜热。这也属于换热管流的一种类型。例如,水蒸气或含有水分的空气等气体沿超声速风洞的拉伐尔喷管流动时,随着气流的不断加速,马赫数增大,导致气流的温度和压强迅速下降。当气流速度高到一定程度时,气流的静温可能低于水蒸气的凝结温度,有可能导致水蒸气或空气中的水蒸气凝结,并释放出相变潜热。

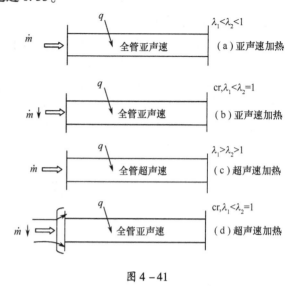

图 4-41

假如风洞气体直接来自大气而未经过干燥处理,若气流总温为 300K,那么当气流在拉伐尔喷管中加速到马赫数 2 的状态时,气流的静温只有 167K,即零下 106℃,远低于水蒸气的凝结温度。根据实验观察,当气流低于凝结温度不多时,凝结现象并不明显,即流动允许存在一定的过冷度。但当过冷度达到 50℃ 时,气流出现显著的凝结现象,并且一旦过冷出现凝结时,凝结过程迅速进行,使得凝结过程所需的距离很短,可以近似看成在一个截面上完成。水蒸气凝结释放的大量潜热,将直接导致超声速流动状态发生明显的改变,包括气流速度突然下降,密度、压强和总温突然上升,总压下降,这种现象称为凝结突跃。它可以利用光学仪器观察或拍摄到。

从照片上看,凝结突跃很像普通的正激波,然而凝结突跃在本质上和正激波是不同的,气流通过激波是总温没有变化,激波强度由波前马赫数决定,激波之后的气流是亚声速的。但是,凝结突跃使气流总温升高,突跃的强度取决于加热量(按本节公式计算),突跃变化后的气流可能仍是超声速气流。从一些实验照片来看,虽然凝结突跃的波面与气流方向接近于垂直,但是,其后的气流仍是超声速的,因为在凝结突跃的下游还有正激波。

超声速风洞中的凝结突跃现象是一个严重的问题,因为空气所含的过饱和水蒸气突然凝结时,不但改变了预计的气流马赫数和压强,而且引起喷管出口处的气流速度场的不均匀。为了避免在风洞中出现凝结突跃现象,通常采用特殊的干燥设备,把送入风洞的空气中的水分减少到万分之五以下,这样,即使发生凝结,释放出的热量不多,气流也不致受到很大的影响。

由于高空为低温低压环境,飞行器在高空飞行时,凝结突跃问题还有可能存在于发动机进气道或风扇等部件中,这时就需要考察结冰对流道几何的改变所带来的对于流动的影响。所以发动机进口部件需要进行防冰处理。在地面进行航空发动机高空试验台试验时,对来流气体也需要进行干燥处理,以避免凝结突跃现象的发生。

§4-8 变流量管流

前面几节的讨论都是在管道各截面上流量相同的条件下进行的。在工程实际上还有许多是各截面上流量不同的流动,例如,在蒸发式冷却中,冷却气体通过多孔壁不断加入到主流中去;在跨声速风洞中,通过改变喷管中的流量来获得超声速气流;在火箭发动机上,固体空心药柱燃烧时,燃气不断增多,等等,都是变流量的情况。本节讨论管流中仅由于流量变化所引起的气动热力学参数变化的规律,而不考虑其它因素的影响。

一、基本物理模型

本节物理模型的基本假设如下:流动为一维定常流,等截面管流,流动中无机械功的输出和输入,无摩擦,无热量的交换,无化学反应,附加气流和主流具有相同的分子量、比热容,附加气流和主流的单位质量气体总焓 h^* 相同,并且都是完全气体,气流在控制体内完全掺混,即离开控制面时具有均匀的参数。这个物理模型如图 4-42 所示。

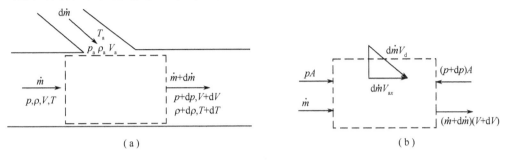

图 4-42

二、基本方程

取图 4-42(a)虚线所示的控制面,通过控制面的附加空气流参数以下标 a 表示,即 p_a、ρ_a、T_a 等。下面我们对此控制面建立基本方程。

(1) 连续方程。由流量公式 $\dot{m} = \rho A V$,取对数微分,则有

$$\frac{\mathrm{d}\dot{m}}{\dot{m}} = \frac{\mathrm{d}\rho}{\rho} + \frac{\mathrm{d}V}{V} \tag{4-91}$$

式中　$\dot{m}$——主流的流量;

　　　$\mathrm{d}\dot{m}$——附加的气流流量。

(2) 能量方程。因为已假设主流和附加气流单位质量气体具有相同的总焓,所以两股气流混合后的单位质量气体总焓也保持原有的数值,因此,能量方程为

$$h^* = c_p T^* = c_p T + \frac{V^2}{2} = 常数$$

将上式微分,并考虑到 $c_p = \frac{k}{k-1}R, c^2 = kRT$,则有

$$\frac{\mathrm{d}T}{T} + (k-1)Ma^2 \frac{\mathrm{d}V}{V} = 0 \tag{4-92}$$

(3) 动量方程。图 4-42(b)表示了在 x 方向上作用在控制面上的作用力和单位时间通过控制面的动量,其中 V_{ax} 表示附加气流速度在 x 方向的分量,这样在 x 方向的动量方程为

$$pA - (p + \mathrm{d}p)A = (\dot{m} + \mathrm{d}\dot{m})(V + \mathrm{d}V) - (\dot{m}V + \mathrm{d}\dot{m}V_{ax})$$

令 $y = V_{ax}/V$,并利用 $\dot{m} = \rho V A$,则动量方程可化成

$$dp + \rho V dV + \rho V^2 (1-y) \frac{d\dot{m}}{\dot{m}} = 0$$

将上式通除以 p，引进 $p/\rho = c^2/k$，再加以简化，得

$$\frac{dp}{p} + kMa^2 \frac{dV}{V} + kMa^2(1-y)\frac{d\dot{m}}{\dot{m}} = 0 \tag{4-93}$$

另外和前几节一样，可导出完全气体状态方程

$$\frac{dp}{p} = \frac{d\rho}{\rho} + \frac{dT}{T} \tag{4-94}$$

和马赫数、总压、气流在管道横截面上的冲量的定义式，即

$$\frac{dMa}{Ma} = \frac{dV}{V} - \frac{1}{2}\frac{dT}{T} \tag{4-95}$$

$$\frac{dp^*}{p^*} = \frac{dp}{p} + \frac{kMa^2}{1+\frac{k-1}{2}Ma^2} \cdot \frac{dMa}{Ma} \tag{4-96}$$

$$\frac{dF}{F} = \frac{dp}{p} + \frac{2kMa^2}{1+kMa^2} \cdot \frac{dMa}{Ma} = 0 \tag{4-97}$$

在 T^* 为常数的情况下，有熵的定义式

$$\frac{ds}{c_p} = -\frac{k-1}{k}\frac{dp^*}{p^*} \tag{4-98}$$

三、流量变化对气动热力参数的影响

和前面几节的处理方法相同，在 (4-91) 式 ~ (4-98) 式的八个方程中，将影响气流参数变化的流量参数 $\frac{d\dot{m}}{\dot{m}}$ 作为独立变量，可解得其它八个参数与 $\frac{d\dot{m}}{\dot{m}}$ 的关系，即

$$\frac{dMa}{Ma} = \frac{\left(1+\frac{k-1}{2}Ma^2\right)}{1-Ma^2}[(1+kMa^2) - ykMa^2]\frac{d\dot{m}}{\dot{m}} \tag{4-99}$$

$$\frac{dV}{V} = \frac{1}{1-Ma^2}[(1+kMa^2) - ykMa^2]\frac{d\dot{m}}{\dot{m}} \tag{4-100}$$

$$\frac{dp}{p} = -\frac{kMa^2}{1-Ma^2}\left[2\left(1+\frac{k-1}{2}Ma^2\right)(1-y) + y\right]\frac{d\dot{m}}{\dot{m}} \tag{4-101}$$

$$\frac{d\rho}{\rho} = -\frac{1}{1-Ma^2}[(k+1)Ma^2 - ykMa^2]\frac{d\dot{m}}{\dot{m}} \tag{4-102}$$

$$\frac{dT}{T} = -\frac{(k-1)Ma^2}{1-Ma^2}[(1+kMa^2) - ykMa^2]\frac{d\dot{m}}{\dot{m}} \tag{4-103}$$

$$\frac{dp^*}{p^*} = -kMa^2(1-y)\frac{d\dot{m}}{\dot{m}} \tag{4-104}$$

$$\frac{ds}{c_p} = -\frac{k-1}{k}\frac{dp^*}{p^*} = (k-1)Ma^2(1-y)\frac{d\dot{m}}{\dot{m}} \tag{4-105}$$

$$\frac{\mathrm{d}F}{F} = y\frac{kMa^2}{1+kMa^2} \cdot \frac{\mathrm{d}\dot{m}}{\dot{m}} \tag{4-106}$$

从这些方程可以看出,在 $\mathrm{d}\dot{m}/\dot{m}$ 的系数中包括 Ma 和 y,因此,流量对气流参数的影响不仅与气流是亚声速流还是超声速流有关,而且还与参数 y 的大小有关。例如,在(4-99)式、(4-100)式和(4-103)式中,当 $0 < y < \frac{1+kMa^2}{kMa^2}$ 时,$[(1+kMa^2) - ykMa^2]$ 项为正;当 $y > \frac{1+kMa^2}{kMa^2}$ 时,该项为负。对于大多数工程问题,y 值一般在前者范围内,这时,流量对气流参数(p、ρ、T、V、Ma)的影响,在亚声速流和超声速流中刚好相反。

(4-104)式表明:总压的变化仅与 y 是否大于 1 有关,当 $y < 1$ 时,即主流带动附加流,则气流混合后的总压总是减小的;当 $y > 1$ 时,即附加流带动主流,则气流混合后的总压总是增大的。

(4-105)式表明:气流熵的变化方向总是与总压变化的方向相反。

从(4-106)式可以看到,当 $y > 0$ 时,气流的冲量是增大的;$y < 0$ 时,气流的冲量则是减小的;而在 $y = 0$ 时,即附加的气流方向垂直于主流时,气流的冲量不变。

表4-9列出了 $y < 1$ 时,加入流量对气流参数的影响。

表 4-9

	$\dfrac{\mathrm{d}Ma}{Ma}$	$\dfrac{\mathrm{d}V}{V}$	$\dfrac{\mathrm{d}p}{p}$	$\dfrac{\mathrm{d}\rho}{\rho}$	$\dfrac{\mathrm{d}T}{T}$	$\dfrac{\mathrm{d}p^*}{p^*}$	$\dfrac{\mathrm{d}s}{c_p}$	$\dfrac{\mathrm{d}F}{F}$
$Ma<1$	增加	增加	减小	减小	减小	减小	增加	增加
$Ma>1$	减小	减小	增加	增加	增加	减小	增加	增加

由表4-9可见,加入流量将使亚声速流的马赫数增加,使超声速流的马赫数减小。因此,与前几节讨论的情况相类似,流量加到一定程度时,气流马赫数达到1,开始产生窒塞现象,流量加入过多,则会改变主流的起始状态。单纯加入流量也不可能使亚声速气流连续地变成超声速气流。

四、附加流量垂直于主流的情况

当附加气流流动方向垂直于主流方向时,$V_{ax} = 0$,$y = 0$,方程就变得比较容易积分了,与摩擦管流中所用的方法相类似,应用临界状态的概念,即流量增加到使 $Ma = 1$,此时对应的流量为临界流量 $\dot{m}_{\mathrm{cr}}$,这样,(5-99)式的积分形式为

$$\int_{\dot{m}}^{\dot{m}_{\mathrm{cr}}} \frac{\mathrm{d}\dot{m}}{\dot{m}} = \int_{Ma}^{2} \frac{1-Ma^2}{Ma(1+kMa^2)\left(1+\dfrac{k-1}{2}Ma^2\right)} \mathrm{d}Ma$$

积分后,得

$$\frac{\dot{m}}{\dot{m}_{\mathrm{cr}}} = \frac{Ma\left[2(k+1)\left(1+\dfrac{k-1}{2}Ma^2\right)\right]^{1/2}}{1+kMa^2} \tag{4-107}$$

其它参数也可用相同的方法积分(4-100)式~(4-106)式得出。不过,现在从原始方程可以更容易地导出。例如,根据 $T^* = T_{\mathrm{cr}}^* = $ 常数的假设,直接得

$$\frac{T}{T_{\text{cr}}} = \frac{k+1}{2\left(1+\dfrac{k-1}{2}Ma^2\right)} \tag{4-108}$$

由 $V = \lambda c_{\text{cr}}$ 得

$$\frac{V}{V_{\text{cr}}} = \frac{\lambda c_{\text{cr}}}{\lambda_{\text{cr}} c_{\text{cr}}} = \lambda = Ma\left[\frac{k+1}{2\left(1+\dfrac{k-1}{2}Ma^2\right)}\right]^{1/2} \tag{4-109}$$

由 $\dot{m} = \rho V A = \dfrac{pVA}{RT}$ 得

$$\frac{p}{p_{\text{cr}}} = \frac{\dot{m}}{\dot{m}_{\text{cr}}} \cdot \frac{T}{T_{\text{cr}}} \cdot \frac{V_{\text{cr}}}{V}$$

$$= \frac{Ma\left[2(k+1)\left(1+\dfrac{k-1}{2}Ma^2\right)\right]^{1/2}}{1+kMa^2} \cdot \frac{k+1}{2\left(1+\dfrac{k-1}{2}Ma^2\right)}$$

$$\times \frac{1}{Ma}\left[\frac{2\left(1+\dfrac{k-1}{2}Ma^2\right)}{k+1}\right]^{1/2}$$

即

$$\frac{p}{p_{\text{cr}}} = \frac{k+1}{1+kMa^2} \tag{4-110}$$

由 $p = \rho RT$ 得

$$\frac{\rho}{\rho_{\text{cr}}} = \frac{p}{p_{\text{cr}}} \cdot \frac{T_{\text{cr}}}{T} = \frac{2\left(1+\dfrac{k-1}{2}Ma^2\right)}{1+kMa^2} \tag{4-111}$$

由 $p^* = p\left(1+\dfrac{k-1}{2}Ma^2\right)^{\frac{k}{k-1}}$ 得

$$\frac{p^*}{p_{\text{cr}}^*} = \frac{k+1}{1+kMa^2}\left[\left(\frac{2}{k+1}\right)\left(1+\frac{k-1}{2}Ma^2\right)\right]^{\frac{k}{k-1}} \tag{4-112}$$

熵的变化为

$$s - s_{\text{cr}} = -R\ln\frac{p^*}{p_{\text{cr}}^*} \tag{4-113}$$

由 (4-106) 式,因为 $y = 0$,所以 $dF = 0$,即 $F = $ 常数。

这些比值与马赫数的关系预先可制成表格(本书书末附录 B 表 8),以便计算。

五、应用举例

[**例 4-14**] 作为变流量管流计算方法的一个例子,我们讨论一下固体推进剂火箭发动机的情况。图 4-43 是固体推进剂火箭发动机的示意图。火药柱内孔的截面积以 A 表示。这是燃气流向推力喷管所经过的面积,这个面积沿轴向是做成等截面的。但是,在火药柱燃烧时,由于燃烧是垂直于孔壁进行的,所以面积 A 并不是保持不变的,不过,火药柱燃烧速度一

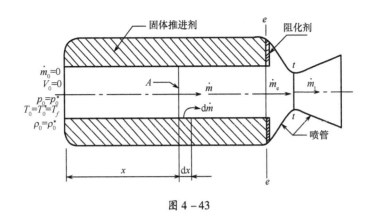

图 4-43

般很小(约 0.001m/s~0.5m/s),而燃气速度一般为每秒几百米。因此,在计算中,可以不考虑由于面积变化所引起的非定常的影响,而认为流动是准定常的。火药柱两端与燃烧区隔绝,所以燃烧只在内孔表面进行。试验指出,燃烧速度 V_b 取决于推进剂的成分、推进剂温度、作用于燃烧区上的压强 p 以及主核心流的速度 V,其经验公式为

$$V_b = (1 + \alpha V) C p^n$$

式中 α——烧烛系数;

C——反映推进剂温度影响的系数;

n——压强指数。

对于每种推进剂,α、C、n 由实验确定。

图 4-44 表示了固体推进剂的燃烧表面的微元段的示意图。沿火药柱长度 dx,燃烧在靠近表面非常薄的燃烧区内进行,燃气放出时,没有轴向速度,因此,可以设 $y=0$,燃烧气体与主气流立即混合,气流的总焓由燃烧过程中释放出来的化学能所决定。假如推进剂的组成是均匀的,那么所有的燃气将有相同的化学能,因此,在流路中总焓处处都是常数。

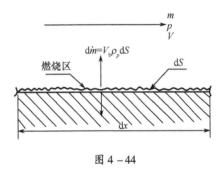

图 4-44

由图可见,附加流量

$$d\dot{m} = V_b \rho_p dS$$

式中 ρ_p——固体推进剂的密度;

dS——燃烧表面的微元面积,$dS = (WP)dx$,其中 WP 为流路湿周长,由药孔的形状而定。

这样,附加流量可写成

$$d\dot{m} = (1 + \alpha V) C p^n \rho_p (WP) dx \tag{4-114}$$

即 $d\dot{m}$ 与燃气速度 V 以及压强 p 有关,而 V、p 又与附加流量加入的情况有关,因此,必须使用包括数值积分的迭代程序。

最直接的数值计算程序是先假设一个始端压强 $p_0 = p_0^*$,燃气的总温则等于燃气的火焰温度 $T_0 = T^* = T_f =$ 常数,从完全气体的状态方程

$$\rho_0 = \frac{p_0}{RT_0}$$

在药柱始端 $Ma_0=0$，于是可确定临界参数如下：

由(4-112)式，有
$$p_{cr}^* = \left(\frac{1}{k+1}\right)\left(\frac{k+1}{2}\right)^{\frac{k}{k-1}} p_0^*$$

$$T_{cr} = \left(\frac{2}{k+1}\right)T^*$$

$$V_{cr} = c_{cr} = (kRT_{cr})^{1/2}$$

由(4-111)式，有
$$\rho_{cr} = \frac{1}{2}\rho_0$$

$$\dot{m}_{cr} = \rho_{cr} V_{cr} A$$

$$\dot{m} = \int_0^{\dot{m}} \mathrm{d}\dot{m} = (WP)\rho_{0p} C \int_0^x (1+\alpha V)p^* \mathrm{d}x \tag{4-115}$$

(4-115)式必须用数值积分的方法来计算，V、p 是马赫数的函数，可用(4-109)式和(4-110)式确定，马赫数又按(4-107)式由 $\dot{m}/\dot{m}_{cr}$ 确定。

当方程(4-115)式从药柱的始端到终端完成积分后，药柱燃烧所产生的燃气总流量 $\dot{m}_e$ 就可以知道。从(4-112)式又可确定药柱末端的总压 p_e^*。对于定常流动，燃气流量必须等于喷管喉部通过的流量 $\dot{m}_t$，设喷管内是等熵流，则

$$\dot{m}_t = \frac{Kp_e^*}{\sqrt{T_0^*}} A_t$$

若 $\dot{m}_e$ 和 $\dot{m}_t$ 的差别不在允许的误差范围内，则再设 p_0 而重复上述计算，直到满足要求为止。

在特殊情况下，烧烛系数 $\alpha=0$，且燃烧速度与压强无关，即 $n=0$，那么在 $V_b=C$ 的条件下，(4-115)式可简化为

$$\dot{m} = (WP)\rho_p V_b x \tag{4-116}$$

流量与距离 x 成正比，其它参数可直接从附录 B 表 8 确定。

[例 4-15] 图 4-43 所示的固体火箭发动机，火药柱的圆柱形内孔直径 $D=0.025\mathrm{m}$，不变的燃烧速度 $V_b=0.025\mathrm{m/s}$，推进剂的密度 $\rho_p=2500\mathrm{kg/m^3}$，燃气绝热指数 $k=1.2$，气体常数 $R=320\mathrm{J/(kg \cdot K)}$，火焰温度 $T_f=3000\mathrm{K}$，药柱长 $L=0.30\mathrm{m}$，喷管喉部面积 $A_t=0.00030\mathrm{m^2}$，火药柱始端以下标"0"表示，末端以下标"e"表示。试计算

(1) 推进剂的燃气流量 $\dot{m}_e$；
(2) 喷管进口气流马赫数 Ma_e 和总压 p_e^*；
(3) 始端总压 p_0^*；
(4) 始端密度 ρ_0；
(5) 最大流量 $\dot{m}_{cr}$；
(6) 始端和末端之间的静压差。

解 (1) 由(4-116)式，有

$$\dot{m}_e = V_b \rho_p (WP) x_e = V_b \rho_b \pi DL = 0.025 \times 2500 \times \pi$$

$$\times 0.025 \times 0.30 = 1.473 \text{kg/s}$$

(2)
$$\frac{1}{q(\lambda_e)} = \frac{A_e}{A_t} = \frac{\pi D^2}{4A_t} = \frac{\pi \times (0.025)^2}{4 \times 0.00030} = 1.636$$

查气动函数表得
$$Ma_e = 0.3938$$

$$p_e^* = \frac{\dot{m}_e \sqrt{T^*}}{KA_t} = \frac{1.473 \times \sqrt{3000}}{0.0362 \times 0.00030} = 74.29 \times 10^5 \text{N/m}^2$$

(3) 由(4-112)式,当 $Ma_e = 0.3938$ 时,有

$$\frac{p_e^*}{p_{cr}^*} = \frac{k+1}{1+kMa^2}\left[\left(\frac{2}{k+1}\right)\left(1+\frac{k-1}{2}Ma^2\right)\right]^{\frac{k}{k-1}}$$

$$= \frac{1.2+1}{1+1.2 \times 0.3938^2} \times \left[\frac{2}{2.2} \times \left(1+\frac{0.2}{2} \times 0.3938^2\right)\right]^{\frac{1.2}{0.2}} = 1.1483$$

于是
$$p_{cr}^* = \frac{74.16 \times 10^5}{1.1483} = 64.7 \times 10^5 \text{N/m}^2$$

由(4-112)式,对 $Ma_0 = 0$,有

$$\frac{p_0^*}{p_{cr}^*} = (1.2+1) \times \left(\frac{2}{2.2}\right)^{\frac{1.2}{0.2}} = 1.2418$$

则
$$p_0^* = 1.2418 \times 64.7 \times 10^5 = 80.30 \times 10^5 \text{N/m}^2$$

(4)
$$\rho_0 = \frac{p_0^*}{RT} = \frac{80.30 \times 10^5}{320 \times 3000} = 8.36 \text{kg/m}^3$$

(5) 由(4-107)式,当 $Ma_e = 0.3938$ 时,有

$$\frac{\dot{m}_e}{\dot{m}_{cr}} = \frac{Ma\left[2(k+1)\left(1+\frac{k-1}{2}Ma^2\right)\right]^{1/2}}{1+kMa^2}$$

$$= \frac{0.3938 \times \left[2 \times (1.2+1) \times \left(1+\frac{1.2-1}{2} \times 0.3938^2\right)\right]^{1/2}}{1+1.2 \times 0.3938^2} = 0.7017$$

则
$$\dot{m}_{cr} = \frac{1.473}{0.7017} = 2.1 \text{kg/s}$$

(6) 由气动函数表查得,当 $Ma_e = 0.3938$ 时,有

$$\frac{p_e}{p_e^*} = \pi(\lambda_e) = 0.9118$$

则
$$p_e = 0.9118 \times 74.29 \times 10^5 = 67.74 \times 10^5 \text{N/m}^2$$

$$\Delta p = p_0 - p_e = (80.30 - 67.74) \times 10^5 = 12.56 \times 10^5 \text{N/m}^2$$

§4-9 一般的一维定常管流

前面几节分析了几个简单的一维定常管流,即只有单一影响因素的管流流动。在实际问

题中,多种影响气体流动的因素如流道面积的变化、摩擦、换热、变质量等经常是同时存在的。本节从这种一般的一维定常流动的观点出发,分析诸多影响因素同时存在时的复杂管流的气动热力学参数的变化规律。

一、基本方程

图 4-45 示意性地给出了复杂性况下一维定常管流的物理模型。所考虑的影响气流参数变化的因素有：

(1) 管道截面积的变化；
(2) 壁面摩擦；
(3) 管内气体与外界的热交换；
(4) 管内气体与外界的质量变换；
(5) 由重力引起的质量力；
(6) 气流中的物体阻力；
(7) 管内气体与外界的功交换。

分析中所采用的假设为：

(1) 流动是一维定常的；
(2) 气流参数的变化是连续的；
(3) 气体服从完全气体状态方程。

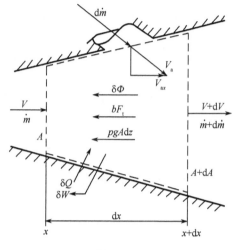

图 4-45

如图 4-45 所示,对管道内取虚线所示的控制体,分析距离为无限小的两截面间的流动。在这微元段内,输入管内的气体流量为 $\mathrm{d}\dot{m}$,从外界热源加给气体的热量为 δQ,气体对外界所作的功为 δW,物体受到的阻力为 $\delta \mathscr{D}$(它包括控制体内相对于管道不动的物体给气流的阻力以及比气流运动慢的液滴或杂物对气流的阻力),微元段气体受到的重力在 x 方向的分力为 $\rho g A \mathrm{d}z$(z 为重力方向的坐标),气流所受的摩擦阻力用 δF_f 表示。

(1) 连续方程。由流量公式 $\dot{m}=\rho A V$,取对数微分,则有

$$\frac{\mathrm{d}\dot{m}}{\dot{m}} = \frac{\mathrm{d}\rho}{\rho} + \frac{\mathrm{d}V}{V} + \frac{\mathrm{d}A}{A} \tag{4-117}$$

式中 $\dot{m}$——主流流量；

$\mathrm{d}\dot{m}$——附加(补入或抽出的)流量。

(2) 动量方程。对所取的控制体列出 x 方向的动量方程为

$$pA - (p+\mathrm{d}p)(A+\mathrm{d}A) + \left(p+\frac{\mathrm{d}p}{2}\right)\mathrm{d}A - \delta F_t - \rho g A \mathrm{d}z - \delta \mathscr{D}$$
$$= (\dot{m}+\mathrm{d}\dot{m})(V+\mathrm{d}V) - \dot{m}V - \mathrm{d}\dot{m}V_{ax}$$

式中 V_{ax}——V_a 在 x 方向的分速；

V_a——附加气流的速度。

采用(4-37)式和(4-93)式的处理方法,可将上述动量方程化成

$$\mathrm{d}p + \rho V \mathrm{d}V + \rho g \mathrm{d}z + \frac{1}{2}\rho V^2 \left(\frac{4f\mathrm{d}x}{D}\right) + \frac{\delta \mathscr{D}}{A} + \rho V^2(1-y)\frac{\mathrm{d}\dot{m}}{\dot{m}} = 0 \tag{4-118}$$

(3) 能量方程。对一般情况下微元控制体的能量方程为

$$\delta \dot{W} - \delta \dot{Q} + (\dot{m} + \mathrm{d}\dot{m})\left[h + \mathrm{d}h + \frac{V^2}{2} + \mathrm{d}\left(\frac{V^2}{2}\right) + gz + g\mathrm{d}z\right]$$

$$- \dot{m}\left(h + \frac{V^2}{2} + gz\right) - \mathrm{d}\dot{m}\left(h_\mathrm{a} + \frac{V_\mathrm{a}^2}{2} + gz_\mathrm{a}\right) = 0$$

对上式通除以 $\dot{m}$ 并略去高阶微量,可得

$$\delta W - \delta Q + \mathrm{d}h + \mathrm{d}\left(\frac{V^2}{2}\right) + g\mathrm{d}z + \frac{\mathrm{d}\dot{m}}{\dot{m}}\left[\left(h + \frac{V^2}{2} + gz\right) - \left(h_\mathrm{a} + \frac{V_\mathrm{a}^2}{2} + gz_\mathrm{a}\right)\right] = 0$$

定义

$$H = h + \frac{V^2}{2} + gz \quad \text{以及} \quad \mathrm{d}H_\mathrm{a} = (H - H_\mathrm{a})\frac{\mathrm{d}\dot{m}}{\dot{m}}$$

则可将能量方程简化成

$$-\delta W + \delta Q - \mathrm{d}H - \mathrm{d}H_\mathrm{a} = 0 \tag{4-119}$$

除了这些方程外,还有气体状态方程。

四个基本方程建立了气流基本参数 p、ρ、T、V 与影响因素 δQ、δW、δF_t、$\delta \mathscr{D}$、$\mathrm{d}\dot{m}$、$g\mathrm{d}z$、$\mathrm{d}A$ 之间的关系。这一组方程对任意的可压缩流来讲是很复杂的。对具体问题的求解只有用数值积分的方法才能实现。下面将这一组方程用于完全气体的情况。

二、完全气体的一般的一维定常管流

对于完全气体的流动,有 $p = \rho RT$,$h = c_p T$,$c^2 = kRT$,并且可以忽略重力的影响。这样就可以将上述方程组加以简化。

能量方程可改写成

$$\delta Q - \delta W - \mathrm{d}H_\mathrm{a} = \mathrm{d}H = c_p \mathrm{d}T^*$$

将上式通除以 $c_p T$,得

$$\frac{\delta Q - \delta W - \mathrm{d}H_\mathrm{a}}{c_p T} = \frac{\mathrm{d}T^*}{T} = \left(1 + \frac{k-1}{2}Ma^2\right)\frac{\mathrm{d}T^*}{T^*} \tag{4-120}$$

(4-120)式表明:传热,作功,H 和 H_a 之差的影响都直接反映在总温的变化中。

动量方程可改写成

$$\frac{\mathrm{d}p}{p} + kMa^2 \frac{\mathrm{d}Ma}{Ma} + \frac{kMa^2}{2}\frac{\mathrm{d}T}{T} + \frac{kMa^2}{2}\left(\frac{4f\mathrm{d}x}{D} + \frac{2\delta \mathscr{D}}{kMa^2 pA}\right)$$

$$+ kMa^2(1-y)\frac{\mathrm{d}\dot{m}}{\dot{m}} = 0 \tag{4-121}$$

状态方程取下列形式

$$\frac{\mathrm{d}p}{p} = \frac{\mathrm{d}\rho}{\rho} + \frac{\mathrm{d}T}{T} \tag{4-122}$$

连续方程为(4-117)式,有

$$\frac{\mathrm{d}\dot{m}}{\dot{m}} = \frac{\mathrm{d}\rho}{\rho} + \frac{\mathrm{d}V}{V} + \frac{\mathrm{d}A}{A} \tag{4-123}$$

另外由 $Ma = V/c$,有

$$\frac{\mathrm{d}Ma}{Ma} = \frac{\mathrm{d}V}{V} - \frac{\mathrm{d}c}{c} = \frac{\mathrm{d}V}{V} - \frac{1}{2}\frac{\mathrm{d}T}{T} \tag{4-124}$$

此外,还有

$$\frac{\mathrm{d}T^*}{T^*} = \frac{\mathrm{d}T}{T} + \frac{(k-1)Ma^2}{1+\frac{k-1}{2}Ma^2}\frac{\mathrm{d}Ma}{Ma} \tag{4-125}$$

$$\frac{\mathrm{d}p^*}{p^*} = \frac{\mathrm{d}p}{p} + \frac{kMa^2}{1+\frac{k-1}{2}Ma^2}\frac{\mathrm{d}Ma}{Ma} \tag{4-126}$$

$$\frac{\mathrm{d}s}{c_p} = \frac{\mathrm{d}T}{T} - \frac{k-1}{k}\frac{\mathrm{d}p}{p} \tag{4-127}$$

$$\frac{\mathrm{d}F}{F} = \frac{\mathrm{d}p}{p} + \frac{\mathrm{d}A}{A} + \frac{2kMa^2}{1+kMa^2}\frac{\mathrm{d}Ma}{Ma} \tag{4-128}$$

(4-121)式~(4-128)式这八个方程组成一个方程组,它把八个流动参数的变化 $\frac{\mathrm{d}p}{p}$、$\frac{\mathrm{d}\rho}{\rho}$、$\frac{\mathrm{d}T}{T}$、$\frac{\mathrm{d}V}{V}$、$\frac{\mathrm{d}Ma}{Ma}$、$\frac{\mathrm{d}p^*}{p^*}$、$\frac{\mathrm{d}F}{F}$ 和 $\frac{\mathrm{d}s}{c_p}$ 同影响因素 $\frac{\mathrm{d}A}{A}$、$\frac{\mathrm{d}T^*}{T^*}$(包括 δQ、δW、$\mathrm{d}H_a$)、$(4f\mathrm{d}x/D + 2\delta\mathscr{D}/kMa^2 pA)$ 和 $\frac{\mathrm{d}\dot{m}}{\dot{m}}$ 联系在一起。这是线性代数方程组,从中可以解出流动参数与影响因素之间的关系。例如对于马赫数,可以解出

$$\frac{\mathrm{d}Ma}{Ma} = \frac{\left(1+\frac{k-1}{2}Ma^2\right)}{1-Ma^2}\left[-\frac{\mathrm{d}A}{A} + \frac{kMa^2}{2}\left(\frac{4f\mathrm{d}x}{D} + \frac{2\delta\mathscr{D}}{kMa^2 pA}\right)\right.$$
$$\left. + \frac{1+kMa^2}{2}\frac{\mathrm{d}T^*}{T^*} + (1+kMa^2 - ykMa^2)\frac{\mathrm{d}\dot{m}}{\dot{m}}\right] \tag{4-129}$$

我们将各关系式列于表4-10中,若要写出表4-10中任一流动参数的变化同各影响因素的关系,只要将表上第一行所列的影响因素乘上交点处的表达式即可。这里交点是指所讨论的流动参数那一行与影响因素那一列的交点。表4-10中所列的项叫做影响系数,它表示了各影响因素对流动参数变化影响的大小。其中 $\Psi = 1 + \frac{k-1}{2}Ma^2$。从表4-10的影响系数可以分析各影响因素的作用。但要用来求解,则还需要进行数值积分。实际上,只要对(4-129)式进行数值积分,其余的参数可以从简单的控制方程求得。即根据(4-120)式,得

表4-10 完全气体一般的一维定常流的影响系数

流动参数变化	影响因素			
	$\frac{\mathrm{d}A}{A}$	$\frac{4f\mathrm{d}x}{D} + \frac{2\delta\mathscr{D}}{kMa^2 pA}$	$\frac{\mathrm{d}T^*}{T^*}$	$\frac{\mathrm{d}\dot{m}}{\dot{m}}$
$\frac{\mathrm{d}Ma}{Ma}$	$-\frac{\psi}{1-Ma^2}$	$\frac{kMa^2\psi}{2(1-Ma^2)}$	$\frac{(1+kMa^2)\psi}{2(1-Ma^2)}$	$\frac{\psi(1+kMa^2-ykMa^2)}{1-Ma^2}$
$\frac{\mathrm{d}p}{p}$	$\frac{kMa^2}{1-Ma^2}$	$-\frac{kMa^2[1+(k-1)Ma^2]}{2(1-Ma^2)}$	$-\frac{kMa^2\psi}{1-Ma^2}$	$-\frac{kMa^2[2\psi(1-y)+y]}{1-Ma^2}$

(续)

流动参数变化	影响因素			
	$\dfrac{dA}{A}$	$\dfrac{4fdx}{D}+\dfrac{2\delta\mathscr{D}}{kMa^2pA}$	$\dfrac{dT^*}{T^*}$	$\dfrac{d\dot{m}}{\dot{m}}$
$\dfrac{d\rho}{\rho}$	$\dfrac{Ma^2}{1-Ma^2}$	$-\dfrac{kMa^2}{2(1-Ma^2)}$	$-\dfrac{\psi}{1-Ma^2}$	$-\dfrac{[(k+1)Ma^2-kyMa^2]}{1-Ma^2}$
$\dfrac{dT}{T}$	$\dfrac{(k-1)Ma^2}{1-Ma^2}$	$-\dfrac{k(k-1)Ma^4}{2(1-Ma^2)}$	$\dfrac{(1-kMa^2)\psi}{1-Ma^2}$	$-\dfrac{(k-1)Ma^2(1+kMa^2-ykMa^2)}{1-Ma^2}$
$\dfrac{dV}{V}$	$-\dfrac{1}{1-Ma^2}$	$\dfrac{kMa^2}{2(1-Ma^2)}$	$\dfrac{\psi}{1-Ma^2}$	$\dfrac{1+kMa^2-ykMa^2}{1-Ma^2}$
$\dfrac{dp^*}{p^*}$	0	$-\dfrac{1}{2}kMa^2$	$-\dfrac{1}{2}kMa^2$	$-kMa^2(1-y)$
$\dfrac{dF}{F}$	$\dfrac{1}{1+kMa^2}$	$-\dfrac{kMa^2}{2(1+kMa^2)}$	0	$\dfrac{ykMa^2}{1+kMa^2}$
$\dfrac{ds}{c_p}$	0	$\dfrac{(k-1)Ma^2}{2}$	ψ	$(k-1)Ma^2(1-y)$

$$T_2^* = T_1^* + \frac{Q-W-\Delta H_a}{c_p} \tag{4-130}$$

其余的参数可由下列各式求得

$$\frac{p_2}{p_1} = \frac{\dot{m}_2 A_1 y(\lambda_1)\sqrt{T_2^*}}{\dot{m}_1 A_2 y(\lambda_2)\sqrt{T_1^*}} \tag{4-131}$$

$$\frac{T_2}{T_1} = \frac{T_2^* \tau(\lambda_2)}{T_1^* \tau(\lambda_1)} \tag{4-132}$$

$$\frac{V_2}{V_1} = \frac{Ma_2}{Ma_1}\sqrt{\frac{T_2}{T_1}} \tag{4-133}$$

$$\frac{\rho_2}{\rho_1} = \frac{p_2}{p_1}\frac{T_1}{T_2} \tag{4-134}$$

$$\frac{p_2^*}{p_1^*} = \frac{p_2}{p_1}\frac{\pi(\lambda_1)}{\pi(\lambda_2)} \tag{4-135}$$

$$\frac{F_2}{F_1} = \frac{p_2 A_2(1+kMa_2^2)}{p_1 A_1(1+kMa_1^2)} \tag{4-136}$$

$$\Delta s = c_p \ln\frac{T_2}{T_1} - R\ln\frac{p_2}{p_1} \tag{4-137}$$

因此求解完全气体的一般的一维定常管流问题,其步骤如下:

(1) 确定初始条件和边界条件,建立影响因素的物理模型。

(2) 用任一种标准的数值计算方法,积分(4-129)式,得到距离为 Δx 的下游截面上的马赫数。其中 Δx 是预先取定的距离。

(3) 用(4-131)式~(4-137)式计算其它流动参数。

(4) 沿流动方向重复步骤(2)和(3),直到整个求解区域上的流动参数完全确定为止。

[**例4-16**] 空气以马赫数 $Ma=0.9$ 进入具有半锥角 $\alpha=7°$ 和进口半径 $R_i=0.25\mathrm{m}$ 的亚声速扩压器(图4-46)。设 $\bar{f}=0.01$,试给出在截面积变化和壁面摩擦作用下,流动参数 Ma 的计算方法。

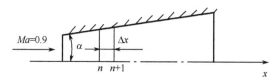

图 4-46

解 在仅有摩擦和面积变化的流动情况下,$\delta D = \mathrm{d}T^* = \mathrm{d}\dot{m} = \delta\mathscr{D} = 0$,所以(4-129)式变成

$$\frac{\mathrm{d}Ma}{\mathrm{d}x} = f(Ma,x) = \frac{Ma\left(1+\dfrac{k-1}{2}Ma^2\right)}{1-Ma^2}\left(\frac{k}{2}Ma^2\frac{4\bar{f}}{D} - \frac{1}{A}\frac{\mathrm{d}A}{\mathrm{d}x}\right) \tag{a}$$

对于锥形通道

$$A = \pi R^2 = \pi(R_i + x\tan\alpha)^2$$

式中 R_i——进口截面半径。

于是

$$\frac{\mathrm{d}A}{\mathrm{d}x} = 2\pi(R_i + x\tan\alpha)\tan\alpha$$

$$\frac{1}{A}\frac{\mathrm{d}A}{\mathrm{d}x} = \frac{2\tan\alpha}{R_i + x\tan\alpha}$$

在本题中,$R_i=0.25\mathrm{m}$,$\alpha=7°$,$k=1.4$,于是(a)式化为

$$\frac{\mathrm{d}Ma}{\mathrm{d}x} = \frac{Ma(1+0.2Ma^2)}{(1-Ma^2)(R_i+x\tan\alpha)}(-0.24556912+0.014Ma^2)$$

$$= \frac{Ma(1+0.2Ma^2)}{(1-Ma^2)(0.25+0.12278456x)}(-0.24556912+0.014Ma^2) \tag{b}$$

(b)式可用龙格-库塔法求解,并写成下列形式:

$$Ma_{n+1} = Ma_n + \frac{\Delta x}{6}(m_1+2m_2+2m_3+m_4) \tag{c}$$

$$m_1 = f(x_n, Ma_n) \tag{d}$$

$$m_2 = f\left(x_n+\frac{\Delta x}{2}, Ma_n+\frac{\Delta x}{2}m_1\right) \tag{e}$$

$$m_3 = f\left(x_n+\frac{\Delta x}{2}, Ma_n+\frac{\Delta x}{2}m_2\right) \tag{f}$$

$$m_4 = f(x_n+\Delta x, Ma_n+\Delta x m_3) \tag{g}$$

式中 Ma_n、x_n——第 n 个截面上的马赫数和轴向距离;

Δx——取定的间距,函数 $f(x,Ma)=\dfrac{\mathrm{d}Ma}{\mathrm{d}x}$,用(b)式计算。

这样,已知 n 截面上的流动参数,就可算出 $(n+1)$ 截面上的流动参数。计算从进口开始,已知 $x_1=0.0\mathrm{m}, R_1=0.25\mathrm{m}, Ma_1=0.9, \tan\alpha=0.12278456$,取 $\Delta x=0.01\mathrm{m}$,由(d)式得

$$m_1=\frac{0.9[1+0.2\times(0.9)^2]}{(1-0.9^2)(0.25)}[-0.24556912+0.014\times(0.9)^2]=-5.156986$$

由

$$x_1+\frac{\Delta x}{2}=0.0+\frac{0.01}{2}=0.005\mathrm{m}$$

$$Ma_1+\frac{\Delta x}{2}m_1=0.9+\frac{0.01}{2}(-5.156986)=0.874215$$

根据(e)式计算 m_2,得

$$m_2=\frac{0.874215[1+0.2\times(0.874215)^2]}{[1-(0.874215)^2](0.25+0.005\times0.12278456)}[-0.24556912$$
$$+0.014\times(0.874215)^2]$$
$$=-4.00649688$$

由

$$x_1+\frac{\Delta x}{2}=0.005\mathrm{m}$$

$$Ma_1+\frac{\Delta x}{2}m_2=0.9+\frac{0.01}{2}(-4.00649688)=0.87996752$$

根据(f)式计算 m_3,得

$$m_3=\frac{0.87996752[1+0.2\times(0.87996752)^2]}{[1-(0.87996752)^2](0.25+0.005\times0.12278456)}[-0.24556912$$
$$+0.014\times(0.87996752)^2]$$
$$=-4.21803678$$

再由 $x_1+\Delta x=0.0+0.01=0.01\mathrm{m}$

$$Ma_1+\Delta x m_3=0.90+0.01\times(-4.21803678)=0.85781963$$

根据(g)式计算 m_4,有

$$m_4=\frac{0.85781963[1+0.2\times(0.85781963)^2]}{[1-(0.85781963)^2](0.25+0.01\times0.12278456)}[-0.24556912$$
$$+0.014\times(0.85781963)^2]$$
$$=-3.48878692$$

把 $m_1、m_2、m_3$ 和 m_4 的数值代入(c)式,算出在 $x_2=0.01\mathrm{m}$ 的马赫数,有

$$Ma_2=0.9+\frac{0.01}{6}(-5.156986-2\times4.00649688-2\times4.21803678-3.48878692)$$
$$=0.85817527$$

重复上面的计算步骤,可依次算出沿流动方向各截面上的马赫数。上述步骤,用手算时较繁杂,但用计算机计算是很容易编制程序的。

三、各影响因素对一般的一维定常管流的综合作用

把(4-129)式改写成下列形式

$$\frac{\mathrm{d}Ma}{Ma} = \frac{\varphi}{1-Ma^2} \qquad (4-138)$$

式中

$$\varphi = \left(1 + \frac{k-1}{2}Ma^2\right)\left[-\frac{\mathrm{d}A}{A} + \frac{kMa^2}{2}\left(\frac{4f\mathrm{d}x}{D} + \frac{2\delta\mathscr{D}}{kMa^2 pA}\right)\right.$$
$$\left. + \frac{1+kMa^2}{2}\frac{\mathrm{d}T^*}{T^*} + (1+kMa^2 - ykMa^2)\frac{\mathrm{d}\dot{m}}{\dot{m}}\right] \qquad (4-139)$$

它代表各种因素的综合影响。从(4-138)式可以看出,像本章前面各节中所讨论的那样,φ 对亚声速流动和超声速流动马赫数变化方向是相反的。表 4-11 表示了 φ 影响的全部情况。

表 4-11 φ 和 dMa 之间的关系

φ	dMa		
	$Ma<1$	$Ma=1$	$Ma>1$
-	-	∞	+
0	0	$\frac{0}{0}$	0
+	+	∞	-

$\varphi<0$ 时,若初始流动为亚声速流动($Ma<1$),则沿流动方向,马赫数是减小的;若初始流动是超声速流动,则马赫数是沿流动方向增大的。图 4-47(a)示意地表示了 $\varphi<0$ 时,一般的一维定常管流中马赫数的变化趋势。

$\varphi=0$ 时,由(4-138)式得知,当 $Ma\neq 1$ 时,d$Ma=0$,马赫数沿流动方向保持为常数。例如在有摩擦的流动中,若使管道截面积的变化和摩擦对流动的影响恰好抵消,即

$$\frac{\mathrm{d}A}{A} = \frac{kMa^2}{2}\left(\frac{4f\mathrm{d}x}{D}\right)$$

时,就是这种流动的一个例子。又如燃烧室截面积变化和加热对马赫数的影响恰好抵消,则可以使燃烧室的马赫数保持为常数。需要指出,虽然流动马赫数没有变化,但其它流动参数将发生变化。这是因为各种因素对各流动参数的影响程度是不同的。如上面所举的管道截面积增大的摩擦管中,即使马赫数保持不变,但从(4-131)式很容易看出,沿流动方向,静压是下降的($p_2<p_1$)。

对于声速流($Ma=1$),$\varphi=0$ 时,沿流动方向马赫数的变化将有三种可能:不变、增大或减小,要由以后的 φ 值来确定。

$\varphi>0$ 时,对初始为亚声速的流动,沿流动方向马赫数是增大的;对初始为超声速的流动,沿流动方向马赫数是减小的。因此,两种流动都趋向声速流。当达到声速流时,流动发生壅塞现象。和前几节讨论的单一因素影响时的情况相同,若综合影响继续是 $\varphi>0$,则必定会使流动状态重新调整。对亚声速初始流,壅塞会使管道流量减小,各截面上的流量也相应地减小;对超声速初始流,壅塞会使流动中产生激波。图 4-47(b)示意性地表示了 $\varphi>0$ 时,流动马赫数 Ma 沿管道的变化趋势。

除了上面所述的三种情况($\varphi<0,\varphi=0,\varphi>0$)外,还可能有在流动中 φ 改变符号的情况。图 4-47(c)示意性地表示了 φ 值从负变到正的情况。流动的初始部分和图 4-47(a)的情况相同,φ 改变符号后,流动朝 $Ma=1$ 的方向进行。

图 4-47(d)示意性地表示了 φ 从正变到负的情况。当 φ 为正值时,亚声速流和超声速流

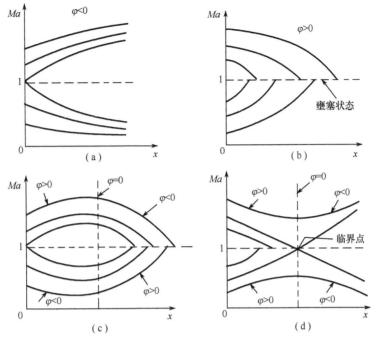

图 4-47

朝 $Ma=1$ 的方向发展。如果在 φ 开始改变符号的地方,流动不是声速流,则无论是亚声速流还是超声速流,这两种流动的马赫数都将愈来愈偏离 1。在特殊情况下,$\varphi=0$ 处 $Ma=1$(临界点),这时流动马赫数的进一步变化有两种可能:(1)气流可能以亚声速向前流动;(2)气流以超声速向前流动。究竟实际流动会是哪一种,要由管道出口处外界条件来确定。

最后需要指出的是,在一般的一维定常管流中,声速截面不一定是管道的最小截面,例如在有摩擦的收缩扩张管中,$\delta \mathscr{D} = dT^* = d\dot{m} = 0$,(4-139)式化成

$$\varphi = \left(1 + \frac{k-1}{2}Ma^2\right)\left(-\frac{dA}{A} + \frac{kMa^2}{2}\frac{4fdx}{D}\right)$$

在喷管的收敛部分,$dA<0$,$4fdx/D>0$,因此流动从亚声速向声速发展,但是在喷管最小截面处不会达到声速。因为在最小截面处 $dA=0$,$4fdx/D>0$,即 $\varphi>0$,若出现声速,则将发生壅塞,声速截面只能发生在 $\varphi=0$ 的地方。这和以前讨论的无摩擦收缩喷管相类似,若在声速截面后面继续缩小管道截面,则声速截面的位置将移到最小截面处。类似地,在有摩擦的收缩-扩张管中,在 $\varphi=0$ 处,即在

$$\frac{dA}{A} = \frac{kMa^2}{2}\frac{4fdx}{D} > 0$$

的地方才地出现声速流。也就是说,声速流出现在最小截面下游的扩张部分。

[**例 4-17**] 空气在有摩擦的隔热圆管中流动。试确定管内马赫数保持为常数时所需的管壁型线。并计算将静压降到初始值的 80% 时所需的管道进出口面积比。

解 本题中 $\delta \mathscr{D} = dT^* = d\dot{m} = dMa = 0$,由(4-139)式,得

$$\frac{dA}{A} = \frac{kMa^2}{2}\frac{4fdx}{D} \tag{a}$$

对圆管

$$A = \frac{\pi}{4}D^2$$

$$\frac{\mathrm{d}A}{A} = 2\frac{\mathrm{d}D}{D} \tag{b}$$

从而得到

$$\mathrm{d}D = kMa^2 f\mathrm{d}x$$

积分上式,得

$$D - D_1 = kMa^2 f(x - x_1)$$

下标"1"代表进口截面的参数。可以看出,管道是锥形扩张通道。

另外,由(4-131)式,在 $\dot{m}_1 = \dot{m}_2, T_2^* = T_1^*, \lambda_1 = \lambda_2$ 的条件下,有

$$\frac{p_2}{p_1} = \frac{A_1}{A_2}$$

在本题中, $p_2 = 0.8p_1$,因此求得

$$A_2 = 1.25A_1$$

[**例 4-18**] 喷气发动机的燃烧室设计成在燃烧过程中马赫数保持为常数。忽略燃料对流量和燃烧室中空气比热容变化的影响,并且不计壁面摩擦作用。燃烧室截面为圆形。试确定燃烧室壁面的型线。并确定当总温增加 100% 时,燃烧室的压强变化。已知燃烧室中气流马赫数 $Ma = 0.5$。

解 本题中 $\mathrm{d}Ma = 4f\mathrm{d}x/D = \delta\mathcal{D} = \mathrm{d}\dot{m} = 0$,由(4-129)式,得

$$\frac{\mathrm{d}Ma}{Ma} = \frac{\left(1 + \frac{k-1}{2}Ma^2\right)}{1 - Ma^2}\left(-\frac{\mathrm{d}A}{A} + \frac{1 + kMa^2}{2}\frac{\mathrm{d}T^*}{T^*}\right) = 0$$

于是有

$$\frac{\mathrm{d}A}{A} = \frac{1 + kMa^2}{2}\frac{\mathrm{d}T^*}{T^*}$$

积分,得

$$\ln\frac{A}{A_1} = \frac{1 + kMa^2}{2}\ln\frac{T^*}{T_1^*}$$

因此,管道直径的变化规律为

$$\frac{D}{D_1} = \left(\frac{A}{A_1}\right)^{1/2} = \left(\frac{T^*}{T_1^*}\right)^{\frac{1+kMa^2}{4}}$$

可见管道是扩张形通道,其中 D 值随当地的 T^* 值而定。

根据(4-131)式,对于 $\dot{m}_1 = \dot{m}_2$ 和 $\lambda_1 = \lambda_2$,得

$$\frac{p_2}{p_1} = \frac{A_1}{A_2}\left(\frac{T_2^*}{T_1^*}\right)^{1/2} = \left(\frac{T_1^*}{T_2^*}\right)^{\frac{1+kMa^2}{2}}\left(\frac{T_2^*}{T_1^*}\right)^{1/2} = \left(\frac{T_2^*}{T_1^*}\right)^{-\frac{kMa^2}{2}}$$

这样,对于 $k=1.4$ 的空气,在 $Ma=0.5$ 和 $T_2^*/T_1^*=2$ 时,得到

$$\frac{p_2}{p_1} = (2)^{-\frac{1.4 \times (0.5)^2}{2}} = 0.8858$$

习 题

4-1 某飞机在 11000m 高空以 $Ma_0=1.3$ 的速度飞行时,发动机的收缩型尾喷管进口的燃气总温和总压分别为 $T_1^*=852K$,$p_1^*=1.34 \times 10^5 Pa$,喷管出口截面积 $A_e=0.168m^2$,求此时发动机所产生的额定推力。设燃气在喷管中流动不考虑摩擦损失,燃气的比热比 $k=1.33$,气体常数 $R=287.4 J/(kg \cdot K)$。

4-2 某风洞的收缩喷管,进口空气流的总压为 $1.724 \times 10^5 Pa$,总温为 324K,喷管出口通大气,出口面积为 $0.03m^2$。试验时大气压强 $p_a=1.0133 \times 10^5 Pa$,若不考虑喷管内的流动损失,试计算喷管出口气流速度、压强及通过喷管的空气流量。

4-3 发动机在地面试车时,大气压强 $p_a=1.0133 \times 10^5 Pa$,涡轮后燃气总温和总压为 $T^*=1016K$,$p^*=2.5 \times 10^5 Pa$,收缩型喷管出口面积 $A_e=0.168m^2$,求此时发动机的推力 R。若在涡轮后加力燃烧,使燃气温度升高到 $T_\varphi^*=1880K$,为了使发动机流量保持不变,问应使喷管出口面积增大到多少?并求加力时的推力 R_φ(不计加力燃烧室及喷管中的总压损失,即加力前后涡轮后的总压不变)。

4-4 空气由容积为 $1m^3$ 的气瓶通过收缩喷管流入大气,大气压强 $p_a=1.0133 \times 10^5 Pa$,喷管的出口截面积为 $0.5 \times 10^{-4} m^2$,气瓶内的初始压强为 $1.0 \times 10^7 Pa$。求在容积流量不变的条件下的流出时间,近似认为气瓶中温度保持 288K 不变。

4-5 已知某拉伐尔喷管最小截面的面积 $A_t=4.0 \times 10^{-4} m^2$,出口截面的面积 $A_e=6.76 \times 10^{-4} m^2$。喷管周围的大气压强 $p_a=1.0 \times 10^5 Pa$,气源的温度 $T^*=288K$。求当气源的压强 $p_a=1.09 \times 10^5 Pa$、$1.5 \times 10^5 Pa$、$2.0 \times 10^5 Pa$ 和 $10 \times 10^5 Pa$ 时,在喷管出口处空气流的马赫数、空气的流量以及管中有激波时激波的位置。

4-6 给定拉伐尔喷管的出口面积和最小截面积之比 $A_e/A_t=2$,在计算通过喷管的空气流量时,p_a/p^* 在什么范围内才可以采用流量公式 $\dot{m}=0.0404(p^*/\sqrt{T^*})A_t$?

4-7 空气通过一有摩擦的收缩-扩张喷管流动,已知 $A_e/A_t=3$,$p_1^*/p_e=2.5$,$p_e=p_a$,试计算出口马赫数 Ma_e 及气流通过喷管熵的增加。

4-8 已知一暂冲式超声速风洞,如图 4-18 所示,$A_t=16.6 \times 10^{-4} m^2$,已知试验段中的气流马赫数 $Ma_e=2.0$,某时刻在试验段出口处出现正激波,试问此刻真空箱中压强为多大?

又若已知真空箱中初始真空度为 $8 \times 10^4 Pa$,真空箱容积 $V=52.3 m^3$,试验要求,保持试验段出口截面 $Ma_e=2.0$ 不变。试问打开快速阀门后,维持上述试验条件所能进行的时间。设真空箱中温度近似等于大气温度,且在试验过程中保持不变,试验时大气温度为 288K,大气压强为 $1 \times 10^5 Pa$。

4-9 设总压为 $13.6 \times 10^5 Pa$ 的空气流过平面拉伐尔喷管,$A_t/A_e=0.4965$。问气体流出喷管后,将连续向外折转多少度?设喷管出口外界反压 $p_a=1.0 \times 10^5 Pa$。

4-10 有一试验段尺寸为 $0.3m \times 0.3m$ 的超声速风洞,若试验段的马赫数 $Ma_T=2.9$,考虑到由于摩擦损失,使试验段的总压降为喷管进口总压的 98%,若要试验一个圆锥体,求锥体

直径 d 的最大允许值。

4-11 有一内压式超声速进气道,设计在飞行马赫数 $Ma_d = 2.31$,飞行高度 $H = 18000\text{m}$ 使用。

(1) 若进气道的面积按此状态来定,即 $A_t/A_i = q(\lambda_d)$,且 $A_i = 0.15\text{m}^2$,问:当在 18000m 高空以 $Ma_0 = 1.95$ 飞行时,进气道进口前的流动图形怎样? 若飞行速度加大到 $Ma_0 = 2.31$,流动图形有无变化? 并计算喉部面积和此时通过进气道的流量。

(2) 为了起动进气道,喉部面积最少应放大到多大?

(3) 试绘出当 $Ma_d = 2.31$ 具有喉部面积已放大的进气道进口前的流动图形,并计算此时喉部气流的马赫数及通过进气道的流量。

4-12 有一几何尺寸固定的内压式进气道,其设计马赫数 $Ma_d = 1.4$,按 $A_t/A_i = q(\lambda_d)$ 确定面积比 A_t/A_i。

(1) 在飞行中需将飞行马赫数至少增加到多大,才能使进气道起动?

(2) 当飞行马赫数 Ma_0 在 Ma_d 与 Ma_3 之间时,试绘出进气道进口前的流动图形。

(3) 当 $Ma_0 = Ma_3$,起动完成后,喉部气流的马赫数为多少?

4-13 空气在等截面的圆管中绝热流动,原管内直径 $d = 0.1\text{m}$,现要求将气流马赫数从进口的 $Ma_1 = 0.5$ 提高到 $Ma_2 = 0.9$,如果摩擦系数的平均值 $\bar{f} = 0.005$,试求所需要的管长 L。

4-14 在题 4-13 中,若已知出口截面气流压强 $p_2 = 1.0133 \times 10^5 \text{Pa}$,出口气流总温 $T_2^* = 300\text{K}$,试求进口气流压强 p_1、温度 T_1、速度 V_1、出口气流速度 V_2 及总压比 p_2^*/p_1^*。

4-15 空气在等直径的圆管中绝热流动,已知进口处,空气流的 $Ma_1 = 0.55$,圆管的平均摩擦系数 $\bar{f} = 0.0037$。

(1) 求在出口处达到临界状态所需要的管长。

(2) 如果将管长加长到 $l = 105.84d$,试求此时进口空气流的马赫数 Ma_1。

4-16 空气在截面积为 0.093m^2 的等截面绝热管内流动,截面 1 处压强为 $7.03 \times 10^4 \text{Pa}$,温度为 $5°\text{C}$,密流为 $145\text{kg}/(\text{s} \cdot \text{m}^2)$,设管道已处于"壅塞状态"。

(1) 试计算截面 1 处的马赫数;

(2) 试计算管道出口处的马赫数、温度、压强;

(3) 为了固定住从截面 1 到出口那一段管道,试计算需要施加的轴向力。

4-17 空气通过喉部直径 $d_t = 0.0125\text{m}$ 的拉伐尔喷管,进入一管直径 $d = 0.02511\text{m}$ 的圆管。空气在喷管中流动为等熵流动,$T^* = 300\text{K}$,$p^* = 7.0 \times 10^5 \text{Pa}$,圆管的平均摩擦系数 $\bar{f} = 0.0025$。计算:(1) 最大管长;(2) 对应最大管长的圆管进口和出口 Ma、V、p、T、p^*。

4-18 空气在等直径的圆管中无摩擦流动,由于对气流加热,速度由 $V_1 = 100\text{m/s}$ 增大到 $V_2 = 300\text{m/s}$,试求压强降低的数值。设加热前气体的密度为 $\rho_1 = 2.4\text{kg/m}^3$。

4-19 空气在等直径的圆管中无摩擦流动,进口总温 $T_1^* = 300\text{K}$,由于对气流加热,气流的 λ 由 0.5 提高到 0.9。求对单位质量空气的加热量。

4-20 空气流在等直径的圆管中由于与燃料混合燃烧而得到加热,燃料流量为空气流量的 5%。空气在加热前的速度 $V_1 = 50\text{m/s}$,压强 $p_1 = 9.89 \times 10^5 \text{Pa}$,总温 $T_1^* = 400\text{K}$,出口处燃气总温 $T_2^* = 1500\text{K}$。求圆管出口处燃气的速度 V_2、总压比 p_2^*/p_1^* 及压强 p_2。设比热比 $k = 1.33$,$R = 291\text{J}/(\text{kg} \cdot \text{K})$,忽略摩擦作用。

4-21 一个半热力喷管,参看题 4-21 附图,等截面段为加热段,扩散段为绝热段,不考虑摩擦作用,已知在加热段进口空气流 $T_1^* = 289\text{K}, V_1 = 62.2\text{m/s}, p_1^* = 20 \times 10^5 \text{Pa}$,扩散段为超声速段,出口截面 A_2 上的气流压强 $p_2 = p_a = 1.0133 \times 10^5 \text{Pa}$,通过管道的流量 $\dot{m} = 9\text{kg/s}$,试确定半热力喷管的推力。

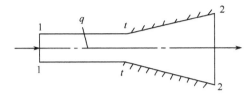

题 4-21 附图

4-22 空气在圆管中流动时被冷却,从进口到出口,压强 $p_2 = p_1/1.8$,已知进口处气流 $Ma_1 = 2.16$,试求出口处气流的马赫数 Ma_2。

第五章 多维流动流体运动分析

在前面几章,我们基本上是按照一维流动的观点来研究气体流动过程参数的变化规律。实践证明,在许多工程问题中,特别是管流问题,一维的分析方法尚能得出符合实际的结果。然而,即使是管流,实际的流动也并非是一维的,就其本质来说,一维的分析方法只能提供管道截面上平均流动参数沿管道轴线的变化规律。如果要进一步了解流动参数沿各方向的变化规律,就需采用二维流或三维流的分析方法。在另外一些问题中,如机翼的绕流、叶轮机转子通道中气体的流动,以及进气道和喷管型面的设计等,一维流的分析方法已不适用,解决这类问题,只能采用多维流的分析方法。为此,我们必须在学习一维流的基础上,进一步地学习多维流的基本理论,掌握多维流中分析问题解决问题的方法。

多维流动中流体的运动十分复杂,流体的微团在运动过程中除了有一般的移动和转动之外,通常还会产生变形运动,因此,在研究多维流动流动参数变化规律时,首先必须分析研究多维流动中流体的运动形态。在本章中我们将从研究流动过程中物理量随时间的变化着手,导出欧拉法中流体质点加速度的表达式。然后分析流体微团运动,在这个基础上介绍无旋流动和有旋流动的概念,并进而阐述无旋流动和有旋流动的基本性质。

§5-1 流动过程中物理量的变化

一、随流导数

流动过程中,流体质点所具有的各物理量将随之发生变化。在流体力学和气体动力学中,把流动过程中流体质点所具有的物理量随时间的变化率,称为该物理量的随流导数,并以符号 $D(\ )/Dt$ 表示。

我们假定在 t 瞬间某流体质点位于 $M(x,y,z)$ 处,经过 δt 时间间隔之后,该质点沿迹线移到新的位置 $M_1(x_1,y_1,z_1)$ 处,如图 5-1 所示。现以 N 表示质点所具有的物理量,它可以是标量,如压强、温度、密度等,也可以是矢量,如速度、动量等。下面我们来推导流动过程物理量随时间的变化率即随流导数 $D(N)/Dt$ 的表达式。

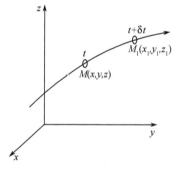

图 5-1

对于非定常流动和不均匀流场,t 瞬间流场中任意一点 (x,y,z) 处的物理量 N 应是时间 t 和位置坐标 (x,y,z) 的函数,即

$$N = N(x,y,z,t)$$

经过 δt 时间间隔后,该质点由 M 移到 M_1 处,物理量变为 $(N+\delta N)$,改变量为 δN。如所取时间间隔 δt 很小,而根据连续性假设,N 又是空间的连续函数,因此该改变量可近似地取泰勒级数的一阶项表示,即

$$\delta N = \frac{\partial N}{\partial t}\delta t + \frac{\partial N}{\partial x}\delta x + \frac{\partial N}{\partial y}\delta y + \frac{\partial N}{\partial z}\delta z$$

根据随流导数的定义

$$D(N)/Dt = \lim_{\delta t \to 0}\frac{\delta N}{\delta t} = \frac{\partial N}{\partial t} + \lim_{\delta t \to 0}\frac{\delta x}{\delta t}\frac{\partial N}{\partial x} + \lim_{\delta t \to 0}\frac{\delta y}{\delta t}\frac{\partial N}{\partial y}$$
$$+ \lim_{\delta t \to 0}\frac{\delta z}{\delta t}\frac{\partial N}{\partial z}$$

由于随流导数是指一固定质点沿迹线运动时其物理量随时间的变化率,因此 $DN(x,y,z,t)/Dt$ 中的 x、y、z 并不是空间的任意坐标,而只能是迹线上的坐标点 x、y、z,也就是说它们本身又都是时间 t 的函数,即

$$x = x(t), \quad y = y(t), \quad z = z(t)$$

因此上面随流导数关系式中, $\lim_{\delta t \to 0}\frac{\delta x}{\delta t}$、$\lim_{\delta t \to 0}\frac{\delta y}{\delta t}$、$\lim_{\delta t \to 0}\frac{\delta t}{\delta t}$ 分别代表流体质点运动速度 $\boldsymbol{V}$ 在三个坐标轴上的速度分量,即

$$V_x = \lim_{\delta t \to 0}\frac{\delta x}{\delta t}, \quad V_y = \lim_{\delta t \to 0}\frac{\delta y}{\delta t}, \quad V_z = \lim_{\delta t \to 0}\frac{\delta z}{\delta t}$$

所以物理量 N 随时间的变化率即 N 的随流导数就成为

$$D(N)/Dt = \frac{\partial N}{\partial t} + \left[V_x\frac{\partial N}{\partial x} + V_y\frac{\partial N}{\partial y} + V_z\frac{\partial N}{\partial z}\right] \tag{5-1a}$$

在圆柱坐标系中,上述表达式可以写成

$$D(N)/Dt = \frac{\partial N}{\partial t} + \left[V_r\frac{\partial N}{\partial r} + \frac{V_\theta}{r}\frac{\partial N}{\partial \theta} + V_z\frac{\partial N}{\partial z}\right] \tag{5-1b}$$

如果将随流导数写成矢量形式,而不同坐标系将具有相同的形式,即

$$DN/Dt = \frac{\partial N}{\partial t} + (\boldsymbol{V}\cdot\nabla)N \tag{5-2}$$

从(5-1)式或(5-2)式中可以清楚地看出,物理量的随流导数由两部分组成:第一部分 $\frac{\partial N}{\partial t}$ 表示在给定空间点上 N 随时间的变化率,叫做局部导数或当地导数,它是由于流动非定常性所引起的,对于定常流,不存在这一项。第二部分 $(\boldsymbol{V}\cdot\nabla)N$,表示 N 在空间分布不均匀情况下,当流体质点运动时所引起 N 的变化率,叫做对流导数或迁移导数,因此它反映了流场的不均匀性。对于均匀流场,就不存在这一项。

上面我们已经指出, N 是代表流体质点的任意物理量,它可以是标量,也可以是矢量。因此,当 N 为流体密度 ρ 时, $D\rho/Dt$ 就代表给定流体质点沿迹线运动时的密度变化率。对于不可压缩流体,根据定义,流体质点在运动过程中密度保持不变,因此它的随流导数必然为零,即

$$D\rho/Dt = 0$$

但是应该指出,不可压缩流体 $D\rho/Dt = 0$,并不意味着整个流场密度 ρ 等于常数,因为 $D\rho/Dt$ 等于零只是表示每个质点的密度在它流动过程中保持不变,各个不同的质点,其密度可以不相同,因此只有在均质不可压缩流体流动过程中,密度才时时处处都是同一常数。

同样, DT/Dt 表示质点沿迹线运动时温度的变化率。 $DT/Dt = 0$ 只表示质点运动过程中温度不会变化,但并不能说明温度场是均匀的,整个温度场还与各质点的初始温度有关,如果初

始瞬间,各质点的温度相同,温度场就是均匀温度场。

二、流体质点的运动加速度

流体质点运动速度 V 的随流导数 DV/Dt 就是流体质点运动的加速度,它表示流体质点沿迹线运动时的速度变化率。

根据随流导数表达式(5-2),加速度的矢量形式表达式为

$$a = DV/Dt = \frac{\partial V}{\partial t} + (V \cdot \nabla)V \tag{5-3}$$

可见,质点运动加速度由两部分组成:第一部分 $\frac{\partial V}{\partial t}$ 叫局部加速度或当地加速度,它是由于流场的非定常性引起的速度变化率;第二部分 $(V \cdot \nabla)V$ 叫做对流加速度或迁移加速度,它代表由于流场的不均匀性使得流体质点当位置改变时所引起的速度变化率。

对于直角坐标系,流体质点运动速度可以表示成

$$V = V_x \boldsymbol{i} + V_y \boldsymbol{j} + V_z \boldsymbol{k} \tag{5-4}$$

将它代入到(5-3)式,则

$$\begin{aligned}
a &= \frac{\partial}{\partial t}(V_x\boldsymbol{i} + V_y\boldsymbol{j} + V_z\boldsymbol{k}) + \left(V_x\frac{\partial}{\partial x} + V_y\frac{\partial}{\partial y} + V_z\frac{\partial}{\partial z}\right)(V_x\boldsymbol{i} + V_y\boldsymbol{j} + V_z\boldsymbol{k}) \\
&= \left[\frac{\partial(V_x\boldsymbol{i})}{\partial t} + V_x\frac{\partial(V_x\boldsymbol{i})}{\partial x} + V_y\frac{\partial(V_x\boldsymbol{i})}{\partial y} + V_z\frac{\partial(V_x\boldsymbol{i})}{\partial z}\right] \\
&\quad + \left[\frac{\partial(V_y\boldsymbol{j})}{\partial t} + V_x\frac{\partial(V_y\boldsymbol{j})}{\partial x} + V_y\frac{\partial(V_y\boldsymbol{j})}{\partial y} + V_z\frac{\partial(V_y\boldsymbol{j})}{\partial z}\right] \\
&\quad + \left[\frac{\partial(V_z\boldsymbol{k})}{\partial t} + V_x\frac{\partial(V_z\boldsymbol{k})}{\partial x} + V_y\frac{\partial(V_z\boldsymbol{k})}{\partial y} + V_z\frac{\partial(V_z\boldsymbol{k})}{\partial z}\right]
\end{aligned}$$

考虑到在直角坐标系中单位矢量不仅大小不变,而且方向也不变,因此存在着如下关系式:

$$\frac{\partial \boldsymbol{i}}{\partial t} = \frac{\partial \boldsymbol{j}}{\partial t} = \frac{\partial \boldsymbol{k}}{\partial t} = \frac{\partial \boldsymbol{i}}{\partial x} = \frac{\partial \boldsymbol{i}}{\partial y} = \frac{\partial \boldsymbol{i}}{\partial z} = \frac{\partial \boldsymbol{j}}{\partial x} = \frac{\partial \boldsymbol{j}}{\partial y} = \frac{\partial \boldsymbol{j}}{\partial z}$$
$$= \frac{\partial \boldsymbol{k}}{\partial x} = \frac{\partial \boldsymbol{k}}{\partial y} = \frac{\partial \boldsymbol{k}}{\partial z} = 0$$

故有

$$\begin{aligned}
a &= \frac{DV}{Dt} = a_x\boldsymbol{i} + a_y\boldsymbol{j} + a_z\boldsymbol{k} = \left(\frac{DV}{Dt}\right)_x\boldsymbol{i} + \left(\frac{DV}{Dt}\right)_y\boldsymbol{j} + \left(\frac{DV}{Dt}\right)_z\boldsymbol{k} \\
&= \left(\frac{\partial V_x}{\partial t} + V_x\frac{\partial V_x}{\partial x} + V_y\frac{\partial V_x}{\partial y} + V_z\frac{\partial V_x}{\partial z}\right)\boldsymbol{i} + \left(\frac{\partial V_y}{\partial t} + V_x\frac{\partial V_y}{\partial x} + V_y\frac{\partial V_y}{\partial y} + V_z\frac{\partial V_y}{\partial z}\right)\boldsymbol{j} \\
&\quad + \left(\frac{\partial V_z}{\partial t} + V_x\frac{\partial V_z}{\partial x} + V_y\frac{\partial V_z}{\partial y} + V_z\frac{\partial V_z}{\partial z}\right)\boldsymbol{k}
\end{aligned} \tag{5-5}$$

因为三个速度分量的随流导数分别为

$$\left.\begin{aligned}
\frac{DV_x}{Dt} &= \frac{\partial V_x}{\partial t} + V_x\frac{\partial V_x}{\partial x} + V_y\frac{\partial V_x}{\partial y} + V_z\frac{\partial V_x}{\partial z} \\
\frac{DV_y}{Dt} &= \frac{\partial V_y}{\partial t} + V_x\frac{\partial V_y}{\partial x} + V_y\frac{\partial V_y}{\partial y} + V_z\frac{\partial V_y}{\partial z} \\
\frac{DV_z}{Dt} &= \frac{\partial V_z}{\partial t} + V_x\frac{\partial V_z}{\partial x} + V_y\frac{\partial V_z}{\partial y} + V_z\frac{\partial V_z}{\partial z}
\end{aligned}\right\} \tag{5-6}$$

这样，加速度在三个坐标轴方向上的分量可以写成

$$\left.\begin{aligned} a_x &= \left(\frac{\mathrm{D}\boldsymbol{V}}{\mathrm{D}t}\right)_x = \frac{\mathrm{D}V_x}{\mathrm{D}t} = \frac{\partial V_x}{\partial t} + V_x\frac{\partial V_x}{\partial x} + V_y\frac{\partial V_x}{\partial y} + V_z\frac{\partial V_x}{\partial z} \\ a_y &= \left(\frac{\mathrm{D}\boldsymbol{V}}{\mathrm{D}t}\right)_y = \frac{\mathrm{D}V_y}{\mathrm{D}t} = \frac{\partial V_y}{\partial t} + V_x\frac{\partial V_y}{\partial x} + V_y\frac{\partial V_y}{\partial y} + V_z\frac{\partial V_y}{\partial z} \\ a_z &= \left(\frac{\mathrm{D}\boldsymbol{V}}{\mathrm{D}t}\right)_z = \frac{\mathrm{D}V_z}{\mathrm{D}t} = \frac{\partial V_z}{\partial t} + V_x\frac{\partial V_z}{\partial x} + V_y\frac{\partial V_z}{\partial y} + V_z\frac{\partial V_z}{\partial z} \end{aligned}\right\} \quad (5-7)$$

(5-7)式表明，直角坐标系中加速度在三个坐标轴方向上的分量就等于对应三个速度分量随时间的变化率。

对于圆柱坐标系，尽管沿坐标轴的单位矢量大小保持不变，但是 $\boldsymbol{i}_r$、$\boldsymbol{i}_\theta$ 的方向却是不断变化的，因此直角坐标系中加速度在各坐标轴方向上的分量就等于对应三个速度分量随时间变化率的结论是不适用于圆柱坐标系和其他正交曲线坐标系的。下面我们就来推导圆柱坐标系的加速度分量表达式。

在圆柱坐标系中

$$\boldsymbol{V} = V_r\boldsymbol{i}_r + V_\theta\boldsymbol{i}_\theta + V_z\boldsymbol{i}_z \quad (5-8)$$

式中　V_r、V_θ、V_z——速度矢量 $\boldsymbol{V}$ 在径向、周向和轴向的分量；
　　　$\boldsymbol{i}_r$、$\boldsymbol{i}_\theta$、$\boldsymbol{i}_z$——径向、周向和轴向的单位矢量。

将(5-8)式代入矢量形式的加速度公式(5-3)式，考虑到固定位置处的单位矢量不随时间而变化，则当地加速度项为

$$\frac{\partial \boldsymbol{V}}{\partial t} = \frac{\partial V_r}{\partial t}\boldsymbol{i}_r + \frac{\partial V_\theta}{\partial t}\boldsymbol{i}_\theta + \frac{\partial V_z}{\partial t}\boldsymbol{i}_z \quad (5-9)$$

而迁移加速度项则为

$$\begin{aligned}(\boldsymbol{V}\cdot\nabla)\boldsymbol{V} &= \left(V_r\frac{\partial}{\partial r} + V_\theta\frac{\partial}{r\partial\theta} + V_z\frac{\partial}{\partial z}\right)(V_r\boldsymbol{i}_r + V_\theta\boldsymbol{i}_\theta + V_z\boldsymbol{i}_z) \\ &= \left[V_r\frac{\partial(V_r\boldsymbol{i}_r)}{\partial r} + \frac{V_\theta}{r}\frac{\partial(V_r\boldsymbol{i}_r)}{\partial\theta} + V_z\frac{\partial(V_r\boldsymbol{i}_r)}{\partial z}\right] \\ &\quad + \left[V_r\frac{\partial(V_\theta\boldsymbol{i}_\theta)}{\partial r} + \frac{V_\theta}{r}\frac{\partial(V_\theta\boldsymbol{i}_\theta)}{\partial\theta} + V_z\frac{\partial(V_\theta\boldsymbol{i}_\theta)}{\partial z}\right] \\ &\quad + \left[V_r\frac{\partial(V_z\boldsymbol{i}_z)}{\partial r} + \frac{V_\theta}{r}\frac{\partial(V_z\boldsymbol{i}_z)}{\partial\theta} + V_z\frac{\partial(V_z\boldsymbol{i}_z)}{\partial z}\right]\end{aligned}$$

将上式展开，并注意到各单位矢量对各坐标轴的偏导数存在着如下关系式

$$\frac{\partial \boldsymbol{i}_r}{\partial r} = 0; \quad \frac{\partial \boldsymbol{i}_r}{\partial \theta} = \boldsymbol{i}_\theta; \quad \frac{\partial \boldsymbol{i}_r}{\partial z} = 0;$$

$$\frac{\partial \boldsymbol{i}_\theta}{\partial r} = 0; \quad \frac{\partial \boldsymbol{i}_\theta}{\partial \theta} = -\boldsymbol{i}_r; \quad \frac{\partial \boldsymbol{i}_\theta}{\partial z} = 0;$$

$$\frac{\partial \boldsymbol{i}_z}{\partial r} = 0; \quad \frac{\partial \boldsymbol{i}_z}{\partial \theta} = 0; \quad \frac{\partial \boldsymbol{i}_z}{\partial z} = 0;$$

整理后，得到

$$(\boldsymbol{V} \cdot \nabla)\boldsymbol{V} = \left[V_r \frac{\partial V_r}{\partial r} + \frac{V_\theta}{r}\frac{\partial V_r}{\partial \theta} + V_z \frac{\partial V_r}{\partial z} - \frac{V_\theta^2}{r}\right]_{i_r}$$
$$+ \left[V_r \frac{\partial V_\theta}{\partial r} + \frac{V_\theta}{r}\frac{\partial V_\theta}{\partial \theta} + V_z \frac{\partial V_\theta}{\partial z} + \frac{V_r V_\theta}{r}\right]_{i_\theta}$$
$$+ \left[V_r \frac{\partial V_z}{\partial r} + \frac{V_\theta}{r}\frac{\partial V_z}{\partial \theta} + V_z \frac{\partial V_z}{\partial z}\right]_{i_z} \quad (5-10)$$

将关系式(5-9)和(5-10)代入加速度公式(5-3)，由于

$$\boldsymbol{a} = a_r \boldsymbol{i}_r + a_\theta \boldsymbol{i}_\theta + a_z \boldsymbol{i}_z = \left(\frac{\mathrm{D}\boldsymbol{V}}{\mathrm{D}t}\right)_r \boldsymbol{i}_r + \left(\frac{\mathrm{D}\boldsymbol{V}}{\mathrm{D}t}\right)_\theta \boldsymbol{i}_\theta + \left(\frac{\mathrm{D}\boldsymbol{V}}{\mathrm{D}t}\right)_z \boldsymbol{i}_z$$

故加速度 a 在径向、周向和轴向的三个分量为

$$\left.\begin{aligned} a_r &= \left(\frac{\mathrm{D}\boldsymbol{V}}{\mathrm{D}t}\right)_r = \frac{\partial V_r}{\partial t} + V_r \frac{\partial V_r}{\partial r} + \frac{V_\theta}{r}\frac{\partial V_r}{\partial \theta} + V_z \frac{\partial V_r}{\partial z} - \frac{V_\theta^2}{r} \\ a_\theta &= \left(\frac{\mathrm{D}\boldsymbol{V}}{\mathrm{D}t}\right)_\theta = \frac{\partial V_\theta}{\partial t} + V_r \frac{\partial V_\theta}{\partial r} + \frac{V_\theta}{r}\frac{\partial V_\theta}{\partial \theta} + V_z \frac{\partial V_\theta}{\partial z} + \frac{V_r V_\theta}{r} \\ a_z &= \left(\frac{\mathrm{D}\boldsymbol{V}}{\mathrm{D}t}\right)_z = \frac{\partial V_z}{\partial t} + V_r \frac{\partial V_z}{\partial r} + \frac{V_\theta}{r}\frac{\partial V_z}{\partial \theta} + V_z \frac{\partial V_z}{\partial z} \end{aligned}\right\} \quad (5-11)$$

(5-11)式就是圆柱坐标系中欧拉加速度公式。由于速度的三个分量也是流体质点的物理量，因此它们随时间的变化率为

$$\left.\begin{aligned} \frac{\mathrm{D}V_r}{\mathrm{D}t} &= \frac{\partial V_r}{\partial t} + V_r \frac{\partial V_r}{\partial r} + \frac{V_\theta}{r}\frac{\partial V_r}{\partial \theta} + V_z \frac{\partial V_r}{\partial z} \\ \frac{\mathrm{D}V_\theta}{\mathrm{D}t} &= \frac{\partial V_\theta}{\partial t} + V_r \frac{\partial V_\theta}{\partial r} + \frac{V_\theta}{r}\frac{\partial V_\theta}{\partial \theta} + V_z \frac{\partial V_\theta}{\partial z} \\ \frac{\mathrm{D}V_z}{\mathrm{D}t} &= \frac{\partial V_z}{\partial t} + V_r \frac{\partial V_z}{\partial r} + \frac{V_\theta}{r}\frac{\partial V_z}{\partial \theta} + V_z \frac{\partial V_z}{\partial z} \end{aligned}\right\} \quad (5-12)$$

将(5-12)式代入(5-11)式，得

$$\left.\begin{aligned} a_r &= \left(\frac{\mathrm{D}\boldsymbol{V}}{\mathrm{D}t}\right)_r = \frac{\mathrm{D}V_r}{\mathrm{D}t} - \frac{V_\theta^2}{r} \\ a_\theta &= \left(\frac{\mathrm{D}\boldsymbol{V}}{\mathrm{D}t}\right)_\theta = \frac{\mathrm{D}V_\theta}{\mathrm{D}t} + \frac{V_r V_\theta}{r} \\ a_z &= \left(\frac{\mathrm{D}\boldsymbol{V}}{\mathrm{D}t}\right)_z = \frac{\mathrm{D}V_z}{\mathrm{D}t} \end{aligned}\right\} \quad (5-13)$$

从(5-13)式看出，径向加速度 a_r 由两项组成：一项是 $\frac{\mathrm{D}V_r}{\mathrm{D}t}$，它是径向速度分量 V_r 随时间的变化率；另一项是 $\left(-\frac{V_\theta^2}{r}\right)$，它表示流体质点作圆周运动时所产生的向心加速度。向心加速度是指向转动中心，与 r 方向相反，所以前面有一个负号。周向加速度分量也由两项组成：一项是 $\frac{\mathrm{D}V_\theta}{\mathrm{D}t}$，它是周向速度分量 V_θ 随时间的变化率；另一项是 $\frac{V_r V_\theta}{r}$，它是由于流体质点以周向速度分量 V_θ 作圆周运动时，径向分速度 V_r 因圆周运动而时刻改变其方向，结果使流体质点沿周

向产生附加的加速度,其大小为 $\frac{V_r V_\theta}{r}$。圆柱坐标系中轴向加速度分量 a_z 与直角坐标系中的 z 轴方向的加速度分量表达式相同,这是因为两个轴重合的缘故。

[**例 5-1**] 有一二维非定常流场,在给定瞬间($t=0$),测得三个点上的速度分量为

x	y	V_x	V_y
0	0	20	10
1	0	22	15
0	1	14	5

而在 $x=y=0$ 点上在两个瞬间测得的速度分量分别为

t	V_x	V_y
0	20	10
$\frac{1}{2}$	30	10

其中 V_x、V_y 单位为米/秒,t 为秒,x、y 为米,试求 $t=0$ 瞬间($0,0$)点处 x 和 y 方向的瞬时加速度。假设速度随时间和位置的变化都是线性的。

解 根据直角坐标系中的加速度公式(5-7)式,有

$$a_x = \frac{\partial V_x}{\partial t} + V_x \frac{\partial V_x}{\partial x} + V_y \frac{\partial V_x}{\partial y}$$

$$a_y = \frac{\partial V_y}{\partial t} + V_x \frac{\partial V_y}{\partial x} + V_y \frac{\partial V_y}{\partial y}$$

由于假设速度随时间和位置成线性变化,因此公式中的微分项可以差分代替,加速度公式可改写为

$$a_x = \frac{\Delta V_x}{\Delta t} + V_x \frac{\Delta V_x}{\Delta x} + V_y \frac{\Delta V_x}{\Delta y}$$

$$a_y = \frac{\Delta V_y}{\Delta t} + V_x \frac{\Delta V_y}{\Delta x} + V_y \frac{\Delta V_y}{\Delta y}$$

现将测得的数据代入上式,得

$$a_x = \frac{30-20}{\frac{1}{2}-0} + 20 \times \frac{22-20}{1-0} + 10 \times \frac{14-20}{1-0}$$

$$= 20 + 40 - 60 = 0 \text{m/s}^2$$

$$a_y = \frac{10-10}{\frac{1}{2}-0} + 20 \times \frac{15-10}{1-0} + 10 \times \frac{5-10}{1-0} = 100 - 50 = 50 \text{m/s}^2$$

[**例 5-2**] 有一流场其速度大小分布为

$$V = \sqrt{5y^2 + x^2 + 4xy}$$

已知流场的流线方程为

$$xy + y^2 = C$$

试求流体质点通过($1,2$)点处时的合加速度。

解 要求流体质点的合加速度,首先就要求出加速度在 x 轴和 y 轴的分量,为此可利用(5-7)式,即

$$a_x = \frac{\partial V_x}{\partial t} + V_x \frac{\partial V_x}{\partial x} + V_y \frac{\partial V_x}{\partial y}$$

$$a_y = \frac{\partial V_y}{\partial t} + V_x \frac{\partial V_y}{\partial x} + V_y \frac{\partial V_y}{\partial y} \tag{a}$$

从加速度公式可知,要求加速度分量,就要知道流场中速度分量的分布规律,为此可利用第一章中的流线微分方程,该方程为

$$\frac{\mathrm{d}x}{V_x} = \frac{\mathrm{d}y}{V_y}$$

即

$$\frac{\mathrm{d}y}{\mathrm{d}x} = \frac{V_y}{V_x} \tag{b}$$

但现已知流线方程为

$$xy + y^2 = C$$

对等式两边进行微分

$$x\mathrm{d}y + y\mathrm{d}x + 2y\mathrm{d}y = 0$$

由此得

$$\frac{\mathrm{d}y}{\mathrm{d}x} = -\frac{y}{x + 2y} \tag{c}$$

将(b)式代入(c)式,得

$$\frac{V_y}{V_x} = -\frac{y}{x + 2y} \tag{d}$$

现已知速度模的分布规律为

$$V = \sqrt{V_x^2 + V_y^2} = \sqrt{5y^2 + x^2 + 4xy} \tag{e}$$

上式可写成

$$V_x \sqrt{1 + \left(\frac{V_y}{V_x}\right)^2} = \sqrt{5y^2 + x^2 + 4xy} \tag{e'}$$

将(d)式代入(e′)式,得

$$V_x \sqrt{1 + \left(\frac{-y}{x + 2y}\right)^2} = \sqrt{5y^2 + x^2 + 4xy}$$

整理后求得 x 向速度分量为

$$V_x = x + 2y \tag{f}$$

将(f)式代入(d)式,求得 y 向速度分量为

$$V_y = -y \tag{g}$$

将(f)式、(g)式代入(a)式,求得加速度分量为

$$a_x = \frac{\partial V_x}{\partial t} + V_x \frac{\partial V_x}{\partial x} + V_y \frac{\partial V_x}{\partial y} = (x + 2y) \times 1 + (-y) \times 2 = x$$

$$a_y = \frac{\partial V_y}{\partial t} + V_x \frac{\partial V_y}{\partial x} + V_y \frac{\partial V_y}{\partial y} = (x+2y) \times 0 + (-y)(-1) = y$$

要求流体质点经过(1,2)点处的合加速度,只要将 $x=1, y=2$ 代入上式,并利用加速度合成公式,即

$$a = \sqrt{a_x^2 + a_y^2} = \sqrt{1^2 + 2^2} = \sqrt{5}$$

§5-2 流体微团的运动分析

流体的运动与刚体不同,在一般情况下,刚体运动是由移动和绕某一瞬时轴的转动所组成,而流体运动时,它的任一微团除了平移和转动之外,通常还带有非常复杂的变形运动,而且由于存在着变形,它的旋转运动也与刚体的转动有所不同。由于流场的性质与流体微团的运动形式有关,并且流体微团所受的应力与微团的变形相联系,因此,我们有必要对流体微团的运动形式进行深入的分析。

一、直角坐标系中流体微团运动分析

我们在运动流体中取一个流体微团来进行分析(参看图 5-2)。在某一瞬间 t,流体微团中心 $M(x,y,z)$ 处速度为 V,微团表面上某一点 $M_1(x+\delta x, y+\delta y, z+\delta z)$ 处的速度为 V_1,它在 x、y 和 z 三个方面的分量是 V_{x1}、V_{y1} 和 V_{z1}。应用泰勒级数展开式,并略去二阶以上微量,M_1 处的三个速度分量可表示成

$$\left.\begin{aligned} V_{x1} &= V_x + \left(\frac{\partial V_x}{\partial x}\right)\delta x + \left(\frac{\partial V_x}{\partial y}\right)\delta y + \left(\frac{\partial V_x}{\partial z}\right)\delta z \\ V_{y1} &= V_y + \left(\frac{\partial V_y}{\partial x}\right)\delta x + \left(\frac{\partial V_y}{\partial y}\right)\delta y + \left(\frac{\partial V_y}{\partial z}\right)\delta z \\ V_{z1} &= V_z + \left(\frac{\partial V_z}{\partial x}\right)\delta x + \left(\frac{\partial V_z}{\partial y}\right)\delta y + \left(\frac{\partial V_z}{\partial z}\right)\delta z \end{aligned}\right\} \quad (5-14)$$

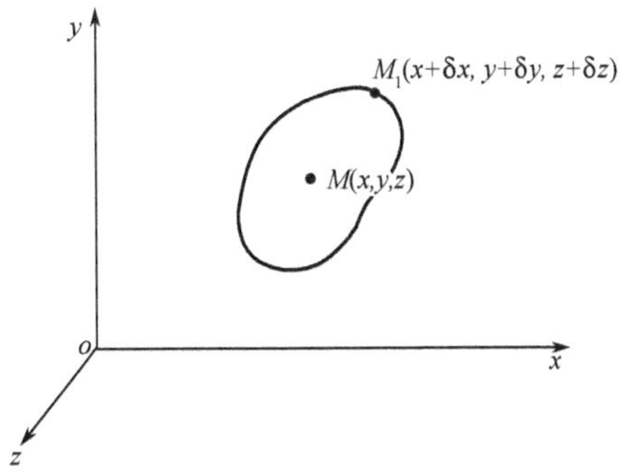

或者写成矢量形式

$$\boldsymbol{V}_1 = \boldsymbol{V} + (\delta \boldsymbol{r} \cdot \nabla) \boldsymbol{V} \quad (5-15)$$

式中

$$\delta \boldsymbol{r} = \delta x \boldsymbol{i} + \delta y \boldsymbol{j} + \delta z \boldsymbol{k} \quad (5-16)$$

图 5-2

为了使关系式(5-14)的物理意义更加清晰,在它的第一分式等号右边加上 $\pm \frac{1}{2}\left(\frac{\partial V_y}{\partial x}\right)\delta y$ 和 $\pm \frac{1}{2}\left(\frac{\partial V_z}{\partial x}\right)\delta z$,整理后得到

$$V_{x1} = V_x + \left(\frac{\partial V_x}{\partial x}\right)\delta x + \frac{1}{2}\left(\frac{\partial V_x}{\partial y} + \frac{\partial V_y}{\partial x}\right)\delta y + \frac{1}{2}\left(\frac{\partial V_z}{\partial x} + \frac{\partial V_x}{\partial z}\right)\delta z$$
$$+ \frac{1}{2}\left(\frac{\partial V_x}{\partial z} - \frac{\partial V_z}{\partial x}\right)\delta z - \frac{1}{2}\left(\frac{\partial V_y}{\partial x} - \frac{\partial V_x}{\partial y}\right)\delta y$$

用同样方法处理方程式(5-14)的第二分式和第三分式,可得

$$V_{y1} = V_y + \left(\frac{\partial V_y}{\partial y}\right)\delta y + \frac{1}{2}\left(\frac{\partial V_y}{\partial x} + \frac{\partial V_x}{\partial y}\right)\delta x + \frac{1}{2}\left(\frac{\partial V_z}{\partial y} + \frac{\partial V_y}{\partial z}\right)\delta z$$

$$+ \frac{1}{2}\left(\frac{\partial V_y}{\partial x} - \frac{\partial V_x}{\partial y}\right)\delta x - \frac{1}{2}\left(\frac{\partial V_z}{\partial y} - \frac{\partial V_y}{\partial z}\right)\delta z$$

$$V_{z1} = V_z + \left(\frac{\partial V_z}{\partial z}\right)\delta z + \frac{1}{2}\left(\frac{\partial V_z}{\partial y} + \frac{\partial V_y}{\partial z}\right)\delta y + \frac{1}{2}\left(\frac{\partial V_x}{\partial z} + \frac{\partial V_z}{\partial x}\right)\delta z$$

$$+ \frac{1}{2}\left(\frac{\partial V_z}{\partial y} - \frac{\partial V_y}{\partial z}\right)\delta y - \frac{1}{2}\left(\frac{\partial V_x}{\partial z} - \frac{\partial V_z}{\partial x}\right)\delta x$$

令

$$\varepsilon_x = \frac{\partial V_x}{\partial x}, \quad \varepsilon_y = \frac{\partial V_y}{\partial y}, \quad \varepsilon_z = \frac{\partial V_z}{\partial z} \tag{5-17}$$

$$\gamma_x = \frac{1}{2}\left(\frac{\partial V_z}{\partial y} + \frac{\partial V_y}{\partial z}\right), \quad \gamma_y = \frac{1}{2}\left(\frac{\partial V_x}{\partial z} + \frac{\partial V_z}{\partial x}\right), \quad \gamma_z = \frac{1}{2}\left(\frac{\partial V_y}{\partial x} + \frac{\partial V_x}{\partial y}\right) \tag{5-18}$$

$$\omega_x = \frac{1}{2}\left(\frac{\partial V_z}{\partial y} - \frac{\partial V_y}{\partial z}\right), \quad \omega_y = \frac{1}{2}\left(\frac{\partial V_x}{\partial z} - \frac{\partial V_z}{\partial x}\right), \quad \omega_z = \frac{1}{2}\left(\frac{\partial V_y}{\partial x} - \frac{\partial V_x}{\partial y}\right) \tag{5-19}$$

将(5-17)式、(5-18)式、(5-19)式代入上面方程组,整理后可得

$$\left.\begin{array}{l} V_{x1} = V_x + [\varepsilon_x \delta x + (\gamma_z \delta y + \gamma_y \delta z)] + (\omega_y \delta z - \omega_z \delta y) \\ V_{y1} = V_y + [\varepsilon_y \delta y + (\gamma_x dz + \gamma_z \delta x)] + (\omega_z \delta x - \omega_x \delta z) \\ V_{z1} = V_z + [\varepsilon_z \delta z + (\gamma_y \delta y + \gamma_x \delta y)] + (\omega_x \delta y - \omega_y \delta x) \end{array}\right\} \tag{5-20}$$

从(5-20)式中可以看出,在速度(V_{x1},V_{y1}, V_{z1})中除了包含平移运动速度(V_x,V_y,V_z)之外,还包含与($\varepsilon_x,\varepsilon_y,\varepsilon_z$)、($\gamma_x,\gamma_y,\gamma_z$)、($\omega_x,\omega_y,\omega_z$)有关的另外三种运动速度。

下面我们来研究($\varepsilon_x,\varepsilon_y,\varepsilon_z$)、($\gamma_x,\gamma_y,\gamma_z$)和($\omega_x,\omega_y,\omega_z$)的物理意义,为简单起见,我们考虑 xoy 平面上的二维流动。假定在瞬间 t 有一正方形流体微团 $ABCD$,其边长为 δs,点 $A(x,y)$ 处的速度为(V_x,V_y),如图 5-3 所示,根据泰勒级数展开式,得知微团其它顶点 B、C、D 的速度分别为

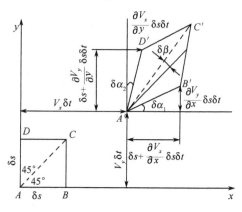

图 5-3

$$\left\{V_x + \left(\frac{\partial V_x}{\partial x}\right)\delta s, V_y + \left(\frac{\partial V_y}{\partial x}\right)\delta s\right\}$$

$$\left\{V_x + \left(\frac{\partial V_x}{\partial x}\right)\delta s + \left(\frac{\partial V_x}{\partial y}\right)\delta s, V_y + \left(\frac{\partial V_y}{\partial x}\right)\delta s + \left(\frac{\partial V_y}{\partial y}\right)\delta s\right\}$$

$$\left\{V_x + \left(\frac{\partial V_x}{\partial y}\right)\delta s, V_y + \left(\frac{\partial V_y}{\partial y}\right)\delta s\right\}$$

因此 δt 时间以后,点 A 处的流体质点将移到 $A'(x+V_x\delta t, y+V_y\delta t)$,同时点 B、C、D 处的流体质点将分别移动一段距离,此距离等于各点的速度乘以 δt,正方形的流体微团则变成平行四边形 $A'B'C'D'$。因此,就线段 AB 而言,单位时间 x 方向的相对伸缩量为

$$\left(\delta s + \frac{\partial V_x}{\partial x}\delta s \delta t - \delta s\right) \Big/ \delta s \delta t = \frac{\partial V_x}{\partial x} = \varepsilon_x \qquad (5-21)$$

由此可知，ε_x 表示流体微团沿 x 方向单位时间的相对伸缩量，即线应变速度。

下面我们来研究 γ_z 的物理意义。参看图 5-3，以流体微团边线 AB 和 AD 作为我们进行考察的两条互相垂直的流体线。所谓流体线是指由流体质点组成的线段。由于 B 点的 y 向速度分量比 A 点大 $\frac{\partial V_y}{\partial x}\delta s$，$D$ 点的 x 向速度分量比 A 点大 $\frac{\partial V_x}{\partial y}\delta s$，因此在流动过程中流体线 AB 和 AD 就要绕 A 点转动，经过 δt 时间后，流体线变成 $A'B'$ 和 $A'D'$，它们之间的夹角较原先的直角的减少量为 $(90° - \angle B'A'D') = \delta\alpha_1 + \delta\alpha_2$，而

$$\delta\alpha_1 = \frac{\partial V_y}{\partial x}\delta s \delta t \Big/ \left(\delta s + \frac{\partial V_x}{\partial x}\delta s \delta t\right) = \frac{\partial V_y}{\partial x}\delta t \Big/ \left(1 + \frac{\partial V_x}{\partial x}\delta t\right)$$

$$\delta\alpha_2 = \frac{\partial V_x}{\partial y}\delta s \delta t \Big/ \left(\delta s + \frac{\partial V_y}{\partial y}\delta s \delta t\right) = \frac{\partial V_x}{\partial y}\delta t \Big/ \left(1 + \frac{\partial V_y}{\partial y}\delta t\right)$$

通常把流体微团上两条互相垂直的流体线夹角的时间变化率的一半定义为流体微团剪切变形角速度，因此剪切变形角速度可由下式表示

$$\lim_{\delta t \to 0} \frac{1}{2}\left(\frac{\delta\alpha_1 + \delta\alpha_2}{\delta t}\right) = \frac{1}{2}\left(\frac{\partial V_y}{\partial x} + \frac{\partial V_x}{\partial y}\right) \qquad (5-22)$$

在 $(5-18)$ 式中，定义

$$\gamma_z = \frac{1}{2}\left(\frac{\partial V_y}{\partial x} + \frac{\partial V_x}{\partial y}\right)$$

由此可见，γ_z 是表示流体微团绕 z 轴的剪切变形角速度。

最后，我们来研究 ω_z 的物理意义。由于流体微团有变形，由微团中某一点引出的各条流体线的旋转角速度是互不相等的，所以必须用平均旋转的概念来描述流体微团的转动，即定义流场中某点位置上的流体微团的旋转角速度为通过该点的两条互相垂直的流体线的平均旋转角速度，亦即两条互相垂直的流体线的角平分线的旋转角速度。仍然以流体微团 $ABCD$ 的两条边线刀 AB 和 AD 为互相垂直的流体线，AC 为其角平分线。经过 δt 时间之后，两条流体线变为 $A'B'$ 和 $A'D'$，它们的角平分线为 $A'C'$，$\delta\beta$ 角平分线旋转的角度，从图中可以看出

$$\delta\beta = \beta\alpha_1 + \angle C'A'B' - \angle CAB = \delta\alpha_1 + \frac{1}{2}(90° - \delta\alpha_1 - \delta\alpha_2) - \frac{90°}{2} = \frac{1}{2}(\delta\alpha_1 - \delta\alpha_2)$$

将 $\delta\alpha_1 = \frac{\partial V_y}{\partial x}\delta t \Big/ \left(1 + \frac{\partial V_x}{\partial x}\delta t\right)$、$\delta\alpha_2 = \frac{\partial V_x}{\partial y}\delta t \Big/ \left(1 + \frac{\partial V_y}{\partial y}\delta t\right)$ 代入上式，角平分线绕 z 轴的旋转角速度应为

$$\lim_{\delta t \to 0}\frac{\delta\beta}{\delta t} = \lim_{\delta t \to 0}\frac{1}{2}\left(\frac{\delta\alpha_1 - \delta\alpha_2}{\delta t}\right) = \frac{1}{2}\left(\frac{\partial V_y}{\partial x} - \frac{\partial V_x}{\partial y}\right) \qquad (5-23)$$

这也就是微团绕 z 轴的旋转角速度。与 $(5-19)$ 式中的 ω_z 定义式比较，可知 ω_z 即代表微团绕 z 轴的旋转角速度。

从以上分析中可知，当考虑 xoy 平上面 ε_x、γ_z 和 ω_z 各自单独存在情况下的流场，如平移速度为零，顶点 A 与 A' 重合，则流体微团的运动状态将成为图 5-4(a)~(c) 所示的情况。

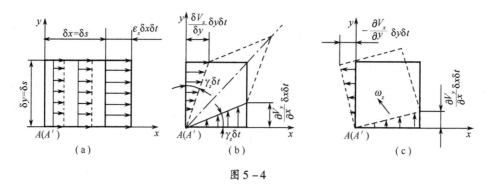

图 5-4

显而易见,定义(5-17)式、(5-18)式和(5-19)式中的在 yoz、zox 平面上的其它各分量,将有与 ε_x、γ_z 和 ω_z 类似的物理意义。总之,$(\varepsilon_x, \varepsilon_y, \varepsilon_z)$ 是表示流体微团在 x、y、z 三个方向上的线变形速度,它们的代数和表示流体微团的体积相对变化率,下面进行证明。

在 t 瞬间,所研究流体微团的体积为

$$\delta v = \delta x \delta y \delta z$$

经过 δt 时间之后,流体微团各边线的长度要发生变化。x 向边线的长度变为

$$\left(\delta x + \frac{\partial V_x}{\partial x}\delta x \delta t\right)$$

y 向边线的长度变为

$$\left(\delta y + \frac{\partial V_y}{\partial y}\delta y \delta t\right)$$

z 向边线的长度变为

$$\left(\delta z + \frac{\partial V_z}{\partial z}\delta z \delta t\right)$$

于是,经过各方向线变形之后,流体微团的体积为

$$\delta v' = \left(\delta x + \frac{\partial V_x}{\partial x}\delta x \delta t\right)\left(\delta y + \frac{\partial V_y}{\partial y}\delta y \delta t\right)\left(\delta z + \frac{\partial V_z}{\partial z}\delta z \delta t\right)$$

将上式展开,略去高阶微量,整理后得到

$$\delta v' = \left[1 + \left(\frac{\partial V_x}{\partial x} + \frac{\partial V_y}{\partial y} + \frac{\partial V_z}{\partial z}\right)\delta t\right]\delta v$$

由此得出流体微团在单位时间内体积的相对变化量,即流体微团的相对变化率为

$$\frac{d(\delta v)}{\delta v dt} = \varepsilon_x + \varepsilon_y + \varepsilon_z = \frac{\partial V_x}{\partial x} + \frac{\partial V_y}{\partial y} + \frac{\partial V_z}{\partial z} = \text{div}\boldsymbol{V} \qquad (5-24)$$

$(\gamma_x, \gamma_y, \gamma_z)$ 是表示流体微团在 x、y、z 三个方向上的剪切变形角速度。$(\omega_x, \omega_y, \omega_z)$ 则与变形无关,表示流体微团在 x、y、z 三个方向上的旋转角速度,通常以矢量 $\boldsymbol{\omega}$ 表示流体微团的合旋转角速度,因此有

$$\boldsymbol{\omega} = \omega_x \boldsymbol{i} + \omega_y \boldsymbol{j} + \omega_z \boldsymbol{k} = \frac{1}{2}\left(\frac{\partial V_z}{\partial y} - \frac{\partial V_y}{\partial z}\right)\boldsymbol{i} + \frac{1}{2}\left(\frac{\partial V_x}{\partial z} - \frac{\partial V_z}{\partial x}\right)\boldsymbol{j}$$

$$+ \frac{1}{2}\left(\frac{\partial V_y}{\partial x} - \frac{\partial V_x}{\partial y}\right)\boldsymbol{k} = \frac{1}{2}\text{rot}\boldsymbol{V} \qquad (5-25)$$

了解了$(\varepsilon_x, \varepsilon_y, \varepsilon_z)$、$(\gamma_x, \gamma_y, \gamma_z)$和$(\omega_x, \omega_y, \omega_z)$的物理意义以后,现在重新回到(5-20)式,该式的物理意义也就完全清楚了。它说明流体微团的运动可分解为三个组成部分:

(1) 随流体微团中心一起前进的平移运动;
(2) 绕流体微团中心的旋转运动;
(3) 线变形运动和剪切变形运动。

这就是著名的柯西-海姆霍兹速度分解定理。

[**例 5-3**] 已知一速度场

$$V = (16x^2 + y)i + 10j + yz^2k$$

试求位于点

$$r = 6i + 3j + 2k$$

上的流体微团的旋转角速度、线应变速度和剪切变形角速度。

解 流体微团的旋转角速度为

$$\omega_x = \frac{1}{2}\left(\frac{\partial V_z}{\partial y} - \frac{\partial V_y}{\partial z}\right) = \frac{1}{2}(z^2 - 0) = \frac{1}{2}z^2 = 2$$

$$\omega_y = \frac{1}{2}\left(\frac{\partial V_x}{\partial z} - \frac{\partial V_z}{\partial x}\right) = \frac{1}{2}(0 - 0) = 0$$

$$\omega_z = \frac{1}{2}\left(\frac{\partial V_y}{\partial x} - \frac{\partial V_x}{\partial y}\right) = \frac{1}{2}(0 - 1) = -\frac{1}{2}$$

流体微团的线应变速度为

$$\varepsilon_x = \frac{\partial V_x}{\partial x} = 32x = 192$$

$$\varepsilon_y = \frac{\partial V_y}{\partial y} = 0$$

$$\varepsilon_z = \frac{\partial V_z}{\partial z} = 2yz = 12$$

流体微团的剪切变形角速度为

$$\gamma_x = \frac{1}{2}\left(\frac{\partial V_z}{\partial y} + \frac{\partial V_y}{\partial z}\right) = \frac{1}{2}(z^2 + 0) = 2$$

$$\gamma_y = \frac{1}{2}\left(\frac{\partial V_x}{\partial z} + \frac{\partial V_z}{\partial x}\right) = \frac{1}{2}(0 + 0) = 0$$

$$\gamma_z = \frac{1}{2}\left(\frac{\partial V_y}{\partial x} + \frac{\partial V_x}{\partial y}\right) = \frac{1}{2}(0 + 1) = \frac{1}{2}$$

二、流体微团运动在圆柱坐标系中的表达式

在运动流体中取一个以M点为中心的扇形柱体流体微团,如图5-5所示。它在xoy平面上的投影是一个扇形微元面$ABCD$,其边线为AB、BC、CD和DA。

要了解流体微团的运动,首先要了解微团各顶点的速度,在圆柱坐标系中各顶点速度之间的关系较复杂,因而有必要加以推导。从数学中我们知道,速度矢的微公式为

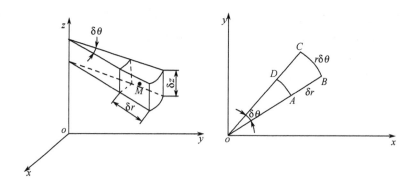

图 5-5

$$d\boldsymbol{V} = \frac{\partial \boldsymbol{V}}{\partial r}dr + \frac{\partial \boldsymbol{V}}{r\partial \theta}rd\theta + \frac{\partial \boldsymbol{V}}{\partial z}dz \tag{a}$$

而

$$\frac{\partial \boldsymbol{V}}{\partial r} = \frac{\partial(V_r\boldsymbol{i}_r + V_\theta\boldsymbol{i}_\theta + V_z\boldsymbol{i}_z)}{\partial r}$$

因为 r 方向上单位矢量的方向保持不变,故 $\dfrac{\partial \boldsymbol{V}}{\partial r}$ 为

$$\frac{\partial \boldsymbol{V}}{\partial r} = \frac{\partial V_r}{\partial r}\boldsymbol{i}_r + \frac{\partial V_\theta}{\partial r}\boldsymbol{i}_\theta + \frac{\partial V_z}{\partial r}\boldsymbol{i}_z$$

类似地

$$\frac{\partial \boldsymbol{V}}{r\partial \theta} = \frac{\partial(V_r\boldsymbol{i}_r + V_\theta\boldsymbol{i}_\theta + V_z\boldsymbol{i}_z)}{r\partial \theta} \tag{b}$$

但因为极角方向上单位矢量的方向是随着极角 θ 的变化而变化,故有

$$\frac{\partial \boldsymbol{V}}{r\partial \theta} = \frac{\partial V_r}{r\partial \theta}\boldsymbol{i}_r + V_r\frac{\partial \boldsymbol{i}_r}{r\partial \theta} + \frac{\partial V_\theta}{r\partial \theta}\boldsymbol{i}_\theta + V_\theta\frac{\partial \boldsymbol{i}_\theta}{r\partial \theta} + \frac{\partial V_z}{r\partial \theta}\boldsymbol{i}_z$$

而

$$\frac{\partial \boldsymbol{i}_r}{\partial \theta} = \boldsymbol{i}_\theta, \quad \frac{\partial \boldsymbol{i}_\theta}{\partial \theta} = -\boldsymbol{i}_r$$

故

$$\frac{\partial \boldsymbol{V}}{r\partial \theta} = \left(\frac{\partial V_r}{r\partial \theta} - \frac{V_\theta}{r}\right)\boldsymbol{i}_r + \left(\frac{\partial V_\theta}{r\partial \theta} + \frac{V_r}{r}\right)\boldsymbol{i}_\theta + \frac{\partial V_z}{r\partial \theta}\boldsymbol{i}_z \tag{c}$$

另外,由于单位矢量沿 z 向保持不变,故有

$$\frac{\partial \boldsymbol{V}}{\partial z} = \frac{\partial V_r}{\partial z}\boldsymbol{i}_r + \frac{\partial V_\theta}{\partial z}\boldsymbol{i}_\theta + \frac{\partial V_z}{\partial z}\boldsymbol{i}_z \tag{d}$$

把(b)、(c)、(d)式代入(a)式,则有

$$d\boldsymbol{V} = \left(\frac{\partial V_r}{\partial r}dr + \frac{\partial V_r}{r\partial \theta}rd\theta - V_\theta d\theta + \frac{\partial V_r}{\partial z}dz\right)\boldsymbol{i}_r + \left(\frac{\partial V_\theta}{\partial r}dr + \frac{\partial V_\theta}{r\partial \theta}rd\theta + V_r d\theta + \frac{\partial V_\theta}{\partial z}dz\right)\boldsymbol{i}_\theta$$

$$+ \left(\frac{\partial V_z}{\partial r}\mathrm{d}r + \frac{\partial V_z}{r\partial\theta}r\mathrm{d}\theta + \frac{\partial V_z}{\partial z}\mathrm{d}z\right)\boldsymbol{i}_z \qquad (\mathrm{e})$$

根据(e)式我们可以确定流体微团微元面 ABCD 各顶点上的速度分量。假设某瞬间 t，流体微团上 A 点的三个速度分量为 V_r, V_θ, V_z，从 A 点到 B 点，r 发生变化，θ 和 z 都保持不变，即 $\delta\theta = \delta z = 0$，并且微团尺寸很小，故 B 点的速度分量为

$$V_{rB} = V_r + \frac{\partial V_r}{\partial r}\delta r$$

$$V_{\theta B} = V_\theta + \frac{\partial V_\theta}{\partial r}\delta r$$

$$V_{zB} = V_z + \frac{\partial V_z}{\partial r}\delta r$$

从 A 点到 D 点，极角 θ 发生变化，但 r 和 z 保持不变，即 $\delta r = \delta z = 0$，故 D 点的速度分量为

$$V_{rD} = V_r + \frac{\partial V_r}{r\partial\theta}r\delta - V_\theta\delta\theta$$

$$V_{\theta D} = V_\theta + \frac{\partial V_\theta}{r\partial\theta}r\delta\theta + V_r\delta\theta$$

$$V_{zD} = V_z + \frac{\partial V_z}{r\partial\theta}r\delta\theta$$

从 A 点到 C 点，这时矢径 r 和极角 θ 都发生变化，但 z 不变，即 $\delta z = 0$，故 C 点的速度分量为

$$V_{rC} = V_r + \frac{\partial V_r}{\partial r}\delta r + \frac{\partial V_r}{r\partial\theta}r\delta\theta - V_\theta\delta\theta$$

$$V_{\theta C} = V_\theta + \frac{\partial V_\theta}{\partial r}\delta r + \frac{\partial V_\theta}{r\partial\theta}r\delta\theta + V_r\delta\theta$$

$$V_{zC} = V_z + \frac{\partial V_z}{\partial r}\delta r + \frac{\partial V_z}{r\partial\theta}r\delta\theta$$

由于流体微团上各点的速度不相同，就必然要产生变形和转动。现在首先研究流体微团各边线的伸长与体积变化的关系。

在 t 瞬间，所研究流体微团的体积为

$$\delta v = r\delta r\delta\theta\delta z$$

经过 δt 时间之后，流体微团各边线的长度要发生变化。径向边线的长度变为

$$\left(\delta r + \frac{\partial V_r}{\partial r}\delta r\delta t\right)$$

周向边线的长度变为

$$\left[r\delta\theta + \left(\frac{\partial V_\theta}{r\partial\theta}r\delta\theta + V_r\delta\theta\right)\delta t\right]$$

轴向边线的长度变为

$$\left(\delta z + \frac{\partial V_z}{\partial r}\delta z\delta t\right)$$

于是,经过各方向线变形之后,流体微团的体积为:

$$\delta v' = \left(\delta r + \frac{\partial V_r}{\partial r}\delta r dt\right)\left[r\delta\theta + \left(\frac{\partial V_\theta}{r\partial\theta}r\delta\theta + V_r\delta\theta\right)\delta t\right]\left[\delta z + \frac{\partial V_z}{\partial z}\delta z\delta t\right]$$

将上式展开,略去高阶微量,整理后得到

$$\delta v' = \left[1 + \left(\frac{\partial V_r}{\partial r} + \frac{\partial V_\theta}{r\partial\theta} + \frac{\partial V_z}{\partial z} + \frac{V_r}{r}\right)\delta t\right]\delta v$$

$$= \left[1 + \left(\frac{\partial(rV_r)}{r\partial r} + \frac{\partial V_\theta}{r\partial\theta} + \frac{\partial V_z}{\partial z}\right)\delta t\right]\delta v$$

由此得出流体微团在单位时间内体积的相对变化量,即流体微团体积的相对变化率为

$$\frac{d(\delta v)}{\delta v dt} = \frac{\partial(rV_r)}{r\partial r} + \frac{\partial V_\theta}{r\partial\theta} + \frac{\partial V_z}{\partial z} = \text{div}\boldsymbol{V} \tag{5-26}$$

圆柱坐标系中流体微团的剪切变形运动的分析,可按照直角坐标系中的方法进行。在 xoy 平面上,取流体微元面的两条相互垂直的边线 AB 和 AD 为进行研究的流体线(参看图 5-6)。由于 B 点的周向速度与 A 点不同,故经过 δt 时间后流体线 AB 变成 AB',即绕 A 点转过 $\delta\alpha_1$ 角度。同样,由于 D 点的径向速度与 A 点的不同,故经过 δt 时向后流体线 AD 变成 AD',即绕 A 点转过 $\delta\alpha_2$ 角。

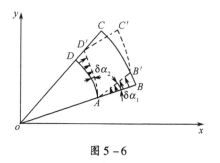

图 5-6

$$\delta\alpha_1 = \frac{\partial V_\theta}{\partial r}\delta r\delta t \bigg/ \left(\delta r + \frac{\partial V_r}{\partial r}\delta r\delta t\right) = \frac{\partial V_\theta}{\partial r}\delta t \bigg/ \left(1 + \frac{\partial V_r}{\partial r}\delta t\right)$$

$$\delta\alpha_2 = \left(\frac{\partial V_r}{r\partial\theta}\delta\theta - V_\theta\delta_\theta\right)\delta t \bigg/ \left[r\delta\theta + \left(\frac{\partial V_\theta}{r\partial\theta}r\delta\theta + V_r\delta\theta\right)\delta t\right] = \left(\frac{\partial V_r}{r\partial\theta} - \frac{V_\theta}{r}\right)\delta t \bigg/ \left[1 + \left(\frac{\partial V_\theta}{r\partial\theta} + \frac{V_r}{r}\right)\delta t\right]$$

根据剪切变形角速度定义,剪切变形角速度等于

$$\gamma_z = \lim_{\delta t \to 0}\frac{1}{2}\left(\frac{\delta\alpha_1 + \delta\alpha_2}{\delta t}\right) = \frac{1}{2}\left(\frac{\partial V_\theta}{\partial r} + \frac{\partial V_r}{r\partial\theta} - \frac{V_\theta}{r}\right)$$

绕 z 轴的转动角速度等于

$$\omega_z = \lim_{\delta t \to 0}\frac{1}{2}\left(\frac{\delta\alpha_1 - \delta\alpha_2}{\delta t}\right) = \frac{1}{2}\left(\frac{\partial V_\theta}{\partial r} - \frac{\partial V_r}{r\partial\theta} + \frac{V_\theta}{r}\right)$$

其它方向的剪切变形角速度和转动角速度也可以利用同样的方法求得。因此,三维流动情况下圆柱坐标系中流体微团的剪切变形角速度和旋转角速度的表达式分别为

$$\left.\begin{aligned}\gamma_r &= \frac{1}{2}\left(\frac{\partial V_z}{r\partial\theta} + \frac{\partial V_\theta}{\partial z}\right)\\ \gamma_\theta &= \frac{1}{2}\left(\frac{\partial V_r}{\partial z} - \frac{\partial V_z}{\partial r}\right)\\ \gamma_z &= \frac{1}{2}\left(\frac{\partial V_\theta}{\partial r} + \frac{\partial V_r}{r\partial\theta} - \frac{V_\theta}{r}\right)\end{aligned}\right\} \tag{5-27}$$

和

$$\left.\begin{aligned}\omega_r &= \frac{1}{2}\left(\frac{\partial V_z}{r\partial\theta} - \frac{\partial V_\theta}{\partial z}\right) \\ \omega_\theta &= \frac{1}{2}\left(\frac{\partial V_r}{\partial z} - \frac{\partial V_z}{\partial r}\right) \\ \omega_z &= \frac{1}{2}\left(\frac{\partial V_\theta}{\partial r} - \frac{\partial V_r}{r\partial\theta} + \frac{V_\theta}{r}\right)\end{aligned}\right\} \qquad (5-28)$$

[**例 5 - 4**] 有一流场的速度分布规律为

$$\boldsymbol{V} = 2r\sin\theta\cos\theta\boldsymbol{i}_r + 2r\sin^2\theta\boldsymbol{i}_\theta$$

试求流体微团的体积相对变化率、剪切变形角速度和旋转角速度。

解 该流动为极坐标平面上的二维流动。体积相对变化率为

$$\frac{d(\delta v)}{\delta v dt} = \frac{\partial V_r}{\partial r} + \frac{\partial V_\theta}{r\partial\theta} + \frac{V_r}{r} + \frac{\partial V_z}{\partial z} = 2\sin\theta\cos\theta + 4\sin\theta\cos\theta + 2\sin\theta\cos\theta = 4\sin 2\theta$$

剪切变形角速度为

$$\gamma_r = 0$$
$$\gamma_\theta = 0$$
$$\gamma_z = \frac{1}{2}\left(\frac{\partial V_\theta}{\partial r} + \frac{\partial V_r}{r\partial\theta} - \frac{V_\theta}{r}\right) = \frac{1}{2}(2\sin^2\theta + 2\cos^2\theta - 2\sin^2\theta - 2\sin^2\theta)$$
$$= \cos^2\theta - \sin^2\theta = \cos 2\theta$$

旋转角速度为

$$\omega_r = 0$$
$$\omega_\theta = 0$$
$$\omega_z = \frac{1}{2}\left(\frac{\partial V_\theta}{\partial r} + \frac{V_\theta}{r} - \frac{\partial V_r}{r\partial\theta}\right) = \frac{1}{2}(2\sin^2\theta - 2\cos^2\theta + 2\sin^2\theta + 2\sin^2\theta)$$
$$= 3\sin^2\theta - \cos^2\theta$$

§5 - 3 无旋流动及其性质

一、无旋流动与有旋流动

所谓无旋流动是指流场中各处的流体微团旋转角速度均为零,即

$$\boldsymbol{\omega} = \frac{1}{2}\text{rot}\boldsymbol{V} = 0 \qquad (5-29)$$

在直角坐标系中上式可写成

$$\frac{\partial V_z}{\partial y} = \frac{\partial V_y}{\partial z}, \quad \frac{\partial V_x}{\partial z} = \frac{\partial V_z}{\partial x}, \quad \frac{\partial V_y}{\partial x} = \frac{\partial V_x}{\partial y} \qquad (5-30)$$

在圆柱坐标系中则为

$$\frac{\partial V_z}{r\partial\theta} = \frac{\partial V_\theta}{\partial z}, \quad \frac{\partial V_r}{\partial z} = \frac{\partial V_z}{\partial r}, \quad \frac{\partial V_\theta}{\partial r} + \frac{V_\theta}{r} = \frac{\partial V_r}{r\partial\theta} \qquad (5-31)$$

所谓有旋流动是指流体微团旋转角速度不为零的流动,有旋流动又称旋涡运动。

应该指出,流体运动是有旋还是无旋,仅仅取决于流体微团是否有旋转运动,而与流体微团的运动轨迹无关。在图 5-7 所示的流动中,流体微团 A 沿曲线 $s-s$ 运动,但在运动过程中,微团 A 并没有旋转,所以它是一种无旋的流动。在图 5-8 所示的流动中,虽然流体微团 A 的中心的轨迹是一条直线,但微团在运动过程中有旋转运动,所以是一种有旋运动。

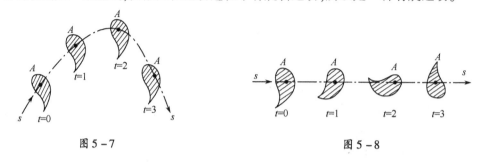

图 5-7　　　　　　　　　　　　图 5-8

[**例 5-5**]　有一流场速度分布为

$$V = xi - yj + xyk$$

试判断该流场是有旋流还是无旋流。

解

$$\omega_x = \frac{1}{2}\left(\frac{\partial V_z}{\partial y} - \frac{\partial V_y}{\partial z}\right) = \frac{1}{2}(x-0) = \frac{1}{2}x$$

$$\omega_y = \frac{1}{2}\left(\frac{\partial V_x}{\partial z} - \frac{\partial V_z}{\partial x}\right) = \frac{1}{2}(0-y) = -\frac{1}{2}y$$

$$\omega_z = \frac{1}{2}\left(\frac{\partial V_y}{\partial x} - \frac{\partial V_x}{\partial y}\right) = \frac{1}{2}(0-0) = 0$$

所以流场中 $\omega \neq 0$,流动为有旋流。

[**例 5-6**]　有一流动,其流线是一簇同心圆,流动的速度在每条流线上保持不变,并且 $V_\theta = k/r$,k 为常数,试问这种流动是否为无旋流动?

解　因为

$$\frac{\partial V_\theta}{\partial r} + \frac{V_\theta}{r} = -\frac{k}{r^2} + \frac{k}{r^2} = 0$$

$$\frac{\partial V_r}{r\partial \theta} = 0$$

$$\frac{\partial V_\theta}{\partial r} + \frac{V_\theta}{r} = \frac{\partial V_r}{r\partial \theta}$$

故流动是无旋流。

二、无旋流动的一般性质

(一) 无旋流动流场中必然存在势函数

这一性质可以作如下的证明。根据数学中空间曲线积分与路径无关的性质可知,如果在空间域 A 中函数 P、Q、R 及其偏导数 $\frac{\partial P}{\partial y}$、$\frac{\partial P}{\partial z}$、$\frac{\partial Q}{\partial x}$、$\frac{\partial Q}{\partial z}$、$\frac{\partial R}{\partial x}$ 和 $\frac{\partial R}{\partial y}$ 全部是单值连续函数,并且在区域中处处存在如下关系式

$$\frac{\partial R}{\partial y} = \frac{\partial Q}{\partial z}, \quad \frac{\partial P}{\partial z} = \frac{\partial R}{\partial x}, \quad \frac{\partial Q}{\partial x} = \frac{\partial P}{\partial y} \tag{a}$$

则在该空间域中一定存在一个连续函数 $F(x,y,z)$，其全微分为

$$dF = Pdx + Qdy + Rdz \qquad (b)$$

或者写成

$$F(x,y,z) = \int Pdx + Qdy + Rdz \qquad (c)$$

这个积分与积分路径无关，并且有如下的关系式

$$\frac{\partial F}{\partial x} = P, \quad \frac{\partial F}{\partial y} = Q, \quad \frac{\partial F}{\partial z} = R \qquad (d)$$

现在研究无旋流动流场。无旋流动的条件为(5-30)式，即

$$\frac{\partial V_z}{\partial y} = \frac{\partial V_y}{\partial z} \quad \frac{\partial V_x}{\partial z} = \frac{\partial V_z}{\partial x} \quad \frac{\partial V_y}{\partial x} = \frac{\partial V_x}{\partial y}$$

将上式与(a)式相比较，则有

$$V_x \sim P \quad V_y \sim Q \quad V_z \sim R$$

因此在无旋流动流场中存在一个连续函数 $\phi(x,y,z,t)$，在某一瞬时，其全微分为

$$d\phi = V_x dx + V_y dy + V_z dz \qquad (5-32)$$

并且还有如下关系式

$$\frac{\partial \phi}{\partial x} = V_x \quad \frac{\partial \phi}{\partial y} = V_y \quad \frac{\partial \phi}{\partial z} = V_z \qquad (5-33)$$

或者写成

$$\nabla \phi = V \qquad (5-34)$$

函数 ϕ 称为势函数，由于它的梯度等于流场的速度矢，故又称速度势。若运动流体所占的区域是单连通，则 ϕ 是单值函数，否则一般是多值函数。由于(5-30)式是势函数存在的充要条件，所以在无旋流动的流场中，必定存在势函数。反之，若流场中存在势函数，则流动一定是无旋的。也正因为这个缘故，无旋流动一般也称为有势流动或势流。

从(5-33)式中可以看出，速度势 ϕ 对于三个坐标的偏导数就等于速度在对应坐标上的分量。不难证明，速度势的这一重要性质在任何方向上都是成立的。设在无旋流动流场中，M 点的速度是 V，V_s 是速度 V 在任一方向 s 上的投影(参看图5-9)，则

$$V_s = V_x\cos(s,x) + V_y\cos(s,y) + V_z\cos(s,z) \qquad (5-35)$$

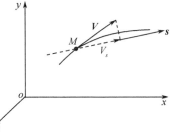

图5-9

速度势沿 s 方向的偏导数为

$$\frac{\partial \phi}{\partial s} = \frac{\partial \phi}{\partial x}\frac{dx}{ds} + \frac{\partial \phi}{\partial y}\frac{dy}{ds} + \frac{\partial \phi}{\partial z}\frac{dz}{ds} = V_x\frac{dx}{ds} + V_y\frac{dy}{ds} + V_z\frac{dz}{ds}$$

但

$$\frac{dx}{ds} = \cos(s,x), \quad \frac{dy}{ds} = \cos(s,y), \quad \frac{dz}{ds} = \cos(s,z)$$

故有

$$\frac{\partial \phi}{\partial s} = V_x \cos(s,x) + V_y \cos(s,y) + V_z \cos(s,z) \qquad (5-36)$$

比较(5-35)、(5-36)两式,故有

$$\frac{\partial \phi}{\partial s} = V_s \qquad (5-37)$$

即流场中沿任意方向的速度分量就等于速度势在该方向的方向导数。

利用速度势的这个性质,很容易得出在圆柱坐标系中三个速度分量与速度势之间存在如下关系

$$V_r = \frac{\partial \phi}{\partial r}, \quad V_\theta = \frac{\partial \phi}{r \partial \theta}, \quad V_z = \frac{\partial \phi}{\partial z} \qquad (5-38)$$

引进势函数 ϕ 的意义在于用一个标量函数能够代替三个速度分量函数,这样在解决流体流动动力学问题时,可以使所需的方程组减少两个,从而使计算大大简化。正因为这样,它在流体力学和气体动力学中起着重要的作用。

[**例 5-7**] 有一速度场,其速度分布为

$$V_x = x + t, \quad V_y = -y + t$$

试求该流场的速度势。

解
$$\phi(x,y,t) = \int \frac{\partial \phi}{\partial x} \mathrm{d}x + f(y,t) = \int (x+t) \mathrm{d}x + f(y,t)$$

$$= \frac{x^2}{2} + tx + f(y,t)$$

$$\frac{\partial \phi}{\partial y} = f'_y(y,t) = -y + t$$

$$f(y,t) = -\frac{y^2}{2} + ty + g(t)$$

则
$$\phi(x,y,t) = \frac{x^2}{2} - \frac{y^2}{2} + (x+y)t + g(t)$$

为简单计,令 $x = y = 0$ 时 $\phi = 0$,则有 $g(t) = 0$,所以流场的速度势为

$$\phi(x,y,t) = \frac{x^2}{2} - \frac{y^2}{2} + (x+y)t$$

[**例 5-8**] 有一二维有势流场,其速度势为

$$\phi = \frac{x^3}{3} - x^2 - xy^2 + y^2$$

试求在(2,-1)点处沿迹线 $x^2 y = -4$ 方向上的速度分量。

解 流体质点在给定点处沿迹线方向的速度分量就等于速度势沿该方向的方向导数,即

$$V_s = \frac{\partial \phi}{\partial s} = V_x \cos(s,x) + V_y \cos(s,y)$$

而
$$V_x = \frac{\partial \phi}{\partial x} = x^2 - 2x - y^2$$

$$V_y = \frac{\partial \phi}{\partial y} = -2xy + 2y$$

在(2,-1)点处则为

$$V_x = -1, \quad V_y = +2$$

迹线各点处的方向余弦可从迹线方程求得。对迹线方程进行微分,则有

$$2xy\mathrm{d}x + x^2\mathrm{d}y = 0$$

$$\frac{\mathrm{d}y}{\mathrm{d}x} = \tan(s,x) = -\frac{2y}{x} = 1$$

所以有

$$\cos(s,x) = \frac{\sqrt{2}}{2}, \quad \cos(s,y) = \frac{\sqrt{2}}{2}$$

将速度分量值和方向余弦值代入方向导数公式,得到

$$V_s = \frac{\partial \phi}{\partial s} = (-1)\frac{\sqrt{2}}{2} + 2\frac{\sqrt{2}}{2} = \frac{\sqrt{2}}{2}$$

(二) 在单连域无旋流动流场中,沿任意封闭空间曲线的速度环量总是等于零

所谓速度环量是指速度沿封闭曲线的线积分,在流体力学和气体动力学中它是一个很重要的概念。作用于机翼上的力和力矩的大小,就决定于沿飞机机翼翼展上环量分布规律,有旋流中旋涡强度的概念也与速度环量的值相联系。

在流场中取一条任意的空间封闭曲线 C,沿该曲线流体运动速度是连续变化的。根据速度环量的定义,则有

$$\Gamma_C = \oint_C \boldsymbol{V} \cdot \mathrm{d}\boldsymbol{l} = \oint_C V\cos\alpha\,\mathrm{d}l = \oint_C \boldsymbol{V} \cdot \mathrm{d}\boldsymbol{r} \tag{5-39}$$

式中 $\mathrm{d}\boldsymbol{l}$ 代表 C 曲线上一个长度为 $\mathrm{d}l$ 的无限小弧段,其方向为与曲线在该处的切线方向重合的无限小矢量,它等于径矢微元增量 $\mathrm{d}\boldsymbol{r}$,α 为 $\boldsymbol{V}$ 与 $\mathrm{d}\boldsymbol{l}$ 之间的夹角,如图 5-10 所示。

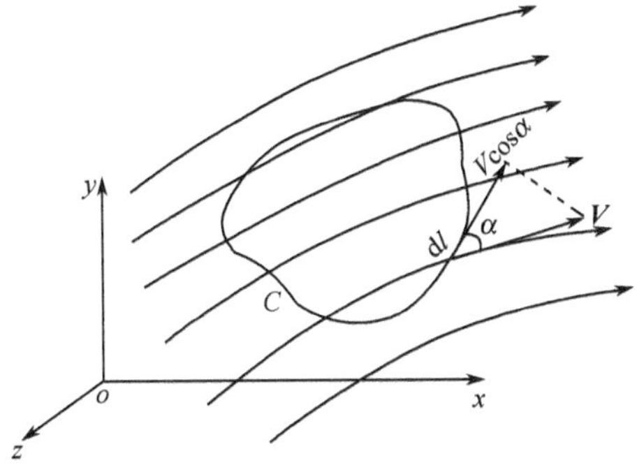

因为

$$\boldsymbol{V} = V_x\boldsymbol{i} + V_y\boldsymbol{j} + V_z\boldsymbol{k}$$
$$\mathrm{d}\boldsymbol{l} = \mathrm{d}x\boldsymbol{i} + \mathrm{d}y\boldsymbol{j} + \mathrm{d}z\boldsymbol{k}$$

将上述两式代入(5-39)式,则

$$\Gamma_C = \oint_C V_x\mathrm{d}x + V_y\mathrm{d}y + V_z\mathrm{d}z \tag{5-40}$$

图 5-10

这就是速度环量的一般表达式,既适用于无旋流动,也适用于有旋流动。速度环量的积分方向,根据惯例,取逆时针方向为积分的正方向。

现在我们来研究单连域中的无旋流动。由于在无旋流动的流场中必定存在速度势 ϕ,并且

$$\mathrm{d}\phi = V_x\mathrm{d}x + V_y\mathrm{d}y + V_z\mathrm{d}z$$

所以无旋流动中沿任意封闭曲线的速度环量为

$$\Gamma_C = \oint_C V_x\mathrm{d}x + V_y\mathrm{d}y + V_z\mathrm{d}z = \oint_C \mathrm{d}\phi$$

对于单连域流场,从数学分析上知道,速度势一定是单值函数,故

$$\Gamma_C = \oint_C \mathrm{d}\phi = 0$$

这说明在无旋流动的单连域中,沿任意空间封闭曲线的速度环量总是等于零。但要注意,如果流体所占的区域不是单连域时,则沿任意封闭曲线的环量可能不等于零,请看下面的例子。

[**例5-9**] 某平面无旋流动中,速度势为

$$\phi = k\theta$$

式中 k 为常数,θ 为极角。C_1、C_2 分别为包围和不包围极点的两根封闭曲线(图 5 – 11),试求沿 C_1 和 C_2 的速度环量。

解 动点 M_1 从起始位置 A_1 绕曲线 C_1 一周时,极角 θ 从 0 增大到 2π,故绕曲线 C_1 的速度环量为

$$\Gamma_C = \oint_{C_1} V_x \mathrm{d}x + V_y \mathrm{d}y + V_z \mathrm{d}z = \int_0^{2\pi k} \mathrm{d}\phi = 2\pi k$$

动点 M_2 从起始位置 A_2 绕曲线 C_2 一周时,极角 θ 从 0 又回到 0,故绕曲线 C_2 的速度环量为

$$\Gamma_{C_2} = \oint_{C_2} V_x \mathrm{d}x + V_y \mathrm{d}y + V_z \mathrm{d}z = \int_0^0 \mathrm{d}\phi = 0$$

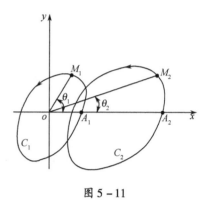

图 5-11

为什么沿封闭曲线 C_2 时速度环量为零,而沿封闭曲线 C_1 时速度环量不为零呢? 让我们来看一下速度场,由于速度势为

$$\phi = k\theta$$

因此对应该速度势的速度场为

$$V_r = \frac{\partial \phi}{\partial r} = 0$$

$$V_\theta = \frac{\partial \phi}{r \partial \theta} = \frac{k}{r}$$

在极点处速度为无穷大。封闭曲线 C_1 把极点包围在内,故曲线 C_1 所确定的区域是双连域,给定的速度势为多值函数,故其速度环量不为零。封闭曲线 C_2 所确定的区域不包括极点,因此是单连域,对应速度势为单值函数,故其速度环量等于零。

§5-4 旋涡运动的基本理论

流体流动时流体微团的旋转角速度不等于零,这种流动叫作有旋流动,又称旋涡运动。

旋涡运动在日常生活中很容易观察到,当河水流过桥墩和划船用桨击水时,在桥墩和桨的后面总要形成旋涡,船在河中行驶时,船的尾部也总是伴随着旋涡区,台风和龙卷风也都是旋涡运动。流体流动中的细小旋涡用肉眼往往不易观察到,而需要借助各种仪器进行观察和测量。在流体力学和气体动力学中,旋涡运动的基本理论占有很重要的地位。因为旋涡运动不仅要耗散能量、产生阻力,而且翼型和有限翼展的升力也与旋涡有直接的联系,因此我们有必要对旋涡运动及其基本理论加以研究。

一、涡线和涡管

在有旋流动的流场中,流体微团的旋转运动可以用旋转角速度来表征,即

$$\boldsymbol{\omega} = \frac{1}{2}\text{rot}\boldsymbol{V} = \frac{1}{2}\nabla \times \boldsymbol{V} \tag{5-41}$$

或者写成

$$\left.\begin{array}{l} \omega_x = \dfrac{1}{2}\left(\dfrac{\partial V_z}{\partial y} - \dfrac{\partial V_y}{\partial z}\right) \\[6pt] \omega_y = \dfrac{1}{2}\left(\dfrac{\partial V_x}{\partial z} - \dfrac{\partial V_z}{\partial x}\right) \\[6pt] \omega_z = \dfrac{1}{2}\left(\dfrac{\partial V_y}{\partial x} - \dfrac{\partial V_x}{\partial y}\right) \end{array}\right\} \tag{5-42}$$

有时也以旋转角速度的两倍来表征流体的旋转运动,称之为旋量 $\boldsymbol{\Omega}$,即

$$\left.\begin{array}{l} \Omega_x = \left(\dfrac{\partial V_z}{\partial y} - \dfrac{\partial V_y}{\partial z}\right) \\[6pt] \Omega_y = \left(\dfrac{\partial V_x}{\partial z} - \dfrac{\partial V_z}{\partial x}\right) \\[6pt] \Omega_z = \left(\dfrac{\partial V_y}{\partial x} - \dfrac{\partial V_x}{\partial y}\right) \end{array}\right\} \tag{5-43}$$

Ω_x、Ω_y、Ω_z 分别表示旋量 $\boldsymbol{\Omega}$ 在 x、y 和 z 三个方向的分量。

因此,与研究流动的速度场相类似,我们也能把角速度 $\boldsymbol{\omega}$ 矢量场作为研究对象,称之为旋涡场。在速度场中,为了形象地表征流动的特点,我们引用了流线和流管的概念,类似地,在旋涡场中我们也引用涡线和涡管的概念。

涡线是这样的一条曲线,某一瞬时曲线上每一点处的角速度矢量 $\boldsymbol{\omega}$ 的方向都与该处曲线的切线方向相一致,见图 5-12。所以,与流线的微分方程类似,涡线的微分方程为

$$\frac{\mathrm{d}x}{\omega_x} = \frac{\mathrm{d}y}{\omega_y} = \frac{\mathrm{d}z}{\omega_z} \tag{5-44}$$

矢量形式为

$$\mathrm{d}\boldsymbol{r} \times \boldsymbol{\omega} = 0 \tag{5-45}$$

如果在旋涡场中任取一条封闭曲线,通过曲线上的每一点作一条涡线,所有涡线形成的管形曲面称之为涡管,如图 5-13 所示。

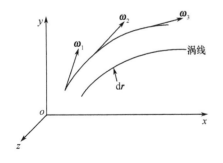

图 5-12

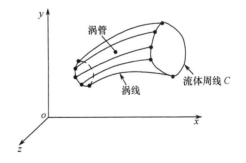

图 5-13

无限细的涡管称为涡丝。

二、旋涡强度

在旋涡场中取一微小面积 dA,见图 5-14,该面积上的流体旋转角速度为 ω,把 ω 在 dA 法线方向上的分量与 dA 的乘积的两倍,称之为 dA 面积的旋涡强度或涡通量,其数学表达式为

$$k = 2\omega_n dA \quad (5-46)$$

或者写成

$$k = 2\boldsymbol{\omega} \cdot \boldsymbol{n} dA \quad (5-46a)$$

式中 $\boldsymbol{n}$——dA 面积法线方向的单位矢量。

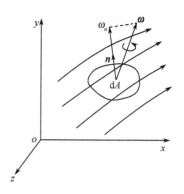

图 5-14

对于面积 A 的旋涡强度,则可由(5-46)式对 A 进行积分得到,即

$$k = 2\int_A \omega_n dA \quad (5-47)$$

如果 A 面积内旋转角速度均匀分布,则其旋涡强度可简单地写成

$$k = 2\omega_n A \quad (5-48)$$

若上式中 A 表示涡管的横截面积,则 k 称为涡管的旋涡强度,这时涡管内横截面上的角速度应均匀分布。如果涡管横截面上的流体旋转角速度不是均匀分布,则涡管的旋涡强度应为(5-47)式。

三、斯托克斯定理

现在来研究旋涡场中旋涡强度与速度环量之间的联系。

在流场的 xoy 平面上取一边长分别为 δx、δy 的微元矩形面积,如图 5-15 所示,我们来计算绕微元面积周线上的速度环量。设 A 点处流体质点的运动速度在 x 向和 y 向的分量为 V_x 和 V_y,则在 B 点处流体质点的运动速度在 y 向的分量为 $\left(V_y + \frac{\partial V_y}{\partial x}\delta x\right)$,D 点处质点的运动速度在 x 向速度分量为 $\left(V_x + \frac{\partial V_x}{\partial y}\delta y\right)$,因为所考虑的是微元面积,$\delta x$、$\delta y$ 很小,故求绕用线 ABCDA 的速度环量时,以 A 点的 x 向速度分量代表 AB 线段上 x 向速度分量的平均值,以 B 点 y 向速度分量代表 BC 线段上 y 向速度分量的平均值,以 D 点的 x 向速度分量代表 CD

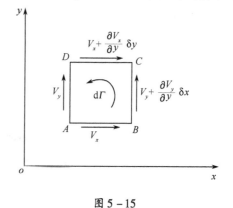

图 5-15

线段上 x 向速度分量的平均值,以 A 点的 y 向速度分量代替 DA 线段上 y 向速度分量的平均值。因此,沿矩形微元面积 ABCDA 周线的速度环量为

$$d\Gamma_z = V_x \delta x + \left(V_y + \frac{\partial V_y}{\partial x}\delta x\right)\delta y - \left(V_x + \frac{\partial V_x}{\partial y}\delta y\right)\delta x - V_y \delta y$$

$$= \left(\frac{\partial V_y}{\partial x} - \frac{\partial V_x}{\partial y}\right)\delta x \delta y = 2\omega_z \delta A_z$$

式中 $\delta A_z = \delta x \delta y$，表示 xoy 平面上的微元面积，面积的法线方向与 z 轴同向。

同样可以证明在 yoz 平面和 zox 平面上绕微元面积周线的速度环量分别为

$$d\Gamma_x = \left(\frac{\partial V_z}{\partial y} - \frac{\partial V_y}{\partial z}\right)\delta y \delta z = 2\omega_x \delta A_x$$

$$d\Gamma_y = \left(\frac{\partial V_x}{\partial z} - \frac{\partial V_z}{\partial x}\right)\delta z \delta x = 2\omega_y \delta A_y$$

我们可以将上述结果推广到空间任意放置的矩形微元面积上，这时有

$$d\Gamma = 2\omega_n dA \tag{5-49}$$

式中 ω_n 是角速度 ω 在微元面积法线方向上的投影。

由此我们可以得出结论：沿空间微元面积周线的速度环量，等于该微元面积上的旋涡强度。

这个结论很容易推广到空间有限大小的连续曲面上去。如图 5-16 所示，封闭曲线 C 是空间连续曲面 A 的边线，为了建立绕封闭曲线 C 的速度环量与通过张在封闭曲线 C 上的曲面的旋涡强度之间的关系，我们把曲面分成无数个微元面积，这些微元面积的外边线就构成封闭周线 C。从图中可以看出，由于每个微元面积的内边线，都与相邻的微元面积所共有，而求速度环量时线积分的方向又刚好相反，因而绕各个微元边线的速度环量的代数和刚好等于绕周线 C 的速度环量。对于微元面积，沿周线速度环量为

$$d\Gamma = 2\omega_n dA$$

故沿周线 C 的速度环量为

$$\Gamma_C = 2\int_A \omega_n dA \tag{5-50}$$

写成矢量形式为

$$\Gamma_C = \int_A (\nabla \times V) \cdot dA \tag{5-51}$$

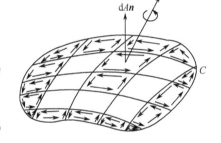

图 5-16

式中 A——空间任意的连续曲面；
C——曲面 A 的边线。

(5-50)式就是著名的斯托克斯定理的数学表达式，它说明沿空间任意封闭曲线 C 的速度环量，等于通过张在该曲线上的任意空间连续曲面的旋涡强度。

这里要强调指出，使用(5-50)式时是有条件的，它要求曲面是连续的，不能有"洞"，即曲面上的速度及其偏导数都必须是连续的，因而曲面是属于单连域的。对于复连域，要求封闭曲线的速度环量时，不能直接应用(5-50)式，而必须引进辅助线，把复连域变成单连域，然后再引用斯托克斯定理。关于这一点，我们下面将通过具体的例子加以说明。

斯托克斯定理很重要，因为它建立了旋涡强度与速度环量之间的关系。这样我们在研究旋涡运动时，可以用速度环量作为旋涡运动定量分析的代表量。由于速度可以直接测量，速度环量是线积分，而旋量不能直接测量，旋涡强度又是面积分，因此用速度环量代替旋涡强度在研究旋涡运动时进行实验和理论分析就要方便些。另外，在分析某些流动问题时，常常为了避免数学上的困难，一方面略去流体运动的旋涡性质，假设流体流动是有势的，另一方面却又保留旋涡运动的定量代表量 Γ。例如分析翼型升力问题时就是这样，一方面假设流动是有势的，另一方面又认为有绕翼型的速度环量存在。

[例 5-10] 已知速度场为

$$V = 2xi + 2xyj + 16k$$

试用速度环量定义式和斯托克斯定理求沿图 5-17 所示矩形封闭周线上的速度环量。

解 （1） $\Gamma_C = \oint_C V_x \mathrm{d}x + V_y \mathrm{d}y + V_z \mathrm{d}z$

由于封闭周线是在 xoy 平面上，故 $\mathrm{d}z = 0$，因此

$$\Gamma_C = \int_0^{10} 2x\mathrm{d}x + \int_0^5 (2xy)\mathrm{d}y + \int_{10}^0 2x\mathrm{d}x + \int_5^0 2xy\mathrm{d}y$$

$$= \int_0^5 20y\mathrm{d}y = 250$$

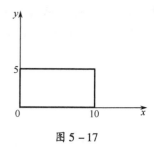

图 5-17

（2） $\Gamma_C = \int_A \left(\dfrac{\partial V_y}{\partial x} - \dfrac{\partial V_x}{\partial y} \right) \mathrm{d}x\mathrm{d}y = \int_A 2y\mathrm{d}x\mathrm{d}y = \int_0^{10}\mathrm{d}x \int_0^5 2y\mathrm{d}y = 250$

[**例 5-11**] 图 5-18 为气流绕翼型流动时的流场，如已知绕翼型表面的速度环量为 Γ_0，而翼型外的流动为无旋流动，试求绕包围翼型的任意封闭曲线的速度环量。

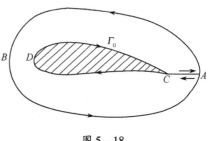

图 5-18

解 由于流场中被翼型占据一部分空间域，因而包围翼型的任意封闭曲线 ABA 不是可缩曲线，从数学上知道，这种空间域不是单连域而是复连域。在复连域要求绕封闭曲线的速度环量时不能直接应用斯托克斯定理，而必须先引进辅助线，把复连域变成单连域，然后才能利用斯托克斯定理。现在我们引进线段 AC，把翼型表面的封闭曲线 CDC 与 ABA 曲线连接起来，形成一条新的封闭曲线 $ABACDCA$，为简单计，称 L 封闭曲线，L 曲线包围的区域 A 为单连域，区域内速度及其偏导数连续，并且为无旋流动，因此沿 L 曲线的速度环量为

$$\Gamma_L = \oint_L \boldsymbol{V} \cdot \mathrm{d}\boldsymbol{r} = \oint_{ABA} \boldsymbol{V} \cdot \mathrm{d}\boldsymbol{r} + \int_A^C \boldsymbol{V} \cdot \mathrm{d}\boldsymbol{r} + \oint_{CDC} \boldsymbol{V} \cdot \mathrm{d}\boldsymbol{r} + \int_C^A \boldsymbol{V} \cdot \mathrm{d}\boldsymbol{r}$$

$$= \int_A (\nabla \times \boldsymbol{V}) \cdot \mathrm{d}\boldsymbol{A} = 0$$

因为

$$\int_A^C \boldsymbol{V} \cdot \mathrm{d}\boldsymbol{r} = -\int_C^A \boldsymbol{V} \cdot \mathrm{d}\boldsymbol{r}$$

故

$$\Gamma_{ABA} + \Gamma_{CDC} = 0$$

上式中沿 ABA 曲线的积分路线与沿 CDC 曲线的积分路线方向相反，如取二者的积分路线方向相同，则有

$$\Gamma_{ABA} = \Gamma_{CDC} = \Gamma_0$$

上式说明绕包围翼型的任意封闭曲线的速度环量都等于绕翼型表面的速度环量。这个结论也适用于任意的复连域流场，如果复连域外边界与内边界所确定的空间域内流动是有势的话，那么绕包围内边界的任意封闭曲线的速度环量都等于绕内边界的速度环量。显而易见，如果内外边界所确定的空间域内的流动是有旋的话，那么绕内、外边界速度环量之差就等于内外边界所包围面积上的旋涡强度。

四、凯尔文定理(汤姆逊定理)

上面我们建立了速度环量与旋涡强度之间的关系,现在我们来研究沿封闭流体周线速度环量随时间的变化规律,一旦知道了速度环量随时间的变化规律,也就知道了流场旋涡强度随时间的变化规律,这样,如果知道流动起始瞬间的性质(有旋流还是无旋流),那么也就能判断随后流动的性质,而判断流场性质这是正确建立流场物理方程的前提。

在运动的流体中取一条由流体质点所组成的封闭流体周线 C,如图 5-19 所示,流体运动时,流体周线 C 不但跟随流体一起运动,而且形状也随之发生变化。现在我们来研究沿此封闭流体周线 C 的速度环量随时间的变化规律。

沿封闭流体周线 C 的速度环量为

$$\Gamma_C = \oint_C V_x dx + V_y dy + V_z dz$$

速度环量随时间的变化率也就是速度环量的随流导数,即

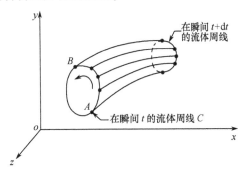

图 5-19

$$\frac{D\Gamma_C}{Dt} = \frac{D}{Dt}\oint_C V_x dx + V_y dy + V_z dz = \oint_C \frac{D}{Dt}(V_x dx + V_y dy + V_z dz) \qquad (5-52)$$

由于周线 C 是流体周线,故有

$$\frac{D}{Dt}(V_x dx) = \frac{DV_x}{Dt}dx + V_x \frac{D}{Dt}(dx) = \frac{DV_x}{Dt}dx + V_x dV_x$$

$$\frac{D}{Dt}(V_y dy) = \frac{DV_y}{Dt}dy + V_y \frac{D}{Dt}(dy) = \frac{DV_y}{Dt}dy + V_y dV_y$$

$$\frac{D}{Dt}(V_z dz) = \frac{DV_z}{Dt}dz + V_z \frac{D}{Dt}(dz) = \frac{DV_z}{Dt}dz + V_z dV_z$$

把它们代入(5-52)式,得到

$$\frac{D\Gamma_C}{Dt} = \oint_C \left[\frac{DV_x}{Dt}dx + \frac{DV_y}{Dt}dy + \frac{DV_z}{Dt}dz + d\left(\frac{V_x^2 + V_y^2 + V_z^2}{2}\right)\right] \qquad (5-53)$$

式中 $\dfrac{DV_x}{Dt}$、$\dfrac{DV_y}{Dt}$、$\dfrac{DV_z}{Dt}$——流体质点运动加速度在 x 向、y 向、z 向的分量。

对于无黏性理想流体,它们与流体所受作用力之间的关系由欧拉运动微分方程式所确定(参看§6-2),即

$$\left.\begin{aligned}\frac{DV_x}{Dt} &= X - \frac{1}{\rho}\frac{\partial p}{\partial x} \\ \frac{DV_y}{Dt} &= Y - \frac{1}{\rho}\frac{\partial p}{\partial y} \\ \frac{DV_z}{Dt} &= Z - \frac{1}{\rho}\frac{\partial p}{\partial z}\end{aligned}\right\} \qquad (5-54)$$

式中 X、Y、Z——单位质量流体的质量力在 x 向、y 向、z 向的分量;
p——流体压强。

把(5-54)式代入(5-53)式,得到

$$\frac{\mathrm{D}\Gamma_C}{\mathrm{D}t} = \oint_C \left[(X\mathrm{d}x + Y\mathrm{d}y + Z\mathrm{d}z) - \frac{1}{\rho}\left(\frac{\partial p}{\partial x}\mathrm{d}x + \frac{\partial p}{\partial y}\mathrm{d}y + \frac{\partial p}{\partial z}\mathrm{d}z\right) + \mathrm{d}\left(\frac{V^2}{Z}\right) \right] \quad (5-55)$$

如果质量力为单值有势,如重力,势函数为 U,则

$$\mathrm{d}U = X\mathrm{d}x + Y\mathrm{d}y + Z\mathrm{d}z \quad (5-56)$$

对于正压流体,密度仅仅是压强的函数,像气体作等熵流动以及等温流动就是属于这种情况,这时可引进压强函数 P,使

$$\mathrm{d}P = \frac{1}{\rho}\left(\frac{\partial p}{\partial x}\mathrm{d}x + \frac{\partial p}{\partial y}\mathrm{d}y + \frac{\partial p}{\partial z}\mathrm{d}z\right) \quad (5-57)$$

把(5-56)式、(5-57)式代入(5-55)式,则

$$\frac{\mathrm{D}\Gamma_C}{\mathrm{D}t} = \oint_C \left[\mathrm{d}U - \mathrm{d}P + \mathrm{d}\left(\frac{V^2}{2}\right)\right] = \oint_C \mathrm{d}\left(U - P + \frac{V^2}{2}\right) \quad (5-58)$$

由于微分号内的量都是单值函数,故沿封闭周线积分时必然等于零,即

$$\frac{\mathrm{D}\Gamma_C}{\mathrm{D}t} = 0 \quad (5-59)$$

或者写成

$$\Gamma_C = 常数 \quad (5-59\mathrm{a})$$

上式说明,在无黏性质量力有势的正压流体中,沿封闭流体周线的速度环量不随时间而变化。这就是著名的凯尔文定理,又称汤姆逊定理。

这里必须指出的是,在凯尔文定理中的封闭周线是流体周线而不是空间固定周线,对于空间固定封闭曲线,其速度环量一般是会随时间而变化的,只有在定常流的情况下,速度环量才不会随时间而变化。

从斯托克斯定理中我们知道,沿封闭流体周线的速度环量等于通过以流体周线为边界线的流体面(由固定流体质点组成的空间曲面)的涡通量,因此,从凯尔文定理可以得出,通过由固定流体质点组成的流体面的涡通量不随时间而变化。这样,在无黏性、正压并且质量力有势的流体中,如果某时刻在某部分的流体内是无旋流动,那么,以前和以后的任何时刻,这部分流体的流动皆是无旋流动。反之,如果在某一时刻该部分流体的流动是有旋流动,则以前和以后的任何时刻,这部分流体的流动皆为有旋流。换言之,在无黏性、正压、质量力有势的流体中,旋涡不能自生也不能自灭。

从凯尔文定理中还可以得出另外一个重要推论:在无黏性、正压并且质量力有势的流体中,如果流体是从静止状态开始运动,或者它在某区域中流动是均匀直线的,则该流体的流动一定是无旋流。

实际流体总是有黏性的,并且也不一定是正压流体,因此流动过程既会产生旋涡,所产生的旋涡也会消逝,就像大气中会有旋风产生,而旋风在运动过程中又会逐渐减弱直至消逝一样。然而,在较短时间内,黏性的影响较小,如果流体是正压流体,那么凯尔文定理的条件就近似地得到满足,因此我们就能根据凯尔文定理对一段时间内流体流动的性质进行初步的分析。

五、海姆霍茨旋涡三定理

海姆霍茨旋涡三定理与斯托克斯定理一起是旋涡理论的基础。现将海姆霍茨旋涡三定理阐述如下:

(1) 海姆霍兹第一定理：在同一瞬时，旋涡强度沿涡管长度不变。

为了证明这个定理，我们从旋涡场某瞬时的涡管中截出一段，如图 5-20 所示，两截面积分别为 A_1 和 A_2，周线为 C_1 和 C_2，这段涡管侧表面的面积为 A_3，因此周线 C_1 既是 A_1 截面的边界线，又是由 A_2 和 A_3 表面构成的空间半开曲面的边界线。设沿周线 C_1 的速度环量为 Γ_1，对周线 C_1 和截面 A_1 施用斯托克斯定理，则有

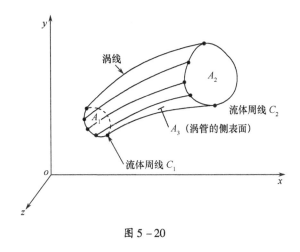

图 5-20

$$\Gamma_1 = \int_{A_1} (\nabla \times V) \cdot d\mathbf{A} = 2\int_{A_1} \omega_n dA = K_1 \tag{a}$$

对周线 C_1 和半开曲面 $(A_2 + A_3)$ 施用斯托克斯定理，则有

$$\Gamma_1 = \int_{A_2+A_3} (\nabla \times V) \cdot d\mathbf{A} = 2\int_{A_2+A_3} \omega_n dA = 2\int_{A_2} \omega_n dA + 2\int_{A_3} \omega_n dA$$

因为 A_3 是涡管侧表面，根据涡管的性质，涡管侧表面上处处 $\omega_n = 0$，因此 $2\int_{A_3} \omega_n dA = 0$，即涡管表面旋涡强度恒为零。故

$$\Gamma_1 = 2\int_{A_2} \omega_n dA = K_2 \tag{b}$$

比较 (a)、(b) 两式得出

$$K_1 = K_2$$

即

$$K = 2\int_A \omega_n dA = 常数$$

从而证明旋涡强度沿涡管长度不变。

从海姆霍兹第一定理可以推知，旋涡不可能在流体中中断，也不可能缩小成尖端而终止。在自然界中，旋涡只有两种存在形式，一种是旋涡的两个端面自己连接起来，形成封闭的涡圈，如图 5-21 所示，另一种是或者旋涡的两个端面都落在流体的边界面上，或者是一个端面落在流体的边界面上，另一个端面落在固体壁面上，如图 5-22 所示，或者是两个端面都落在固体壁面上。

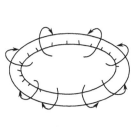

图 5-21

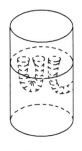

图 5-22

（2）海姆霍茨第二定理：在无黏性、正压并且质量力有势的流体中，涡管一直保持为涡管而不受破坏，亦即涡管永恒存在。

为了证明这个定理，在涡管的侧表面上取一条封闭的流体周线 C，如图 5-23 所示。根据涡管的性质和斯托克斯定理，我们知道沿该流体周线的速度环量一定等于零，即

$$\Gamma_C = \oint_C \boldsymbol{V} \cdot \mathrm{d}\boldsymbol{r} = 2\int_A \omega_n \mathrm{d}A = 0$$

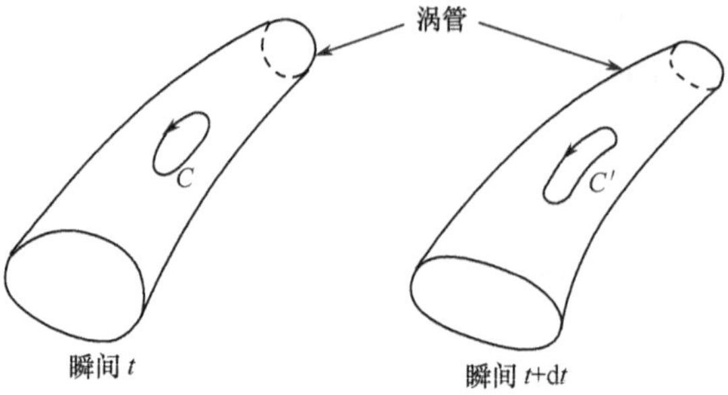

图 5-23

经过 $\mathrm{d}t$ 时间之后，涡管移到了新的位置，涡管表面上的流体周线 C 变成 C'。根据凯尔文定理，对于无黏性、正压且质量力有势的流体，沿流体周线速度环量不随时间而变化，故知沿流体周线 C 的环量仍然等于零，这就是说，无论什么时候，涡线均不穿过所取定的流体周线，该周线始终位于涡管侧表面上，从而证明涡管不受破坏。

（3）海姆霍茨第三定理：在无黏性、正压且质量力有势的流体中，涡管强度不随时间而变化。

参看图 5-24，因为所谓涡管强度就是通过该涡管的任意截面（例如 A_1）的涡通量，根据斯托克斯公式知，它就等于沿围绕所研究的涡管一周的周线（即截面 A_1 与该涡管表面的交线 C_1）的速度环量，由凯尔文定理知，沿上述封闭流体周线的速度环量不随时间而变，所以涡管强度亦不随时间而变化。

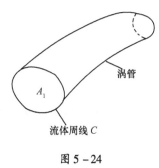

图 5-24

海姆霍茨旋涡三定理分别阐述了旋涡运动的运动学性质和动力学性质，其中第一定理是属于运动学性质，因此它既适用于无粘性流体，也适用于黏性流体，而第二、第三定理则是属于旋涡运动的动力学性质，因此它只适用于无黏性、正压且质量力有势的流体。

六、旋涡附近的速度分布（毕奥-萨瓦公式）

现在我们来研究一下涡丝对其周围流体所产生的速度场问题。参看图 5-25，一条强度为 Γ 的涡丝的一微段 $\mathrm{d}s$ 对线外的一点 P 会产生一个诱导速度。可以证明（请参阅流体力学教科书），涡段 $\mathrm{d}s$ 所产生的诱导速度的公式为

$$\mathrm{d}V = \frac{\Gamma \mathrm{d}s}{4\pi r^2} \sin\theta \tag{5-60}$$

式中　r——P 点与 $\mathrm{d}s$ 之间的距离；

　　　θ——r 与 $\mathrm{d}s$ 的夹角。

$\mathrm{d}V$ 垂直于由线段 $\mathrm{d}s$ 与 P 点所构成的平面。上式在形式上和电学中的毕奥-萨瓦公式类似。

这里的涡丝相当于导线,环量 Γ 相当于电流强度;涡丝所产生的速度则相当于电流引起的磁场强度。通常将(5-60)式仍叫毕奥-萨瓦公式(或称毕奥-萨瓦定律),它在机翼理论中具有重大的价值。

现在把(5-60)式应用到强度为 Γ 的直涡丝情形上去。

参看图 5-26,有一条强度为 Γ 的直涡丝 AB,P 为线外一点,P 至 AB 的距离是 h。令任意微段 ds 与 P 的连线和 AB 的垂线 PN 之间的夹角为 γ,则

$$ds = d(h\tan\gamma) = h\sec^2\gamma d\gamma$$

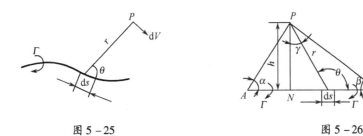

图 5-25　　　　　　　　　图 5-26

由(5-60)式,有

$$dV = \frac{\Gamma}{4\pi h}\cos\gamma d\gamma$$

设 PA 与 AB 的夹角为 α,PB 与 BA 的夹角为 β。对上式积分,γ 由 $-\left(\dfrac{\pi}{2}-\alpha\right)$ 到 $+\left(\dfrac{\pi}{2}-\beta\right)$,得

$$V = \frac{\Gamma}{4\pi h}(\cos\alpha + \cos\beta) \tag{5-61}$$

这个诱导速度是垂直于纸面的,按图示 Γ 的方向,它指向外。如果涡丝一头是无限长的,那就有

$$V = \frac{\Gamma}{4\pi h}(1 + \cos\alpha) \tag{5-62}$$

如果涡丝两头都伸展到无限远,即

$$V = \frac{\Gamma}{2\pi h} \tag{5-63}$$

习　题

5-1　试写出随流导数的数学表达式,并讨论各项的物理意义。

5-2　试证明,沿流体质点运动方向 $\boldsymbol{V} = \boldsymbol{i}_s V$,全导数也可以写成以下形式

$$\frac{D}{Dt} = \frac{\partial}{\partial t} + \boldsymbol{V}\cdot\nabla = \frac{\partial}{\partial t} + V\frac{\partial}{\partial s}$$

5-3　在二维流动中,速度场 $\boldsymbol{V}$ 由 $V_x = y^2 - x^2$,$V_y = 2xy$ 表示。试计算在点 $P(2,2)$ 处:(1) $\boldsymbol{V}$ 的值 V;(2) $\boldsymbol{V}$ 与 x 轴的夹角;(3) 流体微团通过这一点时的加速度。

5-4　已知流场的速度 $\boldsymbol{V}$ 在直角坐标系三个轴方向的分量为

$$V_x = x^2 y,\ V_y = -3y,\ V_z = 2z^2$$

试确定在$(x,y,z)=(3,1,2)$点处的加速度。

5-5 试比较在欧拉法和拉格朗日法中变量x、y、z有什么不同的涵义。在求加速度时为什么欧拉法为$a_x = \dfrac{\mathrm{d}V_x}{\mathrm{d}t}$,而拉格朗日法为$a_x = \dfrac{\partial V_x}{\partial t}$?

5-6 用欧拉法表达的加速度表示式如何?它由几部分组成?各部分的意义如何?

5-7 设流体运动以欧拉观点给出:
$$V_x = ax + t^2, V_y = by - t^2, V_z = 0 \quad (a+b=0)$$
将此转换到拉格朗日观点中去,并用两种观点分别求加速度。

5-8 试写出柯西-海姆霍茨速度分解定理的数学表达式,并讨论各项的物理意义。

5-9 复习场论中旋度的概念$\mathrm{rot}\boldsymbol{V} = \nabla \times \boldsymbol{V}$,及其在直角坐标系中的展开式。

5-10 试从场论符号∇表达的公式开始推导:用极坐标r、θ表示的定常不可压缩流体平面流动的连续方程和旋转角速度分别为
$$\frac{\partial V_r}{\partial x} + \frac{V_r}{r} + \frac{\partial V_\theta}{r\partial \theta} = 0 \quad \text{和} \quad \omega_z = \frac{1}{2}\left(\frac{\partial V_\theta}{\partial r} + \frac{V_\theta}{r} - \frac{\partial V_r}{r\partial \theta}\right)$$

5-11 给定圆柱坐标系内的平面流动:
$$V_r = V_\infty\left(1 - \frac{a^2}{r^2}\right)\cos\theta, V_\theta = -V_\infty\left(1 + \frac{a^2}{r^2}\right)\sin\theta + \frac{K}{r}$$
其中V_∞、a、K均为常数。试求:(1)$r \geqslant a$区域的流场是有旋的还是无旋的?(2)包围$r=a$的任一封闭曲线上的速度环量。

5-12 有一种二维不可压流动,其势函数为$\phi = cxy$,c是常数。求其流线方程。

5-13 给定一个流场的速度分布为
$$V_x = -\frac{\Gamma}{2\pi}\frac{y}{(x-3)^2+y^2}, V_y = \frac{\Gamma}{2\pi}\frac{x-3}{(x-3)^2+y^2}$$
求沿如下三种围线的速度环量:(1)矩形域$1.5 \leqslant x \leqslant 4.5$,$-1 \leqslant y \leqslant 1$的边界;(2)矩形域$-1 \leqslant x \leqslant 1$,$-1 \leqslant y \leqslant 1$的边界;(3)圆周$(x-3)^2+y^2=1$。未声明曲线的方向,则应按曲线的正向即逆时针方向计算环量。

5-14 给定流场为
$$V_x = -\frac{cy}{x^2+y^2}, V_y = \frac{cx}{x^2+y^2}, V_z = 0 \quad (c\text{是常数})$$
(1)试用速度环量来说明运动是否有旋;
(2)作一个围绕oz轴的任意封闭回线,试用斯托克斯定理求此封闭周线的速度环量,并说明此环量值与所取封闭周线的形状无关。

5-15 速度场为$V_x = y+2z, V_y = z+2x, V_z = x+2y$,求
(1)涡量及涡线;
(2)在$x+y+z=1$平面上横截面积为$\mathrm{d}S = 0.0001\mathrm{m}^2$的涡管强度;
(3)在$z=0$平面上$\mathrm{d}S = 0.0001\mathrm{m}^2$的面积上的涡通量。

第六章 无黏性可压缩流体多维流动基本方程

对于可压缩流体多维流动动力学问题的研究和分析,同一维流动一样,都必须直接或间接地从质量守恒定律、牛顿运动第二定律和能量守恒定律等基本物理定律出发。这几个定律是自然界的普遍规律,在一般的机械运动中,它们都是普遍存在和有效的。然而,在不同的具体情况下,这些普遍物理定律的数学表达式都有极大的差异。在第二章中,我们讨论了一维流动的质量守恒定律、牛顿运动第二定律和热力学第一定律和第二定律的数学表达式。本章将从多维流动的观点来推导上述基本物理定律的适用于控制体的积分形式表达式,以及微分形式表达式。然后介绍某些特定条件下基本方程的简化,以及流动的边界条件和初始条件。在此基础上再简单介绍理想气体动力学问题的各种解法。为了研究叶轮机械中气体流动的需要,基本方程表达式除了采用直角坐标系以外,还用圆柱坐标系来描述。

一般流体流动过程是有摩擦和热交换的,同时还常常伴有化学反应、变比热以及非完全气体效应等,要解决这样复杂的多维流动问题,直到目前还没有办法。所以要解决多维流动动力学问题。首先需要对流体模型进行简化,本章所建立的基本方程,仅适用于无黏性可压缩流体,并且流动过程不产生化学反应。黏性的影响将在第十一章中加以考虑。

§6-1 雷诺输运定理

正如§2-2中所指出的那样,流体流动所必须遵循的自然界几个基本物理定律的数学表达式最初一般是针对指定的质点或质点系(体系)的,当把它们用于流体流动时,由于流体的运动十分复杂,对于任何有限长的时间,很难具体确定体系的边界,因此直接利用针对指定体系的基本物理定律数学表达式来研究流体运动过程参数的变化规律在一般情况下是比较困难的。研究流体运动通常采用的方法是所谓控制体法,即着眼于研究流体流过空间固定控制体时参数的变化规律。因此,我们就必须把针对指定体系的基本物理定律数学表达式改造成适用于控制体形式的数学表达式。雷诺输运定理就是把体系中与流体体积有关的随流物理参量的随流导数以控制体的形式来表示。有了这个定理,我们就可以很容易地把针对指定体系的基本物理定律的数学表达式转换成适用于控制体形式的数学表达式。下面我们就来推导输运定理的数学表达式。

在流场中任意取一有限大小的控制体,体积为 v,与其相应的控制体表面为 A,同时取 t 瞬间位于控制体内的流体质点系为体系。因此在 t 瞬间控制体与体系占据相同的空间,即占据用 Ⅰ 和 Ⅱ 表示的区域。经过 Δt 时间间隔后体系顺流移到新的位置,占据区域 Ⅱ 和 Ⅲ,形状也与 t 瞬间的不同,但控制体仍在原来的位置,如图 6-1 所示。

以 N 表示体系任意随流物理量,所谓随流物理量是指与体系流体体积有关的物理量,例如体系内流体所具有的质量、内能、动量、动能、动量矩等。以 η 表示体系内单位体积流体所具有的随流物理量,因此 η 与 N 之间具有如下的关系

$$N = \int_v \eta \mathrm{d}v \qquad (6-1)$$

积分符号下的符号 v 是体系的体积。N 与 η 一般情况下是空间坐标和时间的函数,它们可以是标量也可以是矢量。

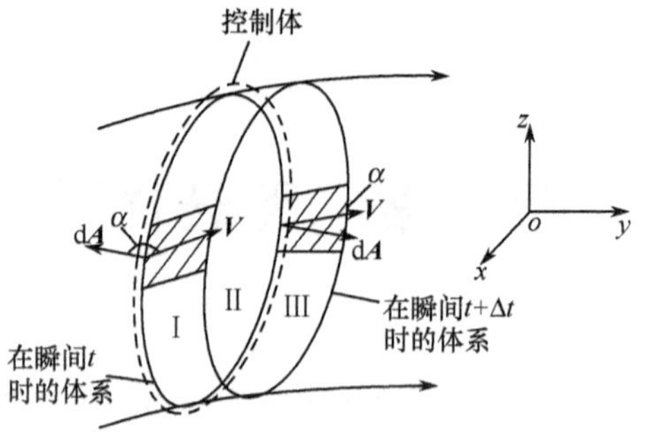

体系随流物理量 N 对时间的变化率为

$$\left(\frac{\mathrm{d}N}{\mathrm{d}t}\right)_{体系} = \lim_{\Delta t \to 0}\left(\frac{\Delta N}{\Delta t}\right)_{体系} = \lim_{\Delta t \to 0}\left(\frac{N_{t+\Delta t} - N_t}{\Delta t}\right)_{体系}$$
$$(6-2)$$

图 6-1

它是一个随流导数,引用随流导数符号,则有

$$\frac{\mathrm{D}N}{\mathrm{D}t} = \left(\frac{\mathrm{d}N}{\mathrm{d}t}\right)_{体系} = \lim_{\Delta t \to 0}\left(\frac{N_{t+\Delta t} - N_t}{\Delta t}\right)_{体系} \qquad (6-3)$$

当考虑到 t 瞬间和 $(t+\Delta t)$ 瞬间体系所占据的空间位置时,上式可写成

$$\frac{\mathrm{D}N}{\mathrm{D}t} = \lim_{\Delta t \to 0}\left[\frac{(N_{\mathrm{II}} + N_{\mathrm{III}})_{t+\Delta t} - (N_{\mathrm{I}} + N_{\mathrm{II}})_t}{\Delta t}\right] = \lim_{\Delta t \to 0}\left[\frac{(N_{\mathrm{II}})_{t+\Delta t} - (N_{\mathrm{II}})_t}{\Delta t}\right]$$
$$+ \lim_{\Delta t \to 0}\left[\frac{(N_{\mathrm{III}})_{t+\Delta t}}{\Delta t}\right] - \lim_{\Delta t \to 0}\left[\frac{(N_{\mathrm{I}})_t}{\Delta t}\right] \qquad (6-4)$$

由于 $N = \int_v \eta \mathrm{d}v$,因此

$$\frac{\mathrm{D}N}{\mathrm{D}t} = \frac{\mathrm{D}}{\mathrm{D}t}\int_v \eta \mathrm{d}v = \lim_{\Delta t \to 0}\left[\frac{\left(\int_{\mathrm{II}} \eta \mathrm{d}v\right)_{t+\Delta t} - \left(\int_{\mathrm{II}} \eta \mathrm{d}v\right)_t}{\Delta t}\right]$$
$$+ \lim_{\Delta t \to 0}\left[\frac{\left(\int_{\mathrm{III}} \eta \mathrm{d}v\right)_{t+\Delta t}}{\Delta t}\right] - \lim_{\Delta t \to 0}\left[\frac{\left(\int_{\mathrm{I}} \eta \mathrm{d}v\right)_t}{\Delta t}\right] \qquad (6-5)$$

当取 Δt 趋近于零的极限时,区域 II 与控制体 v 相同,因此,(6-5)式等号右边第一项变成

$$\frac{\partial}{\partial t}\int_v \eta \mathrm{d}v \qquad (\mathrm{a})$$

(6-5)式等号右边第二项中的积分项表示在 Δt 时间内体系随流物理量进入区域 III 的数量,亦即流出控制体的数量,而 $\lim\limits_{\Delta t \to 0}\left[\dfrac{\left(\int_{\mathrm{III}} \eta \mathrm{d}v\right)_{t+\Delta t}}{\Delta t}\right]$ 则表示体系随流物理量流出控制体的速率。由于通过控制面微元面积 $\mathrm{d}A$ 单位时间流出的流体容积为 $(\boldsymbol{V} \cdot \mathrm{d}\boldsymbol{A})$,它所带走的随流物理量为 $(\eta \boldsymbol{V} \cdot \mathrm{d}\boldsymbol{A})$,因此

$$\lim_{\Delta t \to 0}\left[\frac{\left(\int_{\mathrm{III}} \eta \mathrm{d}v\right)_{t+\Delta t}}{\Delta t}\right] = \int_{A_{出}} \eta \boldsymbol{V} \cdot \mathrm{d}\boldsymbol{A} \qquad (\mathrm{b})$$

式中 $A_{出}$——流出控制体的流体所穿过控制面的面积。

同样道理,(6-5)式等号右边第三项表示单位时间内流进控制体的流体所带进的随流物理量的数量,即

$$\lim_{\Delta t \to 0}\left[\frac{\left(\int_{\mathrm{I}} \eta \mathrm{d}v\right)_t}{\Delta t}\right] = -\int_{A_{\text{进}}} \eta \boldsymbol{V} \cdot \mathrm{d}\boldsymbol{A} \tag{c}$$

式中 $A_{\text{进}}$——流进控制体的流体所穿过控制面的面积。由于流体流进控制体的 $\boldsymbol{V}$ 与 $\mathrm{d}\boldsymbol{A}$ 之间的夹角总是大于 $90°$ 而小于 $270°$，上式面积分结果总是为负值，但随流物理量总是正值，故在积分号前加上负号。

把关系式(a)、(b)、(c)代入方程(6-5)，得

$$\frac{\mathrm{D}N}{\mathrm{D}t} = \frac{\partial}{\partial t}\int_v \eta \mathrm{d}v + \int_{A_{\text{出}}} \eta \boldsymbol{V} \cdot \mathrm{d}\boldsymbol{A} + \int_{A_{\text{出}}} \eta \boldsymbol{V} \cdot \mathrm{d}\boldsymbol{A} \tag{6-6}$$

对于固定形状的惯性控制体，时间导数可以放在积分号内，即

$$\frac{\partial}{\partial t}\int_v \eta \mathrm{d}v = \int_v \frac{\partial}{\partial t}(\eta)\mathrm{d}v$$

并且

$$\int_{A_{\text{出}}} \eta \boldsymbol{V} \cdot \mathrm{d}\boldsymbol{A} + \int_{A_{\text{进}}} \eta \boldsymbol{V} \cdot \mathrm{d}\boldsymbol{A} = \int_A \eta \boldsymbol{V} \cdot \mathrm{d}\boldsymbol{A}$$

A 为控制面面积。因此，(6-6)式可改写成

$$\frac{\mathrm{D}N}{\mathrm{D}t} = \int_v \frac{\partial \eta}{\partial t}\mathrm{d}v + \oint_A \eta \boldsymbol{V} \cdot \mathrm{d}\boldsymbol{A} \tag{6-7}$$

方程式(6-7)就是雷诺输运定理的数学表达式。它说明某瞬间体系中某一随流物理量随时间的变化率，等于同一瞬间与该体系重合的控制体中所含同一物理量的增加率与相应物理量通过控制面 A 的净流出率之和。

§6-2 无黏性可压缩流体动力学的基本方程

本节将从自然界几个基本物理定律对于体系的表达式出发，推导出适用于控制体的积分形式的无黏性可压缩流体动力学基本方程及其相应的微分形式的基本方程式。两种形式的基本方程在本质上是一样的，但在应用方面却有所区别，当只要求了解流体流动动力学问题的总体性能关系，如流体作加在物体上的合力，总的能量传递等，而不要求了解流动过程的详细情况时，可用积分形式的基本方程求解，这种方法简单方便。如果要求详细了解流动过程各参数的变化规律，就必须采用微分形式的基本方程。

一、连续方程

连续方程是自然界质量守恒定律应用于流体流动时的数学表达式。

在流体中任意取一体积为 v 的流体块作为我们所研究的体系，该体系的流体质量为 $\int_v \rho \mathrm{d}v$，根据质量守恒定律，该体系所具有的质量在流动过程中是不会随时间而变化的，以数学形式表示则有

$$\frac{\mathrm{D}}{\mathrm{D}t}\int_v \rho \mathrm{d}v = 0 \tag{6-8}$$

这就是适用于体系的连续方程。

(一) 控制体的积分形式连续方程

利用雷诺输运公式(6-7),并令 $N = \int_v \rho dv, \eta = \rho$,则(6-8)式就变成

$$\frac{D}{Dt}\int_v \rho dv = \int_v \frac{\partial \rho}{\partial t} dv + \oint_A \rho \boldsymbol{V} \cdot d\boldsymbol{A} = 0 \tag{6-9}$$

或写成

$$\int_v \frac{\partial \rho}{\partial t} dv = -\oint_A \rho \boldsymbol{V} \cdot d\boldsymbol{A} \tag{6-9a}$$

这就是适用于控制体的积分形式的连续方程。它说明控制体内流体质量的增加率,等于通过控制面 A 流体的净流进率。

对于定常流,由于

$$\frac{\partial \rho}{\partial t} = 0$$

因此,连续方程变为

$$\oint_A \rho \boldsymbol{V} \cdot \boldsymbol{n} dA = 0 \tag{6-10}$$

上式可以写成

$$\int_{A_{\text{进}}} \rho \boldsymbol{V} \cdot \boldsymbol{n} dA = \int_{A_{\text{出}}} \rho \boldsymbol{V} \cdot \boldsymbol{n} dA \tag{6-10a}$$

(6-10a)式说明,对于定常流,当不存在内部源时,经过控制面流进控制体的流体质量流量,等于流出控制体的质量流量。

如果流动是一维定常流,连续方程还可以进一步简化。因为在一维流的假设下,每一个截面上气流参数,如速度、密度、压强等都是均匀分布的,于是有

$$\rho_1 V_1 A_1 = \rho_2 V_2 A_2 \tag{6-11}$$

(6-11)式是一维定常流动的连续方程,式中 V_1、V_2 分别与截面 A_1 和 A_2 相垂直。

[**例 6-1**] 有一储气罐,储气罐中的空气经管道向外界排出(图6-2),已知管道出口处气流密度和压强为均匀分布,而速度则按抛物线规律分布,即

$$V = V_{\max}\left(1 - \frac{r^2}{r_0^2}\right)$$

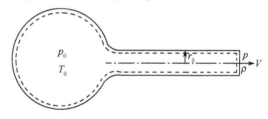

图 6-2

储气罐同管道的总容积为 0.32m³,排气管半径 $r_0 = 0.025$m,当储气罐中的空气压强 $p_0 = 1.4 \times 10^5 \text{N/m}^2$、温度 $T_0 = 277.8$K 时,测得管道出口处气流最大速度 $V_{\max}$ 为 32m/s,试求此时从管口排出空气的流量以及储气罐和排气管中空气密度的时间变化率。

解 设 $\dot{m}$ 代表从管口排出的空气流量,则

$$\dot{m} = \int_A \rho \boldsymbol{V} \cdot d\boldsymbol{A}$$

由于管道出口处的气流速度与出口截面相垂直,故

$$\dot{m} = \int_A \rho V dA = \int_0^{r_0} \rho V_{\max}\left(1 - \frac{r^2}{r_0^2}\right) 2\pi r dr = \frac{\pi}{2} r_0^2 \rho V_{\max}$$

因为管道中气流流动速度很低,故可认为储气罐和排气管中空气密度是均匀分布的,则出口处气流的密度可从气罐中已知压强和温度这一条件求出,即

$$\rho = \rho_0 = \frac{p_0}{RT_0}$$

故

$$\dot{m} = \frac{\pi}{2} r_0^2 V_{\max} \frac{p_0}{RT_0}$$

将给定数据代入,得

$$\dot{m} = \frac{3.1416}{2} \times (0.025)^2 \times 32 \times \frac{1.4 \times 10^5}{287.06 \times 277.8} = 0.0552 \text{kg/s}$$

现在求储气罐和排气管中空气密度的时间变化率,为此,利用连续方程(6-9),取控制体如图中虚线所示,这时有

$$\int_v \frac{\partial \rho}{\partial t} dv = -\int_A \rho \boldsymbol{V} \cdot \boldsymbol{n} dA$$

但

$$\int_A \rho \boldsymbol{V} \cdot \boldsymbol{n} dA = \dot{m}$$

所以

$$\int_v \frac{\partial \rho}{\partial t} dv = -\dot{m}$$

因为在控制体范围内,空气密度是均匀分布的,所以上式可写成

$$\frac{\partial \rho}{\partial t} v = -\dot{m}$$

$\dfrac{\partial \rho}{\partial t}$ 即为储气罐和排气管中空气密度随时间的变化率,v 是储气罐与排气管道的总容积,将 v 和 $\dot{m}$ 值代入,求得

$$\frac{\partial \rho}{\partial t} = -\frac{\dot{m}}{v} = -\frac{0.0552}{0.32} = -0.1725 \text{kg/(m}^3 \cdot \text{s)}$$

负号表示空气的密度是随时间而减小。

(二) 微分形式的连续方程

为了得到微分形式的连续方程,可利用高斯散度定理把方程(6-9)中的面积分项改写成体积分项,即

$$\int_A \rho \boldsymbol{V} \cdot \boldsymbol{n} dA = \int_v \nabla \cdot (\rho \boldsymbol{V}) dv$$

把上式代入(6-9)式,于是有

$$\int_v \left[\frac{\partial \rho}{\partial t} + \nabla \cdot (\rho \boldsymbol{V}) \right] dv = 0$$

由于积分体积 v 是任意取的,因此只有当括号内的值处处为零时,积分才可能为零,于是我们就得到微分形式的连续方程式:

$$\frac{\partial \rho}{\partial t} + \nabla \cdot (\rho V) = 0 \tag{6-12}$$

方程(6-12)中的 $\nabla \cdot (\rho V)$ 项可以展开,即

$$\nabla \cdot (\rho V) = V \cdot \nabla \rho + \rho \nabla \cdot V$$

将其代入(6-12)式,有

$$\frac{\partial \rho}{\partial t} + V \cdot \nabla \rho + \rho \nabla \cdot V = 0$$

因为

$$D\rho/Dt = \frac{\partial \rho}{\partial t} + V \cdot \nabla \rho$$

所以有

$$D\rho/Dt + \rho \nabla \cdot V = 0 \tag{6-13}$$

这是另一种形式的微分形式连续方程,它与(6-12)式是完全等价的。

对于不可压缩流体,$D\rho/Dt = 0$,因此连续方程简化为

$$\nabla \cdot V = 0 \tag{6-14}$$

它说明不可压缩流体在流动过程中速度 V 的散度处处等于零。

对于可压缩性流体的定常流动,微分形式的连续方程为

$$\nabla \cdot (\rho V) = 0 \tag{6-15}$$

上面我们所得到的微分形式的连续方程式都是矢量形式,它们对于任意坐标系都是成立的。不过对于不同的坐标系,它们将有不同的标量形式。对于直角坐标系,(6-12)式可展开变成

$$\frac{\partial \rho}{\partial t} + \left[\frac{\partial(\rho V_x)}{\partial x} + \frac{\partial(\rho V_y)}{\partial y} + \frac{\partial(\rho V_z)}{\partial z}\right] = 0 \tag{6-16}$$

(6-13)式展开变成

$$D\rho/Dt + \rho\left(\frac{\partial V_x}{\partial x} + \frac{\partial V_y}{\partial y} + \frac{\partial V_z}{\partial z}\right) = 0 \tag{6-17}$$

对于可压缩流体的定常流,则有

$$\frac{\partial(\rho V_x)}{\partial x} + \frac{\partial(\rho V_y)}{\partial y} + \frac{\partial(\rho V_z)}{\partial z} = 0 \tag{6-18}$$

而对于不可压缩流体流动,则有

$$\frac{\partial V_x}{\partial x} + \frac{\partial V_y}{\partial y} + \frac{\partial V_z}{\partial z} = 0 \tag{6-19}$$

对于圆柱坐标系,微分形式连续方程的一般形式为

$$\frac{\partial \rho}{\partial t} + \left[\frac{\partial}{r\partial r}(r\rho V_r) + \frac{\partial}{r\partial \theta}(\rho V_\theta) + \frac{\partial}{\partial z}(\rho V_z)\right] = 0 \tag{6-20}$$

或者

$$D\rho/Dt + \rho\left[\frac{\partial}{r\partial r}(rV_r) + \frac{\partial}{r\partial \theta}(V_\theta) + \frac{\partial}{\partial z}(V_z)\right] = 0 \tag{6-21}$$

对于定常流,则

$$\frac{\partial}{r\partial r}(r\rho V_r) + \frac{\partial}{r\partial \theta}(\rho V_\theta) + \frac{\partial}{\partial z}(\rho V_z) = 0 \qquad (6-22)$$

对于不可压缩流,则

$$\frac{\partial(rV_r)}{r\partial r} + \frac{\partial V_\theta}{r\partial \theta} + \frac{\partial V_z}{\partial z} = 0 \qquad (6-23)$$

为了加深大家对微分形式的连续方程物理意义的理解,下面我们再来介绍另外一种推导微分形式的连续方程的方法。

在充满流动流体的空间中取一个相对于坐标系位置固定不变的微元矩形六面体作为控制体,其棱边 dx、dy、dz 分别平行于坐标轴,如图 6-3 所示。现在根据质量守恒定律来建立通过控制面的流量与控制体内流体质量变化率之间的关系。

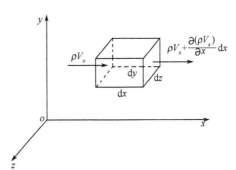

图 6-3

首先,我们来计算通过微元控制休表面的流体质量。设单位时间内,经过微元控制体左边界面单位面积上的沿 x 轴方向的质量为 (ρV_x),因为 ρ 和 V_x 是时间和坐标的连续函数,故它们的乘积 (ρV_x) 必然也是时间和坐标的连续函数。同时由于所取的是微元控制体,因此单位时间内流过右边界面单位面积上 x 向的质量可按泰勒公式求出,即等于

$$\rho V_x + \frac{\partial(\rho V_x)}{\partial x}dx$$

这样,单位时间内沿 x 轴方向经过 $(dydz)$ 表面净流出的质量为

$$\frac{\partial(\rho V_x)}{\partial x}dxdydz$$

同样,单位时间内沿 y 轴方向经过 $(dxdz)$ 表面净流出的质量为

$$\frac{\partial(\rho V_y)}{\partial y}dxdydz$$

单位时间内沿 z 轴方向经过 $(dxdy)$ 表面净流出的质量为

$$\frac{\partial(\rho V_z)}{\partial z}dxdydz$$

因此单位时间内从微元控制体净流出的质量为

$$\left[\frac{\partial(\rho V_x)}{\partial x} + \frac{\partial(\rho V_y)}{\partial y} + \frac{\partial(\rho V_z)}{\partial z}\right]dxdydz$$

由于流体不断从控制面流出,控制体内的流体必然不断减少,但控制体的体积固定不变,因而密度随之不断减小,其变化率为 $\left(-\frac{\partial \rho}{\partial t}\right)$,这样,单位时间内控制体内流体质量将减少

$$-\frac{\partial \rho}{\partial t}dxdydz$$

根据质量守恒原理，单位时间内净流出微元控制体的流体总质量应该等于控制体内流体质量的减少量，即

$$\left[\frac{\partial(\rho V_x)}{\partial x} + \frac{\partial(\rho V_y)}{\partial y} + \frac{\partial(\rho V_z)}{\partial z}\right]\mathrm{d}x\mathrm{d}y\mathrm{d}z = -\frac{\partial \rho}{\partial t}\mathrm{d}x\mathrm{d}y\mathrm{d}z$$

化简后得到

$$\frac{\partial \rho}{\partial t} + \frac{\partial}{\partial x}(\rho V_x) + \frac{\partial}{\partial y}(\rho V_y) + \frac{\partial}{\partial z}(\rho V_z) = 0$$

这就是直角坐标系中微分形式的连续方程式，它与(6-16)式完全一样。

对于圆柱坐标系，可在充满流动流体的空间中取一扇柱形微元控制体 $r\mathrm{d}r\mathrm{d}\theta\mathrm{d}z$，建立单位时间内流出控制体总质量的表达式，并令其等于控制体内流体质量的减少量，就能得到与(6-20)式完全一样的圆柱坐标系微分形式的连续方程式，这里不再详述。

最后，我们要强调指出，由于连续方程不牵涉到作用力的问题，故实际上它是一个运动学方程。因此，各种形式的连续方程式，不仅适用于无黏性理想流体的流动而且也适用于黏性流体的流动。另外，从上面各连续方程中我们可以清楚看出，连续方程规定了流场中密度和速度之间所应满足的关系，对于不可压均质流，由于密度保持不变，因此，连续方程规定了速度场中各速度分量所应满足的关系，这样，我们可以利用连续方程来判断给定的速度场在物理上是否可能的问题。下面我们举几个例子来说明这个问题。

[**例 6-2**] 已知一不可压缩流体流动的速度分布为

$$\boldsymbol{V} = 6(x+y^2)\boldsymbol{i} + (2y+z^3)\boldsymbol{j} + (x+y+4z)\boldsymbol{k}$$

试问这种流动是否连续？

解 从速度分布可知流动为定常流，另外流体为不可压流体，故要判断流动是否连续，可利用连续方程(6-19)。如果流动连续，则应满足连续方程，即

$$\frac{\partial V_x}{\partial x} + \frac{\partial V_y}{\partial y} + \frac{\partial V_z}{\partial z} = 0$$

现在有

$$\frac{\partial V_x}{\partial x} = 6, \quad \frac{\partial V_y}{\partial y} = 2, \quad \frac{\partial V_z}{\partial z} = 4$$

所以

$$\frac{\partial V_x}{\partial x} + \frac{\partial V_y}{\partial y} + \frac{\partial V_z}{\partial z} = 6 + 2 + 4 = 12 \neq 0$$

说明对应给定速度场的流动是不连续的。

[**例 6-3**] 试判断下面速度场是否属于不可压缩流体流动？

$$V_r = 2r\sin\theta\cos\theta, \quad V_\theta = 2r\cos^2\theta$$

解 如果属于不可压缩流体流动，则应满足连续方程(6-23)，即

$$\frac{\partial(rV_r)}{r\partial r} + \frac{\partial V_\theta}{r\partial \theta} + \frac{\partial V_z}{\partial z} = 0$$

上式可化成

$$\frac{V_r}{r} + \frac{\partial V_r}{\partial r} + \frac{\partial V_\theta}{r\partial \theta} + \frac{\partial V_z}{\partial z} = 0$$

现在有

$$\frac{\partial V_r}{\partial r} = 2\sin\theta\cos\theta, \quad \frac{\partial V_\theta}{\partial \theta} = -4r\cos\theta\sin\theta, \quad \frac{\partial V_z}{\partial z} = 0, \quad \frac{V_r}{r} = 2\sin\theta\cos\theta$$

将其代入上式,则有

$$\frac{V_r}{r} + \frac{\partial V_r}{\partial r} + \frac{\partial V_\theta}{r\partial \theta} + \frac{\partial V_z}{\partial z} = 0$$

所以说明该流场是属于不可压缩流体流动。

二、动量方程

动量方程是牛顿运动第二定律应用于运动流体的数学表达式。对于某瞬间占据空间固定体积 v 的流体所构成的体系,牛顿运动第二定律可描述为"体系所具有的动量对时间的变化率等于作用于该体系上所有外力的合力",即

$$\frac{\mathrm{D}}{\mathrm{D}t}\int_v \rho \boldsymbol{V}\mathrm{d}v = \Sigma \boldsymbol{F} \tag{6-24}$$

在第一章曾经指出,作用于体系上的外力有两种:一种叫彻体力,又叫质量力,如重力、电磁力以及非惯性坐标系中的惯性力,它是作用于体系内全部流体质量上并与质量成正比。如以 $\boldsymbol{R}$ 表示单位质量所受到的质量力,则作用于体系上质量力的合力为

$$\boldsymbol{F}_b = \int_v \boldsymbol{R}\rho \mathrm{d}v \tag{6-25}$$

另一种外力叫表面力,它是体系外的物质(包括流体与固体)通过直接接触的形式作用于体系表面上的力。表面力又分法向力和切向力。对于理想流体,切向黏性力为零,因此表面力仅由法向压力所引起。设单位面积上的法向力为 p,则作用于微元面积 $\mathrm{d}A$ 上的力为 $(-p\mathrm{d}A)$,加负号是由于压力指向内部,而面积的方向则指向外法线方向。作用于体系的表面总压力为

$$\boldsymbol{F}_s = \oint_A -p\mathrm{d}\boldsymbol{A} \tag{6-26}$$

把(6-25)式、(6-26)式代入(6-24)式,得到

$$\frac{\mathrm{D}}{\mathrm{D}t}\int_v \rho \boldsymbol{V}\mathrm{d}v = \int_v \boldsymbol{R}\rho \mathrm{d}v - \oint_A p\mathrm{d}\boldsymbol{A} \tag{6-27}$$

这就是体系的动量方程。下面我们把它转变成适用于控制体的形式。

(一)控制体的积分形式动量方程

利用雷诺输运公式(6-7),并令 $N = \int_v \rho \boldsymbol{V}\mathrm{d}v, \eta = \rho \boldsymbol{V}$,则(6-27)式可改写成

$$\int_v \frac{\partial (\rho \boldsymbol{V})}{\partial t}\mathrm{d}v + \oint_A (\boldsymbol{n}\cdot \boldsymbol{V})\rho \boldsymbol{V}\mathrm{d}A = \int_v \boldsymbol{R}\rho \mathrm{d}v - \oint_A p\mathrm{d}\boldsymbol{A} \tag{6-28}$$

这就是适用于控制体的积分形式的动量方程。方程式左边第一项表示控制体内流体所具有的动量随时间的变化率,对于定常流,这一项等于零。第二项表示穿过控制面的流体的动量通量,它等于单位时间内流出控制体的流体所带走的动量与流进控制体的流体所带进的动量之差。因此对于控制体而言,动量方程可陈述为"作用在控制体内物体上所有外力的合力等于单位时间内穿过控制面流出控制体的流体所带走的动量与流进控制体的流体所带进的动量之

差加上控制体内流体所具有的动量随时间的变化率"。

动量方程(6-28)是矢量形式,在进行具体计算时一般都是使用对应的三个分量形式,每一个分量都是相应于三个互相正交的坐标轴方向之一的独立关系式。因此为了得到动量方程的三个分量形式,只要将三个坐标轴的单位矢量分别与(6-28)式各项进行点乘,对于直角坐标系,这时有

$$\left.\begin{array}{l} \int_v \dfrac{\partial(\rho V_x)}{\partial t}dv + \oint_A \rho V_n V_x dA = -\oint_A p\cos(\boldsymbol{n},\boldsymbol{i})dA + \int_v X\rho dv \\[2mm] \int_v \dfrac{\partial(\rho V_y)}{\partial t}dv + \oint_A \rho V_n V_y dA = -\oint_A p\cos(\boldsymbol{n},\boldsymbol{j})dA + \int_v Y\rho dv \\[2mm] \int_v \dfrac{\partial(\rho V_z)}{\partial t}dv + \oint_A \rho V_n V_z dA = -\oint_A p\cos(\boldsymbol{n},\boldsymbol{k})dA + \int_v Z\rho dv \end{array}\right\} \quad (6-29)$$

动量方程的实际应用大多数是在于求对物体的作用力 $\boldsymbol{F}_e$。我们取控制体如图6-4所示,控制面由 A_1、A_2 和 A_3 组成。为方便起见,我们常把表面力分解成两部分:物体对控制体内流体的作用力 $(-\boldsymbol{F}_e)$ 和控制体外流体作用于控制面上的压强力 $-\int_{A_1} pd\boldsymbol{A}$。$A_2$ 控制面上的压强合力为零。因此今后求流体对物体的作用力时,所取控制体只要把物体包围在内即可,并且动量方程(6-24)可写成

$$\int_v \dfrac{\partial(\rho \boldsymbol{V})}{\partial t}dv + \oint_A (\boldsymbol{n}\cdot\boldsymbol{V})\rho \boldsymbol{V}dA \quad (6-30)$$
$$= (-\boldsymbol{F}_e) - \oint_A pd\boldsymbol{A} + \int_v \boldsymbol{R}\rho dv$$

式中,A 为包围物体的控制体表面积,相当于图6-4中的 A_1。

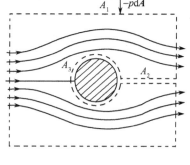

图6-4

把方程(6-30)写成分量形式,则有

$$\left.\begin{array}{l} \int_v \dfrac{\partial(\rho V_x)}{\partial t}dv + \oint_A \rho V_n V_x dA = (-F_e)_x - \int_A p\cos(\boldsymbol{n},\boldsymbol{i})dA + \int_v X\rho dv \\[2mm] \int_v \dfrac{\partial(\rho V_y)}{\partial t}dv + \oint_A \rho V_n V_y dA = (-F_e)_y - \int_A p\cos(\boldsymbol{n},\boldsymbol{j})dA + \int_v Y\rho dv \\[2mm] \int_v \dfrac{\partial(\rho V_z)}{\partial t}dv + \oint_A \rho V_n V_z dA = (-F_e)_z - \int_A p\cos(\boldsymbol{n},\boldsymbol{k})dA + \int_v Z\rho dv \end{array}\right\} \quad (6-31)$$

此处 X、Y、Z 为单位质量质量力在三个坐标轴上的分量。

当流动流体为气体时,质量力项往往可以忽略不计,这时(6-31)式可以简化为

$$\left.\begin{array}{l} \int_v \dfrac{\partial(\rho V_x)}{\partial t}dv + \oint_A \rho V_n V_x dA = (-F_e)_x - \int_A p\cos(\boldsymbol{n},\boldsymbol{i})dA \\[2mm] \int_v \dfrac{\partial(\rho V_y)}{\partial t}dv + \oint_A \rho V_n V_y dA = (-F_e)_y - \int_A p\cos(\boldsymbol{n},\boldsymbol{j})dA \\[2mm] \int_v \dfrac{\partial(\rho V_z)}{\partial t}dv + \oint_A \rho V_n V_z dA = (-F_e)_z - \int_A p\cos(\boldsymbol{n},\boldsymbol{k})dA \end{array}\right\} \quad (6-32)$$

应该指出,实际流体都是有黏性的,不过一般黏性系数都很小,因此当它绕物体流动时,在紧靠物体表面的附面层内必须考虑流体的黏性力,而在附面层外流体的流动仍可按无黏性流体处理。欲求实际流体与物体之间的作用力时,仍可应用动量方程(6-30)式及其分量式,不过这时方程式中的 F_e 是代表流体与物体之间法向力与剪切力的总合力。

此外,在应用积分形式的动量方程时,特别要记住,控制面 A 必须是封闭的。

下面举几个例子来说明动量方程的应用。

[例 6-4] 一均匀平行流流过翼型后,由于黏性影响会在翼型后缘后产生尾迹区,如果在离后缘一定距离处测得尾迹区的速度分布近似为

$$V = V_\infty \left[1 - 0.83\cos^2\left(\frac{\pi y}{c}\right)\right]$$

式中 V_∞ 为来流速度;c 为尾迹区在测量速度分布处的宽度,并且 $c=0.2b$,b 为翼型弦长,如图 6-5 所示。试求翼型的阻力系数 $c_x \left(c_x = X \Big/ \frac{1}{2}\rho V_\infty^2 b\right)$ 假设流动为不可压缩定常流。

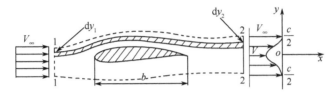

图 6-5

解 取控制体如图 6-5 所示,它由上、下两流线和垂直于流线的 1-1、2-2 截面所组成,控制面离翼型足够远,使得控制面上的压强都等于未受扰动气流的压缩 p_∞,速度大于除 2-2 截面上测定值外其余部分都等于来流气流的速度。令 x 轴与来流流动方向一致,利用动量方程(6-32)的第一分式来求翼型所受的阻力 X。由于流动为定常流,并且控制面上的压强都等于 p_∞,故有

$$\int_v \frac{\partial(\rho V_x)}{\partial t} = 0$$

$$\oint_A p\cos(\boldsymbol{n},\boldsymbol{i})\mathrm{d}A = 0$$

这时(6-32)式的第一式简化成

$$(\boldsymbol{F}_e)_x = X = -\oint_A \rho V_n V_x \mathrm{d}A$$

控制面两侧面为流线,不会有流体的流进或流出,因此只在 1-1 和 2-2 截面上才有动量的输送,由于 1-1、2-2 截面分别与该处气流流动速度垂直,故

$$X = 2\left[\int_0^{a/2} V_\infty(\rho V_\infty \mathrm{d}y_1) - \int_0^{c/2} V(\rho V \mathrm{d}y_2)\right]$$

此处 a 和 c 分别为 1-1、2-2 截面宽度,y_1 和 y_2 分别为 1-1、2-2 截面上沿流线法线方向上测量的坐标值。$\rho V\mathrm{d}y_2$ 表示穿过 $\mathrm{d}y_2$ 流出控制体的流量,$\rho V_\infty \mathrm{d}y_1$ 表示穿过 $\mathrm{d}y_1$ 流进控制体的流量。如果 $\mathrm{d}y_1$、$\mathrm{d}y_2$ 是这样选取,它们刚好是如图阴影部分所示流管的两个截面,则根据连续方程有

$$\rho V_\infty \mathrm{d}y_1 = \rho V \mathrm{d}y_2$$

因此
$$X = 2\int_0^{c/2} (V_\infty - V)\rho V \mathrm{d}y_2$$

翼型阻力系数根据定义为
$$C_x = X \Big/ \frac{\rho_\infty}{2} V_\infty^2 b$$

故
$$\begin{aligned}
C_x &= 4\int_0^{c/2} (V_\infty - V) V \mathrm{d}y_2 / V_\infty^2 b \\
&= 4\int_0^{0.1b} \left\{ V_\infty - V_\infty \left[1 - 0.83\cos^2\left(\frac{\pi y}{c}\right)\right]\right\} \left\{ V_\infty \left[1 - 0.83\cos^2\left(\frac{\pi y}{c}\right)\right]\right\} \mathrm{d}y_2 / V_\infty^2 b \\
&= \frac{4}{b} \times 0.83 \int_0^{0.1b} \left[\cos^2\left(\frac{\pi y}{c}\right) - 0.83\cos^4\left(\frac{\pi y}{c}\right)\right] \mathrm{d}y_2 = 0.063
\end{aligned}$$

[例 6 – 5] 如图 6 – 6 所示，装有导流叶片的小车以恒速 U 向前运动，导流叶片的折转角为 β，现在叶片受到从喷嘴喷出的速度为 V 的水流的冲击，若射流的质量力和所受黏性力可以忽略不计，试问当 U/V 为多大时，射流对小车的作功率最大？

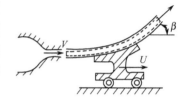

图 6 – 6

解 把坐标系固连在小车上，这样相对于这个动坐标系的流动是定常流，由于小车是恒速直线运动，故坐标系是惯性坐标系，仍可利用连续方程(6 – 10)和动量方程(6 – 32)来求水流对小车的作用力，不过要把公式中出现的速度都以相对速度代入。取控制体如图中虚线所示，由于相对流动是定常流，并且控制面上的压强都等于大气压强，故动量方程中的非定常项和压强项都等于零，故射流对叶片的作用力在 x 向的分量为

$$(\boldsymbol{F}_e)_x = -\oint_A \rho V_n V_x \mathrm{d}A = (\rho V_1 A_1) V_1 - (\rho V_2 A_2) V_2 \cos\beta$$

式中 V_1、V_2——叶片进出口截面上射流的相对速度；
A_1、A_2——进出口截面射流的截面积。

由于叶片进出口截面上射流压强都等于大气压强，并且质量力和黏性力都忽略不计，故根据第二章中的伯努利方程，叶片进出口截面上射流的速度应该相等，即 $V_1 = V_2$，另外根据连续方程，有

$$\rho V_1 A_1 = \rho V_2 A_2$$

并且
$$V_1 = V_2 = V - U$$

故
$$\begin{aligned}
(\boldsymbol{F}_e)_x &= \rho A_1 (V - U)^2 - \rho A_1 (V - U)^2 \cos\beta \\
&= \rho A_1 (V - U)^2 (1 - \cos\beta)
\end{aligned}$$

射流对小车的作功率为
$$N = (\boldsymbol{F}_e)_x U = \rho A_1 (V - U)^2 U (1 - \cos\beta)$$

设射流速度 V 保持不变,要求射流对小车的最大作功率,可令 $\frac{\partial N}{\partial U}=0$,则有

$$(V-U)^2 + U \times 2(V-U)(-1) = 0$$
$$(V-U)(V-U-2U) = 0$$

由此得到当 $U/V=\frac{1}{3}$ 时射流对小车的作功率最大,而当 $U/V=1$ 时射流对小车的作功率最小。

[**例 6-6**] 有一模型火箭如图 6-7 所示,它依靠上部的压缩空气将水从火箭底部喷管中压出从而产生推力。已知活塞的移动速度为 $V_p = V_0 - kt$,水室的内截面积是 A_p,收敛喷管的出口面积是 $A_e = A_p/2$,火箭的初始质量是 M_0,水的密度 ρ 为常数。假设压缩空气和无摩擦活塞的动量可以忽略不计,试确定固定火箭所需要的作用力 R 的表达式。

解 固定火箭所需要的力应与火箭所产生的推力大小相等,方向相反。我们可应用动量方程求出该作用力。为此取控制体如图中虚线所示,把整个火箭包围在内,坐标轴 y 轴竖直向上。对该控制体施用动量方程,动量方程(6-32)中的 y 轴分量式为

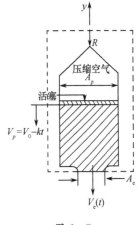

图 6-7

$$\int_v \frac{\partial(\rho V_y)}{\partial t}dv + \oint_A \rho V_n V_y dA = (-\boldsymbol{F}_e)_y - \oint_A p\cos(\boldsymbol{n},\boldsymbol{j})dA + \int_v Y\rho dv \tag{a}$$

(a)式中第一项为控制体内所有物质所具有 y 轴方向动量分量的时间变化率,当忽略压缩空气和无摩擦活塞的动量时它就等于火箭内水的动量的时间变化率,即

$$\int_v \frac{\partial}{\partial t}(\rho V_y)dv = \frac{\partial}{\partial t}\int_v \rho V_y dv = \frac{\partial}{\partial t}(-MV_p) = -M\frac{\partial V_p}{\partial t} - V_p\frac{\partial M}{\partial t} \tag{b}$$

此处假设火箭内水的质量近似等于火箭内水、空气和火箭壳体的总质量 M。(a)式中第二项为穿过控制面的动量通量,现在它就等于水通过喷管所带走的通量,由于水流方向与 y 轴方向相反,故

$$\oint_A \rho V_n V_y dA = -\rho A_e V_e^2 \tag{c}$$

(a)式中等号右边第一项为控制体内物体对流体的作用力在 y 轴方向的分量,它与流体对物体的作用力亦即火箭所产生的推力大小相等,方向相反,因而它就等于固定火箭所需要的力,即

$$(-\boldsymbol{F}_e)_y = -R \tag{d}$$

(a)式中等号右边第二项为作用在控制面上的压强力合力,由于作用在控制面上的压强都等于大气压强,因此其合力等于零,即

$$\oint_A p\cos(\boldsymbol{n},\boldsymbol{j})dA = 0 \tag{e}$$

(a)式中等号右边第三项为控制体内所有物质所受到质量力的合力,这里质量力是指重力,故

$$\int_v \rho Y \mathrm{d}v = -Mg \tag{f}$$

把(b)、(c)、(d)、(e)、(f)式代入(a)式,得到

$$-R - Mg = -M\frac{\partial V_p}{\partial t} - V_p \frac{\partial M}{\partial t} - \rho A_e V_e^2 \tag{g}$$

现在我们来求火箭的瞬时总质量 M 及其对时间的变化率,为此对上面所取控制体施用连续方程,得

$$\int_v \frac{\partial \rho}{\partial t}\mathrm{d}v + \oint_A \rho \boldsymbol{V} \cdot \boldsymbol{n}\mathrm{d}A = 0 \tag{h}$$

(h)式第一项可以写成

$$\int_v \frac{\partial \rho}{\partial t}\mathrm{d}v = \frac{\partial}{\partial t}\int_v \rho \mathrm{d}v = \frac{\partial M}{\partial t} \tag{i}$$

(h)式中第二项为

$$\oint_A \rho \boldsymbol{V} \cdot \boldsymbol{n}\mathrm{d}A = \rho V_e A_e \tag{j}$$

把(i)、(j)式代入(h)式,得

$$\frac{\partial M}{\partial t} = -\rho V_e A_e \tag{k}$$

根据质量守恒原理,通过火箭喷口排出的水流质量流量应该等于活塞下移运动时所排出的水的质量流量,即

$$\rho A_p V_p = \rho A_e V_e$$

因此

$$V_e = 2V_p = 2(V_0 - kt) \tag{l}$$

把(l)式代入(k)式,得

$$\frac{\partial M}{\partial t} = -2\rho(V_0 - kt)A_e \tag{m}$$

将(m)式进行积分,得

$$\int_{M_0}^M \mathrm{d}M = -\int_0^t 2\rho A_e (V_0 - kt)\mathrm{d}t$$

积分结果为

$$M = M_0 - 2\rho A_e \left(V_0 t - \frac{k}{2}t^2\right) \tag{n}$$

把(m)、(n)式代入(g)式,并解出 R,得

$$\begin{aligned} R &= M\frac{\partial V_p}{\partial t} + V_p \frac{\partial M}{\partial t} + \rho A_e V_e^2 - Mg = \left[M_0 - 2\rho A_e \left(V_0 t - \frac{k}{2}t^2\right)\right] \cdot (-k) \\ &\quad + (V_0 - kt)[-2\rho(V_0 - kt)A_e] + \rho A_e [4(V_0 - kt)^2] \\ &\quad - \left[M_0 - 2\rho A_e \left(V_0 t - \frac{k}{2}t^2\right)\right]g \\ &= -(g+k) \cdot \left[M_0 - 2\rho A_e \left(V_0 t - \frac{k}{2}t^2\right)\right] + 2\rho A_e (V_0 - kt)^2 \end{aligned}$$

(二) 微分形式的动量方程

1) 欧拉运动微分方程

为了得到微分形式的动量方程,可利用高斯散度定理把积分形式的动量方程(6-28)中的面积分项转换成体积分。这时压力项变为

$$-\oint_A p\mathrm{d}\mathbf{A} = -\int_v \nabla p \mathrm{d}v$$

动量通量项变为

$$\oint_A (\mathbf{n}\cdot\mathbf{V})\rho\mathbf{V}\mathrm{d}A = \int_v \nabla\cdot(\mathbf{V}\rho\mathbf{V})\mathrm{d}A = \int_v [\mathbf{V}(\nabla\cdot\rho\mathbf{V}) + \rho\mathbf{V}\cdot\nabla\mathbf{V}]\mathrm{d}v$$

将上述结果代入(6-28)式,则有

$$\int_v \frac{\partial(\rho\mathbf{V})}{\partial t}\mathrm{d}v + \int_v \mathbf{V}(\nabla\cdot\rho\mathbf{V})\mathrm{d}v + \int_v \rho\mathbf{V}\cdot\nabla\mathbf{V}\mathrm{d}v = -\int_v \nabla p\mathrm{d}v + \int_v \mathbf{R}\rho\mathrm{d}v$$

因为

$$\int_v \frac{\partial(\rho\mathbf{V})}{\partial t}\mathrm{d}v + \int_v \mathbf{V}(\nabla\cdot\rho\mathbf{V})\mathrm{d}v + \int_v \rho\mathbf{V}\cdot\nabla\mathbf{V}\mathrm{d}v$$

$$= \int_v \left[\rho\left(\frac{\partial\mathbf{V}}{\partial t} + \mathbf{V}\cdot\nabla\mathbf{V}\right) + \mathbf{V}\left(\frac{\partial\rho}{\partial t} + \nabla\cdot(\rho\mathbf{V})\right)\right]\mathrm{d}v = \int_v \rho\left(\frac{\partial\mathbf{V}}{\partial t} + \mathbf{V}\cdot\nabla\mathbf{V}\right)\mathrm{d}v$$

故有

$$\int_v \left[\rho\left(\frac{\partial\mathbf{V}}{\partial t} + \mathbf{V}\cdot\nabla\mathbf{V}\right) + \nabla p - \mathbf{R}\rho\right]\mathrm{d}v = 0$$

因为 v 是任意取的,且假定被积函数连续,由此可知,被积函数恒为零,即

$$\frac{\partial\mathbf{V}}{\partial t} + \mathbf{V}\cdot\nabla\mathbf{V} = \mathbf{R} - \frac{1}{\rho}\nabla p \tag{6-33}$$

这就是微分形式的动量方程式,又称理想流体欧拉运动微分方程式。

考虑到 $\left(\dfrac{\partial\mathbf{V}}{\partial t} + \mathbf{V}\cdot\nabla\mathbf{V}\right)$ 等于流体运动速度的随流导数,即流体运动的加速度,故欧拉运动微分方程还可写成

$$\frac{\mathrm{D}\mathbf{V}}{\mathrm{D}t} = \mathbf{R} - \frac{1}{\rho}\nabla p \tag{6-34}$$

欧拉运动微分方程式也可写成分量形式,在直角坐标系中为

$$\left.\begin{aligned}\frac{\partial V_x}{\partial t} + V_x\frac{\partial V_x}{\partial x} + V_y\frac{\partial V_x}{\partial y} + V_z\frac{\partial V_x}{\partial z} &= X - \frac{1}{\rho}\frac{\partial p}{\partial x} \\ \frac{\partial V_y}{\partial t} + V_x\frac{\partial V_y}{\partial x} + V_y\frac{\partial V_y}{\partial y} + V_z\frac{\partial V_y}{\partial z} &= Y - \frac{1}{\rho}\frac{\partial p}{\partial y} \\ \frac{\partial V_z}{\partial t} + V_x\frac{\partial V_z}{\partial x} + V_y\frac{\partial V_z}{\partial y} + V_z\frac{\partial V_z}{\partial z} &= Z - \frac{1}{\rho}\frac{\partial p}{\partial z}\end{aligned}\right\} \tag{6-35}$$

在圆柱坐标系中则为

$$\left.\begin{aligned}\frac{\partial V_r}{\partial t} + V_r\frac{\partial V_r}{\partial r} + V_\theta\frac{\partial V_r}{r\partial \theta} + V_z\frac{\partial V_r}{\partial z} - \frac{V_\theta^2}{r} &= R_r - \frac{1}{\rho}\frac{\partial p}{\partial r}\\ \frac{\partial V_\theta}{\partial t} + V_r\frac{\partial V_\theta}{\partial r} + V_\theta\frac{\partial V_\theta}{r\partial \theta} + V_z\frac{\partial V_\theta}{\partial z} + \frac{V_r V_\theta}{r} &= R_\theta - \frac{1}{\rho}\frac{\partial p}{r\partial \theta}\\ \frac{\partial V_z}{\partial t} + V_r\frac{\partial V_z}{\partial r} + V_\theta\frac{\partial V_z}{r\partial \theta} + V_z\frac{\partial V_z}{\partial z} &= R_z - \frac{1}{\rho}\frac{\partial p}{\partial z}\end{aligned}\right\} \quad (6-36)$$

为了加深大家对欧拉运动微分方程式物理意义的理解,下面我们再介绍另外一种推导欧拉运动微分方程的方法。

在运动流体中取一质量为 $\rho\delta x\delta y\delta z$ 的流体微元体,根据牛顿运动第二定律,有

$$(\delta x\delta y\delta z)\boldsymbol{F} = (\rho\delta x\delta y\delta z)\frac{\mathrm{D}\boldsymbol{V}}{\mathrm{D}t} \quad (6-37)$$

此处 $\boldsymbol{F}$ 是作用于单位体积流体微元体上的外力的合力。一般情况下,作用于流体微元体上的外力包括表面力和质量力,现在我们研究的是理想流体,黏性力忽略不计,故作用在流体微元体上的表面力只有压强力。流体微元体上所受的压强力如图 6-8 所示,沿 x 轴正方向压强力的合力为 $\left(-\frac{\partial p}{\partial x}\delta x\right)\delta y\delta z$,沿 y 轴正方向和 z 轴正方向则分别为 $\left(-\frac{\partial p}{\partial y}\delta y\right)\delta x\delta z$ 和 $\left(-\frac{\partial p}{\partial z}\delta z\right)\delta x\delta y$,此处 $\delta y\delta z$、$\delta x\delta z$ 和 $\delta x\delta y$ 分别表示立方体相应表面的面积。以矢量形式表示流体微元体所受压强力的总合力为

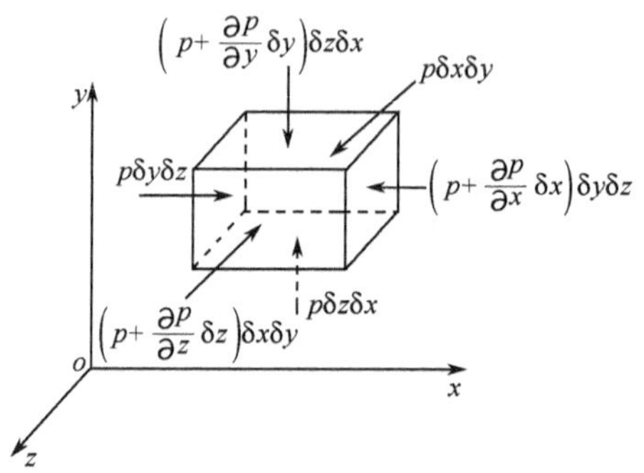

图 6-8

$$-\left(\boldsymbol{i}\frac{\partial p}{\partial x} + \boldsymbol{j}\frac{\partial p}{\partial y} + \boldsymbol{k}\frac{\partial p}{\partial z}\right)\delta x\delta y\delta z = -\nabla p\delta x\delta y\delta z$$

因此 $(-\nabla p)$ 代表单位体积流体微元体所受到的压强力的大小和方向。设单位质量流体微元体所受到的质量力为 $\boldsymbol{R}$,则流体微元体所受到的质量力为 $(\rho\delta x\delta y\delta z)\boldsymbol{R}$。因而作用在流体微元体上的所有外力的合力为

$$\delta x\delta y\delta z\boldsymbol{F} = (\rho\boldsymbol{R} - \nabla p)\delta x\delta y\delta z$$

将上式代入(6-37)式,整理后得到

$$\frac{\mathrm{D}\boldsymbol{V}}{\mathrm{D}t} = -\frac{1}{\rho}\nabla p + \boldsymbol{R}$$

这就是(6-34)式的理想流体欧拉运动微分方程式。

2) 葛罗米柯运动微分方程

利用矢量恒等式

$$(\boldsymbol{V}\cdot\nabla)\boldsymbol{V} = \nabla\left(\frac{V^2}{2}\right) - \boldsymbol{V}\times(\nabla\times\boldsymbol{V})$$

可把欧拉方程(6-33)改写成

$$\frac{\partial \boldsymbol{V}}{\partial t} + \nabla\left(\frac{V^2}{2}\right) - \boldsymbol{V}\times(\nabla\times\boldsymbol{V}) = -\frac{1}{\rho}\nabla p + \boldsymbol{R} \quad (6-38)$$

(6-38)式叫葛罗米柯运动微分方程。葛罗米柯运动微分方程的优点是把计及运动旋涡部分的一些项分离出来,因此,当研究无旋流动时,运动方程便大为简化。

把(6-38)式展开,在直角坐标系中的三个分量式为

$$\left. \begin{array}{l} \dfrac{\partial V_x}{\partial t} + \dfrac{\partial}{\partial x}\left(\dfrac{V^2}{2}\right) + 2(\omega_y V_z - \omega_z V_y) = -\dfrac{1}{\rho}\dfrac{\partial p}{\partial x} + X \\[2mm] \dfrac{\partial V_y}{\partial t} + \dfrac{\partial}{\partial y}\left(\dfrac{V^2}{2}\right) + 2(\omega_z V_x - \omega_x V_z) = -\dfrac{1}{\rho}\dfrac{\partial p}{\partial y} + Y \\[2mm] \dfrac{\partial V_z}{\partial t} + \dfrac{\partial}{\partial z}\left(\dfrac{V^2}{2}\right) + 2(\omega_x V_y - \omega_y V_x) = -\dfrac{1}{\rho}\dfrac{\partial p}{\partial y} + Z \end{array} \right\} \quad (6-39)$$

在圆柱坐标系中的三个分量式为

$$\left. \begin{array}{l} \dfrac{\partial V_r}{\partial t} + \dfrac{\partial}{\partial r}\left(\dfrac{V^2}{2}\right) + 2(\omega_\theta V_z - \omega_z V_\theta) = -\dfrac{1}{\rho}\dfrac{\partial p}{\partial r} + R_r \\[2mm] \dfrac{\partial V_\theta}{\partial t} + \dfrac{\partial}{r\partial \theta}\left(\dfrac{V^2}{2}\right) + 2(\omega_z V_r - \omega_r V_z) = -\dfrac{1}{\rho}\dfrac{\partial p}{r\partial \theta} + R_\theta \\[2mm] \dfrac{\partial V_z}{\partial t} + \dfrac{\partial}{\partial z}\left(\dfrac{V^2}{2}\right) + 2(\omega_r V_\theta - \omega_\theta V_r) = -\dfrac{1}{\rho}\dfrac{\partial p}{\partial z} + R_z \end{array} \right\} \quad (6-40)$$

3) 克罗克运动方程

克罗克运动方程是在葛罗米柯运动方程的基础上把焓梯度和熵梯度与旋涡量建立了联系,因此是分析理想气体多维流动非常有用的关系式。

对于理想气体,当忽略质量力时葛罗米柯运动方程为

$$\dfrac{\partial \boldsymbol{V}}{\partial t} + \nabla\left(\dfrac{V^2}{2}\right) - \boldsymbol{V} \times (\nabla \times \boldsymbol{V}) = -\dfrac{1}{\rho}\nabla p \quad (6-41)$$

对于匀质气体,不管过程是可逆还是不可逆的,从热力学中知道,热力参数之间存在如下关系

$$T\mathrm{d}s = \mathrm{d}h - \dfrac{1}{\rho}\mathrm{d}p \quad (6-42)$$

式中 s 和 h——熵和焓。

关系式(6-42)可用于直角坐标系三个方向的每一个方向上,即

$$\left. \begin{array}{l} T\dfrac{\partial s}{\partial x} = \dfrac{\partial h}{\partial x} - \dfrac{1}{\rho}\dfrac{\partial p}{\partial x} \\[2mm] T\dfrac{\partial s}{\partial y} = \dfrac{\partial h}{\partial y} - \dfrac{1}{\rho}\dfrac{\partial p}{\partial y} \\[2mm] T\dfrac{\partial s}{\partial z} = \dfrac{\partial h}{\partial z} - \dfrac{1}{\rho}\dfrac{\partial p}{\partial z} \end{array} \right\} \quad (6-43)$$

它的矢量形式为

$$T\nabla s = \nabla h - \dfrac{1}{\rho}\nabla p \quad (6-44)$$

将此关系式代入(6-41)式,消去压强项,得到

$$\dfrac{\partial \boldsymbol{V}}{\partial t} + \nabla\left(\dfrac{V^2}{2}\right) - \boldsymbol{V} \times (\nabla \times \boldsymbol{V}) = T\nabla s - \nabla h \quad (6-45)$$

根据定义,流动流体滞止焓为

$$h^* = h + \frac{V^2}{2}$$

对这个关系式进行微分,将结果写成梯度形式,有

$$\nabla h^* = \nabla h + \nabla\left(\frac{V^2}{2}\right) \tag{6-46}$$

将这个关系式代入(6-45)式,最后得到

$$\frac{\partial V}{\partial t} - V \times (\nabla \times V) = T\nabla s - \nabla h^* \tag{6-47}$$

这就是无黏性理想气体克罗克运动方程,通常称克罗克定理,它把流动气体在流场中每一点处的流动参数与热力参数建立了联系。

克罗克方程在直角坐标系中的三个分量式为

$$\left.\begin{array}{l}\dfrac{\partial V_x}{\partial t} + 2(\omega_y V_z - \omega_z V_y) = T\dfrac{\partial s}{\partial x} - \dfrac{\partial h^*}{\partial x} \\[6pt] \dfrac{\partial V_y}{\partial t} + 2(\omega_z V_x - \omega_x V_z) = T\dfrac{\partial s}{\partial y} - \dfrac{\partial h^*}{\partial y} \\[6pt] \dfrac{\partial V_z}{\partial t} + 2(\omega_x V_y - \omega_y V_x) = T\dfrac{\partial s}{\partial z} - \dfrac{\partial h^*}{\partial z}\end{array}\right\} \tag{6-48}$$

克罗克方程在圆柱坐标系中的三个分量式为

$$\left.\begin{array}{l}\dfrac{\partial V_r}{\partial t} + 2(\omega_\theta V_z - \omega_z V_\theta) = T\dfrac{\partial s}{\partial r} - \dfrac{\partial h^*}{\partial r} \\[6pt] \dfrac{\partial V_\theta}{\partial t} + 2(\omega_z V_r - \omega_r V_z) = T\dfrac{\partial s}{r\partial \theta} - \dfrac{\partial h^*}{r\partial \theta} \\[6pt] \dfrac{\partial V_z}{\partial t} + 2(\omega_r V_\theta - \omega_\theta V_r) = T\dfrac{\partial s}{\partial z} - \dfrac{\partial h^*}{\partial z}\end{array}\right\} \tag{6-49}$$

在定常流中,克罗克运动方程简化为

$$V \times (\nabla \times V) = \nabla h^* - T\nabla s \tag{6-50}$$

下面我们利用克罗克运动方程来分析几种与外界无机械功交换的理想气体定常绝热流的特殊情况。

(1) 均能流。

定常均能流是指整个流场滞止焓均匀分布,并且不随时间变化的流动。也就是说,$\nabla h^* = 0$。在这种情况下,流场中每一质点具有相同的滞止焓值,并且(6-50)式简化为

$$V \times (\nabla \times V) = -T\nabla s \tag{6-51}$$

因此,如果存在垂直于流线的熵梯度,那么这种均能流是有旋流。

超声速气流流过钝头物体产生脱体曲线激波时激波后的流动情况就是属于这种流动。因为波后不同流线上的熵值不同,存在熵梯度,但滞止焓仍保持不变,故流动从波前的均匀无旋流变成波后的有旋流。

均匀超声速气流穿过直斜激波时,这时流动仍然属于均能流,尽管波后气流的熵值比波前大,但波后各流线上的熵值仍保持相等,不存在熵梯度,因此,斜激波后的流动仍然是无旋流。

(2) 均熵流。

均熵流是指流场处处熵值相等的流动,亦即均熵流时$\nabla s = 0$。它与等熵流是完全不同的概

念,等熵流是指沿流线熵值保持不变的流动,但不同的流线可以有不同的熵值,因此等熵流时 $\frac{Ds}{Dt}=0$。

对于均熵流,克罗克运动方程简化为

$$V \times (\nabla \times V) = \nabla h^* \tag{6-52}$$

上式表明,如果存在滞止焓梯度,那么流动是有旋的。在大部分实际的气体流动中,滞止焓梯度的产生都伴随着熵梯度的形成,因此,(6-52)式所描述的流动实际意义很小。

(3) 均熵均能流。

整个流场熵与滞止焓都均匀分布的流动,称为均熵均能流,这时 $\nabla s = \nabla h^* = 0$,并且克罗克方程简化为

$$V \times (\nabla \times V) = 0 \tag{6-53}$$

对应于(6-53)式的流动可能有下面三种情况:

① $V = 0$,静止流场,无实际意义。

② $\nabla \times V = 0$,流动为无旋流。

③ $V // (\nabla \times V)$,即速度矢量与旋转角速度矢量平行,这样的运动称为螺旋运动。在二维流动中这种情况是不可能存在的,但在三维流动中有可能出现这种情况,在研究从有限翼展的机翼表面散出去的所谓自由旋涡时,就需要讨论这种螺旋运动。

由此可知,在二维流动中均熵均能流,一定是无旋流动,反之亦然。但在三维流动中,均熵均能流可能是无旋流,也可能是有旋流,取决于初始的流动情况。如果初始流动是无旋的,那么整个流动将保持为无旋的,如果初始流动是有旋的,根据凯尔文定理,流动将一直保持为有旋流,但旋转角速度矢量必须平行于速度矢。

(三) 运动微分方程的积分(伯努利方程)

理想流体运动微分方程式在一般情况下是不能进行积分的,只有在下列两种特殊流动情况下才能直接得到积分解,称之为伯努利方程,它在研究理想流体运动中具有重要意义。

1. 定常流动中运动微分方程沿流线的积分

对于理想流体定常流动,当考虑质量力时,欧拉运动微分方程式为

$$(V \cdot \nabla)V = -\frac{1}{\rho}\nabla p + R$$

为了沿流线积分,可以把 $dr = dx\boldsymbol{i} + dy\boldsymbol{j} + dz\boldsymbol{k}$ 与欧拉方程各项进行点乘,即

$$(V \cdot \nabla)V \cdot dr = -\frac{1}{\rho}\nabla p \cdot dr + R \cdot dr$$

将它们在直角坐标系中展开,有

$$\left(V_x\frac{\partial}{\partial x} + V_y\frac{\partial}{\partial y} + V_z\frac{\partial}{\partial z}\right)(V_x dx + V_y dy + V_z dz)$$

$$= -\frac{1}{\rho}\left(\frac{\partial p}{\partial x}dx + \frac{\partial p}{\partial y}dy + \frac{\partial p}{\partial z}dz\right) + (Xdx + Ydy + Zdz)$$

利用流线方程

$$\frac{V_x}{dx} = \frac{V_y}{dy}, \quad \frac{V_y}{dy} = \frac{V_z}{dz}, \quad \frac{V_z}{dz} = \frac{V_x}{dx}$$

并注意到

$$dp = \frac{\partial p}{\partial x}dx + \frac{\partial p}{\partial y}dy + \frac{\partial p}{\partial z}dz$$

$$dU = (Xdx + Ydy + Zdz)$$

可以将上式整理成

$$V_x\left(\frac{\partial V_x}{\partial x}dx + \frac{\partial V_x}{\partial y}dy + \frac{\partial V_x}{\partial z}dz\right) + V_y\left(\frac{\partial V_y}{\partial x}dx + \frac{\partial V_y}{\partial y}dy + \frac{\partial V_y}{\partial z}dz\right)$$
$$+ V_z\left(\frac{\partial V_z}{\partial x}dx + \frac{\partial V_z}{\partial y}dy + \frac{\partial V_z}{\partial z}dz\right) = -\frac{1}{\rho}dp + dU$$

由于

$$dV_x = \frac{\partial V_x}{\partial x}dx + \frac{\partial V_x}{\partial y}dy + \frac{\partial V_x}{\partial z}dz$$

$$dV_y = \frac{\partial V_y}{\partial x}dx + \frac{\partial V_y}{\partial y}dy + \frac{\partial V_y}{\partial z}dz$$

$$dV_z = \frac{\partial V_z}{\partial x}dx + \frac{\partial V_z}{\partial y}dy + \frac{\partial V_z}{\partial z}dz$$

故上式可以写成

$$V_x dV_x + V_y dV_y + V_z dV_z = -\frac{1}{\rho}dp + dU$$

即

$$d\left(\frac{V_x^2 + V_y^2 + V_z^2}{2}\right) = -\frac{1}{\rho}dp + dU$$

积分,得到

$$\int \frac{dp}{\rho} + \frac{V^2}{2} - U = 常数(沿流线) \tag{6-54}$$

这就是理想流体定常流动运动微分方程式沿流线积分时所得到的伯努利方程。式中常数称伯努利常数。由于上述积分是沿流线进行的,因此在同一条流线上,积分常数才相同,在不同流线上积分常数是可以变化的。

伯努利方程(6-54)中第一项当流体为正压流体时代表压强势能,第二项是动能,第三项是质量力势能,它们都是属于机械能,故三项之和代表单位质量流体在给定点处所具有的总机械能。所以伯努利方程说明,对于理想流体在有位势的质量力场作用下作定常正压运动时,单位质量流体的总机械能沿任意迹线或流线保持不变。

当质量力为重力,即 $U = -gz$ 时,伯努利方程(6-54)变成

$$\int \frac{dp}{\rho} + \frac{V^2}{2} + gz = 常数(沿流线) \tag{6-55}$$

它说明无黏性流体在重力场中作正压流动时,压强势能、动能和重力势能三者之和沿流线保持不变。

2. 无旋流动中运动微分方程的积分

在无旋流动中,流场中任一点处流体微团的旋转角速度都等于零,因此,在无旋流动中,葛罗米柯运动方程简化为

$$\frac{\partial \boldsymbol{V}}{\partial t} + \nabla\left(\frac{V^2}{2}\right) = \boldsymbol{R} - \frac{1}{\rho}\nabla p$$

与欧拉运动微分方程积分一样,也以 d$\boldsymbol{r}$ 与上式各项进行点乘,则有

$$\frac{\partial}{\partial t}(V_x \mathrm{d}x + V_y \mathrm{d}y + V_z \mathrm{d}z) + \mathrm{d}\left(\frac{V^2}{2}\right) = \mathrm{d}U - \frac{1}{\rho}\mathrm{d}p$$

由于流动为无旋流,故存在有速度势 ϕ,并且

$$\mathrm{d}\phi = V_x \mathrm{d}x + V_y \mathrm{d}y + V_z \mathrm{d}z$$

将其代入上式,并根据微商值与微分顺序无关的性质,则得

$$\mathrm{d}\left(\frac{\partial \phi}{\partial t}\right) + \mathrm{d}\left(\frac{V^2}{2}\right) = \mathrm{d}U - \frac{\mathrm{d}p}{\rho}$$

将其积分,最后得

$$\int \frac{\mathrm{d}p}{\rho} + \frac{V^2}{2} - U + \frac{\partial \phi}{\partial t} = C(t)\,(\text{整个流场}) \tag{6-56}$$

这就是非定常无旋流伯努利方程,也称为拉格朗日积分。与定常流沿流线伯努利方程相比,不仅等号左边多了一项非定常项 $\frac{\partial \phi}{\partial t}$,而且等号右边的常数是时间的函数,在同一瞬间整个流场上积分常数都相等,不同瞬间,积分常数具有不同的值。

当流动是定常无旋流时,伯努利方程与定常有旋流沿流线的伯努利方程形式上完全一样,只是积分常数性质不同,定常无旋流积分常数在整个流场都相等,但定常有旋流只是沿同一条流线积分常数才相等,不同流线上,积分常数一般是互不相同的。这说明,对于定常无旋流,整个流场上每单位质量流体所具有的总机械能处处相等。但是,对于定常有旋流,每单位质量流体所具有的总机械能只是沿同一条流线才保持不变,不同流线上流体所具有的总机械能一般是互不相同的。

当质量力为重力时,定常无旋流动伯努利方程为

$$\int \frac{\mathrm{d}p}{\rho} + \frac{V^2}{2} + gz = C(\text{整个流场}) \tag{6-57}$$

3. 几种特殊正压过程的伯努利方程

不可压缩流体流动、可压缩气体等温流动和等熵流动是几种最简单的正压流动过程,在这三种情况下,伯努利方程中的压强势能项可以进一步积分出来,并得到对应的伯努利方程,下面我们就来研究这三种情况下定常流时的伯努利方程。

(1)不可压缩流体流动。

由于 $\rho = $ 常数,故 $\int \frac{\mathrm{d}p}{\rho} = \frac{p}{\rho}$,当流动为定常流,且质量力为重力时,对应伯努利方程为

$$\frac{p}{\rho} + \frac{V^2}{2} + gz = \text{常数} \tag{6-58}$$

或者写成

$$\frac{p}{\gamma} + \frac{V^2}{2g} + z = \text{常数} \tag{6-59}$$

(6-59)式中每一项都具有长度的量纲,并且相应地称 p/γ 为压力头,$\frac{V^2}{2g}$ 为速度头和 z 为高度

头,三者之和称为水力头。积分常数对于定常有旋流时沿流线保持不变,而对于定常无旋流,则在整个流场中处处都相等。因此,(6-59)式说明,当流动为不可压缩流体定常有旋流时,沿流线压力头、速度头和高度头三者之和保持不变,而当流动是无旋流时,则在整个流场上压力头、速度头和高度头三者之和处处都相等。当理想流体流动起源于均匀流动区域或静止状态,也就是说起源于无旋流动状态。根据凯尔文定理,流动一定是无旋流,因此整个流场上压力头、速度头和高度头三者之和处处都相等。

(2) 可压缩流体等温定常流动。

当可压缩流体为完全气体时,根据完全气体状态方程,等温流动过程时 $p/\rho = C$,因此压强势能项为

$$\int_{p_0}^{p} \frac{\mathrm{d}p}{\rho} = \frac{p_0}{\rho_0} \ln \frac{p}{p_0}$$

此处下标"0"表示等温线上某任意点。这时若忽略质量力,我们可得到下列形式的伯努利方程

$$\frac{V^2}{2} + \frac{p_0}{\rho_0} \ln \frac{p}{p_0} = 常数 \tag{6-60}$$

当流动为等温过程时,一般情况下流体必然与外界有热量交换,从克罗克定理可以知道,这时流动一般总是有旋的,因此(6-60)式中的常数沿流线保持不变,不同流线一般具有不同值。

(3) 可压缩流体的等熵流动。

对于完全气体等熵过程方程为

$$p/\rho^k = C$$

因此,压强势能项为

$$\int_{p_0}^{p} \frac{\mathrm{d}p}{\rho} = \frac{k}{k-1} p_0/\rho_0 \left[\left(\frac{p}{p_0} \right)^{\frac{k-1}{k}} - 1 \right]$$

于是,我们可以得到下面形式的伯努利方程

$$\frac{V^2}{2} + \frac{k}{k-1} \frac{p_0}{\rho_0} \left[\left(\frac{p}{p_0} \right)^{\frac{k-1}{k}} - 1 \right] = 常数 \tag{6-61}$$

或者写成

$$\frac{V^2 - V_0^2}{2} + \frac{k}{k-1} \frac{p_0}{\rho_0} \left[\left(\frac{p}{p_0} \right)^{\frac{k-1}{k}} - 1 \right] = 0 \tag{6-61a}$$

此处脚标"0"表示等熵流动过程某一任意点。

(6-61)式中的常数只有当流动起源于均匀流动区域或静止状态因而流动为无旋流时才在整个流场上具有相同的值,一般情况下只是沿流线才具有相同的值。

三、动量矩方程

在研究流体通过叶轮机时参数的变化规律经常要用到动量矩方程。它是动量矩定理应用于流动流体的数学表达式。对于某瞬间占据空间体积 v 的流体所构成的体系,动量矩定理可叙述为"体系对某轴的动量矩的时间变化率等于作用在该体系上所有外力对于同一轴的力矩的总和",即

$$\Sigma \boldsymbol{F} \times \boldsymbol{r} = \frac{\mathrm{D}}{\mathrm{D}t} \int_v \rho(\boldsymbol{V} \times \boldsymbol{r}) \mathrm{d}v \tag{6-62}$$

式中 $\boldsymbol{r}$——由任一力矩中心发出的径矢。

考虑到外力包括质量力和表面力,因此对于理想流体,(6-62)式可改写成

$$\int_v \rho(\boldsymbol{R} \times \boldsymbol{r}) \mathrm{d}v - \oint_A p(\boldsymbol{n} \times \boldsymbol{r}) \mathrm{d}A = \frac{\mathrm{D}}{\mathrm{D}t} \int_v \rho(\boldsymbol{V} \times \boldsymbol{r}) \mathrm{d}v \tag{6-63}$$

(一) 控制体动量矩方程

现在我们把(6-63)式转变成适用于控制体的形式。由于动量矩本身也是一种随流物理量,为此可利用雷诺输运公式(6-7),并令 $N = \int_v \rho(\boldsymbol{V} \times \boldsymbol{r}) \mathrm{d}v, \eta = \rho(\boldsymbol{V} \times \boldsymbol{r})$,则有

$$\Sigma \boldsymbol{F} \times \boldsymbol{r} = \frac{\partial}{\partial t} \int_v \rho(\boldsymbol{V} \times \boldsymbol{r}) \mathrm{d}v + \oint_A \rho(\boldsymbol{V} \times \boldsymbol{r})(\boldsymbol{V} \cdot \boldsymbol{n}) \mathrm{d}A \tag{6-64}$$

(6-63)式则可写成

$$\int_v \rho(\boldsymbol{R} \times \boldsymbol{r}) \mathrm{d}v - \oint_A p(\boldsymbol{n} \times \boldsymbol{r}) \mathrm{d}A$$
$$= \frac{\partial}{\partial t} \int_v \rho(\boldsymbol{V} \times \boldsymbol{r}) \mathrm{d}v + \oint_A \rho(\boldsymbol{V} \times \boldsymbol{r})(\boldsymbol{V} \cdot \boldsymbol{n}) \mathrm{d}A \tag{6-65}$$

(6-64)式和(6-65)式都是适用于控制体的积分形式的动量矩方程,它表明作用在控制体内流体上的所有外力矩之和等于通过控制面的动量矩通量加上控制体内流体的动量矩随时间的变化率。

在叶轮机中,叶轮是绕固定轴(z 轴)旋转的,因此在分析流体在叶轮机通道中的流动与叶轮机的功率关系时,常用到对 z 轴的动量矩方程,在圆柱坐标系中动量矩方程的 z 轴分量式根据方程(6-64)可写成

$$M_z = \Sigma F_t r = \frac{\partial}{\partial t} \int_v \rho V_t r \mathrm{d}v + \oint_A \rho V_t r (\boldsymbol{V} \cdot \boldsymbol{n}) \mathrm{d}A \tag{6-66}$$

式中 M_z——外力对 z 轴的合力矩;

F_t 和 V_t——外力在切向的分量和切向分速度;

r——到 z 轴的垂直距离。

[例 6-7] 有一洒水器如图 6-9 所示,其管道内径保持不变,截面积为 A_0。设洒水器以 $t=0, \omega=0$ 开始洒水。单位时间的洒水量为 q,轴承和密封件的阻尼力矩 T_0 为常数,空洒水器的转动惯性矩为 I_s,试确定洒水器旋转角速度 ω 随时间 t 的变化关系以及洒水器的最终旋转角速度。

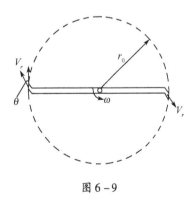

图 6-9

解 取控制体如图中虚线所示,把洒水器包围在内,取坐标系为固定不动的绝对坐标系。可利用动量矩方程(6-66)来确定洒水器的旋转角速度随时间 t 的变化关系,这时控制体内物质所具有动量矩的时间变化率,应该包括洒水器内的水所具有的动量矩的时间变化率与洒水器本身的动量矩的时间变化率两部分,即

$$\frac{\partial}{\partial t} \int_v \rho V_t r \mathrm{d}v = 2 \frac{\mathrm{d}}{\mathrm{d}t} \int_0^{r_0} \rho \omega r^2 A_0 \mathrm{d}r + I_s \frac{\mathrm{d}\omega}{\mathrm{d}t}$$

由于流体是沿旋转轴线方向流进洒水器,故其对旋转轴的动量矩为零。设 V_r 为水从洒水器喷出的速度,则 $V_r = q/2A_0$,故在绝对坐标系中流体通过控制面的动量矩通量为

$$\oint_A \rho V_t r(\boldsymbol{V} \cdot \boldsymbol{n}) \mathrm{d}A = -\frac{2\rho q r_0}{2}(V_r \cos\theta - \omega r_0) = -\rho q r_0 \left(\frac{q}{2A_0}\cos\theta - \omega r_0\right)$$

将它们代入(6-66)式,得到

$$-T_0 = 2\frac{\mathrm{d}}{\mathrm{d}t}\int_0^{r_0} A_0 \rho \omega r^2 \mathrm{d}r + I_s \frac{\mathrm{d}\omega}{\mathrm{d}t} - \rho q r_0\left(\frac{q}{2A_0}\cos\theta - \omega r_0\right)$$

整理后得到

$$\frac{\mathrm{d}\omega}{\mathrm{d}t}\left(I_s + \frac{2}{3}\rho A_0 r_0^3\right) = \rho q r_0\left(\frac{q}{2A_0}\cos\theta - \omega r_0\right) - T_0$$

从这个式子中可以看出,要使洒水器能开始旋转,则要求 $\rho q^2 r_0 \cos\theta/2A_0 > T_0$。解上述微分方程并将 $t=0$ 时 $\omega=0$ 的初始条件代入,即可求得 ω 随 t 的变化关系式为

$$\omega = \left(\frac{q\cos\theta}{2r_0 A_0} - \frac{T_0}{\rho q r_0^2}\right)\left(1 - e^{-\frac{\rho q r_0^2}{I_s + \frac{2}{3}\rho A_0 r_0^3}}\right)$$

欲求最终稳定旋转角速度,只要令 $\frac{\mathrm{d}\omega}{\mathrm{d}t}=0$,这时有

$$\rho q r_0\left(\frac{q}{2A_0}\cos\theta - \omega r_0\right) = T_0$$

求得

$$\omega = \frac{q\cos\theta}{2r_0 A_0} - \frac{T_0}{\rho q r_0^2}$$

四、能量方程

能量方程是热力学第一定律应用于流动流体时的数学表达式。对于某瞬间占据空间体积 v 的流体所构成的体系,热力学第一定律可表述如下:单位时间内外界传给体系的热量等于体系所储存的总能量的增加率加上体系对外界输出的功率,即

$$\frac{\delta\theta}{\mathrm{d}t} = \frac{\mathrm{D}E}{\mathrm{D}t} + \frac{\delta W}{\mathrm{d}t} \tag{6-67}$$

式中 $\frac{\delta\theta}{\mathrm{d}t} = \dot{Q}$——单位时间内外界传给体系的热量;

$\frac{\mathrm{D}E}{\mathrm{D}t}$——体系所储存总能量的增加率;

$\frac{\delta W}{\mathrm{d}t} = \dot{W}$——单位时间内体系对外界所作的功。

体系与外界的热量交换形式有热传导、对流、辐射以及燃烧等,本书不考虑详细的换热过程,因此只以 $\delta\theta$ 代表体系与外界的换热量,并规定外界向体系传热时,$\delta\theta$ 取正值。

体系所储存的总能量包括内能和动能。以 e 代表单位质量流体的储存能

$$e = u + \frac{V^2}{2}$$

则整个体系所具有储存能为

$$E = \int_v \rho \left(u + \frac{V^2}{2}\right) \mathrm{d}v$$

对于确定的体系,体系所具有总储存能随时间的变化率是一个随流导数,故总储存能的时间变化率以 $\frac{\mathrm{D}E}{\mathrm{D}t}$ 表示,即

$$\frac{\mathrm{D}E}{\mathrm{D}t} = \frac{\mathrm{D}}{\mathrm{D}t} \int_v \rho \left(u + \frac{V^2}{2}\right) \mathrm{d}v \tag{a}$$

体系对外界作功是通过体系克服外力产生运动而完成。由于外力有质量力和表面力,故体系对外界所作的功也分克服质量力所作的功和克服表面力所作的功两种。规定体系对外界作功取正值,而外界对体系作功取负值。设单位质量流体所受到的质量力为 R,则单位时间内作用于体系上的质量力对体系所作的功为

$$-\int_v \rho \boldsymbol{R} \cdot \boldsymbol{V} \mathrm{d}v \tag{b}$$

表面力所作的功一般情况下应包括克服作用于表面的法向力所作的功和克服作用于体系表面的剪切力所作的功两部分。现在我们这里所研究的是理想流体,不存在黏性剪切力,因而克服黏性剪切力所作的功为零。因此,表面力所作的功可以表示成

$$\oint_A p(\boldsymbol{n} \cdot \boldsymbol{V}) \mathrm{d}A = \oint_A \frac{p}{\rho} (\rho \boldsymbol{V} \cdot \boldsymbol{n}) \mathrm{d}A \tag{c}$$

积分号前未加负号是因为它是表示体系对外界所作的功,按规定应为正。把(a)、(b)、(c)式代入(6 – 67)式,则体系的能量方程可以写成

$$\dot{Q} = \int_v \frac{\mathrm{D}}{\mathrm{D}t} \rho \left(u + \frac{V^2}{2}\right) \mathrm{d}v - \int_v \rho \boldsymbol{R} \cdot \boldsymbol{V} \mathrm{d}v + \oint_A \frac{p}{\rho} (\rho \boldsymbol{V} \cdot \boldsymbol{n}) \mathrm{d}A \tag{6-68}$$

(一) 控制体的积分形式能量方程

现在把(6 – 68)式转换成适合于控制体的形式。由于在推导体系的能量方程时所取的体系是某瞬间占据固定空间体积 v 的流体,因此当取该空间体积 v 为控制体时,外界向体系传输的热量就等于同一瞬间外界向该控制体内的流体所传输的热量,体系克服外界施加的表面力和质量力所作的功也就是控制体内的流体克服外界所施加的表面力和质量力所作的功。

利用雷诺输运公式(6 – 7),并令 $N = \int_v \rho \left(u + \frac{V^2}{2}\right) \mathrm{d}v$,$\eta = \rho \left(u + \frac{V^2}{2}\right)$,则(6 – 68)式中控制体内流体所储存的能量随时间的变化率项可以写成

$$\frac{\mathrm{D}}{\mathrm{D}t} \int_v \rho \left(u + \frac{V^2}{2}\right) \mathrm{d}v = \int_v \frac{\partial}{\partial t} \left[\rho \left(u + \frac{V^2}{2}\right)\right] \mathrm{d}v + \oint_A \left(u + \frac{V^2}{2}\right)(\rho \boldsymbol{V} \cdot \boldsymbol{n}) \mathrm{d}A$$

设质量力有势,即 $\boldsymbol{R} = \nabla U$,因此作用于控制体内流体上的质量力在单位时间内所作的功为

$$-\int_v \rho \boldsymbol{R} \cdot \boldsymbol{V} \mathrm{d}v = -\int_v \nabla U \cdot \rho \boldsymbol{V} \mathrm{d}v = -\int_v \nabla \cdot (U \rho \boldsymbol{V}) \mathrm{d}v + \int_v U \nabla \cdot (\rho \boldsymbol{V}) \mathrm{d}v$$

将连续方程 $\nabla \cdot (\rho \boldsymbol{V}) = -\frac{\partial \rho}{\partial t}$ 代入上式,并利用高斯散度定理,则有

$$-\int_v \rho \boldsymbol{R} \cdot \boldsymbol{V} \mathrm{d}v = -\oint_A U(\rho \boldsymbol{V} \cdot \boldsymbol{n}) \mathrm{d}A - \int_v U \frac{\partial \rho}{\partial t} \mathrm{d}v$$

假定质量力势函数在固定点处不随时间而变化，即 $\frac{\partial U}{\partial t}=0$（一般情况下总是这样的），则上式可改写成

$$-\int_v \rho \boldsymbol{R} \cdot \boldsymbol{V} \mathrm{d}v = -\oint_A U(\rho \boldsymbol{V} \cdot \boldsymbol{n}) \mathrm{d}A - \int_v \frac{\partial(\rho U)}{\partial t} \mathrm{d}v$$

把上面所得到的有关关系式代入(6-68)式，整理后得到

$$\dot{Q} = \int_v \frac{\partial}{\partial t}\left[\rho\left(u + \frac{V^2}{2} - U\right)\right]\mathrm{d}v + \oint_A \left(u + \frac{V^2}{2} - U\right)(\rho \boldsymbol{V} \cdot \boldsymbol{n}) \mathrm{d}A + \oint_A p/\rho(\rho \boldsymbol{V} \cdot \boldsymbol{n}) \mathrm{d}A$$

把面积分项加以合并，则有

$$\dot{Q} = \int_v \frac{\partial}{\partial t}\left[\rho\left(u + \frac{V^2}{2} - U\right)\right]\mathrm{d}v + \oint_A \left(u + \frac{p}{\rho} + \frac{V^2}{2} - U\right)(\rho \boldsymbol{V} \cdot \boldsymbol{n}) \mathrm{d}A \qquad (6-69)$$

这就是适用于控制体的积分形式能量方程式。方程式中的面积分项的积分面积 A 是指整个控制表面，如图6-10所示，$A = A_1 + A_2$。其中 A_1 是由物体表面所组成。当物体为旋转机械时，旋转机械与流体之间的功量交换应包括在上述能量方程中的 $\oint_A \frac{p}{\rho}(\rho \boldsymbol{V} \cdot \boldsymbol{n}) \mathrm{d}A$ 项内，这时 $\oint_A \frac{p}{\rho}(\rho \boldsymbol{V} \cdot \boldsymbol{n}) \mathrm{d}A$ 可以写成

$$\oint_A \frac{p}{\rho}(\rho \boldsymbol{V} \cdot \boldsymbol{n}) \mathrm{d}A$$
$$= \oint_{A_1} \frac{p}{\rho}(\rho \boldsymbol{V} \cdot \boldsymbol{n}) \mathrm{d}A + \oint_{A_2} \frac{p}{\rho}(\rho \boldsymbol{V} \cdot \boldsymbol{n}) \mathrm{d}A$$

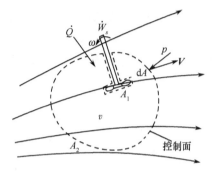

图 6-10

等式右边第一项代表旋转机械与流体的功量交换，为方便起见，以 $\dot{W}_s$ 表示。等式右边第二项表示控制体内的流体流动过程克服控制体外的流体作用于控制面上的压强力所作的流动功。因此可以把(6-69)式改写成

$$\dot{Q} = \int_v \frac{\partial}{\partial t}\left[\rho\left(u + \frac{V^2}{2} - U\right)\right]\mathrm{d}v + \oint_A \left(u + \frac{V^2}{2} - U\right) \cdot (\rho \boldsymbol{V} \cdot \boldsymbol{n}) \mathrm{d}A + \int_{A_2} \frac{p}{\rho}(\rho \boldsymbol{V} \cdot \boldsymbol{n}) \mathrm{d}A + \dot{W}_s$$

考虑到固体表面上不会产生流体的流进和流出，因此可以把上式写成

$$\dot{Q} = \int_v \frac{\partial}{\partial t}\left[\rho\left(u + \frac{V^2}{2} - U\right)\right]\mathrm{d}v + \oint_{A_{出}} \left(u + \frac{V^2}{2} + p/\rho - U\right)$$
$$\cdot (\rho \boldsymbol{V} \cdot \boldsymbol{n}) \mathrm{d}A - \int_{A_{进}} \left(u + \frac{V^2}{2} + p/\rho - U\right)(\rho \boldsymbol{V} \cdot \boldsymbol{n}) \mathrm{d}A + \dot{W}_s \qquad (6-70)$$

这是另一种形式的积分形式能量方程式，在研究流体通过涡轮机的流动时经常要用到它。它说明，单位时间内外界向控制体内的流体的加热量，应等于流体通过旋转机械对外界的作功率与通过控制面流体所净带走的总能量和控制体内流体所具有的能量的时间变化率三者之和。

注意到(6-69)式和(6-70)式的面积分项中总是同时出现比内能 u 和流动功 p/ρ，因此与一维流中的能量方程一样，可以用比焓来表示它们之和，这样(6-69)式和(6-70)式就变成

$$\dot{Q} = \int_v \frac{\partial}{\partial t}\left[\rho\left(u + \frac{V^2}{2} - U\right)\right]\mathrm{d}v + \oint_A \left(h + \frac{V^2}{2} - U\right)(\rho \boldsymbol{V} \cdot \boldsymbol{n}) \mathrm{d}A \qquad (6-69\text{a})$$

$$\dot{Q} = \int_v \frac{\partial}{\partial t}\left[\rho\left(u + \frac{V^2}{2} - U\right)\right]dv + \int_{A_{出}}\left(h + \frac{V^2}{2} - U\right)$$
$$\cdot (\rho \mathbf{V} \cdot \mathbf{n})dA - \int_{A_{进}}\left(h + \frac{V^2}{2} - U\right)(\rho \mathbf{V} \cdot \mathbf{n})dA + \dot{W}_s \quad (6-70\text{a})$$

请大家注意，(6-69a)式和(6-70a)式中只是面积分项含有比焓，而体积分项中却仍然为比内能，这是由于体积分项是表示控制体内流体所具有能量随时间的变化率，因而不包含有流动功。

当流动为定常流时，(6-69a)式和(6-70a)式中的体积分项都等于零，因此能量方程变成

$$\dot{Q} = \oint_A \left(h + \frac{V^2}{2} - U\right)(\rho \mathbf{V} \cdot \mathbf{n})dA$$

和 $$\dot{Q} = \int_{A_{出}}\left(h + \frac{V^2}{2} - U\right)(\rho \mathbf{V} \cdot \mathbf{n})dA - \int_{A_{进}}\left(h + \frac{V^2}{2} - U\right)(\rho \mathbf{V} \cdot \mathbf{n})dA + \dot{W}_s$$

如果质量力是重力，质量力势函数可以表示成 $U = -gz$，它表示单位质量流体所具有的势能，因此(6-69a)式和(6-70a)式可以写成

$$\dot{Q} = \int_v \frac{\partial}{\partial t}\left[\rho\left(u + \frac{V^2}{2} + gz\right)\right]dv + \oint_A \left(h + \frac{V^2}{2} + gz\right)(\rho \mathbf{V} \cdot \mathbf{n})dA \quad (6-71)$$

$$\dot{Q} = \int_v \frac{\partial}{\partial t}\left[\rho\left(u + \frac{V^2}{2} + gz\right)\right]dv + \int_{A_{出}}\left(h + \frac{V^2}{2} + gz\right)(\rho \mathbf{V} \cdot \mathbf{n})dA$$
$$- \int_{A_{进}}\left(h + \frac{V^2}{2} + gz\right)(\rho \mathbf{V} \cdot \mathbf{n})dA + \dot{W}_s \quad (6-72)$$

[**例6-8**] 有一容积为 v 的储气箱如图6-11所示，初始压强为 p_0、温度为 T_0，打开低压储箱阀门，周围压强为 p_a、温度为 T_a 的大气就不断流入储箱，直到箱内的压强达到指定值 p 为止，试求此时箱内的温度 T，设箱壁是绝热的。

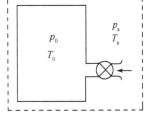

图6-11

解 箱中气体的温度取决于箱中气体能量的增加。取一大控制体如图6-11中虚线所示，把储箱完全包围在内，并对该控制体施用能量方程。由于控制体很大，故进入控制体的气体所具有的动能可以略去不计，控制面上温度即为大气温度，另外，控制体内气体与外界无功和热量交换，并且质量力可以忽略不计，故能量方程(6-70a)变成

$$\int_v \frac{\partial}{\partial t}(\rho u)dv - \int_{A_{进}} h(\rho \mathbf{V} \cdot \mathbf{n})dA = 0 \quad (\text{a})$$

空气可按定比热容完全气体处理，控制体内气体能量只有储箱内的气体能量发生变化，故(a)式可改写成

$$\frac{\partial}{\partial t}(\rho c_v T v) = \int_{A_{进}} c_p T_a (\rho \mathbf{V} \cdot \mathbf{n})dA \quad (\text{b})$$

对(b)式进行积分，得到

$$c_v v \int_{\rho_0 T_0}^{\rho T} d(\rho T) = c_p T_a \int_0^t \left[\int_{A_{进}}(\rho \mathbf{V} \cdot \mathbf{n})dA\right]dt \quad (\text{c})$$

(c)式等号左边积分结果为

$$v(\rho c_v T - \rho_0 c_v T_0) = v \frac{1}{k-1}(p - p_0) \tag{d}$$

它表示储箱内气体能量的增加。(c)式等号右边可通过对所取控制体施用连续方程求得。对所取控制体连续方程为

$$\int_v \frac{\partial \rho}{\partial t} dv - \int_{A_{进}} (\rho \boldsymbol{V} \cdot \boldsymbol{n}) dA = 0 \tag{e}$$

由于控制体中只有储箱内气体的质量发生变化,故(e)式可改写成

$$\frac{\partial}{\partial t}(\rho v) = \int_{A_{进}} (\rho \boldsymbol{V} \cdot \boldsymbol{n}) dA$$

进行积分后得

$$v(\rho - \rho_0) = \int_0^t \left[\int_{A_{进}} (\rho \boldsymbol{V} \cdot \boldsymbol{n}) dA \right] dt \tag{f}$$

故(c)式等号右边可写成

$$c_p T_a \int_0^t \left[\int_{A_{进}} (\rho \boldsymbol{V} \cdot \boldsymbol{n}) dA \right] dt = c_p T_a v(\rho - \rho_0) \tag{g}$$

它表示通过控制面流进的能量。因此(c)式变成

$$v \frac{1}{k-1}(p - p_0) = c_p T_a v(\rho - \rho_0)$$

整理后得到

$$\frac{T}{T_0} = \frac{k \dfrac{T_a}{T_0}}{1 + \left(k \dfrac{T_a}{T_0} - 1\right)\dfrac{p_0}{p}}$$

或写成

$$T = \frac{k T_a}{1 + \left(k \dfrac{T_a}{T_0} - 1\right)\dfrac{p_0}{p}}$$

这就是所要求的对应于储箱内气体压强为 p 时的温度,它与大气温度是不相同的。由此可见,这个流动过程和定常流动不同,在定常流中,气体停止下来时的温度总是恢复到原来的滞止温度。现在不论储箱进气进得多慢,储箱中的终了状态总不是定常流所达到的状态,因为在这种流动情况下,只有能量流进去,而没有相应的能量流出去。

(二) 微分形式的能量方程式

为了得到微分形式的能量方程,一种方法是利用高斯散度定理把适用于控制体的积分形式能量方程(6-69a)中的面积分项改成体积分,即

$$\oint_A \left(h + \frac{V^2}{2} - U\right)(\rho \boldsymbol{V} \cdot \boldsymbol{n}) dA = \int_v \nabla \cdot \left[\left(h + \frac{V^2}{2} - U\right)\rho \boldsymbol{V}\right] dv$$

这时能量方程(6-69a)变成

$$\dot{Q} = \int_v \frac{\partial}{\partial t}\left[\rho\left(u + \frac{V^2}{2} - U\right)\right] dv + \int_v \nabla \cdot \left[\left(h + \frac{V^2}{2} - U\right)\rho \boldsymbol{V}\right] dv \tag{6-73}$$

以 q 代表单位时间内外界对控制体内单位质量流体的加热量,则上式可写成

$$\int_v \left\{ \rho \dot{q} - \frac{\partial}{\partial t}\left[\rho\left(u + \frac{V^2}{2} - U\right)\right] - \nabla \cdot \left[\left(h + \frac{V^2}{2} - U\right)\rho V\right]\right\} dv = 0$$

由于积分体积 v 是任意取的,且假定积分号内的各参数都是连续的,因此被积函数必然等于零,即

$$\rho \dot{q} - \frac{\partial}{\partial t}\left[\rho\left(u + \frac{V^2}{2} - U\right)\right] - \nabla \cdot \left[\left(h + \frac{V^2}{2} - U\right)\rho V\right] = 0$$

由于

$$\frac{\partial}{\partial t}\left[\rho\left(u + \frac{V^2}{2} - U\right)\right] = \frac{\partial}{\partial t}\left[\rho\left(h + \frac{V^2}{2} - U\right)\right] - \frac{\partial p}{\partial t}$$

$$= \rho \frac{\partial}{\partial t}\left(h + \frac{V^2}{2} - U\right) + \left(h + \frac{V^2}{2} - U\right)\frac{\partial \rho}{\partial t} - \frac{\partial p}{\partial t}$$

$$\nabla \cdot \left[\left(h + \frac{V^2}{2} - U\right)\rho V\right] = \left(h + \frac{V^2}{2} - U\right)\nabla \cdot (\rho V) + \rho V \cdot \nabla\left(h + \frac{V^2}{2} - U\right)$$

把这两个关系式代入上式,整理后得到

$$\dot{q} = \frac{1}{\rho}\left(h + \frac{V^2}{2} - U\right)\left[\frac{\partial \rho}{\partial t} + \nabla \cdot (\rho V)\right] + \frac{\partial}{\partial t}\left(h + \frac{V^2}{2} - U\right)$$

$$+ V \cdot \nabla\left(h + \frac{V^2}{2} - U\right) - \frac{1}{\rho}\frac{\partial p}{\partial t}$$

注意到连续方程为

$$\frac{\partial \rho}{\partial t} + \nabla \cdot (\rho V) = 0$$

以及随流导数的表达式

$$\frac{D(\ )}{Dt} = \frac{\partial}{\partial t}(\ ) + V \cdot \nabla(\ )$$

最后得到

$$\dot{q} = \frac{D}{Dt}\left(h + \frac{V^2}{2} - U\right) - \frac{1}{\rho}\frac{\partial p}{\partial t} \tag{6-74}$$

这就是微分形式的能量方程。

如果质量力是重力,(6-74)式则变成

$$\dot{q} = \frac{D}{Dt}\left(h + \frac{V^2}{2} + gz\right) - \frac{1}{\rho}\frac{\partial p}{\partial t} \tag{6-75}$$

当流体流动过程与外界既无热量交换又无机械功输入输出时,并且流动为定常流,则(6-75)式简化为

$$\frac{D}{Dt}\left(h + \frac{V^2}{2} + gz\right) = 0 \tag{6-76}$$

根据随流导数的物理意义可知,上式表明在绝能定常流动过程中,单位质量流体所包含的焓值、动能与势能之和亦即具有的总能量将保持不变,即

$$h + \frac{V^2}{2} + gz = C(沿流线) \tag{6-77}$$

这个关系式与一维定常绝能流动能量方程式是完全一样的,不过要注意,在多维定常绝能

流动中流体所具有的总能量只是沿迹线保持不变,由于定常流迹线写流线重合,因此沿流线流体总能量亦保持不变。一般情况下,不同流线上流体所具有的总能量是不相同的,只有当起始点上流体所具有的总能量相等,那么在整个流场上,流体所具有的总能量才处处相等,这种流动叫均能流。

如果流动是非定常流,从(6-75)式可以看出,即使在流动过程中流体与外界无热量和机械功的交换,流体总能量仍然要发生变化,总能量的随流导数取决于压强的当地变化率。

下面我们再介绍另外一种推导微分形式的能量方程的方法。

在流场中取一矩形微元体 $\delta x \delta y \delta z$,如图 6-12 所示,对该微元体施用热力学第一定律。

设单位时间内外界加给单位质量流体的热量为 $\dot{q}$,则矩形微元体在单位时间内从外界吸收的热量为

$$\frac{\delta Q}{\mathrm{d}t} = (\rho \delta x \delta y \delta z) \dot{q}$$

矩形微元体所具有的储存能在运动过程中的变化率为

$$\frac{\mathrm{D}E}{\mathrm{D}t} = \frac{\mathrm{D}}{\mathrm{D}t}\left[\rho \delta x \delta y \delta z \left(u + \frac{V^2}{2}\right)\right]$$

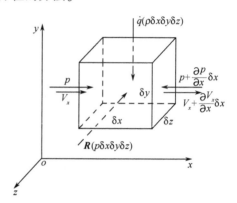

图 6-12

根据质量守恒原理,矩形微元体的质量在流运过程中是不会变化的,因此上式可写成

$$\frac{\mathrm{D}E}{\mathrm{D}t} = \rho \delta x \delta y \delta z \frac{\mathrm{D}}{\mathrm{D}t}\left(u + \frac{V^2}{2}\right)$$

作用在矩形微元体上的质量力为 $\boldsymbol{R}\rho\delta x\delta y\delta z$,设质量力有势,势函数为 U,则质量力可表示成 $\boldsymbol{R} = \nabla U$,因此作用在矩形微元体上的质量力的作功率为

$$-\nabla U \cdot \boldsymbol{V}\rho\delta x\delta y\delta z = \left(-\frac{\mathrm{D}U}{\mathrm{D}t} + \frac{\partial U}{\partial t}\right)\rho\delta x\delta y\delta z$$

设势函数的当地变化率为零,则

$$-\nabla U \cdot \boldsymbol{V}\rho\delta x\delta y\delta z = -\frac{\mathrm{D}U}{\mathrm{D}t}\rho\delta x\delta y\delta z$$

矩形微元体克服 x 向压强力对外作功率为

$$\left(p + \frac{\partial p}{\partial x}\delta x\right)\delta y \delta z \left(V_x + \frac{\partial V_x}{\partial x}\delta x\right) - p\delta y \delta z V_x$$

展开并略去高阶微量,得到微元体克服 x 向压强力对外作功率为

$$\frac{\partial}{\partial x}(pV_x)\delta x \delta y \delta z$$

考虑到矩形微元体同时还要克服 y 向和 z 向的压强力而对外作功,因此矩形微元体克服压强力对外的总作功率为

$$\left[\frac{\partial(pV_x)}{\partial x} + \frac{\partial(pV_y)}{\partial y} + \frac{\partial(pV_z)}{\partial z}\right]\delta x \delta y \delta z$$

因此矩形微元体对外界的总作功率为

$$\dot{W} = -\frac{DU}{Dt}\rho\delta x\delta y\delta z + \left[\frac{\partial(pV_x)}{\partial x} + \frac{\partial(pV_y)}{\partial y} + \frac{\partial(pV_z)}{\partial z}\right]\delta x\delta y\delta z$$

将上面所得到的矩形微元体与外界热量交换率、能量变化率及对外作功率的表达式代入热力学第一定律表达式,则有

$$\dot{q} = \frac{D}{Dt}\left(u + \frac{V^2}{2}\right) - \frac{DU}{Dt} + \frac{1}{\rho}\left[\frac{\partial(pV_x)}{\partial x} + \frac{\partial(pV_y)}{\partial y} + \frac{\partial(pV_z)}{\partial z}\right]$$

将上式等号右边第三项展开并加以整理,可得

$$\frac{1}{\rho}\left[\frac{\partial(pV_x)}{\partial x} + \frac{\partial(pV_y)}{\partial y} + \frac{\partial(pV_z)}{\partial z}\right]$$

$$= \frac{1}{\rho}\left(V_x\frac{\partial p}{\partial x} + V_y\frac{\partial p}{\partial y} + V_z\frac{\partial p}{\partial z}\right) + \frac{p}{\rho}\left(\frac{\partial V_x}{\partial x} + \frac{\partial V_y}{\partial y} + \frac{\partial V_z}{\partial z}\right)$$

$$= \frac{1}{\rho}\left(\frac{Dp}{Dt} - \frac{\partial p}{\partial t}\right) + \frac{p}{\rho}\left(-\frac{1}{\rho}\frac{D\rho}{Dt}\right)$$

$$= \frac{D}{Dt}\left(\frac{p}{\rho}\right) - \frac{1}{\rho}\frac{\partial p}{\partial t}$$

将这个结果代入上式,整理后得到

$$\dot{q} = \frac{D}{Dt}\left(h + \frac{V^2}{2} - U\right) - \frac{1}{\rho}\frac{\partial p}{\partial t}$$

这就是微分形式的能量方程(6-74)式。

五、熵方程

熵方程是热力学第二定律的数学表达式。对于体系而言,熵方程为

$$dS \geq \frac{\delta Q}{T} \tag{6-78}$$

式中等号对应于可逆过程,不等号对应于不可逆过程。

当把熵方程应用于某瞬间占据空间体积 v 的流体所组成的体系时,该体系所具有的熵值的时间变化率是一个随流导数,并且熵方程可写成

$$\frac{DS}{Dt} \geq \frac{\dot{Q}}{T} \tag{6-79}$$

式中　S——整个体系所具有的熵值;
　　　$\dot{Q}$——对于整个体系的加热率。

(一) 控制体的积分形式的熵方程

为了把体系的熵方程转变成控制体的熵方程,与推导其他控制体基本方程一样,可使用雷诺输运公式,并令 $N = \int_v \rho s dv$,$\eta = \rho s$,s 为控制体内单位质量流体所具有的熵值,这时(6-79)式变成

$$\int_v \frac{\partial(\rho s)}{\partial t}dv + \oint_A s(\rho \boldsymbol{V} \cdot \boldsymbol{n})dA \geq \frac{\dot{Q}}{T} \tag{6-80}$$

(6-80)式称为适用于控制体的积分形式的熵方程。

(二) 微分形式的熵方程

使用高斯散度定理,把(6-80)式的面积分项变成体积分,即

$$\oint_A s(\rho \boldsymbol{V} \cdot \boldsymbol{n}) \mathrm{d}A = \int_v \nabla \cdot (s\rho \boldsymbol{V}) \mathrm{d}v$$

将上式代入(6-80)式,并注意到 $\dot{Q} = \int_v \rho \dot{q} \mathrm{d}v$,则有

$$\int_v \left[\frac{\partial(\rho s)}{\partial t} + \nabla \cdot (s\rho \boldsymbol{V}) - \frac{\rho \dot{q}}{T} \right] \mathrm{d}v \geqslant 0$$

由于 v 是任意取的,并设被积函数在 v 内连续,故有

$$\frac{\partial(\rho s)}{\partial t} + \nabla \cdot (s\rho \boldsymbol{V}) \geqslant \frac{\rho \dot{q}}{T}$$

将上式展开,并将连续方程

$$\frac{\partial \rho}{\partial t} + \nabla \cdot (\rho \boldsymbol{V}) = 0$$

代入,整理后就得到微分形式的熵方程

$$\frac{\mathrm{D}s}{\mathrm{D}t} \geqslant \frac{\dot{q}}{T} \tag{6-81}$$

对于定常流,熵方程(6-81)式变成

$$(\boldsymbol{V} \cdot \nabla)s \geqslant \frac{\dot{q}}{T} \tag{6-82}$$

或者写成

$$V_x \frac{\partial s}{\partial x} + V_y \frac{\partial s}{\partial y} + V_z \frac{\partial s}{\partial z} \geqslant \frac{\dot{q}}{T} \tag{6-82a}$$

如果流动是定常绝热流,熵方程变成

$$V_x \frac{\partial s}{\partial x} + V_y \frac{\partial s}{\partial y} + V_z \frac{\partial s}{\partial z} \geqslant 0$$

对上式沿流线积分,则有

$$s_2 \geqslant s_1 \text{(沿流线)} \tag{6-83}$$

(6-83)式是定常绝热流动熵方程。

§6-3 可压缩理想流体动力学的基本方程组

可压缩理想流体动力学的基本方程组由连续方程、运动方程、能量方程、熵方程等基本方程以及声速方程、状态方程等辅助方程所组成,为使用方便,把它们抄录在下面并重新加以编号。

一、连续方程

矢量形式的连续方程为

$$\frac{\partial \rho}{\partial t} + \nabla \cdot (\rho \boldsymbol{V}) = 0 \tag{6-84}$$

或写成

$$\frac{D\rho}{Dt} + \rho \nabla \cdot \boldsymbol{V} = 0 \tag{6-84a}$$

它在直角坐标系中的展开式为

$$\frac{\partial \rho}{\partial t} + \frac{\partial(\rho V_x)}{\partial x} + \frac{\partial(\rho V_y)}{\partial y} + \frac{\partial(\rho V_z)}{\partial z} = 0 \tag{6-85}$$

它在圆柱坐标系中的展开式为

$$\frac{\partial \rho}{\partial t} + \frac{\partial(r\rho V_r)}{r\partial r} + \frac{\partial(\rho V_\theta)}{r\partial \theta} + \frac{\partial(\rho V_z)}{\partial z} = 0 \tag{6-86}$$

二、运动方程

（一）欧拉运动方程

矢量形式的欧拉运动方程为

$$\frac{\partial \boldsymbol{V}}{\partial t} + (\boldsymbol{V} \cdot \nabla)\boldsymbol{V} = \boldsymbol{R} - \frac{1}{\rho}\nabla p \tag{6-87}$$

它在直角坐标系的三个分量式为

$$\left.\begin{aligned}
\frac{\partial V_x}{\partial t} + V_x\frac{\partial V_x}{\partial x} + V_y\frac{\partial V_x}{\partial y} + V_z\frac{\partial V_x}{\partial z} &= X - \frac{1}{\rho}\frac{\partial p}{\partial x} \\
\frac{\partial V_y}{\partial t} + V_x\frac{\partial V_y}{\partial x} + V_y\frac{\partial V_y}{\partial y} + V_z\frac{\partial V_y}{\partial z} &= Y - \frac{1}{\rho}\frac{\partial p}{\partial y} \\
\frac{\partial V_z}{\partial t} + V_x\frac{\partial V_z}{\partial x} + V_y\frac{\partial V_z}{\partial y} + V_z\frac{\partial V_z}{\partial z} &= Z - \frac{1}{\rho}\frac{\partial p}{\partial z}
\end{aligned}\right\} \tag{6-88}$$

它在圆柱坐标系的三个分量式为

$$\left.\begin{aligned}
\frac{\partial V_r}{\partial t} + V_r\frac{\partial V_r}{\partial r} + V_\theta\frac{r\partial V_r}{r\partial \theta} + V_z\frac{\partial V_r}{\partial z} - \frac{V_\theta^2}{r} &= R_r - \frac{1}{\rho}\frac{\partial p}{\partial r} \\
\frac{\partial V_\theta}{\partial t} + V_r\frac{\partial V_\theta}{\partial r} + V_\theta\frac{\partial V_\theta}{r\partial \theta} + V_z\frac{\partial V_\theta}{\partial z} + \frac{V_r V_\theta}{r} &= R_\theta - \frac{1}{\rho}\frac{\partial p}{r\partial \theta} \\
\frac{\partial V_z}{\partial t} + V_r\frac{\partial V_z}{\partial r} + V_\theta\frac{\partial V_z}{r\partial \theta} + V_z\frac{\partial V_z}{\partial z} &= R_z - \frac{1}{\rho}\frac{\partial p}{\partial z}
\end{aligned}\right\} \tag{6-89}$$

（二）葛罗米柯运势方程的矢量式为

$$\frac{\partial \boldsymbol{V}}{\partial t} + \nabla\left(\frac{V^2}{2}\right) - \boldsymbol{V} \times (\nabla \times \boldsymbol{V}) = \boldsymbol{R} - \frac{1}{\rho}\nabla p \tag{6-90}$$

它在直角坐标系中的三个分量式为

$$\left.\begin{aligned}
\frac{\partial V_x}{\partial t} + \frac{\partial}{\partial x}\left(\frac{V^2}{2}\right) + 2(\omega_y V_z - \omega_z V_y) &= X - \frac{1}{\rho}\frac{\partial p}{\partial x} \\
\frac{\partial V_y}{\partial t} + \frac{\partial}{\partial y}\left(\frac{V^2}{2}\right) + 2(\omega_z V_x - \omega_x V_z) &= Y - \frac{1}{\rho}\frac{\partial p}{\partial y} \\
\frac{\partial V_z}{\partial t} + \frac{\partial}{\partial z}\left(\frac{V^2}{2}\right) + 2(\omega_x V_y - \omega_y V_x) &= Z - \frac{1}{\rho}\frac{\partial p}{\partial z}
\end{aligned}\right\} \tag{6-91}$$

它在圆柱坐标系中的三个分量式为

$$\left.\begin{array}{l}\dfrac{\partial V_r}{\partial t}+\dfrac{\partial}{\partial r}\left(\dfrac{V^2}{2}\right)+2(\omega_\theta V_z-\omega_z V_\theta)=R_r-\dfrac{1}{\rho}\dfrac{\partial p}{\partial r}\\[2mm]\dfrac{\partial V_\theta}{\partial t}+\dfrac{\partial}{r\partial\theta}\left(\dfrac{V^2}{2}\right)+2(\omega_z V_r-\omega_r V_z)=R_\theta-\dfrac{1}{\rho}\dfrac{\partial p}{r\partial\theta}\\[2mm]\dfrac{\partial V_z}{\partial t}+\dfrac{\partial}{\partial z}\left(\dfrac{V^2}{2}\right)+2(\omega_r V_\theta-\omega_\theta V_r)=R_z-\dfrac{1}{\rho}\dfrac{\partial p}{\partial z}\end{array}\right\} \quad (6-92)$$

(三) 克罗克运动方程

当作用于流体的质量力可以忽略时,克罗克运动方程的矢量式为

$$\dfrac{\partial \boldsymbol{V}}{\partial t}-\boldsymbol{V}\times(\nabla\times\boldsymbol{V})=T\nabla s-\nabla h^* \quad (6-93)$$

它在直角坐标系中的三个分量式为

$$\left.\begin{array}{l}\dfrac{\partial V_x}{\partial t}+2(\omega_y V_z-\omega_z V_y)=T\dfrac{\partial s}{\partial x}-\dfrac{\partial h^*}{\partial x}\\[2mm]\dfrac{\partial V_y}{\partial t}+2(\omega_z V_x-\omega_x V_z)=T\dfrac{\partial s}{\partial y}-\dfrac{\partial h^*}{\partial y}\\[2mm]\dfrac{\partial V_z}{\partial t}+2(\omega_x V_y-\omega_y V_x)=T\dfrac{\partial s}{\partial z}-\dfrac{\partial h^*}{\partial z}\end{array}\right\} \quad (6-94)$$

它在圆柱坐标系中的三个分量式为

$$\left.\begin{array}{l}\dfrac{\partial V_r}{\partial t}+2(\omega_\theta V_z-\omega_z V_\theta)=T\dfrac{\partial s}{\partial r}-\dfrac{\partial h^*}{\partial r}\\[2mm]\dfrac{\partial V_\theta}{\partial t}+2(\omega_z V_r-\omega_r V_z)=T\dfrac{\partial s}{r\partial\theta}-\dfrac{\partial h^*}{r\partial\theta}\\[2mm]\dfrac{\partial V_z}{\partial t}+2(\omega_r V_\theta-\omega_\theta V_r)=T\dfrac{\partial s}{\partial z}-\dfrac{\partial h^*}{\partial z}\end{array}\right\} \quad (6-95)$$

三、能量方程

无黏性可压缩流体能量方程的普遍式为

$$\dot{q}=\dfrac{\mathrm{D}}{\mathrm{D}t}\left(h+\dfrac{V^2}{2}-U\right)-\dfrac{1}{\rho}\dfrac{\partial p}{\partial t} \quad (6-96)$$

无黏性理想气体定常绝热流动时,能量方程为

$$(\boldsymbol{V}\cdot\nabla)\left(h+\dfrac{V^2}{2}\right)=0 \quad (6-97)$$

它在直角坐标系上的展开式为

$$V_x\dfrac{\partial h}{\partial x}+V_y\dfrac{\partial h}{\partial y}+V_z\dfrac{\partial h}{\partial z}+V_x\dfrac{\partial}{\partial x}\left(\dfrac{V^2}{2}\right)+V_y\dfrac{\partial}{\partial y}\left(\dfrac{V^2}{2}\right)+V_z\dfrac{\partial}{\partial z}\left(\dfrac{V^2}{2}\right)=0 \quad (6-98)$$

在圆柱坐标系上的展开式为

$$V_r\dfrac{\partial h}{\partial r}+\dfrac{V_\theta}{r}\dfrac{\partial h}{\partial\theta}+V_z\dfrac{\partial h}{\partial z}+V_r\dfrac{\partial}{\partial r}\left(\dfrac{V^2}{2}\right)+\dfrac{V_\theta}{r}\dfrac{\partial}{\partial\theta}\left(\dfrac{V^2}{2}\right)+V_z\dfrac{\partial}{\partial z}\left(\dfrac{V^2}{2}\right)=0 \quad (6-99)$$

四、熵方程

熵方程的普遍式为

$$\frac{\mathrm{D}s}{\mathrm{D}t} \geqslant \frac{\dot{q}}{T} \tag{6-100}$$

无黏性理想气体定常等熵流动时,熵方程为

$$(\boldsymbol{V} \cdot \nabla)s = 0 \tag{6-101}$$

它在直角坐标系上的展开式为

$$V_x \frac{\partial s}{\partial x} + V_y \frac{\partial s}{\partial y} + V_z \frac{\partial s}{\partial z} = 0 \tag{6-102}$$

它在圆柱坐标系上的展开式为

$$V_r \frac{\partial s}{\partial r} + \frac{V_\theta}{r} \frac{\partial s}{\partial \theta} + V_z \frac{\partial s}{\partial z} = 0 \tag{6-103}$$

五、声速方程

在可压缩流体流动中,声速 c 是一个很重要的物理量,因此我们把声速方程列为基本方程组中的辅助方程。声速方程为

$$c^2 = \left(\frac{\partial p}{\partial \rho}\right)_s \tag{6-104}$$

当无黏性理想流体定常绝热流动时,由于流动过程熵不变,故声速方程可写成

$$\mathrm{d}p = c^2 \mathrm{d}\rho \tag{6-105}$$

或

$$\nabla p = c^2 \nabla \rho \tag{6-106}$$

将其在直角坐标系中展开,则为

$$V_x \frac{\partial p}{\partial x} + V_y \frac{\partial p}{\partial y} + V_z \frac{\partial p}{\partial z} - c^2 \left(V_x \frac{\partial \rho}{\partial x} + V_y \frac{\partial \rho}{\partial y} + V_z \frac{\partial \rho}{\partial z} \right) = 0 \tag{6-107}$$

在圆柱坐标系中的展开式为

$$V_r \frac{\partial p}{\partial r} + \frac{V_\theta}{r} \frac{\partial p}{\partial \theta} + V_z \frac{\partial p}{\partial z} - c^2 \left(V_r \frac{\partial \rho}{\partial r} + \frac{V_\theta}{r} \frac{\partial \rho}{\partial \theta} + V_z \frac{\partial \rho}{\partial z} \right) = 0 \tag{6-108}$$

六、状态方程

状态方程的一般表达式为

$$T = T(p, \rho) \tag{6-109}$$

$$h = h(p, \rho) \tag{6-110}$$

上述函数关系在一般情况下是以图表形式表示的,只有在特殊情况下,才能以代数方程表示,例如,对于完全气体,状态方程为

$$p = \rho RT \tag{6-111}$$

$$h = c_p T \tag{6-112}$$

上面方程组的七个方程中包含有速度 $\boldsymbol{V}$、温度 T、压强 p、密度 ρ、焓 h、熵 s、声速 c 以及加热量 $\dot{q}$ 和质量力 $\boldsymbol{R}$(质量力势函数 U)。质量力一般都是已知的,例如在重力场中单位质量的质量力为重力加速度 $\boldsymbol{g}$。如果所研究的流体是气体,由于重力与其它作用力相比很小,而且所研

究的流场范围也有限,因此往往可以略去不计。对于加热率 $\dot{q}$,在解上述微分方程组之前,必须或者将它略去,或者将它用流动参数和其梯度来表示。因此,方程组七个方程中仅包含七个未知量: V、T、p、ρ、h、s 和 c,方程数目与欲求未知量数目相等,从理论上讲,我们有可能在某些给定的初始条件和边界条件下,通过解方程组,求得上述欲求的诸物理量。

§6-4 理想流体运动的初始条件和边界条件

由于所有可压缩理想流体的流动都必须满足上述动力学基本方程组,因此该微分方程组具有无穷多的解,要得到对应于给定流动的确定解,就需要引进补充的条件。补充条件有两类,一类叫初始条件,一类叫边界条件。

一、初始条件

初始条件就是给定初始瞬间($t=0$)流场中各物理量的分布规律,即

$$\left.\begin{array}{l} V_x(x,y,z,0) = f_1(x,y,z) \\ V_y(x,y,z,0) = f_2(x,y,z) \\ V_z(x,y,z,0) = f_3(x,y,z) \\ p(x,y,z,0) = f_4(x,y,z) \\ T(x,y,z,0) = f_5(x,y,z) \end{array}\right\} \tag{6-113}$$

其中 f_1、f_2、f_3、f_4 和 f_5 等都是已知的。不难看出,只有研究非定常流动时,初始条件才是必不可少的,当研究定常流时,初始条件则不必要也不能给出。

二、边界条件

边界条件是指流场边界上所应满足的条件。边界条件包括与力有关的动力学边界条件和与运动速度有关的运动学边界条件两种。

(一) 固体壁面上的运动学边界条件

当理想流体沿固体壁面流动时,一方面由于流体无黏性,因此可以沿固体壁面产生滑流,另一方面流体又不能穿过固体壁面,在无分离条件下,流体必须沿固体壁面流动。因此理想流体绕固体壁面流动时的运动学边界条件为流体相对于壁面的法向分速度等于零,其数学表达式为

$$(V_n)_b - (V_b)_n = 0 (沿壁面) \tag{6-114}$$

式中 $(V_n)_b$、$(V_b)_n$ ——壁面上各点处流体质点运动速度的法向分量和运动壁面在对应点处的法向分速度。

对于静止的固体壁面,由于 $(V_b)_n = 0$,因此,壁面上运动学边界条件为

$$(V_n)_b = 0 (沿壁面) \tag{6-115}$$

对于运动的固体壁面,则壁面上运动学边界条件为

$$(V_n)_b = (V_b)_n \tag{6-116}$$

如果已知壁面的方程为

$$f(x,y,z,t) = 0 \tag{6-117}$$

那么,(6-116)式还可以进一步以分析式来表示。设壁面上有一流体质点 $M(x,y,z,t)$,经过 $\mathrm{d}t$ 时间间隔后,该点移到了新位置 $M'(x+\mathrm{d}x,y+\mathrm{d}y,z+\mathrm{d}z,t+\mathrm{d}t)$,由于 M' 点仍在壁面上,故

壁面方程仍应满足,即

$$f(x+\mathrm{d}x, y+\mathrm{d}y, z+\mathrm{d}z, t+\mathrm{d}t) = 0$$

把函数 f 展开,只保留一阶微量,有

$$f(x,y,z,t) + \frac{\partial f}{\partial x}\mathrm{d}x + \frac{\partial f}{\partial y}\mathrm{d}y + \frac{\partial f}{\partial z}\mathrm{d}z + \frac{\partial f}{\partial t}\mathrm{d}t = 0$$

统除以 $\mathrm{d}t$,并注意到 $f(x,y,z,t)=0$,上式变成

$$\frac{\partial f}{\partial x}\frac{\mathrm{d}x}{\mathrm{d}t} + \frac{\partial f}{\partial y}\frac{\mathrm{d}y}{\mathrm{d}t} + \frac{\partial f}{\partial z}\frac{\mathrm{d}z}{\mathrm{d}t} + \frac{\partial f}{\partial t} = 0$$

因为

$$\frac{\mathrm{d}x}{\mathrm{d}t} = (V_x)_b, \quad \frac{\mathrm{d}y}{\mathrm{d}t} = (V_y)_b, \quad \frac{\mathrm{d}z}{\mathrm{d}t} = (V_z)_b$$

此处 $(V_x)_b$、$(V_y)_b$、$(V_z)_b$ 分别代表壁面上流体质点运动速度在三个坐标轴方向上的分量,故上式可改写成如下形式

$$(V_x)_b\frac{\partial f}{\partial x} + (V_y)_b\frac{\partial f}{\partial y} + (V_z)_b\frac{\partial f}{\partial z} = -\frac{\partial f}{\partial t} \tag{6-118}$$

对于静止固体壁面,这时 $\frac{\partial f}{\partial t}=0$,因此边界条件为

$$(V_x)_b\frac{\partial f}{\partial x} + (V_y)_b\frac{\partial f}{\partial y} + (V_z)_b\frac{\partial f}{\partial z} = 0 \tag{6-118a}$$

(二) 自由表面上的动力学边界条件

自由表面上流体的压强 p 应该等于外界流体在交界面处的压强 p_a,即

$$p = p_a \tag{6-119}$$

例如,当喷管出来的流体喷向大气时,在射流自由边界上的压强就等于大气压强。

(三) 无穷远处边界条件

一般是给定无穷远处流动的速度 V_∞、压强 p_∞ 和密度 ρ_∞。

§6-5 无旋流动的速度势方程

§6-3 中我们已经得出,无黏性可压缩流体定常绝热流动当忽略质量力时的基本方程组为

$$\left.\begin{array}{l}(\boldsymbol{V}\cdot\nabla)\rho + \rho\nabla\cdot\boldsymbol{V} = 0 \\ (\boldsymbol{V}\cdot\nabla)\boldsymbol{V} = -\dfrac{1}{\rho}\nabla p \\ (\boldsymbol{V}\cdot\nabla)\left(h+\dfrac{V^2}{2}\right) = 0 \\ (\boldsymbol{V}\cdot\nabla)s = 0 \\ \nabla p = c^2\nabla\rho \\ T = T(p,\rho) \\ h = h(p,\rho)\end{array}\right\} \tag{6-120}$$

方程组七个方程中包含有七个未知量：V、p、ρ、T、h、s、c，方程数目与未知量个数相等，因此，只要结合给定的边界条件，解该方程组，就能求得欲求的各参数。但是，并不是所有可压缩理想流体定常绝热流动问题都要从上述方程组出发加以求解，而可以根据具体的流动情况，对上述方程组进行组合，以减少方程组中方程的个数。对于无旋流动，我们就可以把连续方程、运动方程和声速方程加以合并，推导出所谓气体动力学方程，再根据无旋流动速度势的性质，把它转变成速度势方程。下面我们就来推导该方程。

把声速方程与速度 V 进行点乘，则有

$$V \cdot \nabla p = c^2 (V \cdot \nabla) \rho$$

但根据连续方程，有

$$(V \cdot \nabla) \rho = -\rho \nabla \cdot V$$

将其代入上式，得到

$$V \cdot \nabla p = -c^2 \rho \nabla \cdot V \tag{a}$$

当流动为定常无旋流动时葛罗米柯运动方程为

$$\nabla \left(\frac{V^2}{2} \right) = -\frac{1}{\rho} \nabla p$$

将速度矢与上式进行点乘，得到

$$(V \cdot \nabla) p + \rho (V \cdot \nabla) \left(\frac{V^2}{2} \right) = 0 \tag{b}$$

把(a)式代入(b)式，消去∇p，得到

$$(V \cdot \nabla) \left(\frac{V^2}{2} \right) - c^2 \nabla \cdot V = 0 \tag{6-121}$$

(6-121)式称为气体动力学方程。

把(6-121)式在直角坐标系中展开，得到

$$V_x \left(V_x \frac{\partial V_x}{\partial x} + V_y \frac{\partial V_y}{\partial x} + V_z \frac{\partial V_z}{\partial x} \right) + V_y \left(V_x \frac{\partial V_x}{\partial y} + V_y \frac{\partial V_y}{\partial y} + V_z \frac{\partial V_z}{\partial y} \right)$$
$$+ V_z \left(V_x \frac{\partial V_x}{\partial z} + V_y \frac{\partial V_y}{\partial z} + V_z \frac{\partial V_z}{\partial z} \right) - c^2 \left(\frac{\partial V_x}{\partial x} + \frac{\partial V_y}{\partial y} + \frac{\partial V_z}{\partial z} \right) = 0$$

将上式加以整理后得到

$$(V_x^2 - c^2) \frac{\partial V_x}{\partial x} + (V_y^2 - c^2) \frac{\partial V_y}{\partial y} + (V_z^2 - c^2) \frac{\partial V_z}{\partial z} + V_x V_y \left(\frac{\partial V_y}{\partial x} + \frac{\partial V_x}{\partial y} \right)$$
$$+ V_x V_z \left(\frac{\partial V_z}{\partial x} + \frac{\partial V_x}{\partial z} \right) + V_y V_z \left(\frac{\partial V_z}{\partial y} + \frac{\partial V_y}{\partial z} \right) = 0 \tag{6-122}$$

这是直角坐标系中的气体动力学方程。

无旋流动流场必然存在有速度势 $\phi(x,y,z)$，并且

$$V_x = \frac{\partial \phi}{\partial x} = \phi_x; \quad \frac{\partial V_x}{\partial x} = \frac{\partial^2 \phi}{\partial x^2} = \phi_{xx};$$

$$V_y = \frac{\partial \phi}{\partial y} = \phi_y; \quad \frac{\partial V_y}{\partial y} = \frac{\partial^2 \phi}{\partial y^2} = \phi_{yy};$$

$$V_z = \frac{\partial \phi}{\partial z} = \phi_z; \quad \frac{\partial V_z}{\partial z} = \frac{\partial^2 \phi}{\partial z^2} = \phi_{zz};$$

$$\frac{\partial V_x}{\partial y} = \frac{\partial^2 \phi}{\partial y \partial x} = \frac{\partial V_y}{\partial x} = \phi_{xy} = \phi_{yx};$$

$$\frac{\partial V_y}{\partial z} = \frac{\partial^2 \phi}{\partial z \partial y} = \frac{\partial V_z}{\partial y} = \phi_{yz} = \phi_{zy};$$

$$\frac{\partial V_z}{\partial x} = \frac{\partial^2 \phi}{\partial x \partial z} = \frac{\partial V_x}{\partial z} = \phi_{xz} = \phi_{zx} \tag{6-123}$$

将(6-123)式代入(6-122)式,最后得到无黏性理想流体定常绝热无旋流动的速度势方程为

$$\left(1 - \frac{\phi_x^2}{c^2}\right)\phi_{xx} + \left(1 - \frac{\phi_y^2}{c^2}\right)\phi_{yy} + \left(1 - \frac{\phi_z^2}{c^2}\right)\phi_{zz} - 2\frac{\phi_x \phi_y}{c^2}\phi_{xy} - 2\frac{\phi_y \phi_z}{c^2}\phi_{yz} - 2\frac{\phi_z \phi_x}{c^2}\phi_{zx} = 0$$
$$\tag{6-124}$$

(6-124)式是一个非线性偏微分方程,因为方程中各导数的系数是 V_x、V_y 和 V_z 的函数,也是声速 c 的函数。不过对于 ϕ 的最高阶导数,这里是二阶导数,则是线性的,因此,该方程又是一个拟线性偏微分方程。

对于不可压缩流体无旋流动,声速 $c \to \infty$,因此(6-124)式简化为

$$\phi_{xx} + \phi_{yy} + \phi_{zz} = 0 \tag{6-125}$$

这就是大家都熟悉的拉普拉斯方程,它也可以直接从不可压缩流体连续方程中导出。

把方程(6-121)在圆柱坐标系中展开,并利用圆柱坐标系中速度分量与速度势偏导数之间的关系以及无旋流动的关系式,就可得到圆柱坐标系中的速度势方程,这里我们略去具体推导过程,而直接给出如下结果

$$\left(1 - \frac{\phi_r^2}{c^2}\right)\phi_{rr} + \left(1 - \frac{\phi_\theta^2}{r^2 c^2}\right)\frac{\phi_{\theta\theta}}{r^2} + \left(1 - \frac{\phi_z^2}{c^2}\right)\phi_{zz} - 2\frac{\phi_r \phi_\theta}{r^2 c^2}\phi_{r\theta}$$
$$- 2\frac{\phi_\theta \phi_z}{r^2 c^2}\phi_{\theta z} - 2\frac{\phi_z \phi_r}{c^2}\phi_{zr} + \frac{\phi_r}{r}\left(1 + \frac{\phi_\theta^2}{r^2 c^2}\right) = 0 \tag{6-126}$$

式中

$$\phi_r = \frac{\partial \phi}{\partial r} = V_r; \quad \phi_{rr} = \frac{\partial^2 \phi}{\partial r^2} = \frac{\partial V_r}{\partial r};$$

$$\phi_\theta = \frac{\partial \phi}{\partial \theta} = rV_\theta; \quad \phi_{\theta\theta} = \frac{\partial^2 \phi}{\partial \theta^2} = r\frac{\partial V_\theta}{\partial \theta};$$

$$\phi_z = \frac{\partial \phi}{\partial z} = V_z; \quad \phi_{zz} = \frac{\partial^2 \phi}{\partial z^2} = \frac{\partial V_z}{\partial z};$$

$$\phi_{\theta z} = \phi_{z\theta} = \frac{\partial^2 \phi}{\partial \theta \partial z} = \frac{\partial^2 \phi}{\partial z \partial \theta} = \frac{\partial V_z}{\partial \theta} = \frac{\partial (rV_\theta)}{\partial z}$$

$$\phi_{rz} = \phi_{zr} = \frac{\partial^2 \phi}{\partial z \partial r} = \frac{\partial^2 \phi}{\partial r \partial z} = \frac{\partial V_r}{\partial z} = \frac{\partial V_z}{\partial r};$$

$$\phi_{\theta r} = \phi_{r\theta} = \frac{\partial^2 \phi}{\partial r \partial \theta} = \frac{\partial^2 \phi}{\partial \theta \partial r} = \frac{\partial V_r}{\partial \theta} = \frac{\partial}{\partial r}(rV_\theta) \qquad (6-127)$$

如果流动为轴对称流动,令 z 轴与主流动方向一致,这时 $V_\theta = \frac{\partial \phi}{r \partial \theta} = 0$,其它各参数对 θ 的偏导数亦为零,因此速度势方程可简化为

$$\left(1 - \frac{\phi_r^2}{c^2}\right)\phi_{rr} + \left(1 - \frac{\phi_z^2}{c^2}\right)\phi_{zz} - 2\frac{\phi_r \phi_z}{c^2}\phi_{rz} + \frac{\phi_r}{r} = 0 \qquad (6-128)$$

由此看出,圆柱坐标系中三维流动的速度势方程(6-126)和轴对称流动中的速度势方程(6-128)也都是二阶非线性偏微分方程。

有了速度势方程以后,我们研究无旋定常流动问题时,就不必再从原始的基本方程组出发,而可直接利用速度势方程,在给定的边界条件下求解该方程,求得势函数 ϕ 后,就可从势函数 ϕ 算出流场中每一点处的流动速度矢 V,然后利用能量方程、状态方程以及等熵过程关系式,算出压强 p、温度 T、密度 ρ 和马赫数 Ma 等参数在整个流场中的分布情况。但是,速度势方程是二阶非线性偏微分方程,除了某些特殊情况外,要求得满足给定边界条件下该方程的精确解是极其困难的。为此,在许多情况下我们要设法把非线性的速度势偏微分方程线性化,以求得问题的近似解。以后要讨论的小扰动理论,就是线性化速度势微分方程的常用手段。线性微分方程的特点在于它的解可以叠加。这样我们可以利用一些已知的简单解,用叠加的方法来建立满足给定边界条件的复杂解。线性化方法的近似程度可能完全符合实验或工程实际所需的精度要求,也可能与某些加了其它限制条件的问题的精度要求相一致。但是我们必须记住作了那些近似,以及这些近似的适用范围。另外,我们还可以利用高速电子计算机对速度势方程进行数值解,这种方法目前已得到广泛的应用。数值解的方法通常不能得到解析形式的结果,但它可得到精度比线性化解更高的结果。

§6-6 二维定常流动中的流函数和流函数方程

所谓二维流动是指流体的所有流动参数都只是空间两个坐标的函数,而与第三个坐标无关,如

$$V_x = V_x(x,y,t), \quad V_y = V_y(x,y,t), \quad p = p(x,y,t)$$
$$\vdots$$

或者

$$V_r = V_r(r,z,t), \quad V_z = V_z(r,z,t), \quad p = p(r,z,t)$$
$$\vdots$$

当流体沿垂直于轴线方向流过一无限长的圆柱体时,或流过一无限长机翼时就是属于二维平面流动。如果圆柱体或机翼不是无限长,会存在端部效应,不同截面的流动情况将不相同,这种流动就不是二维平面流动。流体沿管道作轴对称流动时,也是属于二维流动,这时的欧拉变数应是 r 与 z,而与 θ 无关。

二维定常流动中一定存在着流函数,并且运动方程可以以流函数表示,下面我们就分别进行讨论。

一、流函数及其性质

从数学中的曲线积分性质可知,如果规定区域内有两个函数 $M(x,y)$ 和 $N(x,y)$,而且 M、N 和 $\frac{\partial M}{\partial y}$、$\frac{\partial N}{\partial x}$ 在区域内都连续,那么该区域内存在点函数 $f(x,y)$,使

$$df(x,y) = Mdx + Ndy \tag{6-129}$$

的必要且充分的条件是

$$\frac{\partial M}{\partial y} = \frac{\partial N}{\partial x} \tag{6-130}$$

现在我们来研究二维定常流动情况。对于二维定常流动,在直角坐标系中其连续方程为

$$\frac{\partial(\rho V_x)}{\partial x} + \frac{\partial(\rho V_y)}{\partial y} = 0$$

将它改写成

$$\frac{\partial}{\partial x}\left(\frac{\rho}{\rho^*}V_x\right) + \frac{\partial}{\partial y}\left(\frac{\rho}{\rho^*}V_y\right) = 0 \tag{6-131}$$

或

$$\frac{\partial}{\partial x}\left(\frac{\rho}{\rho^*}V_x\right) = \frac{\partial}{\partial y}\left(-\frac{\rho}{\rho^*}V_y\right) \tag{6-131a}$$

将上式与(6-130)式进行比较,有

$$\left.\begin{array}{l} M = -\dfrac{\rho}{\rho^*}V_y \\[6pt] N = \dfrac{\rho}{\rho^*}V_x \end{array}\right\}$$

因此流场中也必然存在着一点函数 $\Psi(x,y)$,使

$$d\Psi = \frac{1}{\rho^*}(-\rho V_y dx + \rho V_x dy) \tag{6-132}$$

或者写成

$$\Psi(x,y) = \int \frac{1}{\rho^*}(-\rho V_y dx + \rho V_x dy) \tag{6-132a}$$

我们称点函数 $\Psi(x,y)$ 为流函数,(6-132)式和(6-132a)式就是流函数的定义式。式中 ρ^* 是表示等熵滞止密度,所以要引进 ρ^*,是为了使流函数 Ψ 与第五章中所介绍的无旋流动势函数具有相同的量纲。

在圆柱坐标系中,轴对称流动也是一种二维流动,当流动是定常流时,其连续方程为

$$\frac{\partial}{r\partial r}(r\rho V_r) + \frac{\partial}{\partial z}(\rho V_z) = 0$$

由于自变量 r 与 z 无关,所以可把上式改写成

$$\frac{\partial}{\partial r}(r\rho V_r) + \frac{\partial}{\partial z}(r\rho V_z) = 0 \tag{6-133}$$

或者

$$\frac{\partial}{\partial r}\left(-\frac{\rho}{\rho^*}V_r r\right) = \frac{\partial}{\partial z}\left(-\frac{\rho}{\rho^*}V_z r\right) \tag{6-133a}$$

显然,(6-133a)式也是存在流函数 $\Psi(r,z)$ 的必要且充分条件,故有

$$\mathrm{d}\Psi = \frac{1}{\rho^*}(\rho V_z r \mathrm{d}r - \rho V_r r \mathrm{d}z) \tag{6-134}$$

或者写成

$$\Psi(r,z) = \int \frac{1}{\rho^*}(\rho V_z r \mathrm{d}r - \rho V_r r \mathrm{d}z) \tag{6-134a}$$

对于不可压缩流体二维流动,不管流动是否为定常,其连续方程为

$$\frac{\partial V_x}{\partial x} + \frac{\partial V_y}{\partial y} = 0$$

上式可写成

$$\frac{\partial V_x}{\partial x} = \frac{\partial(-V_y)}{\partial y} \tag{6-135}$$

关系式(6-135)也是存在流函数 $\Psi(x,y,t)$ 的必要且充分条件,因此有

$$\mathrm{d}\Psi = -V_y \mathrm{d}x + V_x \mathrm{d}y \tag{6-136}$$

或者写成

$$\Psi(x,y,t) = \int -V_y \mathrm{d}x + V_x \mathrm{d}y \tag{6-136a}$$

其实不可压缩流体二维流动流函数的定义式可直接从可压缩流体流函数的定义式中得到,因为对于不可压缩流体流动,$\rho^* = \rho$,因而(6-132a)式就变成(6-136a)式。

从以上分析中可以看出,尽管不同的流动,流函数的形式可能不同,但是它们都是从连续方程出发来定义的。对于可压缩流体,存在流函数的充要条件是不仅要求流动是二维的,而且还要求流动是定常的,二者缺一不可。对于三维流或非定常流,连续方程无法满足存在流函数的充要条件。对于不可压缩流体,只要流动是二维的,就一定存在流函数,而不管流动是否是定常流;当流动是非定常流时,流函数是时间 t 的函数,因此,同一个流场,不同瞬间流函数是不相同的。由此可见,可压缩流体流函数存在的条件与第五章中所介绍的势函数存在的条件在流动是否为无旋流、是否为定常流和是否为二维流这三个方面刚好相反,势函数存在要求流动是无旋流,但流函数存在却可以是有旋流;势函数存在不要求流动为定常流但流函数存在却要求流动是定常流;势函数存在不限制在二维流但流函数存在却只限制在二维流。因此对于可压缩流体,只有二维定常无旋流动,才同时存在势函数和流函数。对于不可压缩流体,只要流动是二维无旋流,流场中就同时存在势函数和流函数。

下面我们来进一步分析流函数的性质。

(一) 流函数对坐标轴的偏导数与速度分量之间存在一定的关系

因为流函数的全微分为

$$\mathrm{d}\Psi(x,y) = \frac{\partial \Psi}{\partial x}\mathrm{d}x + \frac{\partial \Psi}{\partial y}\mathrm{d}y$$

将上式与关系式(6-132)相比,不难看出,对于可压缩流体二维定常流动,流函数对坐标轴的偏导数与速度分量之向存在有如下关系

$$\left.\begin{array}{l}\dfrac{\partial \Psi}{\partial x} = -\dfrac{\rho}{\rho^*}V_y \\ \dfrac{\partial \Psi}{\partial y} = \dfrac{\rho}{\rho^*}V_x \end{array}\right\} \quad (6-137)$$

对于不可压缩流体,由于密度在流动过程中保持不变,因此有如下简单的关系式

$$\left.\begin{array}{l}\dfrac{\partial \Psi}{\partial x} = -V_y \\ \dfrac{\partial \Psi}{\partial y} = V_x \end{array}\right\} \quad (6-138)$$

类似地,对于轴对称流动有

$$\left.\begin{array}{l}\dfrac{\partial \Psi}{\partial r} = \dfrac{1}{\rho^*}(\rho r V_z) \\ \dfrac{\partial \Psi}{\partial z} = -\dfrac{1}{\rho^*}(\rho r V_r) \end{array}\right\} \quad (6-139)$$

由于流函数与速度分量之间存在着上述的关系,因此在解决二维流动时很有用,因为如果我们能求得流动的流函数,那么就很容易求得流场的速度分布。而引进流函数之后,可以用一个流函数来代替两个速度分量的函数,从而使气动力方程组中方程的个数减少了一个,便于方程组的求解。这就是为什么在研究可压缩流体二维定常流时或不可压缩流体二维流动时要引进流函数的道理。

(二) 等流函数线就是流线

在第一章中我们已经介绍了流线微分方程式,对于二维流动,流线微分方程为

$$\dfrac{\mathrm{d}x}{V_x} = \dfrac{\mathrm{d}y}{V_y}$$

上式可以写成如下形式

$$-V_y \mathrm{d}x + V_x \mathrm{d}y = 0$$

把关系式(6-137)代入上式,则有

$$\dfrac{\rho^*}{\rho}\left(\dfrac{\partial \Psi}{\partial x}\mathrm{d}x + \dfrac{\partial \Psi}{\partial y}\mathrm{d}y\right) = 0$$

因为$\dfrac{\rho^*}{\rho}$永远不会等于零,故

$$\dfrac{\partial \Psi}{\partial x}\mathrm{d}x + \dfrac{\partial \Psi}{\partial y}\mathrm{d}y = 0$$

即

$$\mathrm{d}\Psi = 0$$

对上式进行积分,则得

$$\Psi = C$$

由此可见,在二维定常流中,流线即是等流函数线。当常数 C 取不同数值时,一组等流函数线便对应一簇流线。反过来也可以证明,等流函数方程即是流线方程,它们完全是等价的,只是

形式不同而已。但是应该注意,等流函数线存在的条件是二维定常流,而流线的存在却不受此限制。流线等于等流函数线的前提是二维定常流。

(三) 等流函数线与等势线正交

在二维定常无旋流场中,同时存在着势函数和流函数,如果令 $\phi(x,y)=C_1$, $\Psi(x,y)=C_2$,并且 C_1、C_2 分别给定一组数,就得到一簇等势线和等流函数线。下面我们来证明等势线与等流函数线正交。

因为在二维定常流场中,有

$$d\Psi = \frac{\rho}{\rho^*}(V_x dy - V_y dx)$$

沿等流函数线,即沿流线时 $\Psi=C$,故

$$d\Psi = \frac{\rho}{\rho^*}(V_x dy - V_y dx) = 0$$

故等流函数线亦即流线的斜率为

$$\left(\frac{dy}{dx}\right)_{\Psi=C} = \frac{V_y}{V_x} \tag{a}$$

另一方面,在二维定常无旋流场中,有

$$d\phi = V_x dx + V_y dy$$

沿等势线,$\phi=C$,则

$$d\phi = V_x dx + V_y dy = 0$$

所以等势线的斜率为

$$\left(\frac{dy}{dx}\right)_{\phi=C} = -\frac{V_x}{V_y} \tag{b}$$

把关系式(a)与关系式(b)相乘,得到

$$\left(\frac{dy}{dx}\right)_{\Psi=C}\left(\frac{dy}{dx}\right)_{\phi=C} = -1$$

从而证明了等势线与等流函数线互相垂直,换言之,等势线与等流函数线构成正交网格,如图 6-13 所示。

(四) 流场中任意两点的流函数数值之差,与通过连结这两点的任意曲线的质量流量成正比

参看图 6-14,将流场中任意两点用一任意曲线 AB 连接起来,假定整个流场厚度为 1,我

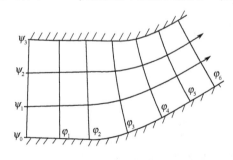

图 6-13

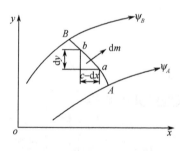

图 6-14

们来计算通过该曲线的流量。为此在曲线 AB 之间取出一微元段 ab，并且与 ca、cb 构成微元控制体。设从 ab 流出的流量为 $\mathrm{d}\dot{m}$，而从 ca 和 cb 流进的流量分别为 $\rho V_y(-\mathrm{d}x)$ 和 $\rho V_x \mathrm{d}y$，所以要在 $\mathrm{d}x$ 前加负号，是由于从 a 到 c 是在负 x 方向上。由于流动是定常流，所以从 ab 流出的流量必等于从 ca 和 cb 流进的流量，即

$$\mathrm{d}\dot{m} = -\rho V_y \mathrm{d}x + \rho V_x \mathrm{d}y$$

利用关系式(6-137)，上式可化成

$$\mathrm{d}\dot{m} = \rho^* \left(\frac{\partial \Psi}{\partial x}\mathrm{d}x + \frac{\partial \Psi}{\partial y}\mathrm{d}y \right) = \rho^* \mathrm{d}\Psi$$

积分，得到

$$\dot{m} = \int_A^B \rho^* \mathrm{d}\Psi = \rho^* (\Psi_B - \Psi_A) \tag{6-140}$$

上式 $\dot{m}$ 代表通过曲线 AB 的流量，可见对于可压缩流体的二维定常流，任意两点的流函数数值之差，与通过连接这两点的任意曲线的质量流量成正比。

对于不可压缩流体的二维流动，可以证明，流场中任意两点流函数数值之差，等于通过连接这两点的任意曲线的容积流量。

[例 6-9] 试证明在极坐标系中，不可压缩流体流函数的两个偏导数与速度分量之间存有如下关系式

$$V_r = \frac{1}{r}\frac{\partial \Psi}{\partial \theta}$$

$$V_\theta = -\frac{\partial \Psi}{\partial r}$$

证 在极坐标系中不可压缩流体的连续方程为

$$\frac{\partial(rV_r)}{r\partial r} + \frac{\partial V_\theta}{r\partial \theta} = 0$$

将上式改写成

$$\frac{\partial(rV_r)}{\partial r} = -\frac{\partial V_\theta}{\partial \theta}$$

该式即为存在流函数 $\Psi(r,\theta)$ 的必要且充分条件，故有

$$\mathrm{d}\Psi = rV_r \mathrm{d}\theta - V_\theta \mathrm{d}r \tag{1}$$

但

$$\mathrm{d}\Psi = \frac{\partial \Psi}{\partial r}\mathrm{d}r + \frac{\partial \Psi}{\partial \theta}\mathrm{d}\theta \tag{2}$$

比较(1)、(2)两式，即证得

$$V_r = \frac{1}{r}\frac{\partial \Psi}{\partial \theta}$$

$$V_\theta = -\frac{\partial \Psi}{\partial r}$$

另外一种证法是把欲证的关系式直接代入极坐标系连续方程，这时有

$$\frac{1}{r^2}\frac{\partial\Psi}{\partial\theta} + \frac{1}{r}\frac{\partial^2\Psi}{\partial r\partial\theta} - \frac{1}{r^2}\frac{\partial\Psi}{\partial\theta} - \frac{1}{r}\frac{\partial^2\Psi}{\partial r\partial\theta} = 0$$

说明给定关系式满足连续方程式,从而证明给定关系式成立。

[例 6-10] 有一二维不可压流,其流函数为

$$\Psi = x^2 + 2y$$

(1)试求在点(2,3)处流体流动的速度值及其方向。(2)试求点(2,3)处的速度矢量在与 x 轴正方向成 30°夹角方向上的分量。

解 (1)利用关系式(6-138),有

$$V_x = \frac{\partial\Psi}{\partial y} = 2$$

$$V_y = -\frac{\partial\Psi}{\partial x} = -2x$$

故对应给定流函数速度场的一般表达式为

$$V = 2i - 2xj$$

在点(2,3)处的速度为

$$V = 2i - 4j$$

因此在点(2,3)处的速度值为

$$V = \sqrt{V_x^2 + V_y^2} = \sqrt{2^2 + (-4)^2} = 4.472$$

设速度矢与 x 轴正方向的夹角为 α,则有

$$\tan\alpha = \frac{V_y}{V_x} = \frac{-4}{2} = -2$$

所以
$$\alpha = 63.43°$$

(2)当已知流场坐标方向速度分量而要求任意方向速度分量时,可利用如下关系式

$$V_s = V_x\cos(s,x) + V_y\cos(s,y)$$

故有
$$V_s = 2\cos 30° - 4\cos 60° = -0.267$$

[例 6-11] 有一二维不可压流,其速度分量为

$$V_x = 2x, \quad V_y = -6x - 2y$$

试问这种流动是否满足连续方程?若满足连续方程,试求流动的流函数。

解 不可压缩流体二维平面流动的连续方程为

$$\frac{\partial V_x}{\partial x} + \frac{\partial V_y}{\partial y} = 0$$

现在已知
$$V_x = 2x, V_y = -6x - 2y$$

因此有
$$\frac{\partial V_x}{\partial x} = 2, \quad \frac{\partial V_y}{\partial y} = -2$$

二者相加,得到

$$\frac{\partial V_x}{\partial x} + \frac{\partial V_y}{\partial y} = 0$$

说明给定的速度场满足连续方程。

现在求对应于给定速度场的流函数。

$$\mathrm{d}\Psi(x,y) = \frac{\partial \Psi}{\partial x}\mathrm{d}x + \frac{\partial \Psi}{\partial y}\mathrm{d}y$$

故有
$$\Psi(x,y) = \int \frac{\partial \Psi}{\partial x}\mathrm{d}x + f(y) = \int -V_y\mathrm{d}x + f(y)$$
$$= \int (6x + 2y)\mathrm{d}x + f(y) = 3x^2 + 2xy + f(y) \tag{a}$$

将(a)式对 y 进行偏微分,得到
$$\frac{\partial \Psi}{\partial y} = 2x + f'(y) \tag{b}$$

但
$$\frac{\partial \Psi}{\partial y} = V_x = 2x \tag{c}$$

比较(b)、(c)两式,于是有
$$\mathrm{d}f(y) = 0$$

积分,得
$$f(y) = C \tag{d}$$

将(d)式代入(a)式,得到
$$\Psi(x,y) = 3x^2 + 2xy + C$$

因为常数 C 不影响速度场,为简单起见,通常略去,故对应给定速度场的流函数为
$$\Psi(x,y) = 3x^2 + 2xy$$

二、流函数方程

对于无黏性可压缩流体二维定常绝热流,当流动无旋时我们可以把无旋条件、葛罗米柯运动方程和音速方程加以合并,得到一个以流函数 $\Psi(x,y)$ 表示的方程,下面我们就来推导该方程。

直角坐标系中二维平面流动无旋条件为
$$\frac{\partial V_x}{\partial y} = \frac{\partial V_y}{\partial x}$$

我们可以用流函数来表示,这时有
$$\frac{\partial}{\partial y}\left(\frac{\rho^*}{\rho}\frac{\partial \Psi}{\partial y}\right) = \frac{\partial}{\partial x}\left(-\frac{\rho^*}{\rho}\frac{\partial \Psi}{\partial x}\right) \tag{a}$$

将(a)式展开,整理后得到
$$\rho(\Psi_{xx} + \Psi_{yy}) = \Psi_x\frac{\partial \rho}{\partial x} + \Psi_y\frac{\partial \rho}{\partial y} \tag{b}$$

葛罗米柯方程为
$$\mathrm{d}p = -\rho\mathrm{d}\left(\frac{V^2}{2}\right) = -\rho\mathrm{d}\left(\frac{V_x^2 + V_y^2}{2}\right) = -\frac{\rho}{2}\mathrm{d}\left[\left(\frac{\rho^*}{\rho}\right)^2(\Psi_x^2 + \Psi_y^2)\right] \tag{c}$$

无黏性可压缩流体绝热流动是等熵流动,它的声速方程为

$$c^2 = \frac{\mathrm{d}p}{\mathrm{d}\rho} \tag{d}$$

所以

$$\mathrm{d}\rho = \frac{\mathrm{d}p}{c^2} \tag{e}$$

把关系式(c)代入(e)式,得到

$$\mathrm{d}\rho = -\frac{\rho}{2c^2}\mathrm{d}\left[\left(\frac{\rho^*}{\rho}\right)^2(\Psi_x^2+\Psi_y^2)\right]$$

把上式展开,则有

$$\mathrm{d}\rho = -\frac{\rho}{c^2}\left[\left(\frac{\rho^*}{\rho}\right)^2(\Psi_x\mathrm{d}\Psi_x+\Psi_y\mathrm{d}\Psi_y)-(\Psi_x^2+\Psi_y^2)\left(\frac{\rho^*}{\rho}\right)^2\frac{\mathrm{d}\rho}{\rho}\right]$$

由上式得出

$$\left.\begin{aligned}\frac{\partial\rho}{\partial x} &= -\frac{\dfrac{\rho}{c^2}\left(\dfrac{\rho^*}{\rho}\right)^2(\Psi_x\Psi_{xx}+\Psi_y\Psi_{xy})}{1-\dfrac{1}{c^2}\left(\dfrac{\rho^*}{\rho}\right)^2(\Psi_x^2+\Psi_y^2)} \\ \frac{\partial\rho}{\partial y} &= -\frac{\dfrac{\rho}{c^2}\left(\dfrac{\rho^*}{\rho}\right)^2(\Psi_x\Psi_{xy}+\Psi_y\Psi_{yy})}{1-\dfrac{1}{c^2}\left(\dfrac{\rho^*}{\rho}\right)^2(\Psi_x^2+\Psi_y^2)}\end{aligned}\right\} \tag{f}$$

把(f)式代入(b)式,整理后得到

$$\left[1-\left(\frac{\rho^*}{\rho}\right)^2\frac{\Psi_y^2}{c^2}\right]\Psi_{xx}+\left[1-\left(\frac{\rho^*}{\rho}\right)^2\frac{\Psi_x^2}{c^2}\right]\Psi_{yy}+2\left(\frac{\rho^*}{\rho}\right)^2\frac{\Psi_x\Psi_y}{c^2}\Psi_{xy}=0 \tag{6-141}$$

(6-141)式就是无黏性可压缩流体二维平面定常无旋绝热流动的流函数方程。

对于不可压缩流体,$c\to\infty$,因此流函数方程简化为

$$\frac{\partial^2\Psi}{\partial x^2}+\frac{\partial^2\Psi}{\partial y^2}=0 \tag{6-142}$$

此式也是拉普拉斯方程。

对于轴对称的无黏性的无旋定常绝热流动,可以用同样方法,推导出以流函数表示的运动微分方程为

$$\left[1-\left(\frac{\rho^*}{\rho}\right)^2\frac{1}{r^2}\frac{\Psi_z^2}{c^2}\right]\Psi_{rr}+\left[1-\left(\frac{\rho^*}{\rho}\right)^2\frac{1}{r^2}\frac{\Psi_r^2}{c^2}\right]\Psi_{zz}+2\left(\frac{\rho^*}{\rho}\right)^2\frac{1}{r^2}\frac{\Psi_r\Psi_z}{c^2}\Psi_{zr}-\frac{\Psi_r}{r}=0$$

$$\tag{6-143}$$

流函数方程,无论是平面流动的方程(6-141),还是轴对称流动的方程(6-143),都是二阶非线性的偏微分方程。在实质上它们与势函数方程是完全等价的。但是它的形式要比势函数方程(6-124)和(6-128)复杂,所以通常还是使用势函数方程。

应该特别指出,上面我们所得到的流函数方程都是针对无旋流的,既然有旋流中也存在流

函数,那么对应有旋流也应该存在流函数方程,不过它们要比无旋流的流函数方程更复杂,这里我们就不去研究。

§6-7 气体动力学问题的各种解法

解决气体一般流动问题可利用气体动力学基本方程组,当流动为无旋流动时,则利用速度势方程以及伯努利方程、状态方程等,结合流动的初始条件和边界条件,求得流动诸参数,由于这些方程都是非线性的,因此,对于任意的起始条件和边界条件,没有通用的解法。只有一些特别简单的流动情况,例如普朗特-迈耶流动、超声速气流以零攻角绕圆锥体流动等才存在精确解。至于一般的流动情况,我们只能采用近似解的方法,常采用的有下面几种方法。

一、数值解

最重要的数值解方法之一就是特征线方法,它可以用来分析双曲型偏微分方程组的气流流动问题,例如非定常一维流以及定常二维流和轴对称流动问题。我们将在第九章、第十章分别研究这方面的问题。上面所指的三种流动情况,独立变量都只有两个,特征线法还可推广到包含三个独立变量的流动情况,但本书不做介绍。

二、线性化方法

线性化方法又叫小扰动线性化方法。它是把非线性的偏微分方程组通过小扰动假设,把它简化为线性方程组,再进行求解,因此只是一种近似解。这种方法适用于细长体和扁平薄机翼小攻角流动,这时扰动速度与未受扰动气流速度相比,要小得很多。这种方法不适用于跨声速流和高超声速流。

三、变量转换法

这种方法又叫速度图法,因为它是选择速度坐标(在直角坐标系中为 V_x、V_y,在极坐标系中为 V 和 θ)为独立变量以代替常规的以物理坐标 x、y 为独立变量。这种变量转换法的最大优点是把原先的非线性方程组通过变换后变成线性方程组,从而能使用简单的精确解线性叠加的方法求得复杂解。这种方法既适用于二维亚声速流动也适用于二维亚声—超声混合流动。采用这种方法的复杂性在于变换方程式的边界条件取决于流动问题的解,还由于独立变量和因变量相互变换时所要满足的条件,因而某些流动是不能采用这种方法的。

四、逐步逼近法

这种方法之一叫瑞利-詹针(Rayleigh-Janzen)法,它适用于二维和三维亚声速势流。这种方法是把速度势展开成自由流马赫数平方的幂的形式,即 $\varphi = \varphi_0 + Ma_\infty^2 \varphi_1 + Ma_\infty^4 \varphi_2$,它特别适合于求解低马赫数绕厚物体的流动问题。另一种方法叫普朗特-葛劳渥(Prandtl-Glauert)法,它是把速度势展开成物形参数级数的形式,它特别适合于求解高马赫数绕薄物体的流动。这种方法只适用于二维流,但不要求流场处处都是亚声速流。

本书只介绍这里所提到的四种方法中的前两种,后两种不做介绍。

习 题

6-1 雷诺输运定理(6-7)式和随流导数公式(5-2)式在形式上有些相像,那么两者的区别与联系可否论述清楚?

6-2 一速度场在扩压器中为 $V = U_0 e^{-2x/L}$，且其密度场 $\rho = \rho_0 e^{-x/L}$，求其在 $x = L$ 处密度的变化率。

6-3 对二维不可压流动，试证明：
(1) 如果流动无旋，则必满足 $\nabla^2 u = 0, \nabla^2 v = 0$；
(2) 满足 $\nabla^2 u = 0, \nabla^2 v = 0$ 的流动不一定无旋。

6-4 试比较静止流体平衡微分方程式和欧拉运动微分方程式的推导过程，从而说明微分体积法的应用特点。

6-5 试在直角坐标系中取微元六面体作为控制体，建立微分形式连续方程。

6-6 已知某流场中的流体质点在各自同轴柱面上运动，试写出此流场的连续方程。

6-7 试确定下列各流场中的速度是否满足不可压缩流体的连续性条件。
(1) $u = K(x^2 + xy - y^2), v = K(x^2 + y^2)$
(2) $u = K\sin xy, v = -K\sin xy$

6-8 在不可压缩流体的三维流动中，已知分速度
$$u = x^2 + y^2 + xy + 2, \quad v = y^2 + 2yz$$
试用连续方程导出分速度 w 的表达式。

6-9 写出下列流体运动的连续方程：
(1) 流体轨迹位于绕 z 轴的圆柱面上；
(2) 流体质点在包含 z 轴的子午平面上运动。

6-10 已知不可压缩流动的速度场为 $v_r = 2r\sin\theta\cos\theta, v_\theta = -2r\sin^2\theta$，问：
(1) 流场是否连续？
(2) 流场是否有旋？
(3) 流场处于单连通域还是双连通域？
(4) 用两种方法求流场在单位圆圆周上的速度环量；
(5) 用两种方法求流场在圆心在原点半径为 2 的圆周上的速度环量。

6-11 证明以下速度场
$$u = -ky, \quad v = kx, \quad w = \sqrt{c - 2k^2(x^2 + y^2)}$$
所确定的运动中，涡量矢量与速度矢量的方向相同，并求出涡量与速度之间的数量关系，其中 c、k 为常量。

6-12 有一流场，其速度分布为
$$\boldsymbol{v} = Ax\boldsymbol{i} + Ay\boldsymbol{j} - 2Az\boldsymbol{k}, \quad \text{其中 } A = 1\text{s}^{-1}$$
试证明这是不可压缩流动。又假定质量力为重力，z 轴垂直向上，$\rho = 1000\text{kg/m}^3$，长度量纲是 m，试求在点 $P(2,2,5)$ 处的压强梯度。

6-13 试写出无黏性可压缩流动的矢量形式的微分方程组，即矢量形式的欧拉方程组的连续方程、动量方程、能量方程、完全气体状态方程。若方程组尚不封闭，则再写出有限形式的一个封闭用方程。问在科学和工程的通常的流动求解问题中，方程组中哪些变量被用作自变量？哪些是已知的数量分布函数或矢量分布函数？哪些是待求函数？

6-14 熵方程的物理意义是什么？微分形式怎样写？在什么情况下描述流动的微分方程组中必须使用熵方程？如何使用？

6-15 试用 u、v、p、ρ 写出无黏性完全气体定常平面均能（也就认为是绝热的）均熵流动的封闭方程组。

6-16 平面叶栅是由无限多的形状相同的叶片所组成，见题 6-16 附图。试写出无黏性的不可压流体作用在叶片的单位叶展上的气动力 $R_x = R_x(\rho, V_{1x}, V_{2x}, t)$，$R_y = R_y(\rho, V_{1y}, V_{2y}, t)$ 的表达式。

6-17 $\int \dfrac{\mathrm{d}p}{\rho} + \dfrac{V^2}{2} + gz = \mathrm{Const}$，在一维流动中，上式适用于什么流动？在多维流动中，上式适用于什么流动？

6-18 不可压缩无黏性流体作无旋流动，质量力有势 $\mathbf{R} = -\nabla U$，试证明流体中任意两点之间存在

$$\frac{\partial \phi}{\partial t} + \frac{1}{2}V^2 + U + \frac{p}{\rho} = C(t)$$

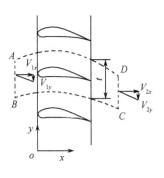

题 6-16 附图

6-19 如题 6-19 附图所示的等截面直角形管道 ABC，垂直段管长 AB，水平段管长 BC，且 $AB = BC = L$。管中盛满水，C 处有阀门，管道置于大气中，大气压力为 p_a，彻体力为重力。试问当阀门突然打开，管中的压力分布随时间如何变化？

提示：把坐标原点放在水平管的中心线与垂直管的中心线的交点 B 上。流线从 A 点开始计算，管道的中心线可以看作是流线，管道横截面上的物理量都用其所在截面上的平均值代替。

提示：在同时刻 t 先对端点 A、C 列出拉格朗日积分式以求 $V(t)$ 分布，在同时刻 t 再对端点 A、y 和端点 C、x 分别列出拉格朗日积分式。

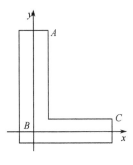

题 6-19 附图

6-20 有一锥形容器，高为 h，底面圆的半径为 r，顶圆的半径为 R。设容器中盛满了水，设想底面打开，则水自容器内流下来。设 $h \gg r$，$R \gg r$。计算使容器内水面降到 $h/2$ 高度时所需要的时间。

6-21 空气进入一台地面试车台上的涡轮发动机的压气机中。空气焓值 $h_1 = 301329 \mathrm{J/kg}$，平均速度 $V_1 = 150 \mathrm{m/s}$。空气从压气机中排出时，平均速度 $V_2 = 50 \mathrm{m/s}$。压气机从涡轮接受 $100000 \mathrm{J/kg}$ 的功，对外界的热损失是 $10000 \mathrm{J/kg}$。假设流动定常，没有剪切功，没有重力效应。计算空气离开压气机时的焓值 h_2。

6-22 （1）在什么情况下出现均总焓流动？
（2）何为等熵流？何为均熵流？
（3）绝热流和等熵流的区别是什么？

6-23 为什么斜激波后的流动为无旋流动而曲线激波后的流动为有旋流动？

6-24 能否直接利用精确的理想流体动力学微分方程组来分析气流穿过激波时的参数变化规律？为什么？

6-25 为什么在分析二维附面层流动时有时引进流函数的概念而不能引进速度势函数？

6-26 有一风洞其气源来自一储气罐，设气体在输气管道内的流动为等熵流动，试问风洞处气流是有旋流还是无旋流？

6-27 对于理想、定常、无旋、绝能、均熵的完全气体流动，将本章矢量形式的气体动力学方程在直角坐标系展开，简化为已给的势函数方程。

6-28 对于理想、定常、无旋、绝能、均熵的完全气体流动，将本章矢量形式的气体动力学

方程在圆柱坐标系展开,化简为已给的势函数方程。

6-29 求理想不可压重力作用下的流体,在开口曲管中的振动规律,见题 6-29 附图。假定管为等截面的,管中流柱长为 l,α、β 为曲管与水平线间的夹角,运动的初始条件是由平衡位置开始振动。

题 6-29 附图

6-30 见题 6-30 附图,水从水头为 h_1 的大容器通过小孔流出(大容器中的水位可以认为是不变的)。射流冲击在一块大平板上,它盖住了第二个大容器的小孔,该容器水平面到小孔的距离为 h_2,设两个小孔的面积都一样。若 h_2 给定,求射流作用在平板上的力刚好与板后的力平衡时的 h_1 为多少?

6-31 不可压流体从一水箱流过很长的管子,管子的截面积为 A,长为 l。控制流入水箱的水流使得出流速度可以表示为 $V = V_0 - at$。其中 V_0、a 为常数,t 为出流过程中任一时刻。在管道截面上速度认为是相等的,流量输出系数 $C_d = 1.0$,问要固定水箱需加多大的水平力?

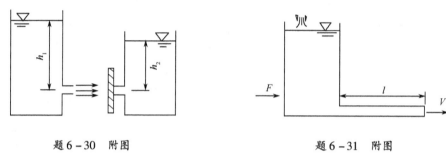

题 6-30 附图 题 6-31 附图

6-32 见题 6-32 附图,有一简单管系,水箱中的水头 H 保持恒定,液面与大气接触,压强为 p_a 给定,管长为 l。节门 $E-E$ 打开后,管内各截面上的流速由零逐渐变成定常值 V_s。不计局部损失,试证任一截面上的流速 V 随时间 t 的变化规律是

$$V = V_s \cdot \tanh\left(\frac{t}{T_0}\right)$$

式中 $T_0 = \dfrac{V_s l}{gH}$,g 是重力加速度(注意:节门打开后,水排入大气,压强亦为 p_a)。

6-33 设完全气体沿流管作定常一维等熵流,见题 6-33 附图。任取一段微元流管 ds 为控制体,写出其微分形式的连续方程、动量方程及能量方程。并对所得微分形式的方程积分,寻找出从 1-1 截面至 2-2 截面的连续方程、动量方程及能量方程。

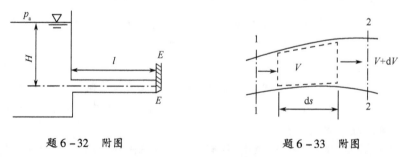

题 6-32 附图 题 6-33 附图

6-34 见题 6-34 附图,一个装有体积为 $\tilde{V}$ 的流体的长罐,罐内盛有初始密度为 ρ_i 的流体。第二种密度为 ρ 的流体以质量流量为 $\dot{m}$ 平稳地流进罐内,并与罐中的流体开始混合。

由于原流体 ρ_i 由罐的右侧不断流出，罐中液面保持不变。设 $\rho_i > \rho$。试推导当流体 ρ 流进的初始阶段：(1) 罐中流体平均密度的时间变化率的表达式；(2) 罐中流体平均密度达到某一值 ρ_f 所需时间的表达式。

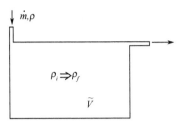

题 6-34 附图

第七章 不可压理想流体的定常二维无旋流动

本章将研究不可压理想流体绕物体的定常二维无旋流动。将主要讨论流场中的速度分布和压强分布的计算。

不可压理想流体的定常二维无旋流动是比较简单的一类流动,但是研究这类流动具有重大的理论和实用价值。

§7-1 不可压平面势流的速度势方程和流函数方程

不可压平面势流的速度势方程和流函数方程可以从上一章已导出的无旋流动的速度势方程和流函数方程简化而得到,但也可以根据不可压势流的基本特点而直接导出。

根据流体运动学的知识,在势流中,流场每一点的速度可表示为

$$V = \nabla \phi \tag{7-1}$$

式中 ϕ——势函数或速度势。

对于不可压流,连续方程为

$$\nabla \cdot V = 0 \tag{7-2}$$

将(7-1)式代入(7-2)式,得

$$\nabla^2 \phi = 0 \tag{7-3}$$

此式称为不可压无旋流动的速度势方程,它是拉普拉斯方程。

对于平面流动,若选取笛卡尔直角坐标系,则(7-1)式及(7-3)式可表示为

$$V_x = \frac{\partial \phi}{\partial x}, \quad V_y = \frac{\partial \phi}{\partial y} \tag{7-4}$$

及

$$\frac{\partial^2 \phi}{\partial x^2} + \frac{\partial^2 \phi}{\partial y^2} = 0 \tag{7-5}$$

式中 V_x 及 V_y——表示沿 x 轴及 y 轴的速度分量。

若选取极坐标,则(7-1)式及(7-3)式可表示为

$$V_r = \frac{\partial \phi}{\partial r}, V_\theta = \frac{1}{r}\frac{\partial \phi}{\partial \theta} \tag{7-6}$$

及

$$\frac{\partial^2 \phi}{\partial r^2} + \frac{1}{r}\frac{\partial \phi}{\partial r} + \frac{1}{r^2}\frac{\partial^2 \phi}{\partial \theta^2} = 0 \tag{7-7}$$

式中 V_r 及 V_θ——表示沿径向及角向的速度分量。

对于定常不可压平面势流,根据所给定的边界条件,就可以由(7-4)式和(7-5)式或(7-6)式和(7-7)式解出流场中的速度分布。若要求流场中的压强分布,则可将速度 V 代入伯努利方程而得到 p,即

$$p + \frac{1}{2}\rho V^2 = 常数(在整个流场) \quad (7-8)$$

应该指出,流函数(ψ)在解决理想或黏性流体的二维流动问题中有重要的应用。如果能求得流动的流函数,同样,很容易得到流体中的速度分布。此外,给 ψ 以一系列的常数,便有一系列的流线。

我们已经知道,对于不可压流,流函数是从二维流的连续方程来定义的,即对于不可压流,满足二维流的连续方程是流函数的存在条件。

对于平面不可压流,若选取笛卡儿直角坐标系,则流函数 ψ 和两个分速的关系是

$$V_x = \frac{\partial \psi}{\partial y}, \quad V_y = -\frac{\partial \psi}{\partial x} \quad (7-9)$$

对于平面不可压势流,无旋条件为

$$\frac{\partial V_y}{\partial x} = \frac{\partial V_x}{\partial y} \quad (7-10)$$

将(7-9)式代入(7-10)式,则得到一个 ψ 所应满足的方程,即

$$\frac{\partial^2 \psi}{\partial x^2} + \frac{\partial^2 \psi}{\partial y^2} = 0 \quad (7-11)$$

若选取极坐标,则流函数 ψ 和两个分速的关系是

$$V_r = \frac{1}{r}\frac{\partial \psi}{\partial \theta}, \quad V_\theta = -\frac{\partial \psi}{\partial r} \quad (7-12)$$

代入无旋条件

$$\frac{\partial V_\theta}{\partial r} - \frac{\partial V_r}{r\partial \theta} + \frac{V_\theta}{r} = 0 \quad (7-13)$$

则得

$$\frac{\partial^2 \psi}{\partial r^2} + \frac{1}{r}\frac{\partial \psi}{\partial r} + \frac{1}{r^2}\frac{\partial^2 \psi}{\partial \theta^2} = 0 \quad (7-14)$$

(7-11)式和(7-14)式可简写为

$$\nabla^2 \psi = 0 \quad (7-15)$$

此式称为不可压平面无旋流动的流函数方程,它也是拉普拉斯方程。

综上所述,平面不可压势流,必同时有势函数 ϕ 和流函数 ψ 存在,而且这两个函数都满足拉普拉斯方程。要描述一个平面不可压势流,有 ϕ 或 ψ 其中一个就够了。因此,要求解定常流场的速度分布,只要根据所给定的边界条件,求解拉普拉斯方程(7-3)式或(7-15)式,便可以求出 ϕ 或 ψ。

当流体绕物体流动时,若以物体为讨论对象,则无限远处为外边界,物体表面为内边界。

若流体从无限远处以匀速 V_∞ 流向静止的物体,假设流体不能渗入又不能离开物面时,则在物面上流体的法向分速 V_n 应处处为零。或换另一种说法,即物面型线是一条流线,也就是

等流函数线,即

$$V_n = \frac{\partial \phi}{\partial n} = 0 \quad \text{或} \quad \psi = \text{常数} \tag{7-16}$$

上式就是势函数或流函数在静止物面上所应满足的内边界条件。

平面流动的无穷远均匀来流条件,在笛卡儿直角坐标系中可以表示为

$$\left.\begin{array}{l} V_x = \dfrac{\partial \phi}{\partial x} = \dfrac{\partial \psi}{\partial y} = V_\infty \\[2mm] V_y = \dfrac{\partial \phi}{\partial y} = -\dfrac{\partial \psi}{\partial x} = 0 \end{array}\right\} \tag{7-17}$$

上式就是势函数或流函数所应满足的外边界条件。

§7-2 基本解的叠加原理

前面导出的平面不可压势流的势函数方程和流函数方程都是拉普拉斯方程,而拉普拉斯方程是线性偏微分方程,可以用叠加原理求解。所谓叠加原理是指如果有 $\phi_1, \phi_2, \cdots, \phi_n$ 分别满足(7-3)式,则这种函数的叠加

$$\phi = \phi_1 + \phi_2 + \cdots + \phi_n \tag{7-18}$$

必也满足(7-3)式,证明很简单,请读者自己完成。因此,我们可以选用一些已知的简单势流的势函数或流函数的叠加以满足具体流动问题的边界条件来获得该具体流动问题的解。这种方法称为基本解叠加法。

将(7-18)式分别对 x、y 取偏导数,有

$$\frac{\partial \phi}{\partial x} = \frac{\partial \phi_1}{\partial x} + \frac{\partial \phi_2}{\partial x} + \cdots + \frac{\partial \phi_n}{\partial x}$$

$$\frac{\partial \phi}{\partial y} = \frac{\partial \phi_1}{\partial y} + \frac{\partial \phi_2}{\partial y} + \cdots + \frac{\partial \phi_n}{\partial y}$$

因此可得

$$V_x = V_{x1} + V_{x2} + \cdots + V_{xn}$$
$$V_y = V_{y1} + V_{y2} + \cdots + V_{yn}$$

即

$$\mathbf{V} = \mathbf{V}_1 + \mathbf{V}_2 + \cdots + \mathbf{V}_n \tag{7-19}$$

可见叠加后所得到的复杂流动的流速,为叠加前各个简单流动的流速的矢量相加。

应该注意,几种简单势流的压强不能够叠加,因为它们是速度的非线性(二次)函数。

下面我们将讨论几种简单的平面势流,它们是一些最基本的势流,许多复杂的势流可以用它们叠加组合而成。

§7-3 几种简单的平面势流

一、直匀流

直匀流是速度为常数的均匀流动,设在整个流场中速度为 V_∞,与 x 轴的夹角为 α,它的分

量为
$$V_x = V_\infty \cos\alpha \brace V_y = V_\infty \sin\alpha \quad (7-20)$$

为了求势函数，可以将上述条件代入(7-4)式，得

$$V_x = \frac{\partial \phi}{\partial x} = V_\infty \cos\alpha$$

$$V_y = \frac{\partial \phi}{\partial y} = V_\infty \sin\alpha$$

于是

$$d\phi = \frac{\partial \phi}{\partial x}dx + \frac{\partial \phi}{\partial y}dy = V_\infty \cos\alpha dx + V_\infty \sin\alpha dy$$

积分即得

$$\phi = xV_\infty \cos\alpha + yV_\infty \sin\alpha + C_1$$

同理，可求出流函数

$$d\psi = \frac{\partial \psi}{\partial x}dx + \frac{\partial \psi}{\partial y}dy = -V_\infty \sin\alpha dx + V_\infty \cos\alpha dy$$

积分即得

$$\psi = -xV_\infty \sin\alpha + yV_\infty \cos\alpha + C_2$$

上面两式中的常数 C_1、C_2 可以任意选取。例如，令通过原点的势函数及流函数的值为零，则 $C_1 = C_2 = 0$，最后得到均匀流场势函数与流函数为

$$\phi = xV_\infty \cos\alpha + yV_\infty \sin\alpha \quad (7-21)$$

$$\psi = -xV_\infty \sin\alpha + yV_\infty \cos\alpha \quad (7-22)$$

直匀流的等势函数线簇与等流函数线簇如图 7-1 所示。

二、点源(点汇)

设流体由平面上一点向四周均匀流出，体积流量 Q 为定值，这种流动称为源，Q 称为源的强度。如果把源放在坐标原点上，那么这种流动便只有 V_r，而 $V_\theta = 0$（见图 7-2）。以原点为中心，r 为半径作一圆，并取以它为底边的单位高度的圆柱面为讨论对象。则根据不可压缩流体连续方程的概念，流过此圆柱面的体积流量应等于源的体积流量 Q，即 $Q = 2\pi r V_r$。因为 Q 为定值，故 V_r 与半径 r 成反比，即

$$V_r = \frac{Q}{2\pi r} \quad (7-23)$$

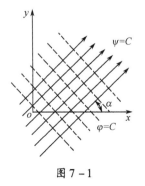

图 7-1

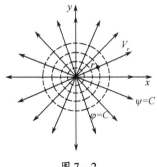

图 7-2

现在根据已知的速度分布(7-23)式来求 ϕ 或 ψ。

$$\mathrm{d}\phi = \frac{\partial \phi}{\partial r}\mathrm{d}r + \frac{\partial \phi}{r\partial \theta}r\mathrm{d}\theta = V_r \mathrm{d}r$$

积分即得

$$\phi = \frac{Q}{2\pi}\ln r \quad 或 \quad \phi = \frac{Q}{2\pi}\ln\sqrt{x^2+y^2} \tag{7-24}$$

同理,可求出流函数

$$\mathrm{d}\psi = \frac{\partial \psi}{\partial r}\mathrm{d}r + \frac{\partial \psi}{r\partial \theta}r\mathrm{d}\theta = V_r r\mathrm{d}\theta$$

积分即得

$$\psi = \frac{Q}{2\pi}\theta \quad 或 \quad \psi = \frac{Q}{2\pi}\arctan\left(\frac{y}{x}\right) \tag{7-25}$$

由(7-24)式可知,等势函数线为同心圆簇;而由(7-25)式可知,等流函数线是由原点引出的半射线簇。

对于以上所有公式,当 $Q > 0$ 时为点源,流动方向如图7-2所示。当 $Q < 0$ 时为点汇,它是一种与点源流向相反的向心流动。

在原点处,$r = 0$,从(7-23)式可知 $V_r = \infty$,该点为奇异点。

三、点涡

设有一与 xoy 平面相垂直的无限长直线涡丝(涡丝的截面积小到趋近于零),在 xoy 平面上看,它是平面点涡。这时整个的平面流场上除了涡所在的那一点之外,全是无旋流。若此点涡过 xoy 平面的原点,则由(5-63)式,此点涡引起的诱导速度为

$$V_\theta = \frac{\Gamma_0}{2\pi r}, V_r = 0 \tag{7-26}$$

式中 Γ_0 是个常数,称为点涡强度。正 Γ_0 代表的流动是逆时针方向,如图7-3所示;负 Γ_0 代表的流动为顺时针方向。

我们绕点涡作任一封闭圆作环量计算时,得

$$\Gamma = \oint_C \boldsymbol{V} \cdot \mathrm{d}\boldsymbol{l} = \int_0^{2\pi} \frac{\Gamma_0}{2\pi r}r\mathrm{d}\theta = \Gamma_0 \tag{7-27}$$

这说明(7-26)式中的常数就等于绕点涡封闭围线环量的值。这个环量值是个常数,不论用哪个圆计算都是同一个值。

现在我们来计算绕任一不包围点涡(原点)的封闭曲线 $abcdefa$ 的环量(图7-4),即

$$\Gamma_{abcdefa} = \Gamma_{abc} + \Gamma_{cd} + \Gamma_{def} + \Gamma_{fa}$$

由(7-27)式,有

$$\Gamma_{abc} = \Gamma_0, \Gamma_{def} = -\Gamma_0$$

而 $\Gamma_{cd} = -\Gamma_{fa}$,故 $\Gamma_{abcdefa} = 0$。可见不包括原点(点涡)的流动是无旋流动,即点涡以外的流动是势流。因此,通常把点涡又叫做势涡或位涡,也有称为自由涡的。

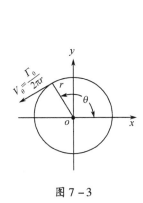
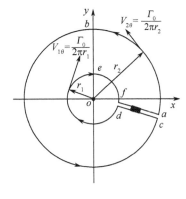

图 7-3   图 7-4

由速度分布(7-26)式很容易确定点涡流动的势函数和流函数。

$$d\phi = \frac{\partial\phi}{\partial r}dr + \frac{\partial\phi}{r\partial\theta}rd\theta = V_\theta rd\theta$$

积分即得

$$\phi = \frac{\Gamma}{2\pi}\theta \quad \text{或} \quad \phi = \frac{\Gamma}{2\pi}\arctan\frac{y}{x} \tag{7-28}$$

$$d\psi = \frac{\partial\psi}{\partial r}dr + \frac{\partial\psi}{r\partial\theta}rd\theta = -V_\theta dr$$

积分即得

$$\psi = -\frac{\Gamma}{2\pi}\ln r \quad \text{或} \quad \psi = -\frac{\Gamma}{2\pi}\ln\sqrt{x^2+y^2} \tag{7-29}$$

由(7-28)式可知,等势函数线是由原点引出的半射线簇;而由(7-29)式可知,等流函数线为同心圆簇,如图 7-5 所示。

四、偶极流

把强度为 Q 和 $-Q$ 的点源和点汇叠加起来(参看图 7-6),得到一种新的有势流动。

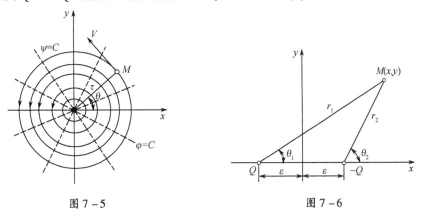

图 7-5   图 7-6

按照叠加原理,该流动的势函数和流函数可写为

$$\phi = \frac{Q}{2\pi}(\ln r_1 - \ln r_2) = \frac{Q}{2\pi}\ln\frac{r_1}{r_2} \tag{7-30}$$

$$\psi = \frac{Q}{2\pi}(\theta_1 - \theta_2) \quad (7-31)$$

用下列关系式

$$r_1 = \sqrt{(x+\varepsilon)^2 + y^2}, \quad r_2 = \sqrt{(x-\varepsilon)^2 + y^2}$$

$$\tan\theta_1 = \frac{y}{x+\varepsilon}, \quad \tan\theta_2 = \frac{y}{x-\varepsilon}$$

代入(7-30)式和(7-31)式,经过整理变换后,成为

$$\phi = \frac{Q}{4\pi}\ln\left[1 + \frac{4x\varepsilon}{(x-\varepsilon)^2 + y^2}\right] \quad (7-32)$$

$$\psi = \frac{Q}{2\pi}\arctan\frac{-2y\varepsilon}{x^2 + y^2 - \varepsilon^2} \quad (7-33)$$

若使点源和点汇无限接近,即 $\varepsilon \to 0$ 时,可将(7-32)式按级数 $\ln(1+z) = z - \frac{z^2}{2} + \frac{z^3}{3} - \cdots$ 形式展开,并近似取第一项可得

$$\phi = \frac{Q}{4\pi}\frac{4x\varepsilon}{(x-\varepsilon)^2 + y^2} \quad (7-34)$$

当 $\varepsilon \to 0$ 时,可将(7-33)式按级数 $\arctan z = z - \frac{z^3}{3} + \frac{z^5}{5} - \cdots$ 形式展开,并近似取第一项得

$$\psi = -\frac{Q}{2\pi}\frac{2y\varepsilon}{x^2 + y^2 - \varepsilon^2} \quad (7-35)$$

假定当点源及点汇无限接近时,它们的强度相应地无限增强,致使 $2Q\varepsilon$ 乘积的极限趋于某有限值 M。这样的一对源汇叫做偶极流,称 M 为偶极流的强度。把数值 M 引入(7-34)和(7-35)式,并求 ε 趋向于零时的极限,最后得到偶极流的 ϕ 及 ψ 的函数形式为

$$\phi = \frac{M}{2\pi}\frac{x}{x^2 + y^2} \quad (7-36)$$

$$\psi = -\frac{M}{2\pi}\frac{y}{x^2 + y^2} \quad (7-37)$$

令流函数 ψ 等于常数,得到流线方程为

$$x^2 + \left(y - \frac{1}{2C}\right)^2 = \frac{1}{4C^2}$$

流线是圆心在 y 轴并切于原点的两簇圆,如图 7-7 所示。因此,在偶极流中,流体从原点流出,沿着上述的两簇圆的圆周,又重新流入原点。

令势函数 ϕ 等于常数,得出等势线簇的方程式为

$$y^2 + \left(x - \frac{1}{2D}\right)^4 = \frac{1}{4D^2}$$

故等势线是圆心在 x 轴上的两簇圆,它与流线相正交,在原点

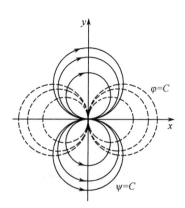

图 7-7

与 y 轴相切,如图 7-7 中的虚线所示。

应该注意,偶极流是极限情况,它是有轴线方向的,原来的源和汇放在那条直线上,那条直线就是它的轴线。像图 7-7 所表示的偶极流是以 x 轴为其轴线的,且(7-36)式和(7-37)式所表示的偶极流,其正向(由汇指向源的方向规定为正向)是指向负 x 方向的。如果正向指向正 x 方向,那么(7-36)式和(7-37)式都要改变符号。

§7-4 几种简单平面势流的叠加

一、点源和点涡的叠加

源环流动是点源流动和点涡流动的叠加,这两个流动叠加所组成的复合流动的势函数和流函数为

$$\phi = \frac{Q}{2\pi}\ln r + \frac{\Gamma}{2\pi}\theta \tag{7-38}$$

$$\psi = \frac{Q}{2\pi}\theta - \frac{\Gamma}{2\pi}\ln r \tag{7-39}$$

由流函数可得流线方程为

$$Q\theta - \Gamma\ln r = C$$

或

$$r = e^{\frac{Q\theta - C}{\Gamma}} \tag{7-40}$$

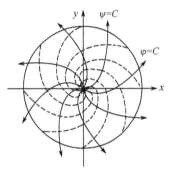

图 7-8

显然,流线是一簇对数螺旋线,如图 7-8 所示。

离心式水泵的导轮内流体的流动是符合(7-40)式的规律的。因为当泵轮不转,而供水管照常供水时,水泵导轮内的流动就是一个点源流动。当泵轮运转,而供水管不供水时,导轮内的流动为点涡流动。当泵轮运转,供水管又照常供水时,导轮内的流动为点源流动与点涡流动的叠加。为了防止流体在导轮内流动时与导轮发生碰撞,离心泵的导轮叶片应当作成(7-40)式所示的流线形式。

二、直匀流和点源的叠加

速度为 V_∞ 沿 x 轴正向的直匀流和过坐标原点的点源叠加的流函数为

$$\psi = V_\infty y + \frac{Q}{2\pi}\theta \tag{7-41}$$

$$\phi = V_\infty x + \frac{Q}{2\pi}\ln r = V_\infty x + \frac{Q}{4\pi}\ln(x^2 + y^2) \tag{7-42}$$

叠加后流场的速度分布为

$$\left.\begin{array}{l} V_x = \dfrac{\partial \phi}{\partial x} = V_\infty + \dfrac{Q}{2\pi}\dfrac{x}{x^2+y^2} \\[2mm] V_y = \dfrac{\partial \phi}{\partial y} = \dfrac{Q}{2\pi}\dfrac{y}{x^2+y^2} \end{array}\right\} \tag{7-43}$$

流线簇如图7-9所示。由图可见,源的作用是将流来的直匀流推开,这一作用和一个物体前端的作用相当。所以这一流动图形和在烟风洞中所观察到的流线型物体前端驻点附近的流动图形是相似的。

现在来决定驻点A的位置。显然,令$V_{y_A}=0$,则$y=0$,即驻点在x轴上。令$V_{x_A}=0$,即得驻点的x_A坐标为

$$x_A = -\frac{Q}{2\pi V_\infty}$$

在A点,流速之所以为零,是由于点源的速度在该点恰和直匀流的速度相抵消的缘故。

驻点位置A若用极坐标表示,则为

$$\theta = \pi, r = a = \frac{Q}{2\pi V_\infty} \tag{7-44}$$

将$\frac{Q}{2\pi}=aV_\infty$代入(7-41)式,得

$$\psi = V_\infty(y + a\theta) \tag{7-45}$$

令

$$\psi = V_\infty(y + a\theta) = C \tag{7-46}$$

则得流线簇方程。

在(7-46)式中,若令$y=0,\theta=\pi$,则得

$$C = V_\infty a\pi$$

代入(7-46)式,则得过驻点A的流线方程为

$$y = a(\pi - \theta) \tag{7-47}$$

在图7-9中,BAB'就是过驻点A的流线。根据在理想流体中流线和固体表面的互换性,如果将流线BAB'作为物体表面,便可以得到一个绕BAB'那样形状的物体所造成的流动。不过这个物体后缘是不封闭的,而是一个半无限长柱体。其所以不封闭,道理很简单,因为在流场里只放了一个强度为Q的源,单位时间内有Qm³那么多流体加入流场,前面既然有了一条流线,流体流不出去,全部流体必然要流向正x方向,一直流到无限远处。这个半无限长柱体在$+x$无限远处其宽度(y向尺寸)趋向一个渐近值。从(7-47)式还可以决定半无限长柱体的最大宽度B。在右边无限远处,$\theta=0,y=\frac{B}{2}$,故

$$B = 2a\pi \tag{7-48}$$

三、直匀流和一对等强度源汇的叠加

假设在$K(-b,0)$有一源,在$H(b,0)$有一汇,它们的强度相等。如果将直匀流和这一对等强度的源和汇叠加后,便可以得到如图7-10所示的流动图形。

如果将封闭的流线($\psi=0$)当作物体的表面,可以得到绕卵形柱体的流动图形。

当源和汇间的距离缩小时,卵形柱体的长宽比相应缩小。可以预料,当这一对源汇转化为偶极流时,卵形柱体将转化为圆柱体。

下面我们讨论一下如何用基本解叠加法求解不可压理想流体绕流静止的无限长圆柱体的流场问题。

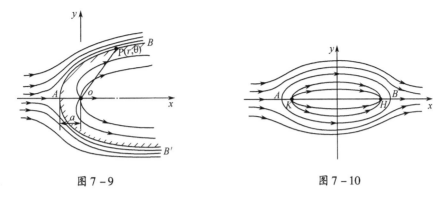

图 7-9   图 7-10

四、均匀流绕圆柱体的无环流流动

设流体从无限远处以匀速 V_∞ 流向圆柱体。首先分析一下绕流圆柱体的内外边界条件。显然,流体的外边界在无限远处,流体的内边界为圆柱体表面。设用极坐标来表示,前者为 $r = \infty$,后者为 $r = r_0$,则有以下结论。

外边界条件:当 $r = \infty$,有

$$\left. \begin{array}{l} \dfrac{1}{r}\dfrac{\partial \phi}{\partial \theta} = V_\theta = -V_\infty \sin\theta \\ \dfrac{\partial \phi}{\partial r} = V_r = V_\infty \cos\theta \end{array} \right\} \quad (a)$$

在上式中,若 V_θ、V_r 为负值,表示指向与 θ 和 r 的正向相反。

内边界条件:当 $r = r_0$,有

$$\frac{\partial \phi}{\partial n} = \frac{\partial \phi}{\partial r} = V_r = 0 \quad (b)$$

因此,要满足内边界条件必须有一条流线和圆柱体表面重合,即 $r = r_0$ 为流线。

如前所说,在直匀流中,当一源和一汇无限接近转化为偶极流时,有可能将卵形柱体转化为圆柱体。因此,可以考虑直匀流和偶极流叠加而获得直匀流绕静止圆柱体的流动。

直匀流和偶极流叠加后的势函数和流函数为

$$\phi = V_\infty r\cos\theta + \frac{M\cos\theta}{2\pi r} \quad (7-49)$$

$$\psi = V_\infty r\sin\theta - \frac{M\sin\theta}{2\pi r} \quad (7-50)$$

流线簇为 $\psi = $ 常数。我们需要特别讨论在这种流动中 $\psi = 0$ 这一条流线。在上式中,令 $\psi = 0$,可得

$$\sin\theta \left(V_\infty r - \frac{M}{2\pi r} \right) = 0$$

上式的解为

$$\sin\theta = 0, \quad \text{或} \quad V_\infty r - \frac{M}{2\pi r} = 0$$

329

即
$$\theta = 0 \text{ 或 } \pi, \text{ 或 } r^2 = \frac{M}{2\pi V_\infty} \tag{c}$$

式中,前者为 x 轴的方程式,后者为圆的方程式。可见这条流线由 x 轴和圆心在原点、半径为 $\sqrt{M/2\pi V_\infty}$ 的圆所组成(见图 7 – 11)。

如果这样来选取偶极流,令
$$M = 2\pi V_\infty r_0^2 \tag{7-51}$$

则将上式代入(c)式,这一条流线为
$$\theta = 0 \text{ 或 } \pi, \text{ 或 } r = r_0$$

可见当所选的偶极流的强度满足(7 – 51)式时,有一条流线是一个圆,而且这个圆和我们所给定的圆柱体表面重合。图 7 – 11 是给 ψ 以不同数值所绘出的流线簇的图形,其中有一条流线与所给定的圆柱体表面重合。

将(7 – 51)式代入(7 – 49)式和(7 – 50)式,则得
$$\phi = V_\infty \cos\theta \left(r + \frac{r_0^2}{r} \right) \tag{7-52}$$
$$\psi = V_\infty \sin\theta \left(r - \frac{r_0^2}{r} \right) \tag{7-53}$$

有了势函数或流函数,就很容易决定速度分布
$$V_r = \frac{\partial \phi}{\partial r} = V_\infty \cos\theta \left(1 - \frac{r_0^2}{r^2} \right) \tag{7-54}$$
$$V_\theta = \frac{1}{r}\frac{\partial \phi}{\partial \theta} = - V_\infty \sin\theta \times \left(1 + \frac{r_0^2}{r^2} \right) \tag{7-55}$$

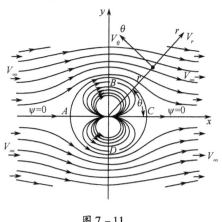

图 7 – 11

很容易验证上式是满足边界条件(a)式和(b)式的。这就证明了所选的势函数在数学上是满足所给定的内外边界条件的,是所要求的拉普拉斯方程的唯一解。

在圆柱体表面上,$r = r_0$,将这一条件代入上式便可以得到圆柱体表面上的速度分布,即
$$V_r = 0, V_\theta = -2V_\infty \sin\theta \tag{7-56}$$

我们现在来决定圆柱体表面上的压强分布。因为运动是定常无旋的,所以可以应用伯努利方程(7 – 8)式。假设在无限远处,$V = V_\infty$,$p = p_\infty$。由(7 – 8)式可得
$$p + \frac{1}{2}\rho V^2 = p_\infty + \frac{1}{2}\rho V_\infty^2$$

再将(7 – 56)式代入上式,就可以得到圆柱体表面上的压强分布,即
$$p - p_\infty = \frac{\rho V_\infty^2}{2}(1 - 4\sin^2\theta) \tag{7-57}$$

物体表面上的压强分布往往用下式所定义的无量纲量来表示,即
$$C_p = \frac{p - p_\infty}{\frac{1}{2}\rho V_\infty^2} \tag{7-58}$$

式中 C_p——压强系数,当 C_p 为负值时表示 $p < p_\infty$。

将(7-57)式代入上式,可以得到圆柱体表面上的压强系数为
$$C_p = 1 - 4\sin^2\theta \tag{7-59}$$
C_p 的分布曲线如图 7-12 中的 I 曲线所示。驻点 $A(\theta=\pi)$ 处的 $C_p = +1$。从驻点往后流,在 $\theta = 150°$ 处流速增大到和来流一样大。以后继续加速,在 $\theta = \frac{\pi}{2}$ 处达最大速度,其值二倍于来流的速度,$C_p = -3.0$。过了最大速度点以后,气流减速,在 $\theta = 0°$ 处降为零,该点称后驻点。这个流动不仅上下是对称的,而且左右也是对称的,物面上的压强分布也是对称的,结果柱体表面所受合力为零。

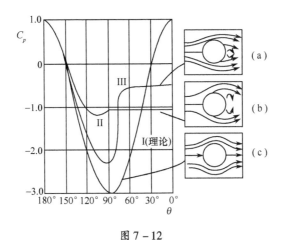

图 7-12

实际上,由于流体具有黏性,当绕圆柱体无环流流动时,气流过了最大速度点以后,附面层将会产生分离。相应的压强系数分布规律如图 7-12 中的 II、III 曲线所示。因此,在实际流动中,柱体所受承受的合力并不等于零,而是在 x 轴方向受到一个向后的阻力。

尽管如此,讨论理想流体的圆柱绕流仍然是有意义的,因为它是一种基本解,对于求解不脱体的非圆柱体绕流具有重大的价值。

§7-5 均匀流绕圆柱体的有环流流动

绕圆柱体有环流流动就是流体绕旋转的圆柱体的流动。假设在流体中有一半径为 r_0 的无限长圆柱体,它以角速度 ω 绕本身轴线旋转,而流体从无限远处以速度 V_∞ 横向绕流圆柱体,我们来研究流体对圆柱体的作用力。

我们可以先做这样一个实验。一个半径为 r_0 的圆柱体在电动机带动下可以绕 oz 轴转动,该轴固定在可沿 oy 方向运动的小车上,ox 方向为风洞气流的方向,如图 7-13 所示。我们先开动电动机,使圆柱转动,无论转动角速度方向与 oz 轴相同或相反,小车都不动。如果使圆柱停止转动,而开动风洞,小车也不动。但当风洞吹风时,圆柱体转动,小车就运动了。若转动角速度方向与 oz 轴相同,小车向负 y 方向运动;若转动角速度方向与 oz 轴相反,小车向正 y 方向运动。圆柱转动得越快,气流速度越大,则小车运动得也越快。这就提出了一个问题,

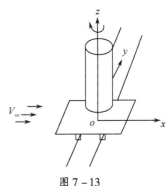

图 7-13

推动小车运动的升力是怎样产生的？它和气流速度以及圆柱的转速有什么关系？

为了回答这些问题，我们来分析上述的实验。圆柱体在静止气体中等速旋转，由于黏性的缘故，带动周围的气体产生圆周运动，其速度随着到柱面的距离的增加而减小。这样的流动可以用圆心处有一强度为 $-\varGamma$ 的点涡（顺时针转为负）来模拟。若将旋转的圆柱体放在横向的均匀平行气流中而研究旋转圆柱体的定常绕流问题时，则在理想流体范畴内，上述流动可以用两个流动的叠加来模拟:(1)圆柱体的无环量绕流;(2)圆心处强度为 $-\varGamma$ 的点涡。

绕圆柱体的无环流流动和点涡流动叠加后的复合流场的势函数和流函数为

$$\phi = V_\infty \cos\theta \left(r + \frac{r_0^2}{r} \right) - \frac{\varGamma}{2\pi}\theta \tag{7-60}$$

$$\psi = V_\infty \sin\theta \left(r - \frac{r_0^2}{r} \right) + \frac{\varGamma}{2\pi}\ln r \tag{7-61}$$

$$V_r = \frac{\partial \phi}{\partial r} = V_\infty \left(1 - \frac{r_0^2}{r^2} \right)\cos\theta \tag{7-62}$$

$$V_\theta = \frac{1}{r}\frac{\partial \phi}{\partial \theta} = -V_\infty \sin\theta \left(1 + \frac{r_0^2}{r^2} \right) - \frac{\varGamma}{2\pi r} \tag{7-63}$$

流场的内外边界条件为

外边界条件: $r = \infty$

$$\left. \begin{array}{l} V_\theta = -V_\infty \sin\theta \\ V_r = V_\infty \cos\theta \end{array} \right\} \tag{7-64}$$

内边界条件: $r = r_0$ 为一条流线

或

$$\frac{\partial \phi}{\partial n} = \frac{\partial \phi}{\partial r} = V_r = 0 \tag{7-65}$$

很容易验证(7-62)式、(7-63)式是满足所给定的内外边界条件的，故(7-60)式和(7-61)式是满足拉普拉斯方程的唯一解，是绕圆柱体有环流流动的势函数和流函数。根据 ψ = 常数所描绘出来的流动图形如图 7-14 所示。其中和圆柱体表面 $r = r_0$ 重合的等流函数线为 $\psi = \frac{\varGamma}{2\pi}\ln r_0$。用 $r = r_0$ 代入(7-62)式、(7-63)式，就可以得到圆柱体表面的速度分布为

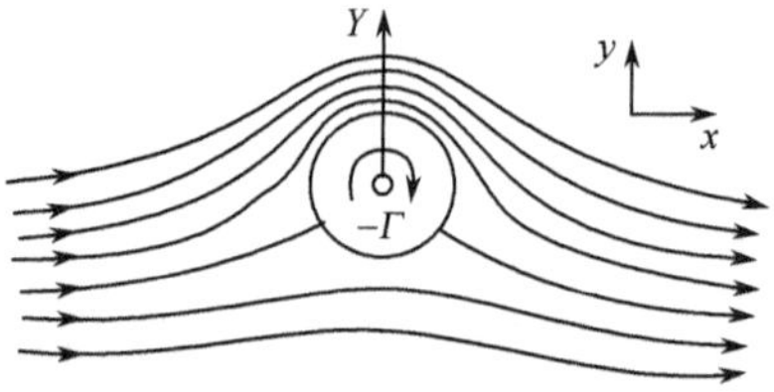

图 7-14

$$\left. \begin{array}{l} V_r = 0 \\ V_\theta = -2V_\infty \sin\theta - \dfrac{\varGamma}{2\pi r_0} \end{array} \right\} \tag{7-66}$$

可见速度绝对值的分布对称于 y 轴，但不再对称于 x 轴了。其原因是在圆柱体的上表面，顺时针的环流和无环量的绕流方向相同，因而速度增加;而在下表面则方向相反，因而速度减小。用 $V_\theta = 0$ 代入上式可以决定驻点的位置为

$$\sin\theta_0 = -\frac{\varGamma}{4\pi V_\infty r_0} \tag{7-67}$$

式中 θ_0——圆上驻点的辐角。

由上式可见,驻点的位置与 V_∞ 和 r_0 有关。若 $\Gamma < 4\pi V_\infty r_0$,则 $|\sin\theta_0| < 1$,在圆上有两个驻点,如图 7-14 所示。若 $\Gamma = 4\pi V_\infty r_0$,则 $\sin\theta = -1$,在圆上的二驻点重合(见图 7-15(a))。若 $\Gamma > 4\pi V_\infty r_0$,因正弦绝对值不可能大于 1,上式无意义,这时在圆柱表面上无驻点,在流体内部有一驻点(见图 7-15(b))。

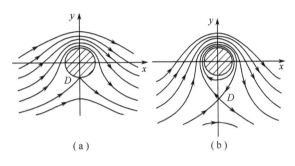

图 7-15

现在我们来求圆柱体表面上的压强分布。将(7-66)式代入(7-8)式,可得

$$p - p_\infty = \frac{1}{2}\rho V_\infty^2 \left[1 - \left(2\sin\theta + \frac{\Gamma}{2\pi V_\infty r_0} \right)^2 \right] \quad (7-68)$$

式中 p_∞ 和 V_∞——流体在无限远处未受扰动时的压强和速度。用压强系数表示则为

$$C_p = 1 - \left(2\sin\theta + \frac{\Gamma}{2\pi V_\infty r_0} \right)^2 \quad (7-69)$$

根据 $\sin\theta$ 的性质,在圆柱体上半部 $\sin\theta$ 为正值,在下半部为负值。从上式可知,压强的分布对称于 y 轴,但不对称于 x 轴。在对称于 x 轴的所有对应点上,下半部的压强大于上半部的压强,这是因为下半部的速度小于上半部的速度的缘故。这就必然产生 y 方向的合力,即向上的升力。而在 x 方向合力仍为零。

这个 y 向合力,可以直接根据圆柱面上的压强分布经积分而求得,也可以用积分形式的动量方程来计算。这里我们将采用后一种方法。以原点为中心,画一个半径为 r_1 很大的控制面 s_1,整个的控制面 s 还包括圆的表面 s_2 以及连接 s_2 和 s_1 的两条割线,如图 7-16 中的虚线所示。因为两条割线上的压强和动量进出都抵消了,故可不予考虑。s_2 上的压强积分是物体所受的合力,因为受力情况左右对称,故不会有 x 向合力。我们只用(6-32)式计算 y 向合力就行了。设质量力略去不计,所研究的是定常流,则有

$$F_{e_y} = -\int_{(s_1)} p\cos(\boldsymbol{n},\boldsymbol{j}) \mathrm{d}s - \int_{(s_1)} \rho V_n V_y \mathrm{d}s \quad (7-70)$$

在 r_1 大圆上,$\cos(\boldsymbol{n},\boldsymbol{j}) = \sin\theta$,$\mathrm{d}s = r_1 \mathrm{d}\theta$,则

$$F_{e_y} = -2\int_{-\frac{\pi}{2}}^{\frac{\pi}{2}} r_1 p\sin\theta \mathrm{d}\theta - \int_0^{2\pi} \rho r_1 V_r V_y \mathrm{d}\theta \quad (7-71)$$

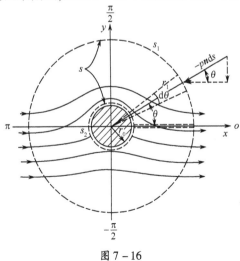

图 7-16

第一个积分中的 p 用伯努利方程改为速度,结果得

$$\rho \int_{-\frac{\pi}{2}}^{\frac{\pi}{2}} \frac{V_\infty \Gamma}{\pi} \left(1 + \frac{r_0^2}{r_1^2}\right) \sin^2\theta d\theta = \frac{1}{2}\rho V_\infty \Gamma \left(1 + \frac{r_0^2}{r_1^2}\right) \tag{a}$$

将

$$V_y = -\frac{\partial \psi}{\partial x} = -V_\infty \frac{2r_0^2 xy}{r_1^4} - \frac{\Gamma}{2\pi}\frac{x}{r_1^2} = -2V_\infty \frac{r_0^2}{r_1^2}\cos\theta\sin\theta - \frac{\Gamma}{2\pi}\frac{\cos\theta}{r_1}$$

代入第二个积分,结果得

$$\rho r_1 V_\infty \left(1 - \frac{r_0^2}{r_1^2}\right)\int_0^{2\pi}\left(2V_\infty \frac{r_0^2}{r_1^2}\cos^2\theta\sin\theta + \frac{\Gamma}{2\pi}\frac{\cos^2\theta}{r_1}\right)d\theta = \frac{1}{2}\rho V_\infty \Gamma \left(1 - \frac{r_0^2}{r_1^2}\right) \tag{b}$$

将(a)式、(b)式代入(7-71)式,则得

$$F_{e_y} = \frac{1}{2}\rho V_\infty \Gamma \left(1 + \frac{r_0^2}{r_1^2}\right) + \frac{1}{2}\rho V_\infty \Gamma \left(1 - \frac{r_0^2}{r_1^2}\right) = \rho V_\infty \Gamma$$

令

$$Y = F_{e_y}$$

则

$$Y = \rho V_\infty \Gamma \tag{7-72}$$

这个结果说明控制面取多大都没有关系,合力 Y 总是等于来流的速度乘以密度再乘以环量 Γ。这个力垂直于来流,称为升力。升力等于 $\rho V_\infty \Gamma$ 这个结果称为库塔-儒可夫斯基定理。这定理说明有环量才有升力,且升力正比于环量。升力 Y 是作用在单位长度(垂直于 xoy 平面那个方向的尺寸为1)柱体上的升力。柱体的具体形状对结果并没有什么关系。只要物体是封闭的,代表这个物体作用的正负源的流量总和必须等于零。即使正负源不像偶极子那样叠在一起,而是分开一定的距离,在远离物体的控制面上(我们可以取 r_1 非常大),其总的作用和一个偶极子是没有什么区别的。因此,库塔-儒可夫斯基定理在绕流问题中具有普遍的意义,即不仅对圆柱是正确的,而且对于尖后缘的任意翼型都是正确的。

对于圆柱体绕流,环量的产生是由于圆柱体本身旋转而引起的,$\Gamma = 2\pi r_0^2 \omega$。旋转圆柱绕流后会产生升力的这种现象称为麦格努斯(Magnus)效应。利用这种效应,曾有人用几个迅速转动的直立圆柱体来代替风帆,借助风力推动船舶。但因为效率不高,未得到实际应用。

对于翼型绕流,产生环量的物理过程将在第十二章讨论。

§7-6 镜像法简述

上面所讨论的是物体在无限流体中的平面绕流问题,如果存在固体壁为边界面,则必须考虑这些边界面对流动的影响。例如飞机在起飞和降落时,当高度只有一两个翼展时,地面的存在对机翼的升力将有显著的影响。又如飞机或其部件的模型在风洞里做吹风实验时,风洞气流的横向尺寸是有限的。这一点和飞机在大气中飞行时,大气的横向尺寸并无限制相比较是有差别的。因而风洞洞壁对模型在试验中的气动力性能是有影响的,通常把这种影响称为洞壁干扰。解决这类问题有效而常用的方法是镜像法。下面我们仅以边界面为直壁时对流动的干扰为例来简要说明镜像法。

假定点源附近有一直壁存在,问这时的流动情况怎样?无直壁时,一个源的流动是对称于原点的,现在有一直壁存在,因为流动不能穿越直壁,在接近壁面处,流动必须转弯,转成平行

于壁面。同时整个流场也都受到影响,与无壁时有所不同。直壁是一条直的流线,要产生这样一条流线,可以在直壁的另一侧对称地放一个同强度的源,如图 7-17 所示。这个人为配置的源称镜像源。设源的坐标是 $(0,a)$,配置的镜像源的坐标应是 $(0,-a)$。二者在直壁的任何一点所产生的速度大小相等,指向一个斜向上,一个斜向下,合速恰好平行于直壁。这样直壁就成一条流线。该流场的流函数应为

$$\psi = \frac{Q}{2\pi}\left[\arctan\frac{y-a}{x} + \arctan\frac{y+a}{x}\right] \tag{7-73}$$

速度分量为

$$V_x = \frac{\partial \psi}{\partial y} = \frac{Qx}{2\pi}\left[\frac{1}{x^2+(y-a)^2} + \frac{1}{x^2+(y+a)^2}\right] \tag{7-74}$$

$$V_y = -\frac{\partial \psi}{\partial x} = \frac{Q}{2\pi}\left[\frac{y-a}{x^2+(y-a)^2} + \frac{y+a}{x^2+(y+a)^2}\right] \tag{7-75}$$

在 x 轴上,$(V_y)_{y=0} = 0, \psi = 0$,即 x 轴线是流线之一。沿 y 轴只有 V_y,其值是

$$(V_y)_{x=0} = \frac{Q}{2\pi}\left[\frac{1}{y-a} + \frac{1}{y+a}\right]$$

式中右端第一项是源产生的速度,第二项是镜像源产生的速度。在 $0 \leq y \leq a$ 的范围内,源产生的速度向下指,而镜像源所产生的速度向上指,它是减小源的速度的。这也就表现了直壁的阻挡作用。在坐标原点,两个速度恰好抵消,这是流场上的驻点。在 $y > a$ 处,镜像源产生的速度增大源产生的速度。在直壁上,沿坐标原点的左右两侧,在 $|x| \leq a$ 的范围内,V_x 是随 x 而增大的,在 $|x| > a$ 之后,V_x 随 x 增大而下降。相应地,直壁上的压强分布是这样的:驻点处的压强最高,在 $0 \leq |x| \leq a$ 的范围内压强渐渐下降、在 $|x| > a$ 之后,压强又缓缓上升。在原点附近有一个高压区。情况很像气垫车下的地面上的压强分布。

如果点涡附近有一直壁,那么直壁的作用也是用壁的另一侧对称地放一个等强度而转向相反的镜像点涡来体现。流动情况如图 7-18 所示。流函数是

$$\psi = -\frac{\Gamma}{2\pi}\ln\sqrt{x^2+(y-a)^2} + \frac{\Gamma}{2\pi}\ln\sqrt{x^2+(y+a)^2}$$

$$= \frac{\Gamma}{4\pi}\ln\frac{x^2+(y+a)^2}{x^2+(y-a)^2} \tag{7-76}$$

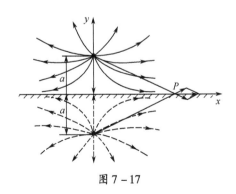

图 7-17

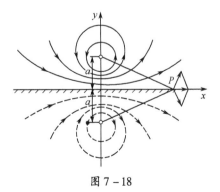

图 7-18

直壁上任何一点 P 受到两个点涡的作用,合速只有 V_x 和无直壁的情况对比,直壁的存在把点涡原来的下半部流线都挤到一起了,这一地区的流速大大增强。

[例 7-1] 在紧靠无限大平板上表面 h 处有一平面点涡(图 7-19)。设无限远来流平行于平板,压强为 p_∞,速度为 V_∞。试求作用在平板单位宽度(垂直于纸面)上的力,设作用于平板下表面的流体压强为 p_∞,点涡强度为 $-\Gamma$;流体为不可压缩和无黏性的流体。写出当 h 很大时,平板作用力的简化表达式。

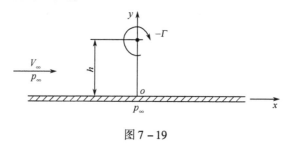

图 7-19

解 该流场的流函数是

$$\psi = \frac{\Gamma}{2\pi}\ln\sqrt{x^2+(y-h)^2} - \frac{\Gamma}{2\pi}\ln\sqrt{x^2+(y+h)^2} + V_\infty y$$

在平板上表面($y=0$),流体速度为

$$V_w = \left(\frac{\partial \psi}{\partial y}\right)_{y=0} = -\frac{\Gamma h}{\pi}\left(\frac{1}{x^2+h^2}\right) + V_\infty$$

由伯努利方程,得

$$p_w + \frac{1}{2}\rho V_w^2 = p_\infty + \frac{1}{2}\rho V_\infty^2$$

式中 p_w ——平板上表面流体的压强。
则

$$p_w = p_\infty + \frac{1}{2}\rho\left[V_\infty^2 - V_\infty^2 + 2\frac{\Gamma V_\infty h}{\pi}\frac{1}{x^2+h^2} - \frac{\Gamma^2 h^2}{\pi^2(x^2+h^2)^2}\right]$$

作用于平板单位宽度上的作用力为

$$F = \int_{-\infty}^{+\infty}(p_\infty - p_w)\mathrm{d}x = -\rho V_\infty \Gamma + \frac{\rho \Gamma^2}{4\pi h}$$

当 h 很大时,式中右端第二项可略去,则上式可简化为

$$F = -\rho V_\infty \Gamma$$

§7-7 不可压理想流体的定常轴对称无旋流动

上面我们讨论了不可压理想流体的定常平面无旋流动。本节我们将讨论不可压理想流体的定常轴对称无旋流动。

一、不可压轴对称势流的速度势方程和流函数方程

对于轴对称流动,若选取圆柱坐标系,则(7-1)式及(7-3)式可表示为

$$V_r = \frac{\partial \phi}{\partial r}, \quad V_z = \frac{\partial \phi}{\partial z} \tag{7-77}$$

及

$$\frac{\partial^2 \phi}{\partial z^2} + \frac{1}{r}\frac{\partial \phi}{\partial r} + \frac{\partial^2 \phi}{\partial r^2} = 0 \tag{7-78}$$

由(6-139)式,对于不可压轴对称流动,流函数的定义为

$$\frac{\partial \psi}{\partial r} = rV_z, \frac{\partial \psi}{\partial z} = -rV_r \tag{7-79}$$

对于轴对称流动,无旋条件为

$$\omega = \omega_\theta = \frac{1}{2}\left(\frac{\partial V_r}{\partial z} - \frac{\partial V_z}{\partial r}\right) = 0 \tag{7-80}$$

将(7-79)式代入(7-80)式,得不可压轴对称势流的流函数方程为

$$\frac{\partial^2 \psi}{\partial z^2} - \frac{1}{r}\frac{\partial \psi}{\partial r} + \frac{\partial^2 \psi}{\partial r^2} = 0 \tag{7-81}$$

应当指出,不可压轴对称势流的流函数方程(7-81)式不是拉普拉斯方程,而不可压平面势流的流函数方程则是拉普拉斯方程。这是上述两种流函数的重要区别。但是,不可压轴对称势流的速度势方程和不可压平面势流一样都是拉普拉斯方程。

和不可压定常平面势流一样,要描述一个不可压定常轴对称势流,有 ϕ 或 ψ 其中一个就够了。因此要求流场的速度分布,只要根据所给定的边界条件,求解(7-78)式或(7-81)式,便可以求出 ϕ 或 ψ。

当无限远处均匀的平行气流以速度 V_∞ 无攻角地绕流旋转体时,应满足下列两个边界条件:

(1) 在物体表面上,流体的法向速度为零,即 $\frac{\partial \phi}{\partial n} = 0$。另一种表述是,因为在物面上流体速度处处与物面相切,所以在子午面上物面型线就是流线,也就是等流函数线。则物面条件可以写成 $(\psi)_b = $ 常数。

(2) 轴对称流动的无限远处均匀来流条件,可以表示为

$$(V_z)_\infty = V_\infty$$

因为速度势 ϕ 和流函数 ψ 满足的方程都是线性的,所以同样可以用基本解的叠加法来求解。

下面我们将介绍几种简单的轴对称势流,以供在求解复杂问题时应用。

二、简单的轴对称势流

(一) 均匀平行流

空间中有速度为 V_∞ 且平行 z 轴的均匀平行流。显然,此流动是无旋轴对称的,因而存在势函数 ϕ 及流函数 ψ。根据圆柱坐标系中 ϕ、ψ 和速度之间的关系式,对于均匀流场有

$$\frac{\partial \phi}{\partial z} = V_\infty, \quad \frac{\partial \phi}{\partial r} = 0$$

$$\frac{\partial \psi}{\partial z}=0, \qquad \frac{\partial \psi}{\partial r}=rV_\infty$$

由此可得这个速度场的势函数与流函数在圆柱坐标系中可分别表示为

$$\phi = V_\infty z \tag{7-82}$$

$$\psi = \frac{1}{2}V_\infty r^2 \tag{7-83}$$

(二) 空间点源

设在坐标原点 O 处有一强度为 $Q>0$ 的点源。取球坐标系(参见书末附录 A 图 A-4),根据对称性易知,$V_\theta = V_\varphi = 0$,速度只有 R 方向分量 V_R。以 O 为中心作一半径为 R 的球(图 7-20),则根据质量守恒有 $4\pi R^2 V_R = Q$,由此得

$$V_R = \frac{Q}{4\pi R^2}$$

根据速度分布容易验证,点源产生的流动是无旋轴对称的,因此存在 ϕ 及 ψ。由

$$\frac{\partial \phi}{\partial R}=V_R=\frac{Q}{4\pi R^2}, \qquad \frac{1}{R}\frac{\partial \phi}{\partial \varphi}=V_\varphi=0$$

$$-\frac{1}{R\sin\varphi}\frac{\partial \psi}{\partial R}=V_\varphi=0, \qquad \frac{1}{R^2\sin\varphi}\frac{\partial \psi}{\partial \varphi}=V_R=\frac{Q}{4\pi R^2}$$

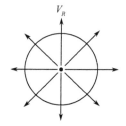

图 7-20

积分,并令积分常数为零,则有

$$\phi = -\frac{Q}{4\pi R} \tag{7-84}$$

$$\psi = -\frac{Q}{4\pi}\cos\varphi \tag{7-85}$$

利用圆柱坐标与球坐标的关系

$$z=R\cos\varphi, \quad r=R\sin\varphi \tag{7-86}$$

将式(7-86)代入(7-84)式、(7-85)式,可得圆柱坐标系中的势函数和流函数为

$$\phi = -\frac{Q}{4\pi}\frac{1}{\sqrt{r^2+z^2}} \tag{7-87}$$

$$\psi = -\frac{Q}{4\pi}\frac{z}{\sqrt{r^2+z^2}} \tag{7-88}$$

若源点位于 z 轴上的任意其它位置 $r=0, z=z_0$ 上,则相应的势函数与流函数为

$$\phi = -\frac{Q}{4\pi}\frac{1}{\sqrt{r^2+(z-z_0)^2}} \tag{7-89}$$

$$\psi = -\frac{Q}{4\pi}\frac{z-z_0}{\sqrt{r^2+(z-z_0)^2}} \tag{7-90}$$

当上述各式中的 Q 为负值时,它们就代表汇所对应的物理量。

(三) 空间偶极子

类似于平面流动中的偶极子,在空间问题中,等强度点源、点汇也可组成空间偶极子。

这里,只讨论由分布在 z 轴上的源、汇所组成的偶极子,即轴对称流动的偶极子。

如图 7-21 所示,在 z 轴的 z_0 处有强度为 $-Q$ 的点汇,在 $(z_0 + \Delta z_0)$ 处有强度为 Q 的点源。当这一对源汇无限接近,且满足

$$\lim_{\Delta z_0 \to 0} Q \Delta z_0 = m \quad (m \text{ 为有限值})$$

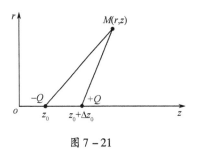

图 7-21

这一对无限接近的源与汇的速度势就是偶极子的速度势。显然

$$\phi = \lim_{\Delta z_0 \to 0} \left[-\frac{Q}{4\pi} \frac{1}{\sqrt{r^2 + [z - (z_0 + \Delta z_0)]^2}} + \frac{Q}{4\pi} \frac{1}{\sqrt{r^2 + (z - z_0)^2}} \right]$$

$$= \lim_{\Delta z_0 \to 0} \left(-\frac{Q \Delta z_0}{4\pi} \right) \left[\frac{\frac{1}{\sqrt{r^2 + [z - (z_0 + \Delta z_0)]^2}} - \frac{1}{\sqrt{r^2 + (z - z_0)^2}}}{\Delta z_0} \right]$$

又按导数的定义知

$$\lim_{\Delta z_0 \to 0} \frac{f(z_0 + \Delta z_0) - f(z_0)}{\Delta z_0} = \frac{\partial f}{\partial z_0}$$

据此上式可写成

$$\phi = -\frac{m}{4\pi} \frac{\partial}{\partial z_0} \left[\frac{1}{\sqrt{r^2 + (z - z_0)^2}} \right]$$

故

$$\phi = -\frac{m}{4\pi} \frac{z - z_0}{[r^2 + (z - z_0)^2]^{3/2}} \tag{7-91}$$

用类似的方法,可以求得偶极子的流函数 ψ 为

$$\psi = \frac{m}{4\pi} \frac{r^2}{[r^2 + (z - z_0)^2]^{3/2}} \tag{7-92}$$

偶极子的方向是汇指向源的方向,若它指向 z 轴的负方向,则(7-91)式、(7-92)式前应乘以 (-1)。

三、圆球绕流

若将沿 z 轴方向的均匀来流与位于原点的沿 z 轴反方向的偶极子叠加起来的流场如图 7-22 所示。

组合流场的速度势由上述两个简单势流的速度势叠加而成。在球坐标系中的表达式为

$$\phi = V_\infty R \cos\varphi + \frac{m}{4\pi R^2} \cos\varphi \tag{7-93}$$

相应的流函数为

$$\psi = \frac{1}{2} V_\infty R^2 \sin^2\varphi - \frac{m}{4\pi R} \sin^2\varphi \tag{7-94}$$

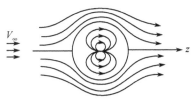

图 7-22

不难证明,在子午面上确实存在一条圆周形的零流线(它对 z 轴的旋成面就是球面)。令 $\psi = 0$,由(7-94)式得流线方程为

$$\left(\frac{1}{2}V_\infty R^2 - \frac{m}{4\pi R}\right)\sin^2\varphi = 0$$

这个方程的解为:

(1) $\sin\varphi = 0$,即 $\varphi = 0, \varphi = \pi$

因此,对称轴是这个方程的解,也就是说,对称轴 z 是零流线。

(2) $R = \left(\dfrac{m}{2\pi V_\infty}\right)^{1/3}$

可见在子午面上圆心在原点、半径等于 $\left(\dfrac{m}{2\pi V_\infty}\right)^{1/3}$ 的圆是零流线。

由此可见,此组合流场代表的正是半径为 $(m/2\pi V_\infty)^{1/3}$ 的圆球绕流。若圆球的半径 a 已知,则 m 可通过 a 表出,它是

$$m = 2\pi V_\infty a^3 \tag{7-95}$$

则半径为 a 的圆就是零流线。于是就满足了圆球绕流的物面条件。

将(7-95)式代入(7-93)式及(7-94)式得圆球 $R=a$ 的绕流的 ϕ 及 ψ 为

$$\phi = V_\infty R\cos\varphi\left[1 + \frac{1}{2}\left(\frac{a}{R}\right)^3\right] \tag{7-96}$$

$$\psi = \frac{1}{2}V_\infty R^2\sin^2\varphi\left[1 - \left(\frac{a}{R}\right)^3\right] \tag{7-97}$$

速度分布为

$$V_R = \frac{\partial\phi}{\partial R} = V_\infty\cos\varphi\left(1 - \frac{a^3}{R^3}\right) \tag{7-98}$$

$$V_\varphi = \frac{1}{R}\frac{\partial\phi}{\partial\varphi} = -V_\infty\sin\varphi\left(1 + \frac{a^3}{2R^3}\right) \tag{7-99}$$

将 $R = a$ 代入上式,则得球面上的速度分布

$$(V_R)_b = 0, \quad (V_\varphi)_b = -\frac{3}{2}V_\infty\sin\varphi \tag{7-100}$$

对于定常流动,可以利用伯努利方程求压强分布。在忽略重力的条件下,伯努利方程可写成

$$p = p_\infty + \frac{1}{2}\rho V_\infty^2 - \frac{1}{2}\rho V^2$$

将球面速度公式(7-100)代入上式,就可得到球面上的压强分布

$$p_b = p_\infty + \frac{1}{2}\rho V_\infty^2\left(1 - \frac{9}{4}\sin^2\varphi\right) \tag{7-101}$$

若以压强系数表示,则得

$$c_p = \frac{p_b - p_\infty}{\frac{1}{2}\rho V_\infty^2} = 1 - \frac{9}{4}\sin^2\varphi = 1 - \frac{9}{4}\left(\frac{r}{a}\right)^2 \tag{7-102}$$

四、任意旋成体的无攻角绕流

上述的基本解叠加法对于形成绕不同形状的物体的流动是一个有力的工具。但用这个方法求解绕流任意旋成体的流场,需要选择合适的源(汇)或偶极子等,并合理地布置它们,使得它们和均匀来流叠加后的流函数满足流函数方程(7-81)式及无限远条件和物面条件。

下面我们介绍一种任意旋成体的无攻角绕流的数值解法,这种方法可以确定安置在若干固定点上的源(汇)的强度,从而可以计算绕流物体的流场。这种方法不仅适用于轴对称流,也可以应用于平面对称流问题。

如前所述,不可压轴对称无旋流动的流函数方程是线性方程,因而可以运用基本解叠加法以求该方程的解。为了逼近速度为 V_∞(沿轴向)的均匀流绕给定旋成体的流动,在物体内沿对称轴 z 划分成 n 个线段(参看图 7-23),这些线段用符号 $1,2,\cdots,n$ 表示,一般来说,这些线段可以具有不同的长度。每一个线段内有均匀分布的源或汇,不同的线段,源或汇的强度一般不同。线段数目的多少取决于所要求的精确度。任一线段 j 的两个端点分别记为 $P'_j(0,z'_j)$ 及 $P'_{j+1}(0,z'_{j+1})$,其长度为 $s_j(=z'_{j+1}-z'_j)$,沿该线段连续分布着强度相等的点源(或汇)群,称为均匀线源。在该线段上位于 $(0,\zeta)$ 的微小间隔 $d\zeta$ 内的线源对任一点 (r,z) 所诱导的流动的流函数为 $d\psi$。由(7-90)式有

$$d\psi = -\frac{q_j(z-\zeta)d\zeta}{\sqrt{r^2+(z-\zeta)^2}} \tag{7-103}$$

式中 q_j——单位长度的线源强度。

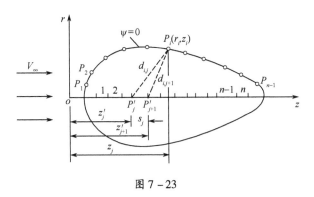

图 7-23

则线段 j 的均匀线源对点 (r,z) 所诱导的流函数可通过将上式右端由 z'_j 到 z'_{j+1} 积分而得到,即为

$$q_j\left[\sqrt{r^2+(z-z'_{j+1})^2}-\sqrt{r^2+(z-z'_j)^2}\right]$$

均匀轴向来流在点 (r,z) 所产生的流函数为 $\frac{1}{2}V_\infty r^2$。因此,由均匀流及物体内部的全部线源在点 (r,z) 所产生的流函数应为

$$\psi(r,z) = \frac{1}{2}V_\infty r^2 + \sum_{j=1}^{n} q_j\left[\sqrt{r^2+(z-z'_{j+1})^2}-\sqrt{r^2+(z-z'_j)^2}\right] \tag{7-104}$$

线源强度 $q_j(j=1,2,\cdots,n)$ 可由给定旋成体的几何条件及物面边界条件来确定。为此，在给定物体的表面上选择 $(n-1)$ 个点 $P_1,P_2,\cdots,P_{n-1}$。由 $(7-104)$ 式，在表面点 $P_i(r_i,z_i)$ 的流函数为

$$\psi(r_i,z_i) = \frac{1}{2}V_\infty r_i^2 + \sum_{j=1}^n q_j\left[\sqrt{r_i^2+(z_i-z'_{j+1})^2} - \sqrt{r_i^2+(z_i-z'_j)^2}\right] \quad (7-105)$$

因为点 P_i 是位于物体的封闭表面上，故上式左端为零。参看图 7-23，引入记号 Δd_{ij}，它表示

$$\Delta d_{ij} = d_{ij} - d_{i,j+1} = \sqrt{r_i^2+(z_i-z'_j)^2} - \sqrt{r_i^2+(z_i-z'_{j+1})^2} \quad (7-106)$$

令 $q_j/V_\infty = Q_j$，则 $(7-105)$ 式成为

$$\sum_{j=1}^n \Delta d_{ij} Q_j = \frac{1}{2}r_i^2 \quad (i=1,2,\cdots,n-1) \quad (7-107)$$

式中除 Q_j 外均为已知量。

因为 Q 与一个线段的单位长度内的线源在单位时间内所产生（或消失）的流体体积成正比，而为了形成一个封闭物体，要求全部线源的总强度必须为零。因此

$$\sum_{j=1}^n s_j Q_j = 0 \quad (7-108)$$

$(7-107)$ 式和 $(7-108)$ 式组成了对于未知源强度 $Q_j(j=1,2,\cdots,n)$ 的 n 个联立代数方程组，即

$$\left.\begin{aligned}
\Delta d_{11}Q_1 + \Delta d_{12}Q_2 + \cdots + \Delta d_{1n}Q_n &= \frac{r_1^2}{2} \\
\Delta d_{21}Q_1 + \Delta d_{22}Q_2 + \cdots + \Delta d_{2n}Q_n &= \frac{r_2^2}{2} \\
&\vdots \\
\Delta d_{n-1,1}Q_1 + \Delta d_{n-1,2}Q_2 + \cdots + \Delta d_{n-1,n}Q_n &= \frac{r_{n-1}^2}{2} \\
s_1 Q_1 + s_2 Q_2 + \cdots + s_n Q_n &= 0
\end{aligned}\right\} \quad (7-109)$$

当 $Q_j(j=1,2,\cdots,n)$ 已经由上式求得，则由 $(7-104)$ 式即可确定流函数，再由 $(7-79)$ 式即可求得速度分量为

$$V_z = V_\infty\left\{1 + \sum_{j=1}^n Q_j\left[\frac{1}{\sqrt{r^2+(z-z'_{j+1})^2}} - \frac{1}{\sqrt{r^2+(z-z'_j)^2}}\right]\right\} \quad (7-110)$$

$$V_r = -\sum_{j=1}^n \frac{V_\infty Q_j}{r}\left[\frac{z-z'_{j+1}}{\sqrt{r^2+(z-z'_{j+1})^2}} - \frac{z-z'_j}{\sqrt{r^2+(z-z'_j)^2}}\right] \quad (7-111)$$

压强场可以由伯努利方程计算，即

$$p = p_\infty + \frac{1}{2}\rho V_\infty^2 - \frac{1}{2}\rho(V_r^2+V_z^2)$$

p_∞ 为无穷远处流体的压强。压强系数则为

$$c_p = \frac{p - p_\infty}{\frac{1}{2}\rho V_\infty^2} = 1 - \left(\frac{V_r}{V_\infty}\right)^2 - \left(\frac{V_z}{V_\infty}\right)^2$$

(7-112)

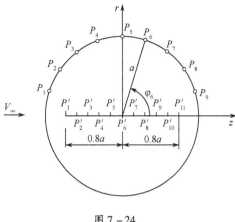

图 7-24

从圆球绕流的具体实例,可以检验旋成体绕流数值计算的精确度。因为对于圆球绕流,我们已经根据基本解叠加法得到了精确解。参看图 7-24,在 z 轴上的 $z = \pm 0.8a$ 之间,源(汇)分布在 10 个相等长度的线段中,在圆球的上表面选择了九个相等间隔的点,如图 7-24 所示。如果 φ_i 表示表面点 $P_i(r_i, z_i)$ 的径向位置与 z 轴之间的角度,其九个值是

$$\varphi_i = (10 - i)\frac{\pi}{10}, i = 1, 2, \cdots, 9$$

则 r_i 和 z_i 按下式计算

$$r_i = a\sin\varphi_i, \quad z_i = a\cos\varphi_i$$

由(7-106)式即可求得 $\Delta d_{ij}(i = 1, 2, \cdots, 9; j = 1, 2, \cdots, 10)$,将其代入(7-109)式,并联立求解线性代数方程组,即可得 Q_j。

设均匀来流速度 $V_\infty = 1\text{m/s}, a = 1\text{m}$。圆球上表面九个点的数值计算结果与精确解的比较见表 7-1。

表 7-1

i	r_i	z_i	V_i(数值解)	V_{iex}(精确解)	c_{pi}(数值解)	c_{piex}(精确解)
1	0.3090	-0.9511	0.4634	0.4635	0.7853	0.7851
2	0.5878	-0.8090	0.8817	0.8817	0.2226	0.2226
3	0.8090	-0.5878	1.2135	1.2135	-0.4726	-0.4726
4	0.9511	-0.3090	1.4266	1.4266	-1.0352	-1.0351
5	1.0000	-0.0000	1.5000	1.5000	-1.2500	-1.2500
6	0.9511	0.3090	1.4266	1.4266	-1.0352	-1.0351
7	0.8090	0.5878	1.2135	1.2135	-0.4726	-0.4726
8	0.5878	0.8090	0.8817	0.8817	0.2226	0.2226
9	0.3090	0.9511	0.4634	0.4635	0.7853	0.7851

由上表可见,数值计算结果与精确解是非常接近的。

最后应该指出,旋成体绕流的数值计算方法也可应用于平面对称流问题。显然,此时在对称轴上分布的源(汇)或偶极子都应是平面的点源(汇)或偶极子。

作为一个例子,图 7-25 给出了对称翼型的无攻角绕流在翼型表面上压强系数的数值计算结果与精确解的比较。由图可见,数值计算结果与精确解也是非常一致的。

343

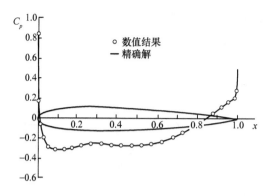

图 7-25

习 题

7-1 已知不可压流动的速度势为 $\phi = xy$。(1)求速度分量;(2)求流函数;(3)画出 $\phi = 1、2、3$ 时的等势线;(4)证明等势线和流线是正交的。

7-2 不可压缩流体平面流动的速度势为 $\phi = x^2 - y^2 + x$,求其流函数。

7-3 不可压缩流体平面流动的流函数为 $\psi = xy + 2x - 3y + 10$,求其速度势。

7-4 下列各流函数是否都是有势流动?

(1) $\psi = K \ln xy^2$;

(2) $\psi = K\left(1 - \dfrac{1}{r^2}\right) r \sin\theta$。

7-5 一理想、不可压缩、定常流动,在极坐标中势函数为

$$\phi = \sqrt{r}\cos\dfrac{\theta}{2}$$

求速度分量与流函数,并分析流动图案。

7-6 试由流函数的定义出发,推导三种不可压缩平面无旋流动的流函数方程:

(1) 在直角坐标系 x, y 中的;

(2) 在圆柱坐标系轴向平面 r, θ 中的;

(3) 在圆柱坐标系子午平面 r, z 上的轴对称流动的。

并注意比较三种流函数方程的主要区别。

7-7 分别用速度势 ϕ 和流函数 ψ 表示下述流场的物面边界条件。在与物体相固结的坐标系中讨论流体的绝对运动。见题 7-7 附图,物面方程是

$$\dfrac{x^2}{a^2} + \dfrac{y^2}{b^2} = 1$$

题 7-7 附图

7-8 在点 $(a, 0)$、$(-a, 0)$ 处放置等强度点源,在点 $(0, a)$、$(0, -a)$ 处放置与点源等强度的点汇,证明通过这四点的圆周是一条流线。

7-9 在点 $(a, 0)$、$(-a, 0)$ 处各有强度为 $2\pi m$ 的点源,在原点有强度为 $4\pi m$ 的点汇,试证明流线方程是

$$(x^2+y^2)^2 - a^2(x^2-y^2) = \lambda xy$$

其中 λ 是可变参数。并证明在任意点上的流速为

$$2ma^2/(r_1 r_2 r_3)$$

其中 r_1、r_2、r_3 分别为此点离这三个奇点的距离。

7-10 参见题 7-10 附图。无黏定常平行流绕圆周 $r=r_0$ 的不可压平面流动的势函数为

$$\phi = V_\infty \left(1 + \frac{r_0^2}{r^2}\right) r\cos\theta$$

求圆周 $r=r_0$ 上任一点的压力 p。其中 r、θ 为极坐标,且 $r \geqslant r_0$,V_∞、r_0、ρ、p_∞ 均为已知常数。

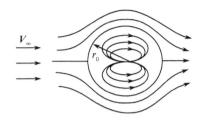

题 7-10 附图

7-11 证明速度分量

$$u = U\left[1 - \frac{ay}{x^2+y^2} + \frac{b^2(x^2-y^2)}{(x^2+y^2)^2}\right], v = U\left[\frac{ax}{x^2+y^2} + \frac{2b^2 xy}{(x^2+y^2)^2}\right]$$

代表一个流体运动可能的速度分布,且是无旋的。进一步,说明它是由哪几种基本流动合成的,常数 U、a、b 代表什么物理意义?

7-12 有环量圆柱绕流是由哪几种基本解叠加而成的?写出该流动的势函数和流函数,导出该流动的物面速度、远场速度。该两处的速度是否符合实际流动而可以被提为该问题的边界条件?

第八章 小扰动线化理论

在第六章中我们已经推导出无黏性理想流体定常无旋流动的速度势方程,由于该方程是二阶非线性偏微分方程,因此除了少数非常简单的流动问题能求得精确解之外,在一般情况下,要求得满足给定边界条件的解,需要采用数值解法,但这需要很繁杂的计算过程,往往不适合于工程上所要求的快速计算。由于在许多实际的气动力问题中,为了减少运动阻力,高速运动的物体一般都是做得很薄,或者是细长体,工作时相对于气流的攻角也很小,例如螺旋桨、机翼、机身和压气机叶片等都是属于这种工作状况,这时物体运动时对周围静止气流扰动很小,在这种小扰动情况下,可以把非线性的速度势偏微分方程加以线性化,得到线性化的小扰动速度势方程。无论是亚声速流动还是超声速流动,这种线性化的速度势方程都比非线性的速度势方程容易求解。尽管这种解法是一种近似解法,但由于它具有一定的准确度,工程上有实用价值,更重要的是,这种方法所求得的解是一种解析解,因而能反映马赫数对气动力性能的影响,因此,小扰动理论在解决可压缩流体流动问题中占有重要的位置。

本章主要阐述小扰动线化理论的基本原理。首先从小扰动假设出发,推导出线化速度势方程和线化边界条件及压强系数,在此基础上以绕波形壁流动为例,分别介绍平面亚声速流和超声速流的线化速度势方程的解法,此外,还介绍亚声速平面流动相似律和超声速薄翼型气动力特性。

§8-1 速度势方程的线性化

无黏性理想流体定常无旋流动的速度势方程为(6-124)式,为方便起见,我们把它抄录如下,并加以重新编号,即

$$\left(1 - \frac{\phi_x^2}{c^2}\right)\phi_{xx} + \left(1 - \frac{\phi_y^2}{c^2}\right)\phi_{yy} + \left(1 - \frac{\phi_z^2}{c^2}\right)\phi_{zz} - 2\frac{\phi_x \phi_y}{c^2}\phi_{xy}$$
$$- 2\frac{\phi_y \phi_z}{c^2}\phi_{yz} - 2\frac{\phi_z \phi_x}{c^2}\phi_{zx} = 0 \tag{8-1}$$

式中声速 c 可利用能量方程将其与流动速度建立联系,即

$$\frac{c^2}{k-1} + \frac{V^2}{2} = \frac{c_\infty^2}{k-1} + \frac{V_\infty^2}{2} \tag{8-2}$$

当速度项以速度势偏导数表示时,则(8-2)式变成

$$\frac{c^2}{k-1} + \frac{1}{2}(\phi_x^2 + \phi_y^2 + \phi_z^2) = \frac{c_\infty^2}{k-1} + \frac{V_\infty^2}{2} \tag{8-2a}$$

当解决具体问题时,要联立方程(8-1)和(8-2a),这是非常复杂的二阶非线性的偏微分方程组,一般情况下是很难求解的。不过在小扰动条件下,这个非线性的偏微分方程可以加以线性

化。下面我们就来介绍线性化的条件以及线性化的方法。

假设有一均匀平行流,它的流动速度在整个流场上都是均匀平行的,并以符号 V_∞ 表示,其对应马赫数为 Ma_∞。其它物理量,如压强、温度、密度和声速等也都是均匀分布的,并分别以 p_∞、T_∞、ρ_∞ 和 c_∞ 表示。如果所选择的坐标系 x 轴与流动速度 V_∞ 一致,如图 8-1(a) 所示,则速度场可表示为

$$V_x = V_\infty, V_y = 0, V_z = 0 \tag{8-3}$$

现将一薄物体,如薄翼型放在此均匀平行流中,如图 8-1(b)所示,当物体弯度很小,相对于气流的攻角也很小时,物体将对原始均匀平行流产生一个很小的扰动,使流场中各点除具有原来的未受扰动速度 V_∞ 之外,还存在一个扰动速度 U,其三个分量分别为 U_x、U_y、U_z,并且

$$\frac{U_x}{V_\infty} \ll 1, \frac{U_y}{V_\infty} \ll 1, \frac{U_z}{V_\infty} \ll 1 \tag{8-4}$$

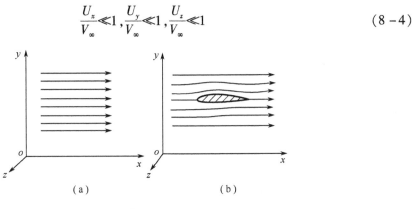

图 8-1

有物体存在时的合成速度场可以从均匀平行速度场叠加扰动速度场而得到,即

$$V_x = V_\infty + U_x, V_y = U_y, V_z = U_z \tag{8-5}$$

设以 ϕ 表示有物体存在的合成速度场的速度势,则该速度势应满足速度势方程(8-1)式,速度势可对应地分成直匀流部分和扰动部分,直匀流部分为 $V_\infty x$,扰动部分以 φ 表示,则

$$\phi = V_\infty x + \varphi \tag{8-6}$$

现在我们设法把以合成速度势 ϕ 表示的速度势方程转变为以扰动速度势 φ 表示的速度势方程。为此对 ϕ 求导,得到

$$\phi_x = V_\infty + \varphi_x, \phi_y = \varphi_y, \phi_z = \varphi_z \tag{8-7}$$

再对上式求二阶偏导数,则有

$$\left.\begin{array}{l} \phi_{xx} = \varphi_{xx} \\ \phi_{yy} = \varphi_{yy} \\ \phi_{zz} = \varphi_{zz} \\ \phi_{xy} = \varphi_{xy} \\ \phi_{yz} = \varphi_{yz} \\ \phi_{zx} = \varphi_{zx} \end{array}\right\} \tag{8-8}$$

根据关系式(8-5),则有

$$V^2 = (V_\infty + U_x)^2 + U_y^2 + U_z^2$$

把上式代入(8-2)式,得到

$$c^2 = c_\infty^2 - \frac{k-1}{2}(2V_\infty U_x + U_x^2 + U_y^2 + U_z^2) \tag{8-9}$$

把(8-7)式、(8-8)式、(8-9)式代入(8-1)式,整理后得到

$$(1 - Ma_\infty^2)\varphi_{xx} + \varphi_{yy} + \varphi_{zz}$$

$$= Ma_\infty^2 \left[(k+1)\frac{U_x}{V_\infty} + \frac{k+1}{2}\frac{U_x^2}{V_\infty^2} + \frac{k-1}{2}\frac{U_y^2 + U_z^2}{V_\infty^2}\right]\varphi_{xx}$$

$$+ Ma_\infty^2 \left[(k-1)\frac{U_x}{V_\infty} + \frac{k+1}{2}\frac{U_y^2}{V_\infty^2} + \frac{k-1}{2}\frac{U_z^2 + U_x^2}{V_\infty^2}\right]\varphi_{yy}$$

$$+ Ma_\infty^2 \left[(k-1)\frac{U_x}{V_\infty} + \frac{k+1}{2}\frac{U_z^2}{V_\infty^2} + \frac{k-1}{2}\frac{U_x^2 + U_y^2}{V_\infty^2}\right]\varphi_{zz}$$

$$+ Ma_\infty^2 \left[\frac{U_y}{V_\infty}\left(1 + \frac{U_x}{V_\infty}\right)(\varphi_{xy} + \varphi_{yx}) + \frac{U_z}{V_\infty}\left(1 + \frac{U_x}{V_\infty}\right)(\varphi_{zx} + \varphi_{xz})\right.$$

$$\left. + \frac{U_y U_z}{V_\infty^2}(\varphi_{yz} + \varphi_{zy})\right] \tag{8-10}$$

上面的方程仍然是精确的速度势方程。在小扰动假设条件下,由于存在关系式(8-4),因此,对于 Ma_∞ 不是很大的情况,可认为

$$Ma_\infty^2\left(\frac{U_x}{V_\infty}\right)^2 \ll 1, Ma_\infty^2\left(\frac{U_y}{V_\infty}\right)^2 \ll 1, Ma_\infty^2\left(\frac{U_z}{V_\infty}\right)^2 \ll 1 \tag{8-11}$$

于是(8-10)式中含有这些量的项与含有 $Ma_\infty^2\left(\frac{U_x}{V_\infty}\right)$、$Ma_\infty^2\left(\frac{U_y}{V_\infty}\right)$、$Ma_\infty^2\left(\frac{U_z}{V_\infty}\right)$ 项相比为小量,可以略去不计,因此(8-10)式可以简化为

$$(1 - Ma_\infty^2)\varphi_{xx} + \varphi_{yy} + \varphi_{zz} = Ma_\infty^2(k+1)\frac{U_x}{V_\infty}\varphi_{xx}$$

$$+ Ma_\infty^2(k-1)\frac{U_x}{V_\infty}(\varphi_{yy} + \varphi_{zz}) + Ma_\infty^2\frac{2U_y}{V_\infty}\varphi_{xy} + Ma_\infty^2\frac{2U_z}{V_\infty}\varphi_{xz} \tag{8-12}$$

这个方程仍然是非线性偏微分方程。方程中 φ_{xx}、φ_{yy}、φ_{zz}、φ_{xy}、φ_{xz} 应该是同一数量级的量,在 Ma_∞ 不太接近于1的情况下,由于方程式等号右边各项多乘了一个微量,使它们与等号左边各项比较起来,可以忽略不计。这样(8-12)式可以进一步简化为

$$(1 - Ma_\infty^2)\varphi_{xx} + \varphi_{yy} + \varphi_{zz} = 0 \tag{8-13}$$

(8-13)式就是无黏性可压缩流体定常无旋流动的小扰动速度势线化方程。它仅适用于纯亚声速或纯超声速的小扰动无旋流动,而不适用于跨声速流动。这是因为当 Ma_∞ 接近于1时,(8-12)式等号左边第一项 φ_{xx} 的系数 $(1 - Ma_\infty^2)$ 变得很小,等号右边第一项可能变得与它是同一数量级,因此不能忽略,而等号右边其它各项在跨声速流时仍然是高一阶微量,可以略去,故对于跨声速流,扰动速度势方程为

$$(1 - Ma_\infty^2)\varphi_{xx} + \varphi_{yy} + \varphi_{zz} = Ma_\infty^2(k+1)\frac{U_x}{V_\infty}\varphi_{xx} \qquad (8-14)$$

虽然这个方程仍然是一个非线性的方程，但它要比精确的扰动速度势方程简单得多，在研究跨声速流动时经常要用到它。

从关系式(8-8)可以看出，(8-13)式也适用于合成速度势，即

$$(1 - Ma_\infty^2)\phi_{xx} + \phi_{yy} + \phi_{zz} = 0 \qquad (8-15)$$

在研究气流绕细长旋成体流动时采用圆柱坐标系比较方便。如果旋成体对气流产生的扰动满足小扰动假设，则采用与上述类似的方法也能推导出线性化的小扰动方程，这里我们不再赘述，只直接给出结果。如果坐标轴 z 与未扰动气流的方向一致，如图 8-2 所示，则线性化小扰动方程为

$$(1 - Ma_\infty^2)\varphi_{zz} + \varphi_{rr} + \frac{1}{r^2}\varphi_{\theta\theta} + \frac{1}{r}\varphi_r = 0 \qquad (8-16)$$

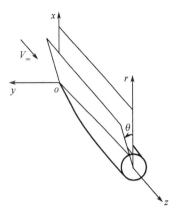

图 8-2

(8-16)式也只适用于纯亚声速流和纯超声速流，而不适用于跨声速流和高超声速流。

§8-2 边界条件的线性化

对于无黏性理想流体，固体表面边界条件为流体的流动方向必须与固体表面相切。换言之，速度矢量必须处处与固体表面的法线相垂直。对于静止不动的固体壁面，其数学表达式为(6-118a)式，即

$$(V_x)_b \frac{\partial f}{\partial x} + (V_y)_b \frac{\partial f}{\partial y} + (V_z)_b \frac{\partial f}{\partial z} = 0 \qquad (8-17)$$

式中 $(V_x)_b$、$(V_y)_b$、$(V_z)_b$ 分别代表固体表面上流体质点运动速度在三个坐标轴方向上的分量，而

$$f(x,y,z) = 0 \qquad (8-18)$$

则为固体表面方程。

根据(8-5)式，(8-17)式可改写成

$$(V_\infty + U_x)_b \frac{\partial f}{\partial x} + (U_y)_b \frac{\partial f}{\partial y} + (U_z)_b \frac{\partial f}{\partial z} = 0 \qquad (8-19)$$

这是精确的边界条件表达式。当壁面对流动所产生的扰动为小扰动时，(8-19)式可以进行简化。为清楚起见，我们研究二维平面流动，这时 $(U_z)_b = 0$，于是(8-19)式变成

$$(V_\infty + U_x)_b \frac{\partial f}{\partial x} + (U_y)_b \frac{\partial f}{\partial y} = 0$$

整理后得到

$$\frac{(U_y)_b}{V_\infty + (U_x)_b} = -\frac{\partial f/\partial x}{\partial f/\partial y} \qquad (8-20)$$

假设固体壁面对气流所产生的扰动很小,即 $\frac{U_x}{V_\infty} \ll 1$,则(8-20)式中 $(U_x)_b$ 与 V_∞ 相比很小,可以略去,故(8-20)式可以改写成

$$\frac{(U_y)_b}{V_\infty} = -\frac{\partial f/\partial x}{\partial f/\partial y} \tag{8-21}$$

对于二维固体壁面,其壁面方程可改写成

$$f(x,y) = 0 \tag{8-22}$$

对其进行微分,则有

$$df = \frac{\partial f}{\partial x}dx + \frac{\partial f}{\partial y}dy = 0$$

因此有

$$\frac{\partial f/\partial x}{\partial f/\partial y} = -\left(\frac{dy}{dx}\right)_b \tag{8-23}$$

把(8-23)式代入(8-21)式,得到

$$\frac{(U_y)_b}{V_\infty} = \left(\frac{dy}{dx}\right)_b \tag{8-24}$$

式(8-24)中 $\frac{(U_y)_b}{V_\infty}$ 表示壁面上流线的斜率,而 $\left(\frac{dy}{dx}\right)_b$ 则代表固体壁面的斜率。

在小扰动假设条件下,我们还可以对边界条件表达式(8-24)进一步加以简化。由于扰动分速 U_y 是壁面上点位置的函数,即 $U_y = U_y(x,y)$,因此可把 $U_y(x,y)$ 在某一固定的 x 值处展开成 y 的幂级数,即

$$U_y(x,y) = U_y(x,0) + \left(\frac{\partial U_y}{\partial y}\right)_{y=0} y + \cdots$$

为满足小扰动假设,物体必须很薄,即物面上的坐标 y 接近于零,因此可把上式右边第一项后的所有项都略去,则边界条件简化成

$$U_y(x,0) = V_\infty \left(\frac{dy}{dx}\right)_b \tag{8-25}$$

关系式(8-25)是二维流动固体表面的线化边界条件表达式。

在三维流动中,对于所谓"扁平"体,即物面形状是扁平的,如三维机翼等,这时 $\frac{\partial f}{\partial z} = 0$,因此三维流动简化边界条件为

$$U_y(x,0,z) = V_\infty \left(\frac{\partial y}{\partial x}\right)_b \tag{8-26}$$

对于轴对称细长体,如取圆柱坐标系的 z 轴与对称轴相重合,那么 U_θ 必定与物面相切,所以只要讨论包括 z 轴在内的任意平面上(称之为子午面)的边界条件就行了。设轴对称细长体的母线方程为 $r=r(z)$,那么物面上的边界条件应为

$$\left(\frac{dr}{dz}\right)_b = \left(\frac{U_r}{V_\infty + U_z}\right)_b \tag{8-27}$$

根据小扰动假设，$U_z \ll V_\infty$，故上式中分母可近似地用 V_∞ 代替，但分子 $(U_r)_b$ 由于在轴线附近变化非常快，故不能以轴线上的值来代替。现在我们来研究 U_r 在轴线附近的变化规律。把方程 (8-16) 中的第二项和第四项加以合并，则有

$$\varphi_{rr} + \frac{1}{r}\varphi_r = \frac{1}{r}\frac{\partial}{\partial r}(rU_r)$$

在 Ma_∞ 不是非常大时它应该与第一项中的 φ_{zz} 即 $\dfrac{\partial U_z}{\partial z}$ 同一数量级，即

$$\frac{1}{r}\frac{\partial}{\partial r}(rU_r) \sim \frac{\partial U_z}{\partial z}$$

或

$$\frac{\partial}{\partial r}(rU_r) \sim r\frac{\partial U_z}{\partial z}$$

当 $r \to 0$ 时，因 $\dfrac{\partial U_z}{\partial z}$ 为有限值，故 $r\dfrac{\partial U_z}{\partial z} \to 0$，因此

$$(rU_r) = 常数 = a_0(z)$$

常数 $a_0(z)$ 表示这个数在各截面上是可以不相同的。上式说明，在轴线附近 U_r 变化非常快，但 (rU_r) 乘积在轴线附近则为一常数。故边界条件 (8-27) 式可改写成

$$\left(r\frac{\mathrm{d}r}{\mathrm{d}z}\right)_b = \frac{(rU_r)_{r=0}}{V_\infty} \tag{8-28}$$

(8-28) 式就是轴对称细长体的简化边界条件。

应该记住，边界条件除了固体表面边界条件外，还有无穷远处边界条件。无穷远处边界条件要求扰动速度为有限值或为零，视具体问题性质而定。

§8-3 压强系数的线性化

在可压缩流体动力学问题中，压强分布的确定是十分重要的，因为知道了压强分布情况，不仅可以计算流体对物体的作用力和力矩，而且还可以根据压强梯度的性质和大小来预估附面层的性质。

在第七章我们已经给出了压强系数的定义式为

$$C_p = \frac{p - p_\infty}{\dfrac{1}{2}\rho_\infty V_\infty^2} \tag{8-29}$$

式中 $\dfrac{1}{2}\rho_\infty V_\infty^2$ 为未受扰动气流的动压头。现在我们利用小扰动的假设，设法求得简化的压强系数表达式。

由于扰动很小，故流场中任意点处的压强 p 与来流压强 p_∞ 之差很小，作为一级近似，当忽略质量力时存在如下关系式

$$p - p_\infty = \mathrm{d}p = -\rho \mathrm{d}\left(\frac{V^2}{2}\right) \tag{8-30}$$

式中 ρ 与 $\mathrm{d}\left(\dfrac{V^2}{2}\right)$ 可分别近似地表示成

$$\rho = \rho_\infty + \rho'$$

$$\mathrm{d}\left(\frac{V^2}{2}\right) = \frac{1}{2}(V^2 - V_\infty^2) = \frac{1}{2}\left[(V_\infty + U_x)^2 + U_y^2 + U_z^2 - V_\infty^2\right]$$

$$= V_\infty U_x + \frac{1}{2}(U_x^2 + U_y^2 + U_z^2)$$

将它们代入(8-30)式,得到

$$p - p_\infty = -(\rho_\infty + \rho')\left[V_\infty U_x + \frac{1}{2}(U_x^2 + U_y^2 + U_z^2)\right] \tag{8-31}$$

将上式等号右边展开,并忽略二阶以上微量,则

$$p - p_\infty = -\rho_\infty V_\infty U_x \tag{8-32}$$

把(8-32)式代入(8-29)式,得到

$$C_p = -2\frac{U_x}{V_\infty} \tag{8-33}$$

这就是线性化压强系数表达式,它表示在小扰动流场中,压强系数与 x 轴扰动速度分量成正比。因此只要扰动速度场确定,就很容易求得压力场。

对于轴对称细长体,(8-31)式中的 $\dfrac{1}{2}(U_y^2 + U_z^2)$ 与 $V_\infty U_x$ 相比,有可能是同一数量级,因此不能忽略,故轴对称细长体的压强系数表达式应为

$$C_p = -\left(2\frac{U_x}{V_\infty} + \frac{U_y^2 + U_z^2}{V_\infty^2}\right) \tag{8-34}$$

要记住,(8-34)式中直角坐标系的 x 轴是顺来流方向的,如果采用圆柱坐标系并令 z 轴与来流方向一致,则上式可改写为

$$C_p = -\left(\frac{2U_z}{V_\infty} + \frac{V_r^2}{V_\infty^2}\right) \tag{8-34a}$$

§8-4 亚声速气流沿波形壁的二维流动

为了更好地说明小扰动线化理论的应用,了解压缩性对流谱和压强分布的影响,作为一个例子,这一节我们将研究亚声速气流沿波形壁的二维流动,在§8-6中我们将研究超声速气流沿波形壁的流动。

波形壁形状如图8-3所示,壁面方程为

$$y = \varepsilon \sin\left(\frac{2\pi x}{l}\right) \tag{8-35}$$

式中 ε——波形壁波幅;

l——波长,并且 $\varepsilon \ll l$。

由于 $\varepsilon \ll l$,故壁面对气流的扰动很小,可以按小扰动处

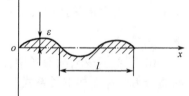

图8-3

理。支配气流运动规律的方程为(8-13)式,由于是二维流动,故可写成

$$(1 - Ma_\infty^2)\varphi_{xx} + \varphi_{yy} = 0 \tag{8-36}$$

或写成

$$\beta^2 \varphi_{xx} + \varphi_{yy} = 0 \tag{8-36a}$$

式中

$$\beta^2 = 1 - Ma_\infty^2$$

在波形壁面上的边界条件为

$$U_y(x,0) = \varphi_y(x,0) = V_\infty \left(\frac{\mathrm{d}y}{\mathrm{d}x}\right)_b = V_\infty \left(\frac{2\pi\varepsilon}{l}\right)\cos\left(\frac{2\pi x}{l}\right) \tag{8-37}$$

在无穷远处的边界条件为

$$\left.\begin{array}{l} U_x(x,\infty) = 0 \\ U_y(x,\infty) = 0 \end{array}\right\} \tag{8-38}$$

下面我们介绍如何利用边界条件对(8-36)式进行求解。

由于流动为亚声速,(8-36a)式中第一项的系数 $\beta^2 > 0$,故方程是属于椭圆形二阶线性偏微分方程。求解线性偏微分方程最有效的一种方法是假设其解是几个独立函数的乘积,其中每一个函数只与一个自变量有关,然后用分离变量法求得所假设的解。假设是否正确,取决于能否找到满足边界条件的解。如果能找到满足边界条件的解,那么该假设就是可行的。否则,就必须采用别的方法求解。现在我们假设(8-36a)式解的形式为

$$\varphi(x,y) = F(x)G(y) \tag{8-39}$$

于是(8-36a)式可写为

$$\beta^2 F''(x) G(y) + F(x) G''(y) = 0 \tag{8-40}$$

或者写成

$$\frac{F''(x)}{F(x)} = -\frac{1}{\beta^2} \frac{G''(y)}{G(y)} \tag{8-40a}$$

$F''(x)$ 和 $G''(y)$ 分别表示函数 F 和 G 对于 x 和 y 的二阶导数。

(8-40a)式中,等号左边只是 x 的函数,而等号右边却只是 y 的函数,要使等式成立,只有共同等于某个常数才行,因而把一个偏微分方程变成两个常微分方程,即

$$\left.\begin{array}{l} \dfrac{1}{F(x)}F''(x) = -m^2 = 常数 \\[2mm] \dfrac{1}{\beta^2 G(y)}G''(y) = m^2 = 常数 \end{array}\right\} \tag{8-41}$$

这里的常数所以要取实常数 m 的平方,是为了使两个常微分方程中 m^2 前的正负号完全确定,以便能得到沿 x 轴做简谐变化的解,使其符合给定的边界条件。

方程组(8-41)式中第一式的通解为

$$F(x) = A_1 \sin mx + A_2 \cos mx \tag{8-42}$$

第二式的通解为

$$G(y) = B_1 \mathrm{e}^{-\beta my} + B_2 \mathrm{e}^{\beta my} \tag{8-43}$$

因此(8-36a)式的通解为

$$\varphi(x,y) = (A_1\sin mx + A_2\cos mx)(B_1 e^{-\beta my} + B_2 e^{\beta my}) \tag{8-44}$$

要求沿给定波形壁的特解就要利用前面给出的边界条件来确定系数 A_1、A_2、B_1、B_2。由无穷远处边界条件(8-38)式可知 B_2 必须等于零。其余系数由壁面边界条件确定。由(8-44)式当考虑到 $B_2=0$ 时可得

$$\varphi_y(x,0) = (A_1\sin mx + A_2\cos mx)(-\beta m B_1) \tag{8-45}$$

由(8-45)式和壁面边界条件(8-37)式可得

$$V_\infty \frac{2\pi\varepsilon}{l}\cos\left(\frac{2\pi x}{l}\right) = (A_1\sin mx + A_2\cos mx)(-\beta m B_1)$$

上式等号左侧只存在余弦项，故等号右侧正弦项的系数 A_1 必定等于零。这样，等式两边只剩下余弦项，故它们的系数和幅角必须分别相等，即

$$V_\infty \frac{2\pi\varepsilon}{l} = -A_2 B_1 \beta m \tag{8-46}$$

$$\frac{2\pi}{l} = m \tag{8-47}$$

把(8-47)式代入(8-46)式，得

$$A_2 B_1 = -\frac{V_\infty \varepsilon}{\beta} = -\frac{V_\infty \varepsilon}{\sqrt{1-Ma_\infty^2}} \tag{8-48}$$

将各个系数关系式代入(8-44)式，得到亚声速气流沿波形壁流动的小扰动速度势为

$$\varphi(x,y) = -\frac{V_\infty \varepsilon}{\sqrt{1-Ma_\infty^2}} e^{-\frac{2\pi}{l}y\sqrt{1-Ma_\infty^2}} \cos\left(\frac{2\pi}{l}x\right) \tag{8-49}$$

知道了小扰动的速度势 $\varphi(x,y)$ 之后，扰动速度场就很容易确定，速度分量为

$$U_x = \varphi_x = \frac{V_\infty}{\sqrt{1-Ma_\infty^2}} \frac{2\pi\varepsilon}{l} e^{-\frac{2\pi}{l}y\sqrt{1-Ma_\infty^2}} \sin\left(\frac{2\pi}{l}x\right) \tag{8-50}$$

$$U_y = \varphi_y = V_\infty \frac{2\pi\varepsilon}{l} e^{-\frac{2\pi}{l}y\sqrt{1-Ma_\infty^2}} \cos\left(\frac{2\pi}{l}x\right) \tag{8-51}$$

流场的流线谱可根据流线方程求得。平面流动流线微分方程为

$$\frac{dy}{dx} = \frac{V_y}{V_x}$$

在小扰动假设下，上式可表示为

$$\frac{dy}{dx} = \frac{U_y}{V_\infty + U_x} \tag{8-52}$$

把速度分量关系式(8-50)、(8-51)代入，就得到沿波形壁流动的微分形式的流线方程，可是它太复杂，无法积分。为此，还须利用小扰动条件，进一步简化微分形式的流线方程。

把(8-52)式改写成

$$\frac{dy}{dx} = \frac{U_y}{V_\infty + U_x + Ma_\infty^2 U_x - Ma_\infty^2 U_x} = \frac{U_y}{V_\infty + (1-Ma_\infty^2)U_x + Ma_\infty^2 U_x} \tag{8-53}$$

对于低亚声速流动，$Ma_\infty^2 U_x$ 与 $(1-Ma_\infty^2)U_x$ 相比可以略去不计，因此(8-53)式可简化成

$$\frac{dy}{dx} = \frac{U_y}{V_\infty + (1-Ma_\infty^2)U_x} \tag{8-54}$$

把(8-50)式、(8-51)式代入(8-54)式，得到

$$dy\left[1 + \frac{2\pi\varepsilon}{l}\sqrt{1-Ma_\infty^2}\sin\left(\frac{2\pi x}{l}\right)e^{-\frac{2\pi}{l}y\sqrt{1-Ma_\infty^2}}\right] = \left[\frac{2\pi\varepsilon}{l}\cos\left(\frac{2\pi x}{l}\right)e^{-\frac{2\pi}{l}y\sqrt{1-Ma_\infty^2}}\right]dx$$

把上式整理成如下形式

$$dy = \varepsilon d\left[\sin\frac{2\pi x}{l}e^{-\frac{2\pi}{l}y\sqrt{1-Ma_\infty^2}}\right]$$

积分，得到

$$y = \varepsilon\sin\left(\frac{2\pi x}{l}\right)e^{-\frac{2\pi}{l}y\sqrt{1-Ma_\infty^2}} + C \tag{8-55}$$

当 $y\to 0$ 时，(8-55)式中的指数项趋于1，这时(8-55)式变成

$$y = \varepsilon\sin\frac{2\pi x}{l} + C \tag{8-56}$$

把(8-56)式与波形壁面(8-53)式相比较，可知(8-55)式和(8-56)式中的积分常数等于零。于是流线方程(8-55)式变成

$$y = \varepsilon e^{-\frac{2\pi}{l}y\sqrt{1-Ma_\infty^2}}\sin\left(\frac{2\pi x}{l}\right) \tag{8-57}$$

把关系式(8-50)代入线性化压强系数公式(8-33)，得到流场的压强系数分布为

$$C_p = -2\frac{U_x}{V_\infty} = -\frac{2}{\sqrt{1-Ma_\infty^2}}\left(\frac{2\pi\varepsilon}{l}\right)\sin\left(\frac{2\pi x}{l}\right)e^{-\frac{2\pi}{l}y\sqrt{1-Ma_\infty^2}} \tag{8-58}$$

在壁面上 $y=0$，因此壁面上的压强系数为

$$(C_p)_b = -\frac{2}{\sqrt{1-Ma_\infty^2}}\left(\frac{2\pi\varepsilon}{l}\right)\sin\left(\frac{2\pi x}{l}\right) \tag{8-59}$$

由于线性化速度势方程是在 $\frac{|U_x|}{V_\infty}\ll 1$ 这一条件下得出的，因此上面所得到的解适用范围由下列条件所决定

$$\left|\frac{U_x}{V_\infty}\right|_{max} = \frac{1}{\sqrt{1-Ma_\infty^2}}\frac{2\pi\varepsilon}{l}\ll 1$$

就是说 Ma_∞ 愈大，所允许的物体相对厚度 $\left(\frac{\varepsilon}{l}\right)$ 就愈小。

从上面所得到的结果，我们可以把亚声速气流沿波形壁流动的特点归纳如下：

(1) 从扰动速度关系式(8-50)、(8-51)可以看出，壁面对气流的扰动随离开壁面距离的增加而按指数规律衰减，当 $y\to\infty$ 时，扰动趋于零。扰动衰减快慢的程度还与 Ma_∞ 有关，Ma_∞ 越大，衰减得越慢，也就是说扰动影响区越大。

(2) 从流线方程(8-57)式可以看出，在波形壁面上方，流线的波动与壁面同相。但流线

的波幅随离开壁面距离的增加而按指数规律减小,当 $y \to \infty$ 时,流线变成一条直线。Ma_∞ 的大小会影响波幅衰减的速度,Ma_∞ 越大,波幅衰减得越慢,这与第一点的结论是一致的。亚声速流和不可压流绕波形壁流动的流线谱,如图 8-4 所示。

(3) 由(8-58)式可知,流场的压强分布亦为谐波形式,但由于压强系数公式前为负号,故与壁面形状存在 180° 的相位差,在壁面波峰处,压强系数最小,在波谷处压强系数最大,如图 8-5 所示。在壁面上,由于压强系数分布对称于壁面的波峰,波峰两侧壁面所受的压力大小相等、方向相反,故壁面所受的压差阻力为零。

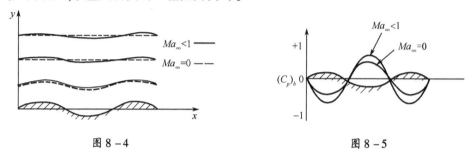

图 8-4   图 8-5

对于不可压流,即 $Ma_\infty = 0$,则壁面上压强系数分布规律为

$$[C_{pb}]_0 = -\frac{4\pi\varepsilon}{l}\sin\left(\frac{2\pi x}{l}\right) \tag{8-60}$$

于是,亚声速流与不可压流壁面压强系数存在如下关系

$$[C_{pb}]_{Ma_\infty} = \frac{[C_{pb}]_0}{\sqrt{1-Ma_\infty^2}} \tag{8-61}$$

式中 $\sqrt{1-Ma_\infty^2}$ 称为普朗特-葛劳渥因子。

由上式可知,若已知不可压流时壁面上的压强系数,则可利用上式计算出亚声速气流沿相同壁面流动时的压强系数来。亚声速流的压强系数要比不可压流的来得大,并且 Ma_∞ 愈大,压强系数也愈大。

[例 8-1] 由于制造上的不准确,在高速飞机的机翼上当地马赫数为 0.70 的区域中存在一个鼓包,此鼓包比周围表面高出 2mm,它在流动方向的长度大约为 40mm。

(1) 略去附面层的影响,试估算鼓包上的最大马赫数。

(2) 若在鼓包最高点上开静压孔,测量翼面静压,试问由于鼓包存在,造成的静压测量误差百分数是多少?

解 (1)估算鼓包上的最大马赫数可近似地应用亚声速气流绕波形壁流动时壁面上速度变化规律的公式,在鼓包最高点流动速度最大,并且

$$U_{max} = (U_x)_{max} = \frac{V_\infty}{\sqrt{1-Ma_\infty^2}}\frac{2\pi\varepsilon}{l} = \frac{V_\infty}{\sqrt{1-(0.7)^2}}\frac{2\pi\times 2}{40\times 2} = 0.22V_\infty$$

$$U_y = 0$$

鼓包表面上流体流动速度等于未扰动速度叠加上当地扰动速度,故有

$$V_{max} = V_\infty + U_{max} = V_\infty + 0.22V_\infty = 1.22V_\infty$$

可利用能量方程(8-2)式求当地声速,把(8-2)式改写成

$$\left(\frac{c}{c_\infty}\right)^2 = 1 - \frac{k-1}{2}Ma_\infty^2\left(2\frac{U_x}{V_\infty} + \frac{U_x^2}{V_\infty^2} + \frac{U_y^2}{V_\infty^2}\right)$$

忽略二阶以上的微量,则有

$$\left(\frac{c}{c_\infty}\right)^2 = 1 - (k-1)Ma_\infty^2 \frac{U_x}{V_\infty} = 1 - (0.4)(0.7)^2(0.22) = 0.9569$$

$$\frac{c}{c_\infty} = 0.978$$

故鼓包表面上流体流动的最大马赫数为

$$Ma = \frac{V_{\max}}{c} = \frac{1.22 V_\infty}{0.978 c_\infty} = 0.873$$

(2)欲求静压误差可利用(8-32)式,即

$$p - p_\infty = -\rho_\infty V_\infty U_x$$

把上式改写成

$$(p_\infty - p)/p_\infty = \frac{\rho_\infty V_\infty}{p_\infty} U_x = kMa_\infty^2 \frac{U_x}{c_\infty} = (1.4)(0.22)(0.7)^2 = 0.15 = 15\%$$

所以当把测压孔刚好开在鼓包的最高点时所造成的静压测量误差为15%。

§8-5 亚声速气流绕薄翼型流动的相似律

亚声速气流绕薄翼型流动,当攻角较小时,翼型对气流所产生的扰动不大,这种绕流作为一级近似,仍可按上面所介绍的小扰动理论来处理。支配流动的小扰动线化速度势方程为

$$\beta^2 \varphi_{xx} + \varphi_{yy} = 0 \tag{8-62}$$

式中 $\beta = \sqrt{1 - Ma_\infty^2}$。无穷远处和翼型表面的边界条件分别为

$$\left.\begin{array}{l}\left(\dfrac{\partial \varphi}{\partial x}\right)_{x \to \pm\infty} = \left(\dfrac{\partial \varphi}{\partial y}\right)_{x \to \pm\infty} = 0 \\[2mm] \left(\dfrac{\partial \varphi}{\partial x}\right)_{y \to \pm\infty} = \left(\dfrac{\partial \varphi}{\partial y}\right)_{y \to \pm\infty} = 0\end{array}\right\} \tag{8-63}$$

$$U_y(x,0) = \left(\frac{\partial \varphi}{\partial y}\right)_{y=0} = V_\infty \left(\frac{\mathrm{d}y}{\mathrm{d}x}\right)_b \tag{8-64}$$

当翼型表面形状比较复杂时,要求满足边界条件(8-63)、(8-64)的速度势方程(8-62)的解,仍然比较困难。不过把(8-62)式与不可压势流速度势方程(拉普拉斯方程)相比较,不难发现,二者差别不大,只是(8-62)式的第一项中多了一个系数 β^2,这就提示我们,可以设法通过变量变换的方法,把(8-62)式转变成拉普拉斯方程,从而建立亚声速气流绕薄翼型流动时的气动特性与不可压流绕相关翼型流动时气动特性之间相互关系的关系式,这种关系式称为相似律。根据相似律,我们可以利用低速翼型气动特性的资料来解决亚声速气流绕翼型流动的气动特性问题。

一、线化速度势方程的变换

用上角标' '表示不可压流中的参量,并令

$$\left.\begin{array}{l} x' = \lambda_x x \\ y' = \lambda_y y \\ \varphi'(x',y') = \lambda_\varphi \varphi(x,y) \end{array}\right\} \quad (8-65)$$

式中 λ_x、λ_y 和 λ_φ 均为待定常数。于是有

$$U_x = \frac{\partial \varphi(x,y)}{\partial x} = \frac{\partial [\varphi'(x',y')/\lambda_\varphi]}{\partial (x'/\lambda_x)} = \frac{\lambda_x}{\lambda_\varphi} \frac{\partial \varphi'}{\partial x'} = \frac{\lambda_x}{\lambda_\varphi} U'_x \quad (8-66)$$

$$\frac{\partial U_x}{\partial x} = \frac{\partial}{\partial x} \frac{\partial \varphi(x,y)}{\partial x} = \frac{\partial}{\partial (x'/\lambda_x)} \left(\frac{\lambda_x}{\lambda_\varphi} \frac{\partial \varphi'}{\partial x'} \right) = \frac{\lambda_x^2}{\lambda_\varphi} \frac{\partial^2 \varphi'}{\partial x'^2} = \frac{\lambda_x^2}{\lambda_\varphi} \frac{\partial U'_x}{\partial x'} \quad (8-67)$$

$$U_y = \frac{\partial \varphi(x,y)}{\partial y} = \frac{\partial [\varphi'(x',y')/\lambda_\varphi]}{\partial (y'/\lambda_y)} = \frac{\lambda_y}{\lambda_\varphi} \frac{\partial \varphi'}{\partial y'} = \frac{\lambda_y}{\lambda_\varphi} U'_y \quad (8-68)$$

$$\frac{\partial U_y}{\partial y} = \frac{\partial}{\partial y} \frac{\partial \varphi(x,y)}{\partial y} = \frac{\partial}{\partial (y'/\lambda_y)} \left(\frac{\lambda_y}{\lambda_\varphi} \frac{\partial \varphi'}{\partial y'} \right) = \frac{\lambda_y^2}{\lambda_\varphi} \frac{\partial^2 \varphi'}{\partial y'^2} = \frac{\lambda_y^2}{\lambda_\varphi} \frac{\partial U'_y}{\partial y'} \quad (8-69)$$

把这些变换关系式代入(8-62)式,得到

$$\beta^2 \frac{\lambda_x^2}{\lambda_\varphi} \frac{\partial^2 \varphi'}{\partial x'^2} + \frac{\lambda_y^2}{\lambda_\varphi} \frac{\partial^2 \varphi'}{\partial y'^2} = 0 \quad (8-70)$$

令

$$\beta^2 \lambda_x^2 = \lambda_y^2 \quad (8-71)$$

即

$$\lambda_y/\lambda_x = \beta \quad (8-71\text{a})$$

将(8-71)式代入(8-70)式,则该式就变成拉普拉斯方程

$$\frac{\partial^2 \varphi'}{\partial x'^2} + \frac{\partial^2 \varphi'}{\partial y'^2} = 0 \quad (8-72)$$

或

$$\varphi'_{x'x'} + \varphi'_{y'y'} = 0 \quad (8-72\text{a})$$

它表明,如果选择常数 $\lambda_y = \beta \lambda_x$,则 $\varphi'(x',y')$ 就可代表不可压缩流体在 $x'y'$ 平面上流动的速度势。

二、边界条件的变换

由于流动物理平面进行了变换,故流动的边界条件也要进行相应的变换。

根据变换关系式(8-65),无穷远处边界条件(8-63)式变换成

$$\left.\begin{array}{l} \left(\dfrac{\partial \varphi'}{\partial x'}\right)_{x' \to \pm\infty} = \left(\dfrac{\partial \varphi'}{\partial y'}\right)_{x' \to \pm\infty} = 0 \\ \left(\dfrac{\partial \varphi'}{\partial x'}\right)_{y' \to \pm\infty} = \left(\dfrac{\partial \varphi'}{\partial y'}\right)_{y' \to \pm\infty} = 0 \end{array}\right\} \quad (8-73)$$

把变换式(8-65)及(8-68)代入(8-64)式,则物面边界条件变换成

$$\frac{\lambda_y}{\lambda_\varphi} U'_y(x',0) = V_\infty \frac{\lambda_x}{\lambda_y} \left(\frac{\mathrm{d}y'}{\mathrm{d}x'}\right)_{b'}$$

整理后得

$$U'_y(x',0) = V_\infty \frac{\lambda_\varphi \lambda_x}{\lambda_y^2}\left(\frac{dy'}{dx'}\right)_{b'} \tag{8-74}$$

令

$$\frac{\lambda_\varphi \lambda_x}{\lambda_y^2} = 1 \tag{8-75}$$

且认为来流速度 V_∞ 保护不变,则物面边界条件变为

$$U'_y(x',0) = V_\infty \left(\frac{dy'}{dx'}\right)_{b'} \tag{8-76}$$

三、相关翼型几何参数之间的关系

变换前后两相关翼型表面斜率可利用(8-71)式求得,即

$$\left(\frac{dy}{dx}\right)_b \bigg/ \left(\frac{dy'}{dx'}\right)_{b'} = \frac{\lambda_x}{\lambda_y} = \frac{1}{\beta} = \frac{1}{\sqrt{1-Ma_\infty^2}} \tag{8-77}$$

这就是说,亚声速流中翼型表面各处的斜率都比不可压流中相关的翼型大 $1/\sqrt{1-Ma_\infty^2}$ 倍。变换前后气流的攻角、两相关翼型的厚度比和弯度比也存在着同样的关系。如以 α 代表攻角,$\bar{f}$ 代表弯度比,$\bar{t}$ 代表厚度比,则

$$\frac{\alpha}{\alpha'} = \frac{\bar{t}}{\bar{t}'} = \frac{\bar{f}}{\bar{f}'} = \frac{1}{\beta} = \frac{1}{\sqrt{1-Ma_\infty^2}} \tag{8-78}$$

对于攻角,存在上述关系是显而易见的,因为它与流线斜率成正比。至于厚度比,有

$$\bar{t} = \frac{t_{max}}{b}$$

式中 t_{max}——最大厚度;
b——翼弦长。

故有

$$\frac{\bar{t}}{\bar{t}'} = \frac{t_{max}/b}{t'_{max}/b'} = \frac{\frac{t'_{max}}{\lambda_y}\bigg/\frac{b'}{\lambda_x}}{t'_{max}/b'} = \frac{\lambda_x}{\lambda_y} = \frac{1}{\beta}$$

弯度比也可采用类似的方法加以证明。

变换前后相关翼型形状如图 8-6 所示,(a)为可压流,(b)为不可压流。从上面的讨论中可以看出,单独的收缩比 λ_x、λ_y 并不重要,重要的是它们的比值,因为只有比值才能决定变换后翼型的形状。这个结论也可以从等式 $\beta^2\lambda_x^2 = \lambda_y^2$ 及 $\lambda_y^2 = \lambda_x\lambda_\varphi$ 中得出,因为这两个关系式中包含有三个未知数 λ_x、λ_y 及 λ_φ,故不能决定 λ_x、λ_y 及 λ_φ 的大小,而只能决定它们的比值,三者中有一个是可以任意选取的。如令 $\lambda_x = 1$,则 $\lambda_y = \beta$,$\lambda_\varphi = \beta^2$,这时翼型弦长保持不变,而翼

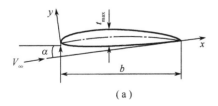
(a)

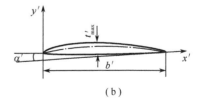
(b)

图 8-6

型面纵坐标则缩小。反之,如令 $\lambda_y = 1$,则 $\lambda_x = \frac{1}{\beta}$,$\lambda_\varphi = \beta$,这时翼型面纵坐标保持不变,而翼型弦长则增大 $\frac{1}{\beta}$ 倍。这两种变换结果是等价的,都使变换后的翼型变薄。由此可见,这种几何形状的变换,x 向和 y 向的变换比例尺是互不相同的,变换结果,几何形状不相似,这种变换称为仿射变换。

四、亚声速气流绕薄翼型流动的相似律

现在我们可以利用上述结果,推导出亚声速气流绕薄翼型流动的相似律。

(一) 戈泰特法则

根据平面流动线化压强系数公式(8-33),翼型表面上的压强系数为

$$C_{p_b} = -2 \frac{(U_x)_b}{V_\infty} = -\frac{2}{V_\infty}\left[\frac{\partial \varphi(x,y)}{\partial x}\right]_b \tag{8-79}$$

在不可压流场中,流体以相同的 V_∞ 绕仿射变换后的翼型流动,翼型表面上的压强系数为

$$C'_{p_{b'}} = -2 \frac{(U'_x)_{b'}}{V_\infty} = -\frac{2}{V_\infty}\left[\frac{\partial \varphi'(x',y')}{\partial x'}\right]_{b'} \tag{8-80}$$

但

$$\left[\frac{\partial \varphi(x,y)}{\partial x}\right]_b = \frac{\lambda_x}{\lambda_\varphi}\left[\frac{\partial \varphi'(x',y')}{\partial x'}\right]_{b'}$$

将其代入上式,则

$$C'_{p_{b'}} = -\frac{2}{V_\infty}\frac{\lambda_\varphi}{\lambda_x}\left[\frac{\partial \varphi(x,y)}{\partial x}\right]_b \tag{8-81}$$

把(8-79)式与(8-81)式相除,得到

$$\frac{C_{p_b}}{C'_{p_{b'}}} = \frac{\lambda_x}{\lambda_\varphi} = \frac{1}{\beta^2} = \frac{1}{1-Ma_\infty^2} \tag{8-82}$$

翼型所受到的升力可将翼型上下表面的压差沿弦长进行积分,为了使结果具有通用性,翼型所受的升力也以升力系数表示,即

$$C_y = \frac{Y}{\frac{1}{2}\rho_\infty V_\infty^2 b} = \frac{\int_0^b (p_x - p_{sh}) dx}{\frac{1}{2}\rho_\infty V_\infty^2 b} = \int_0^1 \frac{[(p_x - p_\infty)-(p_{sh}-p_\infty)]}{\frac{1}{2}\rho_\infty V_\infty^2} d\left(\frac{x}{b}\right)$$

$$= \int_0^1 (c_{p_x} - c_{p_{sh}}) d\left(\frac{x}{b}\right)$$

式中　b——翼型弦长;

　　　p_{sh}、p_x——代表翼型上、下翼面上的压强。

把压强系数转换公式(8-82)代入,则有

$$C_y = \int_0^1 (C'_{p_x} - C'_{p_{sh}})\frac{1}{\beta^2} d\left(\frac{x'}{b'}\right) = \frac{C'_y}{\beta^2} = \frac{C'_y}{1-Ma_\infty^2}$$

故

$$\frac{C_y}{C'_y} = \frac{1}{\beta^2} = \frac{1}{1-Ma_\infty^2} \tag{8-83}$$

上述结果表明,当均匀来流马赫数为 Ma_∞ 的亚声速气流以攻角 α 绕厚度比为 $\bar{t}$、弯度比为 $\bar{f}$ 的薄翼型流动时,翼型上任一点处的压强系数以及翼型的升力系数分别等于不可压缩流体以攻角为 $\beta\alpha$ 绕仿射翼型($\bar{t}' = \beta\bar{t}, \bar{f}' = \beta\bar{f}$)流动时,对应点上的压强系数及升力系数的 $\frac{1}{1-Ma_\infty^2}$ 倍,这种关系称为戈泰特法则,可简单表示为

$$[C_p]_{Ma_\infty,\alpha,\bar{t},\bar{f}} = \frac{1}{1-Ma_\infty^2}[C_p]_{0,\beta\alpha,\beta\bar{t},\beta\bar{f}} \tag{8-84}$$

$$[C_y]_{Ma_\infty,\alpha,\bar{t},\bar{f}} = \frac{1}{1-Ma_\infty^2}[C_y]_{0,\beta\alpha,\beta\bar{t},\beta\bar{f}} \tag{8-85}$$

戈泰特法则的实际意义在于,如果我们要求亚声速流绕薄翼型流动时翼型表面的压强系数分布和翼型的升力系数,我们只要先找到仿射相关的翼型,然后利用已积累非常丰富的不可压流绕翼型流动的理论和实验资料,求得不可压流绕仿射相关翼型流动时翼型表面的压强系数分布和升力系数,再乘以 $\frac{1}{1-Ma_\infty^2}$ 就得到亚声速气流绕原始翼型流动时翼型表面的压强系数分布和升力系数。

(二) 普朗特 – 葛劳渥法则

戈泰特法则中不可压流的翼型要比可压流的翼型薄,因此,当 Ma_∞ 较大时仿射相关的翼型的厚度有可能小于现在已有的低速翼型的厚度,这样我们就无法直接利用已积累的低速翼型的理论和实验资料,而需要重新进行理论计算或实际测定,增加了工作量。因此,为方便起见,我们希望了解亚声速流和不可压流以相同攻角绕相同翼型流动时气动力特性之间的关系,也就是说希望了解马赫数对翼型气动力特性的影响。而在研究高速附面层时,又希望了解具有相同压强分布时,可压流和不可压流中两种翼型几何参数之间的关系。下面所要介绍的普朗特 – 葛劳渥法则就是解决这方面的问题。

把戈泰特法则的表达式(8-84)改写成如下的形式

$$\frac{[C_p]_{Ma_\infty,\alpha,\bar{t},\bar{f}}}{[C_p]_{0,\alpha,\bar{t},\bar{f}}} = \frac{1}{1-Ma_\infty^2}\left\{\frac{[C_p]_{0,\beta\alpha,\beta\bar{t},\beta\bar{f}}}{[C_p]_{0,\alpha,\bar{t},\bar{f}}}\right\} \tag{8-86}$$

上式等号右边大括号内的式子表示在同一个不可压流中,攻角、厚度比和弯度比都相差 β 倍的两翼型在对应点上的压强系数比。从线化压强系数公式(8-33)可知,压强系数与扰动速度分量 v_x 成正比。在小扰动情况下,翼型对气流所产生的扰动,可以认为系由攻角、厚度和弯度这三者所产生的扰动叠加而成的。扰动的大小(如 v_x)显然和攻角、厚度比和弯度比成正比。因此,如果翼型的攻角、厚度比和弯度比缩小 β 倍,则引起的扰动速度 v_x 以及压强系数也要随之减小 β 倍,即

$$\frac{[C_p]_{0,\beta\alpha,\beta\bar{t},\beta\bar{f}}}{[C_p]_{0,\alpha,\bar{t},\bar{f}}} = \beta \tag{8-87}$$

把(8-87)式代入(8-86)式,得

$$\frac{[C_p]_{Ma_\infty,\alpha,\bar{t},\bar{f}}}{[C_p]_{0,\alpha,\bar{t},\bar{f}}} = \frac{1}{\beta} = \frac{1}{\sqrt{1-Ma_\infty^2}} \tag{8-88}$$

或写成

$$[C_p]_{Ma_\infty,\alpha,\bar{t},\bar{f}} = \frac{1}{\sqrt{1-Ma_\infty^2}}[C_p]_{0,\alpha,\bar{t},\bar{f}} \tag{8-88a}$$

升力系数也有类似的关系式,即

$$[C_y]_{Ma_\infty,\alpha,\bar{t},\bar{f}} = \frac{1}{\sqrt{1-Ma_\infty^2}}[C_y]_{0,\alpha,\bar{t},\bar{f}} \tag{8-89}$$

由(8-88)式、(8-89)式可得普朗特-葛劳渥法则:亚声速均匀来流绕薄翼型流动时,翼型表面各点的压强系数以及翼型的升力系数分别等于不可压均匀来流绕相同翼型流动时翼型表面的压强系数以及翼型升力系数的 $\dfrac{1}{\sqrt{1-Ma_\infty^2}}$ 倍。

从普朗特-葛劳渥法则中还可以得到不同来流马赫数绕同一翼型流动时,翼型表面压强系数之间的关系为

$$\frac{[C_p]_{Ma_{\infty 1}}}{[C_p]_{Ma_{\infty 2}}} = \sqrt{\frac{1-Ma_{\infty 2}^2}{1-Ma_{\infty 1}^2}} \tag{8-90}$$

下面我们来研究亚声速流中翼型与不可压流中的翼型具有相同压强系数时两种翼型形状之间的关系。

设亚声速翼型的攻角、厚度比和弯度比分别为 α、$\bar{t}$ 和 $\bar{f}$,不可压流中翼型的攻角、厚度比和弯度比为 $\chi\alpha$、$\chi\bar{t}$ 和 $\chi\bar{f}$,χ 为待定的仿射变换比例尺。根据问题的要求,有

$$\frac{[C_p]_{Ma_\infty,\alpha,\bar{t},\bar{f}}}{[C_p]_{0,\chi\alpha,\chi\bar{t},\chi\bar{f}}} = 1 \tag{8-91}$$

上式可改写成

$$\frac{[C_p]_{Ma_\infty,\alpha,\bar{t},\bar{f}}}{[C_p]_{0,\alpha,\bar{t},\bar{f}}} \cdot \frac{[C_p]_{0,\alpha,\bar{t},\bar{f}}}{[C_p]_{0,\chi\alpha,\chi\bar{t},\chi\bar{f}}} = 1 \tag{8-91a}$$

把(8-88)式代入上式,则上式变成

$$\frac{[C_p]_{0,\alpha,\bar{t},\bar{f}}}{[C_p]_{0,\chi\alpha,\chi\bar{t},\chi\bar{f}}} = \beta \tag{8-92}$$

由于不可压流中薄翼型表面的压强系数与攻角、厚度比、弯度比成正比,即

$$\frac{[C_p]_{0,\alpha_1,\bar{t}_1,\bar{f}_1}}{[C_p]_{0,\alpha_2,\bar{t}_2,\bar{f}_2}} = \frac{\alpha_1}{\alpha_2} = \frac{\bar{t}_1}{\bar{t}_2} = \frac{\bar{f}_1}{\bar{f}_2} \tag{8-93}$$

故有

$$\frac{[C_p]_{0,\alpha,\bar{t},\bar{f}}}{[C_p]_{0,\chi\alpha,\chi\bar{t},\chi\bar{f}}} = \frac{\alpha}{\chi\alpha} = \frac{\bar{t}}{\chi\bar{t}} = \frac{\bar{f}}{\chi\bar{f}} = \beta \tag{8-94}$$

由此得 $\chi = \dfrac{1}{\beta}$。也就是说为了使亚声速翼型的压强系数与不可压流中翼型的压强系数相等,则不可压流中翼型的攻角、厚度比、弯度比都应增大 $\dfrac{1}{\sqrt{1-Ma_\infty^2}}$ 倍,这是普朗特-葛劳渥法则的另一种说法,可以简单地表示成

$$[C_p]_{Ma_\infty,\alpha,\bar{t},\bar{f}} = [C_p]_{0,\alpha,\beta,\bar{t}/\beta,\bar{f}/\beta} \tag{8-95}$$

这种形式的相似律在预估高速气流绕翼型流动产生附面层分离的问题时很有用,因为附面层分离在很大程度上取决于翼型表面的压强系数梯度,假设马赫数对附面层分离的影响不

大,则为避免可压流中翼型产生附面层分离,翼型就要做得比不可压强所允许的翼型厚度薄些,弯度、攻角也要小些。

§8-6 超声速气流沿波形壁的二维流动

超声速平面流动的线性化速度势方程仍为(8-36)式,由于这时方程中第一项的系数$(1-Ma_\infty^2)<0$,故方程是属于双曲型,可改写成

$$\varphi_{xx} - \frac{1}{Ma_\infty^2 - 1}\varphi_{yy} = 0 \qquad (8-96)$$

(8-96)式的解原则上与亚声速流一样,可以采用分离变量法,但由于它与简单的波动方程具有相同的形式,故可直接写出其通解为

$$\varphi(x,y) = f(x - \sqrt{Ma_\infty^2 - 1}\,y) + g(x + \sqrt{Ma_\infty^2 - 1}\,y) \qquad (8-97)$$

式中函数f和g为任意函数,其具体形式由边界条件确定。

从上式中可以看出,沿直线簇

$$x - \sqrt{Ma_\infty^2 - 1}\,y = 常数 \qquad (8-98)$$

和

$$x + \sqrt{Ma_\infty^2 - 1}\,y = 常数 \qquad (8-99)$$

函数f和g保持不变,这就是说扰动是沿上述直线簇传播的,这种扰动传播线称为特征线。上述两直线簇亦即两特征线簇的斜率分别为

$$\frac{dy}{dx} = \frac{1}{\sqrt{Ma_\infty^2 - 1}} = \tan\mu_\infty \qquad (8-100)$$

和

$$\frac{dy}{dx} = \frac{-1}{\sqrt{Ma_\infty^2 - 1}} = -\tan\mu_\infty \qquad (8-101)$$

式中 μ_∞——对应于直匀来流Ma_∞的马赫角。

由此可见,超声速小扰动流动中流场所存在的两簇特征线为平行于直匀来流中的左伸马赫线和右伸马赫线。因而在超声速小扰动流场中,一切扰动都只能沿平行于直匀来流中的两簇马赫线向外传播到无穷远。扰动究竟是沿左伸马赫线向外传播,还是沿右伸马赫线向外传播,或者是同时沿两簇特征线向外传播,这取决于流动的边界条件。当固体边界在流场的下方,则扰动必然是沿左伸马赫线向外传播,如图8-7所示。当固体边界在流场的上方,则扰动只能沿右伸马赫线向外传播,如图8-8所示。当流场为上、下两个固体表面所限制,或者气流绕固体上、下表面流过时,则扰动就同时沿两簇马赫线向外传播,如图8-9所示。

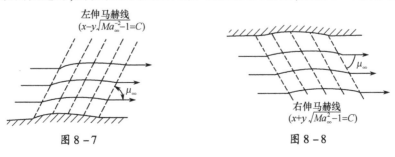

图8-7　　　　　　　　　　图8-8

现在我们研究绕波形壁的流动。由于只在波形壁的上方存在超声速流场，因此流场的解为

$$\varphi(x,y) = f(x - \sqrt{Ma_\infty^2 - 1}\, y) \quad (8-102)$$

设波形壁形状与亚声速流绕波形壁流动时的波形壁形状一样，其方程为

$$y = \varepsilon \sin\left(\frac{2\pi x}{l}\right) \quad (8-103)$$

并且 $\varepsilon \ll l$，因而流动的壁面边界条件仍为

$$\varphi_y(x,0) = V_\infty \left(\frac{2\pi\varepsilon}{l}\right) \cos\left(\frac{2\pi x}{l}\right) \quad (8-104)$$

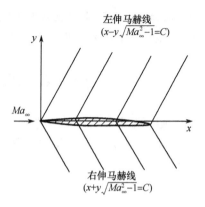

图 8-9

(8-102)式中函数 f 的具体形式可由边界条件(8-104)确定。

由(8-102)式，(8-104)式可改写为

$$-\sqrt{Ma_\infty^2 - 1}(f')_{y=0} = \frac{2\pi}{l} V_\infty \varepsilon \cos\left(\frac{2\pi}{l} x\right)$$

或

$$(f')_{y=0} = -\frac{2\pi V_\infty \varepsilon}{l\sqrt{Ma_\infty^2 - 1}} \cos\left(\frac{2\pi}{l} x\right) \quad (8-105)$$

式中

$$f' = \frac{\mathrm{d}f}{\mathrm{d}(x - \sqrt{Ma_\infty^2 - 1}\, y)}$$

由此，我们选取 f' 为

$$f' = -\frac{2\pi V_\infty \varepsilon}{l\sqrt{Ma_\infty^2 - 1}} \cos\left[\frac{2\pi}{l}(x - \sqrt{Ma_\infty^2 - 1}\, y)\right] \quad (8-106)$$

积分此式，并略去积分常数，可得超声速流绕波形壁流动时流场的扰动速度势为

$$\varphi(x,y) = f = -\frac{V_\infty \varepsilon}{\sqrt{Ma_\infty^2 - 1}} \sin\left[\frac{2\pi}{l}(x - \sqrt{Ma_\infty^2 - 1}\, y)\right] \quad (8-107)$$

对应的速度场为

$$V_x = \varphi_x = -\frac{V_\infty}{\sqrt{Ma_\infty^2 - 1}} \frac{2\pi\varepsilon}{l} \cos\left[\frac{2\pi}{l}(x - \sqrt{Ma_\infty^2 - 1}\, y)\right] \quad (8-108)$$

$$V_y = \varphi_y = V_\infty \frac{2\pi\varepsilon}{l} \cos\left[\frac{2\pi}{l}(x - \sqrt{Ma_\infty^2 - 1}\, y)\right] \quad (8-109)$$

压强系数为

$$C_p = -\frac{2v_x}{V_\infty} = \frac{1}{\sqrt{Ma_\infty^2 - 1}} \frac{4\pi\varepsilon}{l} \cos\left[\frac{2\pi}{l}(x - \sqrt{Ma_\infty^2 - 1}\, y)\right] \quad (8-110)$$

壁面压强系数为

$$(C_p)_b = \frac{1}{\sqrt{Ma_\infty^2 - 1}} \frac{4\pi\varepsilon}{l} \cos\left(\frac{2\pi x}{l}\right) \quad (8-111)$$

现在我们再把超声速气流绕波形壁流动的特点归纳讨论如下：

(1) 从扰动速度关系式(8-108)和(8-109)式可以看出，由于不存在衰减项，故扰动以不变强度沿斜率为 $\dfrac{1}{\sqrt{Ma_\infty^2-1}}$ 的特征线即沿平行于直匀来流马赫线的直线簇向外传播到无穷远处。这个结论当然是在理想流体的前提下得到的，当考虑黏性效应时，扰动是会逐步衰减的。

(2) 从流线微分方程

$$\frac{dy}{dx} = \frac{v_y}{V_\infty} = \frac{2\pi\varepsilon}{l}\cos\left[\frac{2\pi}{l}(x-\sqrt{Ma_\infty^2-1}\,y)\right]$$

可知，流线的斜率是 $(x-\sqrt{Ma_\infty^2-1}\,y)$ 的函数，沿斜率为 $\dfrac{1}{\sqrt{Ma_\infty^2-1}}$ 的特征线方向即沿平行于直匀来流马赫线的直线簇方向，流线的斜率保持不变。因此，超声速绕流中，流线不会发生变形，而只是沿特征线方向作整体的位移，流线与通过壁面波峰或波谷的垂直轴不对称，如图 8-10(a)所示。

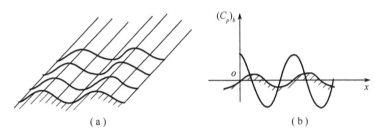

图 8-10

(3) 从壁面压强系数关系(8-111)式可以看出，虽然压强系数分布仍是谐波形式，但与壁面存在 $\dfrac{\pi}{2}$ 相位差，即压强系数的最大值和最小值相对于壁面的波峰和波谷移动了 $\dfrac{\pi}{2}$ 相位，如图 8-10(b)所示。显然，压强分布既不对称于波峰，也不对称于波谷。因而在 x 轴方向的压力不能相抵消，从而形成压差阻力。与亚声速流相反，超声速流压强系数是随直匀来流马赫数的增大而减小。

[例 8-2] 超声速气流以马赫数 $Ma_\infty = \dfrac{V_\infty}{C_\infty}$ 沿平壁流动，由于加工原因，平壁上存在一个小鼓包，鼓包形状如图 8-11 所示，可近似地表示成 $y=kx\left[1-\left(\dfrac{x}{l}\right)\right]$，此处 $0<x<l$，并且 $k\ll 1$。试证流动的扰动速度势为

$$\varphi(x,y) = \frac{-V_\infty}{\sqrt{Ma_\infty^2-1}}k(x-\sqrt{Ma_\infty^2-1}\,y)\left[1-\frac{x-\sqrt{Ma_\infty^2-1}\,y}{l}\right]$$

并求鼓包上压强系数的表达式。

证 超声速气流沿壁面流动时线性化速度势方程

$$(Ma_\infty^2-1)\frac{\partial^2\varphi}{\partial x^2} - \frac{\partial^2\varphi}{\partial y^2} = 0$$

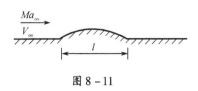

图 8-11

的解为
$$\varphi(x,y) = f(x - \sqrt{Ma_\infty^2 - 1}\, y) \tag{a}$$

函数 f 的具体形式可利用壁面边界条件来确定。壁面边界条件为
$$v_y = V_\infty \left(\frac{dy}{dx}\right)_b = V_\infty k\left(1 - \frac{2x}{l}\right) \tag{b}$$

壁面上当地扰动速度分量为
$$v_x = \frac{\partial \varphi}{\partial x} = (f')_{y=0} \tag{c}$$

$$v_y = \frac{\partial \varphi}{\partial y} = -\sqrt{Ma_\infty^2 - 1}(f')_{y=0} \tag{d}$$

比较(b)、(d)两式,得
$$(f')_{y=0} = -\frac{V_\infty k}{\sqrt{Ma_\infty^2 - 1}}\left(1 - \frac{2x}{l}\right)$$

式中
$$f' = \frac{df}{d(x - \sqrt{Ma_\infty^2 - 1}\, y)}$$

由此,我们选取 f' 为
$$f' = -\frac{V_\infty k}{\sqrt{Ma_\infty^2 - 1}}\left[1 - \frac{2(x - \sqrt{Ma_\infty^2 - 1}\, y)}{l}\right]$$

积分此式,并略去积分常数,故扰动速度势为
$$\varphi(x,y) = -\frac{V_\infty}{\sqrt{Ma_\infty^2 - 1}} k(x - \sqrt{Ma_\infty^2 - 1}\, y)\left[1 - \frac{x - \sqrt{Ma_\infty^2 - 1}\, y}{l}\right]$$

鼓包表面上的压强系数为
$$C_p = -\frac{2v_x}{V_\infty} = -\frac{2}{V_\infty}(f')_{y=0} = \frac{2}{\sqrt{Ma_\infty^2 - 1}} k\left(1 - \frac{2x}{l}\right)$$

§8-7 超声速气流绕薄翼型流动

超声速气流绕薄翼型流动时流场扰动速度势仍遵循线性化速度势方程,即
$$\varphi_{xx} - \frac{1}{Ma_\infty^2 - 1}\varphi_{yy} = 0 \tag{8-112}$$

方程的通解为
$$\varphi(x,y) = f(x - \sqrt{Ma_\infty^2 - 1}\, y) + g(x + \sqrt{Ma_\infty^2 - 1}\, y) \tag{8-113}$$

由于扰动是由翼面产生的,所以它只能沿从翼面发出的向下游延伸的特征线向外传播,如图 8-12 所示,因而对上半流场只存在函数 f,而对下半流场,则只存在函数 g,

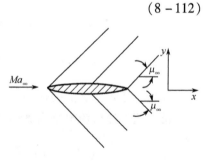

图 8-12

因此有

$$\varphi(x,y) = f(x - \sqrt{Ma_\infty^2 - 1}\, y), \quad y > 0 \tag{8-114}$$

$$\varphi(x,y) = g(x + \sqrt{Ma_\infty^2 - 1}\, y), \quad y < 0 \tag{8-115}$$

翼型上表面的边界条件为

$$v_y(x, 0^+) = \left(\frac{\partial \varphi}{\partial y}\right)_{y=0^+} = -\sqrt{Ma_\infty^2 - 1}\, f'(x) = V_\infty \left(\frac{dy}{dx}\right)_{\text{sh}}$$

由此得

$$f'(x) = -\frac{V_\infty}{\sqrt{Ma_\infty^2 - 1}} \left(\frac{dy}{dx}\right)_{\text{sh}} \tag{8-116}$$

翼型下表面的边界条件为

$$v_y(x, 0^-) = \left(\frac{\partial \varphi}{\partial y}\right)_{y=0^-} = \sqrt{Ma_\infty^2 - 1}\, g'(x) = V_\infty \left(\frac{dy}{dx}\right)_x$$

由此得

$$g'(x) = \frac{V_\infty}{\sqrt{Ma_\infty^2 - 1}} \left(\frac{dy}{dx}\right)_x \tag{8-117}$$

翼型上下表面的压强系数分别为

$$(C_p)_{\text{sh}} = -2\left(\frac{v_x}{V_\infty}\right)_{\text{sh}} = -\frac{2}{V_\infty}\left(\frac{\partial \varphi}{\partial x}\right)_{y=0^+} = -\frac{2}{V_\infty} f'(x) \tag{8-118}$$

$$(C_p)_x = -2\left(\frac{v_x}{V_\infty}\right)_x = -\frac{2}{V_\infty}\left(\frac{\partial \varphi}{\partial x}\right)_{y=0^-} = -\frac{2}{V_\infty} g'(x) \tag{8-119}$$

把边界条件(8-116)、(8-117)分别代入压强系数关系式(8-118)和(8-119),得到

$$(C_p)_{\text{sh}} = \frac{2}{\sqrt{Ma_\infty^2 - 1}} \left(\frac{dy}{dx}\right)_{\text{sh}} \tag{8-120}$$

$$(C_p)_x = -\frac{2}{\sqrt{Ma_\infty^2 - 1}} \left(\frac{dy}{dx}\right)_x \tag{8-121}$$

如今 θ 代表翼型面各点处的切线与 x 轴的夹角,则

$$\left(\frac{dy}{dx}\right)_b = \tan\theta$$

由于所研究的是薄翼型,θ 很小,故

$$\theta = \tan\theta = \left(\frac{dy}{dx}\right)_b$$

并规定以 x 轴正方向为始边逆时针旋转的 θ 角为正,因此翼型表面压强系数可统一表示成

$$(C_p)_b = \frac{2\theta}{\sqrt{Ma_\infty^2 - 1}} \tag{8-122}$$

由此可见,在小扰动的前提下,超声速翼型的翼面压强系数只与当地翼面的倾斜角有关,而与其它部分的翼面条件无关。

知道了翼型表面压强系数的分布规律,单位翼展翼型所受到的升力和阻力以及对应的升力系数和阻力系数就不难确定。

单位翼展翼型所受到的升力为

$$Y = \int_0^b (p_x - p_{sh}) dx \qquad (8-123)$$

对应的升力系数为

$$C_y = \frac{Y}{\frac{1}{2}\rho_\infty V_\infty^2 b} = \int_0^b \frac{(p_x - p_{sh})}{\frac{1}{2}\rho_\infty V_\infty^2 b} dx = \int_0^1 [(C_p)_x - (C_p)_{sh}] d\left(\frac{x}{b}\right)$$

把(8-120)式、(8-121)式代入上式,得到

$$C_y = \frac{-2}{\sqrt{Ma_\infty^2 - 1}} \int_0^1 \left[\left(\frac{dy}{dx}\right)_x + \left(\frac{dy}{dx}\right)_{sh}\right] d\left(\frac{x}{b}\right) \qquad (8-124)$$

翼型所受到的阻力为

$$X = -\int_0^b \left[p_x \left(\frac{dy}{dx}\right)_x - p_{sh} \left(\frac{dy}{dx}\right)_{sh}\right] dx \qquad (8-125)$$

对应的阻力系数为

$$C_x = \frac{X}{\frac{1}{2}\rho_\infty V_\infty^2 b} = -\int_0^b \frac{\left[p_x \left(\frac{dy}{dx}\right)_x - p_{sh} \left(\frac{dy}{dx}\right)_{sh}\right] dx}{\frac{1}{2}\rho_\infty V_\infty^2 b}$$

$$= -\int_0^1 \left[(C_p)_x \left(\frac{dy}{dx}\right)_x - (C_p)_{sh} \left(\frac{dy}{dx}\right)_{sh}\right] d\left(\frac{x}{b}\right)$$

把(8-120)式、(8-121)式代入上式,得到

$$C_x = \frac{2}{\sqrt{Ma_\infty^2 - 1}} \int_0^1 \left[\left(\frac{dy}{dx}\right)_x^2 + \left(\frac{dy}{dx}\right)_{sh}^2\right] d\left(\frac{x}{b}\right) \qquad (8-126)$$

由于小扰动流动可用线性化速度势方程来描述,而线性化方程的解具有叠加性,因此,对于气流绕如图 8-13 所示的翼型的流动,翼型表面上的压强分布可由气流分别绕下列三种翼型流动的翼型表面上的压强分布叠加而成:(1)与翼型所处的攻角相同的平板;(2)零攻角下的翼型中弧线;(3)零攻角下具有原翼型厚度的对称翼型。当然,翼型的升力系数和阻力系数也可由上述三部分叠加而成,因此翼型升力系数(8-124)式和阻力系数(8-126)式可以加以进一步的变化。

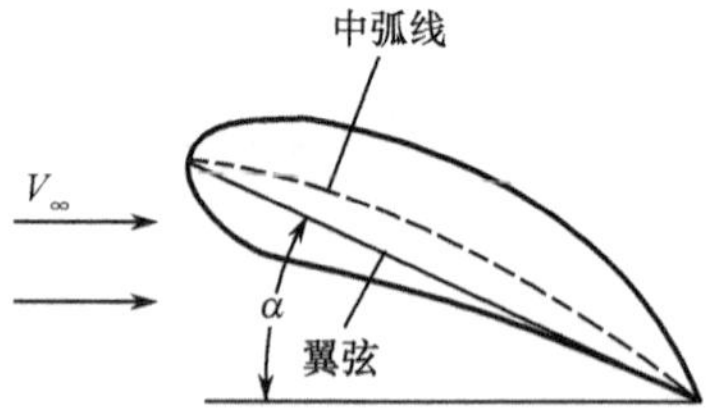

对于攻角为 α 的平板翼型,由于

$$\left(\frac{dy}{dx}\right)_x = \left(\frac{dy}{dx}\right)_{sh} = -\alpha$$

图 8-13

将其代入(8-124)式,得到

$$(C_y)_\alpha = \frac{4\alpha}{\sqrt{Ma_\infty^2 - 1}} \qquad (8-127)$$

零攻角下的翼型中弧线,由于斜率的积分为零,故其升力为零。理想流体以零攻角绕对称翼型流动时升力亦为零。因此翼型的升力仅仅由攻角所确定,其升力系数为

$$C_y = \frac{4\alpha}{\sqrt{Ma_\infty^2 - 1}} \qquad (8-128)$$

有攻角的平板、翼型的弯度和厚度都会产生阻力。在 α 攻角下的平板所受的阻力等于垂直作用于平板上的作用力乘以 $\sin\alpha$,其阻力系数可近似表示成

$$(C_x)_\alpha = C_y\alpha = \frac{4\alpha^2}{\sqrt{Ma_\infty^2 - 1}} \qquad (8-129)$$

把

$$\left(\frac{dy}{dx}\right)_x = \left(\frac{dy}{dx}\right)_{sh} = \Delta\theta_f$$

代入(8-126)式,就可得到零攻角下中弧线部分的阻力系数,即

$$(C_x)_f = \frac{4}{\sqrt{Ma_\infty^2 - 1}}\int_0^1 (\Delta\theta_f)^2 d\left(\frac{x}{b}\right) = \frac{4}{\sqrt{Ma_\infty^2 - 1}}K_1 \qquad (8-130)$$

类似地零攻角下对称翼型的阻力系数为

$$(C_x)_t = \frac{4}{\sqrt{Ma_\infty^2 - 1}}\int_0^1 (\Delta\theta_t)^2 d\left(\frac{x}{b}\right) = \frac{4}{\sqrt{Ma_\infty^2 - 1}}K_2 \qquad (8-131)$$

式中 $\Delta\theta_t$——对称翼型表面的斜率,它是 x 的函数。因此完整翼型阻力系数为

$$C_x = \frac{4}{\sqrt{Ma_\infty^2 - 1}}(\alpha^2 + K_1 + K_2) \qquad (8-132)$$

式中 K_1、K_2 仅仅取决于截面形状的积分。

必须指出,由于本章所研究的是理想流体的流动,因此此处所得到的阻力公式只是针对波阻而言的。在研究黏性流体绕翼型流动的阻力问题时,除波阻外,还有由于黏性引起的型面摩擦阻力和压差阻力。

[**例8-3**] 有一双弧线对称翼型,如图8-14所示,上下翼面都是半径为 R 的圆弧,最大厚度是弦长的10%。当翼型以 $Ma_\infty = 2.13$ 速度飞行时,试求该翼型的升力系数和阻力系数。

解 翼型的升力与翼型的形状无关,仅仅取决于攻角,根据(8-128)式,该翼型的升力系数为

$$C_y = \frac{4\alpha}{\sqrt{Ma_\infty^2 - 1}} = \frac{4\alpha}{\sqrt{2.13^2 - 1}} = 2.13\alpha$$

翼型的阻力系数可利用(8-132)式求得。由于弯度为零,故 $K_1 = 0$,而

$$K_2 = \int_0^1 (\Delta\theta_t)^2 d\left(\frac{x}{b}\right)$$

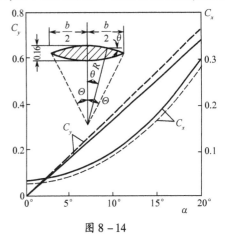

图 8-14

从图 8 – 14 可知，$x = \dfrac{b}{2} + R\sin\theta$，对于薄翼型，$\mathrm{d}x = R\mathrm{d}\theta$，另外 $\Delta\theta_t = \theta$，故

$$K_2 = \dfrac{R}{b}\int_{-\Theta}^{\Theta}\theta^2\mathrm{d}\theta = \dfrac{2}{3}\dfrac{R}{b}\Theta^3$$

由于 R 与 b 存在有如下关系

$$(R - 0.05b)^2 + (0.5b)^2 = R^2$$

由此得 $R/b = 2.525$，而

$$\sin\Theta = \dfrac{\dfrac{b}{2}}{R} = \dfrac{1}{5.050},\ \Theta = 0.1993$$

因此

$$K_2 = \dfrac{2}{3}\dfrac{R}{b}\Theta^3 = \dfrac{2}{3}\times 2.525\times 0.1993 = 0.0133$$

把 M_∞、K_1、K_2 各值代入(8 – 132)式，则得

$$C_x = \dfrac{4}{\sqrt{Ma_\infty^2 - 1}}(\alpha^2 + K_1 + K_2) = 2.13\alpha^2 + 0.0284$$

图 8 – 14 画出了按照上述公式进行计算所得到的升阻力曲线，同时也给出对应的实验曲线。比较两组曲线可知，理论升力系数斜率要比实验大 2.5%，理论阻力系数比实验值低，这是由于理论值只计及波阻而忽略了黏性阻力。

习　题

8 – 1　试证明对于不可压缩理想流体平面流动时线化压强系数为

$$C_p = -2\dfrac{v_x}{V_\infty}$$

8 – 2　亚声速流沿一波形壁和直板所构成的通道内流动，如题 8 – 2 附图所示，设波形壁和直板之间的距离为 H，试确定该流动速度势和沿波形壁面上的压强分布。

8 – 3　有一可压缩理想流体沿一由上下两波形壁构成的二维通道内流动，速度为亚声速，两通道间距为 $2H$，上下波形壁形状一样且轴向位置相同，如题 8 – 3 附图所示。试求该流动速度势，并求沿上下壁面和中心线上的压强分布。

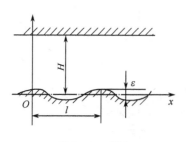

题 8 – 2　附图

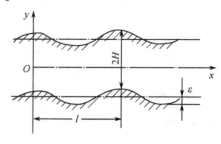

题 8 – 3　附图

8-4 已知直角坐标系中有一亚声速绕某物体流动的速度势为

$$\phi(x,y) = V_\infty x + \frac{7.0}{\sqrt{1-Ma_\infty^2}} e^{-2\pi\sqrt{1-Ma_\infty^2}\,y} \sin(2\pi x)$$

自由流参数为 $V_\infty = 250\text{m/s}, \rho_\infty = 1.0133 \times 10^5 \text{Pa}, T_\infty = 288\text{K}$，试求 $(x,y) = (0.1\text{m}, 0.1\text{m})$ 点处流动参数 Ma、p 和 T。

8-5 已知低速流动时翼型表面给定点上的压强系数为 -0.3，如果自由流马赫数为 0.6，试求该点的压强系数。

8-6 有一翼型，几何尺寸如题 8-6 附图所示，在低速风洞吹风，当 $\alpha = 4°$ 时测得升力系数为 0.8，试求：

(1) 当 $Ma_\infty = 0.6$ 时，仿射相关翼型的厚度比、弯度比和攻角。

(2) 当 $Ma_\infty = 0.6$ 时，同一低速翼型及其相关仿射翼型的升力系数分别为多少？

(3) 若低速风洞测得翼型 $(C_p)_{max} = 0.8$，当 $Ma_\infty = 0.6$ 时对应点的 C_p 仍为 0.8，问这时翼型的厚度比、弯度比和攻角应为多大？

8-7 某翼型当来流 Ma_∞ 达到 0.8 时，翼型上最大速度点达到声速，问该翼型在低速时最大速度点处的 C_p 等于多少？设普朗特-葛劳渥法则仍适用。

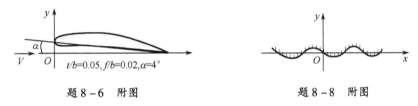

题 8-6 附图　　　　　　　　　题 8-8 附图

8-8 设有一二维超声速势流沿波形壁下表面流动，如题 8-8 附图所示，扰动为小扰动，试导出每个波长壁面上所受阻力和升力的表达式。

8-9 设有一 $Ma_\infty = 2.0$ 的超声流流过一无限薄平板机翼，如题 8-9 附图所示，流动攻角分别为 5° 和 15°，试分别利用精确的激波-膨胀波理论和小扰动线化理论计算该翼型的升力和阻力系数，并对上述两种结果进行分析比较。

8-10 试利用小扰动线化理论计算平板翼型在 8-9 题条件下的上下翼面的压强值，并与上题精确计算结果进行比较。

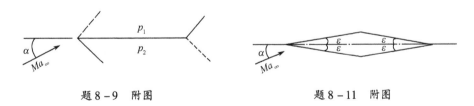

题 8-9 附图　　　　　　　　　题 8-11 附图

8-11 $Ma_\infty = 3.0$ 的超声速气流流过如题 8-11 附图所示的菱形翼型，已知 $\alpha = 15°, \varepsilon = 10°$，试利用小扰动线化理论计算该翼型的升力和阻力系数。

8-12 设有一超声速气流绕一中弧线形状为 $y = -h\left(\dfrac{x}{b}\right)$ 的薄翼型流动，见题 8-12 附图。已知来流速度方向与翼型前缘相切，$Ma_\infty = 2.0, h/b = 0.1$，试用小扰动线化理论求：

(1) 升力系数、阻力系数和升阻力系数比。

(2) 上下翼面的压强分布。

（3）将波阻系数与具有10%厚度的菱形翼型和平板翼型的波阻系数进行比较，设三种翼型的升力系数相同。

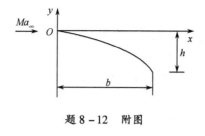

题 8-12　附图

第九章 定常二维超声速流的特征线法

§9-1 引 言

在第六章中讨论了无黏性可压缩流体流动的基本方程(非线性偏微分方程)。在第八章中给出了这些方程的线性化形式在分析小扰动流动时的应用,得到了很有用的结果。然而,有一些重要的实际流动是不能近似地用小扰动流动来描述的。对这种流动必须用相应的非线性偏微分方程来分析。

流体流动的非线性偏微分方程,在一般情况下都是使用数值分析方法去求解的。对于一个具体的问题,哪个数值分析方法最适用,是取决于控制此流动的偏微分方程的类型的。

在本章中,首先将讨论特征线法的一般理论,然后讨论特征线法的一般理论在定常二维超声速流问题中的应用。特征线法是解双曲型偏微分方程的最精确的数值解法。

§9-2 特征线法的一般理论

在许多工程问题中,控制微分方程是一组有两个自变量的一阶拟线性偏微分方程。一阶拟线性偏微分方程定义为因变量可能是非线性的,但因变量的一阶导数则是线性的方程。当适用的控制方程是双曲型时,就可以用特征线法来求解。

从物理观点来看,特征曲线(以下简称特征线)定义为一个物理扰动的传播轨迹。我们已经知道,在超声速流场中扰动是沿着流动的马赫线传播的。在本章中将证明,马赫线就是超声速流场中的特征线。

从数学观点来看,特征线定义为这样的一种曲线,沿着此种曲线可以把偏微分控制方程改变成全微分方程。这个全微分方程通称相容性方程。因此,沿特征线,因变量不能任意地指定,它们必须满足相容性方程。特征线法就是基于这个思想,不直接求解偏微分方程本身,而代之以求解此全微分方程。

为简单起见,首先对单个的偏微分方程提出这个理论,然后再对有两个偏微分方程的方程组这样做。

一、单个偏微分方程

考察一个一阶偏微分方程

$$a\frac{\partial u}{\partial x} + b\frac{\partial u}{\partial y} + c = 0 \tag{9-1}$$

在(9-1)式中,待求的因变量是两个自变量 x、y 的函数,即 $u = u(x,y)$。系数 a 和 b 以及非齐次项 c 都可以是 x、y 和 u 的函数。

下面推导相应于(9-1)式的特征线方程和相容性方程。

把(9-1)式写成

$$a\left(\frac{\partial u}{\partial x} + \frac{b}{a}\frac{\partial u}{\partial y}\right) + c = 0 \qquad (9-2)$$

设待求的因变量 $u(x,y)$ 为连续函数,那么全微分 du 就是

$$du = \frac{\partial u}{\partial x}dx + \frac{\partial u}{\partial y}dy \qquad (9-3)$$

由(9-3)式求得导数

$$\frac{du}{dx} = \left(\frac{\partial u}{\partial x} + \frac{dy}{dx}\frac{\partial u}{\partial y}\right) \qquad (9-4)$$

这个形式意味着全导数是沿着斜率为 dy/dx 曲线的。现令其斜率为 $dy/dx = \lambda$,则

$$\frac{du}{dx} = \left(\frac{\partial u}{\partial x} + \lambda\frac{\partial u}{\partial y}\right) \qquad (9-5)$$

如果把(9-1)式的特征线定义为平面 xy 中这样的曲线,即在这条曲线上的每一点处,具有下式给出的斜率

$$\frac{dy}{dx} = \lambda = \frac{b}{a} \qquad (9-6)$$

那么,沿着这条曲线,(9-5)式可以写成

$$\frac{du}{dx} = \left(\frac{\partial u}{\partial x} + \frac{b}{a}\frac{\partial u}{\partial y}\right) \qquad (9-7)$$

(9-7)式沿曲线 $dy/dx = \lambda = b/a$ 成立。用(9-7)式左边去代替(9-2)式括号里的项,得出

$$adu + cdx = 0 \qquad (9-8)$$

则(9-8)式是个全微分方程,在沿着,且只有沿着(9-6)式所给定的曲线才是成立的。根据特征线的定义可知,(9-6)式是(9-1)式的特征线方程,(9-8)式是(9-1)式的相容性方程。

相容性方程(9-8)式是一个沿着特征线((9-6)式的解)把 du 和 dx 联系起来的全微分方程。因此,解相容性方程(9-8)式,就可以沿着一条特征线确定待求函数 $u(x,y)$。这样,最初的偏微分方程(9-1)式可以用沿着特征线的相容性方程来代替。这种代替就是特征线法的基础。

[**例 9-1**] 考虑一阶偏微分方程

$$\frac{\partial u}{\partial x} + 2x\frac{\partial u}{\partial y} - 3x^2 = 0 \qquad (a)$$

$u(x,y)$ 的初始条件是

$$u(0,y) = 5y + 10 \qquad (b)$$

应用特征线法确定:(1)通过点(2,4)的特征线方程;(2)沿着这条特征线的相容性方程;(3) $u(2,4)$ 的数值。

解 (1)把(a)式改写成

$$\left(\frac{\partial u}{\partial x} + 2x\frac{\partial u}{\partial y}\right) - 3x^2 = 0 \qquad (c)$$

设 $u(x,y)$ 是连续函数,则有

$$\frac{du}{dx} = \left(\frac{\partial u}{\partial x} + \frac{dy}{dx}\frac{\partial u}{\partial y}\right) \tag{d}$$

定义特征线方程为

$$\frac{dy}{dx} = \lambda = 2x \tag{e}$$

那么,沿特征线,(c)式变为

$$du - 3x^2 dx = 0 \tag{f}$$

(f)式是一个沿着由(e)式所定义的特征线才成立的全微分方程。它就是(a)式的相容性方程。

现在求通过点(2,4)的这条特征线。为此,积分(e)式,得

$$y = x^2 + C_1 \tag{g}$$

根据点(2,4)的条件,由(g)式可得常数 C_1 为

$$4 = (2)^2 + C_1, C_1 = 0$$

因此,通过点(2,4)的特征线方程是

$$y = x^2 \tag{h}$$

(2) 现在求沿着由(h)式所给定的特征线上成立的相容性方程。积分(f)式,得

$$u = x^3 + C_2 \tag{i}$$

求沿着由(h)式所给定的特征线上成立的相容性方程,可以根据(b)式的初始条件确定常数 C_2 的数值。初始条件需要对应于 $x=0$ 的 y 值,这要由(h)式求得

$$y = (0)^2 = 0 \tag{j}$$

由(j)式知道,通过点(2,4)的特征线与初值线交于点(0,0),把这一点代入(b)式得

$$u(0,0) = 5 \times 0 + 10 = 10 \tag{k}$$

把这个初始值 $u(0,0) = 10$ 代入(i)式,得

$$10 = (0)^3 + C_2, C_2 = 10 \tag{l}$$

因此,通过点(2,4)的特征线的相容性方程是

$$u = x^3 + 10 \tag{m}$$

(3) 由(m)式知,$u(2,4)$ 的数值是

$$u(2,4) = (2)^3 + 10 = 18$$

从本例题看,一阶偏微分方程 $\frac{\partial u}{\partial x} + 2x\frac{\partial u}{\partial y} - 3x^2 = 0$ 的系数 $a=1, b=2x, \frac{dy}{dx} = \lambda = 2x$。然而,在一般情况下,系数 a 和 b 都可以是 x、y 和 u 的函数。因此,λ 也是 x、y 和 u 的函数。因而 u 不知道就不能积分方程(9-6)式。可是 u 是沿着由积分(9-6)式所得到的特征线去积分(9-8)式来确定的。因此,一般来说,方程(9-6)式和(9-8)式必须联立求解。

为了解(9-1)式,必须给定初始数据。图 9-1 画出了 xy 平面中的一条初值线 Γ_0,沿着它给定了 $u(x,y) = u_0(x,$

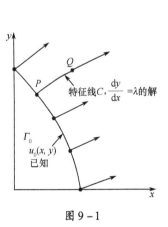

图 9-1

y)。从 Γ_0 线上的任意一点 P 开始,积分(9-6)式来确定 xy 平面中通过初值点 P 的特征线 C。然而,在特征线 C 上任一选定点 Q 处的函数值 u,是由沿特征线 C 从 P 点到 Q 点积分相容性方程(9-8)式来确定的。一般来说,特征线方程和相容性方程的积分必须联立进行求解。如果 a、b 和 c 都是复杂的表达式,通常必须采用数值方法。

沿着初值线 Γ_0 选取像 P 点那样不同的点,那么整个 xy 平面就可以被特征线所覆盖。沿着每一条特征线,可以确定其上各点的待求因变量 $u(x,y)$ 的值。

必须记住,特征线法只能用于双曲型偏微分方程组(在单个偏微分方程的情况下,特征线方法总是能用的)。下面要对一个有两个方程的方程组使用特征线法。那时,只有当偏微分控制方程组为双曲型,特征线才存在,特征线法才是可用的。

使用特征线法的另一个重要的必要条件是在所研究的区域中,待求的因变量必须是连续的。这是为使(9-5)式成立。但对因变量导数的连续性没有限制。事实上,沿着由(9-6)式所定义的特征线,因变量的导数可以是不连续的。为了证明由(9-6)式所定义的特征线具有这种性质,我们取(9-1)式和(9-3)式作为确定因变量的偏导数的两个方程。于是

$$\left. \begin{array}{l} a\dfrac{\partial u}{\partial x} + b\dfrac{\partial u}{\partial y} = -c \\ \mathrm{d}x\dfrac{\partial u}{\partial x} + \mathrm{d}y\dfrac{\partial u}{\partial y} = \mathrm{d}u \end{array} \right\} \qquad (9-9)$$

用克莱姆(Cramer)法则,对 $\dfrac{\partial u}{\partial x}$ 和 $\dfrac{\partial u}{\partial y}$ 联立求解方程组(9-9)式,得

$$\frac{\partial u}{\partial y} = \frac{\begin{vmatrix} a & -c \\ \mathrm{d}x & \mathrm{d}u \end{vmatrix}}{\begin{vmatrix} a & b \\ \mathrm{d}x & \mathrm{d}y \end{vmatrix}} = \frac{a\mathrm{d}u + c\mathrm{d}x}{a\mathrm{d}y - b\mathrm{d}x} \qquad (9-10)$$

根据(9-6)式知,沿着由(9-6)式所给定的特征线,(9-10)式的分母等于零。根据(9-8)式知,沿着特征线分子也是零。因而,沿着由(9-6)式所定义的特征线,就有

$$\frac{\partial u}{\partial y} = \frac{0}{0} \qquad (9-11)$$

因此,沿着特征线因变量的偏导数 $\dfrac{\partial u}{\partial y}$ 是不确定的,因而可能是不连续的。对 $\dfrac{\partial u}{\partial x}$ 解方程组(9-9)式,得

$$\frac{\partial u}{\partial x} = \frac{\begin{vmatrix} -c & b \\ \mathrm{d}u & \mathrm{d}y \end{vmatrix}}{\begin{vmatrix} a & b \\ \mathrm{d}x & \mathrm{d}y \end{vmatrix}} = \frac{-b\mathrm{d}u - c\mathrm{d}y}{a\mathrm{d}y - b\mathrm{d}x} \qquad (9-12)$$

在这里同样是沿着特征线有(9-12)式的分母等于零,可以证明分子同样也是零。因此 $\dfrac{\partial u}{\partial x}$ 也是不确定的,因而,沿着特征线 $\dfrac{\partial u}{\partial x}$ 可能是不连续的。

二、两个偏微分方程的方程组

考虑一个由两个偏微分方程所组成的方程组,这两个方程用 L_1 和 L_2 来表示,即

$$L_1 = a_{11}\frac{\partial u}{\partial x} + b_{11}\frac{\partial u}{\partial y} + a_{12}\frac{\partial v}{\partial x} + b_{12}\frac{\partial v}{\partial y} + c_1 = 0 \\ L_2 = a_{21}\frac{\partial u}{\partial x} + b_{21}\frac{\partial u}{\partial y} + a_{22}\frac{\partial v}{\partial x} + b_{22}\frac{\partial v}{\partial y} + c_2 = 0 \tag{9-13}$$

在方程组(9-13)式中,包括两个方程式,其待定的因变量也是两个,即 $u(x,y)$ 和 $v(x,y)$,它们都是两个自变量 x、y 的函数。式中各 a、b 和 c 都可以是 x、y、u 和 v 的函数。

我们的希望是能找到一个等价的特征线方程和相容性方程的方程组来代替方程组(9-13)式。下面就来推导这两个方程式。

因为由两个方程求两个待求量 u 和 v,所以(9-13)式中的两个方程必须同时考虑。为此,用 L 来表示 L_1 和 L_2 的线性和,即

$$L = \sigma_1 L_1 + \sigma_2 L_2 \tag{9-14}$$

式中 σ_1 和 σ_2——待定参数。把(9-13)式代入(9-14)式,并按偏导数的分类加以整理,就得到下列表达式:

$$(a_{11}\sigma_1 + a_{21}\sigma_2)\left[\frac{\partial u}{\partial x} + \frac{b_{11}\sigma_1 + b_{21}\sigma_2}{a_{11}\sigma_1 + a_{21}\sigma_2}\frac{\partial u}{\partial y}\right] + (a_{12}\sigma_1 + a_{22}\sigma_2)$$
$$\cdot \left[\frac{\partial v}{\partial x} + \frac{b_{12}\sigma_1 + b_{22}\sigma_2}{a_{12}\sigma_1 + a_{22}\sigma_2}\frac{\partial v}{\partial y}\right] + (c_1\sigma_1 + c_2\sigma_2) = 0 \tag{9-15}$$

设待求的因变量 $u(x,y)$ 和 $v(x,y)$ 是连续函数,因此它们的全微分为

$$du = \frac{\partial u}{\partial x}dx + \frac{\partial u}{\partial y}dy \text{ 和 } dv = \frac{\partial v}{\partial x}dx + \frac{\partial v}{\partial y}dy$$

写成全导数形式是

$$\frac{du}{dx} = \frac{\partial u}{\partial x} + \frac{dy}{dx}\frac{\partial u}{\partial y} \text{ 和 } \frac{dv}{dx} = \frac{\partial v}{\partial x} + \frac{dy}{dx}\frac{\partial v}{\partial y} \tag{9-16}$$

上述形式的两不全导数假定是沿着斜率 $dy/dx = \lambda$ 的同一条曲线的,则

$$\frac{du}{dx} = \frac{\partial u}{\partial x} + \lambda\frac{\partial u}{\partial y} \text{ 和 } \frac{dv}{dx} = \frac{\partial v}{\partial x} + \lambda\frac{\partial v}{\partial y} \tag{9-17}$$

特征线被定义为具有下列斜率的曲线

$$\lambda = \frac{b_{11}\sigma_1 + b_{21}\sigma_2}{a_{11}\sigma_1 + a_{21}\sigma_2} = \frac{b_{12}\sigma_1 + b_{22}\sigma_2}{a_{12}\sigma_1 + a_{22}\sigma_2} \tag{9-18}$$

沿着由(9-18)式所给定的特征线,(9-15)式就可以化为全微分方程

$$(a_{11}\sigma_1 + a_{21}\sigma_2)du + (a_{12}\sigma_1 + a_{22}\sigma_2)dv + (c_1\sigma_1 + c_2\sigma_2)dx = 0 \tag{9-19}$$

(9-19)式给出沿特征线 u 和 v 变化必须遵循的一个规律,这就是相容性方程。

下面来确定特征线斜率 λ 的表达式。从特征理论知道,对于双曲型的方程组,λ 所代表的斜率一定是实的有限数值。从(9-18)式可以看出,两个待定参数 σ_1 和 σ_2 不能全为零。我们就应用这个条件来求 λ。为此,将(9-18)式写成下面的形式:

$$\sigma_1(a_{11}\lambda - b_{11}) + \sigma_2(a_{21}\lambda - b_{21}) = 0 \\ \sigma_1(a_{12}\lambda - b_{12}) + \sigma_2(a_{22}\lambda - b_{22}) = 0 \tag{9-20}$$

上式是 σ_1 和 σ_2 为待定值的形式,这是关于求解 σ_1 和 σ_2 的齐次线性方程组。为了使(9-20)式对 σ_1 和 σ_2 有非零解,σ_1 和 σ_2 的系数行列式必须为零。于是

$$\begin{vmatrix} a_{11}\lambda - b_{11} & a_{21}\lambda - b_{21} \\ a_{12}\lambda - b_{12} & a_{22}\lambda - b_{22} \end{vmatrix} = 0 \qquad (9-21)$$

展开上面的行列式,给出了对于 λ 的下列方程

$$a\lambda^2 + b\lambda + c = 0 \qquad (9-22)$$

(9-22)式中,$a = a_{11}a_{22} - a_{12}a_{21}$,$b = -a_{22}b_{11} - a_{11}b_{22} + a_{12}b_{21} + a_{21}b_{12}$,$c = b_{11}b_{22} - b_{12}b_{21}$。

由(9-22)式解出 λ,得

$$\left(\frac{dy}{dx}\right)_{\pm} = (\lambda)_{\pm} = \frac{-b \pm \sqrt{b^2 - 4ac}}{2a} \qquad (9-23)$$

由(9-23)式知,特征线的存在取决于判别式 $b^2 - 4ac$。据此,初始偏微分方程组(9-13)式分为三种类型:

$b^2 - 4ac < 0$,对于 λ 就不存在实数解,因此特征线不存在。方程组(9-13)式是椭圆型的;

$b^2 - 4ac = 0$,通过每一点只有一条特征线,方程组(9-13)式是抛物型的;

$b^2 - 4ac > 0$,通过每一点有两条特征线,微分方程组(9-13)式是双曲型的。

对于双曲型方程组,(9-23)式有两个不同的实数解 λ_+ 和 λ_-。因此,存在着满足下列两个常微分方程的两条特征线,即

$$\frac{dy}{dx} = \lambda_+ \text{ 和 } \frac{dy}{dx} = \lambda_- \qquad (9-24)$$

下面再来继续推导相容性方程式。在已求出的相容性方程的初步形式(9-19)式中包含着待定参数 σ_1 和 σ_2。现在可以用 λ_+ 和 λ_- 消去(9-19)式中的待定参数 σ_1 和 σ_2。方法是解(9-20)式中的任一个方程,例如解第一个方程,得

$$\sigma_1 = -\frac{a_2(a_{21}\lambda_{\pm} - b_{21})}{a_{11}\lambda_{\pm} - b_{11}} \qquad (9-25)$$

把(9-25)式代入(9-19)式,消去 σ_2,得

$$(a_{11}b_{21} - a_{21}b_{11})du_{\pm} + [(a_{22}a_{11} - a_{12}a_{21})\lambda_{\pm} + (a_{12}b_{21} - a_{22}b_{11})]dv_{\pm}$$
$$+ [(c_2a_{11} - c_1a_{21})\lambda_{\pm} + (c_1b_{21} - c_2b_{11})]dx_{\pm} = 0 \qquad (9-26)$$

(9-26)式是两个全微分方程:一个是对 λ_+ 的,一个是对 λ_- 的。因此,我们就可以用(9-24)式和(9-26)式去代替原始的偏微分方程组(9-13)式。

(9-24)式的积分,确定了在 xy 平面上通过每一点的两条特征线:一条相应于 λ_+,另一条相应于 λ_-。初值线用 Γ_0 表示(见图9-2),沿着 Γ_0,u 和 v 是已知的。在 Γ_0 上的每一点都可以伸展出 C_+ 和 C_- 特征线。它们分别是 $(dy/dx)_{\pm} = \lambda_{\pm}$ 的解。沿着每一条分别相应于 λ_+ 和 λ_- 的 C_+ 和 C_- 特征线,由(9-26)式给出了 du、dv、dx 和 dy 之间的关系式。但(9-26)式包括 u 和 v 两个待求量,所以单独沿着一条特征线是不能解出 u 和 v 的。然而,从图9-2可见,A 点发出的 C_- 特征线与从 B 点发出的 C_+ 特征线在 D 点相交。沿着 AD 和 BD 共有两个相容性方程是成立的。一个相容性方程在 B 点发出的 C_+ 特征线上是成立的;另一个相容性方程在 A 点发出的 C_- 特征线上是成立的。因而,在交点 D 上存在着解 u 和 v 两个待求量的相容性方程。

上述程序可以用于 Γ_0 上的任何两点。于是就产生了一条新的初值线 Γ_1,且沿 Γ_1 解是已知的。沿着 Γ_0 所采用的全部过程,可以沿着 Γ_1 重复进行。于是得到了第二根线 Γ_2,等等。

把这样的过程继续进行下去,直到覆盖所要研究的整个区域,或者达到初值线 Γ_0 的全部影响范围为止。在数学上,像上面这种初值问题,称为柯西(Cauchy)问题。

对于一个有两个方程的方程组,只有当此偏微分控制方程组是双曲型的时候,特征线才是存在的,所需要的解可以用特征线法来求得。许多工程问题中,控制方程组是有两个自变量的有任意数目的偏微分方程。当这样的方程组是双曲型的时候,所需要的解 $u(x,y)$、$v(x,y)$、$w(x,u)$、$\cdots$,也可以用特征线法来求解。

当然,待求的因变量 $u(x,y)$、$v(x,y)$ 等必须是连续的。这个要求就限制了特征线法只能用于所有待求因变量都是连续的区域,而不能用于不连续的区域,如激波。

对因变量的导数的连续性没有限制。

三、依赖区和影响区

由 §9-2 二中所给出的求解程序,可导出依赖区和影响区的概念。

图 9-3 表示了 xy 平面上 P 点的依赖区。它是 xy 平面上,由从初值线 Γ_0 发出的并通过 P 点的最外面的两条特征线所围成的区域,因此,依赖区就是可以得到初值问题解的那个区域。

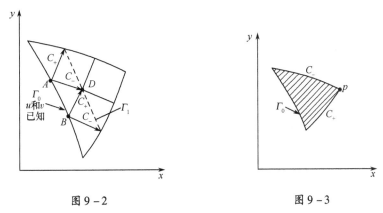

图 9-2   图 9-3

图 9-4 表明了位于初值线 Γ_0 上的 Q 点的影响区。它是 xy 平面上包含了所有受 Q 点的初始数据影响的各点的区域。这个影响区是由所有这样一些点组成的,这些点的依赖区都包含了 Q 点。因此,它就是在通过 Q 点的两条最外面的特征线之间的区域。

在 §9-3 中,我们将证明,马赫线就是超声速流场中的特征线。在图 9-5 中,过 A 点顺气流的两条马赫线之间的区域是位于 A 点的扰动所能影响的区域,叫做 A 点的影响区。过 A 点逆气流的两条反向马赫线之间的区域是所有能影响 A 点的扰动所在的区域,叫做 A 点的依赖区。

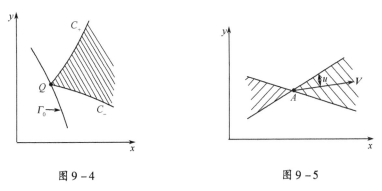

图 9-4   图 9-5

§9-3 特征线法在定常二维无旋超声速流动中的应用

一、控制方程

我们注意到下列克罗柯方程

$$\boldsymbol{V} \times \boldsymbol{\Omega} = \nabla h^* - T \nabla s \tag{9-27}$$

适用于无黏性流体定常流动的任何流场。如果流动是均能流动,即沿所有流线滞止焓 h^* 具有相同常数值的流动,$\nabla h^*=0$。在这种情况下,(9-27)式简化为

$$\boldsymbol{V} \times \boldsymbol{\Omega} = -T \nabla s \tag{9-28}$$

由(9-28)式可知,无旋流动必然是均熵的,即在全流场中,s = const。本书讨论特征线法用于定常二维无旋超声速流动。整个流场的熵和滞止焓都是常数,即均能均熵流。在第六章,我们已经导出了无黏性流体定常多维无旋流动的气体动力学方程,即

$$(\boldsymbol{V} \cdot \nabla)\left(\frac{V^2}{2}\right) - c^2 \nabla \cdot \boldsymbol{V} = 0 \tag{9-29}$$

对于平面流来说,速度分量 $V_z=0$,所有的偏导数 $\partial(\ )/\partial z=0$。对于轴对称流来说,速度分量 $V_\theta=0$,并且 $\partial(\ )/\partial\theta=0$。相应的坐标系画在图9-6中。图9-6(a)表示平面流动情况;图9-6(b)表示轴对称流情况。把(9-29)式在 xy 坐标系中展开得

$$(V_x^2 - c^2)\frac{\partial V_x}{\partial x} + (V_y^2 - c^2)\frac{\partial V_y}{\partial y} + V_x V_y \left(\frac{\partial V_x}{\partial y} + \frac{\partial V_y}{\partial x}\right) = 0 \tag{9-30}$$

把(9-29)式在 rz 坐标系中展开,则得到

$$(V_r^2 - c^2)\frac{\partial V_r}{\partial r} + (V_z^2 - c^2)\frac{\partial V_z}{\partial z} + V_r V_z \left(\frac{\partial V_z}{\partial r} + \frac{\partial V_r}{\partial z}\right) - c^2 \frac{V_r}{r} = 0 \tag{9-31}$$

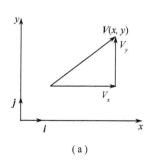
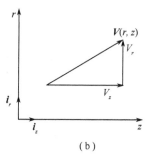

(a)   (b)

图 9-6

利用下述变换方程,即令

$$V_r = V_y, \quad V_z = V_x, \quad r = y \text{ 和 } z = x \tag{9-32}$$

就可以把(9-31)式用 xy 平面坐标系的符号改写成

$$(V_x^2 - c^2)\frac{\partial V_x}{\partial x} + (V_y^2 - c^2)\frac{\partial V_y}{\partial y} + V_x V_y \left(\frac{\partial V_x}{\partial y} + \frac{\partial V_y}{\partial x}\right) - c^2 \frac{V_y}{y} = 0 \tag{9-33}$$

把关于平面流的(9-30)式与用 xy 平面坐标符号表示的轴对称流的(9-33)式作一比较,就可以看出,(9-33)式只比(9-30)式多了一项($-c^2 V_y/y$)。因此,二者可以写成统一的形

式,即

$$(V_x^2 - c^2)\frac{\partial V_x}{\partial x} + (V_y^2 - c^2)\frac{\partial V_y}{\partial y} + V_x V_y\left(\frac{\partial V_x}{\partial y} + \frac{\partial V_y}{\partial x}\right) - \frac{\delta c^2 V_y}{y} = 0 \qquad (9-34)$$

其中对于平面流来说,$\delta = 0$;对于轴对称流来说,$\delta = 1$。

对于二维无旋流,$\omega = 0$,这要求

$$\frac{\partial V_x}{\partial y} - \frac{\partial V_y}{\partial x} = 0 \qquad (9-35)$$

因此,控制可压缩流体的定常二维(平面或轴对称)无旋流动的方程组是

$$\left.\begin{aligned}(V_x^2 - c^2)\frac{\partial V_x}{\partial x} + (V_y^2 - c^2)\frac{\partial V_y}{\partial y} + 2V_x V_y\frac{\partial V_x}{\partial y} - \frac{\delta c^2 V_y}{y} &= 0 \\ \frac{\partial V_x}{\partial y} - \frac{\partial V_y}{\partial x} &= 0\end{aligned}\right\} \qquad (9-36)$$

(9-36)式中有两个待求的因变量 $V_x(x,y)$ 和 $V_y(x,y)$,其中 $c = c(V_x, V_y)$,所以方程组是封闭的。

这里 $c = c(V_x, V_y)$ 是适用于整个流场的。说明如下。

在可压缩流体流动中,声速 c 是由

$$c = c(p, \rho) \qquad (9-37)$$

给出的。对于均熵流有

$$c = c(p) \quad (\text{整个流场}) \qquad (9-38)$$

因为是均熵、均能流,p 和 V 通过伯努利方程联系起来,即

$$\int \frac{\mathrm{d}p}{\rho(p)} + \frac{V^2}{2} = \text{常数}(\text{整个流场}) \qquad (9-39)$$

即

$$V = V(p) \quad (\text{整个流场})$$

所以,(9-38)式变为

$$c = c(V) = c(V_x, V_y)(\text{整个流场}) \qquad (9-40)$$

对于完全气体,(9-40)式为

$$c^{*2} = c^2 + \frac{k-1}{2}V^2 = \text{常数}(\text{整个流场}) \qquad (9-41)$$

二、特征线方程

现在把在 §9-2 中所给出的方法应用在有两个一阶偏微分方程的方程组(9-36)式上。

分别用待定参数 σ_1 和 σ_2 去乘(9-36)式中的两个方程,并把结果相加。然后提出 V_x 和 V_y 在 x 方向的偏导数的系数,经整理后得到

$$\sigma_1(V_x^2 - c^2)\left[\frac{\partial V_x}{\partial x} + \frac{\sigma_1(2V_x V_y) + \sigma_2}{\sigma_1(V_x^2 - c^2)}\frac{\partial V_x}{\partial y}\right] + (-\sigma_2)\left[\frac{\partial V_y}{\partial x} + \frac{\sigma_1(V_y^2 - c^2)}{-\sigma_2}\frac{\partial V_y}{\partial y}\right] - \frac{\sigma_1 \delta c^2 V_y}{y} = 0$$

$$(9-42)$$

设 $V_x(x, y)$ 和 $V_y(x, y)$ 是连续函数,那么

$$\begin{cases} \dfrac{\mathrm{d}V_x}{\mathrm{d}x} = \dfrac{\partial V_x}{\partial x} + \lambda \dfrac{\partial V_x}{\partial y} \\ \dfrac{\mathrm{d}V_y}{\mathrm{d}x} = \dfrac{\partial V_y}{\partial x} + \lambda \dfrac{\partial V_y}{\partial y} \end{cases} \tag{9-43}$$

这里的 $\lambda = \mathrm{d}y/\mathrm{d}x$。定义特征线方程为

$$\lambda = \frac{\sigma_1(2V_xV_y) + \sigma_2}{\sigma_1(V_x^2 - c^2)} = \frac{\sigma_1(V_y^2 - c^2)}{-\sigma_2} \tag{9-44}$$

把(9-43)式和(9-44)式代入(9-42)式,得

$$\sigma_1(V_x^2 - c^2)\mathrm{d}V_x - \sigma_2 \mathrm{d}V_y - \left(\frac{\sigma_1 \delta c^2 V_y}{y}\right)\mathrm{d}x = 0 \tag{9-45}$$

这是全微分方程,当 λ 由(9-44)式给定时,(9-45)式成立。因而,(9-45)式是(9-36)式的相容性方程。

要解决的问题是导出 λ 的表达式以及从(9-45)式中消去未知参数 σ_1 和 σ_2。为此,把(9-44)式改写成下列形式

$$\left. \begin{array}{l} \sigma_1[(V_x^2 - c^2)\lambda - 2V_xV_y] + \sigma_2(-1) = 0 \\ \sigma_1(V_y^2 - c^2) + \sigma_2(\lambda) = 0 \end{array} \right\} \tag{9-46}$$

对 σ_1 和 σ_2 有非零解的条件是

$$\begin{vmatrix} [(V_x^2 - c^2)\lambda - 2V_xV_y] & -1 \\ (V_y^2 - c^2) & \lambda \end{vmatrix} = 0 \tag{9-47}$$

展开行列式,得

$$(V_x^2 - c^2)\lambda^2 - 2V_xV_y\lambda + (V_y^2 - c^2) = 0 \tag{9-48}$$

解(9-48)式,得到

$$\lambda_\pm = \left(\frac{\mathrm{d}y}{\mathrm{d}x}\right)_\pm = \frac{V_xV_y \pm c^2\sqrt{Ma^2 - 1}}{V_x^2 - c^2} \tag{9-49}$$

(9-49)式给出了 λ 的两个解,用下标"+"和"-"来表示,它们分别相应于在平方根前取正号和负号。这两个常微分方程给定了 xy 平面中的两条特征线,但只有当马赫数 $Ma > 1$ 时,它们是实的。因此,特征线法在定常二维(平面或轴对称)无旋流场中,只能用于超声速流场,而不能用于亚声速流场。

对于 $Ma > 1$ 的情况,(9-36)式是双曲型的。因此,存在着满足(9-49)式两个常微分方程的两条特征线。但使用时常用(9-49)式的另一种形式。下面导出(9-49)式的替代形式。

根据图 9-7 和图 9-8 中所表示的几何关系,用速度 V 和气流方向角 θ 来表示 V_x 和 V_y;用马赫角 μ 来表示马赫数,就可以得到(9-49)式的替代形式。由图 9-7,得

$$V_x = V\cos\theta, \quad V_y = V\sin\theta, \quad \theta = \arctan\left(\frac{V_y}{V_x}\right) \tag{9-50}$$

由图 9-8,得

$$\sin\mu = \frac{1}{Ma}, \quad \tan\mu = \frac{1}{\sqrt{Ma^2 - 1}}$$

$$\cot\mu = \sqrt{Ma^2 - 1} \qquad (9-51)$$

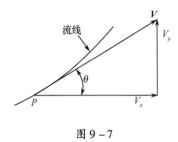

图 9-7

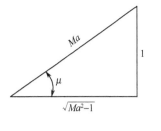

图 9-8

把(9-50)式和(9-51)式代入(9-49)式,加以整理得

$$\left(\frac{dy}{dx}\right)_{\pm} = \lambda_{\pm} = \tan(\theta \pm \mu) \qquad (9-52)$$

式中　θ——气流方向角;

　　　μ——马赫角。

图 9-9 表示的是 xy 平面中过任意点 P 所作的两条特征线 C_+、C_-。特征线 C_+、C_- 与 V 的夹角等于当地马赫角 μ。这就说明了特征线与马赫线处处重合,故在超声速流动中,特征线就是马赫线。而马赫线是弱扰动传播区域的边界,在 P 点的信息影响是位于 C_+ 和 C_- 特征线之间的区域。现在的情况,C_+ 和 C_- 特征线就是马赫线。因此,特征线既有数学上的意义,也有物理上的意义。

三、相容性方程

(9-45)式是定常二维无旋超声速流动的相容性方程。它控制了沿特征线(马赫线)V_x 和 V_y

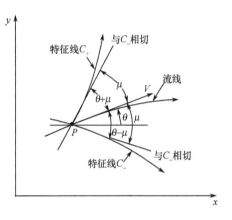

图 9-9

之间的关系。为了能使用(9-45)式,必须把待定参数 σ_1 和 σ_2 消去。办法是解(9-46)式,用 σ_1 来表示 σ_2,即

$$\left. \begin{array}{l} \sigma_2 = \sigma_1 \left[(V_x^2 - c^2)\lambda - 2V_x V_y \right] \\ \sigma_2 = -\sigma_1 \dfrac{V_y^2 - c^2}{\lambda} \end{array} \right\} \qquad (9-53)$$

(9-53)式中的两个方程并不是相互独立的,可以证明,这只要把(9-48)式代入(9-53)式中的任何一个方程,就可以得到另一个方程。

现在,把(9-53)式中的第一个方程代入(9-45)式,并消去各项都有的 σ_1,得到

$$(V_x^2 - c^2)dV_{x\pm} + [2V_x V_y - (V_x^2 - c^2)\lambda_{\pm}]dV_{y\pm} - \left(\frac{\delta c^2 V_y}{y}\right)dx_{\pm} = 0 \qquad (9-54)$$

下标"$\pm$"指的是 dV_x、dV_y 和 dx 是分别沿着 C_+ 或 C_- 特征线来计算的,C_+ 和 C_- 特征线的斜率分别是 λ_+ 和 λ_-。

(9-54)式是相容性方程,它沿着定常二维(平面或轴对称)无旋超声速流动中的特征线

是成立的。下面一节所给出的有限差分算法中,就是使用前面提到的特征线方程(9-52)式和相容性方程(9-54)式。

§9-4 特征线法的数值运算

(9-52)式定义了 xy 平面中的一条 C_+ 特征线和一条 C_- 特征线(就是两条马赫线),而相容性方程(9-54)式提供了沿着每一条特征线都成立的、速度分量 V_x 和 V_y 之间的微分关系式。为了使用方便,这些结果都列在表9-1中。

表9-1 定常二维超声速流动的特征线方程和相容性方程

特征线方程
$$\left(\frac{\mathrm{d}y}{\mathrm{d}x}\right)_\pm = \lambda_\pm = \tan(\theta \pm \mu) \quad (\text{马赫线}) \tag{9-52}$$

相容性方程(沿着马赫线)
$$(V_x^2 - c^2)\mathrm{d}V_{x\pm} + [2V_xV_y - (V_x^2 - c^2)\lambda_\pm]\mathrm{d}V_{y\pm} - (\delta c^2 V_y/y)\mathrm{d}x_\pm = 0 \tag{9-54}$$

但是,(9-52)式和(9-54)式都是非线性全微分方程,所以一般都得用有限差分方法来求解。

一、有限差分方程

如上所述,一般是用有限差分方法来求(9-52)式和(9-54)式的积分。因此,在作有限差分网格时,把连接网格两端点的特征线用一条直的虚线来代替,如用图9-10中的1点和4点及2点和4点间的直虚线代替 C_- 和 C_+ 特征曲线。这样,在微分方程中用差分 Δx、Δy、ΔV_x 和 ΔV_y 去代替微分 $\mathrm{d}x$、$\mathrm{d}y$、$\mathrm{d}V_x$ 和 $\mathrm{d}V_y$ 之后,就得到了有限差分方程。差分方程是代数方程,可以利用电子数字计算机作数值求解。

表9-2给出了与表9-1中所给出的特征线方程和相容性方程相对应的有限差分方程,其中的下标"+"和"-"分别表示 C_+ 和 C_- 特征线。

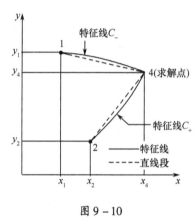

图9-10

表9-2 定常二维无旋超声速流动的有限差分方程

$$\Delta y_\pm = \lambda_\pm \Delta x_\pm \tag{9-55}$$
$$Q_\pm \Delta V_{x\pm} + R_\pm \Delta V_{y\pm} - s_\pm \Delta x_\pm = 0 \tag{9-56}$$
$$\lambda_\pm = \tan(\theta \pm \mu) \tag{9-57}$$
$$Q = V_x^2 - c^2, R = 2V_xV_y - Q\lambda, s = \delta c^2 V_y/y \tag{9-58}$$

+ 或 - 分别表示 C_+ 或 C_- 特征线

二、求解一个内点的计算过程

图9-10中的待解点4,如果位于超声速流场的内部,则称4点为内点。这个内点(4点)位于 C_+ 和 C_- 特征线的交点上,这两条特征线是分别从1点和2点引入流场的。1点和2点的位置 (x_1,y_1)、(x_2,y_2),以及其上的 V_{x_1}、V_{y_1} 和 V_{x_2}、V_{y_2} 都假设是已知的(它们是给定的或先前

已计算出来的)。1 点和 2 点就称为初值点。现在要解决的问题是,根据初值点(1 点和 2 点)的已知数据确定内点(4 点)的位置(x_4, y_4),以及其上的 V_{x_4}, V_{y_4} 的数值。

首先,求求解点 4 的位置(x_4, y_4)。(9-55)式可以写成

$$y_4 - \lambda_+ x_4 = y_2 - \lambda_+ x_2 \tag{9-59a}$$

$$y_4 - \lambda_- x_4 = y_2 - \lambda_- x_1 \tag{9-59b}$$

式中

$$\lambda_+ = \tan(\theta_+ + \mu_+), \quad \lambda_- = \tan(\theta_- - \mu_-)$$

$$\theta_\pm = \arctan\left(\frac{V_{y\pm}}{V_{x\pm}}\right), \quad \mu_\pm = \arcsin\left(\frac{1}{Ma_\pm}\right)$$

$$V_\pm = \sqrt{V_{x\pm}^2 + V_{y\pm}^2}, \quad c_\pm = c(V_{x\pm}, V_{y\pm}), \quad Ma_\pm = \frac{V_\pm}{c_\pm} \tag{9-60}$$

所以,对于给定的 $V_{x\pm}$ 和 $V_{y\pm}$ 值,$\theta_\pm$ 和 $\mu_\pm$ 两者都可以被确定,因此就确定了 $\lambda_\pm$。从已知点到求解点的特征线,一般说来都是曲线,但现在都是以直虚线来代替了。它的斜率,目前暂以已知点的 λ 代表。显然,这是近似的。等到求解点的数据求出来之后,再用两点处的数值的平均值来代表这条虚线的斜率。前面的算法叫做预估算法,后面的算法叫做校正算法。多次使用校正算法就可以提高精度。既然 $\lambda_\pm$ 是可以确定的,那么,(9-59)式就是可解的,由此可解出求解点 4 的位置(x_4, y_4)。

下面讨论如何解出求解点 4 处的 V_{x_4} 和 V_{y_4}。为此,将(9-56)式写成便于求解的形式,即

$$Q_+ V_{x_4} + R_+ V_{y_4} = T_+ \tag{9-61a}$$

$$Q_- V_{x_4} + R_- V_{y_4} = T_- \tag{9-61b}$$

式中

$$\left.\begin{array}{l} T_+ = S_+ (x_4 - x_2) + Q_+ V_{x_2} + R_+ V_{y_2} \\ T_- = S_- (x_4 - x_1) + Q_- V_{x_1} + R_- V_{y_1} \end{array}\right\} \tag{9-62}$$

而(9-61)式和(9-62)式中的系数 $Q_\pm$、$R_\pm$ 和 $S_\pm$ 可以根据给定的 $V_{x\pm}$、$V_{y\pm}$ 和 $y_\pm$ 值来确定,即

$$\left.\begin{array}{l} Q_+ = (V_{x+}^2 - c_+^2), R_+ = (2V_{x+}V_{y+} - Q_+ \lambda_+), S_+ = \delta c_+^2 V_{y+}/y_+ \\ Q_- = (V_{x-}^2 - c_-^2), R_- = (2V_{x-}V_{y-} - Q_- \lambda_-), S_- = \delta c_-^2 V_{y-}/y_- \end{array}\right\} \tag{9-63}$$

对于预估法,取起始点的值,而对校正法来说取起始点和求解点的平均值。这样由(9-61)式可解出 V_{x_4} 和 V_{y_4}。

表 9-3 给出了定常二维无旋超声速流动的计算方程。

表 9-3 定常二维无旋超声速流动的计算方程

$\left.\begin{array}{l} y_4 - \lambda_+ x_4 = y_2 - \lambda_+ x_2 \\ y_4 - \lambda_- x_4 = y_1 - \lambda_- x_1 \end{array}\right\}$ (9-59)
$\left.\begin{array}{l} Q_+ V_{x_4} + R_+ V_{y_4} = T_+ \\ Q_- V_{x_4} + R_- V_{y_4} = T_- \end{array}\right\}$ (9-61)
$\left.\begin{array}{l} T_+ = S_+ (x_4 - x_2) + Q_+ V_{x_2} + R_+ V_{y_2} \\ T_- = S_- (x_4 - x_1) + Q_- V_{x_1} + R_- V_{y_1} \end{array}\right\}$ (9-62)

对于预估法,$V_{x\pm}$、$V_{y\pm}$ 和 $y_\pm$ 的值是

$$V_{x+} = V_{x_2}, V_{y+} = V_{y_2}, y_+ = y_2 \atop V_{x-} = V_{x_1}, V_{y-} = V_{y_1}, y_- = y_1 \Bigg\} \tag{9-64}$$

将这些数值代入到计算方程中去,并且联立求解这些方程,就给出预估值 $x_4^0 \smallsetminus y_4^0 \smallsetminus V_{x_4}^0 \smallsetminus V_{y_4}^0$。

对于校正法,$V_{x\pm} \smallsetminus V_{y\pm} \smallsetminus y_\pm$ 的值是

$$V_{x+} = \frac{1}{2}(V_{x_2} + V_{x_4}), V_{y+} = \frac{1}{2}(V_{y_2} + V_{y_4}), y_+ = \frac{1}{2}(y_2 + y_4) \atop V_{x-} = \frac{1}{2}(V_{x_1} + V_{x_4}), V_{y-} = \frac{1}{2}(V_{y_1} + V_{y_4}), y_- = \frac{1}{2}(y_1 + y_4) \Bigg\} \tag{9-65}$$

把上面的 $V_{x\pm} \smallsetminus V_{y\pm} \smallsetminus y_\pm$ 值代入(9-60)式,就可确定 $\theta_\pm \smallsetminus V_\pm \smallsetminus c_\pm \smallsetminus Ma_\pm \smallsetminus \mu_\pm$ 的平均值。把这些数值代入计算方程并且联立求解这些方程,就给出了校正法的结果 $x_4^1 \smallsetminus y_4^1 \smallsetminus V_{x_4}^1 \smallsetminus V_{y_4}^1$。为了提高精度,可以多次使用校正法。在 n 次使用校正法后,收敛程度按照下面的准则判定

$$|P^n - P^{n-1}| \leqslant (\text{给定的允许误差}) \tag{9-66}$$

式中 P 代表了 $x_4 \smallsetminus y_4 \smallsetminus V_{x_4} \smallsetminus V_{y_4}$。误差允许的值,对于 x_4 和 y_4 是 0.0001m,对于 $V_{x_4} \smallsetminus V_{y_4}$ 是 0.1m/s。

[**例 9-2**] 有一种完全气体在轴对称尾喷管的扩张段中以超声速流动,其 $k = 1.2, R = 320 \text{J}/(\text{kg} \cdot \text{K})$,滞止压强 $p^* = 70.0 \times 10^5 \text{N/m}^2$,滞止温度 $T^* = 3000 \text{K}$。已知流场中 1 点和 2 点的位置和气流参数(见表 9-4)。试计算通过 1 点和 2 点的特征线在下游的交点 4(见图 9-10)的位置 (x_4, y_4) 以及气流参数 $(V_{x_4}$ 和 $V_{y_4})$。要求应用校正法三次。

解 全部计算结果列在表 9-5 中,下面给出计算的主要步骤:

(1) 声速方程。对于完全气体,当地声速为

表 9-4 内点的初始数据

	1	2
x(m)	0.131460	0.135683
y(m)	0.040118	0.037123
V_x(m/s)	2473.4	2502.8
V_y(m/s)	812.8	737.6

$$c^2 = c^{*2} - \frac{k-1}{2}V^2 = kRT^* - \frac{k-1}{2}V^2 \quad (a)$$

对于本例

$$c = \left[1.2(320.0)(3000) - \frac{1.2-1}{2}V^2\right]^{1/2}$$

$$= (1.152 \times 10^6 - 0.1V^2)^{1/2} \text{m/s} \quad (b)$$

(2) 用预估法计算差分方程的各系数数值。对于预估法来说,$V_{x\pm} \smallsetminus V_{y\pm} \smallsetminus y_\pm$ 的数值分别取为 2 点和 1 点的数值,即由(9-64)式得

$$V_{x+} = 2502.8 \text{m/s}, V_{y+} = 737.6 \text{m/s}, y_+ = 0.037123 \text{m}$$

$$V_{x-} = 2473.4 \text{m/s}, V_{y-} = 812.8 \text{m/s}, y_- = 0.040118 \text{m}$$

然后由(9-60)式,可算出

$$V_+ = [(2502.8)^2 + (737.6)^2]^{1/2} = 2609.2 \text{m/s}$$

$$\theta_+ = \arctan\left(\frac{737.6}{2502.8}\right) = 16.421°$$

$$c_+ = [1.152 \times 10^6 - 0.1(2609.2)^2]^{1/2} = 686.45 \text{m/s}$$

$$\mu_+ = \arcsin\left(\frac{686.45}{2609.2}\right) = 15.253°$$

$$V_- = [(2473.4)^2 + (812.8)^2]^{1/2} = 2603.5 \text{m/s}$$

$$\theta_- = \arctan\left(\frac{812.8}{2473.4}\right) = 18.191°$$

$$c_- = [1.152 \times 10^6 - 0.1(2603.5)^2]^{1/2} = 688.61 \text{m/s}$$

$$\mu_- = \arcsin\left(\frac{688.61}{2603.5}\right) = 15.337°$$

把上面的这些数值代入(9-60)式和(9-63)式,得

$$\lambda_+ = \tan(16.421 + 15.253) = 0.61698$$

$$Q_+ = (2502.8)^2 - (686.45)^2 = 5.7928 \times 10^6 \text{m}^2/\text{s}^2$$

$$R_+ = 2.0(2502.8)(737.6) - (5.7928 \times 10^6)(0.61698) = 0.11809 \times 10^6 \text{m}^2/\text{s}^2$$

$$S_+ = (686.45)^2(737.6)/(0.037123) = 9.3622 \times 10^9 \text{m}^2/\text{s}^2$$

$$\lambda_- = \tan(18.191 - 15.337) = 0.04987$$

$$Q_- = (2473.4)^2 - (688.61)^2 = 5.6435 \times 10^6 \text{m}^2/\text{s}^2$$

$$R_- = 2.0(2473.4)(812.8) - (5.6435 \times 10^6)(0.04987) = 3.7393 \times 10^6 \text{m}^2/\text{s}^2$$

$$S_- = (688.61)^2(812.8)/(0.040118) = 9.6067 \times 10^9 \text{m}^2/\text{s}^2$$

(3) 用预估法求 x_4、y_4、V_{x_4}、V_{y_4}。把(2)中所计算出来的系数值代入(9-59)式,就可得用于求解 x_4、y_4 的一个方程组,即

$$\left.\begin{array}{l} y_4 = 0.61698 x_4 = 0.037123 - (0.61698)(0.135683) \\ y_4 - 0.04987 x_4 = 0.040118 - (0.04987)(0.131460) \end{array}\right\} \quad \text{(c)}$$

解(c)式,得到

$$x_4 = 0.141335 \text{m}, y_4 = 0.040610 \text{m}$$

由(9-62)式,可得到预估法的 T_+、T_- 值为

$$T_+ = (9.3622 \times 10^9)(0.141335 - 0.135683) + (5.7928 \times 10^6)(2502.8)$$
$$+ (0.11809 \times 10^6)(737.6) = 14.638 \times 10^9 \text{m}^3/\text{s}^3$$

$$T_- = (9.6067 \times 10^9)(0.141335 - 0.131460) + (5.6435 \times 10^6)(2473.4)$$
$$+ (3.7393 \times 10^6)(812.8) = 17.093 \times 10^9 \text{m}^3/\text{s}^3$$

然后把 $Q_\pm$、$R_\pm$、$T_\pm$ 的数值代入(9-61)式,得到下列求解 V_{x_4}、V_{y_4} 的方程组

$$\left.\begin{array}{l} (5.7928 \times 10^6) V_{x_4} + (0.11809 \times 10^6) V_{y_4} = 14.638 \times 10^9 \\ (5.6435 \times 10^6) V_{x_4} + (3.7393 \times 10^6) V_{y_4} = 17.093 \times 10^9 \end{array}\right\} \quad \text{(d)}$$

解(d)式,得到

$$V_{x_4} = 2511.0 \text{m/s}, V_{y_4} = 781.4 \text{m/s}$$

预估算法的运算到此就完成了。在表9-5中用(0)标明的那一列给出的 $\lambda_\pm$、$Q_\pm$、x_4、y_4 等项数值就是预估算法计算出来的。

(4) 用校正法计算各系数。这里的算法与预估算法的区别在于计算各系数所用的 $V_{x_\pm}$、$V_{y_\pm}$ 和 $y_\pm$ 是已知点的数值和求解点预估值的平均值,即根据(9-65)式来计算 $V_{x_\pm}$、$V_{y_\pm}$、$y_\pm$,有

$$V_{x_+} = \frac{1}{2}(V_{x_2} + V_{x_4}) = \frac{1}{2}(2502.8 + 2511.0) = 2506.9 \text{m/s}$$

$$V_{y_+} = \frac{1}{2}(V_{y_2} + V_{y_4}) = \frac{1}{2}(737.6 + 781.4) = 759.5 \text{m/s}$$

表 9-5 计算结果

	(0)	(1)	(2)	(3)
λ_+	0.61698	0.62385	0.62384	0.62384
λ_-	0.04987	0.04524	0.04492	0,04492
$Q_+ \times 10^{-6}, m^2/s^2$	5.7928	5.8188	5.8161	5.8162
$R_+ \times 10^{-6}, m^2/s^2$	0.11809	0.17786	0.17592	0.17592
$S_+ \times 10^{-9}, m^2/s^3$	9.3622	9.1031	9.1085	9.1088
$T_+ \times 10^{-9}, m^3/s^3$	14.638	14.745	14.737	14.737
$Q_- \times 10^{-6}, m^2/s^2$	5.6435	5.7438	5.7412	5.7412
$R_- \times 10^{-6}, m^2/s^2$	3.7393	3.7131	3.7114	3.7114
$S_- \times 10^{-9}, m^2/s^3$	9.6067	9.2288	9.2345	9.2347
$T_- \times 10^{-9}, m^3/s^3$	17.093	17.305	17.307	17.307
x_4, m	0.14134	0.14119	0.14118	0.14118
y_4, m	0.04061	0.04056	0.04056	0.04056
$V_{x_4}, m/s$	2511.0	2510.1	2510.1	2510.1
$V_{y_4}, m/s$	781.4	780.2	780.2	780.2

(0)列—预估法解值;(1)列—校正法解值;(2)列—校正法的第一次迭代;(3)列—校正法的第二次迭代

$$y_+ = \frac{1}{2}(y_2 + y_4) = \frac{1}{2}(0.037123 + 0.040610) = 0.038867 \text{m}$$

$$V_{x_-} = \frac{1}{2}(V_{x_1} + V_{x_4}) = \frac{1}{2}(2473.4 + 2511.0) = 2492.2 \text{m/s}$$

$$V_{y_-} = \frac{1}{2}(V_{y_1} + V_{y_4}) = \frac{1}{2}(812.8 + 781.4) = 797.1 \text{m/s}$$

$$y_- = \frac{1}{2}(y_1 + y_4) = \frac{1}{2}(0.040118 + 0.040610) = 0.040360 \text{m}$$

由上面计算出来的 $V_{x_\pm}$、$V_{y_\pm}$、$y_\pm$ 的数值,利用(9-60)式计算 $V_\pm$、$\theta_\pm$、$c_\pm$、$\mu_\pm$,得到

$$V_+ = 2619.4 \text{m/s}, \theta_+ = 16.855°, c_+ = 682.55 \text{m/s}, \mu_+ = 15.104°,$$

$$V_- = 2616.6 \text{m/s}, \theta_- = 17.736°, c_- = 683.62 \text{m/s}, \mu_- = 15.145°$$

再把上面的这些数值代入(9-60)式和(9-63)式得到

$$\lambda_+ = 0.62385, Q_+ = 5.8188 \times 10^6 \text{m}^2/\text{s}^2, R_+ = 0.17786 \times 10^6 \text{m}^2/\text{s}^2, S_+ = 9.1031 \times 10^9 \text{m}^2/\text{s}^3$$

$$\lambda_- = 0.04524, Q_- = 5.7438 \times 10^6 \text{m}^2/\text{s}^2, R_- = 3.7131 \times 10^6 \text{m}^2/\text{s}^2, S_- = 9.2288 \times 10^9 \text{m}^2/\text{s}^3$$

(5) 用校正法求解 x_4、y_4、V_{x_4}、V_{y_4}。把在(4)中所计算出的各系数的值代入方程组(9-59),解得

$$x_4 = 0.141189 \text{m}, \quad y_4 = 0.040558 \text{m}$$

由方程(9-62),得到

$$T_+ = 14.745 \times 10^9 \text{m}^3/\text{s}^3, \quad T_- = 17.315 \times 10^9 \text{m}^3/\text{s}^3$$

把上面算出的 $Q_\pm$、$R_\pm$、$T_\pm$ 代入(9-61)式,解得

$$V_{x_4} = 2510.1 \text{m/s}, \quad V_{y_4} = 780.2 \text{m/s}$$

至此,校正算法的运算就完成了。在表 9-5 中第(1)列给出了应用校正算法所得到的结果。

(6) 校正法的迭代过程。这就是多次使用校正法运算,每一次运算都把先前校正算法的结果(例如把(5)步骤中算出的 $x_4^1=0.141189\mathrm{m}$, $y_4^1=0.040558\mathrm{m}$, $V_{x_4}^1=2510.1\mathrm{m/s}$, $V_{y_4}^1=780.2\mathrm{m/s}$(上标"1"表示第一次校正法计算的结果))代入(9-65)式,就得新的平均参数 $V_{x_\pm}$、$V_{y_\pm}$、$y_\pm$ 值。然后使用这些新平均参数值去重复(4)和(5)的步骤,就得到了第2次校正算法的结果 x_4^2、y_4^2、$V_{x_4}^2$、$V_{y_4}^2$。根据所希望的使用校正算法的次数或收敛程度的要求,可以多次使用校正算法以便提高精度。在表9-5中的第(2)列和第(3)列给出了本例题校正算法的两次迭代结果。数值结果表明,逐次使用校正算法,对最后的结果只有很小的影响。对于许多情况,只要用一两次校正法就可以给出足够精确的结果。

(7) 其它的流动参数,如 p、ρ 和 T,可以根据流动速度 V 和流体的滞止参数来计算。滞止参数在均能均熵流动中,全场为同一值。

在本例题中,求解流场一个内点(4点)的特点是待求点的位置是待定的,这种计算称为正步法。在正步法中,连续的 C_+ 和 C_- 特征线簇跟随着通过整个流场。对于任何先前已经确定了的求解点(如图9-10中的1点和2点)直接使用上述求解一个内点的过程,就可以确定在网格中的下一个点(如图9-10中的4点)。

图9-11给出了表明预估-校正算法用于内点时的计算过程的框图。

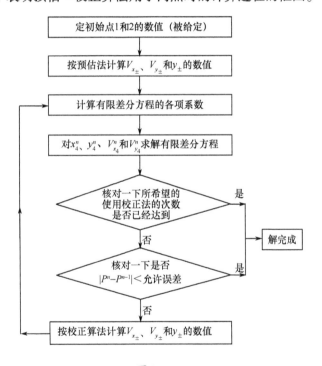

图9-11

三、固体壁面点

若是待求解的4点(见图9-10)不是超声速流场内部的一个点,而是在固体壁面上,如图9-12所示,那么,图9-10所作的有限差分网格就必须进行修正。因为连接1和4点的 C_- 特征线在物理上是不存在的,这是由于1点处在流场的外边。所以目前的情况是,为了确定壁面点(4点)的位置 (x_4, y_4) 和该点的流动参数 V_{x_4}、V_{y_4},只有一条特征线 C_+(它是从一个已知的内点2发出的,并与壁面相交于4点)和一个其上成立的相容性方程可用。即(9-59)式的第

一个方程和(9-61)式的第一个方程,重新编号写为

$$y_4 - \lambda_+ x_4 = y_2 - \lambda_+ x_2 \tag{9-67}$$

$$Q_+ V_{x_4} + R_+ V_{y_4} = T_+ \tag{9-68}$$

因此,需要补充两个方程。在壁面上壁面的型线方程为

$$y = y(x) \quad (给定的) \tag{9-69}$$

另外,在固体边界上无黏性流体流动速度的方向必须与壁面型线的切向一致。由此边界条件,在壁面上就有

$$\frac{\mathrm{d}y}{\mathrm{d}x} = \tan\theta = \frac{V_y}{V_x} \tag{9-70}$$

那么,就可以把(9-67)式、(9-68)式与(9-69)式、(9-70)式一起联立求解。显然,计算固体壁面点也像计算流场内点一样,分为预估算法和校正算法及校正法的迭代。

四、对称轴线点

对于轴对称流动,x 轴是一条对称轴。假若求解点 4 恰在对称轴线上,如图 9-13 所示。这时可以利用对称性及对称轴上的条件去简化对称轴线上点的求解过程。假如 1 点是通过 4 点的 C_- 特征线上的一个点,那就可以利用对称性,在对称轴线下方确定一个 2 点,它是 1 点的对称点。结果是由 2 点发出的 C_+ 特征线必与对称轴在 4 点相交。那么,4 点的求解就与求解一个内点的过程一样了。然而,我们应注意到,在这种情况下,有

$$y_4 = V_{y_4} = \theta_4 = 0 \tag{9-71}$$

这些条件简化了对称轴线点的单元过程。

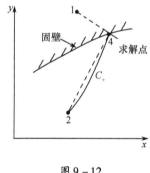

图 9-12

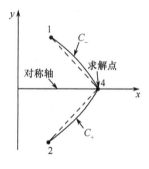

图 9-13

C_- 特征线(图 9-13 中 1-4 线)方程及其上成立的相容性方程分别是(9-59)式的第二个方程和(9-61)式的第二个方程,重新编号写为

$$y_4 - \lambda_- x_4 = y_1 - \lambda_- x_1 \tag{9-72}$$

$$Q_- V_{x_4} + R_- V_{y_4} = T_- \tag{9-73}$$

这时,只要用(9-71)式的条件去联立求解(9-72)式和(9-73)式来确定 x_4, V_{x_4}。

同样,对称轴线点的求解也是像计算流场内点一样,分为预估算法、校正算法和校正法的迭代。

五、自由压强边界点

图 9-14 中表示在射流中已知一点 2,现在要求解位于射流边界上 4 点(4 点是从 2 点发出的 C_+ 特征线与射流

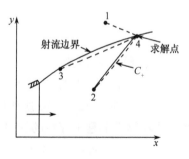

图 9-14

边界的交点)的位置和其上的流动参数。这种情况与固体壁面点的情况类似, C_- 特征线 1 - 4 位于流场的外面,只有一个相容方程可以应用,这就是沿着 C_+ 特征线 2 - 4 的相容性方程。C_+ 特征线 2 - 4 的方程及其上成立的相容性方程是

$$y_4 - \lambda_+ x_4 = y_2 - \lambda_+ x_2 \tag{9-67}$$

$$Q_+ V_{x_4} + R_+ V_{y_4} = T_+ \tag{9-68}$$

现在要靠边界条件来补充。一个补充条件是射流边界是一条流线。沿射流边界 3 - 4 线,其斜率 λ_0 是

$$\frac{\mathrm{d}y}{\mathrm{d}x} = \lambda_0 \tag{9-74}$$

把(9-74)式写成有限差分形式是

$$y_4 - \lambda_0 x_4 = y_3 - \lambda_0 x_3 \tag{9-75}$$

3 点是射流边界上先前已求出的边界点,这点也可以是喷管出口处的壁面点。在预估步时,λ_0 值也可以取 3 点的值,即

$$\lambda_0 = \frac{V_{y_3}}{V_{x_3}}(给定的) \tag{9-76}$$

这样,由(9-67)式和(9-75)式可以对 4 点的位置联立求解,得出 x_4、y_4。

另一个补充条件是射流边界上的压强为已知量,都等于环境压强 p_a。即 $p_4 = p_a$。并且射流中流体的速度 V 和静压 p 之间由等熵关系唯一地联系着。因此,速度 V_4 由下式给出

$$V_4 = (V_{x_4}^2 + V_{y_4}^2)^{1/2} = f(p_4) = f(p_a) = 已知值 \tag{9-77}$$

由(9-68)式和(9-77)式可联立解出 V_{x_4}、V_{y_4}。

对于完全气体的等熵流动,(9-77)式的具体表达式是

$$V_4 = \sqrt{\frac{2kRT^*}{k-1}\left[1 - \left(\frac{p_4}{p^*}\right)^{\frac{k-1}{k}}\right]}$$

§9-5 特征线法在定常二维(平面或轴对称)有旋超声速流动中的应用

一、引言

在 §9-3 中,特征线法应用于定常二维无旋超声速流动,那时整个流场的熵和滞止焓都是常数(均能均熵流)。而本节中,则应用于定常二维有旋超声速流动。为简单起见,只讨论沿着流线方向熵是常数,而在垂直于流线的方向上存在着熵梯度,但滞止焓在整个流场都是常数的有旋定常二维等熵超声速流动。此外,还有无黏性气体、无传热、无外功和不计彻体力等假定。这类流动的一个典型例子是在空气中以超声速运动的二维物体的前部所形成的曲线激波的下游流场。由于激波是弯曲的,于是通过激波的每一条流线上的熵增不同,而产生了熵的梯度。于是,激波上游的无旋超声速流场在激波下游就变为有旋的了。但是滞止焓在整个流场保持为常数。图 9-15 给出了这种流动的模型。在曲线激波下游的超声速流场

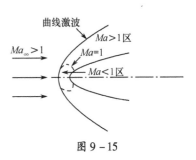

图 9-15

中存在这种有旋的等熵超声速流动。

二、控制方程

上述流动的控制方程是连续方程、欧拉动量方程和能量方程。但对于一个等熵流动来说，声速方程可以用来代替能量方程。因此，可得到下列一组控制方程。

连续方程

$$\nabla \cdot (\rho \boldsymbol{V}) = 0 \tag{9-78}$$

动量方程

$$\rho \frac{D\boldsymbol{V}}{Dt} + \nabla p = 0 \tag{9-79}$$

声速方程

$$\frac{Dp}{Dt} - c^2 \frac{D\rho}{Dt} = 0 \tag{9-80}$$

对于等熵流，沿流线声速 c 为

$$c = c(V) = c(V_x, V_y) \tag{9-81}$$

对于一个定常二维流动，(9-78)式~(9-80)式用笛卡儿坐标系来表示时，可以变成下列方程组

$$\rho \frac{\partial V_x}{\partial x} + \rho \frac{\partial V_y}{\partial y} + V_x \frac{\partial \rho}{\partial x} + V_y \frac{\partial \rho}{\partial y} + \frac{\delta \rho V_y}{y} = 0 \tag{9-82}$$

$$\rho V_x \frac{\partial V_x}{\partial x} + \rho V_y \frac{\partial V_x}{\partial y} + \frac{\partial p}{\partial x} = 0 \tag{9-83}$$

$$\rho V_x \frac{\partial V_y}{\partial x} + \rho V_y \frac{\partial V_y}{\partial y} + \frac{\partial p}{\partial y} = 0 \tag{9-84}$$

$$V_x \frac{\partial p}{\partial x} + V_y \frac{\partial p}{\partial y} - c^2 V_x \frac{\partial \rho}{\partial x} - c^2 V_y \frac{\partial \rho}{\partial y} = 0 \tag{9-85}$$

式中，对平面流动，$\delta = 0$；对于轴对称流动，$\delta = 1$。

(9-82)式~(9-85)式是双自变量 (x, y) 的一阶拟线性偏微分方程组。

当上述方程组为双曲型时，所需的解可以用特征线法来求得。根据§9-2、§9-3讨论的两个方程的情况类推，特征线法可以推广到具有多个方程的方程组，只要方程组是拟线性的和双曲型的。

三、特征线方程

首先用待定参数 σ_1、σ_2、σ_3 和 σ_4 分别乘控制方程并将它们线性组合起来。用下式表示这一过程

$$\sigma_1(9-82) + \sigma_2(9-83) + \sigma_3(9-84) + \sigma_4(9-85) = 0 \tag{9-86}$$

把 V_x、V_y、p、ρ 对 x 的导数项的系数提出，得

$$(\rho \sigma_1 + \rho V_x \sigma_2)\left[\frac{\partial V_x}{\partial x} + \frac{\rho V_y \sigma_2}{\rho \sigma_1 + \rho V_x \sigma_2} \frac{\partial V_x}{\partial y}\right] + (\rho V_x \sigma_3)\left[\frac{\partial V_y}{\partial x} + \frac{\rho \sigma_1 + \rho V_y \sigma_3}{\rho V_x \sigma_3} \frac{\partial V_y}{\partial y}\right]$$

$$+ (\sigma_2 + V_x \sigma_4)\left[\frac{\partial p}{\partial x} + \frac{\sigma_3 + V_y \sigma_4}{\sigma_2 + V_x \sigma_4} \frac{\partial p}{\partial y}\right]$$

$$+ (V_x \sigma_1 - c^2 V_x \sigma_4)\left[\frac{\partial \rho}{\partial x} + \frac{V_y \sigma_1 - c^2 V_y \sigma_4}{V_x \sigma_1 - c^2 V_x \sigma_4} \frac{\partial \rho}{\partial y}\right] + \sigma_1 \delta \rho V_y / y = 0 \tag{9-87}$$

特征线的斜率是

$$\frac{\mathrm{d}y}{\mathrm{d}x} = \lambda = \frac{V_y\sigma_2}{\sigma_1 + V_x\sigma_2} = \frac{\sigma_1 + V_y\sigma_3}{V_x\sigma_3} = \frac{\sigma_3 + V_y\sigma_4}{\sigma_2 + V_x\sigma_4} = \frac{V_y\sigma_1 - c^2 V_y\sigma_4}{V_x\sigma_1 - c^2 V_x\sigma_4} \quad (9-88)$$

设 $V_x(x,y)$、$V_y(x,y)$、$p(x,y)$、$\rho(x,y)$ 是连续函数,则

$$\frac{\mathrm{d}V_x}{\mathrm{d}x} = \frac{\partial V_x}{\partial x} + \lambda \frac{\partial V_x}{\partial y}$$

$$\frac{\mathrm{d}V_y}{\mathrm{d}x} = \frac{\partial V_y}{\partial x} + \lambda \frac{\partial V_y}{\partial y}$$

$$\frac{\mathrm{d}p}{\mathrm{d}x} = \frac{\partial p}{\partial x} + \lambda \frac{\partial p}{\partial y}$$

$$\frac{\mathrm{d}\rho}{\mathrm{d}x} = \frac{\partial \rho}{\partial x} + \lambda \frac{\partial \rho}{\partial y}$$

于是(9-87)式就化为

$$\rho(\sigma_1 + V_x\sigma_2)\mathrm{d}V_x + \rho V_x\sigma_3 \mathrm{d}V_y + (\sigma_2 + V_x\sigma_4)\mathrm{d}p$$
$$+ V_x(\sigma_1 - c^2\sigma_4)\mathrm{d}\rho + \sigma_1(\delta\rho V_y/y)\mathrm{d}x = 0 \quad (9-89)$$

(9-89)式就是相容性方程,它沿着由(9-88)式所定义的特征线是成立的。下面要解决的问题是确定 λ 以及从(9-89)式中消去 σ_1、σ_2、σ_3、σ_4。

把(9-88)式写成以各 σ 为待定值的 4 个线性方程式,如下

$$\left.\begin{array}{l}\sigma_1(\lambda) + \sigma_2(V_x\lambda - V_y) + \sigma_3(0) + \sigma_4(0) = 0 \\ \sigma_1(-1) + \sigma_2(0) + \sigma_3(V_x\lambda - V_y) + \sigma_4(0) = 0 \\ \sigma_1(0) + \sigma_2(\lambda) + \sigma_3(-1) + \sigma_4(V_x\lambda - V_y) = 0 \\ \sigma_1(V_x\lambda - V_y) + \sigma_2(0) + \sigma_3(0) + \sigma_4[-c^2(V_x\lambda - V_y)] = 0\end{array}\right\} \quad (9-90)$$

这个方程组的待定值 σ_1、σ_2、σ_3、σ_4 应该有非零解,所以其系数行列式必须等于零。为书写简便,令 $F = (V_x\lambda - V_y)$。则下列行列式等于零

$$\begin{vmatrix} \lambda & F & 0 & 0 \\ -1 & 0 & F & 0 \\ 0 & \lambda & -1 & F \\ F & 0 & 0 & -c^2 F \end{vmatrix} = 0 \quad (9-91)$$

展开行列式,得

$$F^2[F^2 - c^2(1 + \lambda^2)] = 0 \quad (9-92)$$

(9-92)式是 λ 的四阶代数方程式。因此,应得出四个根。这个四阶代数方程式是由两个因式构成的。令第 1 个因式为零,即

$$F^2 = (V_x\lambda - V_y)^2 = 0$$

从而得到

$$\left(\frac{\mathrm{d}y}{\mathrm{d}x}\right)_0 = \lambda_0 = \frac{V_y}{V_x}(\text{重根}) \quad (9-93)$$

这正是流线的微分方程,下标"0"是表示流线。这说明,在有旋流中,流线是一条重特征线。通常把流线这条特征线称为流特征线。

令第二个因式为零,即

$$F^2 - c^2(1+\lambda^2) = (V_x\lambda - V_y)^2 - c^2(1+\lambda^2) = 0$$

整理得到

$$(V_x^2 - c^2)\lambda^2 - 2V_xV_y\lambda + (V_y^2 - c^2) = 0$$

解此方程,得到

$$\left(\frac{dy}{dx}\right)_\pm = \lambda_\pm = \frac{V_xV_y \pm c^2\sqrt{Ma^2-1}}{V_x^2 - c^2} \tag{9-94}$$

(9-94)式与§9-3中对定常二维无旋流动所导出的(9-49)式是一样的。因此,根据同样的方法,可将(9-94)式化为

$$\left(\frac{dy}{dx}\right)_\pm = \lambda_\pm = \tan(\theta \pm \mu) \tag{9-95}$$

这和(9-52)式是一样的。它是马赫线,当然只能用于超声速流场。因此,有旋流动中其余的两条特征线就是由(9-95)式所定义的马赫线。

总结上面的讨论可知,在有旋流动中,通过流场中的每一点有三条互不相同的特征线:流线和两条马赫线。它们表示在图9-16中。

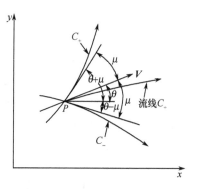

图9-16

四、相容性方程

推导两类特征线上成立的相容性方程。先推导沿流线的相容性方程。沿着流线有 $\lambda = V_y/V_x$ 或 $(V_x\lambda - V_y) = 0$。因此,沿着流线,(9-90)式简化为

$$\sigma_1\lambda = 0, \quad \sigma_1 = 0, \quad \sigma_2\lambda - \sigma_3 = 0, \quad 0 = 0 \tag{9-96}$$

解此方程组得到

$$\sigma_1 = 0, \quad \sigma_3 = \lambda\sigma_2, \quad \sigma_2 \text{ 和 } \sigma_4 \text{ 为任意值} \tag{9-97}$$

把(9-97)式代入先前推导出来的相容性方程(9-89)式中,得

$$\sigma_2[\rho V_x dV_x + \rho V_y dV_y + dp] + \sigma_4[V_x dp - c^2 V_x d\rho] = 0 \tag{9-98}$$

因为 σ_2、σ_4 为任意值,所以它们的系数必须为零。即沿流线有

$$\rho V_x dV_x + \rho V_y dV_y + dp = 0 \tag{9-99}$$

$$dp - c^2 d\rho = 0 \tag{9-100}$$

(9-100)式是声速方程。因为沿流线等熵,当然有声速方程。(9-99)式可加以变化,由于

$$V_x = V\cos\theta, \quad V_y = V\sin\theta$$

所以

$$V_x dV_x + V_y dV_y = V(\sin^2\theta + \cos^2\theta)dV = VdV \tag{9-101}$$

将(9-101)式代入(9-99)式,得

$$\rho VdV + dp = 0 \tag{9-102}$$

这就是伯努利方程。对于有旋流,伯努利方程沿流线依然是成立的,只是对于不同的流线,伯努利方程的积分常数是不同的。

由上述推导可知,有旋流中沿流特征线的相容性方程有两个,一个是声速方程,另一个是伯努利方程。流特征线出现过两次,即重特征线。

再推导沿马赫线(或马赫波,或称为波特征线)的相容性方程。在马赫线上 $F^2 - c^2(1+$

$\lambda^2) = 0$。先将 $F = (V_x\lambda - V_y)$ 代入(9-90)式,整理得

$$\sigma_2 = -\lambda\sigma_3$$
$$\sigma_1 = F\sigma_3$$
$$\sigma_4 = \sigma_3[(1+\lambda^2)/F]$$
$$\sigma_4 = \sigma_3(F/c^2)$$

其中后面两个式中只有一个是独立的。因为沿马赫线 $F^2 - c^2(1+\lambda^2) = 0$,即在马赫线上

$$F/c^2 = \frac{1+\lambda^2}{F}$$

这样,沿着马赫线有下列三个独立的关系式

$$\sigma_2 = -\lambda\sigma_3, \quad \sigma_1 = F\sigma_3, \quad \sigma_4 = \sigma_3(F/c^2) \tag{9-103}$$

式中 σ_3 为非零的任意值。将(9-103)式代入相容性方程(9-89)式,消去 σ_3 并注意到 $F = V_x\lambda - V_y$,就得到沿马赫线的相容性方程,即

$$(\rho V_y)dV_{x\pm} - (\rho V_x)dV_{y\pm} + [\lambda_\pm - V_x(V_x\lambda_\pm - V_y)/c^2]dp_\pm$$
$$- \delta[\rho V_y(V_x\lambda_\pm - V_y)/y]dx_\pm = 0 \tag{9-104}$$

式中下标"+"、"−"分别表示 C_+、C_- 马赫线。因为沿流特征线的相容性方程(9-102)式中出现的是 V,所以这里也把(9-104)式变换成另一种形式。由于

$$V_x = V\cos\theta, \quad V_y = V\sin\theta, \quad \sin\mu = \frac{1}{Ma}, \quad \cot\mu = \sqrt{Ma^2 - 1}$$

利用上面这些关系,就可得到以 V、θ 和 Ma 表示的(9-104)式的另一种形式,即

$$\frac{\sqrt{Ma^2-1}}{\rho V^2}dp_\pm \pm d\theta_\pm + \delta\left[\frac{\sin\theta dx_\pm}{yMa\cos(\theta\pm\mu)}\right] = 0 \tag{9-105}$$

式中 dp、$d\theta$ 和 dx 项的下标"+"相应于 $\pm d\theta$ 和 $\cos(\theta\pm\mu)$ 项中的"+"号,反之亦然。

综上所述可知,存在三条不同的特征线:重流线和两条马赫线。有两个在重流线上成立的相容性方程以及在每一条马赫线上成立的两个相容性方程。因此,总共有四个相容性方程,四个待求解的因变量 V、θ、p、ρ。所以推导出的这个特征线和相容性方程组是足以代替最初的四个偏微分方程的方程组的。待求的因变量原来是 V_x、V_y、p、ρ,现在用速度的绝对值 V 和气流方向角 θ 来代替速度在 x 方向和 y 方向的分速 V_x、V_y。

为清楚起见,在表9-6中给出了定常二维等熵有旋超声速流动的特征线方程和相容性方程。

表9-6 定常二维等熵有旋超声速流动的特征线方程和相容性方程

特征线方程		
$\left(\dfrac{dy}{dx}\right)_0 = \lambda_0 = \dfrac{V_y}{V_x}$	(流线)	(9-93)
$\left(\dfrac{dy}{dx}\right)_\pm = \lambda_\pm = \tan(\theta\pm\mu)$	(马赫线)	(9-95)
相容性方程		
$\rho VdV + dp = 0$	(沿流线)	(9-102)
$dp - c^2 d\rho = 0$	(沿流线)	(9-100)
$\dfrac{\sqrt{Ma^2-1}}{\rho V^2}dp_\pm \pm d\theta_\pm + \delta\left[\dfrac{\sin\theta dx_\pm}{yMa\cos(\theta\pm\mu)}\right] = 0$	(沿马赫线)	(9-105)

§9-6 计算有旋流的特点

求解有旋流动的数值算法与求解无旋流动的算法是类似的。然而，对于有旋流来说，过任意一个待解点 4 有三条特征线，一条是流线，两条是马赫线。沿这三条特征线共有四个相容性方程，用它们求解待解点 4 的四个气流参数 $V、\theta、p、\rho$。为了应用这四个相容性方程，必须在求解点 4 上所有三条特征线相交。但三条特征线中任意两条的相交就确定了一个唯一的求解点 4。那么又要求第三条特征线也必须通过这一点，怎么办呢？这可以有多种选择。

我们只讲正步法中确定求解点位置的几种可用的方法中的一种。图 9-17 中的解点是在两条马赫线 C_+ 和 C_- 的交点上。第三条特征线是从求解点 4 返回去。返回的特征线 C_0 与 1 点和 2 点（它们分别是 C_- 和 C_+ 特征线上的初值点）的连线 1-2 交于 3 点。3 点也必须是初值点，在 3 点处的参数可用沿着已知的 1-2 线用插值法确定。这样，就有三个已知点 1、2、3 分别位于三条特征线 $C_-、C_+、C_0$ 上。至此，就可以应用四个相容性方程求解四个待求的因变量 $V、\theta、p、\rho$。数值算法的详细过程可以参看 M. J. Zucrow 和 J. D. Hoffman 所著的《气体动力学》第十七章。

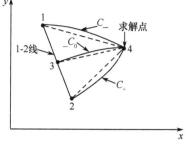

图 9-17

§9-7 小　结

在本章中，首先对单个偏微分方程提出了特征线法的一般理论，对于这种情况，特征线总是存在的。其次，我们对于一个有两个方程的方程组提出了特征线法的一般理论。对于这种情况，只有偏微分方程组为双曲型时特征线才是存在的。这个理论可以推广到有两个自变量的有任意数目的偏微分方程的情况。

特征线法的理论用于定常二维无旋超声速流动时，特征线就是流动的马赫线。对于流场的一个内点，详细讨论了数值算法的过程和应用情况。对于流动的边界点，例如固体壁面点、对称轴线和自由压强边界上的点，也给出了求解方法的说明。在这种情况下，都是用边界条件来代替马赫线中的一条以及与它相应的相容性方程。

在工程上存在着许多有旋的而沿流线是等熵的流动。在二维等熵有旋超声速流动中，流场的每一点有三条互不相同的特征线：流线和两条马赫线。在这种情况下，流线本身也成为特征线。在有旋流场中，情况比较复杂。可以是沿流线不等熵的有旋流和等熵的有旋流。为了简单起见，我们只研究等熵的有旋流。等熵有旋流动可以是每一条流线都有不同的滞止焓，例如喷管中由于不均匀燃烧所产生的流动。等熵有旋流也可能是沿所有流线都具有相同的滞止焓，例如曲线激波下游的流场。因为曲线激波上游前方来流一般来说是均匀的，所以各条流线的滞止焓是相等的。为了使用数值方法，从超声速流场上游有限区域中的已知初值线或初值点求得下游流场的解，初值线必须考虑到有旋流动中滞止参数的变化情况。

习 题

9-1 参见题9-1附图。设有平面二维超声速无旋流,气流的滞止温度 $T^* = 2\,800\text{K}$,滞止压强 $p^* = 40 \times 10^5 \text{Pa}$,气体常数 $R = 320\text{J}/(\text{kg}\cdot\text{K})$,绝热指数 $k = 1.2$。已知在点 $1(0.10\text{m}, 0.300\text{m})$,点 $2(0.110\text{m}, 0.260\text{m})$ 和点 $3(0.114\text{m}, 0.245\text{m})$ 的速度值分别为 $V_1 = 2555\text{m/s}$、$V_2 = 2\,599\text{m/s}$ 和 $V_3 = 2\,624\text{m/s}$,它们与 x 轴的夹角相应为 $\theta_1 = 8°$、$\theta_2 = 7°$ 和 $\theta_3 = 6°$。

求:(1)图中特征线交点4、5、6的位置和相应的气流参数;
(2)第一簇和第二簇特征线是膨胀波还是压缩波?

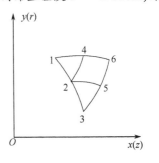

题9-1 附图

9-2 参见题9-1附图。设有轴对称二维超声速无旋流,气流的滞止温度 $T^* = 2\,800\text{K}$,滞止压强 $p^* = 40 \times 10^5 \text{Pa}$,气体常数 $R = 320\text{J}/(\text{kg}\cdot\text{K})$,绝热指数 $k = 1.2$,已知在点 $1(z_1 = 0.100\text{m}, r_1 = 0.300\text{m})$,点 $2(0.110\text{m}, 0.260\text{m})$ 和点 $3(0.114\text{m}, 0.245\text{m})$ 的速度值分别为 $V_1 = 2\,555\text{m/s}$,$V_2 = 2\,599\text{m/s}$ 和 $V_3 = 2\,624\text{m/s}$,它们与 z 轴的夹角相应为 $\theta_1 = 8°$,$\theta_2 = 7°$ 和 $\theta_3 = 6°$。

求:(1)图中特征线交点4、5、6的位置和相应的气流参数;
(2)第一簇和第二簇特征线为膨胀波还是压缩波?

9-3 参见题9-3附图。设有二维平面超声速无旋流,已知点 $1(x_1 = 0, y_1 = 0.4\text{m})$ 处的速度 $V_1 = 1\,030\text{m/s}$,与 x 轴夹角 $\theta_1 = 40°$;点 $2(x_2 = 0.03\text{m}, y_2 = 0.4\text{m})$ 处的速度 $V_2 = 1\,040\text{m/s}$,$\theta_2 = 39°$。壁面段35的方程为 $y = \tan 41° x + 0.7$,气体常数 $R = 287.4\text{J}/(\text{kg}\cdot\text{K})$,绝热指数 $k = 1.33$,气流的滞止温度 $T^* = 950\text{K}$,滞止强度 $p^* = 3.8 \times 10^5 \text{Pa}$。求:由点1和点2发出的波在壁面上(点3和点5)和反射后的交点4的位置以及相应的气流参数。

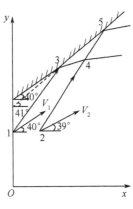

题9-3 附图

9-4 设有超声速二维平面无旋射流,如题9-4附图所示。已知射流边界的压强 $p_b = 10^5 \text{Pa}$,边界上 A 点 $(x_A = 0, y_A = 0.1\text{m})$ 的倾斜角 $\theta_A = 10.5°$,射流内点 $1(x_1 = 0.1\text{m}, y_1 = 0.08\text{m})$ 和 $2(x_2 = 0.15\text{m}, y_2 = 0.08\text{m})$ 的速度分别为 $V_1 = 860\text{m/s}$ 和 $V_2 = 870\text{m/s}$,它们与 x 轴的夹角分别为 $\theta_1 = 10°$ 和 $\theta_2 = 9.5°$,气流的滞止压强 $p^* = 5.5 \times 10^5 \text{Pa}$,滞止温度 $T^* = 900\text{K}$,气体常数 $R = 287.4\text{J}/(\text{kg}\cdot\text{K})$,绝热

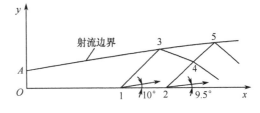

题9-4 附图

指数 $k = 1.33$。求:由点1和点2发出的扰动波入射在自由面上的位置。

9-5 二维超声速直喷管的超声段型线设计。已知滞止温度 $T^* = 900\text{K}$,滞止压强 $p^* = 3 \times 10^5 \text{Pa}$,气体常数 $R = 320\text{J}/(\text{kg}\cdot\text{K})$,$k = 1.33$,出口马赫数 $Ma_2 = 2.1$,喉部宽度 $b = 0.2\text{m}$。

提示:(1)先按绕凸钝角流动的原理,用解析法(查表)求出最大折转角,喷管气流转折角取其1/2。(2)为节省时间,在膨胀波相交前的气流参数可按绕凸钝角原理用解析法求得。

(3)答案中的特征线数取 10 且初始转折角均分。

9-6 设计二维平面等熵超声速扩压通道,如题 9-6 附图所示。已经进口通道宽度 $b = 0.3\text{m}$,气流滞止压强 $p^* = 10^5\text{Pa}$,$T^* = 526.2\text{K}$,绝热指数 $k = 1.4$,进口气流马赫数 $Ma_1 = 2.1$。

求:(1)通道形状;(2) 各个计算点上的气流参数。

提示:实现无激波压缩的方式之一,使由壁面 B_0B_n 产生的压缩波聚焦在壁面 DE 的 E 点上,此外,壁面 B_nC 和 EF 为直壁并且与过压缩波 B_nE 后的气流方向一致。该题答案中的 $n = 8$ 且转折角均分。

9-7 设有二维平面超声速绕通道凸钝角 A 的无旋流动,通道宽度 $b = 0.35\text{m}$,如题 9-7 附图所示。通道中气流的压强 $p_1 = 1.1 \times 10^5\text{Pa}$,温度 $T_1 = 700\text{K}$,$Ma_1 = 1.3$,气体常数 $R = 320\text{J}/(\text{kg} \cdot \text{K})$,绝热指数 $k = 1.33$。求:通道中气流马赫数 $Ma = 1.312$、1.323、1.335、1.346、1.357 时的壁面 BC 形状(要求由 A 点产生的膨胀波在壁面 BC 上无反射波)。

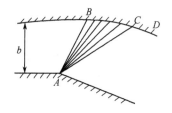

题 9-6 附图   题 9-7 附图

第十章 非定常一维均熵流动

§10-1 引 言

前面章节讨论的内容不涉及流动参数随时间的变化,本章简要介绍流动参数随时间变化的情况。这里所说的随时间变化,是指在欧拉坐标系中随时间的变化,即流动参数既是空间坐标的函数,也是时间坐标的函数。例如在直角坐标系中,速度 V 是 x、y、z、t 的函数,即

$$V = V(x,y,z,t)$$

在流体力学中称这种流动为非定常三维流动。

非定常流动比定常流动复杂得多,因为其流场与时间相关,气流参数随时间变化。非定常流动可以按以下方式分类:

(1) 强迫非定常流动:这种非定常流动来自物体的非定常运动,包括诸如光、电、磁、热等外加作用源的影响。

(2) 自激非定常流动:这种非定常流动来自流场本身的不稳定导致的非定常流动,包括涡脱落引起的非定常流动等。

(3) 混合非定常流动,此种非定常流动为强迫和自激同时存在的非定常流动。

非定常流动的典型事例有:

(1) 昆虫的翅膀呈 8 字形上下前后回旋煽动;

(2) 扑翼飞行器扑翼运动的绕流;

(3) 树叶和雪花的飘落问题;

(4) 飞机机动飞行的流动问题;

(5) 飞机失速;

(6) 发动机加、减速过程中的流动;

(7) 发动机中的旋转失速和喘振问题;

(8) 射钉枪管内、枪炮管内、导弹火箭发射筒内的冲击性流动。

非定常流体力学是现代流体力学的前沿研究内容。但本章只限于讨论无黏、可压缩的完全气体在等截面直管中的非定常一维均熵流动。非定常一维流动的气动参数仅是一个空间坐标 x 和时间 t 的函数。例如

$$V = V(x,t)$$

非定常均熵流动是指所有时间熵值在整个流场内相等且保持不变的流动,即满足下式

$$s(x,t) = 常数$$

由于均熵流动是可逆的绝热流动,因此其热力学第一定律方程为

$$c_v \mathrm{d}T - \frac{p}{\rho^2}\mathrm{d}\rho = \delta q = 0$$

或
$$c_p \mathrm{d}T - \frac{1}{\rho}\mathrm{d}p = \delta q = 0$$

式中　δq——热能的变化；

　　　c_p 和 c_v——等压比热容比和等容比热容比。

本章关于等截面直管中可压缩完全气体的非定常一维均熵流动介绍,目的在于了解非定常流动的基本特征以及分析非定常流动的基本方法,为更加复杂的非定常流动的研究建立基础。

§10 – 2　微弱扰动在管内的传播

现在从一个最简单的例子开始,就是在直管中有一活塞,给活塞一个微弱的加速而使其推动气体,然后保持匀速前进,从而造成对气体的瞬时扰动,引起压缩波在气体中的传播。此时,波后气体的压强、温度、密度等参数都有微小的增加。这是一个典型的一维非定常流动问题。

一、管中未扰动气体为静止的情况

设在直管中有一活塞如图 10-1 所示,活塞右侧为静止气体,其物理量为 p、ρ、T。当活塞向右瞬时加速,从静止加速到一个微小速度 $\mathrm{d}V$,然后保持此速度不变。这对右方的静止气体产生微弱压缩性扰动,形成微弱压缩波,并以声速向右传播,如图 10-1 所示。由于波的前面向右,而未扰动气体微团由右方进入波,所以称为右向波。波后的气体压强有微小的变化,用 $\mathrm{d}p$ 来表示。显然,这将伴随着气体其它物理量的微小变化,用 $\mathrm{d}\rho$、$\mathrm{d}T$ 等表示。波后的气流速度与活塞速度相同,方向向右,大小为 $\mathrm{d}V$。

若活塞向左瞬时加速,则形成向右传播的右向膨胀波,如图 10-2 所示。因为这时活塞对右方气体产生的扰动是膨胀性质的,波的传播速度相对于气体来说仍然是声速 c。但是波后气流的压强、温度、密度却都有微小的下降。波后气流速度方向向左,大小为 $\mathrm{d}V$,与活塞的速度也是一样的。

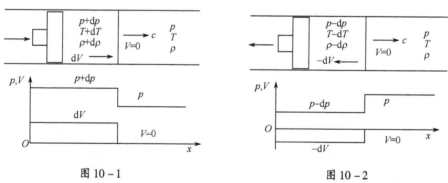

图 10-1　　　　　　　　　图 10-2

如果活塞左侧也是充满静止气体的直管,那么当活塞向右压缩其右侧的气体时,同时也将对左侧气体施加膨胀性扰动,产生向左传播的左向膨胀波。反之,活塞向左加速而在其右侧气体中产生右传右向膨胀波时,也同时在其左侧气体中产生左传左向压缩波。

综上所述,波的性质有压缩与膨胀之分,波的传播方向有向左和向右之别,共有四种形式：

(1) 右向压缩波；

(2) 左向压缩波；

(3) 右向膨胀波；

(4) 左向膨胀波。

波相对于静止气体的传播速度 V_ω,即扰动波的绝对速度为

$$V_\omega = \pm c \tag{10-1}$$

式中,"+"、"-"分别对应于右向和左向波。

二、管中未扰动气体的速度为 V

若是管中气体在受活塞扰动之前,原已有向右的流速 V,这里定义向右的流速为正。假如活塞以同样速度 V 随气流前进,显然活塞对气流没有任何扰动。若是活塞向右有瞬时加速,然后再保持恒速,像在静止气体中一样,也会在其右侧引起右向压缩波,而在左侧引起左向膨胀波。反之,活塞若是向左侧加速就将引起左向压缩波和右向膨胀波。这种微弱扰动波的传播速度相对于气流来说仍然是声速。但注意到此时未扰动气流已有流速 V,所以微弱扰动波传播的绝对速度不再是 c,而是

$$V_\omega = V \pm c \tag{10-2}$$

式中,"+"、"-"分别对应于右向波(顺流动方向传播)和左向波(逆流动方向传播)。

波后气体的 p、ρ、T 的变化和 $V=0$ 的情况是一样的,压缩波后增加,膨胀波后减小。由于波后气流速度与活塞的速度是相同的,因此,活塞向右加速而引起的右向压缩波和左向膨胀波都将使波后流速比波前增大。相反,右向膨胀波和左向压缩波均使波后气流速度减小。

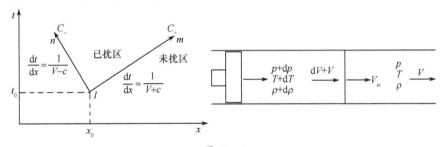

图 10-3

为了清楚地表示波的传播,可以画出以 x、t 为坐标的所谓物理平面图,如图 10-3 所示。当 $t=t_0$ 时,在 $x=x_0$ 处发出右向波,以 lm 表示,它表示波在任何时刻 t 所处的位置。波的前进速度 $dx/dt=V_\omega=V+c$。lm 线的两侧分别为未扰动区和已扰动区。lm 线的右侧为未受扰动区域,因为任意瞬时 t 在这个区域里的 x 值都大于波所到达位置对应的 x 值,即波尚未到达该区域。在 lm 线的左侧是已受扰动区域。所以 lm 线是两区的交界线,是微弱扰动传播区域的边界,通过它气流参数发生变化。这就是特征线,用 C_+ 来表示,下标"+"代表右向波,"-"表示左向波。

当 $V>0$,即从左向右的流动,这时因为波的传播速度 $dx/dt=V_\omega=V\pm c$。所以对应于 V 是小于还是大于当地声速 c,亦即流动是亚声速还是超声速,可以有三种情况,如图 10-4 所示。

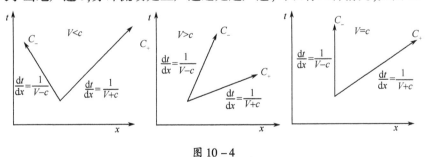

图 10-4

§10-3 扰动前后气流参数的变化

本节讨论扰动波经过以后,气流参数将如何变化和参数变化满足的公式。由于假定是弱扰动波,因此参数的变化是等熵的。

一、右向波情况

在绝对坐标系中,右向波以 $V_\omega = V + c$ 的速度向右传播,通过右向波气流参数的变化如图 10-5(a) 所示。为了推导波前后气流参数的变化规律,取随同扰动波一起运动的相对坐标系来观察问题。在这个坐标系中,扰动波静止不动,而气流从右方以声速 c 流向波面,经过扰动波后气体速度为 $c - dV$,如图 10-5(b) 所示。跨越扰动波面左右一微小距离取控制体,左右控制面垂直于管轴,设直管的横截面积为 A。

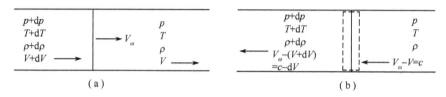

图 10-5

根据流量连续关系,有

$$A\rho c = A(\rho + d\rho)(c - dV)$$

略去二阶无穷小量,得

$$\frac{d\rho}{\rho} = \frac{dV}{c} \tag{10-3}$$

根据扰动波前后的动量关系,有

$$A(p + dp) - Ap = A\rho c^2 - A\rho c(c - dV)$$

得

$$dV = \frac{dp}{\rho c} \tag{10-4}$$

根据均熵关系,微分可得

$$\frac{dp}{p} = \frac{k}{k-1}\frac{dT}{T} = k\frac{d\rho}{\rho} = \frac{2k}{k-1}\frac{dc}{c} \tag{10-5}$$

将 (10-4) 式中 dp 代入 (10-5) 式,并注意到完全气体均熵流动有 $c^2 = dp/d\rho = kp/\rho = kRT$,得

$$dV = \frac{2k}{k-1}\frac{p}{\rho c}\frac{dc}{c} = \frac{2}{k-1}dc \tag{10-6}$$

这个公式表示了右向波前后速度变化与声速变化的关系。其它参数之间的变化关系可由 (10-5) 式得到。(10-6) 式对压缩波和膨胀波都适用,其区别在于经过压缩波后 p、ρ、T 和 V 是增加的,而经过膨胀波后却是减小的。

将(10-6)式积分,得

$$c - \frac{k-1}{2}V = 常数 = Q \tag{10-7}$$

或

$$c_1 - \frac{k-1}{2}V_1 = c_2 - \frac{k-1}{2}V_2 = Q \tag{10-8}$$

式中,下标"1"、"2"分别代表波前和波后。上式说明,跨越右向波 Q 值不变。

二、左向波情况

从绝对坐标和相对坐标看,左向波的流动情况如图 10-6 所示。与右向波类似取控制体。根据流量连续关系式

$$A\rho c = A(\rho + \mathrm{d}\rho)(c + \mathrm{d}V)$$

得

$$\frac{\mathrm{d}\rho}{\rho} = -\frac{\mathrm{d}V}{c} \tag{10-9}$$

根据扰动波前后的动量关系,有

$$Ap - A(p + \mathrm{d}p) = A\rho c(c + \mathrm{d}V) - A\rho c^2$$

得

$$\mathrm{d}V = -\frac{\mathrm{d}p}{\rho c} \tag{10-10}$$

将(10-10)式中 $\mathrm{d}p$ 代入(10-5)式,得

$$\mathrm{d}V = -\frac{2}{k-1}\mathrm{d}c \tag{10-11}$$

积分上式,得

$$c + \frac{k-1}{2}V = 常数 = P \tag{10-12}$$

或

$$c_1 + \frac{k-1}{2}V_1 = c_2 + \frac{k-1}{2}V_2 = P \tag{10-13}$$

上式说明,左向波前后的 P 值不变。

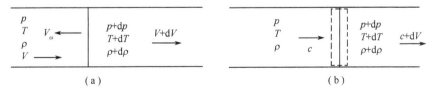

图 10-6

三、Vc 平面（或状态平面）

从(10-5)式可见，dp、dT、$d\rho$ 和 dc 同号。(10-5)式是由均熵关系得到的，因此对四种形式的波都适用。从(10-6)式和(10-11)式对比可知，对于右向波，dc 和 dV 同号；对于左向波，dc 和 dV 异号。因此，对于右向压缩波，由于它给气体以压强增量 $dp>0$，所以有 $dT>0$，$d\rho>0$，$dc>0$，速度增量也是 $dV>0$（同向加速）。对于右向膨胀波，它给气体以压强增量 $dp<0$，则 dT、$d\rho$ 和 dc 均是 <0，速度增量也是 $dV<0$（反向加速）。对于左向压缩波，$dp>0$，$dT>0$，$d\rho>0$，$dc>0$，而 $dV<0$（同向加速）。左向膨胀波则是 $dp<0$，$dT<0$，$d\rho<0$，$dc<0$，而 $dV>0$（反向加速）。所以得到如下结论：

(1) 压缩波使气体在波传播的方向加速；
(2) 膨胀波使气体在与波传播方向相反的方向加速。

(10-7)式和(10-12)式在 Vc 平面（状态平面）上确定了两条直线，称为状态平面特征线。对于 $k=1.40$，状态平面特征线的斜率是 ± 0.2。通过状态平面上的每一个点有两条状态平面特征线。因此，从一个给定的初始点，如图 10-7 中的 d 点出发，就有四类可能的流动：

(1) 右向压缩波，相应于从 d 点到 e 点；
(2) 左向压缩波，相应于从 d 点到 f 点；
(3) 右向膨胀波，相应于从 d 点到 g 点；
(4) 左向膨胀波，相应于从 d 点到 h 点。

直管中未扰动区是均匀流动区域，即其中气体的所有热力学参数 p、ρ、T 和 c 都是均匀的，而且速度 V 是常数。因此，物理平面上一个区域在状态平面，即 Vc 平面上映射成一个点（如 d 点）。现在讨论的只是单个微弱扰动波的情况，波后的已扰动区也是均匀流动区。所以，对于右向压缩波后的已扰动区域，在 Vc 平面上也映射成一个点（e 点）。因此，de 线就代表了右向压缩波后气流参数的变化。

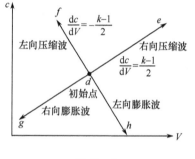

图 10-7

(10-7)式和(10-12)式若用参考速度，例如，用未扰动区的声速 c_1 来除，即可无量纲化，即

$$\tilde{c} - \frac{k-1}{2}\tilde{V} = 常数 = \tilde{Q} \tag{10-14}$$

$$\tilde{c} + \frac{k-1}{2}\tilde{V} = 常数 = \tilde{P} \tag{10-15}$$

式中 $\tilde{c} = c/c_1$，$\tilde{V} = V/V_1$，$\tilde{Q} = Q/c_1 = 常数$，$\tilde{P} = P/c_1 = 常数$。

§10-4 微弱波的反射和相交

本节只讨论单个微弱波的反射和相交。反射和相交问题的本质是扰动波后方的气流遇到另外的扰动时产生新的扰动波的问题。

一、扰动波在闭口端的反射

当一个微弱压缩波或者膨胀波碰到流动区域的边界时，就会产生反射。波可以从管子的封闭端和开口端反射。现在讨论波从管子的封闭端的反射,如图10-8(a)、(b)所示。

图10-8(c)表示在物理平面上一个微弱压缩波与管子封闭端相遇的情况。①区是未扰动区,气体是静止的。入射的右向压缩波给气体以压强增量 $dp>0$,速度增量 $dV>0$。然而,在封闭端气体速度必须等于零。为了满足这一边界条件,静止的壁面就给波后气流一个扰动,向左压缩气体,给以向左的加速(即 $dV<0$)以制止其运动,因此就产生一个新的压缩波向左逆流传播。这个波通常称为反射波,而原来的压缩波称为入射波。显然,反射波是左向压缩波。这样,反射波后的气流速度恢复为零,但压强、温度和密度却进一步增加。②区是入射波后的区域,也是反射波前的区域。③区是反射波后的区域。在图10-8(d)中,物理平面上的均匀区域①、②、③分别被映射成状态平面上的①、②、③点。

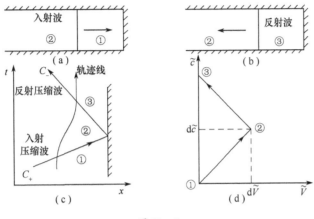

图10-9(a)表示在物理平面上,一个微弱右向膨胀波与管子封闭端相遇的情况。入射膨胀波给气体以压强增量 $dp<0$,速度增量 $dV<0$。因为在封闭端壁上的边界条件是流动速度必须等于零,所以,产生出一个反射波,它加给端壁附近的气体以速度增量 $dV>0$。因 dV 的方向与反射波的传播方向相反,所以反射波必定是左向膨胀波。在状态平面图(图10-9(b))上,入射膨胀波把气体状态从①点改变到②点,反射膨胀波则必须把气体状态从②点改变到③点,以使流动速度等于零。

综上所述,波在管端的反射,类似于激波在固壁上的反射。波入射到封闭端时,反射出同一类型的波。

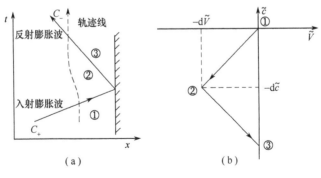

图10-9

二、扰动波在开口端的反射

波也可以从管子开口端反射。在开口端的流动可以是入流也可以是出流,可以是亚声速也可以是超声速。这里只分析出流的情况。

考察一根直管道进入静止大气的流动。在定常流动中,只要排气是亚声速的,则在出口处的流动恰好具有外界的大气压强,因此边界条件可简单地定为 $p=p_a$。但由于排气流动的脉动会影响周围的压强(局部范围),所以,$p=p_a$ 是一个近似。

图10-10(a)表示在物理平面上,在管子开口端是亚声速出流时,一个微弱压缩波入射在管子开口端的情况。在管子出口平面上假设压强等于不变的周围压强。由于入射压缩波,$dp>0, dV>0$,而在出口平面上气体的压强保持常数,因此反射波以 $dp<0$ 传播进管子中,即反射波是一个左向膨胀波。在状态平面上(见图10-10(b))入射压缩波把气体的状态从①点改变到②点;反射膨胀波把气体状态从②点改变到③点。在状态③,声速恢复为 c,因而压强 p 也恢复到原来的值。

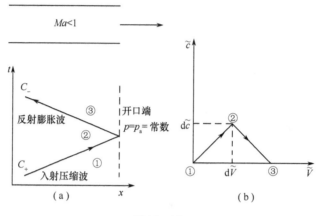

图 10-10

图10-11(a)表示一个微弱的膨胀波在开口端反射的情况。入射波给气体以 $dp<0$ 和 $dV<0$ 的增量。在管子出口平面上为保持压强不变,波反射时有 $dp>0$。这就说明反射波是压缩波。

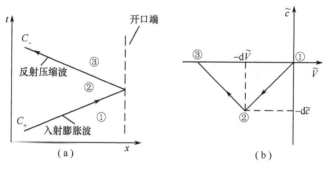

图 10-11

综上所述,波入射在出口平面压强等于常数的开口端,流动又是亚声速时,反射出相反类型的波。

如果流动为超声速,出流速度大于反射波的传播速度(反射波相对于气体以声速传播)。因此,它不能传播进管道,而被超声速流动扫出通道之外,所以,没有反射波。

三、同类扰动波异向相交

设在管道内的静止气体中,有两个等强度的微弱压缩波异向运动,即它们的波速大小相等、方向相反,波后具有相同的 $dp>0, dT>0, d\rho>0, dc>0$。但右向压缩波波后的 $dV>0$,而左

向压缩波波后 $dV<0$，如图 10-12 所示。两波相交以后，它们波后的气流也相遇，结果是使气流恢复静止，而压强、温度、密度进一步提高。二者相互压缩，这种扰动导致产生两道相等强度的压缩波从相交点开始背向运动。通常认为，相交以后产生的两个新波是原有两个波穿透过去的。所以，两个异向运动的压缩波相交以后相互穿过。

应该说明：若两道相交波的强度不相等，则相交以后的第④状态的气流速度不会恢复到未扰动的第①状态。

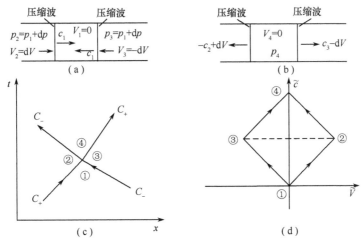

图 10-12

四、压缩波与膨胀波异向相交

设一右向压缩波和一强度相等的左向膨胀波在静止气体中异向运动而相交，如图 10-13 所示。虽然两波波后的气流速度完全相同，但压强不同。右向压缩波后的高压将压缩左向膨胀波后的低压气流。结果产生一个右向压缩波和一道左向膨胀波。左向膨胀波的产生是右方低压使左方高压气流受到膨胀性扰动的结果。这两道新生波后面的气流必定保持速度相同而且压强相等，其结果是压强恢复到 $P_4=P_1$，但速度却向右方加大一倍，$V_4=2dV$。

可以得出结论，压缩波和膨胀波异向相交时互相穿过，压缩波保持为压缩波，膨胀波保持为膨胀波。

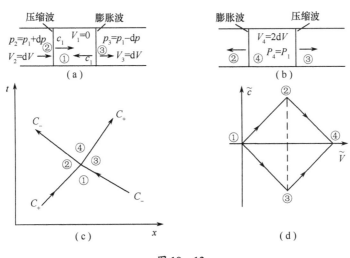

图 10-13

[例 10-1] 在一充满静止空气的闭端管中有一右向压缩波,其强度表示为 $\tilde{c}_2 = 1.01$。求反射波后的气流参数。

解 参看图 10-8。未扰动状态①,有

$$\tilde{V}_1 = V_1/c_1 = 0, \quad \tilde{c}_1 = c_1/c_1 = 1, \quad \tilde{P}_1 = \tilde{c}_1 + \frac{k-1}{2}\tilde{V}_1 = 1, \quad \tilde{Q}_1 = \tilde{c}_1 - \frac{k-1}{2}\tilde{V}_1 = 1$$

入射波状态②:$\tilde{c}_2 = c_2/c_1 = 1.01$(已给定)。跨过一个右向波 $\tilde{Q}$ 值不变,即

$$\tilde{Q}_2 = \tilde{Q}_1 = 1$$

$$\tilde{c}_2 - \frac{k-1}{2}\tilde{V}_2 = 1$$

解得

$$\tilde{V}_2 = \frac{2}{k-1}(\tilde{c}_2 - 1) = 0.05$$

$$\tilde{P}_2 = \tilde{c}_2 + \frac{k-1}{2}\tilde{V}_2 = 1.02$$

反射波后的状态③:$\tilde{V}_3 = V_3/c_1 = 0$(边界条件)。跨过左向波 $\tilde{P}$ 值不变,即

$$\tilde{P}_3 = \tilde{P}_2 = 1.02$$

$$\tilde{c}_3 + \frac{k-1}{2}\tilde{V}_3 = 1.02$$

$$\tilde{c}_3 = 1.02$$

与 $\tilde{c}_3$ 值相对应的流动参数 p_3、T_3、ρ_3 可以利用均熵关系式求出,即

$$\frac{p_3}{p_1} = \tilde{c}_3^{\frac{2k}{k-1}} = (1.02)^7 = 1.15$$

$$\frac{T_3}{T_1} = \tilde{c}_3^2 = 1.04$$

$$\frac{\rho_3}{\rho_1} = \tilde{c}_3^{\frac{2}{k-1}} = 1.10$$

反射波速度

$$V_\omega = V_2 - c_2 = (\tilde{V}_2 - \tilde{c}_2)c_1 = (0.05 - 1.01)c_1 = -0.96c_1 (负号表示向左传播)$$

[例 10-2] 设在直管中,未扰动空气的流速 $V_1 = 0.2c_1$,一道右向压缩波与一道左向膨胀波相交,如图 10-14 所示。它们的强度分别表示为 $\tilde{c}_2 = c_2/c_1 = 1.02$ 和 $\tilde{c}_3 = c_3/c_1 = 0.97$。试求相交后的气流参数。

解 未扰动气流状态①,有

$$\tilde{c}_1 = 1, \quad \tilde{V}_1 = 0.2$$

$$\tilde{P}_1 = \tilde{c}_1 + \frac{k-1}{2}\tilde{V}_1 = 1.04$$

$$\tilde{Q}_1 = \tilde{c}_1 - \frac{k-1}{2}\tilde{V}_1 = 0.96$$

右向压缩波后状态②,有

$$\tilde{c}_2 = 1.02(已知)$$

$$\tilde{Q}_2 = \tilde{Q}_1 = 0.96$$

$$\tilde{c}_2 - \frac{k-1}{2}\tilde{V}_2 = 0.96$$

故

$$\tilde{V}_2 = \frac{2}{k-1}(\tilde{c}_2 - 0.96) = 5 \times (1.02 - 0.96) = 0.3$$

$$\tilde{P}_2 = \tilde{c}_2 + \frac{k-1}{2}\tilde{V}_2 = 1.02 + 0.2 \times (0.3) = 1.08$$

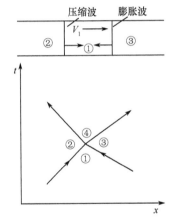

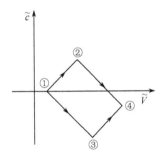

图 10-14

左向膨胀波后状态③,有

$$\tilde{c}_3 = 0.97(已知)$$

$$\tilde{P}_3 = \tilde{P}_1 = 1.04, \quad \tilde{c}_3 + \frac{k-1}{2}\tilde{V}_3 = 1.04$$

故

$$\tilde{V}_3 = \frac{2}{k-1}(1.04 - \tilde{c}_3) = 5(1.04 - 0.97) = 0.35$$

$$\tilde{V}_3 = \tilde{c}_3 - \frac{k-1}{2}\tilde{V}_3 = 0.97 - 0.2(0.35) = 0.9$$

相交后的状态④:
④状态是由②状态跨越左向膨胀波达到的,因此有

$$\tilde{P}_2 = \tilde{P}_4 = 1.08, \tilde{c}_4 + \frac{k-1}{2}\tilde{V}_4 = 1.08 \quad (a)$$

④状态也是由③状态跨越右向压缩波达到的,因此有

$$\tilde{Q}_3 = \tilde{Q}_4 = 0.9, \tilde{c}_4 - \frac{k-1}{2}\tilde{V}_4 = 0.9 \quad (b)$$

联立求解(a)和(b)两式,得

$$\tilde{c}_4 = \frac{1}{2} \times (1.08 + 0.9) = 0.99$$

$$\tilde{V}_4 = \frac{1}{k-1}(1.08 - 0.9) = 0.45$$

与之对应的其它流动参数为

$$\frac{p_4}{p_1} = (\tilde{c}_4)^7 = (0.99)^7 = 0.932$$

$$\frac{T_4}{T_1} = (\tilde{c}_4)^2 = (0.99)^2 = 0.980$$

$$\frac{\rho_4}{\rho_1} = (\tilde{c}_4)^5 = (0.99)^5 = 0.951$$

从结果可见,相交后速度增加了,p、T、ρ 都下降了。这是因为膨胀波影响大于压缩波的缘故。

§10-5 非定常一维均熵流的特征线法

以上所讨论的内容是针对一道微弱扰动波的,如果取消这个限制,研究扰动强度为有限量的波的传播及波的相互作用这类问题,应用特征线法更为方便。

本节推导非定常一维均熵流动的控制方程和相应的特征线方程、相容性方程。

一、控制方程

没有外功、不计彻体力的可压缩气体非定常一维均熵流动的控制方程:

连续方程为

$$\frac{\partial \rho}{\partial t} + \nabla \cdot (\rho \mathbf{V}) = 0 \quad (10-16)$$

动量方程为

$$\rho \frac{D\mathbf{V}}{Dt} + \nabla p = 0 \quad (10-17)$$

声速方程为

$$\frac{Dp}{Dt} - c^2 \frac{D\rho}{Dt} = 0 \quad (10-18)$$

图 10-15 表示用于一维流动分析的笛卡儿坐标系,x 表示空间坐标,V 表示流动速度。因此,流场中任意一点的速度矢量为

在这个坐标系中,(10-16)式~(10-18)式可表示为

$$\frac{\partial \rho}{\partial t} + V\frac{\partial \rho}{\partial x} + \rho \frac{\partial V}{\partial x} = 0 \qquad (10-19)$$

$$\rho \frac{\partial V}{\partial t} + \rho V \frac{\partial V}{\partial x} + \frac{\partial p}{\partial x} = 0 \qquad (10-20)$$

$$\frac{\partial p}{\partial t} + V\frac{\partial p}{\partial x} - c^2\left(\frac{\partial \rho}{\partial t} + V\frac{\partial \rho}{\partial x}\right) = 0 \qquad (10-21)$$

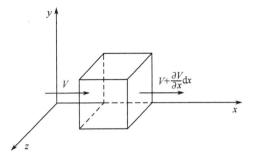

图 10-15

将连续方程(10-19)式和声速方程(10-21)式合并,结果是

$$\rho c^2 \frac{\partial V}{\partial x} + \frac{\partial p}{\partial t} + V\frac{\partial p}{\partial x} = 0 \qquad (10-22)$$

(10-20)式和(10-22)式组成了一个确定流动参数 $V(x,t)$、$p(x,t)$ 的含有两个方程的方程组。

对于均熵流动,在整个流场中有

$$\rho = \rho(p), c = c(p) \qquad (10-23)$$

二、特征线方程

与(10-20)式和(10-22)式相应的特征线方程和相容性方程,可分别用待定参数 σ_1、σ_2 乘这两个方程然后相加来确定,即

$$\sigma_1(10-20)\text{式} + \sigma_2(10-22)\text{式} = 0$$

把(10-20)式和(10-22)式代入上式,并把 $\partial V/\partial x$ 和 $\partial p/\partial x$ 的系数作为公因子提出,得

$$(\rho V\sigma_1 + \rho c^2 \sigma_2)\left(\frac{\partial V}{\partial x} + \frac{\sigma_1}{V\sigma_1 + c^2\sigma_2}\frac{\partial V}{\partial t}\right) + (\sigma_1 + V\sigma_2)\times\left(\frac{\partial p}{\partial x} + \frac{\sigma_2}{\sigma_1 + V\sigma_2}\frac{\partial p}{\partial t}\right) = 0 \qquad (10-24)$$

设 $V(x,t)$、$p(x,t)$ 是连续函数,则有

$$\left.\begin{array}{l}\dfrac{dV}{dx} = \dfrac{\partial V}{\partial x} + \lambda \dfrac{\partial V}{\partial t} \\[6pt] \dfrac{dp}{dx} = \dfrac{\partial p}{\partial x} + \lambda \dfrac{\partial p}{\partial t}\end{array}\right\} \qquad (10-25)$$

式中 $\lambda = dt/dx$,可见特征线的斜率 $dt/dx = \lambda$ 是 $\partial V/\partial t$、$\partial p/\partial t$ 的系数,即

$$\lambda = \frac{\sigma_1}{V\sigma_1 + c^2\sigma_2} = \frac{\sigma_2}{\sigma_1 + V\sigma_2} \qquad (10-26)$$

把(10-25)式代入(10-24)式,得

$$(\rho V\sigma_1 + \rho c^2 \sigma_2)dV + (\sigma_1 + V\sigma)dp = 0 \qquad (10-27)$$

(10-26)式就是非定常一维均熵流的特征线方程;(10-27)式是相应的相容性方程。但必须从(10-26)式和(10-27)式中消去 σ_1 和 σ_2。

为此,对 σ_1 和 σ_2 求解(10-26)式,有

$$\left.\begin{array}{c}\sigma_1(V\lambda-1)+\sigma_2(c^2\lambda)=0\\ \sigma_1\lambda+\sigma_2(V\lambda-1)=0\end{array}\right\} \quad (10-28)$$

为使(10-28)式对 σ_1 和 σ_2 有非零解,必须有

$$\begin{vmatrix} V\lambda-1 & c^2\lambda \\ \lambda & V\lambda-1 \end{vmatrix}=0 \quad (10-29)$$

展开上述行列式,得

$$(V\lambda-1)^2=c^2\lambda^2 \quad (10-30)$$

$$\left(\frac{\mathrm{d}t}{\mathrm{d}x}\right)_\pm=\lambda_\pm=\frac{1}{V\pm c} \quad (10-31)$$

由(10-31)式可见,不论 V 是小于还是大于当地声速,亦即不论流动是亚声速还是超声速,λ 都是实数,都有特征线。相应于(10-31)式中的"+"号和"-"号,分别有 C_+ 和 C_- 两条特征线,在图 10-16 中画出了四种可能的情况,取决于气体速度 V 是正(从左向右的流动)还是负(从右向左的流动),V 是大于还是小于当地声速。图中(a)表示从左向右的亚声速流动中的特征线;(b)表示从左向右的超声速流动的情况;(c)表示从右向左的亚声速流动;(d)表示从右向左的超声速流动。

可见,非定常一维均熵流动的控制方程,在亚声速和超声速情况下都是双曲型的。

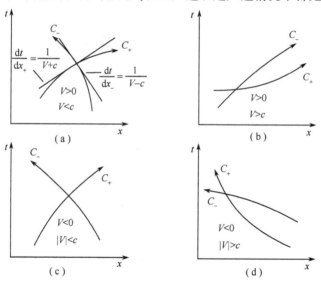

图 10-16

与 §10-2 中图 10-3 对比可知

$$\frac{\mathrm{d}x_+}{\mathrm{d}t}=V+c \quad (10-32)$$

正是以速度 $V+c$ 运动的波的运动方程。式中 x_+ 表示 C_+ 波的波面的坐标位置。C_+ 波的迹线在 xt 图上是一条线。这条线就是特征线 C_+。由于 V 和 c 是 x、t 的函数,所以 C_+ 特征线在 xt 图上是曲线。但微弱扰动波在管内传播时,波前面是未扰动均匀流区域,V 和 c 是常数,所以斜率为 $\mathrm{d}t/\mathrm{d}x_+=1/(V+c)$ 的 C_+ 特征线为直线。

类似地,有

$$\frac{dx_-}{dt} = V - c \quad (10-33)$$

是以 $V-c$ 运动的波,是波面的运动方程。式中 x_- 表示 C_- 波的坐标位置,在 xt 图上的曲线是 C_- 特征线。

总之,特征线就是波面在 xt 图上的运动轨迹线。扰动沿着特征线在流场中传播是特征线的特点之一。沿着 C_+、C_- 特征线,其传播速度分别是 $dx_+/dt = V+c$、$dx_-/dt = V-c$。相对于运动气流来说,传播速度等于气体的声速。就这一点来说,非定常流动中的 $C_\pm$ 特征线与定常超声速流动中的马赫线相似,所以可称为非定常流动的马赫线。但是,在非定常一维均熵流动中,流场中的每一点都有两条特征线通过,如图 10-16 所示,不论流动是亚声速的还是超声速的。

三、相容性方程

(10-27)式是相容性方程,但必须消去其中的任意待定参数 σ_1、σ_2。由(10-28)式中第二式,得

$$\sigma_1 = -\sigma_2 \frac{V\lambda - 1}{\lambda} \quad (10-34)$$

把上式代入(10-27)式,消去 σ_2,得

$$\rho\left[-\frac{V(V\lambda-1)}{\lambda} + c^2\right]dV + \left[-\frac{(V\lambda-1)}{\lambda} + V\right]dp = 0 \quad (10-35)$$

沿特征线 $\lambda_\pm = 1/(V \pm c)$,有 $V\lambda_\pm - 1 = \mp c\lambda_\pm$,所以(10-35)式可简化为

$$dp_\pm \pm \rho c dV_\pm = 0 \quad (10-36)$$

式中,$dp_\pm$、$dV_\pm$ 的下标"+"和系数 $\pm\rho c$ 中的"+"号与 C_+ 特征线相对应;下标"−"和系数 $\pm\rho c$ 中的"−"号与 C_- 特征线相对应。

综上所述,在非定常一维均熵流动中,有两条不同的特征线,沿着这两条特征线中的每一条,各有一个在其上成立的相容性方程。因此,所推导出来的特征线方程和相容性方程构成的方程组可以代替原先的偏微分方程组。为使用方便,把控制方程、特征线方程与相容性方程列于表 10-1。

表 10-1

非定常一维均熵流的控制方程
$\rho\dfrac{\partial V}{\partial t} + \rho V\dfrac{\partial V}{\partial x} + \dfrac{\partial p}{\partial x} = 0 \quad (10-20)$
$\rho c^2 \dfrac{\partial V}{\partial x} + \dfrac{\partial p}{\partial t} + V\dfrac{\partial p}{\partial x} = 0 \quad (10-22)$
非定常一维均熵流的特征线方程和相容性方程
$\left(\dfrac{dt}{dx}\right)_\pm = \lambda_\pm = \dfrac{1}{V\pm c}$(马赫线) $(10-31)$
$dp_\pm \pm \rho c dV_\pm = 0$(沿马赫线) $(10-36)$

§10-6 非定常一维均熵流动的一般特征

求解非定常一维均熵流动特征线方程和相容性方程的方法,一般是数值积分方法,这个方法已在§9-4中讨论过了。但对于定比热容的完全气体,相容性方程能直接得出积分解。通过对非定常一维均熵流动这一特殊情况的讨论,有助于对一般的非定常一维流动的了解。

一、用于完全气体的 $\tilde{V}\tilde{c}$ 平面

对于具有定比热容的完全气体,一维均熵流动的相容性方程(10-36)可以直接积分。用

声速 c 和压强 p 代替(10-36)式中的因变量(待求解的) V 和 p 就可以使结果大为简化,便于直接积分。

对于完全气体,有

$$p = \rho RT \tag{10-37}$$

$$c^2 = kRT = k\frac{p}{\rho} \tag{10-38}$$

对于等熵过程,还有

$$\frac{T}{p^{(k-1)/k}} = 常数 \tag{10-39}$$

$$\frac{p}{\rho^k} = 常数 \tag{10-40}$$

联立(10-38)式、(10-39)式,有

$$\frac{c^2}{p^{(k-1)/k}} = 常数 \tag{10-41}$$

对上式取对数后再微分,得

$$-\frac{k-1}{k}\frac{\mathrm{d}p}{p} + 2\frac{\mathrm{d}c}{c} = 0 \tag{10-42}$$

由上式中解出 $\mathrm{d}p$ 后代入相容性方程(10-36)式,得

$$\frac{2k}{k-1}\left(\frac{p}{c}\right)\mathrm{d}c_\pm \pm \rho c \mathrm{d}V_\pm = 0 \tag{10-43}$$

把(10-38)式代入(10-43)式,整理后得到

$$\mathrm{d}c_\pm \pm \frac{k-1}{2}\mathrm{d}V_\pm = 0 \tag{10-44}$$

积分上式,得

$$c_\pm \pm \frac{k-1}{2}V_\pm = 常数 \tag{10-45}$$

(10-45)式就是完全气体的非定常一维均熵流动的相容性方程。该式说明,沿着 C_+ 特征线,量 $c_+ + (k-1)V_+/2$ 是一个常数;而沿着 C_- 特征线,量 $c_- - (k-1)V_-/2$ 是一个常数。因此,解完全气体一维非定常均熵流动归结为确定在 xt 平面(即物理平面)上的特征线位置。沿特征线,量 $c_\pm \pm (k-1)V_\pm/2$ 是常数,这些常数通常叫黎曼(Riemann)不变量或黎曼常数。

若将(10-45)式用流场中某一个初始未受扰动部分的声速 c_1 来除,则可以无量纲化,即

$$\tilde{c}_\pm \pm \frac{k-1}{2}\tilde{V}_\pm = 常数 \tag{10-46}$$

(10-46)式在状态平面上确定了两簇直线,称为状态平面特征线,用 $\varGamma_+$ 和 $\varGamma_-$ 来表示,下标"+"和"-"分别对应于物理平面特征线 C_+ 和 C_-。对于 $k = 1.4$,状态平面特征线的斜率是 ± 0.2。$\varGamma_+$ 特征线的斜率是 $-(k-1)/2$,而 $\varGamma_-$ 特征线的斜率是 $+(k-1)/2$。

通过状态平面上的每一个点都有两条状态平面特征线,如图10-17所示。因此,从一个给定的初始点,如图10-17的d点出发,有四类可能的流动,这取决于波的传播方向(左向或右向)和波的类型(压缩波或膨胀波)。

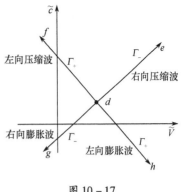

图 10-17

现将(10-46)式写成

$$\tilde{c}_+ + \frac{k-1}{2}\tilde{V}_+ = 常数 = \tilde{P} \quad (10-47)$$

$$\tilde{c}_- - \frac{k-1}{2}\tilde{V}_- = 常数 = \tilde{Q} \quad (10-48)$$

将(10-47)式、(10-48)式与§10-3中的(10-15)式、(10-14)式进行对比,就可以看到,在§10-3中介绍的跨越右向波 $\tilde{Q}$ 值不变,对应于这里所说的,沿 C_- 特征线 $\tilde{Q}$ 值不变。因此,跨越右向波后参数如何变化要利用沿 C_- 特征线上成立的相容性方程 $\tilde{Q}=$ 常数来确定。这是因为 C_- 特征线跨越了 C_+ 特征线(见图10-3)。同样,跨越左向波后参数的变化要利用沿 C_+ 特征线上成立的相容性方程 $\tilde{P}=$ 常数来确定。

二、简单波区域

简单波区域是其中仅有一簇波,即仅有右向波或仅有左向波的区域。从物理上说,当扰动仅从一个方向向着均匀流动区域(静止区域是均匀流区域的一个特殊情况)里传播的时候,就产生了简单波。例如,在图10-18(a)中,一个活塞放置在内有静止气体($V=0$)的长管中,在时间 $t=0$,活塞开始向右平滑地加速。活塞的初始运动产生一个小的压力扰动,此压力扰动以声速 c 向右传入未受扰动的气体中。因为右向波是一个 C_+ 特征线,所以波前的速度 $(dx/dt)_+ = c$。由活塞的初始运动产生的波,给初始未受扰动的气体以一个压强增量 $dp > 0$ 和一个速度增量 $dV > 0$,因此这个波是个压缩波。当活塞继续加速,在活塞面上不断产生压缩波,它们连续向受过扰动的气体运动。受到扰动的气体速度 V、声速 c 都大于相应的未受扰动的气体的速度值和声速值。因此,后续波的传播速度 $(dx/dt)_+ = V+c$ 增加了,而且每个波都比前一个波传播得快。由 $(dt/dx)_+ = 1/(V+c)$ 给出的 C_+ 特征线的斜率变得越来越小,波逐渐会聚,如图10-18(b)所示。图中表示的过程构成了一个连续的压缩波。这是一个简单压缩波区域。简单波区域中的特征线具有一些特殊的性质。现在考察简单波区域中的一条典型的特征线 C_{+k},沿着这条特征线,有

$$\tilde{c}_+ + \frac{k-1}{2}\tilde{V}_+ = \tilde{P}_k \quad (10-49)$$

$\tilde{P}_k$ 为 C_+ 簇中第 k 条特征线上的黎曼常数值。从一条 C_+ 特征线到另一条 C_+ 特征线,$\tilde{P}$ 值是变化的。而 C_- 特征线起源于初始未受扰动的区域。沿着这些特征线中的每一条都有 $\tilde{c}_- - (k-1)\tilde{V}_-/2 = \tilde{Q}$(已知值)。于是处处都有

$$\tilde{c}_- - \frac{k-1}{2}\tilde{V}_- = \tilde{Q}(已知值) \quad (10-50)$$

在 C_{+k} 上任一点,例如 i 点上,由于物理量相同,$\tilde{c}_{-i} = \tilde{c}_{+i}$,$\tilde{V}_{-i} = \tilde{V}_{+i}$,根据(10-49)式、

(10-50)式得到 i 点处的 $\tilde{c}$、$\tilde{V}$ 值,有

$$\tilde{c} = \frac{1}{2}(\tilde{P} + \tilde{Q}) \tag{10-51}$$

$$\tilde{V} = \frac{1}{k-1}(\tilde{P} - \tilde{Q}) \tag{10-52}$$

既然 $\tilde{Q}$ 处处都是常数,$\tilde{P}$ 沿 C_{+k} 是常数,那么沿着 C_{+k} 特征线 c、$V+c$ 也是相同的,于是 C_{+k} 特征线是直线。

综上所述,简单波流动有如下特征:
(1) 在简单波区域中,同一簇内的特征线都是直线,直线上的流动参数不变。
(2) 与均匀流动区域相接连的任何区域必定是简单波区域。

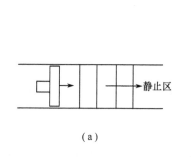 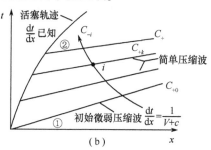

(a)　　　　　　　　　　　(b)

图 10-18

三、活塞引起的无激波扰动

上面所说的是活塞以有限的加速度向右连续地推进,活塞右侧气体随之产生流动的情况。这个问题能解析地予以解决。

活塞从 $t=0$ 开始平滑地向右加速。假定活塞运动的轨迹用 $X = X(t)$ 表示,当活塞开始运动时,由活塞发出的第一个扰动波为 C_{+0},在此扰动波到达之前的区域为均匀流动区域。根据上一小节所讨论的简单波区域的性质可知,本问题的整个区域都是简单波区域。在特征线 C_{+0} 的右侧为未受扰动区域,左侧为受扰动区域。在整个区域中,任意 C_+ 簇特征线 C_{+k} 均为直线,在同一条直线上 V、c、p、T、ρ 均为常数。在扰动区域中,这些直线与活塞运动轨迹线相交,所以可以利用这个条件来确定与其相交的特征线上的气体速度,即在 C_+ 与 $X(t)$ 相交处,C_+ 上 V 值必然恰好就是活塞的速度 dX/dt。于是在 C_+ 上,有

$$V = \frac{dX}{dt} \tag{10-53}$$

C_- 特征线都起源于均匀流动区(这里是 $V = V_1 = 0$ 的静止区),因此,每一条 C_- 特征线都有

$$Q = Q_1 \tag{10-54}$$

式中 Q_1 为未扰区①区域中的黎曼常数 Q 值,即

$$Q = c_1 - \frac{k-1}{2}V_1 = c_1 \tag{10-55}$$

所以处处有

$$c - \frac{k-1}{2}V = c_1 \tag{10-56}$$

于是在 C_{+k} 与 C_{-i} 交点 i 上 $V_k = V_i = (dX/dt)_k$，$c_k = c_i$。故(10-56)式可写成

$$c_k - \frac{k-1}{2}V_k = c_1$$

由(10-53)式可知 $V_k = (dX/dt)_k$，则上式变为

$$c_k - \frac{k-1}{2}\left(\frac{dX}{dt}\right)_k = c_1 \tag{10-57}$$

由上式解得

$$c_k = c_1 + \frac{k-1}{2}\left(\frac{dX}{dt}\right)_k \tag{10-58}$$

式中 $(dX/dt)_k$ 表示特征线 C_{+k} 与活塞运动轨迹线交点上的 dX/dt 值。活塞运动规律 dX/dt 是已知的，所以由(10-58)式可以确定从活塞发出的任意一条 C_{+k} 特征线上的物理量。

C_{+k} 特征线(倒)斜率为 $dx_+/dt = V_k + c_k$，根据(10-53)式、(10-58)式，有

$$\frac{dx_+}{dt} = c_1 + \frac{k+1}{2}\left(\frac{dX}{dt}\right)_k \tag{10-59}$$

当沿着加速活塞的运动轨迹线向上移动时，dx_+/dt 值单调地增大，表面上看是由于 dX/dt 单调地增加而引起的，其物理实质还是声速随着活塞加速运动所引起的压缩而增大。正因为 $(dt/dx)_+$ 单调地减小，所以 C_+ 特征线斜率变得越来越小，波逐渐会聚。可以设想，在某时刻，诸 C_+ 特征线将相交，即后面的赶上前面的波，这样就形成了激波。在出现激波状态的区域里破坏了均熵条件，因此，对简单均熵波所给出的特征线方法不再适用了，一般来说就需要有一种新的计算方法。

当活塞向 $-x$ 增加的方向，即向左平滑加速时，所产生的简单波则是一个简单膨胀波。前面对简单压缩波所用的方程，对于简单膨胀波都适用。重要的区别是，简单膨胀波使气体在与波的传播方向相反的方向加速，压强和声速减小，而反方向的速度增加，从而使波的传播速度减小，波发散，不会形成激波，均熵流模型成立。

习　题

10-1　在初始时刻 $t=0$ 时，在点 $A(x_A = 6\text{m})$ 有一右向的膨胀波 AB，它在直管闭端反射为 BC 波，如题10-1附图所示。已知波前的气流速度 $V_1 = 0$，压强 $p_1 = 10^5\text{Pa}$，$T_1 = 283\text{K}$，波后气流速度 $V_2 = -5\text{m/s}$，气体常数 $R = 287.5\text{J/(kg·K)}$，绝热指数 $k=1.4$。求

(1) 在膨胀波 AB 和反射波 BC 后的气流参数；
(2) 画出在初始时刻位于 $x_D = 8\text{m}$ 处质点的迹线；
(3) 入射波与反射波的斜率。

10-2　在初始时刻 $t=0$ 时，在直管 A 处 $(x_A = 6\text{m})$ 有一右向的压缩波 AB，它在闭端反射为 BC 波，如题10-1附图所示。已知波 AB 前的气流速度 $V_1 = 0$，压强 $p_1 = 10^5\text{Pa}$，温度 $t_1 = 10℃$，波后气流速度 $V_2 = 5\text{m/s}$，气体常数 $R = 287\text{J/(kg·K)}$，绝热指数 $k=1.4$。求

(1) 波 AB 和 BC 后的气流参数；
(2) 画出初始时刻在 $x_D = 8$m 处气体质点的迹线；
(3) 入射波与反射波的斜率。

10-3 已知在初始时刻 $t = 0$ 位于 A 点($x = 1$m)处有压缩波沿直管向右传播，管端为开口，如题 10-3 附图所示。已知波前区 1 处的气流速度 $V_1 = 125$m/s，压强 $p_1 = 10^5$Pa，$t_1 = 135$℃，波后区 2 的气流速度 $V_2 = 132$m/s，气体常数 $R = 287$J/(kg·K)，绝热指数 $k = 1.33$。求

(1) 压缩波由管端反射后的气流参数；
(2) 画出初始时刻在 D 点($x = 1.5$m)的气体质点的迹线；
(3) 入射波与反射波的斜率。

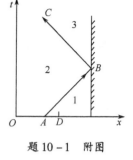

题 10-1 附图

10-4 在 $t = 0$ 时点 $A(x_A = 1$m)有一条右向膨胀波 AB 向直管开口端传播，管段 AB 长 2.5m，如题 10-3 附图所示。已知波前气流压强 $p_1 = 10^5$Pa，温度 $t_1 = 135$℃，速度 $V_1 = 132$m/s，波后气流速度 $V_2 = 125$m/s，气体常数 $R = 287$J/(kg·K)，绝热指数 $k = 1.33$。求

(1) 波在开口端反射后的区域 3 中的气流参数；
(2) 波 AB 和 BC 的斜率；
(3) 画出初始时刻在 D 点($x_D = 1.5$m)的质点迹线。

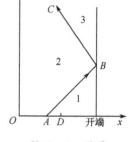

题 10-3 附图

10-5 如题 10-5 附图所示，设在 $t = 0$ 时，在直管点 A 处($x_A = 1$m)有一右向膨胀波 AC，在点 B 处($x_B = 5$m)有一左向膨胀波 BC，在管段 AB 处的气流速度 $V_2 = 50$m/s，压强 $p_2 = 1.2 \times 10^5$Pa，温度 $t_2 = 20$℃，波 AC 后的气流速度 $V_1 = 46$m/s，波 BC 后的气流速度 $V_3 = 56$m/s，气体常数 $R = 287$J/(kg·K)，绝热指数 $k = 1.4$。求

(1) 该两膨胀波相交后(区域 4)的气流参数；
(2) 各膨胀波的斜率；
(3) 绘出在 $t = 0$ 时，在点 $G(x_G = 1.5$m)和点 $H(x_H = 4$m)处气体质点的迹线。

10-6 已知在 $t = 0$ 时(参见题 10-5 附图)，在点 $A(x_A = 1$m)有右向压缩波 AC，在点 $B(x_B = 5$m)有左向压缩波 BC，在管段 AB 内的气流速度 $V_2 = 50$m/s，压强 $p_2 = 1.2 \times 10^5$Pa，温度 $t_2 = 20$℃。波 AC 后的气体速度 $V_1 = 56$m/s，波 BC 后的气体速度 $V_3 = 46$m/s。气体常数 $R = 287$J/(kg·K)，绝热指数 $k = 1.4$。求

(1) 该两压缩波相交后(区域 4)的气流状态；
(2) 各压缩波的斜率；
(3) 绘出在 $t = 0$ 时，点 $G(x = 1.5$m)和点 $H(x_H = 4$m)处气体质点的迹线。

10-7 设在 $t = 0$ 时(参见题 10-5 附图)，在直管点 A ($x_A = 1$m)处有一右向压缩波 AC，在点 $B(x_B = 5$m)处有一左向膨胀波 BC，在管段 AB 处的气流速度 $V_2 = 50$m/s，压强 $p_2 = 1.2 \times 10^5$Pa，温度 $t_2 = 20$℃。波 AC 后气流速度 $V_1 = 56$m/s，波 BC 后气流速度 $V_3 = 52$m/s。气体常数 $R = 287$J/(kg·K)，绝热指数 $k = 1.4$。求

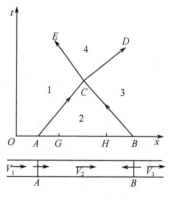

题 10-5 附图

（1）该压缩波与膨胀波相交后的区域中的气流参数；

（2）绘出在 $t=0$ 时在点 $G(x_G=1.5\text{m})$ 和点 $H(x_H=4\text{m})$ 处气体质点的迹线。

10-8 如题 10-8 附图所示，在 $t=0$ 时，在点 $A(x_A=1\text{m})$ 和点 $B(x_B=5\text{m})$ 处各有一右向的压缩波 AC 和 BC。已知在管段 AB 内的气流速度 $V_2=50\text{m/s}$，压强 $p_2=1.2\times10^5\text{Pa}$，温度 $t_2=20℃$。波 AC 后的气流速度 $V_1=56\text{m/s}$，波 BC 前的气流速度 $V_3=46\text{m/s}$。气体常数 $R=287\text{J/(kg·K)}$，绝热指数 $k=1.4$。求

（1）波 AC 后和波 BC 前的气流参数；

（2）在直管的何处两波相遇？

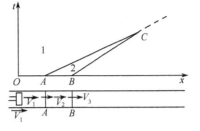

题 10-8 附图

10-9 如题 10-9 附图所示。设在 $t=0$ 时直管 A 点 ($x_A=1\text{m}$) 处有一右向的压缩波，右端动壁与波前气流以相同的速度 $V_1=20\text{m/s}$ 向右运动，该处气流压强 $p_1=1.6\times10^5\text{Pa}$，$t_1=70℃$，波后气流速度 $V_2=26\text{m/s}$。气体常数 $R=287\text{J/(kg·K)}$，绝热指数 $k=1.4$。求

（1）区域 3 中的气流参数；

（2）画出 D 点 ($x_D=1.2\text{m}$) 的迹线；

（3）当压缩波 AB 到达 B 点时，动壁速度应大于多少时，反射波为膨胀波？

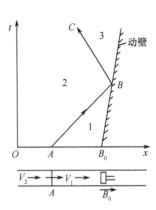

题 10-9 附图

10-10 如题 10-10 附图所示。设直管左端活塞以 $x=-1500t^2$ 规律向左运动，在 $t=0$ 时管中气体压强 $p_0=10^5\text{Pa}$，速度 $V_0=0$，温度 $T_0=283.15\text{K}$。气体常数 $R=287\text{J/(kg·K)}$，绝热指数 $k=1.4$。如果活塞按上述规律每隔 0.01s 加速一次，试画出在 $t_{10}=0.1\text{s}$ 时活塞和管中各膨胀波的位置，并计算各区段的气流参数。

10-11 如题 10-11 附图所示。已知液压管道中的流速 $V_1=1\text{m/s}$，压强 $p_1=1.5\times10^5\text{Pa}$，液体的声速 $c=1450\text{m/s}$，密度 $\rho=1000\text{kg/m}^3$。如果管道的阀门突然关闭，试问管道中的压强将升至何值？

提示：参见 (10-10) 式。

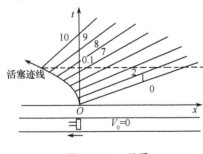

题 10-10 附图

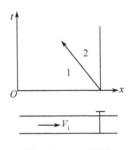

题 10-11 附图

第十一章 黏性流体动力学基础

在第一章已经说过,流体的黏性是流体的重要属性。在自然界和工程设备中的真实流动都是具有黏性的流动。前几章的绝大部分内容讨论的是理想流体的运动。理想流体是真实流体的近似模型,当黏性力比惯性力小得多时,有时我们可以将真实流体近似地按理想流体来处理。由于理想流体模型在数学上带来很多简化,因此,前几章我们对它进行了大量的研究。对于某些问题,例如在求解流线型物体的不脱体绕流的升力、压强分布等问题时,黏性的作用并不占支配地位,因而应用理想流体理论,可以获得与实验符合的令人满意的结果。而对另一些问题,例如求解运动流体中的阻力等问题,黏性的作用已占主导地位,如再忽略黏性的存在将会导致完全不符合实际的结果。黏性流体动力学就是研究在黏性不能忽略不计的情况下流体的宏观运动,以及流体和在该流体中运动的物体之间的相互作用所遵循的规律。

本章将研究黏性流体动力学的一些基本理论,为进一步学习黏性流体动力学奠定基础。

§11-1 黏性流体运动的两种流态

实验表明,在不同的条件下,黏性流体运动存在着两种完全不同的流动状态。一种状态是流体质点作有规则的运动,在运动过程中,相邻流体质点的迹线互不交错,流体是在作层状运动,流体的这种运动,称为层流流动;另一种状态是流体质点作毫无规则的混乱的运动,每个流体质点的迹线具有十分复杂的形状,流体各部分剧烈掺混。流体的这种运动,称为紊流流动(或称湍流流动)。这两种截然不同的运动状态在一定条件下可以相互转化。

英国科学家雷诺在 1883 年的著名实验中研究了这一现象。雷诺实验的装置简图如图 11-1 所示。在尺寸足够大的水箱 B 中充满着水,有一玻璃管 T 与之相连,T 末端装有一阀门 K 借以调节管内液体的流速。大水箱 B 的上方装设一个小水箱 C,其中盛有颜色水,在小水箱下方引出一根很细的小管 T_1,其下端弯曲,出口尖端略微插进大玻璃管进口段。

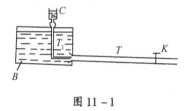

图 11-1

实验开始时,先稍微开启阀门 K,玻璃管 T 内液体以很慢的速度流动着;此时,如果将色液由细管引入大管 T,则在 T 管中形成一条细直的颜色线。这时颜色线的形状说明管中水流是沿管轴一层层平稳地流动的,这种流动状态就是层流状态,如图 11-2(a) 所示。如果把阀门 K 逐渐开大,则管中的流速随之增大,这时管中的现象仍然不变。但是,当阀门 K 开启到某一较大的程度时,相应的管中流速增加到某一较大的数值时,就会发现色液细线开始弯曲,并不断摆动,同时呈波浪形起伏状,这表示层流状态开始被破坏。若继续增大流速,则色液细线摆动起伏加剧,逐渐断裂成小段,继则产生许多运动旋涡,向外扩散,色液和四周的液体迅速混合在一起,使得管内液体都染上了颜色,如图 11-2(b) 所示,表示这时管内流体各部分相互剧烈掺混,迹线紊乱,这种流动状态就是紊流状态。上述实验我们也可以以相反的顺序进行,即首先全开阀门,然后再逐渐关小。此时,在玻璃管中亦将以相反的过程重演上述现象,即管中的液流首先作紊流运动,当管中速度降低到某一确定值时,则液体的运动由紊流转变为层流,以后若流速继续减小,管中液流将始终保持为层流状态。

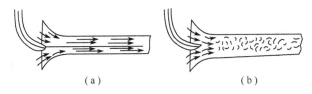

图 11-2

雷诺对于不同直径的圆管及不同黏性系数的流体进行了大量的实验,发现流体运动的状态不仅和速度有关,流体的性质、管径的大小等都会影响流体运动的状态。根据大量的实验结果,发现流动状态的转变与组合量 $\rho V_m d/\mu$ 有关。令

$$Re = \frac{\rho V_m d}{\mu} = \frac{V_m d}{\nu} \tag{11-1}$$

式中 V_m——圆管横截面上流体运动的平均速度;

d——圆管的直径;

μ——流体的动力黏性系数;

ρ——流体的密度;

ν——流体的运动黏性系数;

Re——雷诺数,为无量纲量。

我们定义流态转变时的雷诺数为临界雷诺数。实验表明,由层流变到紊流或由紊流变到层流时,Re 都有各自的临界值。由层流变到紊流时的临界雷诺数用 $R'e_{cr}$ 表示,由紊流变到层流时的临界雷诺数用 Re_{cr} 表示。从实验得知,$Re_{cr} < R'e_{cr}$。当用雷诺数来判别流动状态时,有以下三种情况:

(1) 当 $Re < Re_{cr}$ 时,流动为层流状态;
(2) 当 $Re > R'e_{cr}$ 时,流动为紊流状态;
(3) 当 $Re_{cr} < Re < R'e_{cr}$ 时,则流动可能是层流状态,也可能是紊流状态。这主要取决于雷诺数的变化规律。如果开始时 Re 较小,流动处于层流状态,那么当 Re 逐渐增大到超过 Re_{cr},但小于 $R'e_{cr}$ 时,其层流状态仍可能保持。当然,这样的层流状态是极不稳定的,稍有扰动便立即变为紊流。如果开始时 Re 较大,流动处于紊流状态,则当 Re 逐渐降低到小于 $R'e_{cr}$,但仍大于 Re_{cr} 时,其紊流状态仍可能保持。一般地说,当 $Re_{cr} < Re < R'e_{cr}$ 时,流动属于层流与紊流之间的过渡状态。

对于光滑直管内的流动,其 $R'e_{cr}$ 值不是很确定的,它往往取决于实验的条件。在一般的实验条件下,其数值为 8000~12000。如果改善实验条件,尽量避免一切扰动的影响,$R'e_{cr}$ 的数值可以达到 40000。对于光滑直管实验的结果,$Re_{cr} = 2320$。

应该指出,在实际计算中,$R'e_{cr}$ 并没有多大的意义。在两种流态都可能存在的情况下,一般都应按紊流来进行计算,因为紊流时的阻力比层流大,这样计算偏于安全。因此,在实际计算中,当 $Re \leq Re_{cr}$ 时,按层流计算;当 $Re > Re_{cr}$ 时,则按紊流计算。

需要说明一点,上面我们是以圆管为对象进行讨论的,对于流体在管截面为任意形状的管

中的流动,上述结论也是适用的。此时,雷诺数中的线性尺寸(特征尺寸)应该取管道的当量直径 d_e。管道的当量直径定义为

$$d_e = \frac{4A}{S} \tag{11-2}$$

式中　A——流动的横截面面积;
　　　S——流动的横截面与固体表面相接触的周长,一般称为湿周长。
例如,对于充满流体的横截面为长方形(边长为 a 和 b)的管道,当量直径为

$$d_e = \frac{4ab}{2(a+b)} = \frac{2ab}{a+b}$$

对于充满流体的横截面为圆环形(内、外直径分别为 d_1 和 d_2)的管道,当量直径为

$$d_e = \frac{\pi(d_2^2 - d_1^2)}{\pi(d_2 + d_1)} = d_2 - d_1$$

最后应该指出,不仅在管流中,而且当流体流过物体时,在物体表面附近的附面层中也存在两种流动状态,在这些情况下,也有判定两种流态的临界雷诺数(见§11-8)。

黏性流体具有层流和紊流两种不同的流动状态是一个很重要的发现。由于层流运动和紊流运动的性质截然不同,流体在管路中流动的摩擦损失和流体流过物体表面时所引起的摩擦阻力就存在两种不同的客观规律。因此,两者在处理方法上有着重大的差别,必须分别进行处理。

§11-2　黏性流体动力学的基本方程

一、连续方程

连续方程由于不涉及力的问题,因此不存在黏性流体与无黏性流体的差别。连续方程已在第六章导出,这里只将结果重新列出,即

$$\frac{D\rho}{Dt} + \rho \nabla \cdot V = 0 \tag{11-3}$$

二、黏性流体的运动微分方程式

(一) 黏性流体中的应力

在第一章中我们已经讨论过,在静止流体或运动的理想流体中,只存在指向作用表面的法向应力,而且其大小与作用面所处的方位无关。

在运动的黏性流体中,应力的状态较为复杂。由于黏性的存在,可以有切向应力,因而单位面积上的表面力就不一定垂直于作用面。参看图 11-3,对于作用在任意曲面 s 上任意一点 A 的表面应力 p_n(p_n 的下标 n 表明 A 点所在的微元面积 Δs 的法线方向),可以将其分解为:垂直于 Δs 的法向应力 σ_n,以及和 Δs 相切的切向应力 τ_n。而且法向应力 σ_n 和切向应力 τ_n 的数值随 A 点所在的微小面积 Δs 在空间方位的改变而改变。

引用直角坐标系,我们来看垂直于 x 轴的平面(图 11-4),作用在这个面上的应力我们以 p_x 来表示,其下标"x"表示该应力作用面的法线方向。我们可以将 p_x 分解为垂直于这个平面的法向应力 σ_x,以及和这个平面相切的切向应力,而这一切向应力一般说来并不一定平行于

坐标轴。因此,为了讨论方便起见,可以将它再分解为两个平行于坐标轴的分量:τ_{xy} 及 τ_{xz},这里,切向应力的第一个下标表明应力所在面的法线方向;第二个下标表明与该应力作用线相平行的坐标轴。例如 τ_{xy},其第一个下标"x"表示应力的作用面与 x 轴相垂直;第二个下标"y"表示应力的作用方向与 y 轴相平行。同理,对于作用在垂直于其它两个坐标轴 y 和 z 的平面上任一点处的应力,也可以各分解为三个分量:一个法向应力和两个切向应力。

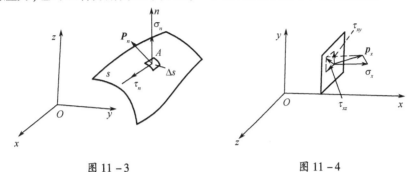

图 11-3　　　　　　　　　图 11-4

综上所述(参看图11-4),作用在垂直于 x 轴平面上任意一点处的应力,可以分解为

$$\boldsymbol{p}_x = \sigma_x \boldsymbol{i} + \tau_{xy} \boldsymbol{j} + \tau_{xz} \boldsymbol{k} \tag{11-4a}$$

同理,作用在垂直于 y 轴平面上任意一点处的应力,可以分解为

$$\boldsymbol{p}_y = \tau_{yx} \boldsymbol{i} + \sigma_y \boldsymbol{j} + \tau_{yz} \boldsymbol{k} \tag{11-4b}$$

作用在垂直于 z 轴平面上任意一点处的应力,可以分解为

$$\boldsymbol{p}_z = \tau_{zx} \boldsymbol{i} + \tau_{zy} \boldsymbol{j} + \sigma_z \boldsymbol{k} \tag{11-4c}$$

考虑流体中任意一点 $A(x,y,z)$,已知过点 A 垂直于三个坐标轴的各面上的应力 $\boldsymbol{p}_x$、$\boldsymbol{p}_y$、$\boldsymbol{p}_z$,则可以求得过点 A 任意指向 n 的面积上的应力 $\boldsymbol{p}_n$。为此,在运动着的流体中,以点 A 为顶点,作微元四面体,其中三个面垂直于坐标轴,第四个面垂直于方向 n(图11-5)。根据动力学定律,作用在四面体上的所有力(包括惯性力)的合力为零。因为惯性力和其它质量力与四面体的体积成正比,表面力与四面体的表面积成正比。当四面体的边长为无限小时,惯性力和体积力与表面力相比是高阶小量,可以忽略不计。于是我们将得到下列的关系式

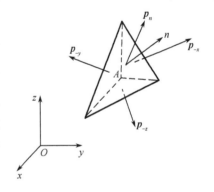

图 11-5

$$\boldsymbol{p}_n \mathrm{d}s_n + \boldsymbol{p}_{-x} \mathrm{d}s_x + \boldsymbol{p}_{-y} \mathrm{d}s_y + \boldsymbol{p}_{-z} \mathrm{d}s_z = 0 \tag{11-5}$$

式中　$\boldsymbol{p}_n$——作用在微元面积 $\mathrm{d}s_n$ 的应力矢量;

　　　$\boldsymbol{p}_{-x}$、$\boldsymbol{p}_{-y}$、$\boldsymbol{p}_{-z}$——作用在外法线为 $-\boldsymbol{i}$、$-\boldsymbol{j}$、$-\boldsymbol{k}$ 的微元面积 $\mathrm{d}s_x$、$\mathrm{d}s_y$、$\mathrm{d}s_z$ 上的应力矢量。

在外法线为 $\boldsymbol{i}$、$\boldsymbol{j}$、$\boldsymbol{k}$ 的微元面积 $\mathrm{d}s_x$、$\mathrm{d}s_y$、$\mathrm{d}s_z$ 上的应力为 $\boldsymbol{p}_x$、$\boldsymbol{p}_y$、$\boldsymbol{p}_z$,根据牛顿第三定律,有

$$\boldsymbol{p}_{-x} = -\boldsymbol{p}_x, \boldsymbol{p}_{-y} = -\boldsymbol{p}_y, \boldsymbol{p}_{-z} = -\boldsymbol{p}_z \tag{11-6}$$

则(11-5)式可改写为

$$\boldsymbol{p}_n \mathrm{d}s_n - \boldsymbol{p}_x \mathrm{d}s_x - \boldsymbol{p}_y \mathrm{d}s_y - \boldsymbol{p}_z \mathrm{d}s_z = 0 \tag{11-7}$$

注意到
$$ds_x = ds_n \cos(n,x), ds_y = ds_n \cos(n,y), ds_z = ds_n \cos(n,z)$$
则(11-7)式可写为
$$\boldsymbol{p}_n = \boldsymbol{p}_x \cos(n,x) + \boldsymbol{p}_y \cos(n,y) + \boldsymbol{p}_z \cos(n,z) \tag{11-8}$$
由此可见,任意指向 n 的面积上的应力 $\boldsymbol{p}_n$ 可以用三个坐标平面上的应力矢量来表示。而矢量 $\boldsymbol{p}_n$ 又可以分解为
$$\boldsymbol{p}_n = p_{nx}\boldsymbol{i} + p_{ny}\boldsymbol{j} + p_{nz}\boldsymbol{k} \tag{11-9}$$
将(11-4a)、(11-4b)、(11-4c)、(11-9)式代入(11-8)式,得到
$$\left. \begin{array}{l} p_{nx} = \sigma_x \cos(n,x) + \tau_{yx} \cos(n,y) + \tau_{zx} \cos(n,z) \\ p_{ny} = \tau_{xy} \cos(n,x) + \sigma_y \cos(n,y) + \tau_{zy} \cos(n,z) \\ p_{nz} = \tau_{xz} \cos(n,x) + \tau_{yz} \cos(n,y) + \sigma_z \cos(n,z) \end{array} \right\} \tag{11-10}$$

这一组等式表明,作用在任意方向的面积上的应力在坐标轴上的投影,可以简单地用线性关系由作用在互相垂直的三个微元面积(分别与坐标平面平行)上的应力投影表示出来,也就是说用一组九个量来表示,即

$$\begin{array}{ccc} \sigma_x & \tau_{yx} & \tau_{zx} \\ \tau_{xy} & \sigma_y & \tau_{zy} \\ \tau_{xz} & \tau_{yz} & \sigma_z \end{array}$$

式中 σ_x、τ_{xy}、τ_{xz}——垂直于 x 轴的面积上的应力分量;

τ_{yx}、σ_y、τ_{yz}——垂直于 y 轴的面积上的应力分量;

τ_{zx}、τ_{zy}、σ_z——垂直于 z 轴的面积上的应力分量。

(二) 以应力形式表示的黏性流体的微分方程式

在介绍了黏性流体中表面应力的性质及表示方法以后,便可以开始来推导以应力形式表示的黏性流体的运动微分方程式。为此,在运动的黏性流体中,在 $A(x,y,z)$ 点附近取出一个无限小的平行六面体,它的三个棱分别与坐标轴平行,每边长分别为 dx、dy 和 dz(图 11-6)。

由于现在所取的平行六面体是无限小的,因此,可以认为作用在此六面体每个面上的各点的应力都是相等的,如前所述,可以将它分解为沿三个坐标方向的分量(参阅图 11-6)。在图 11-6 上,为了图形的清晰起见,仅画出了 AB 面、CD 面、BD 面及 AC 面上沿三个坐标方向的应力分量,其它两个面上的应力分量则未画出。根据达朗培尔原理,在这块运动的黏性流体上加上惯性力以后,就可以写出作用在这块流体上的所有作用力和惯性力沿各个坐标方向的平衡方程式。现在先来求沿 y 轴方向的

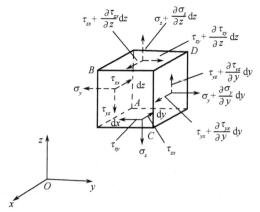

图 11-6

平衡方程式。各类力沿 y 轴方向的分力如下。

（1）表面力。作用在过 A 点的 AB、AC 及 AD 三个面上的表面应力沿 y 轴方向的分量分别为 σ_y、τ_{zy} 及 τ_{xy}。由于应力分布的连续性，按泰勒级数的展开式，可以求得作用于相对应的 CD、BD 及 BC 三个面上的表面应力沿 y 坐标方向的分量为

$$\sigma_y + \frac{\partial \sigma_y}{\partial y}\mathrm{d}y, \tau_{zy} + \frac{\partial \tau_{zy}}{\partial z}\mathrm{d}z, \tau_{xy} + \frac{\partial \tau_{xy}}{\partial x}\mathrm{d}x$$

因此，作用在与 x 轴相垂直的 AD 及 BC 两个面上的表面力沿 y 轴方向的合力为

$$\left(\tau_{xy} + \frac{\partial \tau_{xy}}{\partial x}\mathrm{d}x\right)\mathrm{d}y\mathrm{d}z - \tau_{xy}\mathrm{d}y\mathrm{d}z = \frac{\partial \tau_{xy}}{\partial x}\mathrm{d}x\mathrm{d}y\mathrm{d}z$$

作用在与 y 轴相垂直的 AB 及 CD 两个面上的表面力沿 y 轴方向的合力为

$$\left(\sigma_y + \frac{\partial \sigma_y}{\partial y}\mathrm{d}y\right)\mathrm{d}x\mathrm{d}z - \sigma_y\mathrm{d}x\mathrm{d}z = \frac{\partial \sigma_y}{\partial y}\mathrm{d}x\mathrm{d}y\mathrm{d}z$$

作用在与 z 轴相垂直的 AC 及 BD 两个面上的表面力沿 y 轴方向的合力为

$$\left(\tau_{zy} + \frac{\partial \tau_{zy}}{\partial z}\mathrm{d}z\right)\mathrm{d}x\mathrm{d}y - \tau_{zy}\mathrm{d}x\mathrm{d}y = \frac{\partial \tau_{zy}}{\partial z}\mathrm{d}x\mathrm{d}y\mathrm{d}z$$

作用在整个六面体上的表面力在 y 轴方向的合力为

$$\left(\frac{\partial \tau_{xy}}{\partial x} + \frac{\partial \sigma_y}{\partial y} + \frac{\partial \tau_{zy}}{\partial z}\right)\mathrm{d}x\mathrm{d}y\mathrm{d}z$$

（2）质量力。如果用 X、Y 及 Z 来分别表示单位质量流体所受的质量力沿三个坐标方向的分力，那么此六面体沿 y 轴方向的分力应为

$$Y\rho\mathrm{d}x\mathrm{d}y\mathrm{d}z$$

（3）惯性力。它应该等于流体的加速度与流体质量的乘积，而符号为负。如果此六面体沿 y 轴方向的加速度为 $\dfrac{\mathrm{D}V_y}{\mathrm{D}t}$，那么它所受的惯性力沿 y 轴方向的分力为

$$-\frac{\mathrm{D}V_y}{\mathrm{D}t}\rho\mathrm{d}x\mathrm{d}y\mathrm{d}z$$

在列举了此六面体所受的作用力沿 y 轴方向的分力以后，现在就可以写出所有这些力沿 y 轴方向的动平衡方程式，即

$$\left(\frac{\partial \tau_{xy}}{\partial x} + \frac{\partial \sigma_y}{\partial y} + \frac{\partial \tau_{zy}}{\partial z}\right)\mathrm{d}x\mathrm{d}y\mathrm{d}z + Y\rho\mathrm{d}x\mathrm{d}y\mathrm{d}z - \frac{\mathrm{D}V_y}{\mathrm{D}t}\rho\mathrm{d}x\mathrm{d}y\mathrm{d}z = 0$$

化简后得

$$\frac{\mathrm{D}V_y}{\mathrm{D}t} = Y + \frac{1}{\rho}\left(\frac{\partial \tau_{xy}}{\partial x} + \frac{\partial \sigma_y}{\partial y} + \frac{\partial \tau_{zy}}{\partial z}\right)$$

同理，对于其他两个坐标轴方向也可以得出相类似的方程式。这样，我们就可以得出下列的方程式组

$$\left. \begin{aligned} \frac{DV_x}{Dt} &= X + \frac{1}{\rho}\left(\frac{\partial \sigma_x}{\partial x} + \frac{\partial \tau_{yx}}{\partial y} + \frac{\partial \tau_{zx}}{\partial z}\right) \\ \frac{DV_y}{Dt} &= Y + \frac{1}{\rho}\left(\frac{\partial \tau_{xy}}{\partial x} + \frac{\partial \sigma_y}{\partial y} + \frac{\partial \tau_{zy}}{\partial z}\right) \\ \frac{DV_z}{Dt} &= Z + \frac{1}{\rho}\left(\frac{\partial \tau_{xz}}{\partial x} + \frac{\partial \tau_{yz}}{\partial y} + \frac{\partial \sigma_z}{\partial z}\right) \end{aligned} \right\} \quad (11-11)$$

此式就是以应力形式表示的黏性流体的运动微分方程式。

(三) 切向应力互等定律

(11-11) 式中的九个应力分量并不都是独立的,其中六个切向应力是两两相等的,即

$$\tau_{xy} = \tau_{yx}, \quad \tau_{yz} = \tau_{zy}, \quad \tau_{zx} = \tau_{xz} \quad (11-12)$$

现证明如下。通过微元平行六面体的体积中心,作平行于三个坐标轴的三条轴线。作用在此六面体上的所有外力,对通过六面体中心且与 x 轴平行的轴线(参看图11-7)的力矩和为 $\sum M_x$, 根据动量矩定理,它应该等于该微元体对于该轴的惯矩 dI_x 乘以角加速度 $\dot{\omega}_x$, 即

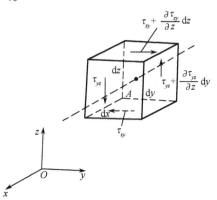

图 11-7

$$\sum M_x = dI_x \dot{\omega}_x \quad (11-13)$$

下面具体来求 $\sum M_x$。设体积力通过体积中心,因此,只需计算表面力的力矩。注意到,所有法向力都与力矩轴线相交或平行,故力矩为零;在切向力中,第一个下标为 x 的那些力也与现在的力矩轴线相交,它们的力矩也等于零;第二个下标为 x 的那些力,由于力的作用方向平行于现在的力矩轴线,显然,也为零。这样,在所有表面力中,只有如图11-7所示的四个切向力对过六面体中心且与 x 轴平行的轴线产生力矩,即

$$\sum M_x = \left(\tau_{yz} + \frac{\partial \tau_{yz}}{\partial y}dy\right)dxdz\frac{dy}{2} + \tau_{yz}dxdz\frac{dy}{2}$$
$$- \left(\tau_{zy} + \frac{\partial \tau_{zy}}{\partial z}dz\right)dxdy\frac{dz}{2} - \tau_{zy}dxdy\frac{dz}{2} \quad (a)$$

$$dI_x = \rho dxdydz \frac{(dy^2 + dz^2)}{12} \quad (b)$$

将(a)、(b)式代入(11-13)式,略去四阶及五阶无限小量,化简并移项后得出

$$\tau_{yz} = \tau_{zy}$$

同理,对通过六面体中心,且平行于 y 轴及 z 轴的轴线,分别运用动量矩定理,可得

$$\tau_{xz} = \tau_{zx} \quad \text{及} \quad \tau_{xy} = \tau_{yx}$$

由此可见,这六个切向应力中实际上只有三个是独立的。

(四) 黏性流体中的应力与变形率之间的关系

在质量力已知的情况下,对于不可压缩流体有九个未知量:三个速度分量及六个独立的应力分量,而仅有四个方程(连续方程和三个分量的运动方程),不足以解九个未知量。至于可压缩流体虽然多了一个未知量密度 ρ,但存在有一个热力学方程,不影响上述分析。因此,必须确定黏性应力与变形率之间的关系。

从产生应力的角度来看,流体和固体的区别在于:固体有变形就有应力,而流体则需要有变形率才有应力。所以流体应力是和流体的线变形率和角变形率直接关连的。现在我们就来研究它们相互之间的关系。

斯托克斯(1845 年)首先研究了这方面的问题。斯托克斯提出了关于应力与变形率之间的关系的三条假设:

流体是连续的,应力与变形率呈线性关系;

流体是各向同性的,即它的特性与方向无关,因此,应力与变形率的关系与选定的坐标轴无关;

在静止流体中,切应力为零,法向应力的数值为静压强 p。

(1) 主应力和主轴。

应力之分为法向和切向,是随所取的受力面的方位而定的,任意取一个受力面的话,一般总是既有法向应力又有切向应力的,但是在流体内部一个指定点上总可以找到这样一个坐标系,在这个坐标系上,三个坐标平面上作用的应力只有法向的,而没有切向的,这种面叫做主平面。主平面上的法向应力就叫做主应力。这种坐标系的三个坐标轴就叫主轴。

根据斯托克斯的第二个假设,选取主轴作为开始推导应力与变形率之间的关系将是最方便的位置。

在图 11 - 8 中,假定 $Px'y'z'$ 是和 P 点的主应力方向一致的坐标系,坐标轴 Px'、Py'、Pz' 分别表示三个主轴。σ_1、σ_2、σ_3 分别表示平行于 Px'、Py'、Pz' 的主应力。

根据斯托克斯的第一个假设,对于主轴,主应力与变形率可以假设为下列的线性关系

$$\left.\begin{array}{l}\sigma_1 = -p + c\varepsilon_{11} + \lambda\varepsilon_{22} + \lambda\varepsilon_{33} \\ \sigma_2 = -p + \lambda\varepsilon_{11} + c\varepsilon_{22} + \lambda\varepsilon_{33} \\ \sigma_3 = -p + \lambda\varepsilon_{11} + \lambda\varepsilon_{22} + c\varepsilon_{33}\end{array}\right\} \quad (11-14)$$

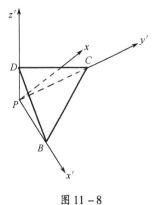

图 11 - 8

式中 ε_{11}、ε_{22}、ε_{33}——沿主轴 Px'、Py'、Pz' 方向的线变形率,称为主应变率。

式中加上 $-p$ 这一项是为了满足斯托克斯的第三个假设,即在静止流体中,$\varepsilon_{11} = \varepsilon_{22} = \varepsilon_{33} = 0$。

式中的 c、λ 是与流体物理性质有关的比例系数。(11-14)式可以写成如下更简单的形式:

$$\left.\begin{array}{l}\sigma_1 = -p + \lambda(\varepsilon_{11} + \varepsilon_{22} + \varepsilon_{33}) + K\varepsilon_{11} \\ \sigma_2 = -p + \lambda(\varepsilon_{11} + \varepsilon_{22} + \varepsilon_{33}) + K\varepsilon_{22} \\ \sigma_3 = -p + \lambda(\varepsilon_{11} + \varepsilon_{22} + \varepsilon_{33}) + K\varepsilon_{33}\end{array}\right\} \quad (11-15)$$

式中 $K = c - \lambda$。

该式与推广的虎克定律是极其相似的,推广的虎克定律为:对于主应力 $\sigma_i (i = 1、2、3)$,

$$\sigma_i = \lambda^*(\varepsilon_1 + \varepsilon_2 + \varepsilon_3) + 2\mu^*\varepsilon_i$$

式中 ε_i——与主应力 σ_i 方向相同的相对线伸长;

$(\varepsilon_1 + \varepsilon_2 + \varepsilon_3)$——体积的相对改变;

$\lambda^* = E\mu/(1+\mu)(1-2\mu)$($E$、$\mu$ 分别表示物体的弹性系数和波桑系数);

$\mu^* = E/2(1+\mu)$。

将(11-15)式中的线变形率用速度梯度来表示,则可改写为

$$\left. \begin{aligned} \sigma_1 &= -p + \lambda\left(\frac{\partial V'_x}{\partial x'} + \frac{\partial V'_y}{\partial y'} + \frac{\partial V'_z}{\partial z'}\right) + K\frac{\partial V'_x}{\partial x'} \\ \sigma_2 &= -p + \lambda\left(\frac{\partial V'_x}{\partial x'} + \frac{\partial V'_y}{\partial y'} + \frac{\partial V'_z}{\partial z'}\right) + K\frac{\partial V'_y}{\partial y'} \\ \sigma_3 &= -p + \lambda\left(\frac{\partial V'_x}{\partial x'} + \frac{\partial V'_y}{\partial y'} + \frac{\partial V'_z}{\partial z'}\right) + K\frac{\partial V'_z}{\partial z'} \end{aligned} \right\} \quad (11-16)$$

(2) 广义牛顿黏性应力公式。

现在让我们将(11-16)式变换到任意的 x、y、z 坐标轴上去，沿这些轴切应力不为零，由此求出一般的应力与变形率之间关系的表达式。为此，我们需要先讨论一下坐标转动时速度导数的变换公式。

参看图 11-8，假定 $Px'y'z'$ 是和 P 点的主应力方向一致的坐标系，这三个坐标轴在任意取定的直角坐标系 $Pxyz$ 上的方向余弦，由右表确定。

在 $Pxyz$ 坐标系上，P 点的流速三分量记为 V_x、V_y、V_z，而在 $Px'y'z'$ 坐标系上则记为 V'_x、V'_y、V'_z。

现在我们把 $Pxyz$ 坐标系中的三个线变形率 $\dfrac{\partial V_x}{\partial x}$、$\dfrac{\partial V_y}{\partial y}$、$\dfrac{\partial V_z}{\partial z}$ 和三个角变形率

$$\gamma_x = \frac{1}{2}\left(\frac{\partial V_z}{\partial y} + \frac{\partial V_y}{\partial z}\right),\ \gamma_y = \frac{1}{2}\left(\frac{\partial V_x}{\partial z} + \frac{\partial V_z}{\partial x}\right),\ \gamma_z = \frac{1}{2}\left(\frac{\partial V_y}{\partial x} + \frac{\partial V_x}{\partial y}\right)$$

变成带"′"符号的相应各量。显然

$$\gamma'_x = \gamma'_y = \gamma'_z = 0 \tag{11-17}$$

线变形率

$$\begin{aligned} \frac{\partial V_x}{\partial x} &= \left(l_1\frac{\partial}{\partial x'} + l_2\frac{\partial}{\partial y'} + l_3\frac{\partial}{\partial z'}\right)(l_1 V'_x + l_2 V'_y + l_3 V'_z) \\ &= l_1^2\frac{\partial V'_x}{\partial x'} + l_2^2\frac{\partial V'_y}{\partial y'} + l_3^2\frac{\partial V'_z}{\partial z'} \end{aligned} \tag{11-18a}$$

同理

$$\frac{\partial V_y}{\partial y} = m_1^2\frac{\partial V'_x}{\partial x'} + m_2^2\frac{\partial V'_y}{\partial y'} + m_3^2\frac{\partial V'_z}{\partial z'} \tag{11-18b}$$

$$\frac{\partial V_z}{\partial z} = n_1^2\frac{\partial V'_x}{\partial x'} + n_2^2\frac{\partial V'_y}{\partial y'} + n_3^2\frac{\partial V'_z}{\partial z'} \tag{11-18c}$$

角变形率

$$\begin{aligned} \gamma_x &= \frac{1}{2}\Bigg[\left(m_1\frac{\partial}{\partial x'} + m_2\frac{\partial}{\partial y'} + m_3\frac{\partial}{\partial z'}\right)(n_1 V'_x + n_2 V'_y + n_3 V'_z) \\ &\quad + \left(n_1\frac{\partial}{\partial x'} + n_2\frac{\partial}{\partial y'} + n_3\frac{\partial}{\partial z'}\right)(m_1 V'_x + m_2 V'_y + m_3 V'_z)\Bigg] \\ &= m_1 n_1\frac{\partial V'_x}{\partial x'} + m_2 n_2\frac{\partial V'_y}{\partial y'} + m_3 n_3\frac{\partial V'_z}{\partial z'} \end{aligned} \tag{11-19a}$$

同理

$$\gamma_y = n_1 l_1\frac{\partial V'_x}{\partial x'} + n_2 l_2\frac{\partial V'_y}{\partial y'} + n_3 l_3\frac{\partial V'_z}{\partial z'} \tag{11-19b}$$

$$\gamma_z = l_1 m_1\frac{\partial V'_x}{\partial x'} + l_2 m_2\frac{\partial V'_y}{\partial y'} + l_3 m_3\frac{\partial V'_z}{\partial z'} \tag{11-19c}$$

由矢量代数知道

$$\left.\begin{array}{l} l_1^2 + m_1^2 + n_1^2 = 1 \\ l_2^2 + m_2^2 + n_2^2 = 1 \\ l_3^2 + m_3^2 + n_3^2 = 1 \end{array}\right\} \quad (11-20)$$

将(11-18)式中的三个式子相加,得

$$\frac{\partial V_x}{\partial x} + \frac{\partial V_y}{\partial y} + \frac{\partial V_z}{\partial z} = \frac{\partial V'_x}{\partial x'} + \frac{\partial V'_y}{\partial y'} + \frac{\partial V'_z}{\partial z'} = \text{div}\boldsymbol{V} \quad (11-21)$$

这正是我们所预期的,因为三个线变形率之和表示速度的散度,即 div$\boldsymbol{V}$,它是一个不随所取的坐标系方位而改变的量。

过 P 点的主应力为 σ_1、σ_2 和 σ_3,分别垂直于平面 $Py'z'$、$Px'z'$、$Px'y'$(参看图 11-8),图中的平面 BCD 垂直于 x 轴,根据表 11-1,x 轴在 $Px'y'z'$ 坐标系上的方向余弦是 l_1、l_2、l_3,则垂直于 BCD 平面的法向应力为 σ_x,有

表 11-1

	x	y	z
x'	l_1	m_1	n_1
y'	l_2	m_2	n_2
z'	l_3	m_3	n_3

$$\sigma_x A = \sigma_1 l_1 A l_1 + \sigma_2 l_2 A l_2 + \sigma_3 l_3 A l_3$$

式中　A——$\triangle BCD$ 的面积。

消去 A,得

$$\sigma_x = \sigma_1 l_1^2 + \sigma_2 l_2^2 + \sigma_3 l_3^2 \quad (11-22\text{a})$$

同理

$$\sigma_y = \sigma_1 m_1^2 + \sigma_2 m_2^2 + \sigma_3 m_3^2 \quad (11-22\text{b})$$

$$\sigma_z = \sigma_1 n_1^2 + \sigma_2 n_2^2 + \sigma_3 n_3^2 \quad (11-22\text{c})$$

把这三个式子加起来,得

$$\sigma_x + \sigma_y + \sigma_z = \sigma_1 + \sigma_2 + \sigma_3 \quad (11-23)$$

此式说明,作用在过同一点任意三个互相垂直面的三个法向应力值的总和不随这些面的方位而改变。在运动着的黏性流体里,三个方向的法向应力是不一定相等的,但其和为常数,我们令此和为 $-3p_\text{m}$,即

$$p_\text{m} = -\frac{1}{3}(\sigma_x + \sigma_y + \sigma_z) \quad (11-24)$$

定义 p_m 为流场中任意一点的平均压强。因为三法向应力值的总和不随它们作用面的方位而改变,所以 p_m 仅是点的坐标和时间的函数。

为了确定 τ_{xy} 与 σ_1、σ_2、σ_3 的关系,我们考察 y 轴方向,根据表 11-1,y 轴在 $Px'y'z'$ 坐标系上的方向余弦是 m_1、m_2、m_3,则

$$A\tau_{xy} = \sigma_1 l_1 A m_1 + \sigma_2 l_2 A m_2 + \sigma_3 l_3 A m_3$$

消去 A,得

$$\tau_{xy} = \sigma_1 l_1 m_1 + \sigma_2 l_2 m_2 + \sigma_3 l_3 m_3 \tag{11-25a}$$

同理

$$\tau_{yz} = \sigma_1 m_1 n_1 + \sigma_2 m_2 n_2 + \sigma_3 m_3 n_3 \tag{11-25b}$$

$$\tau_{zx} = \sigma_1 n_1 l_1 + \sigma_2 n_2 l_2 + \sigma_3 n_3 l_3 \tag{11-25c}$$

这样，任意坐标系上 P 点的六个应力分量都用主应力表达出来了。将(11-16)式代入(11-22)式，(11-22)式中的第一式变为

$$\sigma_x = (l_1^2 + l_2^2 + l_3^2)(-p + \lambda \mathrm{div} \boldsymbol{V}) + K\left(l_1^2 \frac{\partial V_x'}{\partial x'} + l_2^2 \frac{\partial V_y'}{\partial y'} + l_3^2 \frac{\partial V_z'}{\partial z'}\right)$$

根据矢量代数知识即 $l_1^2 + l_2^2 + l_3^2 = 1$ 和(11-18)式中的第一式，上式改写为

$$\sigma_x = -p + \lambda \mathrm{div} \boldsymbol{V} + K \frac{\partial V_x}{\partial x} \tag{11-26a}$$

同理

$$\sigma_y = -p + \lambda \mathrm{div} \boldsymbol{V} + K \frac{\partial V_y}{\partial y} \tag{11-26b}$$

$$\sigma_z = -p + \lambda \mathrm{div} \boldsymbol{V} + K \frac{\partial V_z}{\partial z} \tag{11-26c}$$

将式(11-16)代入式(11-25)，式(11-25)中的第一式变为

$$\tau_{xy} = (l_1 m_1 + l_2 m_2 + l_3 m_3)(-p + \lambda \mathrm{div} \boldsymbol{V})$$

$$+ K\left(l_1 m_1 \frac{\partial V_x'}{\partial x'} + l_2 m_2 \frac{\partial V_y'}{\partial y'} + l_3 m_3 \frac{\partial V_z'}{\partial z'}\right)$$

根据矢量代数知识 $l_1 m_1 + l_2 m_2 + l_3 m_3 = 0$ 和(11-19)式中的第三式，上式改写为

$$\tau_{xy} = K\gamma_z = K \frac{1}{2}\left(\frac{\partial V_y}{\partial x} + \frac{\partial V_x}{\partial y}\right) \tag{11-27a}$$

同理

$$\tau_{yz} = K\gamma_x = K \frac{1}{2}\left(\frac{\partial V_z}{\partial y} + \frac{\partial V_y}{\partial z}\right) \tag{11-27b}$$

$$\tau_{zx} = K\gamma_y = K \frac{1}{2}\left(\frac{\partial V_x}{\partial z} + \frac{\partial V_z}{\partial x}\right) \tag{11-27c}$$

在第一章中讨论流体的黏性性质时，我们曾介绍过牛顿内摩擦定律。该定律说明，当黏性流体作直线层状运动时，两流体层间的切应力与层间速度梯度成正比，即

$$\tau_{yx} = \mu \frac{\mathrm{d}V_x}{\mathrm{d}y} \tag{11-28}$$

式中 μ——动力黏性系数，取决于流体的物理性质。

由切应力互等定律和(11-27)式中的第一式，得

$$\tau_{yz} = \tau_{xy} = K\gamma_z = K \frac{1}{2}\left(\frac{\partial V_y}{\partial x} + \frac{\partial V_x}{\partial y}\right)$$

如果流动只有 V_x 一个方向的速度，$V_x = V_x(y)$，其它两个分速都是零，则上式可改写为

$$\tau_{yx} = \frac{K}{2}\left(\frac{\mathrm{d}V_x}{\mathrm{d}y}\right) \tag{11-29}$$

因为系数 K 与流体的运动形态无关，仅取决于流体的物理性质。将(11-29)式与(11-28)式加以比较，我们看到

$$K = 2\mu \tag{11-30}$$

将(11-30)式代入(11-26)式和(11-27)式，得

$$\left.\begin{aligned}\sigma_x &= -p + \lambda \operatorname{div} \boldsymbol{V} + 2\mu \frac{\partial V_x}{\partial x} \\ \sigma_y &= -p + \lambda \operatorname{div} \boldsymbol{V} + 2\mu \frac{\partial V_y}{\partial y} \\ \sigma_z &= -p + \lambda \operatorname{div} \boldsymbol{V} + 2\mu \frac{\partial V_z}{\partial z}\end{aligned}\right\} \tag{11-31}$$

$$\left.\begin{aligned}\tau_{xy} &= \mu\left(\frac{\partial V_y}{\partial x} + \frac{\partial V_x}{\partial y}\right) \\ \tau_{yz} &= \mu\left(\frac{\partial V_z}{\partial y} + \frac{\partial V_y}{\partial z}\right) \\ \tau_{zx} &= \mu\left(\frac{\partial V_x}{\partial z} + \frac{\partial V_z}{\partial x}\right)\end{aligned}\right\} \tag{11-32}$$

(11-31)式和(11-32)式建立了应力与变形率之间的一般关系式，此关系式称为广义的牛顿黏性应力公式，它是黏性流体力学的理论基础。

将(11-31)式的三个分式相加，则得

$$\sigma_x + \sigma_y + \sigma_z = -3p + (3\lambda + 2\mu)\operatorname{div}\boldsymbol{V}$$

或写成

$$\frac{1}{3}(\sigma_x + \sigma_y + \sigma_z) = -p + \left(\lambda + \frac{2}{3}\mu\right)\operatorname{div}\boldsymbol{V}$$

即

$$-p_\mathrm{m} = -p + \left(\lambda + \frac{2}{3}\mu\right)\operatorname{div}\boldsymbol{V}$$

或

$$p - p_\mathrm{m} = \left(\lambda + \frac{2}{3}\mu\right)\operatorname{div}\boldsymbol{V} = -\left(\lambda + \frac{2}{3}\mu\right)\frac{1}{\rho}\frac{\mathrm{D}\rho}{\mathrm{D}t} \tag{11-33}$$

对于不可压缩流体，$\operatorname{div}\boldsymbol{V} = 0$，$p_\mathrm{m} = p$。
对于可压缩流体，p_m 与 p 相差一个和体积膨胀率 $\operatorname{div}\boldsymbol{V}$（或密度变化率）成正比的量。
令

$$\mu' = \lambda + \frac{2}{3}\mu \tag{11-34}$$

式中 μ'——第二黏性系数或体变形黏性系数,则

$$\lambda = \mu' - \frac{2}{3}\mu \tag{11-35}$$

斯托克斯假设为

$$\mu' = 0 \tag{11-36}$$

显然,这相当于假设 $p_m = p$。

实际上,对于绝大多数气体和液体的真实流动都可以认为 $\mu' = 0$,但是在像激波层这样的区域中,由于 $\mu'\frac{1}{\rho}\frac{D\rho}{Dt}$ 与 ρ 相比可能是同量级的,此时就不能再假定 $\mu' = 0$,因此,也就不能认为 p 与 p_m 相等。

本章将采用 $\mu' = 0$ 的假设,即认为

$$\lambda = -\frac{2}{3}\mu \tag{11-37}$$

将(11-37)式代入(11-31)式,则得

$$\left.\begin{array}{l} \sigma_x = -p - \dfrac{2}{3}\mu \operatorname{div} \boldsymbol{V} + 2\mu \dfrac{\partial V_x}{\partial x} \\[6pt] \sigma_y = -p - \dfrac{2}{3}\mu \operatorname{div} \boldsymbol{V} + 2\mu \dfrac{\partial V_y}{\partial y} \\[6pt] \sigma_z = -p - \dfrac{2}{3}\mu \operatorname{div} \boldsymbol{V} + 2\mu \dfrac{\partial V_z}{\partial z} \end{array}\right\} \tag{11-38}$$

(五)黏性流体的运动微分方程式

将(11-32)式、(11-38)式代入(11-11)式,并注意到切应力互等定律,则得

$$\left.\begin{array}{l} \dfrac{DV_x}{Dt} = X - \dfrac{1}{\rho}\dfrac{\partial p}{\partial x} + \dfrac{1}{\rho}\dfrac{\partial}{\partial x}\left[\mu\left(2\dfrac{\partial V_x}{\partial x} - \dfrac{2}{3}\operatorname{div}\boldsymbol{V}\right)\right] \\[4pt] \quad + \dfrac{1}{\rho}\dfrac{\partial}{\partial y}\left[\mu\left(\dfrac{\partial V_x}{\partial y} + \dfrac{\partial V_y}{\partial x}\right)\right] + \dfrac{1}{\rho}\dfrac{\partial}{\partial z}\left[\mu\left(\dfrac{\partial V_z}{\partial x} + \dfrac{\partial V_x}{\partial z}\right)\right] \\[6pt] \dfrac{DV_y}{Dt} = Y - \dfrac{1}{\rho}\dfrac{\partial p}{\partial y} + \dfrac{1}{\rho}\dfrac{\partial}{\partial y}\left[\mu\left(2\dfrac{\partial V_y}{\partial y} - \dfrac{2}{3}\operatorname{div}\boldsymbol{V}\right)\right] \\[4pt] \quad + \dfrac{1}{\rho}\dfrac{\partial}{\partial z}\left[\mu\left(\dfrac{\partial V_y}{\partial z} + \dfrac{\partial V_z}{\partial y}\right)\right] + \dfrac{1}{\rho}\dfrac{\partial}{\partial x}\left[\mu\left(\dfrac{\partial V_x}{\partial y} + \dfrac{\partial V_y}{\partial x}\right)\right] \\[6pt] \dfrac{DV_z}{Dt} = Z - \dfrac{1}{\rho}\dfrac{\partial p}{\partial z} + \dfrac{1}{\rho}\dfrac{\partial}{\partial z}\left[\mu\left(2\dfrac{\partial V_z}{\partial z} - \dfrac{2}{3}\operatorname{div}\boldsymbol{V}\right)\right] \\[4pt] \quad + \dfrac{1}{\rho}\dfrac{\partial}{\partial x}\left[\mu\left(\dfrac{\partial V_z}{\partial x} + \dfrac{\partial V_x}{\partial z}\right)\right] + \dfrac{1}{\rho}\dfrac{\partial}{\partial y}\left[\mu\left(\dfrac{\partial V_y}{\partial z} + \dfrac{\partial V_z}{\partial y}\right)\right] \end{array}\right\} \tag{11-39}$$

此式就是黏性流体的运动微分方程式,又称为纳斯-斯托克斯(Navier-Stokes)方程,简称 N-S 方程。

当 μ = 常数,则

$$\left.\begin{aligned}\frac{DV_x}{Dt} &= X - \frac{1}{\rho}\frac{\partial p}{\partial x} + \nu \ \nabla^2 V_x + \frac{\nu}{3}\frac{\partial}{\partial x}(\text{div}\boldsymbol{V}) \\ \frac{DV_y}{Dt} &= Y - \frac{1}{\rho}\frac{\partial p}{\partial y} + \nu \ \nabla^2 V_y + \frac{\nu}{3}\frac{\partial}{\partial y}(\text{div}\boldsymbol{V}) \\ \frac{DV_z}{Dt} &= Z - \frac{1}{\rho}\frac{\partial p}{\partial z} + \nu \ \nabla^2 V_z + \frac{\nu}{3}\frac{\partial}{\partial z}(\text{div}\boldsymbol{V}) \end{aligned}\right\} \qquad (11-40)$$

如写成矢量形式,注意到 $\text{div}\boldsymbol{V} = \nabla \cdot \boldsymbol{V}$,则有

$$\frac{D\boldsymbol{V}}{Dt} = \boldsymbol{R} - \frac{1}{\rho}\nabla p + \nu \ \nabla^2 \boldsymbol{V} + \frac{\nu}{3}\nabla(\nabla \cdot \boldsymbol{V}) \qquad (11-41)$$

在 $\mu =$ 常数的条件下,N-S 方程仅有五个未知数,即 V_x、V_y、V_z、p 和 ρ。由此可见,广义牛顿应力公式在黏性流体动力学中的重要意义。

对于不可压缩流体, $\nabla \cdot \boldsymbol{V} = 0$,而且 μ 可以近似地看作常数,因此,N-S 方程可以简化为

$$\left.\begin{aligned}\frac{DV_x}{Dt} &= X - \frac{1}{\rho}\frac{\partial p}{\partial x} + \nu(\nabla^2 V_x) \\ \frac{DV_y}{Dt} &= Y - \frac{1}{\rho}\frac{\partial p}{\partial y} + \nu(\nabla^2 V_y) \\ \frac{DV_z}{Dt} &= Z - \frac{1}{\rho}\frac{\partial p}{\partial z} + \nu(\nabla^2 V_z) \end{aligned}\right\} \qquad (11-42)$$

写成矢量形式,则为

$$\frac{D\boldsymbol{V}}{Dt} = \boldsymbol{R} - \frac{1}{\rho}\nabla p + \nu \ \nabla^2 \boldsymbol{V} \qquad (11-43)$$

在许多实际问题中,应用柱坐标系 $r\theta z$ 来代替直角坐标系 xyz 更为方便。为此,我们可以将矢量形式的黏性流体运动方程(11-41)式分别投影到径向、角向和轴向三坐标轴上,即得

$$\left.\begin{aligned}\left(\frac{D\boldsymbol{V}}{Dt}\right)_r &= R_r - \frac{1}{\rho}\frac{\partial p}{\partial r} + \nu\left(\nabla^2 V_r - \frac{2}{r^2}\frac{\partial V_\theta}{\partial \theta} - \frac{V_r}{r^2}\right) + \frac{\nu}{3}\frac{\partial}{\partial r}(\nabla \cdot \boldsymbol{V}) \\ \left(\frac{D\boldsymbol{V}}{Dt}\right)_\theta &= R_\theta - \frac{1}{\rho}\frac{\partial p}{r\partial \theta} + \nu\left(\nabla^2 V_\theta + \frac{2}{r^2}\frac{\partial V_r}{\partial \theta} - \frac{V_\theta}{r^2}\right) + \frac{\nu}{3}\frac{\partial}{r\partial \theta}(\nabla \cdot \boldsymbol{V}) \\ \left(\frac{D\boldsymbol{V}}{Dt}\right)_z &= R_z - \frac{1}{\rho}\frac{\partial p}{\partial z} + \nu \ \nabla^2 V_z + \frac{\nu}{3}\frac{\partial}{\partial z}(\nabla \cdot \boldsymbol{V}) \end{aligned}\right\} \qquad (11-44)$$

式中

$$\nabla^2 = \frac{1}{r}\frac{\partial}{\partial r}\left(r\frac{\partial}{\partial r}\right) + \frac{1}{r^2}\frac{\partial^2}{\partial \theta^2} + \frac{\partial^2}{\partial z^2}$$

$$\nabla \cdot \boldsymbol{V} = \frac{1}{r}\frac{\partial}{\partial r}(rV_r) + \frac{1}{r}\frac{\partial V_\theta}{\partial \theta} + \frac{\partial V_z}{\partial z}$$

$$\left(\frac{D\boldsymbol{V}}{Dt}\right)_r = \frac{\partial V_r}{\partial t} + V_r\frac{\partial V_r}{\partial r} + \frac{V_\theta}{r}\frac{\partial V_r}{\partial \theta} - \frac{V_\theta^2}{r} + V_z\frac{\partial V_r}{\partial z}$$

$$\left(\frac{D\boldsymbol{V}}{Dt}\right)_\theta = \frac{\partial V_\theta}{\partial t} + V_r\frac{\partial V_\theta}{\partial r} + \frac{V_\theta}{r}\frac{\partial V_\theta}{\partial \theta} + \frac{V_\theta V_r}{r} + V_z\frac{\partial V_\theta}{\partial z}$$

$$\left(\frac{\mathrm{D}\boldsymbol{V}}{\mathrm{D}t}\right)_z = \frac{\partial V_z}{\partial t} + V_r\frac{\partial V_z}{\partial r} + \frac{V_\theta}{r}\frac{\partial V_z}{\partial \theta} + V_z\frac{\partial V_z}{\partial z}$$

N-S方程的推导是建立在前面所提到的一些假设的基础上的,这些假设是否正确,必须由实验来检验。在一般情况下,精确求解 N-S 方程由于巨大的数学困难而难以实现。但是,对于一些简单的情况,例如,圆管内的定常层流流动,平行平板间的定常层流流动等,它们的解是可以得到的,而这些解与实验结果完全一致。从而证明了推导 N-S 方程所用到的假设的正角性。

三、黏性流体的能量方程

当流体与固体壁面之间有传热现象时,这时流场的温度将不是均匀的,为了要确定流场中的温度分布,除连续方程、动量方程及状态方程式外,还必须建立能量方程。下面我们将根据热力学第一定律来导出黏性流体的能量方程式。

在运动的流体中,任取一体积为 $\Delta v = \mathrm{d}x\mathrm{d}y\mathrm{d}z$,质量为 $\Delta m = \rho\Delta v$ 的微元流体作为我们研究的体系(图11-9),对于该体系,热力学第一定律可写成

$$\frac{\delta Q}{\mathrm{d}t} - \frac{\delta W}{\mathrm{d}t} = \frac{\mathrm{D}E}{\mathrm{D}t} \qquad (11-45)$$

式中 $\dfrac{\delta Q}{\mathrm{d}t}$ ——单位时间内加于该体系的热量;

$\dfrac{\delta W}{\mathrm{d}t}$ ——体系单位时间内对周围所作的功,规定为正,若周围对体系作功,规定为负,此项功是由于体系边界上的表面力(法向应力和切向应力)作用的结果;

$\dfrac{\mathrm{D}E}{\mathrm{D}t}$ ——单位时间内体系总能量的变化。

下面我们分别具体讨论一下以上各项。

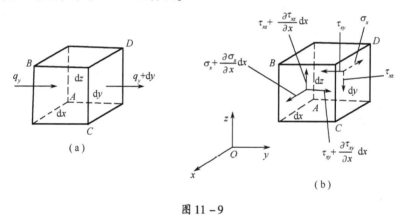

图 11-9

$\dfrac{\delta Q}{\mathrm{d}t}$:在一般情况下,可以忽略辐射传热而仅考虑热传导。因此,在 y 方向,单位时间内通过 AB 面传入微元体的热量根据傅里叶导热定律应为

$$q_y = -\left(\lambda\,\frac{\partial T}{\partial y}\right)\mathrm{d}x\mathrm{d}z$$

参看图11-9(a),通过 DC 面由微元体传出的热流量为

$$q_{y+dy} = q_y + \frac{\partial q_y}{\partial y}dy = -\lambda \frac{\partial T}{\partial y}dxdz - \frac{\partial}{\partial y}\left(\lambda \frac{\partial T}{\partial y}\right)dydxdz$$

因此,在 y 方向单位时间内净传入微元体的热流量为

$$q_y - q_{y+dy} = \frac{\partial}{\partial y}\left(\lambda \frac{\partial T}{\partial y}\right)\Delta v$$

同理,在 x 方向单位时间内净传入微元体的热流量为

$$\frac{\partial}{\partial x}\left(\lambda \frac{\partial T}{\partial x}\right)\Delta v$$

在 z 方向单位时间内净传入微元体的热流量为

$$\frac{\partial}{\partial z}\left(\lambda \frac{\partial T}{\partial z}\right)\Delta v$$

因此,单位时间内净传入微元体的热流量为

$$\frac{\delta Q}{dt} = \Delta v \left[\frac{\partial}{\partial x}\left(\lambda \frac{\partial T}{\partial x}\right) + \frac{\partial}{\partial y}\left(\lambda \frac{\partial T}{\partial y}\right) + \frac{\partial}{\partial z}\left(\lambda \frac{\partial T}{\partial z}\right)\right] \quad (11-46)$$

$\frac{DE}{Dt}$:微元体总能量的变化率,为

$$\frac{DE}{Dt} = \rho \Delta v \left[\frac{Du}{Dt} + \frac{1}{2}\frac{D}{Dt}(V_x^2 + V_y^2 + V_z^2)\right] \quad (11-47)$$

式中　E——微元体的总能量;
　　　u——单位质量流体的内能;
　　　$\frac{1}{2}(V_x^2 + V_y^2 + V_z^2) = \frac{1}{2}V^2$——单位质量流体的动能。

式中略去了在重力场中移动时所产生的位能变化。

$\frac{\delta W}{dt}$:参看图 11-9(b),我们首先考虑在 x 方向由于法向应力单位时间内周围对体系所作的功

$$\delta \dot{W}_{ax} = \frac{\delta W_{ax}}{dt} = -dydz\left[-V_x\sigma_x + \left(V_x + \frac{\partial V_x}{\partial x}dx\right)\left(\sigma_x + \frac{\partial \sigma_x}{\partial x}dx\right)\right] = -\Delta v \frac{\partial}{\partial x}(V_x\sigma_x)$$

式中的负号是按照(11-45)式的符号规定,周围对体系作功为负。

仿此,我们可以求出作用于微元体六个面上所有法向应力及切向应力在单位时间内所作的净功为

$$\delta \dot{W} = \frac{\delta W}{dt} = -\Delta v \left[\frac{\partial}{\partial x}(V_x\sigma_x + V_y\tau_{xy} + V_z\tau_{xz}) + \frac{\partial}{\partial y}(V_x\tau_{yz} + V_y\sigma_y + V_z\tau_{yz})\right.$$
$$\left. + \frac{\partial}{\partial z}(V_x\tau_{zx} + V_y\tau_{zy} + V_z\sigma_z)\right] \quad (11-48)$$

将(11-48)式右端展开,可将 $\delta \dot{W}$ 分为两部分,即

$$\delta \dot{W} = -\Delta v \left\{ \left[V_x \left(\frac{\partial \sigma_x}{\partial x} + \frac{\partial \tau_{yx}}{\partial y} + \frac{\partial \tau_{zx}}{\partial z} \right) + V_y \left(\frac{\partial \tau_{xy}}{\partial x} + \frac{\partial \sigma_y}{\partial y} + \frac{\partial \tau_{zy}}{\partial z} \right) \right. \right.$$
$$+ V_z \left(\frac{\partial \tau_{xz}}{\partial x} + \frac{\partial \tau_{yz}}{\partial y} + \frac{\partial \sigma_z}{\partial z} \right) \right] + \left[\sigma_x \frac{\partial V_x}{\partial x} + \sigma_y \frac{\partial V_y}{\partial y} + \sigma_z \frac{\partial V_z}{\partial z} \right.$$
$$\left. \left. + \tau_{xy} \frac{\partial V_y}{\partial x} + \tau_{yx} \frac{\partial V_x}{\partial y} + \tau_{xz} \frac{\partial V_z}{\partial x} + \tau_{zx} \frac{\partial V_x}{\partial z} + \tau_{zy} \frac{\partial V_y}{\partial z} + \tau_{yz} \frac{\partial V_z}{\partial y} \right] \right\} \quad (11-49)$$

式中右端第一个方括号中各项是表面应力和速度(单位时间的位移)的乘积,它表示单位时间内单位体积的流体在表面应力(法向应力及切向应力)的推动下的位移功。将(11-11)式的第一式两端同乘以 V_x,第二式两端同乘以 V_y,第三式两端同乘以 V_z,然后将三式相加,则得

$$\rho \frac{\mathrm{D}}{\mathrm{D}t} \left(\frac{V^2}{2} \right) = V_x \left(\frac{\partial \sigma_x}{\partial x} + \frac{\partial \tau_{yz}}{\partial y} + \frac{\partial \tau_{zx}}{\partial z} \right) + V_y \left(\frac{\partial \tau_{xy}}{\partial x} + \frac{\partial \sigma_y}{\partial y} + \frac{\partial \tau_{zy}}{\partial z} \right)$$
$$+ V_z \left(\frac{\partial \tau_{xz}}{\partial x} + \frac{\partial \tau_{yz}}{\partial y} + \frac{\partial \sigma_z}{\partial z} \right) \quad (11-50)$$

由上式可见,单位时间内单位体积流体动能的变化是由于表面应力所作的位移功而产生的。

(11-49)式中右端第二个方括号中各项是表面应力和变形率的乘积,因此,它是表示和微元体变形(体积和形状的改变)有关的功。注意到(11-32)式、(11-38)式,它可以展开成:

$$\sigma_x \frac{\partial V_x}{\partial x} + \sigma_y \frac{\partial V_y}{\partial y} + \sigma_z \frac{\partial V_z}{\partial z} + \tau_{xy} \frac{\partial V_y}{\partial x} + \tau_{yx} \frac{\partial V_x}{\partial y} + \tau_{xz} \frac{\partial V_z}{\partial x} + \tau_{zx} \frac{\partial V_x}{\partial z} + \tau_{zy} \frac{\partial V_y}{\partial z}$$
$$+ \tau_{yz} \frac{\partial V_z}{\partial y} = -p \left(\frac{\partial V_x}{\partial x} + \frac{\partial V_y}{\partial y} + \frac{\partial V_z}{\partial z} \right) - \frac{2}{3} \mu \mathrm{div} V \left(\frac{\partial V_x}{\partial x} + \frac{\partial V_y}{\partial y} \right.$$
$$\left. + \frac{\partial V_z}{\partial z} \right) + 2\mu \left[\left(\frac{\partial V_x}{\partial x} \right)^2 + \left(\frac{\partial V_y}{\partial y} \right)^2 + \left(\frac{\partial V_z}{\partial z} \right)^2 \right] + \mu \left(\frac{\partial V_y}{\partial x} + \frac{\partial V_x}{\partial y} \right)^2$$
$$+ \mu \left(\frac{\partial V_x}{\partial z} + \frac{\partial V_z}{\partial x} \right)^2 + \mu \left(\frac{\partial V_z}{\partial y} + \frac{\partial V_y}{\partial z} \right)^2 \quad (11-51)$$

式中右端由两部分组成,第一部分是

$$p \mathrm{div} V = \frac{p}{v} \frac{\mathrm{D}v}{\mathrm{D}t} = p\rho \frac{\mathrm{D}}{\mathrm{D}t} \left(\frac{1}{\rho} \right) \quad (11-52)$$

它表示单位时间内单位体积流体在压强 p 的作用下所作的膨胀功(或压缩功),即与体积变化有关的功。

(11-51)式右端的第二部分表示单位时间内单位体积流体在改变体积和改变形状的过程中黏性应力所作的功,记为

$$\Phi = -\frac{2}{3} \mu \left(\frac{\partial V_x}{\partial x} + \frac{\partial V_y}{\partial y} + \frac{\partial V_z}{\partial z} \right)^2 + 2\mu \left[\left(\frac{\partial V_x}{\partial x} \right)^2 + \left(\frac{\partial V_y}{\partial y} \right)^2 + \left(\frac{\partial V_z}{\partial z} \right)^2 \right]$$
$$+ \mu \left(\frac{\partial V_y}{\partial x} + \frac{\partial V_x}{\partial y} \right)^2 + \mu \left(\frac{\partial V_x}{\partial z} + \frac{\partial V_z}{\partial x} \right)^2 + \mu \left(\frac{\partial V_z}{\partial y} + \frac{\partial V_y}{\partial z} \right)^2 \quad (11-53)$$

Φ 称为耗散函数。这是由于流体存在黏性,克服黏性力所消耗的机械能,将不可逆地转化为热能而耗散掉了。

将(11-53)式重新整理一下,又可写为

$$\Phi = \frac{2}{3}\mu\left[\left(\frac{\partial V_x}{\partial x} - \frac{\partial V_y}{\partial y}\right)^2 + \left(\frac{\partial V_y}{\partial y} - \frac{\partial V_z}{\partial z}\right)^2 + \left(\frac{\partial V_z}{\partial z} - \frac{\partial V_x}{\partial x}\right)^2\right]$$
$$+ \mu\left[\left(\frac{\partial V_y}{\partial x} + \frac{\partial V_x}{\partial y}\right)^2 + \left(\frac{\partial V_y}{\partial z} + \frac{\partial V_z}{\partial y}\right)^2 + \left(\frac{\partial V_z}{\partial x} + \frac{\partial V_x}{\partial z}\right)^2\right]$$

由上式可见,对于任何流动,Φ 不为负,即 $\Phi \geq 0$。黏性应力所作的功,即耗散函数 Φ 总是使流体的内能增加。

在一般情况下,Φ 可以忽略,而不致对流体的温度场有多大的影响,只有在超声速附面层中,Φ 的影响才变得十分重要。

将(11-53)式代入(11-51)式,则得

$$\sigma_x \frac{\partial V_x}{\partial x} + \sigma_y \frac{\partial V_y}{\partial y} + \sigma_z \frac{\partial V_z}{\partial z} + \tau_{xy}\frac{\partial V_y}{\partial x} + \tau_{yx}\frac{\partial V_x}{\partial y} + \tau_{xz}\frac{\partial V_z}{\partial x} + \tau_{zx}\frac{\partial V_x}{\partial z}$$
$$+ \tau_{zy}\frac{\partial V_y}{\partial z} + \tau_{yz}\frac{\partial V_z}{\partial y} = -p\,\mathrm{div}\,V + \Phi \tag{11-54}$$

将(11-50)式、(11-54)式、(11-52)式代入(11-49)式,然后将所得结果和(11-46)式、(11-47)式一起代入(11-45)式,经整理化简后,并设导热系数 λ 为常数,则得

$$\rho\left[\frac{\mathrm{D}u}{\mathrm{D}t} + p\frac{\mathrm{D}}{\mathrm{D}t}\left(\frac{1}{\rho}\right)\right] = \lambda \nabla^2 T + \Phi \tag{11-55}$$

(11-55)式说明,单位时间内外界加给体系(单位体积)的热流量和黏性力对体系所作之功,用于该体系内能的增加和所作的膨胀功上。

对于完全气体,由热力学公式

$$T\frac{\mathrm{D}s}{\mathrm{D}t} = \frac{\mathrm{D}u}{\mathrm{D}t} + p\frac{\mathrm{D}}{\mathrm{D}t}\left(\frac{1}{\rho}\right) \tag{11-56}$$

$$\frac{\mathrm{D}h}{\mathrm{D}t} = \frac{\mathrm{D}u}{\mathrm{D}t} + p\frac{\mathrm{D}}{\mathrm{D}t}\left(\frac{1}{\rho}\right) + \frac{1}{\rho}\frac{\mathrm{D}p}{\mathrm{D}t} \tag{11-57}$$

可以把(11-55)式改写成用熵 s 或焓 h 表示的形式,即

$$\rho T\frac{\mathrm{D}s}{\mathrm{D}t} = \Phi + \lambda \nabla^2 T \tag{11-58}$$

$$\rho\frac{\mathrm{D}h}{\mathrm{D}t} = \frac{\mathrm{D}p}{\mathrm{D}t} + \Phi + \lambda \nabla^2 T \tag{11-59}$$

注意到

$$\mathrm{D}u = C_v \mathrm{D}T \tag{11-60}$$
$$\mathrm{D}h = C_p \mathrm{D}T \tag{11-61}$$

故(11-55)式和(11-59)式又可以分别改写成用温度 T 表示的形式,即

$$\rho C_v \frac{\mathrm{D}T}{\mathrm{D}t} = -p\nabla \cdot V + \Phi + \lambda \nabla^2 T \tag{11-62}$$

$$\rho C_p \frac{\mathrm{D}T}{\mathrm{D}t} = \frac{\mathrm{D}p}{\mathrm{D}t} + \Phi + \lambda \nabla^2 T \tag{11-63}$$

四、初始条件与边界条件

由上面的讨论,我们已经得到黏性流体动力学问题的基本方程组。要使方程组获得唯一解,必须给定初始条件和边界条件。

(一) 初始条件

在初始时刻,方程组的解应该等于该时刻给定的函数值。在数学上可以表示为

在 $t = t_0$ 时,有

$$\left. \begin{array}{l} \boldsymbol{V}(x,y,z,t_0) = \boldsymbol{V}_0(x,y,z) \\ p(x,y,z,t_0) = p_0(x,y,z) \\ \rho(x,y,z,t_0) = \rho_0(x,y,z) \\ T(x,y,z,t_0) = T_0(x,y,z) \end{array} \right\} \quad (11-64)$$

式中,$\boldsymbol{V}_0(x,y,z)$,$p_0(x,y,z)$,$\rho_0(x,y,z)$,$T_0(x,y,z)$ 是 t_0 时刻的已知函数。

(二) 边界条件

在运动流体的边界上,方程组的解所应满足的条件称为边界条件。边界条件随具体问题而定,一般来讲可能有以下几种情况:固体壁面(包括可渗透壁面)上的边界条件;不同流体的分界面(包括自由液面、气液界面、液液界面)上的边界条件;无限远或管道进出口外的边界条件等。下面只写出流体与固体接触面上的边界条件。

当固体壁面不可渗透时,黏性流体质点将黏附于固体壁面上,即满足所谓无滑移条件。此时

$$\boldsymbol{V}_\mathrm{f} = \boldsymbol{V}_\mathrm{w} \quad (11-65)$$

$\boldsymbol{V}_\mathrm{f}$ 与 $\boldsymbol{V}_\mathrm{w}$ 是在固体壁面处流体的速度与固体壁面运动的速度。对于静止的固体壁面,则

$$\boldsymbol{V}_\mathrm{f} = 0 \quad (11-66)$$

除上述流动边界条件外,还可以写出温度边界条件,即所谓无突跃条件。可以给出

$$T_\mathrm{f} = T_\mathrm{w} \quad (11-67)$$

T_f 与 T_w 是在固体壁面处流体的温度与固体壁面的温度。

如果固体壁面是可渗透的,则需根据具体的渗透速度来确定其边界条件。

§11-3 流体动力学的相似律

对于黏性流体的流动,如果问题较为复杂,往往不容易完全用数学方法来处理,需要借助于实验。在某些情况下可以进行原型实验,而在另一些情况下,可能受到种种条件的限制,例如原型尺寸太大或太小等,则必须进行模型试验。为了从模型试验的结果能定量地得出原型的流动情况,模型与原型之间必须保持流体动力学相似。例如,我们在风洞中进行某一机翼绕流的模拟试验,需要知道模型尺寸和实验条件应如何选择才能使机翼与模型所产生的流动相似?如何将试验所测得的数据转换到实际机翼的绕流中去。因此,这就必须研究黏性流体动力学的相似律。

一、流体动力学相似的概念

两个相似的流体运动现象只有在几何形状相似的体系中才会发生。因此,几何相似是流

体运动相似的前提。几何相似是指流动具有相同的几何形状,并且一切相互对应的线性尺寸的比例均相等,即

$$\frac{(l_1)_2}{(l_1)_1} = \frac{(l_2)_2}{(l_2)_1} = \cdots = C_l \tag{11-68}$$

式中 $(l_1)_1$、$(l_2)_1 \cdots$——第一流动的几何线性尺寸;
$(l_1)_2$、$(l_2)_2 \cdots$——第二流动相对应的几何线性尺寸;
C_l——比例常数。

(11-68)式就是几何相似的第一表示式。这种关系式还可以写成另一种形式。

设 L_1、L_2 分别表示第一体系和第二体系的特征尺寸。例如,在物体绕流的流场中可取物体的长度作为特征尺寸,在管流中可取管径作为特征尺寸等。则由(11-68)式可得

$$\left. \begin{array}{c} \dfrac{(l_1)_1}{L_1} = \dfrac{(l_1)_2}{L_2} \\ \dfrac{(l_2)_1}{L_1} = \dfrac{(l_2)_2}{L_2} \\ \vdots \end{array} \right\} \tag{11-69}$$

在分析相似现象时,只有对同类的量才能加以比较。而且也仅仅限于空间中相对应的各点和时间上相对应的瞬时,所谓同类的量是指具有同样的物理意义的量,它们必然具有同样的量纲。在几何形状相似的体系里,凡是坐标满足下列条件的

$$\frac{x_2}{x_1} = \frac{y_2}{y_1} = \frac{z_2}{z_1} = C_l$$

或

$$\frac{x_1}{L_1} = \frac{x_2}{L_2}, \frac{y_1}{L_1} = \frac{y_2}{L_2}, \frac{z_1}{L_1} = \frac{z_2}{L_2}$$

都叫做相对应的点。时间上,如果从同一开始瞬时算起,发生相似变化的两个瞬时满足

$$\frac{t_2}{t_1} = C_t (常数)$$

或

$$\frac{t_1}{(T_c)_1} = \frac{t_2}{(T_c)_2}$$

($(T_c)_1$、$(T_c)_2$ 分别表示第一流动和第二流动的特征时间)就叫做相对应的瞬时。

两个物理现象之间的相似,就意味着用来说明那两个现象性质的一切量之间的相似。对流体运动的体系来说,一切物理量都可以构成"场",如速度场、压强场、密度场等等,因此,两个流体运动体系的相似就包括各该场的相似。它们的数学表达式如下

$$\frac{V_2}{V_1} = C_v, \quad \frac{p_2}{p_1} = C_p, \quad \frac{\rho_2}{\rho_1} = C_\rho, \cdots$$

这也说是说,在空间中相对应的各点和在时间上相对应的瞬时,第一流动的任何一种物理量 φ_1 是和第二流动的同类量 φ_2 成比例的,即

$$\frac{\varphi_2}{\varphi_1} = C_\varphi \tag{11-70}$$

比例系数 C_φ 称为相似常数或相似倍数，它的大小与坐标和时间都无关。

和几何相似一样，(11-70) 式也可以写成另一种形式，即

$$\frac{\varphi_1}{(\varphi_c)_1} = \frac{\varphi_2}{(\varphi_c)_2} \tag{11-71}$$

式中 $(\varphi_c)_1$、$(\varphi_c)_2$——表示第一流动和第二流动的任一物理量的特征量。

(11-71) 式表明，对于两个力学相似的流动，除几何相似外，在所有空间点上，在对应瞬时，描述现象的任何一个无量纲物理量都相等。

换句话说，如果在两个几何相似的流体运动体系中，在所有空间点上，在对应瞬时，描述现象的任何一个无量纲物理量都相等，则称这两个流体运动体系为力学相似。

二、两种流动力学相似的充分和必要条件

我们以黏性不可压缩等温流体绕流物体为例来说明两种流动力学相似的充分和必要条件。为此，我们首先将描述流动现象的微分方程组及初始条件和边界条件无量纲化。取直角坐标系，并设质量力是重力，重力方向沿 z 轴的负方向，则黏性不可压缩等温流体运动的微分方程组及初边条件具有下列形式

$$\left.\begin{array}{l}\dfrac{\partial V_x}{\partial x} + \dfrac{\partial V_y}{\partial y} + \dfrac{\partial V_z}{\partial z} = 0 \\[6pt] \dfrac{\partial V_x}{\partial t} + V_x \dfrac{\partial V_x}{\partial x} + V_y \dfrac{\partial V_x}{\partial y} + V_z \dfrac{\partial V_x}{\partial z} = -\dfrac{1}{\rho}\dfrac{\partial p}{\partial x} + \dfrac{\mu}{\rho}\left(\dfrac{\partial^2 V_x}{\partial x^2} + \dfrac{\partial^2 V_x}{\partial y^2} + \dfrac{\partial^2 V_x}{\partial z^2}\right) \\[6pt] \dfrac{\partial V_y}{\partial t} + V_x \dfrac{\partial V_y}{\partial x} + V_y \dfrac{\partial V_y}{\partial y} + V_z \dfrac{\partial V_y}{\partial z} = -\dfrac{1}{\rho}\dfrac{\partial p}{\partial y} + \dfrac{\mu}{\rho}\left(\dfrac{\partial^2 V_y}{\partial x^2} + \dfrac{\partial^2 V_y}{\partial y^2} + \dfrac{\partial^2 V_y}{\partial z^2}\right) \\[6pt] \dfrac{\partial V_z}{\partial t} + V_x \dfrac{\partial V_z}{\partial x} + V_y \dfrac{\partial V_z}{\partial y} + V_z \dfrac{\partial V_z}{\partial z} = -g - \dfrac{1}{\rho}\dfrac{\partial p}{\partial z} + \dfrac{\mu}{\rho}\left(\dfrac{\partial^2 V_z}{\partial x^2} + \dfrac{\partial^2 V_z}{\partial y^2} + \dfrac{\partial^2 V_z}{\partial z^2}\right)\end{array}\right\} \tag{11-72}$$

边界条件为：

(1) 在物体壁面上 $\quad V = 0$
(2) 在无穷远处 $\quad V = V_\infty$ $\left.\right\}$ (11-73)

初始条件为：

在 $t = t_0$ 时，有 $\left.\begin{array}{l} V_x = V_{x0}(x,y,z) \\ V_y = V_{y0}(x,y,z) \\ V_z = V_{z0}(x,y,z) \\ p = p_0(x,y,z) \end{array}\right\}$ (11-74)

引进特征时间 T_c、特征长度 L、特征速度 V_c 和特征压强 P_c。将时间、坐标、压强及速度除以相应的特征量，得到无量纲的时间 ($\bar{t}$)、坐标 ($\bar{x}$、$\bar{y}$、$\bar{z}$)、压强 ($\bar{p}$) 及速度 ($\bar{V}_x$、$\bar{V}_y$、$\bar{V}_z$)，有量纲量和无量纲量之间的关系如下：

$$t = T_c \bar{t}, x = L\bar{x}, y = L\bar{y}, z = L\bar{z} \\ V_z = V_c \bar{V}_x, V_y = V_c \bar{V}_y, V_z = V_c \bar{V}_z, p = P_c \bar{p} \Bigg\} \quad (11-75)$$

将(11-75)式代入(11-72)式、(11-73)式及(11-74)式中去,我们得到下列无量纲形式的微分方程组及初边条件

$$\left. \begin{aligned} & \frac{\partial \bar{V}_x}{\partial \bar{x}} + \frac{\partial \bar{V}_y}{\partial \bar{y}} + \frac{\partial \bar{V}_z}{\partial \bar{z}} = 0 \\ & \left(\frac{L}{V_c T_c}\right) \frac{\partial \bar{V}_x}{\partial \bar{t}} + \bar{V}_x \frac{\partial \bar{V}_x}{\partial \bar{x}} + \bar{V}_y \frac{\partial \bar{V}_x}{\partial \bar{y}} + \bar{V}_z \frac{\partial \bar{V}_x}{\partial \bar{z}} \\ & = -\frac{P_c}{\rho V_c^2} \frac{\partial \bar{p}}{\partial \bar{x}} + \frac{1}{\frac{\rho V_c L}{\mu}} \left(\frac{\partial^2 \bar{V}_x}{\partial \bar{x}^2} + \frac{\partial^2 \bar{V}_x}{\partial \bar{y}^2} + \frac{\partial^2 \bar{V}_x}{\partial \bar{z}^2} \right) \\ & \left(\frac{L}{V_c T_c}\right) \frac{\partial \bar{V}_y}{\partial \bar{t}} + \bar{V}_x \frac{\partial \bar{V}_y}{\partial \bar{x}} + \bar{V}_y \frac{\partial \bar{V}_y}{\partial \bar{y}} + \bar{V}_z \frac{\partial \bar{V}_y}{\partial \bar{z}} \\ & = -\frac{P_c}{\rho V_c^2} \frac{\partial \bar{p}}{\partial \bar{y}} + \frac{1}{\frac{\rho V_c L}{\mu}} \left(\frac{\partial^2 \bar{V}_y}{\partial \bar{x}^2} + \frac{\partial^2 \bar{V}_y}{\partial \bar{y}^2} + \frac{\partial^2 \bar{V}_y}{\partial \bar{z}^2} \right) \\ & \left(\frac{L}{V_c T_c}\right) \frac{\partial \bar{V}_z}{\partial \bar{t}} + \bar{V}_x \frac{\partial \bar{V}_z}{\partial \bar{x}} + \bar{V}_y \frac{\partial \bar{V}_z}{\partial \bar{y}} + \bar{V}_z \frac{\partial \bar{V}_z}{\partial \bar{z}} \\ & = \frac{1}{\frac{V_c^2}{gL}} - \frac{P_c}{\rho V_c^2} \frac{\partial \bar{p}}{\partial \bar{z}} + \frac{1}{\frac{\rho V_c L}{\mu}} \left(\frac{\partial^2 \bar{V}_z}{\partial \bar{x}^2} + \frac{\partial^2 \bar{V}_z}{\partial \bar{y}^2} + \frac{\partial^2 \bar{V}_z}{\partial \bar{z}^2} \right) \end{aligned} \right\} \quad (11-76)$$

边界条件为:

(1) 在物体壁面上 $\quad \bar{V} = 0$

(2) 在无穷远处 $\quad \bar{V} = \dfrac{V_\infty}{V_c}$ $\quad (11-77)$

初始条件为:

在 $\bar{t} = \bar{t}_0$ 时,有

$$\left. \begin{aligned} \bar{V}_x &= \bar{V}_{x0}(\bar{x}, \bar{y}, \bar{z}) \\ \bar{V}_y &= \bar{V}_{y0}(\bar{x}, \bar{y}, \bar{z}) \\ \bar{V}_z &= \bar{V}_{z0}(\bar{x}, \bar{y}, \bar{z}) \\ \bar{p} &= \bar{p}_0(\bar{x}, \bar{y}, \bar{z}) \end{aligned} \right\} \quad (11-78)$$

上述各式中由特征物理量所组成的无量纲组合数都具有一定的物理意义。

(1) $\dfrac{L}{V_c T_c}$:它是与流场的非定常性有关的数,表征局部导数和迁移导数之比,称为斯特罗哈数,用 St 表示,即

$$St = \frac{L}{V_c T_c} \tag{11-79}$$

(2) $\frac{P_c}{\rho V_c^2}$：由动量方程式知道，单位质量流体的惯性力 f_i 的量级为

$$f_i \sim V_x \frac{\partial V_x}{\partial x} \sim \frac{V_c^2}{L}$$

单位质量流体所受的压力 f_p 的量级为

$$f_p \sim \frac{1}{\rho} \frac{\partial p}{\partial x} \sim \frac{P_c}{\rho L}$$

由此可见，压力与惯性力之比的量级为

$$\frac{f_p}{f_i} \sim \frac{P_c/\rho L}{V_c^2/L} = \frac{P_c}{\rho V_c^2}$$

令

$$Eu = \frac{P_c}{\rho V_c^2} \tag{11-80}$$

Eu 称为欧拉数，它表征压力与惯性力之比。

(3) $\frac{\rho V_c L}{\mu}$：它是与黏性有关的无量纲物理量，称为雷诺数，用 Re 表示，即

$$Re = \frac{\rho V_c L}{\mu} \tag{11-81}$$

雷诺数的物理意义可说明如下，由动量方程式知道，单位质量的流体所承受的黏性力 f_μ 的量级为

$$f_\mu \sim \frac{\mu V_c}{\rho L^2}$$

于是惯性力与黏性力之比为

$$\frac{f_i}{f_\mu} \sim \frac{V_c^2/L}{\mu V_c/\rho V^2} = \frac{\rho V_c L}{\mu} = Re$$

可见，雷诺数 Re 表征惯性力与黏性力之比。

(4) $\frac{V_c^2}{gL}$：令

$$Fr = \frac{V_c^2}{gL} \tag{11-82}$$

Fr 称为弗鲁德数。由动量方程知道，Fr 表征惯性力与重力之比。

无量纲形式的微分方程组(11-76)式的解将把无量纲的因变量 $\bar{V}_x$、$\bar{V}_y$、$\bar{V}_z$、$\bar{p}$ 表示成为自变量 $\bar{x}$、$\bar{y}$、$\bar{z}$ 和 $\bar{t}$ 以及包括在微分方程和初边条件内的所有无量纲组合数的函数。在目前所考察的情形中，无量纲组合数为 Re、Eu、Fr、St。因此，解应当具有如下的形式

$$\left.\begin{array}{l}\bar{V}_x = \bar{V}_x(Re, Eu, Fr, St, \bar{x}, \bar{y}, \bar{z}, \bar{t}) \\ \bar{V}_y = \bar{V}_y(Re, Eu, Fr, St, \bar{x}, \bar{y}, \bar{z}, \bar{t}) \\ \bar{V}_z = \bar{V}_z(Re, Eu, Fr, St, \bar{x}, \bar{y}, \bar{z}, \bar{t}) \\ \bar{p} = \bar{p}(Re, Eu, Fr, St, \bar{x}, \bar{y}, \bar{z}, \bar{t}) \end{array}\right\} \quad (11-83)$$

显然，如果两种流动的边界几何相似，无量纲边界条件(11-77)式及初始条件(11-78)式相同，在相互对应的点上和对应的瞬时，各同名无量纲组合数均具有相同的值，即

$$Re_1 = Re_2, Eu_1 = Eu_2, Fr_1 = Fr_2, St_1 = St_2 \text{。}$$

则这两个流动所得到的无量纲形式的解必然相同。即在相互对应的点上和对应的瞬时，无量纲速度和无量纲压强都具有相同的值。

在相似理论中，把这些无量纲组合数叫做相似准则。

由此可见，流体动力学相似的必要与充分条件是：

(1) 流体边界几何相似；
(2) 包括在微分方程组内和初边条件内的各同名相似准则相等；
(3) 有相同的无量纲边界条件和初始条件。

应该指出，在实际问题中要保证两个流动的各同名相似准则都相等是难以办到的。为此，根据流动的具体条件，对某些相似准则可以不予考虑。例如，对于定常流动，局部导数为零，St 不出现；在重力可以忽略的情形下，Fr 可以删去；如果在考虑的问题中，取 $P_c = \rho V_c^2$，此时，$Eu = 1$，则 Eu 无需引进。显然，对于黏性流体的流动，最重要的相似准则是 Re。

§11-4 不可压缩黏性流体动力学的几个解析解

(11-72)式虽然构成了黏性不可压缩等温流体流动求解 p、V_x、V_y、V_z 的封闭方程组，但由于存在非线性项，求解析解很困难，只有当非线性项在某些特殊条件下可以消除时，才能较容易地求出解析解。

今以下面几个实例来说明求解析解的过程。

一、两平行平板间的定常层流流动及库艾特(Couette)流动

假定不可压黏性流体在静止的两水平的平板之间流动，设不考虑质量力，在流动中所有流体质点具有同一方向的速度（即流动是直线的）那么使 ox 轴沿着流动方向（参看图 11-10），则有

$$V_x = V, V_y = V_z = 0$$

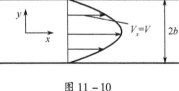

图 11-10

从不可压流体的连续性方程

$$\frac{\partial V_x}{\partial x} + \frac{\partial V_y}{\partial y} + \frac{\partial V_z}{\partial z} = 0$$

由于 $V_y = V_z = 0$，则 $\frac{\partial V_y}{\partial y} = \frac{\partial V_z}{\partial z} = 0$，故 $\frac{\partial V_x}{\partial x} = 0$，这表明速度 $V = V_x$ 沿 x 向不变。我们再作一个假定，即认为平板的横向（在 oz 轴的方向）尺寸相当的大，以致在诸平面 xoy 上流体运动可以认为实际上是相同的，这就是说，可以假定

$$\frac{\partial V_x}{\partial z}=0 \text{ 和} \frac{\partial^2 V_x}{\partial z^2}=0$$

因为所研究的运动是定常的,于是$\frac{\partial V_x}{\partial t}=0$。因此,$V_x$仅是$y$的函数。

在这些假定下,不可压黏性流体运动微分方程式大大地简化,并具有下列形式

$$0 = -\frac{1}{\rho}\frac{\partial p}{\partial x} + \nu\frac{\partial^2 V_x}{\partial y^2}$$

$$0 = -\frac{1}{\rho}\frac{\partial p}{\partial y}$$

$$0 = -\frac{1}{\rho}\frac{\partial p}{\partial z}$$

或简写为

$$\frac{\mathrm{d}p}{\mathrm{d}x} = \mu\frac{\mathrm{d}^2 V_x}{\mathrm{d}y^2} \tag{11-84}$$

边界条件为:

$$\text{当 } y = \pm b \text{ 时}, V_x = 0$$

在(11-84)式中左侧p只是x的函数,而右侧V_x只是y的函数。显然,这只有在等式两端都等于常数时才能成立。将此式第一次积分后得

$$\frac{\mathrm{d}V_x}{\mathrm{d}y} = \frac{1}{\mu}\frac{\mathrm{d}p}{\mathrm{d}x}y + C_1$$

在第二次积分后,将有

$$V_x = \frac{1}{2\mu}\frac{\mathrm{d}p}{\mathrm{d}x}y^2 + C_1 y + C_2$$

将边界条件代入上式,则得

$$C_1 = 0 \text{ 和 } C_2 = -\frac{1}{2\mu}\frac{\mathrm{d}p}{\mathrm{d}x}b^2$$

故

$$V = V_x = -\frac{1}{2\mu}\frac{\mathrm{d}p}{\mathrm{d}x}(b^2 - y^2) \tag{11-85}$$

(11-85)式指明,在所讨论的流动的横截面上,流体质点的运动速度按照抛物线规律分布(参看图11-10)。截面上的流速在中点处为最大,即

$$V_{\max} = -\frac{b^2}{2\mu}\frac{\mathrm{d}p}{\mathrm{d}x}$$

此外,从此式可得出结论:$\frac{\mathrm{d}p}{\mathrm{d}x}$应当为负值,也就是说,压强沿流动方向而降低。一段长度L上的压差是

$$\Delta p = -2\mu V_{\max}\frac{L}{b^2}$$

这种流动,各截面上的流速分布都一样,只是下游的压强必低于上游的压强。这个压差是用于克服板面的摩擦阻力的。

现在研究另一种简单的情形,设想下平板不动,上平板以匀速 U 沿 x 轴方向运动。上、下平板间距离为 h。这种流动称库艾特流。库艾特流简化后的运动微分方程与前者相同,只是边界条件不同。因而我们有

$$V = V_x = \frac{1}{2\mu}\frac{\mathrm{d}p}{\mathrm{d}x}(y^2 + C_1 y + C_2)$$

边界条件:当 $y=0$ 时,$V_x=0$;而当 $y=h$ 时,$V_x=U$。按此边界条件确定 $C_2=0, C_1 = \frac{2\mu U}{h}\frac{1}{\mathrm{d}p/\mathrm{d}x} - h$。于是

$$V = V_x = U\frac{y}{h} - \frac{h^2}{2\mu}\frac{\mathrm{d}p}{\mathrm{d}x}\frac{y}{h}\left(1 - \frac{y}{h}\right) \tag{11-86}$$

若 $\frac{\mathrm{d}p}{\mathrm{d}x}=0$,流体在上平板的黏性拖动下流动,则此时有

$$V = V_x = U\frac{y}{h} \tag{11-87}$$

这种 $\frac{\mathrm{d}p}{\mathrm{d}x}=0$ 的流动就是在第一章讨论流体黏性时曾介绍过的流动,称为简单的库艾特流或简单的剪切流。速度在 y 向的分布是一条直线。如果 $\frac{\mathrm{d}p}{\mathrm{d}x}\neq 0$,就是一般的库艾特流,它等于简单剪切流和两固体壁面之间的流动的叠加。这是因为对于两固体壁面之间的流动,若将板间的距离 $2b$ 改写为 h,则边界条件为:当 $y=0$ 时,$V_x=0$;当 $y=h$ 时,$V_x=0$,从而积分(11-84)式得

$$V = V_x = -\frac{h^2}{2\mu}\frac{\mathrm{d}p}{\mathrm{d}x}\frac{y}{h}\left(1 - \frac{y}{h}\right)$$

定义一个无量纲的压强梯度

$$P = -\frac{h^2}{2\mu U}\frac{\mathrm{d}p}{\mathrm{d}x}$$

无量纲速度 V_x/U 依赖于 P 的关系画在图 11-11 中。由图可见,$P=0$ 是简单剪切流。$P>0$ 表示压强沿流动方向减少,这时一个截面上的速度值都是正的,且除两端(即 $y=0$ 及 $y=h$)之外,其余的流速都较简单剪切流的为大。$P<0$ 表示压强沿流动方向增加,这时,$\frac{V_x}{U}$ 的分布就比简单剪切流的为小,当 $P<-1$ 时,可能会在静止壁面附近区域产生倒流,这是因为上平板的拖动作用不足以克服逆压影响的缘故。此类具有压强梯度的库艾特流在润滑理论中具有一定的意义,因为轴承和轴套之间狭缝内的黏性流体运动具有和这类库艾特流大致相同的特性。

二、圆管中的定常层流流动

设不可压缩流体在半径为 R 的水平圆管中作定常层流流动(见图 11-12),不考虑质量力。取圆管轴线作柱坐标的 z 轴,由于流体在管中只沿管轴方向作直线运动,所以只有 z 方向的速度 V_z,而 $V_r = V_\theta = 0$,则 $V = V_z, \frac{\partial V_r}{\partial r} = \frac{\partial V_\theta}{\partial \theta} = 0$。由柱坐标形式的不可压流的连续方程

$$\nabla \cdot \boldsymbol{V} = \frac{1}{r}\frac{\partial}{\partial r}(rV_r) + \frac{1}{r}\frac{\partial V_\theta}{\partial \theta} + \frac{\partial V_z}{\partial z} = 0$$

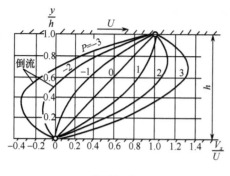

图 11-11

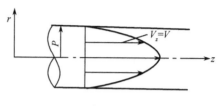

图 11-12

故知 $\frac{\partial V_z}{\partial z}=0$。由于边界对于管轴对称,故管内为轴对称流动,$\frac{\partial V_z}{\partial \theta}=0$,故 V_z 仅是 r 的函数。在这些假定下,柱坐标形式的黏性流体的运动微分方程式(11-44)可简化为

$$0 = -\frac{1}{\rho}\frac{\partial p}{\partial r}$$

$$0 = -\frac{1}{\rho}\frac{\partial p}{r\partial \theta}$$

$$0 = -\frac{1}{\rho}\frac{\partial p}{\partial z} + \nu\left(\frac{\partial^2 V_z}{\partial r^2} + \frac{1}{r}\frac{\partial V_z}{\partial r}\right)$$

或改写为

$$\frac{\mathrm{d}^2 V_z}{\mathrm{d}r^2} + \frac{1}{r}\frac{\mathrm{d}V_z}{\mathrm{d}r} = \frac{1}{\mu}\frac{\mathrm{d}p}{\mathrm{d}z}$$

或

$$\frac{1}{r}\frac{\mathrm{d}}{\mathrm{d}r}\left(r\frac{\mathrm{d}V_z}{\mathrm{d}r}\right) = \frac{1}{\mu}\frac{\mathrm{d}p}{\mathrm{d}z} = 常数 \tag{11-88}$$

边界条件为

$$r = R, V_z = 0$$

将(11-88)式沿同一流动截面积分。第一次积分得

$$\frac{\mathrm{d}V_z}{\mathrm{d}r} = \frac{1}{\mu}\frac{\mathrm{d}p}{\mathrm{d}z}\frac{r}{2} + \frac{C_1}{r}$$

再积分一次得

$$V_z = \frac{1}{4\mu}\frac{\mathrm{d}p}{\mathrm{d}z}r^2 + C_1\ln r + C_2$$

式中 C_1、C_2 是积分常数,由边界条件:$r=R$ 时,$V_z=0$ 及速度处处为有限值的条件确定。当 $r=0$ 时,$\ln r \to \infty$,为了保持速度为有限值,要求 $C_1=0$。其次,由 $r=R, V_z=0$,得

$$C_2 = -\frac{1}{4\mu}\frac{\mathrm{d}p}{\mathrm{d}z}R^2$$

则

$$V = V_z = -\frac{1}{4\mu}\frac{dp}{dz}(R^2 - r^2) \qquad (11-89)$$

由(11-89)式可知,沿圆管截面上的速度分布是按抛物线规律分布的(图11-12);此外,$\frac{dp}{dz}$应当为负值,也就是压强应沿流动方向而降低。

设在圆管 l 长度上压降为 Δp,由于 $\frac{dp}{dz}$ = 常数,则

$$-\frac{dp}{dz} = \frac{\Delta p}{l}$$

代入(11-89)式,得

$$V = V_z = \frac{1}{4\mu}\frac{\Delta p}{l}(R^2 - r^2) \qquad (11-90)$$

显然,圆管中心处的速度为最大(见图11-12),其值为

$$V_{max} = \frac{\Delta p}{4\mu l}R^2 \qquad (11-91)$$

任意半径 r 处的速度 V 则可改写成

$$V = V_{max}\left[1 - \left(\frac{r}{R}\right)^2\right] \qquad (11-92)$$

单位时间内通过圆管截面的容积流量 Q 为

$$Q = 2\pi\int_0^R Vrdr \qquad (11-93)$$

将(11-90)式代入上式,则得

$$Q = \frac{\pi R^4 \Delta p}{8\mu l} = \frac{\pi d^4 \Delta p}{128\mu l} \qquad (11-94)$$

此式即为管中层流流量公式,也称为海根-泊肃叶(Hagen-Poiseuille)定律。它表明,流量 Q 与压差 Δp 成正比,与直径 d 的四次方成正比,而与黏性系数 μ 及圆管长度 l 成反比。

利用上式可以确定流体的黏性系数 μ 的值。式中 Q、Δp、d 及 l 可实测,从而算出 μ 值。

有了流量 Q 的公式,可以求出平均速度 V_m,即

$$V_m = \frac{Q}{\pi R^2} = \frac{\Delta p}{8\mu l}R^2 = \frac{\Delta p}{32\mu l}d^2 \qquad (11-95)$$

考虑到(11-91)式,有

$$V_m = \frac{1}{2}V_{max} \qquad (11-96)$$

由(11-95)式可得任意两截面上的压差 Δp 与平均速度 V_m 的关系式,即

$$\Delta p = \frac{32\mu l}{d^2}V_m \qquad (11-97)$$

或由(11-94)式得

$$\Delta p = \frac{128\mu}{\pi d^4} Q l \qquad (11-98)$$

由(11-97)式、(11-98)式可知，静压沿管轴按线性规律下降，且与流量 Q 或平均速度 V_m 的一次方成正比。由此可见，为保持管内流动，沿管道轴向必须存在静压差，以此静压差来克服壁面摩擦阻力，故称此静压差为沿程压力损失（参阅§11-7中的第二小节）。

在流体力学中，通常采用无量纲系数 λ 来表示压力损失，即

$$\lambda = \frac{\Delta p}{\dfrac{1}{d}\dfrac{\rho V_m^2}{2}} \qquad (11-99)$$

式中 λ——沿程阻力系数。

将式(11-97)代入上式，经整理后得

$$\lambda = \frac{64}{\dfrac{\rho V_m d}{\mu}} = \frac{64}{Re} \qquad (11-100)$$

这个结果与层流管流的试验结果完全符合。

根据广义牛顿黏性应力公式导出纳维-斯托克斯方程，并认为壁面上的条件是黏附条件，这在一开始并没有被大家所公认，只是在利用这样的方程和边界条件求出了黏性不可压缩流体在圆管中层流的准确解，并和实验非常吻合之后，才肯定了广义牛顿黏性应力公式和黏附条件的正确性。

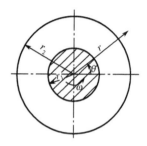

图 11-13

三、同轴环形空间内的定常层流流动

在半径为 r_2 的足够长的空心圆柱面内，有一半径为 r_1 的同轴圆柱。两柱面间充满黏性流体，内圆柱以等角速度 ω 绕轴旋转，如图 11-13 所示。试求流体的速度场及内圆柱所受的阻力矩。

这个流动具有下列特征：(1)因圆柱体很长，故可忽略两端影响，看作是平面流动；(2)由于边界条件对圆柱轴对称，因此可认为流场对于圆柱轴对称，且流体只是绕圆柱轴流动。

根据流动的特征，以取柱坐标为最方便，如图 11-13 所示。在此坐标系中，流动特征是

$$V_z = V_r = 0$$

$$\frac{\partial}{\partial \theta} = \frac{\partial}{\partial z} = 0$$

由于是定常流动，因此 $\dfrac{\partial}{\partial t} = 0$，若不考虑重力作用，对于不可压缩流体的等温流动，则运动方程(11-44)式可简化为

$$\frac{dp}{dr} = \frac{\rho V_\theta^2}{r} \qquad (11-101)$$

$$\frac{d^2 V_\theta}{dr^2} + \frac{1}{r}\frac{dV_\theta}{dr} - \frac{V_\theta}{r^2} = 0 \qquad (11-102)$$

在(11-102)式中，只包含未知量 V_θ，因此，可以首先求解此方程，而 V_θ 的边界条件为

$$\left.\begin{array}{r}(V_\theta)_{r=r_1} = \omega r_1 \\ (V_\theta)_{r=r_2} = 0\end{array}\right\} \qquad (11-103)$$

现在解(11-102)式,为此将它改写为

$$\frac{d}{dr}\left[\frac{1}{r}\frac{d}{dr}(rV_\theta)\right] = 0$$

积分两次得

$$V_\theta = C_1 r + \frac{C_2}{r}$$

利用边界条件(11-103)式可确定常数 C_1、C_2,有

$$C_1 = -\frac{r_1^2 \omega}{r_2^2 - r_1^2}, \quad C_2 = \frac{r_1^2 r_2^2}{r_2^2 - r_1^2}\omega$$

于是,速度 V_θ 可写成

$$V_\theta = -\frac{r_1^2}{r_2^2 - r_1^2}\omega r + \frac{r_1^2 r_2^2}{r_2^2 - r_1^2}\frac{\omega}{r} \qquad (11-104)$$

把这个速度分布公式代入(11-101)式,通过积分即可求得压强分布规律。

根据所得出的速度分布,再利用广义牛顿应力公式,可以得出在一定的旋转角速度 ω 的条件下作用在内柱面上的摩擦阻力矩。

由广义牛顿应力公式(对于柱坐标)知道

$$\tau_{r\theta} = 2\mu\varepsilon_{r\theta} = \mu\left(\frac{\partial V_\theta}{\partial r} + \frac{\partial V_r}{r\partial \theta} - \frac{V_\theta}{r}\right)$$

对于现在所讨论的流动,因为 $V_r = 0$,故

$$\tau_{r\theta} = \mu\left(\frac{\partial V_\theta}{\partial r} - \frac{V_\theta}{r}\right) \qquad (11-105)$$

将(11-104)式代入上式,可得

$$\tau_{r\theta} = -2\mu\frac{r_1^2 r_2^2}{r_2^2 - r_1^2}\frac{\omega}{r^2} \qquad (11-106)$$

内柱面上的切应力为

$$(\tau_{r\theta})_{r=r_1} = -2\mu\frac{r_2^2}{r_2^2 - r_1^2}\omega \qquad (11-107)$$

可见,流体作用在内柱面上的切应力与 e_θ 方向相反,内柱面作用在流体上的切应力与 e_θ 方向相同。

作用在内圆柱体单位长度上的阻力矩可写成

$$M = (\tau_{r\theta})_{r=r_1} \cdot 2\pi r_1 \cdot r_1 = -\frac{4\pi\mu r_1^2 r_2^2}{r_2^2 - r_1^2}\omega \qquad (11-108)$$

为了保持圆柱体转动,必须对圆柱体作用一外力矩以克服流体对于圆柱体的阻力矩。

现在让我们讨论另一种特殊情况。当 $r_2 - r_1 = h \ll r_1$ 时,这种情况相当于轴与轴承之间的空载润滑流动。由于 $h = r_2 - r_1 \ll r_1$,故可将 $r_2^2 = (r_1 + h)^2$ 展开,略去高阶小量,于是

$$r_2^2 - r_1^2 \approx 2r_1 h$$

$$r_1^2 r_2^2 \approx r_1^4 \left(1 + \frac{2h}{r_1}\right) \approx r_1^4$$

代入(11-108)式,可得单位长度柱体的阻力矩为

$$M = -\frac{2\pi \mu r_1^3 \omega}{h} \tag{11-109}$$

可见,空轴所承受的阻力矩与 μ、ω、r_1^3 成正比,而与 h 成反比。

§11-5 紊流流动的雷诺方程

紊流流动状态是自然界和工程中最普遍存在的流体运动状态,无论是管内流动或是附面层内的流动,大多数都是紊流运动。因此,研究紊流运动是十分重要的。由雷诺试验知道,紊流运动是一种极不规则,极不稳定,非常复杂的非定常的随机运动。紊流理论到现在为止尚未达到成熟阶段。本书限于篇幅不是对紊流理论作全面的讨论,而只是从工程应用角度讨论一些关于紊流流动的最基本的问题。

一、紊流平均值和时均运算关系式

(一)紊流平均值

如前所说,紊流运动极不规则、极不稳定。紊流中所有物理量都是随时间和空间随机地变化着。由于这类随机现象具有一定规律的统计学特征,所以在用欧拉法描述紊流场时,可以采用平均计算方法,这是研究紊流运动规律的一个可行的方法。通常有三种平均计算方法,即时间平均法、空间平均法、综合平均法。在时间平均法中物理量对时间的平均值比较容易通过实验测量,因此,下面我们将采用时间平均法。

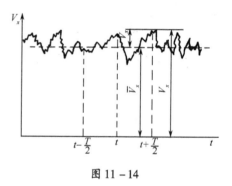

图 11-14

当流态变为紊流以后,任意空间点上的速度、压强等参数随时间的变化是极无规则的。在紊流场中用精密灵敏的热线测速仪测量场中某一点瞬时速度在 x 方向的分速时,可以看到 V_x 随时间作极不规则的变化(见图 11-14)。但是在实验中发现,这种变化在足够长的时间内总是在平均值 $\overline{V}_x$ 上下变动。这种围绕某一平均值而上下变动的现象,称为脉动现象。这样,流体的瞬时速度在 x 方向的分量 V_x 可以分成两部分,时均速度 $\overline{V}_x$ 和脉动速度 V_x',即

$$V_x = \overline{V}_x + V_x'$$

在时间间隔 T 内的时均值 $\overline{V}_x$ 可定义为

$$\overline{V}_x = \frac{\int_{t-\frac{T}{2}}^{t+\frac{T}{2}} V_x \, dt}{T}$$

在给定点上其它流动参数的瞬时值,也都可类似地表示为时均值与脉动值的代数和。若概括地以 f 代表某一流动参数的瞬时值,则 f 可表示为时均值 $\bar{f}$ 和脉动值 f' 之和,即

$$f = \bar{f} + f' \tag{11-110}$$

式中 时均值 $\bar{f}$ 定义为

$$\bar{f} = \frac{1}{T}\int_{t-\frac{T}{2}}^{t+\frac{T}{2}} f dt \tag{11-111}$$

式中 T 称为平均周期。一方面它要比紊流的脉动周期大得多,以便得到稳定的平均值,另一方面又要比流动作非定常运动时的特征时间小得很多。

引入时均值概念之后,研究紊流问题就都以各参数的时均值来代替真实的瞬时值,从而大大地简化对紊流的研究。

实验观察表明,虽然紊流中的瞬时值随时间是无规律的变化的,但时均值却是有规律变化的。对于时均值不随时间改变的紊流流动,称为准定常紊流。本章仅限于讨论这种流动。

(二) 常用的时均运算关系式

(1) $\bar{\bar{f}} = \bar{f}$ \hfill (11-112)

若平均值 $\bar{f}$ 与时间无关,即平均运动是定常的,则上式显然正确。若 $\bar{f}$ 依赖于时间,则由于平均周期 T 比特征时间小得很多,因此,在这段时间内可以近似地认为 $\bar{f}$ 不改变。这样,我们有 $\bar{\bar{f}} = \bar{f}$。

(2) $\overline{\bar{f} \cdot g} = \bar{f} \cdot \bar{g}$

$$\overline{\bar{f} \cdot g} = \frac{1}{T}\int_{t-\frac{T}{2}}^{t+\frac{T}{2}} \bar{f} \cdot g dt$$

因为 $\bar{f}$ 在平均周期 T 内可认为不变,于是

$$\overline{\bar{f} \cdot g} = \bar{f}\frac{1}{T}\int_{t-\frac{T}{2}}^{t+\frac{T}{2}} g dt = \bar{f} \cdot \bar{g} \tag{11-113}$$

(3) $\overline{f+g} = \bar{f} + \bar{g}$ \hfill (11-114)

(4) $\quad \overline{f+g} = \frac{1}{T}\int_{t-\frac{T}{2}}^{t+\frac{T}{2}}(f+g)dt = \frac{1}{T}\int_{t-\frac{T}{2}}^{t+\frac{T}{2}} f dt + \frac{1}{T}\int_{t-\frac{T}{2}}^{t+\frac{T}{2}} g dt = \bar{f} + \bar{g}$ \hfill (11-115)

$$\bar{f}' = 0$$

由(11-110)式,$f' = f - \bar{f}$,于是由(11-114)式及(11-112)式有

$$\bar{f}' = \overline{f - \bar{f}} = \bar{f} - \bar{f} = 0$$

(5) $\qquad \overline{f \cdot g} = \bar{f} \cdot \bar{g} + \overline{f'g'}$ \hfill (11-116)

$$\overline{f \cdot g} = \overline{(\bar{f}+f')(\bar{g}+g')} = \overline{\bar{f}\bar{g} + f'\bar{g} + \bar{f}g' + f'g'}$$
$$= \bar{f} \cdot \bar{g} + \overline{f' \cdot \bar{g}} + \overline{\bar{f} \cdot g'} + \overline{f' \cdot g'} = \bar{f} \cdot \bar{g} + \overline{f' \cdot g'}$$

(6) $\qquad \overline{\frac{\partial f}{\partial x}} = \frac{\partial \bar{f}}{\partial x}, \overline{\frac{\partial f}{\partial y}} = \frac{\partial \bar{f}}{\partial y}, \overline{\frac{\partial f}{\partial z}} = \frac{\partial \bar{f}}{\partial z}$ \hfill (11-117)

$$\overline{\frac{\partial f}{\partial x}} = \frac{1}{T}\int_{t-\frac{T}{2}}^{t+\frac{T}{2}} \frac{\partial f}{\partial x}\mathrm{d}t = \frac{\partial}{\partial x}\left[\frac{1}{T}\int_{t-\frac{T}{2}}^{t+\frac{T}{2}} f\mathrm{d}t\right] = \frac{\partial \bar{f}}{\partial x}$$

同理,可以证明后面两个公式。

(7)
$$\overline{\frac{\partial f}{\partial t}} = \frac{\partial \bar{f}}{\partial t} \tag{11-118}$$

在准定常条件下

$$\frac{\partial \bar{f}}{\partial t} = 0 \tag{11-119}$$

(三) 紊流度

在紊流研究中,常常需要比较两种流动中紊流脉动的强弱。紊流的强烈程度(即流动参数的脉动程度)称为紊流度,用符号 ε_T 表示,它定义为

$$\varepsilon_\mathrm{T} = \frac{1}{\bar{V}}\sqrt{\frac{\overline{V_x'^2} + \overline{V_y'^2} + \overline{V_z'^2}}{3}} \tag{11-120}$$

如果沿三个方向的脉动程度相同,即

$$\overline{V_x'^2} = \overline{V_y'^2} = \overline{V_z'^2}$$

则

$$\varepsilon_\mathrm{T} = \frac{\sqrt{\overline{V_x'^2}}}{\bar{V}} \tag{11-121}$$

式中 $\sqrt{\overline{V_x'^2}}$ ——脉动速度 V_x' 的均方根值,即

$$\sqrt{\overline{V_x'^2}} = \sqrt{\frac{1}{T}\int_{t-\frac{T}{2}}^{t+\frac{T}{2}} V_x'^2 \mathrm{d}t}$$

二、紊流平均运动的动量方程(雷诺方程)

紊流运动的实验研究表明,虽然紊流结构十分复杂,但它仍然遵循连续介质的一般动力学规律。因此,雷诺在1886年提出用时均值概念来研究紊流运动的方法。他认为紊流中任何物理量虽然都随时间和空间而变化,但是任一瞬时的运动仍然符合连续介质流动的特征,流场中任一空间点上应该适用黏性流体运动的基本方程。此外,由于各个物理量都具有某种统计学特征规律,所以基本方程中任一瞬时物理量都可用平均物理量和脉动量之和来代替,并且可以对整个方程进行时间平均运算。雷诺从不可压缩流体的 N-S 方程导出紊流平均运动方程(以下简称雷诺方程)。下面我们来导出这个方程。

假设质量力可以忽略,此时,不可压缩流体的 N-S 方程具有下列形式

$$\left.\begin{array}{l}\dfrac{\partial V_x}{\partial t} + V_x\dfrac{\partial V_x}{\partial x} + V_y\dfrac{\partial V_x}{\partial y} + V_z\dfrac{\partial V_x}{\partial z} = -\dfrac{1}{\rho}\dfrac{\partial p}{\partial x} + \nu\,\nabla^2 V_x \\[6pt] \dfrac{\partial V_y}{\partial t} + V_x\dfrac{\partial V_y}{\partial x} + V_y\dfrac{\partial V_y}{\partial y} + V_z\dfrac{\partial V_y}{\partial z} = -\dfrac{1}{\rho}\dfrac{\partial p}{\partial y} + \nu\,\nabla^2 V_y \\[6pt] \dfrac{\partial V_z}{\partial t} + V_x\dfrac{\partial V_z}{\partial x} + V_y\dfrac{\partial V_z}{\partial y} + V_z\dfrac{\partial V_z}{\partial z} = -\dfrac{1}{\rho}\dfrac{\partial p}{\partial z} + \nu\,\nabla^2 V_z\end{array}\right\} \tag{11-122}$$

连续方程为

$$\frac{\partial V_x}{\partial x} + \frac{\partial V_y}{\partial y} + \frac{\partial V_z}{\partial z} = 0 \qquad (11-123)$$

利用(11-123)式,(11-122)式可改写为

$$\left.\begin{array}{l}\dfrac{\partial V_x}{\partial t} + \dfrac{\partial V_x^2}{\partial x} + \dfrac{\partial (V_xV_y)}{\partial y} + \dfrac{\partial (V_xV_z)}{\partial z} = -\dfrac{1}{\rho}\dfrac{\partial p}{\partial x} + \nu\ \nabla^2 V_x \\[2mm] \dfrac{\partial V_y}{\partial t} + \dfrac{\partial (V_xV_y)}{\partial x} + \dfrac{\partial V_y^2}{\partial y} + \dfrac{\partial (V_zV_y)}{\partial z} = -\dfrac{1}{\rho}\dfrac{\partial p}{\partial y} + \nu\ \nabla^2 V_y \\[2mm] \dfrac{\partial V_z}{\partial t} + \dfrac{\partial (V_xV_z)}{\partial x} + \dfrac{\partial (V_yV_z)}{\partial y} + \dfrac{\partial V_z^2}{\partial z} = -\dfrac{1}{\rho}\dfrac{\partial p}{\partial z} + \nu\ \nabla^2 V_z\end{array}\right\} \qquad (11-124)$$

首先将连续方程(11-123)式对时间取平均,则

$$\overline{\left(\frac{\partial V_x}{\partial x} + \frac{\partial V_y}{\partial y} + \frac{\partial V_z}{\partial z}\right)} = 0$$

利用(11-114)、(11-117)等式,称们得到

$$\frac{\partial \overline{V}_x}{\partial x} + \frac{\partial \overline{V}_y}{\partial y} + \frac{\partial \overline{V}_z}{\partial z} = 0 \qquad (11-125)$$

此式就是时均流动的连续方程。

把(11-124)式中的第一式对时间取平均,并利用(11-114)、(11-117)、(11-118)等式,可得

$$\frac{\partial \overline{V}_x}{\partial t} + \frac{\partial (\overline{V_xV_x})}{\partial x} + \frac{\partial (\overline{V_xV_y})}{\partial y} + \frac{\partial (\overline{V_xV_z})}{\partial z} = -\frac{1}{\rho}\frac{\partial \overline{p}}{\partial x} + \nu\ \nabla^2 \overline{V}_x \qquad (11-126)$$

式中

$$\overline{V_xV_x} = \overline{(\overline{V}_x + V'_x)(\overline{V}_x + V'_x)} = \overline{\overline{V}_x\overline{V}_x + 2\overline{V}_xV'_x + V'^2_x} = \overline{V}_x\overline{V}_x + 2\overline{\overline{V}_xV'_x} + \overline{V'^2_z}$$

故

$$\overline{V_xV_x} = \overline{V}_x\overline{V}_x + \overline{V'^2_x}$$

同理可得

$$\overline{V_xV_y} = \overline{V}_x\overline{V}_y + \overline{V'_xV'_y}$$

$$\overline{V_xV_z} = \overline{V}_x\overline{V}_z + \overline{V'_xV'_z}$$

因而(11-126)式可写成以下的形式

$$\frac{\partial \overline{V}_x}{\partial t} + \frac{\partial (\overline{V}_x\overline{V}_x)}{\partial x} + \frac{\partial (\overline{V}_x\overline{V}_y)}{\partial y} + \frac{\partial (\overline{V}_x\overline{V}_z)}{\partial z}$$

$$= -\frac{1}{\rho}\frac{\partial \overline{p}}{\partial x} + \nu\ \nabla^2 \overline{V}_x - \frac{\partial \overline{V'^2_x}}{\partial x} - \frac{\partial (\overline{V'_xV'_y})}{\partial y} - \frac{\partial (\overline{V'_xV'_z})}{\partial z}$$

利用时均流动的连续方程(11-125)式,得

$$\rho\left(\frac{\partial \overline{V}_x}{\partial t} + \overline{V}_x \frac{\partial \overline{V}_x}{\partial x} + \overline{V}_y \frac{\partial \overline{V}_x}{\partial y} + \overline{V}_z \frac{\partial \overline{V}_x}{\partial z}\right)$$

$$= -\frac{\partial \overline{p}}{\partial x} + \mu \nabla^2 \overline{V}_x + \frac{\partial(-\rho \overline{V_x'^2})}{\partial x} + \frac{\partial(-\rho \overline{V_x'V_y'})}{\partial y} + \frac{\partial(-\rho \overline{V_x'V_z'})}{\partial z} \quad (11-127\text{a})$$

同理,可得

$$\rho\left(\frac{\partial \overline{V}_y}{\partial t} + \overline{V}_x \frac{\partial \overline{V}_y}{\partial x} + \overline{V}_y \frac{\partial \overline{V}_y}{\partial y} + \overline{V}_z \frac{\partial \overline{V}_y}{\partial z}\right)$$

$$= -\frac{\partial \overline{p}}{\partial y} + \mu \nabla^2 \overline{V}_y + \frac{\partial(-\rho \overline{V_y'V_x'})}{\partial x} + \frac{\partial(-\rho \overline{V_y'^2})}{\partial y} + \frac{\partial(-\rho \overline{V_y'V_z'})}{\partial z} \quad (11-127\text{b})$$

$$\rho\left(\frac{\partial \overline{V}_z}{\partial t} + \overline{V}_x \frac{\partial \overline{V}_z}{\partial x} + \overline{V}_y \frac{\partial \overline{V}_z}{\partial y} + \overline{V}_z \frac{\partial \overline{V}_z}{\partial z}\right)$$

$$= -\frac{\partial \overline{p}}{\partial z} + \mu \nabla^2 \overline{V}_z + \frac{\partial(-\rho \overline{V_x'V_x'})}{\partial x} + \frac{\partial(-\rho \overline{V_z'V_y'})}{\partial y} + \frac{\partial(-\rho \overline{V_z'^2})}{\partial z} \quad (11-127\text{c})$$

(11-127)式就是著名的不可压缩流体的紊流平均运动方程,常称为雷诺方程。

由雷诺方程可见,紊流中的应力,除了由于黏性的影响所产生的应力(这点和层流流动相同)外,还有由于紊流脉动速度所形成的附加应力,这些附加应力称为雷诺应力,它包括九个应力分量,其中三个为法向应力分量($-\rho \overline{V_x'^2}$, $-\rho \overline{V_y'^2}$, $-\rho \overline{V_z'^2}$),称为法向雷诺应力;六个成三对的切向应力分量($-\rho \overline{V_x'V_y'} = -\rho \overline{V_y'V_x'}$, $-\rho \overline{V_x'V_z'} = -\rho \overline{V_z'V_x'}$, $-\rho \overline{V_y'V_z'} = -\rho \overline{V_z'V_y'}$),称为切向雷诺应力。

从物理上来说,雷诺应力是由于紊流脉动引起的单位面积上的动量输运率。

应该指出,方程组(11-127)是不封闭的。方程的个数只有四个,而未知函数却有十个,即三个速度分量,压强及六个雷诺应力分量。为了使方程组封闭,对于雷诺应力必须补充关于它的物理方程。紊流理论的中心问题是建立雷诺应力的物理方程。

目前建立雷诺应力的模型有若干种。在这里,仅介绍一个最早也是最重要的半经验理论,它是1925年普朗特提出的,称为普朗特混合长度理论。

§11-6 普朗特混合长度理论

混合长度理论的基本思想是把紊流脉动与气体分子运动相比拟。认为雷诺应力是由于宏观流体微团的脉动引起的,它和分子微观运动引起黏性应力的情况十分相似。在定常层流直线运动中,由分子动量输运而引起的黏性切应力,τ_{xy}为

$$\tau_{xy} = \mu \frac{\mathrm{d}V_x}{\mathrm{d}y}$$

与此相对应,当紊流的平均流的流线为直线时,认为脉动引起的雷诺应力也可表示成上述形式,即

$$\tau'_{xy} = \mu_\text{t} \frac{\mathrm{d}\overline{V}_x}{\mathrm{d}y}$$

称式中 μ_t 为紊流黏性系数。这就是混合长度理论的基本思想。

根据混合长度理论的思想,由于紊流的脉动使平均流各层之间产生流体微团的交换,当某流体微团跳入其它各层时,它经过一段不与其它任何流体微团相碰的距离,带着自己原来的动量与被它所占的那一层的流体微团相混合。这种混合导致了流体平均运动各层间的动量交换和能量交换。动量交换表现为雷诺应力,能量变换表现为紊流热传导。

为了简单起见,我们只限于考虑紊流的平均运动是平面平行定常运动的情形(参看图11-15)。ox 轴取在物面上,oy 轴垂直向上。此时,$\overline{V}_x = \overline{V}_x(y)$,$\overline{V}_y = \overline{V}_z = 0$。

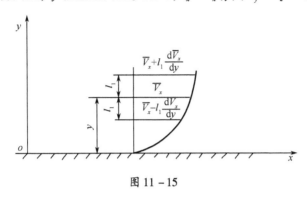

图 11-15

现考察 y 层面上的雷诺应力

$$\tau'_{yx} = -\rho \, \overline{V'_x V'_y} \tag{11-128}$$

设于 $(y + l_1)$ 层速度为 $\overline{V}_x(y + l_1)$ 的流体微团由于具有脉动速度 $V'_y(<0)$,沿 y 方向向下移动一段距离 l_1,设在 l_1 路程中,该流体微团不与其他任何微团相碰,即保持原速度 $\overline{V}_x(y + l_1)$ 不变,到达 y 层(该层的时均速度是 $\overline{V}_x(y)$),它的时均速度就较周围的流体为大。这个速度差可展为泰勒级数,略去高阶小量,则有 $\Delta \overline{V}_x = \overline{V}_x(y + l_1) - \overline{V}_x(y) = l_1 \left(\dfrac{\mathrm{d}\overline{V}_x}{\mathrm{d}y} \right)$。普朗特假设,这个速度差,可以看作是使 y 层产生一个正的纵向脉动速度 $V'_x(>0)$,即

$$V'_x = \Delta \overline{V}_x = l_1 \left(\dfrac{\mathrm{d}\overline{V}_x}{\mathrm{d}y} \right) \tag{11-129}$$

按照同样的分析,设于 $(y - l_1)$ 层速度为 $\overline{V}_x(y - l_1)$ 的流体微团由于具有脉动速度 $V'_y(>0)$,沿 y 方向向上移动一段距离 l_1,到达 y 层,它的时均速度就较周围的流体为小,其速度差为 $\Delta \overline{V}_x = \overline{V}_x(y - l_1) - \overline{V}_x(y) = -l_1 \left(\dfrac{\mathrm{d}\overline{V}_x}{\mathrm{d}y} \right)$,这个速度差是使 y 层产生一个负的纵向脉动速度 $V'_x(<0)$。

普朗特进一步假设,y 方向脉动速度 V'_y 的数量级和 V'_x 同阶,注意到 V'_y 与 V'_x 的符号相反,则

$$-V'_y = CV'_x = Cl_1 \left(\dfrac{\mathrm{d}\overline{V}_x}{\mathrm{d}y} \right) \tag{11-130}$$

式中 C——比例系数。

这个假定的合理性可以从下述直观考虑加以理解。参看图 11-16,设两个流体微团①及②由于横向脉动速度 V'_y 的作用分别从 $(y + l_1)$ 层,$(y - l_1)$ 层进入 y 层,这两个流体微团将以相对速度 $2|V'_x|$ 互相离开(若微团①位于微团②之前)或互相靠近(若微团①位于微团②之后)。

若两微团互相离开,这就引起 y 层两侧的流体微团脉动到 y 层上,以填补微团①和微团②分开留下的空隙(见图 11-16(a))。若两微团互相靠近,它们将排挤 y 层上这两点间的流体微团向 y 层两侧脉动(见图 11-16(b))。因此,横向脉动速度 V'_y 的大小必定与纵向脉动速度 V'_x 有关,并且二者的数量级相同。

图 11-16

由(11-129)式及(11-130)式可得

$$-\rho \overline{V'_x V'_y} = \rho l^2 \left(\frac{d\overline{V}_x}{dy}\right)^2 \tag{11-131}$$

式中 $l^2 = C l_1^2$,通常称 l 为混合长度,一般说来,混合长度 l 不是常数,它将在不同的具体问题中通过新的假定及实验结果来确定。

将此关系代入(11-128)式可得

$$\tau'_{yx} = \rho l^2 \left(\frac{d\overline{V}_x}{dy}\right)^2 \tag{11-132}$$

考虑到 τ'_{yx} 的作用必然使得紊流中总的切应力增加,故雷诺切应力的符号应与黏性切应力 $\left(\mu \dfrac{d\overline{V}_x}{dy}\right)$ 的符号相同。为标出符号,上式常写成

$$\tau'_{yx} = \rho l^2 \left|\frac{d\overline{V}_x}{dy}\right| \frac{d\overline{V}_x}{dy} \tag{11-133}$$

由雷诺切应力公式(11-133)的推导过程可以看出,由于流体微团在邻近流层之间的横向移动,引起单位面积上的质量流量为 $m' = \rho V'_y$,并且在长度 l_1 距离内产生纵向脉动速度 V'_x,即产生动量 $m' V'_x$ 的迁移,从而产生如(11-133)式所示的雷诺切应力。因此,在普朗特混合长度理论中,雷诺切应力由流体微团的纵向动量分量的横向迁移所确定。

(11-133)式又可写成

$$\tau'_{yx} = \mu_t \frac{d\overline{V}_x}{dy} \tag{11-134}$$

式中

$$\mu_t = \rho l^2 \left|\frac{d\overline{V}_x}{dy}\right| \tag{11-135}$$

通常把 μ_t 称为紊流运动的黏性系数。

作为混合长度理论应用的例子,让我们来研究无界光滑壁面附近的紊流运动的速度分布。光滑壁面的几何意义是指壁面的绝对光滑。

在半经验理论中,处理平壁面附近与管壁面附近流动的方法相同。因为这两种情况都是讨论近壁区内的流动,因此,管壁的曲率可以忽略不计,于是管壁面可以看成是平壁面。为此,本节仅分析平壁面附近的速度分布。

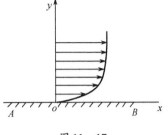

图 11-17

设无界光滑平壁 AB 上充满着不可压缩黏性流体,流体在等压条件下沿板面方向作定常紊流运动。若壁面上的切应力 τ_w 为已知,求壁面附近的速度分布。

取壁面上任一点为坐标原点,x 轴与壁面重合,y 轴垂直于壁面且指向流体内部,如图 11-17 所示。显然,平均运动具有下列特点

$$\frac{\partial}{\partial x}=0,\frac{\partial}{\partial z}=0,\frac{\partial}{\partial t}=0,\overline{V}_y=\overline{V}_z=0$$

(以下为了简单起见,将时均值上的横线省略。)

此时,雷诺方程简化为

$$\mu\frac{\mathrm{d}^2 V_x}{\mathrm{d}y^2}+\frac{\mathrm{d}\tau'_{yx}}{\mathrm{d}y}=0$$

积分后得

$$\mu\frac{\mathrm{d}V_x}{\mathrm{d}y}+\tau'_{yx}=C \tag{11-136}$$

式中 C——积分常数。

由(11-136)式可见,在近壁区切应力为常数。在壁面 $y=0$ 上,$V'_x=V'_y=0$,$\tau'_{yx}=0$,且

$$\mu\frac{\mathrm{d}V_x}{\mathrm{d}y}=\tau_w$$

于是 $C=\tau_w$,代入(11-136)式后有

$$\mu\frac{\mathrm{d}V_x}{\mathrm{d}y}+\tau'_{yx}=\tau_w \tag{11-137}$$

或

$$\mu\frac{\mathrm{d}V_x}{\mathrm{d}y}-\rho\,\overline{V'_x V'_y}=\tau_w \tag{11-138}$$

为了下面研究方便,引进特征速度 U_* 及特征长度 l_*。它们由下式确定

$$U_*=\sqrt{\frac{\tau_w}{\rho}} \tag{11-139}$$

$$l_*=\frac{\nu}{U_*}=\frac{\nu}{\sqrt{\dfrac{\tau_w}{\rho}}} \tag{11-140}$$

因为 U_* 是由壁面切应力 τ_w 确定的,所以在近壁紊流中,U_* 称为摩擦速度,l_* 称为摩擦长度。

壁面附近的紊流可以分成三个区域来研究:近壁底层区,过渡区,紊流核心区。这三个区域的分界线可用 α_i、α_e 来表示,$y/l_*<\alpha_i$ 的区域为近壁底层区;$y/l_*>\alpha_e$ 的区域为紊流核心

457

区；$\alpha_i < \dfrac{y}{l_*} < \alpha_e$ 的区域为过渡区。α_i、α_e 将由实验来确定。下面我们分别讨论这三个区域内的速度分布。

(1) 近壁底层区速度分布。

我们知道，在壁面上，$V'_x = V'_y = 0$，因此，可以认为在紧靠壁面处 V'_y 总是小量，于是在紧靠壁面的近壁底层，雷诺应力相对于黏性应力为小量，即

$$|\rho \overline{V'_x V'_y}| \ll \mu \dfrac{dV_x}{dy}$$

(11-138)式简化为

$$\mu \dfrac{dV_x}{dy} = \tau_w$$

积分，得

$$V_x = \dfrac{\tau_w}{\mu} y + C_1$$

考虑到边界条件 $y = 0$，$V_x = 0$ 后得积分常数 $C_1 = 0$，于是

$$V_x = \dfrac{\tau_w}{\mu} y \tag{11-141}$$

由此可见，在近壁底层区，速度为线性分布。将上式改写成无量纲形式为

$$\dfrac{V_x}{U_*} = \dfrac{y}{l_*} \tag{11-142}$$

(2) 紊流核心区的速度分布。

在近壁底层以外，黏性切应力逐渐减小，而雷诺切应力逐渐增大。现在让我们研究这样的区域，在其中雷诺应力远大于黏性应力

$$\left|\mu \dfrac{dV_x}{dy}\right| \ll |-\rho \overline{V'_x V'_y}|$$

这个区域称作紊流核心区。在该区域内可以忽略黏性切应力。于是(11-138)式可写成

$$\tau'_{yx} = -\rho \overline{V'_x V'_y} = \tau_w$$

利用普朗特混合长度理论的结果，由(11-131)式知

$$\rho l^2 \left(\dfrac{dV_x}{dy}\right)^2 = \tau_w$$

利用(11-139)式，上式可写成

$$U_* = l \dfrac{dV_x}{dy} \tag{11-143}$$

现在需要根据问题的特点对混合长度 l 作假设。根据观察，普朗特假设 l 不受流体黏性的影响，那么，对 l 有作用的唯一长度就是离壁面的距离 y，于是在接近壁面处混合长度与离壁面距离 y 成正比，即

$$l = ky \tag{11-144}$$

式中 k——待定的比例常数。

当 $y=0$，得 $l=0$，即 $\tau'_{yx}=0$。这是和固壁上雷诺应力等于零的物理事实吻合的。

将(11-144)式代入(11-143)式，得

$$\frac{\mathrm{d}V_x}{U_*} = \frac{1}{k}\frac{\mathrm{d}y}{y}$$

积分，得

$$\frac{V_x}{U_*} = \frac{1}{k}\ln y + C_2 \tag{11-145}$$

式中，C_2 为常数。

令

$$C_2 = C_3 + \frac{1}{k}\ln\frac{U_*}{\nu}$$

则上式可写成

$$V_x = U_*\left(\frac{1}{k}\ln\frac{yU_*}{\nu} + C_3\right) \tag{11-146}$$

或写成无量纲形式，即

$$\frac{V_x}{U_*} = \frac{1}{k}\ln\frac{y}{l_*} + C_3 \tag{11-147}$$

式中的常数 k、C_3 由实验确定。

(11-147)式表明，紊流核心区内速度分布为对数曲线，它和近壁底层区中的速度分布为直线在结构上有很大的不同。

(3) 过渡区速度分布。

在过渡区中，由于黏性应力与雷诺应力具有相同的量级，因此分析更加困难。在此区域中的速度分布主要由试验确定。

上面研究的无界壁面附近的紊流运动是一种理想化了的情形，实际上并不存在，它只是壁面附近流动的一种近似表示（其它壁面的影响可忽略）。虽然如此，它所揭示出来的紊流区域中的"对数速度分布"却具有普遍意义。大量实验证明，不仅管、槽 $\left(\dfrac{\mathrm{d}p}{\mathrm{d}x}\neq 0\right)$ 内的速度分布满足这个规律，而且二维紊流附面层内的速度分布也大体具有这种形式。

如前所说，混合长度理论是最早的半经验理论，因此在这方面已积累了很多的经验，根据这些经验可以选择合适的混合长度分布，从而能正确地预测紊流中的速度分布。此外，由混合长度理论所得到的雷诺应力的数学表达式比较简单，代入基本方程组后不必再附加其它方程。

但是混合长度理论也存在一些缺点。例如：(1) 雷诺应力可以写成(11-133)式所表示的形式，紊流黏性系数如(11-135)式所示，或可表示为 $\mu_\mathrm{T} \sim \dfrac{\mathrm{d}V_x}{\mathrm{d}y}$。由此可以得出结论，在 $\dfrac{\mathrm{d}V_x}{\mathrm{d}y}=0$ 的位置上 $\mu_\mathrm{t}=0$，而这个结论与实验及紊流的一般理论都不符合。因为在 $\dfrac{\mathrm{d}V_x}{\mathrm{d}y}=0$ 处，脉动场是相关的，此时 $\mu_\mathrm{t}\neq 0$。(2) 对于环形通道及有回流的情况，例如在紊流附面层的分离点附近，混合长度理论是失败的。因此，混合长度理论有其局限性，尚待进一步改进。

在混合长度理论的基础上,改进的理论有脉动能量模型。另外还有完全抛弃混合长度理论的其它模型。

§11-7 圆管内的紊流流动

在工程中遇到的不同紊流运动中,圆管内的流动具有特别重大的实际意义。这不仅是因为它在工程中应用得非常广泛,还因为它所揭示的规律对于理解更复杂条件下的紊流运动也很有帮助。

一、圆管内的速度分布

现在考虑离进口截面较远,速度分布已经稳定不变的圆管内不可压流体的定常紊流运动。圆管直径 d,流体的密度 ρ,运动黏性系数 ν 都是已知的。此外,还知道容积流量 Q。

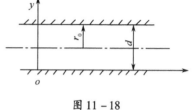

图 11-18

取如图 11-18 所示的直角坐标系。

下面先讨论水力光滑管(壁面为水力光滑面)中的紊流速度分布,然后再研究水力粗糙管(壁面为水力粗糙面)中的紊流速度分布。

先说明一下"水力光滑面"和"水力粗糙面"这两个名词。从几何上来看,实际上并不存在绝对光滑的壁面,在放大 50 倍~100 倍的显微镜下观察磨光的金属表面,仍然有如图 11-19 所示的凹凸不平。

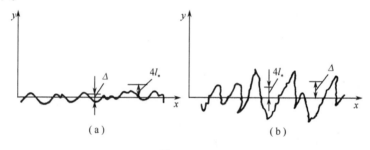

图 11-19

取表面凹凸的平均高度作为绝对粗糙度,并记作 Δ,在 $\Delta < 4l_*$ 的条件下,即如图 11-19(a) 所示的情况,我们称这样的面为水力光滑面。在 $\Delta > 4l_*$ 的条件下,即如图 11-19(b) 所示的情况,我们称这样的面为水力粗糙面。

从流体力学的角度来看,水力光滑面对近壁流动没有影响,此时可把水力光滑面看成是几何光滑面。水力粗糙面对近壁流动有显著影响,这时在近壁底层速度已不是线性分布;在紊流核心区中速度分布的对数规律虽然有效,但其中系数与光滑壁面不同。

(一) 水力光滑圆管中的速度分布

尼占拉兹对不可压缩黏性流体在细长光滑圆管内的紊流运动进行了大量的实验研究。实验的雷诺数 Re 从 4000 到 3.2×10^6。尼古拉兹试验曲线如图 11-20 所示,它证明了关于近壁区的速度线性分布及对数分布的正确性。

由此试验可确定区域划分常数 α_i、α_e。

$$\alpha_i = 5, \alpha_e = 30 \tag{11-148}$$

(1) 紊流核心区中的速度分布。$y/l_* > 30$ 的区域为紊流核心区域。如果取 $k=0.4$，$C_3=5.5$，则(11-147)式取下列形式

$$V_x = U_*\left(2.5\ln\frac{y}{l_*} + 5.5\right) \quad (11-149)$$

这时，上式和实验结果几乎完全重合。

由此可知，管轴上的速度为

$$V_{\max} = U_*\left(2.5\ln\frac{r_0}{l_*} + 5.5\right) \quad (11-150)$$

式中 r_0——圆管半径。

由于近壁底层很薄，管流的平均速度 V_m 可近似按(11-149)式所示的速度分布规律计算，并注意到 $y = r_0 - r$，于是

$$V_m = \frac{1}{\pi r_0^2}\int_0^{r_0} V_x \cdot 2\pi r\,dr = \int_0^{r_0} 2V_x\left(1-\frac{y}{r_0}\right)d\left(\frac{y}{r_0}\right)$$

将(11-149)式代入上式，积分得

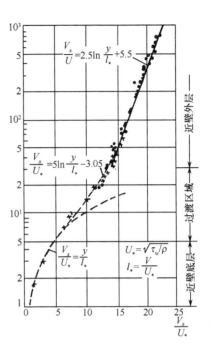

图 11-20

$$V_m = U_*\left(2.5\ln\frac{r_0}{l_*} + 1.75\right) \quad (11-151)$$

使(11-149)式与(11-151)式相减，可得

$$\frac{V_x}{U_*} = \frac{V_m}{U_*} + 3.75 + 2.5\ln\frac{y}{r_0} \quad (11-152)$$

将(11-150)式与(11-151)式比较，可得

$$V_m = V_{\max} - 3.75 U_* \quad (11-153)$$

在圆管流动中，除了应用上述对数速度分布外，还常常利用纯经验的幂次速度分布，即

$$V_x = V_{\max}\left(\frac{y}{r_0}\right)^n \quad (11-154)$$

式中的指数 n 随雷诺数 Re 而变化，变化规律见表 11-2。

表 11-2

Re	4.0×10^3	2.3×10^4	1.1×10^5	1.1×10^6	2.0×10^6	3.2×10^6
n	$\frac{1}{6}$	$\frac{1}{6.6}$	$\frac{1}{7}$	$\frac{1}{8.8}$	$\frac{1}{10}$	$\frac{1}{10}$

(11-154)式是假设近壁底层及过渡区厚度可以忽略不计时，按整个管截面都被紊流核心区所占据而得到的紊流核心区的速度分布规律。当然，实际上只能用到过渡区的上边界。不过，在不需要作精确计算时，也可以将此式一直用到管壁处。速度分布均匀的程度，可以用 $V_m/V_{\max}$ 来表示，对于 $n=1/6$、$1/7$ 和 $1/10$，$V_m/V_{\max}$ 分别为 0.791、0.817

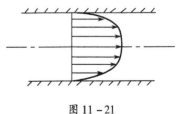

图 11-21

和 0.865。而层流流动时，$V_m/V_{max} = 0.5$。因此，紊流情况下的速度分布比层流时要饱满得多（参看图 11-21），而且饱满的程度随雷诺数的增加而增加。幂次速度分布的优点在于它使用起来很方便，它的缺点主要是不通用，随着雷诺数的变化要选用不同的指数。如果只需要一个简单的和一般的紊流速度分布的关系式，可以近似取 $n = 1/7$，这个结果称为布拉休斯七分之一次方规律公式。

（2）在 $30 > y/l_* > 5$ 的过渡区域中，速度分布可整理成下列形式

$$V_x = U_* \left(5\ln \frac{y}{l_*} - 3.05 \right) \tag{11-155}$$

（3）近壁底层区速度分布。在 $y/l_* < 5$ 的区域中，由（11-142）式知，速度分布为

$$V_x = U_* \frac{y}{l_*} \tag{11-156}$$

（二）水力粗糙圆管中的速度分布

根据居古拉兹的粗糙圆管的紊流试验结果，在 $\Delta > 60 l_*$ 的条件下，壁面粗糙度严重影响紊流核心区。水力粗糙管中紊流的速度分布为

$$V_x = U_* \left(2.5\ln \frac{y}{\Delta} + 8.5 \right) \tag{11-157}$$

显然，轴线上的速度为

$$V_{max} = U_* \left(2.5\ln \frac{r_0}{\Delta} + 8.5 \right) \tag{11-158}$$

由于近壁底层很薄，管流平均速度 V_m 可近拟按（11-157）式所示的速度分布规律计算，并注意到 $y = r_0 - r$，于是

$$V_m = U_* \left(2.5\ln \frac{r_0}{\Delta} + 4.75 \right) \tag{11-159}$$

将（11-157）式与（11-159）式相减可得

$$\frac{V_x}{U_*} = \frac{V_m}{U_*} + 3.75 + 2.5\ln \frac{y}{r_0} \tag{11-160}$$

将（11-158）式与（11-159）式比较，可得

$$V_m = V_{max} - 3.75 U_* \tag{11-161}$$

比较（11-160）式、（11-152）式可以看到，在平均流速相同的条件下，水力光滑管紊流核心区与水力粗糙管紊流核心区的速度分布完全相同。这个公式的优点在于不需要知道管壁的粗糙度，而只需知道管流的平均速度即可。一般来说，平均速度比管壁粗糙度易于确定，故（11-152）式或（11-160）式对于实际应用更为方便。

二、圆管内的流动损失

（一）实际流体的伯努利方程式

在定常流动、重力场作用的情况下，不可压缩理想流体微小流束的伯努利方程式可以写成

$$z_1 + \frac{p_1}{\rho g} + \frac{V_1^2}{2g} = z_2 + \frac{p_2}{\rho g} + \frac{V_2^2}{2g}$$

对于实际流体,由于有黏性,对流束便产生了流动阻力,为了克服这种流动阻力,需要消耗一部分机械能。此时,沿微小流束的能量方程可写成

$$z_1 + \frac{p_1}{\rho g} + \frac{V_1^2}{2g} = z_2 + \frac{p_2}{\rho g} + \frac{V_2^2}{2g} + h'_w \quad (11-162)$$

式中 h'_w——单位重量流体从 1-1 截面流至 2-2 截面的机械能损失。

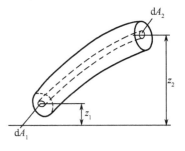

图 11-22

工程实践上,不仅需要知道某一条流束的能量方程,更重要的是必须知道通过一个流道的能量方程。参看图 11-22,对于整个流道的能量方程可写成

$$\iint_{A_1} \left(z_1 + \frac{p_1}{\rho g} + \frac{V_1^2}{2g} \right) \gamma V_1 dA_1 = \iint_{A_2} \left(z_2 + \frac{p_2}{\rho g} + \frac{V_2^2}{2g} \right) \gamma V_2 dA_2 + \int_Q h'_w \gamma dQ \quad (a)$$

式中 $\gamma V_1 dA_1$ 和 $\gamma V_2 dA_2$——单位时间内经过流通截面 A_1 和 A_2 上任一流束的流体重量;
  dQ——流过该流束的容积流量。

若管截面面积沿管轴变化缓慢,则流体的流动可看成为缓变流。对于定常的缓变流,在同一截面上

$$z + \frac{p}{\gamma} = C \quad (b)$$

现证明如下。对于定常的缓变流,若把流道的流动方向取为 x 轴方向时,则 $V_x = V, V_y = V_z = 0$。则由连续方程式可知,$\frac{\partial V_x}{\partial x} = 0$,而且由于是定常流动,$\frac{\partial}{\partial t} = 0$。根据这些条件,纳维-斯托克斯方程式可简化为

$$-\frac{\partial p}{\partial x} + \mu \left(\frac{\partial^2 V_x}{\partial y^2} + \frac{\partial^2 V_x}{\partial z^2} \right) = 0$$

$$-\frac{\partial p}{\partial y} = 0$$

$$-\rho g - \frac{\partial p}{\partial z} = 0$$

若将后两式分别乘以 dy、dz,然后相加得到

$$-\rho g dz - \frac{\partial p}{\partial y} dy - \frac{\partial p}{\partial z} dz = 0$$

若 x 取某一定数值,则上式可以写成

$$-\rho g dz - dp = 0$$

或

$$-\gamma dz - dp = 0$$

积分后,得

$$z + \frac{p}{\gamma} = C$$

注意到(b)式,则(a)式可改写为

$$\left(z_1 + \frac{p_1}{\gamma}\right)\iint_{A_1}\gamma V_1 dA_1 + \iint_{A_1}\frac{V_1^2}{2g}\gamma V_1 dA_1$$

$$= \left(z_2 + \frac{p_2}{\gamma}\right)\iint_{A_2}\gamma V_2 dA_2 + \iint_{A_2}\frac{V_2^2}{2g}\gamma V_2 dA_2 + \int_Q h'_w \gamma dQ \tag{c}$$

利用截面平均速度 V_m 的定义 $\iint_A V dA/A$,上式中的 $\iint_A \frac{V^2}{2g}\gamma V dA$ 可作下列变化

$$\iint_A \frac{V^2}{2g}\gamma V dA = \iint_A \frac{V_m^2}{2g}\frac{V^3}{V_m^3}\gamma dA = \frac{V_m^2}{2g}V_m A\gamma \frac{1}{A}\iint_A \left(\frac{V}{V_m}\right)^3 dA = \frac{V_m^2}{2g}V_m A\gamma\alpha$$

式中 $\alpha = \frac{1}{A}\iint_A \left(\frac{V}{V_m}\right)^3 dA$,通常称为动能修正系数。于是(c)式又可写成下列形式

$$\left(z_1 + \frac{p_1}{\gamma}\right)\gamma Q_1 + \frac{V_{1m}^2}{2g}\gamma Q_1 \alpha_1 = \left(z_2 + \frac{p_2}{\gamma}\right)\gamma Q_2 + \frac{V_{2m}^2}{2g}\gamma Q_2 \alpha_2 + \int_Q h'_w \gamma dQ$$

因为 $Q_1 = Q_2 = Q$,所以

$$z_1 + \frac{p_1}{\gamma} + \alpha_1 \frac{V_{1m}^2}{2g} = z_2 + \frac{p_2}{\gamma} + \alpha_2 \frac{V_{2m}^2}{2g} + \frac{1}{Q}\int_Q h'_w dQ$$

令 $\frac{1}{Q}\int h'_w dQ = h_w$,则

$$z_1 + \frac{p_1}{\gamma} + \alpha_1 \frac{V_{1m}^2}{2g} = z_2 + \frac{p_2}{\gamma} + \alpha_2 \frac{V_{2m}^2}{2g} + h_w \tag{11-163}$$

h_w 为通过流道截面 1 与 2 间距离时,单位重量流体的平均能量损失。(11-163)式就是描述实际流体经流道流动的伯努利方程式,1、2 叫做计算流通截面。

(11-163)式中的动能修正系数 α 通常大于 1。α 由截面上的速度分布规律来确定。速度分布不均匀性愈大,α 值愈大。在紊流管道中,$\alpha = 1.05 \sim 1.10$;在圆管层流运动中,$\alpha = 2$。由于工程中的管道流动多数为紊流流动,故在实际计算中往往假定 $\alpha = 1$。于是上式可写成

$$z_1 + \frac{p_1}{\gamma} + \frac{V_{1m}^2}{2g} = z_2 + \frac{p_2}{\gamma} + \frac{V_{2m}^2}{2g} + h_w \tag{11-164}$$

(二) 水平放置的等截面圆管内的流动损失

对于水平放置的等截面圆管,由于 $V_{1m} = V_{2m}$,$z_1 = z_2$,故(11-164)式可写成

$$\frac{p_1 - p_2}{\gamma} = h_w$$

即

$$h_w = \frac{\Delta p}{\gamma} \tag{11-165}$$

由此式可见,流道截面 1 与 2 间的机械能损失可用此两截面间的压差来表示。

压力损失 Δp 与壁面摩擦直接有关。对图 11-23 中虚线所表示的控制体建立动量方程,以 τ_w 表示壁面对于流体的切应力

$$p_1 \frac{\pi}{4} d^2 - p_2 \frac{\pi}{4} d^2 = \tau_w \pi d l$$

则

$$\Delta p = \frac{4l}{d} \tau_w \tag{11-166}$$

在工程计算中,习惯于采用无量纲的沿程阻力系数。对于圆管而言,阻力系数的定义式见 (11-99)式。于是能量损失可表示为

$$h_w = \lambda \frac{1}{d} \frac{V_m^2}{2g} \tag{11-167}$$

将(11-166)式代入(11-99)式中,可得

$$\lambda = \frac{8}{\rho V_m^2} \tau_w$$

由(11-139)式可得

$$\lambda = 8 \left(\frac{U_*}{V_m} \right)^2 \tag{11-168}$$

由此可见,只要已知速度分布公式,就可求出平均速度 V_m,从而求出阻力系数。现分别讨论层流管流、水力光滑管紊流、水力粗糙管紊流等状态的阻力系数。

尼克拉兹曾对具有不同管壁相对粗糙度(Δ/d)的管道进行了实验,他在实验的管道壁面上敷上粒度均匀的砂粒,制出了具有六种不同相对粗糙度的圆管,它们的相对粗糙度分别是

$$\frac{\Delta}{d} = \frac{1}{30}, \frac{1}{61.2}, \frac{1}{120}, \frac{1}{252}, \frac{1}{504}, \frac{1}{1014}$$

然后对每一种管道进行阻力实验。实验的结果如图 11-24 所示。

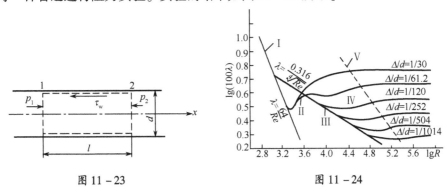

图 11-23　　　　　　　图 11-24

从尼古拉兹实验曲线可以将阻力系数分成具有不同规律的五个区域:

(1) 层流区。当管流处于层流状态时,管壁的粗糙度对阻力系数没有影响,试验点基本上落在直线 I 上。直线 I 是由层流理论计算获得。由(11-100)式知

$$\lambda = \frac{64}{Re}$$

它的有效区域大致在 $Re < 2000$ 的范围内。

（2）层流到紊流的过渡区。在此区域中，试验点分布在曲线Ⅱ周围。这个区域大致在 $2320 < Re < 4000$ 的范围内。此区范围较小，工程实际中 Re 在这个区域的较少，因而对它研究得不够，尚未总结出此区的阻力系数的计算公式。

（3）水力光滑区。水力光滑管紊流阻力系数的试验点基本落在直线Ⅲ上，直线Ⅲ可以由紊流速度分布公式求得。

由(11-151)式知，水力光滑管紊流的平均速度为

$$V_{\mathrm{m}} = U_* \left(2.5\ln \frac{dU_*}{2\nu} + 1.75 \right) \tag{11-169}$$

于是可得

$$\left(\frac{U_*}{V_{\mathrm{m}}} \right)^2 = \frac{1}{\left(2.5\ln \dfrac{dU_*}{2\nu} + 1.75 \right)^2}$$

代入(11-168)式，经整理后得

$$\frac{1}{\sqrt{\lambda}} = 2.035\lg(Re\sqrt{\lambda}) - 0.91 \tag{11-170}$$

这就是水力光滑管紊流阻力系数公式。其有效范围是 $4000 < Re < 26.98\left(\dfrac{d}{\Delta}\right)^{8/7}$。若对此式中的系数略加修正，可以得到与实验数据更为吻合的公式，即

$$\frac{1}{\sqrt{\lambda}} = 2.0\lg(Re\sqrt{\lambda}) - 0.8 \tag{11-171}$$

此式通常称为光滑管紊流的卡门－普朗特阻力系数公式。式中等号右边也包含一项阻力系数，因此需要采用迭代近似法计算。为了能将阻力系数表示为 Re 的显式，尼古拉兹建议下列经验公式

$$\lambda = 0.0032 + 0.221 Re^{-0.237} \tag{11-172}$$

它和实验结果很符合。该式的应用范围为 $10^5 < Re < 3 \times 10^6$。

利用布拉休斯七分之一次方速度分布律 $V_x = V_{\max}\left(\dfrac{y}{r_0}\right)^{1/7}$ 可以导出形式更为简单的阻力系数公式

$$\lambda = \frac{0.3164}{Re^{1/4}} \tag{11-173}$$

该式的应用范围为 $4000 < Re < 10^5$。由于此式形式简单，在工程计算中常被采用。

应该指出，水力光滑区的起始边界是与相对粗糙度 $\dfrac{d}{\Delta}$ 无关的，都是从 $Re = 4000$ 开始的。但此区的最后边界则是与 $\dfrac{d}{\Delta}$ 有关，各自在直线Ⅲ的终点所对应的 Re 为 $26.98\left(\dfrac{d}{\Delta}\right)^{8/7}$。显

然,相对粗糙度愈大$\left(\dfrac{d}{\Delta}\right.$愈小$\left.\right)$,落在直线Ⅲ上的区段愈短。

(4) 水力光滑到粗糙的过渡区。此区即Ⅲ线与Ⅴ线之间的区域。此区大致发生在 $26.98\left(\dfrac{d}{\Delta}\right)^{8/7} < Re < 4160\left(\dfrac{d}{2\Delta}\right)^{0.85}$。此区的特点是,当 $Re > 26.98\left(\dfrac{d}{2\Delta}\right)^{8/7}$ 时,随 Re 的增大,紊流流动近壁底层逐渐减薄,水力光滑管逐渐过渡为水力粗糙管,因而试验点逐渐脱离直线Ⅲ,而且相对粗糙度大的比小的脱离较早。在此区域中,相对粗糙度对阻力系数发生影响。所以在此过渡区中,λ 值为 Re 及相对粗糙度 $\left(\dfrac{d}{\Delta}\right)$ 的函数。可用下列经验公式计算

$$\dfrac{1}{\sqrt{\lambda}} = -2\lg\left(\dfrac{\Delta}{3.7d} + \dfrac{2.51}{Re\sqrt{\lambda}}\right) \qquad (11-174)$$

此式称为柯尔布鲁克公式。

(5) 水力粗糙区。此区是Ⅴ线以后的区域。此区发生在 $Re > 4160\left(\dfrac{d}{2\Delta}\right)^{0.85}$。其特点是,对于给定相对粗糙度的管道,其阻力系数 λ 与 Re 无关,而为一条水平线。这表明系数 λ 只是 $\dfrac{d}{\Delta}$ 的函数。因而能量损失 h_w 与流速 V 的平方成比例(参看(11-167)式)。所以此区域也称为阻力平方区。

此时管中平均流速公式如(11-159)式所示,即

$$V_m = U_*\left(2.5\ln\dfrac{r_0}{\Delta} + 4.75\right)$$

由此得

$$\left(\dfrac{U_*}{V_m}\right)^2 = \dfrac{1}{\left(2.5\ln\dfrac{r_0}{\Delta} + 4.75\right)^2}$$

代入(11-168)式,得

$$\dfrac{1}{\sqrt{\lambda}} = 2.03\lg\dfrac{r_0}{\Delta} + 1.68 \qquad (11-175)$$

若对(11-175)式稍加修正,则可得与实验数据更为吻合的公式

$$\dfrac{1}{\sqrt{\lambda}} = 2.0\lg\dfrac{r_0}{\Delta} + 1.74 \qquad (11-176)$$

此式应用极为普遍。

最后应该指出,在关于水力光滑区到水力粗糙区的过渡区和水力粗糙区的阻力系数计算公式中,以及判断阻力区域的判别区中,都包含管壁的粗糙度 Δ。上面的那些公式都是对人工粗糙的管子进行实验整理得到的,而人工粗糙的管子其管壁粗糙度 Δ 比较均匀,且糙糙部分的形状都一样(砂粒粗糙度)。但是工业上用的管子,管壁粗糙部分的高度和形状各异。因此,要把各种管壁的真实粗糙度通过实验换算成砂粒粗糙度。表11-3给出的各种管壁的粗糙度就是与真实粗糙度相当的砂粒粗糙度。

表 11-3

表面的特征	Δ/mm	表面的特征	Δ/mm
新的仔细浇成的无缝钢管	0.04~0.17	普通的镀锌钢管	0.39
在普通条件下浇成的钢管	0.19	普通的新铸铁管	0.25~0.42
涂柏油的钢管	0.12~0.21	旧的生锈钢管	0.6

[例 11-1] 水在直径 $d=15\text{mm}$ 的旧的生锈钢管中流动,其速度为 $V_m=15\text{cm/s}$,水的运动黏性系数 $\nu=0.0131\text{cm}^2/\text{s}$,试求液流长度 $l=30\text{m}$ 上的沿程压力损失。如果管壁的情况不变,管径 $d=30\text{cm}$,水流的速度为 $V_m=3\text{m/s}$,试求液流长度 $l=30\text{m}$ 上的沿程压力损失。

解

(1) 当 $d=15\text{mm}$,$V_m=15\text{cm/s}$ 时的雷诺数为

$$Re = \frac{V_m d}{\nu} = \frac{15 \times 1.5}{0.0131} = 1717 < 2320$$

故管中水流为层流运动,阻力系数为

$$\lambda = \frac{64}{Re} = \frac{64}{1717} = 0.037$$

沿程压力损失为

$$\Delta p = \lambda \frac{1}{d} \frac{\rho V_m^2}{2} = 0.037 \times \frac{30}{0.015} \times \frac{1000 \times (0.15)^2}{2} = 8.32 \times 10^2 \text{N/m}^2$$

(2) 当 $d=30\text{cm}$,$V_m=3\text{m/s}$ 时的雷诺数为

$$Re = \frac{V_m d}{\nu} = \frac{30 \times 300}{0.0131} = 687000$$

故管中水流为紊流状态。但还需要判别是属于哪一个阻力区域。因为管道为旧的生锈钢管,由表 11-3 查得 $\Delta=0.6\text{mm}$,则

$$26.98 \left(\frac{d}{\Delta}\right)^{8/7} = 26.98 \times \left(\frac{300}{0.6}\right)^{8/7} = 32670$$

$$4160 \left(\frac{d}{2\Delta}\right)^{0.85} = 4160 \times \left(\frac{300}{2 \times 0.6}\right)^{0.85} = 454300$$

由此可见,$Re > 4160 \left(\frac{d}{2\Delta}\right)^{0.85}$ 为阻力平方区。按(11-176)式算得

$$\lambda = \left(1.74 + 2\lg \frac{d}{2\Delta}\right)^{-2} = \left(1.74 + 2\lg \frac{300}{2 \times 0.6}\right)^{-2} = 0.0234$$

于是沿程压力损失为

$$\Delta p = \lambda \frac{1}{d} \frac{\rho V_m^2}{2} = 0.0234 \times \frac{30}{0.3} \times \frac{1000 \times 3^2}{2} = 1.05 \times 10^4 \text{N/m}^2$$

(三) 可压流的阻力系数

上面我们讨论的是关于不可压黏性管流的阻力系数的确定。对于可压的黏性光滑管流，阻力系数 λ，一般来说，不仅与 Re 有关，而且也与 Ma 有关。λ 与 Re 及 Ma 的关系得用实验来确定。实验结果如图 11-25 所示，图中 λ_c/λ_{inc} 表示在相同 Re 下可压流阻力系数 λ_c 与不可压流阻力系数 λ_{inc} 的比值。实验结果表明，在 $Ma < 0.70 \sim 0.75$ 时，压缩性对阻力系数没有什么影响，在 $Ma > 0.70 \sim 0.75$ 以后，λ_c 随 Ma 增大而有所减小，尤其在 $Ma = 0.90 \sim 0.97$ 之间时，λ_c 减小得更多。

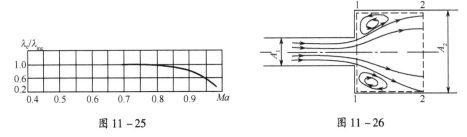

图 11-25 　　　　　　　图 11-26

三、局部损失

前面我们讨论了流体在直管中流动的沿程损失计算的问题。但是在管路系统中，除沿程损失外，还有由于管截面面积的突然变化（突然扩大和突然缩小）、弯头以及其它管路配件（例如阀门）等所产生的机械能损失，这种损失称为局部损失。

我们以管道突然扩大的情形为例来说明局部损失产生的物理原因。图 11-26 表示了流体从截面较小的管道流入截面较大的管道中的流动图形，流动为准定常紊流状态。在管道截面突然扩大的地方，由于惯性的作用，流体质点的运动轨迹是不可能突然转弯的，因此，流线从窄截面边缘处与管壁分离，然后流体所占的截面逐渐扩大，到大管的某个截面 2-2 处才占据整个管截面。在 1-1 与 2-2 之间的分离区内，则有许多旋涡。在此区域内，由于流体微团相互之间的摩擦作用，把一部分机械能不可逆地转变成热能。同时，在流动过程中不断地有新的微团补充到这一区域来，也不断地有微团被主流带走，被带走的微团与主流混合时要发生很大的撞击、摩擦等。因此，在这种质量交换过程中，也会消耗一部分的机械能。此外，当流体进入截面扩大的管道以后，必将引起主流流速的重新分布，因而增加了流体间的相对运动，结果导致流体微团间的附加摩擦和相互撞击，使流体能量受到损失。经过一段不长的距离，旋涡区域已不再存在，这种局部损失也就不再存在了。因此，局部损失只是发生在流体流动的局部范围内。

不可压流的局部损失一般由下式计算

$$\Delta p^* = \lambda \frac{\rho V_2^2}{2} \tag{11-177}$$

式中　Δp^*——总压损失，即局部损失；

　　　λ'——局部损失系数；

　　　V_2——对应于局部损失后的横截面上的平均流速。

由上式可见，局部损失的计算乃归结为确定局部损失系数的问题。在紊流情况下，λ' 值主要由产生局部损失的元件的几何形状决定，而与 Re 的关系很小，通常认为与 Re 无关。因此，必须针对每一种具体元件的形状来确定 λ' 值，一般地需要借助于实验或经验公式，只在个别情况下（例如突然扩大）才可以用分析方法来确定。因为突然扩大是最典型的问题，所以我们首先讨论这种情况下的局部损失系数的计算。

(一) 突然扩大处的局部损失系数

首先讨论不可压流的情况。参看图 11-26，设小管的截面积为 A_1，平均流速为 V_1，大管的截面积为 A_2。取虚线所示表面为控制面，1-1 截面是流体刚进大截面管道的地方，2-2 截面必须取得距 1-1 截面足够元，此处旋涡区已经结束，流速分布已经稳定，设此截面上的平均流速为 V_2。我们假定 1-1 截面上具有环形面积 (A_2-A_1) 的管壁对旋涡区内流体的压强和小管出口的静压 p 相等，实验证明，当流体作紊流运动时，这种假设基本上是符合实际的。

突然扩大处的局部损失应等于 1-1 截面与 2-2 截面流体的总压之差，即

$$\Delta p^* = p_1^* - p_2^* = \left(p_1 + \frac{\rho V_1^2}{2}\right) - \left(p_2 + \frac{\rho V_2^2}{2}\right) \tag{a}$$

对所取的控制面应用动量方程，考虑到 1-2 段并不太长，通常可以不计侧表面上的摩擦力，于是动量方程可写成

$$\dot{m}(V_2 - V_1) = (p_1 - p_2)A_2$$

将上式用 $\dot{m} = \rho V_2 A_2$ 通除一下，得

$$V_2 - V_1 = \frac{p_1 - p_2}{\rho V_2}$$

或

$$\frac{p_1 - p_2}{\rho} = V_2(V_2 - V_1) = \frac{V_2^2}{2} + \frac{V_2^2}{2} - \frac{2V_1 V_2}{2} + \frac{V_1^2}{2} - \frac{V_1^2}{2}$$

整理后得

$$\left(p_2 + \frac{\rho V_1^2}{2}\right) - \left(p_2 + \frac{\rho V_2^2}{2}\right) = \frac{\rho (V_1 - V_2)^2}{2} \tag{b}$$

比较 (a) 式与 (b) 式，即可看出

$$\Delta p^* = \rho \frac{(V_1 - V_2)^2}{2} \tag{11-178}$$

这就是说，突然扩大时，总压损失等于以速度差计算的动能。

由连续方程 $V_1 A_1 = V_2 A_2$ 可将 (11-178) 式改写为

$$\Delta p^* = \left(\frac{A_2}{A_1} - 1\right)^2 \cdot \frac{\rho V_2^2}{2}$$

而

$$\Delta p^* = \lambda' \cdot \frac{\rho V_2^2}{2}$$

因此，在突然扩大处，不可压流的局部损失系数为

$$\lambda' = \left(\frac{A_2}{A_1} - 1\right)^2 \tag{11-179}$$

上式说明,在突然扩大处,局部损失系数的大小只与管道的面积比有关,而与面积的绝对值并没有关系。凡是面积比相同的突然扩大管,其局部损失系数值 λ' 都一样。这个公式与紊流时的实验结果很符合。

对于可压流,在突然扩大处局部损失的计算归结为求总压恢复系数 p_2^*/p_1^*,具体求法如下。

仍参看图11-26,取虚线所示控制面,列出动量方程,即

$$\dot{m}V_2 + p_2A_2 = \dot{m}V_1 + p_1A_1 + p_1(A_2 - A_1)$$

根据 $z(\lambda)$ 及 $y(\lambda)$ 的定义,此式可改写为

$$\frac{k-1}{2k}\dot{m}c_{\text{cr}_2}z(\lambda_2) = \frac{k+1}{2k}\dot{m}c_{\text{cr}_1}z(\lambda_1) + \frac{k+1}{2k}\dot{m}c_{\text{cr}_1}\left(\frac{k+1}{2}\right)^{\frac{1}{k-1}}\frac{1}{y(\lambda_1)}\cdot\left(\frac{A_2}{A_1}-1\right)$$

因为是绝能流动,$c_{\text{cr}_1} = c_{\text{cr}_2}$,上式可简化得

$$z(\lambda_2) = z(\lambda_1) + \left(\frac{A_2}{A_1}-1\right)\frac{1}{y(\lambda_1)}\cdot\left(\frac{k+1}{2}\right)^{\frac{1}{k-1}} \tag{11-180}$$

由上式便可以按 λ_1 和 A_2/A_1 的数值求 λ_2。

由连续方程可确定突然扩大时的总压恢复系数为

$$\frac{p_2^*}{p_1^*} = \frac{A_1}{A_2}\cdot\frac{q(\lambda_1)}{q(\lambda_2)} \tag{11-181}$$

(二) 突然收缩

参看图11-27,当管截面突然收缩时,流体在大管的拐角处分离,形成分离区,然后,不是立即充满小管的整个截面,而是在小管内也形成一个分离区,再逐渐地占据整个管截面。局部损失产生的物理原因完全与突然扩大时相同。

对于这种突然收缩的情况,局部损失系数不像突然扩大那样可以从分析法求得了,需要根据实验求得。对于不可压流,实验结果为

$$\lambda' = 0.5\left(1 - \frac{A_2}{A_1}\right) \tag{11-182}$$

这是计算突然收缩时常用的公式。在特殊情况下,$A_2/A_1 \to 0$,即流体从一个很大的储箱进入管道且进口处具有尖锐的边缘时,其局部损失系数为 $\lambda' = 0.5$。若将进口处的锐缘改圆以后,则 λ' 便随着进口的圆滑程度而大为降低。边缘为圆形且入口匀滑时,$\lambda' = 0.20$;入口极匀滑时,$\lambda' = 0.05$。

其它管路配件的局部损失也都可以用(11-177)式来表示,不同配件的 λ' 值各不相同,可由水力学手册中查到。

为了减小局部损失,在气流中应尽量避免流通截面积发生突然的变化,在截面积有较大变化的地方常用锥形段过渡(见图11-28(a));对于要求比较高的风洞,则采用流线型壁面;在气流拐弯处采用导流叶片(见图11-28(b))等等。

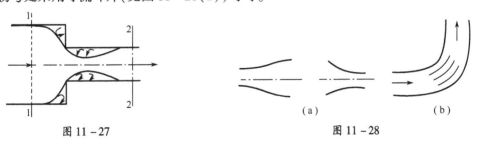

图11-27　　　　　　　　　　图11-28

(三) 局部损失的利用

还应该指出,局部损失可用来为一定的目的服务,阀门就是一个例子(图 11-29(a)),控制阀门的开度可以控制流体的压强、速度或流量。密封装置也是一个例子,在航空发动机上为了防止燃烧室出来的高压高温燃气漏入轴承腔内,需要将燃气和轴承的滑油腔隔开,这时可采用图 11-29(b)所示的密封装置,燃气每经过一个密封齿,压强就降低一次,经过几个齿以后,压强就降低到与滑油腔内的压强相接近。这样,由于最后一个齿前后压强差很小,所以流入滑油腔的燃气就很少。

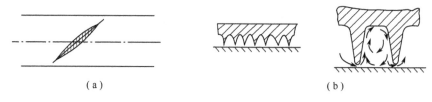

图 11-29

§11-8 附面层概念和附面层几种厚度的定义

从本节开始的以下几节将讨论附面层理论。附面层理论是由普朗特于1904年首先提出的,它具有广泛的理论和实用意义,发展非常迅速,目前已成为黏性流体动力学的一个重要领域。

一、附面层概念

如前所说,雷诺数是用来度量作用在流体上的惯性力和黏性力之比的准则数,大雷诺数($Re \gg 1$)下的运动就意味着运动中的惯性力远大于黏性力的影响,黏性力相对于惯性力可以忽略不计,于是可以把流体视为理想流体。由理想流体理论,我们可以得到流场的速度分布、压强分布。但是由实验发现,由理想流体理论得到的速度场在壁面附近与实际情况相差甚远。在真实流动中,紧贴壁面的流体与壁面之间并无相对运动,在壁面附近沿其法线方向存在相当大的速度梯度,故在壁面附近的一层流动区域中,黏性力与惯性力相比不能忽略。因此不能应用理想流体动力学理论来解决贴近物面的区域中流体的运动问题。

1904 年普朗特第一次提出了附面层流动的概念。他认为对于黏性较小的流体(例如水和空气)绕流物体时,黏性的影响仅限于贴近物面的薄层中,在这一薄层以外,黏性影响可以忽略,应用经典的理想流体动力学方程的解来确定这里的流动是合理的。普朗特称这个薄层为附面层(或边界层)。

简单的实验就可以证实普朗特的思想。例如直接测量翼型表面附近的速度分布(参看图 11-30),就可以发现附面层的存在。由图 11-30 可见,整个流场可以划分为附面层、尾迹流和外部势流三个区域。

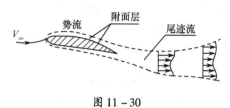

图 11-30

在附面层内,流速由壁面上的零值急剧地增加到与自由来流速度 V_∞ 同数量级的值。因此沿物面法线方向上的速度梯度很大,即使流体的黏性系数较小,但黏性应力仍然可以达到很高的数值。此外,由于速度梯度很大,使得通过附面层的流体有相当大的涡旋强度,流动是有旋的。

当附面层内的黏性有旋流离开物体而流入下游时,在物体后面形成尾迹流。在尾迹流中,初始阶段还带有一定强度的涡旋,速度梯度还相当显著,但是由于不存在固体壁面的阻滞作用,不能再产生新的涡旋,随着远离物体,原有的涡旋将逐渐扩散和衰减,速度分布渐趋均匀,直至在远下游处尾迹完全消失。

在附面层和尾迹以外的区域,流动的速度梯度很小,黏性力的影响可以忽略,流动可以看成是无黏性的和无旋的。

由此可见,当黏性流体绕流物体时,在附面层和尾迹区域内的流动是黏性流体的有旋流动,有附面层和尾迹区域外的流动可视为无黏性流体的无旋流动(势流)。因此问题归结为分别讨论这两种流体运动,然后把所得的解拼合起来,就可以获得整个流场的解。

附面层流动与管流一样,也有层流与紊流之分。实验观察表明,在一般情况下,气流从物体前缘起形成层流附面层,而后由某处开始,层流附面层将处于不稳定状态,并逐渐过渡为紊流附面层。附面层内流动状态转变的典型情况如图 11-31(a)所示,这是平板在无穷远均匀来流中的绕流图形。从层流转变到紊流的过渡区域 AB 称为转捩段,但是为了研究问题方便起见,常将转捩段长度假设为零,此时转捩段变成转捩点(见图 11-31(b))。用来流速度及转捩点与前缘间的距离 x_T 作为特征长度计算得到的雷诺数称为临界雷诺数,即 $Re_{cr} = \dfrac{V_\infty x_T}{V}$。$Re_{cr}$ 的数值由实验来确定,它与物面的形状及来流的紊流度有关。对于沿平板的流动,在一般情况下,$Re_{cr} = 5 \times 10^5 \sim 3 \times 10^6$。显然,转捩点 T 的位置 $x_T = Re_{cr} \dfrac{\nu}{V_\infty}$。

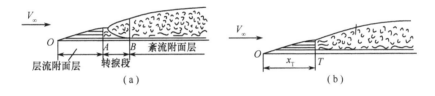

图 11-31

利用附面层理论可以成功地计算物体在流体中运动时物面所受到的摩擦阻力和热传递率,解释脱体旋涡的形成以及尾流的产生等复杂流动现象。

二、附面层几种厚度的定义

(一) 附面层厚度(δ)

附面层和外部势流之间并无明显的分界面。所谓附面层外边界或者说附面层的厚度,都是按一定条件人为规定的。当流体绕流物体时,速度由物面上的零值恢复到外部势流速度值是一个渐近的连续的变化过程。如果以 V_0 来表示外部势流的速度(当附面层很薄时,可以近似看成是无黏性流体绕同一物体时物面上相应点的速度),实验表明,附面层内的速度 V_x 沿物面法线方向很快接近于 V_0 的数值,通常把各个横截面上速度恢复到 $V_x = 0.99 V_0$ 值的所有点的连线定义为附面层外边界,而从外边界到物面的垂直距离定义为附面层厚度,通常用 δ 来表示。由于上述定义是有条件的,因此,有时称它为附面层条件厚度。

现在让我们估计一下附面层厚度 δ 的数量级。在附面层中,速度梯度较大,黏性力与惯性力相比不能忽略。由于在附面层内惯性力与黏性力具有相同的数量级,因此,可以找到符合这个条件的相应的区域,这个区域的厚度就是附面层厚度。下面以平板绕流为例说明之。

图 11-32 所示为平板的平面绕流,来流速度为 V_∞,平板在 z 方向的宽度为无穷大,在 x 方向的长度为 L,附面层厚度为 δ。单位体积的惯性力可用 $\rho V_x \dfrac{\partial V_x}{\partial x}$ 这一项来代表,它具有 $\rho \dfrac{V_\infty^2}{L}$ 的数量级;单位体积的黏性力可用 $\mu \dfrac{\partial^2 V_x}{\partial y^2}$ 这一项来代表,它具有 $\mu \dfrac{V_\infty}{\delta^2}$ 的数量级。因此,在附面层内则应有

$$\mu \frac{V_\infty}{\delta^2} \sim \rho \frac{V_\infty^2}{L}$$

即

$$\frac{\delta}{L} \sim \frac{1}{\sqrt{Re}}, \quad Re = \frac{\rho V_\infty L}{\mu} \tag{11-183}$$

由此可见,在高雷诺数的条件下,附面层厚度远小于被绕物体的特征长度,即

$$\frac{\delta}{L} \ll 1$$

附面层的厚度通常很薄,例如对于空气沿平板的流动,若板长 $L=100\text{cm}$,$\nu=0.15\text{cm}^2/\text{s}$,设自由来流速度 $V_\infty=10\text{m/s}$,求得 $Re\approx 7\times 10^5$,则附面层厚度 δ 约为 1.2mm 左右。

虽然我们定义了附面层厚度 δ,但是在解决实际问题时,经常会遇到困难,往往由于速度的测量或计算的误差而可能使 δ 的数值产生很大的差异。因此,在作附面层计算时,常引用一些具有一定物理意义的厚度。下面我们分别讨论附面层的位移厚度和动量损失厚度的含义。

(二) 附面层的位移厚度

参看图 11-33,假设物面某点 P 处的附面层厚度为 δ,则实际通过 $\delta \cdot 1$ 截面(设垂直纸面的高度为一单位高度)的流量为

$$\int_0^\delta \rho V_x \mathrm{d}y$$

此处 ρ、V_x 分别表示附面层内流体的当地密度和当地速度在 x 方向的投影。

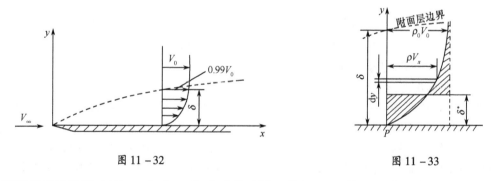

图 11-32　　　　　　图 11-33

而无黏性流体以速度 V_0、密度 ρ_0 流动时通过同一截面 $\delta \cdot 1$ 的理想流量为

$$\int_0^\delta \rho_0 V_0 \mathrm{d}y = \rho_0 V_0 \delta$$

此处 ρ_0、V_0 分别表示附面层外边界处流体的当地密度和当地速度。

在图 11-33 中,注意到两块阴影面积相等,则上述两部分流量之差为

$$\rho_0 V_0 \delta^* = \int_0^\delta \rho_0 V_0 \mathrm{d}y - \int_0^\delta \rho V_x \mathrm{d}y \qquad (11-184\mathrm{a})$$

或

$$\rho_0 V_0 (\delta - \delta^*) = \int_0^\delta \rho V_x \mathrm{d}y \qquad (11-184\mathrm{b})$$

上式说明,如果无黏性流体所通过的流量保持与黏性流体实际所通过的流量相等,则需将 P 点处的物面向上移进 δ^* 的距离,这段距离就叫做位移厚度。将(11-184a)式变换后即可得位移厚度的表达式为

$$\delta^* = \int_0^\delta \left(1 - \frac{\rho V_x}{\rho_0 V_0}\right) \mathrm{d}y \qquad (11-185)$$

对于不可压缩流,因为 $\rho = \rho_0$,则

$$\delta^* = \int_0^\delta \left(1 - \frac{V_x}{V_0}\right) \mathrm{d}y \qquad (11-186)$$

(11-186)式对于任意的不可压缩流体附面层都是正确的。注意到 y 变量在积分后已消失,因此 δ^* 只是 x 的函数。

位移厚度的概念,对于流道的设计具有重要的实际意义。例如设计喷管时,通常先把喷管中的流动看成是无黏性的,求出理想型线,然后考虑黏性的影响,把理想型线各点都增加当地位移厚度 δ^*,如图 11-34 所示。图中虚线是理想型线,实线是作了附面层修正之后的实际型线。

另外,附面层位移厚度 δ^* 还决定流线的偏移距离。例如在图 11-35 中若为理想流体流过平板,则流线 II 平行于壁面。如果考虑黏性流体绕平板的流动,则存在着流动被阻滞了的附面层,在附面层内由于黏性阻滞作用,流速减小,为了保证通过流管的流量相等,流线必须向外偏移。流线形状如 II' 所示。显然在 AC 截面处流线向上偏移的距离就是位移厚度 δ^*。

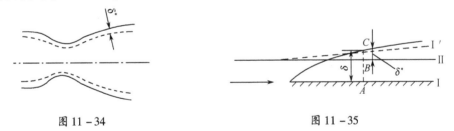

图 11-34　　　　　　　　　　图 11-35

应该指出,由于附面层的存在,流线向外偏移排挤了外流,从而对外流发生作用,于是附面层外理想流体的绕流图案已和没有附面层时有所不同,流线亦将向外偏移。势必引起外部势流速度的改变。严格说来,附面层外边界上的势流速度 V_0 与无黏性流体绕流同一物体时在物面上相应点的速度是不相等的,只是因为 δ^* 一般都很小,因此由这种排移所引起的附面层外边界上势流速度的变化在大多数情况下小到可以忽略不计的程度。

(三) 动量损失厚度 δ^{**}

既然附面层的存在,会使速度减小,那么气流的动量也会减小。单位时间内通过附面层厚度 δ 的气流实际所具有的动量为 $\int_0^\delta \rho V_x^2 \mathrm{d}y$。而此部分气流若以层外的速度 V_0 运动时所应具有的动量为 $\left(\int_0^\delta \rho V_x \mathrm{d}y\right) V_0$。因此动量损失为

$$\left(\int_0^\delta \rho V_x V_0 dy - \int_0^\delta \rho V_x^2 dy\right)$$

它等于单位时间内通过 δ^{**}（一个假想的厚度）的速度为 V_0、密度为 ρ_0 的气流所具有的动量 $\rho_0 V_0^2 \delta^{**}$，即

$$\rho_0 V_0^2 \delta^{**} = \int_0^\delta \rho V_x V_0 dy - \int_0^\delta \rho V_x^2 dy \qquad (11-187)$$

这个假想的厚度 δ^{**} 就叫做动量损失厚度。上式经过变换后即可得 δ^{**} 的表达式为

$$\delta^{**} = \int_0^\delta \frac{\rho}{\rho_0} \frac{V_x}{V_0}\left(1 - \frac{V_x}{V_0}\right)dy \qquad (11-188)$$

对于不可压缩流体，$\rho = \rho_0$，则

$$\delta^{**} = \int_0^\delta \frac{V_x}{V_0}\left(1 - \frac{V_x}{V_0}\right)dy \qquad (11-189)$$

以后我们会看到，物体所受到的阻力常和动量损失厚度 δ^{**} 联系在一起。

§11-9 二维不可压缩流体附面层的微分方程

在附面层内可以根据附面层的基本特性对纳维-斯托克斯方程进行简化，就可得到附面层微分方程。

一、平壁面二维不可压缩流体附面层微分方程

下面我们取二维不可压缩流体绕流平壁（图 11-36）来推导附面层微分方程。不可压缩黏性流体平面流动的基本方程为

$$\frac{\partial V_x}{\partial x} + \frac{\partial V_y}{\partial y} = 0 \qquad (11-190a)$$

$$\frac{\partial V_x}{\partial t} + V_x \frac{\partial V_x}{\partial x} + V_y \frac{\partial V_x}{\partial y} = -\frac{1}{\rho}\frac{\partial p}{\partial x} + \frac{\mu}{\rho}\left(\frac{\partial^2 V_x}{\partial x^2} + \frac{\partial^2 V_x}{\partial y^2}\right) \qquad (11-190b)$$

$$\frac{\partial V_y}{\partial t} + V_x \frac{\partial V_y}{\partial x} + V_y \frac{\partial V_y}{\partial y} = -\frac{1}{\rho}\frac{\partial p}{\partial y} + \frac{\mu}{\rho}\left(\frac{\partial^2 V_y}{\partial x^2} + \frac{\partial^2 V_y}{\partial y^2}\right) \qquad (11-190c)$$

为了简化此方程组，首先对它进行无量纲化。为此选取各物理量的特征量。根据附面层流动的特点，可以选取 L、δ 及 V_0 分别为 x、y 及 V_x 的特征量，并且由连续方程 (11-190a) 式和 (11-183) 式知道

$$V_y \sim \int_0^\delta \frac{\partial V_x}{\partial x} dy \sim \frac{V_0}{L}\delta \sim \frac{V_0}{\sqrt{Re}}$$

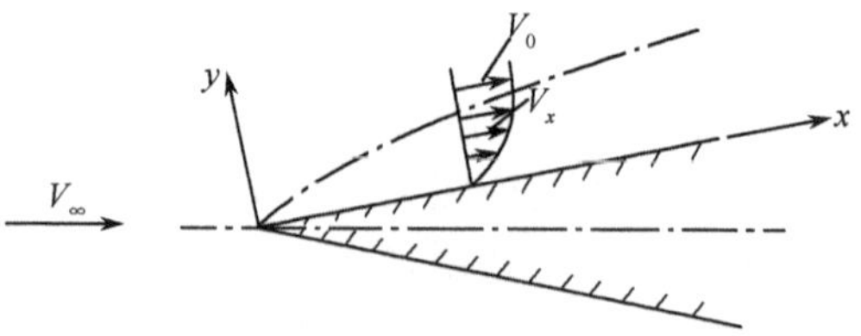

图 11-36

故可取 $V_0/\sqrt{Re}$ 为 V_y 的特征量。当附面层中沿流动方向的压力梯度与惯性力具有相同量级时，则有 $\frac{p}{L} \sim \rho \frac{V_0^2}{L}$。于是可取 ρV_0^2 为 p 的特征量。我们假定在附面层中，t 具有 L/V_0 的量级，则可取 L/V_0 为 t 的特征量。

用这些特征量去除各相应的物理量,则可得到下列量级为 1 的无量纲物理量:

$$x^* = \frac{x}{L}, \quad y^* = \frac{y}{\delta}\frac{y}{L/\sqrt{Re}}, \quad t^* = \frac{t}{L/V_0},$$

$$V_x^* = \frac{V_x}{V_0}, \quad V_y^* = \frac{V_y}{V_0/\sqrt{Re}}, \quad p^* = \frac{p}{\rho V_0^2} \tag{11-191}$$

将这些无量纲物理量代入基本方程式(11-190)可得

$$\frac{\partial V_x^*}{\partial x^*} + \frac{\partial V_y^*}{\partial y^*} = 0 \tag{11-192a}$$

$$\frac{\partial V_x^*}{\partial t^*} + V_x^* \frac{\partial V_x^*}{\partial x^*} + V_y^* \frac{\partial V_x^*}{\partial y^*} = -\frac{\partial p^*}{\partial x^*} + \frac{1}{Re}\frac{\partial^2 V_x^*}{\partial x^{*2}} + \frac{\partial^2 V_x^*}{\partial y^{*2}} \tag{11-192b}$$

$$\frac{1}{Re}\left(\frac{\partial V_y^*}{\partial t^*} + V_x^* \frac{\partial V_y^*}{\partial x^*} + V_y^* \frac{\partial V_y^*}{\partial y^*}\right) = -\frac{\partial p^*}{\partial y^*} + \frac{1}{Re^2}\frac{\partial^2 V_y^*}{\partial x^{*2}} + \frac{1}{Re}\frac{\partial^2 V_y^*}{\partial y^{*2}} \tag{11-192c}$$

由于式中带"*"号的各物理量具有 1 的量级,因此上式各项的量级完全取决于各项无量纲系数的量级。

根据前面的分析,普朗特附面层简化的前提是 $Re \gg 1$。因此 $1/Re \ll 1$,$1/Re^2 \ll 1$,于是(11-192)式中带有 $1/Re$、$1/Re^2$ 系数的项可以忽略,如此可得

$$\frac{\partial V_x^*}{\partial x^*} + \frac{\partial V_y^*}{\partial y^*} = 0 \tag{11-193a}$$

$$\frac{\partial V_x^*}{\partial t^*} + V_x^* \frac{\partial V_x^*}{\partial x^*} + V_y^* \frac{\partial V_x^*}{\partial y^*} = -\frac{\partial p^*}{\partial x^*} + \frac{\partial^2 V_x^*}{\partial y^{*2}} \tag{11-193b}$$

$$\frac{\partial p^*}{\partial y^*} = 0 \tag{11-193c}$$

利用(11-191)式,再将上式还原为有量纲形式的方程,得

$$\frac{\partial V_x}{\partial x} + \frac{\partial V_y}{\partial y} = 0 \tag{11-194a}$$

$$\frac{\partial V_x}{\partial t} + V_x \frac{\partial V_x}{\partial x} + V_y \frac{\partial V_x}{\partial y} = -\frac{1}{\rho}\frac{\partial p}{\partial x} + \nu \frac{\partial^2 V_x}{\partial y^2} \tag{11-194b}$$

$$\frac{\partial p}{\partial y} = 0 \tag{11-194c}$$

这就是沿平壁面的二维不可压缩流体的附面层微分方程组。

由(11-194c)式可见,压强沿 y 方向为常数,附面层内的压强分布就是附面层外边界上势流的压强分布。即

$$p = p_0(x,t)$$

式中 $p_0(x,t)$ ——附面层外边界上势流的压强分布。

对于附面层问题的求解来说,$p_0(x,t)$ 是已知函数。于是(11-194b)式中的 $\frac{\partial p}{\partial x}$ 可写成

$$\frac{\partial p}{\partial x} = \frac{\partial p_0}{\partial x}$$

由此,沿平壁面的二维不可压缩流体附面层的基本方程可写成

$$\frac{\partial V_x}{\partial x} + \frac{\partial V_y}{\partial y} = 0 \qquad (11-195a)$$

$$\frac{\partial V_x}{\partial t} + V_x\frac{\partial V_x}{\partial x} + V_y\frac{\partial V_x}{\partial y} = -\frac{1}{\rho}\frac{\partial p_0}{\mathrm{d}x} + \nu\frac{\partial^2 V_x}{\partial y^2} \qquad (11-195b)$$

上面导出了平壁面二维附面层方程,它适用于平板和楔形等物体。实际问题中物面常是弯曲的,对于曲面附面层,我们不再采用直角坐标系,而采用一种特别规定的正交曲线坐标系——附面层坐标系。对于二维情形,附面层坐标系是:以物面上的某一点 O 为原点,沿着流动方向的物面轮廓线取作 x 轴,沿着物面的法线自壁面算起的距离取作 y 轴(参看图11-37)。采用类似于推导平壁面附面层的方法,可以得到

$$\frac{\partial V_x}{\partial x} + \frac{\partial V_y}{\partial y} = 0 \qquad (11-196a)$$

$$\frac{\partial V_x}{\partial t} + V_x\frac{\partial V_x}{\partial x} + V_y\frac{\partial V_x}{\partial y} = -\frac{1}{\rho}\frac{\partial p_0}{\partial x} + \nu\frac{\partial^2 V_x}{\partial y^2} \qquad (11-196b)$$

$$-\frac{V_x^2}{R} = -\frac{1}{\rho}\frac{\partial p}{\partial y} \qquad (11-196c)$$

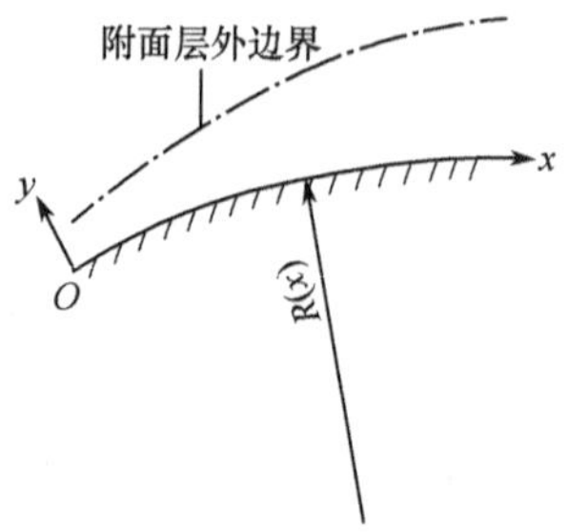

图 11-37

这就是在附面层正交曲线坐标系中的附面层微分方程组。由(11-196c)式看出,为了和流动弯曲所产生的离心力相平衡,必须有 y 方向的压力梯度,这是与平壁面附面层方程组的唯一差别。

下面估计一下压力梯度 $\frac{\partial p}{\partial y}$ 的数量级。粗略地假定速度分布是线性的,即 $V_x \approx V_0\frac{y}{\delta}$,把它代入(11-196c)式,积分后得到

$$p(x,\delta,t) - p(x,0,t) = \rho V_0^2\frac{\delta}{3R}$$

故

$$\frac{\Delta p}{\rho V_0^2} = \frac{1}{3}\frac{\delta}{R}$$

因此,在 $R \gg \delta$ 的情况下,离心力对 $\frac{\partial p}{\partial y}$ 的影响可以忽略不计,仍然可以认为压强沿 y 轴为常数,即 $\frac{\partial p}{\partial y} = 0$,从而就可以把(11-196)式改写成和(11-195)式完全相同的形式。由此可见,对于曲率半径 R 不太小的曲壁面,其附面层方程在形式上与平壁面情形完全相同,只是平壁面情形的方程组是在直角坐标系中导出的,而曲壁面情形的方程组是在附面层坐标系中导出的。

(11-195)式称为普朗特附面层方程,它与 N-S 方程相比简化了很多,原来有三个未知量(V_x,V_y,p)和三个方程,现在只有两个未知量(V_x,V_y)和两个方程,而且在黏性项中只留下了 $\nu\frac{\partial^2 V_x}{\partial y^2}$ 项。但是,附面层方程仍旧是二阶非线性偏微分方程组,在数学上求解它仍有一定的困难。

二、附面层的边界条件和起始条件

现在讨论方程组(11-195)式的边界条件和初始条件。

边界条件为：

(1) 在物面 $y=0$ 上，满足无滑移条件，$V_x = V_y = 0$；

(2) 在附面层外部边界 $y=\delta$ 上，$V_x = V_0(x)$，其中 $V_0(x)$ 是附面层外部边界上外流的速度分布。

根据附面层渐近地趋于外部势流的性质，(11-195)式的解具有渐近性，它在 $y=\delta$ 的值与 $y=\infty$ 的值已相差很少，故条件(2)还可用下面的条件来代替。

(2)′ 当 $y \to \infty$ 时，$V_x = V_0$。

具有边界条件(2)的附面层理论有时称为有限厚度理论，具有边界条件(2)′的附面层理论则称为渐近理论。这两种提法以后都会用到。

初始条件为：

$t = t_0$：$\qquad V_x = V_x(x, y, t_0), \quad V_y = V_y(x, y, t_0)$

以上讨论的边界条件和初始条件，既适用于壁面附面层，也适用于曲壁面附面层。

最后需要指出，附面层内的黏性流体运动和理想流体外部势流是相互影响，紧密相关的。由于附面层内黏性流体的阻滞作用，流管有了扩张，流线向外偏移，所以理想流体所绕流的物体已不是原物体而应是考虑了流线位移效应后加厚了 δ^* 的等效物体，这个等效物体的形状只有把附面层内的解求出之后才能确定。由此可见，外部势流取决于附面层流动，这是一方面；另一方面，要解附面层方程也必须知道附面层外边界上势流的速度分布或压强分布，因此附面层流动也取决于外部势流。所以说外部势流和附面层流动是相互影响的，应该把它们联合起来求解。但是这样做就要解两组相互影响的方程组，即理想流体动力学方程组及附面层方程组。为了减少数学上的困难，普朗特考虑到在大 Re 时，附面层很薄的事实，认为流线的位移效应很小，等效物体外形和原物体相差不大，作为一级近似，可以忽略附面层对外部势流的影响，把外部势流当作是附面层不存在时绕原物体的流动，这样它就可以独立运用势流理论求解。确定外流后再按附面层方程求附面层内的解。采用这种近似方法就可以把原来是相互影响的两个问题化成可以逐步求解的两个问题，从而简化了数学提法。一般说来，用上述一级近似求出的结果已能满足工程的需要，只是在分离点附近及附面层较厚的地方，需要考虑附面层对外部势流的影响。此时可以采用逐次修正的方法，以附面层一级近似的解为基础考虑位移厚度求出等效物体形状，然后解理想流体绕等效物体的流动，求出附面层外边界上的修正压强分布和速度分布，然后再以此分布求附面层内的解。如此继续下去，逐次修正。计算表明，通常只需求一次修正就够了。如果附面层对外部势流的影响相当强烈，以致逐次修正的方法也不很有效时，那就必须用实验方法测出压强分布或速度分布作为计算附面层的基础。

§11-10 平壁面层流附面层的布拉休斯解

参看图 11-32，不可压缩流体定常绕流半无穷长的无限薄平板，来流速度为 V_∞，其方向与板面平行。取直角坐标系，原点与平板前缘重合，x 轴沿来流方向，y 轴垂直于平板，因平板无限薄，此时将有

$$V_0(x) = V_\infty = 常数$$

则

$$\frac{dV_0}{dx} = 0 \tag{11-197}$$

根据伯努利方程

$$\frac{dp_0}{dx} = 0 \tag{11-198}$$

在上述条件下,普朗特附面层方程可简化为

$$\frac{\partial V_x}{\partial x} + \frac{\partial V_y}{\partial y} = 0 \tag{11-199a}$$

$$V_x \frac{\partial V_x}{\partial x} + V_y \frac{\partial V_x}{\partial y} = \nu \frac{\partial^2 V_x}{\partial y^2} \tag{11-199b}$$

边界条件是

$$\left.\begin{array}{l} y = 0, \quad V_x = V_y = 0 \\ y = \infty, \quad V_x = V_\infty \end{array}\right\} \tag{11-200}$$

求解(11-199)式的必要步骤是:(1)将(11-199)简化为一个偏微分方程式;(2)将所得的偏微分方程式简化为常微分方程式;(3)解此常微分方程。我们将着重讨论前两个步骤,因为这两个步骤是处理许多附面层问题的一个典型的方法。

现在我们将(11-199)式简化为一个偏微分方程。根据(11-199a)式,可引进流函数 $\psi(x,y)$,使

$$V_x = \frac{\partial \psi}{\partial y}, \quad V_y = -\frac{\partial \psi}{\partial x} \tag{11-201}$$

将此式代入(11-199b)式,可得

$$\frac{\partial \psi}{\partial y} \frac{\partial^2 \psi}{\partial x \partial y} - \frac{\partial \psi}{\partial x} \frac{\partial^2 \psi}{\partial y^2} = \nu \frac{\partial^3 \psi}{\partial y^3} \tag{11-202}$$

我们进一步将此偏微分方程简化为常微分方程。我们假设,对于一个给定的 V_∞,沿附面层 y 方向的速度分布在不同的 x 处具有相似的形式,即假定无量纲速度分布(V_x/V_∞)只是 y/δ 的函数,即

$$\frac{V_x}{V_\infty} = \phi\left(\frac{y}{\delta}\right)$$

则在无量纲坐标 y/δ 上表出的无量纲速度剖面 V_x/V_∞ 对于所有不同的 x 截面将完全相同。但由(11-183)式,得

$$\frac{\delta}{x} \sim \frac{1}{\sqrt{Re_x}}$$

或

$$\delta \sim \sqrt{\frac{\nu x}{V_\infty}}$$

于是

$$\frac{V_x}{V_\infty} = \phi_1\left(y\Big/\sqrt{\frac{\nu x}{V_\infty}}\right) = \phi_1\left(\frac{y}{x}\sqrt{\frac{V_\infty x}{\nu}}\right)$$

令

$$\eta = \frac{y}{x}\sqrt{\frac{V_\infty x}{\nu}} \tag{11-203}$$

则

$$\frac{V_x}{V_\infty} = \phi_1(\eta) \tag{11-204}$$

自变量的数目将由两个(即 x 和 y)减少为一个(即 η),原来的偏微分方程将化为常微分方程。(11-204)式就是(11-199)式的相似性解,$\eta = y/\delta(x)$ 就是相似性变量。

引用新的相似性变量 η 以后,流函数 ψ 的表达式可求得如下:

由 $V_x = V_\infty \phi_1(\eta)$ 及 $V_x = \frac{\partial \psi}{\partial y}$, $\mathrm{d}y = \left(\mathrm{d}\eta\Big/\sqrt{\frac{V_\infty x}{\nu}}\right)x$ (当 x 一定),可得

$$\psi = \int V_x \mathrm{d}y = \int V_\infty \phi_1(\eta) \frac{\mathrm{d}\eta}{\sqrt{\frac{V_\infty x}{\nu}}} x = \sqrt{V_\infty x \nu} \int \phi_1(\eta) \mathrm{d}\eta = \sqrt{V_\infty x \nu} f(\eta)$$

即

$$\psi = \sqrt{V_\infty x \nu} f(\eta) \tag{11-205}$$

因为 $f'(\eta) = \phi_1(\eta)$,于是

$$V_x = \frac{\partial \psi}{\partial y} = V_\infty f'(\eta) \tag{11-206}$$

$$\frac{\partial V_x}{\partial x} = \frac{\partial^2 \psi}{\partial x \partial y} = V_\infty \frac{\partial}{\partial x}[f'(\eta)] = V_\infty \frac{\mathrm{d}f'(\eta)}{\mathrm{d}\eta}\frac{\partial \eta}{\partial x} = V_\infty f''(\eta)\frac{\partial \eta}{\partial x}$$

$$\frac{\partial \eta}{\partial x} = y\sqrt{\frac{V_\infty}{\nu}}\left(-\frac{1}{2x\sqrt{x}}\right) = -\frac{1}{2}y\sqrt{\frac{V_\infty}{\nu x}}\left(\frac{1}{x}\right) = -\frac{\eta}{2x}$$

故

$$\frac{\partial V_x}{\partial x} = \frac{\partial^2 \psi}{\partial x \partial y} = V_\infty f''(\eta)\left(-\frac{\eta}{2x}\right) = -\frac{V_\infty \eta f''(\eta)}{2x} \tag{11-207}$$

$$V_y = -\frac{\partial \psi}{\partial x} = -\frac{\partial}{\partial x}[\sqrt{\nu x V_\infty} f(\eta)]$$

$$= -\left[\sqrt{\nu x V_\infty}\frac{\mathrm{d}f(\eta)}{\mathrm{d}\eta}\frac{\partial \eta}{\partial t} + f(\eta)\frac{\partial}{\partial x}\sqrt{\nu x V_\infty}\right]$$

$$= -\left[\sqrt{\nu x V_\infty} f'(\eta)\left(-\frac{\eta}{2x}\right) + f(\eta)\frac{1}{2}\sqrt{\frac{\nu V_\infty}{x}}\right]$$

$$= \frac{1}{2}[\eta f'(\eta) - f(\eta)]\sqrt{\frac{\nu V_\infty}{x}} \tag{11-208}$$

$$\frac{\partial V_x}{\partial y} = \frac{\partial^2 \psi}{\partial y^2} = V_\infty \frac{\partial}{\partial y}[f'(\eta)] = V_\infty \frac{\mathrm{d}f'(\eta)}{\mathrm{d}\eta}\frac{\partial \eta}{\partial y}$$

$$= V_\infty f''(\eta) \sqrt{\frac{V_\infty}{\nu x}} = V_\infty \sqrt{\frac{V_\infty}{\nu x}} f''(\eta) \tag{11-209}$$

$$\frac{\partial^2 V_x}{\partial y^2} = \frac{\partial^3 \psi}{\partial y^3} = V_\infty \sqrt{\frac{V_\infty}{\nu x}} \frac{\mathrm{d}f''(\eta)}{\mathrm{d}\eta} \frac{\partial \eta}{\partial y} = V_\infty \sqrt{\frac{V_\infty}{\nu x}} f'''(\eta) \sqrt{\frac{V_\infty}{\nu x}} = \frac{V_\infty^2}{\nu x} f'''(\eta) \tag{11-210}$$

将(11-206)式~(11-210)式代入(11-202)式,并简化后得

$$f(\eta)f''(\eta) + 2f'''(\eta) = 0 \tag{11-211}$$

从(11-200)式以及(11-206)式、(11-208)式可以看出,边界条件是

$$\eta = 0 : f(\eta) = 0, f'(\eta) = 0; \quad \eta = \infty : f'(\eta) = 1 \tag{11-212}$$

(11-211)式即为绕流平板的层流附面层方程,它是一个三阶非线性常微分方程。此方程一般称为布拉休斯(Blasius)方程。

(11-211)式形式上虽然简单,但数学上仍然得不出解析解。最早布拉休斯本人曾给出级数形式的解,故通常称作布拉休斯解。而后其他人对此方程也作了大量的工作。表 11-4 给出的是霍华斯用更精确的计算方法得到的函数 $f(\eta)$ 及其一阶和二阶导数 $f'(\eta)$、$f''(\eta)$ 的数值解数据。

表 11-4

$\eta = y\sqrt{V_\infty/\nu x}$	$f(\eta)$	$f'(\eta) = V_x/V_\infty$	$f''(\eta)$
0	0	0	0.33206
1.0	0.16557	0.32979	0.32301
2.0	0.65003	0.62977	0.26675
3.0	1.39682	0.84605	0.16136
4.0	2.30576	0.95552	0.06424
4.8	3.08534	0.98779	0.02187
5.0	3.28329	0.99115	0.01591
6.0	4.27964	0.99868	0.00240
7.0	5.27926	0.99992	0.00022
8.0	6.27923	1.00000	0.00001
8.8	7.07923	1.00000	0.00000

现在我们根据数值计算结果,分析平板附面层内的主要物理量。

(1) 附面层内的速度分布。根据表 11-4,由(11-206)式、(11-208)式可以作出图 11-38 和图 11-39 所示的速度分布曲线。此理论速度分布曲线和实验结果符合得很好。

由图 11-39 可见,横向速度分量从物面上的零值逐步上升,在无穷远处

$$(V_y)_{\eta=\infty} = V_{y\infty} = 0.8604 V_\infty \sqrt{\frac{\nu}{V_\infty x}} \tag{11-213}$$

这就表明,在附面层外部边界有一向外流去的流体运动,它是由于板面黏性滞止作用把流体向外排挤的缘故。这就是附面层对外部势流的逆向影响。

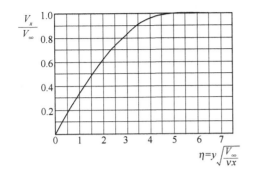
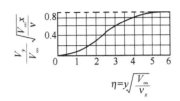

图 11-38　　　　　　　　　　　　　　图 11-39

(2) 附面层的厚度(δ)和位移厚度(δ^*)。根据定义,附面层厚度 δ 是 $\frac{V_x}{V_\infty}=f'(\eta)=0.99$ 时的 y 值,由表 11-4 可知,当 $f'(\eta)=0.99$ 时, $\eta_\delta=4.92$,于是

$$(\eta)_\delta = \left(y\sqrt{\frac{V_\infty}{\nu x}}\right)_\delta = \delta\sqrt{\frac{V_\infty}{\nu x}} = 4.92$$

由此可得

$$\delta = 4.92\sqrt{\frac{\nu x}{V_\infty}} = \frac{4.92x}{\sqrt{Re_x}} \tag{11-214}$$

由此式看出,附面层厚度沿流动方向与 x 的平方根成正比地增长。

将变换关系式(11-203)代入(11-186)式,则位移厚度可写成

$$\delta^* = \sqrt{\frac{\nu x}{V_\infty}}\int_0^{\eta_\delta}\left(1-\frac{V_x}{V_\infty}\right)\mathrm{d}\eta$$

$$\delta^* = \sqrt{\frac{\nu x}{V_\infty}}\int_0^{\eta_\delta}[1-f'(\eta)]\mathrm{d}\eta = \sqrt{\frac{\nu x}{V_\infty}}[\eta_\delta - f(\eta_\delta)]$$

式中 $\eta_\delta=4.92$,由表 11-4 查出 $f(\eta_\delta)=3.18$,故平板附面层的位移厚度为

$$\delta^* = 1.74\sqrt{\frac{\nu x}{V_\infty}} \tag{11-215}$$

由上式看出, δ^* 也与 $\sqrt{x}$ 成正比。

(3) 壁面局部阻力系数。平板壁面上局部摩擦切应力为

$$\tau_w = \mu\left(\frac{\partial V_x}{\partial y}\right)_{y=0} = \mu V_\infty \sqrt{\frac{V_\infty}{\nu x}}f''(0) = 0.332\mu V_\infty\sqrt{\frac{V_\infty}{\nu x}} \tag{11-216}$$

壁面局部阻力系数定义为

$$C_{fx} = \frac{\tau_w}{\frac{1}{2}\rho V_\infty^2} \tag{11-217}$$

将(11-216)式代入上式,得

$$C_{fx} = 0.664\sqrt{\frac{\nu}{V_\infty x}} = \frac{0.664}{\sqrt{Re_x}} \tag{11-218}$$

（4）壁面阻力系数。对整个平板来说,壁面阻力系数定义为

$$C_f = \frac{X_f}{\frac{1}{2}\rho V_\infty^2 S} \tag{11-219}$$

式中 S 为平板一侧的面积,$S = bl$（b、l 分别表示平板的宽和长）。X_f 为作用在平板一侧壁面上的摩擦阻力,即

$$X_f = \int_0^l \tau_w \cdot b\mathrm{d}x = 0.664 b V_\infty \sqrt{\mu \rho l V_\infty} \tag{11-220}$$

将(11-220)式代入(11-219)式,整理后得

$$C_f = \frac{1.328}{\sqrt{Re_l}} \tag{11-221}$$

式中

$$Re_l = \frac{V_\infty l}{\nu}$$

(11-218)式、(11-221)式仅仅对于平板层流流动的区域是正确的,即适用于 $Re_l = \frac{V_\infty l}{\nu} < 5 \times 10^5 \sim 10^6$。图 11-40 绘出了 C_{fx} 与 Re_x 的关系,并与实验结果进行了比较,由图可见,两者是非常一致的。

平壁面层流附面层的布拉休斯解可以作为检验和校核其它计算方法的依据。

最后还应该指出,有前缘点附近,是小雷诺数流动,速度 V_x 和 V_y 的变化具有相同的数量级,不满足普朗特附面层近似条件,布拉休斯解不适用。为了正确处理前缘点附近小雷诺数流动,我国著名力学家郭永怀在1952年提出了修正的摩阻系数公式,即

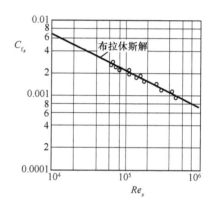

图 11-40

$$C_f = \frac{1.328}{\sqrt{Re_l}} + \frac{4.18}{Re_l} \tag{11-222}$$

这个公式在大雷诺数时（例如 $Re_l > 100$）和布拉休斯解(11-221)式差别甚微,因为修正项 $4.18/Re_l$ 所起的作用很小。但在小雷诺数时,直到 $Re_l \approx 10$,(11-222)式都和实验结果符合得很好。此外,在上述分析中曾假定平板是半无限长的,但实际的平板都是有限长的。有限平板处理起来相当困难,因为存在特征长度,相似性解将不存在,不得不从原始的普朗特方程出发解决问题,而这样做是比较麻烦的。对于较长的平板我们仍然可以近似地利用布拉休斯解求摩擦阻力等结果。后缘端点存在对流场是有影响的,但是这种影响对于摩阻而言是 $0(\delta^2)$ 的量阶,可以忽略。

§11-11 动量积分关系式解法

附面层微分方程虽然比纳维-斯托克斯方程简单,但是仍然是非线性的,只有在少数几种情形,例如平板、楔形物体、源流等才能找到精确解。但是工程中遇到的许多问题,例如任意翼型绕流问题,直接积分附面层微分方程一般说来比较困难,为此常常采用其它近似解法。其中

动量积分关系式解法是工程中用得最多的一种近似解法。下面我们就来讨论这种方法。

一、附面层动量积分关系式

附面层动量积分关系式可以从普朗特附面层方程直接导出,也可以在附面层内取一控制体运用动量定理而导出。因为后者的物理概念十分清楚,所以我们将采取后一种推导方法。下面我们就来讨论这种方法。

参看图 11-41,设流体沿具有某一形状的壁面运动,在壁面上形成附面层。我们在附面层内取一控制体 $ABCD$,dx 为无限小长度,假设流体为定常平面流动,垂直于纸面的高度为单位高度。对此控制体运用动量定理来建立附面层的积分关系式。

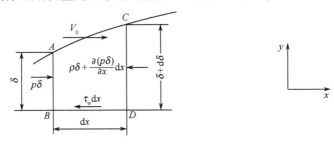

图 11-41

在单位时间内,通过 AB 流入的流体质量为

$$\int_0^\delta \rho V_x \mathrm{d}y$$

在单位时间内,由 CD 流出的流体质量为

$$\int_0^\delta \rho V_x \mathrm{d}y + \frac{\partial}{\partial x}\left(\int_0^\delta \rho V_x \mathrm{d}y\right)\mathrm{d}x$$

因此,经 AB 和 CD 流出控制体的净质量为

$$\frac{\partial}{\partial x}\left(\int_0^\delta \rho V_x \mathrm{d}y\right)\mathrm{d}x$$

对定常流来说,从控制体流出的质量应等于流进此控制体的质量,即在单位时间内,由 AC 边流进控制体的质量应是

$$\frac{\partial}{\partial x}\left(\int_0^\delta \rho V_x \mathrm{d}y\right)\mathrm{d}x$$

在单位时间内通过 AB 流入的动量在 x 方向的投影为

$$\int_0^\delta \rho V_x^2 \mathrm{d}y$$

在单位时间内通过 CD 流出的动量在 x 方向的投影为

$$\int_0^\delta \rho V_x^2 \mathrm{d}y + \frac{\partial}{\partial x}\left(\int_0^\delta \rho V_x^2 \mathrm{d}y\right)\mathrm{d}x$$

在单位时间内通过 AC 流入的动量在 x 方向的投影为

$$V_0 \frac{\partial}{\partial x}\left(\int_0^\delta \rho V_x \mathrm{d}y\right)\mathrm{d}x$$

应该注意,这里将附面层外边界上的速度看成是相同的,都等于 A 点的速度 V_0,只是由于 AC 边长为无限小量。如果要将上式沿 x 坐标轴方向积分时,速度 V_0 并不一定是一项常数,$V_0(x)$ 需视壁面形状而定。

在单位时间内通过控制体 ABCD 的动量在 x 方向的增量应为流出与流入动量的差值，即

$$\frac{\partial}{\partial x}\left(\int_0^\delta \rho V_x^2 \mathrm{d}y\right)\mathrm{d}x - V_0 \frac{\partial}{\partial x}\left(\int_0^\delta \rho V_x \mathrm{d}y\right)\mathrm{d}x$$

再看作用在控制体上的力。略去质量力，并注意附面层边界上的摩擦力为零，而且 AB 及 CD 面上的摩擦力在 x 方向没有分量，所以只要考虑 AB、CD、AC 三个面上的压力以及物面 BD 上的摩擦力就行了。由 (11 - 194c) 式，故压强沿附面层厚度不变；此外，因为 AC 的长度是一个无限小量，故可以认为作用在 AC 上各点的压强都相同，就等于作用在 A 点上的压强 p。因此，作用在 AB、CD 及 AC 面上的压力在 x 方向的投影分别为

$$p\delta, \quad -\left[p\delta + \frac{\partial(p\delta)}{\partial x}\mathrm{d}x\right], \quad p\frac{\partial \delta}{\partial x}\mathrm{d}x$$

以 τ_w 表示作用在 BD 面上的切向摩擦应力，方向向左，则在 BD 面上的摩擦力在 x 方向的投影为

$$-\tau_w \mathrm{d}x \text{（这里 } \tau_w \text{ 为绝对值）}$$

根据动量定理，在单位时间内通过控制体 ABCD 的动量在 x 方向的增量应等于作用在其上的外力在 x 方向的投影，即

$$\frac{\partial}{\partial x}\left(\int_0^\delta \rho V_x^2 \mathrm{d}y\right)\mathrm{d}x - V_0 \frac{\partial}{\partial x}\left(\int_0^\delta \rho V_x \mathrm{d}y\right)\mathrm{d}x$$

$$= p\delta - \left[p\delta + \frac{\partial(p\delta)}{\partial x}\mathrm{d}x\right] + p\frac{\partial \delta}{\partial x}\mathrm{d}x - \tau_w \mathrm{d}x$$

经过变换后，上式可写成

$$\frac{\partial}{\partial x}\left(\int_0^\delta \rho V_x^2 \mathrm{d}y\right) - V_0 \frac{\partial}{\partial x}\left(\int_0^\delta \rho V_x \mathrm{d}y\right) = -\delta \frac{\partial p}{\partial x} - \tau_w \tag{11 - 223}$$

(11 - 223) 式称为附面层的积分关系式，也叫卡门 - 波尔豪森积分关系式。此关系式既可用于层流附面层，又可用于紊流附面层，对于后一种情况，应该用时均值来代替真实值。对于不可压流，密度 ρ 是常数，(11 - 223) 式可化为

$$\frac{\mathrm{d}}{\mathrm{d}x}\left(\int_0^\delta V_x^2 \mathrm{d}y\right) - V_0 \frac{\mathrm{d}}{\mathrm{d}x}\left(\int_0^\delta V_x \mathrm{d}y\right) = -\frac{\delta}{\rho}\cdot\frac{\mathrm{d}p}{\mathrm{d}x} - \frac{\tau_w}{\rho} \tag{11 - 224}$$

引用位移厚度 δ^* 和动量损失厚度 δ^{**}，(11 - 224) 式可以改写成较为简洁的形式。因附面层外为理想的无旋流动，故根据伯努利方程

$$p + \frac{1}{2}\rho V_0^2 = \text{常数}$$

则

$$\frac{\mathrm{d}p}{\mathrm{d}x} = -\rho V_0 \frac{\mathrm{d}V_0}{\mathrm{d}x}$$

注意到 $\delta = \int_0^\delta \mathrm{d}y$，则 (11 - 224) 式右侧第一项可写为

$$-\frac{\delta}{\rho}\frac{\mathrm{d}p}{\mathrm{d}x} = V_0 \frac{\mathrm{d}V_0}{\mathrm{d}x}\int_0^\delta \mathrm{d}y$$

(11 - 224) 式左侧第二项，按二函数积的微分法则，可改写为

$$V_0 \frac{\mathrm{d}}{\mathrm{d}x}\left(\int_0^\delta V_x \mathrm{d}y\right) = \frac{\mathrm{d}}{\mathrm{d}x}\left(\int_0^\delta V_0 V_x \mathrm{d}y\right) - \int_0^\delta \frac{\mathrm{d}V_0}{\mathrm{d}x}V_x \mathrm{d}y$$

于是 (11 - 224) 式便成为

$$\frac{dV_0}{dx}\int_0^\delta (V_0 - V_x)dy + \frac{d}{dx}\int_0^\delta V_x(V_0 - V_x)dy = \frac{\tau_w}{\rho} \qquad (11-225)$$

按(11-186)式和(11-189)式,即

$$\int_0^\delta (V_0 - V_x)dy = V_0 \delta^*$$

$$\int_0^\delta V_x(V_0 - V_x)dy = V_0^2 \delta^{**}$$

把这两个式子代入(11-225)式,则得

$$\frac{d}{dx}(V_0^2 \delta^{**}) + V_0 \frac{dV_0}{dx}\delta^* = \frac{\tau_w}{\rho}$$

微分后得

$$V_0^2 \frac{d\delta^{**}}{dx} + \delta^{**} 2V_0 \frac{dV_0}{dx} + V_0 \frac{dV_0}{dx}\delta^* = \frac{\tau_w}{\rho}$$

以 V_0^2 通除全式,最后得

$$\frac{d\delta^{**}}{dx} + \frac{1}{V_0}\frac{dV_0}{dx}(2\delta^{**} + \delta^*) = \frac{\tau_w}{\rho V_0^2} \qquad (11-226)$$

这种形式的附面层积分关系式,对于计算曲壁附面层等复杂问题比较方便。

对于不可压流体,根据附面层积分关系式(11-224)式或(11-226)式,就可以进行附面层的计算。

具体计算的步骤大致如下:首先,用势流理论求出物面上的速度分布,并认为这个速度分布就是附面层外边界上的速度分布 $V_0(x)$,然后按伯努利方程 $p + \frac{1}{2}\rho V_0^2 = $ 常数,求出附面层外边界上的压强分布 $p(x)$,从而就可算出 dp/dx。其次,找补充关系式。因为把已求得的 $V_0(x)$、dp/dx 代入(11-224)式以后,一个方程中还有三个未知数 V_x、δ 和 τ_w,故尚需要两个补充关系式。通常是补充这样两个关系式,即:(1)附面层内的速度分布 $V_x = f(y)$;(2)τ_w 与 δ 的关系式。有了这两个关系式,(11-224)式就成为 δ 的一个常微分方程,这个常微分方程一般是容易求解的。

通常附面层内的速度分布 $V_x = f(y)$ 是根据附面层内的流动状态或实验假定的。若假定的 $V_x = f(y)$ 愈接近实际,则所得的结果愈精确。因此,选择 $V_x = f(y)$ 是求解附面层问题的关键。当然,要求 $V_x = f(y)$ 的假定绝对正确是做不到的,但可以保证一定的精确度。因此,利用附面层的积分关系式来求解附面层问题是存在一定程度的近似性的。

作为应用附面层积分关系式来计算附面层的一个具体例子,下面我们来研究一下不可压二维定常流流经平板的问题。

二、平板上附面层的计算

(一) 平板上层流附面层的计算

流经平板问题的研究,在摩擦阻力理论上起着很大的作用。顺流动方向放置的平板是最简单的流线型体,其阻力是唯一由于切向应力而造成的,由平板所求得的关系式 $\delta = \delta(x)$ 和摩擦阻力系数的大小,可以用来近似地计算其它流线型物体,例如薄翼的摩擦阻力等。

假定以速度 V_∞ 的直匀流流经长度为 l 的平板,平板的方位与来流方向平行,如图 11-42 所示。假设流体是不可压缩的,密度 ρ 为已知。此外,假想平板是非常薄的,认为厚度等于零。由于附面层厚度与平板长度相比通常是很小的,因此,可以认为并不因平板的存在而影响流体

在附面层以外的运动,仍然可以将附面层以外的运动看成是平面平行的无旋运动。因此,在这种情况下,附面层外边界上的速度 V_0 将是一项常数,即 $V_0 = V_\infty = $ 常数,$\dfrac{dV_0}{dx} = 0$。因而,积分关系式(11-226)式就可简化为

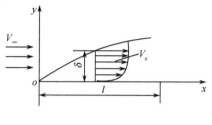

图 11-42

$$\frac{d\delta^{**}}{dx} = \frac{\tau_w}{\rho V_\infty^2} \quad (11-227)$$

我们的目的是要求出:(1)附面层厚度的变化规律 $\delta(x)$;(2)摩擦阻力系数 C_f。根据上面说过的解法步骤,第一步是求势流速度分布,这点已经解决了,即 $V_0 = V_\infty = $ 常数。第二步是需要找两个补充关系式,即附面层内的速度分布和 τ_w。

先找速度分布 $V_x = f(y)$。假设 $f(y)$ 为这样的一个多项式

$$V_x = a_0 + a_1 y + a_2 y^2 + a_3 y^3 + a_4 y^4 + \cdots \quad (a)$$

实验证明,在这个多项式中,只要保留前三项,即可与实验得到的流速分布曲线吻合很好,即

$$V_x = a_0 + a_1 y + a_2 y^2 \quad (b)$$

式中的系数 a_0、a_1、a_2 可由三个边界条件决定。这些边界条件是:

(1) 在板面上,$y = 0$,$V_x = 0$;

(2) 在附面层边界上,$y = \delta$,$V_x = V_\infty$;

(3) 在附面层边界上,$y = \delta$,$\dfrac{\partial V_x}{\partial y} = 0$。

由这三个边界条件,可得 $a_0 = 0$,$a_1 = 2\dfrac{V_\infty}{\delta}$,$a_2 = -\dfrac{V_\infty}{\delta^2}$。将 a_0、a_1、a_2 的值代入(a)式,则得

$$V_x = 2\frac{V_\infty}{\delta}y - \frac{V_\infty}{\delta^2}y^2 \quad (11-228)$$

这样,在层流附面层中流速分布曲线便是一个抛物线。

牛顿的内摩擦定律可以提供另一个补充关系式,即

$$\tau_w = \mu\left(\frac{\partial V_x}{\partial y}\right)_{y=0} = 2\mu\frac{V_\infty}{\delta} \quad (11-229)$$

第三步是对(11-227)式求解。为此,先求 δ^{**} 的表达式。把(11-228)式代入(11-189)式,得

$$\delta^{**} = \int_0^\delta \frac{V_x}{V_\infty}\left(1 - \frac{V_x}{V_\infty}\right)dy = \int_0^\delta \left[2\frac{y}{\delta} - \left(\frac{y}{\delta}\right)^2\right]$$
$$\times \left[1 - 2\frac{y}{\delta} + \left(\frac{y}{\delta}\right)^2\right]dy = \frac{2}{15}\delta$$

则

$$\frac{d\delta^{**}}{dx} = \frac{2}{15}\frac{d\delta}{dx} \quad (11-230)$$

将(11-229)式、(11-230)式代入(11-227)式,得

$$\frac{2\mu V_\infty}{\delta} = \rho V_\infty^2 \frac{2}{15}\frac{d\delta}{dx}$$

因而
$$\int_0^\delta \delta \mathrm{d}\delta = \frac{15\mu}{\rho V_\infty} \int_0^x \mathrm{d}x$$

积分得
$$\frac{\delta^2}{2} = \frac{15\mu x}{\rho V_\infty}$$

故
$$\delta = 5.477\sqrt{\frac{\nu x}{V_\infty}} \tag{11-231}$$

或
$$\frac{\delta}{x} = \frac{5.477}{\sqrt{Re_x}} \tag{11-232}$$

式中 $Re_x = \frac{V_\infty x}{\nu}$ 是距平板前缘为 x 处的当地雷诺数。

由(11-231)式可见,层流附面层的厚度,系按抛物线规律沿 x 轴向增长。

将(11-231)式代入(11.229)式,经过化简后可得

$$\tau_w = 0.365\sqrt{\frac{\rho\mu V_\infty^3}{x}} \tag{11-233}$$

对于当地摩擦阻力系数 C_{f_x},定义为

$$C_{f_x} = \frac{\tau_w}{\frac{1}{2}\rho V_\infty^2} = \frac{0.365\sqrt{\frac{\rho\mu V_\infty^3}{x}}}{\frac{1}{2}\rho V_\infty^2} = \frac{0.73}{\sqrt{Re_x}} \tag{11-234}$$

作用在平板一个表面上的摩擦阻力

$$X_f = \int_0^l \tau_w \cdot b\mathrm{d}x$$

将(11-233)式代入上式,积分得

$$X_f = 0.73bV_\infty^{3/2}\sqrt{\rho l\mu} \tag{11-235}$$

将(11-235)式代入(11-219)式,则得

$$C_f = \frac{1.46}{\sqrt{Re_l}} \tag{11-236}$$

式中
$$Re_l = \frac{V_\infty l}{\nu}$$

由(11-236)式可见,Re_l 数愈大,摩擦阻力系数 C_f 将愈小。

如果(a)式取到五项,那么平壁上的层流附面层就可以有更准确些的计算公式。那时附面层内的速度分布公式为

$$V_x = V_\infty\left[2\frac{y}{\delta} - 2\left(\frac{y}{\delta}\right)^3 + \left(\frac{y}{\delta}\right)^4\right] \tag{11-237}$$

可得到

$$\delta = 5.83\sqrt{\frac{\nu x}{V_\infty}} \tag{11-238}$$

$$\tau_w = 0.343\sqrt{\frac{\rho\mu V_\infty^2}{x}} \tag{11-239}$$

$$C_f = \frac{1.372}{\sqrt{Re_l}} \tag{11-240}$$

上面所导出的(11-231)式或(11-238)式以及(11-236)式或(11-240)式与由附面层微分方程出发所求得的平板层流附面层的布拉休斯精确解

$$\delta = \frac{4.92x}{\sqrt{Re_x}}$$

$$C_f = \frac{1.328}{\sqrt{Re_l}}$$

相比较是十分接近的。而布拉休斯的精确解已由尼古拉兹用实验证明是很符合实际的。因此,运用附面层积分关系式计算附面层的方法虽然简单,但其结果还是相当准确的。

(二) 光滑平板上紊流附面层的计算

平板纵向绕流是紊流附面层中最简单也是最重要的情形。只要不发生显著的脱体现象,曲面情形的摩擦阻力和平板情形相差不多。因此平板紊流附面层的结果在计算机翼、机身和涡轮叶片的摩阻中仍然是很有用的。

考虑不可压缩黏性流体以匀速 V_∞ 从远前方沿光滑平板方向流来。假设紊流附面层从平板前缘开始(图11-43)。计算的出发点仍是附面层的动量积分关系式,即

$$\frac{d\delta^{**}}{dx} = \frac{\tau_w}{\rho V_\infty^2}$$

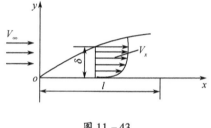

图 11-43

但是需要找出适合于紊流情况的两个补充关系式。

和层流情形一样,现在需要选取和真实情形尽可能接近的速度分布型。在§11-6中我们分析了近壁紊流的速度分布型的性质,可以假设平壁面附面层中速度分布为对数函数形式。但是实践表明,以对数速度分布与积分关系式联合求解相当烦琐。因为所假设的速度分布对计算结果并不敏感,故对速度分布型的要求并不很严格。平板上的附面层就其一个横截面来看很像管道流动,因而可以把光滑管的速度分布规律借用过来,设沿平板厚度上的速度分布规律为

$$\frac{V_x}{V_\infty} = \left(\frac{y}{\delta}\right)^{1/7} \tag{11-241}$$

这里的 V_∞ 相当于圆管中心处的 $V_{\max}$,这里的 δ 相当于圆管半径 r_0。代入(11-189)式求得

$$\delta^{**} = \int_0^\delta \frac{V_x}{V_\infty}\left(1 - \frac{V_x}{V_\infty}\right)dy = \int_0^\delta \left(\frac{y}{\delta}\right)^{1/7}\left[1 - \left(\frac{y}{\delta}\right)^{1/7}\right]dy = \frac{7}{72}\delta$$

故

$$\frac{d\delta^{**}}{dx} = \frac{7}{72}\frac{d\delta}{dx} \tag{11-242}$$

现在来找第二个补充关系式。对于光滑圆管中的紊流流动,当 $Re \leq 10^5$ 时,有

$$\lambda = \frac{0.316}{Re^{1/4}}$$

而
$$\frac{\tau_w}{\frac{1}{2}\rho V_m^2} = f = \frac{\lambda}{4} = \frac{0.316}{4Re^{1/4}} = 0.079\left(\frac{\mu}{\rho V_m d}\right)^{1/4}$$

故
$$\tau_w = 0.079 \frac{\rho V_m^2}{2}\left(\frac{\mu}{\rho V_m d}\right)^{1/4} \tag{11-243}$$

将此切应力公式用于平板附面层时,式中的 d 及 V_m 需要用平板附面层中的相当量进行代换,即 $\delta = \frac{d}{2}, V_\infty = V_{max}. V_m = 0.817 V_{max} = 0.817 V_\infty$ (当 $n = \frac{1}{7}$)。则对于光滑平板紊流附面层

$$\tau_w = 0.079 \frac{\rho V_\infty^2}{2}\left(\frac{\mu}{\rho V_\infty \delta}\right)^{7/4} \frac{(0.817)^{7/4}}{(2)^{1/4}} = 0.0233 \rho V_\infty^2 \left(\frac{\mu}{\rho V_\infty \delta}\right)^{1/4} \tag{11-244}$$

将(11-242)式、(11-244)式代入附面层积分关系式得

$$0.0233 \rho V_\infty^2 \left(\frac{\mu}{\rho V_\infty \delta}\right)^{1/4} = \frac{7}{72}\rho V_\infty^2 \frac{d\delta}{dx}$$

分离变量并化简后得

$$0.24\left(\frac{\mu}{\rho V_\infty}\right)^{1/4} \int_0^x dx = \int_0^\delta \delta^{1/4} d\delta$$

积分后得

$$\frac{4}{5}\delta^{5/4} = 0.24\left(\frac{\mu}{\rho V_\infty}\right)^{1/4} x$$

则
$$\delta = 0.381\left(\frac{\nu}{V_\infty x}\right)^{1/5} x \tag{11-245}$$

或
$$\frac{\delta}{x} = \frac{0.381}{Re_x^{1/5}} \tag{11-246}$$

由(11-245)式可见,紊流附面层的厚度 δ 与 $x^{4/5}$ 成正比。

从(11-244)式我们可以得到平板当地摩擦阻力系数为

$$C_{f_x} = \frac{0.0592}{Re_x^{1/5}} \tag{11-247}$$

整个平板的摩擦阻力系数为

$$C_f = \frac{0.074}{Re_l^{1/5}} \tag{11-248}$$

应该指出,在推导平板上紊流附面层的公式时,曾经借用了光滑管中紊流速度分布与切应力的经验公式,因此,所得出的结果应该有一定的适用范围,一般认为在

$$5 \times 10^5 < Re_l < 10^7$$

的范围内效果较好。随着 Re_l 数的增加,得出的结果将和实际情况逐渐有较大的偏离。通常在

$$10^7 \leqslant Re_l \leqslant 10^9$$

的范围内采用下列的计算公式

$$C_f = \frac{0.455}{(\lg Re_l)^{2.58}} \tag{11-249}$$

$$\delta = 0.384 l \sqrt{C_f} \tag{11-250}$$

现在我们来比较一下紊流附面层与层流附面层在基本特性上的重大差别:(1)紊流附面层的速度分布曲线比层流附面层的速度分布曲线要饱满得多;(2)紊流附面层的厚度比层流附面层的厚度增长快得多,因为紊流附面层的 δ 与 $x^{4/5}$ 成正比,而层流附面层的 δ 与 $x^{1/2}$ 成正比;(3)对于紊流附面层来说,作用在平板上的摩擦阻力为

$$X_f = C_f \cdot \frac{1}{2}\rho V_\infty^2 bl = \frac{0.074}{\left(\frac{V_\infty l}{\nu}\right)^{1/5}} \cdot \frac{1}{2}\rho V_\infty^2 bl$$

由此式可见,X_f 与 $V_\infty^{9/5}$ 及 $l^{4/5}$ 成正比;对于层流附面层来说,由(11-235)式可见,作用在平板上的摩擦阻力 X_f 与 $V_\infty^{3/2}$ 及 $l^{1/2}$ 成正比。因此,从减小摩擦阻力来看,层流附面层将优于紊流附面层。当物面上流动没有分离时,应该尽量延长层流附面层区域,也就是说应该尽量把转捩区往下游推延。

近年来一些科学工作者致力于控制附面层的研究,在航空方面已获得显著成效。根据上述原则所设计出的层流翼型,其摩擦阻力较一般机翼为小。

层流附面层和紊流附面层在摩擦阻力上存在的差别是由于两者产生摩擦阻力的机理本质上不同所致。

(三) 光滑平板混合附面层的计算

在一般情况下,往往遇到的是混合附面层(参看图11-31(a)),即从平板前缘开始先是一段层流附面层,经过过渡段而变为紊流附面层。如前所说,为了研究问题方便,假设层流附面层在某一点处(见图11-31(b))全部变为紊流附面层。此外,这里还要假设紊流附面层外边界的起点不是从转捩处开始,而是从前缘 O 点开始。

根据上述假设,可以用下列方法计算平板的摩擦阻力:

令　l——表示平板的总长度;
　　x_T——表示平板层流部分的长度;
　　C_f——表示从前缘开始平板全部为紊流时的摩擦阻力系数;
　　C_{f_t}——表示 x_T 一段为紊流部分的摩擦阻力系数;
　　C_{f_l}——表示 x_T 一段为层流部分的摩擦阻力系数;
　　C_{f_m}——表示混合流时整个平板的摩擦阻力系数。

则单位宽度平板一面的摩擦阻力是

$$\frac{1}{2}\rho V_\infty^2 l C_{f_m} = \frac{1}{2}\rho V_\infty^2 (l C_f - x_T C_{f_t} + x_T C_{f_l})$$

故

$$C_{f_m} = C_f - \frac{x_T}{l}(C_{f_t} - C_{f_l})$$

因为

$$Re_l = \frac{V_\infty l}{\nu}, Re_{cr} = \frac{V_\infty x_T}{\nu}$$

故

$$C_{f_m} = C_f - \frac{Re_{cr}}{Re_l}(C_{f_t} - C_{f_l}) = C_f - \frac{A}{Re_l} \tag{11-251}$$

式中 $A = 0.074 Re_{cr}^{4/5} - 1.328 Re_{cr}^{1/2}$。对不同的临界雷诺数,$A$ 的数值可取如下数值

Re_{cr}	5×10^5	10^6	3×10^6
A	1700	3300	8700

当 Re_l 数很大时,层流部分的影响可以忽略不计。通常认为当 $Re_l > 5 \times 10^6$ 时,平板前端层流的范围较小,对于整个平板的阻力不产生显著的影响。

§11-12 曲壁附面层的分离

上面我们讨论了沿平板的附面层流动,这是一种最简单的情况,在附面层外边界上的速度是常数,因而可以根据附面层积分关系式较容易地确定平板所受的阻力。但是,当流体流经曲壁时,附面层外边界上各点的速度是不同的,这就牵涉到曲壁具有怎样的形状的问题,同时,这也给附面层积分关系式对沿壁面长度方向进行积分带来许多困难。

关于绕曲壁附面层流动的计算,请参阅"黏性流体动力学"课程的教科书。下面我们将讨论一下曲壁附面层的分离问题。

附面层分离是指附面层从某个位置开始脱离物面,此时物面附近出现回流的现象。现在我们来说明一下产生分离现象的物理原因。

参看图 11-44,设气流绕曲壁为平面流动。设在附面层的外边界上,主流压强分布如图 11-44 下部所示,在 $A-M$ 之间为顺压梯度 $\left(\dfrac{\partial p}{\partial x} < 0\right)$。在 M 截面后的一段距离内为逆压梯度 $\left(\dfrac{\partial p}{\partial x} > 0\right)$。由于在附面层内沿着壁面的法线方向压强是不变的,附面层内压强分布情况和理想外流一样。因此,在 $A-M$ 之间的附面层内部,虽然,

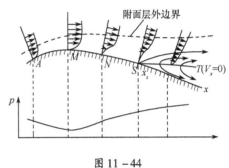

图 11-44

在运动过程中流体质点受到物面及流体的黏性阻滞作用。要消耗掉一部分动能,但因为顺压梯度推动流体质点前进,有增速作用,故不会发生气流从壁面的分离。在 M 截面后的附面层内部,由于存在有逆压梯度,流体质点为减速扩压流动,在靠近壁面处的流体质点由于克服相当大的摩擦阻力而消耗掉的动能较多。因此,靠近壁面处的流体质点的速度由于双重的阻滞作用而很快地减小,结果到了 S 截面,靠近壁面附近的流体层实际上已停止前进。那里的速度分布曲线呈尖端形状,在壁面处

$$\left(\frac{\partial V_x}{\partial y}\right)_{y=0} = 0 \tag{11-252}$$

S 点称为分离点。S 点以后,在逆压梯度的作用下,壁面附近的流体质点作逆向运动,构成了倒流,它们在来流的冲击下又将顺流回来,这样就在分离点附近形成明显可见的大涡旋,从而将附面层和物体分离开来(见图 11-44)。

现在来分析附面层各截面上的速度剖面的变化趋势,从而找到确定附面层分离的判别方法。

从附面层微分方程(11-194b)导出,对于定常平面不可压流,在物面 $y=0$ 上,$V_x = V_y = 0$,则有

$$\mu \left(\frac{\partial^2 V_x}{\partial y^2}\right)_{y=0} = \frac{\partial p}{\partial x} \tag{11-253}$$

(11-253)式表明,在物面附近速度剖面的曲率只依赖于压强梯度。随着压强梯度的变号,速度剖面的曲率亦将改变它的符号。

(1) 顺压梯度区 $\left(\dfrac{\partial p}{\partial x}<0\right)$,此时 $\left(\dfrac{\partial^2 V_x}{\partial y^2}\right)_{y=0}<0$。另一方面,当接近附面层外边界时,因为在外边界上没有摩擦阻力,故 $\dfrac{\partial V_x}{\partial y}$ 不断减小并趋于零。因此,当 $y=\delta$ 时, $\left(\dfrac{\partial^2 V_x}{\partial y^2}\right)_{y=\delta}<0$。由此推出,在加速区 $\dfrac{\partial^2 V_x}{\partial y^2}$ 永远是负的,整个截面上的速度分布曲线的曲率中心在曲线的左侧,是一条没有拐点的光滑曲线,如图 11-44 中 A 截面所示。

(2) 零压强梯度 $\left(\dfrac{\partial p}{\partial x}=0\right)$,此时 $\left(\dfrac{\partial^2 V_x}{\partial y^2}\right)_{y=0}=0$,而在附面层外边界总是存在 $\left(\dfrac{\partial^2 V_x}{\partial y^2}\right)_{y=\delta}<0$,因此速度分布曲线在物面上($y=0$)存在拐点,如图 11-44 中 M 截面上的速度剖面所示。

(3) 逆压强梯度区 $\left(\dfrac{\partial p}{\partial x}>0\right)$,此时 $\left(\dfrac{\partial^2 V_x}{\partial y^2}\right)_{y=0}>0$,而在附面层外边界总是存在 $\left(\dfrac{\partial^2 V_x}{\partial y^2}\right)_{y=\delta}<0$,因此速度分布曲线在 $0<y<\delta$ 之间存在拐点,如图 11-44 中 N 截面上的速度剖面所示。速度分布曲线的曲率中心在拐点以上在曲线左侧,在拐点以下则在曲线右侧。于是在附面层速度逐渐下降的过程中,有可能在某一个位置 $x=x_s$ 处出现 $\left(\dfrac{\partial V_x}{\partial y}\right)_{y=0}=0$,如图 11-44 中 S 截面所示。我们把 $x=x_s$ 称作附面层分离点。在此点以后的流动将失去附面层流动的特点。一般说来,附面层方程只适用于分离点以前。在分离点的下游,由于附面层大大增厚, V_x、V_y 的量阶关系发生了根本的变化。因此,推导附面层方程的基本假定已不再适用,附面层理论失效,此时需要从完整的 N-S 方程出发考虑问题。

从上面的分析,可以得出下列结论:黏性流体在顺压梯度和零压梯度的条件下,不可能出现附面层脱体,附面层脱体只可能在逆压梯度的条件下发生。

当附面层出现分离时,在分离点后形成了强烈的旋涡,使物体后面的压强将因为达不到势流中应有的大小,使流动方向出现压力差。从而产生一定的阻力,这种阻力称为压差阻力。它是由物面上的压强所产生的对物体的合力在来流方向的分量。

参看图 11-45,图 11-45(a) 为理想流体流过圆柱体时势流的压强分布(压差阻力为零);图 11-45(b) 为真实流体流过圆柱体时,物后存在分离区圆柱面上的压强分布。

压差阻力和摩擦阻力(作用在物面上的切应力在来流方向的总和)共同构成物体的全部阻力。

如前所说,若不考虑物体表面的粗糙度,摩擦阻力主要决定于附面层是层流还是紊流。而压差阻力则主要与附面层的分离有关。为了减小压差阻力,应该使附面层的分离点尽量向后推移。

对于航空发动机来说,如果气流流过压气机叶片时产生附面层分离现象,气流的一部分机械能将在涡流运动中由于摩擦而不可逆地转变成热能,造成很大的总压损失,会使压气机压缩效率急剧下降,甚至会引起压气机"喘振",发动机可能熄火停车或损坏零件,造成严重事故。

综上所述可见,如何防止或推迟附面层分离现象的产生,在工程上就成为十分重要的现实问题了。为了防止或推迟附面层分离,常见的措施有:

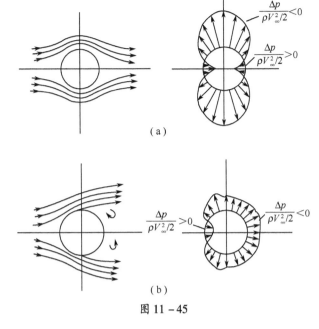

图 11-45

(1) 因为紊流附面层中的速度分布较为平坦饱满，故在紊流附面层中，靠近壁面处的流体质点具有较大的动能，可以承受较大的逆压强梯度，因而紊流附面层较层流附面层不易分离。有时在有逆压强梯度的通道里安装一些扰流片，使附面层提早变成紊流，可以防止分离。

(2) 在物体表面上开孔，孔中施以吸力，把贴近物体表面的低能气流吸入物体内，使附面层厚度减薄，从而使靠近壁面处的气流具有较大的速度，可以完全消除附面层的分离现象，如图 11-46 所示。

(3) 空气由高压区（在物体内部）通过缝隙吹入附面层（见图 11-47），吹入的空气提高了附面层内气体的动能，因而消除了分离。

图 11-46   图 11-47

(4) 因为附面层分离的主要原因是逆压强梯度，所以在设计亚声速扩压器时，为了防止产生过大的逆压强梯度，应该注意减小扩压器的扩张角 α（见图 11-48）。但这样做，要达到一定的扩压要求，扩压器的通道长度要增大，α 愈小，通道尺寸愈长，摩擦损失也愈大。一般锥形扩压器的最佳扩张角为 $10° \sim 15°$ 左右。

等压强梯度扩压器中附面层的分离比锥形扩压器出现得较迟，因而能量损失较小（见图 11-49）。对于短流道，采用这种等压强梯度扩压器特别有利。

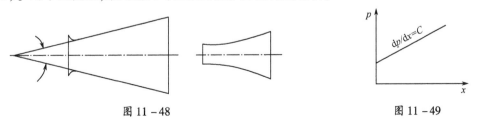

图 11-48   图 11-49

§11–13　附面层与激波的相互干扰

当激波出现在固体边界附近时,由于激波与附面层的相互干扰,使附面层发生很大程度的畸变并导致波谱和理想流动时的情况有根本的不同。下面我们举例来说明。

先讲讲跨声速流中的附面层。参看图11–50,当来流马赫数 Ma_∞(<1)大于临界马赫数①之后,在翼型表面上将出现局部超声速区,在该区域中,气流压强比翼型后面的压强低得多,结果在翼型表面上产生激波,气流经过激波后又变为亚声速。

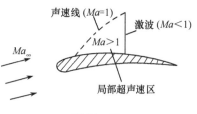

图 11–50

对于理想流动,物体表面没有附面层存在,激波将直接伸展到物体表面上,即如图11–50所示的情况。但在实际的黏性气流中,由于物体表面有附面层存在,情况并不是这样。在附面层内,速度由壁面上的零增加到层外的超声速值。因此,在附面层内必有一条等声速线($Ma=1$),这条曲线把附面层内的流动分为亚声速区和超声速区(见图11–51)。由于激波只能产生在超声速区,在亚声速区是不会有激波的。因此,翼型上的激波不会穿透附面层直接触及翼型表面,而应该在附面层内的声速线上终止。此外,由于附面层内的超声速区的流速,在物面的法线方向上是变化的,所以附面层内的激波是曲线形的。气流经过激波后,压强突然增大。如果物体表面上是层流附面层,激波后的高压可从层流附面层中的亚声速流部分逆流上传,因而在激波前面的附面层中就会形成很大的反压。亚声速气流压强增高,流速必减慢。由于气体的黏性,也牵扯着超声速层的流速减慢,于是,达到附面层边界的流速 V_0 所需的 y 方向的厚度要大些,即附面层的厚度增大。附面层的增厚使附面层中的流线更偏离物面了,这就相当于超声速气流流过内凹壁,结果造成一系列的弱压缩波,如图11–51(a)所示。如果物体表面上是紊流附面层,紊流附面层的亚声速底层很薄,因而激波后的高压,就较难从亚声速薄层中逆流上传,结果只有一道较强的且不大弯曲的激波,如图11–51(b)所示。

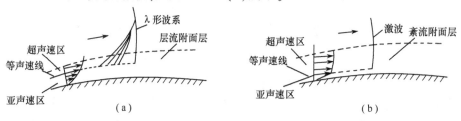

图 11–51

如前所述,沿壁面的法线方向,附面层中的激波是曲线形的,激波的强度沿法线方向而变化。因此,在附面层内还有沿法线方向的压强梯度,通常作附面层计算所用的一个基本条件 $\left(\dfrac{\partial p}{\partial y}=0\right)$,在激波地带是不能成立的。附面层中的扰动既然能从亚声速区传向前去,$\dfrac{\partial p}{\partial y}=0$ 这个条件在激波前面也是不能成立的。

下面简略地介绍一下纯超声速流($Ma_\infty>1$)中的附面层。作为例子,我们来考察斜激波

---

① 所谓临界马赫数是指翼型上最低压强点的速度达到当地声速时的来流马赫数。

在平板附面层上的反射情况。为了说明附面层对激波反射的影响,先复习一下理想流中的激波反射情况。如果气流折角不大或起始马赫数不太低时,斜激波射到平壁上时产生正常反射(见图11-52(a))。在气流折角过大或起始马赫数太小的情况下,正常反射是不可能的,而产生"马赫反射"(见图11-52(b))。当激波射到等压自由边界上时反射波为普朗特-迈耶膨胀波(见图11-52(c))。

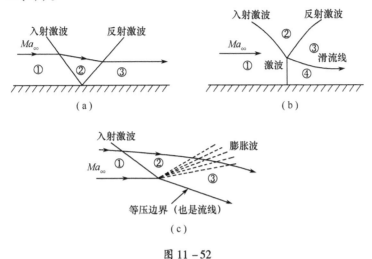

图 11-52

实验观察表明,当有附面层时,激波在平壁上的反射情况与上述理想流中的情况大有出入。在斜激波射到层流附面层上的一些实验中所观察到的一些典型特征示意地表示在图11-53中。当斜激波射进平板上的层流附面层时,波后的高压通过附面层中的亚声速层往上游传播,使附面层增厚,由此而引起的流线外移产生一些斜的弱压缩波,这些弱波合并成一道"反射激波",其"起点"位于入射激波的投射点的上游。由于激波造成的逆压强梯度很大,必引起附面层分离。因为分离区里的运动速度相对地说是很小的,所以可以近似地看成是一个等压区。因此,入射激波由此处反射相当于在等压自由边界上的反射,即反射成一束普朗特-迈耶膨胀波,后者又使气流折向物面,使附面层又重新贴上壁面上。经过这一束膨胀波以后,气流折角往往很大,势必再调整方向,内折并产生第二道"反射激波"。附面层往往在紧靠第二道反射激波的下游,就变为紊流。

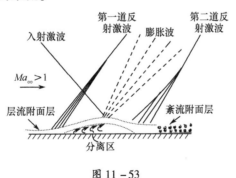

图 11-53

如果物面上的附面层一开始就是紊流附面层,情况与层流时不一样。因为紊流附面层克服逆压强梯度的能力较层流附面层大,所以激波和附面层之间的干扰(见图11-54(a))就必然比层流附面层的情况小得多。当然,附面层也有所增厚,投射点上、下游都有波系,但上、下游受影响的范围要小得多。因此,激波在紊流附面层上的反射可以认为接近于图11-52(a)的正常反射。

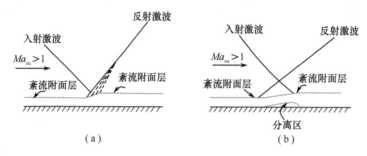

图 11-54

图11-54(b)是有时在紊流附面层中观察到的另一种反射形式,其特点是在紊流附面层内有一个小的分离区,这是由于此时的入射激波强度比较大。强激波后的高压作用通过附面层的亚声速层传到上游,使气流减速,于是迫使附面层增厚,流线弯曲,从而引起一道"反射激波",这道反射激波的起点位于入射激波的入射点的上游,因而在紊流附面层分离区附近形成一个 X 形波系。

需要说明一点,在图 11-53 及图 11-54 中,激波应该是一直伸到附面层的声速线上的,画图时为了清楚起见,只画到附面层的外边界处就停止了。

§11-14 紊流自由射流概述

所有以前讨论的紊流流动都是指沿着固体界壁的流动(管路、板、物体绕流),现在我们将讨论自由紊流流动。所谓自由紊流流动系指不受固体壁面所限制的紊流流动。自由紊流流动的例子有:(1)当气流绕流物体时,在物体后面形成的尾迹流(见图11-55(a));(2)两股具有不同速度但运动方向相同的气流(见图 11-55(b)),在原点 o 处会形成一个不稳定的切向间断面,随着射流的运动,由于紊流的掺混作用(动量的横向迁移),形成了具有连续速度分布的有限厚度区,而不再是速度不连续面,这个区域称为紊流射流边界层;(3)气体从喷管或小孔向周围静止介质中射出时所形成的紊流自由射流(参看图 11-56)。

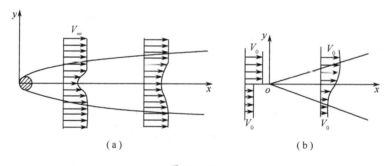

图 11-55

本节仅简略地讨论紊流自由射流。

一、自由射流的结构

参看图 11-56,气流从孔中射出后很快就成为紊流射流(流出速度很小的情况除外,这里

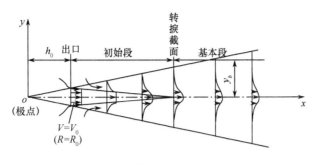

图 11-56

不研究它)。在射流里,流体微团在作无规则的混乱运动,由于流体微团有横向的脉动运动,把自己的动量带给那些与射流相接触的静止流体层,并把它们带动起来;一部分射流往外跑出去的地方,渗进了一部分四周的流体,这些流体则使射流的速度滞缓下来。于是射流与周围静止介质间便发生质量与动量的交换,从而把四周流体不断引入,遂使射流的质量增加,射流的宽度加大,并且射流本身的速度逐渐减小。主动射流被拖慢了的部分,和四周流体被带走的部分共同组成紊流射流的边界层,这个边界层的宽度随流动逐渐增大。假定射流在喷管出口处,速度是均匀的,那么开始时射流边界层的宽度等于零。射流边界层的外边界和静止流体相接触,在外边界表面的一切点上,平行于气流轴线的分速度 $V_{x_2} = 0$。若 x 轴与气流的对称轴重合,则在边界处 y 方向的分速(V_y)就不为零了。这是由于射流与周围静止介质发生动量交换,而使四周连续不断地有流体进入射流边界层中的缘故。边界层的内边界是已经扰动的边界层混合区与未经扰动的核心流区的分界面,核心流区的速度是定值速度,且等于喷管的出口速度 V_0。边界层的内边界上的速度 $V_{x_1} = V_0$。

离喷管出口渐远,随边界层的扩大,定值速度的核心流区愈益狭窄。这个过程继续下去,直到相当距离之后,未经扰动的核心流区完全消失。以后,整个截面完全被边界层所占据,不仅射流愈来愈宽,而且射流轴线上的速度也逐渐降低。

定速核心流完全消失的那个射流截面称为转捩截面。在出口与转捩截面之间的那段射流称为初始段射流,转捩截面之后的射流称为基本段射流。射流的两最外边界之交点称为射流的极点,由图 11-56 可以看出,射流极点是位于喷管内部的一个几何点。

实验证明,射流中任一截面上的横向分速都远小于纵向分速。取 x 轴与射流的对称轴相重合,分速 V_y 可以略去不计,而认为射流的速度就等于它的 x 向分速 $V_x(V \approx V_x)$。因此,在射流中接近轴线区域的大部分流线几乎近于平行,从而在一般工程应用中,流线可作为平行直线看待。

二、射流的速度分布

当气流从圆截面喷管或小孔射出时,将形成轴对称自由射流;而当气流从矩形孔射出时,将形成平面的平行自由射流。这里我们仅着重讨论轴对称自由射流中的速度分布问题。

射流基本段中的纵向速度($V_x \approx V$)分布曲线(实验结果)如图 11-57 所示,纵坐标是 V/V_m,V_m 是射流轴线上的速度;横坐标是 y/y_b,y 是从量测数据的那一点到射流轴线之间的距离,y_b 是射流的一半宽度。

由不同横截面上所量测的速度分布数据,即 $V = f(y)$,当整理成无量纲的速度分布时,即整理成

$$\frac{V}{V_m} = f\left(\frac{y}{y_b}\right) \quad (11-254)$$

均各在同一无量纲速度分布曲线上，即射流基本段中，各截面上速度的分布都是完全相似的。这个相似是指在射流基本段中，任何两截面上的相似点，其速度的无量纲值是相等的，即当

$$\frac{y_1}{y_{b_1}} = \frac{y_2}{y_{b_2}} = \frac{y_3}{y_{b_3}} = \cdots = 同一值$$

则

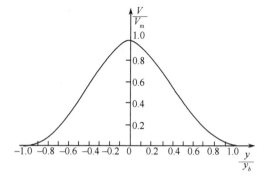

图 11-57

$$\frac{V_1}{V_{m_1}} = \frac{V_2}{V_{m_2}} = \frac{V_3}{V_{m_3}} = \cdots = 同一值$$

此处，y_{b_1}、y_{b_2}、y_{b_3}、$\cdots$，y_1、y_2、y_3、$\cdots$分别表示不同横截面之射流的一半宽度与各该截面某任一点与 x 轴之间的距离；而 V_1、V_2、V_3、$\cdots$则表示各该截面内相应点的速度。

(11-254)式的函数关系可以用下列半经验公式来表示，即

$$\frac{V}{V_m} = \left[1 - \left(\frac{y}{y_b}\right)^{3/2}\right]^2 \quad (11-255)$$

实验证明，(11-255)式对于轴对称射流及平面平行射流都是适用的；此外，对于射流的初始段也是适用的，这时，式中的 y_b 为边界层的全部宽度，而 y 则是由量测那一点到边界层内边界的距离。

利用(11-255)式来进行实际计算还有困难，因其中 y_b 和 V_m 两个量沿 x 轴的变化规律尚不清楚，下面我们就来讨论这个问题。

三、射流宽度沿 x 轴的增长规律和射流轴心速度沿 x 轴的下降规律

对于自由射流，实验已经证明

$$y_b = Kx \quad (11-256)$$

式中 K 为常数，根据对实验资料进行理论归纳，可得 $K=3.4a$，因此

$$y_b = 3.4ax \quad (11-257)$$

式中 a 是试验系数，由试验决定，它取决于喷管出口处射流的速度分布和初始紊流度。试验表明，管出口处气流的初始速度分布状况对系数 a 影响较大。如速度分布是均匀的，则 $a=0.066$，当速度场不太均匀，中间速度高于平均速度10%，则 $a=0.07$。如果速度场更不均匀，中心速度超过平均速度25%，则 $a=0.076$。

(11-256)式对于由长方形喷口流出的平面平行射流也是正确的。

根据速度分布的相似性，得到射流中对应点的速度等式，即当

$$\frac{y_1}{y_{b_1}} = \frac{y_2}{y_{b_2}} = \cdots = 常数$$

则

$$\frac{V_1}{V_{m_1}} = \frac{V_2}{V_{m_2}} = \cdots = 常数$$

但根据等式 $y_b = Kx$，当 $\dfrac{y}{x}$ = 常数时，存在如下条件

$$\frac{V}{V_m} = 常数 \qquad (11-258)$$

由此得知，在射流的基本段，$\dfrac{V}{V_m}$ 这种无量纲速度的等值线就是径线，所有的径线汇交于射流极点（见图 11-58）。这在轴向对称射流及平面平行射流都是一样的。

应该注意，射流初始段中由于轴心速度 V_m 均等于初始速度 V_0，所以速度 V 的等值线是开始于喷管出口边缘的射线束。对于射流基本段，因为 V_m 是沿流向变化的，所以速度 V 的等值线便呈喷焰状（见图 11-59）。

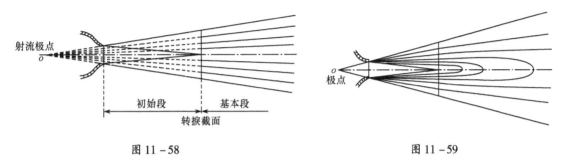

图 11-58　　　　　　　　　图 11-59

下面讨论射流中心线上的速度（V_m）沿 x 轴的变化规律。实验证明，射流里的压强实际上是不变化的，即等于周围环境的压强。因此，射流的一切截面上，每秒气流质量的总动量应该保持不变，即

$$J = \int_A \rho V^2 dA = 常数 \qquad (11-259)$$

式中　ρ——气流密度；
　　　dA——射流微元截面积。

对于轴对称射流的基本段，定值动量的条件可写成下列形式

$$J = 2\pi \int_0^{y_b} \rho V^2 y dy = \pi \rho_0 V_0^2 R_0^2 \qquad (11-260)$$

式中　R_0——射流起始截面的半径；
　　　V_0——射流在起始截面上的速度。

在不可压流里，可以把这个式子改写为无量纲形式，即

$$2\int_0^{\frac{y_b}{R_0}} \left(\frac{V}{V_0}\right)^2 \cdot \frac{y}{R_0} d\left(\frac{y}{R_0}\right) = 1 \qquad (11-261)$$

任何一点的无量纲纵坐标（y/R_0）可分解为两个因子，即

$$\frac{y}{R_0} = \frac{y}{y_b} \cdot \frac{y_b}{R_0}$$

同时，无量纲速度也可以分解为两个因子，即

$$\frac{V}{V_0} = \frac{V}{V_m} \cdot \frac{V_m}{V_0}$$

注意到,当横截面取定之后,$\frac{y_b}{R_0}$及$\frac{V_m}{V_0}$都是常数,于是(11-261)式可写为下列的形式

$$\left(\frac{V_m}{V_0}\right)^2 \cdot \left(\frac{y_b}{R_0}\right)^2 \cdot 2\int_0^1 \left(\frac{V}{V_m}\right)^2 \cdot \frac{y}{y_b} \mathrm{d}\left(\frac{y}{y_b}\right) = 1 \tag{11-262}$$

把(11-255)式代入(11-262)式,得

$$\left(\frac{V_m}{V_0}\right)^2 \left(\frac{y_b}{R_0}\right)^2 2\int_0^1 \left[1-\left(\frac{y}{y_b}\right)^{3/2}\right]^4 \left(\frac{y}{y_b}\right) \mathrm{d}\left(\frac{y}{y_b}\right) = 1$$

显然积分项是一个定积分,可得出定积分值为0.0668。这样,横截面的无量纲半径与该截面上中心速度的无量纲值之间可以建立如下

$$\left(\frac{V_m}{V_0}\right)^2 \left(\frac{y_b}{R_0}\right)^2 \times 2 \times 0.0668 = 1$$

由此得

$$\frac{y_b}{R_0} = 2.74\frac{V_0}{V_m} \tag{11-263}$$

此式的结果与试验结果有偏差,为使以下的分析结果与试验结果更好的吻合,应适当修改(11-263)式为

$$\frac{y_b}{R_0} = 3.3\frac{V_0}{V_m} \tag{11-264}$$

在转捩截面上,$V_m = V_0$,因此转捩截面上无量纲半径恒为常数,即

$$\frac{y_b}{R_0} = 3.3 \tag{11-265}$$

由$y_b = 3.4ax$及(11-264)式可得

$$\frac{V_m}{V_0} = 0.97\frac{R_0}{ax} \tag{11-266}$$

上式表明,轴对称射流中心速度与该截面到射流极点的距离x成反比。在转捩截面处,$\frac{V_m}{V_0}=1$,则转捩截面与射流极点的距离为

$$x_0 = 0.97\frac{R_0}{a} \tag{11-267}$$

根据图11-56和相似三角形原理可得

$$\frac{y_b}{x_0} = \frac{R_0}{h_0}$$

将(11-265)式、(11-267)式代入上式,则得

$$h_0 = 0.97\frac{R_0}{a}\frac{R_0}{3.3R_0} = 0.29\frac{R_0}{a} \tag{11-268}$$

式中 h_0——射流极点的深度。

射流核心区的长度$s_0 = x_0 - h_0$,故

$$s_0 = (0.97-0.29)\frac{R_0}{a} = 0.68\frac{R_0}{a} \tag{11-269}$$

一般工程计算中,习惯于从喷管出口截面的中心作为起始点,所以 $s = x - h_0$,即

$$\frac{ax}{R_0} = \frac{as}{R_0} + 0.29 \tag{11-270}$$

利用此式将(11-266)式可改写为

$$\frac{V_m}{V_0} = \frac{0.97}{\frac{as}{R_0} + 0.29} \tag{11-271}$$

图 11-60 为按(11-271)式计算的轴对称射流中心速度沿轴向变化曲线与试验值的比较,表明这种半经验理论分析公式有足够的精确度。

任一截面上流过的体积流量为

$$Q = 2\pi \int_0^{y_b} V y \mathrm{d}y = 2\pi V_m y_b^2 \int_0^1 \frac{V}{V_m} \frac{y}{y_b} \mathrm{d}\left(\frac{y}{y_b}\right)$$

$$= 2\pi R_0^2 V_0 \left(\frac{y_b}{R_0}\right)^2 \frac{V_m}{V_0} \int_0^1 \frac{V}{V_m} \frac{y}{y_b} \mathrm{d}\left(\frac{y}{y_b}\right)$$

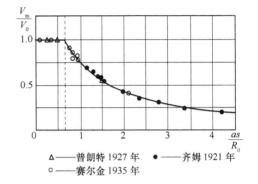

图 11-60

其中 $\pi R_0^2 V_0 = Q_0$,即喷管流出的最初体积流量。用 Q_0 代入上式,并把(11-264)式代入上式得

$$Q = 2Q_0 \left(\frac{y_b}{R_0}\right)^2 \frac{V_m}{V_0} \int_0^1 \left[1 - \left(\frac{y}{y_b}\right)^{3/2}\right]^2 \frac{y}{y_b} \mathrm{d}\left(\frac{y}{y_b}\right)$$

上式中定积分结果为 0.1285,并把(11-265)式代入上式,得

$$Q = 2Q_0 \times (3.3)^2 \times \left(\frac{V_0}{V_m}\right)^2 \frac{V_m}{V_0} \times 0.1285$$

整理后得

$$\frac{Q}{Q_0} = 2.8 \frac{V_0}{V_m} \tag{11-272}$$

与(11-263)式同样的理由,(11-272)式应当修正为

$$\frac{Q}{Q_0} = 2.13 \frac{V_0}{V_m} \tag{11-273}$$

实践证明,这种修正与理论解及试验结果能更好地吻合。

把(11-271)式代入(11-273)式可得流量公式为

$$\frac{Q}{Q_0} = 2.20\left(\frac{as}{R_0} + 0.29\right) \tag{11-274}$$

在转捩截面处,$V_0 = V_m$,由(11-273)式得

$$\frac{Q}{Q_0} = 2.13 \tag{11-275}$$

若以横截面积去除当地流量,则可得射流的按面积平均的流速,即为

$$\frac{\overline{V}}{V_0} = \frac{Q}{Q_0} \frac{A_0}{A} = 2.13 \frac{V_0}{V_m} \Big/ \left[3.3^2 \left(\frac{V_0}{V_m}\right)^2\right]$$

最后得

$$\overline{V} \approx 0.2 V_m \tag{11-276}$$

上式表示射流基本段中，任何一截面处按面积平均的速度$\overline{V}$等于该处中心速度的20%。

以上所求得的射流在任何一截面上的特性只适用于基本段范围之内(包括转捩截面)。有趣的是，由(11-264)式、(11-273)式及(11-276)式可以看到，只要测量一次某截面上的中心速度V_m，就可求出该截面的尺寸、流量及平均流速等。当然，这些关系只有无特殊外来原因破坏射流速度分布的相似性时才是正确的。

射流扩张角存在下列关系式

$$\tan\frac{\theta}{2} = \frac{y_b}{x}$$

因为$y_b = 3.4ax$，所以

$$\tan\frac{\theta}{2} = 3.4a \tag{11-277}$$

通常$a = 0.07$，所以$\frac{\theta}{2} \approx 14°$，射流的扩张角$\theta$近似为$28°$，等速核心区的收缩角一半的正切为

$$\tan\frac{\alpha}{2} = \frac{R_0}{s_0} = \frac{R_0}{0.68\frac{R_0}{a}} = 1.47a \tag{11-278}$$

通常如$a = 0.07$，则$\alpha \approx 12°$。

以上分析的仅是轴对称的圆形射流的各种计算公式，对于由长方形喷口流出的平面平行射流，其性质相似，分析方法也是相似的，不再重复。表11-5中列出了轴对称圆形射流与平面平行射流的各种计算公式，以便于使用。

表11-5 圆截面轴对称射流及平面平行射流的特性关系式

轴 对 称 射 流	平 面 平 行 射 流
$\frac{V_m}{V_0} = \frac{0.97}{\frac{as}{R_0}+0.29}$ 或 $\frac{V_m}{V_0} = \frac{常数}{x}$	$\frac{V_m}{V_0} = \frac{1.2}{\sqrt{\frac{as}{b_0}+0.41}}$ 或 $\frac{V_m}{V_0} = \frac{常数}{\sqrt{x}}$
$\frac{V_m}{V_0} = \left[1-\left(\frac{y}{y_b}\right)^{3/2}\right]^2$	$\frac{V}{V_m} = \left[1-\left(\frac{y}{b}\right)^{3/2}\right]^2$ b——射流边界层宽度
$\frac{y_b}{R_0} = 3.3\frac{V_0}{V_m}$ 转捩截面处$\frac{y_b}{R_0} = 3.3$	$\frac{b}{b_0} = 3.46\left(\frac{V_0}{V_m}\right)^2$ 转捩截面处$\frac{b}{b_0} = 3.46$
$y_b = 3.4ax$	$b = 2.4ax$
$\frac{Q}{Q_0} = 2.13\left(\frac{V_0}{V_m}\right)$ 转捩截面处$\frac{Q}{Q_0} = 2.13$	$\frac{Q}{Q_0} = 1.42\left(\frac{V_0}{V_m}\right)$ 转捩截面处$\frac{Q}{Q_0} = 1.42$
$\overline{V} = 0.2 V_m$	$\overline{V} = 0.41 V_m$
$x_0 = 0.97\frac{R_0}{a}$	$x_0 = 1.44\frac{b_0}{a}$
$h_0 = 0.29\frac{R_0}{a}$	$h_0 = 0.41\frac{b_0}{a}$

(续)

轴对称射流	平面平行射流
$\tan\dfrac{\theta}{2} = 3.4a$	$\tan\dfrac{\theta}{2} = 2.4a$
$a = 0.07 \sim 0.08$	$a = 0.1 \sim 0.11$

四、射流中的温度分布

在工程实践中,时常会遇到温度与周围介质不相同的自由射流。此时,由于流体微团在横向的脉动运动,将与四周介质产生热量交换,从而使射流各截面上的温度分布逐渐拉平。在讨论射流的温度分布时,引用下列几种温度差:

(1) 射流中指定点的温度(T)与周围介质的温度(T_H)之差　　$\Delta T = T - T_H$;
(2) 射流轴线上的温度(T_m)与 T_H 之差　　$\Delta T_m = T_m - T_H$;
(3) 射流初始截面(喷管出口)上的温度(T_0)与 T_H 之差　　$\Delta T_0 = T_0 - T_H$。

根据阿勃拉莫维奇的试验,无量纲温度差与无量纲速度之间存在如下的关系式

$$\frac{\Delta T}{\Delta T_m} = \sqrt{\frac{V}{V_m}} = 1 - \left(\frac{y}{y_b}\right)^{3/2} \tag{11-279}$$

温度 T_m 沿射流轴线的变化规律,可以按求速度 V_m 沿射流轴线分布的方法一样求得,不同的是,用射流焓值不变代替动量不变。对于圆形轴对称射流,可得到

$$\frac{\Delta T_m}{\Delta T_0} = \frac{0.7}{\dfrac{as}{R_0} + 0.29} \tag{11-280}$$

由上式可见,气流轴线上的温度 T_m 与 T_H 之差随远离喷口而下降。

习　题

11-1 理想流体和黏性流体的连续方程有什么差别？为什么？

11-2 黏性流体压力和理想流体压力有何区别？

11-3 紊流(湍流)运动的基本特征是什么？什么是时均流速和脉动流速？

11-4 为测定潜水艇在深水中航行所受的阻力,用缩小为1/10的模型在风洞中进行实验。已知空气与水的运动黏性系数之比 $\nu_{气}/\nu_{水} = 12.7$,密度之比 $\rho_{气}/\rho_{水} = 0.000125$,潜艇的航速若为1m/s,试问实验风速应为多少？测得潜艇模型所受阻力为50N,求潜艇的实际阻力。潜艇在水面航行时所受阻力能否以风洞实验模拟？为什么？

11-5 根据速度的不同,圆管中湍流可以划分为哪几个区域？各个区域的速度按什么规律分布？

11-6 实际上圆管的内壁不可避免地是粗糙的,为什么我们却说是"光滑"的呢？条件是什么？理由何在？

11-7 一滑油管直径为 $d = 40$mm,长3m。已知容积流量 $Q = 1.2$L/s,滑油的密度 $\rho = 860$kg/m³,运动黏性系数 $\nu = 1.2 \times 10^{-4}$m²/s。试求滑油通过这一管道的压强降。当容积流量保持不变,流过的液体是水(密度 $\rho = 1000$kg/m³,运动黏性系数 $\nu = 1.3 \times 10^{-6}$m²/s)时,压强降

为多少?

11-8 某喷气发动机耗油量 $\dot{m}_T = 0.667 \text{kg/s}$,从油箱到发动机的供油管长 $L = 20\text{m}$,内径 $d = 1\text{cm}$,燃料为煤油(密度 $\rho = 775 \text{kg/m}^3$,运动黏性系数 $\nu = 1.05 \times 10^{-6} \text{m}^2/\text{s}$)。计算管道中的压强损失。

11-9 设圆管中平均流速 $\overline{V}$ 相同,试分别决定管流流速按抛物线、1/7定律、1/10定律规律分布时平均流速 $\overline{V}$ 和最大流速 $V_{\max}$ 的比值。

11-10 水流过直径 $d = 7.62\text{cm}$ 的光滑圆管,每分钟流量 0.34m^3,求在 91.5m 长度上的压强降,管壁上的剪应力 τ_w(水的运动黏性系数 $\nu = 1.3 \times 10^{-6}\text{m}^2/\text{s}$)。

11-11 油的密度 $\rho = 780 \text{kg/m}^3$, $\mu = 1.87 \times 10^{-3} \text{N} \cdot \text{s/m}^2$,假设油通过直径 $d = 30\text{mm}$、长为 6.5km 的输油管,管子内表面绝对粗糙度 $\Delta = 0.75\text{mm}$,流量 $Q = 0.14\text{m}^3/\text{min}$,试求压强降。

11-12 见题 11-12 附图,水箱接以直径 $d = 0.1\text{m}$ 的圆形光滑管,将水送往 10m 远处,若要求水的流量为 39.3kg/s,并知出口通大气(大气压强 $p_a = 10^5 \text{N/m}^2$),问水箱的水面应该多高(由管中心线算起)?水的运动黏性系数 $\nu = 1.3 \times 10^{-6} \text{m}^2/\text{s}$。

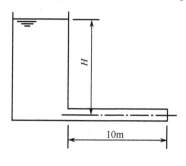

题 11-12 附图

11-13 某试验设备的冷却水从光滑环形管道中通过,环形管道的直径 $d_2 = 42\text{cm}$, $d_1 = 40\text{cm}$,冷却水的流量 $\dot{m} = 30\text{kg/s}$,试计算沿程损失系数(水的运动黏性系数 $\nu = 1.79 \times 10^{-6} \text{m}^2/\text{s}$)。

11-14 已知水从直径 $D = 10\text{cm}$ 的圆管中流过,其平均速度 $\overline{V} = 0.5\text{m/s}$,水的黏性系数 $\nu = 0.01 \text{cm}^2/\text{s}$,管长 50m,试确定管中水的流动状态,并求沿程损失。若使之变为层流(或紊流)流动,管径和流速应如何变化?

11-15 在一边长为 3cm 的正方形管道的液压油以 $\overline{V} = 1.5\text{m/s}$ 流过,已知液压油的运动黏性系数 $\nu = 0.1 \text{cm}^2/\text{s}$,密度 $\rho = 85 \text{kg/m}^3$,管长 $L = 5\text{m}$,求沿程损失为多少?

11-16 有黏性很大的流体,在重力的作用下流过一细斜管,见题 11-16 附图。流体的密度为 $\rho = \text{const}$,黏性系数为 μ,设流动为层流,求:(1)当管内压差 $\Delta p = 0$ 时,写出流动的微分方程;(2)管内流速分布的函数;(3)黏性系数 μ 与容积流量 Q 的函数关系。

11-17 计算圆环形通道中层流流动的速度分布。设圆环内外半径为 a 和 b,每单位长度上的压降为 Δp,流体的密度为 $\rho = \text{const}$,黏性系数为 μ。

11-18 平均流速由 v_1 变到 v_2 的突然扩大管,如分为两次扩大,见题 11-18 附图。中间平均流速 v 取何值时局部损失最小?此时总压损失是多少?并与一次扩大时的总压损失比较,哪个大?

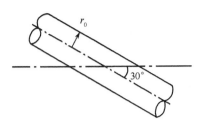

题 11-16 附图

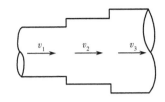

题 11-18 附图

11-19 直径为 D 的圆管截面 1-1 上有一直径为 d 的中心小圆管。从它流出一股等速（速度为 v_0）射流，其周围有一环形等速流，其速度为 v_1。经过速度的重新分配，到截面 2-2 流速 v_2 变为均匀，管中流动为稳定不可压缩流。不考虑管壁的摩擦作用。大、小管直径的关系为 $D^2 = 2d^2$。试导出 1、2 截面间，单位重量流体的局部损失 h_r 的如下公式

$$h_r = \frac{1}{8g}(v_0 - v_1)^2$$

11-20 黏性流体在等截面绝能直管道中流动，如流动为亚声速，超声速或不可压流体，则下游平均速度比上游是快、慢还是相等？

11-21 见图 11-21 附图，图示为飞机燃油系统简图，已知燃油泵的流量是 $\dot{m} = 1200$ kg/hr，管长 5m，管径 15mm，发动机燃油泵进口处的需用压强为 $p_2 = 1.3 \times 10^5$ N/m²，航空煤油的运动黏性系数 $\nu = 0.045$ cm²/s，密度 $\rho = 820$ kg/m³，管路中局部损失系数为弯头（三个）$\zeta = 1.2$，油滤 $\zeta = 2.0$，开关 $\zeta = 1.5$，油量传感器 $\zeta = 1.6$，试确定增压泵出口处所需压强 $p_1 = ?$

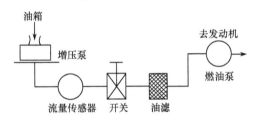

题 11-21 附图

11-22 具有 $\mu = 4.03 \times 10^{-3}$ kg·s/m²、$\rho = 740$ kg/m³ 的油流过直径为 2.54cm 的光滑圆管，平均流速为 0.3m/s。试计算 30m 长度管子上的压力降，并计算管内距管壁 0.6cm 处的流速。

11-23 油料的 $\rho = 780$ kg/m³，$\mu = 1.87 \times 10^{-4}$ kg·s/m²，用泵抽其通过直径 $d = 30$cm、长为 6.5km 的油管，管子内表面绝对粗糙度 $\Delta = 0.75$mm，流量 $Q = 14$ m³/min。试求压力降。又当泵的总效率为 75% 时，问泵所需马力为多少？

11-24 水沿直径 $d = 25$mm，长为 $l = 10$m 的管子，从水箱 A 流到储蓄池 B，见题 11-24 附图。若水箱中相对压力 $p_1 = 2$ 大气压，$H_1 = 1$m，$H_2 = 5$m，水箱的出口损失系数 $\zeta_1 = 0.5$，活门的损失系数 $\zeta_2 = 4.0$，弯头的损失系数 $\zeta_3 = 0.2$。试决定水的流量（忽略沿程

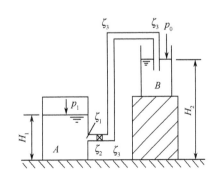

题 11-24 附图

损失)。

11-25 气体在等截面直管中作等温稳定流动。管内壁的粗糙度是均匀分布的。试证明管中重量流量

$$G = Fg\sqrt{\frac{\rho_1(p_1^2 - p_2^2)}{p_1\left(\lambda\dfrac{L}{D} - 2\ln\dfrac{p_2}{p_1}\right)}}$$

式中 F 为管横截面积,g 为重力加速度,λ 为沿程损失系数,D 为管径,ρ_1 和 p_1 为 1 截面上的密度和压强,p_2 为 2 截面上的压强,L 为两截面间的管长。

11-26 何谓边界层?它对于研究绕物体的流动和决定物体的阻力有何作用?

11-27 何谓层流边界层、混合边界层和紊流边界层?如何决定边界层的流动状态?

11-28 试导出定常可压流流过一块顺流平板的附面层(边界层)动量积分关系式。

11-29 同一雷诺数之下,紊流附面层的速度型与层流附面层的速度型相比有何不同?其原因是什么?

11-30 已知平板上层流附面层的流速分布为

$$u = u_0\sin\left(\frac{\pi y}{2\delta}\right)$$

y 为离开平板表面的距离,u_0 为附面层外的流速。试推导附面层厚度 δ 的表示式(提示:应用平板附面层的动量关系式

$$\frac{\mathrm{d}}{\mathrm{d}x}\int_0^\delta \rho u^2\mathrm{d}y - u_0\frac{\mathrm{d}}{\mathrm{d}x}\int_0^\delta \rho u\,\mathrm{d}y = -\delta\frac{\mathrm{d}p}{\mathrm{d}x} - \tau_0$$

式中,x 为离平板前缘的距离,切应力 τ_0 用 $\tau_0 = 2\mu u_0/\delta$ 计算,$\dfrac{\mathrm{d}p}{\mathrm{d}x}=0$)。

11-31 假设平板层流附面层中的速度分布为

$$\frac{V_x}{V_\infty} = 2\frac{y}{\delta} - \left(\frac{y}{\delta}\right)^3 + \left(\frac{y}{\delta}\right)^4$$

试证明附面层厚度

$$\delta = 5.83\sqrt{\frac{\nu \cdot x}{V_\infty}}$$

摩擦阻力系数

$$C_f = 1.372\sqrt{Re_l}$$

11-32 见题 11-32 附图,设两平板之间的距离为 $2h$,平板长宽皆为无限大。试用黏性流体运动微分方程,求流速分布。

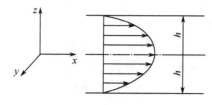

题 11-32 附图

11-33 一平板长为5m,水以速度0.19m/s流过平板。试分别求距前端1m及4.5m处附面层的厚度。并求在该两点垂直距离板面5mm处的速度(设$Re_{cr}=5\times10^5$,水的运动黏性系数$\nu=1.145\times10^{-6}\mathrm{m^2/s}$)。

11-34 设平板很薄,可以认为边界层外的有势流动是均匀流,流速等于来流速度V_∞,并有$\mathrm{d}p/\mathrm{d}x=0$。设平板边界层的层流边界层速度分布为

$$\frac{V_x}{V_\infty}=a\left(\frac{y}{\delta}\right)+b\left(\frac{y}{\delta}\right)^3$$

求平板表面摩擦切应力的表达式。a、b是待定系数,由边界条件决定。

11-35 长为10m的平板,水的流速为0.5m/s,运动黏度系数$\nu=0.8\times10^{-6}\mathrm{m^2/s}$,$Re_{cr}=5\times10^5$,试决定平板边界层的流动状态。如为混合边界层,则转变点在什么地方? 设$x_c/l\leqslant5\%$时可称全板为湍流边界层。试分别决定这一平板为层流边界层和湍流边界层时,水的流速应为多少?

11-36 一平板置于流速为7.2m/s的空气中,试分别计算在距前缘0.3m、0.6m、1.2m和2.4m处的边界层厚度(空气的运动黏性系数$\nu=1.25\times10^{-5}\mathrm{m^2/s}$,$Re_{cr}=5\times10^5$)。

11-37 平板长为10m,宽为2m,设水流沿平板表面并垂直板的长度,流速分别为:(1)0.01145m/s;(2)1.6m/s;(3)6m/s。试计算平板一侧的摩擦阻力(水的运动黏性系数$\nu=1.3\times10^{-6}\mathrm{m^2/s}$,$Re_{cr}=5\times10^5$)。

11-38 (1)一平板长为2m,宽为1m,平板在空气中沿长度方向运动,运动的速度为2.42m/s,试求平板一侧的摩擦阻力。设$Re_{cr}=5\times10^5$,空气的运动黏性系数$\nu=1.45\times10^{-5}\mathrm{m^2/s}$,密度$\rho=1.225\mathrm{kg/m^3}$。

(2)若平板长为5m,宽为1m,平板沿长度方向运动,运动速度为2.42m/s,试求平板一侧的摩擦阻力。

11-39 空气密度为1.128$\mathrm{kg/m^3}$,运动黏度系数$\nu=1.76\times10^{-5}\mathrm{m^2/s}$,设其沿着长6m、宽2m的光滑平板,以60m/s的速度流动,设平板附面层由层流转变为紊流的条件为$Re=\dfrac{u_0 x_{cr}}{\nu}=10^6$,求平板两侧所受的总摩擦阻力。

11-40 有平板及圆球分别置于低速气流中。要想减小此二物体所受的阻力,应采取哪些措施?

11-41 在渐缩管中会不会产生附面层的分离? 为什么?

第十二章 翼型和机翼的基本理论

本章将对翼型和机翼的基本理论作一介绍,其内容包括翼型的几何特性和流动特性(包括低速流、高亚声速流、跨声速流和超声速流),以及气流绕机翼的流动。

§12-1 翼型的几何特性

一、翼型的构成

翼型是组成飞机机翼或叶轮机叶片的基本单元。在分析飞机机翼的空气动力特性时,通常将平行于飞机对称平面的机翼剖面称为翼型,见图12-1(a)(飞机对称平面是通过机身轴的整个飞机对于它对称的平面)。在分析叶轮机时,则以叶片机轴线为轴的圆柱面或圆锥面与叶片相截的剖面称为叶(翼)型,如图12-1(b)所示。机翼或叶片的气动特性与翼型的几何特性有关。

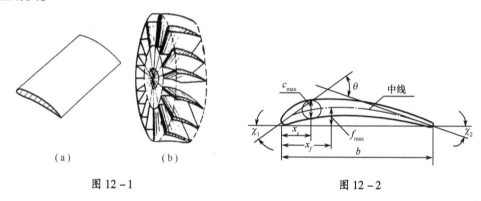

图 12-1 图 12-2

在低速气流中工作的翼型都做成圆头尖尾的形状(见图12-2),圆头的作用是适应不同的来流方向,尖尾的作用是减少翼型后面气流的旋涡损失。在翼型内作一系列内切圆,这些内切圆圆心的连线称为翼型的中弧线(或简称中线)。中弧线的前端点为翼型的前缘,中弧线的后端点为翼型的后缘,前后缘的连线叫翼弦。翼弦的长度简称为弦长,以符号 b 表示。通过翼型的前后缘的内切圆半径分别称前后缘半径,以符号 r_1 和 r_2 表示。

翼型的形状是由上下表面形状所决定的。翼型上、下表面的型面,通常在规定的坐标系中用坐标表示。作为一个例子,表12-1给出了 NACA65-010 翼型的型面坐标数据。

除了弦长 b、型面形状及前后缘半径 r_1、r_2 之外,下列几何参数对翼型气动力特性有重大影响:

(1)厚度:翼型内切圆的直径称为翼型厚度,其中最大的内切圆直径称为翼型的最大厚度,简称厚度,用 c 表示。它与弦长的比值称为相对最大厚度,用 $\bar{c}$ 表示,即

$$\bar{c} = \frac{c}{b} \times 100\%$$

表 12-1 NACA65-010 翼型

$\bar{x}\%$	0.00	0.50	0.75	1.25	2.50	5.00	7.50	10.00	15.00	20.00
$\bar{y}\%$	0.00	0.772	0.932	1.169	1.574	2.177	2.647	3.010	3.666	4.143
$\bar{x}\%$	25.00	30.00	35.00	40.00	45.00	50.00	55.00	60.00	65.00	70.00
$\bar{y}\%$	4.503	4.760	4.924	4.996	4.963	4.812	4.530	4.146	3.682	3.156
$\bar{x}\%$	75.00	80.00	85.00	90.00	95.00	100.00				
$\bar{y}\%$	2.584	1.987	1.385	0.810	0.346	0.000				

(2) 最大厚度位置:沿弦向由前缘点到最大厚度处的距离 x_c,称为最大厚度位置。它与弦长的比值称为相对最大厚度位置,用 $\bar{x}_c$ 表示,即

$$\bar{x}_c = \frac{x_c}{b} \times 100\%$$

(3) 弯度:翼型中线与翼弦之间的最大垂直距离称为翼型的最大弯度,简称弯度,用 f 表示。它与弦长的比值称为相对弯度,用 $\bar{f}$ 表示,即

$$\bar{f} = \frac{f}{b} \times 100\%$$

(4) 最大弯度位置:由前缘点到最大弯度处沿翼弦方向的距离 x_f,叫做最大弯度位置。它与弦长的比值称为相对最大弯度位置 $\bar{x}_f$,即

$$\bar{x}_f = \frac{x_f}{b} \times 100\%$$

(5) 叶型弯折角 θ 及叶型前缘角 χ_1 和后缘角 χ_2:前缘角 χ_1 是前缘处中线的切线与翼弦的夹角,χ_2 是后缘处中线的切线和翼弦的夹角。此两切线之间的夹角叫做叶型的弯折角,即

$$\theta = \chi_1 + \chi_2$$

当翼型弯度等于零时,中弧线与翼弦重合,这时,上下表面对于中弧线是对称的,这种翼型称为对称翼型。飞机的水平尾翼和垂直尾翼的翼型大都是对称翼型,现代高速飞机的机翼翼型多半也是对称翼型。

在叶片机的叶型设计中,一般选用气动力性能较好的对称叶型作为原始叶型。将原始叶型的中线弯成所需要的形状(一般由两段圆弧或抛物线组成),再选择合适的相对最大厚度,将对称叶型的厚度放大或缩小,然后将放大或缩小后的对称叶型的厚度加在沿中线各点的法线上,连接这些厚度,就可得到所需的叶型形状。

二、翼型发展概况

在第一次世界大战期间(1914年—1918年),在德国哥廷根(Gottingen)完成的翼型研究结果,对于后来翼型的发展有重要影响,直到第二次世界大战(1938年—1945年),大多数常用翼型或多或少是哥廷根工作的推广。在这期间,很多翼型族在不同国家的实验室进行过试验,美国国家航空咨询委员会(简称NACA)进行了系统的研究,与别的研究机构相比,它的试验是在较高的雷诺数下完成的。至今世界各国飞机仍大量选用 NACA 翼型。

NACA 的研究始于 1929 年,当时研究的翼型以四位数字为标记,它采用了近似于过去具有优良性能的 Gottingen 398(德国)和 Clark-Y(美国)翼型的厚度分布,该族翼型有较高的最

大升力系数和较低的最小阻力系数。为了进一步提高最大升力系数,将最大弯度位置前移。NACA 随后又发展了五位数字的翼型族。与 NACA 四位和五位数字低速翼型相对应,在 20 世纪 20 年代至 30 年代,苏联中央流体力学研究所(简称 ЦА - ГИ)建立了 B 族、BS 族、PⅡ族、D-2 族等翼型族。为了减少摩擦阻力,20 世纪 30 年代末至 40 年代,在 NACA 发展了层流翼型,有 1 族、2～5 族及 6 族、7 族翼型。NACA 1 族是最早根据预定压强分布设计的低阻、高临界马赫数翼型。目前仍为高速飞机选用的 NACA 6 族翼型,是按预定压强、临界马赫数和最大升力系数特性由理论方法设计的。在这期间直到 20 世纪 50 年代初,苏、德、美诸国也发展了同类型的翼型,如 ЦАГИ 的 C 族等层流翼型。

在 20 世纪 50 年代,飞机设计的注意力转向超声速飞机,在翼型方面,促进了超声速最佳翼型(波阻最小翼型)的研究,但这种翼型的实用价值不大。20 世纪 60 年代末、70 年代以来,有所谓采用变弯度概念和结构措施,以扩大飞机性能包线范围的翼型研究,利用动力喷气获得无分离流动的翼型研究;高升力低阻翼型的研究等。

为了提高飞机的经济性,跨声速巡航是一种有利的飞行状态,20 世纪 60 年代以来跨声速翼型的研究迅速发展起来,目前,跨声速翼型的理论设计、计算和实验研究已达到一定水平,研究成果已用于实际设计。

下面以 NACA 四位数字翼型为例对翼型作些具体介绍。

NACA 四位数字翼型族的中线由两段抛物线组成,两者在最大弯度处光滑相切(见图 12-3(a))。中线方程为

$$\bar{y}_f = \begin{cases} \bar{f}\dfrac{1}{\bar{x}_f^2}(2\bar{x}_f\bar{x} - \bar{x}^2) & (\bar{x} \text{ 从 } 0 \text{ 到 } \bar{x}_f) \\ \bar{f}\dfrac{1}{(1-\bar{x}_f)^2}[(1-2\bar{x}_f) + 2\bar{x}_f\bar{x} - \bar{x}^2] & (\bar{x} \text{ 从 } \bar{x}_f \text{ 到 } 1.0) \end{cases} \quad (12-1)$$

式中 $\bar{y}_f = y_f/b, \bar{x} = x/b$。

NACA 四位数字翼型族的厚度分布(参看图 12-3(b))为

$$\bar{y}_c = \pm 5\bar{c}(0.2969\sqrt{\bar{x}} - 0.1260\bar{x} - 0.3516\bar{x}^2 + 0.2843\bar{x}^3 - 0.1015\bar{x}^4) \quad (12-2)$$

$$\bar{r}_1 = 1.1019\bar{c}^2 \quad (12-3)$$

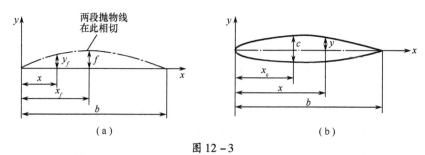

图 12-3

可以看出,这族翼型的形状取决于三个量:$\bar{f}$、$\bar{x}_f$ 和 $\bar{c}$。它们用四位数字表示,例如 NACA 2415,第一位数字表示最大弯度 $\bar{f}$ 的百分数,第二位数字表示最大弯度位置 $\bar{x}_f$ 的十分数,最后两位数字表示最大厚度 $\bar{c}$ 的百分数。

NACA 其它翼型以及ПАГИ等翼型的细节可参阅航空气动力学手册。

在压气机的跨声速级或超声速级中常采用双圆弧或多圆弧叶型。所谓双圆弧叶型是指叶型上、下表面是两个不同半径的圆弧(见图12-4)。多圆弧叶型是指叶型的中线和上、下表面都由两段不同半径的圆弧相切连接而成,通过控制切点的位置及圆弧半径可以获得适合需要的叶型。

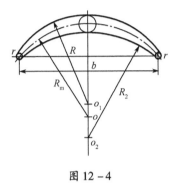

图 12-4

§12-2 低速气流绕翼型流动

一、流谱及气动力系数

设有一翼型放置在低速气流中,如图12-5所示。为了表示翼型与气流的相对位置,一般以来流方向与弦线的夹角 α 来表示,α 称为攻角(或冲角)。

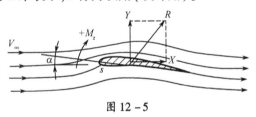

图 12-5

当攻角一定,气流流过翼型时,在前缘附近有一个驻点 s,从这一点起,气流分成上、下两股,分别绕过翼型。这两股气流在翼型的前缘附近一段加速,压强下降。因为上翼面的气流流管截面积收缩比较急剧,故上翼面的压强较下翼面的压强下降要厉害得多。气流过了上、下翼面的最低压强点之后,气流沿翼型的后半段表面流去,流管截面又逐渐扩大,速度随着下降,压强随着提高。

随着攻角的变化,上、下翼面的压强分布也随之变化。图12-6给出了在不同攻角时由实验测出的翼型上、下表面的压强分布图。

图中纵坐标为

$$C_p = \frac{p - p_\infty}{\frac{1}{2}\rho_\infty V_\infty^2} \tag{12-4}$$

513

C_p 称为压强系数。下标"∞"表示翼型远前方未受扰动的气流参数。当 $p > p_\infty$ 时，$C_p > 0$；反之，当 $p < p_\infty$ 时，$C_p < 0$。

这种表示法是将压强的作用点投影到翼弦上，然后从翼弦的垂线上取线段表示该点的压强系数。

因为翼型上、下表面存在着压强差以及气体黏性产生的摩擦力，所以翼型上就受到气动力 R 的作用。气动力 R 在垂直于远前方气流方向上的分力 Y 叫做升力；在平行于远前方气流方向上的分力（X）叫做阻力（参看图 12-5）。

根据相似律的分析，升力和阻力一般以升力系数 C_y 和阻力系数 C_x 表示，它们分别定义为

$$C_y = \frac{Y}{\frac{1}{2}\rho_\infty V_\infty^2 b \times 1} \qquad (12-5)$$

$$C_x = \frac{X}{\frac{1}{2}\rho_\infty V_\infty^2 b \times 1} \qquad (12-6)$$

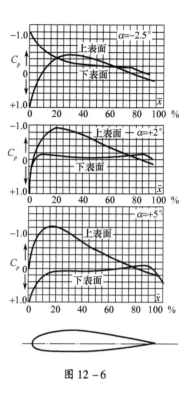

其中 $b \times 1$ 是展长为单位长度的机翼的投影面积。

升力 Y 主要是翼型上、下表面的压强差所造成的，摩擦力的影响很小。因此，可近似地根据压强系数的分布来计算升力系数。

图 12-6

$$C_y = \frac{Y}{\frac{1}{2}\rho_\infty V_\infty^2 \cdot b} = \frac{\cos\alpha}{\frac{1}{2}\rho_\infty V_\infty^2 b}\int_0^b (p_B - p_A)dx = \frac{\cos\alpha}{b}\int_0^b (C_{p_B} - C_{p_A})dx \qquad (12-7)$$

式中 p_A、p_B——翼型上表面和下表面的压强。

积分 $\int_0^b (C_{p_B} - C_{p_A})dx$ 恰好是压强系数分布图上曲线所围的面积，因此压强系数图形象地表示了升力系数的大小，压强系数曲线所围的面积越大，则翼型的升力系数也越大。

升力系数 C_y 和攻角 α 的关系如图 12-7 所示。当攻角 α 增大时，由于翼型上表面的流速加大，压强减小，而翼型下表面的压强变化不大（参看图 12-6），故升力随 α 增大而增大。实验与理论证明，在 α 较小的范围内，C_y 随 α 呈直线地增大，对于平板和小弯度的翼型，直线的斜率 $dC_y/d\alpha$ 的理论值为 2π。实际上由于黏性的影响，其数值略小一些，约为理论值的 90%，每个翼型的精确数值由实验决定。

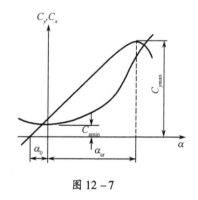

图 12-7

由实验曲线可见，当 α 增大到某一数值时，C_y 便达到最大值 $C_{y\max}$，这时的攻角称为临界攻角或失速攻角（α_{cr}）。大于这个攻角，C_y 便迅速下降。这是由于此时在翼型上表面后面部分发生附面层分离的结果。从图 12-6 可以看出，随着攻角 α 的增大，上表面的最低压强值下降，使上表面的压强梯度 dp/dx 增大，且最低压强点前移，因而上翼面的气流减速区加长，以致引起附面层分离，分离后的主流就不再减速增压了。由于在分离边界（称自由边界）上主流通

过黏性作用不断带走分离区内的气体,分离区中心部分便不断有气流从后面补入,形成分离区内的回流。分离区内气流的压强基本上等于分离点处主流的压强。分离得越厉害,分离点越靠前,分离区内的压强也越低。因此,分离后上翼面后段有很大的低压区,且此时攻角较大,结果形成很大的压差阻力。虽然上翼面后段在分离后形成一个低压区,但升力并不增加,其原因是分离也影响前段的流动,使前段流管截面增大,流速比没有分离时小,压强增大,因而升力不是增大而是减小了。

对于非对称翼型,在 α 等于零时,C_y 不等于零。这时对应于 $C_y = 0$ 的攻角称为零升力攻角,以 α_0 表示;α_0 与翼型的弯度有关,一般具有正弯度的翼型,其 α_0 为负值,绝对值约与弯度 $\bar{f}$ 成正比,大致上如果 $\bar{f} = 1\%$ 时,则 $\alpha_0 = -1°$。

在低速情况下,翼型的阻力是由摩擦阻力和压差阻力两部分所组成。压差阻力是由于翼型前、后的压强差所引起的。翼型阻力系数的大小除和翼型的形状(主要是 $\bar{c}$ 和 $\bar{f}$)有关外,还和攻角 α 有关,C_x 随攻角变化的典型曲线也表示在图 12-7 上。应该说明,因为 C_y 比 C_x 大很多,所以图上 C_y 和 C_x 的比例尺是不相同的。

在攻角较小的情况下,对于 $\bar{c}$ 较小的翼型,翼型阻力主要是摩擦阻力,而压差阻力相对地是比较小的。因此,随着 α 的增大,C_x 起初增加得很慢,但当 α 增加到 α_{cr} 附近时,由于在翼型后部附面层的严重分离,使得翼型后缘附近的压强降低,从而造成很大的压差阻力,故 C_x 迅速增大。

最小阻力系数 $C_{x_{min}}$ 是翼型的一个很主要的气动力特性,它与翼型的厚度有关,随着 $\bar{c}$ 的增大,压差阻力也增大,使得 $C_{x_{min}}$ 加大,而摩擦阻力随着厚度的变化一般很小。

最小阻力系数 $C_{x_{min}}$ 还与翼型上的附面层情况有关。由附面层理论知道,层流附面层的摩擦阻力系数比紊流附面层的小。因此,为了减小摩擦阻力,应尽可能使翼型表面的附面层保持为层流附面层。在一般翼型表面上,前面一段是层流附面层,后面一段是紊流附面层。减小摩擦阻力的方法之一是延长层流附面层,缩短紊流附面层,也就是使附面层转捩点的位置后移,$\bar{x}_T$ 值加大。具有较大的 $\bar{x}_T$ 的翼型叫做层流翼型,它的几何特点是最大厚度位置 $\bar{x}_c$ 比普通翼型的 $\bar{x}_c$ 大,对于层流翼型,$\bar{x}_c = 40\% \sim 70\%$。当攻角不大时,增大 $\bar{x}_c$ 可使翼型剖面上的最小压强点向后移动,这样就增大了翼型上表面自前缘附近开始的气流加速区,在这个区域内,压强梯度 $dp/dx < 0$。由于压强的顺推作用,附面层内气流顺流流动的能力较强,因此,不容易转变成紊流附面层,转捩点的位置就后移了。

减小翼型表面的粗糙度,显然会减小摩擦阻力,因此,对叶片机叶片表面的粗糙度的要求是很高的。

顺便提一下,在翼型上除了作用有升力和阻力外,这些力对翼型的每一点都会产生一个力矩,这个力矩作用在翼型平面内,叫做俯仰力矩,以 M_z 表示。通常是对翼型的前缘取力矩,规定使翼型仰头向上为正,低头向下为负(参看图 12-5)。

一般力矩也用力矩系数来表示,俯仰力矩系数定义为

$$C_m = \frac{M_z}{\frac{1}{2}\rho_\infty V_\infty^2 b^2} \tag{12-8}$$

下面简单地介绍一下翼型压力中心和焦点的概念。翼型上气动力合力的作用点,称为压力中心。显然,绕该点的气动力矩为零。

理论和实验证明,翼型上存在这样的一个固定点,在较大的攻角范围内,气动力绕该点的力矩保持不变,这个点就叫做焦点。对于低速翼型,焦点约在 $\frac{1}{4}$ 弦长处,对于超声速翼型,焦点约在翼弦中点处。

二、库塔-儒可夫斯基定理

飞机机翼升力的产生与机翼周围速度场的环量有着极密切的关系。流过有升力的机翼的气流如图 12-8 所示。前面已经说过,升力 Y 是机翼下表面和上表面压力的合力,下表面压力较高,上表面压力较低,根据伯努利方程,与此相应的是,下表面的速度比上表面的速度小,因此,环绕翼型的曲线 K 上的速度环量 Γ 不等于零,机翼周围的速度场可以想像是机翼内顺时针旋转的旋涡 Γ 产生的,这种与升力产生有重要关系的旋涡叫做机翼的附着涡。

库塔-儒可夫斯基定理建立了升力与环量之间的关系。在§7-5,我们已经通过均匀流绕圆柱体的有环流流动导出了库塔-儒可夫斯基定理。下面我们再通过定常不可压均匀流绕无限长机翼的流动导出该定理(推导方法虽不严密,但很直观)。

设由无限长的机翼上截出宽度为 l 的翼段(见图 12-9),然后沿弦向取出元素段 $\mathrm{d}x$。由于机翼上、下表面的压力差,在元素段 $\mathrm{d}x$ 上承受的升力为

$$\mathrm{d}Y = (p_B - p_A) l \mathrm{d}x$$

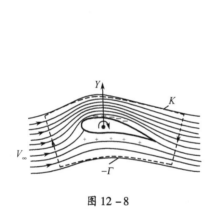

图 12-8

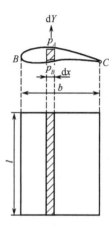

图 12-9

这段机翼承受的总升力为

$$Y = \int_0^b (p_B - p_A) l \mathrm{d}x$$

机翼上表面的速度为 $V_\infty + |\Delta V_A|$,下表面的速度为 $V_\infty - |\Delta V_B|$,这样,由伯努利方程得出

$$p_\infty + \frac{1}{2}\rho V_\infty^2 = p_A + \frac{\rho}{2}(V_\infty + |\Delta V_A|)^2 = p_B + \frac{\rho}{2}(V_\infty - |\Delta V_B|)^2$$

如果下表面和上表面的环流速度绝对值相等,即 $|\Delta V_B| = |\Delta V_A| = \Delta V$,则

$$p_B - p_A = \frac{1}{2}\rho(V_\infty + \Delta V)^2 - \frac{1}{2}\rho(V_\infty - \Delta V)^2 = 2\rho V_\infty \Delta V$$

于是升力

$$Y = 2\rho b V_\infty \int_0^b \Delta V \mathrm{d}x$$

而沿机翼表面的环量是

$$\Gamma = \int_0^b |\Delta V_A| \, dx - \int_b^0 |\Delta V_B| \, dx = 2\int_0^b \Delta V dx$$

式中第一个积分是机翼上表面的,第二个积分是机翼下表面的。于是得出

$$Y = \rho b V_\infty \Gamma \tag{12-9}$$

考虑 Y、V_∞、Γ 的方向后,可写成

$$\boldsymbol{Y} = \rho b \boldsymbol{V}_\infty \times \boldsymbol{\Gamma} \tag{12-10}$$

这就是机翼升力的库塔-儒可夫斯基公式。若 b 为单位长度,则(12-9)式与(7-72)式完全相同。

三、库塔条件

从上面的讨论可以看到,只有知道了给定情况下沿翼型边界的环量,即代替机翼的附着旋涡的强度 Γ,才能运用库塔-儒可夫斯基定理来计算升力。附着旋涡的强度 Γ 对流动图形有很大影响,对应着不同的 Γ,流线在物体表面上的分支点和会合点的位置也不同,如图 12-10(a)所示,在有攻角而无环量的翼型上,机翼上下表面的流线重新会合的点(后驻点)就会在上表面。这样,尖后缘就会处在来自下表面的绕流中。另一方面,如图 12-10(b)所示,环量非常大时,后驻点就会在机翼下表面,后缘一定会处在来自上表面的绕流中。但是实验指出,这两种情况实际上都不会出现,而是如图 12-10(c)表示的那样,环量值正好使驻点位在后缘上,因此这种后缘既无来自上表面的绕流,又无来自下表面的绕流,因而在后缘呈现平滑流,这种平滑流条件叫做库塔(Kutte)条件。

库塔条件较为完整的叙述是:对于具有尖后缘的翼型,无论其攻角大小如何,在流线不离体的情况下,即流线在物体表面上会合的情况下,流线会合点的位置总是在机翼的后缘。

对于理想不可压缩流体,库塔条件可以用另外的形式来表达,在图 12-10(a)、(b)两种流动图形中,流体在后缘处突然向外转折,这在理论上会出现数值为无限大的速度和低压,而在图 12-10(c)的流动中,上、下表面的流线在后缘会合,不产生向外突然转折的现象,于是后缘处流体的速度必定是有限大,所以库塔条件又可叙述为:在后缘处,流体质点的速度为有限值。

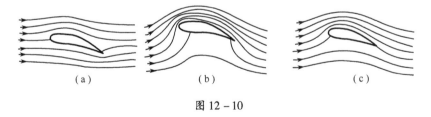

图 12-10

库塔条件使我们得以确定绕翼型的环量值。绕翼型环量 Γ 的大小应保持绕翼型上下表面的气流在后缘点汇合,并使后缘点的速度为有限值。绕流翼型的环量值取决于迎面来流速度的大小和方向以及和翼型的形状有关。

四、翼型绕流环量形成的物理过程

现在我们来分析翼型在静止流场中加速到 V_∞ 的过程中环量形成的物理过程。首先在流场中作包围翼型的沿伸到足够远的(可以到无穷远)的封闭流体线 $CDFE$,如图 12-11 所示。在翼型起动前在此流体线上的环量为零,根据凯尔文定理,在此流体线上的环量将始终保持

为零。

若翼型突然起动,在最初的短暂时间内,流体运动到处是无旋的,贴近物体的附面层还来不及生成,该时翼型的绕流是无环量绕流,对应的流动如图 12-12 所示(这是当观察者和翼型一起运动时所看到的情况)。此时后驻点不在后缘点 A 而在上表面 B 点。在后缘点附近,流体将从下表面绕过尖角到上表面去。这样的流动在后缘处流速将达到很大,而压强将很低。这样,当翼型下面的流体绕过 A 点流向

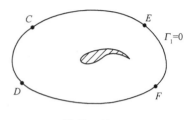

图 12-11

B 点时,流动是由低压区流向高压区,附面层承受不住这么大的逆压梯度,立刻从物面分离,从而产生反时针方向的旋涡,这个旋涡通常称为起动涡。这个涡是不稳定的,随着流体向下游运动,旋涡将由尾部脱落。根据凯尔文定理,沿流体线 $CDFE$ 的总环量应为零,则绕翼型必然同时产生一个与起动涡强度相等、方向相反的涡,使翼型成为有负环量的无旋流动。这个绕翼型的反向环流将增加上表面的气流速度,结果使后驻点 B 的位置向后推移。由于开始时起动涡很小,速度环量也很小,后驻点只后移了不大的距离,因此,后缘处仍然有从下表面绕过尖角到上表面的流动,流动继续分离,起动涡越变越大,强度不断增加,绕翼型的环量也相应地不断增大。后驻点位置不断后移,直到 B 点推移到后缘点为止,这时,翼型上下两股气流在后缘平滑地汇合。这时的流动图形如图 12-13 所示。在后缘点的速度是有限值。随着时间的推移,起动涡被气流冲到下游很远的地方,并逐渐被黏性耗散掉它的全部能量,而只留下附着在翼型上的涡(附着涡),并随翼型一起运动。附着涡的通量就是作用于翼型绕流的环量。此时,翼型若以 V_∞ 速度继续飞行,尾缘不再有旋涡脱落。在翼型上的附着涡(或环量)将保持定值。这个环量 Γ 值就是对应于无穷远均匀来流翼型绕流时的环量值。

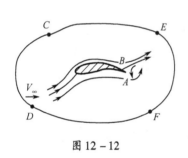

图 12-12

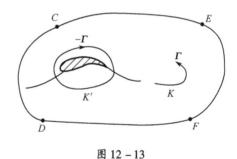

图 12-13

最后应该指出,实验表明,当翼型速度达到 V_∞ 时,再飞行 1~2 个弦长的距离就可达到稳定的 Γ 值。

§12-3 平面薄翼型的气动力特性

低速(不可压流)翼型的气动力可用两种方法进行计算。一种是保角变换法;另一种是奇点法。前者只适用于二维问题,它把给定物体的绕流通过保角变换变成其它物体(大都是圆柱体)的已知流动来计算。奇点法则是由奇点(源、汇和旋涡)代替绕流物体。奇点法也可用于三维流,在实际应用中,奇点法比保角变换法简单得多。但奇点法通常只提供近似解,而保角变换法可提供精确解。下面对奇点法作一介绍。

一、薄翼理论

薄翼的含义是:(1)最大厚度比翼弦小得多,$\bar{c}\ll 1$;(2)最大弯度比翼弦小得多,$\bar{f}\ll 1$;(3)攻角很小,$|\alpha|\ll 1$。实际机翼虽然相当薄,但并不完全满足上述条件,故根据薄翼假设所得的理论结果只是实际翼剖面的近似结果,这个近似结果给出了翼剖面的空气动力的变化规律。

将速度沿坐标方向分解为两部分:
$$V_x = V_\infty + V'_x$$
$$V_y = V'_y$$

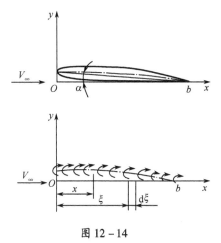

图 12-14

其中 V'_x 和 V'_y 是翼型引起的扰动速度。对于薄翼型,下列不等式成立,即
$$|V'_x/V_\infty|, |V'_y/V_\infty| \ll 1 。$$

我们讨论翼型在理想、定常不可压流中的情况。由于翼型的作用相当于附着涡的作用,所以用沿中弧线连续分布的涡来代替翼型(参看图 12-14)。设沿中线单位长度的旋涡强度为 $K(x)$,并叫做旋涡密度,则整个翼型上的旋涡强度为

$$\Gamma = \int_0^b K(x) \mathrm{d}x \tag{12-11}$$

这样,问题归结为求旋涡密度 $K(x)$。确定旋涡密度的条件是边界条件。在无穷远处的边界条件是 $V'_x = V'_y = 0$,即 $V_x = V_\infty, V_y = 0$,这就要求旋涡强度 Γ 为有限大。在薄翼表面上的边界条件则是要求气流速度与物面相切。对于薄翼,可近似地认为翼型上表面、下表面与中线重合,因此有

$$\frac{V_y}{V_x} = \frac{\mathrm{d}y}{\mathrm{d}x}$$

式中 y 是翼型中线的 y 坐标。进一步,有

$$\frac{V_y}{V_x} = \frac{V'_y}{V_\infty + V'_x} \approx \frac{V'_y}{V_\infty} \tag{12-12}$$

V'_y 是附着涡的诱导速度,根据毕奥-萨瓦公式,并考虑到薄翼的假设,则

$$V'_y(x) = \frac{1}{2\pi}\int_0^b \frac{K(\xi)}{\xi - x}\mathrm{d}\xi \tag{12-13}$$

于是

$$\frac{\mathrm{d}y}{\mathrm{d}x} = \frac{1}{2\pi V_\infty}\int_0^b \frac{K(\xi)}{\xi - x}\mathrm{d}\xi \tag{12-14}$$

这就是在薄翼上的边界条件。也是用来确定 $K(x)$ 的积分方程。

旋涡密度还要满足库塔条件。为此,需要讨论一下 $K(x)$ 与 V'_x 的关系。沿中线取元素段 $\mathrm{d}x$,作封闭曲线 c 包围该元素段(图 12-15),则有

$$\int_c V_s \mathrm{d}s = K(x)\Delta x = V_{x1}\Delta x - V_{x2}\Delta x$$

于是
$$K(x) = V_{x1} - V_{x2} = V'_{x1} - V'_{x2}$$

式中 V'_{x1}、V'_{x2}——表示附着涡在翼型上、下表面的诱导速度。

根据旋涡诱导速度的特点,$V'_{x1} = -V'_{x2}$,所以
$$K(x) = 2V'_{x1}$$

库塔条件要求后缘处 V'_{x1}、V'_{x2} 为有限大,而在后缘 $(b,0)$ 处,有
$$V'_{x1} = K(b)/2$$

所以库塔条件就是 $K(b)$ 应为有限大。

现在根据上面这些条件来确定旋涡密度 $K(x)$。运用变量置换(图 12-16),得

$$x = \frac{b}{2}(1 - \cos\theta) \tag{12-15}$$

$$\xi = \frac{b}{2}(1 - \cos\theta') \tag{12-16}$$

$$d\xi = \frac{b}{2}\sin\theta' d\theta' \tag{12-17}$$

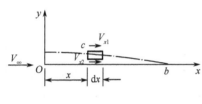

图 12-15

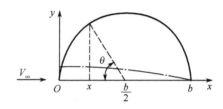

图 12-16

将积分方程变为

$$\frac{dy}{dx} = \frac{1}{2\pi V_\infty}\int_0^\pi \frac{K(\theta')\sin\theta' d\theta'}{\cos\theta - \cos\theta'} \tag{12-18}$$

将已知函数 $\dfrac{dy}{dx}$ 展开为三角级数,由于 $\dfrac{dy}{dx}$ 对于 θ 是对称的,所以可写为

$$\frac{dy}{dx} = \frac{A_0}{2} + \sum_{n=1}^\infty A_n\cos n\theta \tag{12-19}$$

式中

$$A_n = \frac{2}{\pi}\int_0^\pi \frac{dy}{dx}\cos n\theta d\theta, n = 0,1,2,\cdots$$

再将未知函数 $K(\theta')\sin\theta'$ 展开为三角级数,即

$$K(\theta')\sin\theta' = \frac{B_0}{2} + \sum_{n=1}^\infty B_n\cos n\theta'$$

把这个级数展开式代入积分方程并逐项积分,得到

$$\frac{A_0}{2} + \sum_{n=1}^\infty A_n\cos n\theta = \frac{1}{2\pi V_\infty}\int_0^\pi \frac{\dfrac{B_0}{2} + \sum_{n=1}^\infty B_n\cos\theta'}{\cos\theta - \cos\theta'}d\theta'$$

$$= \frac{-1}{2V_\infty} \sum_{n=1}^\infty B_n \frac{\sin n\theta}{\sin\theta} \tag{12-20}$$

这里应用了下列旁义积分公式

$$\int_0^\pi \frac{\cos n\theta'}{\cos\theta - \cos\theta'} d\theta' = -\pi \frac{\sin n\theta}{\sin\theta}, n = 0,1,2,\cdots \tag{12-21}$$

(12-20)式的左右两端各乘以 $\sin\theta$ 并改写左端,则得

$$\sum_{n=1}^\infty \frac{A_{n-1} - A_{n+1}}{2} \sin\theta = -\frac{1}{2V_\infty} \sum_{n=1}^\infty B_n \sin n\theta$$

由于相等的两函数项级数的对应项系数应相等,所以

$$B_n = (A_{n+1} - A_{n-1})V_\infty, n = 1,2,3,\cdots \tag{12-22}$$

剩下的未知系数 B_0 可由 $K(b) = K(\pi)$ 为有限大的条件来确定,即

$$K(\pi)\sin\pi = 0 = \frac{B_0}{2} + \sum_{n=1}^\infty B_n \cos n\pi$$

所以

$$\frac{B_0}{2} = -\sum_{n=1}^\infty B_n \cos n\pi \tag{12-23}$$

因而

$$K(\theta)\sin\theta = -\sum_{n=1}^\infty B_n \cos n\pi + \sum_{n=1}^\infty B_n \cos n\theta$$

$$= V_\infty \left[-A_0(1+\cos\theta) + \sum_{n=1}^\infty 2A_n \sin n\theta \sin\theta \right] \tag{12-24}$$

于是

$$K(\theta) = 2V_\infty \left(-\frac{A_0}{2} \cot\frac{\theta}{2} + \sum_{n=1}^\infty A_n \sin n\theta \right) \tag{12-25}$$

故

$$\Gamma = \int_0^b K(x) dx = \int_0^\pi K(\theta) \sin\theta \frac{b}{2} d\theta = \frac{\pi V_\infty b}{2}(-A_0 + A_1) \tag{12-26}$$

为了便于分别讨论攻角和翼型形状对气动力特性的影响,将坐标 y 分解为两部分(参看图 12-17):

$$y = (b-x)\alpha + y_f$$

即

$$\frac{dy}{dx} = -\alpha + \frac{dy_f}{dx} \tag{12-27}$$

于是

$$A_n = \frac{2}{\pi} \int_0^\pi \left(-\alpha + \frac{dy_f}{dx} \right) \cos n\theta d\theta \tag{12-28}$$

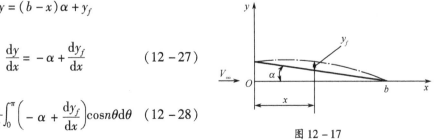

图 12-17

当 $n=0$ 时

$$A_0 = \frac{2}{\pi}\int_0^\pi \left(-\alpha + \frac{dy_f}{dx}\right)d\theta = -2\alpha + \frac{2}{\pi}\int_0^\pi \frac{dy_f}{dx}d\theta \tag{12-29}$$

当 $n = 1,2,3,\cdots$ 时

$$A_n = \frac{2}{\pi}\int_0^\pi \left(-\alpha + \frac{dy_f}{dx}\right)\cos n\theta d\theta = \frac{2}{\pi}\int_0^\pi \frac{dy_f}{dx}\cos n\theta d\theta \tag{12-30}$$

可见,只有 A_0 与 α 有关,而 A_n 与 α 无关。

二、薄翼上的空气动力

下面研究气流作用在薄翼型的升力 Y,阻力 X 和力矩 M_z。由儒可夫斯基定理得

$$X = 0 \tag{12-31}$$

$$Y = \rho V_\infty \Gamma = \frac{\pi \rho V_\infty^2 b}{2}(-A_0 + A_1) \tag{12-32}$$

因而,升力系数

$$C_y = \frac{Y}{\frac{1}{2}\rho V_\infty^2 b} = \pi(-A_0 + A_1)$$

或

$$C_y = 2\pi(\alpha + \varepsilon_0) \tag{12-33}$$

式中

$$\varepsilon_0 = -\frac{1}{\pi}\int_0^\pi \frac{dy_f}{dx}(1 - \cos\theta)d\theta$$

上式可改写成

$$C_y = 2\pi(\alpha - \alpha_0) \tag{12-34}$$

式中 α_0——零升力攻角,$\alpha_0 = -\varepsilon_0$。

由(12-34)式可见,C_y 与 α 为线性关系。

下面再利用儒可夫斯基定理推导力矩公式,规定使翼型仰头的力矩(顺时针方向)为正(见图 12-18),则

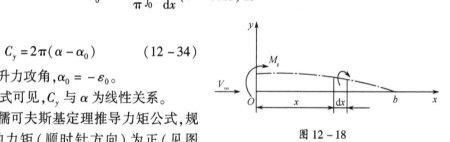

图 12-18

$$M_z = -\int_0^b \rho V_\infty K(x) x dx = -\frac{\pi}{4}\rho V_\infty^2 b^2\left(-\frac{A_0}{2} + A_1 - \frac{A_2}{2}\right)$$

$$= -\frac{b}{4}Y + \frac{\pi \rho V_\infty^2 b^2}{8}(-A_1 + A_2) \tag{12-35}$$

于是力矩系数

$$C_m = \frac{M_z}{\frac{1}{2}\rho V_\infty^2 b^2 \cdot 1} = -\frac{1}{4}C_y + \frac{\pi}{4}(-A_1 + A_2) \tag{12-36}$$

或写成

$$C_m = -\frac{C_y}{4} + C_{m0} \tag{12-37}$$

式中 $C_{m0} = \frac{\pi}{4}(-A_1 + A_2)$——零升力时的俯仰力矩系数,它只取决于翼型的形状。

前面介绍过压力中心是翼弦上的一点,绕该点的力矩为零,它的 x 坐标记作 x_{cp},压力中心就是总气动力的作用点,因此

$$M_z + Y x_{cp} = 0$$

于是

$$x_{cp} = -\frac{M_z}{Y} = -\frac{c_m b}{c_y}$$

其相对坐标

$$\bar{x}_{cp} = \frac{x_{cp}}{b} = -\frac{c_m}{c_y} \tag{12-38}$$

由于 C_m、C_y 与翼型的攻角及弯度有关,所以压力中心的位置也与攻角及弯度有关。

下面导出焦点的计算公式。上面已有

$$M_z = -\frac{b}{4}Y + \frac{\pi \rho V_\infty^2 b^2}{8}(-A_1 + A_2)$$

移项得

$$M_z + \frac{b}{4}Y = \frac{\pi \rho V_\infty^2 b^2}{8}(-A_1 + A_2)$$

我们看到,上式右端与攻角无关,左端是绕翼弦上某固定点的力矩。这就是说,翼弦上存在这样的一个固定点,绕该点的力矩与 α 无关,对一定形状的翼型,绕该点的力矩为常数,称这样的点为焦点,它的 x 坐标记作 x_F。根据上式

$$X_F = \frac{b}{4}$$

$$\bar{X}_F = \frac{X_F}{b} = \frac{1}{4} \tag{12-39}$$

因此,任何形状翼型的焦点位于距前缘25%弦长的位置,这个理论结果已为实验很好地证实了。

三、攻角和弯度对气动力的影响

为了讨论攻角的影响,先考虑形状最简单的翼剖面——平板。平板的弯度为0,所以 $\frac{dy_f}{dx} = 0$ 根据前面的公式,即

$$\alpha_0 = 0, \quad C_{m0} = 0, \quad A_n = 0 \quad (n = 1, 2, 3, \cdots)$$

所以

$$C_y = 2\pi \alpha \tag{12-40}$$

$$C_m = -\frac{C_y}{4} \tag{12-41}$$

$$\bar{X}_{cp} = \frac{1}{4} \tag{12-42}$$

将理论结果——$C_y(\alpha)$ 及 $C_m(C_y)$ 作成曲线并和对称翼剖面 NACA0006 的实验结果相比较(见图 12-19),可以看到,在气流不分离的情况下,理论与实验结果很接近。为了了解弯度

对气动力的影响,下面考虑抛物线曲板,它的中线方程为

$$y_f = f\left[1 - \frac{4}{b^2}\left(x - \frac{b}{2}\right)^2\right] \quad (12-43)$$

利用上面的关系式,可得

$$C_y = 2\pi(\alpha + 2\bar{f}) \quad \alpha_0 = -2\bar{f} \quad (12-44)$$

$$C_m = -\frac{C_y}{4} - \pi\bar{f} \quad C_{m0} = -\pi\bar{f} \quad (12-45)$$

$$\bar{x}_{cp} = \frac{1}{4} + \frac{\pi\bar{f}}{C_y} \quad (12-46)$$

$$\bar{x}_F = \frac{1}{4} \quad (12-47)$$

对于 NACA1408 翼型理论与实验结果的比较如图 12-20 所示。

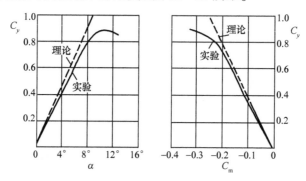

图 12-19

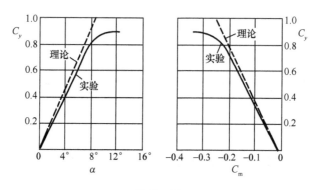

图 12-20

上面的结果指出,弯度对翼型气动力的影响一般是:当弯度增大时,升力系数增大,俯仰力矩系数减小。

§12-4 亚声速流中的翼型

一、压强系数及升力系数

当气流速度不大,即 $Ma < 0.3$ 时,气体绕翼型流动时其密度变化很小,可以当作密度不变的不可压流来处理。

当 Ma_∞ 增大时,压缩性的影响就显著了。根据第八章相似律的研究,Ma_∞ 的变化将使整个流场的流动情况有所变化,翼型上的压强分布也将发生变化,图 12-21 是某翼型在攻角 α 不变的条件下,压强系数分布随 Ma_∞ 变化的曲线。

从图上的曲线可见:

(1) $|C_p|$ 随 Ma_∞ 增大而增大;

(2) 当 Ma_∞ 变化时,压强分布曲线大致保持原来的形状。

在第八章,我们已经介绍过计算亚声速翼型压强系数的普朗特-葛劳渥公式(8-88a)。普朗特-葛劳渥公式在 Ma_∞ 比 1 小得多时与实验结果符合得很好。在 Ma_∞ 接近 1 时会有较大的误差,此时较精确的关系式为:

$$C_{p_c} = \frac{C_{p_{inc}}}{\sqrt{1-Ma_\infty^2} + \frac{1}{2}\left(\frac{Ma_\infty^2}{1+\sqrt{1-Ma_\infty^2}}\right)C_{p_{inc}}} \quad (12-48)$$

此式叫做卡门-钱学森公式。有了上述关系式,只要获得翼型在低速时的压强系数分布,就可通过修正得到高马赫数时的气动力系数。

图 12-22 是实验数据、卡门-钱学森公式和普朗特-葛劳渥公式之间的比较。可以看到,卡门-钱学森公式与实验结果很符合,但普朗特-葛劳渥公式在高 Ma_∞ 时却低估了气流压缩性的影响。

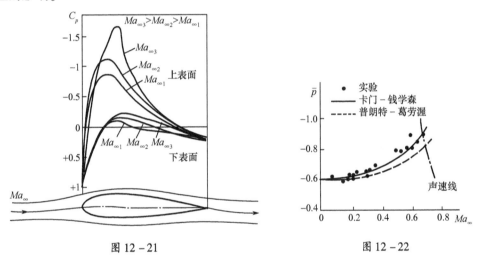

图 12-21　　　　　　　　　　　图 12-22

二、阻力系数和最大升力系数

当攻角不大时,翼型升力系数主要和翼型表面压强分布有关,因而不考虑黏性所得到的结果是足够精确的。但如果我们要研究最大升力系数和阻力系数时,由于它们受气流黏性的影响很大,因此必须研究 Ma_∞ 对附面层的影响。关于这个问题的理论研究比较复杂,下面只介绍一下最后的结果。

(1) 随 Ma_∞ 的增大,摩擦阻力系数 C_{xf} 减小。压缩性影响如下。

层流为
$$\frac{(C_{xf})_c}{(C_{xf})_{inc}} = \frac{1}{\sqrt[3]{1+0.03Ma_\infty^2}} \quad (12-49)$$

紊流为
$$\frac{(C_{xf})_c}{(C_{xf})_{inc}} = \frac{1}{\sqrt{1+0.12Ma_\infty^2}} \quad (12-50)$$

(2)随 Ma_∞ 的增大,分离点前移。这是因为当 Ma_∞ 增大时,$|C_p|$ 增大,因而压强梯度 $|dp/dx|$ 也增大,因而附面层容易分离。因此,当 Ma_∞ 增大时,$C_{y\max}$ 减小。Ma_∞ 增大时,摩擦阻力减小,但压差阻力增大,因而总的阻力系数变化很小,基本上保持为常数。

上面研究的是整个流动全是亚声速流的情况。当 Ma_∞ 增大到某个数值后,流场中开始出现局部的超声速区,这时翼型的气动力特性将会发生重大变化。流场中出现局部超声速的流动称为跨声速流。下一节我们就来研究翼型在跨声速流中的气动力性能。

§12-5 翼型的跨声速性能

一、临界马赫数 Ma_{cr}

我们知道,气流绕翼型流动时,翼型表面上的气流马赫数会大于远前方来流马赫数 Ma_∞,压强低于远前方的来流压强。在翼型上表面压强最小的地方,气流马赫数最大。随着 Ma_∞ 的增大,翼型表面各点马赫数也相应增大,并且最低压强点的马赫数先趋向于 1。我们将翼型上最低压强点的气流速度达到当地声速时,对应的远前方气流马赫数 Ma_∞ 称为临界马赫数,并记作 Ma_{cr}(参看图 12-23)。应该注意,Ma_{cr} 是小于 1 的数值。当 $Ma_\infty > Ma_{cr}$ 后,翼型表面上将出现局部超声速流动区域。

临界马赫数 Ma_{cr} 与翼型在低速时的最低压强系数 $(C_{p\text{inc}})_{\min}$ 之间有一定的关系,$(C_{p\text{inc}})_{\min}$ 愈小,表示该点的气流速度较远前方的来流速度大得愈多。因此,在 Ma_∞ 较小时,翼型表面就会达到声速,即 Ma_{cr} 也愈小。下面我们来推导二者之间量的关系。由

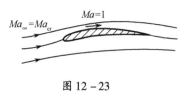

图 12-23

$$C_p = \frac{p - p_\infty}{\frac{1}{2}\rho_\infty V_\infty^2} = \frac{\frac{p}{p_\infty} - 1}{\frac{1}{2}\frac{\rho_\infty}{p_\infty}V_\infty^2} \quad (12-51)$$

假设最小压强点之前的流动是等熵流动,即气流总压没有损失,并注意到

$$k\frac{p_\infty}{\rho_\infty} = C_\infty^2, \quad \frac{p}{p^*} = \left(1 + \frac{k-1}{2}Ma^2\right)^{-\frac{k}{k-1}}$$

则(12-51)式可化成

$$C_p = \frac{2}{kMa_\infty^2}\left[\left(\frac{1 + \frac{k-1}{2}Ma_\infty^2}{1 + \frac{k-1}{2}Ma^2}\right)^{\frac{k}{k-1}} - 1\right]$$

根据临界马赫数的定义,当 $Ma_\infty = Ma_{cr}$ 时,$Ma = 1$,$C_p = C_{p_{Ma=1}}$,则上式可写为

$$C_{p_{Ma=1}} = \frac{2}{kMa_{cr}^2}\left[\left(\frac{2}{k+1} + \frac{k-1}{k+1}Ma_{cr}^2\right)^{\frac{k}{k-1}} - 1\right] \quad (12-52)$$

另外,由卡门-钱学森公式(12-48)有

$$C_{P_{Ma=1}} = \frac{(C_{p_{\text{inc}}})_{\min}}{\sqrt{1-Ma_{\text{cr}}^2} + \frac{1}{2}\frac{Ma_{\text{cr}}^2}{1+\sqrt{1-Ma_{\text{cr}}^2}}(C_{p_{\text{inc}}})_{\min}} \quad (12-53)$$

由(12-52)式和(12-53)式就可以找到 Ma_{cr} 与 $(C_{p_{\text{inc}}})_{\min}$ 之间的关系。这个关系可画成如图12-24所示的曲线，根据此曲线，如果我们能从低速的翼型压强系数分布图上找到$(C_{p_{\text{inc}}})_{\min}$，那么就可以决定该翼型的 Ma_{cr}。

根据上面的分析，Ma_{cr} 与 $(C_{p_{\text{inc}}})_{\min}$ 之间有一定的关系，因此，所有能使翼型的 $(C_{p_{\text{inc}}})_{\min}$ 增大（绝对值减小）的因素都将提高 Ma_{cr}。通常，为了提高 Ma_{cr}，可以采用下列措施：

（1）减小翼型的相对厚度 $\bar{c}$ 及弯度 $\bar{f}$；
（2）采用小的攻角 α；
（3）将最大厚度和最大弯度的位置后移；
（4）合理地设计翼型的形状，使在相同的 C_y 下，$|C_{p_{\min}}|$ 较小。

二、跨声速时气体绕翼型的流动

作为定性的分析，我们可以在翼型附近取一根流管，当作一个拉伐尔管来看（图11-25）。当 $Ma_\infty = Ma_{\text{cr}}$ 时，气体在流管前部收敛段内加速，到最小截面上变为声速，以后在扩张段内减速，到远后方压强恢复到 p_∞，这个 p_∞ 可看作拉伐尔管的反压，是不变的数值。当 Ma_∞ 增大时，则由下式可以看出气流总压将随 Ma_∞ 的增大而增大，即

$$p^* = p_\infty \left(1 + \frac{k-1}{2}Ma_\infty^2\right)^{\frac{k}{k-1}}$$

由拉伐尔管流的讨论，我们知道，这时在最小截面以后会出现局部超声速区，并在管内产生激波，Ma_∞ 愈大，p^* 愈高，激波愈往后移，超声速区也就向后扩大。

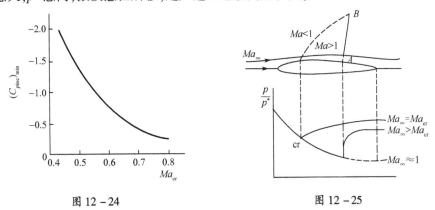

图12-24　　　　　　　　图12-25

图12-26为某翼型在一定攻角下，由实验测得的气流翼型的流动情况及压强系数分布图。由图可见，当 $Ma_\infty > Ma_{\text{cr}}$ 以后，开始在上翼面出现超声速区和激波，然后在下翼面也出现超声速区和激波。随着 Ma_∞ 增大，超声速区扩大，激波后移，与上面的定性分析完全一致。

下面我们介绍一下在跨声速范围内翼型升力系数和阻力系数的变化情况。

从实验发现，在一定的攻角范围内，当攻角不变时，翼型的升力系数随 Ma_∞ 的变化如图12-27所示。在 $Ma_\infty \leqslant Ma_{\text{cr}}$ 的亚声速范围内，随着 Ma_∞ 的增大，气体压缩性的影响增大，升力

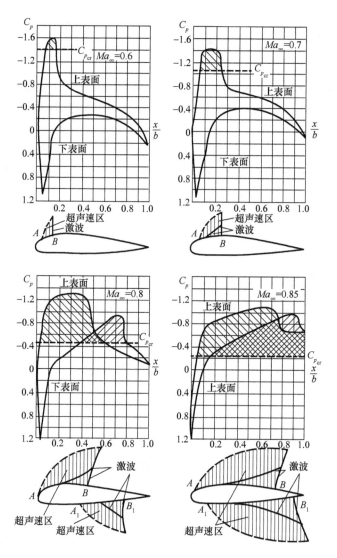

图 12-26

系数 C_y 按 $C_{y_{inc}}/\sqrt{1-Ma_\infty^2}$ 的规律增大。当 Ma_∞ 超过 Ma_{cr} 不多时,因为上翼面出现了超声速区,该区内压强较低,故升力系数 C_y 随 Ma_∞ 继续增大,然后在下翼面也出现超声速区,而且因为下翼面附近的气流流管截面积变化较小,故激波随 Ma_∞ 增大而较快地后移,即下翼面超声速区比上翼面扩大得快,使下翼面压强下降。因此,当 Ma_∞ 大于某个马赫数 Ma_1 以后,升力系数 C_y 将随 Ma_∞ 增大而下降。Ma_∞ 继续增大到某个 Ma_2 值,下翼面超声速区扩大到后缘,而上翼面的超声速区还没有扩大到后缘,仍随 Ma_∞ 增大而扩大,故 C_y 又随 Ma_∞ 增大而增大。

当 Ma_∞ 继续增大到刚大于 1 时,超声速气流遇到钝头的翼型,便在翼型前方形成脱体激波。在中间强激波之后的气流是亚声速的,亚声速气流绕翼型流动,在翼型表面又重新达到超声速,同时在翼型尾缘处,形成两道倾斜的激波(见图 12-28)。当 $Ma_\infty > 1$ 时,C_y 随 Ma_∞ 的变化留在超声速流动时再讲。

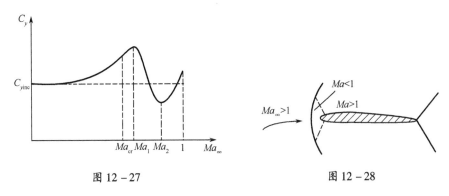

图 12-27　　　　　　　　图 12-28

在来流马赫数小于临界马赫数时,翼型阻力主要由气流黏性引起,所以阻力系数随 Ma_∞ 的增大而变化不大。当来流马赫数超过临界马赫数进入跨声速流后,随着 Ma_∞ 的增大,翼面上超声速区逐渐扩大,出现激波,产生波阻,使阻力开始增大。当激波越过翼型顶点时(翼型顶点定义为平行于来流的线段与翼型表面相切的点),由于激波之前的超声速气流绕过顶点时膨胀加速,使波前 Ma 迅速增大,导致波阻力急剧增长,出现所谓的阻力发散现象。称激波到达顶点时所对应的来流马赫数为阻力发散马赫数,或以 $C_x - Ma_\infty$ 曲线上 $\dfrac{dC_x}{dMa_\infty}=0.1$ 的点所对应的来流马赫数定义为阻力发散马赫数,以 Ma_D 记之。随着 Ma_∞ 继续增大,激波继续后移,激波前 Ma 也继续增大,阻力系数也继续增长。当来流 Ma_∞ 接近于 1 时,上下翼面的激波均移至翼型后缘,阻力系数达到最大。随后虽然来流 Ma_∞ 继续增大,但由于翼面压强分布基本不变,而来流动压增大,因此阻力系数下降,如图 12-29 所示。

综上所述,当迎面气流马赫数超过临界马赫数以后,翼型表面上产生超声速区和激波,C_y 剧烈下降,C_x 迅速增大。对于飞机来讲,要求发动机提供很大的动力。此外,由于升力和力矩的不规则变化,引起飞机操纵的困难。另外,激波引起附面层的分离,周期性地产生旋涡,使机翼产生抖振,往往会造成结构的破坏。对于发动机的跨声速压气机来讲,当叶片的翼型设计不好时,压气机的功率很

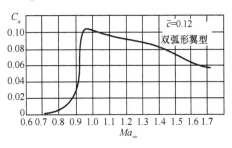

图 12-29

小,损失很大,效率很低。因此,无论对于飞机或发动机来说,都要设法提高翼型的临界马赫数、推迟波阻的发生和减缓波阻的增加趋势,使跨声速时的气动力特性比较平稳。

三、超临界翼型

为了提高翼型的阻力发散马赫数,以缓和和延迟翼型气动力的剧烈变化,发展了一种超临界翼型。图 12-30 分别表示在设计升力系数下,一般翼型和超临界翼型在来流 Ma_∞ 数超过临界马赫数后的流动现象。从图 12-30(a)可见,一般翼型激波前的超声速气流一直在加速,激波较强且位置也较靠前,激波后的逆压梯度较大,导致附面层分离,使阻力急剧增大。超临界翼型如图 12-31 所示,上翼面曲率较小,比较平坦,大约从距前缘 5% 弦长处沿翼型上表面的流动为一无加速的均匀超声速流,如图 12-30(b)所示,这样,激波前的超声速气流马赫数较低,激波的伸展范围不大,强度亦较弱,激波后逆压梯度较小,附面层不易分离,从而缓和了阻力发散现象。为了补偿超临界翼型前段升力的不足,一般将后缘附近的下表面作成内凹形以增大翼型后段弯度(参看图 12-31),使后段能产生较大的升力。

529

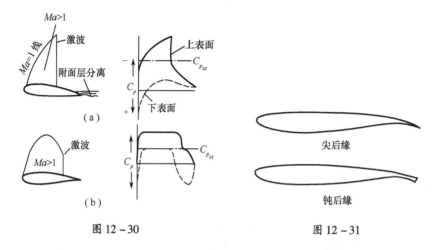

图 12 – 30   图 12 – 31

图 12 – 32(a)表示在设计升力系数 $C_y = 0.6$ 时相对厚度为 11% 的超临界翼型和 NACA64$_1$ – 212 翼型的阻力系数随来流 Ma 数变化的实验结果。由图可见，超临界翼型在 $Ma_\infty = 0.7$ 时，阻力系数只有微小增加，到 $Ma_\infty = 0.8$ 时阻力系数才急剧增大，而 NACA64$_1$ – 212 在 $Ma_\infty = 0.69$ 时，阻力系数就急剧增大，由此可见，超临界翼型在提高阻力发散马赫数方面是卓有成效的。在图 12 – 32(b)上还表示了两种翼型的厚度分布。可以看出，这两个翼型的体积是差不多的。

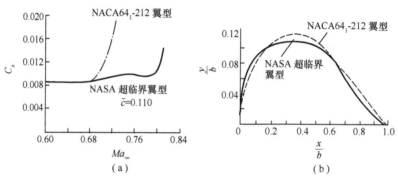

图 12 – 32

四、后掠机翼

在飞机上为了提高临界马赫数，常采用后掠机翼。下面对其作一简单的介绍。

先讨论气流流过后掠机翼时的流动特点。若将一等弦长的后掠机翼置于风洞中，当气流以小的正攻角流过机翼时，机翼上表面的流线呈 S 形，如图 12 – 33 所示。这是因为迎面气流速度 V_∞ 可以分解为与机翼相垂直的弦向速度 V_n 以及与机翼相平行的展向速度 V_t。由于机翼各剖面的形状是相同的，在不考虑黏性影响时，展向分速 V_t 的大小和方向都没有变化。而弦向分速 V_n 不断地改变。当气流从远前方流向机翼前缘时，弦向分速 V_n 受到阻滞而逐渐减小。因此气流的合速度方向逐渐向外偏斜。当气流从前缘流向最小压强点时，V_n 又逐渐增大，所以气流合速度方向又向内偏转。当气流流过最小压强点后，V_n 又逐渐减小，气流方向又向外偏转。这样，气流流过机翼时呈 S 形。

对有限展长的后掠机翼，S 形流线还会引起翼根效应和翼尖效应。因为根据上面的讨论，在翼根上表面前段，流线向外偏斜，流管截面积增大，气流速度减小，压强升高。而在机翼后段,气流流管变细,流速加大,压强减小。在翼尖(机翼最外侧)的情况则刚好相反。由于机翼上表面前段对升力的影响大,因此翼根效应使翼根部分的升力减小,而翼尖效应则使翼尖部分的升力增大。

其次我们来分析后掠机翼的气动力。前面已经讨论过,气流流过机翼时沿展向的气机分速 V_t,其大小和方向都没有变化,因而 V_t 对机翼表面上的压强分布不起作用。翼型上的气动力主要取决于法向速度 V_n 的变化。由图 12-34 可以看出

$$V_n = V_\infty \cos\chi \tag{12-54}$$

$$Ma_n = Ma_\infty \cos\chi \tag{12-55}$$

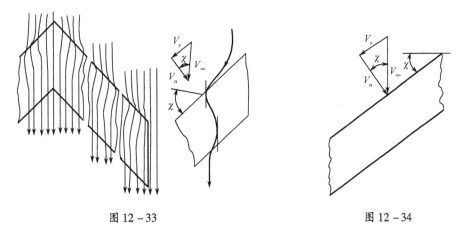

图 12-33   图 12-34

设翼型表面开始出现声速的法向马赫数为 Ma_{cr_n},那么远前方的气流马赫数为 Ma_{cr_∞},而且

$$Ma_{cr_\infty} = \frac{Ma_{cr_n}}{\cos\chi} \tag{12-56}$$

式中 Ma_{cr_n},实际上是机翼垂直于气流时的临界马赫数。由此可见,采用后掠机翼的结果可以大大提高临界马赫数。

此外,采用了后掠机翼的结果还将对机翼的升力和阻力发生影响。根据上面的分析,机翼上的力是由法向分速 V_n 决定的,若机翼无后掠时的升力系数以 C_{y_n} 表示,则根据定义,有

$$Y = C_{y_n} \frac{1}{2} \rho_\infty V_n^2 s \tag{12-57}$$

式中 s——机翼面积。

在实际计算时,一般都根据远前方气流的速度来计算升力,即

$$Y = C_{y_\chi} \frac{1}{2} \rho_\infty V_\infty^2 s \tag{12-58}$$

由此我们得到后掠机翼与无后掠机翼的升力系数之间的关系,即

$$C_{y_\chi} = C_{y_n} \cos^2\chi \tag{12-59}$$

同理,由 V_n 产生的法向阻力 $X_n = C_{x_n} \frac{1}{2} \rho_\infty V_n^2 s$ 这个力在 V_∞ 方向的分量为 $X = X_n \cos\chi = C_{x_\chi} \frac{1}{2} \rho_\infty V_\infty^2 s$,故

$$C_{x_\chi} = C_{x_n} \cos^3\chi \tag{12-60}$$

从上面粗略的分析中可以看出,当无限长机翼以后掠角 χ 斜置于气流中时,提高了机翼的临界马赫数,同时减小了机翼的升力系数和阻力系数。实验证实,这些公式的基本趋势是正确的。由于采用了后掠机翼,不仅提高了临界马赫数,而且使超过临界马赫数以后 C_y、C_x 和 C_m 的变化也都比较缓和,从而大大地改善了机翼的跨声速性能,因此,在近代高速飞机上广泛地采用后掠机翼。

§12-6 超声速翼型简介

由于圆头翼型在超声速气流中会产生脱体激波,引起损失,阻力很大,所以超声速翼型不再是圆头翼型,而是前后缘都比较尖的翼型,通常采用的是菱形和双圆弧翼型,如图 12-35 所示。当超声速气流绕这样的翼型流动时,在翼型前缘就会产生两道附体的斜激波。对于菱形翼型(见图 12-35(a)),激波之后的气流仍为超声速气流,沿 AB 表面,气流速度方向和大小都维持不变,到 B 点气流经过一束膨胀波得到加速,并与 BC 表面平行,直到后缘 C 处又产生两道斜激波,气流方向恢复到翼型前的气流方向;对于双圆弧翼型(见图 12-35(b)),在前缘斜激波之后,超声速气流沿弧形表面不断膨胀,一直到后缘,上、下两股气流会合,产生两道后缘斜激波,激波之后的气流方向又恢复到来流方向。

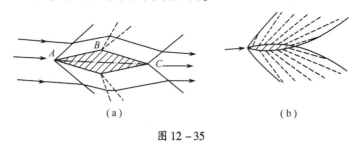

图 12-35

根据激波和膨胀波理论,可以很容易地算出翼型表面每一点的压强,继而通过积分求出其升力和阻力。但这样计算太繁,而且不能直接看出各个参数及马赫数对翼型的气动力的影响,为此我们根据翼型的具体情况,做一些简化的假设,直接求出 C_x、C_y 的解析表达式。

由于超声速翼型比较薄,假如它又在比较小的攻角下工作,那么可以得到较简便的公式。作为一个例子,下面分析一下超声速气流绕平板流动的情况。

参看图 12-36,设超声速气流以攻角 α 流过平板,这时在平板前缘产生扰动波,上部为膨胀波,下部为压缩波。气流经过扰动波后,方向发生转折,平行于板面。在平板后缘又产生两道扰动波,上部为压缩波,下部为膨胀波,气流经过扰动波后方向又恢复到与迎面来流方向相同。当攻角 α 很

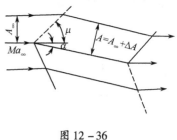

图 12-36

小时,可以认为这些扰动波都是微扰动波。扰动波与来流速度方向之间的夹角为马赫角 $\mu\left(\sin\mu = \dfrac{1}{Ma_\infty}\right)$。气流经过这些扰动波时,参数变化很小。这样,波前后气流压强变化与流管截面积变化之间的关系可以利用(4-6)式来建立,即

$$\frac{\Delta p}{p_\infty} = -\frac{kMa_\infty^2}{Ma_\infty^2 - 1} \cdot \frac{\Delta A}{A_\infty}$$

根据图 12-36 所示的几何关系,在上表面有

$$\frac{A_\infty}{\sin\mu} = \frac{A_\infty + \Delta A}{\sin(\mu + \alpha)}$$

或
$$A_\infty \sin(\mu + \alpha) = (A_\infty + \Delta A)\sin\mu$$

因为 α 很小,故 $\sin(\mu + \alpha) = \sin\mu\cos\alpha + \cos\mu\sin\alpha \approx \sin\mu + \alpha\cos\mu$,于是有

$$A_\infty(\sin\mu + \alpha\cos\mu) = (A_\infty + \Delta A)\sin\mu$$

整理后得

$$\frac{\Delta A}{A_\infty} = \frac{\alpha\cos\mu}{\sin\mu} = \frac{\alpha}{\tan\mu} = \alpha\sqrt{Ma_\infty^2 - 1}$$

有了上述关系,就可求得平板上表面的气流压强系数

$$C_{p_A} = \frac{p - p_\infty}{\frac{1}{2}\rho_\infty V_\infty^2} = \frac{2\Delta p}{kp_\infty Ma_\infty^2} = -\frac{2}{kMa_\infty^2} \cdot \frac{kMa_\infty^2}{Ma_\infty^2 - 1} \cdot \frac{\Delta A}{A_\infty}$$

$$= -\frac{2}{Ma_\infty^2 - 1} \cdot \alpha\sqrt{Ma_\infty^2 - 1}$$

即

$$C_{p_A} = -\frac{2\alpha}{\sqrt{Ma_\infty^2 - 1}}$$

同理,对于平板下表面

$$C_{p_B} = \frac{2\alpha}{\sqrt{Ma_\infty^2 - 1}}$$

根据压强系数可以求出升力系数和阻力系数。因为

$$Y = (p_B - p_A)S\cos\alpha$$
$$X = (p_B - p_A)S\sin\alpha$$

故

$$C_y = \frac{Y}{\frac{1}{2}\rho_\infty V_\infty^2 S} = (C_{p_B} - C_{p_A})\cos\alpha$$

$$C_{x_B} = \frac{X}{\frac{1}{2}\rho_\infty V_\infty^2 S} = (C_{p_B} - C_{p_A})\sin\alpha$$

由于攻角 α 很小,因而

$$C_y \approx C_{p_B} - C_{p_A}$$
$$C_{x_B} \approx (C_{p_B} - C_{p_A})\alpha$$

将压强系数的表达式代入,即得

$$C_y = \frac{4\alpha}{\sqrt{Ma_\infty^2 - 1}} \tag{12-61}$$

$$C_{x_B} = \frac{4\alpha^2}{\sqrt{Ma_\infty^2 - 1}} \tag{12-62}$$

由上面的公式可以看出,在超声速气流中,C_y 与 α 成正比,C_{x_B} 与 α^2 成正比,随着 Ma_∞ 增大,C_y 及 C_{x_B} 都减小。上面的公式与 §8-7 从小扰动线化理论得到的结果是一致的。对于在小攻角下工作的薄翼,§8-7 中已经证明,升力系数与 α 的关系仍可适用,即 C_y 与 α 成正比,并且与翼型形状无关。这点是与亚声速气流不同的。对于波阻力系数,除了上列与攻角有关的项以外,还必须加上两项与翼型的厚度和弯度有关的波阻力系数,即(8-132)式,为

$$C_{x_B} = \frac{4}{\sqrt{Ma_\infty^2 - 1}}(\alpha^2 + K_1 + K_2) \tag{12-63}$$

对于对称翼型,$K_1 = 0$。对于对称菱形翼型,$K_2 = \bar{c}^2$。

在低速气流中,不计摩擦时,翼型阻力为零(达朗培尔疑题)。在超声速气流中,翼型前半段上的压强高于来流压强,而后半段的压强则低于来流压强,所以形成压差阻力。这个力是超声速流中因有激波而出现的阻力,称为波阻,当然摩擦阻力还是存在的。至于升力,仍是由于下翼面压强比上翼面大而产生的。但和低速流相比,有其不同之处,在低速气流中,上翼面对升力的贡献大,而在超声速气流中,上、下翼面对升力的贡献差不多是相等的,至于升力沿翼弦的分布,在低速气流中,前缘附近的升力比后边的大得多,结果压力中心大致在 $\frac{1}{4}$ 翼弦处。而在超声速气流中,超声速翼型上的升力分布前后是均一的,所以压力中心在 $\frac{1}{2}$ 翼弦处。

§12-7 有限翼展机翼简介

一、机翼的几何特性

由于机翼的一个尺寸(厚度)较另外两个尺寸(翼展和翼弦)小得多,因此可将机翼看作一个平面。机翼一般有一个与飞机对称平面重合的对称面。

为了说明机翼的几何特性,取图 12-37 所示的翼体坐标系:

x 轴为机翼纵轴,向后为正;

y 轴为机翼立轴,向上为正;

z 轴为机翼横轴,顺飞行方向看,向右为正,并垂直机翼对称平面。

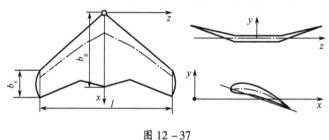

图 12-37

横轴方向上的最大长度叫做翼展,用 l 来表示。翼根剖面的弦长用 b_g 表示,翼梢剖面的弦长用 b_s 表示。一个重要的几何参数是机翼梢根比,它是翼梢弦长与翼根弦长的比值,即

$$\xi = \frac{b_s}{b_g} \tag{12-64}$$

机翼面积 S 是指机翼在 x-z 平面上的投影面积。由翼展 l 和机翼面积 S 可以得出展弦比

λ,有

$$\lambda = \frac{l^2}{S} \qquad (12-65)$$

展弦比是机翼展向伸长程度的量度。

在进行机翼的气动力计算时,常用机翼的平均气动弦作为参考长度。平均气动弦的长度 b_A 由下式确定

$$b_A = \frac{1}{S}\int_{-\frac{1}{2}}^{\frac{1}{2}} b^2 \mathrm{d}z \qquad (12-66)$$

二、有限翼展机翼的旋涡系统

对于无限翼展机翼,垂直于机翼横轴所有剖面上的流动都是相同的二维流动。然而,绕有限翼展机翼时的流动是三维流动(见图12-38(a))。因为在翼梢处机翼下表面和上表面之间的压力差会自行调整,如图12-38(b)所示,使机翼上部的气流向内偏斜,而机翼下部的气流向外偏斜。因此,在机翼后缘,上、下表面气流相会时,它们的流动方向是不同的,形成一个机翼上表面气流向内流动而机翼下表面气流向外流动的分离面(速度的不连续面)(见图12-38(c))。分离面顺下游方向向上卷起(见图12-38(d))形成两个方向相反的旋涡,其轴与迎面气流方向几乎相重合(见图12-38(e)和(f))。这两个旋涡都具有环量 Γ。这样,在机翼后便产生两个由翼梢发出的所谓自由涡,并且如图12-39所示,它们同附着涡一起形成"马蹄涡"。

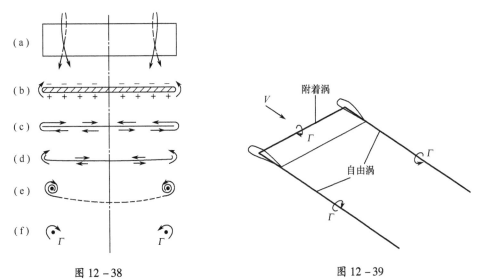

图 12-38　　　　　　　　　图 12-39

在后面很远处这两个涡通过起动涡连接起来。机翼上的附着涡、两个由翼梢伸出的自由涡和起动涡共同形成一条符合海姆霍兹旋涡第一定理的封闭涡线。

为了处理机翼周围的流动过程,也可以不考虑起动涡。这相当于设想,机翼由静止开始运动已经历了一段很长的过程。在这种情况下,涡系只由机翼上的附着涡和两个无限长的自由涡所组成。这些涡形成一条无限长的、向后开口的马蹄形旋涡,它也符合海姆霍兹旋涡第一定理。

三、诱导阻力和环量沿展向的分布

由于自由涡的形成,与无限翼展机翼不同,有限翼展机翼即使在无黏性流中也受到阻力

(诱导阻力)。这种诱导阻力在物理上可用分离面卷成两个自由涡来解释:在每段时间内,必须不断形成自由涡中的一段,以使自由涡不断伸长。为此必须不断地作功,这个功就化为旋涡束中的动能。这个功的量值与克服机翼前进的阻力所用的功完全相等。

另一方面,诱导阻力的产生也可用毕奥 - 萨瓦定律来解释:向后脱体而去的自由涡在机翼后和机翼处产生一个下洗速度 V_i(图 12 - 40)。因此,在机翼处,迎面气流速度 V_∞ 和这个诱导下洗速度 V_i 组成了机翼翼剖面的合成气流速度,因而机翼处合成的有效气流方向相对于未扰动迎面气流方向向下偏转了一个角度 α_i,即

$$\alpha_i \approx \tan\alpha_i \approx \frac{V_i}{V_\infty} \tag{12-67}$$

根据儒可夫斯基定理,翼型上气动力合力 dR 垂直于合成的有效气流方向。因此,这种合力在平行于未扰动气流的方向上有阻力分量 $dX_i = dY\tan\alpha_i \approx dY\alpha_i$,这个阻力称为诱导阻力。

由于翼梢周围的压力调整,使翼梢附近的升力和环量比机翼中部低得多,甚至在翼梢处,上、下表面的压力相等,使环量降低到零。所以沿展向实际的环量分布如图 12 - 41 所示,Γ 沿展向是变化的,$\Gamma = \Gamma(z)$。图 12 - 41 中的环量分布可用阶梯形分布代替。各个阶梯处都会产生一个强度为 $\Delta\Gamma$ 的、向后的脱体自由涡。当阶梯形环量分布转变到连续环量分布的极限情况下,自由涡就形成旋涡面。

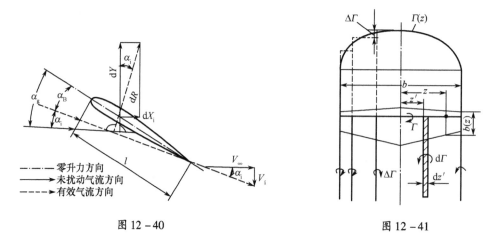

图 12 - 40　　　　　　　　　　　　　图 12 - 41

习 题

12 - 1　已知翼型的坐标及 $\alpha = 15°$ 时在低速时的压强系数(见下表),翼型弦长 $b = 100$ cm。(1)试给出该翼型的大致形状;(2)绘出翼型上、下表面的压强系数分布;(3)求低速时的升力系数;(4)求该翼型在 $Ma = 0.6$、$\alpha = 15°$ 时的升力系数。

点号	A	1	2	3	4	5
$\bar{x}_1$	0	0.07	0.29	0.46	0.72	0.20
$\bar{y}_1$	0	0.085	0.16	0.15	0.12	-0.045
C_p	1.00	-1.11	-1.19	-0.58	-0.20	0.11

点号	6	7	8	13
$\bar{x}_1$	0.39	0.51	0.82	1.00
$\bar{y}_1$	−0.035	−0.028	−0.01	0
C_p	0.13	0.18	0.09	−0.10

12-2 为什么要提出机翼绕流的库塔条件？机翼绕流库塔条件的物理陈述是什么？在什么类型的流场求解数学问题中必然需要提库塔条件？什么时候不能提库塔条件？库塔条件的一般性数学意义是什么？

12-3 在 Re 相等的条件下，20℃的水（$\rho = 1000 \text{kg/m}^3$，$\nu = 1.005 \times 10^{-6} \text{m}^2/\text{s}$）和30℃的空气（$\rho = 1.165 \text{kg/m}^3$，$\nu = 1.66 \times 10^{-5} \text{m}^2/\text{s}$）流过同一绕物体时，其绕流阻力之比是多少？

12-4 试验中，测得翼型上某点 A 的压强，$p_A = 0.95 \times 10^5 \text{Pa}$，$p_\infty = 1 \times 10^5 \text{Pa}$，$V_\infty = 150 \text{m/s}$，$T_\infty = 288 \text{K}$。试求 C_{p_A}、V_A。

12-5 在 $Ma = 0.2$ 的风洞中，测得某翼型的最小压强系数 $C_{p\min} = -0.5$，试求该翼型的临界马赫数 Ma_{cr}。

12-6 已知某机翼翼型在低速时的最小压强系数 $C_{p\min} = -0.4$，该翼型的来流马赫数 $Ma_\infty = 0.65$。问：(1)该翼型表面上是否会出现局部超声速区。(2)若该机翼以后掠角 $\chi = 40°$ 倾斜地置于气流中，此时翼型的临界马赫数为多少？(3)为了在来流马赫数 $Ma_\infty = 1$，该翼型表面上不出现局部超声速区，该机翼的后掠角至少应为多少？

附录 A 矢量分析和场论基本运算公式及正交曲线坐标系

I 矢量分析和场论基本运算公式

一、矢量代数

（一）矢量标量积

$$A = A_x i + A_y j + A_z k$$
$$B = B_x i + B_y j + B_z k$$
$$A \cdot B = A_x B_x + A_y B_y + A_z B_z = AB\cos\theta \tag{1}$$

其中 A、B 分别为矢量 A 和 B 的数值，θ 为矢量 A 与 B 之间的夹角。

$$A \cdot B = B \cdot A$$

（二）矢量的矢量积

$$A \times B = \begin{vmatrix} i & j & k \\ A_x & A_y & A_z \\ B_x & B_y & B_z \end{vmatrix} = (A_y B_z - A_z B_y)i + (A_z B_x - A_x B_z)j + (A_x B_y - A_y B_x)k$$

$$= AB\sin\theta\, i_n \tag{2}$$

其中 i_n 为垂直于 A 与 B 所在平面、方向按右手螺旋法则规定的单位矢量。

$$B \times A = -A \times B = -AB\sin\theta\, i_n \tag{3}$$

（三）分配律

无论是标量积还是矢量积都满足分配律。

$$A \cdot (B + C) = A \cdot B + A \cdot C \tag{4}$$
$$A \times (B + C) = A \times B + A \times C \tag{5}$$

（四）三重标量积

如果 A、B、C 是三个矢量，组合 $A \cdot (B \times C)$ 叫做它们的三重标量积，其结果为一标量，并等于以矢量 A、B、C 为相邻棱边所作的平行六面体的体积。

$$A \cdot (B \times C) = B \cdot (C \times A) = C \cdot (A \times B) \tag{6}$$

（五）三重矢量积

矢量 A、B、C 的组合 $A \times (B \times C)$ 叫做三重矢量积

$$A \times (B \times C) = -A \times (C \times B) = (C \times B) \times A = B(A \cdot C) - C(A \cdot B) \tag{7}$$

二、矢量微分公式

在进行微分运算时，为方便起见通常引进微分算子 ∇，叫哈密顿算子，它的表达式为

$$\nabla = i\frac{\partial}{\partial x} + j\frac{\partial}{\partial y} + k\frac{\partial}{\partial z} \tag{8}$$

这是一个具有矢量和微分双重性质的符号。一方面它是一个矢量,因此在运算时可以利用矢量代数和矢量分析中的所有法则,另一方面它又是一个微分算子,因此可以按微分法则进行运算。下面给出微分运算主要公式

$$\nabla \varphi = \mathrm{grad}\varphi = \boldsymbol{i}\frac{\partial \varphi}{\partial x} + \boldsymbol{j}\frac{\partial \varphi}{\partial y} + \boldsymbol{k}\frac{\partial \varphi}{\partial z} \tag{9}$$

$$\nabla \cdot \boldsymbol{A} = \mathrm{div}\boldsymbol{A} = \frac{\partial A_x}{\partial x} + \frac{\partial A_y}{\partial y} + \frac{\partial A_z}{\partial z} \tag{10}$$

$$\nabla \times \boldsymbol{A} = \mathrm{rot}\boldsymbol{A} = \begin{vmatrix} \boldsymbol{i} & \boldsymbol{j} & \boldsymbol{k} \\ \frac{\partial}{\partial x} & \frac{\partial}{\partial y} & \frac{\partial}{\partial z} \\ A_x & A_y & A_z \end{vmatrix} = \boldsymbol{i}\left(\frac{\partial A_z}{\partial y} - \frac{\partial A_y}{\partial z}\right) + \boldsymbol{j}\left(\frac{\partial A_x}{\partial z} - \frac{\partial A_z}{\partial x}\right) + \boldsymbol{k}\left(\frac{\partial A_y}{\partial x} - \frac{\partial A_x}{\partial y}\right) \tag{11}$$

$$\nabla(\varphi + \psi) = \nabla\varphi + \nabla\psi \tag{12}$$

$$\nabla(\varphi\psi) = \varphi\nabla\psi + \psi\nabla\varphi \tag{13}$$

$$\nabla \cdot (\boldsymbol{A} + \boldsymbol{B}) = \nabla \cdot \boldsymbol{A} + \nabla \cdot \boldsymbol{B} \tag{14}$$

$$\nabla \cdot (\varphi\boldsymbol{A}) = \varphi\nabla \cdot \boldsymbol{A} + \nabla\varphi \cdot \boldsymbol{A} \tag{15}$$

$$\nabla \cdot (\boldsymbol{A} \times \boldsymbol{B}) = \boldsymbol{B} \cdot (\nabla \times \boldsymbol{A}) - \boldsymbol{A} \cdot (\nabla \times \boldsymbol{B}) \tag{16}$$

$$\nabla \times (\boldsymbol{A} + \boldsymbol{B}) = \nabla \times \boldsymbol{A} + \nabla \times \boldsymbol{B} \tag{17}$$

$$\nabla \times (\varphi\boldsymbol{A}) = \varphi\nabla \times \boldsymbol{A} + \nabla\varphi \times \boldsymbol{A} \tag{18}$$

$$\nabla \times (\boldsymbol{A} \times \boldsymbol{B}) = (\boldsymbol{B} \cdot \nabla)\boldsymbol{A} - (\boldsymbol{A} \cdot \nabla)\boldsymbol{B} + \boldsymbol{A}(\nabla \cdot \boldsymbol{B}) - \boldsymbol{B}(\nabla \cdot \boldsymbol{A}) \tag{19}$$

$$\nabla(\boldsymbol{A} \cdot \boldsymbol{B}) = (\boldsymbol{B} \cdot \nabla)\boldsymbol{A} + (\boldsymbol{A} \cdot \nabla)\boldsymbol{B} + \boldsymbol{B} \times (\nabla \times \boldsymbol{A}) + \boldsymbol{A} \times (\nabla \times \boldsymbol{B}) \tag{20}$$

$$\nabla\left(\frac{A^2}{2}\right) = (\boldsymbol{A} \cdot \nabla)\boldsymbol{A} + \boldsymbol{A} \times (\nabla \times \boldsymbol{A}) \tag{21}$$

$$\nabla \cdot (\nabla\varphi) = \nabla^2\varphi = \Delta\varphi \text{(符号 } \Delta \text{ 称为拉普拉斯算子)} \tag{22}$$

$$\nabla \cdot (\nabla \times \boldsymbol{A}) = 0 \tag{23}$$

$$\nabla \times (\nabla\varphi) = 0 \tag{24}$$

$$\nabla \times (\nabla \times \boldsymbol{A}) = \nabla(\nabla \cdot \boldsymbol{A}) - \Delta\boldsymbol{A} \tag{25}$$

三、矢量积分公式

$$\int_v \nabla\varphi \mathrm{d}v = \int_A \boldsymbol{n}\varphi \mathrm{d}A \tag{26}$$

$$\int_v \nabla \cdot \boldsymbol{B} \mathrm{d}v = \int_A \boldsymbol{n} \cdot \boldsymbol{B} \mathrm{d}A \tag{27}$$

$$\int_v \nabla \times \boldsymbol{B} \mathrm{d}v = \int_A \boldsymbol{n} \times \boldsymbol{B} \mathrm{d}A \tag{28}$$

$$\oint_c \boldsymbol{B} \cdot \mathrm{d}\boldsymbol{l} = \int_A \boldsymbol{n} \cdot (\nabla \times \boldsymbol{B}) \mathrm{d}A \tag{29}$$

II 正交曲线坐标系

在研究流体运动时,正确地选择坐标系的形式十分重要。例如,分析流体的一般平面运动时,可以选用笛卡儿直角坐标系。但在研究流体沿圆截面管道或叶轮机通道中的轴对称流动

时,就应该采用圆柱坐标系,这样可以减少一个独立变量,使所研究的流体运动成为二维流动,并使边界条件得到简化。同理,在研究流体的锥形流动时,就应该采用球坐标系。圆柱坐标系和球坐标系是正交曲线坐标系的两个特例。

为了帮助读者正确使用曲线坐标系来研究流体运动,这里我们将比较详细地介绍正交曲线坐标系的基本性质和特点,并由此导出梯度、散度、旋度以及其它矢量关系式在正交曲线坐标系中的表达式。

一、正交曲线坐标系的定义和基本性质

对于空间中的任意一点 P,除了可以用直角坐标系中的 (x,y,z) 来表示之外,我们还可以用另外三个有序数 (u_1,u_2,u_3) 来表示,这三个有序数称为空间点的曲线坐标。显然曲线坐标 u_1、u_2 和 u_3 都是空间点的单值函数。

如令三个有序数

$$\left.\begin{array}{l} u_1 = 常数 \\ u_2 = 常数 \\ u_3 = 常数 \end{array}\right\} \tag{30}$$

则它们分别代表三个坐标曲面。三个坐标曲面之间,每一对曲面相交的交线称为坐标曲线,如图 A-1 所示。沿着坐标曲线移动时,只有一个坐标发生变化,其它两个保持不变。例如,沿 $u_2 = 常数$ 和 $u_3 = 常数$ 两曲面相交的曲线,即沿 u_1 坐标曲线移动时,只有 u_1 发生变化,而其余两个坐标 u_2 和 u_3 不变。同样,沿 $u_3 = 常数$ 和 $u_1 = 常数$ 两坐标曲面的交线移动时,即沿着 u_2 坐标曲线移动时,只有 u_2 发生变化,而 u_3 和 u_1 保持不变。

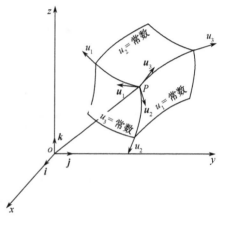

图 A-1

假定在空间任一点处,坐标曲线都互相正交,即坐标曲线在该点的切线互相垂直,相应地各坐标曲面也相互正交,即各坐标面在相交点处的法线互相垂直,我们称这种坐标系为正交曲线坐标系。柱坐标系和球坐标系都是属于正交曲线坐标系。

空间任意一点既可以用笛卡儿直角坐标系中的坐标 (x,y,z) 来表示,也可以同时用正交曲线坐标系中的坐标 (u_1,u_2,u_3) 来表示,因此,这两组坐标值之间是可以互相转换的,即

$$\left.\begin{array}{l} u_1 = u_1(x,y,z) \\ u_2 = u_2(x,y,z) \\ u_3 = u_3(x,y,z) \end{array}\right\} \tag{31}$$

$$\left.\begin{array}{l} x = x(u_1,u_2,u_3) \\ y = y(u_1,u_2,u_3) \\ z = z(u_1,u_2,u_3) \end{array}\right\} \tag{32}$$

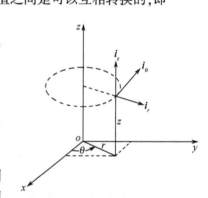

例如,在圆柱坐标系中,$u_1 = r, u_2 = \theta, u_3 = z$,参看图 A-2,因此,$(r,\theta,z)$ 和直角坐标系中的坐标 (x,y,z) 之间的关系为

图 A-2

$$\left.\begin{aligned} r &= \sqrt{x^2 + y^2} \quad (\geqslant 0) \\ \theta &= \arctan\frac{y}{x} \quad (2\pi \geqslant \theta \geqslant 0) \\ z &= z \end{aligned}\right\} \tag{33}$$

和

$$\left.\begin{aligned} x &= r\cos\theta \\ y &= r\sin\theta \\ z &= z \end{aligned}\right\} \tag{34}$$

我们规定沿坐标曲线 u_1、u_2 和 u_3 的单位矢量为 $\boldsymbol{u}_1$、$\boldsymbol{u}_2$ 和 $\boldsymbol{u}_3$，它们构成右手系统。在曲线坐标系中 $\boldsymbol{u}_1$、$\boldsymbol{u}_2$ 和 $\boldsymbol{u}_3$ 的方向一般是随点的位置而变化的（但总是保持互相垂直），这一点是与直角坐标系中的单位矢量的性质具有本质的差别，直角坐标系中的单位矢量是保持固定不变的。正交曲线坐标系中单位矢量 $\boldsymbol{u}_1$、$\boldsymbol{u}_2$ 和 $\boldsymbol{u}_3$ 之间存在如下关系式

$$\left.\begin{aligned} \boldsymbol{u}_1 \cdot \boldsymbol{u}_1 &= 1 \\ \boldsymbol{u}_2 \cdot \boldsymbol{u}_2 &= 1 \\ \boldsymbol{u}_3 \cdot \boldsymbol{u}_3 &= 1 \end{aligned}\right\} \tag{35}$$

$$\left.\begin{aligned} \boldsymbol{u}_1 \cdot \boldsymbol{u}_2 &= 0 \\ \boldsymbol{u}_2 \cdot \boldsymbol{u}_3 &= 0 \\ \boldsymbol{u}_3 \cdot \boldsymbol{u}_1 &= 0 \end{aligned}\right\} \tag{36}$$

以及

$$\left.\begin{aligned} \boldsymbol{u}_1 \times \boldsymbol{u}_1 &= 0 \\ \boldsymbol{u}_2 \times \boldsymbol{u}_2 &= 0 \\ \boldsymbol{u}_3 \times \boldsymbol{u}_3 &= 0 \end{aligned}\right\} \tag{37}$$

$$\left.\begin{aligned} \boldsymbol{u}_1 \times \boldsymbol{u}_2 &= \boldsymbol{u}_3 \\ \boldsymbol{u}_2 \times \boldsymbol{u}_3 &= \boldsymbol{u}_1 \\ \boldsymbol{u}_3 \times \boldsymbol{u}_1 &= \boldsymbol{u}_2 \end{aligned}\right\} \tag{38}$$

二、正交曲线坐标系中的微元弧长、微元面积和微元体积的表达式

在 P 点的邻近另取一点 Q，如图 A-3 所示，它们之间的距离为 $\mathrm{d}s$，在直角坐标系中

$$\mathrm{d}s^2 = \mathrm{d}x^2 + \mathrm{d}y^2 + \mathrm{d}z^2 \tag{39}$$

我们设法以 $\mathrm{d}u_1$、$\mathrm{d}u_2$ 和 $\mathrm{d}u_3$ 来表示上述微元长度 $\mathrm{d}s$。
从（32）式中可得

$$\left.\begin{aligned} \mathrm{d}x &= \frac{\partial x}{\partial u_1}\mathrm{d}u_1 + \frac{\partial x}{\partial u_2}\mathrm{d}u_2 + \frac{\partial x}{\partial u_3}\mathrm{d}u_3 \\ \mathrm{d}y &= \frac{\partial y}{\partial u_1}\mathrm{d}u_1 + \frac{\partial y}{\partial u_2}\mathrm{d}u_2 + \frac{\partial y}{\partial u_3}\mathrm{d}u_3 \\ \mathrm{d}z &= \frac{\partial z}{\partial u_1}\mathrm{d}u_1 + \frac{\partial z}{\partial u_2}\mathrm{d}u_2 + \frac{\partial z}{\partial u_3}\mathrm{d}u_3 \end{aligned}\right\} \tag{40}$$

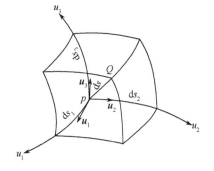

图 A-3

因此
$$(\mathrm{d}s)^2 = \left[\left(\frac{\partial x}{\partial u_1}\right)^2 + \left(\frac{\partial y}{\partial u_1}\right)^2 + \left(\frac{\partial z}{\partial u_1}\right)^2\right](\mathrm{d}u_1)^2$$
$$+ \left[\left(\frac{\partial x}{\partial u_2}\right)^2 + \left(\frac{\partial y}{\partial u_2}\right)^2 + \left(\frac{\partial z}{\partial u_2}\right)^2\right](\mathrm{d}u_2)^2$$
$$+ \left[\left(\frac{\partial x}{\partial u_3}\right)^2 + \left(\frac{\partial y}{\partial u_3}\right)^2 + \left(\frac{\partial z}{\partial u_3}\right)^2\right](\mathrm{d}u_3)^2$$
$$+ [\cdots]\mathrm{d}u_1\mathrm{d}u_2 + [\cdots]\mathrm{d}u_2\mathrm{d}u_3 + [\cdots]\mathrm{d}u_3\mathrm{d}u_1 \tag{41}$$

另外从图 A-3 得知
$$(\mathrm{d}s)^2 = (\mathrm{d}s_1)^2 + (\mathrm{d}s_2)^2 + (\mathrm{d}s_3)^2 \tag{42}$$

显而易见,由于正交性,(41)式中的 $\mathrm{d}u_1\mathrm{d}u_2$、$\mathrm{d}u_2\mathrm{d}u_3$ 和 $\mathrm{d}u_3\mathrm{d}u_1$ 项必须消失。而且,由于沿坐标曲线 u_1 移动时,只有 u_1 发生变化,u_2、u_3 保持不变,即 $\mathrm{d}u_2 = \mathrm{d}u_3 = 0$,故从(41)式可知,沿坐标曲线 u_1 的微元弧长为

$$\mathrm{d}s_1 = \sqrt{\left(\frac{\partial x}{\partial u_1}\right)^2 + \left(\frac{\partial y}{\partial u_1}\right)^2 + \left(\frac{\partial z}{\partial u_1}\right)^2}\,\mathrm{d}u_1$$

同理可得
$$\mathrm{d}s_2 = \sqrt{\left(\frac{\partial x}{\partial u_2}\right)^2 + \left(\frac{\partial y}{\partial u_2}\right)^2 + \left(\frac{\partial z}{\partial u_2}\right)^2}\,\mathrm{d}u_2$$

$$\mathrm{d}s_3 = \sqrt{\left(\frac{\partial x}{\partial u_3}\right)^2 + \left(\frac{\partial y}{\partial u_3}\right)^2 + \left(\frac{\partial z}{\partial u_3}\right)^2}\,\mathrm{d}u_3$$

令
$$\left.\begin{array}{l} h_1 = \sqrt{\left(\dfrac{\partial x}{\partial u_1}\right)^2 + \left(\dfrac{\partial y}{\partial u_1}\right)^2 + \left(\dfrac{\partial z}{\partial u_1}\right)^2} \\[2mm] h_2 = \sqrt{\left(\dfrac{\partial x}{\partial u_2}\right)^2 + \left(\dfrac{\partial y}{\partial u_2}\right)^2 + \left(\dfrac{\partial z}{\partial u_2}\right)^2} \\[2mm] h_3 = \sqrt{\left(\dfrac{\partial x}{\partial u_3}\right)^2 + \left(\dfrac{\partial y}{\partial u_3}\right)^2 + \left(\dfrac{\partial z}{\partial u_3}\right)^2} \end{array}\right\} \tag{43}$$

则沿坐标曲线的微元弧长为
$$\left.\begin{array}{l} \mathrm{d}s_1 = h_1\mathrm{d}u_1 \\ \mathrm{d}s_2 = h_2\mathrm{d}u_2 \\ \mathrm{d}s_3 = h_3\mathrm{d}u_3 \end{array}\right\} \tag{44}$$

空间曲线微元弧长为
$$\mathrm{d}s = \sqrt{(h_1\mathrm{d}u_1)^2 + (h_2\mathrm{d}u_2)^2 + (h_3\mathrm{d}u_3)^2} \tag{45}$$

h_1、h_2 和 h_3 称为拉梅系数。它们表示沿坐标曲线微元弧长与坐标参数微分之间的比例系数。为了得到沿坐标曲线的微元弧长,就必须乘上这个系数。例如在圆柱坐标系中,可以根据(34)式和(43)式求得:$h_1 = 1, h_2 = r, h_3 = 1$,故有

$$\mathrm{d}s_1 = \mathrm{d}r, \quad \mathrm{d}s_2 = r\mathrm{d}\theta, \quad \mathrm{d}s_3 = \mathrm{d}z$$

因为 dr 和 dz 本身具有长度的量纲,故拉梅系数必然等于 1,而 $d\theta$ 是微元角度而不是长度,故必须乘上一个具有长度量纲的拉梅系数 r,使 $rd\theta$ 代表对应 $d\theta$ 的弧长。

在球坐标系中,见图 A-4,有

$$x = R\sin\varphi\cos\theta, u_1 = R$$
$$y = R\cos\varphi\sin\theta, u_2 = \varphi$$
$$z = R\cos\varphi, u_3 = \theta$$

利用(43)式可求得拉梅系数为:$h_1 = 1, h_2 = R, h_3 = R\sin\varphi$,沿坐标曲线微元弧长为

$$ds_1 = dR, \quad ds_2 = Rd\varphi, \quad ds_3 = R\sin\varphi d\theta$$

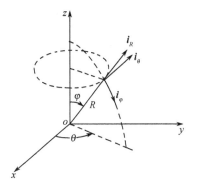

图 A-4

拉梅系数 h 通常是点函数,只有对于直角坐标系这种特殊情况,拉梅系数才保持不变,并且处处等于 1。

知道了微元弧长的表达式,就很容易确定各坐标面上的微元面积。

$$\left.\begin{array}{l} dA_1 = ds_2 ds_3 = h_2 h_3 du_2 du_3 \\ dA_2 = ds_1 ds_3 = h_1 h_3 du_1 du_3 \\ dA_3 = ds_1 ds_2 = h_1 h_2 du_1 du_2 \end{array}\right\} \tag{46}$$

而正交微元六面体则为

$$dv = h_1 h_2 h_3 du_1 du_2 du_3 \tag{47}$$

三、正交曲线坐标系中梯度、散度、旋度和拉普拉斯运算子的表达式

(一) 梯度表达式

设有标量函数 $\phi(\boldsymbol{r}) = \phi(u_1, u_2, u_3)$,其全微分为

$$d\phi = \frac{\partial \phi}{\partial u_1} du_1 + \frac{\partial \phi}{\partial u_2} du_2 + \frac{\partial \phi}{\partial u_3} du_3 \tag{48}$$

另外,根据梯度的性质,标量函数的梯度等于等函数面法线方向上的方向导数,即

$$\nabla \phi = \frac{\partial \phi}{\partial n} \boldsymbol{n}$$

$\boldsymbol{n}$ 表示等 ϕ 面法线方向上的单位矢量,见图 A-5。现在在等式两边点乘 $d\boldsymbol{r}$,即

$$\nabla \phi \cdot d\boldsymbol{r} = \frac{\partial \phi}{\partial n} \boldsymbol{n} \cdot d\boldsymbol{r}$$

但

$$d\boldsymbol{r} = d\boldsymbol{s}, \quad \boldsymbol{n} \cdot d\boldsymbol{r} = dn$$

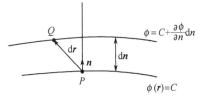

图 A-5

故有

$$\nabla \phi \cdot d\boldsymbol{s} = \frac{\partial \phi}{\partial n} dn$$

即

$$d\phi = \nabla \phi \cdot d\boldsymbol{s} = (\nabla \phi)_1 ds_1 + (\nabla \phi)_2 ds_2 + (\nabla \phi)_3 ds_3$$
$$= (\nabla \phi)_1 (h_1 du_1) + (\nabla \phi)_2 (h_2 du_2) + (\nabla \phi)_3 (h_3 du_3) \tag{49}$$

比较(48)、(49)两式,得到

$$\left[h_1(\nabla\phi)_1 - \frac{\partial\phi}{\partial u_1}\right]du_1 + \left[h_2(\nabla\phi)_2 - \frac{\partial\phi}{\partial u_2}\right]du_2 + \left[h_3(\nabla\phi)_3 - \frac{\partial\phi}{\partial u_3}\right]du_3 = 0$$

对于任意的 du_1、du_2 和 du_3,上式要能成立,只有

$$h_1(\nabla\phi)_1 = \frac{\partial\phi}{\partial u_1}$$

$$h_2(\nabla\phi)_2 = \frac{\partial\phi}{\partial u_2}$$

$$h_3(\nabla\phi)_3 = \frac{\partial\phi}{\partial u_3}$$

因此

$$\nabla\phi = \frac{\partial\phi}{h_1\partial u_1}\boldsymbol{u}_1 + \frac{\partial\phi}{h_2\partial u_2}\boldsymbol{u}_2 + \frac{\partial\phi}{h_3\partial u_3}\boldsymbol{u}_3 \tag{50}$$

这就是正交曲线坐标系中的梯度表达式。

对于圆柱坐标系:$\boldsymbol{u}_1 = \boldsymbol{i}_r, \boldsymbol{u}_2 = \boldsymbol{i}_\theta, \boldsymbol{u}_3 = \boldsymbol{i}_z$;$h_1 = 1, h_2 = r, h_3 = 1$;$u_1 = r, u_2 = \theta, u_3 = z$,故梯度的表达式为

$$\nabla\phi = \frac{\partial\phi}{\partial r}\boldsymbol{i}_r + \frac{\partial\phi}{r\partial\theta}\boldsymbol{i}_\theta + \frac{\partial\phi}{\partial z}\boldsymbol{i}_z \tag{51}$$

对于球坐标系:$\boldsymbol{u}_1 = \boldsymbol{i}_R, \boldsymbol{u}_2 = \boldsymbol{i}_\varphi, \boldsymbol{u}_3 = \boldsymbol{i}_\theta$;$h_1 = 1, h_2 = R, h_3 = R\sin\varphi$;$u_1 = R, u_2 = \varphi, u_3 = \theta$,故梯度的表达式为

$$\nabla\phi = \frac{\partial\phi}{\partial R}\boldsymbol{i}_R + \frac{\partial\phi}{R\partial\theta}\boldsymbol{i}_\varphi + \frac{1}{R\sin\varphi}\frac{\partial\phi}{\partial\theta}\boldsymbol{i}_\theta \tag{52}$$

(二) 散度表达式

设 a 点处 $\boldsymbol{V} = V_1\boldsymbol{u}_1 + V_2\boldsymbol{u}_2 + V_3\boldsymbol{u}_3$,根据定义,矢量 $\boldsymbol{V}$ 的散度为

$$\nabla\cdot\boldsymbol{V} = \lim_{v\to 0}\frac{1}{v}\oint_A \boldsymbol{n}\cdot\boldsymbol{V}dA \tag{53}$$

以 a 点为顶点,取一微元曲面平行六面体 $abcdefgh$,如图 A-6 所示。现在来求面积分 $\oint_A \boldsymbol{n}\cdot\boldsymbol{V}dA$,即通过微元曲面平行六面体六个面的矢量 $\boldsymbol{V}$ 的通量。矢量 $\boldsymbol{V}$ 通过 $abcd$ 曲面的通量为

$$-V_1 ds_2 ds_3 = -V_1 h_2 h_3 du_2 du_3$$

因为曲面 $abcd$ 的外法线方向与 $\boldsymbol{u}_1$ 相反,故通量取负值。

矢量 $\boldsymbol{V}$ 通过 $efgh$ 曲面的通量为

$$V_1 h_2 h_3 du_2 du_3 + \frac{\partial(V_1 h_2 h_3 du_2 du_3)}{\partial u_1}du_1$$

故通过上述两曲面的净流出通量为

$$\frac{\partial(V_1 h_2 h_3 du_2 du_3)}{\partial u_1}du_1$$

由于坐标 u_1、u_2 和 u_3 都是独立变量,故上式可改写为

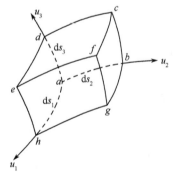

图 A-6

$$\frac{\partial(V_1 h_2 h_3)}{\partial u_1} du_1 du_2 du_3$$

类似地,通过其它两相对曲面的净流出通量为

$$\frac{\partial(V_2 h_3 h_1)}{\partial u_2} du_1 du_2 du_3$$

$$\frac{\partial(V_3 h_1 h_2)}{\partial u_3} du_1 du_2 du_3$$

所以净流出微元平行六面体的通量为

$$\oint_A \boldsymbol{n} \cdot \boldsymbol{V} dA = \left[\frac{\partial(V_1 h_2 h_3)}{\partial u_1} + \frac{\partial(V_2 h_3 h_1)}{\partial u_2} + \frac{\partial(V_3 h_1 h_2)}{\partial u_3}\right] du_1 du_2 du_3 \tag{54}$$

另外,微元平行六面体的体积为

$$v = ds_1 ds_2 ds_3 = h_1 h_2 h_3 du_1 du_2 du_3 \tag{55}$$

把(55)式、(54)式代入(53)式,得

$$\nabla \cdot \boldsymbol{V} = \frac{1}{h_1 h_2 h_3}\left[\frac{\partial(V_1 h_2 h_3)}{\partial u_1} + \frac{\partial(V_2 h_3 h_1)}{\partial u_2} + \frac{\partial(V_3 h_1 h_2)}{\partial u_3}\right] \tag{56}$$

这就是曲线坐标系中矢量场散度的表达式。

对于圆柱坐标系

$$\nabla \cdot \boldsymbol{V} = \frac{1}{r}\left[\frac{\partial(V_r r)}{\partial r} + \frac{\partial V_\theta}{\partial \theta} + \frac{\partial(V_z r)}{\partial z}\right] \tag{57}$$

对于球坐标系

$$\nabla \cdot \boldsymbol{V} = \frac{1}{R^2 \sin\varphi}\left[\frac{\partial(V_R R^2 \sin\theta)}{\partial R} + \frac{\partial(V_\varphi R^2 \sin\varphi)}{\partial \varphi} + \frac{\partial(V_\theta R)}{\partial \theta}\right]$$

$$= \frac{1}{\sin\varphi}\left[\sin\varphi \frac{\partial(R^2 V_R)}{R^2 \partial R} + \frac{\partial(\sin\varphi V_\varphi)}{R \partial \varphi} + \frac{\partial V_\theta}{R \partial \theta}\right] \tag{58}$$

(三) 旋度表达式

旋度的定义式为

$$\nabla \times \boldsymbol{V} = \lim_{v \to 0} \frac{1}{v} \oint_A \boldsymbol{n} \times \boldsymbol{V} dA \tag{59}$$

由于现在要进行面积分的是矢量 $\boldsymbol{n} \times \boldsymbol{V}$,因此在微元曲面六面体的六个曲面上,该矢量不仅大小发生变化,而且方向也发生变化,这样从定义式出发来求旋度的表达式将是十分麻烦的。为此,我们采取另外一种方法来推导旋度的表达式。

我们知道旋度有一个重要性质:矢量场旋度在任一方向上的投影,等于该方向上的环量面密度。参看图 A-7,$\nabla \times \boldsymbol{V}$ 在曲线坐标 u_1 方向上的投影为

$$(\nabla \times \boldsymbol{V})_1 = \lim_{\Delta A_1 \to 0} \frac{\oint_{\Delta c_1} \boldsymbol{V} \cdot d\boldsymbol{r}}{\Delta A_1} \tag{60}$$

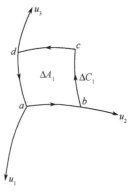

图 A-7

Δc_1 为周线 $abcda$,ΔA_1 为周线 Δc_1 所围的面积。矢量 V 沿周线 Δc_1 的积分为

$$\oint_{\Delta c_1} V \cdot \mathrm{d}r = \int_{ab} V \cdot \mathrm{d}r + \int_{bc} V \cdot \mathrm{d}r + \int_{cd} V \cdot \mathrm{d}r + \int_{da} V \cdot \mathrm{d}r$$

若略去高阶无穷小量,则得

$$\oint_{\Delta c_1} V \cdot \mathrm{d}r = V_2 h_2 \mathrm{d}u_2 + \left[V_3 h_3 + \frac{\partial(V_3 h_3)}{\partial u_2}\mathrm{d}u_2\right]\mathrm{d}u_3 - \left[V_2 h_2 + \frac{\partial(V_2 h_2)}{\partial u_3}\mathrm{d}u_3\right]\mathrm{d}u_2$$

$$- V_3 h_3 \mathrm{d}u_3 = \left[\frac{\partial(V_3 h_3)}{\partial u_2} - \frac{\partial(V_2 h_2)}{\partial u_3}\right]\mathrm{d}u_2 \mathrm{d}u_3 \tag{61}$$

Δc_1 所确定的微元面积为

$$\Delta A_1 = h_2 h_3 \mathrm{d}u_2 \mathrm{d}u_3 \tag{62}$$

把(61)式、(62)式代入(60)式,得到矢量的旋度在 u_1 方向的投影为

$$(\nabla \times V)_1 = \frac{1}{h_2 h_3}\left[\frac{\partial(V_3 h_3)}{\partial u_2} - \frac{\partial(V_2 h_2)}{\partial u_3}\right] \tag{63a}$$

类似处理可得

$$(\nabla \times V)_2 = \frac{1}{h_3 h_1}\left[\frac{\partial(V_1 h_1)}{\partial u_3} - \frac{\partial(V_3 h_3)}{\partial u_1}\right] \tag{63b}$$

$$(\nabla \times V)_3 = \frac{1}{h_1 h_2}\left[\frac{\partial(V_2 h_2)}{\partial u_1} - \frac{\partial(V_1 h_1)}{\partial u_2}\right] \tag{63c}$$

所以

$$\nabla \times V = \frac{1}{h_2 h_3}\left[\frac{\partial(V_3 h_3)}{\partial u_2} - \frac{\partial(V_2 h_2)}{\partial u_3}\right]u_1 + \frac{1}{h_3 h_1}\left[\frac{\partial(V_1 h_1)}{\partial u_3} - \frac{\partial(V_3 h_3)}{\partial u_1}\right]u_2$$

$$+ \frac{1}{h_1 h_2}\left[\frac{\partial(V_2 h_2)}{\partial u_1} - \frac{\partial(V_1 h_1)}{\partial u_2}\right]u_3 \tag{64a}$$

或者写成

$$\nabla \times V = \frac{1}{h_1 h_2 h_3}\begin{vmatrix} h_1 u_1 & h_2 u_2 & h_3 u_3 \\ \dfrac{\partial}{\partial u_1} & \dfrac{\partial}{\partial u_2} & \dfrac{\partial}{\partial u_3} \\ h_1 V_1 & h_2 V_2 & h_3 V_3 \end{vmatrix} \tag{64b}$$

(64)式即为正交曲线坐标系旋度的表达式。

对于圆柱坐标系:

$$\nabla \times V = \left[\frac{1}{r}\frac{\partial V_z}{\partial \theta} - \frac{\partial V_\theta}{\partial z}\right]i_r + \left[\frac{\partial V_r}{\partial z} - \frac{\partial V_z}{\partial r}\right]i_\theta + \left[\frac{1}{r}\frac{\partial(V_\theta r)}{\partial r} - \frac{1}{r}\frac{\partial V_r}{\partial \theta}\right]i_z \tag{65}$$

对于球坐标系:

$$\nabla \times V = \frac{1}{R^2 \sin\varphi}\left[\frac{\partial(V_\theta R\sin\varphi)}{\partial \varphi} - \frac{\partial(V_\varphi R)}{\partial \theta}\right]i_R + \frac{1}{R\sin\varphi}\left[\frac{\partial V_R}{\partial \theta} - \frac{\partial(V_\theta R\sin\varphi)}{\partial R}\right]i_\varphi$$

$$+ \frac{1}{R}\left[\frac{\partial(V_\varphi R)}{\partial R} - \frac{\partial V_R}{\partial \varphi}\right]i_\theta$$

$$= \frac{1}{R\sin\varphi}\left[\frac{\partial(V_\theta\sin\varphi)}{\partial\varphi}-\frac{\partial V_\varphi}{\partial\theta}\right]\boldsymbol{i}_R + \frac{1}{R}\left[\frac{1}{\sin\varphi}\frac{\partial V_R}{\partial\theta}-\frac{\partial(V_\theta R)}{\partial R}\right]\boldsymbol{i}_\varphi$$

$$+ \frac{1}{R}\left[\frac{\partial(V_\varphi R)}{\partial R}-\frac{\partial V_R}{\partial\varphi}\right]\boldsymbol{i}_\theta \tag{66}$$

（四）拉普拉斯算子

拉普拉斯算子为 '∇^2'，有时简写为 'Δ'。$\nabla^2\phi$ 表示标量函数 ϕ 的梯度的散度，即

$$\nabla\phi = \nabla^2\phi = \nabla\cdot\nabla\phi$$

因此只要同时利用(50)式、(56)式就可以得到

$$\nabla^2\phi = \frac{1}{h_1h_2h_3}\left[\frac{\partial}{\partial u_1}\left(\frac{h_2h_3}{h_1}\frac{\partial\phi}{\partial u_1}\right)+\frac{\partial}{\partial u_2}\left(\frac{h_1h_3}{h_2}\frac{\partial\phi}{\partial u_2}\right)+\frac{\partial}{\partial u_3}\left(\frac{h_1h_2}{h_3}\frac{\partial\phi}{\partial u_3}\right)\right] \tag{67}$$

对于圆柱坐标系：

$$\nabla^2\phi = \frac{1}{r}\left[\frac{\partial}{\partial r}\left(r\frac{\partial\phi}{\partial r}\right)+\frac{\partial}{\partial\theta}\left(\frac{1}{r}\frac{\partial\phi}{\partial\theta}\right)+\frac{\partial}{\partial z}\left(r\frac{\partial\phi}{\partial z}\right)\right] \tag{68}$$

对于球坐标系：

$$\nabla^2\phi = \frac{1}{R^2\sin\varphi}\left[\frac{\partial}{\partial R}\left(R^2\sin\varphi\frac{\partial\phi}{\partial R}\right)+\frac{\partial}{\partial\varphi}\left(\sin\varphi\frac{\partial\phi}{\partial\varphi}\right)+\frac{\partial}{\partial\theta}\left(\frac{1}{\sin\varphi}\frac{\partial\phi}{\partial\theta}\right)\right]$$

$$= \frac{1}{R^2\sin\varphi}\left[\frac{1}{\sin\varphi}\frac{\partial}{\partial R}\left(R^2\frac{\partial\phi}{\partial R}\right)+\frac{\partial}{\partial\varphi}\left(\sin\varphi\frac{\partial\phi}{\partial\varphi}\right)+\frac{1}{\sin\varphi}\frac{\partial^2\phi}{\partial\theta^2}\right] \tag{69}$$

四、单位矢量 u_1、u_2、u_3 的偏导数公式

由于推导过程十分繁琐，故这里不作推导，只给出结果。

$$\left.\begin{aligned}
\frac{\partial\boldsymbol{u}_1}{\partial u_1} &= -\frac{\boldsymbol{u}_2}{h_2}\frac{\partial h_1}{\partial u_2}-\frac{\boldsymbol{u}_3}{h_3}\frac{\partial h_1}{\partial u_3}, & \frac{\partial\boldsymbol{u}_1}{\partial u_2} &= \frac{\boldsymbol{u}_2}{h_1}\frac{\partial h_2}{\partial u_1}, & \frac{\partial\boldsymbol{u}_1}{\partial u_3} &= \frac{\boldsymbol{u}_3}{h_1}\frac{\partial h_3}{\partial u_1} \\
\frac{\partial\boldsymbol{u}_2}{\partial u_1} &= \frac{\boldsymbol{u}_1}{h_2}\frac{\partial h_1}{\partial u_2}, & \frac{\partial\boldsymbol{u}_2}{\partial u_2} &= \frac{\boldsymbol{u}_3}{h_3}\frac{\partial h_2}{\partial u_3}-\frac{\boldsymbol{u}_1}{h_1}\frac{\partial h_2}{\partial u_1} & \frac{\partial\boldsymbol{u}_2}{\partial u_3} &= \frac{\boldsymbol{u}_3}{h_2}\frac{\partial h_3}{\partial u_2} \\
\frac{\partial\boldsymbol{u}_3}{\partial u_1} &= \frac{\boldsymbol{u}_1}{h_3}\frac{\partial h_1}{\partial u_3} & \frac{\partial\boldsymbol{u}_3}{\partial u_2} &= \frac{\boldsymbol{u}_2}{h_3}\frac{\partial h_2}{\partial u_3} & \frac{\partial\boldsymbol{u}_3}{\partial u_3} &= -\frac{\boldsymbol{u}_1}{h_1}\frac{\partial h_3}{\partial u_1}-\frac{\boldsymbol{u}_2}{h_2}\frac{\partial h_3}{\partial u_2}
\end{aligned}\right\} \tag{70}$$

附录B 可压缩流函数表

表1 标准大气表

H/m	T/K	p/Pa	$\rho/(kg \cdot m^{-3})$	$g/(m \cdot s^{-2})$	$\dfrac{\mu \times 10^5}{(N \cdot s \cdot m^{-2})}$	$\dfrac{\lambda \times 10^6/4.1868}{(kJ \cdot m^{-1} \cdot s^{-1} \cdot K^{-1})}$	$c/(m \cdot s^{-1})$
0	288.15	1.0133×10^5	1.2250×10^0	9.8066	1.7894	6.0530	340.29
500	284.90	9.5461×10^4	1.1673	9.8051	1.7737	5.9919	338.37
1000	281.65	8.9876	1.1117	9.8036	1.7579	5.9305	336.44
1500	278.40	8.4560	1.0581	9.8020	1.7420	5.8690	334.49
2000	275.15	7.9501	1.0066	9.8005	1.7260	5.8073	332.53
2500	271.91	7.4692	9.5695×10^{-1}	9.7989	1.7099	5.7454	330.56
3000	268.66	7.0121	9.0925	9.7974	1.6938	5.6833	328.58
3500	265.41	6.5780	8.6340	9.7959	1.6775	5.6210	326.59
4000	262.17	6.1660	8.1935	9.7943	1.6612	5.5586	324.59
4500	258.92	5.7753	7.7704	9.7928	1.6448	5.4959	322.57
5000	255.68	5.4048	7.3643	9.7912	1.6282	5.4331	320.55
6000	249.19	4.7218	6.6011	9.7882	1.5949	5.3068	316.45
7000	242.70	4.1105	5.9002	9.7851	1.5612	5.1798	312.31
8000	236.22	3.5652	5.2579	9.7820	1.5271	5.0520	308.11
9000	229.73	3.0801	4.6706	9.7789	1.4926	4.9235	303.85
10000	223.25	2.6500	4.1351	9.7759	1.4577	4.7942	299.53
11000	216.65	2.2687	3.6480	9.7728	1.4223	4.6642	295.14
12000	216.65	1.9399	3.1194	9.7697	1.4216	4.6617	295.07
13000	216.65	1.6580	2.6660	9.7667	1.4216	4.6617	295.07
14000	216.65	1.4170	2.2786	9.7636	1.4216	4.6617	295.07
15000	216.65	1.2112	1.9475	9.7605	1.4216	4.6617	295.07
16000	216.65	1.0353	1.6647	9.7575	1.4216	4.6617	295.07
17000	216.65	8.8497×10^3	1.4230	9.7544	1.4216	4.6617	295.07
18000	216.65	7.5652	1.2165	9.7513	1.4216	4.6617	295.07
19000	216.65	6.4675	1.0400	9.7483	1.4216	4.6617	295.07
20000	216.65	5.5293	8.8910×10^{-2}	9.7452	1.4216	4.6617	295.07
21000	217.58	4.7289	7.5715	9.7422	1.4267	4.6804	295.70
22000	218.57	4.0475	6.4510	9.7391	1.4322	4.7004	296.38
23000	219.57	3.4669	5.5006	9.7361	1.4376	4.7204	297.05
24000	220.56	2.9717	4.6938	9.7330	1.4430	4.7403	297.72

(续)

H/m	T/K	p/Pa	$\rho/(kg \cdot m^{-3})$	$g/(m \cdot s^{-2})$	$\dfrac{\mu \times 10^5}{(N \cdot s \cdot m^{-2})}$	$\dfrac{\lambda \times 10^6/4.1868}{(kJ \cdot m^{-1} \cdot s^{-1} \cdot K^{-1})}$	$c/(m \cdot s^{-1})$
25000	221.55	2.5492	4.0084	9.7300	1.4484	4.7602	298.39
26000	222.54	2.1884	3.4257	9.7269	1.4538	4.7800	299.06
27000	223.54	1.8800	2.9298	9.7239	1.4592	4.7999	299.72
28000	224.53	1.6162	2.5076	9.7208	1.4646	4.8197	300.39
29000	225.52	1.3904	2.1478	9.7178	1.4699	4.8395	301.05
30000	226.51	1.1970	1.8410	9.7147	1.4753	4.8593	301.71
31000	227.50	1.0313	1.5792	9.7117	1.4806	4.8790	302.37
32000	228.49	8.8906×10^2	1.3555	9.7086	1.4859	4.8988	303.03
33000	230.97	7.6731	1.1573	9.7056	1.4992	4.9481	304.67
34000	233.74	6.6341	9.8874×10^{-3}	9.7026	1.5140	5.0031	306.49
35000	236.51	5.7459	8.4634	9.6995	1.5287	5.0579	308.30
36000	239.28	4.9852	7.2579	9.6965	1.5433	5.1125	310.10
37000	242.05	4.3325	6.2355	9.6935	1.5578	5.1670	311.89
38000	244.82	3.7714	5.3666	9.6904	1.5723	5.2213	313.67
39000	247.58	3.2882	4.6267	9.6874	1.5866	5.2577	315.43
40000	250.35	2.8714	3.9957	9.6844	1.6009	5.3295	317.19
42000	255.88	2.1997	2.9948	9.6783	1.6293	5.4370	320.67
44000	261.40	1.6950	2.2589	9.6723	1.6573	5.5438	324.12
46000	266.93	1.3134	1.7141	9.6662	1.6851	5.5601	327.52
48000	270.65	1.0230	1.3167	9.6602	1.7037	5.7214	329.80
50000	270.65	7.9779×10^1	1.0269	9.6542	1.7037	5.7214	329.80
55000	265.59	4.2752	5.6075×10^{-4}	9.6391	1.6784	5.6245	326.70
60000	255.77	2.2461	3.0592	9.6241	1.6287	5.4349	320.61
65000	239.28	1.1446	1.6665	9.6091	1.5433	5.1125	310.10
70000	219.70	5.5205×10^0	8.7535×10^{-5}	9.5941	1.4383	4.7230	297.14
75000	200.15	2.4904	4.335	9.579	1.329	4.327	283.61
80000	180.65	1.0366	1.999	9.564	1.216	3.925	269.44
85000	180.65	4.1250×10^{-1}	7.955×10^{-6}	9.550	1.216	3.925	269.44
90000	180.65	1.6438	3.170	9.535	1.216	3.925	269.44
95000	195.51	6.8012×10^{-2}	1.211	9.520			
100000	210.02	3.0075	4.974×10^{-7}	9.505			

表2(a)　一维等熵流气动函数表($k=1.4$)(以 Ma 为自变量)

Ma	T/T^*	p/p^*	ρ/ρ^*	$1/q$	λ
0	1.0000	1.0000	1.0000	∞	0
0.01	0.99998	0.9999	0.9999	57.874	0.0110
0.02	0.99992	0.9997	0.9998	28.942	0.0219
0.03	0.9998	0.9994	0.9996	19.300	0.0329
0.04	0.9997	0.9989	0.9992	14.482	0.0438
0.05	0.9995	0.9983	0.9988	11.5915	0.0548
0.06	0.9993	0.9975	0.9982	9.6659	0.0657
0.07	0.9990	0.9966	0.9976	8.2915	0.0766
0.08	0.9987	0.9955	0.9968	7.2616	0.0876
0.09	0.9984	0.9944	0.9960	6.4613	0.0985
0.10	0.9980	0.9930	0.9950	5.8218	0.1094
0.11	0.9976	0.9916	0.9940	5.2992	0.1204
0.12	0.9971	0.9900	0.9928	4.8643	0.1313
0.13	0.9966	0.9883	0.9916	4.4968	0.1422
0.14	0.9961	0.9864	0.9903	4.1824	0.1531
0.15	0.9955	0.9844	0.9888	3.9103	0.1640
0.16	0.9949	0.9823	0.9873	3.6727	0.1748
0.17	0.9943	0.9800	0.9857	3.4635	0.1857
0.18	0.9936	0.9777	0.9840	3.2779	0.1965
0.19	0.9928	0.9751	0.9822	3.1122	0.2074
0.20	0.9921	0.9725	0.9803	2.9635	0.2182
0.21	0.9913	0.9697	0.9783	2.8293	0.2290
0.22	0.9904	0.9669	0.9762	2.7076	0.2398
0.23	0.9895	0.9638	0.9740	2.5968	0.2506
0.24	0.9886	0.9607	0.9718	2.4956	0.2614
0.25	0.9877	0.9575	0.9694	2.4027	0.2722
0.26	0.9867	0.9541	0.9670	2.3173	0.2829
0.27	0.9856	0.9506	0.9645	2.2385	0.2936
0.28	0.9846	0.9470	0.9619	2.1656	0.3044
0.29	0.9835	0.9433	0.9592	2.0979	0.3150
0.30	0.9823	0.9395	0.9564	2.0351	0.3257
0.31	0.9811	0.9355	0.9535	1.9765	0.3364
0.32	0.9799	0.9315	0.9506	1.9218	0.3470
0.33	0.9787	0.9274	0.9476	1.8707	0.3576
0.34	0.9774	0.9231	0.9445	1.8229	0.3682
0.35	0.9761	0.9188	0.9413	1.7780	0.3788
0.36	0.9747	0.9143	0.9380	1.7358	0.3894
0.37	0.9734	0.9098	0.9347	1.6961	0.3999
0.38	0.9719	0.9052	0.9313	1.6587	0.4104
0.39	0.9705	0.9004	0.9278	1.6234	0.4209
0.40	0.9690	0.8956	0.9243	1.5901	0.4313
0.41	0.9675	0.8907	0.9207	1.5587	0.4418
0.42	0.9659	0.8857	0.9170	1.5289	0.4522
0.43	0.9643	0.8807	0.9132	1.5007	0.4626
0.44	0.9627	0.8755	0.9094	1.4740	0.4729
0.45	0.9611	0.8703	0.9055	1.4487	0.4833
0.46	0.9594	0.8650	0.9016	1.4246	0.4936
0.47	0.9577	0.8596	0.8976	1.4018	0.5039
0.48	0.9560	0.8541	0.8935	1.3801	0.5141
0.49	0.9542	0.8486	0.8894	1.3594	0.5243
0.50	0.9524	0.8430	0.8852	1.3398	0.5345
0.51	0.9506	0.8374	0.8809	1.3212	0.5447
0.52	0.9487	0.8317	0.8766	1.3034	0.5548
0.53	0.9468	0.8259	0.8723	1.2864	0.5649
0.54	0.9449	0.8201	0.8679	1.2703	0.5750
0.55	0.9430	0.8142	0.8634	1.2550	0.5851
0.56	0.9410	0.8082	0.8589	1.2403	0.5951
0.57	0.9390	0.8022	0.8544	1.2263	0.6051
0.58	0.9370	0.7962	0.8498	1.2130	0.6150
0.59	0.9349	0.7901	0.8451	1.2003	0.6249

(续)

Ma	T/T^*	p/p^*	ρ/ρ^*	$1/q$	λ
0.60	0.9328	0.7840	0.8405	1.1882	0.6348
0.61	0.9307	0.7778	0.8357	1.1766	0.6447
0.62	0.9286	0.7716	0.8310	1.1656	0.6545
0.63	0.9265	0.7654	0.8262	1.1551	0.6643
0.64	0.9243	0.7591	0.8213	1.1451	0.6740
0.65	0.9221	0.7528	0.8164	1.1356	0.6837
0.66	0.9199	0.7465	0.8115	1.1265	0.6934
0.67	0.9176	0.7401	0.8066	1.1178	0.7031
0.68	0.9154	0.7338	0.8016	1.1096	0.7127
0.69	0.9131	0.7274	0.7966	1.1018	0.7223
0.70	0.9108	0.7209	0.7916	1.09437	0.7318
0.71	0.9084	0.7145	0.7865	1.08729	0.7413
0.72	0.9061	0.7080	0.7814	1.08057	0.7508
0.73	0.9037	0.7016	0.7763	1.07419	0.7602
0.74	0.9013	0.6951	0.7712	1.06814	0.7696
0.75	0.8989	0.6886	0.7660	1.06242	0.7789
0.76	0.8964	0.6821	0.7609	1.05700	0.7883
0.77	0.8940	0.6756	0.7557	1.05188	0.7975
0.78	0.8915	0.6691	0.7505	1.04705	0.8068
0.79	0.8890	0.6625	0.7452	1.04250	0.8160
0.80	0.8865	0.6560	0.7400	1.03823	0.8251
0.81	0.8840	0.6495	0.7347	1.03422	0.8343
0.82	0.8815	0.6430	0.7295	1.03046	0.8433
0.83	0.8789	0.6365	0.7242	1.02696	0.8524
0.84	0.8763	0.6300	0.7189	1.02370	0.8614
0.85	0.8737	0.6235	0.7136	1.02067	0.8704
0.86	0.8711	0.6170	0.7083	1.01787	0.8793
0.87	0.8685	0.6106	0.7030	1.01530	0.8882
0.88	0.8659	0.6041	0.6977	1.01294	0.8970
0.89	0.8632	0.5977	0.6924	1.01080	0.9058
0.90	0.8606	0.5913	0.6870	1.00886	0.9146
0.91	0.8579	0.5849	0.6817	1.00713	0.9233
0.92	0.8552	0.5785	0.6764	1.00560	0.9320
0.93	0.8525	0.5721	0.6711	1.00426	0.9407
0.94	0.8498	0.5658	0.6658	1.00311	0.9493
0.95	0.8471	0.5595	0.6604	1.00214	0.9578
0.96	0.8444	0.5532	0.6551	1.00136	0.9663
0.97	0.8416	0.5469	0.6498	1.00076	0.9748
0.98	0.8389	0.5407	0.6445	1.00033	0.9833
0.99	0.8361	0.5345	0.6392	1.00008	0.9917
1.00	0.8333	0.5283	0.6339	1.00000	1.0000
1.01	0.8306	0.5221	0.6287	1.00008	1.0083
1.02	0.8278	0.5160	0.6234	1.00033	1.0166
1.03	0.8250	0.5099	0.6181	1.00074	1.0248
1.04	0.8222	0.5039	0.6129	1.00130	1.0330
1.05	0.8193	0.4979	0.6077	1.00202	1.0411
1.06	0.8165	0.4919	0.6024	1.00290	1.0492
1.07	0.8137	0.4860	0.5972	1.00394	1.0573
1.08	0.8108	0.4801	0.5920	1.00512	1.0653
1.09	0.8080	0.4742	0.5869	1.00645	1.0733
1.10	0.8052	0.4684	0.5817	1.00793	1.0812
1.11	0.8023	0.4626	0.5766	1.00955	1.0891
1.12	0.7994	0.4568	0.5714	1.01131	1.0970
1.13	0.7966	0.4511	0.5663	1.01322	1.1048
1.14	0.7937	0.4455	0.5612	1.01527	1.1126
1.15	0.7908	0.4398	0.5562	1.01746	1.1203
1.16	0.7880	0.4343	0.5511	1.01978	1.1280
1.17	0.7851	0.4287	0.5461	1.02224	1.1356
1.18	0.7822	0.4232	0.5411	1.02484	1.1432
1.19	0.7793	0.4178	0.5361	1.02757	1.1508

(续)

Ma	T/T^*	p/p^*	ρ/ρ^*	$1/q$	λ
1.20	0.7764	0.4124	0.5311	1.03044	1.1583
1.21	0.7735	0.4070	0.5262	1.03344	1.1658
1.22	0.7706	0.4017	0.5213	1.03657	1.1732
1.23	0.7677	0.3965	0.5164	1.03983	1.1806
1.24	0.7648	0.3912	0.5115	1.04323	1.1879
1.25	0.7619	0.3861	0.5067	1.04676	1.1952
1.26	0.7590	0.3809	0.5019	1.05041	1.2025
1.27	0.7561	0.3759	0.4971	1.05419	1.2097
1.28	0.7532	0.3708	0.4923	1.05810	1.2169
1.29	0.7503	0.3659	0.4876	1.06214	1.2240
1.30	0.7474	0.3609	0.4829	1.0663	1.2311
1.31	0.7445	0.3560	0.4782	1.0706	1.2382
1.32	0.7416	0.3512	0.4736	1.0750	1.2452
1.33	0.7387	0.3464	0.4690	1.0796	1.2522
1.34	0.7358	0.3417	0.4644	1.0842	1.2591
1.35	0.7329	0.3370	0.4598	1.0890	1.2660
1.36	0.7300	0.3323	0.4553	1.0940	1.2729
1.37	0.7271	0.3277	0.4508	1.0990	1.2797
1.38	0.7242	0.3232	0.4463	1.1042	1.2865
1.39	0.7213	0.3187	0.4418	1.1095	1.2932
1.40	0.7184	0.3142	0.4374	1.1149	1.2999
1.41	0.7155	0.3098	0.4330	1.1205	1.3065
1.42	0.7126	0.3055	0.4287	1.1262	1.3131
1.43	0.7097	0.3012	0.4244	1.1320	1.3197
1.44	0.7069	0.2969	0.4201	1.1379	1.3262
1.45	0.7040	0.2927	0.4158	1.1440	1.3327
1.46	0.7011	0.2886	0.4116	1.1502	1.3392
1.47	0.6982	0.2845	0.4074	1.1565	1.3456
1.48	0.6954	0.2804	0.4032	1.1629	1.3520
1.49	0.6925	0.2764	0.3991	1.1695	1.3583
1.50	0.6897	0.2724	0.3950	1.1762	1.3646
1.51	0.6868	0.2685	0.3909	1.1830	1.3708
1.52	0.6840	0.2646	0.3869	1.1899	1.3770
1.53	0.6811	0.2608	0.3829	1.1970	1.3832
1.54	0.6783	0.2570	0.3789	1.2042	1.3894
1.55	0.6755	0.2533	0.3750	1.2115	1.3955
1.56	0.6726	0.2496	0.3711	1.2190	1.4016
1.57	0.6698	0.2459	0.3672	1.2266	1.4076
1.58	0.6670	0.2423	0.3633	1.2343	1.4135
1.59	0.6642	0.2388	0.3595	1.2422	1.4195
1.60	0.6614	0.2353	0.3557	1.2502	1.4254
1.61	0.6586	0.2318	0.3520	1.2583	1.4313
1.62	0.6558	0.2284	0.3483	1.2666	1.4371
1.63	0.6530	0.2250	0.3446	1.2750	1.4429
1.64	0.6502	0.2217	0.3409	1.2835	1.4487
1.65	0.6475	0.2184	0.3373	1.2922	1.4544
1.66	0.6447	0.2152	0.3337	1.3010	1.4601
1.67	0.6419	0.2120	0.3302	1.3099	1.4657
1.68	0.6392	0.2088	0.3266	1.3190	1.4713
1.69	0.6365	0.2057	0.3232	1.3282	1.4769
1.70	0.6337	0.2026	0.3197	1.3376	1.4825
1.71	0.6310	0.1996	0.3163	1.3471	1.4880
1.72	0.6283	0.1966	0.3129	1.3567	1.4935
1.73	0.6256	0.1936	0.3095	1.3665	1.4989
1.74	0.6229	0.1907	0.3062	1.3764	1.5043
1.75	0.6202	0.1878	0.3029	1.3865	1.5097
1.76	0.6175	0.1850	0.2996	1.3967	1.5150
1.77	0.6148	0.1822	0.2964	1.4071	1.5203
1.78	0.6121	0.1794	0.2931	1.4176	1.5256
1.79	0.6095	0.1767	0.2900	1.4282	1.5308

(续)

Ma	T/T^*	p/p^*	ρ/ρ^*	$1/q$	λ
1.80	0.6068	0.1740	0.2868	1.4390	1.5360
1.81	0.6042	0.1714	0.2837	1.4499	1.5412
1.82	0.6015	0.1688	0.2806	1.4610	1.5463
1.83	0.5989	0.1662	0.2776	1.4723	1.5514
1.84	0.5963	0.1637	0.2745	1.4837	1.5564
1.85	0.5937	0.1612	0.2715	1.4952	1.5614
1.86	0.5911	0.1587	0.2686	1.5069	1.5664
1.87	0.5885	0.1563	0.2656	1.5188	1.5714
1.88	0.5859	0.1539	0.2627	1.5308	1.5763
1.89	0.5833	0.1516	0.2598	1.5429	1.5812
1.90	0.5807	0.1492	0.2570	1.5552	1.5861
1.91	0.5782	0.1470	0.2542	1.5677	1.5909
1.92	0.5756	0.1447	0.2514	1.5804	1.5957
1.93	0.5731	0.1425	0.2486	1.5932	1.6005
1.94	0.5705	0.1403	0.2459	1.6062	1.6052
1.95	0.5680	0.1381	0.2432	1.6193	1.6099
1.96	0.5655	0.1360	0.2405	1.6326	1.6146
1.97	0.5630	0.1339	0.2378	1.6461	1.6193
1.98	0.5605	0.1318	0.2352	1.6597	1.6239
1.99	0.5580	0.1298	0.2326	1.6735	1.6285
2.00	0.5556	0.1278	0.2301	1.6875	1.6330
2.01	0.5531	0.1258	0.2275	1.7017	1.6375
2.02	0.5506	0.1239	0.2250	1.7160	1.6420
2.03	0.5482	0.1220	0.2225	1.7305	1.6465
2.04	0.5458	0.1201	0.2200	1.7452	1.6509
2.05	0.5433	0.1182	0.2176	1.7600	1.6553
2.06	0.5409	0.1164	0.2152	1.7750	1.6597
2.07	0.5385	0.1146	0.2128	1.7902	1.6640
2.08	0.5361	0.1128	0.2105	1.8056	1.6683
2.09	0.5337	0.1111	0.2081	1.8212	1.6726
2.10	0.5314	0.1094	0.2058	1.8369	1.6769
2.11	0.5290	0.1077	0.2035	1.8529	1.6811
2.12	0.5266	0.1060	0.2013	1.8690	1.6853
2.13	0.5243	0.1043	0.1990	1.8853	1.6895
2.14	0.5219	0.1027	0.1968	1.9018	1.6936
2.15	0.5196	0.1011	0.1946	1.9185	1.6977
2.16	0.5173	0.0996	0.1925	1.9354	1.7018
2.17	0.5150	0.0980	0.1903	1.9525	1.7059
2.18	0.5127	0.0965	0.1882	1.9698	1.7099
2.19	0.5104	0.0950	0.1861	1.9873	1.7139
2.20	0.5081	0.0935	0.1841	2.0050	1.7179
2.21	0.5059	0.0921	0.1820	2.0229	1.7219
2.22	0.5036	0.0906	0.1800	2.0409	1.7258
2.23	0.5014	0.0892	0.1780	2.0592	1.7297
2.24	0.4991	0.0878	0.1760	2.0777	1.7336
2.25	0.4969	0.0865	0.1740	2.0964	1.7374
2.26	0.4947	0.0851	0.1721	2.1154	1.7412
2.27	0.4925	0.0838	0.1702	2.1345	1.7450
2.28	0.4903	0.0825	0.1683	2.1538	1.7488
2.29	0.4881	0.0812	0.1664	2.1734	1.7526
2.30	0.4859	0.0800	0.1646	2.1931	1.7563
2.31	0.4837	0.0787	0.1628	2.2131	1.7600
2.32	0.4816	0.0775	0.1610	2.2333	1.7637
2.33	0.4794	0.0763	0.1592	2.2537	1.7673
2.34	0.4773	0.0751	0.1574	2.2744	1.7709
2.35	0.4752	0.0740	0.1556	2.2953	1.7745
2.36	0.4731	0.0728	0.1539	2.3164	1.7781
2.37	0.4710	0.0717	0.1522	2.3377	1.7817
2.38	0.4689	0.0706	0.1505	2.3593	1.7852
2.39	0.4668	0.0695	0.1489	2.3811	1.7887

(续)

Ma	T/T^*	p/p^*	ρ/ρ^*	$1/q$	λ
2.40	0.4647	0.0684	0.1472	2.4031	1.7922
2.41	0.4626	0.0673	0.1456	2.4254	1.7957
2.42	0.4606	0.0663	0.1440	2.4479	1.7991
2.43	0.4585	0.0653	0.1424	2.4706	1.8025
2.44	0.4565	0.0643	0.1408	2.4936	1.8059
2.45	0.4544	0.0633	0.1392	2.5168	1.8093
2.46	0.4524	0.0623	0.1377	2.5403	1.8126
2.47	0.4504	0.0613	0.1362	2.5640	1.8159
2.48	0.4484	0.0604	0.1347	2.5880	1.8192
2.49	0.4464	0.0595	0.1332	2.6122	1.8225
2.50	0.4444	0.0585	0.1317	2.6367	1.8258
2.51	0.4425	0.0576	0.1302	2.6615	1.8290
2.52	0.4405	0.0567	0.1288	2.6865	1.8322
2.53	0.4386	0.0559	0.1274	2.7117	1.8354
2.54	0.4366	0.0550	0.1260	2.7372	1.8386
2.55	0.4347	0.0542	0.1246	2.7630	1.8417
2.56	0.4328	0.0533	0.1232	2.7891	1.8448
2.57	0.4309	0.0525	0.1219	2.8154	1.8479
2.58	0.4289	0.0517	0.1205	2.8420	1.8510
2.59	0.4271	0.0509	0.1142	2.8689	1.8541
2.60	0.4252	0.0501	0.1179	2.8960	1.8572
2.61	0.4233	0.0494	0.1166	2.9234	1.8602
2.62	0.4214	0.0486	0.1153	2.9511	1.8632
2.63	0.4196	0.0478	0.1140	2.9791	1.8662
2.64	0.4177	0.0471	0.1128	3.0074	1.8692
2.65	0.4159	0.0464	0.1115	3.0359	1.8721
2.66	0.4141	0.0457	0.1103	3.0647	1.8750
2.67	0.4122	0.0450	0.1091	3.0938	1.8779
2.68	0.4104	0.0443	0.1079	3.1233	1.8808
2.69	0.4086	0.0436	0.1067	3.1530	1.8837
2.70	0.4068	0.0430	0.1056	3.1830	1.8865
2.71	0.4051	0.0423	0.1044	3.2133	1.8894
2.72	0.4033	0.0417	0.1033	3.2440	1.8922
2.73	0.4015	0.0410	0.1022	3.2749	1.8950
2.74	0.3998	0.0404	0.1010	3.3061	1.8978
2.75	0.3980	0.0398	0.0999	3.3376	1.9005
2.76	0.3963	0.0392	0.0989	3.3695	1.9032
2.77	0.3945	0.0386	0.0978	3.4017	1.9060
2.78	0.3928	0.0380	0.0967	3.4342	1.9087
2.79	0.3911	0.0374	0.0957	3.4670	1.9114
2.80	0.3894	0.0369	0.0946	3.5001	1.9140
2.81	0.3877	0.0363	0.0936	3.5336	1.9167
2.82	0.3860	0.0357	0.0926	3.5674	1.9193
2.83	0.3844	0.0352	0.0916	3.6015	1.9220
2.84	0.3827	0.0347	0.0906	3.6359	1.9246
2.85	0.3810	0.0342	0.0896	3.6707	1.9271
2.86	0.3794	0.0336	0.0887	3.7058	1.9297
2.87	0.3777	0.0331	0.0877	3.7413	1.9322
2.88	0.3761	0.0326	0.0867	3.7771	1.9348
2.89	0.3745	0.0321	0.0858	3.8133	1.9373
2.90	0.3729	0.0317	0.0849	3.8498	1.9398
2.91	0.3713	0.0312	0.0840	3.8866	1.9423
2.92	0.3697	0.0307	0.0831	3.9238	1.9448
2.93	0.3681	0.0303	0.0822	3.9614	1.9472
2.94	0.3665	0.0298	0.0813	3.9993	1.9497
2.95	0.3649	0.0294	0.0804	4.0376	1.9521
2.96	0.3633	0.0289	0.0796	4.0763	1.9545
2.97	0.3618	0.0285	0.0787	4.1153	1.9569
2.98	0.3602	0.0281	0.0779	4.1547	1.9593
2.99	0.3587	0.0276	0.0771	4.1944	1.9616

(续)

Ma	T/T^*	p/p^*	ρ/ρ^*	$1/q$	λ
3.00	0.3571	0.0272	0.0762	4.2346	1.9640
3.10	0.3422	0.0235	0.0685	4.6573	1.9866
3.20	0.3281	0.0202	0.0617	5.1210	2.0079
3.30	0.3147	0.0175	0.0555	5.6287	2.0279
3.40	0.3019	0.0151	0.0501	6.1837	2.0466
3.50	0.2899	0.0131	0.0452	6.7896	2.0642
3.60	0.2784	0.0114	0.0409	7.4501	2.0808
3.70	0.2675	0.0099	0.0370	8.1691	2.0964
3.80	0.2572	0.0086	0.0336	8.9506	2.1111
3.90	0.2474	0.0075	0.0304	9.7990	2.1250
4.00	0.2381	0.00658	0.0277	10.719	2.1381
4.10	0.2293	0.00577	0.0252	11.715	2.1505
4.20	0.2209	0.00506	0.0229	12.792	2.1622
4.30	0.2129	0.00445	0.0209	13.955	2.1732
4.40	0.2053	0.00392	0.0191	15.210	2.1837
4.50	0.1980	0.00346	0.0175	16.562	2.1936
4.60	0.1911	0.00305	0.0160	18.018	2.2030
4.70	0.1846	0.00270	0.0146	19.583	2.2119
4.80	0.1783	0.00240	0.0134	21.264	2.2204
4.90	0.1724	0.00213	0.0123	23.067	2.2284
5.00	0.1667	0.189×10^{-2}	0.113×10^{-1}	25.000	2.2361
6.00	0.1220	0.633×10^{-3}	0.519×10^{-2}	53.180	2.2953
7.00	0.0926	0.242×10^{-3}	0.261×10^{-2}	104.143	2.3333
8.00	0.0725	0.102×10^{-3}	0.141×10^{-2}	190.109	2.3591
9.00	0.0581	0.474×10^{-4}	0.815×10^{-3}	327.189	2.3772
10.00	0.0476	0.236×10^{-4}	0.495×10^{-8}	535.938	2.3904
∞	0	0	0	∞	2.4495

表2(b) 一维等熵流气动函数表($k=1.4$)(以 λ 数为自变量)

λ	$\tau(\lambda)$	$\pi(\lambda)$	$\varepsilon(\lambda)$	$q(\lambda)$	$y(\lambda)$	$z(\lambda)$	$f(\lambda)$	$r(\lambda)$	Ma
0.00	1.0000	1.0000	1.0000	0.0000	0.0000	∞	1.0000	1.0000	0.0000
0.01	1.0000	0.9999	0.9999	0.0158	0.0158	100.1	1.0000	0.9999	0.0091
0.02	0.9999	0.9998	0.9998	0.0315	0.0316	50.02	1.0002	0.9996	0.0183
0.03	0.9999	0.9995	0.9997	0.0473	0.0473	33.36	1.0006	0.9989	0.0274
0.04	0.9997	0.9990	0.9993	0.0631	0.0631	25.04	1.0009	0.9981	0.0365
0.05	0.9996	0.9986	0.9990	0.0788	0.0789	20.05	1.0015	0.9971	0.0457
0.06	0.9994	0.9979	0.9985	0.0945	0.0947	16.727	1.0021	0.9958	0.0548
0.07	0.9992	0.9971	0.9979	0.1102	0.1105	14.356	1.0028	0.9943	0.0639
0.08	0.9989	0.9963	0.9974	0.1259	0.1263	12.580	1.0038	0.9925	0.0731
0.09	0.9987	0.9953	0.9967	0.1415	0.1422	11.201	1.0047	0.9906	0.0822
0.10	0.9983	0.9942	0.9959	0.1571	0.1580	10.100	1.0058	0.9885	0.0914
0.11	0.9980	0.9929	0.9949	0.1726	0.1739	9.201	1.0070	0.9860	0.1005
0.12	0.9976	0.9916	0.9940	0.1882	0.1897	8.453	1.0083	0.9834	0.1097
0.13	0.9972	0.9901	0.9929	0.2036	0.2056	7.822	1.0100	0.9806	0.1190
0.14	0.9967	0.9886	0.9918	0.2190	0.2216	7.283	1.0113	0.9776	0.1280
0.15	0.9963	0.9870	0.9907	0.2344	0.2375	6.816	1.0129	0.9744	0.1372
0.16	0.9957	0.9851	0.9893	0.2497	0.2535	6.410	1.0147	0.9709	0.1460
0.17	0.9952	0.9832	0.9880	0.2649	0.2695	6.052	1.0165	0.9673	0.1560
0.18	0.9946	0.9812	0.9866	0.2801	0.2855	5.735	1.0185	0.9634	0.1650
0.19	0.9940	0.9791	0.9850	0.2952	0.3015	5.453	1.0206	0.9594	0.1740
0.20	0.9933	0.9768	0.9834	0.3102	0.3176	5.200	1.0227	0.9551	0.1830
0.21	0.9927	0.9745	0.9817	0.3252	0.3337	4.972	1.0250	0.9507	0.1920
0.22	0.9919	0.9720	0.9799	0.3401	0.3499	4.765	1.0274	0.9461	0.2020
0.23	0.9912	0.9695	0.9781	0.3549	0.3660	4.577	1.0298	0.9414	0.2109
0.24	0.9904	0.9668	0.9762	0.3696	0.3823	4.407	1.0315	0.9373	0.2202
0.25	0.9896	0.9640	0.9742	0.3842	0.3985	4.250	1.0350	0.9314	0.2290
0.26	0.9887	0.9611	0.9721	0.3987	0.4148	4.106	1.0378	0.9261	0.2387
0.27	0.9879	0.9581	0.9699	0.4131	0.4311	3.974	1.0406	0.9207	0.2480
0.28	0.9869	0.9550	0.9677	0.4274	0.4475	3.851	1.0435	0.9152	0.2573
0.29	0.9860	0.9518	0.9653	0.4416	0.4640	3.738	1.0465	0.9095	0.2670
0.30	0.9850	0.9485	0.9630	0.4557	0.4304	3.633	1.0496	0.9037	0.2760
0.31	0.9840	0.9451	0.9605	0.4697	0.4970	3.536	1.0528	0.8977	0.2850
0.32	0.9829	0.9415	0.9579	0.4835	0.5135	3.445	1.0559	0.8917	0.2947
0.33	0.9819	0.9379	0.9552	0.4972	0.5302	3.360	1.0593	0.8854	0.3040
0.34	0.9807	0.9342	0.9525	0.5109	0.5469	3.282	1.0626	0.8791	0.3134
0.35	0.9796	0.9303	0.9497	0.5243	0.5636	3.207	1.0661	0.8727	0.3228
0.36	0.9784	0.9265	0.9469	0.5377	0.5804	3.138	1.0696	0.8662	0.3322
0.37	0.9772	0.9224	0.9439	0.5509	0.5973	3.073	1.0732	0.8595	0.3417
0.38	0.9759	0.9183	0.9409	0.5640	0.6142	3.012	1.0768	0.8528	0.3511
0.39	0.9747	0.9141	0.9378	0.5769	0.6312	2.954	1.0805	0.8460	0.3606
0.40	0.9733	0.9097	0.9346	0.5897	0.6482	2.900	1.0842	0.8391	0.3701
0.41	0.9720	0.9053	0.9314	0.6024	0.6654	2.849	1.0880	0.8321	0.3796
0.42	0.9706	0.9008	0.9281	0.6149	0.6826	2.801	1.0918	0.8251	0.3892
0.43	0.9692	0.8962	0.9247	0.6272	0.6998	2.756	1.0957	0.8179	0.3987
0.44	0.9677	0.8915	0.9212	0.6394	0.7172	2.713	1.0996	0.8108	0.4083
0.45	0.9663	0.8868	0.9178	0.6515	0.7346	2.672	1.1036	0.8035	0.4179
0.46	0.9647	0.8819	0.9142	0.6633	0.7521	2.634	1.1076	0.7963	0.4275
0.47	0.9632	0.8770	0.9105	0.6750	0.7697	2.598	1.1116	0.7889	0.4372
0.48	0.9616	0.8719	0.9067	0.6865	0.7874	2.563	1.1156	0.7816	0.4468
0.49	0.9600	0.8668	0.9029	0.6979	0.8052	2.531	1.1197	0.7741	0.4565
0.50	0.9583	0.8616	0.8991	0.7091	0.8230	2.500	1.1239	0.7666	0.4663
0.51	0.9567	0.8563	0.8951	0.7201	0.8409	2.471	1.1279	0.7592	0.4760
0.52	0.9549	0.8509	0.8911	0.7309	0.8590	2.443	1.1320	0.7517	0.4858
0.53	0.9532	0.8455	0.8871	0.7416	0.8771	2.417	1.1362	0.7442	0.4956
0.54	0.9514	0.8400	0.8829	0.7520	0.8953	2.392	1.1403	0.7366	0.5054
0.55	0.9496	0.8344	0.8787	0.7623	0.9136	2.368	1.1445	0.7290	0.5152
0.56	0.9477	0.8287	0.8744	0.7724	0.9321	2.346	1.1486	0.7215	0.5251
0.57	0.9459	0.8230	0.8701	0.7823	0.9506	2.324	1.1528	0.7139	0.5350
0.58	0.9439	0.8172	0.8657	0.7920	0.9692	2.304	1.1569	0.7064	0.5450
0.59	0.9420	0.8112	0.8612	0.8015	0.9880	2.285	1.1610	0.6987	0.5549

(续)

λ	τ(λ)	π(λ)	ε(λ)	q(λ)	y(λ)	z(λ)	f(λ)	r(λ)	Ma
0.60	0.9400	0.8053	0.8567	0.8109	1.0069	2.267	1.1651	0.6912	0.5649
0.61	0.9380	0.7992	0.8521	0.8198	1.0258	2.249	1.1691	0.6836	0.5750
0.62	0.9359	0.7932	0.8475	0.8288	1.0449	2.233	1.1733	0.6760	0.5850
0.63	0.9339	0.7870	0.8428	0.8375	1.0641	2.217	1.1772	0.6685	0.5951
0.64	0.9317	0.7808	0.8380	0.8459	1.0842	2.203	1.1812	0.6610	0.6053
0.65	0.9296	0.7745	0.8332	0.8543	1.1030	2.189	1.1852	0.6535	0.6154
0.66	0.9274	0.7681	0.8283	0.8623	1.1226	2.175	1.1891	0.6460	0.6256
0.67	0.9252	0.7617	0.8233	0.8701	1.1423	2.163	1.1929	0.6386	0.6359
0.68	0.9229	0.7553	0.8183	0.8778	1.1622	2.151	1.1967	0.6311	0.6461
0.69	0.9207	0.7488	0.8133	0.8852	1.1822	2.139	1.2005	0.6237	0.6565
0.70	0.9183	0.7422	0.8082	0.8924	1.2024	2.129	1.2042	0.6163	0.6668
0.71	0.9160	0.7356	0.8030	0.8993	1.2227	2.119	1.2078	0.6090	0.6772
0.72	0.9136	0.7289	0.7978	0.9061	1.2431	2.109	1.2114	0.6017	0.6876
0.73	0.9112	0.7221	0.7925	0.9126	1.2637	2.100	1.2148	0.5944	0.6981
0.74	0.9087	0.7154	0.7872	0.9189	1.2845	2.091	1.2183	0.5872	0.7086
0.75	0.9063	0.7086	0.7819	0.9250	1.3054	2.0833	1.2216	0.5800	0.7192
0.76	0.9037	0.7017	0.7764	0.9308	1.3265	2.0758	1.2749	0.5729	0.7298
0.77	0.9012	0.6948	0.7710	0.9364	1.3478	2.0687	1.2280	0.5658	0.7404
0.78	0.8986	0.6878	0.7655	0.9418	1.3692	2.0620	1.2311	0.5587	0.7511
0.79	0.8960	0.6809	0.7599	0.9469	1.3908	2.0558	1.2341	0.5517	0.7619
0.80	0.8933	0.6738	0.7543	0.9518	1.4126	2.0500	1.2370	0.5447	0.7727
0.81	0.8907	0.6668	0.7486	0.9565	1.4346	2.0446	1.2398	0.5378	0.7835
0.82	0.8879	0.6597	0.7429	0.9610	1.4567	2.0395	1.2425	0.5309	0.7944
0.83	0.8852	0.6526	0.7372	0.9652	1.4790	2.0348	1.2451	0.5241	0.8053
0.84	0.8824	0.6454	0.7314	0.9691	1.5016	2.0305	1.2475	0.5174	0.8163
0.85	0.8796	0.6382	0.7256	0.9729	1.5243	2.0265	1.2498	0.5107	0.8274
0.86	0.8767	0.6310	0.7197	0.9764	1.5473	2.0228	1.2520	0.5040	0.8384
0.87	0.8739	0.6238	0.7138	0.9796	1.5704	2.0194	1.2541	0.4974	0.8496
0.88	0.8709	0.6165	0.7079	0.9826	1.5938	2.0164	1.2560	0.4908	0.8608
0.89	0.8680	0.6092	0.7019	0.9854	1.6174	2.0136	1.2579	0.4843	0.8721
0.90	0.8650	0.6019	0.6959	0.9879	1.6412	2.0111	1.2595	0.4779	0.8833
0.91	0.8620	0.5946	0.6898	0.9902	1.6652	2.0089	1.2611	0.4715	0.8947
0.92	0.8589	0.5873	0.6838	0.9923	1.6895	2.0069	1.2625	0.4652	0.9062
0.93	0.8559	0.5800	0.6776	0.9941	1.7140	2.0053	1.2637	0.4589	0.9177
0.94	0.8527	0.5726	0.6715	0.9957	1.7388	2.0038	1.2648	0.4527	0.9292
0.95	0.8496	0.5653	0.6653	0.9970	1.7638	2.0026	1.2658	0.4466	0.9409
0.96	0.8464	0.5579	0.6591	0.9981	1.7891	2.0017	1.2666	0.4405	0.9526
0.97	0.8432	0.5505	0.6528	0.9989	1.8146	2.0009	1.2671	0.4344	0.9644
0.98	0.8399	0.5431	0.6466	0.9953	1.8404	2.0004	1.2676	0.4285	0.9761
0.99	0.8367	0.5357	0.6403	0.9999	1.8665	2.0001	1.2678	0.4225	0.9880
1.00	0.8333	0.5283	0.6340	1.0000	1.8929	2.0000	1.2679	0.4167	1.0000
1.01	0.8300	0.5209	0.6276	0.9999	1.9195	2.0001	1.2678	0.4109	1.0120
1.02	0.8266	0.5135	0.6212	0.9995	1.9464	2.0004	1.2675	0.4051	1.0241
1.03	0.8232	0.5061	0.6148	0.9989	1.9737	2.0009	1.2671	0.3994	1.0363
1.04	0.8197	0.4987	0.6084	0.9980	2.0013	2.0015	1.2664	0.3938	1.0486
1.05	0.8163	0.4913	0.6019	0.9969	2.0291	2.0024	1.2655	0.3882	1.0609
1.06	0.8127	0.4840	0.5955	0.9957	2.0573	2.0034	1.2646	0.3827	1.0733
1.07	0.8092	0.4766	0.5890	0.9941	2.0858	2.0046	1.2633	0.3773	1.0858
1.08	0.8056	0.4693	0.5826	0.9924	2.1147	2.0059	1.2620	0.3719	1.0985
1.09	0.8020	0.4619	0.5760	0.9903	2.1439	2.0074	1.2602	0.3665	1.1111
1.10	0.7983	0.4546	0.5694	0.9880	2.1734	2.0091	1.2584	0.3613	1.1239
1.11	0.7947	0.4473	0.5629	0.9856	2.2034	2.0109	1.2564	0.3560	1.1367
1.12	0.7909	0.4400	0.5564	0.9829	2.2337	2.0128	1.2543	0.3508	1.1496
1.13	0.7872	0.4328	0.5498	0.9800	2.2643	2.0149	1.2519	0.3457	1.1627
1.14	0.7834	0.4255	0.5432	0.9768	2.2954	2.0172	1.2491	0.3407	1.1758
1.15	0.7796	0.4184	0.5366	0.9735	2.3269	2.0195	1.2463	0.3357	1.1890
1.16	0.7757	0.4111	0.5300	0.9698	2.3588	2.0221	1.2432	0.3307	1.2023
1.17	0.7719	0.4040	0.5234	0.9659	2.3911	2.0247	1.2398	0.3258	1.2157
1.18	0.7679	0.3969	0.5168	0.9620	2.4238	2.0275	1.2364	0.3210	1.2292
1.19	0.7640	0.3898	0.5102	0.9577	2.4570	2.0303	1.2326	0.3162	1.2428

(续)

λ	$\tau(\lambda)$	$\pi(\lambda)$	$\varepsilon(\lambda)$	$q(\lambda)$	$y(\lambda)$	$z(\lambda)$	$f(\lambda)$	$r(\lambda)$	Ma
1.20	0.7600	0.3827	0.5035	0.9531	2.4906	2.0333	1.2286	0.3115	1.2566
1.21	0.7560	0.3757	0.4969	0.9484	2.5247	2.0364	1.2244	0.3068	1.2708
1.22	0.7519	0.3687	0.4903	0.9435	2.5593	2.0397	1.2200	0.3022	1.2843
1.23	0.7478	0.3617	0.4837	0.9384	2.5944	2.0430	1.2154	0.2976	1.2974
1.24	0.7437	0.3548	0.4770	0.9331	2.6300	2.0464	1.2105	0.2931	1.3126
1.25	0.7396	0.3479	0.4704	0.9275	2.6660	2.0500	1.2054	0.2886	1.3268
1.26	0.7354	0.3411	0.4638	0.9217	2.7026	2.0537	1.2000	0.2842	1.3413
1.27	0.7312	0.3343	0.4572	0.9159	2.7398	2.0574	1.1946	0.2798	1.3558
1.28	0.7269	0.3275	0.4505	0.9096	2.7775	2.0613	1.1887	0.2755	1.3705
1.29	0.7227	0.3208	0.4439	0.9033	2.8158	2.0652	1.1826	0.2713	1.3853
1.30	0.7183	0.3142	0.4374	0.8969	2.8547	2.0693	1.1765	0.2670	1.4002
1.31	0.7140	0.3075	0.4307	0.8901	2.8941	2.0734	1.1699	0.2629	1.4153
1.32	0.7096	0.3010	0.4241	0.8831	2.9343	2.0776	1.1632	0.2574	1.4305
1.33	0.7052	0.2945	0.4176	0.8761	2.9750	2.0819	1.1562	0.2547	1.4458
1.34	0.7007	0.2880	0.4110	0.8688	3.0164	2.0863	1.1490	0.2507	1.4613
1.35	0.6962	0.2816	0.4045	0.8614	3.0586	2.0907	1.1417	0.2467	1.4769
1.36	0.6917	0.2753	0.3980	0.8538	3.1013	2.0953	1.1341	0.2427	1.4927
1.37	0.6872	0.2690	0.3914	0.8459	3.1448	2.0999	1.1261	0.2389	1.5087
1.38	0.6826	0.2628	0.3850	0.8380	3.1889	2.1046	1.1180	0.2350	1.5248
1.39	0.6780	0.2566	0.3785	0.8299	3.2340	2.1094	1.1098	0.2312	1.5410
1.40	0.6733	0.2505	0.3720	0.8216	3.2798	2.1143	1.1012	0.2275	1.5575
1.41	0.6687	0.2445	0.3656	0.8131	3.3263	2.1192	1.0924	0.2238	1.5741
1.42	0.6639	0.2385	0.3592	0.8046	3.3737	2.1242	1.0835	0.2201	1.5909
1.43	0.6592	0.2326	0.3528	0.7958	3.4219	2.1293	1.0742	0.2165	1.6078
1.44	0.6544	0.2267	0.3464	0.7899	3.4710	2.1344	1.0648	0.2129	1.6250
1.45	0.6496	0.2209	0.3401	0.7778	3.5211	2.1396	1.0551	0.2094	1.6423
1.46	0.6447	0.2152	0.3338	0.7687	3.5720	2.1449	1.0453	0.2059	1.6598
1.47	0.6398	0.2095	0.3275	0.7593	3.6240	2.1503	1.0351	0.2024	1.6776
1.48	0.6349	0.2040	0.3212	0.7499	3.6768	2.1557	1.0249	0.1990	1.6955
1.49	0.6300	0.1985	0.3150	0.7404	3.7308	2.1611	1.0144	0.1956	1.7137
1.50	0.6250	0.1930	0.3088	0.7307	3.7858	2.1667	1.0037	0.1923	1.7321
1.51	0.6200	0.1876	0.3027	0.7209	3.8418	2.1723	0.9927	0.1890	1.7506
1.52	0.6149	0.1824	0.2965	0.7110	3.8990	2.1779	0.9816	0.1858	1.7694
1.53	0.6099	0.1771	0.2904	0.7009	3.9574	2.1836	0.9703	0.1825	1.7885
1.54	0.6047	0.1720	0.2844	0.6909	4.0172	2.1894	0.9590	0.1794	1.8078
1.55	0.5996	0.1669	0.2784	0.6807	4.0778	2.1952	0.9472	0.1762	1.8273
1.56	0.5944	0.1619	0.2724	0.6703	4.1398	2.2010	0.9353	0.1731	1.8471
1.57	0.5892	0.1570	0.2665	0.6599	4.2034	2.2069	0.9233	0.1700	1.8672
1.58	0.5839	0.1522	0.2606	0.6494	4.2680	2.2129	0.9111	0.1670	1.8875
1.59	0.5786	0.1474	0.2547	0.6389	4.3345	2.2189	0.8988	0.1640	1.9081
1.60	0.5733	0.1427	0.2489	0.6282	4.4020	2.2250	0.8861	0.1611	1.9290
1.61	0.5680	0.1381	0.2431	0.6175	4.4713	2.2311	0.8734	0.1581	1.9501
1.62	0.5626	0.1336	0.2374	0.6067	4.5422	2.2373	0.8604	0.1552	1.9716
1.63	0.5572	0.1291	0.2317	0.5958	4.6144	2.2435	0.8474	0.1524	1.9934
1.64	0.5517	0.1248	0.2261	0.5850	4.6887	2.2498	0.8343	0.1495	2.0155
1.65	0.5463	0.1205	0.2205	0.5740	4.7647	2.2561	0.8210	0.1467	2.0380
1.66	0.5407	0.1163	0.2150	0.5630	4.8424	2.2624	0.8075	0.1440	2.0607
1.67	0.5352	0.1121	0.2095	0.5520	4.9221	2.2088	0.7939	0.1413	2.0839
1.68	0.5296	0.1081	0.2041	0.5409	5.0037	2.2752	0.7802	0.1386	2.1073
1.69	0.5240	0.1041	0.1988	0.5298	5.0877	2.2817	0.7664	0.1359	2.1313
1.70	0.5183	0.1003	0.1934	0.5187	5.1735	2.2882	0.7524	0.1333	2.1555
1.71	0.5126	0.0965	0.1881	0.5075	5.3167	2.2948	0.7383	0.1306	2.1802
1.72	0.5069	0.0928	0.1830	0.4965	5.3520	2.3014	0.7243	0.1281	2.2053
1.73	0.5012	0.0891	0.1778	0.4852	5.4449	2.3080	0.7100	0.1255	2.2308
1.74	0.4954	0.0856	0.1727	0.4741	5.5403	2.3147	0.6957	0.1230	2.2567
1.75	0.4896	0.0821	0.1677	0.4630	5.6383	2.3214	0.6813	0.1205	2.2831
1.76	0.4837	0.0787	0.1628	0.4520	5.7390	2.3282	0.6669	0.1181	2.3100
1.77	0.4779	0.0754	0.1578	0.4407	5.8427	2.3350	0.6523	0.1156	2.3374
1.78	0.4719	0.0722	0.1530	0.4296	5.9495	2.3418	0.6378	0.1132	2.3653
1.79	0.4660	0.0691	0.1482	0.4185	6.0593	2.3487	0.6232	0.1108	2.3937

(续)

λ	$\tau(\lambda)$	$\pi(\lambda)$	$\varepsilon(\lambda)$	$q(\lambda)$	$y(\lambda)$	$z(\lambda)$	$f(\lambda)$	$r(\lambda)$	Ma
1.80	0.4600	0.0660	0.1435	0.4075	6.1723	2.3556	0.6085	0.1085	2.4227
1.81	0.4540	0.0630	0.1389	0.3965	6.2893	2.3625	0.5938	0.1062	2.4523
1.82	0.4479	0.0602	0.1343	0.3855	6.4091	2.3695	0.5791	0.1039	2.4824
1.83	0.4418	0.0573	0.1298	0.3746	6.5335	2.3765	0.5644	0.1016	2.5132
1.84	0.4357	0.0546	0.1253	0.3638	6.6607	2.3835	0.5497	0.0994	2.5449
1.85	0.4296	0.0520	0.1210	0.3530	6.7934	2.3905	0.5349	0.0971	2.5766
1.86	0.4234	0.0494	0.1167	0.3423	6.9298	2.3976	0.5202	0.0949	2.6094
1.87	0.4172	0.0469	0.1124	0.3316	7.0707	2.4048	0.5055	0.0928	2.6429
1.88	0.4109	0.0445	0.1083	0.3211	7.2162	2.4119	0.4909	0.0906	2.6772
1.89	0.4047	0.0422	0.1042	0.3105	7.3673	2.4191	0.4762	0.0885	2.7123
1.90	0.3983	0.0399	0.1002	0.3002	7.5243	2.4263	0.4617	0.0864	2.7481
1.91	0.3920	0.0377	0.0962	0.2898	7.6858	2.4336	0.4472	0.0843	2.7849
1.92	0.3856	0.0356	0.0923	0.2797	7.8540	2.4408	0.4327	0.0823	2.8225
1.93	0.3792	0.0336	0.0885	0.2695	8.0289	2.4481	0.4183	0.0803	2.8612
1.94	0.3727	0.0316	0.0848	0.2596	8.2098	2.4555	0.4041	0.0782	2.9007
1.95	0.3662	0.0297	0.0812	0.2497	8.3985	2.4628	0.3899	0.0763	2.9414
1.96	0.3597	0.0279	0.0776	0.2400	8.5943	2.4702	0.3758	0.0743	2.9831
1.97	0.3532	0.0262	0.0741	0.2304	8.7984	2.4776	0.3618	0.0724	3.0301
1.98	0.3466	0.0245	0.0707	0.2209	9.0112	2.4851	0.3480	0.0704	3.0701
1.99	0.3400	0.0229	0.0674	0.2116	9.2329	2.4925	0.3343	0.0685	3.1155
2.00	0.3333	0.0214	0.0642	0.2024	9.464	2.5000	0.3203	0.0668	3.1622
2.01	0.3267	0.0199	0.0610	0.1934	9.706	2.5075	0.3074	0.0648	3.2104
2.02	0.3199	0.0185	0.0579	0.1845	9.961	2.5150	0.2942	0.0630	3.2603
2.03	0.3132	0.0172	0.0549	0.1758	10.224	2.5226	0.2811	0.0612	3.3113
2.04	0.3064	0.0159	0.0520	0.1672	10.502	2.5302	0.2683	0.0594	3.3642
2.05	0.2996	0.0147	0.0491	0.1588	10.794	2.5378	0.2556	0.0576	3.4190
2.06	0.2927	0.0136	0.0464	0.1507	11.102	2.5454	0.2431	0.0558	3.4759
2.07	0.2859	0.0125	0.0437	0.1427	11.422	2.5531	0.2309	0.0541	3.5343
2.08	0.2789	0.0115	0.0411	0.1348	11.762	2.5608	0.2189	0.0524	3.5951
2.09	0.2720	0.0105	0.0386	0.1272	12.121	2.5685	0.2070	0.0507	3.6583
2.10	0.2650	0.0096	0.0361	0.1198	12.500	2.5762	0.1956	0.0490	3.7240
2.11	0.2580	0.0087	0.0338	0.1125	12.901	2.5839	0.1843	0.0473	3.7922
2.12	0.2509	0.0079	0.0315	0.1055	13.326	2.5917	0.1733	0.0457	3.8633
2.13	0.2439	0.0072	0.0294	0.0986	13.778	2.5995	0.1626	0.0440	3.9376
2.14	0.2367	0.0065	0.0273	0.0921	14.259	2.6073	0.1522	0.0424	4.0150
2.15	0.2296	0.0058	0.0253	0.0857	14.772	2.6151	0.1420	0.0408	4.0961
2.16	0.2224	0.0052	0.0233	0.0795	15.319	2.6231	0.1322	0.0393	4.1791
2.17	0.2152	0.0046	0.0215	0.0735	15.906	2.6308	0.1226	0.0377	4.2702
2.18	0.2079	0.0041	0.0197	0.0678	16.537	2.6387	0.1134	0.0361	4.3642
2.19	0.2006	0.0036	0.0180	0.0623	17.218	2.6466	0.1045	0.0346	4.4633
2.20	0.1933	0.0032	0.0164	0.0570	17.949	2.6545	0.0960	0.0331	4.5674
2.21	0.1860	0.0028	0.0149	0.0520	18.742	2.6625	0.0878	0.0316	4.6778
2.22	0.1786	0.0024	0.0135	0.0472	19.607	2.6705	0.0799	0.0301	4.7954
2.23	0.1712	0.0021	0.0121	0.0427	20.548	2.6784	0.0724	0.0287	4.9201
2.24	0.1637	0.0018	0.0116	0.0408	22.983	2.6864	0.0695	0.0255	5.0533
2.25	0.1563	0.00151	0.00966	0.0343	22.712	2.6944	0.0585	0.0258	5.1958
2.26	0.1487	0.00127	0.00813	0.0290	23.968	2.7025	0.0496	0.0256	5.3494
2.27	0.1412	0.00106	0.00749	0.0268	25.361	2.7105	0.0461	0.0229	5.5147
2.28	0.1336	0.00087	0.00652	0.0234	26.893	2.7186	0.0404	0.0216	5.6940
2.29	0.1260	0.00071	0.00564	0.0204	28.669	2.7267	0.0352	0.0202	5.8891
2.30	0.1183	0.00057	0.00482	0.0175	30.658	2.7348	0.0302	0.0189	6.1033
2.31	0.1106	0.00045	0.00407	0.0148	32.937	2.7429	0.0258	0.0175	6.3399
2.32	0.1029	0.00035	0.00340	0.0124	35.551	2.7510	0.0217	0.0161	6.6008
2.33	0.0952	0.00027	0.00280	0.0103	38.606	2.7592	0.0180	0.0148	6.8935
2.34	0.0874	0.00020	0.00226	0.0083	42.233	2.7674	0.0146	0.0135	7.2254
2.35	0.0796	0.00014	0.00170	0.0063	46.593	2.7755	0.0111	0.0122	7.6053
3.36	0.0717	$0.988 \cdot 10^{-4}$	0.00138	0.0051	51.914	2.7837	0.0090	0.0109	8.0450
2.37	0.0638	$0.657 \cdot 10^{-4}$	0.00103	0.0038	58.569	2.7919	0.0068	0.0096	8.5619
2.38	0.0559	$0.413 \cdot 10^{-4}$	0.00074	0.0028	67.144	2.8002	0.0049	0.0084	9.1882
2.39	0.0480	$0.242 \cdot 10^{-4}$	0.00050	0.0019	78.613	2.8084	0.0034	0.0071	9.9624
2.40	0.0400	$0.128 \cdot 10^{-4}$	0.00032	0.0012	94.703	2.8167	0.0022	0.0059	10.957
2.41	0.0320	$0.584 \cdot 10^{-5}$	0.00018	0.0007	118.94	2.8249	0.0012	0.0047	12.306
2.42	0.0239	$0.211 \cdot 10^{-5}$	$0.884 \cdot 10^{-4}$	0.0003	159.65	2.8332	0.0006	0.0035	14.287
2.43	0.0158	$0.499 \cdot 10^{-8}$	$0.315 \cdot 10^{-4}$	0.0001	242.16	2.8415	0.0002	0.0025	17.631
2.44	0.0077	$0.316 \cdot 10^{-7}$	$0.410 \cdot 10^{-5}$	$0.058 \cdot 10^{-4}$	499.16	2.8498	0.285×10^{-4}	0.0011	25.367
2.449	0	0	0	0	∞	2.8573	0	0	∞

表2(c)　一维等熵流气动函数表($k=1.33$)(以 λ 数为自变量)

λ	$\tau(\lambda)$	$\pi(\lambda)$	$\varepsilon(\lambda)$	$q(\lambda)$	$y(\lambda)$	$f(\lambda)$	$r(\lambda)$	Ma
0.00	1.0000	1.0000	1.0000	0.0000	0.0000	1.0000	1.0000	0.0000
0.01	1.0000	0.9999	0.9999	0.0159	0.0159	1.0000	1.0000	0.0093
0.02	0.9999	0.9998	0.9999	0.0318	0.0318	1.0003	0.9995	0.0185
0.03	0.9999	0.9995	0.9997	0.0476	0.0477	1.0006	0.9990	0.0278
0.04	0.9998	0.9991	0.9993	0.0635	0.0636	1.0009	0.9982	0.0371
0.05	0.9997	0.9986	0.9990	0.0793	0.0795	1.0015	0.9972	0.0463
0.06	0.9995	0.9980	0.9985	0.0952	0.0954	1.0021	0.9959	0.0556
0.07	0.9993	0.9972	0.9979	0.1110	0.1113	1.0028	0.9944	0.0649
0.08	0.9991	0.9964	0.9973	0.1267	0.1272	1.0037	0.9928	0.0742
0.09	0.9989	0.9954	0.9965	0.1425	0.1431	1.0046	0.9908	0.0834
0.10	0.9986	0.9944	0.9958	0.1582	0.1591	1.0057	0.9887	0.0927
0.11	0.9983	0.9932	0.9949	0.1738	0.1750	1.0069	0.9864	0.1020
0.12	0.9980	0.9918	0.9938	0.1894	0.1910	1.0081	0.9838	0.1113
0.13	0.9976	0.9904	0.9928	0.2052	0.2072	1.0096	0.9810	0.1206
0.14	0.9972	0.9889	0.9917	0.2205	0.2220	1.0111	0.9781	0.1299
0.15	0.9968	0.9872	0.9903	0.2360	0.2390	1.0126	0.9749	0.1392
0.16	0.9964	0.9854	0.9890	0.2514	0.2551	1.0143	0.9715	0.1485
0.17	0.9959	0.9836	0.9877	0.2667	0.2712	1.0162	0.9679	0.1578
0.18	0.9954	0.9816	0.9862	0.2820	0.2873	1.0181	0.9642	0.1672
0.19	0.9949	0.9796	0.9846	0.2972	0.3034	1.0202	0.9602	0.1765
0.20	0.9943	0.9774	0.9830	0.3123	0.3195	1.0223	0.9561	0.1858
0.21	0.9938	0.9751	0.9812	0.3273	0.3357	1.0245	0.9518	0.1952
0.22	0.9932	0.9728	0.9795	0.3423	0.3519	1.0269	0.9473	0.2045
0.23	0.9925	0.9702	0.9775	0.3571	0.3681	1.0292	0.9427	0.2139
0.24	0.9918	0.9675	0.9755	0.3719	0.3844	1.0317	0.9378	0.2233
0.25	0.9912	0.9648	0.9734	0.3866	0.4007	1.0343	0.9329	0.2327
0.26	0.9904	0.9619	0.9712	0.4011	0.4170	1.0369	0.9277	0.2420
0.27	0.9897	0.9590	0.9690	0.4156	0.4334	1.0396	0.9224	0.2515
0.28	0.9889	0.9560	0.9667	0.4300	0.4498	1.0425	0.9170	0.2609
0.29	0.9881	0.9529	0.9644	0.4443	0.4662	1.0455	0.9114	0.2703
0.30	0.9873	0.9496	0.9619	0.4584	0.4827	1.0485	0.9057	0.2797
0.31	0.9864	0.9463	0.9594	0.4724	0.4992	1.0516	0.8999	0.2892
0.32	0.9855	0.9428	0.9567	0.4863	0.5158	1.0547	0.8940	0.2986
0.33	0.9846	0.9393	0.9540	0.5001	0.5324	1.0579	0.8879	0.3081
0.34	0.9836	0.9356	0.9512	0.5137	0.5491	1.0612	0.8817	0.3176
0.35	0.9827	0.9319	0.9484	0.5273	0.5658	1.0645	0.8754	0.3271
0.36	0.9817	0.9281	0.9455	0.5407	0.5826	1.0680	0.8690	0.3366
0.37	0.9806	0.9241	0.9424	0.5539	0.5994	1.0714	0.8625	0.3462
0.38	0.9796	0.9201	0.9393	0.5670	0.6162	1.0750	0.8560	0.3557
0.39	0.9785	0.9159	0.9361	0.5799	0.6332	1.0785	0.8493	0.3653
0.40	0.9773	0.9118	0.9329	0.5928	0.6501	1.0822	0.8425	0.3749
0.41	0.9762	0.9075	0.9296	0.6055	0.6672	1.0859	0.8357	0.3845
0.42	0.9750	0.9030	0.9262	0.6179	0.6843	1.0896	0.8288	0.3941
0.43	0.9738	0.8985	0.9227	0.6303	0.7014	1.0933	0.8218	0.4037
0.44	0.9726	0.8940	0.9192	0.6425	0.7187	1.0972	0.8148	0.4134
0.45	0.9713	0.8893	0.9156	0.6545	0.7359	1.1010	0.8078	0.4230
0.46	0.9700	0.8850	0.9123	0.6666	0.7533	1.1053	0.8006	0.4325
0.47	0.9687	0.8797	0.9081	0.6780	0.7707	1.1088	0.7934	0.4424
0.48	0.9674	0.8749	0.9044	0.6896	0.7882	1.1128	0.7862	0.4522
0.49	0.9660	0.8699	0.9005	0.7009	0.8058	1.1167	0.7790	0.4619
0.50	0.9646	0.8648	0.8966	0.7121	0.8234	1.1207	0.7717	0.4717
0.51	0.9632	0.8596	0.8925	0.7230	0.8411	1.1246	0.7644	0.4815
0.52	0.9617	0.8544	0.8884	0.7339	0.8589	1.1287	0.7570	0.4913
0.53	0.9602	0.8491	0.8843	0.7445	0.8768	1.1327	0.7496	0.5011
0.54	0.9587	0.8436	0.8799	0.7548	0.8947	1.1365	0.7423	0.5110
0.55	0.9572	0.8382	0.8757	0.7651	0.9128	1.1406	0.7349	0.5208
0.56	0.9556	0.8327	0.8714	0.7752	0.9309	1.1447	0.7275	0.5308
0.57	0.9540	0.8271	0.8670	0.7850	0.9491	1.1487	0.7200	0.5407
0.58	0.9524	0.8214	0.8625	0.7946	0.9674	1.1526	0.7126	0.5506
0.59	0.9507	0.8156	0.8579	0.8040	0.9858	1.1565	0.7052	0.5606

(续)

λ	$\tau(\lambda)$	$\pi(\lambda)$	$\varepsilon(\lambda)$	$q(\lambda)$	$y(\lambda)$	$f(\lambda)$	$r(\lambda)$	Ma
0.60	0.9490	0.8098	0.8533	0.8133	1.0043	1.1605	0.6978	0.5706
0.61	0.9473	0.8040	0.8487	0.8224	1.0229	1.1645	0.6904	0.5807
0.62	0.9456	0.7980	0.8439	0.8312	1.0416	1.1684	0.6830	0.5907
0.63	0.9438	0.7921	0.8393	0.8399	1.0604	1.1724	0.6756	0.6008
0.64	0.9420	0.7860	0.8344	0.8483	1.0792	1.1762	0.6683	0.6109
0.65	0.9402	0.7798	0.8294	0.8564	1.0982	1.1799	0.6609	0.6211
0.66	0.9383	0.7737	0.8246	0.8645	1.1173	1.1838	0.6536	0.6313
0.67	0.9364	0.7674	0.8195	0.8722	1.1366	1.1874	0.6463	0.6415
0.68	0.9345	0.7612	0.8145	0.8798	1.1559	1.1911	0.6390	0.6517
0.69	0.9326	0.7548	0.8094	0.8871	1.1753	1.1947	0.6318	0.6620
0.70	0.9306	0.7483	0.8041	0.8941	1.1949	1.1981	0.6246	0.6723
0.71	0.9286	0.7419	0.7989	0.9011	1.2146	1.2017	0.6174	0.6826
0.72	0.9266	0.7354	0.7937	0.9077	1.2343	1.2051	0.6102	0.6930
0.73	0.9245	0.7289	0.7884	0.9143	1.2543	1.2086	0.6031	0.7034
0.74	0.9224	0.7223	0.7830	0.9204	1.2743	1.2118	0.5961	0.7139
0.75	0.9203	0.7157	0.7777	0.9265	1.2945	1.2151	0.5890	0.7243
0.76	0.9182	0.7090	0.7722	0.9322	1.3148	1.2182	0.5810	0.7348
0.77	0.9160	0.7023	0.7666	0.9377	1.3353	1.2212	0.5751	0.7454
0.78	0.9138	0.6955	0.7611	0.9430	1.3559	1.2241	0.5682	0.7561
0.79	0.9116	0.6887	0.7555	0.9481	1.3766	1.2270	0.5613	0.7666
0.80	0.9094	0.6819	0.7499	0.9529	1.3975	1.2298	0.5545	0.7772
0.81	0.9071	0.6750	0.7442	0.9575	1.4185	1.2324	0.5477	0.7880
0.82	0.9048	0.6681	0.7384	0.9618	1.4397	1.2349	0.5410	0.7987
0.83	0.9024	0.6612	0.7326	0.9660	1.4610	1.2374	0.5343	0.8095
0.84	0.9001	0.6542	0.7268	0.9698	1.4825	1.2397	0.5277	0.8203
0.85	0.8977	0.6472	0.7210	0.9735	1.5042	1.2419	0.5211	0.8312
0.86	0.8953	0.6402	0.7151	0.9769	1.5260	1.2440	0.5146	0.8421
0.87	0.8928	0.6332	0.7092	0.9802	1.5479	1.2461	0.5082	0.8531
0.88	0.8903	0.6261	0.7032	0.9830	1.5701	1.2478	0.5018	0.8641
0.89	0.8878	0.6191	0.6973	0.9859	1.5924	1.2497	0.4954	0.8751
0.90	0.8853	0.6120	0.6913	0.9883	1.6149	1.2512	0.4891	0.8862
0.91	0.8827	0.6048	0.6852	0.9904	1.6376	1.2525	0.4829	0.8974
0.92	0.8801	0.5977	0.6791	0.9925	1.6605	1.2539	0.4767	0.9086
0.93	0.8775	0.5906	0.6730	0.9943	1.6835	1.2552	0.4705	0.9198
0.94	0.8749	0.5834	0.6669	0.9957	1.7068	1.2561	0.4645	0.9311
0.95	0.8722	0.5763	0.6608	0.9972	1.7302	1.2572	0.4584	0.9474
0.96	0.8695	0.5691	0.6545	0.9981	1.7539	1.2577	0.4525	0.9538
0.97	0.8667	0.5619	0.6483	0.9989	1.7778	1.2583	0.4466	0.9653
0.98	0.8640	0.5547	0.6420	0.9995	1.8018	1.2586	0.4407	0.9768
0.99	0.8612	0.5476	0.6359	1.0000	1.8261	1.2591	0.4349	0.9884
1.00	0.8584	0.5404	0.6296	1.0000	1.8506	1.2591	0.4292	1.0000
1.01	0.8555	0.5332	0.6233	1.0000	1.8754	1.2590	0.4235	1.0117
1.02	0.8527	0.5260	0.6169	0.9995	1.9003	1.2587	0.4179	1.0234
1.03	0.8497	0.5188	0.6105	0.9989	1.9255	1.2583	0.4123	1.0352
1.04	0.8468	0.5116	0.6042	0.9981	1.9509	1.2576	0.4068	1.0471
1.05	0.8439	0.5045	0.5979	0.9972	1.9766	1.2570	0.4014	1.0590
1.06	0.8409	0.4973	0.5914	0.9958	2.0025	1.2559	0.3960	1.0710
1.07	0.8379	0.4902	0.5850	0.9944	2.0286	1.2548	0.3906	1.0830
1.08	0.8348	0.4830	0.5786	0.9926	2.0550	1.2534	0.3854	1.0951
1.09	0.8317	0.4759	0.5722	0.9907	2.0818	1.2520	0.3801	1.1073
1.10	0.8286	0.4688	0.5658	0.9886	2.1087	1.2503	0.3750	1.1196
1.11	0.8255	0.4617	0.5593	0.9862	2.1360	1.2484	0.3698	1.1319
1.12	0.8223	0.4546	0.5528	0.9835	2.1635	1.2463	0.3648	1.1443
1.13	0.8192	0.4475	0.5463	0.9806	2.1913	1.2439	0.3598	1.1567
1.14	0.8159	0.4405	0.5399	0.9777	2.2194	1.2415	0.3548	1.1693
1.15	0.8127	0.4335	0.5334	0.9744	2.2478	1.2388	0.3499	1.1819
1.16	0.8094	0.4265	0.5269	0.9709	2.2765	1.2359	0.3451	1.1946
1.17	0.8061	0.4196	0.5205	0.9674	2.3055	1.2330	0.3403	1.2073
1.18	0.8028	0.4126	0.5140	0.9634	2.3349	1.2296	0.3356	1.2202
1.19	0.7994	0.4057	0.5075	0.9593	2.3646	1.2261	0.3309	1.2331

561

(续)

λ	τ(λ)	π(λ)	ε(λ)	q(λ)	y(λ)	f(λ)	r(λ)	Ma
1.20	0.7961	0.3986	0.5007	0.9545	2.3940	1.2218	0.3263	1.2461
1.21	0.7926	0.3920	0.4946	0.9506	2.4249	1.2186	0.3217	1.2592
1.22	0.7892	0.3852	0.4881	0.9459	2.4556	1.2146	0.3172	1.2723
1.23	0.7857	0.3784	0.4816	0.9410	2.4867	1.2102	0.3127	1.2856
1.24	0.7822	0.3716	0.4751	0.9357	2.5181	1.2055	0.3083	1.2990
1.25	0.7787	0.3649	0.4686	0.9305	2.5500	1.2008	0.3039	1.3124
1.26	0.7752	0.3583	0.4622	0.9252	2.5821	1.1961	0.2996	1.3259
1.27	0.7716	0.3516	0.4557	0.9193	2.6147	1.1907	0.2953	1.3396
1.28	0.7680	0.3450	0.4493	0.9135	2.6477	1.1853	0.2911	1.3533
1.29	0.7643	0.3385	0.4429	0.9075	2.6811	1.1799	0.2869	1.3671
1.30	0.7606	0.3320	0.4365	0.9014	2.7149	1.1741	0.2828	1.3820
1.31	0.7570	0.3255	0.4300	0.8949	2.7492	1.1680	0.2787	1.3950
1.32	0.7532	0.3191	0.4236	0.8883	2.7838	1.1618	0.2747	1.4091
1.33	0.7495	0.3128	0.4173	0.8816	2.8190	1.1555	0.2707	1.4234
1.34	0.7457	0.3065	0.4110	0.8749	2.8545	1.1491	0.2667	1.4377
1.35	0.7419	0.3002	0.4046	0.8677	2.8905	1.1421	0.2629	1.4521
1.36	0.7380	0.2940	0.3984	0.8606	2.9271	1.1351	0.2590	1.4667
1.37	0.7342	0.2878	0.3920	0.8531	2.9642	1.1277	0.2552	1.4814
1.38	0.7303	0.2817	0.3857	0.8455	3.0017	1.1202	0.2515	1.4960
1.39	0.7264	0.2757	0.3796	0.8381	3.0398	1.1129	0.2477	1.5110
1.40	0.7224	0.2697	0.3733	0.8303	3.0784	1.1051	0.2441	1.5290
1.41	0.7184	0.2637	0.3671	0.8221	3.1176	1.0968	0.2404	1.5412
1.42	0.7144	0.2578	0.3609	0.8140	3.1573	1.0885	0.2368	1.5564
1.43	0.7104	0.2520	0.3548	0.8060	3.1977	1.0803	0.2333	1.5719
1.44	0.7063	0.2463	0.3487	0.7976	3.2386	1.0717	0.2298	1.5875
1.45	0.7022	0.2406	0.3426	0.7891	3.2802	1.0629	0.2263	1.6031
1.46	0.6981	0.2349	0.3365	0.7805	3.3222	1.0539	0.2229	1.6188
1.47	0.6940	0.2294	0.3305	0.7718	3.3649	1.0447	0.2195	1.6349
1.48	0.6898	0.2238	0.3245	0.7629	3.4083	1.0353	0.2162	1.6510
1.49	0.6856	0.2184	0.3186	0.7540	3.4524	1.0258	0.2129	1.6672
1.50	0.6813	0.2128	0.3126	0.7449	3.4972	1.0160	0.2097	1.6836
1.51	0.6771	0.2077	0.3067	0.7357	3.5426	1.0061	0.2064	1.7002
1.52	0.6728	0.2024	0.3009	0.7265	3.5890	0.9961	0.2032	1.7169
1.53	0.6685	0.1973	0.2951	0.7172	3.6358	0.9858	0.2001	1.7338
1.54	0.6641	0.1921	0.2893	0.7077	3.6836	0.9754	0.1970	1.7508
1.55	0.6597	0.1871	0.2836	0.6982	3.7321	0.9649	0.1939	1.7680
1.56	0.6553	0.1821	0.2779	0.6886	3.7813	0.9541	0.1909	1.7854
1.57	0.6509	0.1772	0.2722	0.6789	3.8316	0.9432	0.1879	1.8029
1.58	0.6464	0.1723	0.2666	0.6691	3.8825	0.9321	0.1849	1.8207
1.59	0.6420	0.1676	0.2610	0.6593	3.9345	0.9209	0.1820	1.8386
1.60	0.6374	0.1628	0.2554	0.6492	3.9874	0.9093	0.1791	1.8567
1.61	0.6329	0.1582	0.2500	0.6394	4.0410	0.8981	0.1762	1.8750
1.62	0.6283	0.1537	0.2446	0.6294	4.0957	0.8865	0.1734	1.8935
1.63	0.6237	0.1492	0.2392	0.6193	4.1514	0.8746	0.1706	1.9122
1.64	0.6191	0.1448	0.2338	0.6092	4.2080	0.8628	0.1678	1.9311
1.65	0.6144	0.1404	0.2286	0.5991	4.2659	0.8508	0.1651	1.9503
1.66	0.6097	0.1362	0.2233	0.5889	4.3250	0.8387	0.1623	1.9696
1.67	0.6050	0.1320	0.2181	0.5786	4.3849	0.8264	0.1597	1.9892
1.68	0.6003	0.1278	0.2130	0.5684	4.4458	0.8141	0.1570	2.0089
1.69	0.5955	0.1238	0.2079	0.5581	4.5082	0.8016	0.1544	2.0290
1.70	0.5907	0.1198	0.2029	0.5478	4.5718	0.7890	0.1519	2.0493
1.71	0.5859	0.1159	0.1979	0.5374	4.6362	0.7764	0.1493	2.0698
1.72	0.5810	0.1121	0.1929	0.5271	4.7027	0.7637	0.1468	2.0906
1.73	0.5761	0.1083	0.1881	0.5168	4.7703	0.7509	0.1443	2.1112
1.74	0.5712	0.1047	0.1833	0.5065	4.8390	0.7381	0.1418	2.1330
1.75	0.5663	0.1011	0.1785	0.4961	4.9090	0.7250	0.1394	2.1546
1.76	0.5613	0.0975	0.1738	0.4858	4.9808	0.7120	0.1370	2.1765
1.77	0.5563	0.0941	0.1691	0.4755	5.0543	0.6990	0.1346	2.1987
1.78	0.5513	0.0907	0.1645	0.4652	5.1291	0.6858	0.1323	2.2211
1.79	0.5462	0.0874	0.1600	0.4550	5.2057	0.6727	0.1299	2.2439

(续)

λ	τ(λ)	π(λ)	ε(λ)	q(λ)	y(λ)	f(λ)	r(λ)	Ma
1.80	0.5411	0.0842	0.1555	0.4447	5.2839	0.6595	0.1276	2.2670
1.81	0.5360	0.0810	0.1511	0.4345	5.3642	0.6462	0.1254	2.2905
1.82	0.5309	0.0779	0.1468	0.4243	5.4459	0.6329	0.1231	2.3143
1.83	0.5257	0.0749	0.1425	0.4142	5.5297	0.6197	0.1209	2.3384
1.84	0.5205	0.0720	0.1383	0.4041	5.6153	0.6063	0.1187	2.3629
1.85	0.5153	0.0691	0.1341	0.3941	5.6835	0.5930	0.1165	2.3877
1.86	0.5100	0.0663	0.1300	0.3841	5.7928	0.5797	0.1144	2.4130
1.87	0.5047	0.0636	0.1260	0.3741	5.8850	0.5664	0.1122	2.4386
1.88	0.4994	0.0609	0.1220	0.3643	5.9795	0.5531	0.1101	2.4647
1.89	0.4941	0.0583	0.1181	0.3545	6.0764	0.5398	0.1081	2.4911
1.90	0.4887	0.0558	0.1142	0.3447	6.1757	0.5266	0.1060	2.5180
1.91	0.4833	0.0534	0.1105	0.3351	6.2779	0.5134	0.1040	2.5454
1.92	0.4779	0.0510	0.1067	0.3256	6.3820	0.5002	0.1020	2.5731
1.93	0.4724	0.0487	0.1031	0.3161	6.4899	0.4871	0.1000	2.6015
1.94	0.4670	0.0465	0.0995	0.3064	6.5949	0.4740	0.0980	2.6302
1.95	0.4615	0.0443	0.0960	0.2973	6.7128	0.4609	0.0961	2.6596
1.96	0.4559	0.0422	0.0925	0.2881	6.8289	0.4480	0.0942	2.6894
1.97	0.4504	0.0402	0.0892	0.2790	6.9487	0.4352	0.0923	2.7198
1.98	0.4448	0.0382	0.0858	0.2700	7.0720	0.4224	0.0904	2.7507
1.99	0.4391	0.0363	0.0826	0.2611	7.1985	0.4097	0.0885	2.7822
2.00	0.4335	0.0344	0.0794	0.2523	7.3288	0.3971	0.0867	2.8143
2.01	0.4278	0.0326	0.0763	0.2436	7.4635	0.3845	0.0849	2.8471
2.02	0.4221	0.0309	0.0733	0.2351	7.6020	0.3723	0.0831	2.8806
2.03	0.4164	0.0293	0.0703	0.2267	7.7448	0.3600	0.0813	2.9147
2.04	0.4106	0.0277	0.0674	0.2183	7.8923	0.3477	0.0795	2.9496
2.05	0.4048	0.0261	0.0645	0.2101	8.0444	0.3357	0.0778	2.9852
2.06	0.3990	0.0247	0.0618	0.2022	8.2016	0.3240	0.0761	3.0215
2.07	0.3931	0.0232	0.0591	0.1942	8.3639	0.3122	0.0744	3.0587
2.08	0.3873	0.0219	0.0564	0.1864	8.5323	0.3005	0.0727	3.0967
2.09	0.3814	0.0205	0.0539	0.1788	8.7059	0.2891	0.0710	3.1356
2.10	0.3754	0.0193	0.0514	0.1713	8.8854	0.2778	0.0694	3.1754
2.11	0.3695	0.0181	0.0489	0.1640	9.0725	0.2668	0.0678	3.2162
2.12	0.3635	0.0169	0.0466	0.1569	9.2652	0.2559	0.0662	3.2579
2.13	0.3574	0.0158	0.0443	0.1500	9.4829	0.2451	0.0646	3.3007
2.14	0.3514	0.0148	0.0420	0.1429	9.6737	0.2345	0.0630	3.3446
2.15	0.3453	0.0138	0.0399	0.1362	9.8903	0.2242	0.0614	3.3897
2.16	0.3392	0.0128	0.0378	0.1296	10.116	0.2140	0.0599	3.4360
2.17	0.3331	0.0119	0.0357	0.1232	10.349	0.2041	0.0583	3.4836
2.18	0.3269	0.0110	0.0338	0.1170	10.592	0.1943	0.0568	3.5324
2.19	0.3207	0.0102	0.0319	0.1109	10.847	0.1847	0.0553	3.5828
2.20	0.3145	0.0094	0.0300	0.1050	11.111	0.1755	0.0539	3.6344
2.21	0.3083	0.0087	0.0282	0.0993	11.388	0.1664	0.0524	3.6877
2.22	0.3020	0.0080	0.0266	0.0937	11.678	0.1575	0.0509	3.7428
2.23	0.2957	0.0074	0.0249	0.0883	11.980	0.1488	0.0495	3.7995
2.24	0.2894	0.0068	0.0233	0.0830	12.297	0.1404	0.0481	3.8579
2.25	0.2830	0.00620	0.0218	0.0780	12.629	0.1323	0.0467	3.9185
2.26	0.2766	0.00560	0.0204	9.0731	12.978	0.1243	0.0453	3.9811
2.27	0.2702	0.00512	0.0190	0.0684	13.345	0.1167	0.0439	4.0458
2.28	0.2638	0.00465	0.0176	0.0638	13.732	0.1092	0.0426	4.1131
2.29	0.2573	0.00421	0.0163	0.0595	14.139	0.1021	0.0412	4.1828
2.30	0.2508	0.00379	0.0151	0.0553	14.568	0.0951	0.0399	4.2551
2.31	0.2443	0.00341	0.0140	0.0512	15.023	0.0885	0.0385	4.3304
2.32	0.2377	0.00306	0.0129	0.0474	15.505	0.0821	0.0372	4.4086
2.33	0.2311	0.00273	0.0118	0.0437	16.014	0.0759	0.0360	4.4903
2.34	0.2245	0.00243	0.0108	0.0402	16.557	0.0700	0.0347	4.5756
2.35	0.2179	0.00215	0.0099	0.0369	17.136	0.0644	0.0334	4.6647
2.36	0.2112	0.00190	0.0090	0.0337	17.751	0.0590	0.0321	4.7678
2.37	0.2045	0.00167	0.0081	0.0307	18.411	0.0539	0.0309	4.8557
2.38	0.1978	0.00146	0.0074	0.0278	19.118	0.0491	0.0297	4.9586
2.39	0.1910	0.00127	0.0066	0.0252	19.876	0.0445	0.0285	5.0665

(续)

λ	$\tau(\lambda)$	$\pi(\lambda)$	$\varepsilon(\lambda)$	$q(\lambda)$	$y(\lambda)$	$f(\lambda)$	$r(\lambda)$	Ma
2.40	0.1842	0.00109	0.0059	0.0226	20.696	0.0402	0.0272	5.1807
2.41	0.1774	0.00095	0.0053	0.0205	21.579	0.0364	0.0261	5.3011
2.42	0.1706	0.00080	0.0047	0.0181	22.536	0.0323	0.0249	5.4288
2.43	0.1637	0.00068	0.0041	0.0160	23.581	0.0287	0.0237	5.5645
2.44	0.1568	0.00057	0.0036	0.0141	24.719	0.0254	0.0225	5.7089
2.45	0.1499	0.00048	0.0032	0.0124	26.050	0.0223	0.0214	5.8630
2.46	0.1429	0.00039	0.0027	0.0108	27.345	0.0194	0.0203	6.0288
2.47	0.1359	0.00032	0.0024	0.0093	28.863	0.0168	0.0191	6.2067
2.48	0.1289	0.00026	0.0020	0.0079	30.556	0.0144	0.0180	6.3990
2.49	0.1219	0.00021	0.0017	0.0067	32.459	0.0122	0.0169	6.6079
2.50	0.1148	0.000163	0.001420	0.00503	34.587	0.01030	0.01580	6.8355
2.51	0.1077	0.000126	0.001169	0.00466	37.012	0.00853	0.01480	7.0851
2.52	0.1006	$0.955 \cdot 10^{-4}$	0.000949	0.00380	39.796	0.00698	0.01370	7.3614
2.53	0.0934	$0.710 \cdot 10^{-4}$	0.000759	0.00305	43.011	0.00562	0.01273	7.6681
2.54	0.0863	$0.514 \cdot 10^{-4}$	0.000596	0.00240	46.774	0.00444	0.01160	8.0125
2.55	0.0791	$0.362 \cdot 10^{-4}$	0.000457	0.00185	51.242	0.00343	0.01050	8.4028
2.56	0.0718	$0.240 \cdot 10^{-4}$	0.000342	0.00139	56.629	0.00258	0.00952	8.8506
2.57	0.0646	$0.160 \cdot 10^{-4}$	0.000248	0.00101	63.248	0.00188	0.00850	9.3716
2.58	0.0573	$0.986 \cdot 10^{-5}$	0.000172	0.00070	71.572	0.00132	0.00748	9.9892
2.59	0.0499	$0.568 \cdot 10^{-5}$	0.000114	0.00047	82.393	0.00088	0.00648	10.7387
2.60	0.0426	$0.299 \cdot 10^{-5}$	$0.702 \cdot 10^{-4}$	0.00029	96.998	0.00054	0.00548	11.6736
2.61	0.0352	$0.139 \cdot 10^{-5}$	$0.394 \cdot 10^{-4}$	0.00016	117.79	0.00031	0.00450	12.8883
2.62	0.0278	$0.539 \cdot 10^{-6}$	$0.193 \cdot 10^{-4}$	$0.802 \cdot 10^{-4}$	149.68	$0.152 \cdot 10^{-3}$	0.00353	14.5579
2.63	0.0204	$0.153 \cdot 10^{-6}$	$0.750 \cdot 10^{-5}$	$0.313 \cdot 10^{-4}$	205.17	$0.594 \cdot 10^{-4}$	0.00257	17.0777
2.64	0.0129	$0.243 \cdot 10^{-7}$	$0.188 \cdot 10^{-5}$	$0.782 \cdot 10^{-5}$	322.26	$0.150 \cdot 10^{-4}$	0.00162	21.5366
2.65	0.0054	$0.728 \cdot 10^{-9}$	$0.135 \cdot 10^{-6}$	$0.567 \cdot 10^{-5}$	779.12	$0.108 \cdot 10^{-5}$	0.00067	33.3991
2.657	0	0	0	0	∞	0	0	∞

表2(d)　一维等熵流气动函数表($k=1.25$)(以 λ 数为自变量)

λ	$\tau(\lambda)$	$\pi(\lambda)$	$\varepsilon(\lambda)$	$q(\lambda)$	$y(\lambda)$	$f(\lambda)$	$r(\lambda)$	Ma
0.00	1.0000	1.0000	1.0000	0.0000	0.0000	1.0000	1.0000	0.0000
0.01	1.0000	1.0000	1.0000	0.0160	0.0160	1.0001	0.9999	0.0094
0.02	1.0000	0.9998	0.9999	0.0320	0.0320	1.0003	0.9995	0.0189
0.03	0.9999	0.9995	0.9996	0.0480	0.0481	1.0005	0.9990	0.0283
0.04	0.9998	0.9990	0.9992	0.0640	0.0641	1.0008	0.9982	0.0377
0.05	0.9997	0.9986	0.9989	0.0800	0.0801	1.0014	0.9972	0.0471
0.06	0.9996	0.9980	0.9984	0.0960	0.0961	1.0020	0.9960	0.0566
0.07	0.9995	0.9974	0.9979	0.1119	0.1122	1.0028	0.9946	0.0660
0.08	0.9993	0.9966	0.9973	0.1278	0.1282	1.0037	0.9929	0.0755
0.09	0.9991	0.9955	0.9964	0.1436	0.1443	1.0045	0.9910	0.0849
0.10	0.9989	0.9943	0.9954	0.1594	0.1604	1.0053	0.9891	0.0943
0.11	0.9987	0.9934	0.9947	0.1753	0.1764	1.0067	0.9868	0.1040
0.12	0.9984	0.9920	0.9936	0.1910	0.1925	1.0079	0.9842	0.1132
0.13	0.9981	0.9905	0.9924	0.2067	0.2086	1.0092	0.9815	0.1227
0.14	0.9978	0.9891	0.9913	0.2223	0.2247	1.0107	0.9786	0.1321
0.15	0.9975	0.9875	0.9900	0.2379	0.2409	1.0123	0.9755	0.1416
0.16	0.9972	0.9859	0.9887	0.2534	0.2570	1.0140	0.9723	0.1511
0.17	0.9968	0.9841	0.9872	0.2688	0.2732	1.0158	0.9688	0.1605
0.18	0.9964	0.9821	0.9857	0.2842	0.2894	1.0176	0.9651	0.1700
0.19	0.9960	0.9801	0.9841	0.2995	0.3056	1.0196	0.9613	0.1795
0.20	0.9956	0.9780	0.9824	0.3147	0.3218	1.0217	0.9572	0.1890
0.21	0.9951	0.9757	0.9805	0.3298	0.3380	1.0238	0.9530	0.1985
0.22	0.9946	0.9734	0.9787	0.3449	0.3543	1.0261	0.9486	0.2080
0.23	0.9941	0.9710	0.9767	0.3598	0.3706	1.0284	0.9442	0.2175
0.24	0.9936	0.9684	0.9747	0.3747	0.3869	1.0308	0.9395	0.2270
0.25	0.9931	0.9658	0.9726	0.3895	0.4033	1.0333	0.9347	0.2365
0.26	0.9925	0.9630	0.9703	0.4041	0.4196	1.0358	0.9297	0.2461
0.27	0.9919	0.9602	0.9680	0.4187	0.4360	1.0386	0.9245	0.2556
0.28	0.9913	0.9572	0.9656	0.4331	0.4524	1.0413	0.9192	0.2651
0.29	0.9907	0.9541	0.9631	0.4474	0.4689	1.0440	0.9138	0.2747
0.30	0.9900	0.9509	0.9605	0.4616	0.4854	1.0470	0.9083	0.2843
0.31	0.9893	0.9477	0.9580	0.4757	0.5019	1.0500	0.9026	0.2938
0.32	0.9886	0.9444	0.9553	0.4897	0.5185	1.0530	0.8968	0.3034
0.33	0.9879	0.9409	0.9525	0.5035	0.5351	1.0562	0.8909	0.3130
0.34	0.9872	0.9375	0.9496	0.5172	0.5517	1.0590	0.8850	0.3226
0.35	0.9864	0.9339	0.9467	0.5308	0.5684	1.0627	0.8788	0.3323
0.36	0.9856	0.9302	0.9437	0.5442	0.5851	1.0661	0.8725	0.3419
0.37	0.9848	0.9262	0.9405	0.5574	0.6018	1.0693	0.8662	0.3515
0.38	0.9840	0.9224	0.9374	0.5706	0.6186	1.0728	0.8598	0.3612
0.39	0.9831	0.9183	0.9341	0.5835	0.6354	1.0762	0.8533	0.3709
0.40	0.9822	0.9141	0.9307	0.5963	0.6523	1.0796	0.8467	0.3805
0.41	0.9813	0.9102	0.9275	0.6092	0.6693	1.0835	0.8401	0.3902
0.42	0.9804	0.9058	0.9239	0.6215	0.6862	1.0868	0.8334	0.3999
0.43	0.9795	0.9013	0.9202	0.6338	0.7032	1.0903	0.8266	0.4096
0.44	0.9785	0.8971	0.9168	0.6461	0.7203	1.0943	0.8198	0.4194
0.45	0.9775	0.8925	0.9130	0.6581	0.7374	1.0979	0.8129	0.4291
0.46	0.9765	0.8879	0.9092	0.6700	0.7546	1.1016	0.8060	0.4389
0.47	0.9755	0.8832	0.9054	0.6816	0.7718	1.1054	0.7990	0.4487
0.48	0.9744	0.8784	0.9015	0.6931	0.7891	1.1092	0.7919	0.4585
0.49	0.9733	0.8734	0.8974	0.7043	0.8064	1.1128	0.7849	0.4683
0.50	0.9722	0.8686	0.8934	0.7156	0.8238	1.1170	0.7778	0.4781
0.51	0.9711	0.8637	0.8893	0.7265	0.8412	1.1207	0.7707	0.4879
0.52	0.9700	0.8586	0.8852	0.7373	0.8587	1.1245	0.7635	0.4978
0.53	0.9688	0.8534	0.8809	0.7478	0.8763	1.1280	0.7563	0.5077
0.54	0.9676	0.8482	0.8766	0.7582	0.8939	1.1320	0.7492	0.5176
0.55	0.9664	0.8428	0.8721	0.7683	0.9117	1.1360	0.7419	0.5275
0.56	0.9652	0.8375	0.8677	0.7784	0.9294	1.1400	0.7348	0.5374
0.57	0.9639	0.8321	0.8632	0.7882	0.9472	1.1440	0.7275	0.5474
0.58	0.9626	0.8265	0.8586	0.7977	0.9651	1.1470	0.7203	0.5573
0.59	0.9613	0.8211	0.8542	0.8072	0.9831	1.1520	0.7131	0.5673

(续)

λ	$\tau(\lambda)$	$\pi(\lambda)$	$\varepsilon(\lambda)$	$q(\lambda)$	$y(\lambda)$	$f(\lambda)$	$r(\lambda)$	Ma
0.60	0.9600	0.8154	0.8494	0.8163	1.0010	1.1550	0.7059	0.5774
0.61	0.9587	0.8097	0.8446	0.8253	1.0190	1.1590	0.6987	0.5874
0.62	0.9573	0.8040	0.8399	0.8341	1.0370	1.1630	0.6915	0.5974
0.63	0.9559	0.7981	0.8349	0.8425	1.0560	1.1660	0.6843	0.6075
0.64	0.9545	0.7922	0.8300	0.8509	1.0740	1.1700	0.6771	0.6176
0.65	0.9531	0.7864	0.8251	0.8591	1.0920	1.1740	0.6700	0.6277
0.66	0.9516	0.7804	0.8201	0.8670	1.1110	1.1773	0.6629	0.6379
0.67	0.9501	0.7742	0.8148	0.8745	1.1296	1.1806	0.6557	0.6481
0.68	0.9486	0.7682	0.8098	0.8820	1.1480	1.1840	0.6487	0.6582
0.69	0.9471	0.7621	0.8047	0.8893	1.1670	1.1880	0.6416	0.6685
0.70	0.9456	0.7559	0.7994	0.8963	1.1860	1.1910	0.6346	0.6787
0.71	0.9440	0.7497	0.7942	0.9032	1.2050	1.1950	0.6276	0.6890
0.72	0.9424	0.7433	0.7888	0.9097	1.2240	1.1980	0.6207	0.6991
0.73	0.9408	0.7369	0.7833	0.9159	1.2430	1.2010	0.6137	0.7096
0.74	0.9392	0.7307	0.7780	0.9222	1.2620	1.2040	0.6069	0.7199
0.75	0.9375	0.7242	0.7725	0.9281	1.2810	1.2070	0.6000	0.7303
0.76	0.9358	0.7177	0.7669	0.9336	1.3010	1.2100	0.5932	0.7407
0.77	0.9341	0.7112	0.7614	0.9391	1.3200	1.2130	0.5864	0.7511
0.78	0.9324	0.7048	0.7558	0.9444	1.3400	1.2160	0.5797	0.7616
0.79	0.9307	0.6982	0.7502	0.9493	1.3600	1.2180	0.5730	0.7721
0.80	0.9289	0.6915	0.7445	0.9540	1.3800	1.2210	0.5664	0.7826
0.81	0.9271	0.6851	0.7389	0.9587	1.3990	1.2240	0.5598	0.7932
0.82	0.9253	0.6783	0.7330	0.9628	1.4200	1.2260	0.5533	0.8037
0.83	0.9235	0.6715	0.7272	0.9668	1.4400	1.2280	0.5468	0.8143
0.84	0.9216	0.6649	0.7214	0.9707	1.4600	1.2300	0.5403	0.8249
0.85	0.9197	0.6581	0.7155	0.9742	1.4800	1.2320	0.5340	0.8356
0.86	0.9178	0.6513	0.7096	0.9776	1.5010	1.2340	0.5276	0.8463
0.87	0.9159	0.6446	0.7037	0.9807	1.5220	1.2360	0.5213	0.8571
0.88	0.9140	0.6378	0.6978	0.9836	1.5420	1.2380	0.5151	0.8679
0.89	0.9120	0.6309	0.6918	0.9862	1.5630	1.2400	0.5090	0.8787
0.90	0.9100	0.6240	0.6857	0.9886	1.5840	1.2410	0.5028	0.8895
0.91	0.9080	0.6172	0.6797	0.9908	1.6050	1.2430	0.4967	0.9004
0.92	0.9060	0.6103	0.6736	0.9927	1.6270	1.2440	0.4907	0.9113
0.93	0.9039	0.6034	0.6676	0.9945	1.6480	1.2450	0.4847	0.9222
0.94	0.9018	0.5965	0.6614	0.9959	1.6700	1.2460	0.4788	0.9332
0.95	0.8997	0.5896	0.6553	0.9971	1.6910	1.2470	0.4729	0.9443
0.96	0.8976	0.5827	0.6492	0.9982	1.7130	1.2476	0.4671	0.9553
0.97	0.8955	0.5758	0.6430	0.9990	1.7350	1.2481	0.4614	0.9664
0.98	0.8933	0.5688	0.6368	0.9996	1.7570	1.2484	0.4557	0.9776
0.99	0.8911	0.5619	0.6305	0.9999	1.7795	1.2484	0.4500	0.9888
1.00	0.8889	0.5540	0.6243	1.0000	1.8020	1.2486	0.4444	1.0000
1.01	0.8867	0.5480	0.6180	0.9999	1.8250	1.2485	0.4389	1.0110
1.02	0.8844	0.5411	0.6118	0.9996	1.8470	1.2483	0.4335	1.0230
1.03	0.8821	0.5341	0.6055	0.9990	1.8700	1.2479	0.4280	1.0340
1.04	0.8798	0.5272	0.5992	0.9982	1.8930	1.2473	0.4227	1.0450
1.05	0.8775	0.5203	0.5929	0.9973	1.9170	1.2466	0.4174	1.0570
1.06	0.8752	0.5134	0.5866	0.9960	1.9400	1.2456	0.4121	1.0680
1.07	0.8728	0.5065	0.5803	0.9946	1.9640	1.2446	0.4069	1.0800
1.08	0.8704	0.4996	0.5740	0.9929	1.9880	1.2433	0.4018	1.0910
1.09	0.8680	0.4927	0.5676	0.9910	2.0120	1.2420	0.3967	1.1030
1.10	0.8656	0.4858	0.5612	0.9889	2.0360	1.2400	0.3917	1.1150
1.11	0.8631	0.4790	0.5550	0.9867	2.0600	1.2390	0.3866	1.1260
1.12	0.8606	0.4721	0.5486	0.9842	2.0850	1.2370	0.3818	1.1380
1.13	0.8581	0.4653	0.5422	0.9815	2.1090	1.2350	0.3769	1.1500
1.14	0.8556	0.4585	0.5359	0.9786	2.1340	1.2320	0.3721	1.1620
1.15	0.8531	0.4518	0.5296	0.9755	2.1590	1.2300	0.3673	1.1740
1.16	0.8505	0.4450	0.5232	0.9722	2.1850	1.2270	0.3626	1.1860
1.17	0.8479	0.4382	0.5168	0.9686	2.2100	1.2240	0.3579	1.1980
1.18	0.8453	0.4316	0.5105	0.9650	2.2360	1.2210	0.3533	1.2100
1.19	0.8427	0.4249	0.5042	0.9610	2.2620	1.2180	0.3488	1.2220

(续)

λ	$\tau(\lambda)$	$\pi(\lambda)$	$\varepsilon(\lambda)$	$q(\lambda)$	$y(\lambda)$	$f(\lambda)$	$r(\lambda)$	Ma
1.20	0.8400	0.4182	0.4979	0.9570	2.2880	1.2150	0.3443	1.2350
1.21	0.8373	0.4116	0.4915	0.9527	2.3150	1.2110	0.3398	1.2470
1.22	0.8346	0.4050	0.4852	0.9483	2.3410	1.2070	0.3354	1.2590
1.23	0.8319	0.3985	0.4790	0.9437	2.3680	1.2040	0.3311	1.2720
1.24	0.8292	0.3919	0.4727	0.9388	2.3960	1.1990	0.3268	1.2840
1.25	0.8264	0.3854	0.4664	0.9338	2.4230	1.1950	0.3225	1.2960
1.26	0.8236	0.3790	0.4601	0.9287	2.4510	1.1910	0.3183	1.3090
1.27	0.8208	0.3725	0.4539	0.9233	2.4790	1.1860	0.3141	1.3220
1.28	0.8180	0.3661	0.4476	0.9178	2.5070	1.1810	0.3100	1.3340
1.29	0.8151	0.3598	0.4414	0.9121	2.5350	1.1760	0.3060	1.3470
1.30	0.8122	0.3535	0.4352	0.9063	2.5640	1.1710	0.3020	1.3600
1.31	0.8093	0.3472	0.4291	0.9003	2.5930	1.1650	0.2980	1.3730
1.32	0.8064	0.3410	0.4229	0.8942	2.6220	1.1600	0.2941	1.3860
1.33	0.8035	0.3348	0.4167	0.8878	2.6520	1.1540	0.2902	1.3990
1.34	0.8005	0.3287	0.4106	0.8813	2.6810	1.1480	0.2863	1.4120
1.35	0.7975	0.3226	0.4045	0.8747	2.7150	1.1420	0.2826	1.4250
1.36	0.7945	0.3166	0.3984	0.8680	2.7430	1.1350	0.2788	1.4390
1.37	0.7915	0.3105	0.3924	0.8610	2.7730	1.1290	0.2751	1.4520
1.38	0.7884	0.3046	0.3864	0.8541	2.8040	1.1220	0.2715	1.4650
1.39	0.7853	0.2987	0.3804	0.8469	2.8350	1.1150	0.2678	1.4790
1.40	0.7722	0.2929	0.3744	0.8396	2.8670	1.1080	0.2643	1.4920
1.41	0.7791	0.2871	0.3685	0.8322	2.8990	1.1010	0.2607	1.5060
1.42	0.7760	0.2813	0.3625	0.8246	2.9310	1.0940	0.2573	1.5200
1.43	0.7728	0.2756	0.3567	0.8170	2.9640	1.0860	0.2538	1.5340
1.44	0.7696	0.2699	0.3507	0.8089	2.9970	1.0780	0.2504	1.5480
1.45	0.7664	0.2644	0.3450	0.8013	3.0310	1.0700	0.2426	1.5620
1.46	0.7632	0.2589	0.3392	0.7932	3.0640	1.0620	0.2437	1.5760
1.47	0.7599	0.2534	0.3335	0.7852	3.0990	1.0540	0.2404	1.5900
1.48	0.7566	0.2480	0.3277	0.7770	3.1330	1.0460	0.2372	1.6040
1.49	0.7533	0.2426	0.3220	0.7686	3.1680	1.0370	0.2339	1.6190
1.50	0.7500	0.2373	0.3164	0.7603	3.2040	1.0280	0.2308	1.6330
1.51	0.7467	0.2321	0.3108	0.7518	3.2390	1.0190	0.2276	1.6480
1.52	0.7433	0.2269	0.3052	0.7432	3.2760	1.0100	0.2245	1.6620
1.53	0.7399	0.2218	0.2997	0.7346	3.3120	1.0010	0.2215	1.6770
1.54	0.7365	0.2167	0.2942	0.7258	3.3490	0.9920	0.2184	1.6920
1.55	0.7331	0.2117	0.2888	0.7170	3.3870	0.8725	0.2154	1.7070
1.56	0.7296	0.2068	0.2834	0.7081	3.4250	0.9730	0.2125	1.7220
1.57	0.7261	0.2019	0.2780	0.6991	3.4630	0.9633	0.2096	1.7370
1.58	0.7226	0.1970	0.2727	0.6902	3.5020	0.9535	0.2067	1.7520
1.59	0.7191	0.1923	0.2674	0.6811	3.5420	0.9434	0.2038	1.7680
1.60	0.7156	0.1876	0.2622	0.6719	3.5820	0.9333	0.2010	1.7830
1.61	0.7120	0.1830	0.2570	0.6627	3.6220	0.9231	0.1982	1.7990
1.62	0.7084	0.1784	0.2519	0.6535	3.6630	0.9128	0.1955	1.8150
1.63	0.7048	0.1739	0.2467	0.6442	3.7050	0.9023	0.1927	1.8310
1.64	0.7012	0.1695	0.2417	0.6349	3.7470	0.8917	0.1900	1.8470
1.65	0.6975	0.1651	0.2367	0.6256	3.7890	0.8811	0.1874	1.8630
1.66	0.6938	0.1608	0.2317	0.6162	3.8320	0.8703	0.1848	1.8790
1.67	0.6901	0.1565	0.2268	0.6068	3.8760	0.8594	0.1821	1.8950
1.68	0.6864	0.1524	0.2220	0.5974	3.9210	0.8486	0.1796	1.9120
1.69	0.6827	0.1483	0.2172	0.5879	3.9650	0.8375	0.1770	1.9280
1.70	0.6789	0.1442	0.2124	0.5784	4.0110	0.8263	0.1745	1.9450
1.71	0.6751	0.1402	0.2077	0.5690	4.0570	0.8152	0.1720	1.9620
1.72	0.6713	0.1363	0.2031	0.5595	4.1040	0.8038	0.1696	1.9790
1.73	0.6675	0.1325	0.1985	0.5500	4.1520	0.7924	0.1672	1.9970
1.74	0.6636	0.1287	0.1939	0.5405	4.2000	0.7811	0.1648	2.0150
1.75	0.6597	0.1250	0.1894	0.5310	4.2490	0.7696	0.1624	2.0310
1.76	0.6558	0.1213	0.1850	0.5215	4.2990	0.7580	0.1601	2.0490
1.77	0.6519	0.1177	0.1806	0.5121	4.3490	0.7464	0.1577	2.0670
1.78	0.6480	0.1142	0.1763	0.5026	4.4000	0.7348	0.1554	2.0850
1.79	0.6433	0.1108	0.1720	0.4931	4.4520	0.7230	0.1532	2.1030

(续)

λ	τ(λ)	π(λ)	ε(λ)	q(λ)	y(λ)	f(λ)	r(λ)	Ma
1.80	0.6400	0.1074	0.1678	0.4837	4.5050	0.7114	0.1509	2.1210
1.81	0.6360	0.1041	0.1636	0.4743	4.5590	0.6996	0.1487	2.1398
1.82	0.6320	0.1008	0.1595	0.4650	4.6127	0.6878	0.1465	2.1584
1.83	0.6279	0.0976	0.1555	0.4557	6.6690	0.6760	0.1444	2.1770
1.84	0.6238	0.0945	0.1515	0.4464	4.7250	0.6642	0.1423	2.1960
1.85	0.6197	0.0914	0.1475	0.4371	4.7820	0.6523	0.1401	2.2160
1.86	0.6156	0.0884	0.1436	0.4279	4.8400	0.6405	0.1380	2.2350
1.87	0.6115	0.0855	0.1398	0.4187	4.8990	0.6286	0.1360	2.2550
1.88	0.6073	0.0826	0.1360	0.4096	4.9590	0.6167	0.1339	2.2750
1.89	0.6031	0.0798	0.1323	0.4006	5.0200	0.6049	0.1319	2.2950
1.90	0.5989	0.0770	0.1286	0.3915	5.0820	0.5930	0.1299	2.3150
1.91	0.5947	0.0744	0.1251	0.3826	5.1450	0.5812	0.1280	2.3350
1.92	0.5904	0.0717	0.1215	0.3737	5.2090	0.5694	0.1260	2.3560
1.93	0.5861	0.0692	0.1180	0.3649	5.2750	0.5577	0.1241	2.3770
1.94	0.5818	0.0667	0.1146	0.3516	5.3410	0.5459	0.1221	2.3930
1.95	0.5775	0.0642	0.1112	0.3474	5.4090	0.5342	0.1203	2.4190
1.96	0.5732	0.0619	0.1079	0.3389	5.4780	0.5225	0.1184	2.4410
1.97	0.5688	0.0595	0.1047	0.3303	5.5480	0.5108	0.1165	2.4630
1.98	0.5644	0.0573	0.1015	0.3218	5.6190	0.4993	0.1147	2.4850
1.99	0.5600	0.0551	0.0983	0.3135	5.6920	0.4878	0.1129	2.5070
2.00	0.5556	0.0529	0.0953	0.3052	5.7660	0.4760	0.1111	2.5300
2.01	0.5511	0.0508	0.0923	0.2970	5.842	0.4650	0.1094	2.553
2.02	0.5466	0.0488	0.0893	0.2889	5.919	0.4536	0.1079	2.579
2.03	0.5421	0.0468	0.0864	0.2809	5.998	0.4424	0.1059	2.599
2.04	0.5376	0.0449	0.0835	0.2730	6.078	0.4312	0.1042	2.623
2.05	0.5331	0.0430	0.0807	0.2652	6.160	0.4201	0.1025	2.647
2.06	0.5285	0.0412	0.0780	0.2574	6.244	0.4091	0.1008	2.672
2.07	0.5239	0.0395	0.0753	0.2498	6.329	0.3982	0.0991	2.696
2.08	0.5193	0.0378	0.0727	0.2423	6.416	0.3873	0.0975	2.721
2.09	0.5147	0.0361	0.0702	0.2349	6.505	0.3766	0.0959	2.747
2.10	0.5100	0.0345	0.0677	0.2276	6.595	0.3660	0.0943	2.772
2.11	0.5053	0.0330	0.0652	0.2244	6.688	0.3555	0.0927	2.798
2.12	0.5006	0.0314	0.0628	0.2133	6.783	0.3452	0.0911	2.825
2.13	0.4959	0.0300	0.0605	0.2064	6.880	0.3349	0.0896	2.852
2.14	0.4917	0.0286	0.0582	0.1995	6.979	0.3247	0.0880	2.879
2.15	0.4864	0.0272	0.0560	0.1927	7.081	0.3147	0.0865	2.907
2.16	0.4816	0.0259	0.0538	0.1861	7.184	0.3048	0.0850	2.935
2.17	0.4768	0.0246	0.0517	0.1796	7.290	0.2949	0.0835	2.963
2.18	0.4720	0.0234	0.0496	0.1733	7.399	0.2854	0.0820	2.992
2.19	0.4671	0.0222	0.0476	0.1670	7.510	0.2760	0.0806	3.021
2.20	0.4622	0.0211	0.0456	0.1609	7.624	0.2666	0.0792	3.051
2.21	0.4573	0.0200	0.0437	0.1548	7.741	0.2574	0.0777	3.081
2.22	0.4524	0.0190	0.0419	0.1490	7.860	0.2484	0.0763	3.112
2.23	0.4475	0.0179	0.0401	0.1432	7.983	0.2394	0.0749	3.143
2.24	0.4425	0.0170	0.0383	0.1375	8.109	0.2307	0.0735	3.175
2.25	0.4375	0.0160	0.0366	0.1321	8.238	0.2221	0.0722	3.207
2.26	0.4325	0.0151	0.0350	0.1267	8.370	0.2137	0.0708	3.240
2.27	0.4275	0.0143	0.0334	0.1214	8.507	0.2054	0.0695	3.273
2.28	0.4224	0.0135	0.0318	0.1163	8.645	0.1974	0.0682	3.307
2.29	0.4173	0.0127	0.0303	0.1113	8.789	0.1894	0.0668	3.342
2.30	0.4122	0.0119	0.0289	0.1064	8.937	0.1816	0.0655	3.377
2.31	0.4071	0.0112	0.0275	0.1017	9.089	0.1741	0.0643	3.413
2.32	0.4020	0.0105	0.0261	0.0970	9.245	0.1666	0.0630	3.450
2.33	0.3968	0.00983	0.0248	0.0925	9.406	0.1594	0.0617	3.487
2.34	0.3917	0.00922	0.0235	0.0882	9.570	0.1524	0.0605	3.525
2.35	0.3864	0.00861	0.0223	0.0839	9.742	0.1454	0.0592	3.564
2.36	0.3812	0.00805	0.0211	0.0798	9.917	0.1337	0.0580	3.604
2.37	0.3759	0.00751	0.0200	0.0758	10.10	0.1321	0.0568	3.645
2.38	0.3706	0.00699	0.0189	0.0719	10.29	0.1258	0.0556	3.686
2.39	0.3653	0.00651	0.0178	0.0682	10.48	0.1196	0.0544	3.728

(续)

λ	$\tau(\lambda)$	$\pi(\lambda)$	$\varepsilon(\lambda)$	$q(\lambda)$	$y(\lambda)$	$f(\lambda)$	$r(\lambda)$	Ma
2.40	0.3600	0.00605	0.0168	0.0646	10.68	0.1136	0.0532	3.771
2.41	0.3547	0.00561	0.0158	0.0611	10.88	0.1077	0.0521	3.815
2.42	0.3493	0.00520	0.0149	0.0578	11.10	0.1020	0.0509	3.861
2.43	0.3439	0.00481	0.0140	0.0545	11.32	0.0966	0.0498	3.907
2.44	0.3385	0.00444	0.0131	0.0513	11.55	0.0913	0.0487	3.954
2.45	0.3331	0.00410	0.0123	0.0483	11.78	0.0862	0.0476	4.003
2.46	0.3276	0.00377	0.0115	0.0454	12.03	0.0812	0.0465	4.052
2.47	0.3221	0.00347	0.0108	0.0426	12.28	0.0765	0.0454	4.103
2.48	0.3166	0.00318	0.0101	0.0399	12.55	0.0719	0.0443	4.155
2.49	0.3111	0.00291	0.0094	0.0374	12.82	0.0674	0.0432	4.210
2.50	0.3056	0.00266	0.00872	0.0349	13.11	0.0632	0.0421	4.261
2.51	0.3000	0.00243	0.00810	0.0326	13.41	0.0591	0.0411	4.321
2.52	0.2944	0.00221	0.00751	0.0303	13.72	0.0552	0.0401	4.379
2.53	0.2888	0.00201	0.00656	0.0282	14.04	0.0515	0.0390	4.439
2.54	0.2832	0.00182	0.00643	0.0262	14.38	0.0479	0.0380	4.500
2.55	0.2775	0.00165	0.00593	0.0242	14.72	0.0445	0.0370	4.564
2.56	0.2718	0.00148	0.00546	0.0224	15.09	0.0412	0.0360	4.629
2.57	0.2661	0.00134	0.00502	0.0207	15.48	0.0381	0.0350	4.697
2.58	0.2604	0.00120	0.00460	0.0190	15.88	0.0352	0.0340	4.767
2.59	0.2547	0.00107	0.00421	0.0174	16.30	0.0324	0.0330	4.839
2.60	0.2489	0.000955	0.00384	0.0160	16.74	0.0298	0.0321	4.913
2.61	0.2431	0.000849	0.00349	0.0146	17.20	0.0273	0.0312	4.991
2.62	0.2373	0.000753	0.00317	0.0133	17.70	0.0250	0.0302	5.071
2.63	0.2315	0.000664	0.00287	0.0121	18.21	0.0227	0.0292	5.160
2.64	0.2256	0.000585	0.00259	0.0110	18.75	0.0206	0.0283	5.240
2.65	0.2197	0.000512	0.00233	0.00989	19.33	0.0187	0.0274	5.330
2.66	0.2138	0.000447	0.00209	0.00891	19.93	0.0169	0.0265	5.423
2.67	0.2079	0.000389	0.00187	0.00799	20.58	0.0152	0.0256	5.521
2.68	0.2020	0.000336	0.00166	0.00714	21.27	0.0136	0.0247	5.622
2.69	0.1960	0.000289	0.00148	0.00636	22.01	0.0121	0.0238	5.729
2.70	0.1900	0.000248	0.00130	0.00564	22.77	0.0108	0.0229	5.840
2.71	0.1840	0.000211	0.00115	0.00498	23.60	0.00956	0.0221	5.956
2.72	0.1780	0.000178	0.00100	0.00437	24.50	0.00842	0.0212	6.079
2.73	0.1719	0.000150	0.000874	0.00382	25.44	0.00739	0.0203	6.208
2.74	0.1658	0.000125	0.000756	0.00333	26.48	0.00645	0.0194	6.344
2.75	0.1597	0.000104	0.000650	0.00287	27.59	0.00557	0.0187	6.483
2.76	0.1536	$0.855 \cdot 10^{-4}$	0.000557	0.00246	28.79	0.00480	0.0178	6.639
2.77	0.1475	$0.697 \cdot 10^{-4}$	0.000473	0.00210	30.10	0.00410	0.0170	6.802
2.78	0.1413	$0.563 \cdot 10^{-4}$	0.000398	0.00177	31.51	0.00348	0.0162	6.973
2.79	0.1351	$0.450 \cdot 10^{-4}$	0.000333	0.00149	33.08	0.00293	0.0154	7.156
2.80	0.1289	$0.356 \cdot 10^{-4}$	0.000276	0.00124	34.79	0.00244	0.0146	7.353
2.81	0.1227	$0.278 \cdot 10^{-4}$	0.000227	0.00102	36.71	0.00202	0.0138	7.564
2.82	0.1164	$0.214 \cdot 10^{-4}$	0.000184	0.00083	38.80	0.00165	0.0130	7.792
2.83	0.1101	$0.162 \cdot 10^{-4}$	0.000147	0.00066	41.17	0.00133	0.0122	8.040
2.84	0.1038	$0.121 \cdot 10^{-4}$	0.000117	0.00053	43.82	0.00106	0.0115	8.310
2.85	0.0975	$0.882 \cdot 10^{-5}$	$0.904 \cdot 10^{-4}$	0.000413	46.81	0.000825	0.0107	8.610
2.86	0.0912	$0.630 \cdot 10^{-5}$	$0.691 \cdot 10^{-4}$	0.000316	50.27	0.000634	0.00993	8.931
2.87	0.0848	$0.439 \cdot 10^{-5}$	$0.518 \cdot 10^{-4}$	0.000238	54.19	0.000478	0.00918	9.292
2.88	0.0784	$0.296 \cdot 10^{-5}$	$0.378 \cdot 10^{-4}$	0.000174	58.81	0.000351	0.00844	9.697
2.89	0.0720	$0.194 \cdot 10^{-5}$	$0.269 \cdot 10^{-4}$	0.000124	64.25	0.000251	0.00770	10.15
2.90	0.0656	$0.121 \cdot 10^{-5}$	$0.185 \cdot 10^{-4}$	$0.857 \cdot 10^{-4}$	70.86	0.000174	0.00697	10.68
2.91	0.0591	$0.722 \cdot 10^{-6}$	$0.122 \cdot 10^{-4}$	$0.569 \cdot 10^{-4}$	78.80	0.000116	0.00624	11.35
2.92	0.0526	$0.404 \cdot 10^{-6}$	$0.768 \cdot 10^{-5}$	$0.359 \cdot 10^{-4}$	88.82	$0.731 \cdot 10^{-4}$	0.00552	12.00
2.93	0.0461	$0.209 \cdot 10^{-6}$	$0.451 \cdot 10^{-5}$	$0.213 \cdot 10^{-4}$	101.66	$0.434 \cdot 10^{-4}$	0.00481	12.86
2.94	0.0396	$0.975 \cdot 10^{-7}$	$0.246 \cdot 10^{-5}$	$0.116 \cdot 10^{-4}$	118.71	$0.237 \cdot 10^{-4}$	0.00411	13.93
2.95	0.0331	$0.395 \cdot 10^{-7}$	$0.119 \cdot 10^{-5}$	$0.564 \cdot 10^{-5}$	142.43	$0.116 \cdot 10^{-4}$	0.00341	15.30
2.96	0.0265	$0.131 \cdot 10^{-7}$	$0.494 \cdot 10^{-6}$	$0.234 \cdot 10^{-5}$	178.38	$0.483 \cdot 10^{-5}$	0.00271	17.14
2.97	0.0199	$0.313 \cdot 10^{-8}$	$0.157 \cdot 10^{-6}$	$0.748 \cdot 10^{-6}$	238.05	$0.154 \cdot 10^{-5}$	0.00203	19.80
2.98	0.0133	$0.417 \cdot 10^{-9}$	$0.313 \cdot 10^{-7}$	$0.150 \cdot 10^{-6}$	356.49	$0.310 \cdot 10^{-6}$	0.00135	24.36
2.99	0.0066	$0.130 \cdot 10^{-9}$	$0.195 \cdot 10^{-7}$	$0.933 \cdot 10^{-7}$	704.84	$0.194 \cdot 10^{-6}$	0.00067	34.52
3.00	0	0	0	0	∞	0	0	∞

表3 二维超声速气流等熵变化数值表或二维超声速气流绕外钝角的
加速流函数表($k=1.4$)

ν	φ	Ma	λ	π	ε	τ	μ
0°00′	0°00′	1.000	1.000	0.528	0.634	0.833	90°00′
0°10′	13°08′	1.026	1.022	0.512	0.620	0.826	77°02′
0°20′	16°05′	1.039	1.032	0.504	0.613	0.822	74°15′
0°30′	18°24′	1.051	1.042	0.497	0.607	0.819	72°06′
0°40′	20°25′	1.062	1.051	0.490	0.601	0.816	70°15′
0°50′	22°06′	1.073	1.060	0.484	0.596	0.813	68°44′
1°00′	23°32′	1.083	1.067	0.479	0.591	0.810	67°28′
1°30′	27°06′	1.109	1.088	0.463	0.577	0.803	64°24′
2°00′	30°00′	1.133	1.107	0.450	0.565	0.796	62°00′
2°30′	32°33′	1.155	1.125	0.437	0.553	0.789	59°57′
3°00′	34°54′	1.178	1.142	0.424	0.542	0.783	58°06′
3°30′	37°00′	1.199	1.157	0.413	0.532	0.777	56°30′
4°00′	38°52′	1.219	1.172	0.402	0.522	0.771	55°08′
4°30′	40°39′	1.238	1.186	0.392	0.513	0.766	53°51′
5°	42°18′	1.257	1.200	0.383	0.504	0.760	52°42′
6°	45°24′	1.294	1.227	0.364	0.497	0.749	50°36′
7°	48°18′	1.331	1.253	0.346	0.468	0.738	48°42′
8°	51°00′	1.367	1.277	0.330	0.452	0.728	47°00′
9°	53°28′	1.401	1.300	0.314	0.437	0.718	45°32′
10°	55°50′	1.435	1.323	0.299	0.422	0.708	44°10′
11°	58°06′	1.469	1.345	0.285	0.408	0.698	42°54′
12°	60°20′	1.504	1.367	0.271	0.393	0.688	41°40′
13°	62°24′	1.536	1.388	0.258	0.380	0.679	40°36′
14°	64°25′	1.569	1.408	0.246	0.367	0.670	39°35′
15°	66°24′	1.603	1.428	0.234	0.354	0.660	38°36′
16°	68°24′	1.639	1.448	0.222	0.341	0.650	37°36′
17°	70°18′	1.673	1.467	0.211	0.329	0.641	36°42′
18°	72°06′	1.705	1.486	0.201	0.318	0.632	35°54′
19°	73°57′	1.741	1.505	0.190	0.306	0.622	35°03′
20°	75°42′	1.775	1.523	0.181	0.295	0.613	34°18′
21°	77°27′	1.809	1.542	0.171	0.284	0.604	33°33′
22°	79°12′	1.846	1.559	0.162	0.273	0.595	32°48′
23°	80°52′	1.880	1.576	0.154	0.263	0.586	32°08′
24°	82°30′	1.914	1.594	0.146	0.253	0.576	31°30′
25°	84°10′	1.951	1.610	0.138	0.243	0.568	30°50′
26°	85°48′	1.988	1.628	0.130	0.233	0.558	30°12′
27°	87°24′	2.028	1.644	0.123	0.224	0.550	29°33′
28°	89°00′	2.063	1.660	0.116	0.215	0.541	29°00′
29°	90°30′	2.096	1.675	0.1100	0.207	0.532	28°30′
30°	92°00′	2.130	1.691	0.1040	0.198	0.523	28°00′
31°	93°36′	2.173	1.706	0.0980	0.190	0.515	27°24′
32°	95°05′	2.209	1.722	0.0920	0.182	0.506	26°55′
33°	96°33′	2.245	1.737	0.0867	0.174	0.497	26°27′
34°	98°03′	2.285	1.752	0.0814	0.167	0.488	25°57′
35°	99°33′	2.327	1.767	0.0764	0.159	0.480	25°27′
36°	101°00′	2.366	1.782	0.0717	0.152	0.471	25°00′
37°	102°33′	2.411	1.796	0.0672	0.145	0.462	24°30′
38°	103°57′	2.454	1.810	0.0630	0.139	0.454	24°03′
39°	105°24′	2.498	1.824	0.0590	0.132	0.446	23°36′
40°	106°48′	2.539	1.838	0.0552	0.126	0.437	23°12′
41°	108°12′	2.581	1.852	0.0514	0.120	0.428	22°48′
42°	109°36′	2.624	1.865	0.0481	0.114	0.420	22°24′
43°	111°00′	2.670	1.878	0.0450	0.109	0.412	22°00′
44°	112°21′	2.717	1.891	0.0419	0.104	0.404	21°36′
45°	113°48′	2.765	1.905	0.0388	0.098	0.395	21°12′
46°	115°12′	2.816	1.918	0.0360	0.093	0.387	20°48′
47°	116°36′	2.869	1.930	0.0334	0.088	0.379	20°24′
48°	117°54′	2.910	1.943	0.0310	0.084	0.371	20°06′
49°	119°15′	2.959	1.955	0.0288	0.079	0.363	19°45′
50°	120°36′	3.010	1.967	0.0267	0.075	0.355	19°24′

(续)

ν	φ	Ma	λ	π	ε	τ	μ
51°	121°57′	3.064	1.978	0.0249	0.071	0.348	19°03′
52°	123°18′	3.119	1.990	0.0229	0.067	0.340	18°42′
53°	124°38′	3.174	2.002	0.0211	0.063	0.332	18°22′
54°	126°00′	3.236	2.014	0.0194	0.060	0.324	18°00′
55°	127°18′	3.289	2.025	0.0178	0.056	0.316	17°42′
56°	128°36′	3.344	2.036	0.0164	0.053	0.309	17°24′
57°	129°55′	3.404	2.047	0.0151	0.050	0.302	17°05′
58°	131°15′	3.470	2.058	0.0138	0.047	0.294	16°45′
59°	132°36′	3.542	2.069	0.0126	0.044	0.286	16°24′
60°	133°54′	3.606	2.080	0.0115	0.041	0.279	16°06′
61°	135°10′	3.666	2.090	0.0105	0.039	0.272	15°50′
62°	136°30′	3.742	2.100	$0.954 \cdot 10^{-2}$	0.036	0.265	15°30′
63°	137°48′	3.814	2.111	$0.869 \cdot 10^{-2}$	0.034	0.258	15°12′
64°	139°03′	3.876	2.121	$0.784 \cdot 10^{-2}$	0.031	0.250	14°57′
65°	140°20′	3.949	2.130	$0.712 \cdot 10^{-2}$	0.029	0.244	14°40′
66°	141°36′	4.021	2.140	$0.645 \cdot 10^{-2}$	0.027	0.237	14°24′
67°	142°54′	4.124	2.150	$0.584 \cdot 10^{-2}$	0.025	0.230	14°02′
68°	144°12′	4.193	2.159	$0.525 \cdot 10^{-2}$	0.0235	0.0223	13°48′
69°	145°27′	4.268	2.168	$0.474 \cdot 10^{-2}$	0.0219	0.217	13°33′
70°	146°42′	4.348	2.177	$0.426 \cdot 10^{-2}$	0.0203	0.210	13°18′
71°	147°57′	4.429	2.186	$0.380 \cdot 10^{-2}$	0.0187	0.204	13°03′
72°	149°12′	4.515	2.195	$0.339 \cdot 10^{-2}$	0.0172	0.197	12°48′
73°	150°30′	4.621	2.204	$0.301 \cdot 10^{-2}$	0.0158	0.190	12°30′
74°	151°42′	4.695	2.212	$0.270 \cdot 10^{-2}$	0.0146	0.184	12°18′
75°	153°00′	4.810	2.220	$0.241 \cdot 10^{-2}$	0.0135	0.179	12°00′
76°	154°15′	4.912	2.228	$0.214 \cdot 10^{-2}$	0.0124	0.173	11°45′
77°	155°30′	5.015	2.237	$0.186 \cdot 10^{-2}$	0.0112	0.166	11°30′
78°	156°45′	5.126	2.244	$0.165 \cdot 10^{-2}$	0.0103	0.160	11°15′
79°	158°00′	5.241	2.252	$0.145 \cdot 10^{-2}$	$0.940 \cdot 10^{-2}$	0.155	11°00′
80°	159°15′	5.362	2.260	$0.126 \cdot 10^{-2}$	$0.851 \cdot 10^{-2}$	0.149	10°45′
81°	160°30′	5.488	2.267	$0.112 \cdot 10^{-2}$	$0.780 \cdot 10^{-2}$	0.144	10°30′
82°	161°42′	5.593	2.274	$0.971 \cdot 10^{-3}$	$0.705 \cdot 10^{-2}$	0.138	10°18′
83°	162°57′	5.731	2.282	$0.836 \cdot 10^{-3}$	$0.633 \cdot 10^{-2}$	0.132	10°03′
84°	164°12′	5.875	2.289	$0.722 \cdot 10^{-3}$	$0.570 \cdot 10^{-2}$	0.127	9°48′
85°	165°27′	6.028	2.296	$0.631 \cdot 10^{-3}$	$0.518 \cdot 10^{-2}$	0.122	9°33′
86°	166°42′	6.188	2.302	$0.545 \cdot 10^{-3}$	$0.466 \cdot 10^{-2}$	0.117	9°18′
87°	167°54′	6.321	2.309	$0.460 \cdot 10^{-3}$	$0.413 \cdot 10^{-2}$	0.111	9°06′
88°	169°06′	6.464	2.315	$0.398 \cdot 10^{-3}$	$0.373 \cdot 10^{-2}$	0.107	8°54′
89°	170°21′	6.649	2.321	$0.340 \cdot 10^{-3}$	$0.333 \cdot 10^{-2}$	0.102	8°39′
90°	171°36′	6.845	2.328	$0.285 \cdot 10^{-3}$	$0.294 \cdot 10^{-2}$	0.097	8°24′
91°	172°48′	7.013	2.334	$0.236 \cdot 10^{-3}$	$0.257 \cdot 10^{-2}$	0.092	8°12′
92°	174°00′	7.184	2.340	$0.197 \cdot 10^{-3}$	$0.226 \cdot 10^{-2}$	0.087	8°00′
93°	175°15′	7.413	2.345	$0.168 \cdot 10^{-3}$	$0.202 \cdot 10^{-2}$	0.083	7°45′
94°	176°27′	7.610	2.350	$0.139 \cdot 10^{-3}$	$0.176 \cdot 10^{-2}$	0.079	7°33′
95°	177°40′	7.837	2.356	$0.114 \cdot 10^{-3}$	$0.153 \cdot 10^{-2}$	0.075	7°20′
96°	178°54′	8.091	2.361	$0.954 \cdot 10^{-4}$	$0.134 \cdot 10^{-2}$	0.071	7°06′
97°	180°06′	8.326	2.366	$0.778 \cdot 10^{-4}$	$0.116 \cdot 10^{-2}$	0.067	6°54′
98°	181°21′	8.636	2.371	$0.628 \cdot 10^{-4}$	$0.996 \cdot 10^{-3}$	0.063	6°39′
99°	182°34′	8.928	2.376	$0.502 \cdot 10^{-4}$	$0.849 \cdot 10^{-3}$	0.059	6°26′
100°	183°48′	9.259	2.380	$0.403 \cdot 10^{-4}$	$0.726 \cdot 10^{-3}$	0.055	6°12′
101°	185°00′	9.569	2.385	$0.321 \cdot 10^{-4}$	$0.617 \cdot 10^{-3}$	0.052	6°00′
102°	186°12′	9.891	2.389	$0.257 \cdot 10^{-4}$	$0.526 \cdot 10^{-3}$	0.049	5°48′
103°	187°24′	10.245	2.393	$0.202 \cdot 10^{-4}$	$0.444 \cdot 10^{-3}$	0.046	5°36′
104°	188°36′	10.626	2.397	$0.156 \cdot 10^{-4}$	$0.368 \cdot 10^{-3}$	0.042	5°24′
105°	189°48′	11.037	2.401	$0.118 \cdot 10^{-4}$	$0.302 \cdot 10^{-3}$	0.039	5°12′
130°27′	220°27′	∞	2.449	0	0	0	0°00′

φ—马赫波的极角，$\varphi = \dfrac{\pi}{2} + \nu - \mu$

表4 正激波前后气流参数表(完全气体 $k=1.4$)

Ma_1	Ma_2	p_2/p_1	V_1/V_2 或 ρ_2/ρ_1	T_2/T_1	p_2^*/p_1^*	p_2^*/p_1
1.00	1.0000,0	1.0000,0	1.0000,0	1.0000,0	1.00000	1.8929
1.01	0.9901,3	1.0234,5	1.0166,9	1.0066,5	0.99999	1.9152
1.02	0.9805,2	1.0471,3	1.0334,4	1.01325	0.99998	1.9379
1.03	0.9711,5	1.0710,5	1.0502,4	1.01981	0.99997	1.9610
1.04	0.9620,2	1.0952,0	1.0670,9	1.02634	0.99994	1.9845
1.05	0.9531,2	1.1196	1.0839,8	1.03284	0.99987	2.0083
1.06	0.9444,4	1.1442	1.10092	1.03931	0.99976	2.0325
1.07	0.9359,8	1.1690	1.11790	1.04575	0.99962	2.0570
1.08	0.9277,2	1.1941	1.13492	1.05217	0.9994,4	2.0819
1.09	0.9196,5	1.2194	1.15199	1.05856	0.9992,1	2.1072
1.10	0.9117,7	1.2450	1.1691	1.06494	0.9989,2	2.1328
1.11	0.9040,8	1.2708	1.1862	1.07130	0.9985,8	2.1588
1.12	0.8965,6	1.2968	1.2034	1.07764	0.9982,0	2.1851
1.13	0.8892,1	1.3230	1.2206	1.08396	0.9977,6	2.2118
1.14	0.8820,4	1.3495	1.2378	1.09027	0.9972,6	2.2388
1.15	0.8750,2	1.3762	1.2550	1.09657	0.9966,9	2.2661
1.16	0.8681,6	1.4032	1.2723	1.10287	0.9960,5	2.2937
1.17	0.8614,5	1.4304	1.2896	1.10916	0.9953,4	2.3217
1.18	0.8548,8	1.4578	1.3069	1.11544	0.9945,5	2.3499
1.19	0.8484,6	1.4854	1.3243	1.12172	0.9937,1	2.3786
1.20	0.8421,7	1.5133	1.3416	1.1280	0.9928,0	2.4075
1.21	0.8360,1	1.5414	1.3590	1.1343	0.9918,0	2.4367
1.22	0.8299,8	1.5698	1.3764	1.1405	0.9907,3	2.4662
1.23	0.8240,8	1.5984	1.3938	1.1468	0.9895,7	2.4961
1.24	0.8183,0	1.6272	1.4112	1.1531	0.9883,5	2.5263
1.25	0.8126,4	1.6562	1.4286	1.1594	0.9870,6	2.5568
1.26	0.8070,9	1.6855	1.4460	1.1657	0.9856,8	2.5876
1.27	0.8016,5	1.7150	1.4634	1.1720	0.9842,2	2.6187
1.28	0.7963,1	1.7448	1.4808	1.1782	0.9826,8	2.6500
1.29	0.7910,8	1.7748	1.4983	1.1846	0.9810,6	2.6816
1.30	0.7859,6	1.8050	1.5157	1.1909	0.9793,5	2.7135
1.31	0.7809,3	1.8354	1.5331	1.1972	0.9775,8	2.7457
1.32	0.7760,0	1.8661	1.5505	1.2035	0.9757,4	2.7783
1.33	0.7711,6	1.8970	1.5680	1.2099	0.9738,2	2.8112
1.34	0.7664,1	1.9282	1.5854	1.2162	0.9718,1	2.8444
1.35	0.7617,5	1.9596	1.6028	1.2226	0.9697,2	2.8778
1.36	0.7571,8	1.9912	1.6202	1.2290	0.9675,6	2.9115
1.37	0.7526,9	2.0230	1.6376	1.2354	0.9653,4	2.9455
1.38	0.7482,8	2.0551	1.6550	1.2418	0.9630,4	2.9798
1.39	0.7439,6	2.0874	1.6723	1.2482	0.9606,5	3.0144
1.40	0.7397,1	2.1200	1.6896	1.2547	0.9581,9	3.0493
1.41	0.7355,4	2.1528	1.7070	1.2612	0.9556,6	3.0844
1.42	0.7314,4	2.1858	1.7243	1.2676	0.9530,6	3.1198
1.43	0.7274,1	2.2190	1.7416	1.2742	0.9503,6	3.1555
1.44	0.7234,5	2.2525	1.7589	1.2807	0.9476,5	3.1915
1.45	0.7195,6	2.2862	1.7761	1.2872	0.9448,3	3.2278
1.46	0.7157,4	2.3202	1.7934	1.2938	0.9419,6	3.2643
1.47	0.7119,8	2.3544	1.8106	1.3004	0.9390,1	3.3011
1.48	0.7082,9	2.3888	1.8278	1.3070	0.9360,0	3.3382
1.49	0.7046,6	2.4234	1.8449	1.3136	0.9339,2	3.3756
1.50	0.7010,9	2.4583	1.8621	1.3202	0.9297,8	3.4133
1.51	0.6975,8	2.4934	1.8792	1.3269	0.9265,8	3.4512
1.52	0.6941,3	2.5288	1.8962	1.3336	0.9233,1	3.4894
1.53	0.6907,3	2.5644	1.9133	1.3403	0.9199,9	3.5279
1.54	0.6873,9	2.6003	1.9303	1.3470	0.9166,2	3.5667
1.55	0.6841,0	2.6363	1.9473	1.3538	0.9131,9	3.6058
1.56	0.6808,6	2.6725	1.9643	1.3606	0.9097,0	3.6451
1.57	0.6776,8	2.7090	1.9812	1.3674	0.9061,5	3.6847
1.58	0.6745,5	2.7458	1.9981	1.3742	0.9025,5	3.7245
1.59	0.6714,7	2.7828	2.0149	1.3811	0.8988,9	3.7645

(续)

Ma_1	Ma_2	p_2/p_1	V_1/V_2 或 ρ_2/ρ_1	T_2/T_1	p_2^*/p_1^*	p_2^*/p_1
1.60	0.66844	2.8201	2.0317	1.3880	0.8952,0	3.8049
1.61	0.66545	2.8575	2.0485	1.3949	0.8914,4	3.8456
1.62	0.66251	2.8951	2.0652	1.4018	0.8876,4	3.8866
1.63	0.65962	2.9330	2.0820	1.4088	0.8838,0	3.9278
1.64	0.65677	2.9712	2.0986	1.4158	0.8799,2	3.9693
1.65	0.65396	3.0096	2.1152	1.4228	0.87598	4.0111
1.66	0.65119	3.0482	2.1318	1.4298	0.87201	4.0531
1.67	0.64847	3.0870	2.1484	1.4369	0.86800	4.0954
1.68	0.64579	3.1261	2.1649	1.4440	0.86396	4.1379
1.69	0.64315	3.1654	2.1813	1.4512	0.85987	4.1807
1.70	0.64055	3.2050	2.1977	1.4583	0.85573	4.2238
1.71	0.63798	3.2448	2.2141	1.4655	0.85155	4.2672
1.72	0.63545	3.2848	2.2304	1.4727	0.84735	4.3108
1.73	0.63296	3.3250	2.2467	1.4800	0.84312	4.3547
1.74	0.63051	3.3655	2.2629	1.4873	0.83886	4.3989
1.75	0.62809	3.4062	2.2791	1.4946	0.83456	4.4433
1.76	0.62570	3.4472	2.2952	1.5019	0.83024	4.4880
1.77	0.62335	3.4884	2.3113	1.5093	0.82589	4.5330
1.78	0.62104	3.5298	2.3273	1.5167	0.82152	4.5783
1.79	0.61875	3.5714	2.3433	1.5241	0.81711	4.6238
1.80	0.61650	3.6133	2.3592	1.5316	0.81268	4.6695
1.81	0.61428	3.6554	2.3751	1.5391	0.80823	4.7155
1.82	0.61209	3.6978	2.3909	1.5466	0.80376	4.7618
1.83	0.60993	3.7404	2.4067	1.5542	0.79926	4.8083
1.84	0.60780	3.7832	2.4224	1.5617	0.79474	4.8551
1.85	0.60570	3.8262	2.4381	1.5694	0.79021	4.9022
1.86	0.60363	3.8695	2.4537	1.5770	0.78567	4.9498
1.87	0.60159	3.9130	2.4693	1.5847	0.78112	4.9974
1.88	0.59957	3.9568	2.4848	1.5924	0.77656	5.0453
1.89	0.59758	4.0008	2.5003	1.6001	0.77197	5.0934
1.90	0.59562	4.0450	3.5157	1.6079	0.76735	5.1417
1.91	0.59368	4.0894	2.5310	1.6157	0.76273	5.1904
1.92	0.59177	4.1341	2.5463	1.6236	0.75812	5.2394
1.93	0.58988	4.1790	2.5615	1.6314	0.75347	5.2886
1.94	0.58802	4.2242	2.5767	1.6394	0.74883	5.3381
1.95	0.58618	4.2696	2.5919	1.6473	0.74418	5.3878
1.96	0.58437	4.3152	2.6070	1.6553	0.73954	5.4378
1.97	0.58258	4.3610	2.6220	1.6633	0.73487	5.4880
1.98	0.58081	4.4071	2.6369	1.6713	0.73021	5.5385
1.99	0.57907	4.4534	2.6518	1.6794	0.72554	5.5894
2.00	0.57735	4.5000	2.6666	1.6875	0.72088	5.6405
2.01	0.57565	4.5468	2.6814	1.6956	0.71619	5.6918
2.02	0.57397	4.5938	2.6962	1.7038	0.71152	5.7434
2.03	0.57231	4.6411	2.7109	1.7120	0.70686	5.7952
2.04	0.57068	4.6886	2.7255	1.7203	0.70218	5.8473
2.05	0.56907	4.7363	2.7400	1.7286	0.69752	5.8997
2.06	0.56747	4.7842	2.7545	1.7369	0.69284	5.9523
2.07	0.56589	4.8324	2.7690	1.7452	0.68817	6.0052
2.08	0.56433	4.8808	2.7834	1.7536	0.68351	6.0584
2.09	0.58280	4.9295	2.7977	1.7620	0.67886	6.1118
2.10	0.56128	4.9784	2.8119	1.7704	0.67422	6.1655
2.11	0.55978	5.0275	2.8261	1.7789	0.66957	6.2194
2.12	0.55830	5.0768	2.8402	1.7874	0.66492	6.2736
2.13	0.55683	5.1264	2.8543	1.7960	0.66029	6.3280
2.14	0.55538	5.1762	2.8683	1.8046	0.65567	6.3827
2.15	0.55395	5.2262	2.8823	1.8132	0.65105	6.4377
2.16	0.55254	5.2765	2.8962	1.8219	0.64644	6.4929
2.17	0.55114	5.3270	2.9100	1.8306	0.64185	6.5484
2.18	0.54976	5.3778	2.9238	1.8393	0.63728	6.6042
2.19	0.54841	5.4288	2.9376	1.8481	0.63270	6.6602

(续)

Ma_1	Ma_2	p_2/p_1	V_1/V_2 或 ρ_2/ρ_1	T_2/T_1	p_2^*/p_1^*	p_2^*/p_1
2.20	0.54706	5.4800	2.9512	1.8569	0.62812	6.7163
2.21	0.54572	5.5314	2.9648	1.8657	0.62358	6.7730
2.22	0.54440	5.5831	2.9783	1.8746	0.61905	6.8299
2.23	0.54310	5.6350	2.9918	1.8835	0.61453	6.8869
2.24	0.54182	5.6872	3.0052	1.8924	0.61002	6.9442
2.25	0.54055	5.7396	3.0186	1.9014	0.60554	7.0018
2.26	0.53929	5.7922	3.0319	1.9104	0.60106	7.0597
2.27	0.53805	5.8451	3.0452	1.9194	0.59659	7.1178
2.28	0.53683	5.8982	3.0584	1.9285	0.59214	7.1762
2.29	0.53561	5.9515	3.0715	1.9376	0.58772	7.2348
2.30	0.53441	6.0050	3.0846	1.9468	0.58331	7.2937
2.31	0.53322	6.0588	3.0976	1.9560	0.57891	7.3529
2.32	0.53205	6.1128	3.1105	1.9652	0.57452	7.4123
2.33	0.53089	6.1670	3.1234	1.9745	0.57015	7.4720
2.34	0.52974	6.2215	3.1362	1.9838	0.56580	7.5319
2.35	0.52861	6.2762	3.1490	1.9931	0.56148	7.5920
2.36	0.52749	6.3312	3.1617	2.0025	0.55717	7.6524
2.37	0.52638	6.3864	3.1743	2.0119	0.55288	7.7131
2.38	0.52528	6.4418	3.1869	2.0213	0.54862	7.7741
2.39	0.52419	6.4974	3.1994	2.0308	0.54438	7.8354
2.40	0.52312	6.5533	3.2119	2.0403	0.54015	7.8969
2.41	0.52206	6.6094	3.2243	2.0499	0.53594	7.9587
2.42	0.52100	6.6658	3.2366	2.0595	0.53175	8.0207
2.43	0.51996	6.7224	3.2489	2.0691	0.52758	8.0830
2.44	0.51894	6.7792	3.2611	2.0788	0.52344	8.1455
2.45	0.51792	6.8362	3.2733	2.0885	0.51932	8.2083
2.46	0.51691	6.8935	3.2854	2.0982	0.51521	8.2714
2.47	0.51592	6.9510	3.2975	2.1080	0.51112	8.3347
2.48	0.51493	7.0088	3.3095	2.1178	0.50706	8.3983
2.49	0.51395	7.0668	3.3214	2.1276	0.50303	8.4622
2.50	0.51299	7.1250	3.3333	2.1375	0.49902	8.5262
2.51	0.51204	7.1834	3.3451	2.1474	0.49502	8.5904
2.52	0.51109	7.2421	3.3569	2.1574	0.49104	8.6549
2.53	0.51015	7.3010	3.3686	2.1674	0.48709	8.7198
2.54	0.50923	7.3602	3.3802	2.1774	0.48317	8.7850
2.55	0.50831	7.4196	3.3918	2.1875	0.47927	8.8505
2.56	0.50740	7.4792	3.4034	2.1976	0.47540	8.9162
2.57	0.50651	7.5391	3.4149	2.2077	0.47155	8.9821
2.58	0.50562	7.5992	3.4263	2.2179	0.46772	9.0482
2.59	0.50474	7.6595	3.4376	2.2281	0.46391	9.1146
2.60	0.50387	7.7200	3.4489	2.2383	0.46012	9.1813
2.61	0.50301	7.7808	3.4602	2.2486	0.45636	9.2481
2.62	0.50216	7.8418	3.4714	2.2589	0.45262	9.3154
2.63	0.50132	7.9030	3.4825	2.2693	0.44891	9.3829
2.64	0.50048	7.9645	3.4936	2.2797	0.44522	9.4507
2.65	0.49965	8.0262	3.5047	2.2901	0.44155	9.5187
2.66	0.49883	8.0882	3.5157	2.3006	0.43791	9.5869
2.67	0.49802	8.1504	3.5266	2.3111	0.43429	9.6553
2.68	0.49722	8.2128	3.5374	2.3217	0.43070	9.7241
2.69	0.49642	8.2754	3.5482	2.3323	0.42713	9.7932
2.70	0.49563	8.3383	3.5590	2.3429	0.42359	9.8625
2.71	0.49485	8.4014	3.5697	2.3536	0.42007	9.9320
2.72	0.49408	8.4648	3.5803	2.3643	0.41657	10.0017
2.73	0.49332	8.5284	3.5909	2.3750	0.41310	10.0718
2.74	0.49256	8.5922	3.6014	2.3858	0.40965	10.1421
2.75	0.49181	8.6562	3.6119	2.3966	0.40622	10.212
2.76	0.49107	8.7205	3.6224	2.4074	0.40282	10.283
2.77	0.49033	8.7850	3.6328	2.4183	0.39945	10.354
2.78	0.48960	8.8497	3.6431	2.4292	0.39610	10.426
2.79	0.48888	8.9147	3.6533	2.4402	0.39276	10.498

(续)

Ma_1	Ma_2	p_2/p_1	V_1/V_2 或 ρ_2/ρ_1	T_2/T_1	p_2^*/p_1^*	p_2^*/p_1
2.80	0.48817	8.9800	3.6635	2.4512	0.38946	10.569
2.81	0.48746	9.0454	3.6737	2.4622	0.38618	10.641
2.82	0.48676	9.1111	3.6838	2.4733	0.38293	10.714
2.83	0.48607	9.1770	3.6939	2.4844	0.37970	10.787
2.84	0.48538	9.2432	3.7039	2.4955	0.37649	10.860
2.85	0.48470	9.3096	3.7139	2.5067	0.37330	10.933
2.86	0.48402	9.3762	3.7238	2.5179	0.37013	11.006
2.87	0.48334	9.4431	3.7336	2.5292	0.36700	11.080
2.88	0.48268	9.5102	3.7434	2.5405	0.36389	11.154
2.89	0.48203	9.5775	3.7532	2.5518	0.36080	11.228
2.90	0.48138	9.6450	3.7629	2.5632	0.35773	11.302
2.91	0.48074	9.7127	3.7725	2.5746	0.35469	11.377
2.92	0.48010	9.7808	3.7821	2.5860	0.35167	11.452
2.93	0.47946	9.8491	3.7917	2.5975	0.34867	11.527
2.04	0.47883	9.9176	3.8012	2.6090	0.34570	11.603
2.95	0.47821	9.9863	3.8106	2.6206	0.34275	11.679
2.96	0.47760	10.055	3.8200	2.6322	0.33982	11.755
2.97	0.47699	10.124	3.8294	2.6438	0.33692	11.831
2.98	0.47638	10.194	3.8387	2.6555	0.33404	11.907
2.99	0.47578	10.263	3.8479	2.6672	0.33118	11.984
3.00	0.47519	10.333	3.8571	2.6790	0.32834	12.061
3.50	0.45115	14.125	4.2608	3.3150	0.21295	16.242
4.00	0.43496	18.500	4.5714	4.0469	0.13876	21.068
4.50	0.42355	23.458	4.8119	4.8751	0.09170	26.539
5.00	0.41523	29.000	5.0000	5.8000	0.06172	32.654
5.00	0.40416	41.833	5.2683	7.9406	0.02965	46.815
7.00	0.39736	57.000	5.4444	10.469	0.01535	63.552
8.00	0.39289	74.500	5.5652	13.387	0.00849	82.865
9.00	0.38980	94.333	5.6512	16.693	0.00496	104.753
10.00	0.38757	116.500	5.7143	20.388	0.00304	129.217
∞	0.37796	∞	6.0000	∞	0	∞

表5　斜激波前后气流参数表
（完全气体 $k=1.4$）
（β 取为整数）

Ma_1	β	δ	Ma_2	$\dfrac{p_2}{p_1}$	$\dfrac{\rho_1}{\rho_2}$
1.05	72°15′	0° 0′	1.050	1.000	1.0000
	73°	0°16′	1.037	1.010	0.9932
	76°	0°25′	1.014	1.044	0.9695
	79°	0°33′	0.991	1.073	0.9511
	82°	0°32′	0.973	1.095	0.9375
	85°	0°23′	0.961	1.110	0.9283
	88°	0°10′	0.954	1.118	0.9234
	90°	0°	0.953	1.120	0.9225
1.10	65°23′	0° 0′	1.110	1.100	1.0000
	68°	0°40′	1.063	1.047	0.9678
	71°	1°11′	1.025	1.095	0.9370
	74°	1°27′	0.993	1.138	0.9120
	77°	1°31′	0.965	1.174	0.8921
	80°	1°22′	0.910	1.202	0.8768
	83°	1° 4′	0.928	1.224	0.8658
	86°	0°39′	0.918	1.238	0.8587
	90°	0°	0.912	1.245	0.8554
1.15	60°24′	0° 0′	1.150	1.000	1.0000
	63°	0°57′	1.105	1.058	0.9604
	66°	1°47′	1.058	1.121	0.9217
	69°	2°20′	1.016	1.178	0.8896
	72°	2°37′	0.980	1.229	0.8633
	75°	2°39′	0.948	1.273	0.8420
	78°	2°27′	0.922	1.310	0.8253
	81°	2° 2′	0.902	1.339	0.8126
	84°	1°27′	0.887	1.359	0.8038
	87°	0°45′	0.879	1.372	0.7985
	90°	0° 0′	0.875	1.376	0.7968
1.20	56°26′	0° 0′	1.200	1.000	1.0000
	59°	1°12′	1.149	1.068	0.9543
	62°	2°20′	1.095	1.143	0.9090
	65°	3° 9′	1.045	1.213	0.8712
	68°	3°41′	1.001	1.278	0.8398
	71°	3°56′	0.962	1.335	0.8140
	74°	3°53′	0.928	1.386	0.7930
	77°	3°34′	0.899	1.428	0.7762
	80°	3° 0′	0.877	1.463	0.7634
	83°	2°15′	0.859	1.488	0.7541
	86°	1°20′	0.848	1.505	0.7482
	90°	0° 0′	0.842	1.514	0.7454
1.25	53°8′	0° 0′	1.250	1.000	1.0000
	54°	0°31′	1.230	1.026	0.9815
	57°	2° 4′	1.166	1.116	0.9249
	60°	3°20′	1.108	1.201	0.8778
	63°	4°17′	1.055	1.281	0.8385
	66°	4°55′	1.006	1.355	0.8057
	69°	5°15′	0.963	1.422	0.7786
	72°	5°15′	0.924	1.482	0.7563
	75°	4°57′	0.891	1.534	0.7383
	78°	4°22′	0.863	1.578	0.7241
	81°	3°31′	0.841	1.612	0.7134
	84°	2°28′	0.826	1.636	0.7059
	87°	1°16′	0.817	1.651	0.7015
	90°	0°	0.813	1.656	0.7000
1.30	50°17′	0° 0′	1.300	1.000	1.0000
	53°	1°43′	1.235	1.091	0.9398
	56°	3°20′	1.169	1.189	0.8841
	59°	4°39′	1.109	1.282	0.8378
	62°	5°38′	1.053	1.370	0.7992

(续)

Ma_1	β	δ	Ma_2	$\dfrac{p_2}{p_1}$	$\dfrac{\rho_1}{\rho_2}$
1.30	65°	6°18′	1.002	1.453	0.7670
	68°	6°38′	0.956	1.528	0.7403
	71°	6°37′	0.914	1.596	0.7182
	74°	6°16′	0.878	1.655	0.7003
	77°	5°36′	0.848	1.705	0.6860
	80°	4°28′	0.828	1.726	0.6803
	83°	3°26′	0.804	1.776	0.6672
	86°	2° 2′	0.792	1.795	0.6622
	90°	0° 0′	0.786	1.805	0.6598
1.35	47°47′	0° 0′	1.350	1.000	1.0000
	50°	1°35′	1.293	1.081	0.9459
	53°	3°28′	1.221	1.190	0.8835
	56°	5° 2′	1.155	1.295	0.8319
	59°	6°17′	1.094	1.396	0.7890
	62°	7°13′	1.037	1.491	0.7532
	65°	7°49′	0.985	1.580	0.7233
	68°	8° 3′	0.938	1.661	0.6986
	71°	7°55′	0.895	1.734	0.6781
	74°	7°26′	0.858	1.798	0.6615
	77°	6°36′	0.826	1.852	0.6483
	80°	5°15′	0.806	1.875	0.6430
	83°	4° 1′	0.781	1.928	0.6308
	86°	2°22′	0.768	1.949	0.6262
	90°	0° 0′	0.762	1.960	0.6239
1.40	45°35′	0° 0′	1.400	1.000	1.0000
	47°	1° 7′	1.361	1.056	0.9616
	50°	3°17′	1.279	1.175	0.8912
	53°	5° 8′	1.211	1.292	0.8333
	56°	6°40′	1.144	1.405	0.7853
	59°	7°52′	1.082	1.513	0.7453
	62°	8°45′	1.024	1.616	0.7120
	65°	9°16′	0.971	1.712	0.6843
	68°	9°25′	0.922	1.799	0.6613
	71°	9°12′	0.878	1.878	0.6422
	74°	8°35′	0.840	1.946	0.6268
	77°	7°35′	0.807	2.004	0.6145
	80°	6° 2′	0.785	2.029	0.6096
	83°	4°36′	0.760	2.086	0.5982
	86°	2°43′	0.746	2.109	0.5939
	90°	0° 0′	0.740	2.120	0.5918
1.45	43°36′	0° 0′	1.450	1.000	1.0000
	44°	0°21′	1.438	1.017	0.9880
	47°	2°46′	1.354	1.145	0.9077
	50°	4°54′	1.275	1.273	0.8421
	53°	6°43′	1.204	1.398	0.7881
	56°	8°13′	1.135	1.519	0.7433
	59°	9°24′	1.072	1.636	0.7061
	62°	10°13′	1.021	1.746	0.6751
	65°	10°41′	0.959	1.848	0.6492
	68°	10°46′	0.909	1.942	0.6277
	71°	10°27′	0.864	2.026	0.6100
	74°	9°42′	0.826	2.100	0.5956
	77°	8°34′	0.790	2.162	0.5841
	80°	6°48′	0.767	2.208	0.5795
	83°	5°11′	0.740	2.250	0.5690
	86°	3° 3′	0.727	2.274	0.5650
	90°	0° 0′	0.720	2.286	0.5630
1.50	41°49′	0° 0′	1.500	1.000	1.0000
	45°	2°47′	1.405	1.146	0.9074
	48°	5° 5′	1.322	1.283	0.8373
	51°	7° 5′	1.246	1.419	0.7799
	54°	8°46′	1.174	1.551	0.7325
	57°	10° 8′	1.107	1.680	0.6932
	60°	11° 9′	1.045	1.802	0.6605
	63°	11°49′	0.986	1.917	0.6332
	66°	12° 6′	0.932	2.024	0.6105

(续)

Ma_1	β	δ	Ma_2	$\dfrac{p_2}{p_1}$	$\dfrac{\rho_1}{\rho_2}$
1.50	69°	11°59′	0.882	2.121	0.5916
	72°	11°25′	0.837	2.208	0.5761
	75°	10°26′	0.797	2.282	0.5636
	78°	9° 0′	0.764	2.345	0.5538
	81°	7°10′	0.737	2.394	0.5463
	84°	5° 0′	0.717	2.430	0.5411
	87°	2°34′	0.705	2.451	0.5381
	90°	0° 0′	0.701	2.458	0.5370
1.55	40°11′	0° 0′	1.550	1.000	1.0000
	43°	2°36′	1.461	1.137	0.9124
	46°	5° 5′	1.375	1.284	0.8370
	49°	7°15′	1.294	1.430	0.7756
	52°	9° 8′	1.219	1.574	0.7253
	55°	10°42′	1.148	1.714	0.6836
	58°	11°55′	1.081	1.849	0.6490
	61°	12°47′	1.018	1.977	0.6201
	64°	13°18′	0.960	2.098	0.5960
	67°	13°23′	0.905	2.208	0.5760
	70°	13° 3′	0.855	2.308	0.5595
	73°	12°15′	0.811	2.397	0.5460
	76°	10°59′	0.772	2.472	0.5351
	79°	9°16′	0.739	2.534	0.5266
	82°	7° 7′	0.714	2.582	0.5204
	85°	4°37′	0.696	2.615	0.5162
	88°	1°53′	0.686	2.633	0.5140
	90°	0° 0′	0.684	2.636	0.5135
1.60	38°41′	0° 0′	1.600	1.000	1.0000
	41°	2°16′	1.524	1.119	0.9230
	44°	4°55′	1.433	1.275	0.8413
	47°	7°16′	1.347	1.431	0.7753
	50°	9°19′	1.268	1.586	0.7214
	53°	11° 4′	1.193	1.738	0.6770
	56°	12°29′	1.123	1.886	0.6403
	59°	13°35′	1.056	2.027	0.6097
	62°	14°18′	0.993	2.162	0.5842
	65°	14°38′	0.934	2.287	0.5630
	68°	14°32′	0.880	2.401	0.5453
	71°	13°58′	0.830	2.503	0.5308
	74°	12°55′	0.786	2.593	0.5190
	77°	11°22′	0.748	2.669	0.5095
	80°	9°21′	0.722	2.701	0.5058
	83°	6°52′	0.692	2.776	0.4971
	86°	4° 4′	0.676	2.805	0.4938
	90°	0° 0′	0.668	2.820	0.4922
1.65	37°18′	0° 0′	1.650	1.000	1.0000
	38°	0°44′	1.626	1.037	0.9742
	41°	3°40′	1.526	1.200	0.8778
	45°	7° 5′	1.406	1.422	0.7789
	48°	9°19′	1.322	1.587	0.7208
	51°	11°15′	1.243	1.752	0.6735
	54°	12°53′	1.169	1.912	0.6343
	57°	14°11′	1.098	2.067	0.6019
	60°	15° 8′	1.032	2.216	0.5748
	63°	15°42′	0.969	2.355	0.5522
	66°	15°51′	0.910	2.484	0.5334
	69°	15°33′	0.856	2.602	0.5179
	72°	14°45′	0.806	2.706	0.5051
	75°	13°27′	0.762	2.797	0.4947
	78°	11°36′	0.725	2.872	0.4866
	81°	9°15′	0.695	2.932	0.4804
	84°	6°27′	0.672	2.975	0.4761
	87°	3°19′	0.659	3.001	0.4736
	90°	0° 0′	0.654	3.010	0.4728
1.70	36°2′	0° 0′	1.700	1.000	1.0000
	37°	1° 2′	1.665	1.055	0.9628
	40°	4° 3′	1.562	1.226	0.8646

(续)

Ma_1	β	δ	Ma_2	$\dfrac{p_2}{p_1}$	$\dfrac{\rho_1}{\rho_2}$
1.70	44°	7°34′	1.439	1.460	0.7642
	47°	9°53′	1.350	1.637	0.7058
	50°	11°54′	1.272	1.812	0.6580
	53°	13°37′	1.195	1.984	0.6188
	56°	15° 0′	1.122	2.151	0.5862
	59°	16° 4′	1.052	2.311	0.5591
	62°	16° 4′	0.987	2.462	0.5365
	65°	17° 1′	0.925	2.602	0.5177
	68°	16°49′	0.867	2.732	0.5021
	71°	16° 8′	0.815	2.848	0.4892
	74°	14°55′	0.768	2.949	0.4787
	77°	13° 9′	0.726	3.034	0.4704
	80°	10°49′	0.698	3.070	0.4670
	83°	7°58′	0.666	3.155	0.4594
	86°	4°43′	0.649	3.189	0.4564
	90°	0° 0′	0.641	3.205	0.4550
1.75	34°51′	0° 0′	1.750	1.000	1.0000
	36°	1°16′	1.707	1.068	0.9543
	39°	4°21′	1.602	1.248	0.8537
	42°	7° 7′	1.505	1.433	0.7744
	45°	9°35′	1.414	1.620	0.7109
	48°	11°47′	1.330	1.807	0.6594
	51°	13°41′	1.249	1.991	0.6172
	54°	15°17′	1.172	2.172	0.5824
	57°	16°33′	1.099	2.346	0.5535
	60°	17°29′	1.029	2.513	0.5295
	63°	18° 0′	0.963	2.670	0.5094
	66°	18° 6′	0.901	2.815	0.4927
	69°	17°43′	0.844	2.947	0.4789
	72°	16°48′	0.792	3.065	0.4675
	75°	15°19′	0.745	3.167	0.4583
	78°	13°14′	0.705	3.252	0.4511
	81°	10°34′	0.672	3.318	0.4466
	84°	7°23′	0.648	3.367	0.4418
	87°	3°48′	0.633	3.396	0.4395
	90°	0° 0′	0.628	3.406	0.4388
1.80	33°45′	0° 0′	1.800	1.000	1.0000
	35°	1°25′	1.751	1.077	0.9485
	38°	4°33′	1.643	1.266	0.8452
	41°	7°24′	1.544	1.460	0.7642
	44°	9°58′	1.451	1.657	0.6997
	47°	12°13′	1.364	1.855	0.6475
	50°	14°13′	1.280	2.052	0.6050
	53°	15°54′	1.201	2.244	0.5699
	56°	17°16′	1.125	2.431	0.5409
	59°	18°18′	1.053	2.611	0.5167
	62°	18°57′	0.984	2.780	0.4966
	65°	19°11′	0.919	2.938	0.4798
	68°	18°56′	0.859	3.083	0.4659
	71°	18° 9′	0.803	3.213	0.4544
	74°	16°48′	0.753	3.326	0.4450
	77°	14°49′	0.709	3.422	0.4376
	80°	12°12′	0.678	3.499	0.4319
	83°	9° 1′	0.645	3.557	0.4277
	86°	5°21′	0.625	3.595	0.4251
	90°	0° 0′	0.617	3.613	0.4239
1.85	32°43′	0° 0′	1.850	1.000	1.0000
	34°	1°29′	1.799	1.082	0.9454
	37°	4°42′	1.687	1.280	0.8389
	40°	7°37′	1.585	1.483	0.7560
	43°	10°14′	1.490	1.691	0.6902
	46°	12°35′	1.400	1.899	0.6372
	49°	14°39′	1.314	2.108	0.5941
	52°	16°26′	1.232	2.313	0.5588
	55°	17°54′	1.153	2.513	0.5295
	58°	19° 3′	1.078	2.705	0.5052
	61°	19°49′	1.007	2.888	0.4850

(续)

Ma_1	β	δ	Ma_2	$\dfrac{p_2}{p_1}$	$\dfrac{\rho_1}{\rho_2}$
1.85	64°	20°11′	0.939	3.059	0.4681
	67°	20° 4′	0.876	3.217	0.4540
	70°	19°27′	0.817	3.359	0.4424
	73°	18°14′	0.763	3.485	0.4329
	76°	16°23′	0.716	3.593	0.4253
	79°	13°52′	0.676	3.681	0.4193
	82°	10°43′	0.643	3.749	0.4150
	85°	7° 0′	0.620	3.796	0.4120
	88°	2°52′	0.608	3.821	0.4105
	90°	0° 0′	0.606	3.826	0.4102
1.90	31°45′	0° 0′	1.900	1.000	1.0000
	33°	1°28′	1.848	1.083	0.9449
	36°	4°46′	1.734	1.289	0.8348
	39°	7°45′	1.628	1.501	0.7495
	42°	10°26′	1.530	1.719	0.6822
	45°	12°51′	1.437	1.939	0.6284
	48°	15° 0′	1.349	2.159	0.5846
	51°	16°52′	1.265	2.377	0.5489
	54°	18°27′	1.184	2.590	0.5194
	57°	19°41′	1.106	2.796	0.4949
	60°	20°35′	1.032	2.992	0.4745
	63°	21° 5′	0.962	3.177	0.4574
	66°	21° 8′	0.895	3.348	0.4433
	69°	20°39′	0.833	3.504	0.4315
	72°	19°36′	0.776	3.643	0.4219
	75°	17°55′	0.725	3.763	0.4141
	78°	15°31′	0.681	3.863	0.4079
	81°	12°26′	0.645	3.942	0.4033
	84°	8°43′	0.618	3.999	0.4001
	87°	4°30′	0.601	4.033	0.3981
	90°	0° 0′	0.596	4.045	0.3975
1.95	30°51′	0° 0′	1.950	1.000	1.0000
	32°	1°23′	1.901	1.079	0.9471
	35°	4°45′	1.782	1.293	0.8328
	38°	7°38′	1.674	1.515	0.7449
	41°	10°34′	1.573	1.743	0.6758
	44°	13° 3′	1.478	1.974	0.6208
	47°	15°17′	1.386	2.206	0.5764
	50°	17°14′	1.299	2.437	0.5401
	53°	18°54′	1.216	2.663	0.5103
	56°	20°15′	1.136	2.882	0.4855
	59°	21°16′	1.059	3.098	0.4649
	62°	21°54′	0.986	3.292	0.4478
	65°	22° 6′	0.917	3.477	0.4335
	68°	21°47′	0.851	3.647	0.4216
	71°	20°54′	0.791	3.799	0.4118
	74°	19°23′	0.737	3.935	0.4038
	77°	17° 9′	0.689	4.045	0.3975
	80°	14°11′	0.649	4.136	0.3926
	83°	10°31′	0.617	4.204	0.3891
	86°	6°15′	0.596	4.248	0.3869
	90°	0° 0′	0.586	4.270	0.3858
2.00	30° 0′	0° 0′	2.000	1.000	1.0000
	31°	1°15′	1.956	1.072	0.9515
	34°	4°40′	1.833	1.293	0.8329
	37°	7°48′	1.721	1.524	0.7419
	40°	10°36′	1.617	1.762	0.6709
	43°	13°11′	1.519	2.004	0.6146
	46°	15°29′	1.426	2.248	0.5693
	49°	17°31′	1.336	2.491	0.5324
	52°	19°16′	1.250	2.731	0.5022
	55°	20°44′	1.167	2.965	0.4771
	58°	21°52′	1.088	3.190	0.4563
	61°	22°37′	1.012	3.403	0.4390
	64°	22°58′	0.940	3.603	0.4246
	67°	22°49′	0.872	3.787	0.4125
	70°	22° 7′	0.773	3.954	0.4026

(续)

Ma_1	β	δ	Ma_2	$\dfrac{p_2}{p_1}$	$\dfrac{\rho_1}{\rho_2}$
2.00	73°	20°47′	0.751	4.101	0.3945
	76°	18°44′	0.709	4.227	0.3880
	79°	15°55′	0.655	4.330	0.3829
	82°	12°21′	0.619	4.410	0.3791
	85°	8° 5′	0.594	4.464	0.3766
	88°	3°19′	0.580	4.494	0.3753
	90°	0° 0′	0.577	4.500	0.3750
2.05	29°12′	0° 0′	2.050	1.000	1.0000
	30°	1° 0′	2.013	1.059	0.9598
	33°	4°32′	1.886	1.288	0.8351
	36°	7°43′	1.711	1.527	0.7406
	39°	10°37′	1.664	1.775	0.6673
	42°	13°14′	1.563	2.029	0.6095
	45°	15°37′	1.467	2.284	0.5632
	48°	17°43′	1.374	2.541	0.5257
	51°	19°34′	1.286	2.795	0.4950
	54°	21° 7′	1.200	3.042	0.4696
	57°	22°22′	1.118	3.282	0.4486
	60°	23°15′	1.040	3.511	0.4310
	63°	23°44′	0.965	3.726	0.4164
	66°	23°46′	0.894	3.925	0.4043
	69°	23°14′	0.828	4.107	0.3942
	72°	22° 6′	0.766	4.268	0.3859
	75°	20°15′	0.711	4.408	0.3792
	78°	17°37′	0.663	4.524	0.3739
	81°	14°11′	0.623	4.616	0.3699
	84°	9°58′	0.594	4.683	0.3671
	87°	5°10′	0.575	4.723	0.3655
	90°	0° 0′	0.569	4.736	0.3650
2.10	28°26′	0° 0′	2.100	1.000	1.0000
	29°	0°43′	2.073	1.043	0.9706
	32°	4°19′	1.941	1.278	0.8395
	35°	7°35′	1.823	1.526	0.7410
	38°	10°32′	1.712	1.784	0.6652
	41°	13°14′	1.608	2.048	0.6057
	44°	15°40′	1.509	2.316	0.5582
	47°	17°51′	1.414	2.585	0.5199
	50°	19°47′	1.323	2.852	0.4887
	53°	21°26′	1.235	3.115	0.4629
	56°	22°47′	1.151	3.369	0.4416
	59°	23°48′	1.070	3.614	0.4238
	62°	24°26′	0.992	3.844	0.4090
	65°	24°37′	0.918	4.060	0.3967
	68°	24°16′	0.849	4.256	0.3865
	71°	23°20′	0.784	4.433	0.3780
	74°	21°41′	0.726	4.588	0.3712
	77°	19°16′	0.674	4.718	0.3657
	80°	16° 0′	0.630	4.823	0.3615
	83°	11°54′	0.596	4.902	0.3585
	86°	7° 6′	0.573	4.953	0.3565
	90°	0° 0′	0.561	4.978	0.3556
2.15	27°43′	0° 0′	2.150	1.000	1.0000
	28°	0°22′	2.139	1.022	0.9846
	31°	4° 4′	1.999	1.265	0.8458
	34°	7°23′	1.876	1.520	0.7432
	37°	10°25′	1.763	1.787	0.6644
	40°	13°10′	1.656	2.062	0.6030
	43°	15°40′	1.554	2.342	0.5542
	46°	17°56′	1.456	2.624	0.5151
	49°	19°56′	1.362	2.905	0.4832
	52°	21°41′	1.272	3.182	0.4570
	55°	23° 8′	1.185	3.452	0.4353
	58°	24°16′	1.101	3.712	0.4173
	61°	25° 2′	1.028	3.959	0.4023
	64°	25°22′	0.944	4.190	0.3898
	67°	25°12′	0.872	4.402	0.3794
	70°	24°28′	0.804	4.596	0.3708

(续)

Ma_1	β	δ	Ma_2	$\dfrac{p_2}{p_1}$	$\dfrac{\rho_1}{\rho_2}$
2.15	73°	23° 3′	0.742	4.765	0.3638
	76°	20°51′	0.686	4.911	0.3581
	79°	17°47′	0.639	5.030	0.3537
	82°	13°51′	0.600	5.122	0.3505
	85°	9° 6′	0.572	5.185	0.3483
	88°	3°45′	0.557	5.220	0.3472
	90°	0° 0′	0.554	5.226	0.3469
2.20	27°2′	0° 0′	2.200	1.000	1.0000
	30°	3°43′	2.059	1.245	0.8553
	33°	7° 7′	1.932	1.508	0.7471
	36°	10°13′	1.815	1.784	0.6650
	39°	13° 2′	1.705	2.070	0.6014
	42°	15°36′	1.600	2.362	0.5512
	45°	17°56′	1.499	2.657	0.5110
	48°	20° 0′	1.403	2.952	0.4784
	51°	21°51′	1.310	3.244	0.4517
	54°	23°24′	1.220	3.529	0.4297
	57°	24°39′	1.134	3.805	0.4114
	60°	25°32′	1.051	4.069	0.3962
	63°	26° 2′	0.972	4.316	0.3835
	66°	26° 3′	0.896	4.546	0.3730
	69°	25°30′	0.826	4.755	0.3642
	72°	24°18′	0.761	4.941	0.3570
	75°	22°20′	0.701	5.122	0.3512
	78°	19°31′	0.650	5.234	0.3466
	81°	15°47′	0.607	5.342	0.3431
	84°	11° 9′	0.574	5.418	0.3407
	87°	5°47′	0.554	5.465	0.3393
	90°	0° 0′	0.547	5.480	0.3388
2.25	26°23′	0° 0′	2.250	1.000	1.0000
	29°	3°20′	2.122	1.222	0.8670
	32°	6°48′	1.990	1.492	0.7528
	35°	9°58′	1.869	1.776	0.6670
	38°	12°51′	1.755	2.072	0.6009
	41°	15°29′	1.648	2.376	0.5491
	44°	17°53′	1.544	2.683	0.5078
	47°	20° 2′	1.445	2.992	0.4744
	50°	21°57′	1.349	3.301	0.4472
	53°	23°36′	1.257	3.601	0.4247
	56°	24°57′	1.168	3.893	0.4062
	59°	25°58′	1.083	4.173	0.3907
	62°	26°36′	1.001	4.438	0.3778
	65°	26°47′	0.923	4.685	0.3671
	68°	26°27′	0.849	4.911	0.3581
	71°	25°28′	0.781	5.114	0.3508
	74°	23°45′	0.718	5.291	0.3448
	77°	21°10′	0.663	5.441	0.3400
	80°	17°40′	0.615	5.562	0.3364
	83°	13°12′	0.578	5.652	0.3337
	86°	7°54′	0.553	5.711	0.3321
	90°	0° 0′	0.541	5.740	0.3313
2.30	25°46′	0° 0′	2.300	1.000	1.0000
	28°	2°53′	2.186	1.194	0.8814
	31°	6°27′	2.050	1.472	0.7601
	34°	9°40′	1.925	1.763	0.6704
	37°	12°37′	1.808	2.069	0.6016
	40°	15°18′	1.697	2.383	0.5479
	43°	17°46′	1.591	2.704	0.5053
	46°	20° 0′	1.486	3.027	0.4711
	49°	21°59′	1.390	3.349	0.4432
	52°	23°43′	1.295	3.666	0.4203
	55°	25°10′	1.212	3.975	0.4014
	58°	26°19′	1.116	4.272	0.3857
	61°	27° 6′	1.032	4.555	0.3726
	64°	27°26′	0.951	4.819	0.3617
	67°	27°17′	0.874	5.063	0.3526
	70°	26°32′	0.803	5.283	0.3451
	73°	25° 3′	0.737	5.478	0.3389

(续)

Ma_1	β	δ	Ma_2	$\dfrac{p_2}{p_1}$	$\dfrac{\rho_1}{\rho_2}$
2.30	76°	22°45′	0.678	5.644	0.3340
	79°	19°29′	0.626	5.781	0.3301
	82°	15°14′	0.585	5.886	0.3273
	85°	10° 3′	0.555	5.958	0.3254
	88°	4° 9′	0.537	5.998	0.3244
	90°	0° 0′	0.534	6.005	0.3242
2.35	25°11′	0° 0′	2.350	1.000	1.0000
	27°	2°24′	2.254	1.161	0.8988
	30°	6° 1′	2.112	1.444	0.7702
	33°	9°19′	1.983	1.745	0.6754
	36°	12°20′	1.862	2.059	0.6034
	39°	15° 5′	1.748	2.385	0.5477
	42°	17°36′	1.639	2.718	0.5037
	45°	19°54′	1.534	3.055	0.4684
	48°	21°58′	1.433	3.392	0.4399
	51°	23°47′	1.335	3.725	0.4165
	54°	25°20′	1.241	4.050	0.3972
	57°	26°35′	1.151	4.365	0.3812
	60°	27°30′	1.064	4.666	0.3678
	63°	28° 0′	0.980	4.949	0.3567
	66°	28° 2′	0.901	5.211	0.3475
	69°	27°29′	0.827	5.449	0.3398
	72°	26°15′	0.757	5.661	0.3335
	75°	24°13′	0.694	5.845	0.3284
	78°	21°14′	0.639	5.998	0.3244
	81°	17°14′	0.593	6.119	0.3213
	84°	12°13′	0.558	6.206	0.3192
	87°	6°22′	0.536	6.259	0.3180
	90°	0° 0′	0.529	6.276	0.3176
2.40	24°37′	0° 0′	2.400	1.000	1.0000
	26°	1°51′	2.325	1.125	0.9195
	29°	5°34′	2.176	1.413	0.7822
	32°	8°55′	2.042	1.720	0.6818
	35°	12° 0′	1.919	2.044	0.6064
	38°	14°49′	1.801	2.381	0.5483
	41°	17°23′	1.688	2.726	0.5028
	44°	19°45′	1.581	3.076	0.4665
	47°	21°53′	1.492	3.428	0.4322
	50°	23°47′	1.376	3.777	0.4132
	53°	25°26′	1.280	4.120	0.3935
	56°	26°47′	1.187	4.452	0.3771
	59°	27°49′	1.097	4.771	0.3636
	62°	28°29′	1.011	5.072	0.3522
	65°	28°41′	0.929	5.353	0.3428
	68°	28°20′	0.852	5.610	0.3349
	71°	27°21′	0.780	5.841	0.3285
	74°	25°35′	0.713	6.043	0.3232
	77°	22°53′	0.654	6.213	0.3190
	80°	19°10′	0.604	6.350	0.3158
	83°	14°23′	0.564	6.454	0.3135
	86°	8°38′	0.537	6.521	0.3120
	90°	0° 0′	0.523	6.554	0.3113
2.45	24°5′	0° 0′	2.450	1.000	1.0000
	25°	1°15′	2.398	1.084	0.9439
	28°	5° 3′	2.243	1.377	0.7965
	31°	8°30′	2.105	1.692	0.6896
	34°	11°37′	1.976	2.023	0.6106
	37°	14°29′	1.855	2.370	0.5500
	40°	17° 8′	1.740	2.727	0.5027
	43°	19°33′	1.629	3.091	0.4651
	46°	21°45′	1.522	3.457	0.4350
	49°	23°44′	1.419	3.822	0.4104
	52°	25°28′	1.320	4.182	0.3902
	55°	26°55′	1.224	4.532	0.3736
	58°	28° 4′	1.132	4.870	0.3597
	61°	28°52′	1.043	5.190	0.3481

583

(续)

Ma_1	β	δ	Ma_2	$\dfrac{p_2}{p_1}$	$\dfrac{\rho_1}{\rho_2}$
2.45	64°	29°14′	0.959	5.491	0.3385
	67°	29° 6′	0.879	5.767	0.3305
	70°	28°20′	0.804	6.017	0.3239
	73°	26°50′	0.734	6.238	0.3185
	76°	24°26′	0.671	6.427	0.3141
	79°	21° 2′	0.616	6.582	0.3107
	82°	16°31′	0.572	6.701	0.3082
	85°	10°56′	0.540	6.783	0.3066
	88°	4°31′	0.521	6.828	0.3057
	90°	0° 0′	0.518	6.836	0.3055
2.50	23°35′	0° 0′	2.500	1.000	1.0000
	24°	0°39′	2.477	1.040	0.9726
	27°	4°29′	2.318	1.336	0.8136
	30°	8° 0′	2.169	1.656	0.7000
	33°	11°11′	2.036	1.996	0.6162
	36°	14° 7′	1.911	2.353	0.5526
	39°	16°49′	1.793	2.721	0.5033
	42°	19°18′	1.679	3.098	0.4645
	45°	21°34′	1.569	3.479	0.4333
	48°	23°37′	1.463	3.860	0.4081
	51°	25°26′	1.361	4.237	0.3874
	54°	26°59′	1.263	4.606	0.3704
	57°	28°15′	1.168	4.962	0.3562
	60°	29°11′	1.077	5.302	0.3444
	63°	29°42′	0.990	5.622	0.3346
	66°	29°45′	0.907	5.919	0.3264
	69°	29°13′	0.829	6.189	0.3197
	72°	27°58′	0.756	6.429	0.3141
	75°	25°53′	0.690	6.637	0.3096
	78°	22°47′	0.621	6.810	0.3060
	81°	18°34′	0.582	6.947	0.3033
	84°	13°13′	0.545	7.045	0.3015
	87°	6°58′	0.519	7.105	0.3004
	90°	0° 0′	0.513	7.125	0.3000
2.55	23°5′	0° 0′	2.550	1.000	1.0000
	26°	3°53′	2.385	1.291	0.8336
	29°	7°28′	2.235	1.616	0.7119
	32°	10°44′	2.098	1.964	0.6230
	35°	13°43′	1.969	2.329	0.5562
	38°	16°29′	1.847	2.709	0.5048
	41°	19° 1′	1.730	3.097	0.4644
	44°	21°21′	1.618	3.494	0.4323
	47°	23°27′	1.509	3.891	0.4063
	50°	25°21′	1.404	4.285	0.3850
	53°	27° 0′	1.306	4.672	0.3676
	56°	28°22′	1.206	5.048	0.3531
	59°	29°25′	1.112	5.407	0.3411
	62°	30° 6′	1.022	5.748	0.3310
	65°	30°19′	0.937	6.065	0.3227
	68°	29°59′	0.856	6.354	0.3158
	71°	29° 0′	0.780	6.616	0.3100
	74°	27°12′	0.710	6.843	0.3054
	77°	24°26′	0.648	7.036	0.3016
	80°	20°33′	0.594	7.191	0.2988
	83°	15°29′	0.552	7.307	0.2967
	86°	9°19′	0.523	7.383	0.2954
	90°	0° 0′	0.508	7.420	0.2948
2.60	22°37′	0° 0′	2.600	1.000	1.0000
	25°	3°13′	2.460	1.242	0.8568
	28°	6°53′	2.303	1.572	0.7260
	31°	10°14′	2.164	1.927	0.6310
	34°	13°17′	2.029	2.299	0.5609
	37°	16° 5′	1.903	2.690	0.5070
	40°	18°41′	1.783	3.092	0.4650
	43°	21° 4′	1.667	3.502	0.4317
	46°	23°15′	1.556	3.914	0.4049

(续)

Ma_1	β	δ	Ma_2	$\dfrac{p_2}{p_1}$	$\dfrac{\rho_1}{\rho_2}$
2.60	49°	25°13′	1.448	4.326	0.3831
	52°	26°57′	1.344	4.731	0.3652
	55°	28°25′	1.244	5.126	0.3504
	58°	29°35′	1.148	5.505	0.3381
	61°	30°24′	1.056	5.866	0.3278
	64°	30°47′	0.968	6.205	0.3193
	67°	30°40′	0.891	6.516	0.3121
	70°	29°55′	0.803	6.798	0.3063
	73°	28°24′	0.733	7.046	0.3015
	76°	25°57′	0.666	7.259	0.2976
	79°	22°25′	0.609	7.433	0.2946
	82°	17°40′	0.562	7.567	0.2924
	85°	11°44′	0.527	7.660	0.2909
	88°	4°52′	0.508	7.711	0.2901
	90°	0° 0′	0.504	7.720	0.2899
2.65	22°10′	0° 0′	2.650	1.000	1.0000
	24°	2°31′	2.538	1.189	0.8839
	27°	6°17′	2.375	1.522	0.7424
	30°	9°41′	2.228	1.882	0.6413
	33°	12°48′	2.091	2.264	0.5667
	36°	15°40′	1.961	2.664	0.5101
	39°	18°19′	1.838	3.078	0.4663
	42°	20°45′	1.718	3.502	0.4317
	45°	23° 0′	1.604	3.930	0.4040
	48°	25° 2′	1.493	4.358	0.3815
	51°	26°51′	1.387	4.782	0.3632
	54°	28°24′	1.284	5.196	0.3480
	57°	29°41′	1.186	5.596	0.3354
	60°	30°38′	1.091	5.978	0.3249
	63°	31°11′	1.000	6.338	0.3161
	66°	31°15′	0.914	6.671	0.3089
	69°	30°44′	0.832	6.974	0.3028
	72°	29°29′	0.756	7.244	0.2979
	75°	27°22′	0.687	7.477	0.2939
	78°	24°11′	0.625	7.672	0.2907
	81°	19°47′	0.573	7.826	0.2883
	84°	14° 8′	0.534	7.937	0.2866
	87°	7°24′	0.508	8.004	0.2857
	90°	0° 0′	0.500	8.026	0.2853
2.70	21°44′	0° 0′	2.700	1.000	1.0000
	23°	1°46′	2.620	1.132	0.9154
	26°	5°37′	2.448	1.468	0.7615
	29°	9° 6′	2.296	1.832	0.6530
	32°	12°17′	2.155	2.222	0.5737
	35°	15°12′	2.021	2.631	0.5141
	38°	17°54′	1.893	3.057	0.4683
	41°	20°24′	1.771	3.494	0.4323
	44°	22°42′	1.653	3.937	0.4036
	47°	24°48′	1.540	4.382	0.3804
	50°	26°42′	1.431	4.824	0.3615
	53°	28°21′	1.326	5.258	0.3459
	56°	29°44′	1.225	5.679	0.3330
	59°	30°47′	1.127	6.082	0.3223
	62°	31°30′	1.034	6.464	0.3133
	65°	31°45′	0.945	6.820	0.3058
	68°	31°26′	0.861	7.145	0.2996
	71°	30°28′	0.782	7.437	0.2945
	74°	28°38′	0.709	7.692	0.2904
	77°	25°48′	0.647	7.908	0.2871
	80°	21°47′	0.587	8.082	0.2845
	83°	16°29′	0.542	8.212	0.2827
	86°	9°57′	0.511	8.297	0.2815
	90°	0° 0′	0.496	8.338	0.2810
2.75	21°19′	0° 0′	2.750	1.000	1.0000
	22°	0°58′	2.705	1.071	0.9519
	25°	4°56′	2.526	1.409	0.7836
	28°	8°29′	2.366	1.778	0.6666

(续)

Ma_1	β	δ	Ma_2	$\dfrac{p_2}{p_1}$	$\dfrac{\rho_1}{\rho_2}$
2.75	31°	11°39′	2.217	2.175	0.5818
	34°	14°42′	2.082	2.592	0.5191
	37°	17°28′	1.951	3.029	0.4709
	40°	20° 1′	1.826	3.479	0.4333
	43°	22°23′	1.705	3.937	0.4036
	46°	24°32′	1.588	4.399	0.3796
	49°	26°30′	1.477	4.859	0.3601
	52°	28°14′	1.368	5.312	0.3441
	55°	29°42′	1.264	5.754	0.3309
	58°	30°54′	1.165	6.179	0.3199
	61°	31°44′	1.069	6.583	0.3107
	64°	32° 9′	0.977	6.961	0.3031
	67°	32° 3′	0.890	7.309	0.2967
	70°	31°19′	0.808	7.624	0.2914
	73°	29°47′	0.732	7.902	0.2872
	76°	27°19′	0.663	8.140	0.2837
	79°	23°40′	0.603	8.335	0.2810
	82°	18°44′	0.553	8.486	0.2790
	85°	12°29′	0.517	8.589	0.2777
	88°	5°11′	0.496	8.646	0.2770
	90°	0° 0′	0.492	8.656	0.2769
2.80	20°56′	0° 0′	2.800	1.000	1.0000
	21°	0° 7′	2.795	1.008	0.9943
	24°	4°11′	2.604	1.347	0.8091
	27°	7°50′	2.439	1.719	0.6824
	30°	11° 8′	2.288	2.120	0.5918
	33°	14°10′	2.145	2.547	0.5250
	36°	16°59′	2.011	2.994	0.4743
	39°	19°36′	1.882	3.456	0.4350
	42°	22° 0′	1.757	3.929	0.4041
	45°	24°14′	1.638	4.407	0.3792
	48°	26°15′	1.523	4.884	0.3591
	51°	28° 4′	1.412	5.358	0.3426
	54°	29°38′	1.305	5.820	0.3291
	57°	30°55′	1.203	6.267	0.3178
	60°	31°54′	1.105	6.693	0.3084
	63°	32°28′	1.011	7.095	0.3005
	66°	32°34′	0.921	7.467	0.2940
	69°	32° 4′	0.836	7.805	0.2886
	72°	30°50′	0.757	8.107	0.2842
	75°	28°41′	0.685	8.367	0.2806
	78°	25°26′	0.620	8.585	0.2778
	81°	20°53′	0.566	8.756	0.2756
	84°	14°59′	0.524	8.880	0.2741
	87°	7°51′	0.498	8.955	0.2732
	90°	0° 0′	0.488	8.980	0.2730
2.85	20°32′	0° 0′	2.850	1.000	1.0000
	23°	3°24′	2.687	1.280	0.8386
	26°	7° 8′	2.514	1.654	0.7005
	29°	10°31′	2.358	2.061	0.6031
	32°	13°37′	2.211	2.494	0.5320
	35°	16°28′	2.072	2.951	0.4785
	38°	19° 8′	1.939	3.425	0.4373
	41°	21°36′	1.811	3.912	0.4050
	44°	23°53′	1.689	4.406	0.3793
	47°	25°58′	1.570	4.902	0.3585
	50°	27°51′	1.457	5.394	0.3415
	53°	29°31′	1.348	5.878	0.3275
	56°	30°54′	1.243	6.346	0.3159
	59°	31°59′	1.142	6.796	0.3063
	62°	32°43′	1.045	7.221	0.2983
	65°	32°59′	0.953	7.617	0.2916
	68°	32°42′	0.866	7.980	0.2860
	71°	31°44′	0.784	8.305	0.2814
	74°	29°55′	0.708	8.590	0.2777
	77°	27° 2′	0.640	8.830	0.2747
	80°	22°55′	0.581	9.024	0.2724
	83°	17°24′	0.534	9.169	0.2708

(续)

Ma_1	β	δ	Ma_2	$\dfrac{p_2}{p_1}$	$\dfrac{\rho_1}{\rho_2}$
2.85	86°	10°32′	0.501	9.264	0.2698
	90°	0° 0′	0.485	9.310	0.2693
2.90	20°10′	0° 0′	2.900	1.000	1.0000
	21°	1°12′	2.842	1.093	0.9382
	24°	5°11′	2.651	1.457	0.7656
	27°	8°45′	2.483	1.856	0.6474
	30°	12° 0′	2.328	2.286	0.5630
	33°	14°59′	2.182	2.744	0.5007
	36°	17°46′	2.043	3.223	0.4535
	39°	20°21′	1.910	3.719	0.4169
	42°	22°45′	1.783	4.226	0.3880
	45°	24°57′	1.660	4.739	0.3648
	48°	26°58′	1.542	5.252	0.3461
	51°	28°47′	1.428	5.759	0.3307
	54°	30°21′	1.319	6.255	0.3181
	57°	31°39′	1.214	6.735	0.3075
	60°	32°38′	1.114	7.192	0.2988
	63°	33°14′	1.018	7.623	0.2915
	66°	33°20′	0.926	8.022	0.2854
	69°	32°52′	0.839	8.385	0.2804
	72°	31°38′	0.758	8.708	0.2762
	75°	29°29′	0.684	8.988	0.2729
	78°	26°11′	0.618	9.221	0.2702
	81°	21°34′	0.562	9.405	0.2682
	84°	15°30′	0.519	9.538	0.2668
	87°	8° 9′	0.491	9.618	0.2660
	90°	0° 0′	0.481	9.645	0.2658
2.95	19°49′	0° 0′	2.950	1.000	1.0000
	20°	0°16′	2.936	1.021	0.9853
	23°	4°23′	2.735	1.383	0.7939
	26°	8° 2′	2.559	1.784	0.6650
	29°	11°21′	2.399	2.220	0.5741
	32°	14°24′	2.248	2.684	0.5077
	35°	16°53′	2.090	3.174	0.4577
	38°	19°52′	1.969	3.682	0.4193
	41°	22°19′	1.838	4.203	0.3892
	44°	24°35′	1.712	4.732	0.3651
	47°	26°39′	1.590	5.264	0.3457
	50°	28°32′	1.474	5.791	0.3299
	53°	30°12′	1.360	6.309	0.3168
	56°	31°36′	1.255	6.812	0.3060
	59°	32°42′	1.152	7.293	0.2970
	62°	32°26′	1.053	7.749	0.2895
	65°	33°44′	0.959	8.173	0.2832
	68°	33°28′	0.870	8.561	0.2781
	71°	32°31′	0.786	8.910	0.2738
	74°	30°41′	0.708	9.215	0.2703
	77°	27°48′	0.638	9.473	0.2675
	80°	25°54′	0.568	9.680	0.2654
	83°	17°57′	0.529	9.836	0.2639
	86°	10°54′	0.495	9.937	0.2629
	90°	0° 0′	0.478	9.986	0.2624
3.00	19°28′	0° 0′	3.000	1.000	1.0000
	20°	0°46′	2.960	1.062	0.9582
	23°	4°50′	2.758	1.436	0.7731
	26°	8°27′	2.581	1.851	0.6485
	29°	11°44′	2.419	2.301	0.5606
	32°	14°46′	2.267	2.782	0.4964
	35°	17°35′	2.122	3.287	0.4481
	38°	20°12′	1.983	3.813	0.4109
	41°	22°38′	1.850	4.352	0.3818
	44°	24°54′	1.723	4.900	0.3585
	47°	26°59′	1.600	5.450	0.3398
	50°	28°52′	1.483	5.995	0.3244
	53°	30°31′	1.369	6.531	0.3118
	56°	31°55′	1.261	7.050	0.3014
	59°	33° 2′	1.156	7.548	0.2927

(续)

Ma_1	β	δ	Ma_2	$\dfrac{p_2}{p_1}$	$\dfrac{\rho_1}{\rho_2}$
3.00	62°	33°46′	1.057	8.019	0.2854
	65°	34° 4′	0.961	8.458	0.2794
	68°	33°49′	0.871	8.860	0.2744
	71°	32°52′	0.787	9.221	0.2702
	74°	31° 3′	0.708	9.536	0.2669
	77°	28° 9′	0.637	9.802	0.2642
	80°	23°56′	0.576	10.017	0.2621
	83°	18°14′	0.527	10.178	0.2606
	86°	11° 4′	0.493	10.283	0.2597
	90°	0° 0′	0.475	10.333	0.2593
3.05	19°8′	0° 0′	3.050	1.000	1.0000
	20°	1°15′	2.984	1.103	0.9324
	23°	5°16′	2.782	1.490	0.7534
	26°	8°51′	2.603	1.919	0.6328
	29°	12° 7′	2.440	2.384	0.5478
	32°	15° 7′	2.285	2.881	0.4856
	35°	17°55′	2.139	3.404	0.4389
	38°	20°31′	1.998	3.947	0.4030
	41°	22°57′	1.863	4.505	0.3748
	44°	25°13′	1.734	5.071	0.3523
	47°	27°17′	1.610	5.639	0.3341
	50°	29°10′	1.491	6.203	0.3193
	53°	30°50′	1.376	6.756	0.3071
	56°	32°14′	1.266	7.293	0.2970
	59°	33°21′	1.161	7.808	0.2886
	62°	34° 6′	1.060	8.295	0.2816
	65°	34°24′	0.964	8.749	0.2757
	68°	34°10′	0.873	9.164	0.2709
	71°	33°13′	0.788	9.537	0.2669
	74°	31°24′	0.708	9.863	0.2636
	77°	28°29′	0.637	10.138	0.2610
	80°	24°14′	0.575	10.360	0.2590
	83°	18°29′	0.525	10.526	0.2576
	86°	11°14′	0.490	10.634	0.2567
	89°	2°54′	0.473	10.684	0.2563
	90°	0° 0′	0.472	10.686	0.2562
3.10	18°49′	0° 0′	3.100	1.000	1.0000
	20°	1°43′	3.010	1.145	0.9079
	23°	5°41′	2.806	1.545	0.7346
	26°	9°14′	2.621	1.988	0.6179
	29°	12°28′	2.460	2.469	0.5356
	32°	15°27′	2.303	2.982	0.4754
	35°	18°14′	2.155	3.522	0.4302
	38°	20°50′	2.012	4.083	0.3954
	41°	23°15′	1.876	4.659	0.3681
	44°	25°30′	1.745	5.244	0.3464
	47°	27°35′	1.616	5.830	0.3288
	50°	29°27′	1.498	6.413	0.3144
	53°	31° 7′	1.383	6.985	0.3026
	56°	32°32′	1.272	7.539	0.2928
	59°	33°39′	1.166	8.071	0.2847
	62°	34°24′	1.064	8.574	0.2779
	65°	34°44′	0.967	9.043	0.2722
	68°	34°29′	0.875	9.472	0.2675
	71°	33°33′	0.789	9.857	0.2637
	74°	31°45′	0.708	10.193	0.2605
	77°	28°50′	0.636	10.478	0.2580
	80°	24°33′	0.573	10.703	0.2561
	83°	18°44′	0.523	10.879	0.2547
	86°	11°24′	0.488	10.991	0.2538
	89°	2°56′	0.471	11.042	0.2534
	90°	0° 0′	0.470	11.045	0.2534
3.15	18°31′	0° 0′	3.150	1.000	1.0000
	20°	2° 9′	3.034	1.188	0.8845
	23°	6° 5′	2.830	1.601	0.7167
	26°	9°36′	2.648	2.058	0.6037
	29°	12°48′	2.479	2.554	0.5240

(续)

Ma_1	β	δ	Ma_2	$\dfrac{p_2}{p_1}$	$\dfrac{\rho_1}{\rho_2}$
3.15	32°	15°46′	2.321	3.084	0.4657
	35°	18°32′	2.170	3.642	0.4219
	38°	21° 8′	2.026	4.222	0.3882
	41°	23°32′	1.888	4.816	0.3618
	44°	25°47′	1.755	5.420	0.3407
	47°	27°51′	1.628	6.026	0.3237
	50°	29°44′	1.506	6.627	0.3098
	53°	31°24′	1.390	7.218	0.2983
	56°	32°49′	1.277	7.790	0.2888
	59°	33°56′	1.170	8.340	0.2810
	62°	34°42′	1.067	8.859	0.2744
	65°	35° 2′	0.970	9.343	0.2689
	68°	34°48′	0.877	9.786	0.2644
	71°	33°53′	0.790	10.183	0.2606
	74°	32° 4′	0.709	10.531	0.2575
	77°	29° 8′	0.636	10.825	0.2551
	80°	24°51′	0.572	11.061	0.2533
	83°	18°59′	0.521	11.239	0.2519
	86°	11°34′	0.485	11.354	0.2511
	89°	2°59′	0.468	11.407	0.2507
	90°	0° 0′	0.467	11.410	0.2506
3.20	18°13′	0° 0′	3.200	1.000	1.0000
	20°	2°34′	3.059	1.055	0.8623
	23°	6°27′	2.843	1.657	0.6997
	26°	9°57′	2.670	2.129	0.5901
	29°	13° 8′	2.500	2.641	0.5129
	32°	16° 5′	2.339	3.188	0.4564
	35°	18°50′	2.187	3.764	0.4140
	38°	21°24′	2.040	4.362	0.3814
	41°	23°47′	1.900	4.975	0.3557
	44°	26° 4′	1.766	5.598	0.3353
	47°	28° 7′	1.637	6.223	0.3188
	50°	30° 0′	1.514	6.844	0.3053
	53°	31°40′	1.396	7.453	0.2943
	56°	33° 5′	1.283	8.045	0.2851
	59°	34°13′	1.174	8.611	0.2774
	62°	34°59′	1.071	9.147	0.2710
	65°	35°19′	0.972	9.647	0.2657
	68°	35° 6′	0.879	10.104	0.2613
	71°	34°11′	0.791	10.514	0.2577
	74°	32°23′	0.709	10.873	0.2547
	77°	29°27′	0.635	11.176	0.2524
	80°	25° 8′	0.571	11.420	0.2506
	83°	19°13′	0.519	11.603	0.2493
	86°	11°43′	0.483	11.722	0.2484
	89°	3°27′	0.465	11.777	0.2481
	90°	0° 0′	0.464	11.780	0.2480
3.25	17°55′	0° 0′	3.250	1.000	1.0000
	20°	2°59′	3.086	1.275	0.8411
	23°	6°49′	2.809	1.715	0.6834
	26°	10°17′	2.692	2.201	0.5772
	29°	13°26′	2.519	2.730	0.5023
	32°	16°22′	2.357	3.294	0.4476
	35°	19° 7′	2.202	3.888	0.4065
	38°	21°41′	2.054	4.504	0.3748
	41°	24° 5′	1.912	5.137	0.3500
	44°	26°19′	1.776	5.780	0.3302
	47°	28°23′	1.646	6.425	0.3142
	50°	30°15′	1.521	7.065	0.3011
	53°	31°56′	1.429	7.693	0.2904
	56°	33°21′	1.288	8.303	0.2815
	59°	34°29′	1.179	8.888	0.2740
	62°	35°16′	1.074	9.441	0.2679
	65°	35°36′	0.975	9.956	0.2627
	68°	35°23′	0.880	10.427	0.2585
	71°	34°29′	0.792	10.851	0.2549
	74°	32°41′	0.709	11.220	0.2520
	77°	29°45′	0.635	11.533	0.2498

(续)

Ma_1	β	δ	Ma_2	$\dfrac{p_2}{p_1}$	$\dfrac{\rho_1}{\rho_2}$
3.25	80°	25°25′	0.570	11.785	0.2480
	83°	19°27′	0.517	11.974	0.2467
	86°	11°52′	0.481	12.097	0.2459
	89°	3° 4′	0.463	12.153	0.2456
	90°	0° 0′	0.462	12.156	0.2456
3.30	17°35′	0° 0′	3.300	1.000	1.0000
	18°	0°32′	3.268	1.047	0.9680
	20°	3°22′	3.110	1.320	0.8208
	23°	7°10′	2.901	1.773	0.6679
	26°	10°36′	2.716	2.275	0.5648
	29°	13°44′	2.539	2.820	0.4922
	32°	16°39′	2.374	3.401	0.4392
	35°	19°23′	2.218	4.013	0.3992
	38°	21°56′	2.067	4.649	0.3685
	41°	24°20′	1.924	5.302	0.3444
	44°	26°34′	1.787	5.964	0.3252
	47°	28°38′	1.654	6.629	0.3097
	50°	30°30′	1.529	7.289	0.2971
	53°	32°11′	1.409	7.937	0.2866
	56°	33°36′	1.293	8.566	0.2780
	59°	34°44′	1.183	9.169	0.2708
	62°	35°31′	1.078	9.738	0.2648
	65°	35°52′	0.977	10.270	0.2598
	68°	35°40′	0.882	10.756	0.2557
	71°	34°46′	0.793	11.192	0.2523
	74°	32°58′	0.710	11.573	0.2495
	77°	30° 2′	0.634	11.896	0.2473
	80°	25°41′	0.569	12.156	0.2456
	83°	19°41′	0.516	12.350	0.2443
	86°	12° 1′	0.479	12.477	0.2436
	89°	3° 6′	0.461	12.535	0.2432
	90°	0° 0′	0.460	12.538	0.2432
3.35	17°22′	0° 0′	3.350	1.000	1.0000
	20°	3°44′	3.135	1.365	0.8014
	23°	7°10′	2.825	1.832	0.6531
	26°	10°54′	2.735	2.349	0.5531
	29°	14° 1′	2.559	2.911	0.4826
	32°	16°55′	2.381	3.510	0.4311
	35°	19°38′	2.210	4.141	0.3924
	38°	22°11′	2.081	4.796	0.3626
	41°	24°34′	1.935	5.469	0.3392
	44°	26°48′	1.796	6.151	0.3206
	47°	28°52′	1.664	6.836	0.3055
	50°	30°44′	1.536	7.517	0.2932
	53°	32°25′	1.415	8.184	0.2831
	56°	33°50′	1.298	8.832	0.2747
	59°	34°59′	1.187	9.453	0.2677
	62°	35°47′	1.081	10.041	0.2619
	65°	36° 8′	0.980	10.588	0.2571
	68°	35°56′	0.884	11.089	0.2530
	71°	35° 3′	0.794	11.539	0.2497
	74°	33°15′	0.710	11.931	0.2470
	77°	30°19′	0.634	12.264	0.2449
	80°	25°56′	0.568	12.531	0.2432
	83°	19°54′	0.514	12.732	0.2420
	86°	12°10′	0.491	12.862	0.2413
	89°	3° 9′	0.458	12.922	0.2409
	90°	0° 0′	0.457	12.926	0.2409
3.40	17°6′	0° 0′	3.400	1.000	1.0000
	18°	1°20′	3.361	1.121	0.9216
	21°	5°23′	3.042	1.565	0.7280
	24°	8°59′	2.881	2.065	0.6024
	27°	12°15′	2.696	2.613	0.5164
	30°	15°17′	2.521	3.205	0.4550
	33°	18° 6′	2.354	3.834	0.4097
	36°	20°45′	2.196	4.493	0.3753
	39°	23°14′	2.044	5.175	0.3487

(续)

Ma_1	β	δ	Ma_2	$\dfrac{p_2}{p_1}$	$\dfrac{\rho_1}{\rho_2}$
3.40	42°	25°34′	1.899	5.872	0.3277
	45°	27°44′	1.761	6.577	0.3108
	48°	29°44′	1.628	7.282	0.2972
	51°	31°33′	1.502	7.979	0.2860
	54°	33°9′	1.381	8.661	0.2768
	57°	34°29′	1.262	9.320	0.2692
	60°	35°32′	1.155	9.949	0.2628
	63°	36°12′	1.050	10.540	0.2575
	66°	36°23′	0.950	11.089	0.2530
	69°	35°59′	0.855	11.588	0.2494
	72°	34°50′	0.766	12.032	0.2464
	75°	32°4′	0.684	12.417	0.2439
	78°	29°18′	0.610	12.731	0.2420
	81°	24°22′	0.547	12.990	0.2406
	84°	17°41′	0.498	13.173	0.2396
	87°	9°22′	0.466	13.283	0.2390
	90°	0°0′	0.455	13.320	0.2388
3.45	16°51′	0°0′	3.450	1.000	1.0000
	18°	1°42′	3.346	1.159	0.8999
	21°	5°43′	3.113	1.617	0.7118
	24°	9°17′	2.907	2.131	0.5899
	27°	12°32′	2.717	2.695	0.5064
	30°	15°32′	2.539	3.305	0.4467
	33°	18°21′	2.371	3.952	0.4027
	36°	20°59′	2.210	4.631	0.3693
	39°	23°27′	2.056	5.333	0.3435
	42°	25°47′	1.910	6.051	0.3230
	45°	27°57′	1.770	6.777	0.3067
	48°	29°57′	1.636	7.502	0.2934
	51°	31°46′	1.504	8.220	0.2826
	54°	33°22′	1.387	8.922	0.2736
	57°	34°43′	1.270	9.601	0.2662
	60°	35°45′	1.159	10.248	0.2600
	63°	36°26′	1.053	10.858	0.2549
	66°	36°38′	0.952	11.422	0.2506
	69°	36°14′	0.856	11.936	0.2470
	72°	35°5′	0.767	12.394	0.2441
	75°	32°57′	0.684	12.790	0.2417
	78°	29°33′	0.610	13.119	0.2398
	81°	24°36′	0.546	13.380	0.2384
	84°	17°53′	0.496	13.568	0.2375
	87°	9°29′	0.464	13.619	0.2369
	90°	0°0′	0.453	13.720	0.2367
3.50	16°36′	0°0′	3.500	1.000	1.0000
	17°	0°36′	3.462	1.055	0.9625
	20°	4°46′	3.209	1.505	0.7482
	23°	8°26′	2.997	2.015	0.6122
	26°	11°45′	2.800	2.580	0.5206
	29°	14°49′	2.617	3.193	0.4561
	32°	17°40′	2.443	3.847	0.4089
	35°	20°21′	2.277	4.535	0.3734
	38°	22°52′	2.131	5.251	0.3461
	41°	25°14′	1.970	5.985	0.3247
	44°	27°27′	1.819	6.730	0.3076
	47°	29°30′	1.688	7.478	0.2938
	50°	31°23′	1.557	8.220	0.2826
	53°	33°7′	1.433	8.949	0.2733
	56°	34°30′	1.313	9.656	0.2656
	59°	35°40′	1.200	10.334	0.2592
	62°	36°28′	1.091	10.975	0.2539
	65°	36°51′	0.987	11.573	0.2495
	68°	36°41′	0.889	12.120	0.2458
	71°	35°49′	0.797	12.610	0.2428
	74°	34°2′	0.711	13.039	0.2403
	77°	31°5′	0.633	13.402	0.2383
	80°	26°40′	0.565	13.695	0.2368
	83°	20°31′	0.510	13.913	0.2357
	86°	12°31′	0.472	14.056	0.2350

(续)

Ma_1	β	δ	Ma_2	$\dfrac{p_2}{p_1}$	$\dfrac{\rho_1}{\rho_2}$
3.50	89°	3°15′	0.453	14.121	0.2347
	90°	0° 0′	0.451	14.125	0.2347
3.55	16°22′	0° 0′	3.550	1.000	1.0000
	17°	0°58′	3.489	1.090	0.9402
	20°	5° 5′	3.238	1.553	0.7319
	23°	8°43′	3.021	2.078	0.5998
	26°	12° 1′	2.822	2.659	0.5107
	29°	15° 3′	2.635	3.289	0.4480
	32°	17°54′	2.460	3.962	0.4021
	35°	20°34′	2.292	4.671	0.3676
	38°	23° 5′	2.132	5.407	0.3411
	41°	25°26′	1.979	6.162	0.3203
	44°	27°39′	1.834	6.928	0.3037
	47°	29°42′	1.696	7.698	0.2903
	50°	31°35′	1.564	8.462	0.2793
	53°	33°16′	1.439	9.212	0.2703
	56°	34°42′	1.318	9.939	0.2629
	59°	35°52′	1.203	10.637	0.2567
	62°	36°41′	1.094	11.296	0.2515
	65°	37° 5′	0.990	11.911	0.2472
	68°	36°55′	0.891	12.473	0.2436
	71°	36° 3′	0.798	12.978	0.2406
	74°	34°17′	0.712	13.420	0.2382
	77°	31°20′	0.633	13.793	0.2363
	80°	26°54′	0.564	14.093	0.2348
	83°	20°42′	0.509	14.318	0.2338
	86°	12°42′	0.469	14.465	0.2331
	89°	3°18′	0.450	14.532	0.2328
	90°	0° 0′	0.449	14.536	0.2328
3.60	16°8′	0° 0′	3.600	1.000	1.0000
	17°	1°19′	3.465	1.126	0.9189
	20°	5°23′	3.263	1.602	0.7163
	23°	8°59′	3.044	2.142	0.5878
	26°	12°16′	2.843	2.739	0.5013
	29°	15°17′	2.654	3.387	0.4402
	32°	18° 7′	2.476	4.079	0.3956
	35°	20°46′	2.305	4.808	0.3621
	38°	23°17′	2.144	5.565	0.3363
	41°	25°38′	1.990	6.341	0.3161
	44°	27°51′	1.844	7.130	0.2999
	47°	29°54′	1.704	7.921	0.2869
	50°	31°47′	1.571	8.706	0.2762
	53°	33°28′	1.444	9.478	0.2674
	56°	34°54′	1.323	10.226	0.2602
	59°	36° 4′	1.207	10.943	0.2542
	62°	36°54′	1.097	11.621	0.2489
	65°	37°17′	0.992	12.253	0.2449
	68°	37° 8′	0.893	12.832	0.2415
	71°	36°17′	0.799	13.351	0.2386
	74°	34°31′	0.712	13.805	0.2363
	77°	31°34′	0.633	14.189	0.2344
	80°	27° 7′	0.564	14.498	0.2330
	83°	20°54′	0.507	14.729	0.2319
	86°	12°49′	0.468	14.880	0.2313
	89°	3°19′	0.449	14.949	0.2310
	90°	0° 0′	0.447	14.953	0.2310
3.65	15°54′	0° 0′	3.650	1.000	1.0000
	18°	3° 3′	3.453	1.318	0.8217
	21°	6°55′	3.213	1.830	0.6537
	24°	10°22′	2.998	2.405	0.5448
	27°	13°32′	2.799	3.037	0.4702
	30°	16°28′	2.611	3.719	0.4169
	33°	19°14′	2.434	4.444	0.3775
	36°	21°49′	2.264	5.203	0.3477
	39°	24°16′	2.103	5.989	0.3246
	42°	26°35′	1.951	6.792	0.3064
	45°	28°44′	1.805	7.605	0.2918

(续)

Ma_1	β	δ	Ma_2	$\dfrac{p_2}{p_1}$	$\dfrac{\rho_1}{\rho_2}$
3.65	48°	30°44′	1.666	8.417	0.2799
	51°	32°33′	1.534	9.221	0.2702
	54°	34° 9′	1.408	10.006	0.2622
	57°	35°31′	1.288	10.766	0.2556
	60°	36°35′	1.173	11.491	0.2501
	63°	37°17′	1.064	12.173	0.2455
	66°	37°31′	0.960	12.805	0.2416
	69°	37° 9′	0.862	13.380	0.2384
	72°	36° 2′	0.770	13.892	0.2358
	75°	33°54′	0.685	14.335	0.2337
	78°	30°30′	0.608	14.705	0.2320
	81°	25°28′	0.542	14.996	0.2308
	84°	18°34′	0.491	15.206	0.2299
	87°	9°52′	0.457	15.334	0.2294
	90°	0° 0′	0.446	15.376	0.2292
3.70	15°41′	0° 0′	3.700	1.000	1.0000
	18°	3°21′	3.479	1.359	0.8041
	21°	7°11′	3.237	1.885	0.6406
	24°	10°37′	3.021	2.476	0.5346
	27°	13°45′	2.818	3.125	0.4620
	30°	16°41′	2.629	3.826	0.4102
	33°	19°25′	2.448	4.571	0.3719
	36°	22° 1′	2.278	5.352	0.3429
	39°	24°27′	2.114	6.159	0.3204
	42°	26°45′	1.960	6.984	0.3026
	45°	28°55′	1.813	7.819	0.2884
	48°	30°54′	1.673	8.654	0.2769
	51°	32°43′	1.540	9.480	0.2675
	54°	34°20′	1.413	10.287	0.2597
	57	35°42′	1.292	11.067	0.2532
	60°	36°46′	1.177	11.812	0.2478
	63°	37°28′	1.067	12.513	0.2433
	66°	37°43′	0.962	13.163	0.2396
	69°	37°22′	0.863	13.754	0.2365
	72°	36°15′	0.771	14.280	0.2340
	75°	34° 7′	0.685	14.735	0.2319
	78°	30°43′	0.608	15.115	0.2303
	81°	25°40′	0.542	15.414	0.2291
	84°	18°44′	0.490	15.630	0.2282
	87°	9°58′	0.456	15.761	0.2277
	90°	0° 0′	0.444	15.805	0.2275
3.75	15°28′	0° 0′	3.750	1.000	1.0000
	18°	3°39′	3.506	1.400	0.7873
	21°	7°27′	3.263	1.940	0.6281
	24°	10°51′	3.043	2.548	0.5249
	27°	13°58′	2.838	3.215	0.4542
	30°	16°53′	2.646	3.935	0.4037
	33°	19°37′	2.464	4.700	0.3664
	36°	22°12′	2.291	5.502	0.3382
	39°	24°38′	2.126	6.331	0.3163
	42°	26°56′	1.970	7.179	0.2990
	45°	29° 5′	1.821	8.037	0.2852
	48°	31° 5′	1.680	8.894	0.2740
	51°	32°54′	1.546	9.742	0.2648
	54°	34°30′	1.418	10.571	0.2572
	57°	35°52′	1.296	11.373	0.2509
	60°	37° 6′	1.186	12.138	0.2457
	63°	37°40′	1.070	12.858	0.2413
	66°	37°54′	0.964	13.526	0.2377
	69°	37°34′	0.865	14.133	0.2347
	72°	36°27′	0.772	14.673	0.2322
	75°	34°20′	0.685	15.141	0.2202
	78°	30°55′	0.608	15.531	0.2286
	81°	25°51′	0.541	15.838	0.2274
	84°	18°53′	0.488	16.060	0.2266
	87°	10° 3′	0.455	16.195	0.2261
	90°	0° 0′	0.442	16.240	0.2259

(续)

Ma_1	β	δ	Ma_2	$\dfrac{p_2}{p_1}$	$\dfrac{\rho_1}{\rho_2}$
3.80	15°15′	0° 0′	3.800	1.000	1.0000
	17°	2°34′	3.624	1.273	0.8418
	20°	6°30′	3.368	1.804	0.6600
	23°	9°59′	3.137	2.405	0.5447
	26°	13°10′	2.925	3.071	0.4670
	29°	16° 8′	2.727	3.793	0.4122
	32°	18°54′	2.538	4.564	0.3722
	35°	21°32′	2.361	5.376	0.3421
	38°	24° 1′	2.192	6.219	0.3189
	41°	26°21′	2.031	7.085	0.3007
	44°	28°33′	1.879	7.963	0.2863
	47°	30°36′	1.734	8.844	0.2746
	50°	32°28′	1.596	9.720	0.2650
	53°	34°10′	1.465	10.579	0.2571
	56°	35°37′	1.340	11.401	0.2506
	59°	36°48′	1.222	12.212	0.2452
	62°	37°39′	1.136	12.967	0.2407
	65°	38° 4′	1.001	13.672	0.2369
	68°	37°57′	0.899	14.316	0.2338
	71°	37° 7′	0.803	14.895	0.2312
	74°	35°22′	0.714	15.400	0.2291
	77°	32°26′	0.632	15.828	0.2274
	80°	27°56′	0.561	16.172	0.2262
	83°	21°36′	0.503	16.430	0.2252
	86°	13°17′	0.462	16.598	0.2247
	89°	3°27′	0.442	16.675	0.2244
	90°	0° 0′	0.441	16.680	0.2244
3.85	15°3′	0° 0′	3.850	1.000	1.0000
	17°	2°51′	3.655	1.312	0.8243
	20°	6°45′	3.392	1.856	0.6472
	23°	10°12′	3.159	2.474	0.5349
	26°	13°23′	2.946	3.157	0.4592
	29°	16°19′	2.734	3.898	0.4059
	32°	19° 5′	2.553	4.690	0.3669
	35°	21°42′	2.373	5.523	0.3375
	38°	24°11′	2.203	6.388	0.3150
	41°	26°31′	2.041	7.277	0.2973
	44°	28°42′	1.886	8.178	0.2832
	47°	30°45′	1.741	9.083	0.2718
	50°	32°38′	1.602	9.981	0.2625
	53°	34°19′	1.470	10.864	0.2548
	56°	35°47′	1.345	11.719	0.2485
	59°	36°58′	1.225	12.758	0.2432
	62°	37°49′	1.112	13.315	0.2388
	65°	38°15′	1.003	14.038	0.2351
	68°	38° 8′	0.901	14.700	0.2321
	71°	37°19′	0.804	15.294	0.2295
	74°	35°34′	0.714	15.813	0.2275
	77°	32°38′	0.632	16.252	0.2259
	80°	28° 8′	0.561	16.605	0.2246
	83°	21°46′	0.501	16.870	0.2237
	86°	13°24′	0.461	17.043	0.2232
	89°	3°29′	0.440	17.122	0.2229
	90°	0° 0′	0.439	17.126	0.2229
3.90	14°51′	0° 0′	3.900	1.000	1.0000
	17°	3° 8′	3.679	1.350	0.8076
	20°	6°59′	3.418	1.907	0.6350
	23°	10°25′	3.181	2.542	0.5255
	26°	13°34′	2.964	3.244	0.4518
	29°	16°30′	2.761	4.004	0.3998
	32°	19°16′	2.570	4.817	0.3618
	35°	21°52′	2.386	5.671	0.3332
	38°	24°20′	2.214	6.560	0.3112
	41°	26°40′	2.050	7.471	0.2940
	44°	28°52′	1.895	8.396	0.2802
	47°	30°54′	1.747	9.325	0.2691
	50°	32°47′	1.608	10.247	0.2600
	53°	34°28′	1.475	11.152	0.2526

(续)

Ma_1	β	δ	Ma_2	$\dfrac{p_2}{p_1}$	$\dfrac{\rho_1}{\rho_2}$
3.90	56°	35°56′	1.348	12.030	0.2464
	59°	37° 8′	1.228	12.872	0.2412
	62°	37°59′	1.114	13.668	0.2369
	65°	38°25′	1.005	14.409	0.2334
	68°	38°18′	0.902	15.088	0.2304
	71°	37°30′	0.805	15.698	0.2279
	74°	35°45′	0.715	16.230	0.2260
	77°	32°49′	0.632	16.681	0.2244
	80°	28°19′	0.560	17.044	0.2232
	83°	21°55′	0.501	17.316	0.2223
	86°	13°30′	0.459	17.492	0.2217
	89°	3°30′	0.439	17.573	0.2215
	90°	0° 0′	0.438	17.578	0.2215
3.95	14°40′	0° 0′	3.950	1.000	1.0000
	17°	3°24′	3.707	1.389	0.7914
	20°	7°13′	3.441	1.963	0.6232
	23°	10°38′	3.205	2.613	0.5165
	26°	13°46′	2.985	3.332	0.4446
	29°	16°41′	2.778	4.112	0.3939
	32°	19°26′	2.584	4.945	0.3568
	35°	22° 2′	2.399	5.822	0.3290
	38°	24°29′	2.224	6.733	0.3076
	41°	26°49′	2.059	7.669	0.2908
	44°	29° 0′	1.902	8.618	0.2773
	47°	31° 3′	1.754	9.570	0.2665
	50°	32°56′	1.614	10.516	0.2577
	53°	34°37′	1.480	11.444	0.2504
	56°	36° 5′	1.353	12.345	0.2444
	59°	37°17′	1.187	13.208	0.2394
	62°	38° 8′	1.116	14.025	0.2352
	65°	38°35′	1.007	14.786	0.2317
	68°	38°28′	0.903	15.483	0.2288
	71°	37°40′	0.806	16.108	0.2264
	74°	35°57′	0.715	16.654	0.2245
	77°	33° 0′	0.632	17.116	0.2229
	80°	28°29′	0.560	17.489	0.2217
	83°	22° 4′	0.500	17.767	0.2209
	86°	13°36′	0.458	17.949	0.2203
	89°	3°32′	0.438	18.032	0.2201
	90°	0° 0′	0.436	18.036	0.2201
4.00	14°29′	0° 0′	4.000	1.000	1.0000
	17°	3°39′	3.733	1.429	0.7759
	20°	7°27′	3.467	2.017	0.6119
	23°	10°50′	3.226	2.683	0.5078
	26°	13°57′	3.004	3.421	0.4377
	29°	16°51′	2.795	4.221	0.3882
	32°	19°35′	2.598	5.075	0.3521
	35°	22°11′	2.412	5.975	0.3250
	38°	24°38′	2.235	6.909	0.3041
	41°	26°58′	2.069	7.868	0.2877
	44°	29° 9′	1.911	8.841	0.2746
	47°	31°14′	1.768	9.818	0.2640
	50°	33° 4′	1.619	10.788	0.2554
	53°	34°46′	1.485	11.740	0.2479
	56°	36°14′	1.357	12.664	0.2424
	59°	37°26′	1.235	13.549	0.2375
	62°	38°18′	1.119	14.386	0.2335
	65°	38°44′	1.009	15.167	0.2301
	68°	38°39′	0.905	15.881	0.2272
	71°	37°51′	0.807	16.522	0.2249
	74°	36° 7′	0.716	17.082	0.2230
	77°	33°21′	0.632	17.556	0.2215
	80°	28°40′	0.559	17.938	0.2204
	83°	22°13′	0.499	18.224	0.2195
	86°	13°42′	0.457	18.410	0.2190
	89°	3°34′	0.436	18.495	0.2188
	90°	0° 0′	0.435	18.500	0.2187

表6 斜激波前后气流参数表
（完全气体 $k=1.4$）
（δ 取为整数）

Ma_1	δ	弱 波			强 波		
		β	p_2/p_1	Ma_2	β	p_2/p_1	Ma_2
1.05	0.0	72.25	1.000	1.050	90.00	1.120	0.953
	(0.56)	79.94	1.080	0.984	79.94	1.080	0.984
1.10	0.0	65.38	1.000	1.100	90.00	1.245	0.912
	1.0	69.81	1.077	1.039	83.58	1.227	0.925
	(1.52)	76.30	1.166	0.971	76.30	1.166	0.971
1.15	0.0	60.41	1.000	1.150	90.00	1.376	0.875
	1.0	63.16	1.062	1.102	85.99	1.369	0.880
	2.0	67.01	1.141	1.043	81.18	1.340	0.901
	(2.67)	73.82	1.256	0.960	73.82	1.256	0.960
1.20	0.0	56.44	1.000	1.200	90.00	1.513	0.842
	1.0	58.55	1.056	1.158	87.04	1.509	0.845
	2.0	61.05	1.120	1.111	83.86	1.494	0.855
	3.0	64.34	1.198	1.056	80.03	1.463	0.876
	(3.94)	71.98	1.353	0.950	71.98	1.353	0.950
1.25	0.0	53.13	1.000	1.250	90.00	1.656	0.813
	1.0	54.88	1.053	1.211	87.66	1.653	0.815
	2.0	56.85	1.111	1.170	85.21	1.644	0.821
	3.0	59.13	1.176	1.124	82.55	1.626	0.832
	4.0	61.99	1.254	1.072	79.39	1.594	0.853
	5.0	66.50	1.366	0.999	74.64	1.528	0.895
	(5.29)	70.54	1.454	0.942	70.54	1.454	0.942
1.30	0.0	50.29	1.000	1.300	90.00	1.805	0.786
	1.0	51.81	1.051	1.263	88.06	1.803	0.787
	2.0	53.48	1.107	1.224	86.06	1.796	0.792
	3.0	55.32	1.167	1.184	83.96	1.783	0.800
	4.0	57.42	1.233	1.140	81.65	1.763	0.812
	5.0	59.96	1.311	1.090	78.97	1.733	0.831
	6.0	63.46	1.411	1.027	75.37	1.679	0.864
	(6.66)	69.40	1.561	0.936	69.40	1.561	0.936
1.35	0.0	47.80	1.000	1.350	90.00	1.960	0.762
	1.0	49.17	1.051	1.314	88.34	1.958	0.763
	2.0	50.64	1.104	1.277	86.65	1.952	0.766
	3.0	52.22	1.162	1.239	84.89	1.943	0.772
	4.0	53.97	1.224	1.199	83.03	1.928	0.781
	5.0	55.93	1.292	1.157	81.00	1.908	0.793
	6.0	58.23	1.370	1.109	78.66	1.877	0.811
	7.0	61.18	1.466	1.052	75.72	1.830	0.839
	8.0	66.92	1.633	0.954	70.03	1.711	0.909
	(8.05)	68.47	1.673	0.931	68.47	1.673	0.931
1.40	0.0	45.59	1.000	1.400	90.00	2.120	0.740
	1.0	46.84	1.050	1.365	88.55	2.119	0.741
	2.0	48.17	1.103	1.330	87.08	2.114	0.743
	3.0	49.59	1.159	1.293	85.57	2.106	0.748
	4.0	51.12	1.219	1.255	83.99	2.095	0.755
	5.0	52.78	1.283	1.216	82.32	2.079	0.764
	6.0	54.63	1.354	1.174	80.49	2.058	0.776
	7.0	56.76	1.433	1.128	78.42	2.028	0.793
	8.0	59.37	1.526	1.074	75.90	1.984	0.818
	9.0	63.19	1.655	1.003	72.19	1.906	0.863
	(9.43)	67.72	1.791	0.927	67.72	1.791	0.927
1.45	0.0	43.60	1.000	1.450	90.00	2.286	0.720
	1.0	44.78	1.050	1.416	88.71	2.285	0.720
	2.0	46.00	1.103	1.381	87.41	2.281	0.723
	3.0	47.30	1.158	1.345	86.08	2.275	0.726
	4.0	48.68	1.217	1.309	84.70	2.265	0.732
	5.0	50.16	1.279	1.272	83.27	2.253	0.739
	6.0	51.76	1.346	1.233	81.74	2.236	0.749

(续)

Ma_1	δ	弱 波			强 波		
		β	p_2/p_1	Ma_2	β	p_2/p_1	Ma_2
1.45	7.0	53.52	1.419	1.191	80.07	2.213	0.761
	8.0	55.52	1.500	1.146	78.02	2.184	0.778
	9.0	57.89	1.593	1.095	75.98	2.142	0.801
	10.0	61.05	1.711	1.032	73.00	2.076	0.837
	(10.79)	67.10	1.915	0.924	67.10	1.915	0.924
1.50	0.0	41.81	1.000	1.500	90.00	2.458	0.701
	1.0	42.91	1.050	1.466	88.84	2.457	0.702
	2.0	44.07	1.103	1.432	87.67	2.454	0.701
	3.0	45.27	1.158	1.397	86.48	2.448	0.707
	4.0	46.54	1.217	1.362	85.26	2.440	0.711
	5.0	47.89	1.278	1.325	83.99	2.430	0.717
	6.0	49.33	1.343	1.288	82.66	2.416	0.725
	7.0	50.88	1.413	1.250	81.25	2.398	0.735
	8.0	52.57	1.489	1.208	79.71	2.375	0.748
	9.0	54.47	1.572	1.164	78.00	2.345	0.764
	10.0	56.68	1.666	1.114	76.00	2.305	0.785
	11.0	59.47	1.781	1.056	73.44	2.245	0.817
	12.0	64.36	1.967	0.961	68.79	2.115	0.885
	(12.11)	66.59	2.044	0.921	66.59	2.044	0.921
1.55	0.0	40.18	1.000	1.550	90.00	2.636	0.684
	1.0	41.23	1.051	1.516	88.95	2.635	0.685
	2.0	42.32	1.104	1.482	87.88	2.632	0.686
	3.0	43.45	1.159	1.448	86.80	2.628	0.689
	4.0	44.64	1.217	1.413	85.70	2.621	0.693
	5.0	45.89	1.278	1.378	84.57	2.611	0.698
	6.0	47.22	1.343	1.341	83.39	2.599	0.705
	7.0	48.62	1.411	1.304	82.15	2.584	0.713
	8.0	50.13	1.485	1.265	80.83	2.565	0.723
	9.0	51.78	1.563	1.224	79.40	2.541	0.736
	10.0	53.60	1.649	1.180	77.81	2.511	0.752
	11.0	55.69	1.746	1.132	75.97	2.471	0.772
	12.0	58.24	1.860	1.076	73.69	2.415	0.801
	13.0	61.98	2.018	0.999	70.24	2.316	0.852
	(13.40)	66.17	2.179	0.920	66.17	2.179	0.920
1.60	0.0	38.68	1.000	1.600	90.00	2.820	0.668
	1.0	39.69	1.051	1.566	89.03	2.819	0.669
	2.0	40.73	1.105	1.532	88.06	2.817	0.670
	3.0	41.81	1.160	1.498	87.07	2.812	0.673
	4.0	42.93	1.219	1.464	86.06	2.806	0.676
	5.0	44.11	1.280	1.429	85.03	2.798	0.681
	6.0	45.35	1.345	1.393	83.97	2.787	0.686
	7.0	46.65	1.413	1.357	82.86	2.774	0.693
	8.0	48.03	1.484	1.320	81.69	2.758	0.702
	9.0	49.51	1.561	1.281	80.45	2.738	0.712
	10.0	51.12	1.643	1.240	79.10	2.713	0.725
	11.0	52.89	1.733	1.196	77.61	2.683	0.741
	12.0	54.89	1.832	1.148	75.90	2.643	0.761
	13.0	57.28	1.948	1.094	73.82	2.588	0.789
	14.0	60.54	2.097	1.023	70.90	2.500	0.832
	(14.65)	65.83	2.319	0.919	65.83	2.319	0.919
1.65	0.0	37.31	1.000	1.650	90.00	3.010	0.654
	1.0	38.27	1.052	1.616	89.11	3.009	0.654
	2.0	39.27	1.106	1.582	88.20	3.006	0.656
	3.0	40.30	1.162	1.548	87.29	3.003	0.658
	4.0	41.38	1.221	1.514	86.37	2.997	0.661
	5.0	42.50	1.283	1.480	85.42	2.989	0.665
	6.0	43.67	1.348	1.444	84.45	2.980	0.670
	7.0	44.89	1.415	1.409	83.44	2.968	0.676
	8.0	46.18	1.487	1.372	82.39	2.954	0.683
	9.0	47.55	1.563	1.334	81.29	2.937	0.692
	10.0	49.01	1.643	1.295	80.11	2.916	0.703
	11.0	50.58	1.729	1.254	78.83	2.890	0.716
	12.0	52.31	1.822	1.210	77.41	2.859	0.732
	13.0	54.26	1.926	1.163	75.80	2.819	0.752
	14.0	56.54	2.044	1.109	73.87	2.764	0.778
	15.0	59.52	2.192	1.042	71.25	2.681	0.818
	(15.86)	65.55	2.465	0.918	65.55	2.465	0.918

(续)

Ma_1	δ	弱波			强波		
		β	p_2/p_1	Ma_2	β	p_2/p_1	Ma_2
1.70	0.0	36.03	1.000	1.700	90.00	3.205	0.641
	1.0	36.97	1.053	1.666	89.17	3.204	0.641
	2.0	37.93	1.107	1.632	88.33	3.202	0.642
	3.0	38.93	1.164	1.598	87.48	3.199	0.644
	4.0	39.96	1.224	1.564	86.62	3.193	0.647
	5.0	41.03	1.286	1.529	85.75	3.186	0.650
	6.0	42.15	1.351	1.495	84.85	3.178	0.655
	7.0	43.31	1.420	1.459	83.93	3.167	0.660
	8.0	44.53	1.491	1.423	82.97	3.154	0.667
	9.0	45.81	1.567	1.386	81.97	3.139	0.675
	10.0	47.17	1.647	1.348	80.91	3.121	0.684
	11.0	48.61	1.731	1.309	79.78	3.099	0.695
	12.0	50.17	1.822	1.267	78.56	3.072	0.708
	13.0	51.87	1.920	1.223	77.21	3.040	0.724
	14.0	53.77	2.027	1.176	75.67	2.999	0.744
	15.0	55.99	2.150	1.122	73.84	2.944	0.770
	16.0	58.80	2.300	1.057	71.43	2.863	0.808
	17.0	64.63	2.586	0.932	66.00	2.647	0.905
	(17.01)	65.32	2.617	0.918	65.32	2.617	0.918
1.75	0.0	34.85	1.000	1.750	90.00	3.406	0.628
	1.0	35.75	1.053	1.716	89.22	3.406	0.628
	2.0	36.69	1.109	1.682	88.44	3.404	0.630
	3.0	37.65	1.167	1.648	87.64	3.400	0.631
	4.0	38.65	1.227	1.613	86.84	3.395	0.634
	5.0	39.69	1.290	1.579	86.03	3.389	0.637
	6.0	40.76	1.356	1.544	85.19	3.381	0.641
	7.0	41.87	1.425	1.509	84.34	3.371	0.646
	8.0	43.04	1.497	1.473	83.45	3.360	0.652
	9.0	44.25	1.573	1.437	82.53	3.346	0.659
	10.0	45.53	1.653	1.400	81.57	3.329	0.667
	11.0	46.88	1.737	1.361	80.56	3.310	0.677
	12.0	48.32	1.826	1.321	79.47	3.287	0.688
	13.0	49.87	1.922	1.279	78.29	3.259	0.701
	14.0	51.55	2.025	1.235	76.99	3.225	0.718
	15.0	53.42	2.137	1.187	75.51	3.183	0.738
	16.0	55.59	2.265	1.133	73.76	3.127	0.764
	17.0	58.30	2.420	1.068	71.48	3.046	0.800
	18.0	62.95	2.667	0.965	67.27	2.873	0.877
	(18.12)	65.13	2.775	0.919	65.13	2.775	0.919
1.80	0.0	33.75	1.000	1.800	90.00	3.613	0.617
	1.0	34.63	1.054	1.766	89.27	3.613	0.617
	2.0	35.54	1.110	1.731	88.53	3.611	0.618
	3.0	36.48	1.169	1.697	87.78	3.608	0.619
	4.0	37.44	1.231	1.663	87.03	3.603	0.622
	5.0	38.45	1.295	1.628	86.27	3.597	0.625
	6.0	39.48	1.361	1.593	85.49	3.590	0.628
	7.0	40.56	1.431	1.558	84.69	3.581	0.633
	8.0	41.67	1.504	1.523	83.87	3.570	0.638
	9.0	42.84	1.581	1.486	83.02	3.557	0.644
	10.0	44.06	1.661	1.449	82.13	3.542	0.652
	11.0	45.34	1.746	1.412	81.20	3.525	0.660
	12.0	46.69	1.835	1.373	80.22	3.504	0.670
	13.0	48.12	1.929	1.332	79.16	3.480	0.682
	14.0	49.66	2.030	1.290	78.02	3.451	0.696
	15.0	51.34	2.138	1.245	76.76	3.415	0.712
	16.0	53.20	2.257	1.196	75.33	3.371	0.733
	17.0	55.34	2.391	1.142	73.63	3.313	0.759
	18.0	58.00	2.552	1.077	71.43	3.230	0.796
	19.0	62.31	2.797	0.977	67.58	3.064	0.867
	(19.18)	64.99	2.938	0.920	64.99	2.938	0.920
1.85	0.0	32.72	1.000	1.850	90.00	3.826	0.606
	1.0	33.58	1.055	1.815	89.31	3.826	0.606
	2.0	34.47	1.112	1.781	88.61	3.824	0.607
	3.0	35.38	1.172	1.746	87.91	3.821	0.608
	4.0	36.32	1.234	1.711	87.20	3.817	0.611
	5.0	37.30	1.299	1.677	86.48	3.811	0.613
	6.0	38.30	1.367	1.642	85.74	3.804	0.617
	7.0	39.35	1.438	1.607	84.99	3.796	0.621

(续)

Ma_1	δ	弱 波			强 波		
		β	p_2/p_1	Ma_2	β	p_2/p_1	Ma_2
1.85	8.0	40.43	1.512	1.571	84.23	3.786	0.626
	9.0	41.55	1.590	1.535	83.43	3.774	0.631
	10.0	42.72	1.671	1.498	82.61	3.760	0.638
	11.0	43.94	1.756	1.461	81.75	3.744	0.646
	12.0	45.22	1.845	1.422	80.85	3.725	0.655
	13.0	46.58	1.940	1.383	79.89	3.703	0.665
	14.0	48.02	2.040	1.342	78.86	3.677	0.677
	15.0	49.56	2.146	1.298	77.75	3.646	0.692
	16.0	51.23	2.261	1.252	76.51	3.609	0.709
	17.9	53.09	2.386	1.203	75.11	3.563	0.729
	18.0	55.23	2.528	1.148	73.44	3.502	0.756
	19.0	57.87	2.697	1.082	71.29	3.415	0.793
	20.0	62.10	2.952	0.982	67.55	3.244	0.865
	(20.20)	64.87	3.106	0.920	64.87	3.106	0.920
1.90	0.0	31.76	1.000	1.900	90.00	4.045	0.596
	1.0	32.60	1.056	1.865	89.34	4.044	0.596
	2.0	33.47	1.114	1.830	88.68	4.043	0.597
	3.0	34.36	1.175	1.795	88.01	4.040	0.598
	4.0	35.28	1.238	1.760	87.34	4.036	0.600
	5.0	36.23	1.304	1.725	86.66	4.031	0.603
	6.0	37.21	1.374	1.690	85.97	4.024	0.606
	7.0	38.22	1.446	1.655	85.26	4.016	0.610
	8.0	39.27	1.521	1.619	84.54	4.007	0.614
	9.0	40.36	1.600	1.583	83.79	3.996	0.620
	10.0	41.49	1.682	1.546	83.02	3.983	0.626
	11.0	42.67	1.768	1.509	82.22	3.968	0.633
	12.0	43.90	1.858	1.471	81.39	3.950	0.641
	13.0	45.19	1.953	1.432	80.50	3.930	0.650
	14.0	46.55	2.053	1.391	79.57	3.907	0.661
	15.0	48.00	2.159	1.349	78.56	3.879	0.674
	16.0	49.55	2.272	1.305	77.47	3.847	0.688
	17.0	51.23	2.393	1.258	76.25	3.807	0.706
	18.0	53.10	2.526	1.208	74.86	3.758	0.727
	19.0	55.24	2.676	1.151	73.21	3.694	0.755
	20.0	57.90	2.856	1.084	71.06	3.601	0.794
	21.0	62.25	3.132	0.979	67.23	3.414	0.869
	(21.17)	64.79	3.280	0.922	64.79	3.280	0.922
1.95	0.0	30.85	1.000	1.950	90.00	4.270	0.586
	1.0	31.68	1.057	1.914	89.37	4.269	0.586
	2.0	32.53	1.116	1.879	88.74	4.267	0.587
	3.0	23.40	1.178	1.844	88.11	4.265	0.589
	4.0	34.31	1.242	1.809	87.47	4.261	0.590
	5.0	35.23	1.310	1.773	86.82	4.256	0.593
	6.0	36.19	1.380	1.738	86.17	4.250	0.596
	7.0	37.18	1.454	1.703	85.50	4.242	0.599
	8.0	38.21	1.530	1.667	84.81	4.233	0.604
	9.0	39.26	1.610	1.630	84.11	4.223	0.609
	10.0	40.36	1.694	1.594	83.38	4.211	0.614
	11.0	41.50	1.781	1.557	82.63	4.197	0.621
	12.0	42.69	1.873	1.519	81.85	4.180	0.628
	13.0	43.93	1.969	1.480	81.03	4.162	0.637
	14.0	45.23	2.069	1.440	80.17	4.140	0.647
	15.0	46.60	2.175	1.398	79.25	4.115	0.658
	16.0	48.06	2.288	1.355	78.26	4.086	0.671
	17.0	49.62	2.408	1.310	77.17	4.051	0.686
	18.0	51.32	2.537	1.262	75.97	4.009	0.705
	19.0	53.21	2.678	1.210	74.59	3.956	0.727
	20.0	55.38	2.838	1.152	72.93	3.887	0.756
	21.0	58.10	3.031	1.082	70.75	3.787	0.796
	22.0	62.86	3.346	0.966	66.53	3.566	0.883
	(22.09)	64.72	3.460	0.923	64.72	3.460	0.923
2.00	0.0	30.00	1.000	2.000	90.00	4.500	0.577
	1.0	30.81	1.058	1.964	89.40	4.500	0.578
	2.0	31.65	1.118	1.928	88.80	4.498	0.578
	3.0	32.51	1.181	1.892	88.20	4.495	0.580
	4.0	33.39	1.247	1.857	87.59	4.492	0.581
	5.0	34.30	1.315	1.821	86.97	4.487	0.584
	6.0	35.24	1.387	1.786	86.34	4.481	0.586

599

(续)

Ma_1	δ	弱 波			强 波		
		β	p_2/p_1	Ma_2	β	p_2/p_1	Ma_2
2.00	7.0	36.21	1.462	1.750	85.71	4.474	0.590
	8.0	37.21	1.540	1.714	85.05	4.465	0.594
	9.0	38.25	1.622	1.677	84.39	4.455	0.598
	10.0	39.32	1.707	1.641	83.70	4.444	0.604
	11.0	40.42	1.796	1.603	82.99	4.431	0.610
	12.0	41.58	1.888	1.565	82.26	4.415	0.617
	13.0	42.78	1.986	1.526	81.49	4.398	0.625
	14.0	44.03	2.088	1.487	80.69	4.378	0.634
	15.0	45.35	2.195	1.446	79.83	4.355	0.644
	16.0	46.73	2.308	1.403	78.92	4.328	0.656
	17.0	48.21	2.427	1.359	77.94	4.296	0.669
	18.0	49.79	2.555	1.313	76.86	4.259	0.685
	19.0	51.51	2.692	1.264	75.66	4.214	0.704
	20.0	53.42	2.843	1.210	74.27	4.157	0.728
	21.0	55.65	3.014	1.150	72.59	4.082	0.758
	22.0	58.46	3.223	1.076	70.33	3.971	0.802
	(22.97)	64.67	3.646	0.924	64.67	3.646	0.924
2.10	0.0	28.44	1.000	2.100	90.00	4.978	0.561
	2.0	30.03	1.122	2.026	88.90	4.976	0.562
	4.0	31.72	1.256	1.953	87.78	4.971	0.565
	6.0	33.51	1.402	1.880	86.64	4.961	0.569
	8.0	35.41	1.561	1.807	85.47	4.946	0.576
	10.0	37.43	1.734	1.733	84.24	4.926	0.585
	12.0	39.59	1.923	1.656	82.94	4.901	0.596
	14.0	41.91	2.129	1.578	81.54	4.867	0.611
	16.0	44.43	2.355	1.495	80.00	4.823	0.630
	18.0	47.21	2.604	1.408	78.26	4.765	0.654
	20.0	50.37	2.885	1.312	76.19	4.685	0.687
	22.0	54.17	3.215	1.202	73.52	4.564	0.735
	24.0	59.77	3.674	1.049	69.11	4.324	0.825
	(24.61)	64.62	4.033	0.927	64.62	4.033	0.927
2.20	0.0	27.04	1.000	2.200	90.00	5.480	0.547
	2.0	28.59	1.127	2.124	88.98	5.478	0.548
	4.0	30.24	1.265	2.049	87.94	5.473	0.550
	6.0	31.98	1.417	1.974	86.89	5.463	0.555
	8.0	33.83	1.583	1.899	85.80	5.450	0.561
	10.0	35.79	1.764	1.823	84.67	5.431	0.569
	12.0	37.87	1.961	1.745	83.49	5.407	0.579
	14.0	40.10	2.176	1.666	82.22	5.376	0.592
	16.0	42.49	2.410	1.583	80.84	5.337	0.609
	18.0	45.09	2.666	1.496	79.31	5.286	0.630
	20.0	47.98	2.949	1.404	77.55	5.218	0.657
	22.0	51.28	3.270	1.301	75.42	5.122	0.694
	24.0	55.36	3.655	1.181	72.56	4.973	0.749
	26.0	62.70	4.292	0.980	66.48	4.581	0.885
	(26.10)	64.62	4.443	0.931	64.62	4.443	0.931
2.30	0.0	25.77	1.000	2.300	90.00	6.005	0.534
	2.0	27.30	1.131	2.221	89.04	6.003	0.535
	4.0	28.91	1.275	2.144	88.07	5.998	0.537
	6.0	30.61	1.434	2.067	87.09	5.989	0.541
	8.0	32.42	1.607	1.990	86.08	5.976	0.547
	10.0	34.33	1.796	1.912	85.03	5.959	0.554
	12.0	36.35	2.002	1.833	83.93	5.936	0.564
	14.0	38.51	2.226	1.751	82.77	5.907	0.576
	16.0	40.82	2.470	1.668	81.51	5.871	0.591
	18.0	43.30	2.736	1.581	80.14	5.824	0.609
	20.0	46.01	3.028	1.489	78.59	5.763	0.633
	22.0	49.03	3.351	1.389	76.77	5.682	0.664
	24.0	52.54	3.722	1.279	74.51	5.565	0.706
	26.0	57.08	4.182	1.143	71.27	5.368	0.774
	(27.45)	64.65	4.874	0.934	64.65	4.874	0.934
2.40	0.0	24.63	1.000	2.400	90.00	6.553	0.523
	2.0	26.12	1.136	2.318	89.10	6.552	0.524
	4.0	27.70	1.286	2.238	88.19	6.547	0.526
	6.0	29.38	1.451	2.159	87.26	6.538	0.530
	8.0	31.15	1.631	2.080	86.31	6.525	0.535
	10.0	33.02	1.829	1.999	85.33	6.509	0.542

(续)

Ma_1	δ	弱波			强波		
		β	p_2/p_1	Ma_2	β	p_2/p_1	Ma_2
2.40	12.0	35.01	2.045	1.918	84.30	6.487	0.551
	14.0	37.11	2.280	1.835	83.22	6.460	0.562
	16.0	39.35	2.535	1.750	82.06	6.425	0.575
	18.0	41.75	2.813	1.661	80.80	6.382	0.592
	20.0	44.34	3.116	1.569	79.40	6.326	0.613
	22.0	47.18	3.448	1.471	77.81	6.253	0.640
	24.0	50.37	3.820	1.364	75.89	6.154	0.675
	26.0	54.19	4.252	1.243	73.40	6.005	0.726
	28.0	59.66	4.838	1.078	69.29	5.713	0.820
	(28.68)	64.71	5.327	0.937	64.71	5.327	0.937
2.50	0.0	23.58	1.000	2.500	90.00	7.125	0.513
	2.0	25.05	1.141	2.416	89.14	7.123	0.514
	4.0	26.61	1.296	2.333	88.28	7.118	0.516
	6.0	28.26	1.468	2.251	87.40	7.110	0.519
	8.0	30.01	1.657	2.169	86.51	7.098	0.524
	10.0	31.85	1.864	2.086	85.58	7.082	0.530
	12.0	33.80	2.090	2.002	84.61	7.061	0.539
	14.0	35.87	2.336	1.917	83.60	7.034	0.549
	16.0	38.06	2.604	1.830	82.52	7.001	0.562
	18.0	40.39	2.895	1.739	81.36	6.960	0.577
	20.0	42.89	3.211	1.646	80.07	6.908	0.596
	22.0	45.60	3.556	1.548	78.63	6.841	0.620
	24.0	48.60	3.936	1.443	76.94	6.753	0.651
	26.0	52.04	4.366	1.327	74.86	6.627	0.693
	28.0	56.34	4.884	1.189	71.95	6.425	0.757
	(29.80)	64.78	5.801	0.940	64.78	5.801	0.940
2.60	0.0	22.62	1.000	2.600	90.00	7.720	0.504
	2.0	24.07	1.145	2.512	89.19	7.718	0.505
	4.0	25.61	1.307	2.427	88.36	7.714	0.506
	6.0	27.24	1.486	2.342	87.53	7.705	0.510
	8.0	28.97	1.683	2.257	86.67	7.693	0.514
	10.0	30.79	1.900	2.172	85.79	7.678	0.520
	12.0	32.72	2.137	2.085	84.88	7.657	0.528
	14.0	34.75	2.396	1.997	83.92	7.632	0.538
	16.0	36.90	2.677	1.908	82.91	7.600	0.550
	18.0	39.19	2.982	1.815	81.82	7.560	0.564
	20.0	41.62	3.313	1.720	80.63	7.511	0.582
	22.0	44.24	3.672	1.621	79.30	7.448	0.604
	24.0	47.10	4.066	1.516	77.78	7.367	0.631
	26.0	50.31	4.503	1.403	75.96	7.256	0.667
	28.0	54.09	5.007	1.274	73.59	7.091	0.719
	30.0	59.35	5.671	1.106	69.78	6.778	0.811
	(30.81)	64.87	6.297	0.943	64.87	6.297	0.943
2.70	0.0	21.74	1.000	2.700	90.00	8.338	0.496
	2.0	23.17	1.150	2.609	89.22	8.337	0.496
	4.0	24.70	1.318	2.520	88.43	8.332	0.498
	6.0	26.31	1.504	2.432	87.63	8.324	0.501
	8.0	28.02	1.710	2.344	86.82	8.312	0.506
	10.0	29.82	1.937	2.256	85.98	8.297	0.511
	12.0	31.73	2.186	2.167	85.11	8.277	0.519
	14.0	33.74	2.457	2.076	84.20	8.251	0.528
	16.0	35.86	2.752	1.984	83.24	8.220	0.539
	18.0	38.11	3.073	1.889	82.21	8.182	0.553
	20.0	40.50	3.420	1.792	81.10	8.135	0.569
	22.0	43.05	3.736	1.691	79.86	8.075	0.589
	24.0	45.81	4.206	1.585	78.47	7.998	0.615
	26.0	48.85	4.656	1.472	76.83	7.897	0.647
	28.0	52.34	5.163	1.349	74.79	7.753	0.691
	30.0	56.69	5.773	1.202	71.92	7.519	0.759
	(31.74)	64.96	6.814	0.946	64.96	6.814	0.946
2.80	0.0	20.93	1.000	2.800	90.00	8.980	0.488
	2.0	22.35	1.155	2.706	89.25	8.978	0.489
	4.0	23.85	1.329	2.613	88.49	8.974	0.491
	6.0	25.46	1.523	2.522	87.73	8.966	0.494
	8.0	27.15	1.738	2.431	86.95	8.954	0.498
	10.0	28.94	1.975	2.340	86.14	8.939	0.503
	12.0	30.83	2.236	2.248	85.31	8.919	0.510

601

(续)

Ma_1	δ	弱 波			强 波		
		β	p_2/p_1	Ma_2	β	p_2/p_1	Ma_2
2.80	14.0	32.82	2.521	2.154	84.44	8.894	0.519
	16.0	34.92	2.831	2.059	83.53	8.864	0.530
	18.0	37.14	3.168	1.961	82.55	8.826	0.543
	20.0	39.49	3.532	1.861	81.50	8.780	0.558
	22.0	41.99	3.927	1.758	80.34	8.722	0.577
	24.0	44.68	4.355	1.651	79.05	8.650	0.600
	26.0	47.61	4.822	1.538	77.55	8.554	0.630
	28.0	50.89	5.340	1.416	75.73	8.424	0.668
	30.0	54.79	5.939	1.278	73.33	8.227	0.724
	32.0	60.43	6.753	1.091	69.21	7.828	0.831
	(32.59)	65.05	7.352	0.949	65.05	7.352	0.949
2.90	0.0	20.17	1.000	2.900	90.00	9.645	0.481
	2.0	21.58	1.160	2.802	89.28	9.643	0.482
	4.0	23.08	1.341	2.706	88.55	9.639	0.484
	6.0	24.67	1.542	2.612	87.81	9.631	0.487
	8.0	26.35	1.766	2.518	87.06	9.619	0.491
	10.0	28.13	2.014	2.423	86.29	9.604	0.496
	12.0	30.01	2.287	2.327	85.49	9.584	0.503
	14.0	31.99	2.586	2.230	84.65	9.560	0.511
	16.0	34.07	2.912	2.132	83.78	9.530	0.521
	18.0	36.27	3.266	2.031	82.85	9.493	0.533
	20.0	38.59	3.650	1.929	81.85	9.448	0.548
	22.0	41.05	4.064	1.823	80.74	9.392	0.566
	24.0	43.67	4.512	1.714	79.54	9.321	0.588
	26.0	46.52	4.998	1.600	78.14	9.231	0.615
	28.0	49.66	5.533	1.479	76.49	9.110	0.650
	30.0	53.28	6.136	1.345	74.39	8.935	0.699
	32.0	57.93	6.879	1.183	71.29	8.635	0.777
	(33.36)	65.15	7.912	0.952	65.15	7.912	0.952
3.00	0.0	19.47	1.000	3.000	90.00	10.333	0.475
	2.0	20.87	1.166	2.898	89.30	10.332	0.476
	4.0	22.36	1.352	2.799	88.60	10.327	0.477
	6.0	23.94	1.562	2.701	87.88	10.319	0.480
	8.0	25.61	1.795	2.603	87.16	10.307	0.484
	10.0	27.38	2.055	2.505	86.41	10.292	0.489
	12.0	29.25	2.340	2.406	85.64	10.273	0.496
	14.0	31.22	2.654	2.306	84.84	10.248	0.504
	16.0	33.29	2.996	2.204	84.00	10.218	0.514
	18.0	35.47	3.368	2.100	83.11	10.182	0.525
	20.0	37.76	3.771	1.994	82.15	10.137	0.539
	22.0	40.19	4.206	1.886	81.11	10.082	0.556
	24.0	42.78	4.676	1.774	79.96	10.014	0.577
	26.0	45.55	5.184	1.659	78.65	9.927	0.602
	28.0	48.59	5.739	1.537	77.13	9.812	0.635
	30.0	52.02	6.356	1.406	75.24	9.652	0.678
	32.0	56.18	7.081	1.254	72.65	9.399	0.743
	34.0	63.67	8.268	1.003	66.75	8.697	0.908
	(34.07)	65.24	8.492	0.954	65.24	8.492	0.954
3.10	0.0	18.82	1.000	3.100	90.00	11.045	0.470
	2.0	20.21	1.171	2.994	89.32	11.043	0.470
	4.0	21.68	1.364	2.891	88.64	11.039	0.472
	6.0	23.26	1.582	2.789	87.95	11.031	0.474
	8.0	24.93	1.825	2.688	87.24	11.019	0.478
	10.0	26.69	2.096	2.586	86.52	11.004	0.483
	12.0	28.55	2.395	2.484	85.78	10.984	0.490
	14.0	30.51	2.724	2.380	85.00	10.960	0.497
	16.0	32.57	3.083	2.274	84.19	10.930	0.507
	18.0	34.74	3.474	2.167	83.33	10.894	0.518
	20.0	37.02	3.897	2.058	82.42	10.850	0.531
	22.0	39.42	4.354	1.947	81.42	10.795	0.548
	24.0	41.97	4.847	1.833	80.33	10.728	0.567
	26.0	44.69	5.379	1.715	79.09	10.644	0.591
	28.0	47.65	5.956	1.593	77.67	10.533	0.621
	30.0	50.94	6.592	1.462	75.94	10.383	0.661
	32.0	54.80	7.320	1.316	73.66	10.158	0.717
	34.0	60.21	8.277	1.124	69.87	9.717	0.820
	(34.73)	65.34	9.093	0.956	65.34	9.093	0.956

(续)

Ma_1	δ	弱 波			强 波		
		β	p_2/p_1	Ma_2	β	p_2/p_1	Ma_2
3.20	0.0	18.21	1.000	3.200	90.00	11.780	0.464
	2.0	19.59	1.176	3.090	89.34	11.778	0.465
	4.0	21.06	1.376	2.983	88.68	11.774	0.466
	6.0	22.63	1.602	2.878	88.01	11.766	0.469
	8.0	24.29	1.855	2.773	87.32	11.754	0.473
	10.0	26.05	2.138	2.667	86.62	11.738	0.478
	12.0	27.91	2.451	2.561	85.90	11.719	0.484
	14.0	29.86	2.795	2.453	85.15	11.695	0.491
	16.0	31.92	3.172	2.344	84.37	11.665	0.500
	18.0	34.07	3.583	2.233	83.54	11.629	0.511
	20.0	36.34	4.027	2.121	82.65	11.584	0.524
	22.0	38.72	4.507	2.006	81.70	11.531	0.540
	24.0	41.24	5.024	1.889	80.65	11.464	0.559
	26.0	43.92	5.582	1.770	79.48	11.381	0.581
	28.0	46.81	6.184	1.645	78.13	11.275	0.610
	30.0	50.00	6.843	1.514	76.53	11.131	0.646
	32.0	53.65	7.583	1.371	74.48	10.924	0.697
	34.0	58.35	8.491	1.198	71.41	10.566	0.779
	(35.33)	65.43	9.714	0.959	65.43	9.714	0.959
3.30	0.0	17.64	1.000	3.300	90.00	12.538	0.460
	2.0	19.01	1.181	3.186	89.36	12.537	0.460
	4.0	20.48	1.388	3.075	88.71	12.532	0.462
	6.0	22.04	1.622	2.965	88.06	12.524	0.464
	8.0	23.70	1.886	2.856	87.39	12.512	0.468
	10.0	25.46	2.181	2.747	86.71	12.496	0.473
	12.0	27.31	2.508	2.636	86.01	12.477	0.479
	14.0	29.26	2.869	2.525	85.28	12.452	0.486
	16.0	31.31	3.264	2.412	84.52	12.422	0.495
	18.0	33.46	3.695	2.297	83.72	12.386	0.505
	20.0	35.71	4.162	2.181	82.86	12.342	0.518
	22.0	38.08	4.666	2.064	81.94	12.288	0.533
	24.0	40.57	5.208	1.944	80.93	12.233	0.551
	26.0	43.22	5.792	1.822	79.81	12.141	0.573
	28.0	46.06	6.421	1.696	78.54	12.036	0.599
	30.0	49.16	7.106	1.564	77.03	11.898	0.634
	32.0	52.67	7.866	1.422	75.15	11.704	0.680
	34.0	56.97	8.762	1.258	72.50	11.390	0.750
	(35.88)	65.52	10.356	0.961	65.52	10.356	0.961
3.40	0.0	17.11	1.000	3.400	90.00	13.320	0.455
	2.0	18.47	1.187	3.281	89.38	13.318	0.456
	4.0	19.93	1.400	3.166	88.74	13.314	0.457
	6.0	21.49	1.643	3.053	88.11	13.305	0.460
	8.0	23.15	1.917	2.940	87.46	13.293	0.463
	10.0	24.90	2.225	2.826	86.79	13.278	0.468
	12.0	26.76	2.566	2.712	86.11	13.258	0.474
	14.0	28.70	2.944	2.596	85.40	13.233	0.481
	16.0	30.75	3.358	2.479	84.66	13.203	0.489
	18.0	32.89	3.810	2.360	83.88	13.167	0.500
	20.0	35.13	4.300	2.241	83.05	13.122	0.512
	22.0	37.49	4.829	2.120	82.16	13.069	0.526
	24.0	39.97	5.398	1.997	81.19	13.003	0.544
	26.0	42.59	6.010	1.872	80.11	12.922	0.565
	28.0	45.39	6.668	1.744	78.89	12.819	0.590
	30.0	48.42	7.380	1.611	77.47	12.685	0.623
	32.0	51.81	8.165	1.469	75.72	12.499	0.665
	34.0	55.84	9.067	1.310	73.36	12.213	0.728
	36.0	61.92	10.331	1.087	63.96	11.582	0.856
	(36.39)	65.60	11.019	0.962	65.60	11.019	0.962
3.50	0.0	16.60	1.000	3.500	90.00	14.125	0.451
	2.0	17.96	1.192	3.377	89.39	14.123	0.452
	4.0	19.42	1.413	3.257	88.77	14.118	0.453
	6.0	20.97	1.664	3.140	88.15	14.110	0.456
	8.0	22.63	1.949	3.022	87.51	14.098	0.459
	10.0	24.38	2.269	2.904	86.86	14.082	0.464
	12.0	26.24	2.626	2.786	86.20	14.062	0.469
	14.0	28.18	3.021	2.666	85.51	14.037	0.476
	16.0	30.23	3.455	2.545	84.78	14.007	0.485
	10.0	32.36	3.928	2.422	84.02	13.970	0.495

603

(续)

Ma_1	δ	弱波			强波		
		β	p_2/p_1	Ma_2	β	p_2/p_1	Ma_2
3.50	20.0	34.60	4.442	2.299	83.22	13.926	0.507
	22.0	36.95	4.997	2.174	82.35	13.872	0.521
	24.0	39.41	5.594	2.048	81.42	13.806	0.537
	26.0	42.01	6.234	1.920	80.38	13.726	0.557
	28.0	44.77	6.923	1.789	79.21	13.624	0.582
	30.0	47.76	7.665	1.655	77.85	13.492	0.613
	32.0	51.05	8.478	1.513	76.21	13.313	0.653
	34.0	54.89	9.397	1.357	74.05	13.046	0.710
	36.0	60.09	10.572	1.159	70.55	12.540	0.811
	(36.87)	65.69	11.703	0.964	65.69	11.703	0.964
3.60	0.0	16.13	1.000	3.600	90.00	14.953	0.447
	2.0	17.48	1.197	3.472	89.40	14.952	0.448
	4.0	18.93	1.425	3.348	88.80	14.947	0.449
	6.0	20.49	1.686	3.226	88.19	14.938	0.452
	8.0	22.14	1.982	3.104	87.57	14.926	0.455
	10.0	23.90	2.315	2.982	86.93	14.910	0.460
	12.0	25.75	2.687	2.859	86.28	14.890	0.465
	14.0	27.70	3.100	2.735	85.60	14.864	0.472
	16.0	29.74	3.554	2.609	84.90	14.834	0.480
	18.0	31.88	4.050	2.483	84.16	14.797	0.490
	20.0	34.11	4.588	2.355	83.37	14.752	0.502
	22.0	36.45	5.170	2.227	82.53	14.698	0.515
	24.0	38.90	5.795	2.097	81.62	14.632	0.532
	26.0	41.48	6.466	1.966	80.62	14.551	0.551
	28.0	44.22	7.186	1.834	79.49	14.450	0.575
	30.0	47.15	7.961	1.697	78.19	14.320	0.604
	32.0	50.38	8.804	1.555	76.64	14.145	0.642
	34.0	54.07	9.746	1.400	74.64	13.892	0.695
	36.0	58.80	10.894	1.215	71.62	13.450	0.781
	(37.31)	65.77	12.407	0.966	65.77	12.407	0.966
3.70	0.0	15.68	1.000	3.700	90.00	15.805	0.444
	2.0	17.03	1.203	3.567	89.41	15.803	0.444
	4.0	18.48	1.438	3.439	88.82	15.798	0.446
	6.0	20.03	1.707	3.312	88.22	15.790	0.448
	8.0	21.69	2.015	3.186	87.61	15.777	0.452
	10.0	23.44	2.361	3.059	86.99	15.761	0.456
	12.0	25.30	2.750	2.931	86.35	15.740	0.461
	14.0	27.25	3.181	2.803	85.69	15.715	0.468
	16.0	29.29	3.655	2.673	85.00	15.684	0.476
	18.0	31.42	4.174	2.542	84.28	15.646	0.486
	20.0	33.65	4.738	2.410	83.51	15.601	0.497
	22.0	35.99	5.348	2.278	82.69	15.546	0.510
	24.0	38.43	6.003	2.145	81.80	15.480	0.526
	26.0	40.99	6.705	2.011	80.83	15.399	0.545
	28.0	43.71	7.458	1.876	79.74	15.298	0.568
	30.0	46.61	8.266	1.738	78.49	15.169	0.596
	32.0	49.77	9.142	1.594	77.01	14.998	0.632
	34.0	53.35	10.112	1.440	75.14	14.754	0.681
	36.0	57.76	11.260	1.262	72.45	14.352	0.758
	(37.71)	65.85	13.131	0.968	65.85	13.131	0.968
3.80	0.0	15.26	1.000	3.800	90.00	16.680	0.441
	2.0	16.60	1.208	3.662	89.42	16.678	0.441
	4.0	18.05	1.450	3.529	88.84	16.673	0.443
	6.0	19.60	1.729	3.398	88.25	16.664	0.445
	8.0	21.26	2.048	3.267	87.66	16.652	0.448
	10.0	23.02	2.409	3.135	87.05	16.635	0.452
	12.0	24.87	2.813	3.003	86.42	16.614	0.458
	14.0	26.82	3.263	2.870	85.77	16.588	0.464
	16.0	28.87	3.759	2.735	85.09	16.557	0.472
	18.0	31.00	4.302	2.600	84.39	16.519	0.482
	20.0	33.23	4.892	2.464	83.64	16.473	0.493
	22.0	35.56	5.530	2.328	82.84	16.418	0.506
	24.0	37.99	6.216	2.192	81.97	16.351	0.521
	26.0	40.54	6.951	2.055	81.02	16.270	0.540
	28.0	43.24	7.738	1.917	79.97	16.169	0.562
	30.0	46.11	8.581	1.776	78.77	16.040	0.589
	32.0	49.22	9.492	1.631	77.34	15.871	0.624
	34.0	52.70	40.494	1.478	75.57	15.634	0.670

(续)

Ma_1	δ	弱 波			强 波		
		β	p_2/p_1	Ma_2	β	p_2/p_1	Ma_2
3.80	36.0	56.90	11.654	1.304	73.12	15.259	0.739
	38.0	64.19	13.487	1.029	67.57	14.227	0.913
	(38.09)	65.92	13.876	0.969	65.92	13.876	0.969
3.90	0.0	14.86	1.000	3.900	90.00	17.578	0.438
	2.0	16.20	1.214	3.757	89.43	17.577	0.438
	4.0	17.64	1.463	3.619	88.86	17.571	0.440
	6.0	19.20	1.752	3.483	88.28	17.562	0.442
	8.0	20.85	2.082	3.347	87.70	17.550	0.445
	10.0	22.61	2.457	3.211	87.10	17.533	0.449
	12.0	24.47	2.878	3.074	86.48	17.511	0.455
	14.0	26.42	3.347	2.936	85.84	17.485	0.461
	16.0	28.47	3.865	2.797	85.18	17.453	0.469
	18.0	30.61	4.433	2.657	84.49	17.414	0.478
	20.0	32.83	5.050	2.517	83.75	17.368	0.489
	22.0	35.16	5.717	2.377	82.97	17.312	0.502
	24.0	37.59	6.435	2.237	82.12	17.245	0.517
	26.0	40.13	7.203	2.097	81.20	17.163	0.535
	28.0	42.80	8.026	1.956	80.18	17.061	0.556
	30.0	45.65	8.906	1.813	79.01	16.933	0.583
	32.0	48.72	9.854	1.667	77.64	16.765	0.616
	34.0	52.13	10.890	1.513	75.96	16.533	0.660
	36.0	56.15	12.072	1.343	73.68	16.177	0.724
	38.0	62.09	13.690	1.110	69.50	15.402	0.853
	(38.44)	65.99	14.641	0.970	65.99	14.641	0.970
4.00	0.0	14.48	1.000	4.000	90.00	18.500	0.435
	2.0	15.81	1.219	3.852	89.44	18.498	0.435
	4.0	17.26	1.476	3.709	88.88	18.493	0.437
	6.0	18.81	1.774	3.568	88.31	18.484	0.439
	8.0	20.47	2.117	3.427	87.73	18.471	0.442
	10.0	22.23	2.506	3.287	87.14	18.454	0.446
	12.0	24.10	2.945	3.144	86.54	18.432	0.452
	14.0	26.05	3.434	3.001	85.91	18.405	0.458
	16.0	28.10	3.974	2.857	85.26	18.372	0.466
	18.0	30.24	4.567	2.713	84.58	18.333	0.475
	20.0	32.46	5.212	2.569	83.86	18.286	0.485
	22.0	34.79	5.909	2.425	83.09	18.230	0.498
	24.0	37.21	6.659	2.281	82.26	18.162	0.513
	26.0	39.74	7.463	2.137	81.36	18.079	0.530
	28.0	42.40	8.321	1.994	80.36	17.977	0.551
	30.0	45.23	9.240	1.849	79.23	17.848	0.577
	32.0	48.26	10.226	1.701	77.91	17.681	0.609
	34.0	51.61	11.300	1.546	76.30	17.452	0.651
	36.0	55.50	12.510	1.378	74.16	17.110	0.711
	38.0	60.83	14.065	1.164	70.60	16.441	0.820
	(38.77)	66.06	15.426	0.972	66.06	15.426	0.972

表7　有摩擦的直等截面管道中绝热流动的数值表
（完全气体 $k=1.4$）

Ma	T/T_{cr}	p/p_{cr}	p^*/p_{cr}^*	V/V_{cr} 或 ρ_{cr}/ρ	F/F_{cr}	$\left(4\bar{f}\dfrac{L}{D}\right)_{cr}$
0.00	1.2000	∞	∞	0.00000	∞	∞
0.05	1.1994	21.903	11.5914	0.05476	9.1584	280.02
0.10	1.1976	10.9435	5.8218	0.10943	4.6236	66.922
0.15	1.1946	7.2866	3.9103	0.16395	3.1317	27.932
0.20	1.1905	5.4555	2.9635	0.21822	2.4004	14.533
0.25	1.1852	4.3546	2.4027	0.27217	1.9732	8.4834
0.30	1.1788	3.6190	2.0351	0.32572	1.6979	5.2992
0.35	1.1713	3.0922	1.7780	0.37880	1.5094	3.4525
0.40	1.1628	2.6958	1.5901	0.43133	1.3749	2.3085
0.45	1.1533	2.3865	1.4486	0.48326	1.2763	1.5664
0.50	1.1429	2.1381	1.3399	0.53453	1.2027	1.06908
0.55	1.1315	1.9341	1.2549	0.58506	1.1472	0.72805
0.60	1.1194	1.7634	1.1882	0.63481	1.10504	0.49081
0.65	1.10650	1.6183	1.1356	0.68374	1.07314	0.32460
0.70	1.09290	1.4934	1.09436	0.73179	1.04915	0.20814
0.75	1.07856	1.3848	1.06242	0.77893	1.03137	0.12728
0.80	1.06383	1.2892	1.03823	0.82514	1.01853	0.07229
0.85	1.04849	1.2047	1.02067	0.87037	1.00966	0.03632
0.90	1.03270	1.12913	1.00887	0.91459	1.00399	0.014513
0.95	1.01652	1.06129	1.00215	0.95782	1.00093	0.003280
1.00	1.00000	1.00000	1.00000	1.00000	1.00000	0
1.05	0.98320	0.94435	1.00203	1.04115	1.00082	0.002712
1.10	0.96618	0.89359	1.00793	1.08124	1.00305	0.009933
1.15	0.94899	0.84710	1.01746	1.1203	1.00646	0.02053
1.20	0.93168	0.80436	1.03044	1.1583	1.01082	0.03364
1.25	0.91429	0.76495	1.04676	1.1952	1.01594	0.04858
1.30	0.89686	0.72848	1.06630	1.2311	1.02169	0.06483
1.35	0.87944	0.69466	1.08904	1.2660	1.02794	0.08199
1.40	0.86207	0.66320	1.1149	1.2999	1.03458	0.09974
1.45	0.84477	0.63387	1.1440	1.3327	1.04153	0.11782
1.50	0.82759	0.60648	1.1762	1.3646	1.04870	0.13605
1.55	0.81054	0.58084	1.2116	1.3955	1.05604	0.15427
1.60	0.79365	0.55679	1.2502	1.4254	1.06348	0.17236
1.65	0.77695	0.53421	1.2922	1.4544	1.07098	0.19022
1.70	0.76046	0.51297	1.3376	1.4825	1.07851	0.20780
1.75	0.74419	0.49295	1.3865	1.5097	1.08603	0.22504
1.80	0.72816	0.47407	1.4390	1.5360	1.09352	0.24189
1.85	0.71238	0.45623	1.4952	1.5614	1.1009	0.25832
1.90	0.69686	0.43936	1.5552	1.5861	1.1083	0.27433
1.95	0.68162	0.42339	1.6193	1.6099	1.1155	0.28989

(续)

Ma	T/T_{cr}	p/p_{cr}	p^*/p_{cr}^*	V/V_{cr} 或 ρ_{cr}/ρ	F/F_{cr}	$\left(4\bar{f}\dfrac{L}{D}\right)_{cr}$
2.00	0.66667	0.40825	1.6875	1.6330	1.1227	0.30499
2.05	0.65200	0.39389	1.7600	1.6553	1.1297	0.31965
2.10	0.63762	0.38024	1.8369	1.6769	1.1366	0.33385
2.15	0.62354	0.36728	1.9185	1.6977	1.1434	0.34760
2.20	0.60976	0.35494	2.0050	1.7179	1.1500	0.36091
2.25	0.59627	0.34319	2.0964	1.7374	1.1565	0.37378
2.30	0.58309	0.33200	2.1931	1.7563	1.1629	0.38623
2.35	0.57021	0.32133	2.2953	1.7745	1.1690	0.39826
2.40	0.55762	0.31114	2.4031	1.7922	1.1751	0.40989
2.45	0.54533	0.30141	2.5168	1.8092	1.1810	0.42113
2.50	0.53333	0.29212	2.6367	1.8257	1.1867	0.43197
2.55	0.52163	0.28323	2.7630	1.8417	1.1923	0.44247
2.60	0.51020	0.27473	2.8960	1.8571	1.1978	0.45259
2.65	0.49906	0.26658	3.0359	1.8721	1.2031	0.46237
2.70	0.48820	0.25878	3.1830	1.8865	1.2083	0.47182
2.75	0.47761	0.25131	3.3376	1.9005	1.2133	0.48095
2.80	0.46729	0.24414	3.5001	1.9140	1.2182	0.48976
2.85	0.45723	0.23726	3.6707	1.9271	1.2230	0.49828
2.90	0.44743	0.23066	3.8498	1.9398	1.2277	0.50651
2.95	0.43788	0.22431	4.0376	1.9521	1.2322	0.51447
3.00	0.42857	0.21822	4.2346	1.9640	1.2366	0.52216
3.50	0.34783	0.16850	6.7896	2.0642	1.2743	0.58643
4.00	0.28571	0.13363	10.719	2.1381	1.3029	0.63306
4.50	0.23762	0.10833	16.562	2.1936	1.3247	0.66764
5.00	0.20000	0.08944	25.000	2.2361	1.3416	0.69381
6.00	0.14634	0.06376	53.180	2.2953	1.3655	0.72987
7.00	0.11111	0.04762	104.14	2.3333	1.3810	0.75281
8.00	0.08696	0.03686	190.11	2.3591	1.3915	0.76820
9.00	0.06977	0.02935	327.19	2.3772	1.3989	0.77898
10.00	0.05714	0.02390	535.94	2.3905	1.4044	0.78683
∞	0	0	∞	2.4495	1.4289	0.82153

表8(a)　附加流量垂直于主流($k=1.4$)

Ma	λ	$\dfrac{T}{T_{cr}}$	$\dfrac{p}{p_{cr}}$	$\dfrac{\rho}{\rho_{cr}}$	$\dfrac{p^*}{p_{cr}^*}$	$\dfrac{\dot{m}}{\dot{m}_{cr}}$
0.00	0.00000	1.2000	2.4000	2.0000	1.2679	0.0
0.01	0.01095	1.2000	2.3997	1.9998	1.2678	0.021906
0.02	0.02191	1.1999	2.3987	1.9990	1.2675	0.043795
0.03	0.03286	1.1998	2.3970	1.9978	1.2671	0.065650
0.04	0.04381	1.1996	2.3946	1.9962	1.2665	0.087454
0.05	0.05476	1.1994	2.3916	1.9940	1.2657	0.10919
0.06	0.06570	1.1991	2.3880	1.9914	1.2647	0.13084
0.07	0.07664	1.1988	2.3836	1.9883	1.2636	0.15239
0.08	0.08758	1.1985	2.3787	1.9848	1.2623	0.17383
0.09	0.09851	1.1981	2.3731	1.9808	1.2608	0.19513
0.10	0.10944	1.1976	2.3669	1.9763	1.2591	0.21628
0.11	0.12035	1.1971	2.3600	1.9714	1.2573	0.23727
0.12	0.13126	1.1966	2.3526	1.9661	1.2554	0.25808
0.13	0.14217	1.1960	2.3445	1.9604	1.2533	0.27870
0.14	0.15306	1.1953	2.3359	1.9542	1.2510	0.29912
0.15	0.16395	1.1946	2.3267	1.9476	1.2486	0.31931
0.16	0.17482	1.1939	2.3170	1.9407	1.2461	0.33923
0.17	0.18569	1.1931	2.3067	1.9333	1.2434	0.35900
0.18	0.19654	1.1923	2.2959	1.9256	1.2406	0.37847
0.19	0.20739	1.1914	2.2845	1.9175	1.2377	0.39767
0.20	0.21822	1.1905	2.2727	1.9091	1.2346	0.41660
0.21	0.22904	1.1895	2.2604	1.9003	1.2314	0.43524
0.22	0.23984	1.1885	2.2477	1.8912	1.2281	0.45359
0.23	0.25063	1.1874	2.2345	1.8818	1.2247	0.47163
0.24	0.26141	1.1863	2.2209	1.8721	1.2213	0.48937
0.25	0.27217	1.1852	2.2069	1.8621	1.2177	0.50679
0.26	0.28291	1.1840	2.1925	1.8518	1.2140	0.52389
0.27	0.29364	1.1828	2.1777	1.8412	1.2102	0.54066
0.28	0.30435	1.1815	2.1626	1.8304	1.2064	0.55709
0.29	0.31504	1.1801	2.1472	1.8194	1.2025	0.57319
0.30	0.32572	1.1788	2.1314	1.8082	1.1985	0.58895
0.31	0.33637	1.1774	2.1154	1.7967	1.1945	0.60436
0.32	0.34701	1.1759	2.0991	1.7851	1.1904	0.61943
0.33	0.35762	1.1744	2.0825	1.7732	1.1863	0.63414
0.34	0.36822	1.1729	2.0657	1.7612	1.1822	0.64851
0.35	0.37879	1.1713	2.0487	1.7490	1.1779	0.66253
0.36	0.38935	1.1697	2.0314	1.7367	1.1737	0.67619
0.37	0.39988	1.1680	2.0140	1.7243	1.1695	0.68950
0.38	0.41039	1.1663	1.9964	1.7117	1.1652	0.70246
0.39	0.42087	1.1646	1.9787	1.6990	1.1609	0.71508
0.40	0.43133	1.1628	1.9608	1.6863	1.1566	0.72734
0.41	0.44177	1.1610	1.9428	1.6734	1.1523	0.73926
0.42	0.45218	1.1591	1.9247	1.6605	1.1480	0.75084
0.43	0.46257	1.1572	1.9065	1.6475	1.1437	0.76207
0.44	0.47293	1.1553	1.8882	1.6344	1.1394	0.77297
0.45	0.48326	1.1533	1.8699	1.6213	1.1351	0.78353
0.46	0.49357	1.1513	1.8515	1.6082	1.1308	0.79377
0.47	0.50385	1.1492	1.8331	1.5951	1.1266	0.80367
0.48	0.51410	1.1471	1.8147	1.5819	1.1224	0.81326
0.49	0.52433	1.1450	1.7962	1.5687	1.1182	0.82253
0.50	0.53452	1.1429	1.7778	1.5556	1.1141	0.83148
0.52	0.55483	1.1384	1.7409	1.5292	1.1059	0.84847
0.54	0.57501	1.1339	1.7043	1.5030	1.0979	0.86426
0.56	0.59507	1.1292	1.6678	1.4770	1.0901	0.87891
0.58	0.61501	1.1244	1.6316	1.4511	1.0826	0.89246
0.60	0.63481	1.1194	1.5957	1.4255	1.0753	0.90494
0.62	0.65448	1.1143	1.5603	1.4002	1.0682	0.91642
0.64	0.67402	1.1091	1.5253	1.3752	1.0615	0.92693
0.66	0.69342	1.1038	1.4908	1.3506	1.0550	0.93653
0.68	0.71268	1.0984	1.4569	1.3263	1.0489	0.94525

(续)

Ma	λ	$\dfrac{T}{T_{cr}}$	$\dfrac{p}{p_{cr}}$	$\dfrac{\rho}{\rho_{cr}}$	$\dfrac{p^*}{p_{cr}^*}$	$\dfrac{\dot{m}}{\dot{m}_{cr}}$
0.70	0.73179	1.0929	1.4235	1.3025	1.0431	0.95315
0.72	0.75076	1.0873	1.3907	1.2791	1.0376	0.96027
0.74	0.76958	1.0815	1.3585	1.2561	1.0325	0.96666
0.76	0.78825	1.0757	1.3270	1.2335	1.0278	0.97235
0.78	0.80677	1.0698	1.2961	1.2115	1.0234	0.97738
0.80	0.82514	1.0638	1.2658	1.1899	1.0193	0.98181
0.82	0.84335	1.0578	1.2362	1.1687	1.0157	0.98566
0.84	0.86140	1.0516	1.2073	1.1481	1.0124	0.98897
0.86	0.87929	1.0454	1.1791	1.1279	1.0095	0.99178
0.88	0.89703	1.0391	1.1515	1.1082	1.0070	0.99412
0.90	0.91460	1.0327	1.1246	1.0890	1.0049	0.99603
0.92	0.93201	1.0263	1.0984	1.0703	1.0031	0.99753
0.94	0.94925	1.0198	1.0728	1.0520	1.0017	0.99865
0.96	0.96633	1.0132	1.0479	1.0342	1.0008	0.99941
0.98	0.98325	1.0066	1.0236	1.0169	1.0002	0.99986
1.00	1.00000	1.0000	1.0000	1.0000	1.0000	1.0000
1.02	1.01658	0.99331	0.97698	0.98355	1.0002	0.99986
1.04	1.03300	0.98658	0.95456	0.96754	1.0008	0.99947
1.06	1.04925	0.97982	0.93275	0.95196	1.0017	0.99885
1.08	1.06533	0.97302	0.91152	0.93680	1.0031	0.99800
1.10	1.08124	0.96618	0.89087	0.92205	1.0049	0.99696
1.12	1.09699	0.95932	0.87078	0.90770	1.0070	0.99573
1.14	1.11256	0.95244	0.85123	0.89374	1.0095	0.99434
1.16	1.12797	0.94554	0.83222	0.88016	1.0124	0.99279
1.18	1.14321	0.93861	0.81374	0.86695	1.0157	0.99111
1.20	1.15828	0.93168	0.79576	0.85411	1.0194	0.98930
1.22	1.17319	0.92473	0.77827	0.84162	1.0235	0.98738
1.24	1.18792	0.91777	0.76127	0.82948	1.0279	0.98535
1.26	1.20249	0.91080	0.74473	0.81767	1.0328	0.98324
1.28	1.21690	0.90383	0.72865	0.80618	1.0380	0.98104
1.30	1.23114	0.89686	0.71301	0.79501	1.0437	0.97876
1.32	1.24521	0.88989	0.69780	0.78415	1.0497	0.97643
1.34	1.25912	0.88292	0.68301	0.77358	1.0561	0.97403
1.36	1.27286	0.87596	0.66863	0.76331	1.0629	0.97158
1.38	1.28645	0.86901	0.65464	0.75331	1.0701	0.96909
1.40	1.29987	0.86207	0.64103	0.74359	1.0777	0.96657
1.42	1.31313	0.85514	0.62779	0.73413	1.0856	0.96401
1.44	1.32623	0.84822	0.61491	0.72493	1.0940	0.96142
1.46	1.33917	0.84133	0.60237	0.71598	1.1028	0.95882
1.48	1.35195	0.83445	0.59018	0.70727	1.1120	0.95620
1.50	1.36458	0.82759	0.57831	0.69880	1.1215	0.95356
1.55	1.39546	0.81054	0.55002	0.67858	1.1473	0.94694
1.60	1.42539	0.79365	0.52356	0.65969	1.1756	0.94031
1.65	1.45439	0.77695	0.49880	0.64200	1.2066	0.93372
1.70	1.48247	0.76046	0.47562	0.62545	1.2402	0.92721
1.75	1.50966	0.74419	0.45390	0.60993	1.2767	0.92078
1.80	1.53598	0.72816	0.43353	0.59538	1.3159	0.91448
1.85	1.56145	0.71238	0.41440	0.58171	1.3581	0.90832
1.90	1.58609	0.69686	0.39643	0.56888	1.4033	0.90229
1.95	1.60993	0.68162	0.37954	0.55681	1.4516	0.89643
2.00	1.63299	0.66667	0.36364	0.54545	1.5031	0.89072
2.10	1.67687	0.63762	0.33454	0.52467	1.6162	0.87981
2.20	1.71791	0.60976	0.30864	0.50617	1.7434	0.86956
2.30	1.75629	0.58309	0.28551	0.48965	1.8860	0.85997
2.40	1.79218	0.55762	0.26478	0.47485	2.0451	0.85101
2.50	1.82574	0.53333	0.24615	0.46154	2.2218	0.84265
2.60	1.85714	0.51020	0.22936	0.44954	2.4177	0.83486
2.70	1.88653	0.48820	0.21417	0.43869	2.6343	0.82761
2.80	1.91404	0.46729	0.20040	0.42886	2.8731	0.82085
2.90	1.93981	0.44743	0.18788	0.41992	3.1359	0.81456

（续）

Ma	λ	$\dfrac{T}{T_{cr}}$	$\dfrac{p}{p_{cr}}$	$\dfrac{\rho}{\rho_{cr}}$	$\dfrac{p^*}{p_{cr}^*}$	$\dfrac{\dot{m}}{\dot{m}_{cr}}$
3.00	1.96396	0.42857	0.17647	0.41176	3.4245	0.80869
3.10	1.98661	0.41068	0.16604	0.40432	3.7408	0.80322
3.20	2.00786	0.39370	0.15649	0.39750	4.0871	0.79812
3.30	2.02781	0.37760	0.14773	0.39123	4.4655	0.79335
3.40	2.04656	0.36232	0.13966	0.38547	4.8783	0.78890
3.50	2.06419	0.34783	0.13223	0.38017	5.3280	0.78473
3.60	2.08077	0.33408	0.12537	0.37526	5.8173	0.78083
3.70	2.09639	0.32103	0.11901	0.37072	6.3488	0.77718
3.80	2.11111	0.30864	0.11312	0.36652	6.9256	0.77376
3.90	2.12499	0.29688	0.10765	0.36261	7.5505	0.77054
4.00	2.13809	0.28571	0.10256	0.35897	8.2268	0.76752
4.50	2.19360	0.23762	0.081772	0.34412	12.502	0.75487
5.00	2.23607	0.20000	0.066667	0.33333	18.634	0.74536
5.50	2.26913	0.17021	0.055363	0.32526	27.211	0.73806
6.00	2.29528	0.14634	0.046693	0.31907	38.946	0.73234
6.50	2.31626	0.12698	0.039900	0.31421	54.683	0.72780
7.00	2.33333	0.11111	0.034483	0.31034	75.414	0.72414
7.50	2.34738	0.097959	0.030094	0.30721	102.29	0.72114
8.00	2.35907	0.086957	0.026490	0.30464	136.62	0.71866
8.50	2.36889	0.077670	0.023495	0.30250	179.92	0.71658
9.00	2.37722	0.069767	0.020979	0.30070	238.88	0.71483
9.50	2.38433	0.062992	0.018846	0.29918	300.41	0.71333
10.00	2.39046	0.057143	0.017021	0.29787	381.61	0.71205
∞	2.44949	0.0	0.0	0.28571	∞	0.69985

表8(b) 附加流量垂直于主流($k=1.2$)

Ma	ρ	$\dfrac{T}{T_{cr}}$	$\dfrac{p}{p_{cr}}$	$\dfrac{\rho}{\rho_{cr}}$	$\dfrac{p^*}{p^*_{cr}}$	$\dfrac{\dot{m}}{\dot{m}_{cr}}$
0.00	0.00000	1.1000	2.2000	2.0000	1.2418	0.0
0.02	0.02098	1.1000	2.1989	1.9991	1.2415	0.041933
0.04	0.04195	1.0998	2.1958	1.9965	1.2407	0.083751
0.06	0.06292	1.0996	2.1905	1.9921	1.2392	0.12534
0.08	0.08388	1.0993	2.1832	1.9860	1.2371	0.16658
0.10	0.10483	1.0989	2.1739	1.9783	1.2345	0.20738
0.12	0.12577	1.0984	2.1626	1.9689	1.2313	0.24762
0.14	0.14669	1.0978	2.1494	1.9579	1.2276	0.28720
0.16	0.16760	1.0972	2.1344	1.9454	1.2235	0.32603
0.18	0.18848	1.0964	2.1177	1.9314	1.2188	0.36403
0.20	0.20934	1.0956	2.0992	1.9160	1.2137	0.40111
0.22	0.23018	1.0947	2.0792	1.8994	1.2082	0.43720
0.24	0.25099	1.0937	2.0578	1.8815	1.2023	0.47224
0.26	0.27177	1.0926	2.0349	1.8624	1.1960	0.50616
0.28	0.29252	1.0914	2.0108	1.8424	1.1895	0.53893
0.30	0.31324	1.0902	1.9856	1.8213	1.1827	0.57050
0.32	0.33391	1.0889	1.9592	1.7994	1.1757	0.60084
0.34	0.35455	1.0874	1.9320	1.7767	1.1684	0.62992
0.36	0.37515	1.0859	1.9039	1.7533	1.1610	0.65773
0.38	0.39570	1.0843	1.8751	1.7292	1.1535	0.68426
0.40	0.41621	1.0827	1.8456	1.7047	1.1459	0.70951
0.42	0.43667	1.0809	1.8157	1.6797	1.1383	0.73347
0.44	0.45707	1.0791	1.7852	1.6544	1.1306	0.75617
0.46	0.47743	1.0772	1.7545	1.6287	1.1229	0.77761
0.48	0.49773	1.0752	1.7235	1.6029	1.1153	0.79781
0.50	0.51797	1.0732	1.6923	1.5769	1.1078	0.81680
0.55	0.56831	1.0677	1.6141	1.5117	1.0895	0.85914
0.60	0.61826	1.0618	1.5363	1.4469	1.0722	0.89457
0.65	0.66777	1.0554	1.4599	1.3832	1.0563	0.92366
0.70	0.71681	1.0486	1.3854	1.3212	1.0420	0.94703
0.75	0.76537	1.0414	1.3134	1.2612	1.0296	0.96529
0.80	0.81342	1.0338	1.2443	1.2036	1.0191	0.97905
0.85	0.86093	1.0259	1.1784	1.1486	1.0109	0.98889
0.90	0.90787	1.0176	1.1156	1.0963	1.0049	0.99535
0.95	0.95424	1.0089	1.0562	1.0468	1.0012	0.99890
1.00	1.00000	1.0000	1.0000	1.0000	1.0000	1.0000
1.05	1.04514	0.99077	0.94705	0.95588	1.0012	0.99903
1.10	1.08965	0.98127	0.89723	0.91436	1.0050	0.99633
1.15	1.13350	0.97152	0.85041	0.87534	1.0114	0.99220
1.20	1.17670	0.96154	0.80645	0.83871	1.0204	0.98691
1.25	1.21922	0.95135	0.76522	0.80435	1.0321	0.98067
1.30	1.26105	0.94098	0.72655	0.77213	1.0466	0.97369
1.35	1.30219	0.93043	0.69030	0.74192	1.0640	0.96612
1.40	1.34264	0.91973	0.65632	0.71360	1.0843	0.95811
1.45	1.38238	0.90890	0.62447	0.68706	1.1077	0.94977

(续)

Ma	ρ	$\dfrac{T}{T_{cr}}$	$\dfrac{p}{p_{cr}}$	$\dfrac{\rho}{\rho_{cr}}$	$\dfrac{p^*}{p^*_{cr}}$	$\dfrac{\dot{m}}{\dot{m}_{cr}}$
1.50	1.42141	0.89796	0.59459	0.66216	1.1342	0.94120
1.55	1.45973	0.88692	0.56657	0.63881	1.1640	0.93249
1.60	1.49734	0.87580	0.54028	0.61690	1.1973	0.92371
1.65	1.53424	0.86461	0.51558	0.59632	1.2342	0.91490
1.70	1.57043	0.85337	0.49239	0.57699	1.2749	0.90613
1.75	1.60591	0.84211	0.47059	0.55882	1.3196	0.89742
1.80	1.64068	0.83082	0.45008	0.54173	1.3686	0.88882
1.85	1.67476	0.81952	0.43078	0.52565	1.4220	0.88034
1.90	1.70813	0.80823	0.41260	0.51050	1.4802	0.87200
1.95	1.74081	0.79696	0.39547	0.49623	1.5435	0.86383
2.00	1.77281	0.78571	0.37931	0.48276	1.6122	0.85584
2.20	1.89410	0.74124	0.32315	0.43596	1.9483	0.82575
2.40	2.00507	0.69797	0.27806	0.39838	2.4050	0.79878
2.60	2.10636	0.65632	0.24144	0.36787	3.0206	0.77486
2.80	2.19865	0.61659	0.21138	0.34281	3.8465	0.75373
3.00	2.28266	0.57895	0.18644	0.32203	4.9512	0.73509
3.20	2.35907	0.54348	0.16556	0.30464	6.4250	0.71866
3.40	2.42857	0.51020	0.14793	0.28994	8.3867	0.70414
3.60	2.49180	0.47909	0.13291	0.27743	10.991	0.69130
3.80	2.54935	0.45008	0.12003	0.26670	14.440	0.67990
4.00	2.60177	0.42308	0.10891	0.25743	18.991	0.66976
5.00	2.80306	0.31429	0.070968	0.22581	78.640	0.63295
6.00	2.93406	0.23913	0.049774	0.20814	266.19	0.61071
7.00	3.02251	0.18644	0.036789	0.19732	875.95	0.59642
8.00	3.08440	0.14865	0.028278	0.19023	2621.1	0.58675
9.00	3.12909	0.12088	0.022403	0.18534	7181.3	0.57993
10.00	3.16228	0.10000	0.018182	0.18182	18182	0.57496

部分习题参考答案

第一章习题

1-5　减少 80%

1-7　$\tau_{空气}=0.072\text{N/m}^2$, $\tau_{水}=4.024\text{N/m}^2$

1-9　(1) $\dfrac{\mathrm{d}V}{\mathrm{d}y}=13.89\text{s}^{-1}$ (2) $\tau=2.5\times10^{-4}\text{N/m}^2$

1-10　$\mu=\dfrac{\delta Mg\sin\alpha}{ABV}$

1-16　$Re_{10}=6.4\times10^6$, $Re_{40}=1.07\times10^8$

1-21　(1) 98N　(2) 1.95N　(3) 容器上壁受到流体向上的作用力

1-22　$7.781\times10^4\text{N/m}^2$

1-23　$p_A-p_B=3638\text{Pa}$

1-25　$5.12\times10^6\text{N/m}^2$

1-26　$\tan\theta=0.00304$

1-28　$\alpha=g/3$

1-32　$\omega=18.7\text{rad/s}$

1-33　$p+\rho gR/2$

1-36　提示:将已知流场 $\boldsymbol{r}=\boldsymbol{r}(a,b,c,t)$ 改写为 $\boldsymbol{r}=\boldsymbol{r}(x,y,z,t)$,再求 $\partial\boldsymbol{r}(x,y,z,t)/\partial t=\boldsymbol{V}$

(1) 定常　(2) 非定常

1-37　(1) 非定常　(2) 定常　略,略

1-38　$(x-a)^2+(y-b)^2=$ 常数

第二章习题一

2-1　43.1 kg/s

2-2　186 kg/(m²s), 320 kg/(m²s)

2-3　12.0 kg/s

2-5　$q_v=10+2x$

2-6　(1) 4.9 kg/s, 0.0049 m³/s　(2) 0.625 m/s, 2.5 m/s

2-7　2.64 kg/m³

2-8　$v_2=18\text{m/s}$, $v_3=22.2\text{m/s}$

2-9　$F_x=-q_m(V_2\cos\alpha_2+V_1\cos\alpha_1)+P_2A_2\cos\alpha_2-P_1A_1\cos\alpha_1$

2-10　$4.4\times10^4\text{N}$

2-11　$R=3.854\times10^4\text{N}$

2-13　$F_x=q_m(v-u)(\cos\alpha-1)$, $F_y=q_m(v-u)$

2-14　(1) $v_3=5.791\text{m/s}$　(2) $p_3-p_1=6976\text{N/m}^2$

2-15　$F=169\text{N}$, 与 x 轴的夹角 $\beta=123.4°$

2-17　$R_b=\rho V_2A_2V_2(1-A_2/A_1)+p_2A_2-p_1A_1$

2-18　$6.158\times10^4\text{cm}^3/\text{s}$

2-21　56.2 m/s

2-22　(1) $9.221\times10^4\text{N/m}^2$　(2) $9.45\times10^4\text{N/m}^2$

2-25　$p\geqslant\rho gh/\left[\left(\dfrac{d_2}{d_1}\right)^4-1\right]$

2-26　$A(x)=A_0\sqrt{\dfrac{h}{h+x}}$

2-28　$V(t)=V_e\ln\left(\dfrac{M_0}{M_0-\dot{m}t}\right)$

2-29　$V=158.04\text{m/s}$, $H=1500\times(10+180\ln3-90\ln10)\text{m}$

2-30　$4.69\times10^4\text{W}$

第二章习题二

2-33　$t_1=0.294\text{s}$, $t_2=4165\text{s}$

2-34　$c=260\text{m/s}$

2-35　$Ma=1.69$

2-36　$Ma_2=0.75$

2-37 $v = 193$m/s

2-38 $Ma = 0.77, v = 253$m/s

2-39 $v_1 = 40.4$m/s, $v_2 = 280.65$m/s, $v_3 = 376.34$m/s

2-40 $p^* = 1.1146 \times 10^5$Pa, $T^* = 357.2$K

2-41 $v_e = 507.45$m/s, $Ma_e = 2$, $T_e = 159.07$K

2-42 $T_1^* = 288.53$K, $p_1^* = 1.01798 \times 10^5$Pa, $p_1 = 1.01325 \times 10^5$Pa, $T_2^* = 319.28$K, $p_2^* = 1.45100 \times 10^5$Pa

2-43 (1) 166.35N (2) $Ma_1 = 0.8, Ma_2 = 0.2$

2-44 $Ma = 0.48$

2-45 11.18kN

2-46 $v_e = 511.9$m/s, $T_e = 686.7$K, $p_e = 1.32 \times 10^5$Pa

2-47 $Ma = 0.585$, $v = 200.9$m/s, $p^* = 5.1808 \times 10^4$Pa

2-48 (1) $p_2^* = 8.04 \times 10^4$Pa, $T_2^* = 288$K, $p_2 = 6.47 \times 10^4$Pa, $T_2 = 271.1$K, $v_2 = 187$m/s, $Ma_2 = 0.57$
(2) $\Delta A_{\max} = 0.31 A_1$, $p_{cr} = 4.25 \times 10^4$Pa, $T_{cr} = 240$K, $v_{cr} = 311$m/s, $Ma_{cr} = 1$

2-49 (1) 3.68×10^4Pa (2) 4.18×10^4Pa

2-50 1.85

2-51 -8335.3kW,负号表示压气机对气流作功

2-52 $v_2 = 518$m/s

2-54 199.04J/(kg·K)

2-55 (1) $v_{\max} = 761$m/s (2) $T^* = 497$K

2-56 $Ma = 1.3$

2-57 $\lambda_2 = 0.64$

2-58 $\dot{m}_{(2)}/\dot{m}_{(1)} = 1.6, V_{2(2)}/V_{2(1)} = 1.8, A_{2(2)}/A_{2(1)} = 1.1$

2-59 $\rho = 0.03$kg/m³

2-60 $v_e = 5268.4$m/s, $\dot{m} = 93.1$kg/s, $A_{cr} = 0.044$m², $A_e = 0.082$m²

2-61 $Q = 31.06$m³/s,容积流量不相同

2-62 $Ma = 1.6423, T = 201$K

2-63 $\lambda_2 = 0.799$

2-64 $T_3 = 325$K

2-65 $T^* = 214.9$K, $v_{cr} = 268.26$m/s, $T_{cr} = 179.1$K, $p_{cr} = 0.87598 \times 10^5$Pa

2-66 证明略。
$$\frac{T}{T^*} = 1 - \frac{k-1}{2}\left(\frac{u}{c^*}\right)^2, \frac{p}{p^*} = \left[1 - \frac{k-1}{2}\left(\frac{u}{c^*}\right)^2\right]^{\frac{k}{k-1}},$$
$$\frac{\rho}{\rho^*} = \left[1 - \frac{k-1}{2}\left(\frac{u}{c^*}\right)^2\right]^{\frac{1}{k-1}}$$

2-67 不考虑与外界的热交换及摩擦损失的情况下

2-68 气体在管道内由亚声速加速到超声速,管道截面变化为先收缩后扩张,其中最小截面是临界截面;不是,非等熵流管也存在

2-69 p, ρ 与坐标系无关,p^*, ρ^* 与坐标系有关

2-73 10^6kPa

2-74 证明略。12400 大气压

2-76 248m/s

2-77 当取不可压缩流动压,$\pi(Ma) = (1 - kMa_\infty^2)\pi(Ma_\infty)$;当取可压缩流动压,$3\pi(Ma_\infty) = 2 + \pi(Ma_\infty)$

2-78 $c = \sqrt{kRT}, Ma = \dfrac{v}{c}, T^* = T\left(1 + \dfrac{k-1}{2}Ma^2\right), h = \dfrac{kR}{k-1}T, \dfrac{v^2}{2} = \dfrac{kR}{k-1}T^*, \sqrt{kRT^*}, \sqrt{\dfrac{2kR}{k+1}T^*}, \sqrt{\dfrac{2kR}{k-1}T^*}, \lambda = \dfrac{v}{c_{cr}}, \sqrt{\dfrac{k+1}{k-1}}, \left(\dfrac{k+1}{2}\right)^{\frac{1}{k-1}}\lambda \left(1 - \dfrac{k-1}{k+1}\lambda^2\right)^{\frac{1}{k-1}}$,不能

2-82 (1) $A_1 = 2.44 \times 10^{-3}$m² (2) $A_{cr} = 8.29 \times 10^{-4}$m² (3) $Ma_2 = 2.2, v_2 = 540$m/s, $T_2 = 149.4$K, $A_2 = 1.6 \times 10^{-3}$m²

2-83 $v_A > v_B, p_A = p_B$

2-84 (1) $v_1 = 10$m/s (2) $p_1^* = 1.01325 \times 10^5$Pa, $p_2^* = 1.01387 \times 10^5$Pa (3) $p_1 = 1.01263 \times 10^5$Pa, $p_2 = 1.01325 \times 10^5$Pa (4) $F = 18N$

第三章习题

3-1 略。$\mu = 30$

3-2 0.505

3-3 $-19°$

3-4 $\delta = -33°, \varphi = -96.55°$

3-5 13°

3-6 2.539

3-7 $v_2 = 606.9$m/s, $T_2 = 240.7$K, $p_2 = 0.468 \times 10^5$Pa, $\varphi = 28.3°$

3-8 $\delta = 11.44°, Ma_2 = 2.44$

3-10 $Ma_2 = 1.569, \theta_2 = -5°, Ma_3 = 1.496, p_3 = 1.158 \times 10^5 \text{Pa}, \theta_3 = 2°, Ma_4 = 1.639, p_4 = 0.902 \times 10^5 \text{Pa}, \theta_4 = -3°$

3-12 $\rho_2/\rho_1 = 3, p_2/p_1 = 4.217, T_2/T_1 = 1.406, k = 1.233, Ma_1 = 1.978, Ma_2 = 0.556$

3-13 $-10.2°C$

3-14 0.342

3-15 $Ma_2 = 1.017, p_2 = 4.978 \times 10^5 \text{Pa}, T'_2 = 521.2\text{K}, V'_2 = 465.5\text{m/s}$

3-16 378.4m/s

3-17 $\rho_1/\rho_2 = 0.439$

3-18 $\beta = 31.85°, p_2/p_1 = 1.864, Ma_2 = 2.086, p_2^*/p_1^* = 0.976, T_2/T_1 = 1.203, \rho_2/\rho_1 = 1.549$

3-19 $29.8°$

3-20 $\beta = 47.89°, \delta = 5°$

3-21 $\beta = 53.42°, p_2 = 2.843 \times 10^5 \text{Pa}, Ma_2 = 1.210, \sigma = 0.893, \sigma' = 0.985$

3-22 $v_2 = 603.9\text{m/s}, p_2 = 2.535 \times 10^5 \text{Pa}$

3-23 $\theta_{4'} = \theta_{4''} = -9°, Ma_{4'} = 1.128, Ma_{4''} = 1.133, p_{4'} = p_{4''} = 3.31 \times 10^5 \text{Pa}$

3-24 (1) $\beta = 45.35°, Ma_2 = 1.446, p_2 = 2.224 \times 10^5 \text{Pa}, T_2 = 365.74\text{K}$

(2) $\beta_c = 34°, \delta = 4.67°, Ma_2 = 1.833, p_2 = 1.31 \times 10^5 \text{Pa}, T_2 = 310.2\text{K}$

$Ma_s = 1.70, p_s = 1.604 \times 10^5 \text{Pa}, T_s = 328.7\text{K}$

3-25 $Ma_2 = 2.340, Ma_3 = 1.550, Ma_4 = 0.684, \sigma = 0.770$

3-26 $3.153 \times 10^3 \text{N}$

第四章习题

4-1 12789.7N

4-2 $v_e = 302.7\text{m/s}, p_e = p_a, q_m = 11.5\text{kg/s}$

4-3 $R = 35102\text{N}, A_{e\phi} = 0.229\text{m}^2, R_\phi = 47766\text{N}$

4-4 400s

4-5 $Ma_e = 0.353、0.5、2.0、2.0, q_m = 0.0994\text{kg/s}、0.143\text{kg/s}、0.19\text{kg/s}、0.952\text{kg/s}$, 管中有激波时激波的位置 $A_{s1} = 6 \times 10^{-4} \text{m}^2$

4-6 ≤ 0.94

4-7 219.3J/(kg·K)

4-8 $p_b = 0.575 \times 10^5 \text{Pa}, t = 60\text{s}$

4-9 外折 $3.6°$

4-10 0.172m

4-11 (1) $A_t = 0.0678\text{m}^2, q_m = 7.2\text{kg/s}$ (2) $A_{t3} = 0.117\text{m}^2$

(3) $Ma_t = 2.028, q_m = 12.4\text{kg/s}$

4-12 (1) $Ma_3 = 1.59$ (2) 略 (3) $Ma_t = 1.399$

4-13 $L = 5.273\text{m}$

4-14 $p_1 = 1.918 \times 10^5 \text{Pa}, T_1 = 285.8\text{K}, v_1 = 169.4\text{m/s}, v_2 = 289.9\text{m/s}$

4-15 (1) $L_{max} = 49.19d$ (2) $Ma_1 = 0.45$

4-16 (1) $Ma_1 = 0.492$ (2) $Ma_2 = 1.0, T_2 = 243.24\text{K}, p_2 = 3.29 \times 10^4 \text{Pa}$ (3) 1475N

4-17 (1) $L_{max} = 1.292\text{m}$

(2) $Ma_1 = 2.95, v_1 = 618.7\text{m/s}, p_1 = 0.206 \times 10^5 \text{Pa}, T_1 = 109.5\text{K}, p_1^* = 7.0 \times 10^5 \text{Pa}, Ma_2 = 1.0, v_2 = 316.9\text{m/s}, p_2 = 0.918 \times 10^5 \text{Pa}, T_2 = 250.1\text{K}, p_2^* = 1.734 \times 10^5 \text{Pa}$

4-18 $4.8 \times 10^4 \text{Pa}$

4-19 164.9kJ/kg

4-20 $v_2 = 214.6\text{m/s}, p_2^*/p_1^* = 0.963, 9.128 \times 10^5 \text{Pa}$

4-21 2247N

4-22 $Ma_2 = 2.993$

第五章习题

5-1 $\dfrac{D}{Dt} = \dfrac{\partial}{\partial t} + V \cdot \nabla$。 略。

5-2 证: $\dfrac{D}{Dt} = \dfrac{\partial}{\partial t} + \dfrac{\partial}{\partial s}\dfrac{ds}{dt} = \dfrac{\partial}{\partial t} + V\dfrac{\partial}{\partial s}$, 或 $\dfrac{D}{Dt} = \dfrac{\partial}{\partial t} + Vi_s \cdot \nabla = \dfrac{\partial}{\partial t} + V\dfrac{\partial}{\partial s}$

5-3 (1) 8 (2) $90°$ (3) $(a_x, a_y) = (32, 32)$

5-4 $(a_x, a_y, a_z) = (42, 9, 64)$

5-7 欧拉观点 $(2t + a^2 x + at^2, -2t - a^2 y + at^2, 0)$, 拉格朗日观点 $(2t, -2t, 0)$

5-10 提示: $\nabla \cdot V = 0, 2\omega = \nabla \times V$

5-11 (1) 无旋 (2) $2\pi K$

615

5-12 $x^2 - y^2 = C$, C 为常数

5-13 (1)Γ (2)0 (3)Γ

5-14 (1)略,运动是多连通域上的无旋流场
(2)$\Gamma = 2\pi c$,略

5-15 (1)涡量 $\boldsymbol{\Omega} = \boldsymbol{i} + \boldsymbol{j} + \boldsymbol{k}$,涡线 $\begin{cases} y = x + C_1 \\ z = x + C_2 \end{cases}$,

C_1、C_2 均为常数

(2)$1.732 \times 10^{-4} \mathrm{m^2/s}$ (3)$0.0001 \mathrm{m^2/s}$

第六章习题

6-1 有限体系所载的物理量的全导数,无穷小微团所载的物理量的全导数

6-2 $\dfrac{3\rho_0 v_0 e^{\frac{-3x}{L}}}{L}$

6-3 (1)提示:利用 $\nabla \cdot \boldsymbol{V} = 0$ 和 $\nabla \times \boldsymbol{V} = 0$
(2)设 $u = y, v = 2x$

6-7 (1)不满足 (2)不满足

6-8 $w = -2xz - 3yz - z^2 + C(x,y)$

6-9 (1)$\dfrac{\partial \rho}{\partial t} + \dfrac{\partial}{r \partial \theta}(\rho v_\theta) + \dfrac{\partial}{\partial z}(\rho v_z) = 0$ (2)$\dfrac{\partial \rho}{\partial t} + \dfrac{\partial}{r \partial r}(r \rho v_r) + \dfrac{\partial}{\partial z}(\rho v_z) = 0$

6-10 (1)连续 (2)有旋 (3)单连通域
(4)-2π (5)-8π

6-11 $\boldsymbol{\Omega} = \dfrac{2k}{w} \boldsymbol{V}$

6-12 $-2000\left[\boldsymbol{i} + \boldsymbol{j} + \left(10 + \dfrac{g}{2}\right)\boldsymbol{k}\right] \mathrm{N/m^3}$

6-15 $\dfrac{\partial \rho u}{\partial x} + \dfrac{\partial \rho v}{\partial y} = 0$, $u \dfrac{\partial u}{\partial x} + v \dfrac{\partial u}{\partial y} = -\dfrac{1}{\rho} \dfrac{\partial p}{\partial x}$,

$u \dfrac{\partial v}{\partial x} + v \dfrac{\partial v}{\partial y} = -\dfrac{1}{\rho} \dfrac{\partial p}{\partial y}$,

$\dfrac{\left(u \dfrac{\partial}{\partial x} + v \dfrac{\partial}{\partial y}\right)p}{p} = k \dfrac{\left(u \dfrac{\partial}{\partial x} + v \dfrac{\partial}{\partial y}\right)\rho}{\rho}$

6-16 $R_x = \dfrac{\rho t(V_{2y}^2 - V_{1y}^2)}{2}$, $R_y = \dfrac{\rho t V_{1x}(V_{1y} - V_{2y})}{2}$

6-17 一维:流体理想,彻体力有势,正压,绝能,定常;多维:再加上无旋

6-19 垂直管内 $p = p_a + \rho(L - y)\left[g - \dfrac{\mathrm{d}(gt/2)}{\mathrm{d}t}\right]$;水平管内 $p = p_a + \rho(L - x)\left[g - \dfrac{\mathrm{d}(gt/2)}{\mathrm{d}t}\right]$

6-20 $t \approx \dfrac{1}{\sqrt{2g}} \displaystyle\int_{\frac{h}{2}}^{h} \sqrt{\dfrac{z^4 - 1}{z}} \mathrm{d}z$

6-21 401329 J/kg

6-23 提示:利用旋度公式或利用克罗克定理

6-24 不能,过程有黏性

6-25 流动有旋

6-26 无旋流。提示:利用附面层概念或利用克罗克定理

6-29 周期 = $2\pi \sqrt{\dfrac{1}{g(\sin\alpha + \sin\beta)}}$

6-30 $h_1 = \dfrac{h_2}{2}$

6-31 $F = \rho A[-al + (V_0 - at)^2]$

6-34 (1)时间变化率 = $\dfrac{\dot{m}}{\rho \widetilde{V}} e^{-\frac{\dot{m}}{\widetilde{V}}t}(\rho - \rho_i)$

(2)所需时间 = $\dfrac{\rho \widetilde{V}}{\dot{m}} \ln\left(\dfrac{\rho_i - \rho}{\rho_f - \rho}\right)$

第七章习题

7-1 (1)$V_x = y, V_y = x$ (2)$\psi = \dfrac{(y^2 - x^2)}{2} + C$, C 为常数 (3)略 (4)略

7-2 $\psi = 2xy + y + C$, C 为常数

7-3 $\phi = \dfrac{x^2}{2} - \dfrac{y^2}{2} - 3x - 2y + C$, C 为常数

7-4 (1)是 (2)不是

7-5 $V_r = \dfrac{1}{2\sqrt{r}} \cos\dfrac{\theta}{2}$, $V_\theta = -\dfrac{1}{2\sqrt{r}} \sin\dfrac{\theta}{2}$; $\psi = \sqrt{r} \sin\dfrac{\theta}{2}$。略

7-6 (1)$\psi_{xx} + \psi_{yy} = 0$ ($V_z = 0$) (2)$\dfrac{1}{r^2} \psi_{\theta\theta} + \psi_{zz} = 0$ ($V_r = 0$)

(3)$\psi_{rr} + \psi_{zz} - \dfrac{\psi_r}{r} = 0$ ($V_\theta = 0$)。略

7-7 $\dfrac{x}{a^2} \dfrac{\partial \phi}{\partial x} + \dfrac{y}{b^2} \dfrac{\partial \phi}{\partial y} = 0$; $\psi = C$, C 为常数

7-10 $p = p_\infty - \dfrac{\rho}{2} V_\infty^2 \sin^2\theta (r_0^2 + 2r_0)$

7-11 略;略;由直匀流+点涡+反置的偶极流合成;直匀流流速 $= U$,点涡周向流速 $= \dfrac{Ua}{r} = \dfrac{\Gamma/2\pi}{r}$ (Γ 为点涡环量),反置的偶极流流速 $V_r = U\cos\theta \dfrac{b^2}{r^2}$ 和 $V_\theta = U\sin\theta \dfrac{b^2}{r^2}$ (U 为直匀来流流速,b 为被绕流圆柱面半径)

7-12 直匀流+偶极流+点涡;
$\phi = U_\infty \cos\theta \left(r + \dfrac{r_0^2}{r}\right) + \dfrac{-\Gamma}{2\pi}\theta$,
$\psi = U_\infty \sin\theta \left(r - \dfrac{r_0^2}{r}\right) + \left(-\dfrac{-\Gamma}{2\pi}\ln r\right)$;
$V_r|_{r_0} = 0, V_\theta|_{r_0} = -2U_\infty \sin\theta - \dfrac{\Gamma}{2\pi r_0}$,
$V_r|_\infty = U_\infty\cos\theta, V_\theta|_\infty = -U_\infty\sin\theta$;是

第八章习题

8-2 $\phi(x,y) = V_\infty x + \dfrac{V_\infty \varepsilon}{\sqrt{1-Ma_\infty^2}} \sin$
$\left(\dfrac{2\pi x}{l}\right) \dfrac{\mathrm{ch}\left[\dfrac{2\pi}{l}\sqrt{1-Ma_\infty^2}(H-y)\right]}{\mathrm{sh}\left[\dfrac{2\pi}{l}\sqrt{1-Ma_\infty^2}H\right]}$,

$(C_p)_b = -\dfrac{2}{\sqrt{1-Ma_\infty^2}}\left(\dfrac{2\pi\varepsilon}{l}\right)\cos$
$\left(\dfrac{2\pi x}{l}\right)\mathrm{cth}\left(\dfrac{2\pi H}{l}\sqrt{1-Ma_\infty^2}\right)$

8-3 $\phi(x,y) = -\dfrac{V_\infty \varepsilon}{\sqrt{1-Ma_\infty^2}}$
$\dfrac{\mathrm{sh}\left(\sqrt{1-Ma_\infty^2}\dfrac{2\pi}{l}y\right)}{\mathrm{ch}\left(\sqrt{1-Ma_\infty^2}\dfrac{2\pi}{l}H\right)}\sin\left(\dfrac{2\pi x}{l}\right) + V_\infty x$,

$(C_p)_{\pm H} = \pm \dfrac{4\pi\varepsilon}{l\sqrt{1-Ma_\infty^2}}$
$\dfrac{\mathrm{sh}\left(\dfrac{2\pi}{l}\sqrt{1-Ma_\infty^2}H\right)}{\mathrm{ch}\left(\dfrac{2\pi}{l}\sqrt{1-Ma_\infty^2}H\right)}\cos\left(\dfrac{2\pi x}{l}\right), (C_p)_0 = 0$

8-4 $Ma = 0.876, p = 88\,345\,\text{Pa}, T = 276.6\,\text{K}$

8-5 -0.375

8-6 (1) $\bar{t} = 0.0625, \bar{f} = 0.025, \alpha = 5°$;
(2) $C_y = 1.0, C_y = 1.25$;(3) $\bar{t} = 0.04, \bar{f} = 0.016, \alpha = 3.2°$

8-7 $C_p = -0.2608$

8-8 $Y = 0, X = \dfrac{k}{2}\dfrac{p_\infty l Ma_\infty^2}{\sqrt{Ma_\infty^2-1}}\left(\dfrac{2\pi\varepsilon}{l}\right)^2$

8-9 $\alpha = 5°$: $C_y = 0.1997, C_x = 0.01747, C'_y = 0.2015, C'_x = 0.01759$;
$\alpha = 15°$: $C_y = 0.6208, C_x = 0.1663, C'_y = 0.6046, C'_x = 0.1583$

8-10 $\alpha = 5°$: $p_1/p_\infty = 0.7179, p_2/p_\infty = 1.2821$;
$\alpha = 15°$: $p_1/p_\infty = 0.1536, p_2/p_\infty = 1.8464$

8-11 $C_y = 0.3702, C_x = 0.140$

8-12 (1) $C_y = 0.2309, C_x = 0.0308, C_y/C_x = 7.5$;(2) $C_{p-} = -\dfrac{0.4}{\sqrt{3}}\dfrac{x}{b}, C_{p-} = \dfrac{0.4}{\sqrt{3}}\dfrac{x}{b}$;(3) $(C_x)_{菱形} = 0.0462, (C_x)_{平板} = 0.0231$

第九章习题

9-1

	4	5	6
x/m	0.1859	0.1436	0.2231
y/m	0.2884	0.2555	0.2822
$V_x/(\text{m/s})$	2571	2606	2595
$V_y/(\text{m/s})$	250.9	245.9	179.9
T/K	1063	1017	1038
p/Pa	0.1198×10^5	0.09184×10^5	0.1038×10^5

9-2 (1)

	4	5	6
z/m	0.1862	0.1436	0.2234
r/m	0.2884	0.2555	0.2833
$V_z/(\text{m/s})$	2576	2608	2602
$V_r/(\text{m/s})$	252.4	246.6	183.4
T/K	1055	1013	1029
p/Pa	0.1145×10^5	0.08964×10^5	0.09826×10^5

(2) 第一簇特征线为膨胀波,第二簇特征线为压缩波。

9-3

	3	4	5
x/m	0.231 8	0.285 9	0.311 9
y/m	0.901 5	0.917 2	0.971 1
$V_x/(m/s)$	783.7	803.5	797.3
$V_y/(m/s)$	681.2	671.9	693.0
T/K	484.6	476.5	468.3
p/Pa	0.252×10^5	$0.235\ 5 \times 10^5$	$0.219\ 6 \times 10^5$

9-4 $x_3 = 0.148\ 7m, y_3 = 0.125\ 3m; x_5 = 0.210\ 3m, y_5 = 0.134\ 1m; \theta_3 = 8.76°, \theta_5 = 7.61°$

9-5 喷管下壁的坐标：

$x(cm): 0, 18.46, 22.45, 26.40, 30.53, 34.82, 39.58, 44.66, 50.15, 56.16$

$y(cm): -10, -14.91, -15.84, -16.65, -17.37, -17.00, -18.55, -18.98, -19.30, -19.47$

9-6

	B_0	B_1	B_2	B_3	B_4	B_5	B_6	B_7	B_8
$x \times 10^3/m$	0	35.72	69.72	102.21	133.14	162.60	190.69	217.40	242.87
$y \times 10^3/m$	0	0.629 4	1.837	3.573	5.792	8.452	11.51	14.93	18.68
p/Pa	10 935	11 590	12 296	13 031	13 800	14 624	15 516	16 442	17 403
T/K	279.6	384.3	289.1	294.0	298.8	303.8	309.0	314.2	319.3
Ma	2.100	2.062 5	2.025 0	1.987 5	1.950 0	1.912 5	1.875 0	1.837 5	1.800 0
$V/(m/s)$	704.3	697.6	690.6	683.5	676.2	668.7	661.1	653.2	645.1

9-7

Ma	1.312	1.323	1.335	1.346	1.357
x/m	0.300 5	0.310 3	0.320 2	0.330 2	0.340 3
y/m	0.349 9	0.349 8	0.349 7	0.349 4	0.349 1

第十章习题

10-1 $V_2 = -5m/s, p_2 = 0.979\ 4 \times 10^5 Pa, T_2 = 281.3K; V_3 = 0, p_3 = 0.959\ 2 \times 10^5 Pa, T_3 = 279.7K$。波 AB 的斜率 $(dt/dx)_{AB} = 0.002\ 92s/m$, 波 BC 的斜率 $(dt/dx)_{BC} = -0.002\ 93s/m$, 迹线斜率 $(dt/dx)_1 = \infty s/m, (dt/dx)_3 = \infty s/m, (dt/dx)_2 = -0.2s/m$

10-2 $V_2 = 5m/s, p_2 = 1.021 \times 10^5 Pa, T_2 = 284.68K; V_3 = 0, p_3 = 1.042 \times 10^5 Pa, T_3 = 286.38K$。迹线斜率 $(dt/dx)_1 = \infty s/m, (dt/dx)_2 = 0.2s/m, (dt/dx)_3 = \infty s/m$。波 AB 斜率 $(dt/dx)_{AB} = 2.966 \times 10^{-3} s/m$, 波 BC 斜率 $(dt/dx)_{BC} = -3.001 \times 10^{-3} s/m$

10-3 $p_3 = 10^5 Pa, t_3 = 135℃, V_3 = 139.0m/s$; 迹线斜率 $(dt/dx)_1 = 0.008s/m, (dt/dx)_2 = 0.007\ 575s/m, (dt/dx)_3 = 0.007\ 194s/m$; 波 AB 斜率 $(dt/dx)_{AB} = 0.001\ 934s/m$, 波 BC 斜率 $(dt/dx)_{BC} = -0.003\ 789s/m$

10-4 $t_3 = 135℃, p_3 = 10^5 Pa, V_3 = 118.3m/s; (dt/dx)_{AB} = 0.001\ 900s/m, (dt/dx)_{BC} = 0.001\ 329s/m, (dt/dx)_2 = 0.008s/m, (dt/dx)_1 = 0.007\ 576s/m, (dt/dx)_3 = 0.008\ 453s/m$

10-5 $V_4 = 52.02m/s, p_4 = 1.152 \times 10^5 Ps, T_4 = 289.6K$; 波 AC 斜率 $(dt/dx)_{AC} = 0.025\ 44s/m$, 波 BC 斜率 $(dt/dx)_{BC} = -0.034\ 12s/m$, 波 CD 斜率 $(dt/dx)_{CD} = 0,002\ 571s/m$, 波 CE 斜率 $(dt/dx)_{CE} = -0.003\ 480s/m$; 迹线斜率 $(dt/dx)_1 = 0.021\ 73s/m, (dt/dx)_2 = 0.02000s/m, (dt/dx)_3 = 0.01785s/m; (dt/dx)_4 = 0.019\ 22s/m$

10-6 $V_4 = 52.03m/s, p_4 = 1.250 \times 10^5 Pa, T_4 = 296.4K$; 波的斜率: $(dt/dx)_{AC} = 0.002\ 544s/m, (dt/dx)_{BC} = -0.003\ 412s/m, (dt/dx)_{CD} = 0.002\ 564s/m, (dt/dx)_{CE} = -0.003\ 469s/m$; 迹线斜率: $(dt/dx)_1 = 0.017\ 86s/m, (dt/dx)_2 = 0.020\ 00s/m, (dt/dx)_3 = 0.021\ 34s/m, (dt/dx)_4 = 0.019\ 22s/m$

10-7 $V_4 = 58m/s, c_4 = 343.9m/s, T_4 = 294.4K, p_4 = 1.016\ 8 \times 10^5 Pa$; 迹线斜率: $(dt/dx)_1 = 0.017\ 86s/m, (dt/dx)_2 = 0.020\ 00s/m, (dt/dx)_3 = 0.019\ 23s/m$,

$(dt/dx)_4 = 0.01724 s/m$

10-8 $V_1 = 56 m/s, T_1 = 295.05K, p_1 = 1.229 \times 10^5 Pa, V_3 = 46 m/s, T_3 = 291.63K, p_3 = 1.180 \times 10^5 Pa; x_c = 260m$

10-9 $c_1 = 371.2 m/s, T_1 = 343.0K, p_1 = 1.60 \times 10^5 Pa; c_2 = 372.4 m/s, T_2 = 345.2K, p_2 = 1.636 \times 10^5 Pa; c_3 = 373.6 m/s, T_3 = 347.5K, p_3 = 1.675 \times 10^5 Pa$; 迹线斜率：$(dt/dx)_1 = (dt/dx)_3 = 0.05 s/m, (dt/dx)_2 = 0.03846 s/m$; 当 $V_B > 26 m/s$ 时，反射为膨胀波

10-10

	$V/(m/s)$	T/K	p/Pa	波斜率 $dt/dx/(s/m)$
1	30	273.2	88 190	0.003 319
2	60	263.4	77 600	0.003 769
3	90	253.7	68 120	0.004 361
4	120	244.3	59 650	0.006 173
5	150	235.0	52 100	0.006 357
6	180	225.9	45 380	0.008 244
7	210	217.0	39 420	0.011 72
8	240	208.3	34 140	0.020 29
9	270	199.7	29 490	0.075 20
10	300	191.4	25 380	-0.044 05

10-11 $p_2 = 17.0 \times 10^5 Pa$

第十一章习题

11-1 无差别，略

11-2 应力张量分量之一和压强标量

11-4 127 m/s; 2480N; 不能; 略

11-6 略; $\Delta < 4l_*$; 略

11-7 $\Delta p = 5.92 \times 10^3 N/m^2$; $\Delta p = 7.49 \times 10^3 N/m^2$

11-8 $1.628 \times 10^6 N/m^2$

11-9 0.5; 0.817; 0.865

11-10 $1.79 \times 10^4 N/m^2$; $3.73 N/m^2$

11-11 位于水力粗糙区, $\Delta p = 4.88 \times 10^6 N/m^2$

11-12 1.746m

11-13 $\lambda = 0.025$

11-14 紊流, $\Delta p = 2350 N/m^2$; 变为层流需 $D \leq 4.64 \times 10^{-2} m$ 或 $\bar{V} \leq 0.232 m/s$

11-15 $\Delta p = 615.19 N/m^2$

11-16 (1) $\dfrac{d^2 V_z}{dr^2} + \dfrac{1}{r}\dfrac{dV_z}{dr} + \dfrac{g}{2\nu} = 0$, z 为轴向

(2) $V_z = \dfrac{g}{8\nu}(r_0^2 - r^2)$

(3) $Q = \dfrac{\pi g \rho r_0^4}{16}\dfrac{1}{\mu}$

11-17 $V = \dfrac{\Delta p}{4\mu}\left[d^2 - r^2 + \dfrac{b^2 - a^2}{\ln\frac{b}{a}}\ln\left(\dfrac{r}{d}\right)\right]$

$\begin{cases} 当 r \geq c = \sqrt{\dfrac{1}{2}\dfrac{b^2 - a^2}{\ln\frac{b}{a}}}, 则 d = b \\ 当 r \leq c, 则 d = a \end{cases}$

11-18 $\dfrac{v_1 + v_3}{2}$; $\dfrac{\rho(v_1 - v_3)^2}{4}$; 一次扩大时的总压损失大

11-20 快; 慢; 相等

11-21 $1.733 \times 10^5 N/m^2$

11-22 $1801 N/m^2$; $0.466 m/s$

11-23 $2.28 \times 10^6 N/m^2$; $7.09 \times 10^5 W$

11-24 $2.4 kg/s$

11-29 紊流更饱满; 动量交换更剧烈

11-33 $13.4mm; 27.4mm; 0.115m/s; 0.166m/s$

11-34 $\dfrac{3\mu V_\infty}{2\delta}$

11-35 混合边界层; $x_c = 0.8m$; $U \leq 0.04 m/s$ 为层流边界层; $U \geq 0.8 m/s$ 为湍流边界层

11-36 $\delta = 4.3 \times 10^{-3} m, 6.0 \times 10^{-3} m, 31.1 \times 10^{-3} m, 54.1 \times 10^{-3} m$

11-37 (1) 0.014N (2) 81.66N (3) 1076.4N

11-38 (1) 0.0181N (2) 0.0484N

11-39 123N

第十二章习题

12-1 $C_{y低速} = 0.69, C_y = 0.863$

12-2 在无黏性方程组所描述的流场求解数学问题中必然需要提库塔条件。其余略

12-3 绕流阻力之比 = 3.15

12-4 $C_{pA} = -0.367, V_A = 175.7 m/s$

12-5 $Ma_{cr} = 0.675$

12-6 $Ma_{cr后掠} = 0.914, \chi = 45°34'$

参 考 文 献

[1] 潘锦珊等. 气体动力学基础. 北京:国防工业出版社,1980.
[2] 潘锦珊等. 气体动力学基础(修订版). 北京:国防工业出版社,1989.
[3] 潘锦珊等. 气体动力学基础(1995年修订版). 西安:西北工业大学出版社,1995.
[4] Zucrow M J, Hoffman J D. Gas Dynamics. John Wiley & Sons, Inc. , New York, 1976.
[5] Shapiro A H. The Dynamics and Thermodynamics of Compressible Fluid Flow. The Ronald Press Company, New York, 1953.
[6] Owczarek J A. Fundamentals of Gasdynamics. International Textbook Company, Scranton, Pennsyvania, 1964.
[7] Kuethe A M, Chow Chuen-Yen. Foundations of Aerodynamics: Base of Aerodynamic Design. John Wiley & Sons, Inc. , New York, 1976.
[8] 阿勃拉莫维奇 Γ H. 实用气体动力学(增订第二版). 梁秀彦,译. 北京:高等教育出版社,1955.
[9] 克莱什金 А л. 喷气发动机原理. 秦鹏,译. 北京:国防工业出版社,1977.
[10] 雅斯特烈姆斯基 A. C. 工程热力学(上册). 沈维道,译. 北京:水利电力出版社,1959.
[11] 考夫曼 W. 工程流体力学. 江刚,译. 上海:上海科学技术出版社,1961.
[12] 奥斯瓦梯许 K. 气体动力学. 徐华舫,译. 北京:科学出版社,1965.
[13] 吴望一. 流体力学(上册). 北京:北京大学出版社,1982.
[14] 吴望一. 流体力学(下册). 北京:北京大学出版社,1983.
[15] 徐华舫. 空气动力学基础. 北京:北京航空学院出版社,1987.
[16] 时爱民,苏铭德,刘李稔. 气体动力学基础. 北京:科学出版社,1988.
[17] 童秉纲,孔祥言,邓国华. 气体动力学. 北京:高等教育出版社,1990.
[18] 孔珑. 可压缩流体动力学. 北京:水利电力出版社,1991.
[19] 彭逸凡. 流体力学习题详解. 台北:晓园出版社,1992.
[20] 朱之墀,王希麟. 流体力学理论例题与习题. 北京:清华大学出版社,1986.
[21] 沈均涛,鲍慧芸. 流体力学习题集. 北京:北京大学出版社,1990.
[22] 吴国华. 工程流体力学习题集. 北京航空航天大学动力系教材,1993.
[23] 王保国,刘淑艳,黄伟光. 气体动力学. 北京:北京理工大学出版社,2005.
[24] 单鹏. 多维气体动力学基础. 2版. 北京:北京航空航天大学出版社,2008.